住房城乡建设部土建类学科专业“十三五”规划教材
“十二五”普通高等教育本科国家级规划教材

教育部普通高等教育精品教材
高等学校土木工程专业指导委员会规划推荐教材
（经典精品系列教材）

房屋钢结构设计

（第二版）

同济大学
沈祖炎　陈以一　童乐为　郭小农　陈扬骥　编著

中国建筑工业出版社

图书在版编目(CIP)数据

房屋钢结构设计/沈祖炎等编著. —2版. —北京：中国建筑工业出版社，2020.8（2023.4 重印）
住房城乡建设部土建类学科专业“十三五”规划教材 “十二五”普通高等教育本科国家级规划教材 高等学校土木工程专业指导委员会规划推荐教材．经典精品系列教材
ISBN 978-7-112-25148-3

Ⅰ．①房… Ⅱ．①沈… Ⅲ．①房屋结构-钢结构-结构设计-高等学校-教材 Ⅳ．①TU391.04

中国版本图书馆 CIP 数据核字(2020)第 080640 号

责任编辑：吉万旺 王 跃
责任校对：党 蕾

住房城乡建设部土建类学科专业“十三五”规划教材
“十二五”普通高等教育本科国家级规划教材
教育部普通高等教育精品教材
高等学校土木工程专业指导委员会规划推荐教材
（经典精品系列教材）

房屋钢结构设计
（第二版）

同济大学
沈祖炎 陈以一 童乐为 郭小农 陈扬骥 编著

*

中国建筑工业出版社出版、发行（北京海淀三里河路 9 号）
各地新华书店、建筑书店经销
北京红光制版公司制版
天津安泰印刷有限公司印刷

*

开本：787×1092 毫米 1/16 印张：39 字数：847 千字
2020 年 9 月第二版 2023 年 4 月第十七次印刷
定价：**98.00** 元（赠教师课件）
ISBN 978-7-112-25148-3
(35922)

本书是为土木工程专业在专业基础课程“钢结构基本原理”之后开设的房屋建筑钢结构设计课程而编写的教材，是按新的钢结构设计标准及关联技术标准对第一版修订而成。

本书着力阐述各种类型房屋钢结构体系的基本形式和结构布置、结构体系的受载分析以及设计中的主要问题，同时还对钢结构的制作、安装、防火及防腐蚀作了简要的介绍，以期读者能对钢结构体系设计有一总体了解，并能初步掌握房屋钢结构的设计过程和设计计算的主要方法。本书针对各种类型的房屋钢结构体系，广泛引入了有关规范的设计规定和设计公式，以期读者能在房屋钢结构的设计过程中正确遵循和应用规范的条文。

本书可作为土木工程专业和其他相近专业本科学生有关建筑钢结构设计课程的教材，也可作为相关设计人员和研究人员的参考书籍。

为了更好地支持相应课程的教学，我们向采用本书作为教材的教师提供课件，有需要者可与出版社联系。建工书院: http://edu.cabplink.com, 邮箱: jckj@cabp.com.cn, 电话: (010) 58337285。

* * *

出版说明

为规范我国土木工程专业教学，指导各学校土木工程专业人才培养，高等学校土木工程学科专业指导委员会组织我国土木工程专业教育领域的优秀专家编写了《高等学校土木工程专业指导委员会规划推荐教材》。本系列教材自2002年起陆续出版，共40余册，十余年来多次修订，在土木工程专业教学中起到了积极的指导作用。

本系列教材从宽口径、大土木的概念出发，根据教育部有关高等教育土木工程专业课程设置的教学要求编写，经过多年的建设和发展，逐步形成了自己的特色。本系列教材曾被教育部评为面向21世纪课程教材，其中大多数曾被评为普通高等教育“十一五”国家级规划教材和普通高等教育土建学科专业“十五”、“十一五”、“十二五”规划教材，并有11种入选教育部普通高等教育精品教材。2012年，本系列教材全部入选第一批“十二五”普通高等教育本科国家级规划教材。

2011年，高等学校土木工程学科专业指导委员会根据国家教育行政主管部门的要求以及我国土木工程专业教学现状，编制了《高等学校土木工程本科指导性专业规范》。在此基础上，高等学校土木工程学科专业指导委员会及时规划出版了高等学校土木工程本科指导性专业规范配套教材。为区分两套教材，特在原系列教材丛书名《高等学校土木工程专业指导委员会规划推荐教材》后加上经典精品系列教材。2016年，本套教材整体被评为《住房城乡建设部土建类学科专业“十三五”规划教材》，请各位主编及有关单位根据《住房城乡建设部关于印发高等教育 职业教育土建类学科专业“十三五”规划教材选题的通知》要求，高度重视土建类学科专业教材建设工作，做好规划教材的编写、出版和使用，为提高土建类高等教育教学质量和人才培养质量做出贡献。

高等学校土木工程学科专业指导委员会
中国建筑工业出版社

第二版前言

本书初版以来，我国建筑钢结构应用的背景条件有了进一步的变化。在转变经济发展方式的需求下，具有绿色、可持续等显著特点的钢结构体系越来越被市场所接受；国家大力推动建筑工业化，使得钢结构体系在预制率、装配率方面的优势受到前所未有的重视。另一方面，钢结构材料、设计、制作、施工的相关技术持续进步，许多技术标准和规范得到了更新或补充。因此，有必要对本书修订再版。

本版仍然保持了初版的编写宗旨，同时也基本保留了初版的章节框架。修订的主要方面是：

（1）根据技术标准和规范的更新或补充，修改了本书各章节中按旧标准、规范文件编写的内容。

（2）根据最新版标准与规范的具体条文，重新校对了各章例题。

（3）根据材料、型钢规格标准的变化，以及标准文件规定的计算系数等，新增、替换了附录表格，并删除了部分现在已不再使用的表格。

这里需要向读者说明的是，随着人们对结构设计理论的认识不断深化，工程实践的经验不断积累，相应的技术规范、标准的条文规定也在不断变化。由于标准体系内容庞杂，相互之间会存在不同步协调的现象。本书作为教材而非任何一本关联规范或标准文本的解读，其目的之一是告诉读者如何应用规范、标准文件。因此，在内容陈述和例题演示中，所依据的规范、标准条文可能有所不同。读者在工程实践中，应注意使用最新颁布的规范、标准文件。

本版修订启动之时，原主编沈祖炎先生已经离我们而去。初版的另一作者陈扬骥先生也年事已高，不能亲自参加具体工作。本版由同济大学土木工程学院陈以一、童乐为、郭小农三人分工完成。其中，第1、8章及附录由童乐为教授修订，第2、3、4章由陈以一教授修订，第5、6、7章由郭小农副教授修订。沈祖炎先生是本版三位修订者的研究生导师，学生们谨以自己的工作向导师的培养致以感谢之情。

囿于修订者个人学识和工程经验，书中不免还有未发现的错误、疏漏和不妥。敬请读者不吝指教。

同济大学土木工程学院
陈以一　童乐为　郭小农
2020年4月

第一版前言

近年来，国内许多院校土木工程本科专业的培养计划都采用了高校土木工程专业指导委员会的建议，将钢结构课程分为原理和设计两大部分。本书就是为土木工程专业在专业基础课程“钢结构基本原理”之后，开设的“房屋建筑钢结构设计”课程而编写的教材。

本书编写的宗旨之一是，为让学生在学习“钢结构基本原理”课程并掌握钢结构的基本理论后，进一步学习钢结构的设计方法。因此，在书中着力阐述各种类型房屋钢结构体系的基本形式和结构布置、结构体系的受载分析以及设计中的主要问题，同时还对钢结构的制作、安装、防火及防腐蚀作了简要的介绍，以期学习者能对钢结构作为体系来设计有一总体了解，并能初步掌握房屋钢结构的设计过程和设计计算的主要方法。为此，本书基本涉及了房屋钢结构的各种类型，包括：平台钢结构、轻型单层工业厂房钢结构、重型单层工业厂房钢结构、大跨度房屋钢结构、多层房屋钢结构和高层房屋钢结构等。

本书编写的宗旨之二是，为让学生在掌握钢结构的基本理论后，进一步学习如何遵循设计规范的规定，使房屋钢结构得到既安全又经济的设计。因此，在书中针对各种类型的房屋钢结构体系，广泛引入了有关规范的设计规定和设计公式，以期学习者能对有关钢结构的设计规范有所了解，并能在房屋钢结构的设计过程中正确遵循和应用规范的条文。为此，本书涉及的有关钢结构设计和施工的规范有 14 种，包括：我国国家标准《建筑结构荷载规范》《建筑工程抗震设防分类标准》《建筑抗震设计规范》《钢结构设计规范》《冷弯薄壁型钢结构技术规范》《钢结构工程施工质量验收规范》，我国行业标准《网架结构设计与施工规程》《网壳结构技术规程》《高层民用建筑钢结构技术规程》《建筑钢结构焊接技术规程》，地方标准《高层建筑钢-混凝土混合结构设计规程》《建筑钢结构防火技术规程》，标准化协会标准《门式刚架轻型房屋钢结构技术规程》和《矩形钢管混凝土结构技术规程》等。为了帮助学习者理解工程设计问题的综合性和创新性，还对现行规范和标准尚未纳入的某些问题作了适当说明。

本书编写的宗旨之三是，为让学习者能通过自学有效和正确地掌握房屋钢结构的设计方法和设计公式，编写中除了文字展开外，尽可能采用算例来展开设计过程和设计公式的应用。还将有些算例编成前后关联，使其能表达为一个完整设计过程中的不同环节，以期有助于学习者在自学中了解并掌握钢结构设计的主要步骤。为此，本书给出了 17 个算例，包括：平台钢结构的平台铺板及其加劲肋设计、平台次梁和主梁设计、平台实腹柱和缀板柱设计、主次梁的连接设计、主梁与柱的铰接连接设计；轻型单层工业厂房钢结构的卷边槽形和卷边 Z 形截面冷弯薄壁型钢檩条设计、门式刚架的荷载组合和内力分析、变截面刚架柱和刚架梁的设计、铰接柱脚的设计；重型单层工业厂房钢结构的屋架设计、重级工作制焊接实腹吊车梁的设计；多层房屋钢结构的多层框架设计等。

本书共分8章。第1章阐述了各种类型房屋钢结构均需遵循的设计规定，包括：设计原则、荷载及荷载组合、材料选用及其设计指标、疲劳计算及其容许应力幅、结构和构件变形限值及构件长细比限值等。第2章以平台钢结构设计为对象，主要介绍梁系结构和以承受轴力为主的钢柱及其节点设计，提供钢结构承重体系中基本构件及连接设计的初步方法和计算过程。第3、4章从单层轻型和重型工业厂房钢结构的平面结构体系入手，着重引入结构体系设计的基本问题，对屋面结构、墙面结构和主承重结构的布置、荷载传递、分析方法等进行说明，同时详细介绍了冷弯薄壁型钢檩条、墙梁、薄壁变截面楔形柱和梁、桁架式屋架、台阶式重型柱、吊车梁系统、各类支撑体系以及相应连接节点的设计要点。第5章将平面体系拓展到空间(三维)结构体系，介绍了大跨度房屋钢结构刚性体系和柔性体系的各种形式、各自的受力特点、计算要点、分析方法、空间结构的稳定计算、构件和节点的设计等。第6、7章则从单层结构体系延伸到多、高层钢结构体系，在全面介绍多、高层建筑钢结构体系和建筑、结构布置的基础上，以多层房屋钢结构为主要对象，介绍了荷载特点、分析方法、抗震分析、楼面和屋面结构以及框架柱的设计、框架节点和柱脚的设计等。对于高层房屋钢结构则重点介绍在风荷载和地震作用下的分析、偏心支撑和防屈曲支撑框架的设计。第8章介绍有关钢结构制作、安装、防火及防腐蚀的一般知识。

本书可作为土木工程专业和其他相近专业本科学生有关建筑钢结构设计课程的教材，也可作为相关设计人员和研究人员的参考书籍。

本书由沈祖炎教授主编，负责章节大纲的确定、各章节内容的取舍、全书书稿的修改和定稿。具体分工为：第1、6、7章、第5章的5.3和5.4以及第8章的8.3和8.4由沈祖炎教授编写，第2、3、4章由陈以一教授编写，第5章和第8章的其余各节由陈扬骥教授编写。在成书过程中，同济大学研究生周全、陈星、邹晶、刘飞、潘斯勇、高年级本科生董弘、王加晋等10多人先后参与了部分例题计算、图形绘制、文字输入的工作。在编写过程中，参考了有关单位的资料，一并致谢。

诚恳欢迎同行和读者在使用本书中对发现的错误、疏漏和不妥给予指教。

同济大学土木工程学院
2007年9月

目　录

第1章
绪　论

1.1　我国房屋钢结构发展现状及趋势

我国在20世纪50～70年代期间，由于受到钢产量的制约，钢结构一般只用在重型厂房和大跨度公共建筑中。在重型厂房中，如鞍山、武汉、包头等钢厂的炼钢、轧钢、连铸车间都采用钢结构。在大跨度公共建筑中，比较具有代表性的有1962年建成的北京工人体育馆，采用圆形双层辐射式悬索结构，直径为94m（图1-1）；1967年建成的浙江体育馆，采用双曲抛物面正交索网的悬索结构，椭圆平面，80m×60m（图1-2）；1975年建成的上海体育馆，采用三向网架结构，直径为110m（图1-3）。

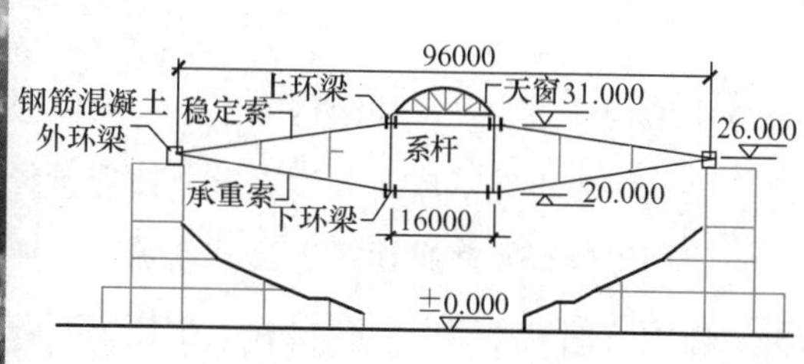

图1-1　北京工人体育馆双层辐射式悬索结构

20世纪80年代以来，特别是90年代起，随着经济建设的飞跃发展，钢结构在房屋建筑中的应用范围也日益扩张，覆盖了高层办公楼、高层宾馆、体育场馆、机场航站楼、大型会展中心、剧院、火车站、飞机库、多层工业厂房、单层厂房和仓库、大面积低层商场等。在这些房屋建筑中，采用的钢结构体系十分丰富，有框架、框架-支撑、框筒、网架、网壳、空间桁架、空间刚架、空间拱架、悬索、张弦梁、索膜、排架和门式刚架等结构体系。

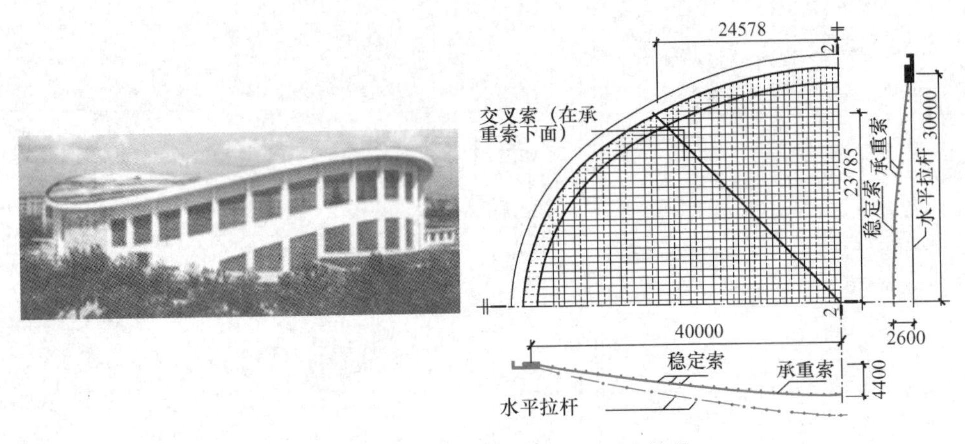

图 1-2　浙江体育馆双曲抛物面悬索结构

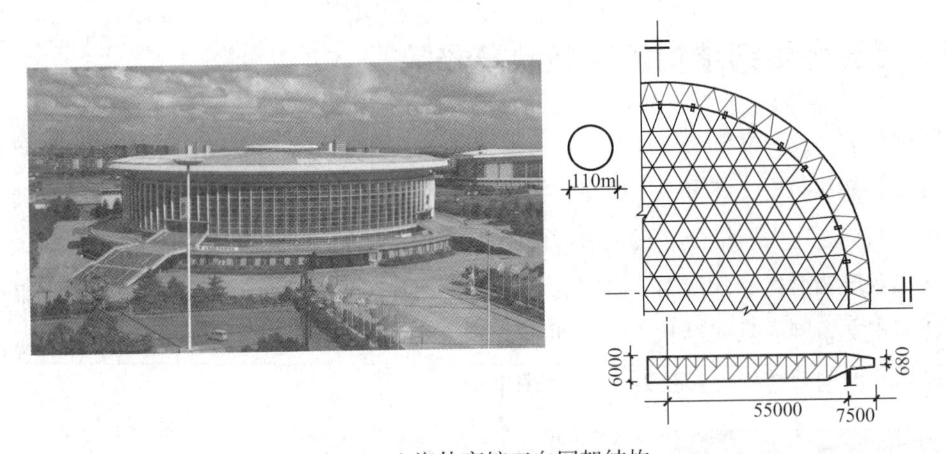

图 1-3　上海体育馆三向网架结构

在各类结构体系中，网架结构由于平面布置灵活、结构空间工作性能好、用钢量省、制作便于定型化、施工技术成熟方便以及总体造价经济等优点，20 世纪 80 年代以来得到了迅猛发展；应用范围普及体育建筑、公共建筑、工业厂房以及飞机维修机库等，使我国网架结构的覆盖面积达到世界第一，在设计、制作和安装技术等方面处于世界先进行列。轻型门式刚架结构由于结构构件和围护结构的高度系列化和定型化、结构设计合理、用钢量省（一般仅为 10～30kg/m^2）、制作工业化、安装实现全部机械连接、施工迅速而周期短以及经济效益高等特点，20 世纪 90 年代以来得到了迅速的发展；应用范围主要在单层轻型厂房、仓库、大型商场、体育馆和展览厅等，目前国内每年都有几千万平方米的轻型门式刚架建筑竣工。网架结构和轻型门式刚架结构能够在短期内迅速发展成为建筑业中的新兴的专门行业，总结其原因，主要是这些结构体系同时具备以下几个特点：结构体系系列化和模数化，结构构件和零配件标准化，结构设计计算机化，制作工业化，安装定型化以及用钢量省、经济效益高等。

在我国已建成的钢结构建筑中，有不少已受到世界瞩目。上海陆家嘴地区由上海金茂大厦、上海环球金融中心、上海中心等组成的超高层建筑群就是典型代表（图 1-4），其中 2016 年建成的上海中心，建筑高度 632m，为我国第一。

图 1-4　上海陆家嘴超高层群
（最高三栋建筑自左向右为上海金茂大厦、上海环球金融中心、上海中心）

在体育场馆中，有 1997 年竣工的上海体育场，为椭圆平面的马鞍形大悬挑空间钢结构屋盖（图 1-5），长轴 288m，短轴 274m，最大悬挑 73.5m，总覆盖面积达 36100m^2，是我国最早在大型建筑上采用膜结构的建筑。2005 年竣工的我国第十届运动会主体育场南京奥林匹克中心，采用两个跨度为 360m 的 45°斜置的钢拱与空间梁格体系组成的空间钢结构屋盖（图 1-6）。2001 年建成的广州新体育馆，采用椭圆形平面长轴 160m，短轴 110m 的空间管桁架体系（图 1-7）。1998 年建成的长春体育馆，平面为 160m×120m，采用方钢管组成的网壳结构(图 1-8)，是目前我国跨度最大、覆盖建筑面积最大的网壳结构。1986 年建成的吉林滑冰馆，跨度为 59m，长 72m，采用单曲面双层悬索结构（图 1-9）。

在机场航站楼中，有 1998 年建成的上海浦东国际机场航站楼，采用张弦梁结构体系（图 1-10），最大跨度达 82.6m。其他如成都双流国际机场、首都国际机场等的航站楼采用曲线形立体桁架结构（图 1-11）。

在大型会展中心建筑中，1999 年建成的上海国际会议中心，有两个直径为 50m 和 38m

图 1-5　上海体育场

图 1-6　南京奥林匹克中心

图 1-7　广州新体育馆

图 1-8　长春体育馆

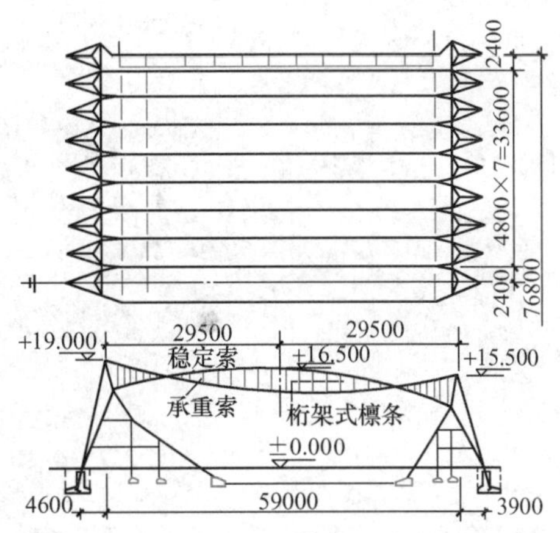

图 1-9　吉林滑冰馆

图 1-10　上海浦东国际机场航站楼

的单层肋环形球面网壳（图 1-12）。2002 年建成的广州国际会展中心，采用跨度为 126.6m 的张弦立体桁架结构（图 1-13）。

图 1-11　成都双流国际机场航站楼

图 1-12　上海国际会议中心

在剧院建设中，有 1998 年建成的上海大剧院，平面尺寸为 100.4m×90m 的双向正交空间桁架结构（图 1-14）。2007 年建成的国家大剧院，椭圆形平面，长轴 212m，短轴 142m，采用双层空腹肋环形网壳结构（图 1-15）。

图 1-13　广州国际会展中心

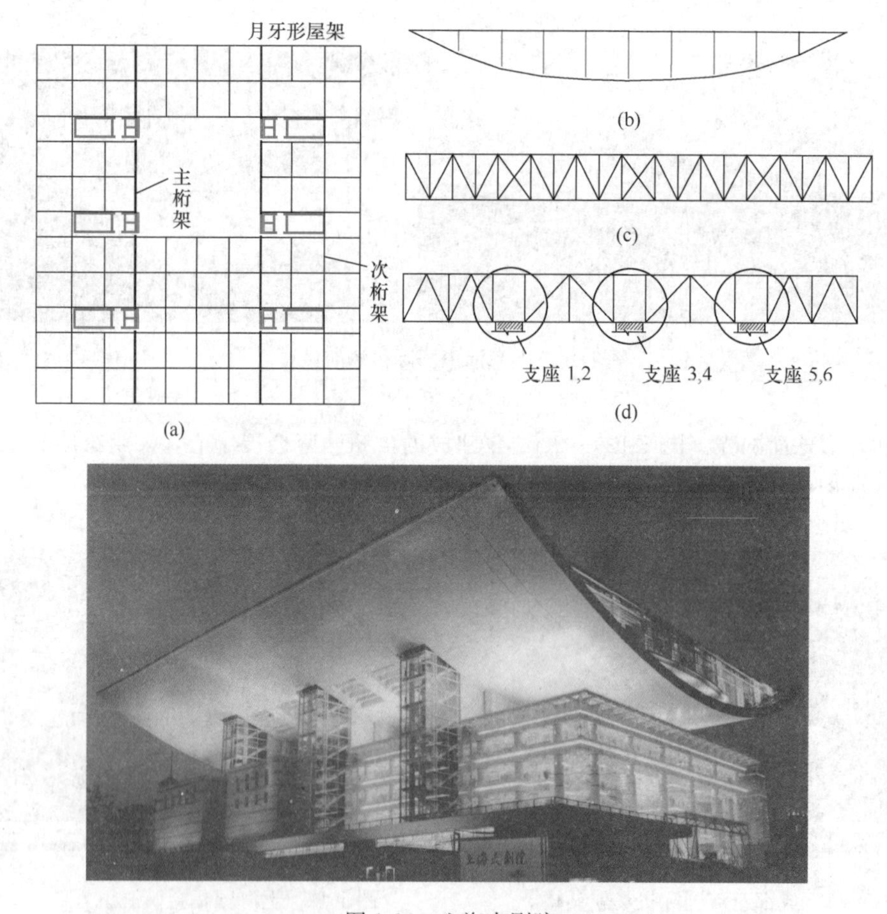

图 1-14　上海大剧院

(a) 屋盖结构布置简图；(b)（半）月牙形屋架简图（长 90m，高 11.5m）；

(c) 次桁架简图；(d) 主桁架简图（长 100.4m，高 10.0m）

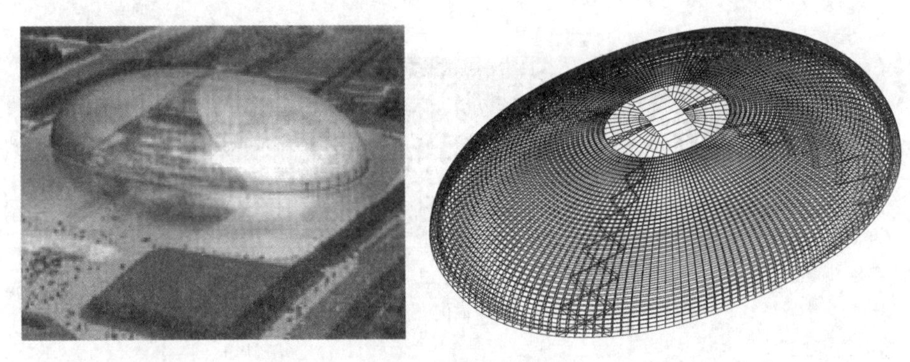

图 1-15　国家大剧院

在火车站建筑中，有 2006 年建成的上海火车南站，圆形平面，直径为 270m，采用椭圆截面主梁、圆管圈梁和斜向钢棒组成的草帽形空间结构（图 1-16）。

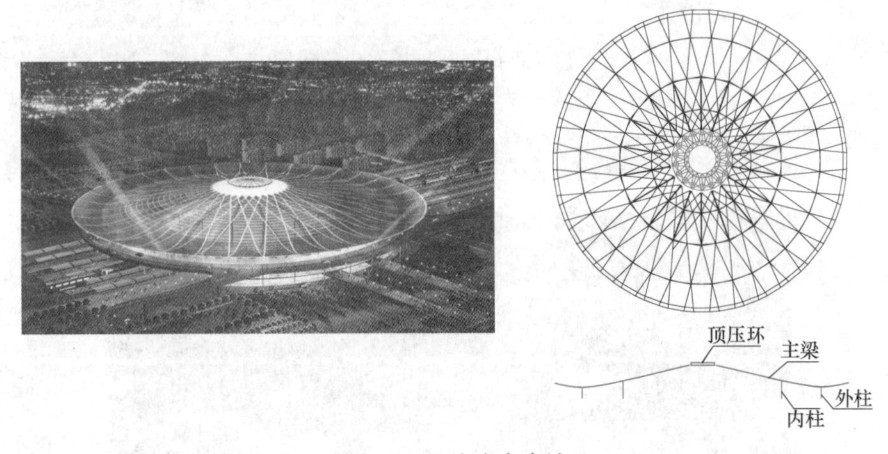

图 1-16　上海火车南站

在飞机检修库建筑中，有 1996 年建成的首都国际机场四机位机库，平面尺寸为两跨 153m+153m，进深 90m，采用三层网架（图 1-17），是目前亚洲最大的机库网架。

在单层工业厂房和仓库建筑中，有天津无缝钢管厂加工车间，双向多跨，平面尺寸为 108m×564m，采用空间网架结构。2002 年由中船第九设计研究院工程有限公司设计建成的上海沪东造船厂装焊车间，70m 跨度，长 138m，柱距 18m 和 24m，柱顶标高 34m，采用三层网架（图 1-18），是目前我国工业厂房中跨度最大的网架。由我国企业承包建设、1993 年建成的新加坡港务局仓库平面尺寸为 120m×96m，采用斜拉网架结构（图 1-19）。

上述情况说明自 20 世纪 80 年代以来，我国房屋建筑钢结构有了飞跃的发展，但无论从房屋建筑的用钢量、应用范围和结构体系等方面看，房屋建筑钢结构仍有很大的发展空间。

1996 年我国钢产量已是世界第一，到 2018 年底，突破 9 亿 t，约占世界钢产量的 50%，钢材质量和钢材规格近年来也有了较大的发展，基本能满足建筑钢结构的要求。建设部在

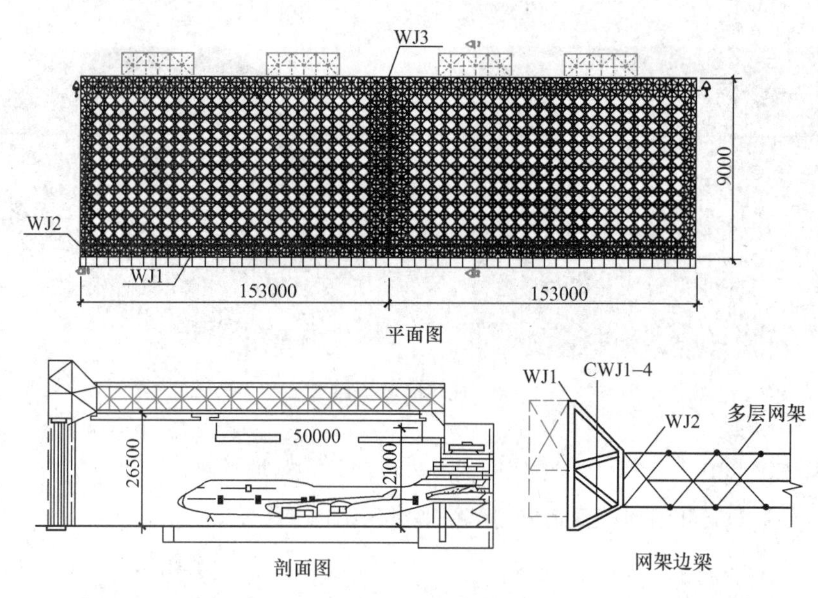

图 1-17　首都国际机场四机位机库

图 1-18　上海沪东造船厂装焊车间

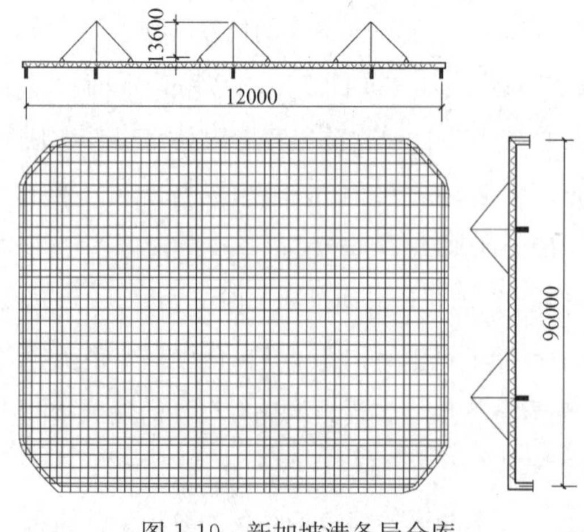

图 1-19　新加坡港务局仓库

1997 年颁发的《中国建筑技术政策》(1996～2010）中就提出了发展钢结构的技术政策，2016 年中共中央、国务院发布进一步加强城市规划建设管理工作的若干意见，提出“积极稳妥推广钢结构建筑”的要求，因此，增加用于房屋建筑的钢材有了可靠的物质基础和有力的政策引导。

从钢结构在房屋建筑中的应用范围看，在多层及高层建筑以及起重量大于 20t 的工业厂房中，目前钢结构的应用还较小，特别是量大面广的低层、多层及高层住宅中，几乎都不采用钢结构。因此怎样在这类房屋建筑中推广钢结构还有许多工作要做，还有许多技术问题需要研究。

从房屋建筑钢结构采用的结构体系看，一些结构效率高的结构构件如冷弯薄壁钢构件、钢管混凝土构件、型钢混凝土组合构件、钢筋混凝土板型钢组合梁等和一些结构效率高的结构体系如高层建筑中的框筒、筒中筒结构、超高层建筑中的束筒结构、巨型框架、巨型桁架结构等应用还较少，特别是大跨度建筑中的各种预应力结构、具有高强度钢索的空间张拉结构体系等几乎没有被采用。因此在房屋建筑钢结构中合理应用结构效率高的结构构件和结构体系，减少房屋建筑钢结构的每平方米的用钢量和降低造价，需要设计和科研人员的共同努力。

1.2 房屋钢结构的设计原则

房屋钢结构的设计应遵照我国现行国家标准的规定。这些国家标准有《建筑结构荷载规范》GB 50009，《建筑抗震设计规范》GB 50011，《钢结构设计标准》GB 50017 和《冷弯薄壁型钢结构技术规范》GB 50018。此外还应遵照与结构设计有关的现行相关标准。

上述这些国家或相关标准都是根据现行国家标准《建筑结构可靠性设计统一标准》GB 50068 制定的。

房屋钢结构设计，除疲劳计算外，采用以概率论为基础的极限状态设计方法，用分项系数设计表达式进行计算。

钢结构的极限状态可分为下列两类：即承载能力极限状态和正常使用极限状态。承重结构应按这两类极限状态进行设计。

按承载能力极限状态设计钢结构时，应考虑荷载或荷载效应的基本组合，必要时尚应考虑荷载或荷载效应的偶然组合。

按正常使用极限状态设计钢结构时，应考虑荷载或荷载效应的标准组合，对型钢混凝土组合构件和钢筋混凝土板型钢组合梁等尚应考虑准永久组合。

钢结构的可靠度采用可靠指标度量，钢结构构件的承载能力极限状态的可靠指标不小于表 1-1 的规定。

结构构件承载能力极限状态的可靠指标　　　　**表 1-1**

破坏类型	安全等级		
	一级	二级	三级
延性破坏	3.7	3.2	2.7
脆性破坏	4.2	3.7	3.2

设计钢结构时，应根据结构破坏可能产生的后果，采用不同的安全等级。一般房屋钢结构的安全等级应取为二级，但对于跨度等于或大于 60m 的大跨度结构，如大会堂、体育馆和飞机库等屋盖的主要承重结构，安全等级宜取为一级。

房屋结构设计应满足表 1-2 的设计使用年限的规定。设计使用年限是设计规定的一个时期，在这一规定时期内结构或结构构件不需要进行大修即可按其预定目的使用，也就是结构或结构构件在正常设计、正常施工、正常使用和正常维护下可按预定目的使用。

设 计 使 用 年 限　　表 1-2

类别	设计使用年限（年）	示　例
1	5	临时性建筑结构
2	25	易于替换的结构构件
3	50	普通房屋和构筑物
4	100	标志性建筑和特别重要的建筑结构

当房屋建筑位于抗震设防烈度为 6 度及以上地区时，还应进行抗震设计。抗震设防目标是：(1) 当遭受多遇地震即 50 年超越概率约为 63%的地震烈度的地震时，结构一般不受损坏或不需修理可继续使用；(2) 当遭受设防烈度即 50 年超越概率约为 10%的地震烈度的地震时，结构可能损坏，经一般修理或不需修理仍可继续使用；(3) 当遭受罕遇地震即 50 年超越概率为 2%～3%的地震烈度的地震时，结构不致倒塌或发生危及生命的严重破坏。

房屋建筑应根据其使用功能的重要性分为以下四个抗震设防类别：(1) 特殊设防类，指使用上有特殊设施，涉及国家公共安全的重大建筑工程和地震时可能发生严重次生灾害等特别重大灾害后果，需要进行特殊设防的建筑；(2) 重点设防类，指地震时使用功能不能中断或需尽快恢复的生命线相关建筑，以及地震时可能导致大量人员伤亡等重大灾害后果，需要提高设防标准的建筑；(3) 标准设防类，指大量的除 (1)、(2)、(4) 款以外按标准要求进行设防的建筑；(4) 适度设防类，指使用上人员稀少且震损不致产生次生灾害，允许在一定条件下适度降低要求的建筑。房屋建筑抗震设防类别的具体确定应按现行国家标准《建筑工程抗震设防分类标准》GB 50223的规定。

对各抗震设防类别建筑的抗震设防标准在现行国家标准《建筑抗震设计规范》GB 50011 中作了明确的规定。

直接承受动力荷载重复作用的钢结构构件及其连接，当应力变化的循环次数 n 等于或大于 5×10^4 时，应进行疲劳计算。疲劳计算采用容许应力幅法，应力按弹性状态计算。

1.3　荷载及荷载组合

1.3.1　荷载

作用在房屋钢结构上的荷载有：

（1）永久荷载，如结构自重、预拉力等；

（2）可变荷载，如楼面活荷载、屋面活荷载和积灰荷载、吊车荷载、风荷载、雪荷载、温度作用等；

（3）地震作用；

（4）偶然荷载，如爆炸力、撞击力等。

设计时，对不同荷载采用不同的代表值：对永久荷载取标准值；对可变荷载取标准值或组合值，对偶然荷载应按使用的特点确定其代表值。荷载的标准值和组合值应按《建筑结构荷载规范》GB 50009 的规定取用；地震作用和地震作用组合时的可变荷载组合值应按《建筑抗震设计规范》GB 50011 的规定取用。

1.3.2　极限状态设计表达式及荷载组合

1. 承载能力极限状态设计表达式

（1）对于非抗震设计

非抗震的承载能力极限状态设计，应采用荷载或荷载效应的基本组合，必要时尚应考虑偶然组合，并按下列分项系数设计表达式进行：

$$\gamma_0 S \leqslant R \tag{1-1}$$

式中　γ_0——结构重要性系数，按下列规定采用：

安全等级一级时，$\gamma_0 \geqslant 1.1$

安全等级二级时，$\gamma_0 \geqslant 1.0$

安全等级三级时，$\gamma_0 \geqslant 0.90$

S——荷载效应组合或荷载组合产生的效应的设计值；

R——结构构件抗力的设计值。

1）对于基本组合，当荷载效应与荷载为线性关系时，荷载效应组合的设计值 S 应从下列组合值中取最不利值：

（a）由可变荷载效应控制的组合

$$S=\sum_{j=1}^{m}\gamma_{G_j}S_{G_jk}+\gamma_{Q_1}\gamma_{L_1}S_{Q_1k}+\sum_{i=2}^{n}\gamma_{Q_i}\gamma_{L_i}\psi_{c_i}S_{Q_ik} \tag{1-2}$$

式中　γ_{G_j}——第 j 个永久荷载的分项系数，按下列规范采用：

当永久荷载效应对结构不利时，$\gamma_{G_j}=1.2$；

当永久荷载效应对结构不利时，$\gamma_{G_j}\leqslant 1.0$；

γ_{Q_i}——第 i 个可变荷载的分项系数，其中 γ_{Q_1} 为主导可变荷载 Q_1 的分项系数，按下列规范采用：对标准值大于 $4kN/m^2$ 的工业房屋楼面结构的活荷载取 1.3，其他情况取 1.4；

γ_{L_i}——第 i 个可变荷载考虑设计使用年限的调整系数，其中 γ_{L_1} 为主导可变荷载 Q_1 考虑设计使用年限的调整系数；

S_{G_jk}——按第 j 个永久荷载标准值 G_{jk} 计算的荷载效应值；

S_{Q_ik}——按第 i 个可变荷载标准值 Q_{ik} 计算的荷载效应值，其中 S_{Q_1k} 为诸可变荷载效应中起控制作用者；

ψ_{c_i}——第 i 个可变荷载 Q_i 的组合值系数；除下列荷载外，组合值系数取 0.7；书库、档案库、储藏室、密集柜书库、通风机房的楼面均布活荷载，屋面积灰荷载的组合值系数取 0.9；硬钩吊车及工作级别 A8 的软钩吊车荷载的组合值系数取 0.95，风荷载的组合值取 0.6；

m——参与组合的永久荷载数；

n——参与组合的可变荷载数。

(b) 由永久荷载效应控制的组合

$$S=\sum_{j=1}^{m}\gamma_{G_j}S_{G_jk}+\sum_{i=1}^{n}\gamma_{Q_i}\gamma_{L_i}\psi_{c_i}S_{Q_ik} \tag{1-3}$$

式中　γ_{G_j}——第 j 个永久荷载的分项系数，在永久荷载效应控制的组合中取 1.35。

2）对于偶然组合，当荷载效应与荷载为线性关系时，荷载效应组合的设计值按下式进行计算：

$$S=\sum_{j=1}^{m}S_{G_jk}+S_{A_d}+\psi_{f_1}S_{Q_1k}+\sum_{i=2}^{n}\psi_{q_i}S_{Q_ik} \tag{1-4}$$

式中　S_{A_d}——按偶然荷载标准值 A_d 计算的荷载效应值；

ψ_{f_1}——第 1 个可变荷载的频遇值系数；

ψ_{q_i}——第 i 个可变荷载的准永久值系数。

(2) 对于抗震设计

抗震时的承载能力极限状态设计，应按二阶段设计，第一阶段为多遇地震作用，第二阶段为罕遇地震作用。

1）多遇地震作用下的承载能力极限状态设计，应采用地震作用效应和其他荷载效应的基本组合，并按下列分项系数设计表达式进行：

$$S \leqslant \frac{R}{\gamma_{RE}} \tag{1-5}$$

式中 S——地震作用与其他荷载效应组合的设计值；

R——结构构件抗力的设计值；

γ_{RE}——结构构件承载力抗震调整系数，按下列规定取用：当计算水平地震作用时，按表1-3取用；当仅计算竖向地震作用时，取1.0。

承载力抗震调整系数　表1-3

结构构件	受力状态	γ_{RE}
柱，梁，支撑，节点板件，螺栓，焊缝	强度	0.75
柱，支撑	稳定	0.80

地震作用与其他荷载效应组合的设计值 S 按下式计算：

$$S = \gamma_G S_{GE} + \gamma_{Eh} S_{EhK} + \gamma_{Ev} S_{EvK} + \psi_W \gamma_W S_{WK} \tag{1-6}$$

式中 γ_G——重力荷载分项系数，按下列规定取用：

当重力荷载效应对结构不利时，$\gamma_G=1.2$

当重力荷载效应对结构有利时，$\gamma_G \leqslant 1.0$

γ_{Eh}、γ_{Ev}——分别为水平、竖向地震作用分项系数，按表1-4取用；

地震作用分项系数　表1-4

地震作用	γ_{Eh}	γ_{Ev}
仅计算水平地震作用	1.3	0.0
仅计算竖向地震作用	0.0	1.3
同时计算水平与竖向地震作用（水平地震为主）	1.3	0.5
同时计算水平与竖向地震作用（竖向地震为主）	0.5	1.3

γ_W——风荷载分项系数，取1.4；

S_{GE}——重力荷载代表值的效应；

S_{EhK}、S_{EvK}——分别为水平、竖向地震作用标准值的效应，尚应按《建筑抗震设计规范》GB 50011的规定，乘以相应的增大系数或调整系数；

S_{WK}——风荷载标准值的效应；

ψ_W——风荷载组合值系数，一般结构取0.0，风荷载起控制作用的建筑取0.2。

计算地震作用时，重力荷载代表值为结构和构件等自重标准值和各可变荷载组合值之和，各可变荷载的组合值系数按表1-5取用。

组 合 值 系 数　　表 1-5

可变荷载种类		组合值系数
雪荷载		0.5
屋面积灰荷载		0.5
屋面活荷载		不计入
按实际情况计算的楼面活荷载		1.0
按等效均布荷载计算的楼面活荷载	藏书库、档案库	0.8
	其他民用荷载	0.5
起重机悬吊物重力	硬钩吊车	0.3
	软钩吊车	不计入

2）罕遇地震作用下的设计，应按下列设计表达式进行：

$$\Delta_{P} \leqslant C_{P} \tag{1-7}$$

式中　C_{P}——罕遇地震作用下，结构不发生倒塌的弹塑性变形限值；

Δ_{P}——在罕遇地震作用下，地震作用与其他荷载组合产生的弹塑性变形，荷载组合为（$G_{E}+E_{hK}+E_{vK}$），G_{E} 为重力荷载代表值，E_{hK}、E_{vK} 为水平、竖向罕遇地震作用标准值。

（3）承载能力极限状态设计统一表达式

比较公式（1-1）和公式（1-5），可以得到如下的承载能力极限状态设计统一表达式：

$$S \leqslant R/\gamma \tag{1-8}$$

式中　γ——系数，对于非抗震设计，$\gamma=\gamma_{0}$；

对于抗震设计，$\gamma=\gamma_{RE}$。

在以后各章的承载能力极限状态设计时，将都采用这一统一表达式。

2. 正常使用极限状态设计表达式

（1）对于非抗震设计

非抗震的正常使用极限状态设计，应采用荷载的标准组合，对型钢混凝土组合构件和钢筋混凝土板型钢组合梁等尚应采用荷载的准永久组合，并按下列设计表达式进行：

$$S \leqslant C \tag{1-9}$$

式中　C——结构或结构构件达到正常使用要求的规定限值，如变形等；

S——正常使用极限状态的荷载效应组合或荷载组合产生的效应的设计值，当荷载效应与荷载为线性关系时，按下列规定计算：

对于标准组合

$$S=\sum_{j=1}^{m} S_{G_{j}k}+S_{Q_{1}k}+\sum_{i=2}^{n} \psi_{c_{i}} S_{Q_{i}k} \tag{1-10}$$

对于准永久组合

$$S=\sum_{j=1}^{m}S_{G_jk}+\sum_{i=1}^{n}\psi_{q_i}S_{Q_ik} \tag{1-11}$$

ψ_{c_i}、ψ_{q_i}——分别为可变荷载 Q_i 的组合值系数和准永久值系数，其值按《建筑结构荷载规范》GB 50009 的规定取用。

(2) 对于抗震设计

抗震时的正常使用极限状态设计，应进行多遇地震作用下的抗震变形验算，按下列表达式进行：

$$\Delta_e \leqslant C_e \tag{1-12}$$

式中 C_e——多遇地震作用下，结构的弹性变形限值；

Δ_e——多遇地震作用标准值与其他荷载效应标准组合产生的弹性变形，按下式计算

$$\Delta_e=\Delta_{GE}+\Delta_{EhK}+\Delta_{EvK}+\psi_W\Delta_{WK} \tag{1-13}$$

Δ_{GE}——重力荷载代表值产生的弹性变形；

Δ_{EhK}、Δ_{EvK}——分别为水平、竖向多遇地震作用标准值产生的弹性变形；

Δ_{WK}——风荷载标准值产生的弹性变形；

ψ_W——风荷载组合值系数，一般结构取 0.0，风荷载起控制作用的建筑取 0.2。

1.4 疲劳计算

由于对钢结构疲劳裂纹的形成、扩展以及断裂等全过程的极限状态的定义和对其影响的有关因素尚研究不足，因此目前疲劳计算采用容许应力幅法。

1.4.1 常幅疲劳的计算

对所有应力循环内的应力幅保持常量的常幅疲劳，应按下式进行计算：

(1) 正应力幅的疲劳计算：

$$\Delta\sigma \leqslant \gamma_t[\Delta\sigma] \tag{1-14}$$

对焊接部位：

$$\Delta\sigma=\sigma_{max}-\sigma_{min} \tag{1-15}$$

对非焊接部位：

$$\Delta\sigma=\sigma_{max}-0.7\sigma_{min} \tag{1-16}$$

当 $N<5\times10^6$ 时：

$$[\Delta\sigma]=\left(\frac{C_Z}{N}\right)^{1/\beta_Z} \tag{1-17}$$

当 $N \geqslant 5 \times 10^6$ 时：

$$[\Delta\sigma] = [\Delta\sigma_C]_{5\times10^6} \tag{1-18}$$

板厚或直径修正系数 γ_t 应按下列规定采用：

1）对于横向角焊缝连接和对接焊缝连接，当连接板厚 t（mm）超过 25mm 时，应按下式计算：

$$\gamma_t = \left(\frac{25}{t}\right)^{0.25} \tag{1-19}$$

2）对于螺栓轴向受拉连接，当螺栓的公称直径 d（mm）大于 30mm 时，应按下式计算：

$$\gamma_t = \left(\frac{30}{d}\right)^{0.25} \tag{1-20}$$

3）其余情况取 $\gamma_t = 1.0$。

（2）剪应力幅的疲劳计算：

$$\Delta\tau \leqslant [\Delta\tau] \tag{1-21}$$

对焊接部位：

$$\Delta\tau = \tau_{max} - \tau_{min} \tag{1-22}$$

对非焊接部位：

$$\Delta\tau = \tau_{max} - 0.7\tau_{min} \tag{1-23}$$

当 $N < 1 \times 10^8$ 时：

$$[\Delta\tau] = \left(\frac{C_J}{N}\right)^{1/\beta_J} \tag{1-24}$$

当 $N \geqslant 1 \times 10^8$ 时：

$$[\Delta\tau] = [\Delta\tau_L]_{1\times10^8} \tag{1-25}$$

式中 $\Delta\sigma$——构件或连接计算部位的正应力幅（N/mm²）；

σ_{max}——计算部位应力循环中的最大拉应力（N/mm²），取正值；

σ_{min}——计算部位应力循环中的最小拉应力或压应力（N/mm²），拉应力取正值，压应力取负值；

$\Delta\tau$——构件或连接计算部位的剪应力幅（N/mm²）；

τ_{max}——计算部位应力循环中的最大剪应力（N/mm²）；

τ_{min}——计算部位应力循环中的最小剪应力（N/mm²）；

$[\Delta\sigma]$——常幅疲劳的容许正应力幅（N/mm²）；

N——疲劳寿命（应力循环次数）；

C_Z、β_Z——构件和连接的相关参数，应根据附录 6 规定的构件和连接类别，按表 1-6 采用；

$[\Delta\sigma_c]_{5\times10^6}$——以疲劳寿命达到 $N=5\times10^6$ 次为基准的正应力幅的常幅疲劳极限（N/mm²），应根据附录6规定的构件和连接类别，按表1-6采用；

$[\Delta\tau]$——常幅疲劳的容许剪应力幅（N/mm²）；

C_J、β_J——构件和连接的相关参数，应根据附录6规定的构件和连接类别，按表1-7采用；

$[\Delta\tau_L]_{1\times10^8}$——以疲劳寿命达到 $N=1\times10^8$ 次为基准的剪应力幅的疲劳截止限（N/mm²），应根据附录6规定的构件和连接类别，按表1-7采用。

正应力幅的疲劳计算参数　　**表1-6**

构件与连接类别	构件与连接的相关系数		应力循环 2×10^6 次的容许正应力幅 $[\Delta\sigma]_{2\times10^6}$（N/mm²）	应力循环 5×10^6 次的正应力幅的常幅疲劳极限 $[\Delta\sigma_c]_{5\times10^6}$（N/mm²）	应力循环 1×10^8 次的正应力幅的疲劳截止限 $[\Delta\sigma_L]_{1\times10^8}$（N/mm²）
	C_Z	β_Z			
Z1	1920×10^{12}	4	176	140	85
Z2	861×10^{12}	4	144	115	70
Z3	3.91×10^{12}	3	125	92	51
Z4	2.81×10^{12}	3	112	83	46
Z5	2.00×10^{12}	3	100	74	41
Z6	1.46×10^{12}	3	90	66	36
Z7	1.02×10^{12}	3	80	59	32
Z8	0.72×10^{12}	3	71	52	29
Z9	0.50×10^{12}	3	63	46	25
Z10	0.35×10^{12}	3	56	41	23
Z11	0.25×10^{12}	3	50	37	20
Z12	0.18×10^{12}	3	45	33	18
Z13	0.13×10^{12}	3	40	29	16
Z14	0.09×10^{12}	3	36	26	14

剪应力幅的疲劳计算参数　　**表1-7**

构件与连接类别	构件与连接的相关系数		应力循环 2×10^6 次的容许剪应力幅 $[\Delta\tau]_{2\times10^6}$（N/mm²）	应力循环 1×10^8 次的剪应力幅的疲劳截止限 $[\Delta\tau_L]_{1\times10^8}$（N/mm²）
	C_J	B_J		
J1	4.10×10^{11}	3	59	16
J2	2.00×10^{16}	5	100	46
J3	8.61×10^{21}	8	90	55

1.4.2 变幅疲劳的计算

对在结构使用寿命期间应力循环随机变化的变幅疲劳，若应力幅谱中最大的正应力幅或最大的剪应力幅符合下列公式时，则疲劳强度满足要求。

（1）正应力幅的疲劳计算：

$$\Delta\sigma \leqslant \gamma_t [\Delta\sigma_L]_{1\times10^8} \tag{1-26}$$

（2）剪应力幅的疲劳计算：

$$\Delta\tau \leqslant [\Delta\tau_L]_{1\times10^8} \tag{1-27}$$

式中 $[\Delta\sigma_L]_{1\times10^8}$——以疲劳寿命达到 $N=1\times10^8$ 次为基准的正应力幅的疲劳截止限（N/mm²），应根据附录 6 规定的构件和连接类别，按表 1-6 采用。

若变幅疲劳的计算不能满足式（1-26）或式（1-27）要求，可按下列公式规定计算：

（3）正应力幅的疲劳计算应符合下列公式规定：

$$\Delta\sigma_e \leqslant \gamma_t [\Delta\sigma]_{2\times10^6} \tag{1-28}$$

$$\Delta\sigma_e = \left(\frac{\sum n_i (\Delta\sigma_i)^{\beta_z} + ([\Delta\sigma_c]_{5\times10^6})^{-2} \sum n_j (\Delta\sigma_j)^{\beta_z+2}}{2\times10^6} \right)^{1/\beta_z} \tag{1-29}$$

（4）剪应力幅的疲劳计算应符合下列公式规定：

$$\Delta\tau_e \leqslant [\Delta\tau]_{2\times10^6} \tag{1-30}$$

$$\Delta\tau_e = \left(\frac{\sum n_i (\Delta\tau_i)^{\beta_J}}{2\times10^6} \right)^{1/\beta_J} \tag{1-31}$$

式中 $\Delta\sigma_e$——由预期使用期内应力循环总次数（$=\Sigma n_i + \Sigma n_j$）的变幅疲劳损伤与应力循环 2×10^6 次常幅疲劳损伤相等而换算得到的等效正应力幅（N/mm²）；

$[\Delta\sigma]_{2\times10^6}$——疲劳寿命 $N=2\times10^6$ 次的容许正应力幅（N/mm²），根据附录 6 规定的构件和连接类别，按表 1-6 采用；

$\Delta\sigma_i$、n_i——正应力幅谱中在 $\Delta\sigma_i \geqslant [\Delta\sigma_c]_{5\times10^6}$ 范围内的各个正应力幅（N/mm²）及其频次；

$\Delta\sigma_j$、n_j——正应力幅谱中在 $[\Delta\sigma_L]_{1\times10^8} \leqslant \Delta\sigma_j < [\Delta\sigma_c]_{5\times10^6}$ 范围内的各个正应力幅（N/mm²）及其频次；

$\Delta\tau_e$——由预期使用期内应力循环总次数（$=\Sigma n_i$）的变幅疲劳损伤与应力循环 2×10^6 次常幅疲劳损伤相等而换算得到的等效剪应力幅（N/mm²）；

$[\Delta\tau]_{2\times10^6}$——疲劳寿命 $N=2\times10^6$ 次的容许剪应力幅（N/mm²），根据本附录 6 规定的构件和连接类别，按表 1-7 采用；

$\Delta\tau_i$、n_i——剪应力幅谱中在 $\Delta\tau_i \geqslant [\Delta\tau_L]_{1\times10^8}$ 范围内的各个剪应力幅（N/mm²）及其频次。

1.4.3 吊车梁及吊车桁架的疲劳简化计算

重级工作制吊车梁和重级、中级工作制吊车桁架的变幅疲劳可取应力幅谱中最大的应力幅按下列公式计算：

（1）正应力幅的疲劳计算应符合下式要求：

$$\alpha_f \Delta\sigma \leqslant \gamma_t [\Delta\sigma]_{2\times10^6} \tag{1-32}$$

（2）剪应力幅的疲劳计算应符合下式要求：

$$\alpha_f \cdot \Delta\tau \leqslant [\Delta\tau]_{2\times10^6} \tag{1-33}$$

式中 α_f——欠载效应的等效系数，按下列规定取用：

A6、A7 工作级别（重级）的硬钩吊车，$\alpha_f=1.0$；

A6、A7 工作级别（重级）的软钩吊车，$\alpha_f=0.8$；

A4、A5 工作级别（中级）的吊车，$\alpha_f=0.5$。

1.5 材料选用及设计指标

1.5.1 钢结构用材料

1. 钢材

我国现行国家标准《碳素结构钢》GB/T 700、《低合金高强度结构钢》GB/T 1591 和《建筑结构用钢板》GB/T 19879 中各牌号钢材的化学成分和机械性能见附录 1 附表 1-1～附表 1-8。承重结构的钢材宜采用碳素结构钢中的 Q235 钢、低合金高强度结构钢中的 Q345、Q390、Q420 和 Q460 钢以及建筑结构用钢板中的 Q235GJ、Q345GJ、Q390GJ、Q420GJ。钢材的选用应根据结构的重要性、荷载特征、结构形式、应力状态、连接方法、钢材厚度和工作环境等因素综合考虑，做到结构安全可靠同时用材经济合理。当采用其他牌号的钢材时，应有足够的依据。

承重结构采用的钢材应具有抗拉强度、断后伸长率、屈服强度和硫、磷含量的合格保证，对焊接结构尚应具有碳含量的合格保证。由于 Q235A 级钢的含碳量不作为交货条件，因此在主要焊接结构中不能使用。

焊接承重结构、重要的非焊接承重结构以及需要弯曲成型的构件等还应具有冷弯试验的合格保证，由于 Q235A 级钢的冷弯试验只有在需方有要求时才进行，因此在重要的非焊接承重结构以及需要弯曲成型的构件采用 Q235A 级钢时应提出具有冷弯试验合格保证的要求。

重要的受拉和受弯焊接构件，一般应具有冲击韧性的合格保证，当钢材厚度较大时（一般取25mm及以上）必须具有冲击韧性的合格保证。对于这种情况，应选用各类钢材的B级及以上的钢材牌号。

对直接承受动力荷载或需验算疲劳的构件所用钢材尚应具有冲击韧性的合格保证。A级钢仅可用于结构工作温度高于0℃的不需要验算疲劳的结构，且Q235A钢不宜用于焊接结构。

需验算疲劳的焊接结构用钢材应符合下列规定：

(1) 当工作温度高于0℃时其质量等级不应低于B级；

(2) 当工作温度不高于0℃但高于-20℃时，Q235钢、Q345钢不应低于C级，Q390、Q420、Q460钢不应低于D级；

(3) 当工作温度不高于-20℃时，Q235钢和Q345钢不应低于D级，Q390钢、Q420钢及Q460钢应选用E级。

需验算疲劳的非焊接结构，其钢材质量等级要求可较上述焊接结构降低一级但不应低于B级。

吊车起重量不小于50t的中级工作制吊车梁，对钢材冲击韧性的要求应与需要验算疲劳的构件相同。

当焊接承重结构采用的钢板厚度大于40mm且钢板在其厚度方向受拉时，为防止出现钢板的层状撕裂，应采用厚度方向性能钢板，也称Z向钢。Z向钢的材质应符合现行国家标准《厚度方向性能钢板》GB/T 5313的规定。

工作温度不高于-20℃的受拉板材及承重构件的受拉板材应符合下列规定：

(1) 所用钢材厚度或直径不宜大于40mm，其质量等级不宜低于C级；

(2) 当钢材厚度或直径不小于40mm时，其质量等级不宜低于D级；

(3) 重要承重结构的受拉板材宜满足现行国家标准《建筑结构用钢板》GB/T 19879的要求。

对于防腐蚀要求较高的承重结构，可采用耐候钢，其质量要求应符合现行国家标准《耐候结构钢》GB/T 4171的规定。

近年来，我国有些企业正在研制和生产抗火性能良好的耐火钢，如承重钢结构需要也可选用。

用于抗震设防区的承重钢结构采用的钢材，其屈服强度实测值与抗拉强度实测值的比值不应大于0.85。钢材应有明显的屈服台阶，伸长率σ_5不应小于20%，并应有良好的可焊性和合格的冲击韧性。

表1-8给出了不同使用条件的各种类型的结构构件宜采用的钢材牌号，可供使用参考。

结构钢材选用表 **表 1-8**

<table>
<tr><td colspan="2" rowspan="2"></td><td colspan="4">工作温度（℃）</td></tr>
<tr><td>$T>0$</td><td>$-20\lt T\leqslant 0$</td><td colspan="2">$-40\lt T\leqslant -20$</td></tr>
<tr><td rowspan="2">不需验算疲劳</td><td>非焊接结构</td><td>B（允许用 A）</td><td rowspan="2">B</td><td rowspan="2">B</td><td rowspan="4">受拉构件及承重结构的受拉板件：
1. 板厚或直径小于 40mm：C；
2. 板厚或直径不小于 40mm：D；
3. 重要承重结构的受拉板材宜选建筑结构用钢板</td></tr>
<tr><td>焊接结构</td><td>B
（允许用 Q345A～Q420A）</td></tr>
<tr><td rowspan="2">需验算疲劳</td><td>非焊接结构</td><td>B</td><td>Q235B Q390C
Q345GJC Q420C
Q345B Q460C</td><td>Q235C Q390D
Q345GJC Q420D
Q345C Q460D</td></tr>
<tr><td>焊接结构</td><td>B</td><td>Q235C Q390D
Q345GJC Q420D
Q345C Q460D</td><td>Q235D Q390E
Q345GJD Q420E
Q345D Q460E</td></tr>
</table>

2. 铸钢

焊接结构用铸钢节点的铸件材料应采用可焊铸钢，其牌号可选用符合现行国家标准《焊接结构用碳素钢铸件》GB/T 7659 的 ZG230-450H、ZG275-485H 碳素钢铸钢。

非焊接结构用铸钢节点的铸件材料可选用符合现行国家标准《一般工程用铸造碳钢件》GB/T 11352 的 ZG230-450、ZG270-500、ZG310-570、ZG340-640 等牌号的碳素铸钢。

以上各牌号铸钢的化学成分与力学性能见附录 2 附表 2-1～附表 2-4。

我国近年来建造的大跨度空间结构中经常采用铸钢节点。鉴于大跨度空间结构节点的构造极为复杂，受力又大，对铸钢材料的材质要求较高，大多数采用符合德国标准《焊接结构用铸钢》DINEN10293、DINEN10213-1、DINEN10213-3 的 G17Mn5QT、G20Mn5N、G20Mn5QT 牌号的铸钢，也可选用符合日本标准《焊接结构用铸钢》JISG5102 的 SCW410、SCW450、SCW480、SCW550、SCW620 牌号的铸钢。

以上各牌号铸钢的化学成分与力学性能见附录 2 附表 2-5～附表 2-8。

铸钢节点铸钢材料的选择应根据结构和节点的重要性、荷载特征、结构形式、应力状态、连接方法、铸件厚度、工作环境和铸造工艺等因素综合考虑，做到安全可靠和经济合理。

铸钢节点采用的铸钢材料应具有抗拉强度、伸长率、屈服强度、碳、硅、锰、硫、磷等含量的合格保证。

铸钢节点由于目前研究尚不够深入，因此一般不用于直接承受反复动力荷载并需要疲劳计算的节点。

对受静力荷载或间接承受动力荷载且处于非抗震设计地区的可焊接铸钢节点，当工作温度高于－20℃时，应有常温 V 型冲击功 $A_{kv}\geqslant 27J$ 的合格保证；当工作温度不高于－20℃时，应有 0℃V 型冲击功 $A_{kv}\geqslant 27J$ 的合格保证。

对直接承受动力荷载或处于7～9度抗震设防地区的可焊接铸钢节点，当工作温度高于−20℃时，应有0℃V型冲击功$A_{kv}\geqslant 27$J的合格保证；当工作温度不高于−20℃时，应有−20℃V型冲击功$A_{kv}\geqslant 27$J的合格保证；如节点三向受力，且处于9度抗震设防地区，当工作温度不高于−20℃时，应有−40℃V型冲击功$A_{kv}\geqslant 27$J的合格保证。

表1-9给出了不同使用条件和不同类型可焊接节点宜采用的铸钢材料的牌号，可供使用参考，在选用时应与构件母材性能相匹配，但其屈服强度、伸长率在满足计算强度安全的条件下，允许有一定的调整。

非焊接铸钢节点的铸钢材料可参照表1-9选用。必要时也可与可焊接节点一样选用，但可不要求碳当量作为保证条件。

铸钢材料选用表　　　　表1-9

<table>
<tr><th>序号</th><th colspan="2">荷载特征、节点类型与受力状态</th><th>工作温度</th><th>可选用铸钢材料牌号</th><th>要求性能项目</th></tr>
<tr><td>1</td><td rowspan="4">承受静力荷载或间接承受动力荷载</td><td rowspan="2">单管节点、单、双向受力状态</td><td>$T\gt -20$℃</td><td>ZG230-450H
ZG275-485H
SCW410，SCW450
SCW480，SCW550
G17Mn5QT
G20Mn5N，G20Mn5QT</td><td>应有屈服强度、抗拉强度、伸长率、断面收缩率、碳当量、常温V型冲击功$A_{kv}\geqslant 27$J的合格保证</td></tr>
<tr><td>2</td><td>$T\leqslant -20$℃</td><td>ZG275-485H
SCW480，SCW550
G17Mn5QT
G20Mn5N，G20Mn5QT</td><td>同第1项但应有0℃V型冲击功$A_{kv}\geqslant 27$J的合格保证</td></tr>
<tr><td>3</td><td rowspan="2">多管节点、三向受力等复杂受力状态</td><td>$T\gt -20$℃</td><td>同第2项</td><td>同第1项</td></tr>
<tr><td>4</td><td>$T\leqslant -20$℃</td><td>SCW480，SCW550
G17Mn5QT
G20Mn5N，G20Mn5QT</td><td>同第2项</td></tr>
<tr><td>5</td><td rowspan="4">承受直接动力荷载或7−9度设防的地震作用</td><td rowspan="2">单管节点、单、双向受力状态</td><td>$T\gt -20$℃</td><td>同第2项</td><td>同第2项</td></tr>
<tr><td>6</td><td>$T\leqslant -20$℃</td><td>同第4项</td><td>同第1项但应有−20℃V型冲击功$A_{kv}\geqslant 27$J的合格保证</td></tr>
<tr><td>7</td><td rowspan="2">多管节点、三向受力等复杂受力状态</td><td>$T\gt -20$℃</td><td rowspan="2">G17Mn5QT
G20Mn5N，G20Mn5QT</td><td>同第2项</td></tr>
<tr><td>8</td><td>$T\leqslant -20$℃</td><td>同第6项，但9度抗震设防时，应有−40℃V型冲击功$A_{kv}\geqslant 27$J的合格保证</td></tr>
</table>

注：选用ZG牌号或SCW牌号铸钢时，宜要求其含碳量≤0.22%，并磷、硫含量均小于0.03%。

1.5.2 钢结构的连接材料

1. 焊接材料

手工焊接采用的焊条应符合现行国家标准《非合金钢及细晶粒钢焊条》GB/T 5117 的规定。选择时焊条型号应与主体金属力学性能相适应。对直接承受动力荷载或需验算疲劳的结构，以及低温环境下工作的厚板结构宜采用低氢型焊条。

自动焊接或半自动焊接采用的焊丝应符合现行国家标准《熔化焊用钢丝》GB/T 14957、《气体保护电弧焊用碳钢、低合金钢焊丝》GB/T 8110、《碳钢药芯焊丝》GB/T 10045 的规定。

埋弧焊用焊丝和焊剂应符合现行国家标准《埋弧焊用碳钢焊丝和焊剂》GB/T 5293、《埋弧焊用低合金钢焊丝和焊剂》GB/T 12470 的规定。

气体保护焊使用的氩气应符合现行国家标准《氩》GB/T 4842 的规定，其纯度不应低于99.95%。气体保护焊使用的二氧化碳气体应符合现行国家标准《焊接用二氧化碳》HG/T 2537 的规定。

常用钢材的焊接材料可按表 1-10 的规定选用，屈服强度在 460MPa 以上的钢材，其焊接材料熔敷金属的力学性能不应低于相应母材标准的下限值或满足设计文件要求。当 Q235 钢和 Q345 钢相焊接时，宜采用与 Q235 钢相适应的焊条和焊丝。

铸钢节点与构件母材焊接时，在碳当量与构件母材基本相同的条件下，可按与构件母材相同技术要求选用相应的焊条、焊丝与焊剂，必要时应进行焊接工艺评定认可。

圆柱头焊（栓）钉连接构件的质量应符合现行国家标准《电弧螺栓焊用圆柱头焊钉》GB/T 10433 的规定。

2. 紧固件连接材料

钢结构连接用 4.6 级与 4.8 级普通螺栓（C 级螺栓）及 5.6 级与 8.8 级普通螺栓（A 级或 B 级螺栓），其质量应符合现行国家标准《紧固件机械性能螺栓、螺钉和螺柱》GB/T 3098.1 和《紧固件公差螺栓、螺钉、螺柱和螺母》GB/T 3103.1 的规定。C 级螺栓与 A 级、B 级螺栓的规格和尺寸应分别符合现行国家标准《六角头螺栓 C 级》GB/T 5780 与《六角头螺栓》GB/T 5782 的规定。

钢结构用大六角高强度螺栓的质量应符合现行国家标准《钢结构用高强度大六角头螺栓》GB/T 1228、《钢结构用高强度大六角螺母》GB/T 1229、《钢结构用高强度垫圈》GB/T 1230、《钢结构用高强度大六角头螺栓、大六角螺母、垫圈技术条件》GB/T 1231 的规定，扭剪型高强度螺栓的质量应符合现行国家标准《钢结构用扭剪型高强度螺栓连接副》GB/T 3632 的规定。

螺栓球节点用高强度螺栓的质量应符合现行国家标准《钢网架螺栓球节点用高强度螺栓》GB/T 16939 的规定。

常用钢材的焊接材料推荐表　　表 1-10

母材					焊接材料			
GB/T 700 和 GB/T 1591 标准钢材	GB/T 19879 标准钢材	GB/T 714 标准钢材	GB/T 4171 标准钢材	GB/T 7659 标准钢材	焊条电弧焊 SMAW	实心焊丝气体保护焊 GMAW	药芯焊丝气体保护焊 FCAW	埋弧焊 SAW
Q215	—	—	—	ZG200-400H ZG230-450H	GB/T 5117： E43XX	GB/T 8110： ER49-X	GB/T 10045： E43XTX-X GB/T 17493： E43XTX-X	GB/T 5293： F4XX-H08A
Q235 Q275	Q235GJ	Q235q	Q235NH Q265GNH Q295NH Q295GNH	ZG275-485H	GB/T 5117： E43XX E50XX GB/T 5118： E50XX-X	GB/T 8110： ER49-X ER50-X	GB/T 10045： E43XTX-X E50XTX-X GB/T 17493： E43XTX-X E49XTX-X	GB/T 5293： F4XX-H08A GB/T 12470： F48XX-H08MnA
Q345 Q390	Q345GJ Q390GJ	Q345q Q370q	Q310GNH Q355NH Q355GNH	—	GB/T 5117： E50XX GB/T 5118： E5015、16-X E5515、16-X[a]	GB/T 8110： ER50-X ER55-X	GB/T 10045： E50XTX-X GB/T 17493： E50XTX-X	GB/T 5293： F5XX-H08MnA F5XX-H10Mn2 GB/T 12470： F48XX-H08MnA F48XX-H10Mn2 F48XX-H10Mn2A
Q420	Q420GJ	Q420q	Q415NH	—	GB/T 5118： E5515、16-X E6015、16-X[b]	GB/T 8110 ER55-X ER62-X[b]	GB/T 17493： E55XTX-X	GB/T 12470： F55XX-H10Mn2A F55XX-H08MnMoA
Q460	Q460GJ	—	Q460NH	—	GB/T 5118： E5515、16-X E6015、16-X	GB/T 8110 ER55-X	GB/T 17493： E55XTX-X E60XTX-X	GB/T 12470： F55XX-H08MnMoA F55XX-H08Mn2MoVA

注：1. 被焊母材有冲击要求时，熔敷金属的冲击功不应低于母材规定；

2. 焊接接头板厚不小于 25mm 时，宜采用低氢型焊接材料；

3. 表中 X 对应焊材标准中的相应规定；

a 仅适用于厚度不大于 35mm 的 Q3459 钢及厚度不大于 16mm 的 Q3709 钢；

b 仅适用于厚度不大于 16mm 的 Q4209 钢。

连接用铆钉应采用BL2或BL3号钢制成，其质量应符合现行行业标准《标准件用碳素钢热轧圆钢及盘条》YB/T 4155—2006的规定。

锚栓可选用Q235、Q345、Q390或强度更高的钢材，其质量等级不宜低于B级。

连接薄钢板采用的自攻螺钉、钢拉铆钉（环槽铆钉）、射钉等应符合有关标准的规定。

1.5.3 设计指标

1. 钢材的设计指标

热轧钢材的强度设计值，应根据钢材厚度或直径按表1-11采用，建筑结构用钢板和结构用无缝钢管的强度设计值分别按表1-12和表1-13采用。冷弯薄壁型钢的强度设计值按表1-14采用。

热轧钢材的强度指标（N/mm^2） 表1-11

钢材牌号		钢材厚度或直径（mm）	强度设计值			屈服强度 f_y	抗拉强度 f_u
			抗拉、抗压、抗弯 f	抗剪 f_v	端面承压（刨平顶紧） f_{ce}		
碳素结构钢	Q235	≤16	215	125	320	235	370
		>16，≤40	205	120		225	
		>40，≤100	200	115		215	
低合金高强度结构钢	Q345	≤16	305	175	400	345	470
		>16，≤40	295	170		335	
		>40，≤63	290	165		325	
		>63，≤80	280	160		315	
		>80，≤100	270	155		305	
	Q390	≤16	345	200	415	390	490
		>16，≤40	330	190		370	
		>40，≤63	310	180		350	
		>63，≤100	295	170		330	
	Q420	≤16	375	215	440	420	520
		>16，≤40	355	205		400	
		>40，≤63	320	185		380	
		>63，≤100	305	175		360	
	Q460	≤16	410	235	470	460	550
		>16，≤40	390	225		440	
		>40，≤63	355	205		420	
		>63，≤100	340	195		400	

注：1. 表中直径指实芯棒材直径，厚度系指计算点的钢材或钢管壁厚度，对轴心受拉和轴心受压构件系指截面中较厚板件的厚度。

2. 冷弯型材和冷弯钢管，其强度设计值应按现行有关国家标准的规定采用。

建筑结构用钢板的设计用强度指标（N/mm²）　　表 1-12

<table>
<tr><th rowspan="2">建筑结构用钢板</th><th rowspan="2">钢材厚度或直径
（mm）</th><th colspan="3">强度设计值</th><th rowspan="2">屈服强度
f_y</th><th rowspan="2">抗拉强度
f_u</th></tr>
<tr><th>抗拉、抗压、抗弯
f</th><th>抗剪
f_v</th><th>端面承压（刨平顶紧）
f_{ce}</th></tr>
<tr><td rowspan="2">Q345GJ</td><td>>16，≤50</td><td>325</td><td>190</td><td rowspan="2">415</td><td>345</td><td rowspan="2">490</td></tr>
<tr><td>>50，≤100</td><td>300</td><td>175</td><td>335</td></tr>
</table>

结构用无缝钢管的强度指标（N/mm²）　　表 1-13

<table>
<tr><th rowspan="2">钢管钢材牌号</th><th rowspan="2">壁厚
（mm）</th><th colspan="3">强度设计值</th><th rowspan="2">屈服强度
f_y</th><th rowspan="2">抗拉强度
f_u</th></tr>
<tr><th>抗拉、抗压和抗弯
f</th><th>抗剪
f_v</th><th>端面承压（刨平顶紧）
f_{ce}</th></tr>
<tr><td rowspan="3">Q235</td><td>≤16</td><td>215</td><td>125</td><td rowspan="3">320</td><td>235</td><td rowspan="3">375</td></tr>
<tr><td>>16，≤30</td><td>205</td><td>120</td><td>225</td></tr>
<tr><td>>30</td><td>195</td><td>115</td><td>215</td></tr>
<tr><td rowspan="3">Q345</td><td>≤16</td><td>305</td><td>175</td><td rowspan="3">400</td><td>345</td><td rowspan="3">470</td></tr>
<tr><td>>16，≤30</td><td>290</td><td>170</td><td>325</td></tr>
<tr><td>>30</td><td>260</td><td>150</td><td>295</td></tr>
<tr><td rowspan="3">Q390</td><td>≤16</td><td>345</td><td>200</td><td rowspan="3">415</td><td>390</td><td rowspan="3">490</td></tr>
<tr><td>>16，≤30</td><td>330</td><td>190</td><td>370</td></tr>
<tr><td>>30</td><td>310</td><td>180</td><td>350</td></tr>
<tr><td rowspan="3">Q420</td><td>≤16</td><td>375</td><td>220</td><td rowspan="3">445</td><td>420</td><td rowspan="3">520</td></tr>
<tr><td>>16，≤30</td><td>355</td><td>205</td><td>400</td></tr>
<tr><td>>30</td><td>340</td><td>195</td><td>380</td></tr>
</table>

冷弯薄壁型钢的强度设计值（N/mm²）　　表 1-14

钢材牌号	抗拉、抗压和抗弯 f	抗　剪 f_v	端面承压（磨平顶紧） f_{ce}
Q235 钢	205	120	310
Q345 钢	300	175	400

2. 铸钢件的设计指标

焊接结构用铸钢件的强度设计值，应根据铸件壁厚按表 1-15 采用。非焊接结构用铸钢件的强度设计值按表 1-16 采用。

焊接结构用铸钢件的强度设计值（N/mm²）　　**表 1-15**

铸钢牌号	铸件厚度或直径 (mm)	强度设计值		
		抗拉、抗压和抗弯 f	抗剪 f_v	端面承压(刨平顶紧) f_{ce}
ZG230-450H	≥16 且≤50	175	105	290
	>50 且≤75	170	100	
	>75 且≤100	155	90	
	>100 且≤150	145	80	
ZG270-480H	≥16 且≤50	210	120	310
	>50 且≤75	200	115	
	>75 且≤100	185	105	
	>100 且≤150	165	95	
ZG300-500H	≥16 且≤50	230	135	325
	>50 且≤75	220	125	
	>75 且≤100	205	120	
	>100 且≤150	185	105	
ZG340-550H	≥16 且≤50	260	150	355
	>50 且≤75	250	145	
	>75 且≤100	230	135	
	>100 且≤150	210	120	
G17Mn5QT	≥16 且≤50	185	105	290
	>50 且≤75	175	100	
	>75 且≤100	165	95	
	>100 且≤150	150	85	
G20Mn5N G20Mn5QT	≥16 且≤50	230	135	310
	>50 且≤75	220	125	
	>75 且≤100	205	120	
	>100 且≤150	185	105	

非焊接结构用铸钢件的强度设计值（N/mm²）　　**表 1-16**

铸钢牌号	铸件厚度 (mm)	抗拉、抗压和抗弯 f	抗　剪 f_v	端面承压(刨平顶紧) f_{ce}
ZG230-450	≤100	180	105	290
ZG270-500		210	120	325
ZG310-570		240	140	370

3. 连接的设计指标

用于热轧钢材钢结构时，焊缝的强度设计值按表 1-17 采用，螺栓连接的强度设计值按

表 1-18 采用，铆钉连接的强度设计值按表 1-19 采用。

用于热轧钢材钢结构的焊缝强度设计值（N/mm²） **表 1-17**

焊接方法和焊条型号	构件钢材		对接焊缝强度设计值				角焊缝强度设计值
	牌号	厚度或直径（mm）	抗压 f_c^w	焊缝质量为下列等级时，抗拉 f_t^w		抗剪 f_v^w	抗拉、抗压和抗剪 f_f^w
				一级、二级	三级		
自动焊、半自动焊和 E43 型焊条手工焊	Q235	≤16	215	215	185	125	160
		>16，≤40	205	205	175	120	
		>40，≤100	200	200	170	115	
自动焊、半自动焊和 E50、E55 型焊条手工焊	Q345	≤16	305	305	260	175	200
		>16，≤40	295	295	250	170	
		>40，≤63	290	290	245	165	
		>63，≤80	280	280	240	160	
		>80，≤100	270	270	230	155	
	Q390	≤16	345	345	295	200	200（E50） 220（E55）
		>16，≤40	330	330	280	190	
		>40，≤63	310	310	265	180	
		>63，≤100	295	295	250	170	
自动焊、半自动焊和 E55、E60 型焊条手工焊	Q420	≤16	375	375	320	215	220（E55） 240（E60）
		>16，≤40	355	355	300	205	
		>40，≤63	320	320	270	185	
		>63，≤100	305	305	260	175	
自动焊、半自动焊和 E55、E60 型焊条手工焊	Q460	≤16	410	410	350	235	220（E55） 240（E60）
		>16，≤40	390	390	330	225	
		>40，≤63	355	355	300	205	
		>63，≤100	340	340	290	195	

用于热轧钢材钢结构的螺栓连接的强度指标（N/mm²） **表 1-18**

螺栓的性能等级、锚栓和构件钢材的牌号		强度设计值										高强度螺栓的抗拉强度 f_u^b
		普通螺栓						锚栓	承压型连接或网架用高强度螺栓			
		C 级螺栓			A 级、B 级螺栓							
		抗拉 f_t^b	抗剪 f_v^b	承压 f_c^b	抗拉 f_t^b	抗剪 f_v^b	承压 f_c^b	抗拉 f_t^a	抗拉 f_t^b	抗剪 f_v^b	承压 f_c^b	
普通螺栓	4.6 级、4.8 级	170	140	—	—	—	—	—	—	—	—	—
	5.6 级	—	—	—	210	190	—	—	—	—	—	—
	8.8 级	—	—	—	400	320	—	—	—	—	—	—

续表

螺栓的性能等级、锚栓和构件钢材的牌号		强度设计值										高强度螺栓的抗拉强度 f_u^b
		普通螺栓						锚栓	承压型连接或网架用高强度螺栓			
		C级螺栓			A级、B级螺栓							
		抗拉 f_t^b	抗剪 f_v^b	承压 f_c^b	抗拉 f_t^b	抗剪 f_v^b	承压 f_c^b	抗拉 f_t^a	抗拉 f_t^b	抗剪 f_v^b	承压 f_c^b	
锚栓	Q235	—	—	—	—	—	—	140	—	—	—	—
	Q345	—	—	—	—	—	—	180	—	—	—	—
	Q390	—	—	—	—	—	—	185	—	—	—	—
承压型连接高强度螺栓	8.8级	—	—	—	—	—	—	—	400	250	—	830
	10.9级	—	—	—	—	—	—	—	500	310	—	1040
螺栓球节点用高强度螺栓	9.8级	—	—	—	—	—	—	—	385	—	—	—
	10.9级	—	—	—	—	—	—	—	430	—	—	—
构件钢材牌号	Q235	—	—	305	—	—	405	—	—	—	470	—
	Q345	—	—	385	—	—	510	—	—	—	590	—
	Q390	—	—	400	—	—	530	—	—	—	615	—
	Q420	—	—	425	—	—	560	—	—	—	655	—
	Q460	—	—	450	—	—	595	—	—	—	695	—
	Q345GJ	—	—	400	—	—	530	—	—	—	615	—

注：1. A级螺栓用于$d \leqslant 24$mm和$L \leqslant 10d$或$L \leqslant 150$mm(按较小值)的螺栓；B级螺栓用于$d > 24$mm和$L > 10d$或$L > 150$mm(按较小值)的螺栓；d为公称直径，L为螺栓公称长度。

2. A、B级螺栓孔的精度和孔壁表面粗糙度，C级螺栓孔的允许偏差和孔壁表面粗糙度，均应符合现行国家标准《钢结构工程施工质量验收规范》GB 50205的要求。

3. 用于螺栓球节点网架的高强度螺栓，M12～M36为10.9级，M39～M64为9.8级。

铆钉连接的强度设计值（N/mm²） **表1-19**

铆钉钢号和构件钢材牌号		抗拉(钉头拉脱) f_t^r	抗剪 f_v^r		承压 f_c^r	
			Ⅰ类孔	Ⅱ类孔	Ⅰ类孔	Ⅱ类孔
铆钉	BL2或BL3	120	185	155	—	—
构件	Q235钢	—	—	—	450	365
	Q345钢	—	—	—	565	460
	Q390钢	—	—	—	590	480

注：1. 属于下列情况者为Ⅰ类孔：

(1) 在装配好的构件上按设计孔径钻成的孔；

(2) 在单个零件和构件上按设计孔径分别用钻模钻成的孔；

(3) 在单个零件上先钻成或冲成较小的孔径，然后在装配好的构件上再扩钻至设计孔径的孔。

2. 在单个零件上一次冲成或不用钻模钻成设计孔径的孔属于Ⅱ类孔。

各种强度设计值之间的换算关系可汇总成如附录 5 附表 5-1 所示。

用于冷弯薄壁型钢结构的焊缝的强度设计值按表 1-20 采用，C 级普通螺栓连接的强度设计值按表 1-21 采用。

用于冷弯薄壁型钢结构的焊缝的强度设计值（N/mm²） **表 1-20**

构件钢材牌号	对接焊缝			角焊缝
	抗压 f_c^w	抗拉 f_t^w	抗剪 f_v^w	抗压、抗拉和抗剪 f_f^w
Q235 钢	205	175	120	140
Q345 钢	300	255	175	195

注：1. 当 Q235 钢与 Q345 钢对接焊接时，焊缝的强度设计值按表 1-20 中 Q235 钢栏中的数值采用；
2. 经 X 射线检查符合一、二级焊缝标准质量的对接焊缝的抗拉强度设计值采用抗压强度设计值。

用于冷弯薄壁型钢结构的 C 级普通螺栓连接的强度设计值（N/mm²） **表 1-21**

受力类别	性能等级	构件钢材的牌号	
	4.6 级、4.8 级	Q235 钢	Q345 钢
抗拉 f_t^b	165	—	—
抗剪 f_v^b	125	—	—
承压 f_c^b	—	290	370

4. 强度设计值应予折减的情况

计算下列情况的结构构件或连接时，强度设计值应乘以下列相应的折减系数。当几种情况同时存在时，其折减系数应连乘。

（1）无垫板的单面施焊对接焊缝 0.85；

（2）施工条件较差的高空安装焊缝和铆钉连接 0.9；

（3）沉头和半沉头铆钉连接 0.80。

5. 钢材和钢铸件的物理性能

钢材和钢铸件的物理性能指标应按表 1-22 采用。

钢材和钢铸件的物理性能指标 **表 1-22**

弹性模量 E (N/mm²)	剪变模量 G (N/mm²)	线膨胀系数 α (以每摄氏度级计)	质量密度 ρ (kg/m³)
206×10^3	79×10^3	12×10^{-6}	7850

1.6 结构或构件变形和构件长细比限值的规定

为了不影响结构或构件的正常使用和观感，设计时应对结构或构件的变形（挠度或侧移）以及构件的长细比规定相应的限值。当有实践经验或有特殊要求时，可根据不影响正常使用和观感的原则对规定进行适当调整。

对于横向受力构件，为改善外观和使用条件，可预先起拱，起拱大小应视实际需要而定，一般为恒载标准值加 1/2 活载标准值所产生的挠度值。当仅为改善外观条件时，构件挠度应取在恒荷载和活荷载标准值作用下的挠度计算值减去起拱度。

1.6.1 受弯构件的挠度容许值

受弯构件包括吊车梁、楼盖梁、屋盖梁、工作平台梁、屋盖檩条以及墙架构件等的挠度不宜超过表 1-23 所列的容许值。冶金工厂或类似车间中设有工作级别为 A7、A8 级吊车的车间，其跨间每侧吊车梁或吊车桁架的制动结构，由一台最大吊车横向水平荷载所产生的水平挠度不宜超过制动结构跨度的 1/2200。

受弯构件的挠度容许值　　表 1-23

项次	构件类别	挠度容许值	
		$[v_T]$	$[v_Q]$
1	吊车梁和吊车桁架（按自重和起重量最大的一台吊车计算挠度） (1) 手动起重机和单梁起重机（含悬挂起重机） (2) 轻级工作制桥式起重机 (3) 中级工作制桥式起重机 (4) 重级工作制桥式起重机	 $l/500$ $l/750$ $l/900$ $l/1000$	—
2	手动或电动葫芦的轨道梁	$l/400$	—
3	有重轨（重量等于或大于 38kg/m）轨道的工作平台梁 有轻轨（重量等于或小于 24kg/m）轨道的工作平台梁	$l/600$ $l/400$	—
4	楼（屋）盖梁或桁架、工作平台梁（第 3 项除外）和平台板 (1) 主梁或桁架（包括设有悬挂起重设备的梁和桁架） (2) 仅支承压型金属板屋面和冷弯型钢檩条 (3) 除支承压型金属板屋面和冷弯型钢檩条外，尚有吊顶 (4) 抹灰顶棚的次梁 (5) 除 (1) ～ (4) 款外的其他梁（包括楼梯梁） (6) 屋盖檩条 支承压型金属板屋面者 支承其他屋面材料者 有吊顶 (7) 平台板	 $l/400$ $l/180$ $l/240$ $l/250$ $l/250$ $l/150$ $l/200$ $l/240$ $l/150$	 $l/500$ $l/350$ $l/300$ — — — —

续表

项次	构件类别	挠度容许值	
		$[v_T]$	$[v_Q]$
5	墙架构件（风荷载不考虑阵风系数） (1) 支柱（水平方向） (2) 抗风桁架（作为连续支柱的支承时，水平位移） (3) 砌体墙的横梁（水平方向） (4) 支承压型金属板的横梁（水平方向） (5) 支承其他墙面材料的横梁（水平方向） (6) 带有玻璃窗的横梁（竖直和水平方向）	 — — — — — $l/200$	 $l/400$ $l/1000$ $l/300$ $l/100$ $l/200$ $l/200$

注：1. l 为受弯构件的跨度（对悬臂梁和伸臂梁为悬臂长度的 2 倍）。

2. $[v_T]$ 为永久和可变荷载标准值产生的挠度（如有起拱应减去拱度）的容许值，$[v_Q]$ 为可变荷载标准值产生的挠度的容许值。

3. 当吊车梁或吊车桁架跨度大于 12m 时，其挠度容许值 $[v_T]$ 应乘以 0.9 的系数。

1.6.2 结构的水平位移容许值

(1) 在风荷载标准值作用下，单层钢结构柱顶水平位移宜符合下列规定：

1) 单层钢结构柱顶水平位移不宜超过表 1-24 的数值。

2) 无桥式起重机时，当围护结构采用砌体墙，柱顶水平位移不应大于 $H/240$，当围护结构采用轻型钢墙板且房屋高度不超过 18m，柱顶水平位移可放宽至 $H/60$。

3) 有桥式起重机时，当房屋高度不超过 18m，采用轻型屋盖，吊车起重量不大于 20t 工作级别为 A1～A5 且吊车由地面控制时，柱顶水平位移可放宽至 $H/180$。

风荷载作用下单层钢结构柱顶水平位移容许值　　表 1-24

结构体系	吊车情况	柱顶水平位移
排架、框架	无桥式起重机	$H/150$
	有桥式起重机	$H/400$

注：H 为柱高度。

(2) 在单层钢结构的冶金工厂或类似车间中，设有工作级别为 A7、A8 级吊车的厂房柱和设有中级和重级工作制吊车的露天栈桥柱，在吊车梁或吊车桁架的顶面标高处，由一台最大吊车水平荷载所产生的计算变形值不宜超过表 1-25 所列的容许值。

吊车水平荷载作用下柱水平位移（计算值）容许值　　表 1-25

项次	位移的种类	按平面结构图形计算	按空间结构图形计算
1	厂房柱的横向位移	$H_c/1250$	$H_c/2000$
2	露天栈桥柱的横向位移	$H_c/2500$	
3	厂房和露天栈桥柱的纵向位移	$H_c/4000$	

注：1. H_c 为基础顶面至吊车梁或吊车桁架顶面的高度；

2. 计算厂房或露天栈桥柱的纵向位移时，可假定吊车的纵向水平制动力分配在温度区段内所有的柱间支撑或纵向框架上；

3. 在设有 A8 级吊车的厂房中，厂房柱的水平位移（计算值）容许值不宜大于表中数值的 90%；

4. 在设有 A6 级吊车的厂房柱的纵向位移宜符合表中的要求。

(3) 在风荷载标准值作用下，多层钢结构层间位移角限值宜符合下列规定：

1) 有桥式起重机时，多层钢结构的弹性层间位移角不宜超过1/400。

2) 无桥式起重机时，多层钢结构的弹性层间位移角不宜超过表1-26的数值。

多层钢结构层间位移角容许值 **表1-26**

<table>
<tr><th colspan="3">结构体系</th><th>层间位移角</th></tr>
<tr><td colspan="3">框架，框架-支撑</td><td>1/250</td></tr>
<tr><td rowspan="3">框-排架</td><td colspan="2">侧向框-排架</td><td>1/250</td></tr>
<tr><td rowspan="2">竖向框-排架</td><td>1/250</td><td>1/150</td></tr>
<tr><td>1/250</td><td>1/250</td></tr>
</table>

注：1. 对室内装修要求较高的建筑，层间位移角宜适当减小；无墙壁的建筑，层间位移角可适当放宽；

2. 当围护结构可适应较大变形时，层间位移角可适当放宽；

3. 在多遇地震作用下多层钢结构的弹性层间位移角不宜超过1/250。

1.6.3 构件长细比的限值

(1) 轴心受压构件的容许长细比宜符合下列规定：

1) 验算容许长细比时，可不考虑扭转效应，计算单角钢受压构件的长细比时，应采用角钢的最小回转半径，但计算在交叉点相互连接的交叉杆件平面外的长细比时，可采用与角钢肢边平行轴的回转半径。

2) 跨度等于或大于60m的桁架，其受压弦杆、端压杆和直接承受动力荷载的受压腹杆的长细比不宜大于120。

3) 轴心受压构件的长细比不宜超过表1-27规定的容许值，但当杆件内力设计值不大于承载能力的50%时，容许长细比值可取200。

受压构件的长细比容许值 **表1-27**

构 件 名 称	容许长细比
轴心受压柱、桁架和天窗架中的压杆	150
柱的缀条、吊车梁或吊车桁架以下的柱间支撑	150
支撑	200
用以减小受压构件计算长度的杆件	200

(2) 受拉构件的容许长细比宜符合下列规定：

1) 验算容许长细比时，在直接或间接承受动力荷载的结构中，计算单角钢受拉构件的长细比时，应采用角钢的最小回转半径，但计算在交叉点相互连接的交叉杆件平面外的长细比时，可采用与角钢肢边平行轴的回转半径。

2) 中、重级工作制吊车桁架下弦杆的长细比不宜超过200。

3) 在设有夹钳或刚性料耙等硬钩起重机的厂房中，支撑的长细比不宜超过300。

4）受拉构件在永久荷载与风荷载组合作用下受压时，其长细比不宜超过 250。

5）跨度等于或大于 60m 的桁架，其受拉弦杆和腹杆的长细比，承受静力荷载或间接承受动力荷载时不宜超过 300，直接承受动力荷载时，不宜超过 250。

6）受拉构件的长细比不宜超过表 1-28 规定的容许值。柱间支撑按拉杆设计时，竖向荷载作用下柱子的轴力应按无支撑时考虑。

受拉构件的长细比容许值　　　　**表 1-28**

<table>
<tr><th rowspan="2">构件名称</th><th colspan="3">承受静力荷载或间接承受动力荷载的结构</th><th rowspan="2">直接承受动力荷载的结构</th></tr>
<tr><th>一般建筑结构</th><th>对腹杆提供平面外支点的弦杆</th><th>有重级工作制起重机的厂房</th></tr>
<tr><td>桁架的构件</td><td>350</td><td>250</td><td>250</td><td>250</td></tr>
<tr><td>吊车梁或吊车桁架以下柱间支撑</td><td>300</td><td>—</td><td>200</td><td></td></tr>
<tr><td>除张紧的圆钢外的其他拉杆、支撑、系杆等</td><td>400</td><td>—</td><td>350</td><td>—</td></tr>
</table>

第2章

平台钢结构设计

2.1　平台钢结构布置

平台结构多见于工业建筑内，如设备平台、检修走道平台，高大厂房中搭建的平台也用于其他生产辅助以及办公管理。在一些商铺、办公用房内部，也会设有平台以利用空间。平台结构一般仅设一层，是建筑钢结构体系中最简单的一种形式。图2-1是平台钢结构的布置示意图。

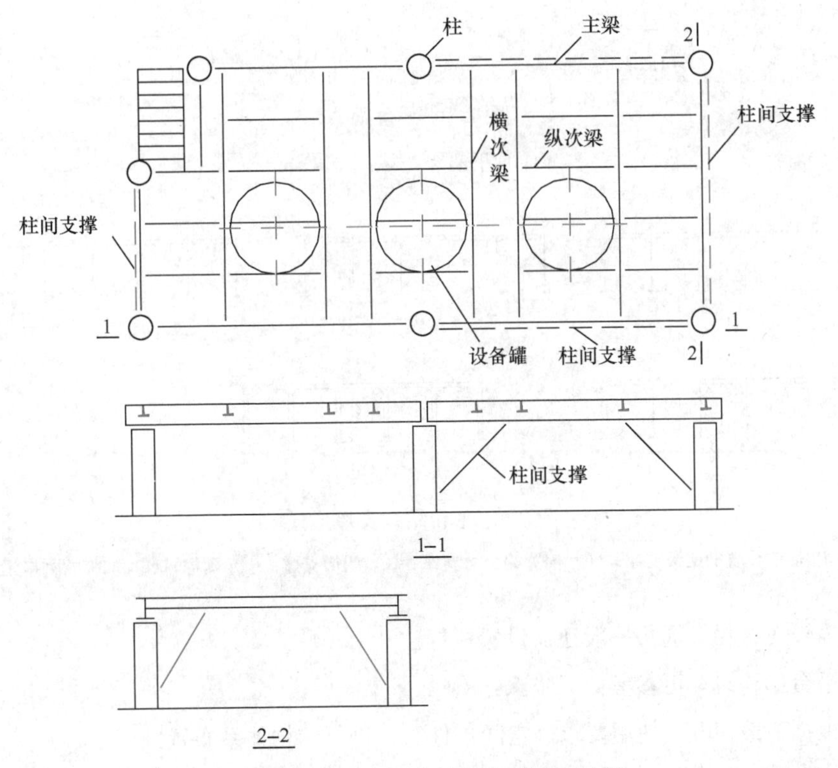

图2-1　工厂车间中的平台钢结构示意

设置在室内的平台结构一般只考虑承受恒载、活荷载等竖向荷载，但设计者不应疏漏了可能受到水平荷载作用的情况。

平台结构通常由铺板（也称楼面板、平台板）、梁、柱、柱间支撑组成。铺板直接承受竖向荷载，并将其传到梁上。柱距较小或负荷较小时，可以采取简单梁系，即每一支承铺板的梁都直接连接在柱上，参见图 2-2（a）；但柱距较大或负荷较大的平台结构，则需要采用主次梁体系（图 2-2b），即铺板搁置在次梁上，次梁连接在主梁上，竖向荷载经由铺板-次梁-主梁传递到柱子。当平台柱的两端都采用铰接连接时，必须设置柱间支撑，以保证结构几何不变；即使在其他情况下，也可能因保证结构稳定性或侧向刚度的需要而设置必要的柱间支撑。柱间支撑有交叉支撑（图 2-3a、b）、门形支撑（图 2-3c）、隅撑（图 2-3d）等多种形式。有些情况下也采用梁端加腋的方式（图 2-3e）。

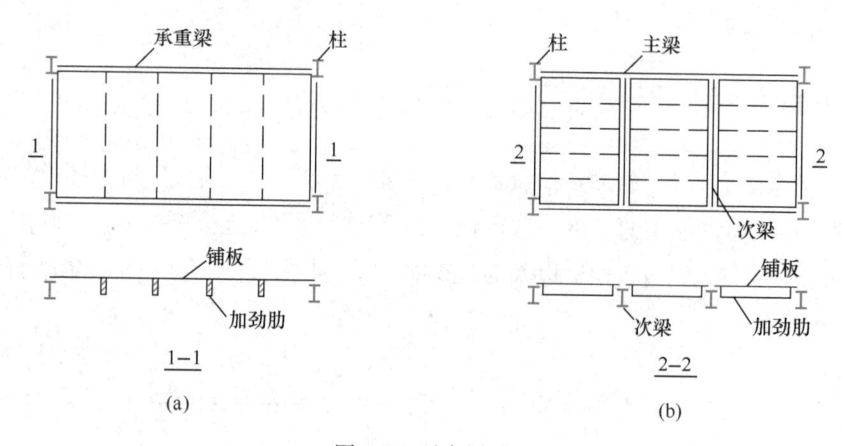

图 2-2　平台梁系

（a）简单梁系；（b）主次梁系

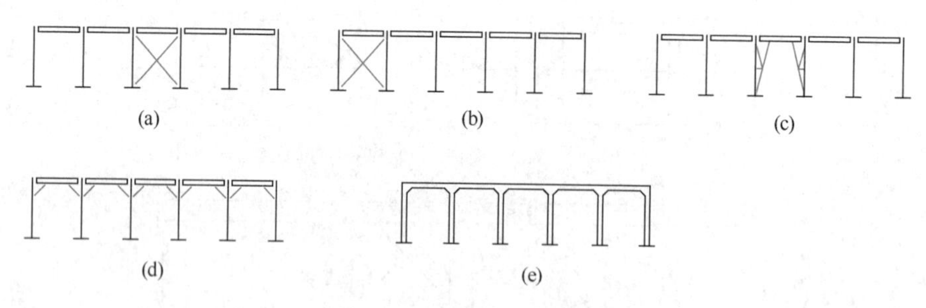

图 2-3　平台结构支撑形式

（a）居中设置的交叉支撑；（b）偏置的交叉支撑；（c）门形支撑；（d）隅撑；（e）加腋的刚接梁

平台需设置楼梯，周边一般还需设置栏杆。

设计平台结构时，可参考如下步骤：

（1）根据荷载情况、使用要求、空间条件等，进行结构体系布置；

1）梁柱平面布置，包括梁系选择、柱距选择；

2）柱间支撑布置，支撑类型、支撑位置；

3）构件连接节点类型的确定：初步选择梁柱连接、柱脚连接是刚接还是铰接。

（2）初选构件截面。

（3）结构内力、变形的分析。

（4）对铺板、次梁、主梁、柱子、支撑等构件进行计算，对初选截面进行合理调整。

（5）节点构造设计和计算，包括对柱子基础进行设计计算。

（6）对楼梯、栏杆进行设计计算。

（7）编制施工图。

以下各节对其中若干步骤进行说明。

2.2 平台铺板设计

2.2.1 铺板形式和构造

铺板可以采用钢板、现浇或预制的钢筋混凝土板、压型钢板和混凝土组成的组合楼板，参见图2-4。除了某些走道和有特殊轻型要求的平台外，一般采用钢筋混凝土板或组合楼板。钢筋混凝土板的设计可阅读有关钢筋混凝土结构的教科书，本章不作具体介绍。组合楼板的设计将在第6章6.5节的6.5.3楼面和屋面结构的设计中介绍。

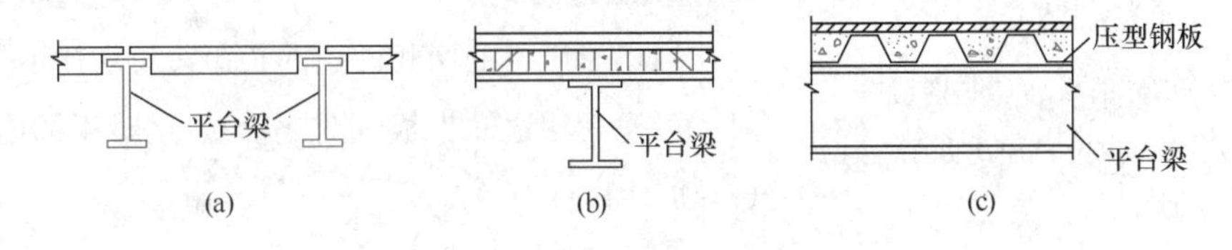

图2-4　平台铺板的形式

（a）钢铺板；（b）钢筋混凝土板；（c）压型钢板混凝土组合楼板

钢铺板有平钢板、花纹钢板和箅条式钢板等类型（图2-5）。人行通道平台和经常有人走动的平台需要防滑，宜采用花纹钢板。花纹钢板表面有轧制的小突起，基本厚度范围为2.5～8.0mm。需要防止积灰的平台、室外平台等可以考虑箅条式钢板。这种钢板为镂空式，预制成一定规格，周边有加劲肋形成四边支承。

平钢板和花纹钢板的设计方法相同。因钢板抗弯刚度和承载力都较小，仅靠梁的支承往往很不经济，一般需要设置加劲肋。加劲肋常采用扁钢或小角钢。根据工程经验，用作加劲肋的扁钢高度取其跨度的1/15～1/12，厚度不小于其高度的$1/15 \times \sqrt{235/f_y}$（图2-6a）。扁

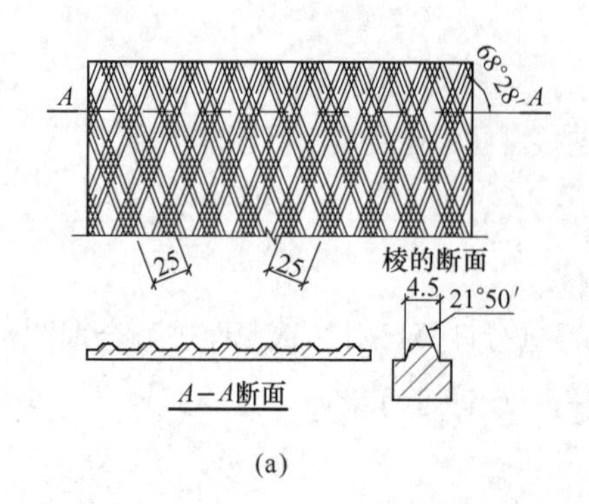

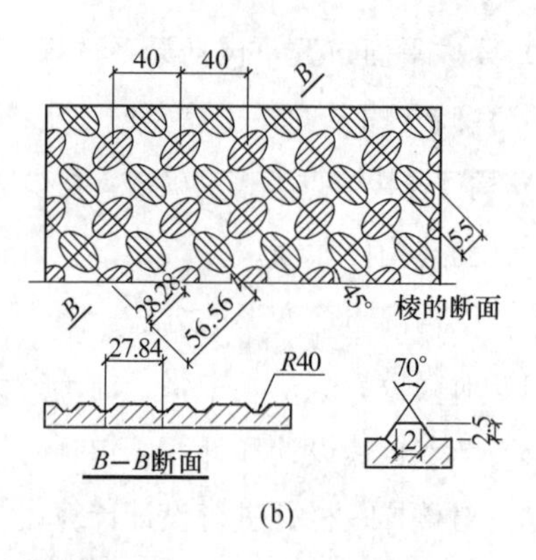

图 2-5 用于平台铺板的花纹钢板

(a) 棱形花纹钢板；(b) 扁豆形花纹钢板

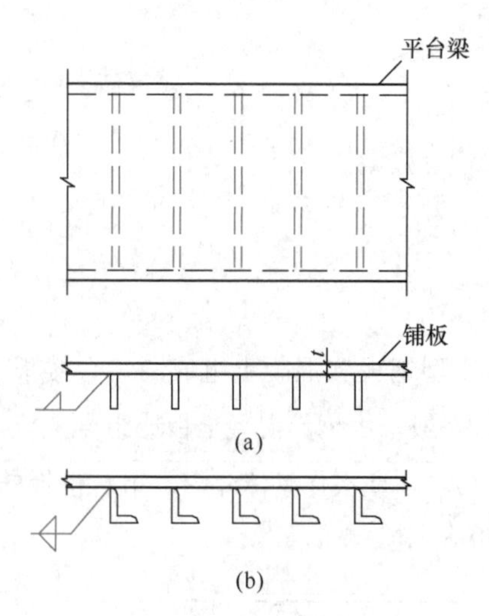

图 2-6 铺板加劲肋构造

(a) 采用扁钢或钢板加劲肋的铺板；

(b) 采用角钢加劲肋的铺板

钢与钢板可采用间断焊的角焊缝。焊缝间距不应超过 $15t$，t 为较薄板件的厚度。加劲肋如采用角钢，则通常将一肢尖焊于钢板（图 2-6b），焊接方法与扁钢加劲肋相同。加劲肋之间的距离，应根据铺板计算确定。铺板与梁的连接一般也采用间断角焊缝。

2.2.2 铺板计算

通常铺板被梁和加劲肋划分成矩形区格（参见图 2-7）。铺板按区格计算。

1. 四边简支板

当矩形区格的两相邻边的长短边长之比不超过 2.0 时，可视为四边简支板（图 2-7b）。这时板的内力按式（2-1）计算：

$$M_{\max} = \alpha q a^2 \tag{2-1}$$

式中 $M_{\max}$——铺板区格内单位长度上最大弯矩设计值，kN · m/m；

α——均布荷载作用下四边支承板的弯矩系数，与板的边长比 b/a 有关，根据四边简支板的弹性力学分析得出，可按表 2-1 查取；中间值采用线性插值法得到；

a、b——分别为区格的短边与长边；

q——区格内均布荷载设计值。

板的强度应满足式（2-2）的要求：

$$\frac{M_{\max}}{W} = \frac{6M_{\max}}{t^2} \leqslant f \tag{2-2}$$

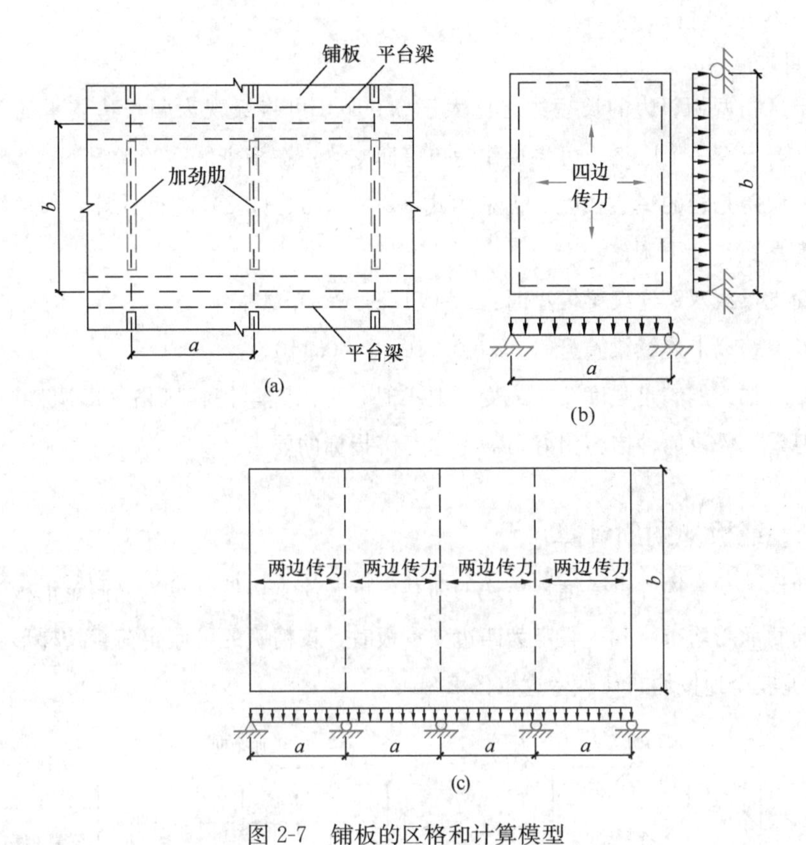

图 2-7　铺板的区格和计算模型

(a) 铺板区格；(b) $b/a \leqslant 2$ 时的四边简支板模型；(c) $b/a > 2$ 时的两边传力模型，单跨简支梁或多跨连续梁模型

式中　W、t——分别为铺板单位长度的截面模量和厚度，花纹钢板厚度取基本厚度；

f——铺板钢材的强度设计值。

板的挠度按式（2-3）计算，该式也是弹性板分析后得到的公式。

$$v = \beta \frac{q_k a^4}{E t^3} \tag{2-3}$$

式中　β——均布荷载作用下四边简支板的挠度系数，也与板的边长比 b/a 有关，可按表 2-1 查取；

q_k——区格内均布荷载标准值。

板的计算挠度应小于规范、规程的规定［v］或工程使用提出的特定要求。现行国家标准《钢结构设计标准》GB 50017 中对平台铺板采用钢板时的挠度限值为 $a/150$。

四边简支板的计算系数　　　　表 2-1

b/a	1.0	1.1	1.2	1.3	1.4	1.5	1.6	1.7	1.8	1.9	2.0
α	0.065	0.070	0.074	0.079	0.083	0.085	0.086	0.091	0.095	0.099	0.102
β	0.044	0.053	0.062	0.070	0.077	0.084	0.091	0.096	0.102	0.106	0.111

2. 单向受弯板

当矩形区格两相邻边的长短边之比大于 2.0 时，可将板视为两长边支承的单向受弯板（图 2-7c）。若仅有一个区格，可将板作为单跨简支梁；在多个区格的情况下，可将板作为多跨连续梁；梁跨是板的短边长度。仍采用式（2-1）～式（2-3）进行计算，但弯矩计算系数和挠度计算系数作如下调整：

单跨简支梁或双跨连续梁模型时：α=0.125，β=0.140；

三跨及三跨以上连续梁模型时：α=0.100，β=0.110。

计算结果如不能满足强度要求或变形要求时，可以调整铺板区格（即调整加劲肋间距）或增加板厚等。采取何种措施为好，需考虑经济指标的要求。

2.2.3 铺板加劲肋计算

加劲肋作为受弯构件承受铺板传递的荷载，可按简支构件计算。当假定铺板为单向受弯板时，加劲肋承受均布荷载；假定为四边支承板时，较精确的可假定荷载按梯形分布（图 2-8a），也可偏安全地按均布荷载考虑（图 2-8b）。

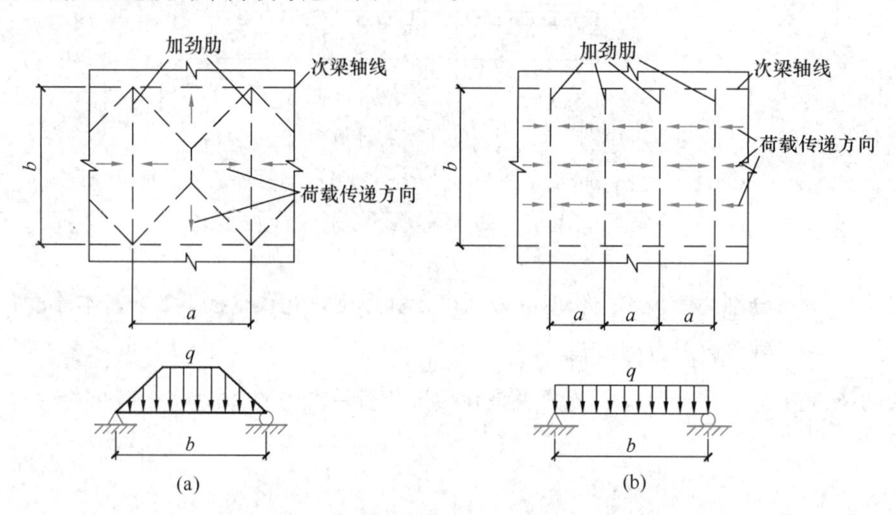

图 2-8　加劲肋计算简图

（a）加劲肋计算简图之 1；（b）加劲肋计算简图之 2

当铺板和加劲肋之间的间断焊缝间距不超过 $15t$ 时，加劲肋跨中受弯计算时可取图 2-9 中打斜线的部分作为加劲肋的计算截面，按此面积计算加劲肋的截面模量和抗弯刚度。支座受剪计算时，取打斜线的部分计算惯性矩和面积矩。

加劲肋按受弯构件计算强度和挠度。由于铺板可以阻止加劲肋受压侧出平面变形，不另计算整体稳定。

加劲肋的强度按下式计算：

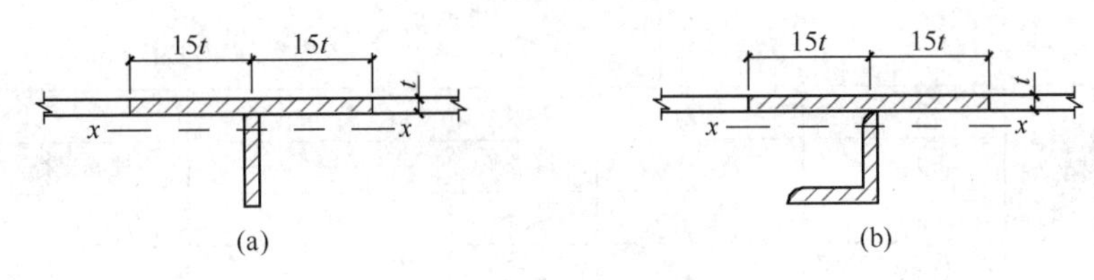

图 2-9 加劲肋的计算截面

正应力
$$\frac{M}{\gamma_x W_{nx}} \leqslant f \tag{2-4}$$

剪应力
$$\tau = \frac{VS}{It} \leqslant f_v \tag{2-5}$$

加劲肋的挠度按下式计算：

$$v = \frac{5q_k l^4}{384EI_x} \leqslant [v] \tag{2-6}$$

式中 M——根据加劲肋之间的荷载计算的加劲肋的弯矩设计值；

W_{nx}——加劲肋净截面的截面模量；

γ_x——截面塑性发展系数：对图 2-9（a）截面的下边缘取 1.20，上边缘取 1.05；对图 2-9（b）截面的上下边缘都取 1.05；

f——加劲肋钢材的抗弯强度设计值；

V——加劲肋支座处的剪力设计值；

S——加劲肋支座处截面的面积矩；

I——加劲肋支座处截面的惯性矩；

t——加劲肋支座处截面的宽度；

f_v——铺板钢材的抗剪强度设计值；

q_k——均布荷载标准值；

l——加劲肋跨度；

E——钢材弹性模量；

I_x——加劲肋截面对 x 轴的惯性矩；

$[v]$——加劲肋的挠度容许值。

【例 2-1】 设一平台结构，平面布置如图 2-10 所示，平台的均布活荷载标准值 $q_{Lk}=10\text{kN/m}^2$。设计并计算平台铺板，设铺板采用花纹钢板，钢材牌号为 Q235。

[设计与计算]

1. 铺板设计：由图 2-10，次梁间距 1.5m，设加劲肋间距 0.6m，铺板选用厚度 $t=6\text{mm}$ 的花纹钢板。因铺板区格长短边之比 $b/a=1.5/0.6=2.5>2.0$，可作为多跨连续的单向板计算，加劲肋为其支点。

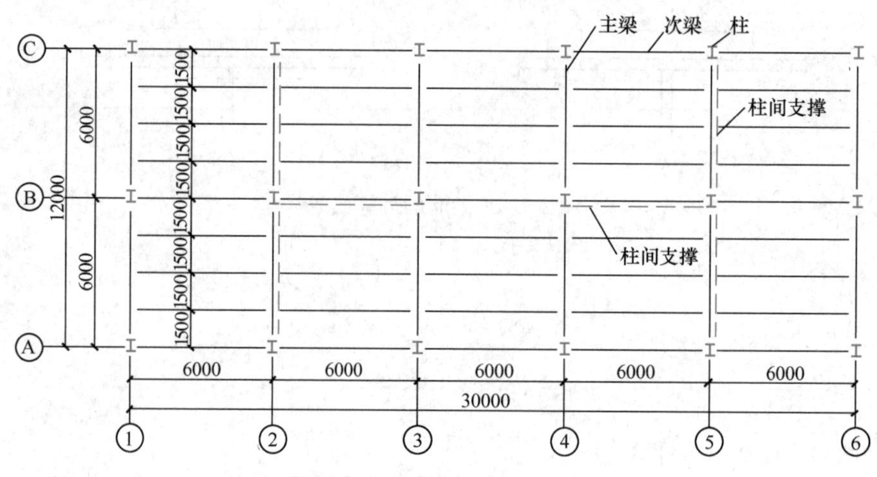

图 2-10 平台结构计算例题

2. 荷载计算：已知平台均布活荷载标准值 $q_{\mathrm{Lk}}=9\ \mathrm{kN/m^2}$，6mm 厚花纹钢板自重 $q_{\mathrm{Dk}}=0.5\ \mathrm{kN/m^2}$，取恒载分项系数 1.3，活荷载分项系数 1.5。（注：本例根据《建筑结构可靠性设计统一标准》GB 50068—2018 规定，按永久荷载与活荷载对承载力均不利时的分项系数取值。本章例题无专门说明时，分项系数按本例取。）

均布荷载标准值 $q_{\mathrm{k}}=0.5+9=9.5\ \mathrm{kN/m^2}$

均布荷载设计值 $q_{\mathrm{d}}=1.3\times0.5+1.5\times9=14.15\mathrm{kN/m^2}$

3. 强度计算：弯矩按式（2-1）计算，取 $\alpha=0.10$，平台板单位宽度最大弯矩设计值为：

$$M_{\max}=\alpha qa^2=0.10\times14.15\times0.6^2=0.509\mathrm{kN\cdot m/m}$$

强度按式（2-2）计算，

$$\frac{M_{\max}}{W}=\frac{6M_{\max}}{t^2}=\frac{6\times0.509}{0.006^2}=84833\ \mathrm{kN/m^2}=84.8\ \mathrm{N/mm^2}<215\ \mathrm{N/mm^2}$$

4. 挠度计算：挠度按式（2-3）计算，取 $\beta=0.110$，$E=2.06\times10^5\mathrm{N/mm^2}$，

$$\frac{v}{a}=\beta\frac{q_{\mathrm{k}}a^3}{Et^3}=0.110\times\frac{9.5\times10^{-3}\times600^3}{2.06\times10^5\times6^3}=0.00507=\frac{1}{197}<\frac{1}{150}$$

设计满足强度和刚度的要求。

[分析]

一般情况下，铺板设计由挠度控制，因此宜采用加劲肋减小平台板的跨度。

【例 2-2】对图 2-10 所示平台结构的加劲肋截面进行设计。

[设计与计算]

1. 加劲肋设计：选用－80×6 钢板，钢材为 Q235。加劲肋与铺板采用单面角焊缝，焊脚尺寸 6mm，每焊 150mm 长度后跳开 50mm 间隙（图 2-11b）。此连接构造满足铺板与加劲肋作为整体计算的条件。加劲肋的计算截面为图 2-11（c）所示的 T 形截面，铺板计算宽度

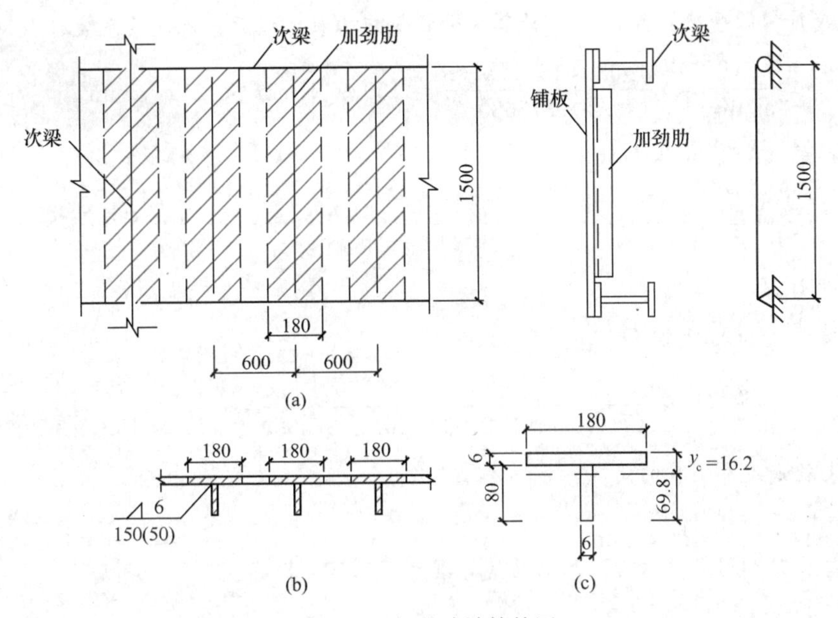

图 2-11　加劲肋计算简图

为 $30t$=180mm，跨度为 1.5m。

2. 荷载计算：分布在一 T 形截面简支加劲肋上的设计荷载应为 600mm 范围内的荷载，加劲肋自重为 0.08×0.006×78.5=0.03768kN/m，按均布荷载考虑。由［例 2-1］知，均布荷载标准值 q_k=9.5×0.6+0.03768=5.738kN/m，均布荷载设计值 q_d=14.15×0.6+1.3×0.03768=8.539kN/m。

3. 内力计算：简支梁跨中最大弯矩设计值

$$M_{max}=\frac{1}{8}\times 8.539\times 1.5^2=2.402\text{kN}\cdot\text{m}$$

支座处最大剪力设计值

$$V=8.539\times 1.5/2=6.404\text{kN}$$

4. 截面特性计算：参考图 2-11（c），截面形心位置

$$y_c=\frac{180\times 6\times 3+80\times 6\times 46}{180\times 6+80\times 6}=16.2\text{mm}$$

截面惯性矩

$$I=\frac{1}{12}\times 180\times 6^3+180\times 6\times(16.2-3)^2+\frac{1}{12}\times 80^3\times 6+80\times 6\times(69.8-40)^2$$

$$=873680\ \text{mm}^4$$

支座处抗剪面积只计铺板部分，偏安全仍取 180mm 范围，则

$$A_v=180\times 6=1080\text{mm}^2$$

5. 强度计算：受弯按式（2-4）计算，受拉侧应力最大截面塑性发展系数取 1.20，

$$\frac{M}{\gamma_x W_{nx}}=\frac{2.402\times10^6\times69.8}{1.2\times873680}=159.9\ \mathrm{N/mm^2}<215\ \mathrm{N/mm^2}$$

受剪按式（2-5）计算，

$$\frac{VS}{It}=1.5\frac{V}{A_v}=1.5\times\frac{6.404\times10^3}{1080}=8.9\ \mathrm{N/mm^2}<125\ \mathrm{N/mm^2}$$

6. 变形计算：

挠度按式（2-6）计算，

$$\frac{v}{l}=\frac{5q_x l^3}{384EI_x}=\frac{5\times5.738\times1500^3}{384\times2.06\times10^5\times873680}\approx\frac{1}{714}<\frac{1}{150}$$

设计满足强度和刚度的要求。

[分析]

铺板与加劲肋形成整体后，加劲肋抗弯刚度得到很大提高。

2.3 平台梁设计

2.3.1 平台梁设计要点

平台梁可选的截面形式见图 2-12。平台梁构件首选工字形、槽形型钢和热轧或冷成型的矩形钢管，以减少制作成本；当没有合适尺寸或供货困难等，也可采用焊接工字形、箱形以及组合截面。跨度较大且承受重载的平台结构中，也可采用桁架作为平台梁。

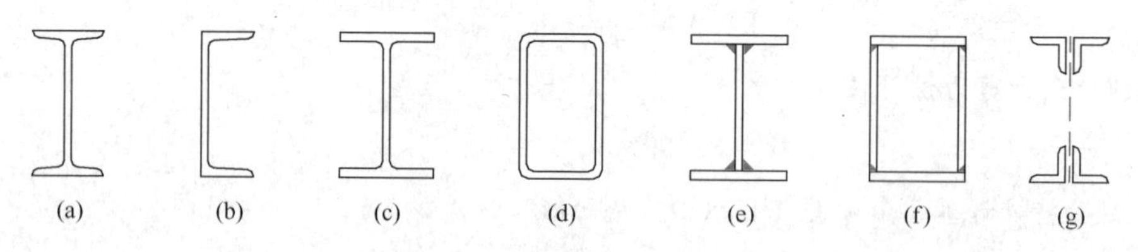

图 2-12 平台梁的截面形式

（a）热轧工字形钢；（b）热轧槽钢；（c）热轧 H 形钢；（d）冷成型矩形管；（e）焊接工字形截面；（f）焊接箱形截面；（g）桁架

设置主次梁时，次梁与主梁通常做成铰接节点。主梁与柱子可以做成刚接或铰接节点。节点的构造在 2.6 节讨论。但是，设计梁构件时需要先确定节点性质，即采用刚接还是铰接，以便正确进行内力分析。

除了节点性质外，梁的计算简图还需确认计算跨度。在图 2-10 所示的平台结构中，取

两平行主梁的中心距离为次梁的计算跨度，如 1、2 轴间的距离；取两相邻柱子形心间的距离为跨在柱间的主梁的计算跨度，如 A、B 轴间的距离。

2.3.2 截面设计和计算

1. 选取型钢梁截面的主要步骤

（1）根据计算简图计算梁上最大弯矩 $M_{x,max}$。这里设梁截面的主轴为 x 轴，弯矩绕主轴作用。此时梁的自重尚不知道，可以暂不考虑。

（2）预设拟用的钢材强度等级。

（3）根据抗弯强度要求确定所需最小截面模量 $W_{x,min}$，$W_{x,min}=M_{x,max}/\gamma f$。按照设计方案，在工字形或槽形型钢截面表上查取符合这一要求的最小型号的型钢。当梁跨较大时，也可考虑根据梁的变形限值——允许挠度［v］确定所需最小截面惯性矩 $I_{x,min}$，例如对承受均布荷载的简支梁，$I_{x,min}=(5/48)M_xL^2/E[v]$，$M_x$ 为由荷载标准值计算的跨中最大弯矩，E 为钢材弹性模量，L 为梁跨，［v］为梁的容许挠度。

（4）根据所选型钢截面进行强度计算和变形计算。此时，应计入构件自重，该值仍可从型钢表上查到。对于需增设连接板等零件的梁，可以将构件自重乘以一个大于 1 的构造系数。强度计算需取净截面，因此要留意构件上是否有开孔。

2. 确定焊接组合截面梁截面尺寸的主要步骤

以工字形截面梁为例说明截面设计时的参考步骤。

（1）选择截面高度。此时需考虑如下因素：空间条件、刚度条件和经济条件。

如果平台顶面高度和下方净空高度都受其他条件约束，则梁截面高度的空间条件就受到平台铺板底面和净空高度之间的差值的限制，这实际上是梁截面可能的最大高度，记为 h_{max}。

刚度条件是梁的允许挠度所要求的梁高。梁挠度的计算公式可表示为：

$$v=\beta_B\frac{M_{xk}L^2}{EI_x}\tag{2-7}$$

式中　β_B——挠度计算系数，由材料力学或结构力学公式确定，如单跨简支梁承受均布荷载作用时，$\beta_B=5/48$；

M_{xk}——根据荷载标准值计算的梁上弯矩最大值，如单跨简支梁承受均布荷载作用时，$M_{xk}=q_kL^2/8$，这里 q_k 为梁上均布线荷载的标准值；

I_x——梁的截面惯性矩。

对双轴对称工字形截面，梁的正应力为 $\sigma=\dfrac{M_{xk}h}{2I_x}$，$h$ 为梁截面高度。设容许挠度用［v］表达，则由式（2-7）可以推出

$$h \geqslant 2\beta_{B} \frac{L^{2}\sigma}{E[v]} \tag{2-8}$$

初选截面时，可以用 f/γ_{L} 代替 σ，这里的 γ_{L} 为荷载分项系数，可取 1.3～1.4。由式（2-8）选择的梁高称为最小高度，记为 h_{min}。

所谓经济条件，是按用钢量最小原则初选的梁截面高度。对等截面梁而言，也就要求截面面积最小。设工字形梁单个翼缘面积为 A_{f}，腹板高度 h_{w}，厚度 t_{w}，截面高度 h，考虑腹板处可能设横向加劲肋，因此将腹板面积乘以一大于 1 的系数 ξ_{s}，则梁截面面积、惯性矩、截面模量依次为：

$$A \approx 2A_{f} + \xi_{s} t_{w} h \tag{a}$$

$$I_{x} \approx 2A_{f}\left(\frac{h}{2}\right)^{2} + \frac{1}{12} t_{w} h^{3} \tag{b}$$

$$W_{x} = \frac{2I_{x}}{h} \approx A_{f} h + \frac{1}{6} t_{w} h^{2} \tag{c}$$

由式（c）解出

$$A_{f} = \frac{W_{x}}{h} - \frac{t_{w} h}{6} \tag{d}$$

代入式（a），并根据工程经验近似取 $t_{w} = \sqrt{h}/11$（腹板厚度和截面高度都以厘米为单位），由此得到

$$A = \frac{2W_{x}}{h} + \left(\xi_{s} - \frac{1}{3}\right)\frac{h^{3/2}}{11} \tag{e}$$

依强度要求可以确定截面模量最小值，因此这里仅设截面高度为变量。根据截面面积最小的要求对式（e）求驻值

$$\frac{dA}{dh} = -\frac{2W_{x}}{h^{2}} + \left(\xi_{s} - \frac{1}{3}\right)\frac{3h^{1/2}}{22} = 0 \tag{f}$$

从上式解得的截面高度称为经济高度，记为 h_{s}。倘设系数 $\xi_{s} = 1.2$，可得

$$h_{s} = \left[\frac{(3\xi_{s} - 1)}{44W_{x}}\right]^{-\frac{2}{5}} \approx 3W_{x}^{\frac{2}{5}} \tag{2-9}$$

经济高度还可以用如下经验公式估计

$$h_{s} = 7W_{x}^{\frac{1}{3}} - 30 \tag{2-10}$$

以上两式中，h_{s}、W_{x} 的单位分别为厘米（cm）和立方厘米（cm^{3}）。

实际选择的梁高不应大于 h_{max}，一般不小于 h_{min}，而接近 h_{s}。腹板高度通常取 50mm 的整数倍。为了满足上述条件，有时需要调整梁格布置。

（2）选择腹板厚度。在满足强度和局部稳定的条件下，梁的腹板取得薄一些比较经济。在初选腹板高度 h_{w} 之后，可按前文提及的经验公式初选腹板厚度，即

$$t_w = \sqrt{h_w}/11 \tag{2-11}$$

上式中 t_w、h_w 都取厘米为单位。根据腹板抗剪承载力的要求可得出另一个腹板厚度的初选值。假定腹板最大剪应力为平均剪应力的 1.2 倍，则

$$t_w \geqslant \frac{1.2V_{max}}{h_w f_v} \tag{2-12}$$

式中　V_{max}——梁中最大剪力设计值；

f_v——梁腹板钢材的抗剪强度设计值。

式（2-11）、式（2-12）得到的较大值可作为截面设计的初选值，但应符合钢板厚度的规格。

（3）翼缘尺寸。由式（d）已知翼缘面积，如果先选定翼缘宽度 b，就可确定翼缘厚度 t_f，反之亦然。翼缘太窄不易保证梁的整体稳定，太宽则易发生局部失稳，且翼缘中的正应力可能有较大的不均匀分布。一般翼缘宽度可取梁高的 1/5～1/3。为防止弹性局部失稳，翼缘厚度不应小于 $b/30\sqrt{235/f_y} \sim b/26\sqrt{235/f_y}$。

3. 构件计算

对梁应进行抗弯、抗剪和局部承压强度的计算。弯矩、剪力都较大的截面进行强度计算时，应注意复合应力状态。计算时，应计入构件自重。对需设置加劲肋的构件，一般可将构件自重乘以 1.05～1.10 的构造系数。

根据现行国家标准《钢结构设计标准》GB 50017 规定，有关计算公式如下：

（1）强度

1）抗弯强度

$$\frac{M_x}{\gamma_x W_{nx}} \leqslant f \tag{2-13}$$

式中　M_x——绕梁强轴（x 轴）的弯矩设计值；

γ_x——截面塑性发展系数：该系数取值依赖于板件宽厚比，对工字形截面和箱形截面，当板件宽厚比等级为 S1 级，S2 级及 S3 级时（附 4.4），取 1.05，否则取 1.0，其余截面可查附录 4 附 4.4 的附表 4-4-2；

W_{nx}——对 x 轴的净截面模量；

f——钢材的抗弯强度设计值。

2）抗剪强度

$$\tau = \frac{VS}{I_x t_w} \leqslant f_v \tag{2-14}$$

式中　V——计算截面沿腹板平面作用的剪力设计值；

S——计算剪应力处以上（或以下）毛截面对中和轴的面积矩；

I_x——对 x 轴的毛截面惯性矩；

t_w——腹板厚度；

f_v——钢材的抗剪强度设计值。

3）局部承压强度

$$\sigma_c = \frac{F}{t_w l_z} \leqslant f \tag{2-15}$$

式中 F——集中荷载，对动力荷载如平台上有产生动力作用的设备应考虑动力系数；

l_z——集中荷载在腹板计算高度上边缘的假定分布长度（图 2-13）：

$$l_z = a + 5h_y + 2h_R \tag{2-16}$$

a——集中荷载沿梁跨度方向的支承长度；

h_y——梁顶面至腹板计算高度上边缘的距离，对热轧型钢，该距离可计算至内弧角下方；对焊接组合截面，该距离取翼缘厚度；

h_R——有吊车轮压作用时，等于轨道的高度；梁顶无轨道时取 0。

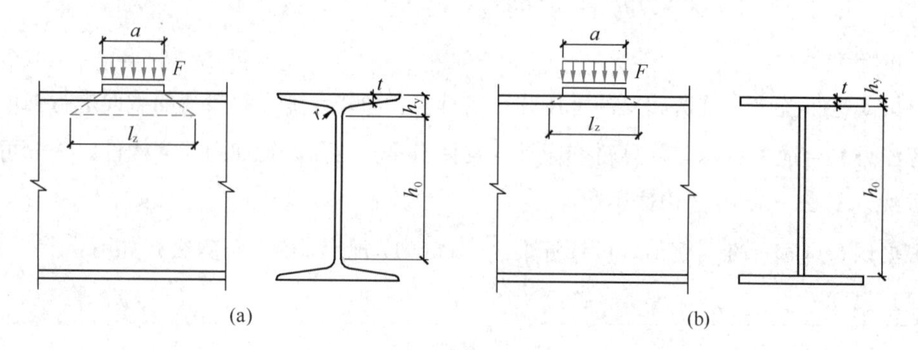

图 2-13　计算局部承压面积时的几何尺寸

（a）热轧型钢；（b）焊接组合截面

4）当腹板计算高度边缘处同时受有较大正应力和剪应力时，还应计算折算应力

$$\sqrt{\sigma^2 + \sigma_c^2 - \sigma\sigma_c + 3\tau^2} \leqslant \beta_1 f \tag{2-17}$$

式中 σ、σ_c、τ——腹板计算高度边缘同一点上同时产生的正应力、局部压应力和剪应力，剪应力按式（2-14）计算，正应力按下式计算：

$$\sigma = \frac{M_x y_1}{I_{nx}} \tag{2-18}$$

I_{nx}——对 x 轴的净截面惯性矩；

y_1——应力计算点至中和轴的距离；

β_1——计算折算应力的强度设计值增大系数，当 σ 与 σ_c 异号时取 1.2，当 σ 与 σ_c 同号或 $\sigma_c=0$ 时取 1.1。

腹板计算高度 h_0 按下列规定取用：对轧制型钢梁，为腹板与上、下翼缘相接处两内弧起点间的距离（图 2-13a）；对焊接钢梁，为腹板高度（图 2-13b）。

(2) 整体稳定

以下两种情况可不计算梁的整体稳定（即认为梁不会发生整体失稳）：

1）平台上铺设钢筋混凝土板、组合板等具有较大刚度的铺板，当这些板与平台梁的受压翼缘（上翼缘）牢固连接、从而阻止梁受压翼缘的侧向位移时。

2）对箱形截面简支梁，虽受压翼缘没有刚性足够大的铺板牢固相连，但其受压翼缘自由长度和腹板间受压翼缘宽度的比值 $L_1/b_0 \leqslant 95\ (235/f_y)$，且 $h/b_0 \leqslant 6$（参见图 2-14）。L_1 为限制受压翼缘侧向位移的支承点间的距离，梁支座处也应满足限制侧向位移的要求。

当不满足上述要求时，应按下式计算梁的整体稳定性：

$$\frac{M_x}{\varphi_b W_x f} \leqslant 1.0 \tag{2-19}$$

式中　M_x——梁全长绕强轴（x 轴）作用的最大弯矩设计值；

W_x——按受压纤维确定的梁毛截面模量；

φ_b——梁的整体稳定性系数，按附录 4 附 4.1 的规定确定。

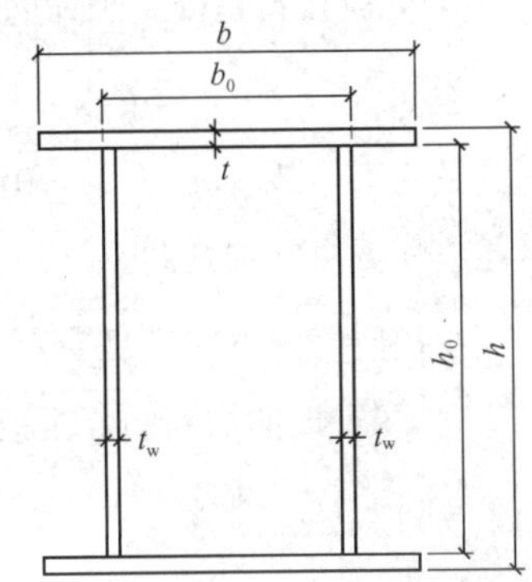

图 2-14　整体稳定计算条件中截面尺寸的规定

平台梁两端简支时，竖向荷载作用使得上翼缘受压。由于铺板在平面内有很大的刚度，一般不需进行整体稳定的计算。但若平台梁两端刚接，负弯矩区存在下翼缘受压。这时受压翼缘存在出平面变形的可能。这类情况如何处理，可参见第 3 章有关章节。

(3) 局部稳定

按照国家标准生产的热轧 H 型钢、工字形钢、槽钢的板件一般能够满足弹性阶段的局部稳定性的要求，但需要根据宽厚比大小及类别，选择计算时采用的截面塑性发展系数。对焊接组合的工字形截面和箱形截面，需要考虑板件的局部稳定性。

1）梁翼缘宽厚比

工字形截面梁的外伸翼缘宽厚比和腹板高厚比同时满足以下要求时，式（2-13）中的 γ_x 取为 1.05。

$$b_1/t \leqslant 13\sqrt{235/f_y},\ h_0/t_w \leqslant 93\sqrt{235/f_y} \tag{2-20a}$$

式中　b_1、t——分别为梁翼缘的半宽和厚度。

当外伸翼缘宽厚比和腹板高厚比不满足式（2-20a）的要求，但满足下式：

$$b_1/t \leqslant 15\sqrt{235/f_y},\ h_0/t_w \leqslant 124\sqrt{235/f_y} \tag{2-20b}$$

式（2-13）中的 γ_x 取为 1.0。

对箱形截面梁，受压翼缘宽厚比（参见图 2-14）和腹板高厚比满足式（2-21a）时，γ_x 取为 1.05。

$$b_0/t \leqslant 37\sqrt{235/f_y},\ h_0/t_w \leqslant 93\sqrt{235/f_y} \tag{2-21a}$$

若不满足式（2-21a），但满足式（2-21b），则 γ_x 取为 1.0。

$$b_0/t \leqslant 42\sqrt{235/f_y},\ h_0/t_w \leqslant 124\sqrt{235/f_y} \tag{2-21b}$$

2）对工字形截面，梁的腹板应根据腹板的计算高度 h_0 与腹板厚度 t_w 的比值 h_0/t_w 按下列条件考虑是否配置加劲肋：

当 $h_0/t_w \leqslant 80\sqrt{235/f_y}$ 时，如无局部压应力（$\sigma_c=0$）可不配置加劲肋；如有局部压应力（$\sigma_c \neq 0$），应按构造配置加劲肋，加劲肋间距 a 可取不超过 2 倍的梁腹板高度。

当 $h_0/t_w > 80\sqrt{235/f_y}$ 时，应配置横向加劲肋；当 $h_0/t_w > 150\sqrt{235/f_y}$ 而受压翼缘扭转未受到约束，或者 $h_0/t_w > 170\sqrt{235/f_y}$ 但受压翼缘扭转受到约束时，在弯曲应力较大的区格还应配置纵向加劲肋。

在任何情况下应满足 $h_0/t_w \leqslant 250\sqrt{235/f_y}$。

3）配置横向加劲肋的腹板，对加劲肋之间的区格按如下规定进行局部稳定性计算：

$$\left(\frac{\sigma}{\sigma_{cr}}\right)^2 + \left(\frac{\tau}{\tau_{cr}}\right)^2 + \frac{\sigma_c}{\sigma_{c,cr}} \leqslant 1 \tag{2-22}$$

式中　σ——所计算腹板区格内，由平均弯矩产生的腹板计算高度边缘的弯曲压应力；

τ——所计算腹板区格内，由平均剪力产生的腹板平均剪应力，按 $\tau = V/(h_w t_w)$ 计算；

σ_c——腹板计算高度边缘的局部压应力，按照公式（2-15）计算，不考虑动力系数或集中力增大系数；

σ_{cr}、τ_{cr}、$\sigma_{c,cr}$——各种应力单独作用下的临界应力，按下列方法计算：

① σ_{cr} 按下列公式计算：

当 $\lambda_b \leqslant 0.85$ 时：

$$\sigma_{cr} = f \tag{2-23a}$$

当 $0.85 < \lambda_b \leqslant 1.25$ 时，

$$\sigma_{cr} = [1 - 0.75(\lambda_b - 0.85)]\ f \tag{2-23b}$$

当 $\lambda_b > 1.25$ 时，

$$\sigma_{cr} = 1.1 f/\lambda_b^2 \tag{2-23c}$$

式中　λ_b——用于腹板受弯计算时的通用高厚比，又称正则化宽厚比；

当梁受压翼缘扭转受到约束时：

$$\lambda_b = \frac{2h_c/t_w}{177}\sqrt{\frac{f_y}{235}} \tag{2-23d}$$

当梁受压翼缘扭转未受到约束时：

$$\lambda_b=\frac{2h_c/t_w}{138}\sqrt{\frac{f_y}{235}} \tag{2-23e}$$

h_c——梁腹板弯曲受压区高度，对双轴对称截面 $2h_c=h_0$。

② τ_{cr}按照下列公式计算：

当 $\lambda_s \leqslant 0.8$ 时，

$$\tau_{cr}=f_v \tag{2-24a}$$

当 $0.8<\lambda_s \leqslant 1.2$ 时，

$$\tau_{cr}=[1-0.59(\lambda_s-0.8)]f_v \tag{2-24b}$$

当 $\lambda_s>1.2$ 时，

$$\tau_{cr}=1.1f_v/\lambda_s^2 \tag{2-24c}$$

式中　λ_s——用于腹板受剪计算时的通用高厚比，根据横向加劲肋的间距 a 与腹板计算高度 h_0 的比值 a/h_0 按下列公式计算：

当 $a/h_0 \leqslant 1.0$ 时，

$$\lambda_s=\frac{h_0/t_w}{37\eta\sqrt{4+5.34(h_0/a)^2}}\sqrt{\frac{f_y}{235}} \tag{2-24d}$$

当 $a/h_0>1.0$ 时，

$$\lambda_s=\frac{h_0/t_w}{37\eta\sqrt{5.34+4(h_0/a)^2}}\sqrt{\frac{f_y}{235}} \tag{2-24e}$$

对简支梁，η 取 1.1，对两端刚接的梁，η 取 1.0。

③ $\sigma_{c,cr}$按下列公式计算：

当 $\lambda_c \leqslant 0.9$ 时，

$$\sigma_{c,cr}=f \tag{2-25a}$$

当 $0.9<\lambda_c \leqslant 1.2$ 时，

$$\sigma_{c,cr}=[1-0.79(\lambda_c-0.9)]f \tag{2-25b}$$

当 $\lambda_c>1.2$ 时，

$$\sigma_{c,cr}=1.1f/\lambda_c^2 \tag{2-25c}$$

式中　λ_c——用于腹板受局部压力计算时的通用高厚比：

当 $0.5 \leqslant a/h_0 \leqslant 1.5$ 时，

$$\lambda_c=\frac{h_0/t_w}{28\sqrt{10.9+13.4(1.83-a/h_0)^3}}\sqrt{\frac{f_y}{235}} \tag{2-25d}$$

当 $1.5<a/h_0 \leqslant 2.0$ 时，

$$\lambda_c = \frac{h_0/t_w}{28\sqrt{18.9-5a/h_0}}\sqrt{\frac{f_y}{235}} \tag{2-25e}$$

以上各式中的 h_0 为腹板的计算高度，按图 2-13 取用。

同时用横向加劲肋和纵向加劲肋加强的腹板的计算公式将在第 4 章中介绍。

（4）梁的挠度计算

梁的挠度计算应满足以下公式：

$$v \leqslant [v] \tag{2-26}$$

式中 v——梁的挠度，一般取梁的跨中挠度，采用荷载标准值按弹性方法进行计算；

$[v]$——梁的挠度容许值，按有关设计规范或结构的使用要求确定，对平台梁，表 2-2 给出了梁的挠度容许值 $[v]$ 与跨度 l 之比的容许挠度相对值 $[v]/l$。

平台梁的容许挠度相对值$[v]/l$　　表 2-2

梁的类型	永久荷载和可变荷载标准值作用	仅可变荷载标准值作用
主梁	1/400	1/500
次梁	1/250	1/300

（5）加劲肋设计

1）提高腹板局部稳定性的横向加劲肋

横向加劲肋的间距一般为 $0.5h_0 \sim 2.0h_0$，当无局部承压应力且 $h_0/t_w \leqslant 100$ 时，横向加劲肋最大距离可放宽为 $2.5h_0$。

当腹板两侧成对配置加劲肋时，加劲肋截面尺寸应符合以下要求

外伸宽度 $$b_s \geqslant h_0/30+40 \quad (\text{单位为“mm”}) \tag{2-27a}$$

厚度 $$t_s \geqslant \frac{b_s}{19} \ (\text{对不受力加劲肋}) \tag{2-27b}$$

当仅在腹板一侧配置加劲肋时，其外伸宽度应大于式（2-27a）计算值的 1.2 倍，厚度符合式（2-27b）的规定。

横向加劲肋的三边分别与梁的上下翼缘和腹板用角焊缝焊接。

同时还配置纵向加劲肋时的设计要求在第 4 章中介绍。

2）支承加劲肋

在有集中荷载或支座反力作用的部位，梁的腹板如按式（2-15）计算不能满足要求，可在集中荷载作用处的腹板上设置支承加劲肋。支承加劲肋的形式与提高腹板局部稳定性的横向加劲肋相同。支承加劲肋的外伸宽度满足式（2-27a）的要求，厚度应不小于 $b_s/15$。支承加劲肋连同连接部位的部分腹板一起承受集中荷载，腹板参与承载的计算面积参考图 2-15。

（6）焊接组合截面梁，当无固定集中荷载作用或在固定集中荷载作用处设置支承加劲肋

时，翼缘与腹板的连接角焊缝应按公式（2-28a）计算，否则按公式（2-28b）计算。

$$\tau_f=\frac{V_{max}S_f}{I_x n h_e}\leqslant f_f^w \tag{2-28a}$$

$$\tau_f=\frac{1}{nh_e}\sqrt{\left(\frac{VS_f}{I_x}\right)^2+\left(\frac{F}{\beta_f l_z}\right)^2}\leqslant f_f^w \tag{2-28b}$$

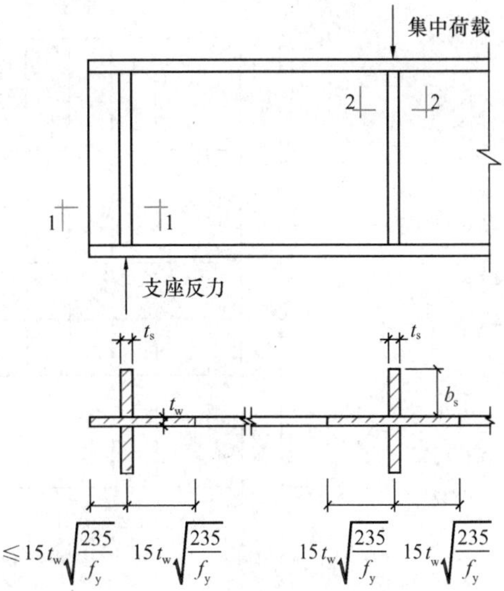

式中 S_f——梁翼缘对梁截面中和轴的面积矩；

n——焊缝数，翼缘与腹板采用双面角焊缝时取2，采用单面角焊缝时取1；

h_e——一条角焊缝的计算厚度；

f_f^w——角焊缝强度设计值；

F——集中荷载，对动力荷载还应考虑动力系数；

l_z——分布长度，按式（2-16）计算；

β_f——正面角焊缝的强度计算值增大系数，$\beta_f=1.22$；对动力集中荷载，$\beta_f=1.0$。

图2-15 支承加劲肋计算局部承压时的面积计算（阴影范围）

【例2-3】对图2-10所示平台结构，选择次梁截面并计算。试选热轧普通工字钢，钢材牌号为Q235。

[设计与计算]

1. 计算简图：将次梁看作两端简支于主梁的弯曲构件，梁跨6m。次梁的荷载主要是由铺板-加劲肋传来相隔0.6m分布的集中力，但这一荷载可作为均布荷载考虑，如图2-16所示。

2. 截面初选：荷载设计值根据［例2-2］

$$q_{BS}^{*}=8.539\times1.5/0.6=21.348\text{kN/m}$$

次梁跨中弯矩设计值

$$M_{x,max}=\frac{1}{8}\times21.348\times6^2=96.066\text{kN}\cdot\text{m}$$

最小截面模量

$$W_{x,min}=\frac{96.066\times10^6}{1.05\times215}\approx425542\ \text{mm}^3=425.542\ \text{cm}^3$$

由附录3的附表3-6查得满足该要求的热轧普通工字钢为Ⅰ28a，$W_x=508\ \text{cm}^3$，其他有关参数为重量$g=43.5$kg/m，惯性矩$I_x=7110\text{cm}^4$，腹板厚$t_w=8.5$mm。另得面积矩近似为292.7cm^3。

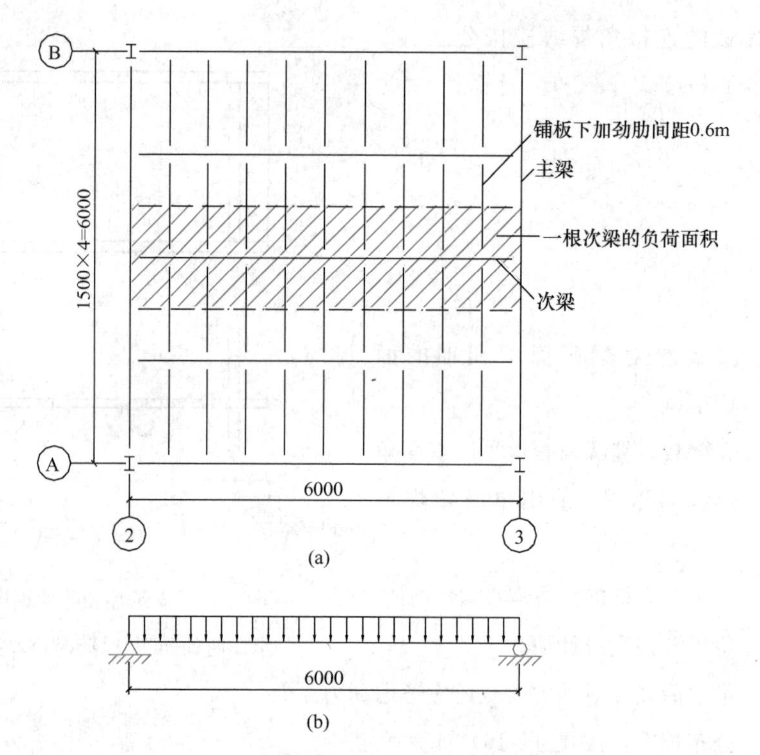

图 2-16 平台次梁计算例题

(a) 次梁的负荷面积；(b) 次梁计算简图

3. 荷载计算：采用［例 2-2］得到的荷载计算值，并计入所选截面自重后，均布荷载标准值

$$q_{BSk}=5.738\times1.5/0.6+0.435=14.780\text{kN/m}$$

均布荷载设计值

$$q_{BS}=21.348+1.3\times0.435=21.950\text{kN/m}$$

因次梁构造较为简单，不计入构造系数。

4. 内力计算：

$$M_{x,max}=\frac{1}{8}\times21.950\times6^2=98.775\text{kN}\cdot\text{m}$$

$$V_{max}=21.950\times6/2=65.550\text{kN}$$

5. 强度计算：

由附表 3-6，I28a 的宽厚比分别为

翼缘 $$b_1/t\doteq\frac{122}{2}\Big/13.7=4.5<13$$

腹板 $$h_0/t_w\doteq(280-2\times13.7-2\times10.5)/8.5=27.2<93$$

可取截面塑性发展系数 $\gamma=1.05$，则

$$\frac{M_{\max}}{\gamma W_x}=\frac{98.775\times10^6}{1.05\times508\times10^3}=185.2\text{N/mm}^2<215\text{N/mm}^2$$

$$\frac{VS_x}{I_x t}=\frac{65.550\times10^3\times292.7\times10^3}{7110\times10^4\times8.5}=31.7\text{N/mm}^2<125\text{N/mm}^2$$

6. 变形计算：

$$\frac{v}{l}=\frac{5\times14.780\times6000^3}{384\times2.06\times10^5\times7110\times10^4}=\frac{1}{352}<\frac{1}{250}$$

设计满足强度和刚度的要求。

【例 2-4】 对图 2-10 所示平台结构，选择主梁截面并计算。主梁为焊接组合截面工字形梁，钢材牌号为 Q235。

[设计与计算]

1. 计算简图：设主梁两端与柱子铰接。

以②～⑤轴上主梁的负荷为设计依据，主梁计算简图如图 2-17(a)所示。

2. 截面初选：对跨中四分点处作用 3 个相等集中荷载的简支梁，挠度计算系数 $\beta_B\approx0.11$（读者可根据材料力学知识推导此系数），平台梁允许挠度$[v]=L/400=15$mm。本例中荷载标准值下应力大约为荷载计算值应力的 1/1.5(读者可根据[例 2-3]计算过程验证这一点)，钢材抗拉、抗压、抗弯强度设计值取 215N/mm^2，抗剪强度设计值取 125N/mm^2。根据式(2-8)，梁的最小高度

$$h_{\min}=2\times0.11\times\frac{6000^2\times215/1.5}{2.06\times10^5\times15}\approx367\text{mm}$$

梁的弯矩设计值先根据[例 2-3]计算得到的次梁梁端反力近似取为

$$M_x=2\times65.55\times1.5\times1.1+65.55\times3.0\times1.1=432.63\text{kN}\cdot\text{m}$$

其中系数 1.1 是考虑主梁自重后的附加系数，则所需截面模量为

$$W_x=\frac{432.63\times10^6}{215}\approx2012233\text{ mm}^3\approx2012\text{ cm}^3$$

按式(2-9)得经济高度

$$h_s=3\times2012^{2/5}\approx62.9\text{cm}$$

按式(2-10)得经济高度

$$h_s=7\times2012^{1/3}-30\approx58.4\text{cm}$$

取 $h=600$mm 为初选截面高度。

按式(2-11)主梁腹板的初选厚度为

$$t_w=\sqrt{60}/11\approx0.7\text{cm}$$

其中近似取 $h_w\approx h$。

按式(2-12)主梁腹板的初选厚度为

$$t_w \approx \frac{1.2\times2\times65.55\times10^3\times1.5}{570\times125}=3.1\text{mm}$$

其中考虑翼缘板可能厚度后，取 $h_w=570\text{mm}$。选腹板厚度为6mm。

主梁翼缘的经济宽度为600/5～600/3，即120～200mm。初选为200mm，主梁翼缘厚可近似的按下式估计：

$$t_f=\frac{0.8M_x}{h\times b\times f}=\frac{0.8\times432.63\times10^6}{600\times200\times215}=13.4\text{mm}$$

式中0.8系考虑腹板抗弯能力后对翼缘所需承载力的折减。这样初选截面为(mm)：600×200×14×6。

3. 截面的几何性质计算：

截面面积　$A=2\times200\times14+(600-14\times2)\times6=9032\text{mm}^2$

惯性矩　$I_x=(200\times600^3-194\times572^3)/12=574420491\text{mm}^4$

截面模量　$W_x=574420491/300=1914735\text{mm}^3$

翼缘与腹板交界处面积矩　$S_1=200\times14\times293=820400\text{mm}^3$

形心轴处面积矩　$S_x=S_1+286\times6\times143=1065788\text{mm}^3$

4. 荷载计算：

由[例2-3]知一根次梁端部传递的反力为：

一根次梁反力标准值　$V_{BSk}=q_{BSk}\times3.0=14.78\times3.0=44.34\text{kN}$

一根次梁反力设计值　$V_{BS}=q_{BS}\times3.0=21.95\times3.0=65.85\text{kN}$

作用于主梁上的集中力标准值　$P_k=2V_{BSk}=2\times44.34=88.68\text{kN}$

作用于主梁上的集中力设计值　$P=2V_{BS}=2\times65.85=131.70\text{kN}$

主梁自重的标准值并考虑构造系数1.05后，

$$q_k=A\times78.5\times1.05=9032\times10^{-6}\times78.5\times1.05=0.74\text{kN/m}$$

主梁自重的设计值　$q=1.3q_k=1.3\times0.74=0.962\text{kN/m}$

5. 内力计算：

计算简图见图2-17(a)。

主梁端部反力设计值(截面1)

$$V_1=1.5P+3q=1.5\times131.70+3\times0.962=200.436\text{kN}$$

$$M_1=0$$

集中力作用处剪力及弯矩设计值(截面2)

$$V_{2左}=V_1-1.5q=200.436-1.5\times0.962=198.993\text{kN}$$

$$V_{2右}=V_1-1.5q-P=200.436-1.5\times0.962-131.70=67.293\text{kN}$$

$$M_2=1.5V_1-\frac{1}{2}\times1.5^2\times q=1.5\times200.436-\frac{1}{2}\times1.5^2\times0.962=299.572\text{kN}\cdot\text{m}$$

跨中剪力及弯矩设计值(截面3)

$$V_{3左}=V_1-3q-P=200.436-3\times0.962-131.70=65.85\text{kN}$$

$$V_{3右}=V_1-3q-2P=200.436-3\times0.962-2\times131.70=-65.85\text{kN}$$

$$M_3=3V_1-1.5P-\frac{1}{2}\times3^2\times q=3\times200.436-1.5\times131.70-\frac{1}{2}\times3^2\times0.962$$

$$=399.429\text{kN}\cdot\text{m}$$

主梁的剪力图和弯矩图见图2-17(b)。

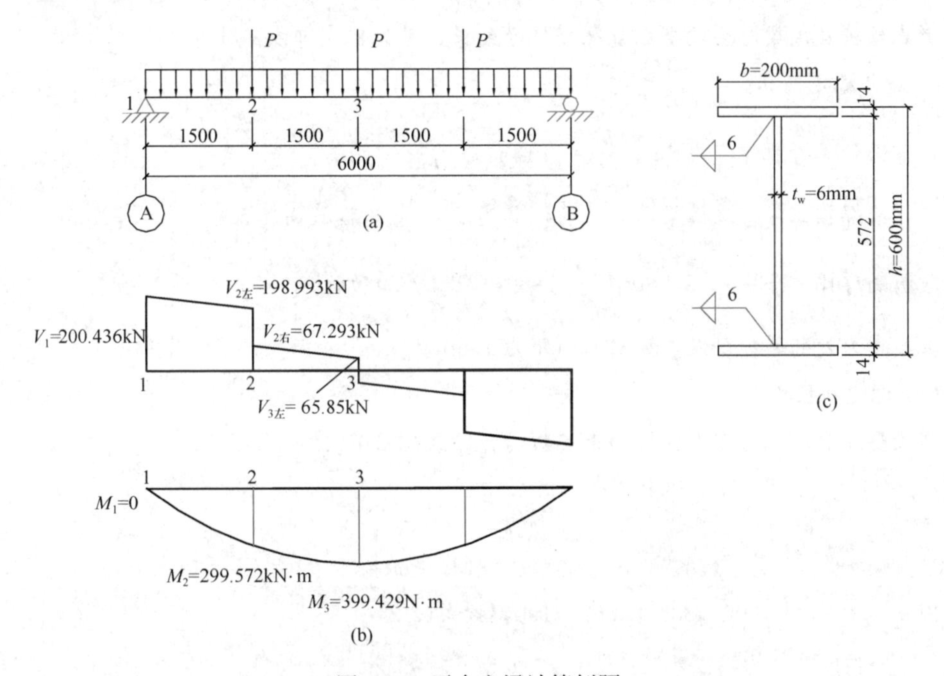

图2-17　平台主梁计算例题

(a)计算简图;(b)内力设计值分布图;(c)主梁截面设计尺寸

6. 强度计算

(1)跨中截面3:

由翼缘宽厚比$\frac{100}{14}=7.1$及腹板高厚比$\frac{576}{6}=95.3$，知因腹板高厚比大于93，截面塑性发展系数应取1.0，则

$$\frac{M_3}{\gamma W_x}=\frac{399.429\times10^6}{1.0\times1914735}=208.6\text{N/mm}^2<215\text{N/mm}^2$$

跨中截面翼缘与腹板交界处

$$\sigma_1=\frac{M_3 h_w}{2I_x}=\frac{399.429\times10^6\times572}{2\times574420491}=198.9\text{N/mm}^2$$

$$\tau_1=\frac{V_3 S_1}{I_x t}=\frac{65.85\times10^3\times820400}{574420491\times6}=15.7\text{N/mm}^2$$

$$\sigma_{zs}=\sqrt{\sigma_1^2+3\tau_1^2}=\sqrt{198.9^2+3\times15.7^2}=200.8\text{N/mm}^2$$

$$<1.1\times215=236.5\text{N/mm}^2$$

构造上考虑次梁连在主梁侧面(详见 2.6 节)，故此处不需计算局部承压。

(2) 支座截面 1

$$\tau_1=\frac{V_1S_x}{I_xt}=\frac{200.436\times10^3\times1065788}{574420491\times6}=62.0\text{ N/mm}^2<125\text{N/mm}^2$$

7. 整体稳定计算：

考虑铺板及次梁对主梁受压翼缘提供的约束，整体稳定可以不计算。

8. 局部稳定计算：

由前面计算知翼缘宽厚比 $\frac{b_1}{t}=7.14<15\sqrt{\frac{235}{f_y}}=15$

主梁为焊接工字形截面梁，腹板的计算高度 h_0 即为腹板高度 h_w，$h_0=572\text{mm}$。

腹板高厚比 $\frac{h_0}{t_w}=95.3>80\sqrt{\frac{235}{f_y}}=80$，应配置加劲肋。

在集中力处配置加劲肋，加劲肋间距为 1.5m。

(1) 近支座区格：

因梁受压翼缘上有密布铺板约束其扭转，按式(2-23d)

$$\lambda_b=\frac{95.3}{177}=0.54<0.85$$

$$\sigma_{cr}=f=215\text{N/mm}^2$$

因 $a/h_0=1500/(600-28)=2.62>1.0$，按式(2-24e)

$$\lambda_s=\frac{95.3}{37\times1.1\sqrt{5.34+4\times(572/1500)^2}}=0.962\begin{matrix}>0.8\\<1.2\end{matrix}$$

$$\tau_{cr}=[1-0.59\times(0.955-0.8)]\times125=113.1\text{ N/mm}^2$$

该区格平均弯矩产生的腹板计算高度边缘弯曲正应力为

$$\sigma=\frac{299.572\times10^6}{2}\times\frac{572}{574420491\times2}=74.6\text{N/mm}^2$$

平均弯矩产生的腹板平均剪力为

$$\tau=\frac{(200.436+198.993)\times10^3}{2\times572\times6}=58.2\text{N/mm}^2$$

$$\left(\frac{74.6}{215}\right)^2+\left(\frac{58.2}{113.1}\right)^2=0.39<1$$

(2) 近跨中区格：

因几何条件与近支座区格一致，$\sigma_{cr}=215\text{N/mm}^2$，$\tau_{cr}=113.1\text{N/mm}^2$

$$\sigma=\frac{(299.572+399.429)\times10^6}{2}\times\frac{572}{574420491\times2}=174.0\text{N/mm}^2$$

$$\tau=\frac{(67.293+65.85)\times10^3}{2\times572\times6}=19.4\text{N/mm}^2$$

$$\left(\frac{174.0}{215}\right)^2+\left(\frac{19.4}{113.1}\right)^2=0.68<1$$

9. 挠度计算：

跨中挠度

$$v=\frac{19P_kl^3+5q_kl^4}{384EI_x}=\frac{19\times88.68\times10^3\times6000^3+5\times0.74\times6000^4}{384\times2.06\times10^5\times574420491}$$

$$=8.1\text{mm}<15\text{mm}$$

10. 腹板与翼缘连接焊缝计算：

采用工厂埋弧自动焊

焊缝高度：按计算　$h_f\geqslant\frac{V_1S_1}{I_x\times2\times0.7f_f^w}=\frac{200.436\times10^3\times820400}{574420491\times1.4\times160}=1.3\text{mm}$

按构造　$h_{fmin}\geqslant6$mm（翼缘板厚度大于腹板厚度，此处按不预热的非低氢焊接方法考虑，取较厚焊件）

取 $h_f=6.0$mm。

2.4 平台柱设计

2.4.1 截面设计

1. 截面形式选择

室内的平台柱以承受轴压荷载为主，本节说明轴压柱的设计要点。平台柱截面形式可以是实腹构件或格构式构件。实腹构件可以采用型钢、钢管或焊接组合截面构件（图 2-18）。

2. 截面尺寸的初步设计

有经验的工程师可以根据已知的荷载条件、约束条件和构件长度等估计一个可供进一步分析用的截面，但通常还是需要经过一定的分析得出一个比较合理的初值。现从两端铰接柱入手说明柱子截面尺寸初选的一般步骤。

（1）预设拟用的柱子钢材强度等级。

（2）预设柱子的长细比 λ，初选范围可设在 60～100 范围内。柱子长度较大、负荷较小时，选较大长细比，反之选较小长细比。

（3）根据假设的长细比由钢结构设计标准或手册查对应的轴心受压稳定系数 φ。初步设计时，可先按 b 类截面查 φ 值。

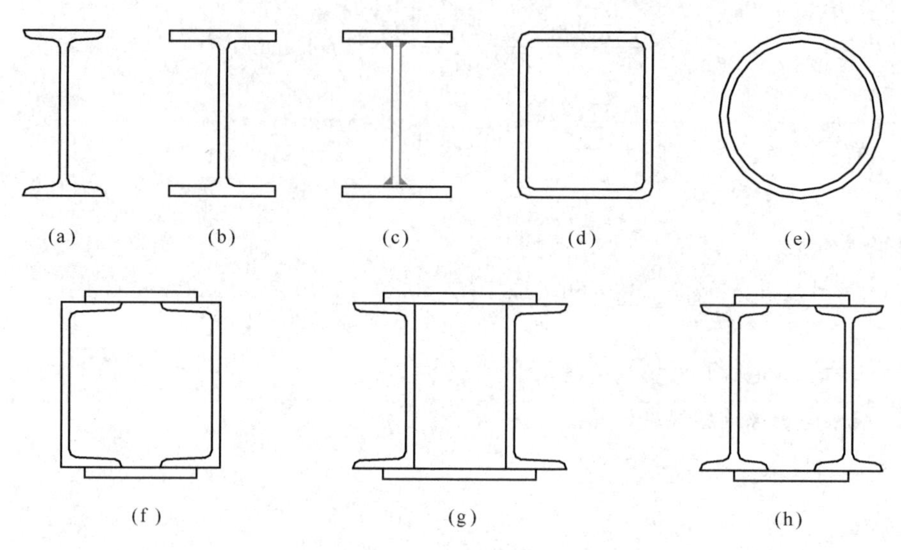

图 2-18　平台柱的截面形式

（4）根据平台布置方案由已知柱子轴力 N 估算柱子所需截面面积 A：

$$A=\frac{N}{\varphi f} \tag{g}$$

（5）按下式求截面两个主轴方向的回转半径 i_x、i_y，式中 L_{0x}、L_{0y} 为柱子计算长度：

$$i_x=\frac{L_{0x}}{\lambda},\ i_y=\frac{L_{0y}}{\lambda} \tag{h}$$

（6）初设柱子截面形式，据此用下式求得柱子截面的轮廓尺寸，即截面高度和宽度。下式中的系数 α_1、α_2 可由附录 5 附表 5-2 查得：

$$h=\frac{i_x}{\alpha_1},\ b=\frac{i_y}{\alpha_2} \tag{i}$$

（7）根据构造要求、局部稳定要求和钢材规格等条件，利用以上求得的 A、h、b 确定截面其余尺寸。

以上初选的截面尺寸是否满足安全、适用的要求，还需经过强度计算、稳定计算和刚度计算确认。计算结果不能满足要求的，需要调整截面尺寸；过于保守的也应调整截面尺寸。由此可见设计过程需要多次反馈。

平台结构中，中柱、边柱和角柱的受力显然不同。从节省钢材出发，可以设计成不同的柱子截面。但实际工程设计时，从钢材订货、构件加工和现场安装的便利考虑，也可采用同样的截面，有时其综合造价不一定高于采用多种截面形式的情况。

2.4.2　轴心受压实腹柱计算

1. 强度

实腹柱强度按下式计算：

毛截面
$$\sigma=\frac{N}{A}\leqslant f \tag{2-29a}$$

净截面
$$\sigma=\frac{N}{A_{\mathrm{n}}}\leqslant 0.7f_{\mathrm{u}} \tag{2-29b}$$

对采用高强度螺栓摩擦型连接的构件净截面按下式计算：

$$\sigma=\left(1-0.5\frac{n_1}{n}\right)\frac{N}{A_{\mathrm{n}}}\leqslant 0.7f_{\mathrm{u}} \tag{2-29c}$$

式中　N——柱子受到的轴心压力设计值；

A_{n}——净截面面积；

f、f_{u}——钢材强度设计值、抗拉强度，按《钢结构设计标准》规定取值；

n、n_1——拼接处或节点位置，构件一端连接的高强度螺栓数目、所计算截面（最外列螺栓处）高强度螺栓数目。

2. 整体稳定

实腹柱的整体稳定性按下式计算：

$$\frac{N}{\varphi Af}\leqslant 1.0 \tag{2-30}$$

式中　φ——轴心受压构件的稳定系数，取截面两主轴稳定系数中的较小值；

A——毛截面面积。

确定轴心受压构件的稳定系数 φ 时，可参考以下步骤：

（1）根据柱子两端的约束条件，确定计算长度 $L_{0\mathrm{x}}$、$L_{0\mathrm{y}}$；

（2）计算长细比 $\lambda_{\mathrm{x}}=L_{0\mathrm{x}}/i_{\mathrm{x}}$、$\lambda_{\mathrm{y}}=L_{0\mathrm{y}}/i_{\mathrm{y}}$，其中，$i_{\mathrm{x}}$、$i_{\mathrm{y}}$ 为截面对两主轴的回转半径；

（3）根据附录4附表4-2-1(a)或(b)的截面分类表，确定两主轴稳定系数分别属于a、b、c、d中的哪一类；

（4）按附录4附表4-2-2(a)、(b)、(c)或(d)查取两主轴稳定系数，或按附表4-2-2（d）后的公式直接计算稳定系数，选取其中较小值。

3. 局部稳定

（1）工字形截面轴心受压柱

翼缘外伸宽度与其厚度的比值
$$\frac{b_1}{t}\leqslant(10+0.1\lambda)\sqrt{\frac{235}{f_{\mathrm{y}}}} \tag{2-31a}$$

腹板高度与其厚度的比值
$$\frac{h_{\mathrm{w}}}{t_{\mathrm{w}}}\leqslant(25+0.5\lambda)\sqrt{\frac{235}{f_{\mathrm{y}}}} \tag{2-31b}$$

式中表示截面几何的变量与梁截面一致；λ 为柱子两主轴方向长细比的较大值，当 $\lambda<30$ 时取 $\lambda=30$，当 $\lambda>100$ 时取 $\lambda=100$；f_{y} 为钢材的屈服点，当翼缘和腹板钢材采用不同等级钢材时，式中应代以对应的钢材屈服点。

（2）箱形截面轴心受压柱

翼缘 $$\frac{b_0}{t} \leqslant 40\sqrt{\frac{235}{f_y}} \tag{2-32a}$$

腹板 $$\frac{h_w}{t_w} \leqslant 40\sqrt{\frac{235}{f_y}} \tag{2-32b}$$

式中表示截面几何的变量参见图 2-14。

当轴心受压柱的压力小于稳定承载力 φAf 时，式（2-31）、式（2-32）的右端项可以乘以放大系数 $\alpha = \sqrt{\varphi Af/N}$。

当工字形截面或箱形截面的腹板板件宽厚比不能满足以上要求时，可以配置纵向加劲肋，使得加劲肋间的腹板宽厚比满足要求；或者在计算构件的强度或稳定性时，腹板的截面仅考虑计算高度边缘范围内两侧宽度各为 $20\,t_w\sqrt{235/f_y}$ 的部分（计算构件的稳定系数时，仍用全部截面）。

4. 刚度

按下式计算轴心受压柱的刚度：

$$\lambda \leqslant [\lambda] \tag{2-33}$$

式中 λ——柱子两主轴方向长细比的较大值；

$[\lambda]$——容许长细比，可参考第 1 章 1.6.3 中的表 1-27。对平台柱容许长细比为 150。

2.4.3 轴心受压缀条柱和缀板柱计算

缀条柱、缀板柱都属于格构式柱。其强度、板件局部稳定和刚度计算与实腹柱相同，但因截面主轴分为实轴和虚轴，绕虚轴的稳定性计算需考虑剪切变形的影响，因而构件稳定性的计算方法与实腹式柱有所不同。

1. 缀条柱

以双肢缀条柱为例，参考图 2-19，把实轴记为 y 轴，虚轴记为 x 轴。参考以下步骤进行构件稳定性计算：

（1）根据柱子两端的约束条件，确定计算长度 L_{0x}、L_{0y}；

（2）计算长细比 $\lambda_x = L_{0x}/i_x$、$\lambda_y = L_{0y}/i_y$，其中，i_x、i_y 为全部柱肢截面对两主轴的回转半径；

（3）对虚轴按下式计算换算长细比：

$$\lambda_{0x} = \sqrt{\lambda_x^2 + 27\frac{A}{A_{1x}}} \tag{2-34}$$

式中 A——两柱肢的毛截面面积之和；

A_{1x}——构件截面中两侧斜缀条的毛截面面积之和。

(4) 格构柱的截面分类都为b类，根据λ_{0x}、λ_y中的较大值，按附录4附表4-2-2(b)查取稳定系数。代入公式(2-30)进行构件整体稳定计算。

(5) 分肢长细比应满足下式要求：

$$\lambda_1 \leqslant 0.7\max\{\lambda_{0x},\lambda_y\} \tag{2-35}$$

其中λ_1为分肢对其最小刚度轴1-1（图2-19）的长细比，按下式计算：

$$\lambda_1 = L_1/i_1 \tag{2-36}$$

式中　L_1——分肢计算长度，取柱肢轴线与缀条轴线交点距离（图2-19）；

i_1——分肢绕其弱轴（最小刚度轴，平行于缀条柱虚轴）的回转半径。

以上计算规定适用于斜缀条与构件轴线间的夹角在40°～70°范围内。

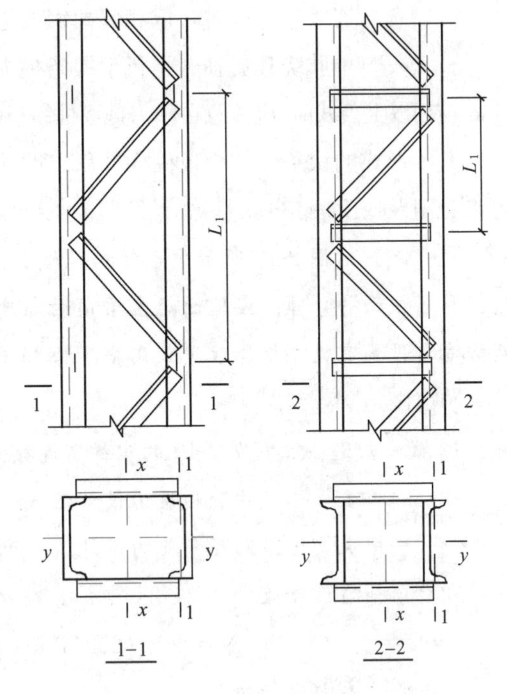

图2-19　双肢缀条柱

2. 缀板柱

以双肢缀板柱为例，参考图2-21，实轴记为y轴，虚轴记为x轴。参考以下步骤进行构件稳定性计算：

(1) 根据柱子两端的约束条件，确定计算长度L_{0x}、L_{0y}；

(2) 计算长细比$\lambda_x = L_{0x}/i_x$、$\lambda_y = L_{0y}/i_y$，其中，i_x、i_y为全部柱肢截面对两主轴的回转半径；

(3) 对虚轴按下式计算换算长细比：

$$\lambda_{0x} = \sqrt{\lambda_x^2 + \lambda_1^2} \tag{2-37}$$

式中λ_1的定义与缀条柱相同，计算公式同式(2-36)。当缀板焊接于分肢时，L_1取相邻两缀板间的净距；当缀板用螺栓连接于分肢时，L_1取相邻两缀板边缘螺栓间的距离。

(4) 根据λ_{0x}、λ_y中的较大值，按附录4附表4-2-2(b)查取稳定系数。代入公式(2-30)进行构件整体稳定计算。

(5) 分肢长细比应满足下式要求：

$$\lambda_1 \leqslant 40\sqrt{\frac{235}{f_y}}\ 且\ \lambda_1 \leqslant 0.5\max\{\lambda_{0x},\lambda_y\}(当\max\{\lambda_{0x},\lambda_y\} < 50时取50) \tag{2-38}$$

其中λ_1为柱肢节间长细比，按下式计算：

$$\lambda_1 = L_1/i_1 \tag{2-39}$$

式中　L_1——单肢计算长度，当缀板焊接于分肢时，取相邻两缀板间的净距；当缀板用螺栓连接于分肢时，取相邻两缀板边缘螺栓间的距离；

i_1——单肢绕其弱轴（平行于缀条柱虚轴）的回转半径。

应用以上公式时，应注意在同一截面处缀板的线刚度之和不得小于柱较大分肢线刚度的6倍。

其他形式的缀条柱、缀板柱构件稳定性计算都可采用上述方法，换算长细比的计算公式可参见附录5附表5-6。

【例2-5】 对图2-10所示平台结构，以中柱（即B轴与2～5轴交点处的柱子）为依据，选择柱子截面并计算。设地面至主梁顶面高度为4.5m，柱脚铰接于地面。平台结构在纵横两方向都设置交叉支撑。柱子采用宽翼缘H型钢，钢材为Q235。

［设计与计算］

1. 截面初选：注意图2-10的中柱需连接两根主梁和两根次梁。

一根主梁传递的竖向反力设计值　$N_1=200.436\text{kN}$（见［例2-4］）

一根次梁传递的竖向反力设计值　$N_2=65.85\text{kN}$（见［例2-3］）

即柱顶轴力设计值

$$N=2\times(200.436+65.85)=532.572\text{kN}$$

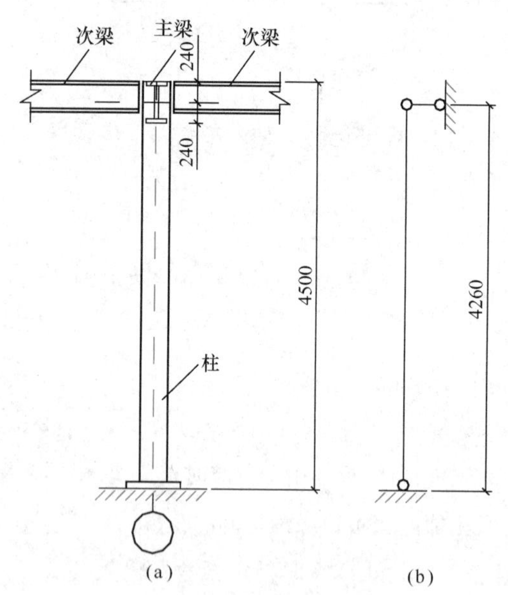

图2-20　平台柱计算例题（实腹柱）

(a) 平台柱梁建筑高度；(b) 计算简图

柱子计算简图如图2-20（b）所示，因有柱间支撑，将其视为两端不动的铰支撑，柱子高度为梁顶高度减去梁半高，即梁轴线到地面的高度。

因柱子高度不大，初设弱轴方向计算长细比为$\lambda_y=70$，由附录4附表4-2-2（b）查得b类截面轴心受压构件的稳定系数$\varphi=0.751$，则所需面积

$$A=\frac{532.572\times10^3}{0.751\times215}\approx3298\text{mm}^2$$

在所设边界条件下，$l_{0x}=l_{0y}=4260\text{mm}$，截面回转半径

$$i_{y=}\ \frac{4260}{70}\approx61\text{mm}$$

查附录3附表3-8知，HW150×150可满足面积条件，但i_y仅37.6mm，长细比将过大，HW250×250可满足回转半径条件，但截面积达9143 mm^2，承载富余过大。因此，试取HW200×200。

基本几何参数为：翼缘厚$t=12\text{mm}$，腹板厚$t_w=8\text{mm}$，截面积$A=6353\ \text{mm}^2$，惯性矩$I_x=4720\text{cm}^4$，$I_y=1600\text{cm}^4$，回转半径$i_x=8.61\text{cm}$，$i_y=5.02\text{cm}$，理论重量$g=49.9\text{kg/m}$。

2. 荷载计算：

柱顶轴力设计值可取 N=532.572kN，

如考虑一半柱子重量集中柱顶 $\Delta N = 1.3 \times 0.499 \times 4.5/2 \approx 1.460\text{kN}$，小于原荷载 0.5%。

3. 整体稳定计算：

$$\lambda_x = 4260/86.1 \approx 49.5$$

$$\lambda_y = 4260/50.2 \approx 84.9$$

绕两主轴截面分类均属 b 类曲线，故按较大长细比计算，查附录 4 附表 4-2-2（b）得

$$\varphi_y = 0.655$$

则

$$\frac{(532.572 + 1.460) \times 10^3}{0.655 \times 6353 \times 215} = 0.597 < 1.0$$

4. 刚度计算

$$\lambda_{max} = 85.3 < 150$$

虽然承载力仍有相当富余，但考虑便于与主梁的连接，确定采用此截面。

【例 2-6】将［例 2-5］的实腹柱改为缀板柱，钢材为 Q235。

［设计与计算］

1. 截面设计：由［例 2-5］知，柱顶轴力设计值 N=532.572kN，初设长细比为 70，所需柱肢截面面积为 3298 mm²。考虑采用双槽钢形成缀板柱，初选截面为［16a，查附录 3 附表 3-8，一根槽钢的几何参数为 $A_1 = 21.95\text{cm}^2$，$I_{1y} = 866\text{cm}^4$，$i_{1y} = 6.28\text{cm}$，$I_{1x} = 73.3\text{cm}^4$，$i_{1x} = 1.83\text{cm}$，形心至槽钢腹板外侧的距离 $z_0 = 1.80\text{cm}$，两柱肢的布置及缀板柱截面形心轴见图 2-21。

截面几何性质计算

$$A = 2 \times 21.95 = 43.90\text{cm}^2$$

$$i_y = i_{1y} = 6.28\text{cm}$$

$$i_x = \sqrt{\frac{2I_{1x} + 2A_1 \times \left(\frac{c}{2}\right)^2}{2A_1}} = \sqrt{i_{1x}^2 + \left(\frac{c}{2}\right)^2}$$

$$= \sqrt{1.83^2 + \left(\frac{11.0}{2}\right)^2} \approx 5.50\text{cm}$$

2. 长细比计算：

$$\lambda_y = 4500/62.8 = 71.7$$

$$\lambda_x = 4500/55.0 = 81.8$$

现设缀板间净距 L_1=700mm，$\lambda_1 = 700/18.3 = 38.3$，$\lambda_{0x} = \sqrt{81.8^2 + 38.3^2} = 90.3$

3. 整体稳定计算：

由附录 4 附表 4-2-2（b）查得 $\varphi\approx0.619$，另由前例知，柱子自重占比很小，可以不计，则

$$\frac{532.572\times10^{3}}{0.619\times4390\times215}=0.912<1.0$$

4. 截面强度计算：

因为截面无削弱，截面强度能够满足要求。

5. 缀板设计：

设取缀板尺寸为 $-120\times100\times6$，则缀板惯性矩和线刚度分别为

$$I_b=\frac{1}{12}\times6\times100^3=500000\text{mm}^4$$

$$K_b=\frac{2\times500000}{110}\approx9091\text{mm}^4/\text{mm}$$

单肢线刚度为

$$K_1=\frac{73.4\times10^4}{700+100}\approx918$$

两者比值 $K_b/K_1=\frac{9091}{918}=9.9>6$ 满足缀板刚度要求。

6. 构件刚度验算：

$$\lambda=86.5<150$$

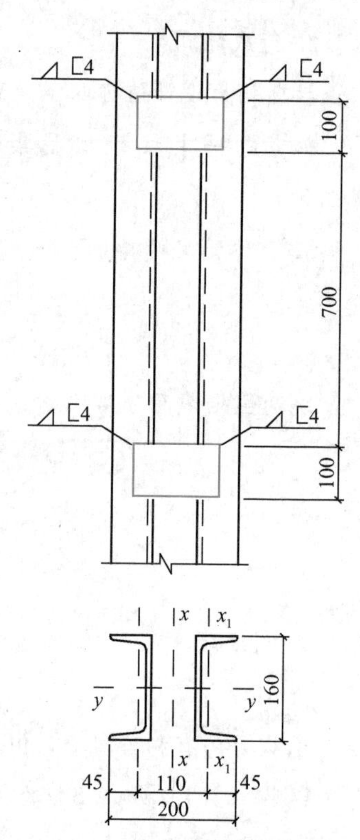

图 2-21 平台柱计算例题（缀板柱）

2.5 柱间支撑设计

柱间支撑设计需要考虑支撑形式选取、支撑截面设计、计算长度确定、支撑刚度和承载能力要求以及支撑连接等问题。其设计方法与框架结构中的支撑是相同的，读者可阅读第 3、4 章的有关内容。

2.6 节点设计

2.6.1 主次梁节点

1. 节点构造

次梁可以置于主梁顶面，也可接于主梁侧面。前者施工方便，后者则可降低结构总体高

度。依主梁、次梁的截面形式不同，可以演化出许多不同的节点构造。本节仅以工字形截面主次梁为例加以说明。

图2-22是主次梁节点的构造示例。其中图2-22（a）是直接将次梁搁在主梁顶面上的情况，次梁下翼缘用焊缝或螺栓与主梁上翼缘连接。这种构造安装简单，但主梁和次梁的截面高度相加，对净空有一定影响，一般多应用在有足够建筑高度的工业设施与露天结构中。其余各图是次梁连于主梁侧面的情况，通常次梁与主梁的顶面平齐。

图2-22（b）中，次梁通过连接角钢与主梁腹板相连；角钢预先焊接在主梁上，工地现场采用螺栓将次梁连到角钢上。图2-22（c）中次梁直接连接到主梁的横向加劲肋上，次梁的下翼缘需要切去一侧，否则将与加劲肋相碰。这两种情况下，若次梁传递的竖向力较大，也可采用角焊缝将次梁腹板与连接角钢或主梁加劲肋连接；此时螺栓仅用于安装时定位，可采用较小规格的普通螺栓。另一种节点方式如图2-22（d）：主梁设置台式承托，次梁搁置在承托上用螺栓连接，次梁竖向反力通过承压方式传递。上述这些节点中，次梁的两个翼缘或至少其中一个翼缘在节点部位不能连续传力，使得梁端传递弯矩的能力远远小于梁全截面的抗弯能力，因此通常把这类连接作为铰接连接看待。事实上这类连接具有一定的转动约束能力，后面将介绍计算时的对策。当采用普通螺栓或高强度螺栓承压型连接时，也可以将螺栓孔制成为水平方向的长圆孔来释放约束弯矩。

图2-22（e）是使次梁端部能传递弯矩的构造。次梁的下翼缘焊接在主梁的台式承托上，上翼缘则焊接于一块连接两侧次梁的盖板，这就使次梁翼缘的轴力所形成的力偶能够平衡梁端弯矩。当次梁梁端弯矩较大时，还可以在腹板部位加以连接，提高节点的抗弯能力。为了

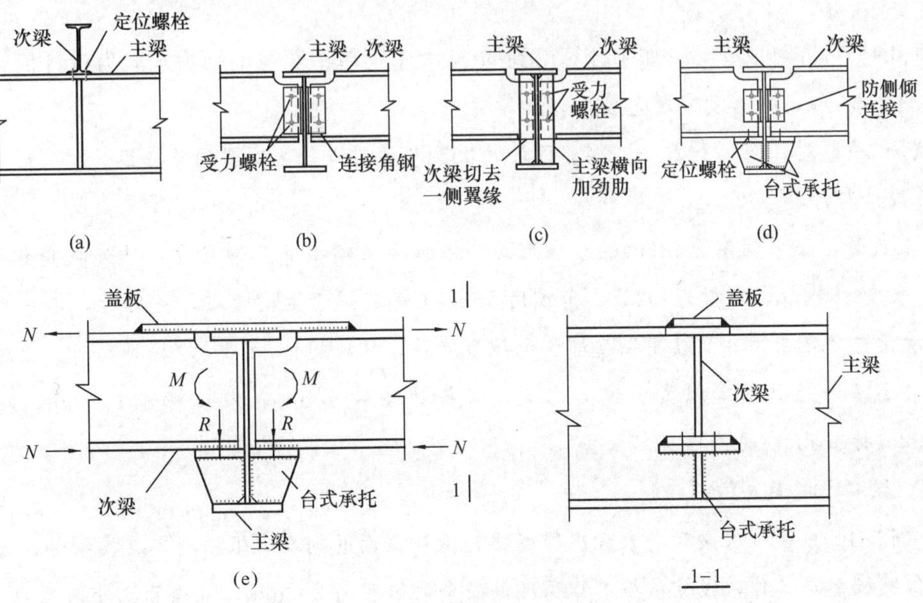

图2-22　主次梁连接节点

在工地安装中避免仰焊，承托板应做得宽于次梁下翼缘，而顶盖板宽度则应略小于次梁上翼缘宽度，宽出的部分应大于角焊缝的焊脚尺寸。

图 2-22 各图中未表示出梁上的平台板。当平台板与梁顶面牢固连接时，次梁端部的扭转可视为被约束的。

2. 节点计算

铰接节点需要传递次梁端部反力。图 2-22（b）、（c）中，次梁端部局部切割后的腹板截面、连接角钢以及螺栓或焊缝应能满足此抗剪要求。由于这类节点并非完全铰接，计算连接时可采用以下两种方法考虑弯矩的影响：

(1) 将次梁反力乘以螺栓中心线或焊缝形心线至主梁腹板中心线之间的距离，作为连接计算时所需考虑的弯矩。

(2) 将次梁反力乘以 1.2～1.3 的提高系数。

图 2-22（d）的节点中，次梁反力主要通过台式承托传递，腹板上的螺栓主要用于防止次梁侧倾，不需作受力计算。

图 2-22（a）中的次梁如果是连续跨过主梁的，应作为连续梁看待，否则也是两端铰接的简支梁。这两种情况下，都是通过主次梁翼缘板间的接触传递次梁的反力。连接部位需要计算的是主梁的局部承压。

图 2-22（e）所示的节点能够传递弯矩，称为刚性节点。连接焊缝及顶盖板需传递的轴力，可根据梁端弯矩 M 按式（2-40）计算：

$$N=\frac{M}{h} \tag{2-40}$$

上式中的分母亦可取 $h-t$。如果计算得到的 N 大于梁单个翼缘的轴力承载力设计值，就需要在图 2-22（e）中增设腹板连接。

【例 2-7】 对［例 2-3］、［例 2-4］设计的次梁与主梁进行主次梁的节点设计。

［设计与计算］

1. 设计：试采用图 2-22(b)的节点形式。根据主次梁截面几何尺寸，选连接角钢为 L70×8，长度 180mm，钢材为 Q235。角钢用 6mm 角焊缝焊于主梁腹板，施焊时，不采用引弧板。次梁与角钢采用 8.8 级高强度螺栓承压型连接，螺栓规格 M16。螺栓排列时，离肢背距离按最小容许距离确定以减少偏心影响，螺栓边距皆 40mm，中心距皆 100mm，孔径为 17.5mm(标准孔)。见图 2-23。

2. 梁端净截面复核：

［例 2-3］中设计次梁时尚未考虑因连接构造对截面的削弱。根据所定连接细部，设次梁端部仅腹板参与工作，腹板参与工作高度偏安全的假定为 200mm，螺栓开孔处内力为

$$V=65.85\text{kN}\ (\text{见［例 2-3］})$$

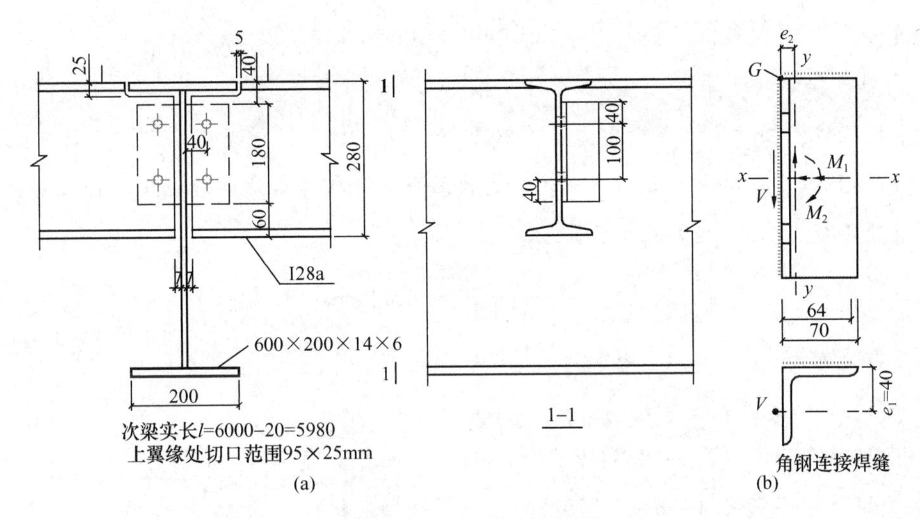

图 2-23　主次梁连接例题

$$M=65.85\times0.043\approx2.832\text{kN}\cdot\text{m}$$

腹板参与工作部分的截面特性

$$A_w=200\times8.5-2\times17.5\times8.5=1402.5\text{mm}^2$$

$$W_w=\frac{200^3\times8.5/12-2\times17.5\times8.5\times50^2}{100}\approx49229\text{mm}^3$$

剪应力按平均应力计算，弯曲应力仍按平截面假定计算

$$\sigma=\frac{2.832\times10^6}{49229}\approx57.5\text{N/mm}^2<215\text{N/mm}^2$$

$$\tau=\frac{65.85\times10^3}{1402.5}=47.0\text{N/mm}^2<125\text{N/mm}^2$$

折算应力近似按以下方式计算：

$$\sqrt{57.5^2+3\times47.0^2}=99.7\text{N/mm}^2<215\text{N/mm}^2$$

在距梁端70mm处，弯矩还会有增加，但由计算可知强度有较大富余，有兴趣的读者可以自行校核。

3. 螺栓连接计算：

梁端剪力引起的螺栓剪力：$N_V=\dfrac{65.85}{2}=32.925\text{kN}(\downarrow)$

梁端弯矩引起的螺栓剪力：$N_M=\dfrac{2.832}{0.1}=28.32\text{kN}(\rightarrow)$

单个螺栓的抗剪承载力：$N_v^b=\dfrac{\pi\times16^2}{4}\times250\approx50265\text{N}=50.265\text{kN}$

单个螺栓的承压承载力：$N_c^b=8\times17.5\times470=65800\text{N}=65.800\text{kN}$(角钢厚度为8mm)

强度计算　$\sqrt{32.925^2+28.32^2}=43.429\text{kN}<50.265\text{kN}$

4. 角钢连接焊缝计算：

由于螺栓位置相对角钢焊缝中心具有双重偏心（e_1 与 e_2，详见图 2-23b），其中偏心距 $e_1=40\text{mm}$ 为已知，偏心距 e_2 需计算确定。因为围焊焊缝在转角处连续施焊，故只需在上下水平焊缝处各减去 6mm 起落弧长度。

$$e_2=\frac{2\times64\times32}{2\times64+180}\approx13.3\text{mm}$$

焊缝群受力为

$V=65.85\text{kN}$

$M_1=65.85\times0.04=2.634\text{kN}\cdot\text{m}$（焊缝群面外受弯）

$M_2=65.85\times0.0133=0.876\text{kN}\cdot\text{m}$（焊缝群受扭）

焊缝群截面特性计算

$A_{\text{wf}}=(2\times64+180)\times6\times0.7\approx1294\text{mm}^2$

$I_{\text{xwf}}\approx(2\times64\times90^2+180^3/12)\times6\times0.7=6395760\text{mm}^4$

$I_{\text{ywf}}\approx\{2\times[64^3/12+64\times(32-13.3)^2]+180\times13.3^2\}\times6\times0.7$

$\approx505223\text{mm}^4$

$I_{\text{Jwf}}=6395760+505223=6900983\text{mm}^4$

应力计算选取角点 G 进行分析

$$\tau_{\text{y}}^{\text{V}}=\frac{65.85\times10^3}{1294}=50.9\text{N/mm}^2(\uparrow)$$

$$\tau_{\text{y}}^{\text{M}_2}=\frac{0.876\times10^6\times13.3}{6900983}=1.7\text{N/mm}^2(\uparrow)$$

$$\sigma_{\text{x}}^{\text{M}_1}=\frac{2.634\times10^6\times90.0}{6395760}\approx37.1\text{N/mm}^2$$

$$\sigma_{\text{z}}^{\text{M}_2}=\frac{0.876\times10^6\times90.0}{6900983}\approx11.4\text{N/mm}^2(\rightarrow)$$

强度计算时偏安全取 $\beta_{\text{f}}=1.0$，有

$$\sqrt{(50.9+1.7)^2+37.1^2+11.4^2}=65.4\text{ N/mm}^2<160\text{N/mm}^2$$

［分析］设计时，已尽量考虑了减少偏心的各种细部条件，由偏心 e_2 引起的应力效应相对较小，但偏心 e_1 引起的效应所占比重较大。说明设计时需重视减少传力路径的偏心。

2.6.2 主梁与柱的连接节点

1. 节点构造

平台结构柱子如果采用热轧工字形钢、宽翼缘工字钢等截面，其主轴有强弱之分，在结

构设计时就需考虑强轴与弱轴分别布置在结构的哪个方向，以及与主梁的关系。本节中只讨论主梁与柱子的强轴都垂直于同一平面的情况（参见图 2-24 各例）。

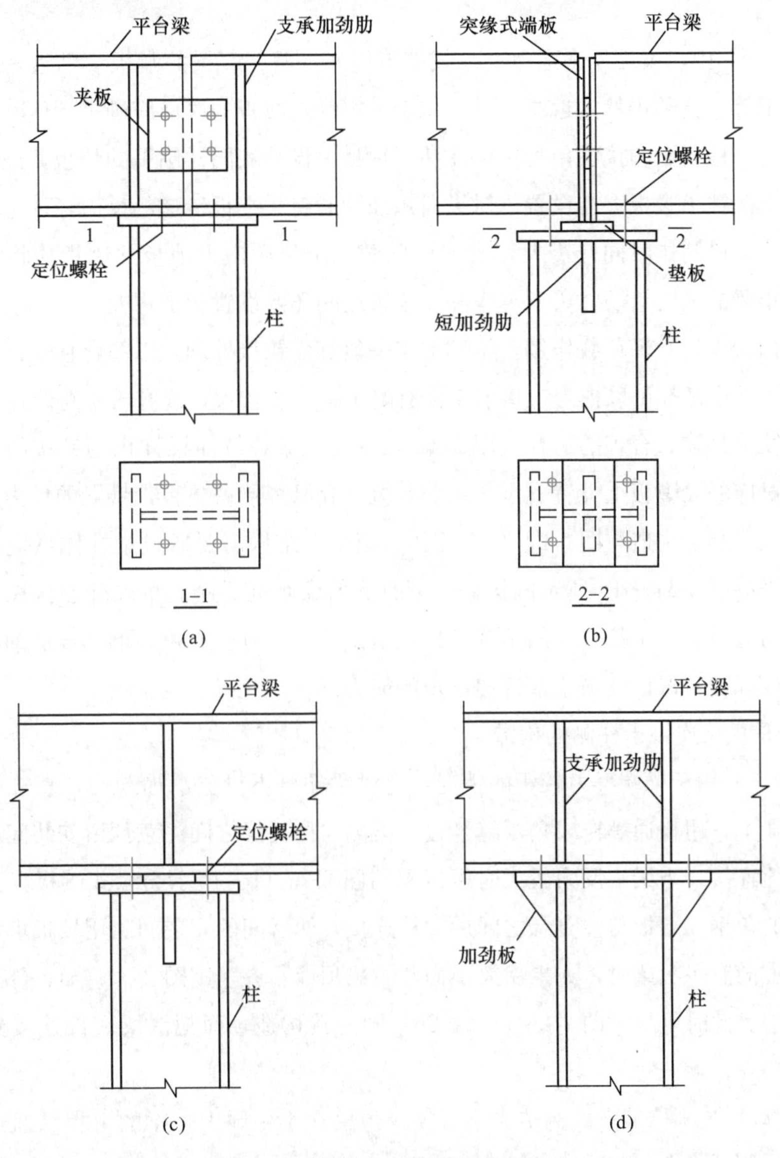

图 2-24　主梁连于柱顶的节点构造

图 2-24 是主梁支承于柱顶的节点构造。图 2-24（a）中，梁支承加劲肋对准柱子翼缘，可将梁端反力直接传递给柱子翼缘。设计时，注意梁构件的制作长度略小于柱子轴线之间的间距，一般可短 5～10mm，这样安装时相邻梁段之间可有一空隙，以便调整构件制作的偏差。安装定位后，用夹板通过螺栓或焊接把相邻梁连接起来，以防止梁的侧倾。这种构造的缺点是，当两相邻梁的反力不等时，柱子将受偏心力矩作用；一侧梁的反力很大时，还可能

引起柱翼缘的局部失稳。一般结构整体分析中通常把两相邻梁的反力都视为作用在柱子的轴线上，这样就忽视了上述可能的不利情况，因此节点构造确定后需要重新审视传力的特点并加以分析。

图 2-24（b）中，梁端反力通过突缘式端板传递，两相邻梁的端板都贴近柱子轴线，即使两侧反力不等，柱子仍然接近中心受压状态。突缘式端板的底面应刨平，使其能顶紧柱顶板；为了保持与柱顶面的接触传力，可在柱子顶板上设一块同样刨平的垫板，该垫板预先焊接在柱顶板上。柱子腹板上需设置一对纵向短加劲肋将梁端板传递的反力经一定距离均匀的扩散到柱身。梁段制作时同样需要留有安装间隙，定位后嵌入填板并用螺栓将相邻梁连起来。为了防止梁的纵向错动，梁下翼缘和柱顶板之间还要设置构造螺栓。

平台结构较少受水平荷载作用，梁柱节点一般都作铰接处理，以简化柱子设计。图 2-24（a）（b）的两种连接都可以视为铰接节点。有时主梁跨度较大，或有若干跨跨度较大，将主梁设计为连续梁是较为合理的选择。图 2-24（c）是主梁连续而梁柱仍为铰接的构造。在柱子腹板中心对应的梁腹板上设置支承加劲肋，梁下翼缘焊接一垫板，将梁的反力通过接触传力传递到柱顶。其余构造与图 2-24（b）相仿。当平台结构需要通过梁柱体系提供水平刚度时，也可以采取图 2-24（d）所示的构造。梁的下翼缘通过螺栓或角焊缝连接在柱顶上，梁的支承加劲肋应对准柱子翼缘。图示柱子顶板沿梁长方向有一外挑，下部设加劲板，便于布置传力螺栓或焊缝，保证柱顶连接传递弯矩的能力。

图 2-25 是主梁连接于柱侧的构造。

图 2-25（a）用于梁端反力较小的情况，此时梁端可不设支承加劲肋，直接搁置在柱子外伸的小牛腿上，用普通螺栓或角焊缝连接。梁侧与柱翼缘之间注意预留安装间隙，定位后用角钢和螺栓连接。当梁端反力较大时可以采用图 2-25（b）所示突缘式端板，支托采用厚钢板或加劲的角钢。端板与柱翼缘之间用螺栓连接，两者间的安装间隙用填板填满。当柱顶在垂直主梁方向有一次梁时，如果次梁顶面与主梁顶面平齐，则图 2-24（a）、（b）的连接方式就较难处理。此时可采用图 2-25（a）、（b）的连接构造，而把次梁端部连接到柱子的腹板上。

图 2-25（c）是刚接节点的构造。梁下翼缘焊接在小牛腿上，梁的上翼缘通过一块盖板与柱顶及另一侧的梁上翼缘互相连接。另外主梁腹板通过角钢或连接钢板与柱翼缘焊接连接。

2. 刚接节点的计算

以图 2-25（c）为例说明节点计算。从施工顺序看，主梁搁置在小牛腿上后，其自重就由牛腿承担。这时主梁还是简支结构，牛腿只承受梁端竖向反力，但牛腿与柱翼缘的连接焊缝应考虑偏心力矩的作用。待主梁上翼缘及腹板与柱子连接后，再安装平台板，施加平台荷载。后续荷载产生的剪力主要由腹板连接角钢或钢板传递，梁端弯矩则由翼缘和腹板的连接

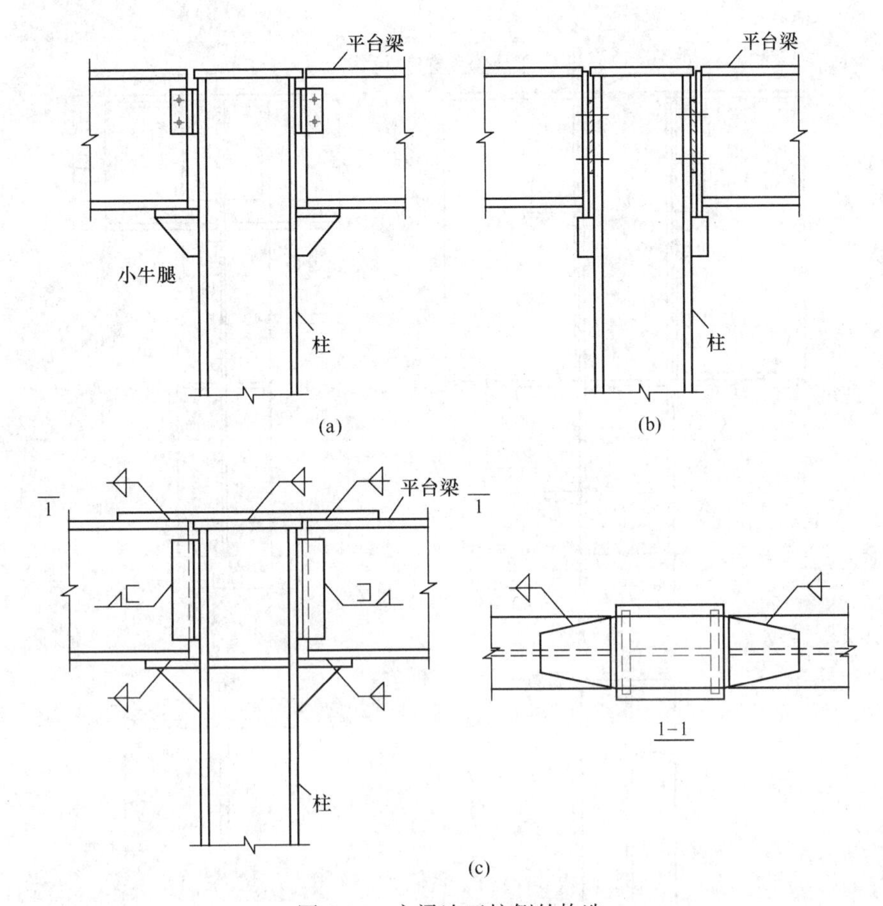

图 2-25 主梁连于柱侧的构造

分别承受。工程设计时，也可忽略小牛腿承受竖向反力的作用，按最终阶段的结构状况进行分析。

【例 2-8】 在图 2-10 的平台中，平台梁在柱侧的铰接节点计算。

[设计与计算]

1. 主梁与柱侧连接的节点设计：主梁、次梁和柱的截面尺寸分别见[例 2-4]、[例 2-3]和[例 2-5]。主梁搁置在小牛腿上，小牛腿为T形截面，尺寸见图 2-26(d)。小牛腿与柱翼缘用角焊缝连接，主梁支座反力通过支承面接触传递。小牛腿 2M12 普通螺栓起安装定位作用，与连接角钢连接的 2M12 普通螺栓起防止侧倾作用。

主梁梁端局部承压计算：

腹板翼缘交界处局部承压长度：

$$l_z=135-10+2.5\times14=160\text{mm}$$

由[例 2-4]知梁端集中反力设计值 $V_1=200.436\text{kN}$，则

$$\sigma_c=\frac{200.436\times10^3}{160\times6}\approx208.8\text{N/mm}^2<215\text{N/mm}^2$$

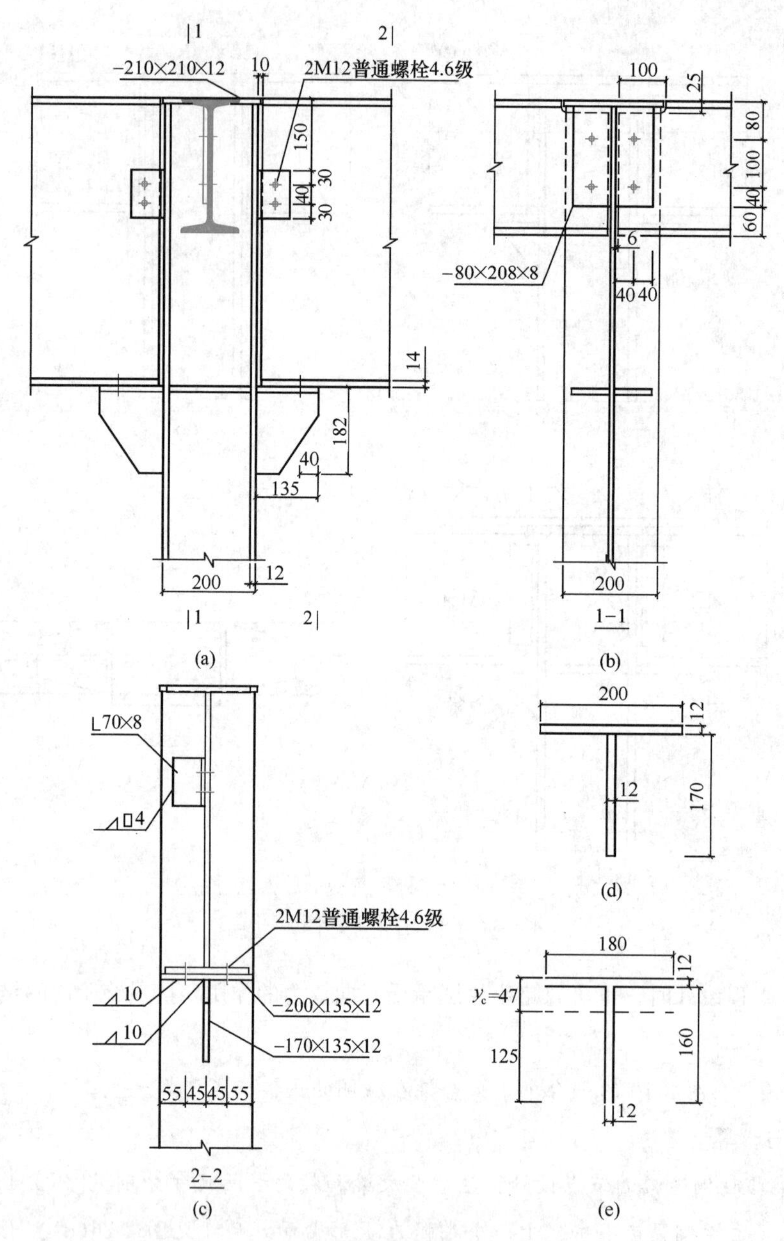

图 2-26　平台梁与柱的连接计算例题

即主梁端部可不设支承加劲肋。

2. 牛腿与柱的连接焊缝计算：

角焊缝高度 h_f 采用 10mm。扣除焊缝起始处各 10mm 后的焊缝截面见图 2-26(e)。

焊缝截面几何特性计算：

计算抗剪面积 $A_{wf}=2\times160\times10\times0.7=2240\text{mm}^2$

截面形心位置 $y_c=\dfrac{(180-12)\times12+2\times160\times(80+12)}{2\times180-12+2\times160}\approx47\text{mm}$

焊缝群惯性矩

$$I_{wx} \approx [180 \times 47^2 + 168 \times 35^2 + 2 \times 160^3/12 + 2 \times 160 \times (125-80)^2] \times 10 \times 0.7$$
$$= 13538607\text{mm}^4$$

最下端截面模量 $W_{wx} = \frac{13538607}{125} \approx 108309\text{mm}^3$

焊缝截面内力设计值：

剪力　$V = 200.436\text{kN}$

弯矩　$M = 200.436 \times (0.125/2 + 0.01) = 14.532\text{kN} \cdot \text{m}$

焊缝截面强度计算

$$\tau_f = \frac{200.436 \times 10^3}{2240} = 89.5\text{N/mm}^2$$

$$\sigma_f = \frac{14.532 \times 10^6}{108309} = 134.2\text{N/mm}^2$$

$$\sqrt{\left(\frac{134.2}{1.22}\right)^2 + 89.5^2} = 141.8\text{N/mm}^2 < 160\text{N/mm}^2$$

本例中因焊缝截面承载力设计值小于牛腿截面承载力设计值，故不再作牛腿截面抗弯、抗剪计算。

3. 柱翼缘在牛腿翼缘拉应力作用下是否需要设置横向加劲肋：可参照现行国家标准《钢结构设计标准》GB 50017 中 12.3.4 条规定计算柱翼缘厚度是否满足：

$$t_{cf} \geqslant 0.4\sqrt{A_{bf} f_b / f_c}$$

其中 t_{cf}、A_{bf} 分别为柱翼缘板厚度和梁(本例中小牛腿)受拉翼缘面积；f_b、f_c 分别为梁(小牛腿)翼缘和柱翼缘的钢材强度设计值。本例中

$$12 < 0.4\sqrt{200 \times 12 \times 215/215} \approx 19.6$$

故需设加劲肋。设横向加劲肋为 -80×12 钢板，布置在与小牛腿翼缘同高处，如图 2-26(a)所示。

2.6.3 柱脚节点

平台结构的柱脚节点与其他框架结构是相似的，本书将在第 3、第 4 章予以介绍。

2.7 钢楼梯设计

2.7.1 平台钢楼梯的形式和构造

适合于平台结构的钢楼梯主要有斜梯和直梯。斜梯是最常用的形式。直梯通常用在不经

常上下或因场地限制不能设置斜梯的场合。

直梯宽度一般为 600～700mm。立柱可采用角钢，规格为 L75×50×6～L80×50×6，踏步采用 d=16mm 的圆钢，两端焊在角钢的肢上。圆钢间距一般 200～250mm。当直梯高度大于 3m 后，在距底部 2m 上方应设保护圈，保护圈可采用d=16mm的圆钢，其立杆可采用 4mm 厚的扁钢。直梯构造参见图 2-27。

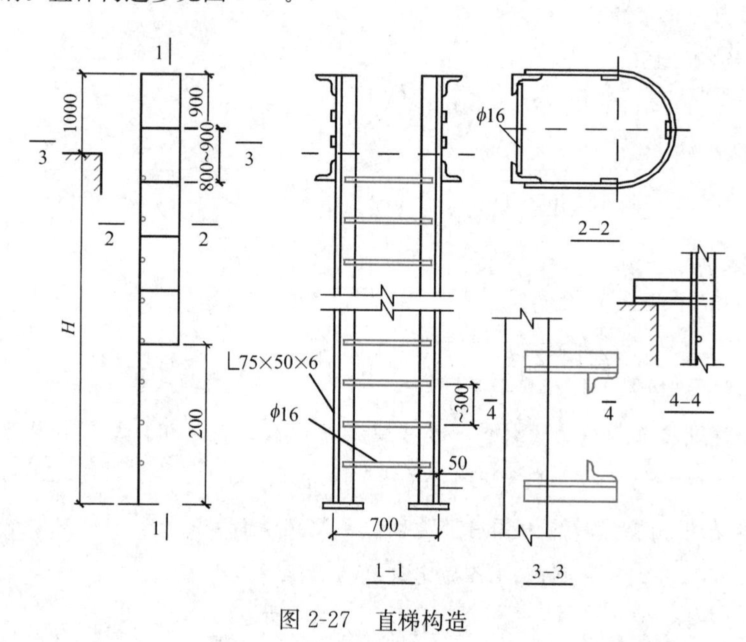

图 2-27　直梯构造

斜梯宽度与直梯相同，视实际需要也可适当加宽。其与地面的倾角设置为 45°～60°之间，尽可能接近 45°。当无特殊荷载要求时，梯段梁常采用 160mm×6mm 的钢板或[16 槽钢，踏步间斜长距离为 300mm 左右(图 2-28)，踏步板常采用 5～6mm 厚花纹钢板、4mm 厚弯折钢板或带边框的箅条式钢板。梯段梁与平台钢构件的连接见图 2-29，与地面的连接见图 2-30。

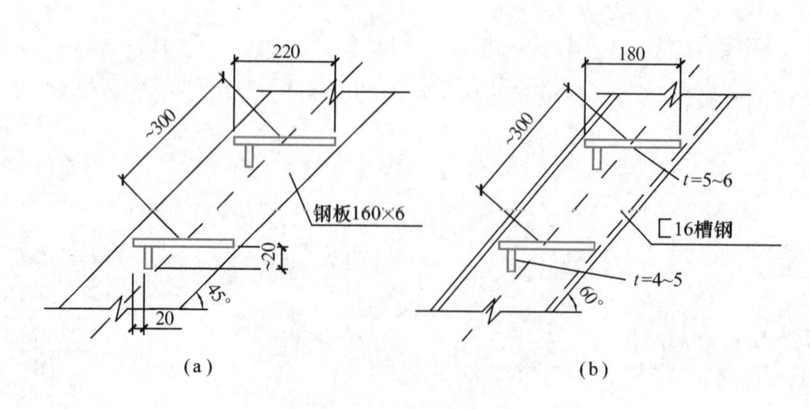

图 2-28　斜梯梁及踏步板

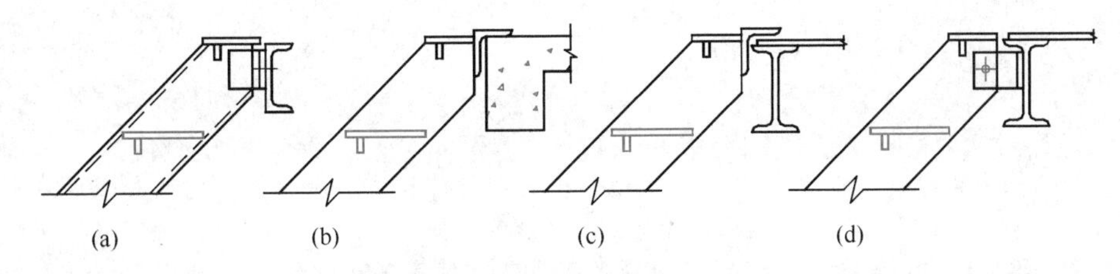

图 2-29　斜梯梁与平台构件的连接

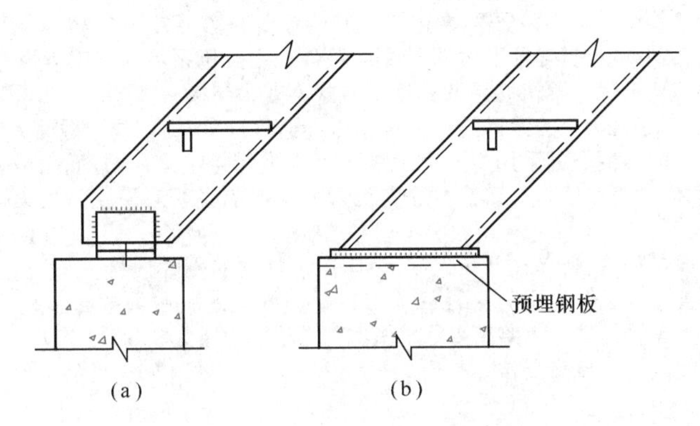

图 2-30　斜梯梁与地面的连接

2.7.2 斜梯计算

斜梯梁段可作为简支构件计算。楼梯活荷载应按实际情况采用，在一般情况下其竖向荷载应取不小于 3.5kN/m^2(按水平面投影)。需计算其强度和变形。强度设计值按钢结构设计标准取，梁的跨中挠度不大于梁跨的 1/150，梁跨按斜长取。

斜梯梁的整体稳定一般不起控制作用。

思考题

2.1　为什么铺板区格一般视为周边简支而非周边固支?

2.2　式(2-8)如用钢材强度设计值代替应力得到梁的最小高度，设计采用这一截面高度后是否会导致最后刚度条件不满足?

2.3　试推导两端刚接梁承受跨中 1 点集中荷载时的最小截面高度，设梁截面为双轴对称工字形。

2.4　主次梁的连接中(图 2-22b、c)，如果开设了水平长圆螺栓孔，计算时是否需要考虑弯矩成分?

2.5　在图 2-24(d)所示梁柱刚接的构造中，如已知梁底反力、柱顶弯矩与水平力，怎样计算连接螺栓(或焊缝)?

2.6　在[例 2-8]中，小牛腿翼缘高度处柱子腹板配置横向加劲肋的目的是什么? 如果小牛腿做成工字形截面，对应受压翼缘处柱子腹板是否也应配置横向加劲肋?

2.7　平台结构不设柱间支撑的情况下应怎样设计柱脚节点和梁柱节点来保证结构的几何不变以及平台柱的整体稳定性?

2.8　查阅相关资料并讨论栏杆设计应考虑哪些荷载?

习题

2.1　布置一平台结构的梁格体系。设平台承受的面荷载为：恒载 0.2kN/m²，活荷载 0.35kN/m²。平台面积为 14m×60m，并初选主次梁截面规格。

2.2　［例 2-1］平台结构中主梁与柱子刚性连接，其余设计条件不变。铺板、加劲肋、次梁分别采用［例 2-2］、［例 2-3］的设计结果，试设计主梁截面。主梁仍采用焊接工字形截面。钢材为 Q235B。

2.3　［例 2-1］中的荷载条件、梁格体系及其连接方式不变，铺板、加劲肋、次梁和主梁分别采用［例 2-2］、［例 2-3］、［例 2-4］的设计结果，重新设计边柱（A、C 轴柱）截面，注意此时与柱子连接的主梁将减少一根。柱子可采用中、宽翼缘 H 型钢或焊接工字形截面，钢材为 Q235，但柱子用钢量应比［例 2-5］有所降低。确定柱子截面尺寸时，需说明对于主、次梁连接构造尺寸是如何考虑的。

2.4　［例 2-1］中主梁与中柱（B 轴柱）的节点为连接于柱侧的刚性连接，与边柱（A、C 轴柱）的节点仍为铰接连接。试设计主梁与中柱的节点连接。假定此时主梁截面和柱子截面仍采用［例 2-4］、［例 2-5］的设计结果，主梁靠中柱一侧的剪力设计值为 272.3kN，弯矩设计值为 407.5kN·m，此弯矩使连接处主梁上翼缘受拉。

第3章

轻型单层工业厂房钢结构设计

3.1 荷载与结构体系

3.1.1 概述

工业建筑有单层与多层之分。单层工业建筑通常跨度较大、净空较高，还有生产工艺的各种要求，使其与普通民用建筑的框架结构相比具有不同的特点。

如果单层工业建筑采用轻型屋面和墙体材料，结构负担的重力荷载就会大大减轻。在厂房高度不很大（如18m以下）、仅配置起重量较小的吊车设备（如不超过20t的A1～A5工作级别桥式吊车）或不配置吊车设备的情况下，可以采用相应的技术措施，在结构体系中采用较大宽厚比的钢构件，使得结构自重也相对较轻。国内把这类工业建筑归为“轻型钢结构”。

轻型单层工业厂房钢结构的梁与柱可以采用轻型热轧型钢构件、焊接组合截面钢构件、冷弯薄壁型钢构件等；构件形式可以采用实腹式或格构式（桁架梁与格构柱）；依梁柱连接方式为铰接还是刚接可以分为排架（柱脚刚接于基础、梁柱连接为铰接节点）和刚架（柱脚刚接或铰接于基础、梁柱连接为刚接节点）两种基本类型，后者常被称为门式刚架。本章介绍以焊接组合工字形截面实腹式构件为梁、柱的门式刚架设计。

3.1.2 轻型单层工业厂房钢结构的体系构成和结构布置

1. 结构体系

图3-1是一单跨轻型工业厂房结构体系的三维图。图3-2是单层单跨轻型工业厂房主要承重结构的布置图，其中图（a）为屋盖以下的结构平面，包括框架柱、吊车梁、抗风柱、柱间支撑；图（b）为屋面的结构平面，包括框架柱、屋面（框架）梁、连系梁、屋面支撑；

图（c）为结构纵向立面，包括框架柱、吊车梁、柱间支撑、屋面梁；图（d）为中间横向框架的立面，包括框架柱、吊车梁、屋面梁；图（e）为山墙面（即两端部平面）框架的立面，包括框架柱、抗风柱、屋面梁。这里的“横向”指结构平面尺度中较小的方向。横向框架柱的间距称为跨度，也就是屋面梁竖向支承点间的跨度；纵向框架柱的间距一般称为柱距。梁、柱和支撑构件是轻型厂房结构中的主要承重构件。

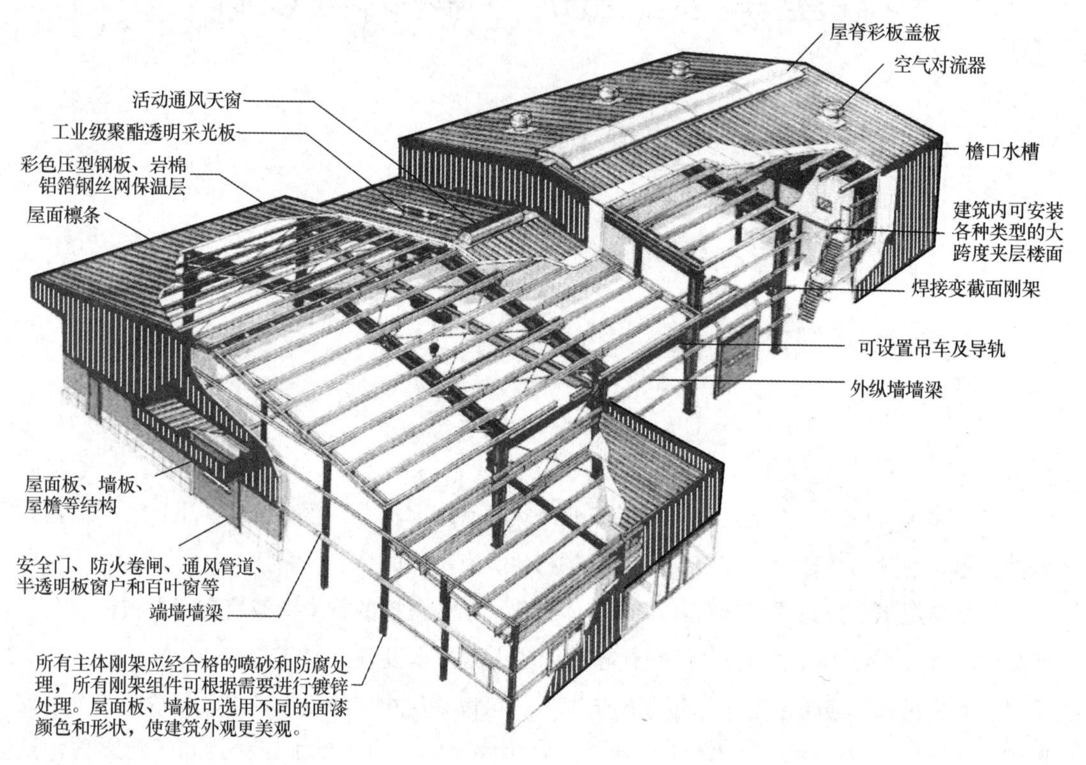

图 3-1　单跨轻型工业厂房结构体系

图 3-3 给出了屋面次结构和墙面次结构体系。次结构构件主要指屋面檩条、墙梁以及相应的拉条或撑杆。

2. 结构布置

轻型单层工业厂房的结构布置主要包括柱网、温度区段、框架形式、支撑体系等。

（1）柱网

轻型单层工业厂房的柱网由横方向的跨度和纵方向的柱距决定（参考图 3-2a、b）。

厂房跨度一般根据工艺需求决定，从 12～36m 的跨度都是常见的合适范围，虽然没有严格的模数限制，但习惯上多采用 3m 的倍数，这样在配置桥式吊车时容易订购规格化的产品。需要时，厂房跨度可以超过 36m。

柱距以 6～9m 居多。柱距大小除考虑工艺要求外，与屋面结构构件的连接方式、疏密等有关。柱距超过 10m 后，屋面结构的耗钢量会显著增加，一般需设置托架或托梁。关于

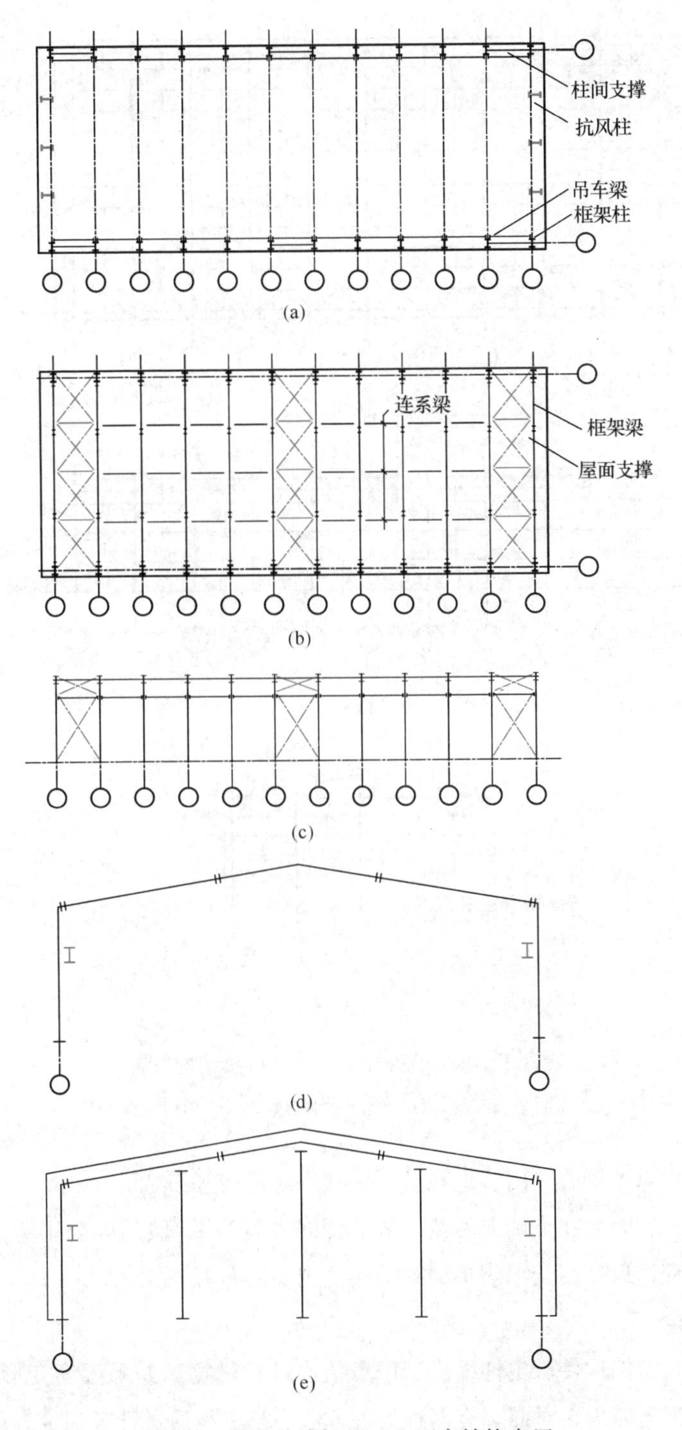

图 3-2　单层单跨轻型工业厂房结构布置

（a）框架柱、吊车梁平面布置；（b）屋面平面布置；（c）纵墙立面布置；（d）一般框架立面布置；（e）山墙立面布置

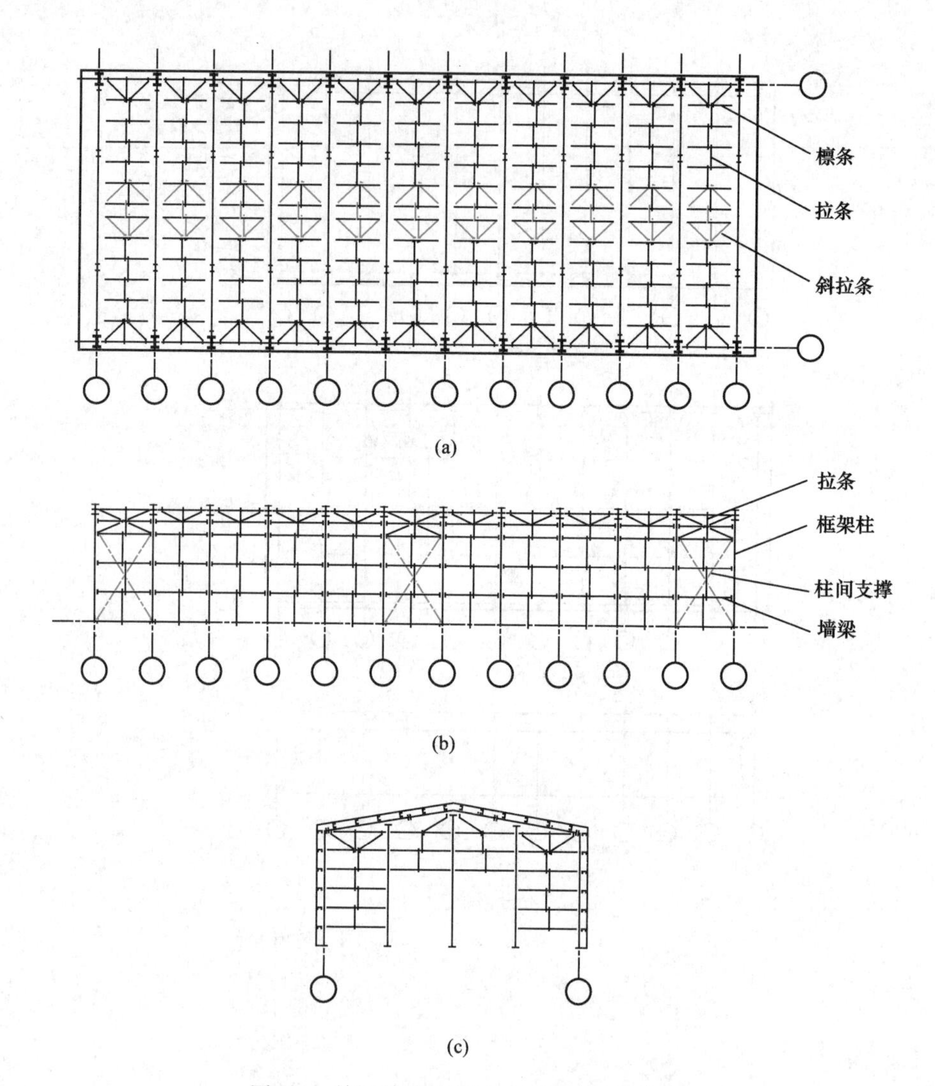

图 3-3　单层单跨轻型工业厂房次结构布置

(a) 屋面平面布置；(b) 纵墙立面布置；(c) 山墙立面布置

托架设置，可参考第 4 章有关内容。轻型厂房柱距通常均等布置。

轻型厂房中，有时会在一侧或两侧山墙端开间设置 2～3 层的办公用房。本书作为钢结构设计的初步教程，只介绍全部为单层结构的规则柱网布置。

(2) 温度区段

随温度变化，结构构件产生伸缩。当厂房结构过长过宽，如果温度变形受到很强约束，就会产生较大的温度应力。对此，有两种处理方法：第一是通过计算保证温度产生的附加应力对构件强度、稳定性没有太大影响。但精确的温度应力计算比较困难，特别是构件节点处对温度变形的约束进行量化评价还没有成熟的方法，所以结构设计时普遍采用另一种方法，即将较长较宽的厂房分为若干独立区段，称为“温度区段”。如现行国家标准《门式刚架轻型房屋钢结构技术规范》GB 51022（以下简称《门架规范》）规定的温度区段为：

横方向（跨度方向）：温度区段长度不大于 150m

纵方向（柱距方向）：温度区段长度不大于 300m

满足上述规定就可以不另计算温度应力。

温度区段两侧的结构柱、梁都是分开的，实际是独立的结构体系。

（3）横向框架和纵向框架

轻型厂房的横向框架可以有多种形式（图 3-4）：单跨与多跨；单坡、双坡与多坡；局部夹层；排架（梁柱铰接）、刚架（梁柱刚接）以及刚架中两端铰接的“摇摆”柱。横向框架的基本构件就是柱与梁。

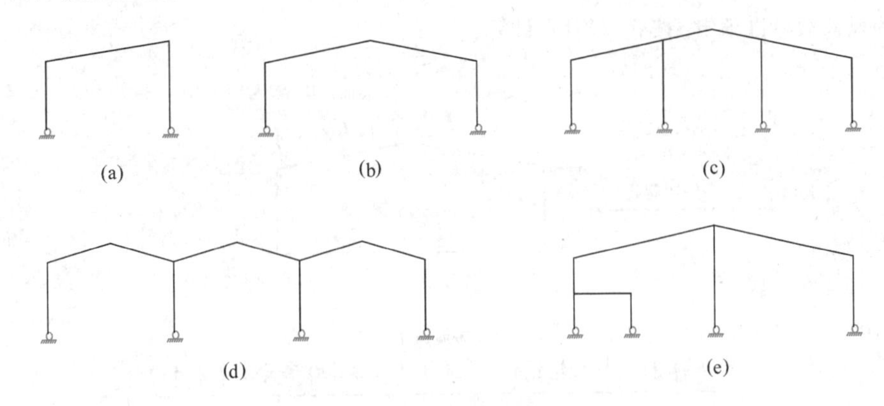

图 3-4　多种形式的横向框架

(a) 单跨单坡；(b) 单跨双坡；(c) 多跨双坡；(d) 多跨多坡；

(e) 局部有夹层的厂房

纵向框架由柱、连系梁、柱间支撑组成（参见图 3-2c）。设有桥式吊车的纵向框架，吊车梁也作为连系梁起作用。纵向框架中的连系梁、吊车梁和支撑构件与柱做成铰接连接，柱脚在该方向也按铰接处理。

（4）支撑体系

轻型厂房的支撑体系包含屋面支撑和柱间支撑两大系统，其布置原则详见 3.2、3.6 节的介绍。

3.1.3　结构荷载

1. 荷载类型

轻型单层工业厂房结构设计需考虑如下荷载：

（1）永久荷载：包括主次结构和围护材料的自重、悬挂管道和所有承托于结构构件之上且其位置和重量都相对固定的设备荷载。荷载大小根据实际情况确定。

（2）活荷载：主要指屋面活荷载，根据现行国家标准《建筑结构荷载规范》GB 50009（以下简称《荷载规范》）的规定，应按 $0.5kN/m^2$ 考虑；但当设计刚架构件时，如该构件的负荷水平投影面积超过 $30m^2$，允许按 $0.3kN/m^2$ 考虑。轻型单层工业厂房屋面一般不上人，但要考虑检修、维护时的操作人员、工具、材料等重量，而这些荷载大面积均匀满负荷铺开的可能性很小，所以当构件负荷面积较大时可以将活荷载适当降低。设计屋面板和檩条时，施工及检修集中荷载标准值取 1.0kN 作用于结构最不利位置上。在比较高大的单层工业厂房中，视需要会设置局部夹层（参见图 3-1）或平台。其上的活荷载应根据实际需要决定，或根据《荷载规范》的规定取 $2.0kN/m^2$。

（3）风荷载：对轻型厂房结构，风在结构上产生的荷载作用方向如图 3-5 所示，其建筑物表面的风荷载标准值 w_k 按式（3-1）计算：

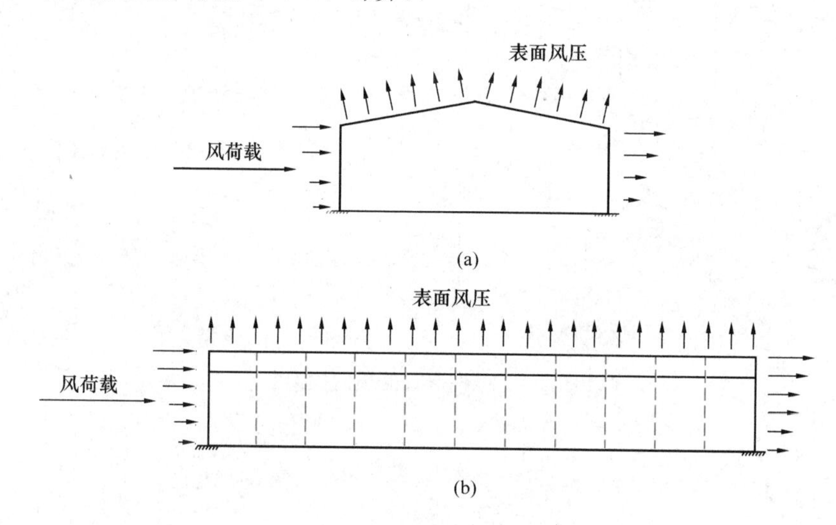

图 3-5　风作用方向和建筑表面的风压

（a）横风作用；（b）纵风作用

$$w_k = \beta \mu_s \mu_z w_0 \tag{3-1}$$

式中　w_0——基本风压，按《荷载规范》规定值采用；

μ_z——风荷载高度变化系数，按《荷载规范》的规定取值，高度小于 10m 时，采用 10m 高度处的数值；

μ_s——风荷载体型系数，按《门架规范》的有关规定采用，该规范借鉴美国金属房屋制造商协会《金属房屋系统手册 2006》拟定了风荷载体型系数，将房屋类型分为封闭式、部分封闭式和敞开式三类，并考虑房屋内部压力产生的“鼓风效应”与“吸风效应”与外部风压的组合，对结构不同部位采用不同的风荷载体型系数；

β——系数，计算主刚架时取 $\beta=1.1$；计算檩条、墙梁、屋面板和墙面板及其连接时，取 $\beta=1.5$。

由于轻型厂房屋面材料重量较轻，在风荷载较大地区，屋面板和墙板在风吸力作用下都有被掀起吹走的可能性。结构在风荷载作用下，构件的弯矩可能发生变号，柱脚可能受拉拔起。轻型结构对风作用相当敏感，在设计中需要高度重视。

（4）雪荷载

雪荷载作用于屋顶，其标准值 s_k（kN/m^2）按式（3-2）计算：

$$s_k=\mu_r s_0 \tag{3-2}$$

式中　s_0——基本雪压，按《荷载规范》规定的 100 年重现期的雪压采用；

μ_r——屋面积雪分布系数，根据屋面外形和坡度按《荷载规范》的规定采用。

生产中有大量排灰的厂房及邻近建筑，其屋面上有积灰荷载，详见 4.2.1 节。如需考虑这种情况，其与雪荷载或屋面均布活荷载中的较大值同时考虑，以下介绍荷载组合时不再单列。

（5）吊车荷载

轻型厂房因工艺需要，也可能设置悬挂吊车或桥式吊车。吊车荷载如何计算将在第 4 章重型工业厂房结构的相关部分予以详细说明。

（6）地震作用

建造在抗震设防区的工业厂房应考虑地震作用。根据现行国家标准《建筑抗震设计规范》GB 50011 的规定，按小震烈度进行的计算对比表明，在我国抗震设防规定的 8 度及 8 度以下的地区，大部分轻型单层工业厂房结构设计中地震作用都不是控制因素，这是由于轻型厂房的质量较小、地震引起的惯性力较小的缘故。但是，轻型厂房钢结构构件本身的延性较差，在大震烈度时的结构抗震性能必须予以重视。有关抗震设计计算的规定应符合《门架规范》的要求。本章以下介绍的内容不涉及轻型厂房的抗震设计。

2. 荷载组合

分别记永久荷载为 D、活荷载为 L、风荷载为 W、雪荷载为 S、吊车荷载为 C，计算结构强度和稳定性时，需考虑以下荷载组合：

（1）$1.2D+1.4L$；

（2）$1.2D+1.4W$，或 $1.0D+1.4W$，后者用在风效应与恒载的重力效应相反的情况下；

（3）$1.2D+1.4S$；

（4）$1.2D+1.4\times\max\{L,S\}+0.6\times1.4W$（这里的活荷载仅以屋面活荷载为例，不讨论夹层活荷载，以下组合也同样）；

（5）$1.2D+1.4W+0.7\times1.4\times\max\{L,S\}$；

（6）$1.2D+1.4C$；

(7) $1.2D+1.4C+0.6\times1.4W$；

(8) $1.2D+1.4W+0.7\times1.4C$。

一般而言，轻型厂房中的永久荷载数值较小，但当其效应对结构承载力不利，而起控制作用时，其荷载分项系数由 1.2 改为 1.35。相应的荷载组合如：

(9) $1.35D+0.7\times1.4\times\max\{L, S\}$；

(10) $1.35D+0.7\times1.4C$。

在上述组合中要注意：风荷载作用方向有 4 种可能，即图 3-5 中横风、纵风均可能从相反方向作用于结构，所以有风的组合就有 4 种工况需要计算。吊车荷载的组合情况更为复杂，留待第 4 章详述。

需要说明，这里介绍的荷载分项系数与组合系数，按照《门架规范》2015 年版的规定取值。本章各例题均以此为准。

3.1.4 荷载在结构中的传递

结构设计时，需明确每种荷载的传递路径。如作用在屋面表面的荷载（活荷载、风荷载）通过屋面板、檩条、框架梁传递到柱子和基础；作用在墙体表面的荷载（主要是风荷载）通过墙面板、墙梁、柱子（框架柱及抗风柱）传递，最终也到基础；其他永久荷载，或是构件和围护材料的重力，或是外加的管道、设备等荷载则通过构件的支承关系逐级传递直至基础。

3.1.5 结构设计的主要步骤

在工业厂房的工艺条件明确之后，结构设计一般按如下步骤进行：

（1）结构布置；

（2）构件截面初选：包括所有檩条、墙梁、框架梁和框架柱、吊车梁（如果有）、抗风柱、连系梁、屋面支撑与柱间支撑；

（3）荷载计算；

（4）确定计算简图，进行内力与变形计算；

（5）构件强度、稳定性的计算复核、结构刚度要求复核；

当计算复核结果满足安全、经济要求时，可转到下一步骤，否则需调整截面后回到第（3）步；

（6）节点和柱脚的构造设计及强度计算；

（7）其他构造措施的设计；

（8）基础设计计算：关于柱脚以下部分的设计，读者可参考相关教科书。

以上步骤是对设计程序的一般描述。实际设计中，结构工程师往往先行完成次结构构件的设计计算。这些构件可以根据静定结构或连续梁结构的特点进行独立分析，并据此进行截面设计，其支承反力则作为外荷载加到主要承重结构上。

3.2 屋面结构设计

3.2.1 屋面结构布置

屋面包括檐口到屋脊的范围。为了排水，屋面需要一定坡度，其范围在1/20～1/8之间。大多数轻型厂房的屋面坡度在1/12以下，但雨水较多地区和积雪较大地区，应选用较大坡度。屋面结构包括屋面板、檩条及拉条、屋面支撑、女儿墙柱，刚架梁也可视作屋面结构的组成部分。图3-6显示了屋面结构的各个构成部分。

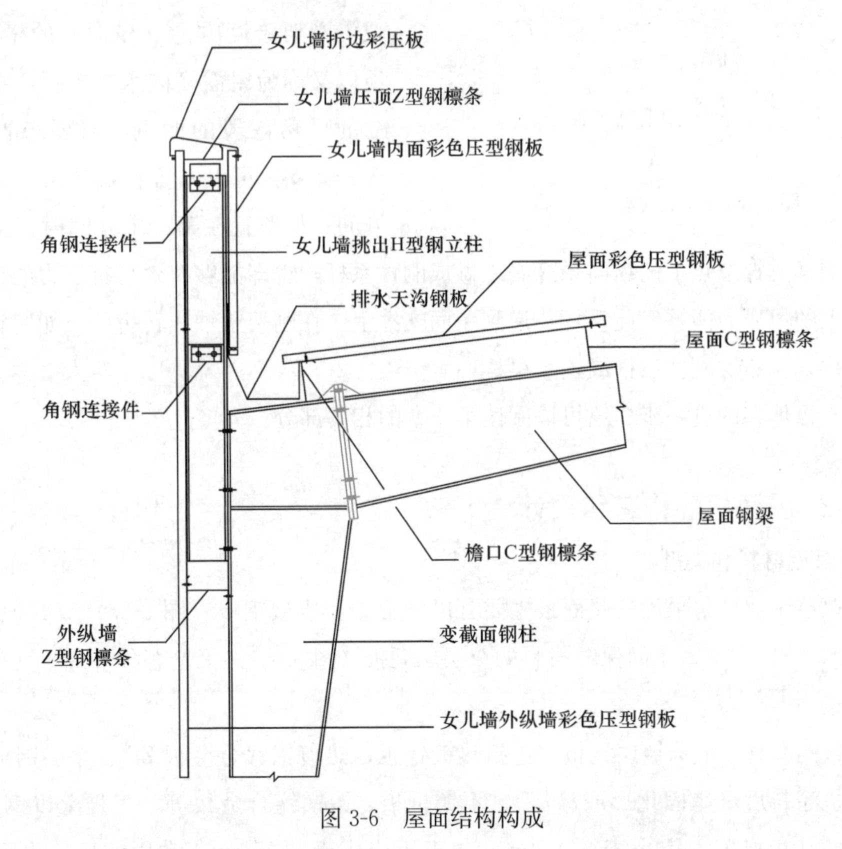

图3-6　屋面结构构成

屋面结构布置需考虑如下问题：

（1）檩条间距的选取。檩条间距首先受制于屋面板的最大允许跨距，同时也和结构跨度方向的尺度有关；有些情况下，还与悬挂荷载的吊点位置有关。在不计自重的情况下，若屋

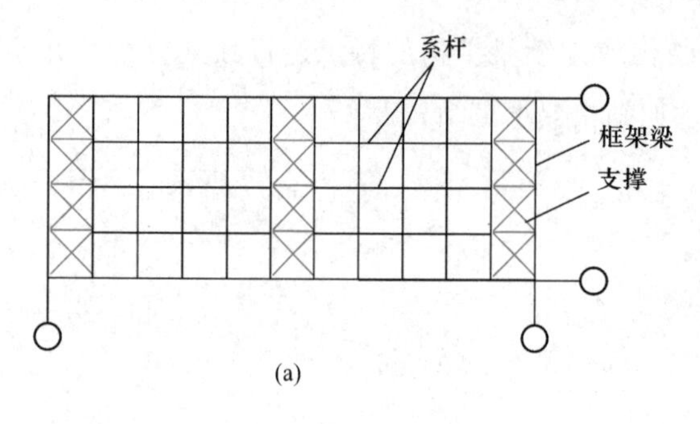

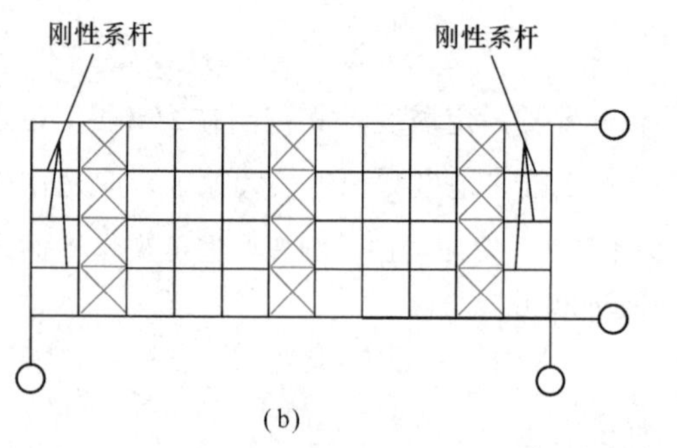

图 3-7 屋面支撑系统布置示意图

(a) 端支撑布置在第一个开间；

(b) 端支撑布置在第二个开间

面荷载条件相同，加大檩条间距会要求增加屋面板的抗弯强度和刚度，而减小檩条间距则可能造成檩条重量增加。常见的檩条间距在 1～3m 范围内。

(2) 屋面支撑的布置。屋面支撑和下文介绍的柱间支撑共同构成了厂房的支撑系统。在一个独立的厂房区段内，支撑系统应能保证结构框架形成稳定的空间体系。屋面支撑由交叉支撑杆件、纵向系杆以及刚架梁构成（图 3-7）。一般在设置柱间支撑的开间同时布置屋面水平支撑，柱间支撑的间距见 3.6 节。屋面支撑系统形成沿刚架跨度方向（横向）的桁架体系，所以又称为屋面横向水平支撑。在一个独立的厂房区段的两端，需要布置横向支撑；此支撑可以布置在端部第一或第二个开间；但布置在第二个开间时，第一开间内联系于交叉支撑节点上的纵向系杆必须做成刚性系杆，也即能够有效抵抗压力的杆件，使得山墙面上的风压力能够经此系杆传递到屋面支撑上。在刚架梁轴线转折处，如屋脊、边柱柱顶等部位，应布置刚性系杆或连系梁。

屋面支撑体系的进一步介绍可以阅读第 4 章的相关部分。

3.2.2 屋面板的构造和设计

1. 屋面板材料和类型

轻型单层工业厂房采用的屋面板主要有以下形式：压型钢板（图 3-8a）或其他金属板、夹芯板（图 3-8b）、填塞中间保温材料的双层压型板（图 3-8c）。无论哪种形式，其主要结构是压型钢板。

屋面板的基材一般为镀层钢板（包括热镀锌板、热镀铝锌合金板等）、涂层钢板（基材上涂覆有机涂料后烘烤固化形成涂层）、不锈钢板、铝镁锰合金板等，工程上以钢板为主。屋面外板的基板厚度不应小于 0.45mm，内板不应小于 0.35mm。常用的板厚也不会厚于 2.0mm。镀层或涂层在基材表面形成保护膜以防止锈蚀，可以有各种色彩，同时兼作外观美化。

但这样薄壁的屋面板，如果只是一层平板，即使在自重作用下也会弯曲得厉害，何况还

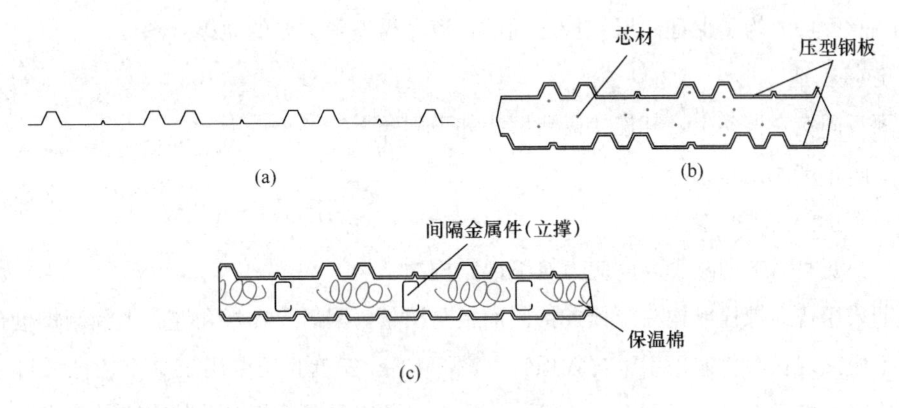

图 3-8　压型钢板和夹芯板

(a) 压型钢板；(b) 夹芯板；(c) 双层板夹保温层

要抵抗垂直作用其表面的风、雪或其他荷载。所谓压型钢板，就是通过常温下的“冷轧”加工，将其制成波纹形状，从而具有一定的结构高度，以有效地抵抗面外弯曲。依照波纹的高低，可以分为深压型或浅压型的压型钢板（图 3-9）。

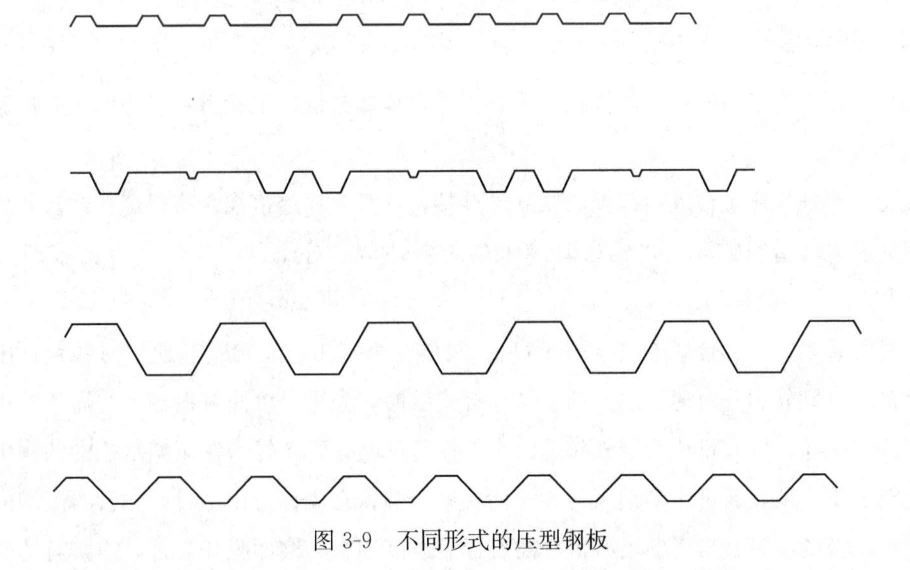

图 3-9　不同形式的压型钢板

为了保温隔热的需要，可以在工厂生产夹芯板。在两层压型钢板中间填入具有较大热阻系数的塑料发泡材料，如聚氨酯等，并用专门的胶粘剂与两边的压型钢板粘合在一起。中间的保温隔热材料使得屋面板具有了必要的结构高度，因此可以采用平钢板或浅压型的压型钢板。但是受较大弯矩时，受压一侧的钢板会因为局部失稳引起的弯曲而使胶粘剂脱开，产生所谓的“脱层屈曲”。为提高夹芯板抵抗这种破坏的能力，也可在受压侧采用深压型的压型钢板。

工程上，也有采用双层压型钢板作屋面板，施工时，在其中填入保温隔热材料如保温棉

（一种工业纤维）。为了保证两层钢板之间的距离，需设置必要的立撑（图 3-8c）。

2. 连接构造

屋面板固定在檩条上，其连接需要解决如下问题：

（1）防止被风掀起；

（2）防止雨雪天时渗水；

（3）必要时需考虑减少温度应力对下部结构的影响。

早期采用普通螺栓或钩头螺栓连接屋面板与檩条，因需要在板和檩条上预制螺栓孔，施工非常不便。现在则普遍采用了自攻螺钉（图 3-10），安装时用专用工具直接把螺钉穿透压型板并连接到檩条上，不但不需预制打孔，也免去了安装屋面板时孔位对中的要求。

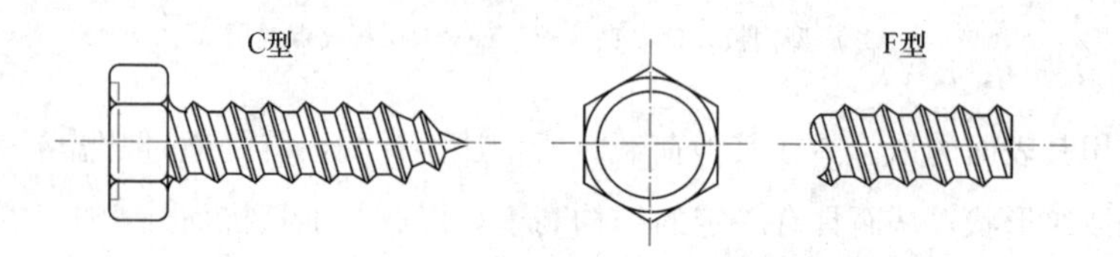

图 3-10　自攻螺钉示意图

自攻螺钉在檩条的厚度范围内仅有一个或两个螺牙，在屋面向上的吸力作用下可能被拔出，因此应保证有足够的螺钉数来抵抗上拔力。自攻螺钉抗拉承载力一般应由生产厂家通过试验提供数据。

无论普通螺栓还是自攻螺钉类的紧固件连接，都需要穿透钢板，使得螺孔或钉孔处的压型钢板防腐镀层遭到破坏，并成为防渗水的薄弱环节。对此目前工程上有如下两种典型对策：

一种方式是采用扣合式连接（图 3-11）。制作一个基座，其侧壁翘起一对扣舌，压型钢板的波高侧壁则轧制一对通长的凹槽。屋面板安装时，先用自攻螺钉在檩条与压型钢板连接的部位固定基座，然后将压型钢板扣合上去，使得基座扣舌正好卡在压型钢板的凹槽中。屋面板受到的重力荷载通过压型钢板与基座的接触传递；在风吸力作用时，扣舌与凹槽的咬合可阻止压型板的滑脱。当压型板严重弯曲变形后波高侧壁凹槽如脱开扣舌，连接就达到失效状态。其优点是压型板表面镀层保持完整，且避免了因钉孔引起的渗水。采用扣合式连接时，压型钢板的材料应采用高强度钢材，如屈服强度为 550N/mm² 的钢材等，否则压型钢板在风吸力作用下容易变形被拉脱。

另一种方式是采用 180°全咬合方式。特制的基座如图 3-12（a）所示。基座分为底座和滑舌两部分，将底座固定在檩条上。压型钢板的边侧与滑舌作 180°咬合（图 3-12b），能够有效的防止掀起。风吸力作用时，这种连接的极限状态一般表现为固定底座的螺钉失效。全咬合式连接也具有不损伤表明镀层和避免钉孔的优点。此外还有一个长处是，屋面板可以随滑

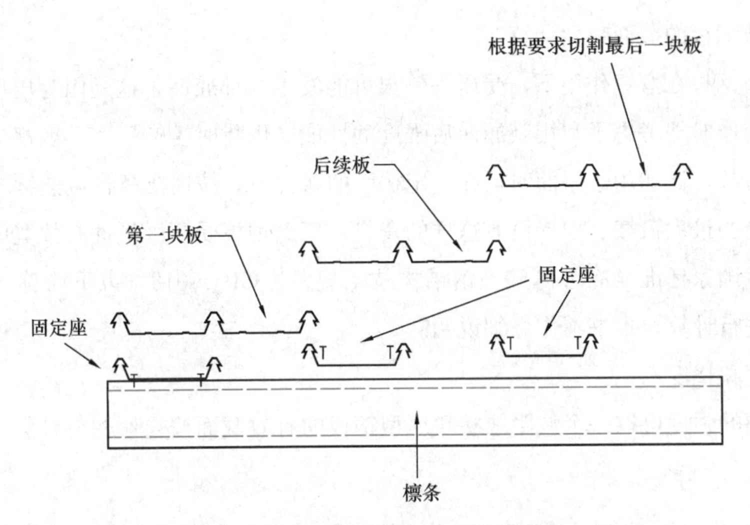

图 3-11　压型钢板的扣合式连接构造

舌沿压型板的纵向滑动，当大跨度屋面随温度变化发生一定范围的伸缩时，屋面的温度变形不会引起下部结构的温度应力。

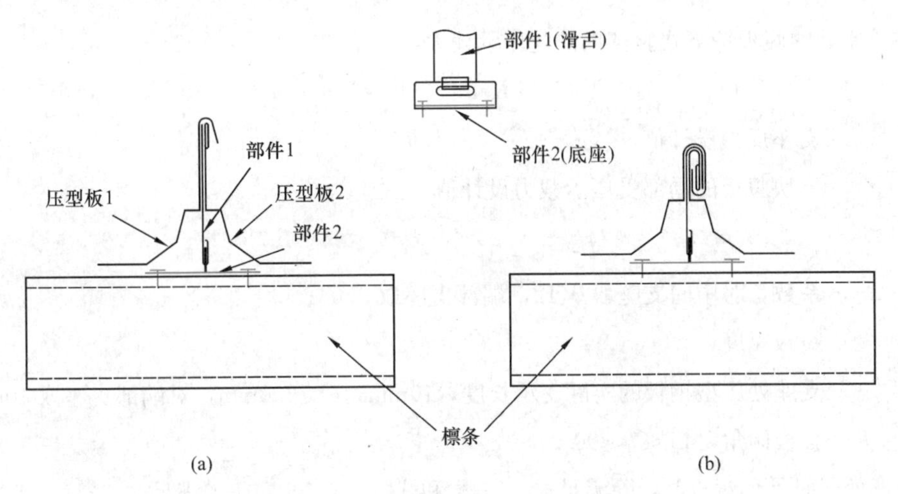

图 3-12　压型钢板的咬合式连接构造

（a）咬合前；（b）咬合后

3. 单层压型钢板作屋面板时的计算要点

（1）荷载与内力分析

荷载计算的一般原则已在本章开始予以介绍。屋面板承受的荷载主要为永久荷载、活荷载与雪荷载中的较大值、风荷载以及施工荷载。需要注意的是，屋面板作为围护材料，计算风荷载时所取的体型系数和计算刚架所取的体型系数不同。

在上述屋面荷载作用下，屋面板可视为支承在檩条上的连续受弯构件计算。

（2）压型钢板的截面特性计算

单层压型钢板在弯矩作用下，受压一侧很可能发生局部屈曲，这是因为压型钢板的板件宽厚比大，制作时即考虑了利用其屈曲后强度的性能。供货时生产厂家一般都应提供压型钢板的承载力参数，比如用于屋面时，在一定檩距的条件下，按简支条件或连续支承条件压型钢板可以承受的最大荷载。如果没有这样的资料，压型钢板受压区板件有效宽度的计算方法可以根据现行国家标准《冷弯薄壁型钢结构技术规范》GB 50018（以下简称《薄钢规范》）的相关规定进行计算。本书不作详细说明。

（3）强度和挠度

压型钢板的强度可取一个波距或整块压型钢板的有效截面按受弯构件计算，满足式（3-3）的要求：

$$M/M_u \leqslant 1 \tag{3-3}$$

式中 M——计算截面的弯矩设计值；

M_u——按有效截面模量 W_e 和压型钢板强度设计值 f 计算的受弯承载力设计值：

$$M_u = W_e f \tag{3-4}$$

在支座处的腹板按下式验算局部受压承载力：

$$R/R_w \leqslant 1 \tag{3-5}$$

式中 R——支座反力设计值；

R_w——一块腹板的局部受压承载力设计值：

$$R_w = \alpha t^2 \sqrt{fE}(0.5 + \sqrt{0.02 l_c/t})[2.4 + (\theta/90)^2] \tag{3-6}$$

α——系数，对中间支座取 0.12，端部支座取 0.06；

t——腹板厚度；

l_c——支座处压型钢板的实际支承长度，$10\text{mm} \leqslant l_c \leqslant 200\text{mm}$，对端部支座取 10mm；

θ——腹板倾角，$45° \leqslant \theta \leqslant 90°$。

支座处同时承受弯矩时，除满足式（3-3）和式（3-5）外，还需满足式（3-7）：

$$M/M_u + R/R_w \leqslant 1.25 \tag{3-7}$$

同时承受弯矩 M 和剪力 V 的截面，应满足下列要求：

$$(M/M_u)^2 + (V/V_u)^2 \leqslant 1 \tag{3-8}$$

式中 V_u——腹板的受剪承载力设计值：

$$V_u = h t \sin\theta \tau_{cr} \tag{3-9}$$

$$\tau_{cr} = \frac{8550}{h/t} \leqslant f_v，当\ h/t < 100$$

$$\tau_{cr} = \frac{855000}{(h/t)^2}，当\ h/t \geqslant 100$$

h、t——压型钢板的腹板高度（斜高）与厚度。

压型钢板屋面板的竖向挠度与跨度之比不应超过 1/150。

3.2.3　檩条构造和设计

1. 檩条形式

当柱距在 10m 以下范围内时，轻型单层工业厂房的檩条通常采用冷弯薄壁型钢。冷弯薄壁型钢是在常温下将薄钢板弯折成所需的形状，屋面檩条常用的型钢截面形状有：C 形（即槽形）、带卷边 C 形（即带卷边槽形）、Z 形，带卷边 Z 形（图 3-13a～d），卷边可以垂直翼缘板，也可以是斜的（图 3-13e）。当柱距在 10～12m 范围时，需要采用更大截面的构件。高频焊接 H 型钢是可选的一种材料。高频焊接 H 型钢的板厚为 3～9mm，也是一种轻型型钢（图 3-13f）。大柱距情况下，还可以采用轻型桁架作为檩条。本节介绍实腹式的冷弯薄壁型钢檩条。

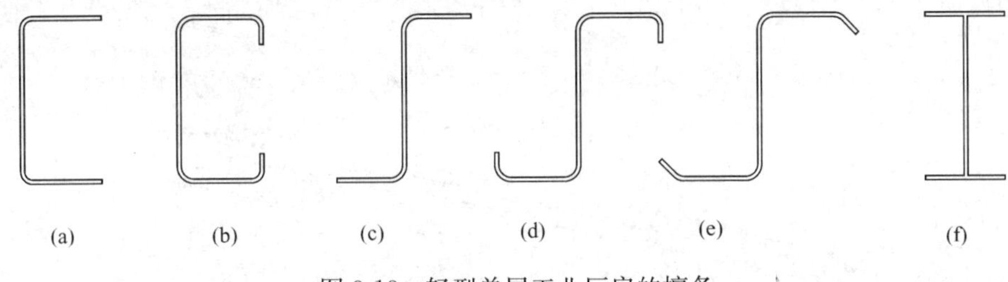

图 3-13　轻型单层工业厂房的檩条

冷弯薄壁型钢檩条可按照简支檩或连续檩进行设计。简支檩在两相邻的刚架上简单支承，不传递弯矩；连续檩则需传递弯矩。

2. 拉条和撑杆

承受屋面荷载时，檩条受弯。檩条的上翼缘与屋面板连接，屋面板在板平面内的刚度可以防止檩条上翼缘的侧弯。但是，当屋面受到很大风吸力时，简支檩条的下翼缘就有受压的可能。对于连续檩条，在靠近支座的一段范围内即使只受恒载作用也是下翼缘受压的。如没有提供下翼缘平面外变形的约束条件，檩条很可能因整体失稳而发生弯扭。为防止这类破坏，一个有效的措施是设置拉条和撑杆。

拉条通常采用直径不小于 10mm 的圆钢制作，沿檩条的长度方向每隔一定间距布置一道。在屋脊和屋檐处，需要布置斜拉条。当檩条有发生如图 3-14(a)虚线所示的弯曲平面外变形趋势时，拉条可以阻止这种失稳。

当檩条跨度大于 4m 时，就最好在檩条跨中设一道拉条；当檩条跨度大于 6m 时，应该在檩条跨度三分点处各设一道拉条。对于防止檩条下翼缘平面外侧弯为主要目的设置的拉条，应尽量布置在距下翼缘 1/3 檩条高度的地方（图 3-14）。

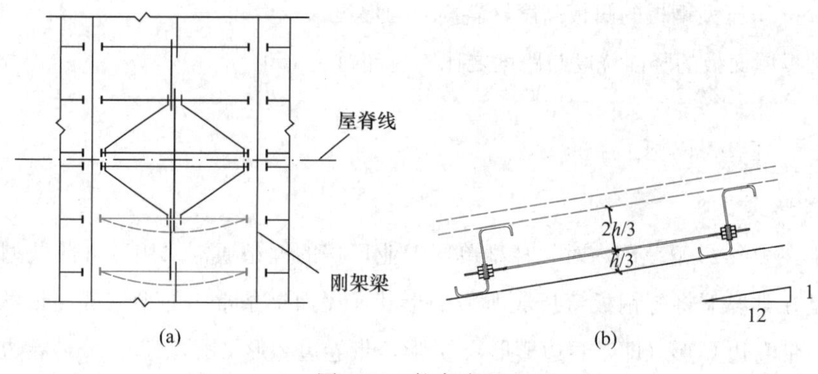

图 3-14　拉条布置

也可以采用弯折的冷弯薄壁角钢或钢管代替圆钢，这类构件既可受拉也可受压，称之为撑杆。为了方便连接，工程上将拉条和钢管配合安装，如图 3-15 所示。

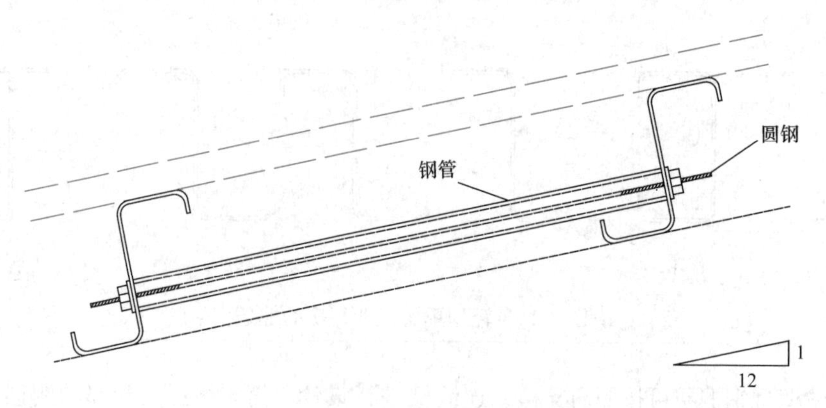

图 3-15　圆钢外套钢管的撑杆式拉条

3. 檩条计算

(1) 计算简图与构件内力

为了排水，屋面需具有一定的坡度。檩条的上翼缘用于连接屋面板，所以檩条翼缘不是平行地面的（自然刚架梁的顶面也不平行地面）。常用的 C 型或卷边 C 型檩条的截面主轴不能垂直或平行于地面，则所有重力荷载（永久荷载、活荷载、雪荷载等）的作用线都与截面主轴有一交角。Z 型（带卷边 Z 型）檩条也很少会有一根截面主轴正巧垂直或平行地面。这样屋面荷载就对檩条构件有双向弯曲作用。

设檩条的主轴为 x、y 轴，y 轴的正向与檩条腹板的夹角为 θ，屋面的坡度为 α，则屋面竖向荷载与主轴间的夹角 $\alpha_0=\theta-\alpha$，如图 3-16(a)、(b)所示。按严格的力学分析，应将作用在檩条上的竖向重力荷载（D、L、S）和风荷载（W）分解为沿主轴方向的荷载，再计算内力。以设置两道拉条的檩条为例，图 3-16(c)、(d)分别为沿主轴 y 受力的计算简图和沿主轴 x 受力的计算简图。假定檩条端部是“铰接”的，即所谓简支檩，则檩条在主轴 y-y 平面的弯曲就为简支梁工作状态；在沿主轴x-x平面的弯曲，拉条可以视为中间支座，檩条即是三跨连续梁。考虑实际工程中轻钢厂房屋面坡度通常不大于1/10，屋面板连接在檩条上有显著的侧向支撑作用，与腹板平面正交方向的弯矩和剪力及引起的应力都较小，《门架规范》采取了简化计算方式，即仅依据腹板平面内计算其几何特性、荷载、内力等，不另计算垂直于腹板的荷载分量作用。对于图3-16，只考虑沿y轴（卷边C型）或$y1$轴（卷边Z型）的荷载分量（以下记为沿y'轴的荷载分量）。

需要注意的是，当屋面坡度大于1/10且屋面板不能形成对檩条的侧向支撑作用时，仍应按严格的力学分析计算荷载、内力、应力等。

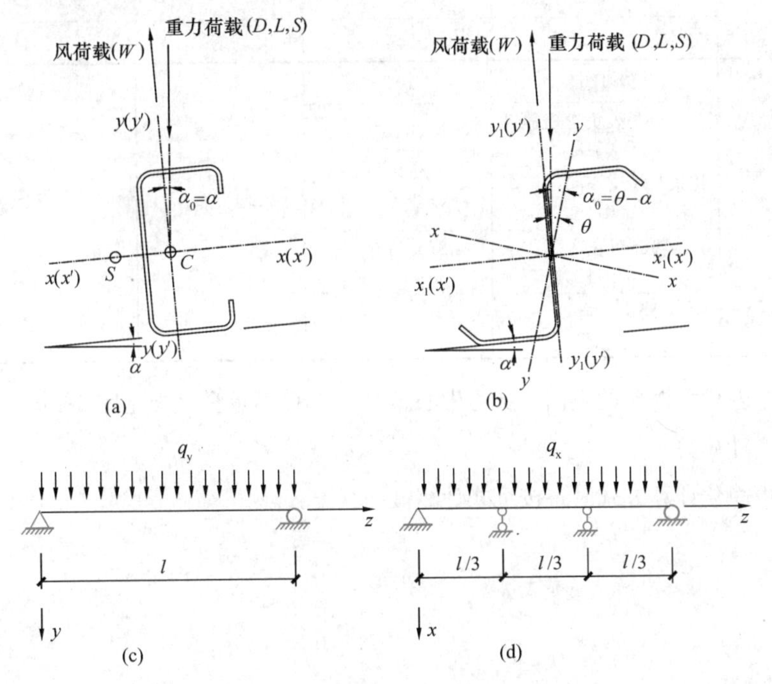

图3-16　檩条计算简图

(a) C型截面檩条受力；(b) Z型截面檩条受力（x-y为主轴）；(c) 沿主轴y方向的受力；(d) 沿主轴x方向的受力

按《门架规范》的简化计算方法，简支檩条承受均布荷载作用时的弯矩和剪力可由下式计算：

$$M_{x'}=\frac{1}{8}q_{y'}l^2 \tag{3-10a}$$

$$V_{y'}=\frac{1}{2}q_{y'}l \tag{3-10b}$$

式中$q_{y'}$由风荷载及投影到y'轴上的重力荷载分量构成。

其他情况下简支檩条的弯矩和剪力可由下式计算：

$$M_x = \alpha_y q_y l^2 \tag{3-10c}$$

$$M_y = \alpha_x q_x l^2 \tag{3-10d}$$

$$V_y = \beta_y q_y l \tag{3-10e}$$

$$V_x = \beta_x q_x l \tag{3-10f}$$

表 3-1 给出了简支檩在跨中无拉条、一道拉条和三分点处各设一道拉条时的弯矩、剪力值的计算系数 α_x、α_y、β_x、β_y。

简支檩弯矩和剪力的计算系数　　表 3-1

拉条设置	对应 q_x 的内力计算系数		对应 q_y 的内力计算系数	
	α_x	β_x	α_y	β_y
无拉条	0.125	0.5	0.125	0.5
跨中一道拉条	拉条处负弯矩 0.0313	0.625		
	拉条与端支座间正弯矩 0.0156			
三分点处各一道拉条	拉条处负弯矩 0.0111	0.367		
	跨中正弯矩 0.0028			

C 型或卷边 C 型檩条的截面，剪力中心 S 与形心 C 不重合（参见图 3-16a）。

（2）强度计算

可以采用简化计算方式时，按下式计算截面强度：

$$\sigma = \frac{M_{x'}}{W_{enx'}} \leqslant f \tag{3-11a}$$

$$\tau = \frac{3V_{y'}}{2h_0 t} \leqslant f_v \tag{3-11b}$$

当不能采用简化计算方式时，可按下式计算截面强度：

$$\sigma = \frac{M_x}{W_{enx}} + \frac{M_y}{W_{eny}} \leqslant f \tag{3-11c}$$

式中　$W_{enx'}$——绕 x'轴的有效净截面模量；

h_0——檩条腹板扣除冷弯半径后的平直段高度；

t——檩条厚度；

W_{enx}、W_{eny}——对两个截面形心主轴的有效净截面模量。

理论上只有当横向剪力通过檩条截面剪力中心时双力矩才为零，但当檩条上翼缘与屋面板可靠连接，使得檩条的扭转变形基本被约束的情况下，工程计算上通常也认为双力矩为零。

有效截面模量可以按照《薄钢规范》有关规定计算。以下以卷边 C 型檩条为例予以说明（图 3-17）。

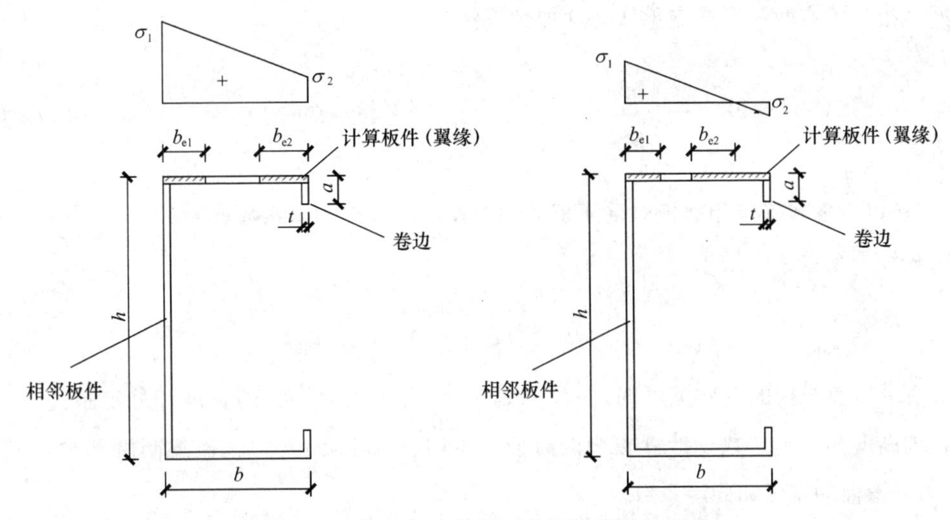

图 3-17　檩条的有效截面和相邻板件的概念

1）确定卷边的高厚比 a/t 不大于 12，也不小于表 3-2 规定的最小高厚比。

卷边的最小高厚比　　表 3-2

$\frac{b}{t}$	15	20	25	30	35	40	45	50	55	60
$\frac{a}{t}$	5.4	6.3	7.2	8.0	8.5	9.0	9.5	10.0	10.5	11.0

注：b、t 分别为冷弯薄壁型钢的翼缘宽度和厚度。

2）计算受压板件或部分受压板件两边缘的压应力分布不均匀系数 ψ。

$$\psi = \sigma_{\min}/\sigma_{\max} \tag{3-12}$$

式中　$\sigma_{\max}$——板件边缘中压应力较大的值，取为正；

$\sigma_{\min}$——板件另侧边缘的应力，以压为正，拉为负。

计算应力时采用毛截面模量，只考虑弯矩和轴力引起的应力分量。

3）确定受压板件稳定系数 k。

计算 $W_{enx'}$ 时，翼缘板的稳定系数（或称屈曲系数）取 3.0，腹板取 23.9；计算 W_{enx}、W_{eny} 时，稳定系数取值如下：

对翼缘，因一侧边缘有腹板、另一侧边缘有满足刚度要求的卷边支承，作为“部分加劲板件”看待。

当最大压应力作用于腹板侧时

$$k = 5.89 - 11.59\psi + 6.68\psi^2，当 \psi \geqslant -1 \tag{3-13a}$$

当最大压应力作用于卷边侧时

$$k = 1.15 - 0.22\psi + 0.045\psi^2，当 \psi \geqslant -1 \tag{3-13b}$$

对腹板，因有两侧翼缘支承作为“加劲板件”

$$k=7.8-8.15\psi+4.35\psi^2，当 1\geqslant\psi>0 \quad (3\text{-}14a)$$

$$k=7.8-6.29\psi+9.78\psi^2，当 0\geqslant\psi\geqslant-1 \quad (3\text{-}14b)$$

若 $\psi<-1$，则计算 k 时，式（3-13）和式（3-14b）中取 $\psi=-1$。

4）按以下方式确定相邻板对受压板的约束作用的板组约束系数 k_1：

首先计算系数 ξ

$$\xi=\frac{c}{b}\sqrt{\frac{k}{k_c}} \quad (3\text{-}15)$$

计算受压翼缘板的有效宽度时，式（3-15）中 b、k 为翼缘板的宽度和稳定系数，c、k_c 为腹板的高度和稳定系数；计算腹板的有效宽度时，式中 b、k 为腹板的高度和稳定系数，c、k_c 为翼缘板的宽度和稳定系数。

然后计算 k_1

$$k_1=1/\sqrt{\xi}，当 \xi\leqslant1.1 \quad (3\text{-}16a)$$

$$k_1=0.11+0.93/(\xi-0.05)^2，当 \xi>1.1 \quad (3\text{-}16b)$$

但 k_1 取值在计算翼缘的有效宽度时不超过 2.4，在计算腹板的有效宽度时不超过 1.7。

5）确定计算系数 ρ 和 α：

$$\rho=\sqrt{205k_1k/\sigma_{\max}} \quad (3\text{-}17)$$

$$\alpha=1.15-0.15\psi，但当 \psi<0 时 \alpha=1.15 \quad (3\text{-}18)$$

6）确定板件的受压区宽度 b_c：

$$b_c=b，当 \psi\geqslant0 \quad (3\text{-}19a)$$

$$b_c=b/(1-\psi)，当 \psi<0 \quad (3\text{-}19b)$$

7）确定板件的有效宽度 b_e：

$$b_e=b_c，当 b\leqslant18\alpha\rho t \quad (3\text{-}20a)$$

$$b_e=\left(\sqrt{\frac{21.8\alpha\rho}{b/t}}-0.1\right)b_c，当 18\alpha\rho t<b\leqslant38\alpha\rho t \quad (3\text{-}20b)$$

$$b_e=\frac{25\alpha\rho}{b/t}b_c，当 b>38\alpha\rho t \quad (3\text{-}20c)$$

8）确定有效宽度在板件上的分布：

对翼缘(参照图 3-18a)

$$b_{e1}=0.4b_e，b_{e2}=0.6b_e \quad (3\text{-}21a)$$

对腹板(参照图 3-18b)

$$b_{e1}=2b_e/(5-\psi)，b_{e2}=b_e-b_{e1}，当 \psi\geqslant0 \quad (3\text{-}21b)$$

$$b_{e1}=0.4b_e，b_{e2}=0.6b_e，当 \psi<0 \quad (3\text{-}21c)$$

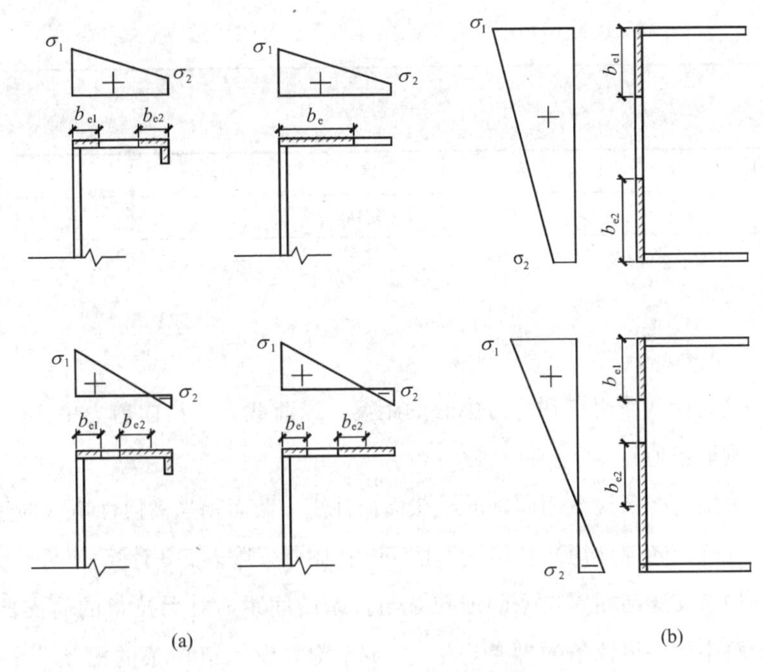

图 3-18　受压板件上有效宽度的分布

9）根据已知的有效截面分布，计算有效截面模量。

（3）整体稳定计算

无可靠措施阻止侧向变形和扭转的檩条（例如与屋面板采用扣合式连接的檩条，屋面板不能有效阻止檩条的扭转，就属于这种情况），应按式（3-22）计算整体稳定性：

$$\frac{M_x}{\varphi_{bx}W_{ex}}+\frac{M_y}{W_{ey}}\leqslant f \tag{3-22}$$

式中　M_x、M_y——绕 x、y 轴的最大弯矩；

W_{ex}、W_{ey}——对两个截面形心主轴的有效毛截面模量；

φ_{bx}——冷弯薄壁型钢构件的受弯整体稳定系数：

$$\varphi_{bx}=\frac{4320Ah}{\lambda_y^2W_x}\xi_1\left(\sqrt{\eta^2+\zeta}+\eta\right)\frac{235}{f_y} \tag{3-23a}$$

若计算结果 $\varphi_{bx}>0.7$，应以 φ'_{bx} 代替 φ_{bx}，φ'_{bx} 按下式计算：

$$\varphi'_{bx}=1.091-0.274/\varphi_{bx} \tag{3-23b}$$

λ_y——梁在主弯矩平面外的长细比，这里主弯矩指绕截面强轴的弯矩；

h、A、W_x——檩条截面高度、毛截面面积和绕强轴的毛截面模量；

ξ_1、η、ζ 及下文出现的 ξ_2——计算系数，ξ_1、ξ_2 见表 3-3η 和 ζ 见式（3-24）和式（3-25）；

均布荷载作用下受弯檩条整体稳定计算的系数 ξ_1、ξ_2　　表 3-3

跨间无侧向支撑		跨中设一道侧向支撑		跨间有不少于二个等距离布置的侧向支撑	
ξ_1	ξ_2	ξ_1	ξ_2	ξ_1	ξ_2
1.13	0.46	1.35	0.14	1.37	0.06

$$\eta = 2\xi_2 e/h \tag{3-24}$$

$$\zeta = \frac{4I_\omega}{h^2 I_y} + \frac{0.156 I_t}{I_y}\left(\frac{l_1}{h}\right)^2 \tag{3-25}$$

e——横向荷载作用点到剪力中心的距离，当荷载方向指向剪力中心时取负值，否则取正值；

I_y、I_t、I_ω——分别为檩条绕截面弱轴的毛截面惯性矩、截面相当极惯性矩（即圣文南系数，又称扭转惯性矩）和扇性惯性矩，按附录 5 附表 5-3 计算；

l_1——檩条支座与相邻拉条间或拉条与拉条的间距，对无拉条的简支檩条，$l_1=l$，跨中设一道拉条的檩条，$l_1=0.5l$，均等设二道拉条的檩条，$l_1=0.333l$，l 为简支檩条总长。

当屋面受到向上的风吸力时，弯矩使檩条下翼缘受压。这时可直接采用式（3-22）计算整体稳定性，或采用《门架规程》的有关规定进行计算。

（4）挠度计算

根据不同的荷载情况和端部支承条件，可以求得檩条的挠度。采用简化计算方式时，该挠度指沿腹板高度方向的挠度。当仅有屋面板时，檩条的挠度不应大于 $l/150$；当还设有吊顶时，檩条的挠度不应大于 $l/240$。

4. 檩条与刚架梁的连接

檩条与刚架梁通过檩托连接（图 3-19）。檩托可以采用热轧角钢、加劲的冷弯角钢、加劲的钢板等形式。檩托焊接在刚架梁的上翼缘，一般在工厂里先焊好。安装时，采用螺栓将檩条腹板和檩托连接。檩托板应高于檩条截面的剪力中心高度。读者可以从图中发现，檩条下翼缘离开刚架梁上翼缘有一小段间隙，一般为 10mm 左右，其作用首先是避开檩托与刚架梁翼缘的连接焊缝，同时也为了避免檩条翼缘接触传力带来的问题。

但檩托焊在刚架梁上，运输时不方便。当檩条腹板高厚比不超过 200 时，也可直接将檩条搁置在刚架梁翼缘顶面，然后用螺栓把檩条下翼缘连接于刚架梁上翼缘。这种连接可能产生如下问题：檩条端部缺少抵抗扭转变形的约束，降低了檩条的整体稳定性；檩条端部的竖向反力（即剪力）不是由腹板直接传递，而是通过腹板转到檩条下翼缘，再通过接触传递，而下翼缘板支承反力的合力点偏离腹板中线，就使腹板受到附加的面外弯矩作用，导致畸变破坏（图 3-20），需要对此进行计算。

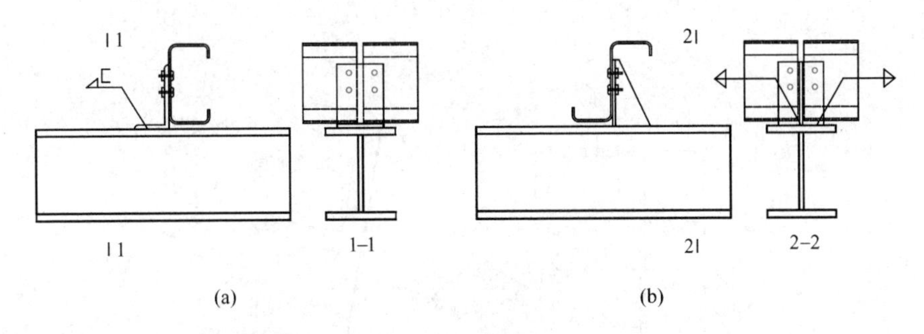

图 3-19 檩托构造

(a) 采用热轧角钢的檩托；(b) 采用加劲钢板的檩托

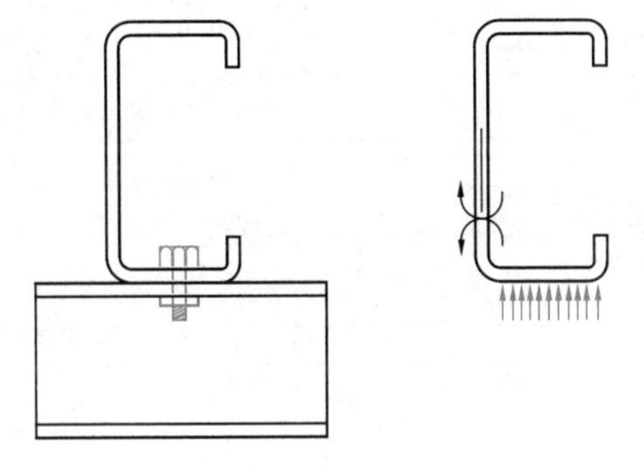

图 3-20 支座处檩条下翼缘传力引起的附加弯矩

檩托要能约束檩条端部的扭转，对檩托板平面外的刚度就有一定要求。通常热轧角钢可以满足要求，但单一钢板或很薄的冷弯薄壁角钢就不一定了，此时应优先考虑加劲的檩托。

【例 3-1】卷边槽形截面冷弯薄壁型钢檩条计算。

已知荷载：屋面板自重荷载标准值 0.097kN/m²，活荷载 0.500kN/m²，基本雪压 0.350kN/m²，基本风压 0.550 kN/m²，风荷载体型系数与 β 值的乘积为−1.4（吸力），建筑位置地面粗糙度为 B 类。

已知结构条件：檩条跨度 $l=6\text{m}$，檩条间距为 2m，两端简支，中间设一道拉条，屋面坡度 1∶12，檐口高度 10m。

选用的截面和钢材：Q235 钢材，冷弯薄壁型钢卷边槽形截面 C200×70×20×2，钢材强度设计值 $f=215\text{N/mm}^2$，$f_v=125\text{N/mm}^2$。

要求：验算檩条截面的强度、整体稳定和刚度。允许挠度$[v]\leqslant l/150$。

【解】

1. 檩条截面几何特性和相关数据

图 3-21（a）和（b）表示檩条截面和荷载方向。

由附录 3 附表 3-21 查得 C200×70×20×2 截面面积 $A=7.27\text{cm}^2$，单位长度质量 5.71kg/m，对 x 轴惯性矩、回转半径、截面模量分别为 $I_x=440.04\text{cm}^4$、$i_x=7.78\text{cm}$、$W_x=44.00\text{cm}^3$，对 y 轴惯性矩、回转半径、截面模量分别为 $I_y=46.71\text{cm}^4$、$i_y=2.54\text{cm}$、$W_{ymin}=9.35\text{cm}^3$、$W_{ymax}=23.32\text{cm}^3$，形心距 $x_0=2.00\text{cm}$，剪力中心距重心 $e_0=4.96\text{cm}$，截面扭转惯性矩和扇性惯性矩分别为 $I_t=0.0969\text{cm}^4$ 和 $I_\omega=3672.33\text{cm}^6$。

屋面坡度 $\alpha=\tan^{-1}(1/12)=4.764°$。

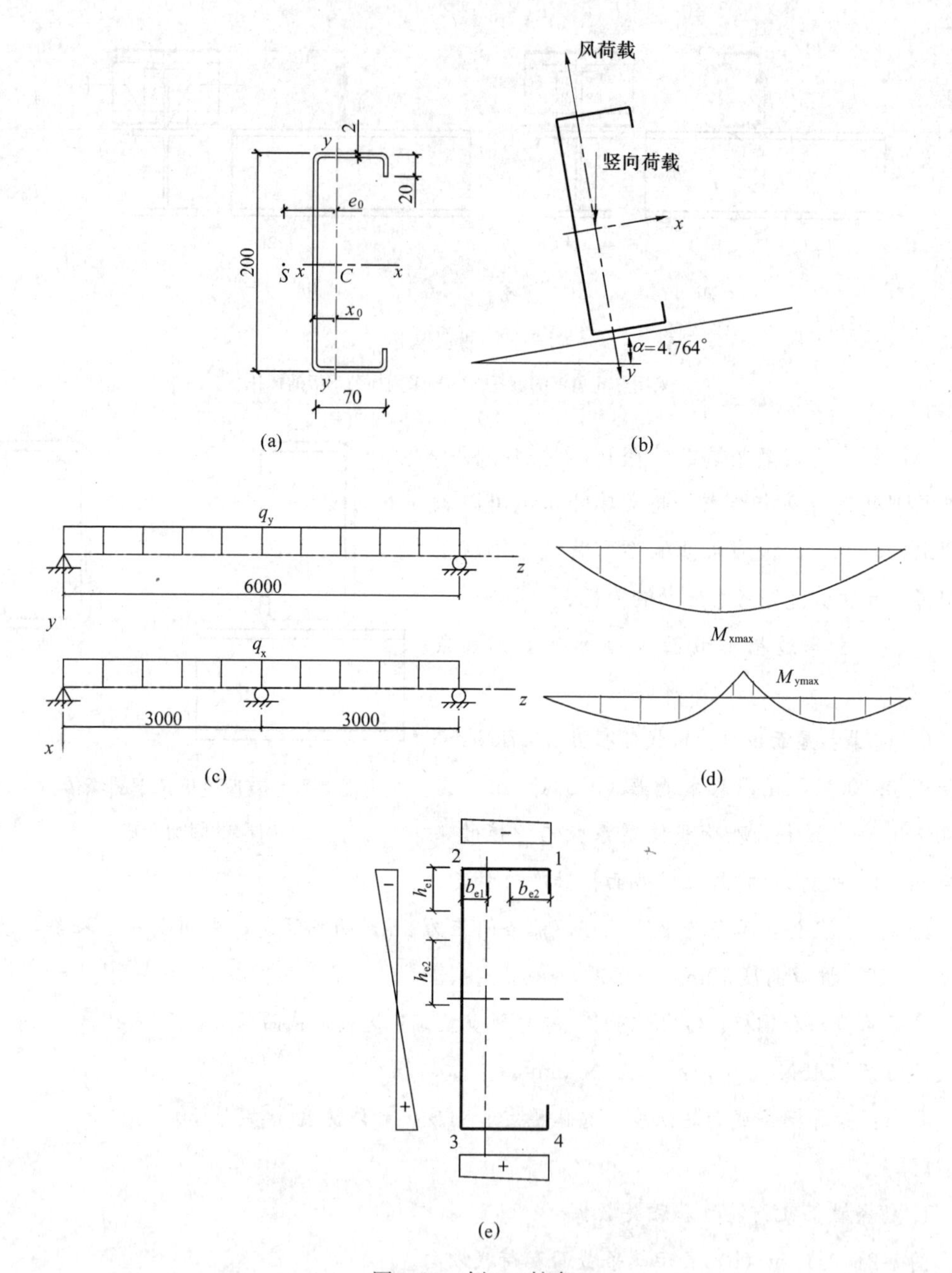

图 3-21　例 3-1 檩条

(a)檩条截面；(b)荷载方向；(c)计算简图；(d)弯矩图；

(e)工况 L1 时跨中截面应力分布(以压应力为负)

2. 荷载组合

恒载标准值(屋面板＋檩条)：

$$q_{Dk}=0.097\times2/\cos4.764°+5.71\times9.8\times10^{-3}=0.251\ \mathrm{kN/m}$$

活荷载标准值：

$$q_{Lk}=0.500\times2=1.000\text{kN/m}$$

雪荷载标准值：

$$q_{Sk}=1\times0.350\times2=0.700\text{kN/m}$$（积雪分布系数取 1.0）

风荷载标准值：

$$q_{Wk}=-1.4\times1.0\times0.550=-0.770\text{kN/m}$$

（方向垂直屋面向上，风荷载高度变化系数值为 1）

因活荷载大于雪荷载，荷载组合中采用活荷载。

验算强度及稳定性时，考虑以下两种基本组合：

工况 L1：$q_x=(1.2\times0.251+1.4\times1.000)\times\sin4.764°=0.141\ \text{kN/m}(\leftarrow)$

$q_y=(1.2\times0.251+1.4\times1.000)\times\cos4.764°=1.695\ \text{kN/m}(\downarrow)$

工况 L2：$q_x=1.0\times0.251\times\sin4.764°=0.0208\ \text{kN/m}(\leftarrow)$

$q_y=1.0\times0.251\times\cos4.764°-1.4\times0.770=-0.828\text{kN/m}(\uparrow)$

3. 檩条内力

工况 L1：弯矩 $M_x=0.125\times1.695\times6^2=7.628\text{kN}\cdot\text{m}$

$M_y=0.0313\times0.141\times6^2=0.159\text{kN}\cdot\text{m}$

支座最大剪力：$V_{ymax}=0.5\times1.695\times6=5.085\text{kN}$

工况 L2：弯矩 $M_x=0.125\times0.828\times6^2=3.726\text{kN}\cdot\text{m}$

$M_y=0.0313\times0.0208\times6^2=0.0234\text{kN}\cdot\text{m}$

工况 L1 时的计算简图和弯矩图见图 3-21(c)、(d)。

4. 强度验算

(1) 校核卷边刚度

卷边高厚比 $a/t=10$ 小于 12，且大于 $b/t=35$ 时的 a/t 的最小值 8.5，满足卷边的刚度要求，翼缘可以作为部分加劲板件。

(2) 计算荷载组合 L1 下的有效截面模量

1) 按毛截面计算最大弯矩截面（跨中截面）的应力分布（见图 3-21e）。

点 1、2、3、4 由 M_x 产生的弯曲应力：$\sigma=\dfrac{7.628\times10^6}{44\times10^3}=173.4\text{N/mm}^2$（点 1、2 为压应力，点 3、4 为拉应力）

点 1、4 由 M_y 产生的弯曲应力：$\sigma=\dfrac{0.159\times10^6}{9.35\times10^3}=17.0\text{N/mm}^2$（拉应力）

点 2、3 由 M_y 产生的弯曲应力：$\sigma=\dfrac{0.159\times10^6}{23.32\times10^3}=6.8\text{N/mm}^2$（压应力）

则各点应力为：$\sigma_1=173.4-17.0=156.4\text{N/mm}^2$（压应力）

$\sigma_2=173.4+6.8=180.2\text{N/mm}^2$（压应力）

$\sigma_3=173.4-6.8=166.6\text{N/mm}^2$（拉应力）

$\sigma_4=173.4+17.0=190.4\text{N/mm}^2$（拉应力）

2）计算翼缘及腹板的稳定系数

受压翼缘：$\psi=\dfrac{156.4}{180.2}=0.868$

$k=5.89-11.59\times0.868+6.68\times0.868^2=0.863$　　（根据式 3-13a）

腹板：$\psi=\dfrac{-166.6}{180.2}=-0.925$

$k=7.8+6.29\times0.925+9.78\times0.925^2=21.99$　　（根据式 3-14b）

3）计算翼缘及腹板的有效宽度

受压翼缘：$\xi=\dfrac{200}{70}\sqrt{\dfrac{0.863}{21.99}}=0.566$　　（根据式 3-15）

$k_1=\dfrac{1}{\sqrt{0.566}}=1.33$　　（根据式 3-16a）

$\rho=\sqrt{205\times1.33\times0.863/180.2}=1.143$　　（根据式 3-17）

$\alpha=1.15-0.15\times0.868=1.020$　　（根据式 3-18）

$\because\ \psi=0.868>0\quad\therefore b_c=70\text{mm}$　　（根据式 3-19a）

$18\times1.020\times1.143\times2=42.0<b=70<38\times1.020\times1.143\times2=88.6$，则

$b_e=\left(\sqrt{\dfrac{21.8\times1.020\times1.143}{70/2}}-0.1\right)b_c=52.7\text{mm}$　　（根据式 3-20b）

腹板：

$\xi=\dfrac{70}{200}\sqrt{\dfrac{21.99}{0.863}}=1.767$

$k_1=0.11+0.93/(1.767-0.05)^2=0.425$

$\rho=\sqrt{205\times0.425\times21.99/180.2}=3.260$

$\alpha=1.15$

$h_c=\dfrac{200}{1+0.925}=103.9\text{mm}$

$18\times1.15\times3.260\times2=135.0<h=200<38\times1.15\times3.260\times2=284.9$，则

$h_e=\left(\sqrt{\dfrac{21.8\times1.15\times3.260}{200/2}}-0.1\right)h_c=83.5\text{mm}$

4）计算有效截面的截面特性

翼缘：$b_{e1}=0.4\times52.7=21.1\text{mm}$；$b_{e2}=0.6\times52.7=31.6\text{mm}$

翼缘扣除部分宽度为 70－52.7＝17.3mm。

腹板：h_{e1}＝0.4×83.5＝33.4mm；h_{e2}＝0.6×83.5＝50.1mm

腹板扣除部分高度为 103.9－83.5＝20.4mm。

图 3-21A 为工况 L1 时檩条的有效截面，截面中空白处表示无效截面，x、y 轴为全截面的形心轴，x_e、y_e 轴为有效截面的形心轴。

从图中可以看出，有效截面是一个双轴不对称截面，其内力及应力计算均应对主轴进行。由于主轴计算较繁，为了简化计算并考虑到截面的无效部分所占比例较小，可假定主轴方向仍与原主轴平行。在［例 3-3］中将给出按主轴计算的算例。

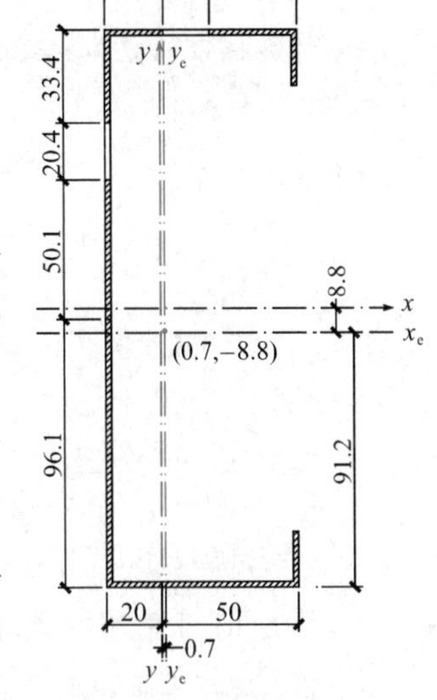

图 3-21A　工况 L1 时的有效截面

根据图 3-21A 所示的有效截面和上述假定，可计算得到的有效截面特性为：有效截面的面积A_e＝6.516cm²；有效截面的形心在 x、y 轴的坐标为（0.07，－0.88），单位为厘米（cm）；对 x_e 轴的惯性矩 I_{xe}＝387.98cm⁴，相应的 1 和 2 点的截面模量 $W_{xe1,2}$＝35.66cm³，3 和 4 点的截面模量 $W_{xe3,4}$＝42.54cm³；对 y_e 轴的惯性矩 I_{ye}＝44.8cm⁴，相应的 1 和 4 点的截面模量 $W_{ye1,4}$＝9.09cm³，2 和 3 点的截面模量 $W_{ye2,3}$＝21.64cm³。

(3) 截面强度验算

2 点压应力　$\sigma_2=\frac{M_x}{W_{xe2}}+\frac{M_y}{W_{ye2}}=\frac{7.628\times10^6}{35.66\times10^3}+\frac{0.159\times10^6}{21.64\times10^3}=221\text{N/mm}^2$

因超过 215N/mm² 不到 3%，可以接受

4 点拉应力　$\sigma_4=\frac{M_x}{W_{xe4}}+\frac{M_y}{W_{ye4}}=\frac{7.628\times10^6}{42.54\times10^3}+\frac{0.159\times10^6}{9.09\times10^3}=197\text{N/mm}^2$

$<215\text{N/mm}^2$，可以

抗弯强度满足要求。

(4) 其他

设檩条端部与刚架梁连接处有两个 d_0＝13.5mm 的螺栓孔，则檩条的抗剪强度验算为：

$$\tau=\frac{5.086\times10^3}{200\times2-2\times13.5\times2}=14.7\text{N/mm}^2<125\text{N/mm}^2$$

但连接强度计算另行考虑。

5. 整体稳定计算

在工况 L1 条件下，檩条上翼缘受压，假设屋面板与檩条有可靠连接，阻止檩条上翼缘的侧向变形和扭转，可不计其整体稳定。但在工况 L2 的作用下，檩条下翼缘受压，采用式

(3-22) 计算檩条的整体稳定性。

(1) 计算檩条的整体稳定系数

$$\lambda_y = 300/2.54 = 118.1$$

由表 3-3 查得 $\xi_1 = 1.35$，$\xi_2 = 0.14$

$$\eta = 2 \times 0.14 \times \frac{10}{20} = 0.14 \quad \text{（根据式 3-24）}$$

$$\zeta = \frac{4 \times 3672.33}{20^2 \times 46.71} + \frac{0.156 \times 0.0969}{46.71}\left(\frac{300}{20}\right)^2 = 0.859 \quad \text{（根据式 3-25）}$$

$$\varphi_{bx} = \frac{4320 \times 7.27 \times 20}{118.1^2 \times 44} \times 1.35\left(\sqrt{0.14^2 + 0.859} + 0.14\right) = 1.489 \quad \text{（根据式 3-23a）}$$

$$\varphi'_{bx} = 1.091 - 0.274/1.489 = 0.907 \quad \text{（根据式 3-23b）}$$

(2) 计算 L2 下的有效截面模量

1) L2 工况下檩条截面各点的应力

由 M_x 产生在点 1、2 上的拉应力

$$\sigma_{1,2} = \frac{3.726 \times 10^6}{44 \times 10^3} = 84.68\text{N/mm}^2 \text{（拉应力）}$$

由 M_x 产生在点 3、4 上的压应力

$$\sigma_{3,4} = \frac{3.726 \times 10^6}{44 \times 10^3} = 84.68\text{N/mm}^2 \text{（压应力）}$$

由 M_y 产生在点 1、4 上的拉应力

$$\sigma_{1,4} = \frac{0.0234 \times 10^6}{9.35 \times 10^3} = 2.50\text{N/mm}^2 \text{（拉应力）}$$

由 M_y 产生在点 2、3 上的压应力

$$\sigma_{2,3} = \frac{0.0234 \times 10^6}{23.32 \times 10^3} = 1.0\text{N/mm}^2 \text{（压应力）}$$

L2 工况下檩条截面各点的应力为

$$\sigma_1 = 84.68 + 2.5 = 87.18\text{N/mm}^2 \text{（拉应力）}$$

$$\sigma_2 = 84.68 - 1.0 = 83.68\text{N/mm}^2 \text{（拉应力）}$$

$$\sigma_3 = 84.68 + 1.0 = 85.68\text{N/mm}^2 \text{（压应力）}$$

$$\sigma_4 = 84.68 - 2.5 = 82.18\text{N/mm}^2 \text{（压应力）}$$

2) 计算翼缘及腹板的稳定系数

受压翼缘：$\psi = \frac{\sigma_4}{\sigma_3} = \frac{82.18}{85.68} = 0.959$

$$k = 5.89 - 11.59 \times 0.959 + 6.68 \times 0.959^2 = 0.919$$

腹板： $\psi = \frac{\sigma_2}{\sigma_3} = -\frac{83.68}{85.68} = -0.977$

$$k=7.8+6.29\times0.977+9.78\times0.977^{2}=23.28$$

3）计算翼缘及腹板的有效宽度

受压翼缘：

受压宽度 $b_c=70\text{mm}$

$$\xi=\frac{200}{70}\sqrt{\frac{0.919}{23.28}}=0.568$$

$$k_1=\frac{1}{\sqrt{0.568}}=1.327$$

$$\rho=\sqrt{205\times1.327\times0.919/85.68}=1.708$$

$$\alpha=1.15-0.15\times0.959=1.01$$

$$18\alpha\rho t=62<b=70<38\alpha\rho t=131$$

$$b_e=\left(\sqrt{\frac{21.8\times1.01\times1.708}{70/2}}-0.1\right)\times70=65.6\text{mm}$$

$$b_{e1}=0.4b_e=26.24\text{mm}$$

$$b_{e2}=0.6b_e=39.36\text{mm}$$

无效宽度$=70-65.6=4.4\text{mm}$

腹板：

受压高度 $h_c=\dfrac{200}{1+0.977}=101.2\text{mm}$

$$\xi=\frac{70}{200}\sqrt{\frac{23.28}{0.919}}=1.761$$

$$k_1=0.11+0.93/(1.761-0.05)^{2}=0.428$$

$$\rho=\sqrt{205\times0.428\times23.28/85.68}=4.88$$

$$\alpha=1.15$$

$18\alpha\rho t=202>h=200$　腹板受压区全部有效。

4）计算有效截面的截面特性

图 3-21B 为工况 L2 时檩条的有效截面，截面中空白处表示无效截面，x、y 轴为全截面的形心轴，x_e、y_e 轴为有效截面的形心轴。

根据图 3-21B 所示的有效截面，可计算得到的有效截面特性为：有效截面的面积 $A_e=7.182\text{cm}^2$；有效截面的形心在 x、y 轴的坐标为$(-0.01, 0.12)$，单位为厘米(cm)；对 x_e 轴的惯性矩 $I_{xe}=431.3\text{cm}^4$，相应的 1 和 2 点的截面模量 $W_{xe1,2}=43.63\text{cm}^3$，3 和 4 点的截面模量 $W_{xe3,4}=42.62\text{cm}^3$；对 y_e 轴的惯性矩 $I_{ye}=46.65\text{cm}^4$，相应的 1 和 4 点的截面模量 $W_{ye1,4}=9.31\text{cm}^3$，2 和 3 点的截面模量 $W_{ye2,3}=23.44\text{cm}^3$。

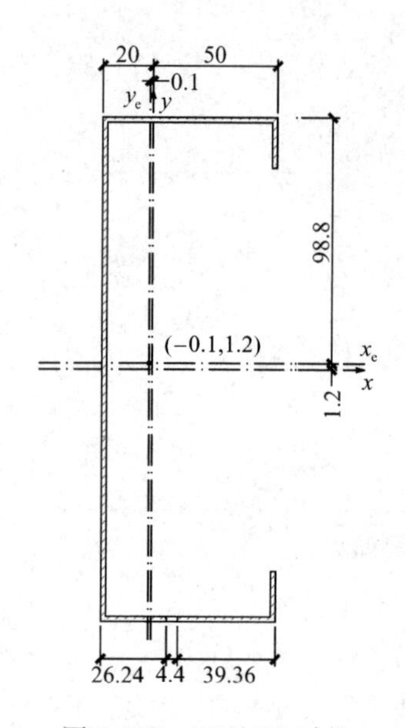

图 3-21B　工况 L2 时的有效截面

（3）验算檩条在风吸力作用下的整体稳定

$$\frac{M_x}{\varphi_{bx}W_{xe3}}+\frac{M_y}{W_{ye3}}=\frac{3.726\times10^6}{0.907\times42.62\times10^3}+\frac{0.0234\times10^6}{23.44\times10^3}$$

$$=97.39\text{N/mm}^2$$

$$<215\text{N/mm}^2$$ （根据式 3-22）

整体稳定满足要求。

6. 挠度计算

取工况 L1 沿 y 轴作用的荷载标准值

$$q_{yk}=(0.251+1.000)\times\cos4.764°=1.247\text{ kN/m}$$

跨中挠度

$$v=\frac{5}{384}\times\frac{1.247\times6000^4}{2.06\times10^5\times440.04\times10^4}$$

$$=23.2\text{mm}<6000/150=40\text{mm}$$

挠度满足要求。

【例 3-2】 对［例 3-1］的檩条，设其上翼缘与屋面压型钢板通过自攻螺钉可靠连接，采用简化计算方式进行强度计算。

【解】

1. 檩条内力

由图 3-21（b）知，该檩条截面的形心主轴 x、y 分别对应简化计算方式中规定的计算轴 x'、y'，则檩条内力可参照［例 3-1］得

工况 L1：$M_{x'}=7.628\text{kN}\cdot\text{m}$

$V_{y'}=5.085\text{kN}$

工况 L2：$M_{x'}=3.726\text{kN}\cdot\text{m}$

$V_{y'}=0.5\times0.828\times6=2.484\text{kN}$

比较两种工况下的内力，强度计算时只需取工况 L1 时的内力值。

2. 强度计算

（1）计算有效截面模量

1）按毛截面参数计算正应力和板件边缘压应力分布不均匀系数

由［例 3-1］知 $M_{x'}$ 在翼缘上的应力 $\sigma=173.4\text{N/mm}^2$，换算至腹板边缘的应力 $\sigma=173.4\times\frac{100-2}{100}=170.0\text{N/mm}^2$（忽略弯角影响），则对翼缘板，因其边缘应力相等，$\psi=1$，对腹板，其边缘应力等值反号，$\psi=-1$。

2）计算翼缘有效宽度

已知翼缘与腹板的稳定系数分别为3与23.9，则

$$\xi=\frac{200}{70}\sqrt{\frac{3}{23.9}}=1.012 \quad \text{(根据式 3-15)}$$

$$k_1=1/\sqrt{1.012}=0.994 \quad \text{(根据式 3-16a)}$$

$$\rho=\sqrt{205\times0.994\times3/173.4}=1.878 \quad \text{(根据式 3-17)}$$

$$\alpha=1.15-0.15\times1=1.0 \quad \text{(根据式 3-18)}$$

$$b_c=70\text{mm} \quad \text{(根据式 3-19a)}$$

因　$18\times1\times1.878\times2=67.6<b=70<38\times1\times1.878\times2=142.7$ 得

$$b_e=\left(\sqrt{\frac{21.8\times1\times1.878}{70/2}}-0.1\right)\times70=68.7\text{mm} \quad \text{(根据式 3-20b)}$$

由［例3-1］知，有效截面计算时可近似假定截面形心主轴不转动，因此这里不需计算 b_{e1}、b_{e2}。

3）计算腹板有效宽度

$$\xi=\frac{70}{200}\sqrt{\frac{23.9}{3}}=0.988$$

$$k_1=1/\sqrt{0.988}=1.006$$

$$\rho=\sqrt{205\times1.006\times23.9/170}=5.385$$

$$h_c=200/(1+1)=100\text{mm}$$

因

$$18\times1.15\times5.385\times2=222.9\text{mm}>h=200\text{mm}$$

$$b_e=100\text{mm}$$

由以上计算知，本例中腹板有效宽度等于腹板高度，翼缘有效宽度约为其宽度的98%，所以，可认为有效截面几何参数与原截面相等（读者可自行验证）。

（2）截面强度计算

$$\sigma=\frac{M_{x'}}{W_{enx'}}=\frac{7.628\times10^6}{44\times10^3}=173.4\text{N/mm}^2<215\text{N/mm}^2$$

$$\tau=\frac{3V_{y'}}{2h_0t}=\frac{3\times5.085\times10^3}{2\times(200-4)\times2}=19.5\text{N/mm}^2<125\text{N/mm}^2$$

【分析】对比［例3-1］的截面强度验算结果可以看到，对带卷边C形截面采用简化计算方式时，会在一定程度上低估应力效应。

【例3-3】卷边Z形截面冷弯薄壁型钢檩条计算。

已知荷载及结构条件同［例3-1］，但截面选Q235钢材，冷弯薄壁型钢斜卷边Z形钢截面Z200×70×20×2。

钢材强度设计值 $f=215\text{N/mm}^2$，$f_v=125\text{N/mm}^2$。

计算要求同［例 3-1］。

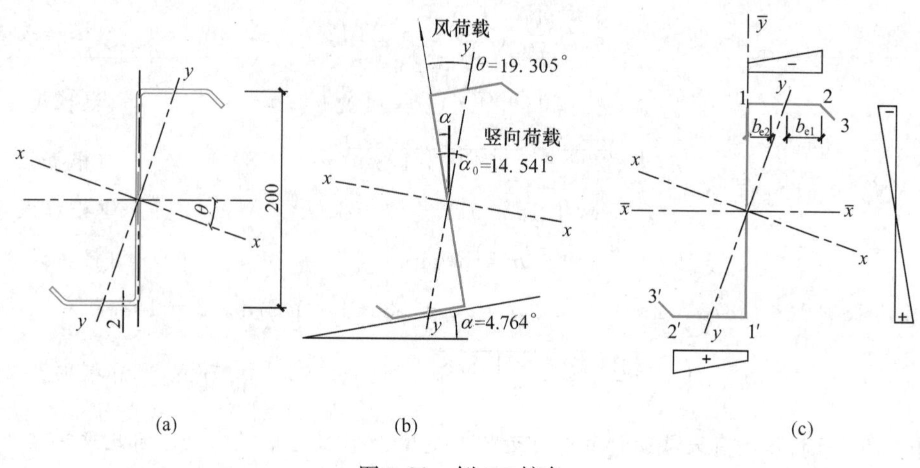

(a) (b) (c)

图 3-22 例 3-3 檩条

(a) 檩条截面；(b) 荷载方向；(c) 翼缘与腹板的应力分布图形（以压应力为负）

【解】

1. 檩条截面几何特性和相关数据（见图 3-22a）

由附录 3 附表 3-23 查得 Z200×70×20×2 截面面积 $A=7.392\text{cm}^2$，单位长度质量 5.803kg/m。对 $\bar{x}$、$\bar{y}$ 轴的惯性矩及惯性积分别为 $I_{\bar{x}}=455.430\text{cm}^4$、$I_{\bar{y}}=87.418\text{cm}^4$、$I_{\bar{x}\bar{y}}=-146.944\text{cm}^4$。对 x 轴惯性矩、回转半径、截面模量分别为 $I_x=506.903\text{cm}^4$，$i_x=8.28\text{cm}$，$W_{x1}=56.094\text{cm}^3$，$W_{x2}=43.435\text{cm}^3$；对 y 轴惯性矩、回转半径、截面模量分别为 $I_y=35.944\text{cm}^4$，$i_y=2.21\text{cm}$，$W_{y1}=11.109\text{cm}^3$，$W_{y2}=11.339\text{cm}^3$。主轴 x 轴与翼缘宽度方向平行线夹角 $\theta=19.305°$。自由扭转惯性矩和扇性惯性矩分别为 $I_t=0.0986\text{cm}^4$ 和 $I_\omega=5882.29\text{cm}^6$。

檩条主轴与水平面夹角及与荷载作用线的夹角见图 3-22(b)。

2. 荷载组合

恒载标准值（屋面板+檩条）：

$$q_{Dk}=0.097\times2/\cos4.764°+5.803\times9.8\times10^{-3}=0.251\ \text{kN/m}$$

其余荷载同［例 3-1］即

$$q_{Lk}=0.500\times2=1.000\ \text{kN/m}$$

$$q_{Sk}=1\times0.350\times2=0.700\ \text{kN/m}$$

$$q_{Wk}=-1.4\times1.0\times0.550=-0.770\ \text{kN/m}$$

因活荷载大于雪荷载，荷载组合中采用活荷载。

计算强度、稳定性考虑以下两种基本组合：

工况 L1：$q_x=(1.2\times0.251+1.4\times1.000)\times\sin14.541°=0.427\ \text{kN/m}(\rightarrow)$

$$q_y=(1.2\times0.251+1.4\times1.000)\times\cos14.541°=1.647\text{ kN/m}(\downarrow)$$

工况 L2：$q_x=1.0\times0.251\times\sin14.541°-1.4\times0.77\times\sin19.305°$

$$=-0.293\text{ kN/m}(\leftarrow)$$

$$q_y=1.0\times0.251\times\cos14.541°-1.4\times0.77\times\cos19.305°$$

$$=-0.774\text{kN/m}(\uparrow)$$

3. 檩条内力

工况 L1：弯矩$M_x=\frac{1}{8}\times1.647\times6^2=7.412\text{kN}\cdot\text{m}$

$$M_y=\frac{1}{8}\times0.427\times3^2=0.480\text{kN}\cdot\text{m}$$

支座最大剪力：　$V_{ymax}=\frac{1}{2}\times1.647\times6=4.941\text{kN}$

工况 L2：弯矩　$M_x=\frac{1}{8}\times0.774\times6^2=3.483\text{kN}\cdot\text{m}$

$$M_y=\frac{1}{8}\times0.293\times3^2=0.330\text{kN}\cdot\text{m}$$

4. 强度验算

(1) 计算荷载组合 L1 下的有效截面模量

1) 按毛截面计算最大弯矩截面的应力分布

由［例 3-1］的计算知，本例题所选截面中翼缘板能作为部分加劲板件处理。

取工况 L1 计算各点应力：

点 2、2′由 M_x 引起的应力：　$\sigma=\frac{7.412\times10^6}{43.435\times10^3}=170.6\text{N/mm}^2$

（点 2 为压应力，点 2′为拉应力）

点 1、1′由 M_x 引起的应力：　$\sigma=\frac{7.412\times10^6}{56.094\times10^3}=132.1\text{N/mm}^2$

（点 1 为压应力，点 1′为拉应力）

点 2、2′由 M_y 引起的应力：　$\sigma=\frac{0.480\times10^6}{11.339\times10^3}=42.3\text{N/mm}^2$

（点 2 为压应力，点 2′为拉应力）

点 1、1′由 M_y 引起的应力：　$\sigma=\frac{0.480\times10^6}{11.109\times10^3}=43.2\text{N/mm}^2$

（点 1 为拉应力，点 1′为压应力）

各点应力为：　$\sigma_1=132.1-43.2=88.9\text{N/mm}^2$（压应力）

$\sigma_2=170.6+42.3=212.9\text{N/mm}^2$（压应力）

$\sigma_{1'}=132.1-43.2=88.9\text{N/mm}^2$（拉应力）

$$\sigma_{2'}=170.6+42.3=212.9\text{N/mm}^2$$（拉应力）

应力分布如图 3-22（c）所示。

2）计算翼缘及腹板的稳定系数

受压翼缘：

$$\psi=\frac{88.9}{212.9}=0.418$$

$$k=1.15-0.22\times0.418+0.045\times0.418^2=1.066$$

腹板：

$$\psi=-\frac{88.9}{88.9}=-1.0$$

$$k=7.8+6.29+9.78=23.87$$

3）计算翼缘及腹板的有效宽度

受压翼缘：

受压宽度

$$b_c=b=70\text{mm}$$ （根据式 3-19a）

$$\xi=\frac{200}{70}\sqrt{\frac{1.066}{23.87}}=0.604$$ （根据式 3-15）

$$k_1=\frac{1}{\sqrt{0.604}}=1.287$$ （根据式 3-16a）

$$\rho=\sqrt{205\times1.287\times1.066/212.9}=1.149$$ （根据式 3-17）

$$\alpha=1.15-0.15\times0.418=1.087$$ （根据式 3-18）

$$18\alpha\rho t=45<b=70<38\alpha\rho t=95$$

$$b_e=\left(\sqrt{\frac{21.8\alpha\rho}{b/t}}-0.1\right)b_c=54.7\text{mm}$$ （根据式 3-20b）

$$b_{e1}=0.4b_e=21.88\text{mm}$$ （根据式 3-21a）

$$b_{e2}=0.6b_e=32.82\text{mm}$$ （根据式 3-21a）

无效宽度$=70-54.7=15.3$mm

腹板：

受压高度

$$h_c=\frac{h}{1-\psi}=\frac{200}{2}=100\text{mm}$$ （根据式 3-19b）

$$\xi=\frac{70}{200}\sqrt{\frac{23.87}{1.066}}=1.656$$

$$k_1=0.11+0.93/(1.656-0.05)^2=0.471$$

$$\rho=\sqrt{205\times0.471\times23.87/88.9}=5.092$$

$$\alpha=1.15$$

$$18\alpha\rho t=210>h=200$$

腹板全部有效。

4）计算有效截面的截面特性

图3-22A是工况L1时檩条的有效截面，截面中空白处表示无效截面，x、y轴为全截面的形心主轴，x_e、y_e轴为有效截面的形心主轴。

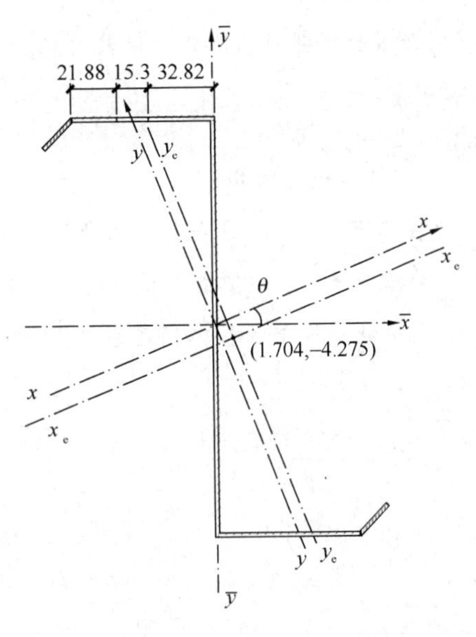

图3-22A　工况L1时的有效截面

根据图3-22A所示的有效截面，计算得到的有效截面特性为：有效截面面积$A_e=7.086\text{cm}^2$；有效截面的形心在$\bar{x}$、$\bar{y}$轴的坐标为（0.1704，−0.4275）[单位为厘米（cm）]；对$\bar{x}$、$\bar{y}$轴的惯性矩及惯性积分别为$I_{\bar{x}e}=424.144\text{cm}^4$、$I_{\bar{y}e}=82.385\text{cm}^4$、$I_{\bar{x}\bar{y}e}=-134.471\text{cm}^4$；主轴角度$\theta=19.100°$；对主轴$x_e$轴的惯性矩$I_{xe}=470.21\text{cm}^4$，相应的2和2′点的截面模量$W_{xe2}=38.65\text{cm}^3$，$W_{xe2'}=41.81\text{cm}^3$；对主轴$y_e$轴的惯性矩$I_{ye}=35.838\text{cm}^4$，相应的2和2′点的截面模量$W_{ye2}=10.96\text{cm}^3$，$W_{ye2'}=11.11\text{cm}^3$。

（2）截面强度验算

1）弯矩计算

因有效截面的主轴倾角发生变化，强度验算时的作用荷载和弯矩也随之改变。

工况L1：$q_x=(1.2\times0.251+1.4\times1.000)\times\sin14.336°=0.421\text{kN/m}$（→）

$$q_y=(1.2\times0.251+1.4\times1.000)\times\cos14.336°=1.648\text{kN/m}\ (\downarrow)$$

$$M_x=\frac{1}{8}\times1.648\times6^2=7.416\text{kN}\cdot\text{m}$$

$$M_y=\frac{1}{8}\times0.421\times3^2=0.474\text{kN}\cdot\text{m}$$

$$V_{max}=\frac{1}{2}(1.2\times0.251+1.4\times1.000)\cos4.764°\times6=5.086\text{kN}$$

2）截面抗弯验算

2点压应力 $$\sigma_2=\frac{M_x}{W_{xe2}}+\frac{M_y}{W_{ye2}}=\frac{7.416\times10^6}{38.65\times10^3}+\frac{0.474\times10^6}{10.96\times10^3}=235.1\text{N/mm}^2>215\text{N/mm}^2$$

2′点拉应力 $$\sigma_{2'}=\frac{M_x}{W_{xe2'}}+\frac{M_y}{W_{ye2'}}=\frac{7.416\times10^6}{41.81\times10^3}+\frac{0.474\times10^6}{11.11\times10^3}=220.0\text{N/mm}^2>215\text{N/mm}^2$$

抗弯强度不符合要求，需重选截面。

3）截面抗剪验算

设檩条端部与刚架梁连接处有两个 $d_0=13.5\text{mm}$ 的螺栓孔，则

$$\tau=\frac{5.086\times10^3}{200\times2-2\times13.5\times2}=14.7\text{N/mm}^2<125\text{N/mm}^2$$

5. 整体稳定计算

在工况 L1 下，檩条上翼缘受压，因屋面板与檩条有可靠连接，可不必验算整体稳定。

在工况 L2 下，檩条下翼缘受压，采用式（3-22）计算檩条的整体稳定。

（1）计算檩条的整体稳定系数

$$\lambda_y=300/2.21=135.7$$

由表 3-3 查得 $\xi_1=1.35$，$\xi_2=0.14$

$$\eta=2\times0.14\times10/20=0.14$$

$$\zeta=\frac{4\times5882.29}{20^2\times35.944}+\frac{0.156\times0.0986}{35.944}\left(\frac{300}{20}\right)^2=1.733$$

$$\varphi_{bx}=\frac{4320\times7.392\times20}{135.7^2\times43.435}\times1.35\times\left(\sqrt{0.14^2+1.733}+0.14\right)=1.578$$

$$\varphi'_{bx}=1.091-0.274/1.578=0.917$$

（2）计算 L2 工况下的有效截面模量

1）L2 工况下檩条截面各点的应力

由 M_x 产生在点 2、2′的应力 $\sigma=\dfrac{3.483\times10^6}{43.435\times10^3}=80.19\text{N/mm}^2$

（点 2 为拉应力，点 2′为压应力）

由 M_x 产生在点 1、1′的应力 $\sigma=\dfrac{3.483\times10^6}{56.094\times10^3}=62.09\text{N/mm}^2$

（点 1 为拉应力，点 1′为压应力）

由 M_y 产生在点 2、2′的应力 $\sigma=\dfrac{0.330\times10^6}{11.339\times10^3}=29.10\text{N/mm}^2$

（点 2 为拉应力，点 2′为压应力）

由 M_y 产生在点 1、1′的应力 $\sigma=\dfrac{0.330\times10^6}{11.109\times10^3}=29.71\text{N/mm}^2$

（点 1 为压应力，点 1′为拉应力）

各点应力为：$\sigma_1=62.09-29.71=32.38\text{N/mm}^2$（拉应力）

$\sigma_2=80.19+29.10=109.29\text{N/mm}^2$（拉应力）

$\sigma_{1'}=62.09-29.71=32.38\text{N/mm}^2$（压应力）

$\sigma_{2'}=80.19+29.10=109.29\text{N/mm}^2$（压应力）

2）计算翼缘及腹板的稳定系数

受压翼缘：$\psi=\dfrac{\sigma_{1'}}{\sigma_{2'}}=\dfrac{32.38}{109.29}=0.296$

$$k=1.15-0.22\times0.296+0.045\times0.296^2=1.089$$

腹板：

$$\psi=\frac{\sigma_1}{\sigma_{1'}}=-1$$

$$k=7.8+6.29+9.78=23.87$$

3）计算翼缘及腹板的有效宽度

受压翼缘：

受压宽度

$$b_c=b=70\text{mm} \quad \text{（根据式 3-19a）}$$

$$\xi=\frac{200}{70}\sqrt{\frac{1.089}{23.87}}=0.610 \quad \text{（根据式 3-15）}$$

$$k_1=\frac{1}{\sqrt{0.610}}=1.280 \quad \text{（根据式 3-16a）}$$

$$\rho=\sqrt{205\times1.280\times1.089/109.29}=1.617 \quad \text{（根据式 3-17）}$$

$$\alpha=1.15-0.15\times0.296=1.106 \quad \text{（根据式 3-18）}$$

$$18\alpha\rho t=64<b=70<38\alpha\rho t=136$$

$$b_e=\left(\sqrt{\frac{21.8\alpha\rho}{b/t}}-0.1\right)b_c=66.88\text{mm} \quad \text{（根据式 3-20b）}$$

$$b_{e1}=0.4b_e=26.75\text{mm} \quad \text{（根据式 3-21a）}$$

$$b_{e2}=0.6b_e=40.13\text{mm} \quad \text{（根据式 3-21a）}$$

$$\text{无效宽度}=70-66.88=3.12\text{mm}$$

4）计算有效截面的截面特性

图 3-22B 是工况 L2 时檩条的有效截面，截面中空白处表示无效截面，x、y 轴为全截面的形心主轴，x_e、y_e 轴为有效截面的形心主轴。

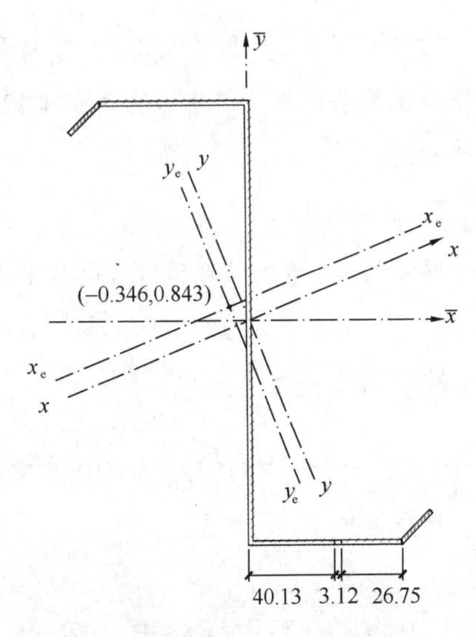

图 3-22B　工况 L2 时的有效截面

根据图 3-22B 所示的有效截面，计算得到的有效截面特性为：有效截面面积 $A_e=7.330\text{cm}^2$；有效截面的形心在 $\bar{x}$、$\bar{y}$ 轴的坐标为（-0.0346，0.0843）［单位为厘米（cm）］；对 $\bar{x}$、$\bar{y}$ 轴的惯性矩及惯性积分别为 $I_{\bar{x}e}=449.262\text{cm}^4$、$I_{\bar{y}e}=86.324\text{cm}^4$、$I_{\bar{x}\bar{y}e}=-144.347\text{cm}^4$；主轴角度 $\theta=19.25°$；对主轴 x_e 轴的惯性矩 $I_{xe}=499.672\text{cm}^4$，相应的 2 和 2′点的截面模量 $W_{xe2}=42.98\text{cm}^3$，$W_{xe2'}=42.32\text{cm}^3$；对主轴 y_e 轴的惯性矩 $I_{ye}=35.91\text{cm}^4$，相应的 2 和 2′点的截面模量 $W_{ye2}=11.18\text{cm}^3$，$W_{ye2'}=11.14\text{cm}^3$。

（3）验算檩条在风吸力作用下的整体稳定

1）弯矩计算

因有效截面的主轴倾角发生变化，整体稳定验算时的作用荷载和弯矩也随之改变。

工况 L2：

$$q_x = 1.0 \times 0.251 \times \sin 14.486° - 1.4 \times 0.770 \times \sin 19.25°$$
$$= -0.293\text{kN/m}(\leftarrow)$$

$$q_y = 1.0 \times 0.251 \times \cos 14.486° - 1.4 \times 0.770 \times \cos 19.25°$$
$$= -0.775\text{kN/m}(\uparrow)$$

$$M_x = \frac{1}{8} \times 0.775 \times 6^2 = 3.488\text{kN} \cdot \text{m}$$

$$M_y = \frac{1}{8} \times 0.293 \times 3^2 = 0.330\text{kN} \cdot \text{m}$$

2）整体稳定验算

$$\frac{M_x}{\varphi_{bx} W_{xe2'}} + \frac{M_y}{W_{ye2'}} = \frac{3.488 \times 10^6}{0.917 \times 42.32 \times 10^3} + \frac{0.330 \times 10^6}{11.14 \times 10^3} = 119.50\text{N/mm}^2$$
$$< 215\text{N/mm}^2$$

整体稳定满足要求。

本例题也可采用主轴倾角不变的假定。由于无效截面所占的比例极小，这一假定带来的误差也非常小。经计算假设主轴倾角不变后的有效截面的惯性矩 $I_{xe} = 470.71\text{cm}^4$ 和 $I_{ye} = 35.876\text{cm}^4$，与重算主轴后的差别均为 1/1000。必须指出，这个误差与无效截面所占的比例和所处的部位有关。

比较［例 3-1］和［例 3-3］可以看出，在屋面坡度较平的情况下，采用卷边槽型冷弯薄壁型钢檩条比卷边 Z 形冷弯薄壁型钢檩条更为合理和经济。在屋面坡度较陡的情况下，则刚好相反。

6. 挠度计算

取工况 L1 沿 y 轴作用的荷载标准值

$$q_{yk} = (0.251 + 1.000) \times \cos 14.541° = 1.211\text{kN/m}$$

跨中挠度

$$v = \frac{5}{384} \times \frac{1.211 \times 6000^4}{2.06 \times 10^5 \times 506.9 \times 10^4} = 19.6\text{mm} < 6000/15 = 40\text{mm}$$

挠度满足要求。

3.2.4 屋面支撑构造和设计

1. 支撑形式和计算简图

屋面水平支撑系统由刚架梁、斜杆和在刚架梁与斜杆相交处的系杆构成（图 3-23a），形成一种桁架体系。其中斜杆采取交叉形式布置，轻型单层工业厂房的斜杆一般采用圆钢，施工时施以预张力予以张紧。

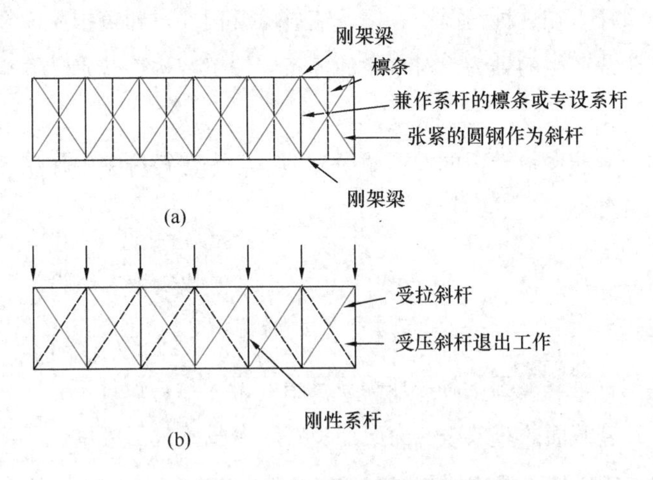

图 3-23 屋面支撑系统的构成

圆钢斜杆的直径一般在20～30mm，因此长细比很大，稍微受到大一些的压力作用就会弯曲，所以不能用于受压。桁架体系的计算简图只考虑水平力作用，且只考虑受拉斜杆的作用，不考虑斜杆受压（图3-23b）。从图中还可看出，系杆将受到压力作用，称这种能承受压力的系杆为“刚性系杆”。

作用在屋面水平支撑系统上的水平力主要由山墙面上的风荷载决定。通常假设山墙高度一半上方的风荷载通过屋面向内框架传递。图3-23（b）中屋面支撑系统的节点荷载可按下式计算：

$$W = 1.4 w_k H_a l_a \tag{3-26}$$

式中 w_k——风荷载标准值，按式（3-1）计算；

H_a——山墙平均高度的一半；

l_a——屋面支撑系统中刚性撑杆间距离。

2. 构件设计

(1) 斜杆设计

圆钢斜杆只受轴心拉力，其强度计算公式的形式与式（2-29）相同，即

$$\sigma = \frac{N}{A} \leqslant f \tag{3-27a}$$

$$\sigma = \frac{N}{A_n} \leqslant 0.7 f_u \tag{3-27b}$$

式中 N——计算截面的拉力设计值；

A——毛截面面积；

A_n——净截面面积，注意如有螺纹连接应取螺纹处的有效截面。

(2) 系杆设计

檩条可以兼作系杆。在这种情况下，檩条变成压弯构件，即负担屋面竖向荷载产生的弯矩和屋面纵向水平荷载产生的轴力。对这样的檩条应按压弯构件分别计算截面强度和整体稳定性。

以单轴对称的冷弯薄壁带卷边的槽形截面为例，考虑弯矩绕主轴作用，构件两端简支时其计算公式如下：

1) 强度

$$\sigma=\frac{N}{A_{en}}\pm\frac{M_x}{W_{enx}}\leqslant f \tag{3-28}$$

式中 N、M_x——构件计算截面的轴心压力设计值和最大弯矩设计值；

A_{en}、W_{enx}——计算截面的有效净截面面积和有效净截面截面模量。

2) 弯矩作用平面内的整体稳定性

$$\frac{N}{\varphi_x A_e}+\frac{M_x}{\left(1-\frac{N}{N'_{Ex}}\varphi_x\right)W_{ex}}+\frac{B}{W_\omega}\leqslant f \tag{3-29}$$

式中 N、M_x——作用于构件上的最大轴心压力设计值和最大弯矩设计值；

B——与最大弯矩同一截面的双力矩，按附录 5 附表 5-4 计算；

φ_x——对 x 轴的轴心受压构件稳定系数，按附录 4 附表 4-2-3 (a) 或附表 4-2-3 (b) 查取，此时长细比按下式计算：

$$\lambda_\omega=\lambda_x\sqrt{\frac{s^2+i_0^2}{2s^2}+\sqrt{\left(\frac{s^2+i_0^2}{2s^2}\right)^2-\frac{i_0^2-e_0^2}{s^2}}} \tag{3-30}$$

$$i_0^2=e_0^2+i_x^2+i_y^2 \tag{3-31}$$

$$s^2=\frac{\lambda_x^2}{A}\left(\frac{I_\omega}{l_\omega^2}+0.039I_t\right) \tag{3-32}$$

I_t、I_ω——分别为檩条毛截面相当极惯性矩（即圣文南系数，又称扭转惯性矩）和扇性惯性矩，按附录 5 附表 5-3 计算；

i_x、i_y——毛截面对主轴的回转半径；

e_0——毛截面的剪力中心在对称轴上的坐标；

W_ω——毛截面扇形模量，取与弯曲应力计算点相同一点的模量值；

l_ω——扭转屈曲的计算长度，两端简支时取构件全长；

λ_x——构件对 x 轴的长细比；

N'_{Ex}——系数，$N'_{Ex}=\frac{\pi^2 EA}{1.165\lambda_x^2}$。

3) 弯矩作用平面外的整体稳定性

$$\frac{N}{\varphi_{y}A_{e}}+\frac{M_{x}}{\varphi_{bx}W_{ex}}+\frac{B}{W_{\omega}}\leqslant f \tag{3-33}$$

式中　φ_y——对 y 轴的轴心受压构件稳定系数；

φ_{bx}——冷弯薄壁型钢构件的受弯整体稳定系数，按式（3-23）计算。

系杆受到压力作用后，仅按檩条负荷设计的截面如不能满足要求，可以采取以下措施：

①刚性系杆所在位置布置双檩条，当采用卷边C形冷弯薄壁型钢时，可以将两根型钢背对背的放置；

②在刚架梁的腹板高度，另设钢管或型钢等作为刚性系杆，檩条只负担屋面竖向荷载作用。

3. 支撑端部连接

工程实践中，圆钢拉杆在端部主要采用两种方式连接：节点板式连接和端部螺纹连接。

节点板式连接的构造见图3-24。圆钢端部焊接在节点板上，结构安装时用螺栓将节点板固定于刚架梁的上翼缘。为了避免与檩条构件相碰，节点板置于上翼缘的下方。圆钢拉杆的预紧力通过拧动花篮螺栓来施加。花篮螺栓是一个两端设有内螺纹的连接件，两端螺纹的螺旋方向相反。当转动花篮螺栓时，可以将两侧的圆钢收拢从而起张紧作用（图3-24c）。

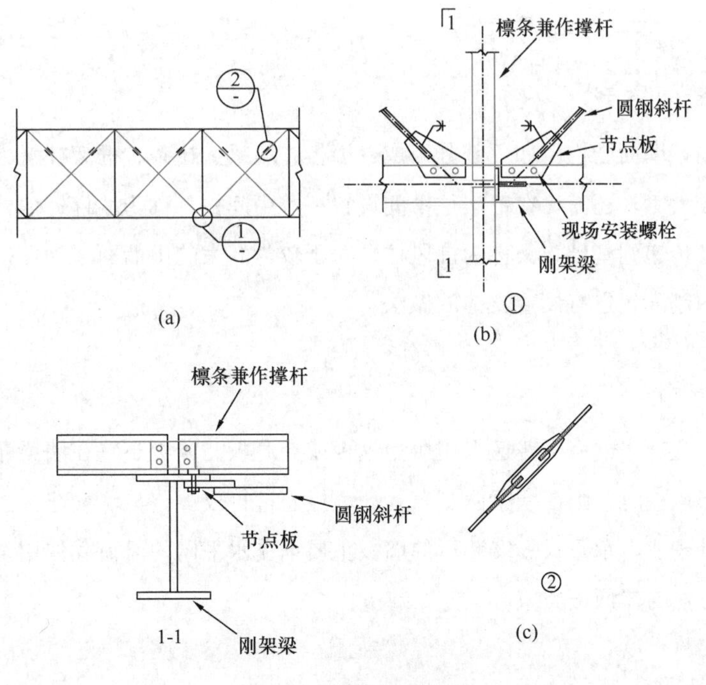

图3-24　节点板式连接

端部螺纹连接的构造相对比较简单：在刚架梁腹板靠近上翼缘的部位预先制孔，圆钢拉杆的螺纹端穿过孔洞后用螺母固定，因为圆钢支撑和梁轴线斜交，故需要一特制的楔形垫块，使螺母拧紧过程中垫圈对楔形垫块的接触面仅产生法向压力。也可以用弧形支承板或角钢垫块（图 3-25）来实现同样的功能，但角钢垫块需要截肢以调整角度。

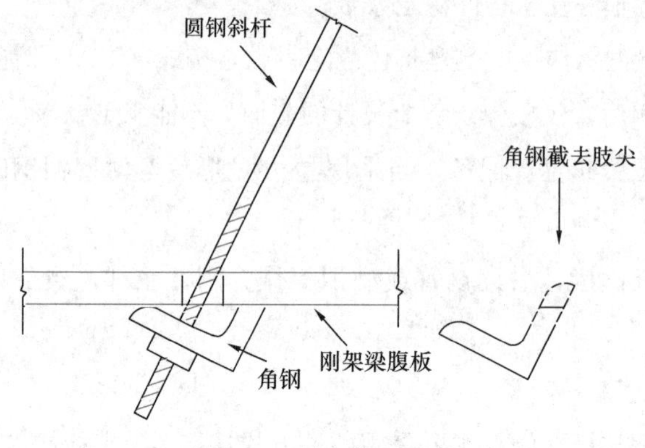

图 3-25　端部螺纹连接

3.3　墙面结构设计

3.3.1　墙面体系

沿厂房纵向，墙面结构由如下部分组成：墙板、墙梁、拉条、框架柱（参见图 3-3）。在山墙面，跨度较大时，还需要在框架柱中间设置一些中间柱，称为墙柱；墙柱要承受山墙面的风荷载并将其传递到基础，又称为抗风柱。对于较为高大的山墙面，为保持柱间的墙面结构有较大的面内刚度，也有设置支撑的做法。

3.3.2　墙板

轻型单层工业厂房的墙板普遍采用压型钢板或夹芯板。墙板布置在墙梁靠厂房外部的一侧，当采用双层墙板时，则在墙梁两侧布置。墙板通过自攻螺钉与墙梁连接。

墙板通常处理成自承重式。安装后的墙板主要承受水平向的风荷载作用。风荷载引起墙板受弯，计算方法与屋面板类似。

3.3.3　墙梁

1. 墙梁布置

墙梁可设计成简支梁或连续梁，主要承受墙板传递来的水平风荷载。

墙梁采用冷弯薄壁型钢，其腹板平行地面。当墙梁为 C 形或卷边 C 形截面时，横向水平荷载仅引起构件绕强轴的弯矩；当墙梁为Z形或卷边Z形截面时，由于截面主轴与腹板有一交角，故墙梁是双向受弯的。

当墙板自承重时，墙梁上可不设拉条；否则，跨度为4～6m的墙梁，一般在中间需设置一道拉条，大于6m时，在梁跨三分点处设置二道拉条，且在最上层墙梁处宜设置斜拉条把拉力传递至柱子。

2. 墙梁计算

简支梁墙梁如两侧挂墙板或一侧挂墙板、一侧设有可阻止其扭转变形的拉杆，可以不计弯扭双力矩的影响，仅需计算强度，其抗弯强度计算采用公式（3-34），抗剪强度计算采用公式（3-35）：

$$\frac{M_{x'}}{W_{enx'}}+\frac{M_{y'}}{W_{eny'}}\leqslant f \tag{3-34}$$

$$\frac{3V_{y',max}}{2h_0 t}\leqslant f_v \tag{3-35a}$$

$$\frac{3V_{x',max}}{4b_0 t}\leqslant f_v \tag{3-35b}$$

式中 $M_{x'}$、$M_{y'}$——水平荷载和竖向荷载产生的弯矩，下标x'和y'分别表示墙梁的竖向轴和水平轴；

$V_{x',max}$、$V_{y',max}$——竖向荷载设计值和水平风荷载设计值所产生的最大剪力设计值；

h_0、b_0——墙梁腹板和翼缘的计算高度，这里都取圆弧之间的尺寸；

t——墙梁壁厚。

当构造不能保证墙梁的整体稳定时，尚需计算其稳定性。计算方法可详《薄钢规范》或《门架规范》。

墙梁的容许挠度与其跨度之比可按下列规定采用：

1）仅支承压型钢板墙：1/150

2）支承砌体墙：1/180且≤50mm

3. 墙梁与柱的连接构造

柱上设置梁托，通过螺栓与墙梁相连。处理细部尺寸时需要注意，连于墙梁外侧的墙板应能包覆住柱子。图3-26(a)、(b)分别表示了墙梁连在柱子腹板和翼缘上时的构造。

3.3.4 抗风柱设计

抗风柱下端与基础的连接可铰接也可刚接。

抗风柱柱顶可设计成能够传递上方刚架梁竖向荷载的固定连接（图3-27a），以进一步减小山墙面刚架的用钢量。

对均匀柱距的厂房结构，山墙面框架承受的重力荷载小于跨中框架，从受力角度讲，无

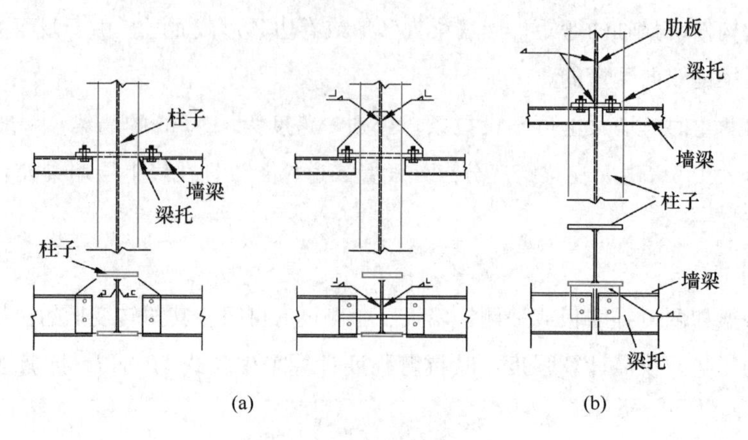

图 3-26　墙梁与柱子的连接

(a) 墙梁与柱子腹板的连接；(b) 墙梁与柱子翼缘的连接

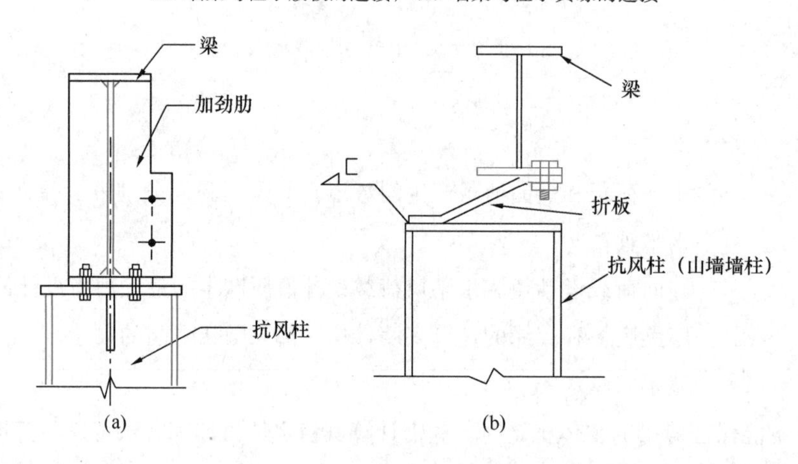

图 3-27　抗风柱柱顶连接构造

需让抗风柱承受屋面的重力荷载。这种情况下，抗风柱柱顶与刚架梁的下翼缘可采用一折板连接（图 3-27b）。折板面外刚度很小，不能有效承受面外荷载即竖向荷载，但是，折板在平面内具有足够的刚度，可以将墙面受到的水平力传递到屋盖平面。

若抗风柱不参与竖向承重，因其自重引起的轴力以及墙梁竖向荷载都很小，所以可以视为一竖直放置的受弯构件。当抗风柱竖向承重时，则按压弯构件计算。

3.4　门式刚架的结构形式、内力分析和构件计算

3.4.1　门式刚架构件和结构的形式

工程上常见的轻型厂房门式刚架的柱和梁构件都采用焊接 H 形截面。本章以这种截面

形式为对象进行讨论。

轻型厂房门式刚架结构可以视为由横向框架和纵向排架构成的结构体系。

典型的横向框架由柱、梁构成。以一单跨门式刚架为例进行分析。设梁与柱之间刚接连接，柱脚铰接。在屋面竖向荷载作用下，梁柱构件的弯矩分布如图 3-28(a)所示；在风荷载的作用下，弯矩分布如图 3-28(b)所示。考虑到风向的变化，则构件弯矩包络图如图 3-28(c)所示。由于采用了轻质的屋面板和墙板，柱子内力中轴力的成分较小，因此，有两种设计方法。一种是弹性设计方法，采用变截面的构件，以比较充分地利用材料强度。门式刚架构件一般采用改变截面高度的处理方法，也就是使柱、梁构件截面“楔形”变化。另一种是塑性设计，采用等截面的构件，利用钢材良好的塑性性能，使梁柱端部在作用弯矩较大时进入塑性并形成塑性铰，通过塑性铰的塑性转动，形成内力重分配，提高其承载能力。本节介绍弹性设计方法，3.7 节将介绍塑性设计方法。

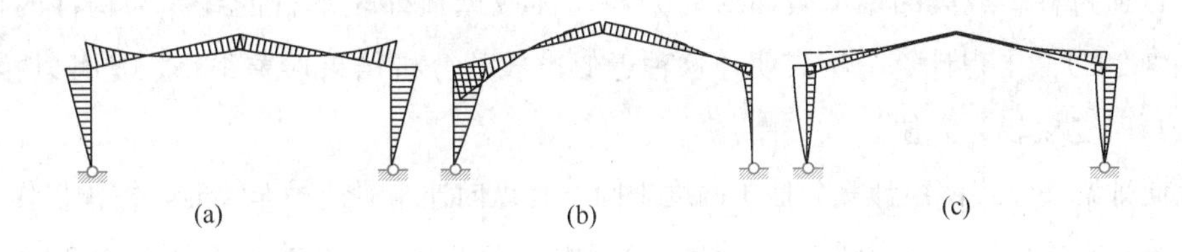

图 3-28 门式刚架梁柱构件的弯矩分布

(a) 屋面竖向荷载作用下弯矩分布图；(b) 横向风荷载作用下弯矩分布图；(c) 弯矩包络图

门式刚架的柱子通常是单斜率，也可以是双斜率的；如设有桥式吊车时，也可以做成图 3-29 (b) 所示的分段斜率形式。刚架梁则往往是多斜率的。结构设计时，为了保证外墙面的平直和屋面的平整，构件沿屋顶、墙面一侧总是单一直线的（屋脊和天沟处除外）。

门式刚架柱脚与基础的连接构造可以做成刚接或铰接。当厂房高度大或有较大吨位吊车时，为了保证结构的必要刚度，在横向框架平面内可以按刚接柱脚设计。但刚接柱脚耗钢量较大，制作时往往只能采用手工焊接，因此在可能条件下应优先按铰接柱脚设计；此外，按刚接柱脚设计时，柱底承受弯矩较大，楔形变截面构件的应用就不尽合理，此时，一般采用等截面柱。

纵向排架由框架柱、连系梁（撑杆）和柱间支撑构成。当设有桥式吊车时，吊车梁也可作为结构的组成部分。柱脚在纵向排架平面内按铰接设计。

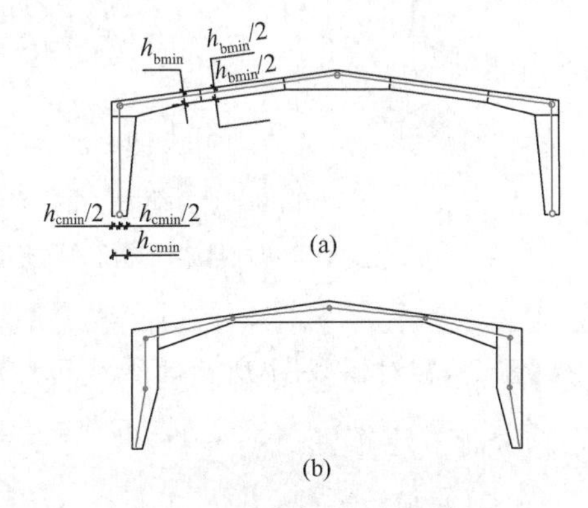

图 3-29 楔形构件的布置

(a) 单斜率柱和分段斜率梁假设的构件轴线与外表面平行；(b) 双段斜率柱和分段斜率梁假设的构件轴线是截面形心的连线

3.4.2 结构分析方法

门式刚架结构可以分解为横向框架和纵向排架分别进行计算。

如果横向框架的梁柱构件都是等截面构件，根据结构力学的分析原理，即使采用手算方法，也可方便地获得结构的内力和变形；但是对于楔形变截面构件组成的超静定结构，手算就十分繁复，因此工程计算都借助计算机分析程序。有一些计算机分析程序已经配置有专门的楔形变截面构件单元；对于仅配置等截面杆件单元的软件，也可根据有限元的概念，把变截面梁或柱构件划分为长度较小的杆件单元，每单元都视为等截面杆件，然后建模分析。根据经验，对于实际门式刚架构件，杆件单元长度在 500mm 左右时，就具有很好的计算精度。变截面构件计算时，计算简图需确定框架构件的轴线。精确的方法应是将构件每一截面的形心连接起来形成轴线（图 3-29b），另一种近似的方法如下：以通过柱子或梁的最小截面形心并与墙面或屋顶外表平行的线作为构件的计算轴线（图 3-29a）。工程计算分析表明，这种近似造成的分析结果误差很小，是可以接受的，结构分析时建模较为方便。

纵向排架按铰接体系计算。柱子高度中间设有纵向连系梁或吊车梁时，柱子仍作为连续构件。当柱间支撑采用张紧圆钢时，计算模型中只考虑受拉斜杆参与分析。图 3-30 表示门式刚架的计算简图。

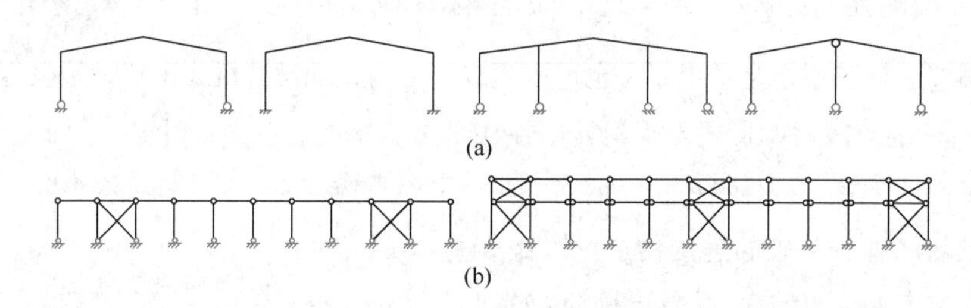

图 3-30　门式刚架计算简图示例

（a）横向刚架计算简图（梁柱节点和柱脚节点的约束条件应符合实际构造）；

（b）纵向排架计算简图（支撑为圆钢时，受压支撑按退出工作考虑）

【例 3-4】对图 3-31 所示的等截面构件刚架和变截面构件刚架进行内力分析。

[分析与计算]

1. 结构概况

单层厂房采用单跨双坡门式刚架，厂房横向跨度 24m，柱高 10m，共有 11 榀刚架，柱距 6m，屋面坡度 1/12。柱网及平面布置见图 3-31。屋面及墙面板为压型钢板复合板，檩条、墙梁为冷弯薄壁卷边槽钢。

等截面构件刚架计算简图和杆件截面见图3-31B；变截面构件刚架和杆件截面见图3-31I。

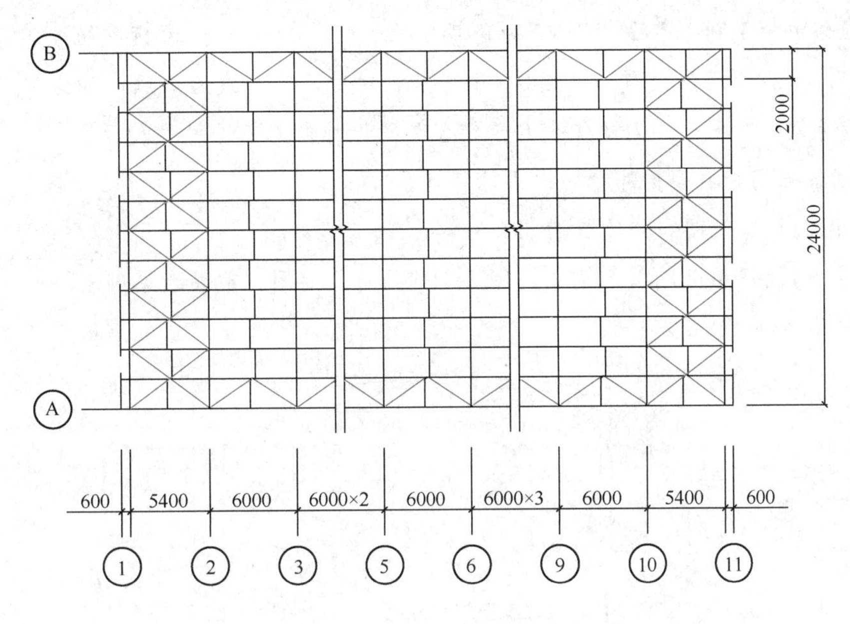

图3-31　例3-4门式刚架柱网及屋盖平面布置图

2. 荷载

恒载标准值：屋面板、檩条、支撑平均重量0.13 kN/m^2；

屋面板排风设备平均重量0.065kN/m^2；

活载标准值：0.3kN/m^2，根据刚架构件负荷面积超过30m^2取值；

风载：$w_0=0.55kN/m^2$，地面粗糙度系数按B类取值，风荷载高度变化系数$\mu_z=1.0$，当风荷载自左向右时，房屋表面的体型系数与β的乘积如图3-31A所示。

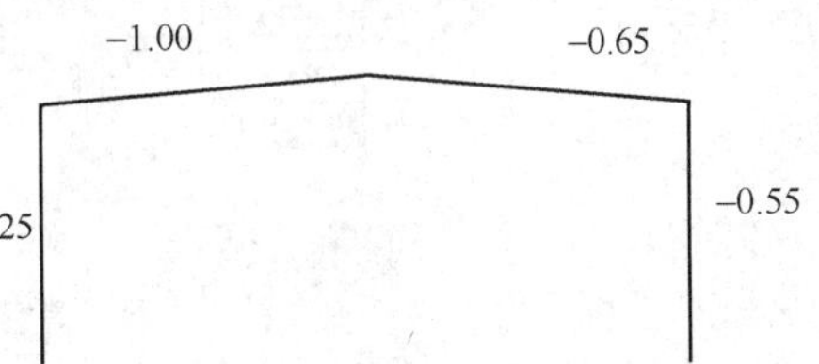

图3-31A　风荷载体型系数示意图

3. 荷载组合

组合1：1.20×恒载+1.40×活载

组合2：1.20×恒载+1.40×风载(左风)

组合3：1.00×恒载+1.40×风载（左风）

组合4：1.20×恒载+1.40×活载+0.6×1.40×风载（左风）

组合5：1.20×恒载+0.7×1.40×活载+1.40×风载（左风）

组合6：1.20×恒载+1.40×风载（右风）

组合7：1.00×恒载+1.40×风载（右风）

组合 8：1.20×恒载＋1.40×活载＋0.6×1.40×风载（右风）

组合 9：1.20×恒载＋0.7×1.40×活载＋1.40×风载（右风）

各组合中的 1.00、1.20、1.40 为荷载分项系数，0.6、0.7 为荷载组合值系数。位移计算时，荷载分项系数均取为 1.0。由于结构对称，风荷载为右风时的结果可方便地从风荷载为左风时推出，因此组合 6 至组合 9 的计算内力不再用图表示。

4. 刚架采用等截面构件时的内力位移计算

(1) 刚架计算简图和杆件截面

图 3-31B 为等截面刚架示意图，图 3-31C 为计算简图，截面表见例表 3-4(a)。

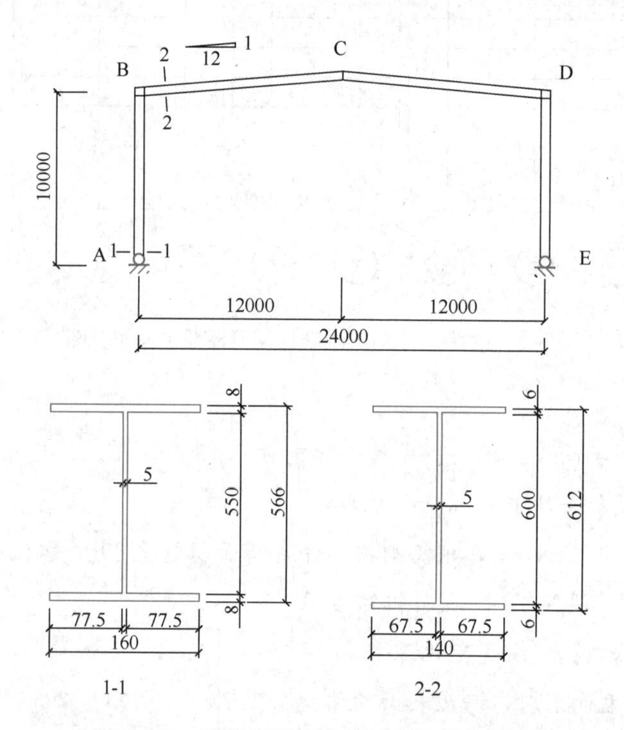

图 3-31B　等截面刚架示意图和杆件截面图

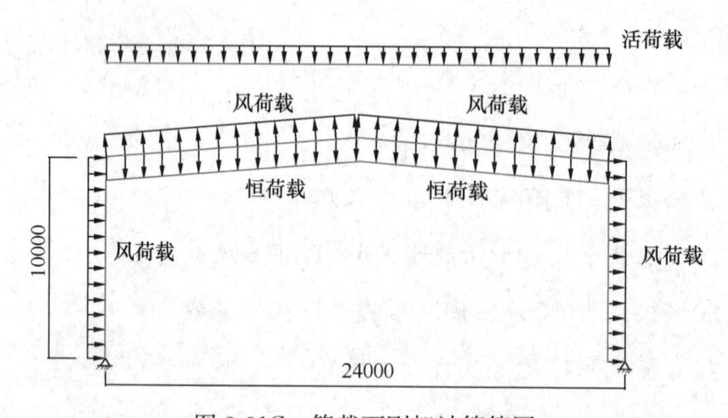

图 3-31C　等截面刚架计算简图

截　面　表　　　　例表 3-4(a)

截面	$h\times b\times t\times t_w$	A (cm^2)	I_x (cm^4)	W_x (cm^3)
1-1	566×160×8×5	53.1	26861.0	949.2
2-2	612×140×6×5	46.8	24424.4	798.2

(2) 内力计算结果（轴力、剪力单位 kN，弯矩单位 kN·m）

荷载组合 1～荷载组合 5 的刚架内力分别见图 3-31D～图 3-31H。

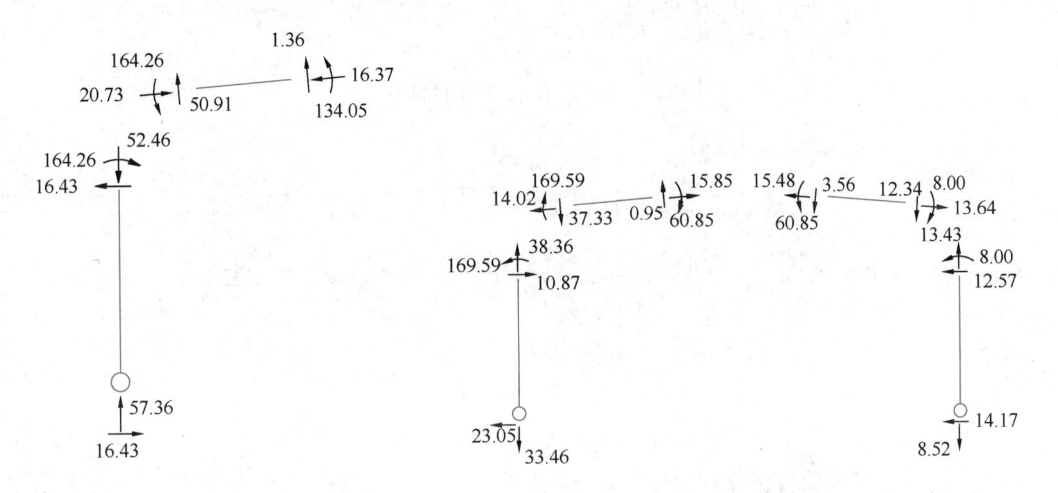

图 3-31D　组合 1 时的内力　　　　图 3-31E　组合 2 时的内力

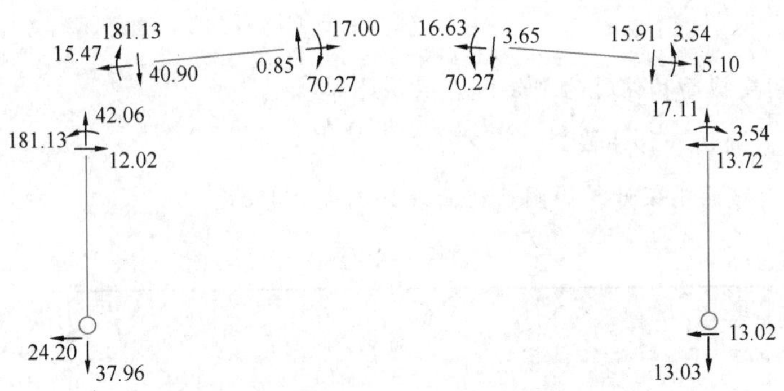

图 3-31F　组合 3 时的内力

(3) 位移计算结果

位移计算结果见例表 3-4(b)。

位 移 计 算 结 果　　　　例表 3-4(b)

荷载组合	D 点横向侧移（mm）	C 点竖向位移（mm）
1.00×恒载+1.00×活载	7.9	96.9
1.00×恒载+1.00×风载（左风）	88.3	−35.1

注：横向侧移向右为正，竖向位移向下为正；C 点为刚架顶部节点，D 点为右侧柱顶节点。

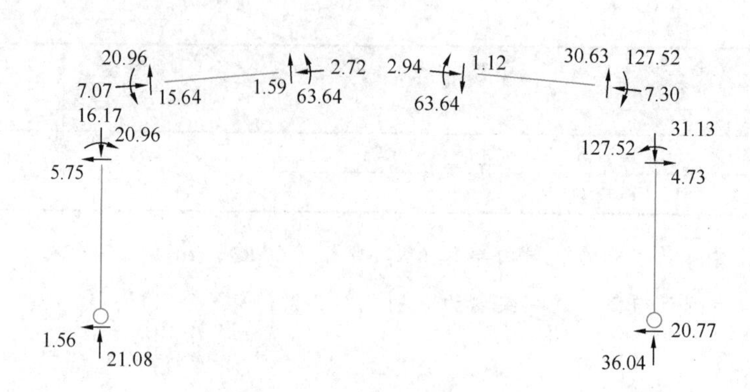

图 3-31G　组合 4 时的内力

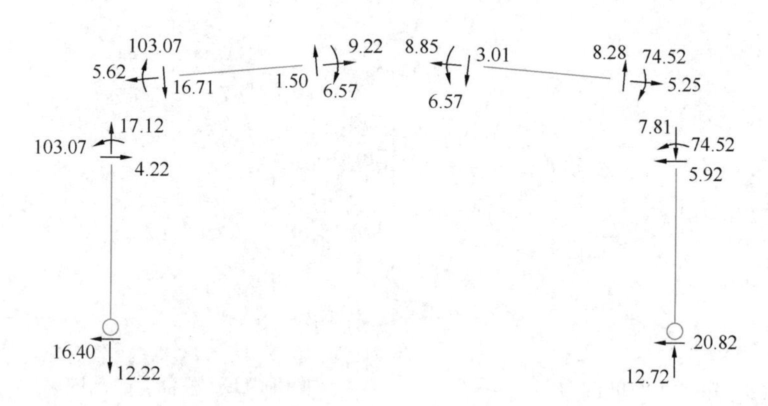

图 3-31H　组合 5 时的内力

5. 刚架采用变截面构件时的刚架内力位移计算

(1) 刚架计算简图和杆件截面

图 3-31I 为变截面刚架计算简图，截面表见例表 3-4(c)。

截　面　表　　　　例表 3-4(c)

截　面	$h\times b\times t\times t_w$	A (cm²)	I_x (cm⁴)	W_x (cm³)
1-1	266×160×8×5	38.1	4912.5	369.4
2-2	866×160×8×5	68.1	72704.4	1679.1
3-3	762×140×6×5	54.3	41583.1	1091.4
4-4	462×140×6×5	39.3	12530.7	542.5

(2) 内力计算结果（轴力、剪力单位 kN，弯矩单位 kN·m）

荷载组合 1～荷载组合 5 的刚架内力分别见图 3-31J～图 3-31R。

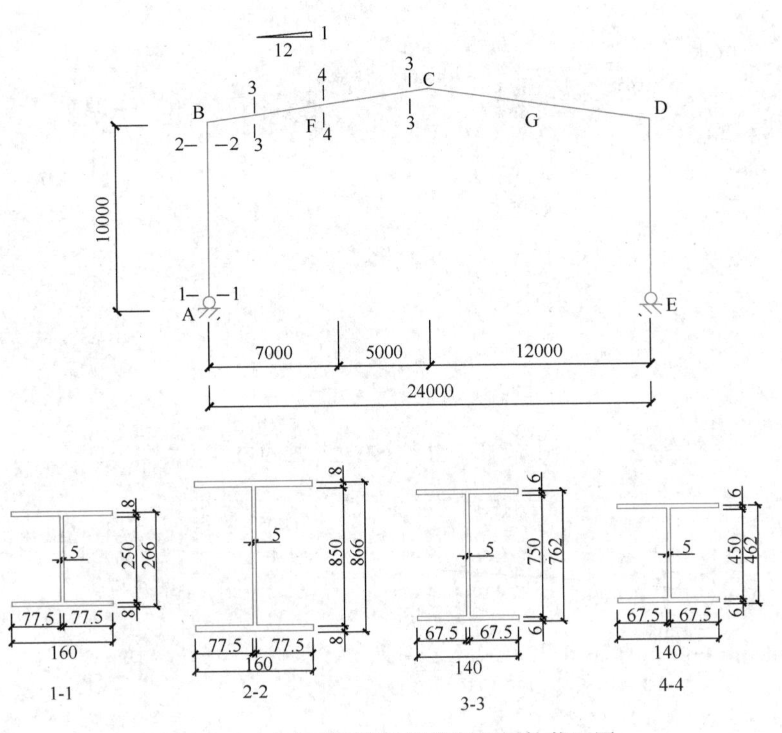

图 3-31I　变截面刚架计算简图和杆件截面图

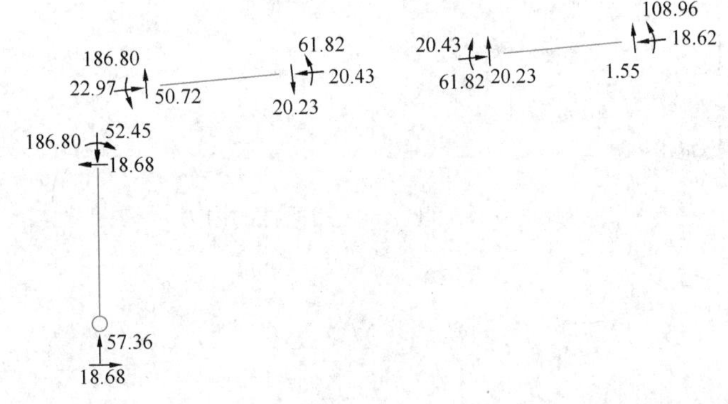

图 3-31J　组合 1 时的内力

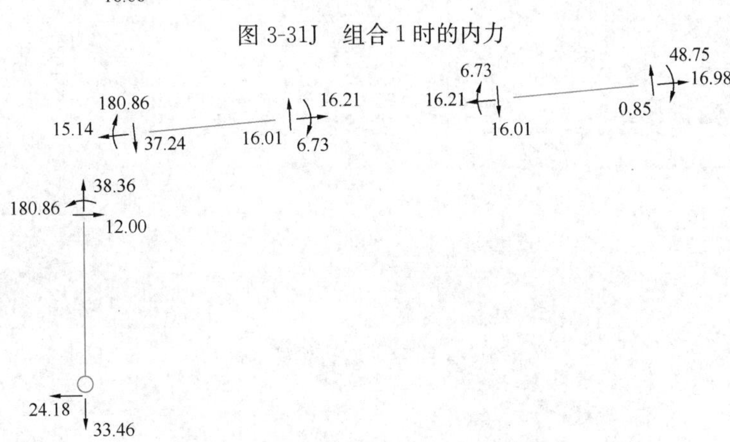

图 3-31K　组合 2-左边梁柱的内力

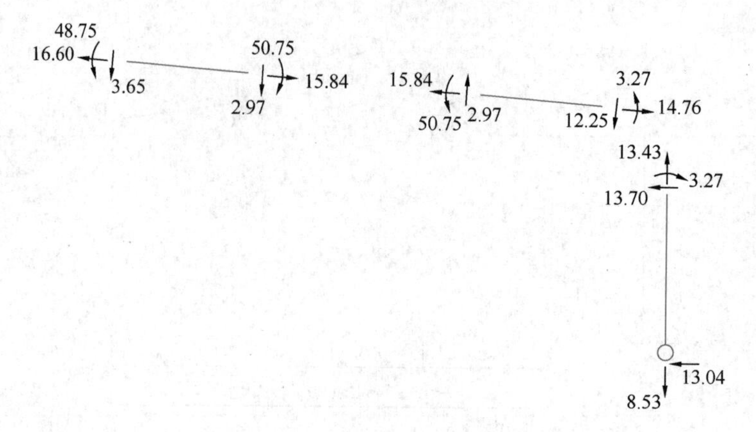

图 3-31L 组合 2-右边梁柱的内力

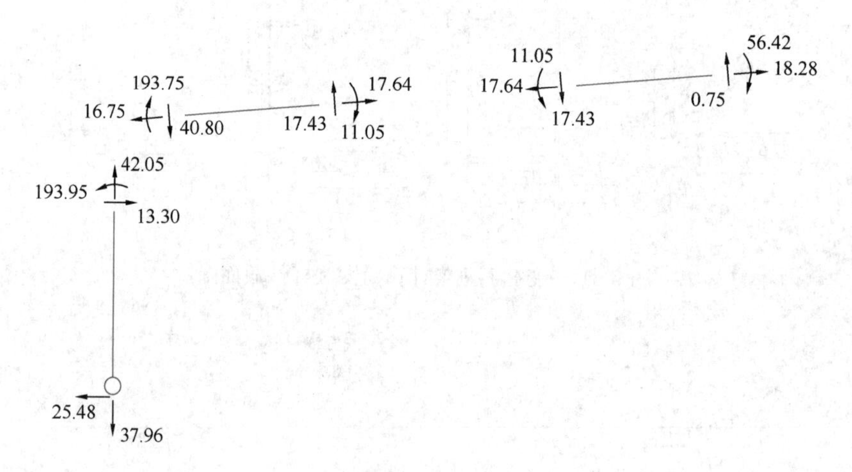

图 3-31M 组合 3-左边梁柱的内力

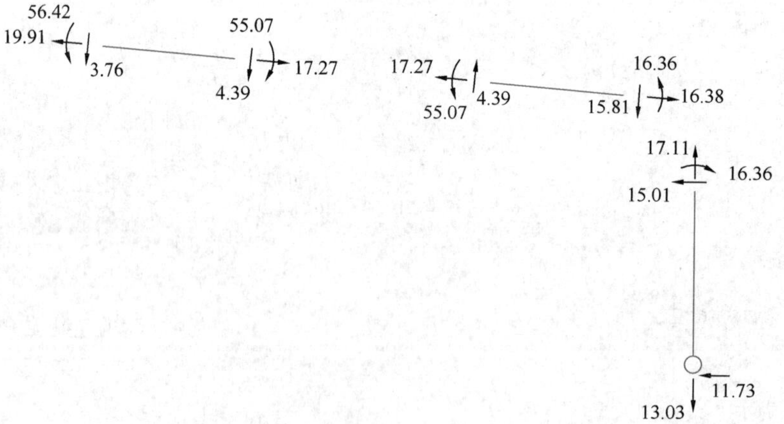

56.42
19.91
3.76
55.07
4.39
17.27
17.27
55.07
4.39
16.36
15.81
16.38
17.11
16.36
15.01
11.73
13.03

图 3-31N 组合 3-右边梁柱的内力

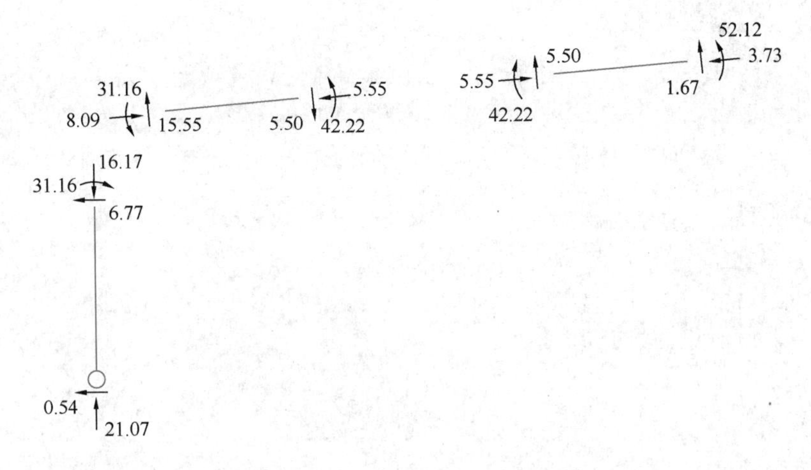

图 3-31O　组合 4-左边梁柱的内力

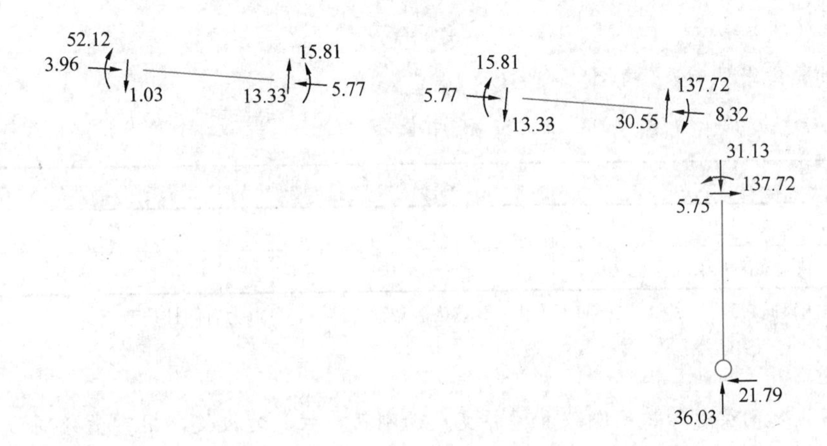

图 3-31P　组合 4-右边梁柱的内力

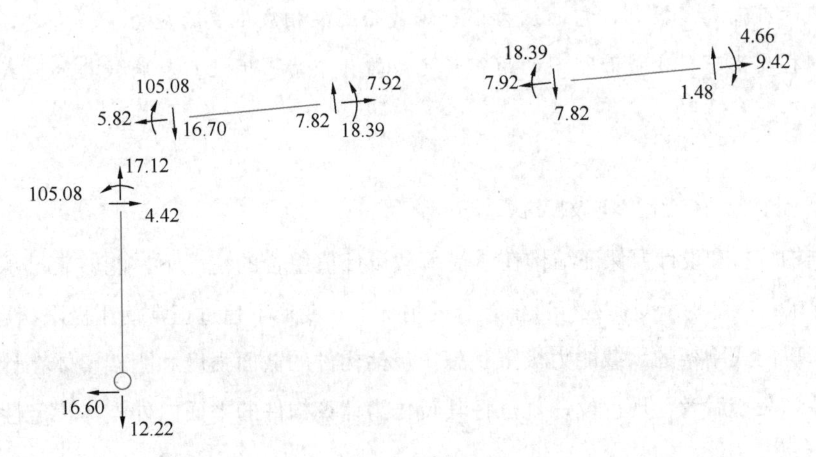

图 3-31Q　组合 5-左边梁柱的内力

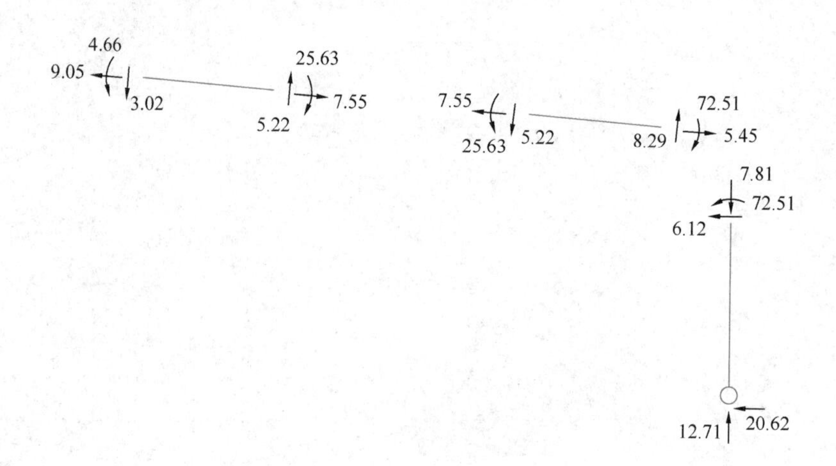

图 3-31R　组合 5-右边梁柱的内力

(3) 位移计算结果

位移计算结果见例表 3-4(d)。

位移计算结果　　　　例表 3-4(d)

荷载组合	D点横向侧移（mm）	C点竖向位移（mm）
1.00×恒载+1.00×活载	5.9	74.1
1.00×恒载+1.00×风载（左风）	70.0	−26.6

注：横向侧移向右为正，竖向位移向下为正；C点为刚架顶部节点，D点为右侧柱顶节点。

6. 讨论

本例所设定的梁柱等截面刚架和梁柱变截面刚架，柱底为铰接，用钢量分别为 1.72t 和 1.71t。在用钢量基本相等的情况下，变截面刚架的侧移较小；虽然柱顶弯矩稍大，考虑到变截面刚架的截面高度较大，它的应力小于等截面刚架相应位置的应力。换言之，在同样应力水平、同样变形下，变截面刚架的用钢量可以较为节省。因此，柱脚铰接的门式刚架多采用变截面构件。

3.4.3 刚架承载能力极限状态的校核

框架结构分析和设计要保证结构在承受荷载设计值组合的情况下，能够满足承载能力极限状态的要求；在结构承受荷载标准值组合的情况下，变形不超过正常使用极限状态的规定。

轻型厂房门式刚架的承载能力极限状态，包括构件的截面强度和刚架整体在计算平面内外的稳定性，关于后者，现行设计规范将其转化为计算构件的平面内外整体稳定性来考虑。

3.4.4 变截面柱、梁构件的强度和稳定性计算

1. 构件几何设计的注意条件

在轻型厂房门式刚架的设计中，常会利用柱和梁腹板的屈曲后强度。由于利用屈曲后强度的公式有一定适用范围，因此在确定构件的几何尺寸时应符合下列要求：

(1) 腹板高度如有改变，应为直线变化或分段直线变化。

(2) 板件宽厚比应满足下列要求：

$$b/t_f \leqslant 15\sqrt{235/f_y} \tag{3-36a}$$

$$h_w/t_w \leqslant 250 \tag{3-36b}$$

当地震作用组合的效应控制结构设计时，应满足下列要求：

$$b/t_f \leqslant 13\sqrt{235/f_y} \tag{3-36c}$$

$$h_w/t_w \leqslant 160 \tag{3-36d}$$

式中　b、t_f、h_w、t_w——分别为受压翼缘自由外伸宽度、厚度、腹板净高与厚度；

f_y——翼缘钢材的屈服强度。

(3) 当考虑腹板受剪时的屈曲后强度时应设横向加劲肋，加劲肋间距与区格内楔形腹板大端截面高度之比不应大于3。

(4) 柱子构件的长细比不宜大于180，当地震作用组合的效应控制结构设计时，柱长细比不应大于150。

2. 强度计算

(1) 工字形截面受弯构件在剪力V和弯矩M共同作用下的强度，应按以下公式计算：

当$V \leqslant 0.5V_d$时，
$$M \leqslant M_e \tag{3-37a}$$

当$0.5V_d < V \leqslant V_d$时，
$$M \leqslant M_f + (M_e - M_f)[1-(V/0.5V_d-1)^2] \tag{3-37b}$$

式中　V_d——腹板考虑屈曲后强度的抗剪承载力设计值，按式(3-40)～式(3-43)计算；

M_f——两翼缘承担的弯矩，当截面为双轴对称时：

$$M_f = A_f(h_w + t_f)f \tag{3-38}$$

A_f——一个翼缘的截面面积；

M_e——构件有效截面所承担的弯矩：

$$M_e = W_e f \tag{3-39}$$

W_e——按有效宽度分布计算的有效截面最大受压纤维截面模量，按式(3-44)～式(3-50)的步骤计算；

f——钢材强度设计值。

1) 腹板的抗剪承载力设计值V_d按如下步骤计算：

① 计算板件受剪时的局部稳定系数（也称屈曲系数）k_τ

当设置横向加劲肋时，

$$k_\tau = 4 + 5.34/(a/h_{w1})^2，当\ a/h_{w1} < 1\ 时 \tag{3-40a}$$

$$k_\tau = \eta_s[5.34 + 4/(a/h_{w1})^2]\text{，当 } a/h_{w1} \geqslant 1 \text{ 时} \tag{3-40b}$$

当不设置横向加劲肋时，

$$k_\tau = 5.34\eta_s \tag{3-40c}$$

$$\eta_s = 1 - \omega_1\sqrt{\gamma_p} \tag{3-40d}$$

$$\omega_1 = 0.41 - 0.897\alpha + 0.363\alpha^2 - 0.041\alpha^3 \tag{3-40e}$$

式中 a——横向加劲肋的间距；

γ_p——腹板区格的斜率，$\gamma_p = \dfrac{h_{w1}}{h_{w0}} - 1$；

h_{w1}、h_{w0}——计算区格内楔形腹板大端与小端的高度，不设横向加劲肋时取构件段两端的腹板高度；

α——计算区格的长度与高度比，$\alpha = a/h_{w1}$。

② 计算参数 λ_s

$$\lambda_s = \frac{h_{w1}/t_w}{37\sqrt{k_\tau(235/f_y)}} \tag{3-41}$$

③ 计算腹板屈曲后抗剪强度相关参数

$$\varphi_{ps} = \frac{1}{(0.51 + \lambda_s^{3.2})^{1/2.6}} \leqslant 1.0 \tag{3-42a}$$

$$\chi_{tap} = 1 - 0.35\alpha^{0.2}\gamma_p^{2/3} \tag{3-42b}$$

④ 计算腹板的抗剪承载力设计值 V_d

$$V_d = \chi_{tap}\varphi_{ps}h_{w1}t_w f_v \leqslant h_{w0}t_w f_v \tag{3-43}$$

2）计算有效截面最大受压纤维截面模量 W_e 时，首先按以下步骤确定腹板截面的有效宽度及其分布：

① 计算腹板两边缘的正应力比值 β

$$\beta = \sigma_2/\sigma_1 \tag{3-44}$$

式中 σ_1、σ_2——分别为板边最大和最小应力，$|\sigma_2| \leqslant |\sigma_1|$，应力同号时 β 为正值，否则为负值。

计算应力时可采用毛截面模量。

② 确定受压板件稳定系数 k_σ

$$k_\sigma = \frac{16}{\sqrt{(1+\beta)^2 + 0.112(1-\beta)^2} + 1 + \beta} \tag{3-45}$$

③ 计算参数 λ_p

$$\lambda_p = \frac{h_w/t_w}{28.1\sqrt{k_\sigma(235/f_y)}} \tag{3-46}$$

式中 h_w——腹板高度，对楔形腹板取板幅平均高度。

如腹板边缘应力较大值 $\sigma_1 < f$，对 Q235 和 Q345 钢材，可用 $1.1\sigma_1$ 代替式(3-46)中的 f_y。

④ 确定有效宽度系数 ρ

$$\rho = \frac{1}{(0.243 + \lambda_p^{1.25})^{0.9}} \tag{3-47}$$

⑤ 确定腹板受压区的有效宽度 h_e

$$h_e = \rho h_c \tag{3-48}$$

其中 h_c 为腹板受压区高度，当 $\beta \geqslant 0$ 时，$h_c = h_{w1}$；当 $\beta < 0$ 时，$h_c = \dfrac{h_{w1}}{1-\beta}$，当 $\rho > 1.0$ 时，取 $h_e = h_c$。腹板受拉区则全部有效。

⑥ 确定腹板有效宽度的分布（参见图 3-32 和图 3-33）

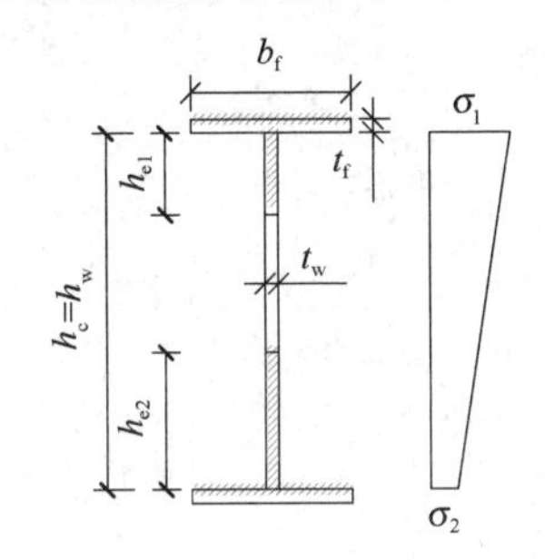

图 3-32　腹板全部受压时的有效宽度分布

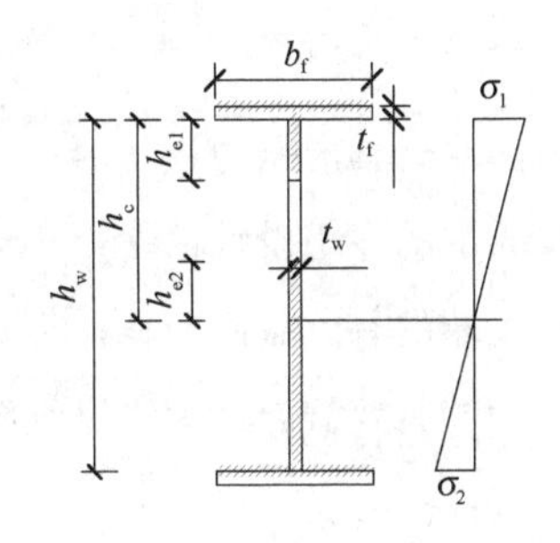

图 3-33　腹板部分受压时的有效宽度分布

当腹板全部受压，即 $\beta \geqslant 0$ 时

$$h_{e1} = 2h_e/(5-\beta) \tag{3-49a}$$

$$h_{e2} = h_e - h_{e1} \tag{3-49b}$$

当腹板部分受压，即 $\beta < 0$ 时，受压区的有效宽度分布

$$h_{e1} = 0.4h_e \tag{3-50a}$$

$$h_{e2} = 0.6h_e \tag{3-50b}$$

据此可以计算出有效截面的截面模量。

(2) 工字形截面压弯构件在剪力 V、弯矩 M 和轴力 N 共同作用下的截面强度按以下公式计算：

当 $V \leqslant 0.5V_d$ 时，　$M \leqslant M_e^N$　(3-51a)

当 $0.5V_d < V \leqslant V_d$ 时，$M \leqslant M_f^N + (M_e^N - M_f^N)[1-(V/0.5V_d - 1)^2]$　(3-51b)

式中　M_e^N——考虑轴力影响后有效截面承受的弯矩；

$$M_e^N = M_e - NW_e/A_e \tag{3-52}$$

M_f^N——考虑轴力影响后两翼缘承受的弯矩，当截面为双轴对称时

$$M_f^N = A_f(h_w + t_f)(f - N/A) \tag{3-53}$$

A_e、W_e ——有效截面面积和有效截面模量，按式（3-44）～式（3-50）确定的有效腹板宽度和翼缘面积计算。

3. 柱底铰接的楔形变截面柱的整体稳定计算

(1) 刚架平面内的稳定计算

按式（3-54）进行计算

$$\frac{N_1}{\eta_t \varphi_x A_{e1}} + \frac{\beta_{mx} M_1}{(1 - N_1/N_{cr}) W_{e1}} \leqslant f \tag{3-54a}$$

$$当\ \bar{\lambda}_1 \geqslant 1.2\ 时\ \eta_t = 1 \tag{3-54b}$$

$$当\ \bar{\lambda}_1 < 1.2\ 时\ \eta_t = \frac{A_0}{A_1} + \left(1 - \frac{A_0}{A_1}\right) \times \frac{\bar{\lambda}_1^2}{1.44} \tag{3-54c}$$

式中 N_1 ——大端的轴向压力设计值；

M_1 ——大端的弯矩设计值；

A_{e1} ——大端的有效截面面积；

W_{e1} ——大端有效截面最大受压纤维的截面模量；

φ_x ——杆件轴心受压稳定系数，楔形柱采用《门架规范》附录 A 规定的计算长度系数由现行国家标准《钢结构设计标准》GB 50017 查得，计算长细比时取大端截面的回转半径；

β_{mx} ——等效弯矩系数，有侧移刚架柱的等效弯矩系数 β_{mx} 取 1.0；

N_{cr} ——欧拉临界力，按式（3-55）计算；

$$N_{cr} = \pi^2 E A_{e1} / \lambda_1^2 \tag{3-55}$$

λ_1、$\bar{\lambda}_1$ ——按大端截面计算的、考虑计算长度系数的长细比和通用长细比，按式（3-56）计算；

$$\lambda_1 = \frac{\mu H}{i_{x1}} \tag{3-56a}$$

$$\bar{\lambda}_1 = \frac{\lambda_1}{\pi} \sqrt{\frac{f_y}{E}} \tag{3-56b}$$

i_{x1} ——大端截面绕强轴的回转半径；

μ ——柱计算长度系数，按《门架规范》附录 A 计算；

H ——柱高；

A_0、A_1 ——小端和大端截面的毛截面面积；

E——柱钢材的弹性模量；

f_y——柱钢材的屈服强度值。

当柱的最大弯矩不出现在大端时，M_1 和 W_{e1} 分别取最大弯矩和该弯矩所在截面的有效截面模量。

(2) 刚架平面外的稳定计算

变截面柱的平面外稳定应分段按下列公式计算，当不能满足时，应设置侧向支撑或隅撑，并验算每段的平面外稳定。

$$\frac{N_1}{\eta_{ty}\varphi_y A_{e1} f}+\left(\frac{M_1}{\varphi_b \gamma_x W_{e1} f}\right)^{1.3-0.3k_\sigma}\leqslant 1 \tag{3-57}$$

$$\text{当}\ \bar{\lambda}_{1y}\geqslant 1.3\ \text{时}\quad \eta_{ty}=1 \tag{3-58a}$$

$$\text{当}\ \bar{\lambda}_{1y}<1.3\ \text{时}\quad \eta_{ty}=\frac{A_0}{A_1}+\left(1-\frac{A_0}{A_1}\right)\times\frac{\bar{\lambda}_{1y}^2}{1.69} \tag{3-58b}$$

$$\lambda_{1y}=\frac{L}{i_{y1}} \tag{3-59a}$$

$$\bar{\lambda}_{1y}=\frac{\lambda_{1y}}{\pi}\sqrt{\frac{f_y}{E}} \tag{3-59b}$$

$$k_\sigma=\frac{M_0}{M_1}\cdot\frac{W_{x1}}{W_{x0}} \tag{3-60}$$

式中　$\bar{\lambda}_{1y}$——绕弱轴的通用长细比；

λ_{1y}——绕弱轴的长细比；

i_{y1}——大端截面绕弱轴的回转半径；

φ_y——轴心受压构件弯矩作用平面外的稳定系数，以大端为准，按现行国家标准《钢结构设计标准》GB 50017 的规定采用，计算长度取纵向柱间支撑点间的距离；

N_1——所计算构件段大端截面的轴压力；

M_1、M_0——所计算构件段大端、小端截面的弯矩；

W_{x1}、W_{x0}——构件段大端、小端截面的毛截面模量；

φ_b——稳定系数，按《门架规范》规定计算。

4. 楔形变截面梁的计算

因屋面有一定坡度，所以刚架梁是斜梁。斜梁除受弯外还受一定的轴压力。但当坡度不大时，轴力较小，梁可按弯剪构件对待，采用式（3-37）计算其强度；但当轴力不能忽略时（如坡度较大的情况），可按压弯构件进行强度计算，计算公式与承受轴力、弯矩和剪力的柱子相同，即式（3-51）。

此外，按压弯构件对待的刚架梁进行平面外的整体稳定计算，采用式（3-57）。

刚架梁为弯剪构件时，承受线性变化弯矩的楔形变截面梁段的稳定性，应按下列公式计算：

$$\frac{M_1}{\gamma_x \varphi_b W_{x1}} \leqslant f \tag{3-61}$$

$$\varphi_b = \frac{1}{(1-\lambda_{b0}^{2n}+\lambda_b^{2n})^{1/n}} \tag{3-62}$$

$$\lambda_{b0} = \frac{0.55-0.25k_\sigma}{(1+\gamma)^{0.2}} \tag{3-63a}$$

$$\lambda_b = \sqrt{\frac{\gamma_x W_{x1} f_y}{M_{cr}}} \tag{3-63b}$$

$$k_\sigma = \frac{M_0}{M_1}\frac{W_{x1}}{W_{x0}} \tag{3-63c}$$

$$\gamma = (h_1 - h_0)/h_0 \tag{3-63d}$$

$$n = \frac{1.51}{\lambda_b^{0.1}}\sqrt[3]{\frac{b_1}{h_1}} \tag{3-63e}$$

式中 φ_b——楔形变截面梁段的整体稳定系数，$\varphi_b \leqslant 1.0$；

λ_b——梁的通用长细比；

γ_x——截面塑性开展系数，按现行国家标准《钢结构设计标准》GB 50017 的规定取值；

M_{cr}——楔形变截面梁弹性屈曲临界弯矩，按《门架规范》规定计算；

b_1、h_1——弯矩较大截面的受压翼缘宽度和上、下翼缘中面之间的距离；

W_{x1}——弯矩较大截面受压边缘的截面模量；

h_0——小端截面上、下翼缘中面之间的距离；

M_0——小端弯矩；

M_1——大端弯矩。

平面外的计算长度取侧向支承点之间的距离。如果梁段仅上翼缘受压，其侧向支撑点应取屋面水平支撑和纵向系杆在钢梁上的连接点，当屋面板与檩条牢固连接时，可将所有檩条都视为侧向支撑点。当梁段下翼缘受压时，靠近上翼缘的侧向支撑对下翼缘的侧弯变形约束作用一般较小，实际工程中采用隅撑构件来提供对受压下翼缘的平面外约束。

隅撑构造如图 3-34 所示。在需设置隅撑的位置，由檩条距梁中心线 1m 左右处向梁下翼缘引一角钢。角钢两端分别连在檩条和梁的下翼缘上。这一角钢就是“隅撑”。隅撑应能承受梁下翼缘侧弯失稳时产生的压力。该压力可以用下式计算：

$$N = \frac{A_f f}{60\cos\theta}\sqrt{\frac{f_y}{235}} \tag{3-64}$$

式中的 f_y 和 f 分别为梁翼缘的钢材屈服点和强度设计值，其余记号参见图 3-34。

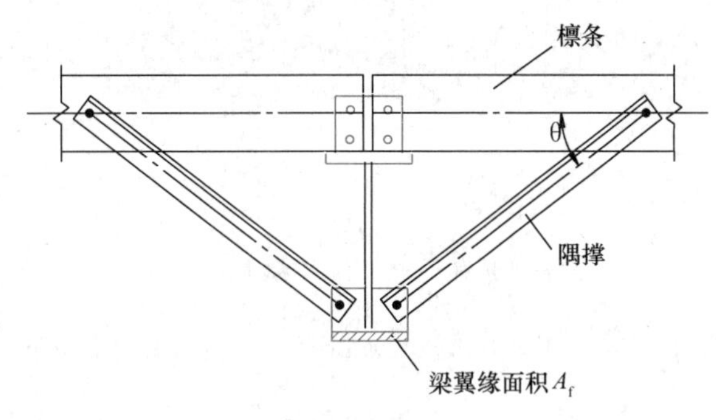

图 3-34　隅撑

设置隅撑后，上、下翼缘的侧向支撑点间距不一样。计算平面外整体稳定时，取最大受压翼缘侧向支撑点之间的距离。

【例 3-5】刚架柱的计算

验算［例 3-4］中，变截面刚架的刚架柱，尺寸如图 3-35 所示，钢材选用 Q235-B，$f=215\text{N/mm}^2$，$f_v=125\text{N/mm}^2$。设构件钢板均采用焰切方式下料后焊接。结构设计中，应从各工况取出一组或多组最不利内力进行计算，本例作为计算过程演示，仅考虑 1.2D+1.4L 这一组工况，见例表 3-5。

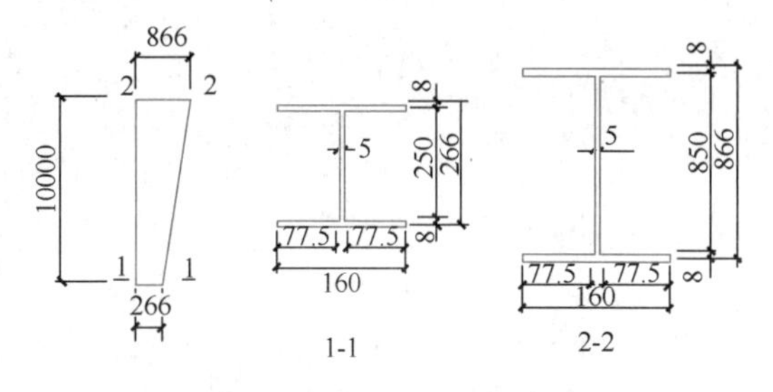

图 3-35　例 3-5 刚架柱

组合内力：(1.2D+1.4L)　　例表 3-5

	M (kN·m)	N (kN)	V (kN)
大头	186.80	52.45	18.68
小头	0	57.36	18.68

注：压正拉负。

［分析与计算］

1. 宽厚比验算

翼缘外伸宽厚比 $\frac{(160-5)\ /2}{8}=9.7<15$，满足规范的限值要求。

腹板宽厚比 $\frac{250}{5}=50<250$，$\frac{850}{5}=170<250$，满足规范的限值要求。

因大端腹板高厚比为 170，根据钢结构基本原理的知识，知其已大于 S4 级的限值。为在计算中利用屈曲后强度，在柱身设置横向加劲肋。设横向肋间距为 2m。则沿柱子自上而下横向加劲肋处的腹板高度分别为 730mm、610mm、490mm、370mm。

2. 柱子顶端（大头端）截面强度验算

(1) 计算腹板抗剪承载力设计值 V_d

1) 计算参数 λ_s

$$\gamma_p = \frac{850}{730} - 1 = 0.164$$

$$\alpha = \frac{2000}{850} = 2.353$$

$$\omega_1 = 0.41 - 0.897 \times 2.353 + 0.363 \times 2.353^2 - 0.041 \times 2.353^3 = -0.225$$

（根据式 3-40e）

$$\eta_s = 1 - (-0.225) \times \sqrt{0.164} = 1.091 \quad \text{（根据式 3-40d）}$$

$$k_\tau = 1.091[5.34 + 4/(2000/850)^2] = 6.614 \quad \text{（根据式 3-40b）}$$

$$\lambda_s = \frac{850/5}{37 \times \sqrt{6.614}} = 1.787 \quad \text{（根据式 3-41）}$$

2) 计算 V_d

$$\varphi_{ps} = \frac{1}{(0.51 + 1.787^{3.2})^{1/2.6}} = 0.475 \quad \text{（根据式 3-42a）}$$

$$\chi_{tap} = 1 - 0.35 \times 2.353^{0.2} \times 0.164^{2/3} = 0.876 \quad \text{（根据式 3-42b）}$$

$$V_d = 0.876 \times 0.475 \times 850 \times 5 \times 125 = 221.05\text{kN} < 730 \times 5 \times 125 = 456.25\text{kN}$$

（根据式 3-43）

(2) 腹板有效截面计算

1) 计算腹板的 β 值

$$\sigma_1 = \frac{N}{A} + \frac{M}{W_x} = \frac{52.45 \times 10^3}{6810} + \frac{186.80 \times 10^6 \times 425}{727.044 \times 10^6} = 116.90\text{N/mm}^2\text{（压）}$$

$$\sigma_2 = \frac{N}{A} - \frac{M}{W_x} = \frac{52.45 \times 10^3}{6810} - \frac{186.80 \times 10^6 \times 425}{727.044 \times 10^6} = -101.49\text{N/mm}^2\text{（拉）}$$

$$\beta = \frac{\sigma_2}{\sigma_1} = -0.868$$

注意：本例计算板边缘应力值，采用了大端截面参数；如采用区格中间截面参数，对后续结果仅有微小区别，读者可以自行验证。

2) 计算 k_σ

受压板件稳定系数 $k_\sigma = \dfrac{16}{\sqrt{(1 + 0.868)^2 + 0.112 \times (1 - 0.868)^2} + 1 + 0.868} = 20.754$

（根据式 3-45）

3) 计算 λ_p

$$h_w = \frac{850 + 730}{2} = 790\text{m}$$

$$\lambda_p = \frac{790/5}{28.1 \times \sqrt{20.754}} = 1.234 \qquad \text{(根据式 3-46)}$$

4）计算 h_e

$$\rho = \frac{1}{(0.243 + 1.234^{1.25})^{0.9}} = 0.677 \qquad \text{(根据式 3-47)}$$

腹板受压区有效宽度

$$\text{因 } \beta < 0,\ h_c = \frac{850}{1-(-0.868)} = 455\text{mm}$$

$$h_e = 0.677 \times 455 = 303\text{mm} \qquad \text{(根据式 3-48)}$$

确定腹板有效宽度的分布

$$h_{e1} = 0.4 \times 303 = 121\text{mm} \qquad \text{(根据式 3-50a)}$$

$$h_{e2} = 0.6 \times 303 = 182\text{mm} \qquad \text{(根据式 3-50b)}$$

5）计算有效截面的截面特性

有效截面的各相关参数可按照图 3-35A 算出：

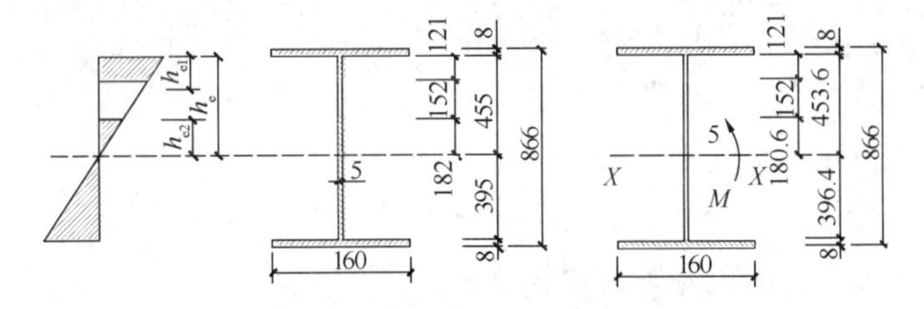

图 3-35A 有效截面参数计算

$$A_e = 2b_f t_f + t_w h_e + t_w(h_w - h_c) = 6050\ \text{mm}^2$$

$$I_{xe} = 6.8111 \times 10^8\ \text{mm}^4$$

$$W_{e1} = I_{xe}/(453.6 + 8) = 1475541\text{mm}^3$$

（3）强度验算

由于 $V = 18.68\text{kN} < 0.5V_d = 110.5\text{kN}$，则工字形截面压弯构件在剪力 V、弯矩 M 和轴力共同作用下的截面强度须满足

$$M = 186.80\text{kN}\cdot\text{m} \leqslant M_e^N = W_e f - NW_e/A_e$$

$$= 1475541 \times \left(215 - \frac{52.45 \times 10^3}{6050}\right) = 304.45\text{kN}\cdot\text{m} \qquad \text{(根据式 3-51a)}$$

故大头端截面强度是安全的。

3. 柱子底端（小头端）截面的强度验算

$$\sigma = \frac{N}{A} = \frac{57.36 \times 10^3}{3810} = 15.06\text{kN}\cdot\text{m}，\text{弯矩为 } 0$$

故
$$\beta = \frac{\sigma_2}{\sigma_1} = 1.0$$

受压板件稳定系数 $k_\sigma = \dfrac{16}{\sqrt{(1+2)^2 + 0.112 \times (1-2)^2} + 1 + 2} = 4.0$

计算参数 $\lambda_p = \dfrac{(370+250)/2/5}{28.1 \times \sqrt{4.0}} = 1.103$

$$\rho = \frac{1}{(0.243 + 1.103^{1.25})^{0.9}} = 0.752$$

腹板受压区有效宽度

由于 $\beta > 0$，腹板受压区 $h_c = 250\text{mm}$，$h_e = 0.752 \times 250 = 188\text{mm}$

$$A_e = 2 \times 160 \times 8 + 5 \times 188 = 3500\text{mm}^2$$

$$\sigma = \frac{57.36 \times 10^3}{3500} = 16.4\ \text{N/mm}^2 < f = 215\text{N/mm}^2$$

由钢结构基本原理的知识知，柱子底部区格两端腹板高度比均小于 S3 级，直接可判全截面有效，则

$$V_d = 250 \times 5 \times 125 = 156.25\text{kN} > V = 18.68\text{kN}$$

读者可采用式（3-40）～式(3-43）验证以上结论。

故小头端强度满足要求。

4. 平面内稳定计算

由式（3-54a）知，进行柱子平面内整体稳定计算时，必须先确定柱计算长度系数 μ，然后可以得到计算长度、长细比、稳定系数和欧拉临界力，进而完成整个计算。欲确定 μ 值，先要计算刚架梁对柱端的转动约束 K_z。根据《门架规范》附录 A，刚架梁为一段、二段、三段变截面的楔形梁时，K_z 的计算方式都不同，需要根据构件几何参数及内力参数分步计算。本例略去中间计算过程，直接给出 μ 值为 4.61，则利用例表 3-4(c）的截面参数数据得

$$\lambda_1 = \frac{4.61 \times 1000}{\sqrt{72704.4/68.1}} = 141.1 \quad \text{（根据式 3-56a）}$$

$$\bar{\lambda}_1 = \frac{141.1}{\pi}\sqrt{\frac{235}{2.06 \times 10^5}} = 1.517 \quad \text{（根据式 3-56b）}$$

$$N_{cr} = \frac{\pi^2 \times 2.06 \times 10^5 \times 6050}{141.1^2} = 617.83\text{kN} \quad \text{（根据式 3-55）}$$

$$\eta_t = 1(\text{因 } \bar{\lambda}_1 > 1.0) \quad \text{（根据式 3-54b）}$$

由题意及《钢结构设计标准》知，该柱子在两主轴方向按轴压构件截面分类为 b，则查附录 4 附表 4-2-2(b)，得 $\varphi_x = 0.340$，又由刚架平面内有侧移知 β_{mx} 取 1.0。基于以上数据，

柱子平面内稳定计算如下：

$$\frac{52.45\times10^3}{1.0\times0.340\times6050}+\frac{1\times186.8\times10^6}{(1-52.45/617.83)\times1475541}=25.50+138.34$$

$$=163.84\text{N/mm}^2$$

$$<215\text{N/mm}^2$$

以上计算中，A_{e1}、w_{e1}采用了本例进行截面强度计算时所得到的有效截面与有效截面模量。

5. 平面外的稳定计算

刚架柱在平面外的侧向支承点，可以是纵向交叉支撑与连系梁的交点，也可以是设置隅撑的位置。当柱两侧翼缘分别被墙梁、隅撑夹持，且墙板可以提供蒙皮作用时，能够约束其平面外的变形。本例中，设柱自上而下等分5段与墙梁连接，并在柱顶向下4m处设有隅撑，则其平面外的计算长度可取为4000mm。

由内力分析结果知，柱顶柱底轴力相差不大，按柱底铰接假定该处弯矩为零，故仅取柱顶往下的一个分段计算柱段的平面外整体稳定。记柱顶截面为截面1（大端）、柱段下侧为截面0，则可算得该处截面高$h_0=762\text{mm}$，$M_0=112.08\text{kN}\cdot\text{m}$。

大端截面参数 $I_{y1}=(2\times8\times160^3+850\times5^3)/12=547.04\times10^4\text{mm}^4$，$i_{y1}=\sqrt{\frac{547.04\times10^4}{6810}}=28.3\text{mm}$，则

$$\lambda_{1y}=4000/28.3=141.3 \quad \text{（根据式 3-59a）}$$

$$\bar{\lambda}_{1y}=\frac{141.3}{\pi}\sqrt{\frac{235}{2.06\times10^5}}=1.519 \quad \text{（根据式 3-59b）}$$

由$\lambda_{1y}=141.3$查附录4附表4-2-2(b)得$\varphi_y=0.339$；由$\bar{\lambda}_{1y}>1.3$，根据式（3-58b）计算$\eta_{ty}=1.0$，另算得该柱段小端的毛截面模量$W_{x0}=1083.1\text{cm}^3$，则

$$k_\sigma=\frac{112.08}{186.8}\times\frac{1679.1}{1083.1}=0.930$$

根据（3-57）计算柱段平面外稳定性，其中φ_b取1.0，详见后例说明。

$$\frac{52.45\times10^3}{1.0\times0.339\times6050\times215}+\left(\frac{186.80\times10^6}{1.0\times1475541\times215}\right)^{1.3-0.3\times0.930}$$

$$=0.119+0.582=0.701<1.0$$

注意，在应用公式（3-57）时，因已知截面属于S4级，取$\gamma_x=1.0$。

【例3-6】梁的计算

验算［例3-4］中，变截面刚架的刚架梁，尺寸如图3-36所示，钢材选用Q235-B，$f=215\text{N/mm}^2$，$f_v=125\text{N/mm}^2$。结构设计中，应从各工况取出一组或多组最不利内力进行计算，本例作为计算过程演示，仅考虑$1.2D+1.4L$这一组工况，见例表3-6。

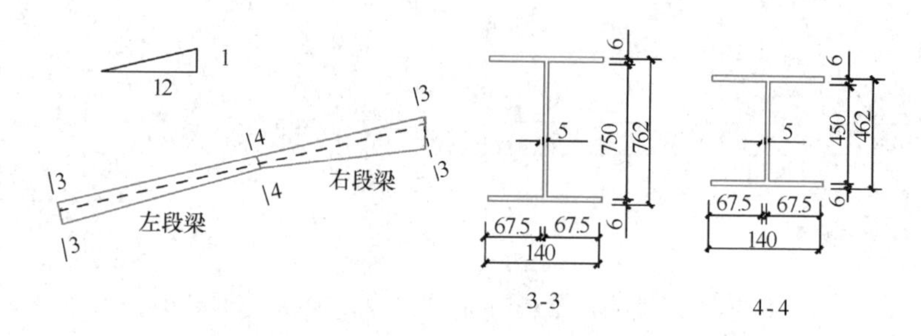

图 3-36　例 3-6 刚架梁

组合内力：(1.2D+1.4L)　　例表 3-6

左段梁：

	M(kN・m)	N(kN)	V(kN)
大头	186.80	22.97	50.72
小头	61.82	20.43	20.23

右段梁：

	M(kN・m)	N(kN)	V(kN)
大头	108.96	18.62	1.55
小头	61.82	20.43	20.23

注：轴力为压正拉负。

[分析与计算]

1. 宽厚比验算

翼缘外伸宽厚比$\frac{(140-5)\ /2}{6}=11.25<15$，满足规范的限值要求。

腹板宽厚比$\frac{450}{5}=90<250$，$\frac{750}{5}=150<250$，满足规范的限值要求。

2. 左段梁大头端截面强度验算

(1) 计算腹板抗剪承载力设计值 V_d

因大端腹板高厚比为 150，已大于 S4 的限值，为后面计算时利用屈曲后强度，在梁中弯矩较大处每隔 2m（按水平投影计）设一横向加劲肋，则梁段靠柱侧第一道加劲肋处，截面高度为 676.3mm。

$$\gamma_p=\frac{750}{676.3}-1=0.109$$

$$\alpha=\frac{2007}{750}=2.676\text{（构件段长度已折算为斜长 2007mm）}$$

$$\omega_1=0.41-0.897\times2.676+0.363\times2.676^2-0.041\times2.676^3=-0.177$$

$$\eta_s=1-(-0.177)\times\sqrt{0.109}=1.058$$

$$k_{\tau}=1.058\times[5.34+4/(2007/750)^2]=6.241$$

$$\lambda_s=\frac{750/5}{37\sqrt{6.241}}=1.623$$

$$\varphi_{ps}=\frac{1}{(0.51+1.623^{3.2})^{1/2.6}}=0.530$$

$$\chi_{tap}=1-0.35\times2.676^{0.2}\times0.109^{2/3}=0.903$$

$$V_d=0.903\times0.530\times750\times5\times125=224.34\text{kN}<676.3\times5\times125=442.69\text{kN}$$

(2) 腹板有效截面计算

1) 计算腹板的 β

截面上虽有轴力，其引起应力非常小，略去不计。则以下按弯剪构件计算。

$$\begin{matrix}\sigma_1\\ \sigma_2\end{matrix}=\pm\frac{186.80\times10^6\times375}{415.83\times10^6}=\pm172.69\text{N/mm}^2$$

$$\beta=-1$$

2) 计算腹板的 h_e

$$k_{\sigma}=\frac{16}{\sqrt{[1+(-1)]^2+0.112\times[1-(-1)]^2}+1+(-1)}=23.9$$

$$h_w=\frac{750+676.3}{2}=713.2\text{mm}$$

$$\lambda_p=\frac{713.2/5}{28.1\times\sqrt{23.9}}=1.038$$

$$\rho=\frac{1}{(0.243+1.038^{1.25})^{0.9}}=0.794$$

$$h_c=\frac{750}{1-(-1)}=375\text{mm}$$

有效度度　$h_e=0.794\times375=298\text{mm}$

$$h_{e1}=0.4\times298=119\text{mm}$$

$$h_{e2}=0.6\times298=179\text{mm}$$

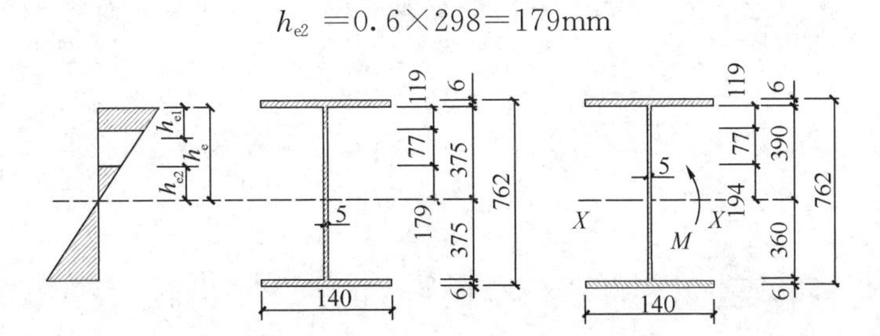

图 3-36A　左段梁大头端有效截面计算

3) 计算有效截面的截面特性

有效截面见图 3-36A，根据该图可算得有效截面参数

$$I_{xe}=3.96051\times10^{8}\ \text{mm}^4$$

$$W_{e1}=I_{xe}/(390+6)=1015516\text{mm}^3$$

(3) 强度验算

由于 $V=50.72\text{kN}<0.5V_d=112.17\text{kN}$，则工字形截面压弯构件在剪力 V、弯矩 M 和轴力共同作用下的截面强度满足

$$M=186.80\text{kN}\cdot\text{m}\leqslant M_e^N=1015516\times215=218.33\text{kN}\cdot\text{m}$$

故大头端截面强度是安全的。

3. 梁整体稳定计算

以侧向支承点之间的梁段为对象进行整体稳定计算。由图 3-31 知，屋盖平面布置有支撑，其水平投影的间距为 4m，设在负弯矩区，梁的下翼缘对应设置隅撑，这样，梁计算整体稳定时取支撑间距，梁段的斜长为 4014mm。

取图 3-36 所示左段梁自左端起的第一梁段为计算示例。该梁段左端为大端，右端为小端，由梁高直线变化得小端截面高 $h_0=590.6\text{mm}$，对应弯矩为 $44.73\text{kN}\cdot\text{m}$。

按《门式规范》规定计算其临界弯矩 M_{cr}，因过程冗长，这里直接给出计算结果，$M_{cr}=1.0792\times10^6\text{kN}\cdot\text{m}$。

参数计算：

$$\gamma=\frac{762-590.6}{590.6}=0.290 \qquad \text{（根据式 3-63d）}$$

$$k_\sigma=\frac{44.73}{186.80}\times\frac{1091.4}{759.4}=0.344\text{（其中 }W_{0x}=759.4\text{cm}^3\text{ 根据梁段小端截面算得）}$$

（根据式 3-63c）

$$\lambda_{b0}=\frac{0.55-0.25\times0.344}{(1+0.290)^{0.2}}=0.441 \qquad \text{（根据式 3-63a）}$$

$$\lambda_b=\sqrt{\frac{1091.4\times10^3\times235}{1.0792\times10^{12}}}=0.0154\text{（因截面属于 S4 级，这里取截面塑性发展系数为 1.0）}$$

（根据式 3-63b）

$$n=\frac{1.51}{0.0154^{0.1}}\times\sqrt[3]{\frac{140}{762}}=1.303 \qquad \text{（根据式 3-63e）}$$

$$\varphi_b=\frac{1}{(1-0.441^{2\times1.303}+0.0154^{2\times1.303})^{1/1.303}}=1.101>1\text{，取为 }1.0$$

（根据式 3-62）

则按式（3-61）

$$\frac{186.80\times10^6}{1\times1091.4\times10^3}=171.16\text{N/mm}^2<215\text{N/mm}^2$$

3.4.5　刚架正常使用极限状态的校核

刚架正常使用极限状态的校核有两个方面，一个方面是在风荷载标准作用下，刚架柱顶水平位移不应超过 1.6.2 中所列的框架结构的水平位移容许值；另一个方面是在竖向荷载标准值作用下，框架横梁的挠度不应超过 1.6.1 中所列的受弯构件挠度容许值。

3.5　刚架节点和柱脚设计

3.5.1　梁-梁连接

由于运输长度限制，也考虑到安装对起重机具和起重工况的限制，长度超过 12m 的刚架梁通常需要分段制作，在现场安装时再连成整体；否则将会加大运输和安装的成本。

理论上，在运输长度限制范围内梁段可以任意划分，但工程中总是考虑使梁的拼接节点避开如下位置：梁与中柱（含抗风柱）连接的位置、檩条或纵向连系梁安放的位置、构件内弯矩较大的位置。前两类位置设置梁段拼接节点，将带来构造的复杂化，也增加制作成本；后者则可使连接承受较小的弯矩，便于设计，也能获得较大的安全储备。

1. 梁-梁连接的节点形式

在梁段的端面设一块称之为端板的钢板。端板一般垂直于梁的上翼缘。相邻梁段的两个端板安装时用螺栓相互连接。工程上采用高强度螺栓。工程上称这种节点为端板式节点（图 3-37）。

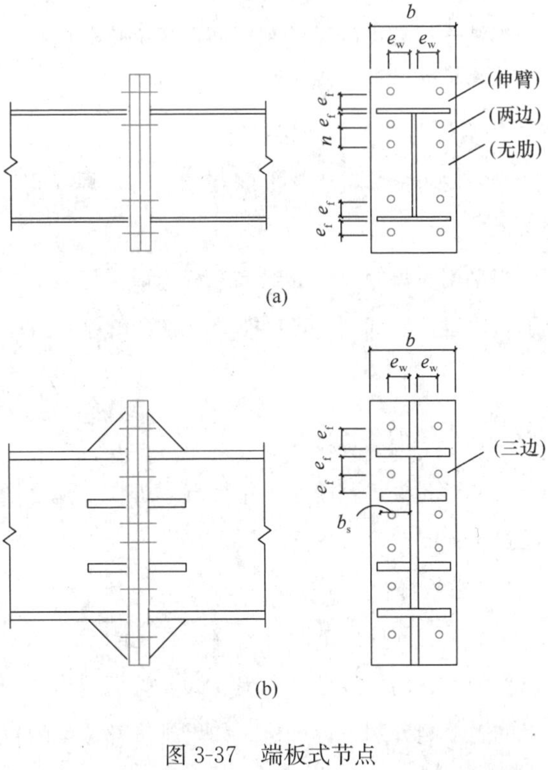

(a)

(b)

图 3-37　端板式节点

(a) 无加劲肋的端板；(b) 有加劲肋的端板

2. 端板连接的构造和计算

(1) 梁端与端板的连接焊缝

梁的腹板用角焊缝与端板连接；翼缘与端板连接，研究表明只要角焊缝的设计承载力能够满足与翼缘板的抗拉承载力设计值等强也是可以使用的。连接焊缝的承载力设计值应当满足梁端所需传递的最大弯矩和剪力。为减少对每一板件分别计算对应不同荷载的焊缝要求，工程习惯于按等强要求来设计焊缝。

如按等强要求，焊缝可按如下规定计算：

1）腹板与端板的连接角焊缝

腹板与端板的连接应采用双面角焊缝，下式即为满足等强要求的设计条件：

$$2 \times h_w \times (0.7h_f) f_f^w \geqslant h_w t_w f \tag{3-65}$$

式中 h_w、t_w——腹板高度和厚度；

h_f——角焊缝的焊脚尺寸；

f_f^w、f——角焊缝的强度设计值和腹板钢材的强度设计值。

由上式可以推得所要求的腹板角焊缝焊脚尺寸为

$$h_f \geqslant 0.71 t_w f / f_f^w \tag{3-66}$$

当被连接截面的设计利用屈曲后强度的时候，以上两式中腹板钢材的强度设计值可替换为与该板件的屈曲后强度等效的强度值。

2）翼缘与端板的连接焊缝

当采用对接焊缝连接翼缘与端板时，焊缝质量满足一级或二级要求都可作为等强焊接连接考虑。

当采用角焊缝时，翼缘和端板也应采用双面角焊缝，焊缝在翼缘边缘应绕焊。在这种情况下，可以仿照式（3-65）推导出翼缘角焊缝的焊脚尺寸见下式：

$$h_f \geqslant 0.71 t_f f / f_f^w \tag{3-67}$$

式中 t_f——翼缘厚度。

显然当翼缘板较厚时，角焊缝焊脚尺寸随之增大，采用双面角焊缝连接的翼缘板厚度不宜超过 12mm。

（2）端板螺栓

梁与梁之间应保证刚性连接，这是刚架分析中无论梁的拼接节点设在哪一位置，梁总是可以作为连续构件计算的前提。为此端板应当伸出梁受拉翼缘的外侧（图 3-37），并在受拉翼缘的上下侧分别布置螺栓。如果拼接部位梁的弯矩不发生变号，则在受压翼缘一侧端板可以不伸出翼缘。

端板间的连接一般采用高强度螺栓，连接形式可以是摩擦型的或承压型的，螺栓群的承载力设计值应大于梁端的弯矩和剪力设计值。有时会遇见内力很小的情况，按照《门架规范》要求，连接应至少能承受相当于构件截面承载力一半的内力作用。

1）采用高强度螺栓摩擦型连接时，应按下列公式计算：

$$\frac{N_v}{N_v^b}+\frac{N_t}{N_t^b}\leqslant 1 \tag{3-68}$$

式中　N_v——一个高强度螺栓所受到的剪力：

$$N_v = V/n \tag{3-69}$$

V——螺栓群承受的剪力设计值，但不应小于 $0.5h_w t_w f_v$；

n——螺栓个数；

N_v^b——一个高强度螺栓的受剪承载力设计值，按下式计算：

$$N_v^b = 0.9kn_f\mu P \tag{3-70}$$

k——孔型系数，标准孔取 1.0；大圆孔取 0.85；内力与槽孔长向垂直时取 0.7；内力与槽孔长向平行时取 0.6，各种孔型尺寸见表 3-4；

n_f——传力摩擦面数目，在端板连接中取 1；

μ——摩擦面的抗滑移系数，按表 3-5 采用；

P——一个高强度螺栓的预拉力，按表 3-6 采用；

N_t——一个高强度螺栓所承受的拉力，在端板连接中受拉最大螺栓的拉力可按下式计算：

$$N_t = \frac{My_1}{\sum y_i^2} \tag{3-71}$$

M——螺栓群承受的弯矩设计值，但不应小于 $0.5W_e f$；

W_e——梁端有效截面模量；

y_1——端板受拉侧最外缘螺栓中心到螺栓群中和轴的距离；

y_i——螺栓群中各个螺栓距螺栓群中和轴的距离；

N_t^b——一个高强度螺栓的受拉承载力设计值，按下式计算：

$$N_t^b = 0.8P \tag{3-72}$$

高强度螺栓连接的孔型尺寸匹配（mm）　　表 3-4

螺栓公称直径			M12	M16	M20	M22	M24	M27	M30
孔型	标准孔	直径	13.5	17.5	22	24	26	30	33
	大圆孔	直径	16	20	24	28	30	35	38
	槽孔	短向	13.5	17.5	22	24	26	30	33
		长向	22	30	37	40	45	50	55

摩擦面的抗滑移系数 μ 表 3-5

在连接处构件接触面的处理方法	构件的钢号	
	Q235	Q345
喷硬质石英砂或铸钢棱角砂	0.45	0.45
喷砂（丸）	0.40	0.40
钢丝刷清除浮锈或未经处理的干净轧制表面	0.30	0.35

一个高强度螺栓的预拉力 P（kN） 表 3-6

螺栓的性能等级	螺栓公称直径（mm）					
	M16	M20	M22	M24	M27	M30
8.8 级	80	125	150	175	230	280
10.9 级	100	155	190	225	290	355

2）采用高强度螺栓承压型连接时，应符合下列公式的要求：

$$\sqrt{\left(\frac{N_v}{N_v^b}\right)^2+\left(\frac{N_t}{N_t^b}\right)^2}\leqslant 1 \tag{3-73a}$$

$$N_v\leqslant N_c^b/1.2 \tag{3-73b}$$

式中 N_v、N_t——螺栓承受的剪力和拉力，分别按式（3-69）、式（3-71）计算；

N_v^b——一个高强度螺栓的受剪承载力设计值，按下式计算：

$$N_v^b=n_v\frac{\pi d^2}{4}f_v^b \tag{3-74}$$

n_v——受剪面数，在端板连接中取 1；

d——螺栓杆直径；

f_v^b——螺栓的抗剪强度设计值；

N_t^b——一个高强度螺栓的受拉承载力设计值，按下式计算：

$$N_t^b=\frac{\pi d_e^2}{4}f_t^b \tag{3-75}$$

d_e——螺栓在螺纹处的有效直径；

f_t^b——螺栓的抗拉强度设计值；

N_c^b——一个高强度螺栓的承压承载力设计值，按下式计算：

$$N_c^t=dtf_c^b \tag{3-76}$$

t——端板厚度，当连接接头两侧端板厚度不等时，应取较薄厚度；

f_c^b——螺栓的承压强度设计值。

在可能的条件下，螺栓宜尽量布置在靠近翼缘板或腹板的地方，这样可以使构件的传力路线少绕路，有利于端板的受力。

(3) 端板尺寸

端板横向尺寸应大于梁的翼缘宽度15～20mm，以给梁翼缘的焊接留有位置。端板高度方向的尺寸与翼缘外侧的螺栓排列有关，假如端板伸出翼缘，则外伸长度一般可为螺栓孔径的4倍左右，保证最外排螺栓中心到板边缘距离不小于2倍螺栓孔径。如果在始终受压的翼缘外侧不配置螺栓，则端板只要突出翼缘外侧20mm左右就可以了。

端板厚度的确定与螺栓受拉后产生的端板应力有关。端板受力过程中，梁翼缘和腹板构成其一定的支承边界，在螺栓拉力作用下平板区格达到极限状态，板上形成了塑性铰线，采用极限平衡方法可推导出为了防止端板塑性破坏所需的厚度。可以把端板区格分成不同类型，计算其所需的最小厚度，参见以下各式和图3-37，按其中最小值取对应的钢板规格作为端板的设计厚度。但端板的最小厚度不应小于16mm和0.8倍的高强度螺栓直径，以保证必要的刚度。

伸臂区格（端板外伸时且无加劲肋的外伸部分）：$t \geqslant \sqrt{\dfrac{6e_f N_t}{bf}}$　(3-77a)

两相邻边支承区格（端板外伸时）：$t \geqslant \sqrt{\dfrac{6e_f e_w N_t}{[e_w b + 2e_f(e_f + e_w)]f}}$　(3-77b)

两相邻边支承区格（端板平齐时）：$t \geqslant \sqrt{\dfrac{12e_f e_w N_t}{[e_w b + 4e_f(e_f + e_w)]f}}$　(3-77c)

三边支承区格：$t \geqslant \sqrt{\dfrac{6e_f e_w N_t}{[e_w(b + 2b_s) + 4e_f^2]f}}$　(3-77d)

无加劲类的区格：$t \geqslant \sqrt{\dfrac{3e_w N_t}{(0.5a + e_w)f}}$　(3-77e)

式中　N_t——一个高强度螺栓的受拉承载力设计值；

e_w、e_f——螺栓中心至腹板和翼缘板表面的距离（参见图3-37）；

b、b_s——端板和加劲板的宽度（参见图3-37）；

a——螺栓中心间距离；

f——端板钢材的抗拉强度设计值。

计算表明，悬臂区格往往决定了端板的板厚，所以采用外伸板中间加劲的方式有助于减少端板厚度。

(4) 梁腹板厚度

当端板连接采用图3-37(a)所示无加劲肋的构造形式时，尚应按式（3-78）验算梁腹板在中部高强度螺栓的拉力作用下的抗拉强度：

当$N_{t2} \leqslant 0.4P$时　$\dfrac{0.4P}{e_w t_w} \leqslant f$　(3-78a)

当$N_{t2} > 0.4P$时　$\dfrac{N_{t2}}{e_w t_w} \leqslant f$　(3-78b)

式中　N_{t2}——翼缘内第二排一个螺栓的轴向拉力设计值；

　　P——1个高强度螺栓的预拉力；

　　f——梁腹板钢材的抗拉强度设计值。

当不满足式（3-78）的要求时，可设置腹板的加劲肋或局部加厚腹板。

3.5.2 梁柱连接

1. 刚接节点

门式刚架边柱和刚架梁一般处理成刚接节点，承受吊车荷载时或要求横向框架有较大抗侧刚度时，中柱柱顶与刚架梁也处理成刚接。刚接节点能够传递弯矩并保证在工作状态下梁柱之间的相对转角等于或接近于零。

边柱和刚架梁的连接节点有三种基本形式：即梁的端板竖放、横放或斜放（图 3-38a、b、c）。可以看出这类节点都属于端板式节点，且都用高强度螺栓连接。对比竖放的端板连接和横放的端板连接：前者梁上的竖向力全部需由连接处的螺栓抗剪来传递，而后者则转化为对柱顶的压力，而当屋盖的风吸力大于屋盖自重时也会使柱顶受拉，但两者都减轻了对螺栓抗剪承载力的需求；此外，端板横放也便于工地安装。所以端板横放是用得较为普遍的一种连接方式。

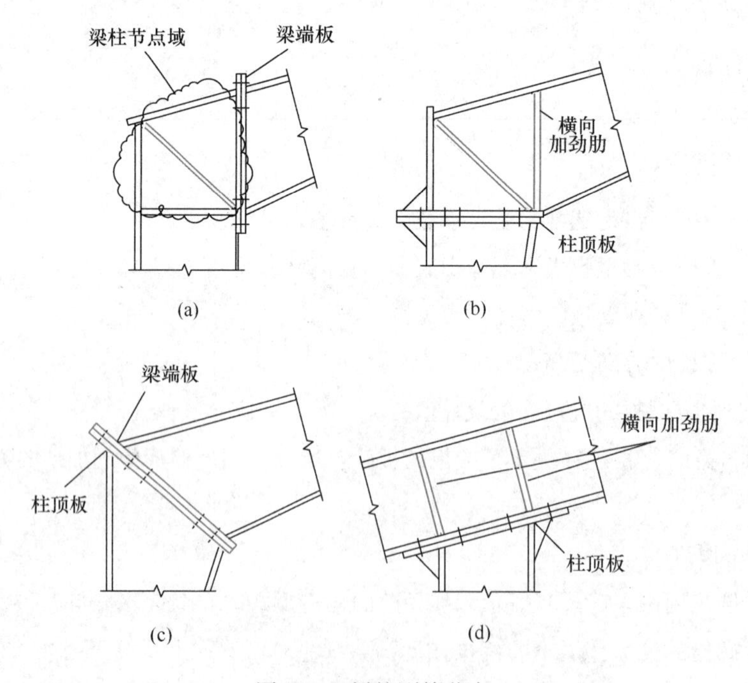

图 3-38　梁柱刚接节点

（a）端板竖放；（b）端板横放；（c）端板斜放；（d）中柱节点

梁柱端板连接的计算要点与梁-梁节点基本相同，此处不赘述。

当端板竖放时，在与梁翼缘对应的位置，柱子上要分别设顶板与横向加劲肋，以防梁翼缘产生的集中力将柱子翼缘压曲或拉伸变形；同理，当端板横放时，在与柱子翼缘对应的位置，梁要设端部封板（类似柱子的顶板）以及横向加劲肋。顶板和加劲肋之间围成的区域成为“节点域”，这个区域要承受因为节点域边缘的弯矩引起的剪应力。节点域的抗剪强度按以下公式计算：

$$\tau=\frac{M}{h_{\mathrm{b}}h_{\mathrm{c}}t_{\mathrm{w}}}\leqslant f_{\mathrm{v}} \tag{3-79}$$

式中　M——节点承受的弯矩；

h_{b}、h_{c}、t_{w}——分别为节点处梁、柱腹板的高度和节点域钢板的厚度。

为了防止节点域在剪力作用下的局部失稳，可以在节点域内设置斜加劲肋（图3-38a、b）。

图3-38(d) 是中柱刚接的情况。中柱设一顶板，与梁的下翼缘连接；对应柱翼缘的位置，梁腹板设两道加劲肋。连接和节点域的计算方法与边柱一刚架梁节点相同，但在应用式（3-79)时M取柱端弯矩。

2. 铰接节点

中柱和梁可以铰接连接，构造如图3-39所示。如果柱脚也是铰接的，则该节点对柱只传递轴力；若柱脚刚接，则该节点也传递剪力。柱顶一般配置2或4个高强度螺栓，布置在柱子腹板高度范围内。作为铰接连接，不应把螺栓布置到柱子翼缘外侧。梁腹板上的加劲肋仍然是必需的，因为这种节点毕竟能抵抗一定弯矩，但加劲肋不必沿梁腹板全高布置，而只需布置在靠柱子的一侧（图3-39）。

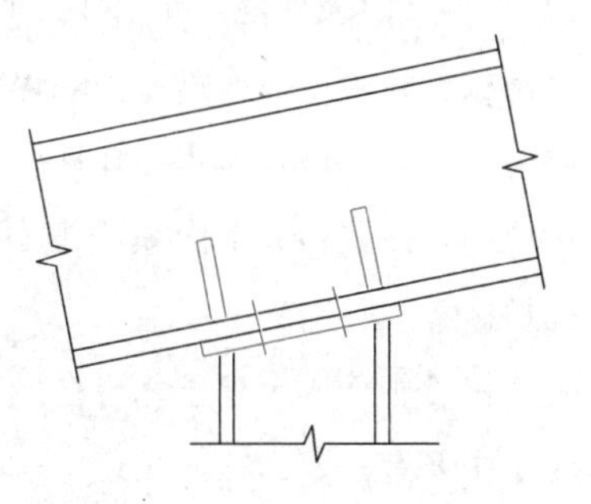

图3-39　梁与中柱的铰接连接

3.5.3 柱脚

柱脚是连接柱子与基础的节点。刚架柱柱脚在横向框架平面内可以设计成铰接或刚接。刚接柱脚的设计将在第4章内详细叙述，这里说明铰接柱脚的设计。

1. 铰接柱脚构造

H形钢柱的底面焊接一平钢板，称为底板。底板搁置在混凝土基础顶面；混凝土基础内预先埋置钢锚栓，通过锚栓将柱脚底板连接在混凝土基础上(图3-40)。

底板的作用主要是把柱子的压力扩散到混凝土基础顶面，因为钢材强度高，即使柱子轴压应力只有钢材强度设计值的1/10，对Q235钢材而言仅为21MPa，也超过了一般基础所用C30混凝土的轴心抗压强度设计值。

柱底剪力首先靠底板和混凝土基础之间的摩擦力来抵抗。当这一摩擦力不足以抵抗柱底

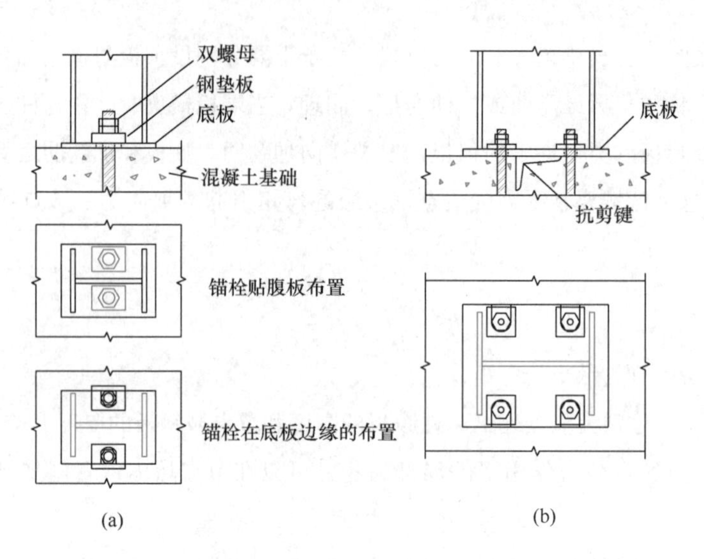

图 3-40　铰接柱的构造

(a) 双锚栓柱脚；(b) 四锚栓柱脚

剪力时，《门架规范》要求在柱底设置抗剪键，而不利用锚栓自身的抗剪强度。抗剪键可以是钢板、角钢或者槽钢，一端焊接在柱子底板，利用自身与基础混凝土的接触承压来平衡柱底剪力。剪力键预先焊接在柱底板下，基础混凝土顶面需预留槽位以插入剪力键，柱子安装定位后，需要将此槽内填满细石混凝土。为了实现这一工艺，需要预留细石混凝土浇筑的孔道。

锚栓用于固定柱子。当在风荷载作用下柱子受拉时，锚栓用于传递拉力。因此锚栓在混凝土中要有一定的锚固长度，这可以根据钢筋在混凝土中必要的锚固长度来确定此长度，也可以由相关设计手册查取该数据。但锚栓的最小锚固长度应符合表 3-7 的规定，且不小于 200mm；表中 d 为锚栓直径。锚栓底部要设置弯钩，或者焊接一块钢板以增强锚固作用。锚栓如有受拉工况存在，应用两个螺母将其固定。

锚栓的最小锚固长度　　表 3-7

锚栓钢材	混凝土强度等级					
	C25	C30	C35	C40	C45	≥C50
Q235	$20d$	$18d$	$16d$	$15d$	$14d$	$14d$
Q345	$25d$	$23d$	$21d$	$19d$	$18d$	$17d$

锚栓可以布置一对，也可以布置两对。柱底截面高度大于 400mm 时宜布置两对。锚栓布置在靠近腹板处，对纵向框架平面的转动约束也比较小，但因为土建施工的精度比较低，误差若干厘米的情况时有发生，底板上的锚栓孔洞需要开设得比锚栓直径大 2～3cm。工程上也常将锚栓孔设在底板边缘处。锚栓孔开得较大时螺母下面一定要设置垫板。垫板是厚度 10mm 以上的钢板，上面钻一直径大于锚栓直径 2mm 的圆孔。锚栓安装后，垫板应用电焊

与底板焊住。

2. 铰接柱脚计算

(1) 底板面积

底板面积可先就柱底轮廓线给出初值，其宽度可取 $B=b+(30\sim40)\text{mm}$，长度取 $H=h+(30\sim40)\text{mm}$，b、h 是柱底翼缘宽度和截面高度。根据初选的锚栓直径（见后文）可定下锚栓孔的面积 A_0，然后按下式校核底板面积是否满足混凝土基础顶面的承压要求：

$$\sigma_c=\frac{N}{BH-A_0}\leqslant f_c \tag{3-80}$$

式中 σ_c——基础顶面混凝土平均受压应力；

N——柱底最大轴心压力设计值；

f_c——基础混凝土轴心抗压强度设计值，对 C20、C25、C30 混凝土分别取 9.6、11.9、14.3MPa。

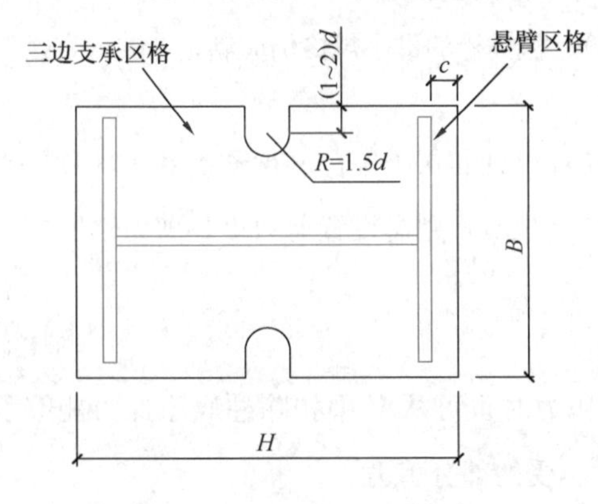

图 3-41　柱脚底板的区格划分

当不满足式 (3-80) 要求时，应放大底板，但根据工程经验，按以上方法初设的底板面积一般是能够满足要求的。

(2) 底板厚度

基础顶面混凝土平均受压应力反作用于底板，使底板受到面外弯矩的作用。底板可划分为悬臂板（柱子翼缘尺寸外部的部分）和三边支承板（柱子翼缘和腹板所围部分）区格（图 3-41）。各区格底板的弯矩效应为：

对悬臂板区格：

$$M=0.5\sigma_c c^2(\text{N}\cdot\text{m/m}) \tag{3-81a}$$

对三边支承板区格：

$$M=\alpha\sigma_c a_1^2(\text{N}\cdot\text{m/m}) \tag{3-81b}$$

式中 c——悬臂板的悬臂长度；

a_1——三边支承板区格中自由边的长度，一般为腹板高度，或两相邻边支承板中对角线的长度；

α——均布荷载作用下三边支承板的弯矩系数，按表 3-8 查取，表中 b_1 为垂直于自由边的支承边长度，一般为翼缘板的半宽。在两相邻支承板中，为两支承边的相交点到对角线的垂直距离，见图 4-29(a)。表 3-8 中没有列出 $b_1/a_1<0.3$ 的数据，可偏安全地取为 0.025。

三边支承板及两相邻边支承板在均布荷载作用下的弯矩系数　　表 3-8

b_1/a_1	0.3	0.4	0.5	0.6	0.7	0.8	0.9	1.0	1.2	1.4	2.0
α	0.0273	0.0439	0.0602	0.0747	0.0871	0.0972	0.1053	0.1117	0.1205	0.1258	0.1316

根据板上弯矩，可以求得所需的板厚：

$$t \geqslant \sqrt{6M/f} \tag{3-82}$$

式中 f 为底板钢材的抗拉强度设计值。根据计算选取相应标准规格的钢板，但是底板的厚度不宜小于 16mm。

（3）锚栓直径

如刚架柱在所有工作条件下都始终受压，则按《门架规范》规定，选用的锚栓直径不应小于 24mm。其原因之一是实际铰接柱脚具有一定嵌固作用，也即按照铰接计算的柱脚实际上有一定程度的弯矩存在，不能完全排除锚栓受拉的可能。

如果刚架柱轴力设计值出现受拉，则应满足计算所需的锚栓直径。锚栓抗拉计算方法与普通螺栓相同，特别注意应按螺纹处有效面积进行计算，但锚栓的最小规格仍应满足 24mm 直径。

（4）剪力键承剪面积

柱底剪力首先考虑由摩擦力传递。摩擦力可按柱底轴心压力乘以摩擦系数 0.4 计算。当出现此摩擦力不足以抵抗柱底剪力，特别是当柱子受拉时，则需设置剪力键。剪力键所需的承剪面积可按下式确定：

$$A_v \geqslant V/f_c \tag{3-83}$$

式中 V 为柱底剪力设计值，但当柱子受有一定轴压力时也可从 V 中扣除柱底摩擦力能够承受的部分剪力。

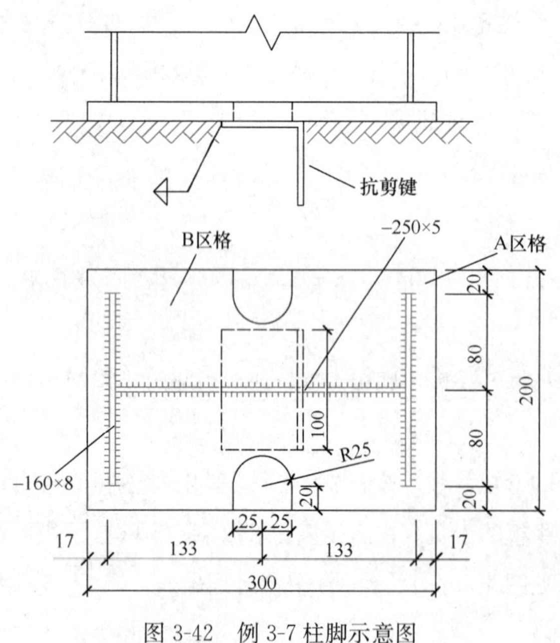

图 3-42　例 3-7 柱脚示意图

3. 纵向排架平面内柱脚节点的性质

如果锚栓贴近腹板翼缘布置，则在纵向排架平面内柱脚连接更接近铰接性质；但是为便于施工，锚栓也常布置在靠底板边缘的地方，只要对底板没有特别加强，底板面外变形还是较容易发生，仍可将纵向排架平面内的柱脚性质视为铰接。

【例 3-7】铰接柱脚的设计

设计［例 3-4］中，变截面刚架的柱脚，柱脚形式如图 3-42，锚栓采用 B 级螺栓，$f_t^b = 140\text{N/mm}^2$，混凝土基础使用C25，$f_c=11.9\text{N/mm}^2$，底板设置抗剪键。底板钢材采用Q235，$f=215\text{N/mm}^2$，$f_v=125\text{N/mm}^2$。

1. 底板面积

根据柱底外包轮廓线给出底板尺寸初选值

$B=b+30=160+30=190\text{mm}$，取200mm

$H=266+30=296\text{mm}$，取300mm

初选螺栓孔直径24mm，底板上的锚栓孔洞直径为50mm，$A_0=1982\text{mm}^2$

基础混凝土采用C25混凝土，$f_c=11.9\text{N/mm}^2$

$$\sigma_c=\frac{N}{BH-2A_0}=\frac{57.36\times10^3}{200\times300-2\times1982}=1.02\ \text{N/mm}^2<f_c=11.9\ \text{N/mm}^2$$

2. 底板厚度

A区格，c（悬臂板的悬臂长度）为17mm

$$M=0.5\sigma_c c^2=0.5\times1.02\times17^2=147\text{N}\cdot\text{mm/mm}$$

B区格，$b_1=98\text{mm}$，$a_1=250\text{mm}$，则$\dfrac{b_1}{a_1}=0.39$

查表3-8，$\alpha=0.0426$

$$M=\alpha\sigma_c a_1^2=0.0426\times1.02\times250^2=2715.8\text{N}\cdot\text{mm/mm}$$

取较大区格弯矩计算板厚t

B区格：$$t\geqslant\sqrt{\frac{6M}{f}}=\sqrt{\frac{6\times2715.8}{215}}=8.7\text{mm}$$

取底板厚度 $t=16\text{mm}$。

3. 锚栓直径

在组合2、组合3($1.2D+1.4W$,$1.0D+1.4W$)下，刚架柱受拉，即需要计算所需锚栓直径。组合3下有拉力最大值$N_{max}=37.96\text{kN}$。

$$d_0\geqslant\sqrt{\frac{N_{max}}{2\times\frac{1}{4}\times\pi\times f_t^b}}=\sqrt{\frac{37.96\times10^3}{2\times\frac{1}{4}\times\pi\times140}}=13.14\text{mm}$$

取 $d_0=24\text{mm}(d_e=21.2\text{mm})$

4. 剪力键所需的承剪面积

组合3($1.0D+1.4W$)时，柱底剪力$V=25.48\text{kN}$，此时左柱受拉。

在底板下设置一抗剪键块，其面积

$A\geqslant V/f_c=\dfrac{25.48\times10^3}{11.9}=2141\text{mm}^2$，取长度为100mm的L70×5角钢，其面积

$A=100\times70=7000\text{mm}^2>2141\text{mm}^2$。

3.6 柱间支撑设计

3.6.1 柱间支撑的布置与功能

3.2中述及屋面支撑时，已说明柱间支撑与屋面支撑一般在同一开间布置，以形成结构的整体性。在厂房两端（有温度缝时则为温度区间的两端）开间或端头第二个开间，一般应设置柱间支撑。《门架规范》要求无吊车的厂房每隔30～45m设置一道支撑，有吊车的厂房每隔60m应有一道支撑。有吊车的厂房一般需设刚性支撑，所以支撑的间距要求看上去反而宽松些。

轻型厂房门式刚架的柱间支撑大多采用交叉布置形式，也称十字形支撑。设置桥式吊车的厂房中，一般以吊车梁为界，设上下两道支撑，参见图3-30。有些厂房有连续布置的设备，交叉支撑会影响生产工艺，在这种情况可以采用其他形式的支撑，如人字形支撑、门形支撑等，参见第4章。

柱间支撑的作用，首先是形成纵向排架平面内的几何不变体，因为纵向排架平面是H形钢柱的弱轴方向，柱子两端通常都作为铰接处理。柱间支撑的再一个重要作用是抵抗纵向排架平面内的水平力，包括风荷载和吊车纵向水平制动力，原因也是因为柱子沿这一方向的抗侧力很小。柱间支撑还可为柱子提供侧向支撑点，当设上下双道支撑时，柱子中间有一个侧向支承点，整体稳定性将显著提高。厂房结构安装时，一般要先安装支撑开间，使得搭建起来的部分结构立刻成为几何不变体，这是支撑的又一重要功能。否则，就要采取其他措施保证安装中的稳定性。

3.6.2 柱间支撑的截面、构造和计算

支撑斜杆以能否有效抵抗轴压力而分为柔性支撑和刚性支撑。读者在屋面结构中已经了解到张紧的圆钢可以作为柔性支撑，这类支撑同样用于柱间支撑，其构造、计算要点与屋面柔性支撑都相仿，此处不重复说明。

设置桥式吊车的厂房要求设置刚性支撑。这是因为柔性支撑虽然可以通过抵抗拉力而平衡水平荷载，但其刚度较小，当桥式吊车运行和制动时，仅设置柔性支撑的厂房往往发生可以感知的晃动，造成不适的心理感觉。刚性支撑位于端开间（或第二开间）以外的其余位置，且一般下道支撑为刚性支撑，上道支撑仍可为柔性支撑。

刚性支撑可以采用角钢、槽钢、工字形钢等热轧型钢或钢管。支撑构件两端铰接于柱子，通常采用节点板连接。图3-43是刚性支撑的部分实例。

图 3-43(a) 为两根交叉的单角钢，中间相交位置设一连接板，角钢边缘焊在连接板上。支撑平面内的计算长度可取为节点中心到交叉点间的距离。支撑平面外的计算长度 l_0，对拉杆取 $l_0=l$；对压杆可采用以下规定：

当相交另一杆受压时

$$l_0=l\sqrt{\frac{1}{2}\left(1+\frac{N_0}{N}\right)} \tag{3-84a}$$

当相交另一杆受拉时

$$l_0=l\sqrt{1-\frac{3N_0}{4N}}\geqslant 0.5l \tag{3-84b}$$

式中　l——支撑几何长度，取支撑与框架相连的两端节点间的距离；

N、N_0——所计算支撑的轴力和相交另一杆的轴力，均取绝对值。

式 (3-84) 适用于两角钢截面相等的情况，这是门式刚架设计时的一般情况。角钢端部通过节点板连接在柱子腹板上，必要时应在节点板上方或柱子腹板的另侧设一水平加劲肋，以防止柱子腹板受到较大的面外力而导致破坏。

两个交叉的槽钢支撑构造与上相仿，背对背地互相交叉（图 3-43b)，这种情况下支撑构件计算长度的确定与上述角钢计算长度的算法完全相同。

槽钢支撑也可采用图 3-43(c) 的方式，即两个槽钢的轴线过同一平面，交汇处有一支撑断开，焊接在连接板上。支撑平面内的计算长度仍取为节点中心到交叉点间的距离，对应弱轴方向的较小的回转半径值。受压杆支撑平面外的计算长度 l_0 可采用以下规定：

当相交另一杆受压，此另一杆在交叉点处断开靠节点板连续时

$$l_0=l\sqrt{1+\frac{\pi^2 N_0}{12N}} \tag{3-84c}$$

当相交另一杆受拉，且该拉杆在交叉点断开靠节点板连续时

$$l_0=l\sqrt{1-\frac{3N_0}{4N}}\geqslant 0.5l \tag{3-84d}$$

当断开的杆为压杆，连续杆为拉杆时，若 $N_0\geqslant N$ 或拉杆在平面外的抗

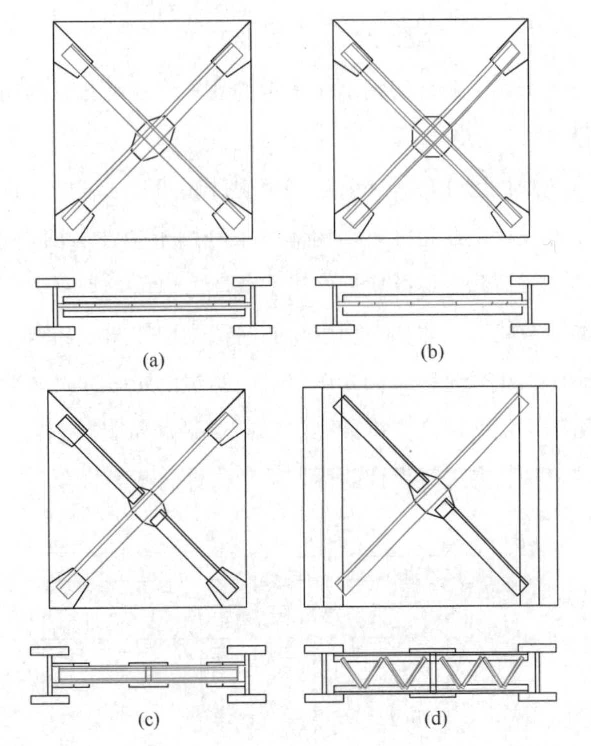

图 3-43　刚性支撑的构造

弯刚度 $EI_y \geqslant \frac{3N_0 l^2}{4\pi^2}\left(\frac{N}{N_0}-1\right)$ 时，取 $l_0 = 0.5l$。

图 3-43(d) 是采用一对角钢的支撑方案。每一斜向都有两根角钢，中间连以斜缀条，缀条可以采用圆钢、扁钢或小规格角钢。这样在支撑平面外，角钢就是一格构式构件，具有较大的截面回转半径。在与另一斜向角钢交叉处，一般断开其中任一斜向的角钢，将其焊在连接板上。当柱子翼缘宽度较大时，角钢可以直接焊接在翼缘上；也可在柱子翼缘上焊出一块节点板，而将角钢用螺栓或焊缝连接其上。

刚性支撑与地面的交角宜控制在 30°～60°。过陡的支撑其抗侧效率将大大降低。

采用型钢的刚性支撑一般不存在局部失稳的问题，所以支撑计算内容包括净截面强度、整体稳定、满足刚度要求，以及支撑连接节点部位的焊缝、螺栓、节点板的强度和稳定性。受压支撑的长细比不宜大于 220，受拉支撑长细比不宜大于 400，有吊车梁时不宜大于 300，但对张紧的圆钢支撑不作长细比的限制。

3.7 等截面实腹式门式刚架塑性分析

3.7.1 塑性分析的概念

减轻工业厂房钢结构重量的另一途径是充分利用钢材的塑性性质，对门式刚架进行塑性设计。

塑性设计具有和前述利用构件屈曲后强度的变截面构件门式刚架完全不同的设计原则。塑性设计是在超静定结构体系中利用了塑性后内力重分布的机理，使该结构体系在形成机构、对荷载的继续增加丧失承载能力以前，具有远高于仅利用构件某一截面极限承载强度时的承载能力。假如一理想化的门式刚架如图 3-44所示，设柱子刚度和截面承载力都远远高于梁，则在竖向均布荷载作用下，梁端由屈服进入塑性，最后梁中点也形成塑性铰，结构变成机构。根据理论分析最终状态相对梁端屈服状态，结构可以多承担 50％的竖向荷载，也即按机构状态进行设计的话，结构构件的截面将会大大减小。

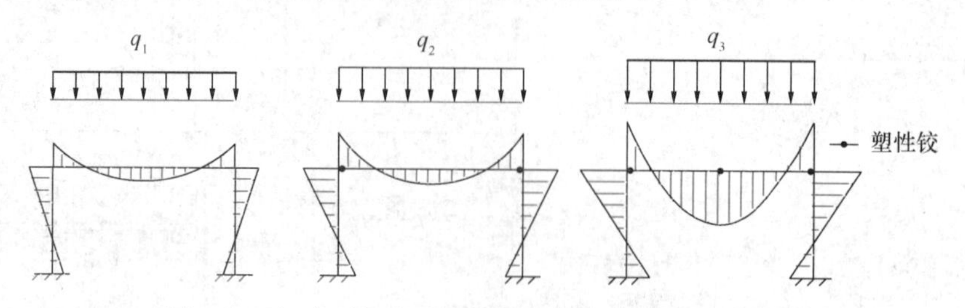

图 3-44 门式刚架在均布荷载作用下的塑性发展过程

超静定结构中为实现内力重分布，必须使先期达到塑性铰的截面及其相邻一段范围内的截面能够在内力重分布的过程中，保持其极限承载力或在真实情况下该截面承载力继续略有增长。为此，在结构体系变成机构之前，杆件不能发生整体失稳，组成杆件的板件不能发生局部失稳。这样，凡是期待其上发展塑性铰的钢梁或钢柱，其板件宽厚比必须相对较小，构件在平面外也要有足够的支撑，防止构件屈服前后发生失稳。

为了保证塑性设计意图能够实现，我国《钢结构设计标准》对进行塑性设计的结构构件的长细比和宽厚比规定了严格的上限值。如受压构件的长细比不宜大于 $130\sqrt{235/f_y}$，构件出现塑性铰的截面到相邻支承点之间的平面外长细比上限，随弯矩的大小和方向而有严格的规定；工字形截面外伸翼缘宽厚比不超过 $9\sqrt{235/f_y}$，箱形截面两腹板间的翼缘宽厚比不超过 $30\sqrt{235/f_y}$，无纵向加劲肋时腹板的高宽比限值与应力分布状态有关，当腹板两边缘应力相当时，该限值接近于 $33\sqrt{235/f_y}$。可以看出这些要求比《门架规范》的相应规定要严格得多。

3.7.2 门式刚架塑性分析方法简介

若刚架在荷载作用下，由于杆件端部、集中荷载作用处、连接部位或其他可能的位置形成足够数量的“塑性铰”而变为机构，并将这一状态作为结构的承载能力极限状态进行设计，就是刚架的塑性设计。

判断刚架是否进入、是否恰好位于这种极限状态，需要用三个条件来衡量，即机构条件、屈服条件和平衡条件。所谓机构条件，即当刚架因各部位生成足够数量的可保持任意转动状态的塑性铰，从而已不复维持静定状态的条件。所谓屈服条件，即在构成刚架的各个杆件截面上的轴力和弯矩两者的组合，达到或低于该截面在这两者联合作用下的塑性状态；从理论上说，在假定理想弹塑性材料本构关系的前提下，这种塑性状态被“超过”是不可能的。所谓平衡条件，即结构整体或任一局部隔离体，都满足内外力的合力（包括力和力矩）为零的条件。

分析结构的极限荷载时，若能同时满足机构条件、屈服条件和平衡条件，则可以得到唯一的解，也是结构的真实极限荷载。若仅同时满足机构条件和平衡条件，则得到极限荷载的上限解，在这种情况下的解题方法称为机构法或机动法；若仅同时满足屈服条件和平衡条件，则得到极限荷载的下限解，这对应的解题方法称为静力法。

对于刚架这样超静定次数可能较多的结构，极限分析的基本方法是机构法。各种结构力学教程都介绍了机构法的基本原理和方法。

把极限分析方法应用到实际结构中，需要注意如下问题：

首先是分析路径问题。刚架设计的极限分析有两个主要路径。第一，从已知结构出发，求一定荷载分布条件下的极限荷载；第二，从已知荷载出发，求满足极限状态条件的杆件截面。虽然结构设计的程序与第二条路径相近，但实际结构设计时，则往往是先由经验假定了结构构件，而后再进行分析。结构真正达到所谓极限状态，需要同时满足机构条件、屈服条件（所有为形成机构所必需的塑性铰截面都达到极限弯矩，而其余截面均未达到这一极限弯矩）和平衡条件。设定的杆件截面在给定的荷载条件下，并不能完全满足这些条件，所以，极限分析过程是不断调整杆件截面的过程。显而易见，在各种荷载组合情况下进行反复分析，最后得以形成在一种或若干种起控制作用的荷载组合工况下可以实现“极限状态”的刚架结构绝非易事，这使得除少数非常有限的简单情况以外，多数情况下的“极限设计”降格为按塑性设计的条件来验算一下结构是否有到达“极限状态”可能而已。

其次是荷载组合问题。单层刚架结构受到多种荷载的组合作用，在结构弹性设计中，可以将各种单一荷载作用计算后，按不同的组合情况予以叠加，极限分析则不能这样做。对于每一种组合值，按机构法，都需找出各种可能的机构状态，计算出对应的极限荷载。假如有一个单层多跨厂房刚架，各跨都作用有吊车荷载，则其极限状态的确定将不胜其烦。

再次是极限弯矩的确定问题。当有轴力作用时，杆件截面的极限弯矩需要考虑轴力的影响。因此，在柱子杆件中的极限弯矩，不是由塑性弯矩决定，而是考虑轴力影响后加以确定。

近年来，变截面门式刚架的设计、制作和建造成为国内的普遍模式，本书对塑性设计方法的介绍也就止于概念介绍。

思考题

3.1 根据3.1.2节对“跨度”的定义，图3-2（d）所示山墙面设置抗风柱后如何规定山墙面框架的跨数？（单跨框架还是4跨框架以及确定框架跨数的理由）

3.2 怎样的支撑系统才能使结构框架成为稳定的空间体系？

3.3 檩条中设置的拉条可以看作檩条侧向受弯时的支座，这样对拉条的设计有什么要求？

3.4 如果采用连续檩条，进行强度计算时应该注意哪些问题？

3.5 查阅《冷弯薄壁型钢结构技术规范》有关规定，整理规范对非加劲板件有效截面宽度的确定方法。

习题

3.1　若［例 3-1］中檩条的跨度变为 7.5m，檩条选用 Q345 卷边 C 形冷弯薄壁型钢 C250×75×20×2，其他荷载条件和结构条件不变（但拉条设为两道）。计算檩条的强度、整体稳定和挠度。

3.2　对上述檩条，设计其端部连接。作出构造草图，并进行强度计算。

3.3　厂房柱距为 7.5m，墙梁间距为 2.5m，两侧墙板均为自承重压型钢板。墙面承受的风荷载基本风压为 0.55kN/m^2，风荷载高度变化系数为 1.0，风载体型系数为 +1.0 和 −1.1。设以卷边 Z 形冷弯薄壁型钢作为墙梁。选择型钢截面和钢材牌号，进行强度和变形计算。

3.4　设计条件同 3.3 题，墙梁截面改选卷边槽形（C 形）冷弯薄壁型钢。选择型钢截面和钢材牌号，进行强度和变形计算。

如已完成 3.3 的设计，就两种情况作一对比。

3.5　采用［例 3-4］变截面刚架的内力，但该例中柱子截面小头尺寸改为 316mm×160mm×8mm×5mm，大头尺寸改为 816mm×160mm×8mm×5mm，梁的截面保持不变。计算柱子的强度和平面内稳定性。设柱子计算长度系数取 4.8。

第4章

重型单层工业厂房钢结构设计

4.1 结构选型和结构布置

4.1.1 概述

1990年以前，我国国内绝大多数单层工业厂房钢结构都采用大型预制钢筋混凝土屋面板，墙体材料也基本上是混凝土板，围护结构本身很重，承重结构构件非常粗大。之后，随着前章所述轻型单层工业厂房钢结构体系的迅速发展，许多厂房建筑都采用了变截面H形焊接构件组成的门式刚架。尽管厂房的围护材料有了根本性的改变，但是内部配置重型设备、管线以及车间具有很大高度的工业厂房，仍然必须采用板件较厚的钢构件作为梁（桁架）或柱。相对前章所述的轻型厂房，这类结构可以称之为重型厂房。在重型厂房中，习惯上把配置20～100t级起重吊车的车间叫做中型车间，把配置了100t以上到350t级起重吊车的车间叫做重型车间，现在也有单台起重量达到700t的吊车，即所谓特重型车间。重型厂房也有多层的，本章讨论重型单层工业厂房。这类厂房可以是由横向框架和纵向框架等平面结构形式构成的体系，也可以采用网架等空间结构形式。本章只讨论前者。

4.1.2 结构体系及负荷功能

重型厂房钢结构一般由檩条、天窗架、屋架（也可采用实腹式框架梁）、托架、柱、吊车梁、制动梁或制动桁架、各种支撑及墙架构件等组成（图4-1）。结构整体可以看作由子结构构成。重型厂房中重要的子结构体系分述如下：

（1）横向框架

横向框架由位于同轴线上沿厂房跨度方向布置的柱子和屋架（桁架）或横梁组成，承受作用在厂房上的横向水平荷载和竖向荷载，并将这些荷载传到基础。

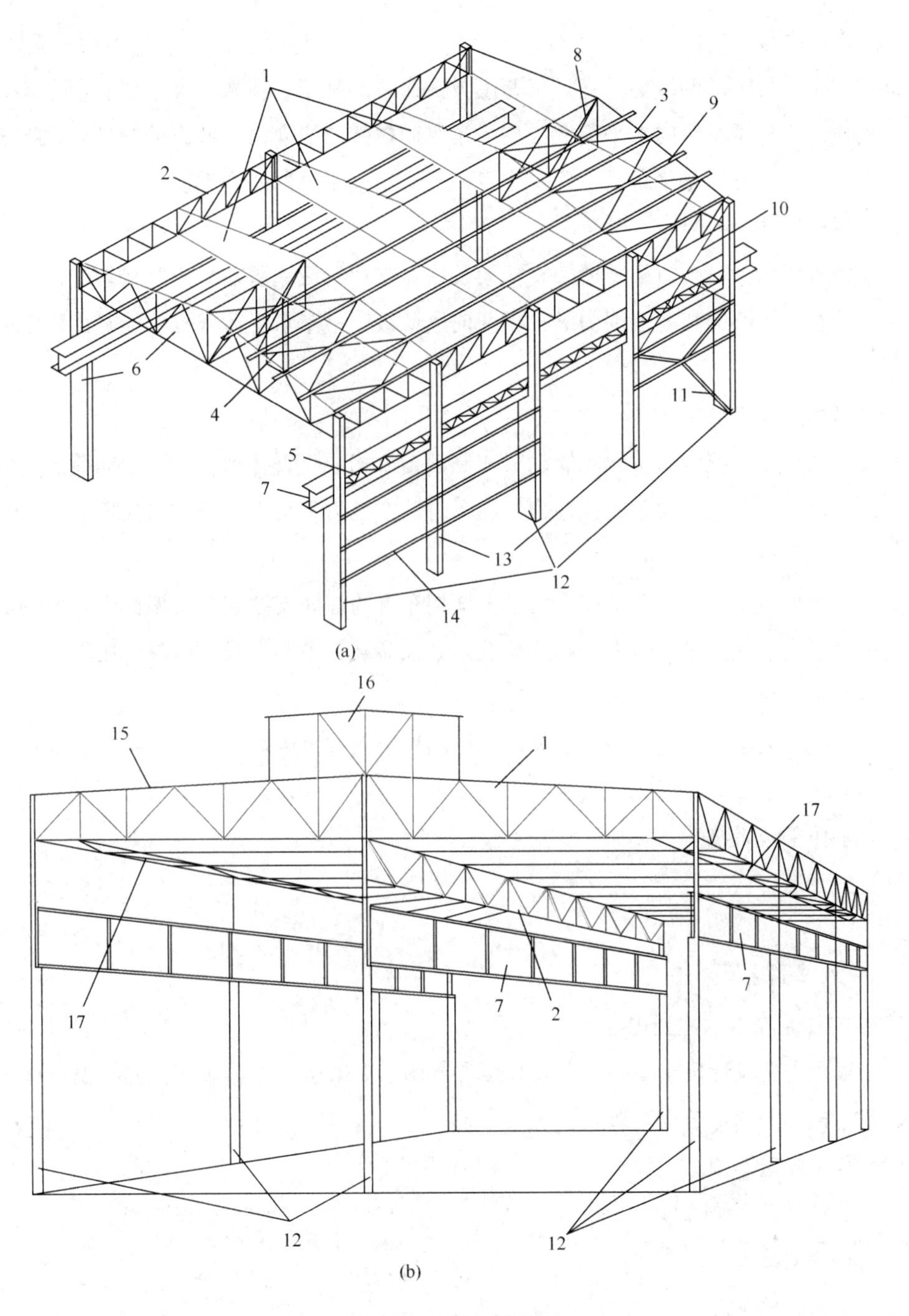

图4-1　厂房结构体系

1—屋架；2—托架；3—上弦水平支撑；4—上弦横向支撑；5—制动桁架；6—横向平面框架；7—吊车梁；8—屋架竖向支撑；9—檩条；10、11—柱间支撑；12—框架柱；13—中间柱（墙架柱）；14—墙架梁；15—屋面；16—天窗架；17—下弦纵向支撑

（2）纵向框架

纵向框架由位于同轴线上垂直厂房跨度方向布置的柱子、托架或连系梁、吊车梁、柱间支撑等构成，主要承受纵向水平荷载。柱子是纵向框架与横向框架共有的构件，也即横向框架和纵向框架的划分不是绝对的，厂房本身是具有空间刚度的一个整体。

（3）屋盖结构

屋盖结构由檩条、天窗架、屋架、托架及屋盖支撑构成。屋盖结构直接承受屋面竖向荷载，并承受在屋盖结构高度范围内纵、横两向风荷载；吊车水平荷载也可能经由刚度较大的屋盖系统传递。

（4）吊车梁及制动系统

吊车梁及制动系统由吊车梁和制动梁或制动桁架构成，直接承受吊车竖向荷载与纵、横两向的水平荷载，包括启动时的惯性力、刹车时的惯性力和行走时的横向摇摆力。

（5）支撑系统

支撑系统可以细分为屋盖支撑、沿纵向框架布置的柱间支撑和在山墙面内布置的墙架支撑。支撑承受作用在支撑平面内的相应荷载，如风荷载、吊车荷载、地震作用等。

（6）墙架系统

墙架系统由墙梁、墙架支撑、抗风柱、抗风桁架或抗风梁等构成，主要承受垂直墙面作用的风荷载。

（7）工作平台系统

详见第2章。

4.1.3 结构布置

1. 结构体系布置的主要内容

（1）根据工艺设计确定车间平面及高度方向的主要结构尺寸，布置柱网和温度伸缩缝。

（2）选择主要承重的框架形式。

（3）布置屋盖结构。

（4）布置吊车系统。

（5）布置支撑系统。

（6）布置围护系统。

（7）选择基础形式，这部分内容读者可以参考有关基础设计的教材。

2. 结构体系布置的主要原则

（1）满足工艺和使用要求。例如厂房内各种设备能正常工作并便于维修；保证工艺流程所要求的交通和临时存储；通风、采光、排气、给水排水等得到满足；各种安全措施和特殊的防火、防爆等要求也要有相应的结构对应。对于分期建设和将来有扩建可能的厂房，还要为今后建设的车间留下结构或围护的“接口”。

（2）确保结构体系的完整性和安全性。例如当厂房内部要求宽大的交通通道时，在规则布置的柱网中就可能抽掉若干柱子，这是基于工艺优先的原则，但这一处理必定带来抽柱位置附近其他柱子负荷的增加和吊车梁等跨度的增加，这类构件的强度和稳定性必须加以特别考虑。再如一些车间因工艺设施和产品流线的需要，若干排纵向框架不允许在一定高度范围内设置柱间支撑，保证结构的纵向刚度和几何不变性是结构布置时需要精心安排的。

（3）便于节约钢材、缩短工期、降低综合造价。

在安全性原则之后，节约是结构设计最主要考虑的问题。在重型厂房中，钢材的节约对降低综合造价的作用非常之大，在一个土建投资上亿元的厂房中，节约5%的用钢量就能取得可观的经济效益，况且节约钢材也就节约了钢材在生产全过程中可能消耗掉的能源。节约钢材应当首先着眼于合理的结构体系布置，因为不正确的传力路径可能会增加不必要的构件。还应合理选择钢材牌号，例如相对Q235钢材，选择Q345钢材可以提高强度设计值50%，但钢材价格增加非常有限，近年来，高强度结构钢材的生产已为此准备了条件，并已开始纳入相关设计规范和标准。因此在以主要控制因素为截面强度的条件下选用较高强度的钢材可以节省钢材和造价；但在变形或整体稳定性起控制作用的构件中，选用较低强度的钢材可能是合理的选择。

从综合造价着眼，工程师需要在材料和制作、安装之间寻找最优平衡点。例如在一个结构体系中，如果钢材种类、构件规格太多了，对采购、下料、制作、运输和安装管理都会造成复杂化，增加相应的成本。因此设计工程师对制作和安装过程应有相当程度的了解，在多种选择中挑出相对最为合理的方案。

建筑工业化对节约材料、缩短工期、减低综合造价、提高结构质量极为重要。建筑工业化是以产品标准化为基础的，包括：结构物的标准化、构件（运输单元）的标准化和节点连接的标准化。产品标准化通过模数化、定型化和统一化来逐步实现。首先要使结构布置的主要尺寸符合一定的基本模数，同类结构和构件尽量采用相同的典型形式，在这一基础上再进一步使构件及连接的某些主要尺寸也统一起来。标准化的结果使建筑业有可能从建造走向制造，取得节约和高效的统一。

3. 柱网

从工艺方面考虑，柱的位置应和车间的地上设备和地下设备、机械及起重、运输设备取得协调。必要时柱网布置还要适当考虑生产工艺可能的变动。

从结构方面考虑，柱列间距均等的布置方式最为合理（图4-2a）。其优点是：厂房横向刚度最大，屋盖和支撑系统布置最为简单，全部吊车梁的跨度相同，因此厂房骨架构件的重复性最大，可以最大限度地达到定型化和标准化。

柱网布置应当尽量符合模数制。通常情况下，跨度方向（即横向柱距）小于30m时模

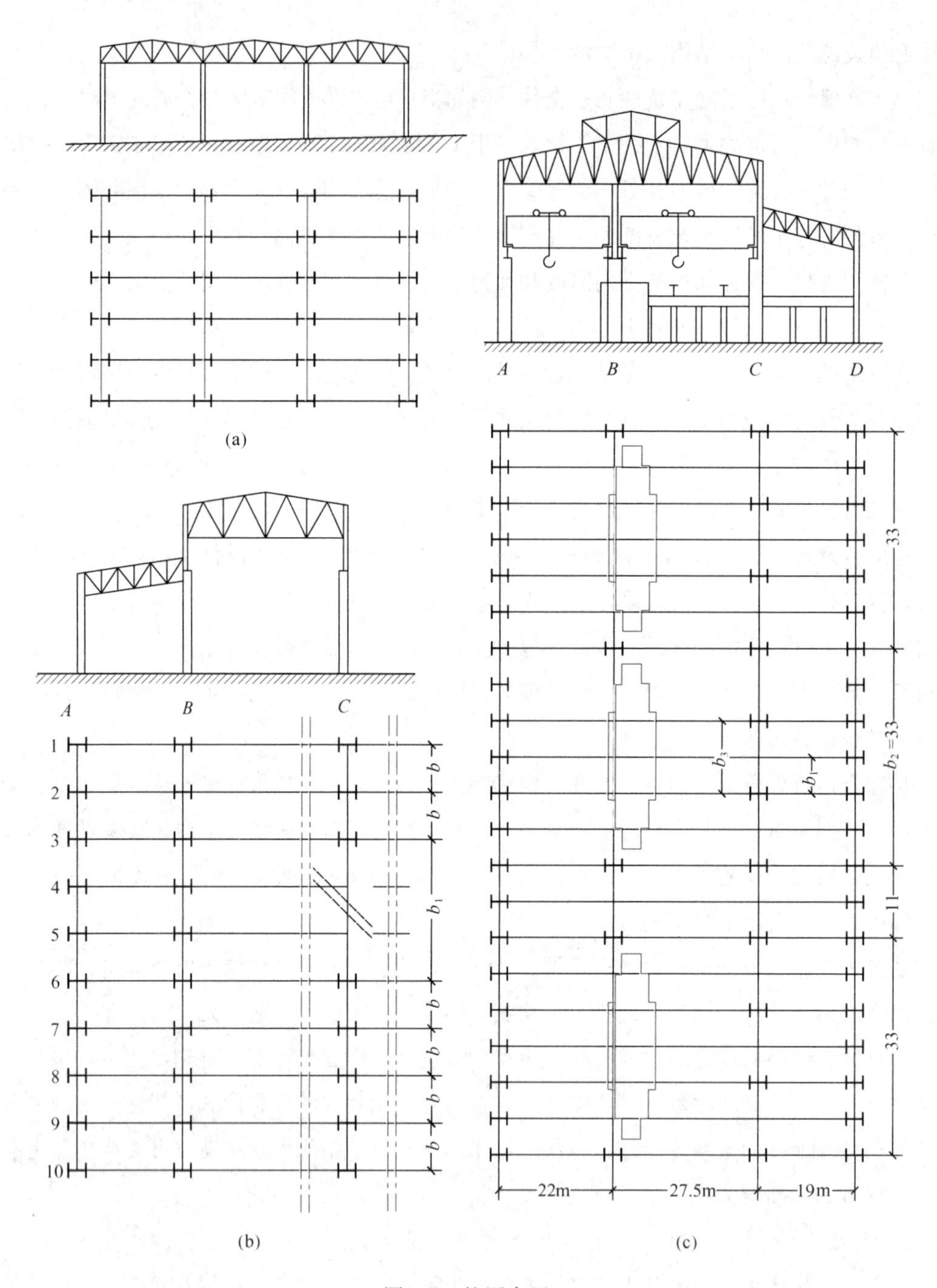

图 4-2　柱网布置

数取为 3m，大于 30m 时则采用 6m，起重机厂制造定尺桥式吊车可以直接满足这一模数。纵向柱距模数为 6m，在广泛利用轻型围护材料的条件下，纵向柱距呈现较大的灵活性。

从经济性考虑，纵向柱距对结构的重量影响很大。柱距越大，柱及基础所用的材料就越少，但屋盖结构和吊车梁的重量将随之增加。在柱较高、吊车起重量较小的车间中，放大柱距经济效果较好。虽然可通过理论分析求出最经济柱距，但由于场地、材料、制作、运输等多种因素的存在，还是需要通过具体方案的比较来进行选择。

虽然纵向等柱距布置是理想的方案，实际厂房中还是会因工艺条件的限制或考虑将来工艺条件的变更而采用不相等的柱距。例如为了设置工艺设备或者布置侧向进入车间的铁路引线（图 4-2b），该处柱距就需要扩大。图 4-2（c）所示冶金厂平炉车间，由于平炉尺寸很大，B列柱的柱距要增加为 A 列柱的数倍（柱距可达 33～36m），C 列柱由于要布置铁路引线，也要求有 11～12m 的柱距。因此 B 列柱上要设置跨度为 33～36m 的托架、C 列柱要设置跨度为 11～12m 的托架，以支承上方的屋架。

4. 温度缝

平面尺寸很大的厂房在温度变化时，整个结构的变形会使构件内产生很大的温度应力，并可能导致墙面和屋面的破坏。为了避免上述后果，可设置横向和纵向温度缝。

横向温度缝沿跨度方向设置，把厂房划分为若干个互不影响的纵向温度区段。横向温度缝两边分设两个横向框架，参见图 4-3。温度缝两边的柱子轴线距离 1.0～2.0m。在采用模数化的屋面板时，温度缝的中线仍为等距柱列中的一条轴线，实际柱子中心离开轴线 0.5～1.0m（图 4-3a）。采用压型钢板作围护材料的结构，可以在温度缝两边各规定一条轴线，保持柱距不变（图 4-3b）。现行国家标准《钢结构设计标准》GB 50017 规定，在采暖厂房和非采暖地区的厂房中，纵向温度区段的最大长度为 220m，在热车间和采暖地区的非采暖厂房中，纵向温度区段最大长度为 180m，露天结构的纵向温度区段最大长度为 120m。在此范围内可以不考虑温度作用，否则应计算有关构件的温度应力。

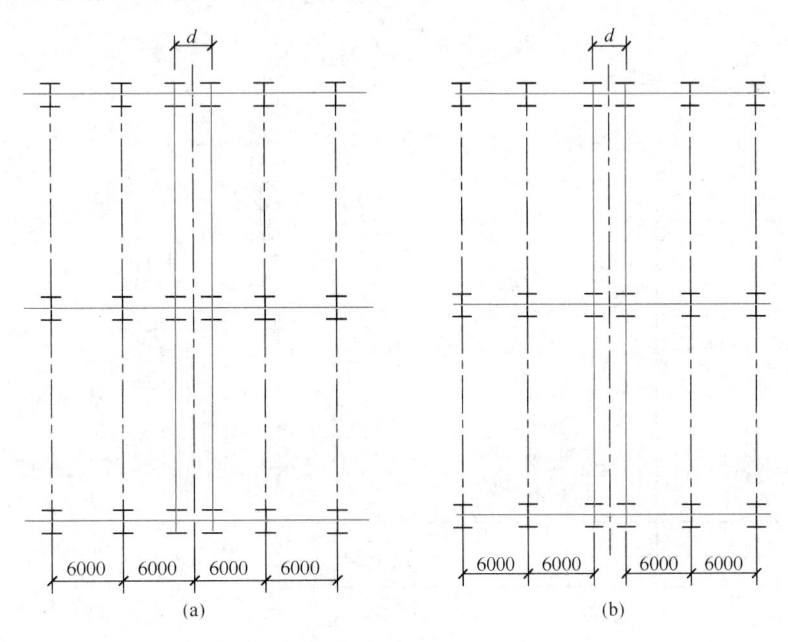

图 4-3　横向温度缝处柱的布置

纵向温度缝把厂房划分为横向温度区段。现行国家标准《钢结构设计标准》GB 50017规定，当柱顶与屋架或横梁刚接时，在采暖厂房和非采暖地区的厂房中，横向温度区段的最大长度为120m，在热车间和采暖地区的非采暖厂房中为100m；当柱顶铰接时，这两者分别为150m和125m。其处理方法与横向温度缝类似。但是若厂房同时设纵横温度缝，则两缝交汇处将有4根柱子，构造十分复杂。由于轻型屋面板可以采取沿跨度方向滑动的装置，其沿厂房纵向的刚度也较小，因此这种情况下，温度区段最大长度便可放宽（参见3.1.2）；即使不设温度缝而根据计算结果在需要处适当加强构件，也是可行的处理方法。

5. 框架形式和主要构件形式

（1）横向框架

在重型厂房中，框架柱一般与基础刚接连接。在横向框架平面内屋架或横梁可以与框架柱刚接，也可铰接连接。刚接连接时，结构的整体好，侧向刚度大，但是对地基基础的不均匀沉降比较敏感，个别支座的沉陷会产生很大的结构内力。如果采用铰接连接，横向框架又可称为排架。

图4-4表示横向框架的主要尺寸。一般将两相邻框架柱的上段柱截面形心间的距离作为横向框架的跨度，则横向框架的单跨跨度可按下式确定：

$$l = l_k + c + c' \tag{4-1}$$

式中 l_k——桥式吊车的跨度，为0.5m的倍数；

c、c'——由桥式吊车轮子处轴线到上段柱轴线的距离。对一般吊车，起重量不大于75t时，该距离为750mm；起重量达到100t及以上时，此距离应留1000mm。

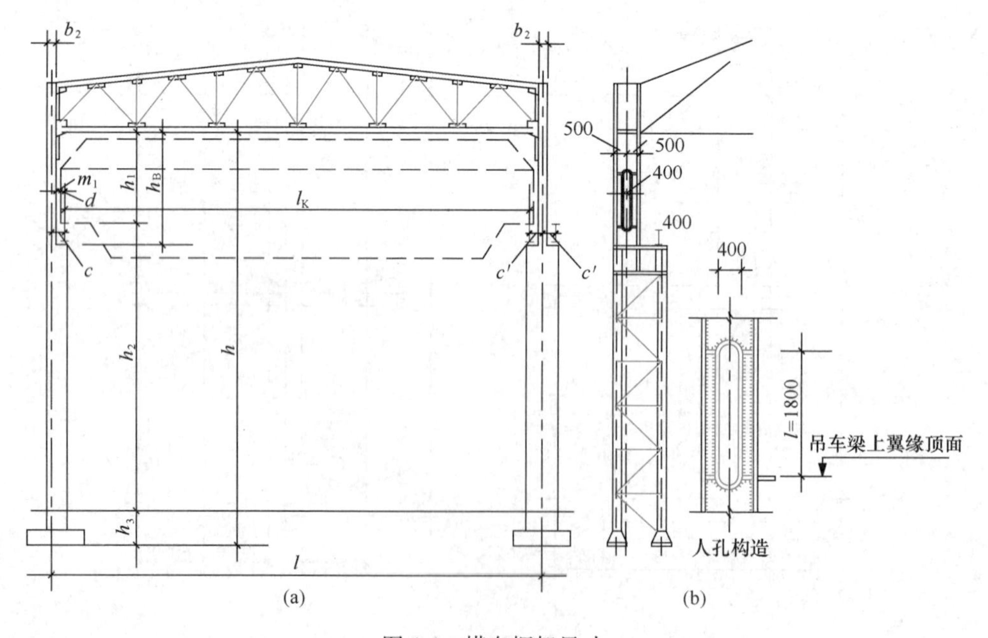

图4-4 横向框架尺寸

吊车外缘与厂房柱之间的净空尺寸 m_1（图 4-4a）应不小于 80mm（吊车起重量不大于 50t 时）或 100mm（吊车起重量大于或等于 75t 时）。对于冶金车间的吊车或重级工作制的吊车，当在吊车和柱之间需要留有足够宽的安全过道时，则 m_1 不得小于 400mm。如上段柱截面高度在 800mm 以上，则过道可以穿过柱内的人孔（图 4-4b），这时 m_1 的数值就不必加大。

框架由柱脚底面到屋架下弦底部的距离（图 4-4a）按下式确定：

$$h = h_1 + h_2 + h_3 \tag{4-2}$$

式中尺寸，h_1 为吊车轨顶至起重小车顶的桥架总高，加上考虑制造和安装的可能误差所留的空隙 100mm，再加上考虑屋架的挠曲和下弦支撑角钢的下伸所留的空隙 150～200mm。h_2 是由地面到吊车轨顶的距离，由生产要求所决定。h_3 是柱脚底面在地下的深度，在中型车间中一般为 0.8～1.0m，在重型车间中为 1.0～1.2m。由地面到屋架下弦底部的高度即 $h_1 + h_2$ 一般取 300mm 的倍数。

（2）纵向框架

在纵向框架平面内，多数情况下，纵向连系梁、吊车梁和支撑构件与框架柱都按铰接连接处理，也形成所谓的排架体系。吊车梁往往承重很大荷载，对其强度和刚度都有很高要求，布置成连续梁对构件本身设计可以实现比较经济的效果，但是厂房纵向长度往往达到上百米，而吊车又往往在若干个区间内运行，支座不均匀沉降的可能性更大，因此实际工程中大吨位的吊车梁基本还是与框架柱铰接连接的。框架柱柱脚节点在纵向平面方向内一般具有很大的抗弯刚度，但因柱子在纵向框架内的弯曲刚度相对较小，分析时也常将其近似为铰接对待。

重型厂房跨度较大、屋面荷载或悬挂荷载较重时，横向框架梁可以选择屋架。屋架就是桁架，也可看为格构式的横梁。当厂房较高或者设较大吨位吊车时，通常选用上部为实腹式、下部为格构式的阶梯柱。

4.2 荷载和结构分析

4.2.1 荷载

1. 荷载种类

重型单层工业厂房结构体系所承受的荷载种类大体与轻型厂房相同：

（1）永久荷载；

（2）活荷载；

（3）风荷载；

（4）雪荷载；

（5）吊车荷载；

（6）地震作用。

此外，某些重型厂房有很大的屋面积灰荷载，如机械厂的铸造车间、冶金厂的炼钢车间、水泥厂的窑房、磨房、联合贮库等，即使在有一定除尘设施和清灰制度的条件下，屋面积灰都有可能达到0.5～1.0kN/m^2，若使用中不认真执行清灰制度，因雨水等造成屋面积灰的凝结会产生更大的荷载。设计时必须对此加以重视。积灰荷载的数值可以从现行国家标准《建筑结构荷载规范》GB 50009查取，或根据行业调查和统计分析加以确定。

某些情况下，除了计算上述外部作用的荷载外，尚需计算支座强迫位移的影响。如重型工业厂房会有局部超大堆载，这种荷载可能将某些柱子的基础挤压偏离原来的位子，产生横向位移；作用在柱子上的特重型吊车也可能使局部软弱地基上的支座下陷，引起厂房不均匀沉降。有些厂房还需计算温度变化的影响。

以下对第3章中未详细说明的吊车荷载和地震作用稍加展开。

2. 吊车荷载

图4-5是桥式吊车的概念图。重物挂在与小车相连的吊钩上，小车可沿吊车桥架（横梁）移动，桥架两端设有轮子。吊车荷载包括起重物的荷载都通过轮压传递到结构上。

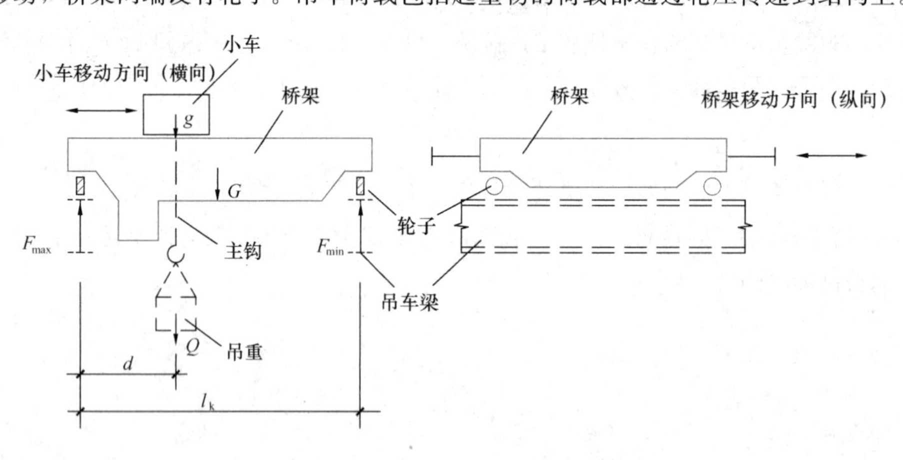

图4-5　吊车概念

吊车分为A1～A8共8个工作级别，其中A1～A3对应轻级工作制吊车，A4、A5对应中级工作制，A6、A7对应重级工作制，A8对应特重级工作制。所谓轻、中、重、特重是按吊车达到其额定值的频繁程度来划分的。

吊车荷载标准值应考虑如下分量：

（1）竖向荷载。采用吊车的最大轮压或最小轮压。这些数值应由起重机制造厂提供。对于非标准吊车，最大轮压与最小轮压的标准值可按下式计算：

$$P_{k,max}=\frac{G}{n}+\frac{(Q+g)(L_k-d)}{0.5nL_k} \tag{4-3a}$$

$$P_{k,min}=\frac{G}{n}+\frac{(Q+g)d}{0.5nL_k} \tag{4-3b}$$

式中　G、g、Q——吊车桥架自重，小车自重和吊车起重量，小车自重可近似取 $0.3Q$；

L_k、d——桥架跨度和吊钩至吊车轨道轴线的最小极限距离；

n——吊车桥架的总轮数。

(2) 横向水平荷载。指小车在沿桥架移动时因刹车引起的制动力，由吊车桥架的车轮平均传至轨道。每个车轮作用在轨道上的横向水平荷载的标准值按下式计算：

$$T_{k,H}=\alpha_H(Q+g)/n \tag{4-4}$$

式中　α_H 为吊车横向荷载系数。对软钩吊车：当额定起重量不大于 10t 时，取 0.12；当额定起重量为 16～50t 时，取 0.10；当额定起重量不小于 75t 时，取 0.08；对硬钩吊车取 0.20。

(3) 重级工作制吊车因行走时摆动引起的横向水平力。此横向水平力仅在计算重级工作制吊车梁（吊车桁架）及其制动结构以及它们与柱的连接时考虑，且不与上述横向水平荷载同时考虑。作用于每个轮压处的此水平力标准值由下式计算：

$$H_k=\alpha_2 P_{k,max} \tag{4-5}$$

式中　α_2——系数，对一般软钩吊车 $\alpha_2=0.1$；抓斗或磁盘吊车 $\alpha_2=0.15$；硬钩吊车 $\alpha_2=0.2$。

(4) 纵向水平荷载。指吊车桥架沿吊车梁运行时因制动产生的制动力，方向与吊车轨道一致，作用点在刹车轮与轨道的接触点上。每个制动轮的纵向水平制动力标准值按下式计算：

$$T_{k,V}=0.1P_{k,max} \tag{4-6}$$

当计算吊车梁及其连接的强度时，吊车竖向荷载还要乘以动力系数。对悬挂吊车和工作级别 A1～A5 的软钩吊车，动力系数可取 1.05，对其他情况都可取为 1.1。吊车横向水平力的动力效应，其原因还未得到系统地阐明，故是否考虑动力系数以及如何考虑还难以做出统一规定。

3. 地震作用

重型厂房的重量较大，地震作用引起的惯性力也较大，抗震设防区的重型厂房都应考虑地震作用的计算。

计算单层厂房时，一般假定沿厂房横向（跨度方向）和竖向的地震作用由横向框架承受，沿纵向（柱距方向）的地震作用由纵向框架承受。

(1) 计算水平地震作用时的分析模型。根据屋盖高差和吊车设置情况，可分别采用单质点、双质点或多质点的力学模型。不设吊车的单跨或多跨等高排架结构，一般可简化为单质点的悬臂柱（图 4-6a）。不设吊车的单跨或多跨等高框架结构，也可简化为单质点的悬臂柱，但在设定等效柱的抗侧刚度时，需要考虑柱顶刚接梁对柱顶的约束作用。

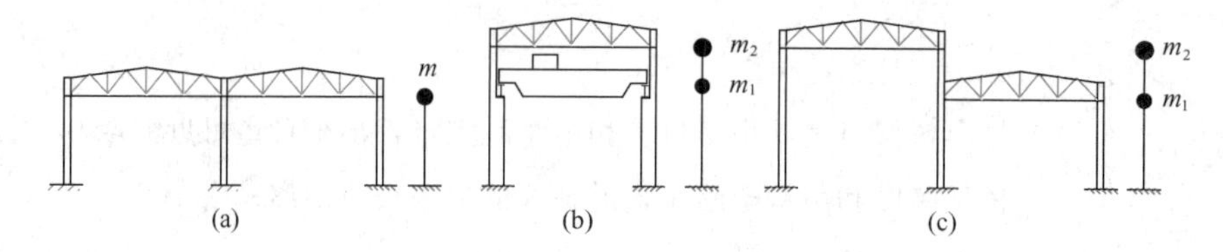

图 4-6　重型厂房考虑地震作用时的分析模型

厂房设吊车时，在吊车梁位置作用有较大的重力荷载及地震水平作用，一般可作为双质点模型考虑（图 4-6b）。高低跨厂房结构也可按类似原则考虑(图 4-6c)。

就结构刚度而言，单层钢结构厂房都可以简化为简单的力学模型；但是，由于不同跨、不同柱子上质量分布的高度和大小不一致，简化为简单的力学模型进行地震作用计算时，需要考虑结构特征值的等效和惯性力作用的等效，否则便会得出与实际相差较大的结果。而现在的计算机结构分析程序可以方便地实现多质点模型的固有值计算、地震作用计算和内力分析，所以，单层钢结构厂房可以按照比较符合实际的情况建立多质点分析模型。当然，除了前述非常简单的情况以外，作为对单层钢结构厂房的定性分析和全局把握，单质点或双质点的简化模型及其计算结果，仍然是有意义的。

此外对水平地震作用而言，墙体是存在一定抗侧刚度的。但对压型钢板等轻质墙板、与柱柔性连接的预制钢筋混凝土墙板在分析模型中不考虑其刚度；与柱贴砌且与柱拉接的砌体围护墙，在平行于墙体方向计算时可以计入折算刚度，折算系数在 7、8、9 度设防区可分别取 0.6、0.4 和 0.2。

（2）厂房结构重力荷载的取值。地震引起结构的惯性力，因而与结构参与振动的质量有关。根据现行国家标准《建筑抗震设计规范》GB 50011，工业厂房计算地震作用时重力荷载代表值应考虑以下各项：

1）结构和构配件的自重标准值；

2）屋面积灰荷载的组合值与雪荷载的组合值，组合值为标准值乘以 0.5 的系数；

3）吊车悬挂物的组合值，但仅硬钩吊车的情况才考虑，取 0.3 倍的悬吊物标准值。

以上各项重力荷载的总和称为总重力荷载代表值。

（3）水平地震作用的计算。

厂房结构的横向水平地震作用的计算，一般推荐采用考虑屋盖弹性变形的空间分析方法；平面规则、抗侧刚度均匀的轻型屋盖厂房可按平面框架计算，等高厂房可采用底部剪力法，高低跨厂房应采用振型分解反应谱法。采用轻型板材围护墙或与柱柔性连接的大型墙板的厂房，其纵向水平地震作用计算可采用底部剪力法。

按底部剪力法计算水平地震作用的步骤是：

1）确定结构等效总重力荷载 G_{eq}：对于单质点模型，G_{eq} 就是前面总重力荷载代表值；对于双质点模型，G_{eq} 取总重力荷载代表值的85%；

2）根据结构抗侧刚度和等效重力荷载计算结构基本周期；

3）由结构基本周期、厂房所在地区的抗震设防烈度、场地土特征周期和结构阻尼比（钢结构厂房可依据屋盖和围护墙的类型取0.045～0.05），按现行国家标准《建筑抗震设计规范》GB 50011确定地震影响系数 α；

4）计算总水平地震作用标准值

$$F_{Ek}=\alpha G_{eq} \tag{4-7}$$

5）计算作用在各质点上的水平地震作用标准值：对单质点即为总水平地震作用标准值，对双质点则按下式计算：

$$F_i=\frac{G_iH_i}{\sum_1^2 G_jH_j}F_{Ek},i=1,2 \tag{4-8}$$

式中 G_i、H_i 分别为集中在1、2两点的重力荷载代表值和固定端至该质点的计算高度；

6）在以简化的力学模型（图4-6）计算得到结构水平地震作用后，还需按各柱子的相对刚度将其分配到相应的柱子上。

以上是多遇地震作用的计算。重型单层工业厂房在罕遇地震作用下的薄弱层弹塑性变形验算应根据《建筑抗震设计规范》的规定计算。

(4）竖向地震作用的计算。

规范规定位于8度或9度抗震设防区、跨度大于24m的钢屋架应计算竖向地震作用。竖向地震作用的标准值，取重力荷载代表值和竖向地震作用系数的乘积。竖向地震作用系数以设防烈度区和场地土类别的不同而在0.1～0.2范围内取值，详见现行国家标准《建筑抗震设计规范》GB 50011有关规定。

4.2.2 荷载组合

重型单层工业厂房框架结构计算时的荷载组合原则与轻型厂房是相同的。关于重型厂房与轻型厂房不同的几种荷载的组合事项说明如下：

1. 关于屋面积灰荷载的组合

在非地震作用的组合中，屋面积灰荷载应与雪荷载或不上人的屋面均布活荷载两者中的较大值同时考虑。

2. 关于吊车荷载的组合

(1）参与组合的吊车台数。

厂房中的吊车设置情况多种多样。例如，在同一跨里，可能布置数台吊车。假如工艺没有特别限制，那么当吊车桥架的宽度小于吊车梁跨时，就可能出现两台吊车同时移动到一根梁上的情况，因此吊车梁计算时需要考虑两台吊车同时出现的情况，但要注意这并不意味两台吊车的所有轮子都作用在同一吊车梁上。可以想象，对单跨厂房，一个横向框架同时受到4台吊车的荷载影响也不是完全不可能，也即紧挨框架柱两侧的吊车梁每根上面都同时存在2台吊车，但因为这是所谓的小概率事件，所以一般设定在一个横向框架中参与组合的吊车台数不多于2台。对于多跨厂房结构，每跨中都可能出现类似的情况，《建筑结构荷载规范》规定这种情况下参与组合的吊车台数最多不超过4台。规范还规定当考虑多台吊车的水平荷载时，无论是单跨还是多跨厂房，每个框架参与组合的吊车数不应多于2台。这也是考虑2台以上的吊车在一个框架的区间里同时横向制动的发生概率非常之小。

厂房中还会设有双层甚至3层吊车的情况。但从使用角度讲，同一跨中多层吊车同时集中在一个位置是不太可能的。但是，不同层位吊车的组合，将大大增加结构分析中的组合工况数。

（2）多台吊车组合时吊车荷载的折减。

在对框架结构进行分析时，参与组合的多台吊车的竖向荷载和水平荷载的标准值还应乘以折减系数，详见表4-1。这是因为多台同时满载且都处于最不利位置的概率很小。

多台吊车的荷载折减系数 **表4-1**

参与组合的吊车台数	吊车工作级别	
	A1～A5	A6～A8
2	0.90	0.95
3	0.85	0.90
4	0.80	0.85

（3）吊车荷载大小和方向在荷载组合中的考虑。

在吊车的某一跨中，吊车竖向轮压最大值可能作用在左柱一侧，也可能作用在右柱一侧，这就产生不同的组合工况。吊车的横向水平荷载也因制动力的方向不同有向左向右之分。以一跨中一台吊车的荷载可能性为例，结构分析时需考虑：

1）竖向荷载最大值在左，横向水平荷载向左；

2）竖向荷载最大值在左，横向水平荷载向右；

3）竖向荷载最大值在右，横向水平荷载向左；

4）竖向荷载最大值在右，横向水平荷载向右等4种可能的情况，即有吊车荷载的组合中有4个子项。在多跨厂房且每跨都布置吊车的设计中，在最多考虑4台吊车同时作用的限制下，按吊车出现的跨间、在该跨间的可能吊车数，就会产生更多的组合。

3. 横向框架荷载组合的简化方式

基于厂房结构的特点，本章在进行例题演示时，非地震作用的荷载组合，采用《建筑结构荷载规范》2003年版的具体规定。有地震作用时的荷载组合，则采用2010年版《建筑抗震设计规范》的具体规定。根据现行国家标准《建筑结构荷载规范》，对一般工业厂房结构进行承载能力极限状态设计时，应从下列组合值取最不利值：

（1）由永久荷载效应控制的组合

$$S=1.35S_{\mathrm{Gk}}+\sum_{i=1}^{n}\gamma_{\mathrm{Q}_i}\gamma_{\mathrm{L}_i}\psi_{\mathrm{c}_i}S_{\mathrm{Q}_i\mathrm{k}} \tag{4-9a}$$

式中 S_{Gk}——按永久荷载标准值计算的荷载效应值；

γ_{Q_i}——第 i 个可变荷载的分项系数，一般情况下取1.4；

γ_{L_i}——第 i 个可变荷载考虑设计使用年限的调整系数，当结构设计使用年限为50年时，屋面、楼面活荷载取1.0，风荷载、雪荷载则将重现期作为设计使用年限；

ψ_{c_i}——第 i 个可变荷载的组合值系数，按现行国家标准《建筑结构荷载规范》GB 50009确定；

$S_{\mathrm{Q}_i\mathrm{k}}$——按第 i 个可变荷载标准值计算的荷载效应值；

n——参与组合的可变荷载数。

（2）由可变荷载效应控制的组合

$$S=\gamma_{\mathrm{G}}S_{\mathrm{Gk}}+\gamma_{\mathrm{Q}_1}\gamma_{\mathrm{L}_1}S_{\mathrm{Q}_1\mathrm{k}}+\sum_{i=2}^{n}\gamma_{\mathrm{Q}_i}\gamma_{\mathrm{L}_i}\psi_{\mathrm{c}_i}S_{\mathrm{Q}_i\mathrm{k}} \tag{4-9b}$$

式中 γ_{G}——永久荷载的分项系数，一般取1.2，当该效应对结构有利时，不应大于1.0；

γ_{Q_i}——第 i 个可变荷载的分项系数，其中 γ_{Q_1} 为主导可变荷载 Q_1 的分项系数；

γ_{L_i}——第 i 个可变荷载考虑设计使用年限的调整系数，其中 γ_{L_1} 为主导可变荷载 Q_1 考虑设计使用年限的调整系数；

$S_{\mathrm{Q}_i\mathrm{k}}$——按第 i 个可变荷载标准值 Q_{ik} 计算的荷载效应值，其中 $S_{\mathrm{Q}_1\mathrm{k}}$ 为诸可变荷载效应中起控制作用者；

ψ_{c_i}——第 i 个可变荷载 Q_i 的组合值系数。

对一般排架、框架结构，在方案设计阶段，也允许采用以下简化方法，即

$$S=1.2S_{\mathrm{Gk}}+0.9\sum_{i=1}^{n}\gamma_{\mathrm{Q}_i}S_{\mathrm{Q}_i\mathrm{k}} \tag{4-9c}$$

或

$$S=1.0S_{\mathrm{Gk}}+0.9\sum_{i=1}^{n}\gamma_{\mathrm{Q}_i}S_{\mathrm{Q}_i\mathrm{k}} \tag{4-9d}$$

但式（4-9c）、式（4-9d）仅限于可变荷载数 $n>1$ 的组合情况。

4. 地震作用计算时需考虑的组合

记重力荷载代表值效应为 G，水平地震作用和竖向地震作用分别为 E_{H}、E_{V}，则考虑结构构件在地震作用下的内力组合效应计算时应考虑如下项次：

(1) $1.2G+1.3E_H$；

(2) $1.2G+1.3E_V$；

(3) $1.0G+1.3E_V$；

(4) $1.2G+1.3E_H+0.5E_V$；

(5) $1.0G+1.3E_H+0.5E_V$

需要注意，水平地震作用有左右之分；竖向地震作用仅对跨度大于 24m 的钢结构才需计算，而竖向地震作用也有上下作用之分，组合（3）就考虑了竖向地震的向上分量导致结构内力变号的可能。在组合中不应遗漏这些子项。

4.2.3 结构分析

对重型单层工业厂房进行结构分析时，可以采用与轻型厂房相同的简化方式，即将结构体系分为横向结构与纵向结构。现代工程分析软件已有能力将结构作为空间整体进行分析，但重型厂房的荷载种类多而杂，格构式构件占很大比重，而且不同构件（部件）的相对尺寸相差很大，完全用杆系结构模拟实际进行建模，也产生另一类的近似问题。

1. 横向框架的计算模型

对于由屋架和台阶柱组成的横向框架（图 4-7a），较为合理的计算模型如图 4-7(b) 所示。这一计算图式可以用计算机进行分析。一种更简化的计算图式是将柱的轴线取直，并将屋架代以实腹式横梁，如图 4-7(c) 所示。简化后的框架计算高度等于柱脚底面至屋架下弦轴线的距离（当屋架端部斜杆为上升式时，如图 4-7b 的端斜杆）或等于柱脚底面至屋架端部高度形心处的距离（其他情况）；跨度等于上段柱轴线间的距离。在计算台阶柱下段柱顶面荷载作用时，要考虑图 4-7(b) 所示的偏心作用；应用计算机软件分析时，可以直接采用能够考虑偏心距的杆单元模型。

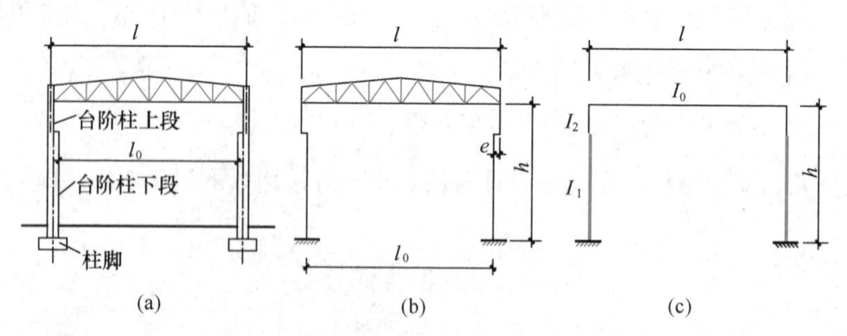

图 4-7　横向框架结构分析计算简图

建立图 4-7(c) 的简化模型时可以采用以下一些假定：

(1) 横梁（屋架）与柱的下段截面惯性矩的比值满足下列条件时，可假定横梁抗弯刚度无限大。

$$\frac{I_0}{I_1} \geqslant 4.3 - 3.5\frac{h}{l} \tag{4-10}$$

式中 I_0、I_1——横梁（屋架）和台阶柱下段的截面惯性矩；

h、l——框架的计算高度和跨度，当 $h/l>1$ 时取为 1。

(2) 屋架上弦比较平坦而下弦又是水平时（如梯形屋架），横梁轴线可以取为直线，但由于屋架高度改变所引起的惯性矩变化应予以考虑，具体处理方法可参考有关工业厂房钢结构的设计手册。

(3) 由屋盖上的竖向荷载在柱中引起的轴力，可以把屋架作为铰接于柱顶来求得。

(4) 水平力在柱子中引起的轴力变化可以不计。

(5) 当框架柱为钢筋混凝土柱子时，一般采用屋架与柱子铰接；当框架柱为钢柱时，三角形屋架与柱子仍为铰接，梯形屋架、平行弦屋架则采取刚接。

简化模型可以帮助工程师立即抓住主要的控制点，在结构整体分析上非常有效，但在节点构造设计时，还需留意因简化带来的偏差。因此在计算机技术和结构分析软件越来越发达的今天，图 4-7(b) 的模型将得到更多的关注和应用。但是厂房钢结构设计的初学者熟悉简化模型的建立方法对加深设计关键的理解还是很有帮助的。

2. 纵向框架的计算模型

同轻型厂房相似，重型厂房在纵向框架平面内通常将水平向构件如连系梁、吊车梁以及斜向构件如柱间支撑设定为两端铰接的构件，柱子全长为连续构件，底部与基础刚接，如连接条件接近铰接则假定为铰接。

纵向框架按承受纵向水平风荷载、吊车纵向水平荷载进行分析。

4.3 屋盖结构设计

4.3.1 屋架形式和主要尺寸

1. 屋架的外形及腹杆布置

屋架的外形主要有三角形、梯形和矩形。在确定屋架外形时应考虑房屋用途、建筑造型和屋面材料的排水要求。从受力角度出发，屋架的外形应尽量与弯矩图相近，以使弦杆受力均匀，腹杆受力较小。腹杆的布置应使弦杆受力合理，节点构造易于处理，尽量使长杆受拉，短杆受压，腹杆数量少而总长度短，弦杆不产生局部弯矩。腹杆与弦杆的交角宜在35°～45°之间。上述种种要求彼此之间往往有矛盾，不能同时满足，应根据具体情况解决主要矛盾，全面考虑，合理设计。

三角形屋架（图 4-8）用于屋面坡度较大的屋盖结构中。例如，当屋面材料为机平瓦或石棉瓦时，要求屋架的高跨比为 1/6～1/4。在雨雪量特别大的地区，也会要求较大的屋面坡度。这种屋架与柱多做成铰接，因此房屋的横向刚度较小。屋架弦杆的内力变化较大，弦杆内力在支座处最大，在跨中最小，故弦杆截面不能充分发挥作用。一般宜用于中、小跨度的屋面结构。荷载与跨度较大时，采用三角形屋架就不够经济，图 4-8(a)、(c) 的形式是芬克式屋架，其腹杆受力合理，且可分为两榀小屋架运输，比较方便。图 4-8(b) 是将是三角形屋架的两端高度改为 50cm，这样改变以后，屋架支座处上、下弦杆的内力大大减少，改善了屋架的工作情况。

梯形屋架（图 4-9）的外形与弯矩图比较接近，受力情况较三角形好，腹杆较短，一般用于屋面坡度较小的屋盖中。梯形屋架与柱的连接，可做成刚接，也可做成铰接。这种屋架是重型厂房屋盖结构的基本形式。梯形屋架如用压型钢板为屋面材料，就是有檩屋盖。如用大型屋面板为屋面材料，则为无檩屋盖。檩条或大型屋面板的主肋应正好搁支在屋架上弦节点上，上弦不产生局部弯矩。如节间长度过大，可用再分式腹杆形式（见图 4-9b）。

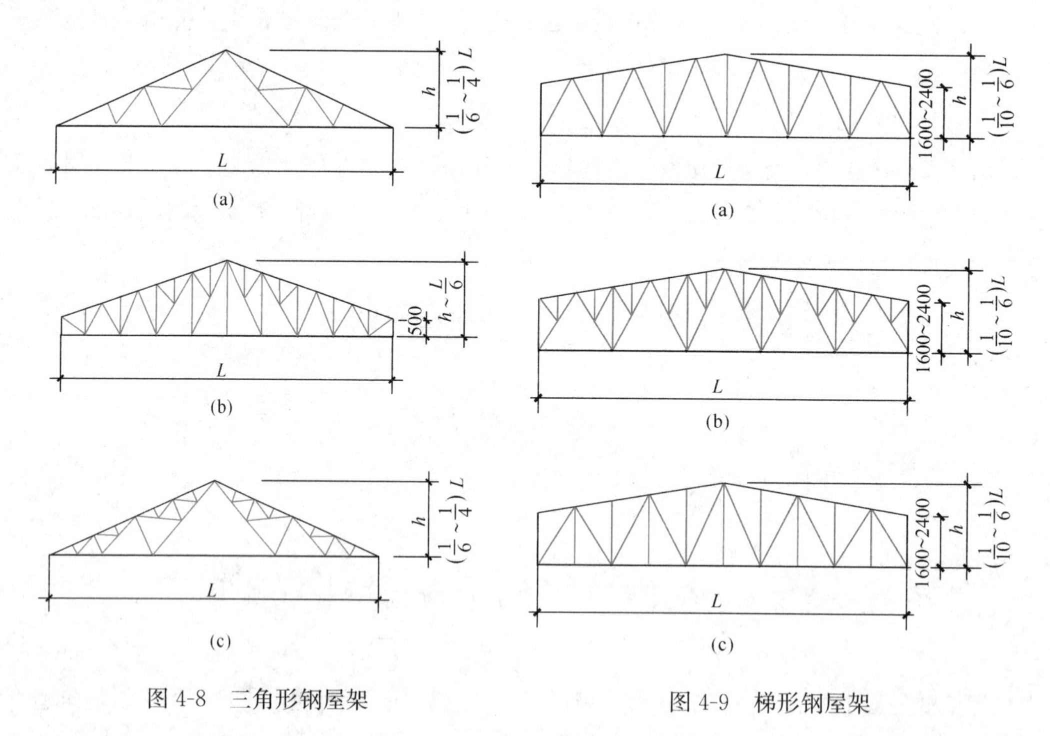

图 4-8　三角形钢屋架

图 4-9　梯形钢屋架

矩形（平行弦）屋架（图 4-10）的上、下弦平行，腹杆长度一致，杆件类型少，能符合标准化、工业化制造的要求。这种形式多见于托架或支撑体系，也可由两个平行弦组成一个屋架（图 4-10d）。

2. 屋架的主要尺寸

（1）屋架跨度。屋架的跨度即厂房横向的柱子间距，应首先满足厂房的工艺和使用要

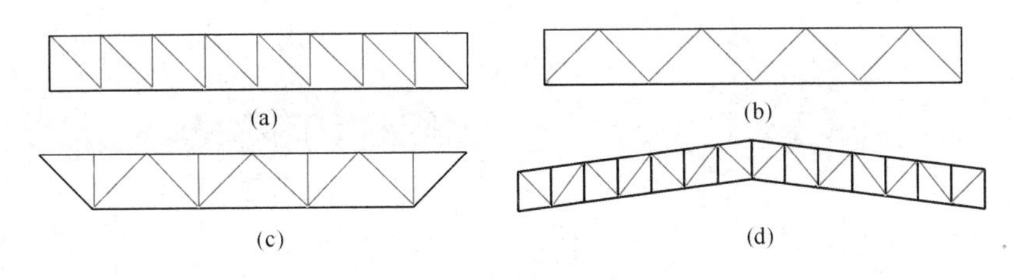

图 4-10 矩形钢屋架

求，同时考虑结构布置的合理性，使屋架与柱的总造价为最小。无檩屋盖中钢屋架的跨度与大型屋面板的宽度相配合，有 12m、15m、18m、21m、24m、27m、30m、36m 等几种。有檩屋盖中的屋架跨度比较灵活，可不受 3m 模数的限制。钢屋架的计算跨度决定于支座的间距及支座的构造。一般的工业厂房中屋架的计算跨度可取支柱轴线之间的距离减去 0.3m。

（2）屋架高度。屋架的高度应根据经济、刚度、建筑等要求以及屋面坡度、运输条件等因素来确定。三角形屋架的高度 $h=(1/6\sim1/4)L$。梯形屋架的屋面坡度较平坦，屋架跨中高度应满足刚度要求，当上弦坡度为 1/12～1/8 时，跨中高度一般为 $(1/10\sim1/6)L$。跨度大（或屋面荷载小）时取小值，跨度小（或屋面荷载大）时取大值。梯形屋架的端部高度：当屋架与柱铰接时为 1.6～2.2m，刚接时为 1.8～2.4m。端弯矩大时取大值，端弯矩小时取小值。屋架上弦节间的划分，主要根据屋面材料而定，尽可能使屋面荷载直接作用在屋架节点，上弦不产生局部弯矩。对采用大型屋面板的无檩屋盖，上弦节间长度应等于屋面板的宽度，一般为 1.5m 或 3m。当采用有檩屋盖时，则根据檩条的间距而定，一般为 0.8～3.0m。屋架的跨度和高度确定之后，各杆件的轴线长度则根据几何关系求得。

4.3.2 屋盖支撑

大型屋面板如与屋架牢固连接，则屋面板的面内刚度可以保证上弦平面的几何不变，但由屋架、檩条和屋面材料等构件组成的有檩屋盖是几何可变体系。屋架的受压上弦杆虽然用檩条连接，但所有屋架的上弦有可能向同一方向以半波的形式鼓曲（图 4-11a），这时上弦的计算长度就等于屋架的跨度，所以承载能力极低。其次，屋架下弦虽是拉杆，但当侧向没有联系时，在某些不利的因素作用下，如厂房吊车运行时的振动，会引起较大的水平振动和变位，增加杆件和连接中的受力。此外，房屋两端的屋架往往要传递由端墙传来的风荷载，仅靠屋架的弦杆来承受和传递风荷载是不够的。根据以上分析，要使屋架具有足够的承载能力，保证屋架结构有一定的空间刚度，应根据结构布置情况和受力特点设置各种支撑体系，把平面屋架联系起来，使屋架结构形成一个整体刚度较好的空间体系。所以屋盖支撑是屋盖结构中不可缺少的组成部分。

1. 屋盖支撑的作用和布置

根据支撑布置的位置可分为上弦横向支撑、下弦横向支撑、下弦纵向支撑、竖向支撑和

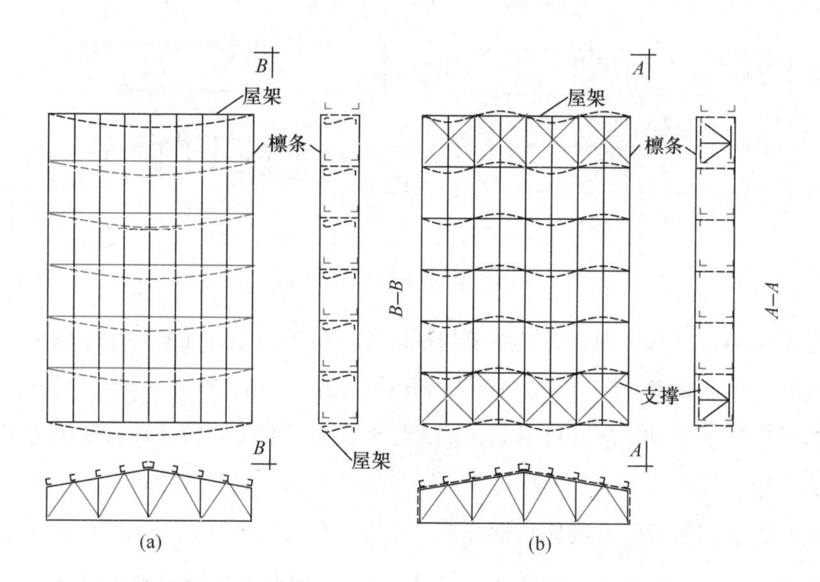

图 4-11　屋架上弦的屈曲情况

系杆五种，图 4-12、图 4-13、图 4-14 为不同情况下的支撑布置。

（1）上弦横向支撑

1）作用

上弦横向支撑是以斜杆和檩条作为腹杆，两榀相邻屋架的上弦作为弦杆组成的水平桁架，将两榀竖放屋架在水平方向联系起来。在没有横向支撑的开间，则通过系杆的约束作用将屋架在水平方向联成整体，以保证屋架的侧向刚度和屋盖的空间刚度，减少上弦在平面外的计算长度（图 4-11b）以及承受并传递端墙的风荷载。

2）布置

采用有檩方案的钢屋架一般都应布置上弦横向支撑。上弦横向支撑应布置在房屋两端或在温度区段的第一或第二开间。如果在第二开间，则必须用刚性系杆将端屋架与横向支撑的节点连接，以保证端屋架的稳定和传递风荷载。当无端屋架时，则与抗风柱连牢，以减少抗风柱的计算长度，提高抗风柱的承载能力。横向支撑的间距不宜超过 60m。当房屋较长时，在房屋长度中间再增设支撑。

对于采用大型屋面板的无檩屋盖，如施工时能够保证屋面板有三个角点与屋架上弦杆焊牢，可以不设支撑；但考虑到高空焊接的质量不易保证，一般还要布置上弦横向支撑，但大型屋面板可以起系杆作用。在有檩体系屋盖中，檩条可以作为支撑系统中的系杆，但这些檩条必须与屋架弦杆牢固连接。

当有天窗时，在天窗下的上弦平面范围不铺设屋面材料。但在有支撑的开间内，在天窗下的上弦平面仍应布置横向支撑，以形成一个完整的水平桁架并保证天窗下面上弦杆的侧向稳定。

无天窗时，屋架上弦横向支撑布置详见图 4-12(a)。有天窗时，屋架上弦横向支撑布置详见图 4-12(b)。

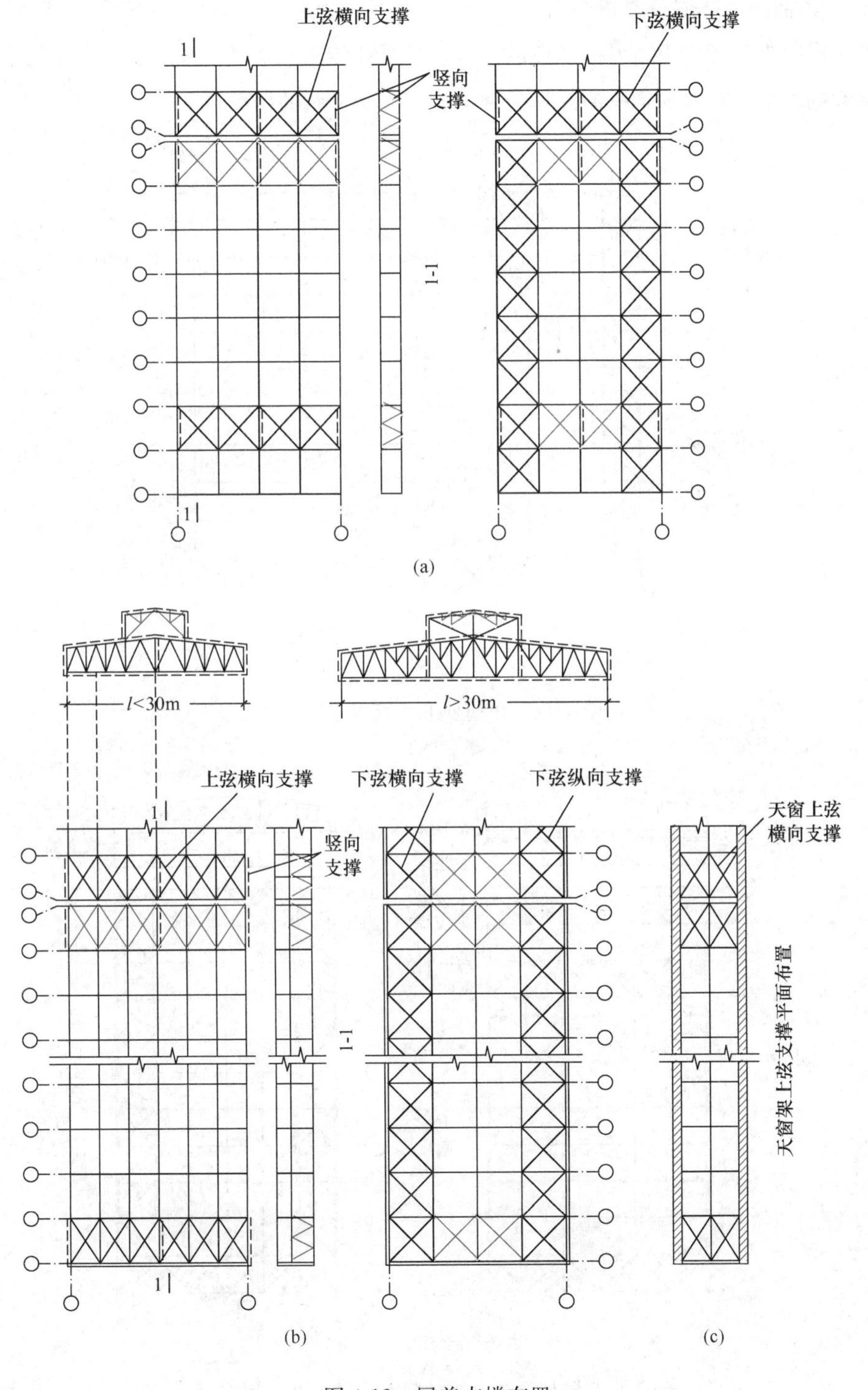

图 4-12　屋盖支撑布置

(2) 下弦支撑

下弦支撑分为下弦横向支撑和下弦纵向支撑（图 4-12～图 4-14）。

1）下弦横向支撑的布置和作用

下弦横向支撑能作为山墙抗风柱的支点，承受并传递水平风荷载、悬挂吊车的水平力和地震引起的水平力，减少下弦的计算长度，从而减少下弦的振动。

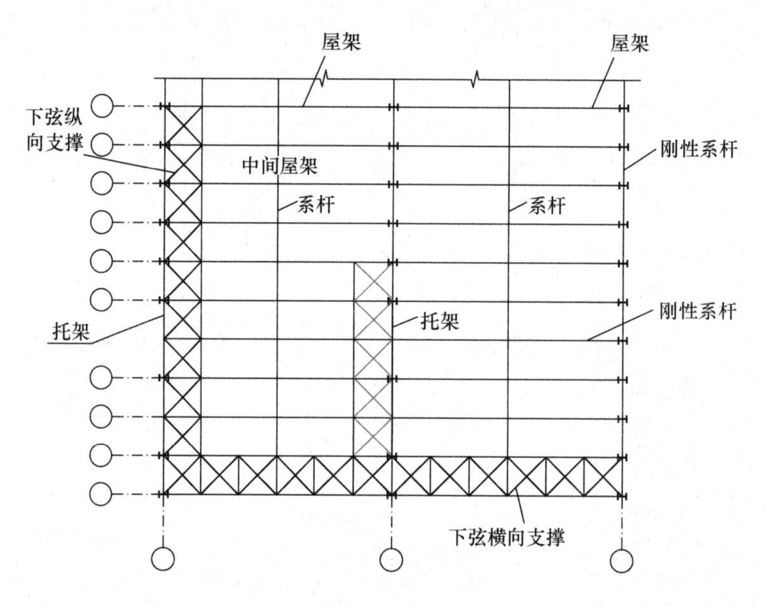

图 4-13 托架处下弦纵向支撑布置

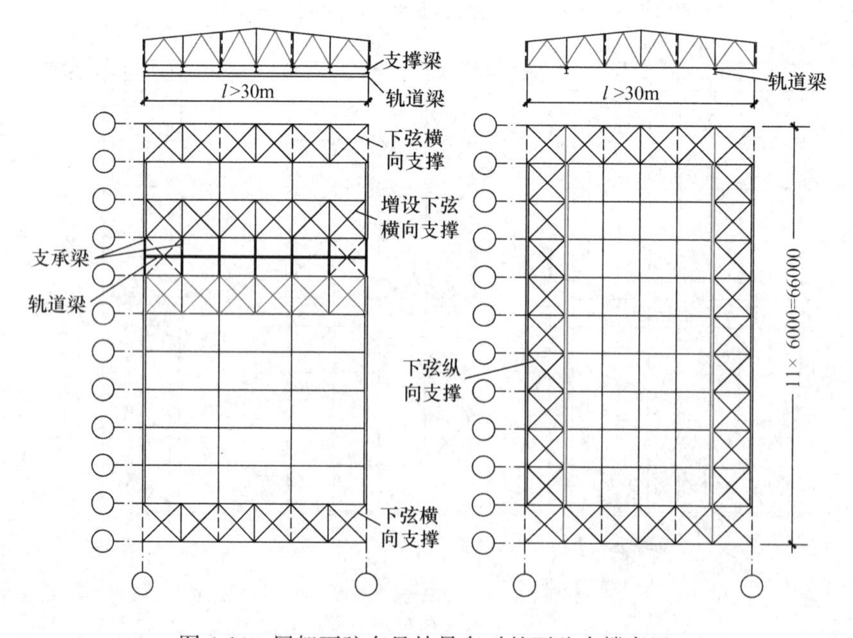

图 4-14 屋架下弦有悬挂吊车时的下弦支撑布置

凡属下列情况之一者，宜设置屋架下弦横向支撑：

① 屋架跨度大于等于18m时；

② 屋架下弦设有悬挂吊车，厂房内有吨位较大的桥式吊车或有振动设备时；

③ 端墙抗风柱支撑于屋架下弦时；

④ 屋架下弦设有通长的纵向支撑时。

下弦横向支撑应布置在有上弦横向支撑的同一开间内，使这一开间形成稳定的空间体系。

2）下弦纵向支撑的作用和布置

下弦纵向支撑的作用主要是与横向支撑一起形成封闭体系以增强屋盖的空间刚度（图4-12c），并承受和传递吊车横向水平制动力。当有托架时，在托架处必须布置下弦纵向支撑，并由托架两端各延伸一个柱间（图4-13），以保证托架在平面外的稳定。凡属下列情况之一者，宜设置屋架下弦纵向支撑：

① 当厂房内设置重级工作制吊车或起重量较大的中、轻级工作制吊车时；

② 当厂房排架计算考虑空间工作时；

③ 厂房内设有较大的振动设备时；

④ 屋架下弦有纵向或横向吊轨时；

⑤ 当房屋跨度较大、高度较高而空间刚度要求大时；

⑥ 当设有托架时，在托架处局部加设下弦纵向支撑，并向托架两端各延伸一个柱间。

图4-14是屋架下弦有悬挂吊车时的下弦支撑布置图。

（3）竖向支撑的布置和作用

竖向支撑的主要作用是使相邻两屋架形成几何不变的空间体系，以保证屋架在使用和安装时的侧向稳定。竖向支撑应布置在设有上弦横向支撑的开间内，按下列要求布置：

1）对于梯形屋架和平行弦屋架，当屋架跨度小于等于30m时，应在屋架跨中和两端的竖杆平面内各布置一道竖向支撑（图4-12的1-1剖面）；当屋架跨度大于30m时，在无天窗的情况下，应在屋架跨度$L/3$处的竖杆平面内和屋架两端各布置一道竖向支撑，在有天窗时，竖向支撑可布置在天窗脚下的屋架竖杆平面内。

2）三角形屋架当跨度小于等于18m时，应在屋架中间布置一道竖向支撑，当跨度大于18m时，应按具体情况布置两道竖向支撑。

竖向支撑除在设有上弦横向支撑的开间内布置外，为保证屋架安装时的稳定性，每隔4～5个开间应布置一道竖向支撑。

（4）系杆的作用和布置要点

系杆的作用是保证无支撑开间处屋架的侧向稳定、减少弦杆的计算长度以及传递水平荷载。

系杆有刚性系杆（压杆）和柔性系杆（拉杆)。刚性系杆一般由两个角钢组成十字形截面，柔性系杆一般采用单角钢。系杆在上、下弦杆平面内按下列原则布置：

1）在一般情况下，竖向支撑平面内的屋架上、下弦节点处应设置通长的系杆；

2）在屋架支座节点处和上弦屋脊节点处应设置通长的刚性系杆；

3）当屋架横向支撑设在厂房两端的或温度缝区段的第二开间时，则在支撑节点与第一榀屋架之间应设置刚性系杆。其余可采用柔性或刚性系杆。

在屋架支座节点处如设有纵向连系钢梁或钢筋混凝土圈梁，则支座处下弦刚性系杆可以省去。在有檩屋盖中，檩条可以代替上弦水平系杆。在无檩屋盖中，大型屋面板可以代替上弦刚性系杆。

2. 支撑的形式、计算和构造

屋盖支撑一般都是平行弦桁架（图 4-15，图 4-16)。屋架上弦横向支撑、下弦横向支撑和下弦纵向支撑的腹杆大多采用十字交叉体系（图 4-15a)。这种形式刚度较大，用料省。斜腹杆按拉杆设计，可采用单角钢；对于跨度较小，起重量不大的厂房也可用圆钢，圆钢直径 $d \geqslant 16$mm，且宜用花篮螺丝拉紧。竖向支撑的腹杆形式见图 4-15(a)、(b)、(c)、(d)，图 4-15(a)、(b) 的交叉斜腹杆按拉杆计算。上、下弦杆应采用双角钢组成 T 形截面，上弦亦可由檩条代替。支撑中的刚性系杆按压杆计算，采用双角钢组成十字形或 T 形截面；柔性系杆可按拉杆计算，采用单角钢即可。

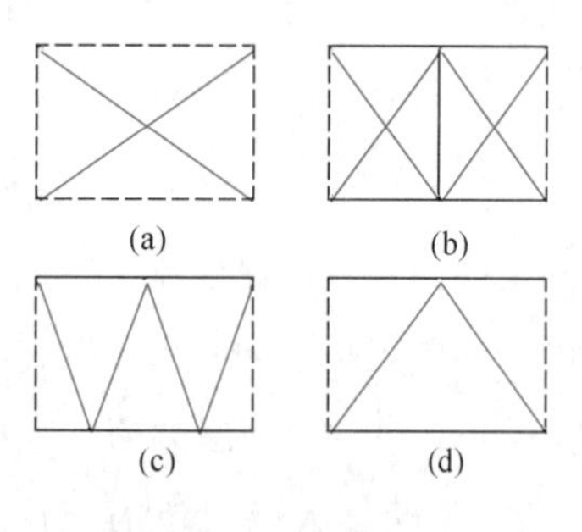

图 4-15　支撑形式

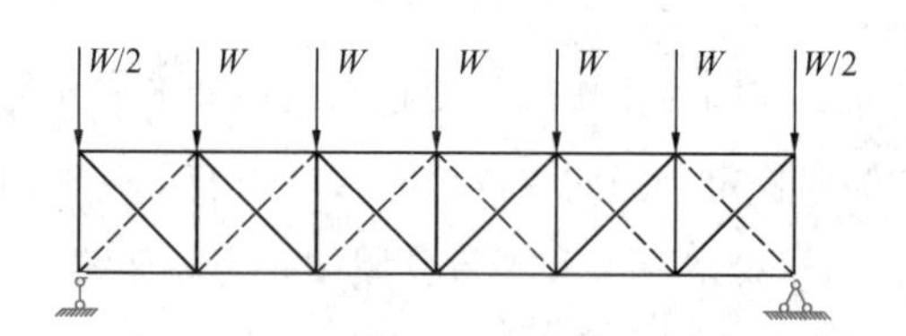

图 4-16　支撑桁架杆件计算简图

屋架支撑的受力较小，截面尺寸大多由杆件的容许长细比和构造要求而定。按压杆设计的容许长细比为 200，按拉杆设计的容许长细比为 400，但有重级工作制吊车的厂房中拉杆容许长细比为 350。

当屋架跨度较大，屋架下弦标高大于 15m，基本风压大于 0.5kN/m^2 时，屋架各部位的支撑杆件除满足容许长细比的要求外，尚应根据所受的荷载按桁架体系计算出内力，杆件截面按所得的内力确定。计算支撑杆件内力时，可将屋面支撑展开为平面桁架，假定在水平荷载作用下，每个节间只有一个受拉的斜杆参加工作（图4-16）。图中W为支撑节点上的水平节点荷载，由风荷载或吊车荷载引起。

支撑与屋架的连接构造要简单，安装应方便。角钢支撑与屋架一般采用C级普通螺栓连接，螺栓一般为M20（直径20mm），杆件每端至少有两个螺栓。在有重级工作制吊车或较大振动设备的厂房，除粗制螺栓外，还应加安装焊缝。施焊时，不容许屋架满载。焊缝长度大于等于80mm，焊脚尺寸$h_f \geqslant 6$mm。仅采用螺栓连接而不加焊缝时，在构件校正固定后，可将外露螺纹打毛或将螺栓与螺母焊接，以防松动。

4.3.3 开口截面杆件钢屋架的设计与构造

普通钢屋架一般由角钢作杆件，通过节点板焊接连成整体。屋盖承受较大荷载时，也可用H型钢、工字钢作构件。作为入门，本书只介绍角钢杆件。

1. 计算屋架杆件内力时的基本假定

（1）屋架的节点为铰接；

（2）屋架所有杆件的轴线平直且都在同一平面内相交于节点的中心；

（3）荷载都作用在节点上，且都在屋架平面内。

满足上述假定后，杆件内力将是轴心拉力或压力。上述假定是理想的情况，实际上由于节点的焊缝连接具有一定的刚度，杆件不能自由转动，因此节点不是理想铰接，在屋架杆件中还有一定的次应力。根据分析，对于角钢组成的T形截面，次应力对屋架的承载能力影响较小，设计时可不予考虑。但对于刚度较大的箱形或H形截面，且在桁架平面内的杆件截面高度与其几何长度（节点中心间的距离）之比大于1/10（对弦杆）或大于1/15（对腹杆）时，应考虑节点刚性引起的次弯矩。其次由于制造的偏差和构造等原因，杆件轴线不一定交于节点中心，外荷载也可能不完全作用在节点上，所以节点上受力可能有偏心。

如果上弦有节间荷载，应先将荷载换算成节点荷载，才能计算各杆件的内力。在设计上弦时，还应考虑节间荷载在上弦引起的局部弯矩，上弦按压弯杆件计算。

2. 屋架分析时的荷载组合

屋架内力应根据使用过程和施工过程可能出现的最不利荷载组合计算。此处把所有荷载分为永久荷载和可变荷载两大类。在屋架设计时，以下三种荷载组合可能导致屋架内力的最不利情况：

①永久荷载＋全跨可变荷载；

②永久荷载＋半跨可变荷载；

③屋架、支撑和天窗架自重＋半跨屋面板重＋半跨屋面活荷载，这项组合在采用大型预制钢筋混凝土屋面板时应予考虑。但如果安装过程中在屋架两侧对称均匀铺设屋面板，则可

以不考虑这种荷载组合。

梯形屋架中，屋架上、下弦杆和靠近支座的腹杆常按第一种组合计算；跨中附近的腹杆在第二、三种荷载组合下可能内力为最大而且可能变号。

采用轻质屋面材料的屋架，在风荷载为吸力时的作用下，原来受拉的杆件可能变为受压。另外，对于采用轻质屋面的厂房，要注意在框排架分析时求得的柱顶最大剪力会使屋架下弦出现内力变号（即压力）或附加内力。

3. 内力计算

（1）轴心力

屋架杆件的轴向力一般通过计算机分析求出。但用数解法手算得出桁架内力是工程师现场解决问题需具备的本领。在某些结构设计手册中有常用屋架的内力系数表。利用手册计算屋架内力时，只要将屋架节点荷载乘以相应杆件的内力系数，即得该杆件的内力。

（2）上弦局部弯矩

上弦有节间荷载时，除轴向力外，还有局部弯矩。可近似地按简支梁计算出跨间最大弯矩 M_0，然后再乘以调整系数。端节点的正弯矩取 $M_1=0.8M_0$，其他节间的正弯矩和节点负弯矩取 $M_2=0.6M_0$（图 4-17）。

当屋架与柱刚接时除上述计算的屋架内力外，还应考虑框架分析时所得的屋架端弯矩对屋架杆件内力的影响（图 4-18）。

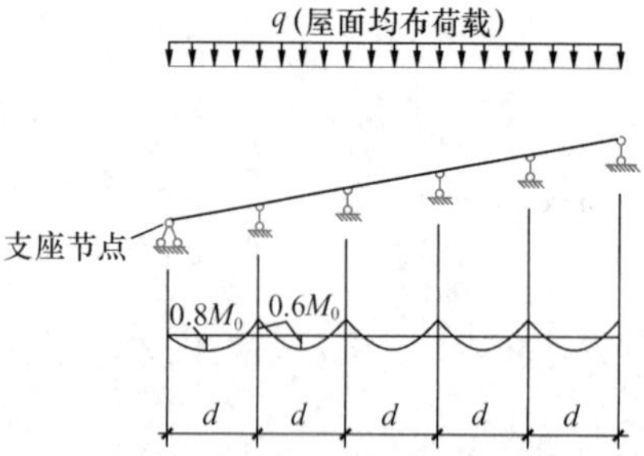

图 4-17　局部弯矩计算简图

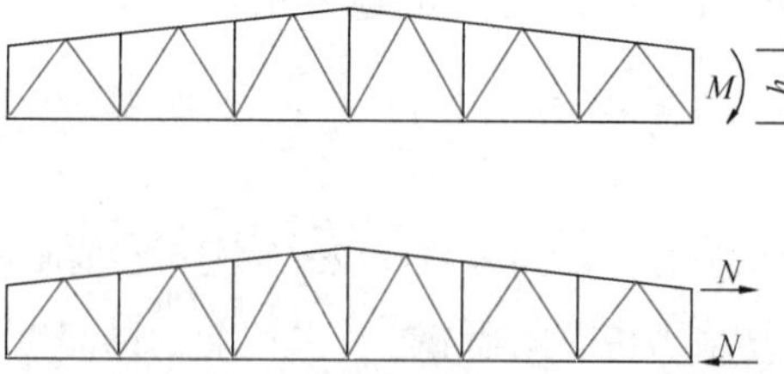

图 4-18　屋架端弯矩的作用

按图 4-18 的计算简图算出的屋架杆件内力与按铰接屋架计算的内力进行组合，取最不利情况的内力设计屋架的杆件。

4. 屋架杆件设计

（1）屋架杆件的计算长度

在理想铰接的屋架中，杆件的计算长度在屋架平面内应是节点中心的距离。但实际上屋架各杆件是通过节点板焊接在一起的，节点本身具有一定的刚度，节点上还有受拉杆件的约束作用，故节点是介于刚接和铰接之间的弹性嵌固。拉杆越多，约束作用越大，压杆的计算长度越小。弦杆、支座斜杆、支座竖杆因内力较大，截面亦大，其他杆件在节点处对它们的约束作用较小，同时考虑到这些杆件在屋架中比较重要，所以这些杆件在屋架平面内的计算长度取节点间的轴线长度，即 $l_{0x}=l$；其他受压腹杆考虑节点处所受其他受拉杆件的约束作用，计算长度 $l_{0x}=0.8l$（图 4-19）。

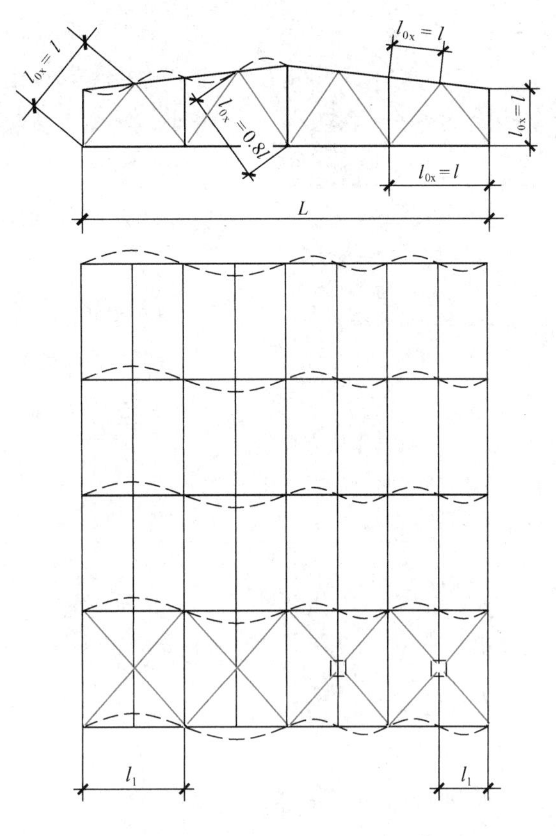

图 4-19　屋架杆件计算长度

屋架弦杆在平面外的计算长度 l_{0y} 等于横向支撑节点间的距离。无横向支撑的开间，则由纵向系杆作为支撑点。系杆的间距与横向支撑点间距相同，因此弦杆平面外的计算长度亦取支撑节点或系杆之间的距离(图 4-19)。腹杆在屋架平面外的计算长度等于两端节点间的距离。

屋架中的单角钢杆件与双角钢组成的十字形杆件由于截面主轴不在屋架平面内，有可能斜向失稳，考虑杆件两端节点对它有一些约束作用，这种截面腹杆的计算长度 $l_0=0.9l$。

当屋架弦杆侧向支承点的距离为两倍节间长度，且两个节间弦杆的内力不相等（图 4-20a）时，弦杆在平面外的计算长度按下式计算：

$$l_0=l_1\left(0.75+0.25\frac{N_2}{N_1}\right)\geqslant 0.5l_1 \tag{4-11}$$

式中　N_1——较大的压力，计算时取正号；

N_2——较小的压力或拉力，计算时压力取正号，拉力取负号。

再分式腹杆（图 4-20b 中杆 ABC）中的受压杆件在屋架平面外的计算长度亦按公式（4-11)计算（图 4-20b)。在屋架平面内的计算长度，则取节间长度。

当为交叉腹杆时，在屋架平面内的计算长度应取节点中心到交叉点之间的距离；在屋架平面外的计算长度的确定方法参见 3.6.2 节的说明。

（2）容许长细比

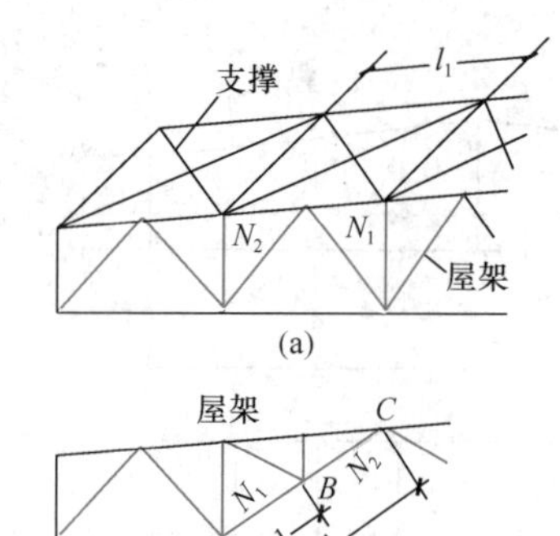

图 4-20　杆件轴压力在侧向支承点之间有变化的桁架简图

（a）弦杆；（b）腹杆

钢屋架的杆件截面较小，长细比较大，在自重作用下会产生挠度，在运输和安装过程中容易因刚度不足而产生弯曲，在动力荷载下振幅较大，这些问题都不利于杆件的工作。故现行国家标准《钢结构设计标准》GB 50017 对桁架杆件容许长细比[λ]有如下规定：

1）压杆

桁架和天窗架中的杆件：[λ]=150；

内力设计值不超过承载能力 50%的腹杆：[λ]=200；

跨度等于或大于 60m 的桁架的弦杆和端压杆：[λ]=120。

2）拉杆

直接承载动力荷载的桁架杆件：[λ]=250；

其他情况下的桁架杆件：[λ]=350；

跨度等于或大于 60m 且非直接承受动力荷载的桁架杆件：[λ]=300。

（3）杆件设计

1）截面形式

普通钢屋架的杆件一般采用两个等肢或者不等肢角钢组成的 T 形截面或十字形截面。这些截面能使两个主轴的回转半径与杆件在屋架平面内和平面外的计算长度相配合，使两个方向的长细比接近，以达到用料经济、连接方便，且具有较大的承载能力和抗弯刚度。屋架杆件截面可参考表 4-2 选用。

对于屋架上弦，当无局部弯矩时，因屋架平面外计算长度往往是屋架平面内计算长度的两倍，要使 $\lambda_x \approx \lambda_y$，必须使 $i_y = 2i_x$，上弦宜采用两个不等边角钢，短肢相并而长肢水平的 T 形截面形式。如有较大的局部弯矩，为提高上弦在屋架平面内的抗弯能力，宜采用不等边角钢长肢相并，短肢水平的 T 形截面。如有特殊需要，上弦亦可采用槽钢或组合格构式截面。

对于屋架的支座斜杆，由于它在屋架平面内和平面外计算长度相等，应使截面的 $i_x = i_y$。因此，采用两个不等边角钢，长肢相并的 T 形截面比较合理。

受拉下弦杆，平面外的计算长度大，一般都选用不等边角钢，长肢水平，短肢相并。这样对连接支撑也比较方便。

其他腹杆，因为 $l_{0y} = 1.25 l_{0x}$，故要求 $i_y = 1.25 i_x$，宜采用两个等边角钢组成的 T 形截面。与竖向支撑相连的腹杆宜采用两个等边角钢组成的十字形截面，使竖向支撑与屋架节点连接不产生偏心。受力特别小的腹杆可采用单角钢杆件。在无特殊要求情况下，应尽量采用等边角钢，因为等边角钢备料方便。

屋架杆件截面形式　　表 4-2

项次	杆件截面组合方式	截面形式	回转半径的比值	用　途
1	二不等边角钢短肢相并		$\frac{i_y}{i_x}\approx 2.6\sim 2.9$	计算长度 l_{0y} 较大的上、下弦杆
2	二不等边角钢长肢相并		$\frac{i_y}{i_x}\approx 0.75\sim 1.0$	端斜杆、竖斜杆、受较大弯矩作用的弦杆
3	二等边角钢相并		$\frac{i_y}{i_x}\approx 1.3\sim 1.5$	其余腹杆、下弦杆
4	二等边角钢组成的十字形截面		$\frac{i_y}{i_x}\approx 1.0$	与竖向支撑相连的屋架竖杆
5	单角钢			内力较小的杆件

为了使两个角钢组成的杆件能起整体作用，应在两角钢相并肢之间焊上填板（图 4-21）。填板厚度与节点板厚度相同，填板宽度一般取 50～80mm，长度比角钢肢宽出 20～30mm，以便于与角钢焊接。填板间距在受压杆件中不大于 $40i$，在受拉杆件中不大 $80i$。在 T 形截面中 i 为一个角钢对平行于填板自身轴心轴（即图 4-21 中 y 轴）的回转半径，在十字形截面中 i 为一个角钢的最小回转半径。在杆件的计算长度范围内至少设置两块填板。如果只在杆件中设置一块填板，则由于填板处剪力为零而不起作用。

2）截面选择

选择截面时应满足下列要求：

①为了便于订货和下料，在同一榀屋架中角钢规格不宜过多，一般不超过5～6种；

②为了防止杆件在运输和安装过程中产生弯曲和损坏，角钢的尺寸不宜小于 L45×4 或

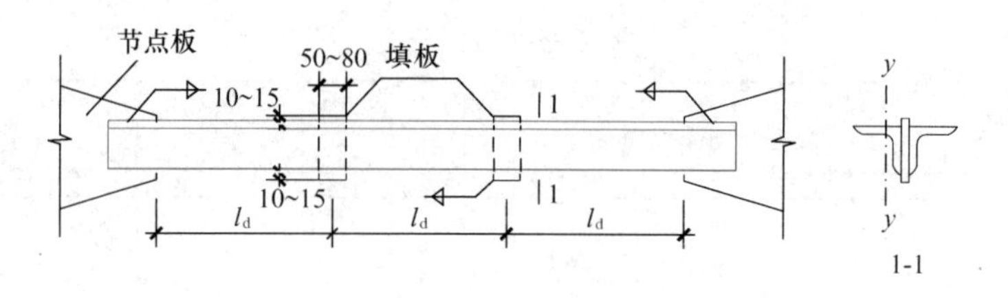

图 4-21　屋架杆件的填板布置

L56×36×4；

③应选用肢宽而壁薄的角钢，使回转半径大些，这对压杆更为重要；

④屋架弦杆一般采用等截面，但对跨度大于 30m 的梯形屋架和跨度大于 24m 的三角形屋架，可根据材料长度和运输条件在节点处或节点附近设置接头，并按内力变化改变弦杆截面，但在半跨内只能改变一次。改变截面的方法是变更角钢的肢宽而不改变壁厚，以便于弦杆拼接的构造处理。

截面选择后，所有杆件都应作强度、稳定性、刚度的校核。

3）强度计算

按以下公式计算杆件的截面强度：

$$\sigma = \frac{N}{A} \leqslant f \tag{4-12a}$$

$$\sigma = \frac{N}{A_n} \leqslant 0.7 f_u \tag{4-12b}$$

式中　N——杆件的轴力设计值；

A、A_n——杆件的毛截面面积和净截面面积；

f、f_u——钢材的强度设计值和设计标准规定的钢材抗拉强度。

4）杆件整体稳定计算

按以下公式计算杆件的整体稳定性：

$$\frac{N}{\varphi A f} \leqslant 1.0 \tag{4-13}$$

式中　A——杆件的毛截面面积；

φ——杆件轴心受压稳定系数，根据杆件长细比、钢材屈服强度，由附录 4 附表 4-2-1 和附表 4-2-2 确定；对两肢相并的双角钢构件，其 x 轴为非对称轴，y 轴为对称轴（参见表 4-2），计算长细比应按下列规定：

对 x 轴：$\lambda_x = l_{0x}/i_x$；　(4-14)

对 y 轴：应考虑弯扭效应，取换算长细比 λ_{yz}，可按以下近似方法计算：

对等边双角钢截面，$\lambda_z = 3.9\dfrac{b}{t}$

当 $\lambda_y \geqslant \lambda_z$ 时：
$$\lambda_{yz} = \lambda_y \left[1 + 0.16\left(\frac{\lambda_z}{\lambda_y}\right)^2\right] \tag{4-15a}$$

当 $\lambda_y < \lambda_z$ 时：
$$\lambda_{yz} = \lambda_z \left[1 + 0.16\left(\frac{\lambda_y}{\lambda_z}\right)^2\right] \tag{4-15b}$$

对长肢相并的不等边双角钢截面，$\lambda_z = 5.1\dfrac{b_2}{t}$

当 $\lambda_y \geqslant \lambda_z$ 时：
$$\lambda_{yz} = \lambda_y \left[1 + 0.25\left(\frac{\lambda_z}{\lambda_y}\right)^2\right] \tag{4-16a}$$

当 $\lambda_y < \lambda_z$ 时：
$$\lambda_{yz} = \lambda_z \left[1 + 0.25\left(\frac{\lambda_y}{\lambda_z}\right)^2\right] \tag{4-16b}$$

对短肢相并的不等边双角钢截面，$\lambda_z = 3.7\dfrac{b_1}{t}$

当 $\lambda_y \geqslant \lambda_z$ 时：
$$\lambda_{yz} = \lambda_y \left[1 + 0.06\left(\frac{\lambda_z}{\lambda_y}\right)^2\right] \tag{4-17a}$$

当 $\lambda_y < \lambda_z$ 时：
$$\lambda_{yz} = \lambda_z \left[1 + 0.06\left(\frac{\lambda_y}{\lambda_z}\right)^2\right] \tag{4-17b}$$

式中　l_{0x}、l_{0y}——杆件对 x 轴和 y 轴的计算长度；

λ_y——对 y 轴的长细比；$\lambda_y = \dfrac{l_{0y}}{i_y}$ ；

i_x、i_y——双角钢截面回转半径；

b、b_1、b_2——分别为等边角钢肢的宽度，不等边角钢长肢宽度和短肢宽度；

t——角钢壁厚。

5）杆件刚度计算

$$\lambda_x \leqslant [\lambda] \tag{4-18a}$$

$$\lambda_y \leqslant [\lambda] \tag{4-18b}$$

5. 屋架节点设计

(1) 节点设计的基本要求

1）各杆件的形心线应尽量与屋架的几何轴线重合，并交于节点中心，以避免由于偏心而产生的节点附加弯矩。但考虑到制造上的方便，角钢肢背到屋架轴线的距离一般取 5mm 的倍数。例如 L90×6 角钢，其形心线距离肢背为 2.44cm，则角钢肢背到屋架几何轴线的距离可采用 2.5cm；又如角钢 L80×5，其形心线距离肢背为 2.15cm，则角钢肢背到屋架几何轴线的距离可采用 2.0cm。当屋架弦杆截面有改变时，为了减少偏心和使肢背平齐，应使两个角钢形心线之间的中线与屋架的轴线重合（图 4-22）。如轴线变动不超过较大弦杆截面高度的 5%，计算时可不考虑由此引起的偏心弯矩。

2）当屋架各杆件用节点板连接时，弦杆与腹杆之间以及腹杆与腹杆之间的间隙，不宜小于 20mm。屋架杆件端部切割面宜与轴线垂直，如图 4-23(a) 所示。为了减少节点板的尺

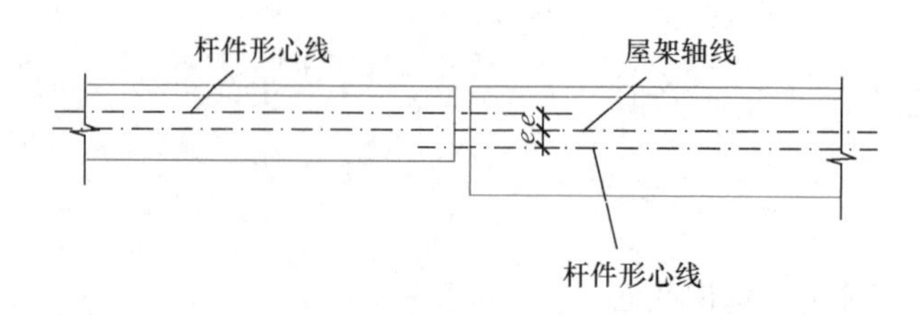

图 4-22　弦杆截面改变时的轴线位置

寸，也可采用图 4-23(b) 的斜切。图 4-23(c) 和 (d) 的切割形式一般不宜采用。

3) 节点板的形状应尽可能简单而有规则，一般至少有两边平行，如矩形、直角梯形等。节点板不应有凹角，以防止产生严重的应力集中。节点板的尺寸应尽可能使连接焊缝中心受力，如图 4-24(a) 所示。图 4-24(b) 的受力有偏心，不宜采用。节点板应有足够的刚度，以保证弦杆与腹杆的内力能安全的传递。节点板内应力分布比较复杂，节点板的厚度可根据腹杆（梯形屋架）或弦杆（三角形屋架）的最大内力按表 4-3 选用，但不得小于 6mm。同一榀屋架中所有节点板的厚度应该相同，但支座节点板应比其他节点板厚 2mm。节点板不得作为拼接弦杆用的主要传力构件。节点板的平面尺寸在布置各杆件的焊缝后确定，确定时应适当考虑制作和装配的误差。

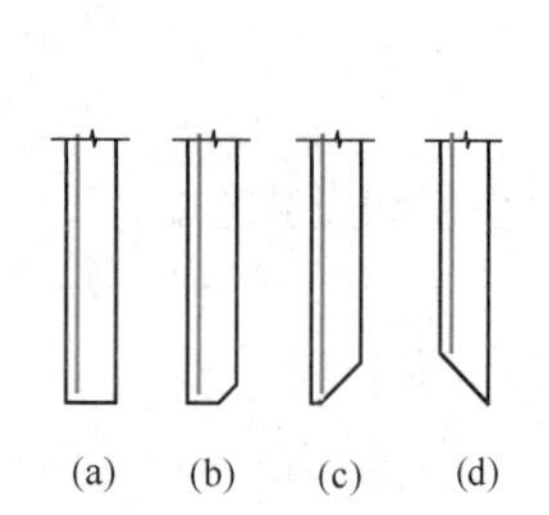

图 4-23　屋架杆件端部切割形式

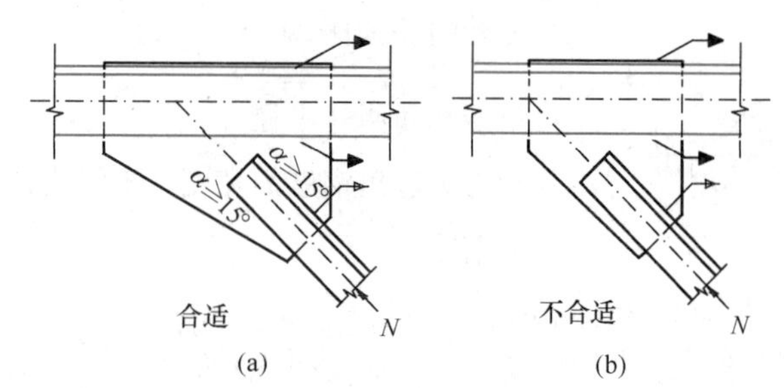

图 4-24　节点板焊缝位置

屋架节点板厚度选用表　　表 4-3

梯形屋架腹杆最大内力或三角形屋架弦杆最大内力（kN）	节点板的钢号	Q235 钢	≤190	200～310	320～500	510～690	700～940	950～1190	1200～1560	1570～1950
		Q345 钢	≤250	260～380	390～560	570～750	760～1000	1010～1250	1260～1630	1640～2000
节点板的厚度（mm）			6	8	10	12	14	16	18	20

(2) 节点的计算和构造

节点设计时，先根据腹杆内力，计算连接焊缝的长度和焊脚尺寸。焊脚尺寸一般取等于或小于角钢肢厚。根据节点上各杆件的焊缝长度，并考虑杆件之间应留的间隙以及适当考虑制作和装配的误差确定节点板的形状和平面尺寸，然后验算弦杆与节点板的焊缝。对于单角钢杆件的单面连接，由于角钢受力偏心，计算焊缝时，应将焊缝强度设计值乘以 0.85 的折减系数，焊缝的尺寸尚应满足构造要求。以下具体说明各种节点的计算：

1）上弦节点（图4-25）

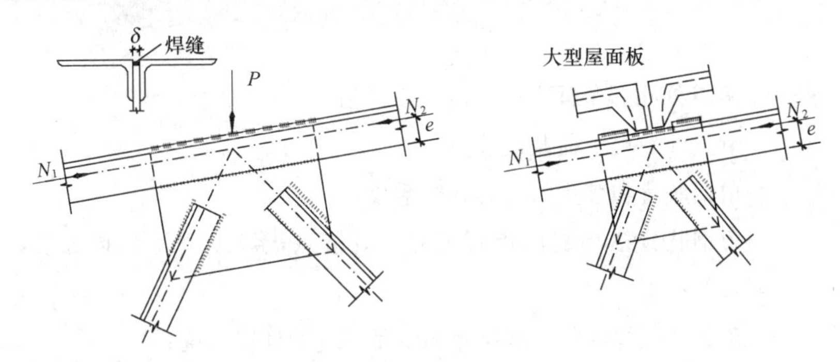

图4-25 屋架上弦节点

节点板与腹杆的连接采用角焊缝，其焊缝长度按下列公式计算：

$$l_{w1}=\frac{K_1 N}{2\times0.7h_{f1}f_f^w}+2h_{f1} \tag{4-19a}$$

$$l_{w2}=\frac{K_2 N}{2\times0.7h_{f2}f_f^w}+2h_{f2} \tag{4-19b}$$

式中 N——腹杆轴力设计值；

l_{w1}、l_{w2}——角钢肢背与肢尖的焊缝长度，按上式计算的值是最小长度，设计时通常取5mm的整数倍，施工时一般将杆件搭在节点板上的长度全部焊满；

h_{f1}、h_{f2}——角钢肢背与肢尖处的焊脚尺寸；

f_f^w——角焊缝强度设计值；

K_1、K_2——角钢肢背与肢尖焊缝上的内力分配系数，对长肢相并的不等边双角钢，分别取0.65和0.35；对短肢相并的不等边双角钢，分别取0.75和0.25；对等肢角钢，分别取0.7和0.3。

一般上弦节点总有集中外力作用，例如大型屋面板的肋或檩条传来的集中荷载，在计算上弦与节点板的连接焊缝时，应考虑上弦杆内力与集中荷载的共同作用。

上弦节点因需搁置屋面板或檩条，故常将节点板缩进角钢背而采用槽焊缝连接，节点板缩进角钢背的距离应不少于节点板厚度的一半加2mm，但不大于节点板厚度。槽焊缝可作为两条角焊缝计算，其强度设计值应乘以0.8的折减系数。对梯形屋架计算时略去屋架上弦坡度的影响，假定集中荷载P与上弦垂直，上弦与节点板的连接焊缝按下列公式计算：上弦肢背槽焊缝的计算公式为

$$\frac{\sqrt{[K_1(N_1-N_2)]^2+\left(\frac{P}{2}/1.22\right)^2}}{2\times0.7h_{f1}l_{w1}}\leqslant0.8f_f^w \tag{4-20a}$$

上弦肢尖角焊缝的计算公式为

$$\frac{\sqrt{[K_2(N_1-N_2)]^2+\left(\frac{P}{2}/1.22\right)^2}}{2\times0.7h_{f2}l_{w2}}\leqslant f_f^w \tag{4-20b}$$

式中 N_1、N_2——节点处相邻节间上弦的内力设计值；

P——节点处的集中荷载设计值；

K_1、K_2——角钢肢背和肢尖的内力分配系数；

h_{f1}、l_{w1}——角钢肢背槽焊缝的焊脚尺寸（取节点板厚度之半）和每条焊缝的计算长度；

h_{f2}、l_{w2}——角钢肢尖焊缝的焊脚尺寸和每条焊缝的计算长度；

f_f^w——角焊缝的强度设计值。

上弦节点亦可按下述方法计算：集中荷载 P 由角钢肢背槽焊缝承受，而上弦节点相邻节间的内力差（N_1-N_2）由角钢肢尖与节点板的角焊缝承受，并考虑由此产生的偏心力矩 $M=(N_1-N_2)e$（图 4-25）。

上弦肢背槽焊缝计算

$$\sigma_f=\frac{\frac{P}{1.22}}{2\times0.7h_{f1}l_{w1}}\leqslant0.8f_f^w \tag{4-21}$$

上弦肢尖角焊缝计算

$$\tau_f^N=\frac{N_1-N_2}{2\times0.7h_{f2}l_{w2}} \tag{4-22a}$$

$$\sigma_f^M=\frac{6M}{2\times0.7h_{f2}l_{w2}^2} \tag{4-22b}$$

$$\sqrt{(\tau_f^N)^2+\left(\frac{\sigma_f^M}{1.22}\right)^2}\leqslant f_f^w \tag{4-22c}$$

式中的符号与前面相同。

2）下弦节点（图 4-26）

弦杆与节点板的连接焊缝，当节点上无外荷载时（图 4-26a），仅承受下弦相邻节间的内力差 $\Delta N=N_1-N_2$，而 ΔN 一般都很小，故焊脚尺寸可由构造要求而定。当节点上有集中荷载作用时（图 4-26b），下弦肢背与节点板的连接角焊缝按下式计算：

$$\frac{\sqrt{[K_1(N_1-N_2)]^2+\left(\frac{P}{2}/1.22\right)^2}}{2\times0.7h_{f1}l_{w1}}\leqslant f_f^w \tag{4-23a}$$

下弦肢尖与节点板的连接角焊缝按下式计算：

$$\frac{\sqrt{[K_2(N_1-N_2)]^2+\left(\frac{P}{2}/1.22\right)^2}}{2\times0.7h_{f2}l_{w2}}\leqslant f_f^w \tag{4-23b}$$

式中 N_1、N_2——下弦节点相邻节间的轴向力设计值；

P——下弦节点荷载设计值；

K_1、K_2——角钢肢背和肢尖的内力分配系数；

h_{f1}、l_{w1}——角钢肢背焊缝的焊脚尺寸和每条焊缝的计算长度；

h_{f2}、l_{w2}——角钢肢尖焊缝的焊脚尺寸和每条焊缝的计算长度。

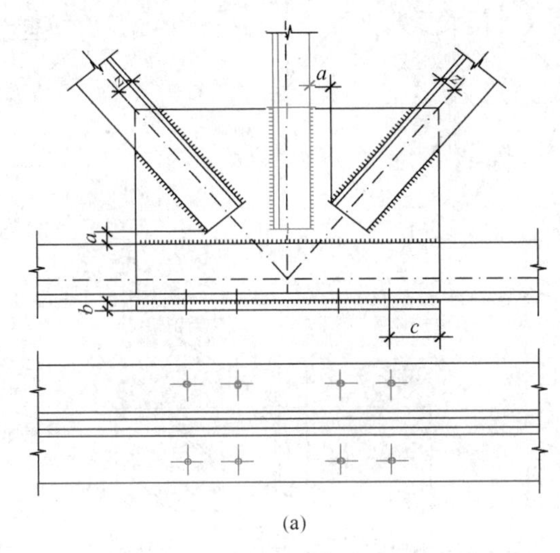

(a)

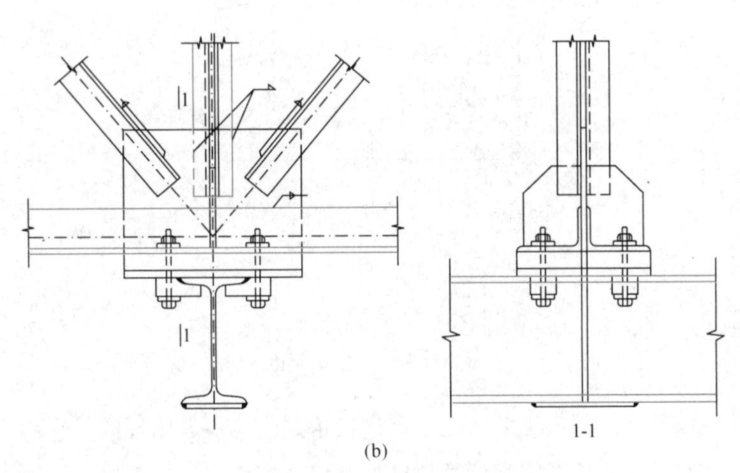

(b)

图 4-26 屋架下弦节点

(a) 下弦节点无吊轨；(b) 下弦节点有吊轨

3) 屋脊节点（图 4-27）

屋架上弦一般都在屋脊节点处用两根与上弦相等截面的角钢拼接。两角钢需热弯成型。当屋面坡度较大时，可将拼接角钢的竖向肢切斜口弯曲后焊接。为了使拼接角钢与弦杆之间能够密合而便于施焊，需将拼接角钢的棱角削圆，并把竖向肢切去 $\Delta=t+h_f+5\text{mm}$（t 是角钢的肢厚）。拼接角钢的这些削弱可以由节点板来补偿。实际上，对于上弦受压，这些削弱并不影响节点的

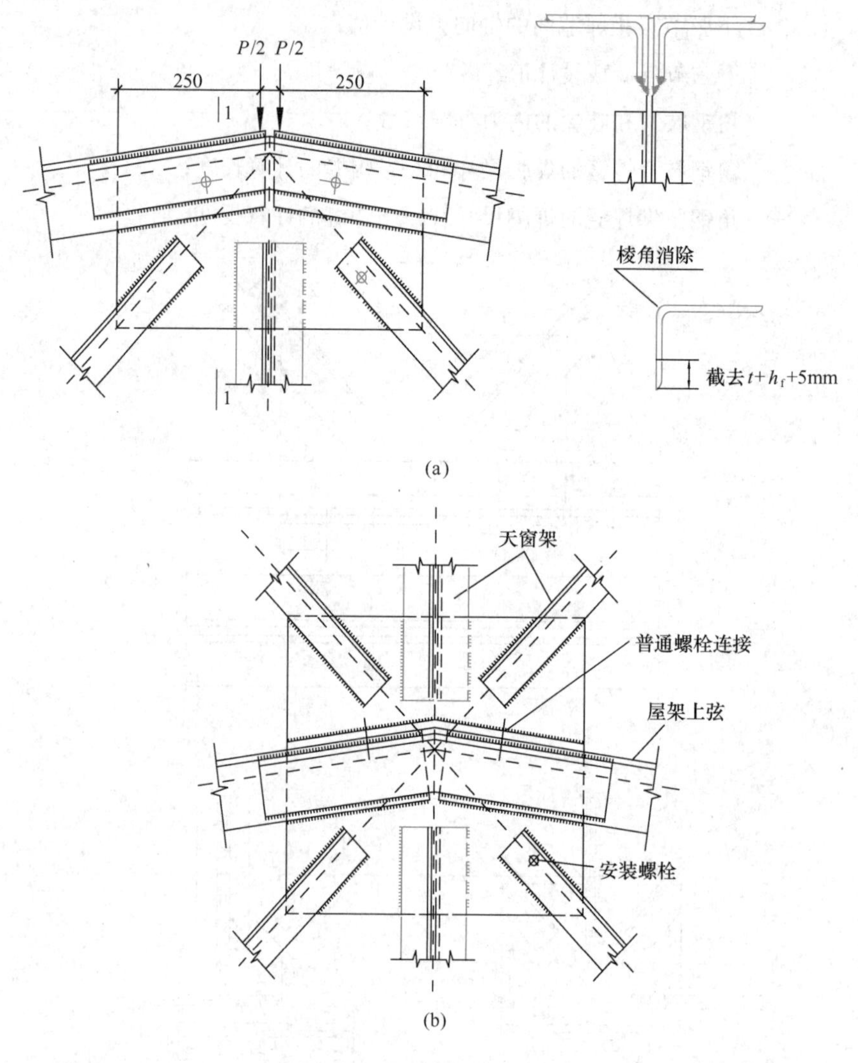

图 4-27　屋脊节点

(a) 无天窗；(b) 有天窗

承载能力，因为上弦截面由稳定计算而定。该拼接角钢应能传递弦杆的最大内力，且有四条焊缝用于传力。焊缝的实际长度应为计算长度加两倍的焊脚尺寸。拼接角钢所需的长度为两倍实际焊缝长度加10mm。考虑到拼接节点的刚度，拼接角钢的长度不应小于600mm。

计算上弦与节点板的连接焊缝时，假定节点荷载 P 由上弦角钢肢背处的槽焊缝承受，按公式（4-21）计算。上弦角钢肢尖与节点板的连接焊缝按上弦内力的15%计算，并考虑此力产生的弯矩 $M=0.15N\times e$。

当屋架上弦的坡度较大时，拼接角钢与上弦杆之间的连接焊缝按上弦内力计算，而上弦杆与节点板之间的连接焊缝计算时，则取上弦内力的竖向分力与节点荷载的合力和上弦内力的15%两者中的较大值。

当屋架的跨度较大时，需将屋架分成两个运输单元，在屋脊节点和下弦跨中节点设置工地拼接（图4-27和图4-28）。左半边的上弦、斜杆和竖杆与节点板的连接为工厂焊缝，而右半边的上弦、斜杆与节点板的连接为工地焊缝。拼接角钢与上弦的连接全用工地焊缝。为了便于工地焊接，需设置临时性的安装螺栓。

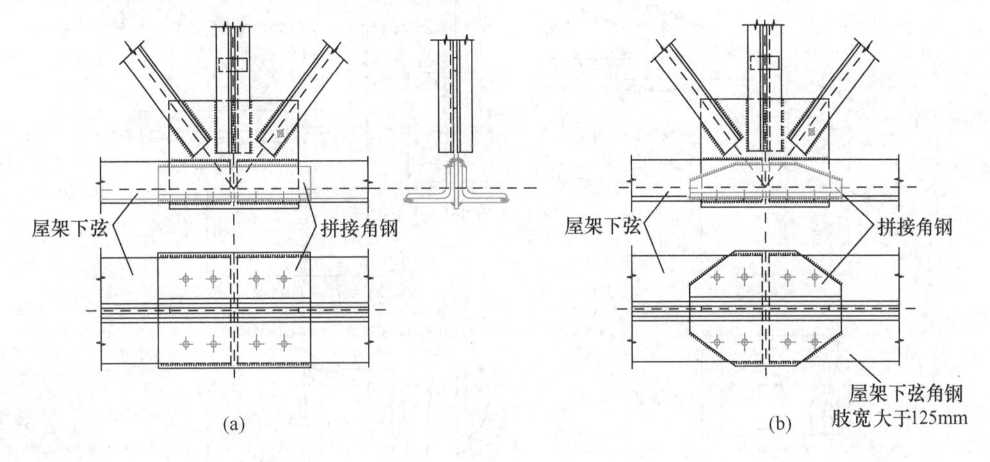

图4-28　下弦拼接节点

当屋架上弦设置天窗架时，天窗架与屋架上弦一般采用普通螺栓连接，见图4-27(b)。

4）下弦拼接节点（图4-28）

下弦一般都用与下弦杆件尺寸相同的角钢来拼接。在下弦拼接处应保持原有的刚度和强度，其构造与屋脊节点相同。如果下弦的内力很大，为了防止在节点板中产生过大的应力，可以采用比弦杆角钢肢厚度大的连接角钢。

图4-28（a）表示用端部直切的角钢连接，在内力传递时，由于力线转折而引起较大的应力集中。故当角钢肢宽大于125mm时，应将连接角钢的肢端斜切，使内力均匀传递。如图4-28（b）所示。

拼接角钢与下弦杆件共有4条连接焊缝，计算时按与下弦截面等强度考虑。下弦与节点板的连接焊缝，按两侧下弦较大内力的15%和两侧下弦的内力差两者中的较大值来计算，但当拼接节点处有外荷载作用时，则应按此最大值和外荷载的合力进行计算。

5）支座节点

屋架与柱的连接可以做成铰接（图4-29）或刚接（图4-30）。支承于钢筋混凝土柱或砖柱上的屋架一般为铰接，而支承于钢柱上的屋架通常为刚接。

铰接屋架的支承节点多采用平板式支座（图4-29）。平板式支座由支座节点板、支座底板、加劲肋和锚栓组成。加劲肋设在支座节点的中线处，焊在节点板和支座底板上，它的作用是提高支座节点的侧向刚度，使支座底板受力均匀，减少底板的弯矩。加劲肋的高度和厚度分别与节点板的高度和厚度相等。

为了便于下弦角钢肢背施焊，下弦角钢水平肢的底面和支座底板之间的净距 c 不应小于 130mm。底板厚度由计算确定，一般取 20mm 左右。

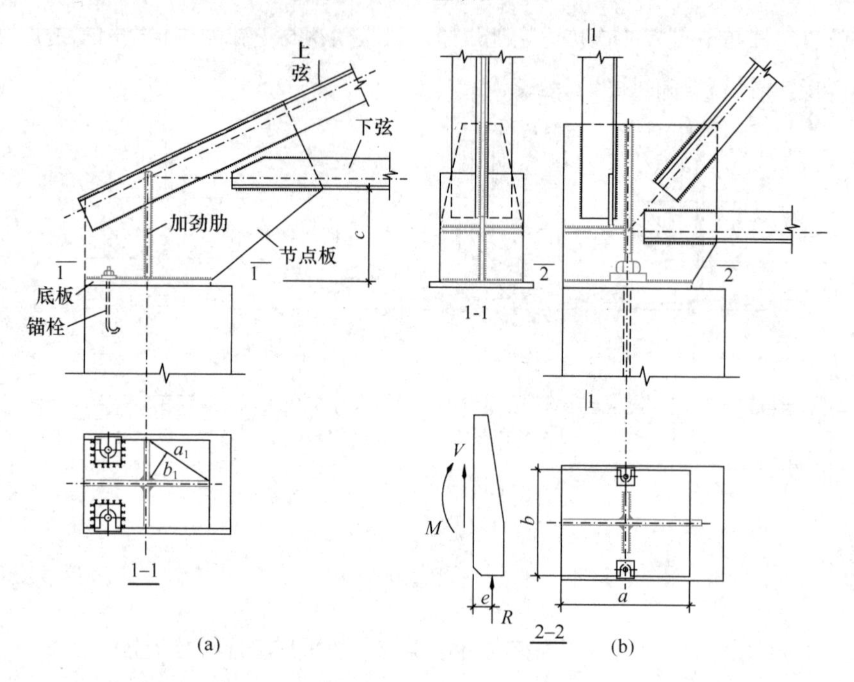

图 4-29　铰接支座节点

（a）三角形屋架支座节点；（b）梯形屋架支座节点

铰接屋架支座底板的面积按下式计算：

$$A_n = \frac{R}{f_c} \tag{4-24}$$

式中　R——屋架支座反力设计值；

f_c——钢筋混凝土轴心抗压强度设计值；

A_n——支座底板净面积。

支座底板所需的面积为：

$$A = A_n + 锚栓孔的面积$$

方形底板的边长取 $a \geqslant \sqrt{A}$，矩形底板可先假定一边的长度，即能求得另一边的边长。考虑到构造的需要，底板短边的长度一般不小于 200mm。

支座底板的厚度计算与轴心受压柱计算相同，按下式计算：

$$t = \sqrt{\frac{6M}{f}} \tag{4-25}$$

式中　M——支座底板单位宽度上的最大弯矩：

$$M = \alpha \sigma a_1^2 \tag{4-26}$$

式中　$\sigma=\dfrac{R}{A_{\mathrm{n}}}$——底板下的平均应力；

a_1——两相邻支承边的对角线长度（图 4-29）；

α——系数，可由 b_1/a_1 查表 3-6 而得，b_1 为两支承边的相交点到对角线的垂直距离（图 4-29）。

支座底板的面积和厚度尚应满足下列构造要求：

厚度：当屋架跨度≤18m 时，$t\geqslant$16mm；

当屋架跨度>18m 时，$t\geqslant$20mm；

边长：宽度取 200～360mm；

长度（垂直于屋架方向）取 200～400mm。

计算加劲肋与节点板的连接焊缝时，每块加劲肋假定承受屋架支座反力的四分之一，并考虑偏心弯矩 M（图 4-29）。

焊缝受剪力　$V=\dfrac{R}{4}$

焊缝受弯矩　$M=\dfrac{R}{4}\times e$

每块加劲肋与支座节点板的连接焊缝按下式计算：

$$\sqrt{\left(\frac{V}{2\times0.7h_{\mathrm{f}}l_{\mathrm{w}}}\right)^2+\left(\frac{6M}{2\times0.7h_{\mathrm{f}}l_{\mathrm{w}}^2\times1.22}\right)^2}\leqslant f_{\mathrm{f}}^{\mathrm{w}} \tag{4-27}$$

式中　h_{f}、l_{w}——分别为加劲肋与节点板连接角焊缝的焊脚尺寸和焊缝计算长度。

支座节点板、加劲肋与支座底板的水平连接焊缝，按下式计算：

$$\sigma_{\mathrm{f}}=\frac{R}{1.22\times0.7h_{\mathrm{f}}\Sigma l_{\mathrm{w}}}\leqslant f_{\mathrm{f}}^{\mathrm{w}} \tag{4-28}$$

式中　Σl_{w}——节点板、加劲肋与支座底板的水平焊缝总长度。

锚栓预埋在钢筋混凝土柱上，以固定底板。锚栓的直径一般为 20～25mm。为了便于安装时调整位置，使锚栓与锚栓孔易于对准，底板上的锚栓孔应为锚栓直径的 2～2.5 倍，通常采用 40～60mm。当屋架安装完毕后，用垫圈套在锚栓上与底板焊牢以固定屋架的位置，垫圈的孔径比锚栓直径大 1～2mm。厚度可与底板相同。锚栓埋入柱内的锚固长度为450～600mm,并应加弯钩。

屋架与柱的刚接的构造见图4-30。

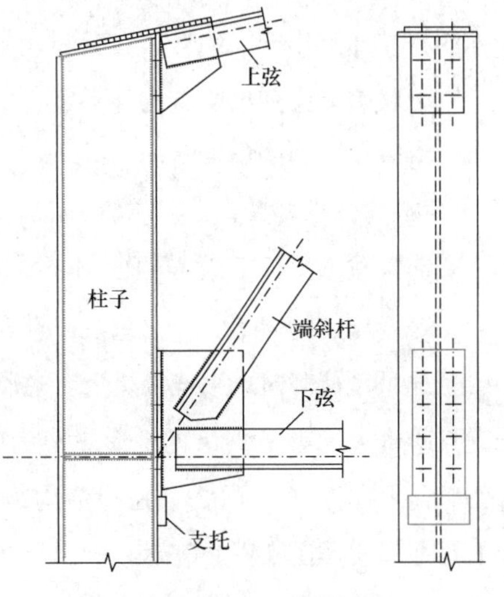

图 4-30　屋架与柱的刚接构造

最后还应指出，当屋架上弦承受较大的节点荷载而角钢又较薄时，应对角钢的水平肢用盖板或加劲板加强，加劲板的厚度一般为 8～10mm，见图4-31。另外，对于跨度等于或大于 36m 的两端铰支屋架，应考虑在竖向荷载作用下，下弦弹性伸长所产生的水平推力对支承构件的影响。

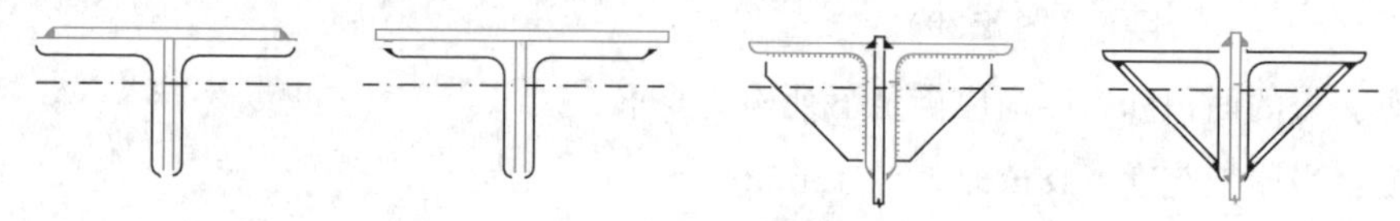

图 4-31　屋架上弦节点处加强

6. 钢屋架施工图

屋架施工图是制作屋架的依据，一般按运输单位绘制。施工图上应包括屋架正面详图、上弦和下弦的平面图、必要数量的侧面图和零件图，施工图纸上还应有整榀屋架的几何轴线图和材料表。

施工图上应注明屋架各杆件和零件的型号和几何尺寸，杆件和节点板的定位尺寸。杆件的定位尺寸是节点中心至腹杆顶端的距离和屋架轴线到角钢肢背的距离。由这两个尺寸即能确定杆件的位置和实际长度，杆件的实际断料长度为杆件几何轴线长度减去两端的节点中心到腹杆顶端的距离，在定此距离时应使杆件的实际长度为 5mm 的倍数。把杆件的位置定妥后，即根据连接焊缝的长度，定出节点板的合理外形和具体尺寸。在确定节点板的尺寸时，应适当考虑制作和装配的误差，然后绘出节点板的定位尺寸，即节点中心到节点板各边缘的距离。节点中应注明杆件与节点板的连接焊缝的尺寸，拼接焊缝应分清工厂焊缝和工地安装焊缝，螺栓孔的直径和位置等。

在施工图中各杆件和零件应进行编号，完全相同的杆件或零件用同一编号，正、反面对称的杆件亦可用同一编号，在材料表中加以说明正、反即可。

材料表上应列出所有构件和零件的编号、规格尺寸、长度、数量（正、反）和重量，从而算得整榀屋架的用钢量。

钢屋架施工图可以采用两种比例绘制，屋架轴线一般采用 1：20～1：30 的比例尺；杆件截面和节点尺寸采用 1：10～1：15 的比例尺，这样可使节点的细节表示清楚。

跨度较大的屋架，在自重及外荷载作用下将产生较大的挠度，特别当屋架下弦有吊平顶或悬挂吊车荷载时，则挠度更大，这将影响结构的使用和有损建筑物的外观。因此对两端铰支且跨度大于等于 24m 的梯形屋架和矩形屋架以及跨度大于等于 15m 的三角形屋架，在制作时需要起拱（图 4-32)。起拱值为跨度的1/500,起拱值注在施工图左上角的屋架轴线简图上，在屋架详图上不必表示。

施工图上还应书写说明，说明内容包括钢材的牌号、焊条型号、加工精度要求、焊缝质

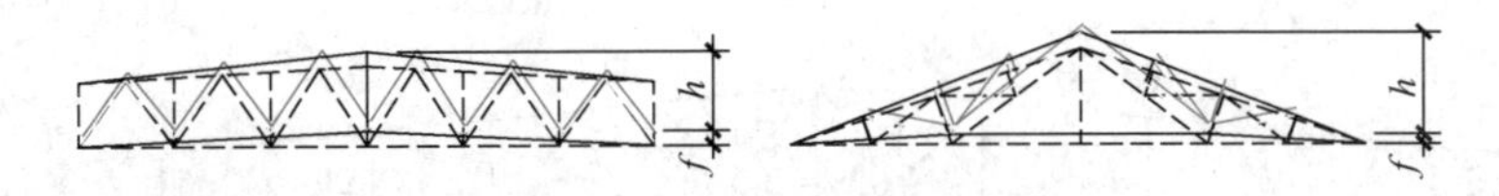

图 4-32　钢屋架起拱

量要求、图中未注明的焊缝和螺栓孔的尺寸以及防锈处理的要求等等。如有特殊要求亦可在说明中注出。凡是在施工图中没有绘上的一切要求均可在说明中表达。

【例 4-1】钢屋架设计例题

某金工车间，车间横向支柱轴线距离为 30m，房屋长度为 102m，屋架间距为 6m，屋架坡度 $i=1/10$，檩条间距为 1.5m，屋面板为设保温层的压型钢板。屋架钢材采用 Q235B 级钢，焊条采用 E43 型，手工焊，$f_t^w=160\ N/m^2$。屋架采用梯形屋架，计算跨度 $l_0=30-0.3=29.7m$，具体尺寸见图 4-33a。屋架上弦横向支撑，下弦横向支撑和屋架竖向支撑的布置分别见图 4-33（b）～（d）。屋面活荷载 $0.5kN/m^2$，积灰荷载 $0.75\ kN/m^2$，管道荷载 $0.10\ kN/m^2$。屋架两端铰支于钢筋混凝土柱上。柱子混凝土强度为 C25。

［设计与计算］

屋架几何布置：设屋架轴线尺寸（起拱前）如图 4-33（a）所示。

荷载条件和计算：

1. 荷载标准值

（1）永久荷载

屋面板为设保温层的压型钢板　　$0.25\ kN/m^2$

屋架和支撑自重，按普通钢屋架经验公式 $0.12+0.011\times L$ 估算，其中 L 为屋架跨度，单位为米（m），则　　$0.12+0.011\times 30=0.45\ kN/m^2$

管道荷载　　$0.10\ kN/m^2$

合计　　$0.80\ kN/m^2$

（2）可变荷载

屋面活荷载　　$0.5\ kN/m^2$

积灰荷载　　$0.75\ kN/m^2$

合计　　$1.25\ kN/m^2$

2. 荷载组合

屋架强度和稳定性计算时，考虑 3 种荷载组合：

（1）全跨永久荷载设计值＋全跨可变荷载设计值

屋架上弦节点荷载　　$F_1=(1.2\times 0.8+1.4\times 1.25)\times 1.5\times 6=24.39kN$

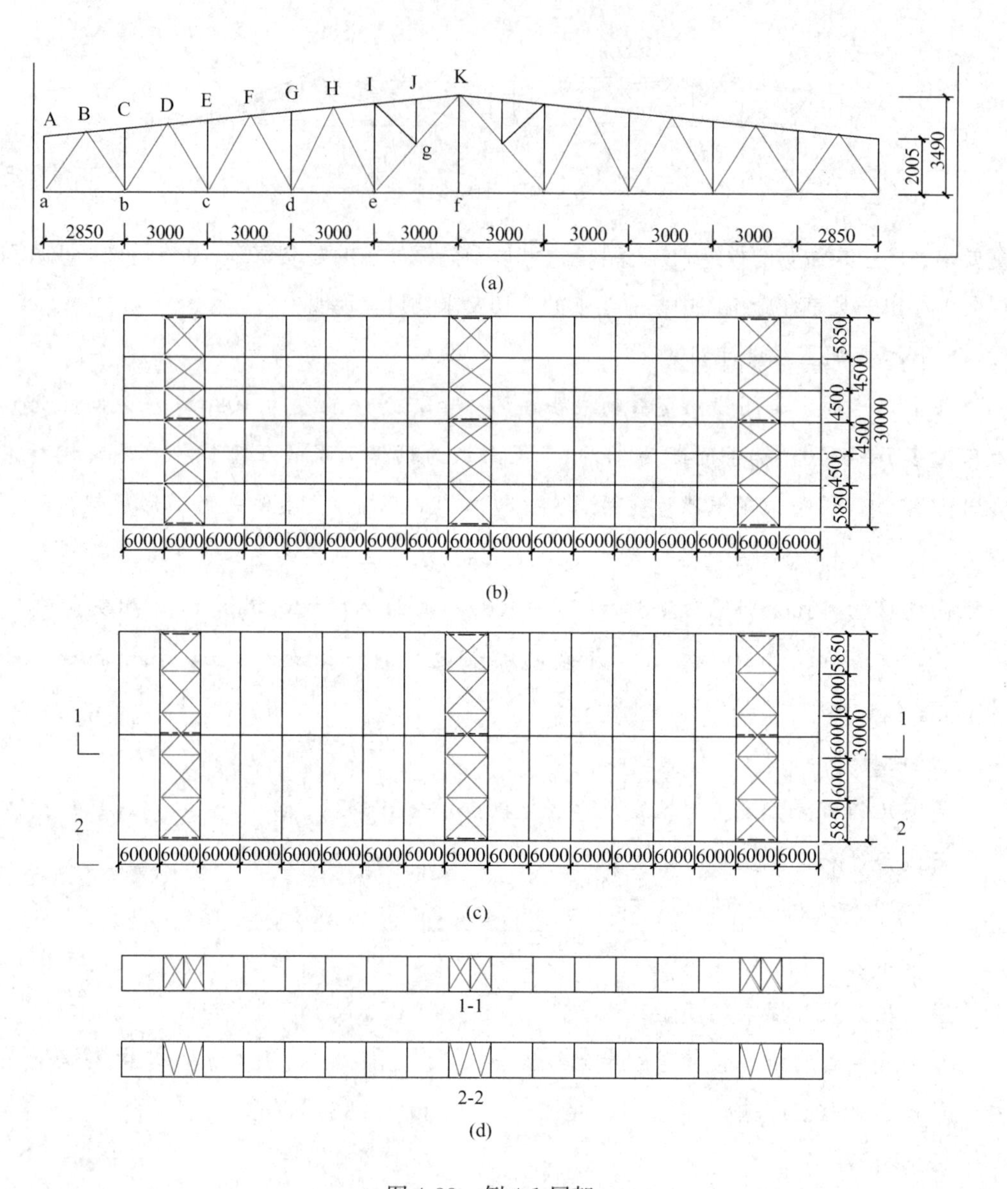

图 4-33　例 4-1 屋架

(a) 屋架简图；(b) 屋架上弦横向支撑布置；(c) 屋架下弦横向支撑布置；(d) 屋架竖向支撑布置

端节点荷载取半（下同）。

(2) 全跨永久荷载设计值＋半跨可变荷载设计值

有可变荷载作用处屋架上弦节点荷载　　$F_1 = 24.39\text{kN}$

无可变荷载作用处屋架上弦节点荷载　　$F_2 = 1.2 \times 0.8 \times 1.5 \times 6 = 8.64\text{kN}$

(3) 全跨屋架（包括支撑）＋半跨屋面板自重＋半跨屋面活荷载

有屋面板自重和屋面活荷载半跨的节点荷载为 F_3，无屋面板自重和屋面活荷载半跨的节点荷载为 F_4，则

$$F_3=(1.2\times0.45+1.2\times0.25+1.4\times0.5)\times1.5\times6=13.86\text{kN}$$

$$F_4=1.2\times0.45\times1.5\times6=4.86\text{kN}$$

组合（1）、（2）为使用阶段荷载情况，组合（3）为施工阶段荷载情况。

屋架挠度计算时，考虑以下荷载组合：

（4）全跨永久荷载标准值＋全跨可变荷载标准值

屋架上弦节点荷载　$F_5=(0.8+1.25)\times1.5\times6=18.45\text{kN}$

3. 杆件内力计算

假定屋架杆件的连接均为铰接，则屋架为静定结构，内力计算与杆件截面无关。杆件内力见例表4-1A。

4. 杆件设计

（1）上弦杆

整个上弦杆采用等截面，按IJ、JK杆件之最大设计内力设计。

$$N=-559.75\text{kN}$$

上弦杆计算长度：

在屋架平面内，为节间轴线长度：$l_{0x}=1508\text{mm}$

在屋架平面外，根据支撑布置和内力变化情况，取 $l_{0y}=3\times1508\text{mm}=4524\text{mm}$

因 $l_{0y}=3l_{0x}$，故截面宜采用两个不等肢角钢，短肢相并。

腹杆最大内力275.61kN，选择节点板厚度8mm。

支座节点板厚度取10mm（8mm＋2mm，支座节点板比其他节点板厚2mm）。

设 $\lambda=60$，$f_y=235$

查附录4附表4-2-2(b)，得：

$$\varphi=0.807$$

需要截面积：

$$A=\frac{N}{\varphi f}=\frac{559.75\times10^3}{0.807\times215}=3226\text{mm}^2$$

相应回转半径

$$i_x=\frac{l_{0x}}{\lambda}=\frac{1508}{60}=25.13\text{mm}$$

$$i_y=\frac{l_{0y}}{\lambda}=\frac{4524}{60}=75.4\text{mm}$$

根据需要得A、i_{0x}、i_{0y}，查附录3附表3-27，选用2L140×90×8（短肢相距8mm）

$$A=3607.8\text{ mm}^2,i_{0x}=25.9\text{mm},i_{0y}=66.5\text{mm}$$

$$\lambda_x=\frac{l_{0x}}{i_x}=\frac{1508}{25.9}=58.2$$

屋架杆件内力组合表

例表 4-1A

		单位力作用时的内力系数			组合（1）	组合（2）		组合（3）		计算内力
		全跨 A	左半跨 B	右半跨 C	$F_1 \times A$	$F_1 \times B+F_2 \times C$	$F_1 \times C+F_2 \times B$	$F_3 \times B+F_4 \times C$	$F_3 \times C+F_4 \times B$	
上弦	AB	0.00	0.00	0.00	0.00	0.00	0.00	0.00	0.00	0.00
	BC、CD	−11.45	−8.30	−3.15	−279.27	−229.65	−148.54	−130.25	−84.00	−279.27
	DE、EF	−18.34	−12.60	−5.74	−447.31	−356.91	−248.86	−202.53	−140.79	−447.31
	FG、GH	−21.70	−13.90	−7.80	−529.26	−406.41	−310.34	−230.56	−175.66	−529.26
	HI	−22.45	−13.06	−9.40	−547.56	−399.75	−342.10	−226.70	−193.76	−547.26
	IJ、JK	−22.95	−13.55	−9.40	−559.75	−411.70	−346.34	−233.49	−196.14	−559.75
下弦	ab	6.05	4.45	1.60	147.56	122.36	77.47	69.45	43.80	147.56
	bc	15.20	10.70	4.50	370.73	299.85	202.20	170.17	114.37	370.73
	cd	20.26	13.46	6.80	494.14	387.04	282.15	219.60	159.66	494.14
	de	22.22	13.62	8.60	541.95	406.50	327.43	230.57	185.39	541.95
	ef	21.32	10.66	10.66	519.99	352.10	352.10	199.56	199.56	519.99
斜腹杆	aB	−11.30	−8.35	−2.95	−275.61	−229.14	−144.09	−130.07	−81.47	−275.61
	Bb	9.15	6.50	2.65	223.17	181.43	120.79	102.97	68.32	223.17
	bD	−7.45	−4.85	−2.60	−181.71	−140.76	−105.32	−79.86	−59.61	−181.71
	Dc	5.50	3.25	2.25	134.15	98.71	82.96	55.98	46.98	134.15
	cF	−4.20	−2.00	−2.20	−102.14	−67.79	−70.94	−38.41	−40.21	−102.44
	Fd	2.60	0.70	1.90	63.41	33.49	52.39	18.94	29.74	63.41
	dH	−1.50	0.40	−1.90	−36.59	−6.66	−42.89	−3.69	−24.39	−42.89
	He	0.30	−1.40	1.70	7.32	−19.46	29.37	−11.14	16.76	29.37 −19.46
	eg	1.65	3.65	−2.00	40.24	71.74	−17.24	40.87	−9.98	71.74 −17.24
	gK	2.22	4.22	−2.00	54.15	85.65	−12.32	48.77	−7.21	85.65 −12.32
	gI	0.60	0.60	0.00	14.63	14.63	5.18	8.32	2.92	14.63
竖杆	Aa	−0.50	−0.50	0.00	−12.20	−12.20	−4.32	−6.93	−2.43	−12.20
	Cb、Ec	−1.00	−1.00	0.00	−24.39	−24.39	−8.64	−13.86	−4.86	−24.39
	Gd、Jg	−1.00	−1.00	0.00	−24.39	−24.39	−8.64	−13.86	−4.86	−24.39
	Ie	−1.50	−1.50	0.00	−36.59	−36.59	−12.96	−20.79	−7.29	−36.59
	Kf	0.00	0.00	0.00	0.00			0.00	0.00	0.00

根据式（4-17）计算双角钢换算长细比

$$\lambda_z = 3.7 \times \frac{140}{8} = 64.8$$

$$\lambda_y = \frac{l_{0y}}{i_y} = \frac{4524}{66.5} = 69.8 > \lambda_z$$

$$\lambda_{yz} = 69.8 \times \left[1 + 0.06 \times \left(\frac{64.8}{69.8}\right)^2\right] = 73.4$$

由于 $\lambda_{yz} > \lambda_x$，只需求 φ_{yz}。由 λ_y 查表得 $\varphi_{yz} = 0.729$

$$\frac{N}{\varphi_{yz} A f} = \frac{559.75 \times 10^3}{3607.8 \times 0.729 \times 215} = 0.990 < 1.0$$

所选截面合适。

（2）下弦杆

整个下弦杆采用同一截面，按最大内力所在 de 杆计算：

$$N_{max} = 541.95\text{kN}$$

$$l_{0x} = 3000\text{mm}$$

$$l_{0y} = 14850\text{mm}(\text{跨中设一通长系杆})$$

所需截面积：

$$A = \frac{N}{f} = \frac{541.95 \times 10^3}{215} = 2521\text{mm}^2$$

选用 2L110×70×8，因 $l_{0y} \gg l_{0x}$，故选用不等肢角钢，短肢相并，短肢相距 8mm。查型钢表得：

$$A = 2788.8\text{ mm}^2, i_x = 19.8\text{mm}, i_y = 53.4\text{mm}$$

$$\lambda_x = \frac{l_{0x}}{i_x} = \frac{3000}{19.8} = 151.5 < 350$$

$$\lambda_y = \frac{l_{0y}}{i_y} = \frac{14850}{53.4} = 278.1 < 350$$

（3）端斜杆 aB

杆端轴力：$N = -275.61\text{kN}$

计算长度：$l_{0x} = l_{0y} = 2535\text{mm}$

由于 $l_{0x}=l_{0y}$，故采用不等肢角钢，长肢相并，即使 $i_x \approx i_y$。

选用 2L100×80×7，长肢相距 8mm，查型钢表得：

$$A = 2460.2\ \mathrm{mm}^2, i_x = 31.6\mathrm{mm}, i_y = 33.9\mathrm{mm}$$

$$\lambda_x = \frac{l_{0x}}{i_x} = \frac{2535}{31.6} = 80.22$$

根据式（4-16）计算

$$\lambda_z = 5.1 \times \frac{80}{7} = 58.3$$

$$\lambda_y = \frac{2535}{33.9} = 74.8 > \lambda_z$$

$$\lambda_{yz} = 74.8 \times \left[1 + 0.25 \times \left(\frac{58.3}{74.8}\right)^2\right] = 86.2$$

由于 $\lambda_{yz} > \lambda_x$，查表得 $\varphi_{yz}=0.646$

$$\frac{N}{\varphi_{yz} A f} = \frac{275.61 \times 10^3}{0.646 \times 2460.2 \times 215} = 0.807 < 1.0$$

（4）腹杆 eg～gK

此杆在 g 点处不断开，采用通长杆件。

最大拉力：$N_{gK}=85.65\mathrm{kN}$，另一段 $N_{eg}=71.74\mathrm{kN}$

最大压力：$N_{eg}=-17.24\mathrm{kN}$，另一段 $N_{gK}=-12.32\mathrm{kN}$

再分式桁架中的斜腹杆，在桁架平面的计算长度，取节点中心距 $l_{0x}=2301\mathrm{mm}$

在桁架平面外的计算长度

$$l_{0y} = l_1\left(0.75 + 0.25\,\frac{N_2}{N_1}\right) = 4602\left(0.75 + 0.25 \times \frac{12.32}{17.24}\right) = 4274\mathrm{mm}$$

选用 2L63×5，查附录 3 型钢表得：

$$A = 1228.6\mathrm{mm}^2,\ i_x = 19.4\mathrm{mm},\ i_y = 28.9\mathrm{mm}$$

$$\lambda_x = \frac{l_x}{i_x} = \frac{2301}{19.4} = 118.6$$

根据式（4-15）计算

$$\lambda_z = 3.9 \times \frac{63}{5} = 49.1$$

$$\lambda_y = \frac{4274}{28.9} = 147.9 > \lambda_z$$

$$\lambda_{yz} = 147.9 \times \left[1 + 0.16 \times \left(\frac{49.1}{147.9}\right)^2\right] = 150.5$$

由于 $\lambda_{yz} > \lambda_x$，查表得 $\varphi_{yz} = 0.306$

$$\frac{N}{\varphi_{yz} A f} = \frac{17.24 \times 10^3}{0.306 \times 1228.6 \times 215} = 0.213 < 1.0$$

(5) 竖杆 I_e

$$N = -36.59\text{kN}$$

$$l_{0x} = 0.8l = 0.8 \times 3190 = 2552\text{mm}$$

$$l_{0y} = l = 3190\text{mm}$$

内力较小，按 $[\lambda] = 150$ 选择需要的回转半径

$$i_x = \frac{l_{0x}}{[\lambda]} = \frac{2552}{150} = 17\text{mm}$$

$$i_y = \frac{l_{0y}}{[\lambda]} = \frac{3190}{150} = 21.3\text{mm}$$

查附录3型钢表，选截面的 i_x 和 i_y 较上述计算的 i_x、i_y 略大些。

选用 2L63×5，查型钢表得：

$$A = 1228.6\text{mm}^2,\ i_x = 19.4\text{mm},\ i_y = 28.9\text{mm}$$

$$\lambda_x = \frac{2552}{19.4} = 131.5$$

根据式 (4-15) 计算

$$\lambda_z = 3.9 \times \frac{63}{5} = 49.1$$

$$\lambda_y = \frac{3190}{28.9} = 110.4 > \lambda_z$$

$$\lambda_{yz} = 110.4 \times \left[1 + 0.16 \times \left(\frac{49.1}{110.4}\right)^2\right] = 113.9$$

由于 $\lambda_x > \lambda_{yz}$，查表得 $\varphi_x = 0.381$

$$\frac{N}{\varphi_x A f} = \frac{36.59 \times 10^3}{0.381 \times 1228.6 \times 215} = 0.364 < 1.0$$

其余的见例表 4-1B。

杆件截面选择表

例表 4-1B

杆件		计算内力（kN）	截面规格	截面面积（mm^2）	计算长度		回转半径		长细比		容许长细比[λ]	稳定系数		强度和稳定承载力计算比值	
名称	编号				l_{0x}（mm）	l_{0y}（mm）	i_x（mm）	i_y（mm）	λ_x	λ_{yz}		φ_x	φ_{yz}	$\frac{N}{Af}$	$\frac{N}{\varphi Af}$
上弦	IJ，JK	−559.75	2L140×90×8	3607.8	1508	4524	25.9	66.5	58.2	73.4	150		0.727	0.722	0.990
下弦	de	+519.99	2L110×70×8	2789	3000	14850	19.8	53.4	151.5	278.1	350			0.867	
腹杆	Aa	−12.20	2L63×5	1228.6	1990	1990	19.4	28.9	102.6	74.5	150	0.538		0.046	0.086
	aB	−275.61	2L100×80×7	2460	2535	2535	31.6	33.9	80.2	86.2	150		0.646	0.521	0.807
	Bb	+223.17	2L63×5	1228.6	2086	2608	19.4	28.9	107.5	94.5	350			0.845	
	Cb	−24.39	2L63×5	1228.6	1832	2290	19.4	28.9	94.4	84.1	150	0.592		0.092	0.156
	bD	−181.71	2L90×6	2127.4	2295	2869	27.9	39.8	82.3	79.7	150	0.673		0.397	0.590
	Dc	+134.15	2L63×5	1228.6	2287	2859	19.4	28.9	117.9	102.8	350			0.508	
	Ec	−24.39	2L63×5	1228.6	2072	2590	19.4	28.9	106.8	93.9	150	0.512		0.092	0.180
	cF	−102.44	2L63×5	1228.6	2503	3129	19.4	28.9	129	111.8	150	0.392		0.388	0.989
	Fd	+63.41	2L63×5	1228.6	2495	3119	19.4	28.9	128.6	111.5	350			0.240	
	Gd	−24.39	2L63×5	1228.6	2312	2890	19.4	28.9	119.2	103.9	150	0.441		0.092	0.209
	dH	−42.89	2L63×5	1228.6	2716	3395	19.4	28.9	140	120.8	150	0.345		0.162	0.471

续表

杆件		计算内力 (kN)	截面规格	截面面积 (mm^2)	计算长度		回转半径		长细比		容许长细比 [λ]	稳定系数		强度和稳定承载力计算比值	
名称	编号				l_{0x} (mm)	l_{0y} (mm)	i_x (mm)	i_y (mm)	λ_x	λ_{yz}		φ_x	φ_{yz}	$\frac{N}{Af}$	$\frac{N}{\varphi Af}$
腹杆	He	+29.37	2L63×5	1228.6	2708	3385	19.4	28.9	139.6	120.4	150	0.347		0.111	
		−19.46									150			0.074	0.212
	Ie	−36.59	2L63×5	1228.6	2552	3190	19.4	28.9	131.5	113.9	150	0.381		0.139	0.364
	eg	+71.74	2L63×5	1228.6	2301	4274	19.4	28.9	118.6	150.5	150		0.306	0.272	0.213
		−17.24													
	gK	+85.65	2L63×5	1228.6	2301	4274	19.4	28.9	118.6	150.5	150		0.306	0.324	0.152
		−12.32													
	Kf	0	2L63×5	1228.6	3141	3141	$i=24.5$		128.2		200				
	gI	+14.63	2L63×5	1228.6	1663	2079	19.4	28.9	85.7	77.3	350			0.055	
	Jg	−24.39	2L63×5	1228.6	1276	1595	19.4	28.9	65.8	62.2	150	0.775		0.092	0.119

注：跨度较大的屋架，在自重及外荷载作用下将产生较大的挠度，特别当屋架下弦有吊车平顶或悬挂吊车荷载时，则挠度更大，这将影响结构的使用和有损建筑物的外观。因此对两端铰支且跨度大于等于24m时的梯形和矩形屋架以及跨度为15m的三角形屋架，在制作时需要起拱，起拱值约为跨度的1/500。考虑到刚架的起拱，各构件的计算长度有所改变。

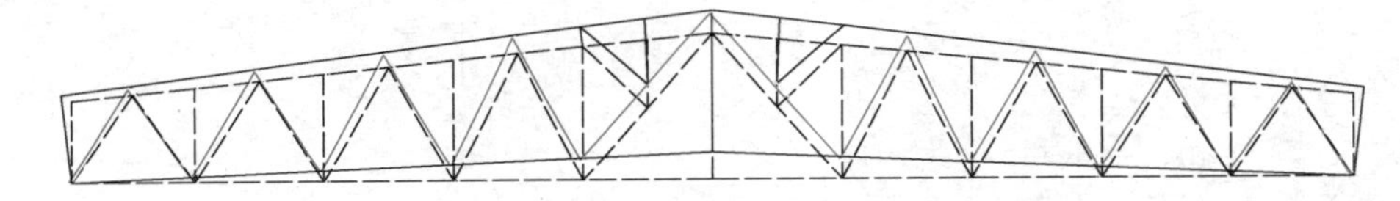

图4-33A　钢屋架起拱

5. 节点设计

(1) 下弦节点“b”

这类节点的设计步骤如下：先根据腹杆的内力计算腹杆与节点板连接焊缝的尺寸，即 h_f 和 l_w，然后根据 l_w 大小比例绘出节点板的形状和尺寸，最后验算下弦杆与节点板的连接焊缝。

用 E43 焊条角焊缝的抗拉，抗压的抗剪强度 $f_t^w=160\ \text{N/mm}^2$，设 Bb 杆的肢背和肢尖焊缝 $h_f=8\text{mm}$、6mm，所需焊缝长度为：

肢背：$l'_w=\dfrac{0.7N}{2h_e f_t^w}+2h'_f=\dfrac{0.7\times223.17\times10^3}{2\times0.7\times8\times160}+2\times8=103.17\text{mm}$，取 110mm

肢尖：$l''_w=\dfrac{0.3N}{2h_e f_t^w}+2h''_f=\dfrac{0.3\times223.17\times10^3}{2\times0.7\times6\times160}+2\times6=62\text{mm}$，取 70mm

设“bD”杆的肢背、肢尖焊缝为 $h_f=8\text{mm}$、6mm，则所需焊缝长度为：

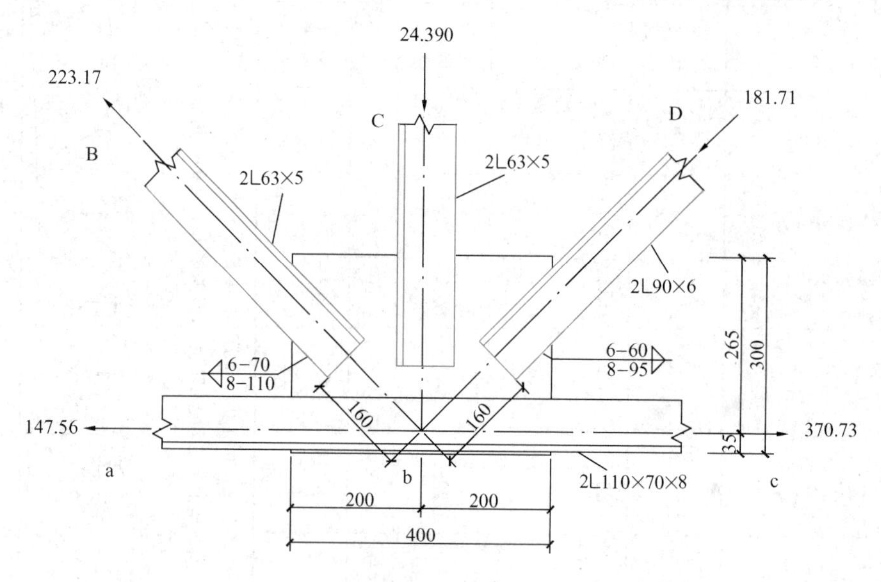

图 4-33B 下弦节点“b”

肢背：$l'_w=\dfrac{0.7N}{2h_e f_t^w}+2h'_f=\dfrac{0.7\times181.71\times10^3}{2\times0.7\times8\times160}+2\times8=87\text{mm}$，取 95mm

肢尖：$l''_w=\dfrac{0.3N}{2h_e f_t^w}+2h''_f=\dfrac{0.3\times181.71\times10^3}{2\times0.7\times6\times160}+2\times6=53\text{mm}$，取 60mm

Cb 杆的内力很小，焊缝尺寸可按构造确定，取 $h_f=5\text{mm}$。

根据上面求得的焊缝长度，并考虑杆件之间应有间隙以及制作及装配等误差，按比例绘出节点详图，从而确定节点板尺寸为 400mm×300mm。

下弦与节点板连接的焊缝长度为：400mm，$h_f=6\text{mm}$，焊缝所受的力为左右两下弦杆的内力差。$\Delta N = 370.73 - 147.56 = 223.17\text{kN}$，肢背处焊缝应力较大，焊缝应力为

$$\tau_f = \frac{0.75 \times 223.17 \times 10^3}{2 \times 0.7 \times 6 \times (223.17 - 2 \times 6)} = 94\ \text{N/mm}^2 < 160\ \text{N/mm}^2$$

（2）上弦节点“B”

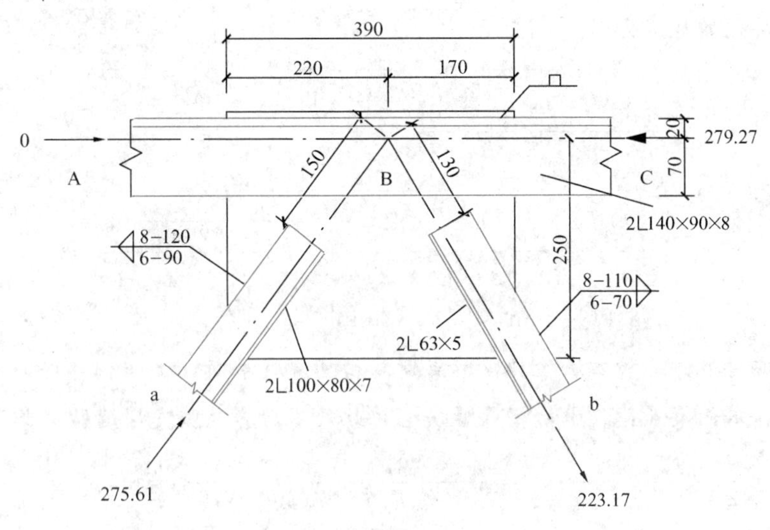

图 4-33C 上弦节点“B”

“Bb”杆与节点板的焊缝尺寸和节点“b”相同。

“aB”杆与节点板的焊缝尺寸按上述同样方法计算：

肢背 $h'_f = 8\text{mm}$

$$l'_w = \frac{0.65 \times 275.61 \times 10^3}{0.7 \times 8 \times 2 \times 160} + 2 \times 8 = 116\text{mm}，取\ 120\text{mm}$$

肢尖 $h''_f = 6\text{mm}$

$$l'_w = \frac{0.35 \times 275.61 \times 10^3}{0.7 \times 6 \times 2 \times 160} + 2 \times 6 = 84\text{mm}，取\ 90\text{mm}$$

为了便于在上弦杆上搁置屋面板，节点板的上边缘可缩进上弦肢背 8mm，用槽焊缝把上弦角钢和节点板连接起来（图 4-33C），槽焊缝作为两条角焊缝计算，焊缝强度设计值应乘以 0.8 的折减系数，计算时可略去屋架上弦坡度的影响，而假定集中荷载 F_1 与上弦垂直。上弦肢背槽焊缝的 h'_f 为

$$h'_f = \frac{1}{2} \times 节点板厚度 = 4\text{mm}，h''_f = 8\text{mm}$$

上弦与节点板间焊缝长度为 390mm，则

$$\frac{\sqrt{[k_1(N_1 - N_2)]^2 + \left(\frac{F_1}{1.22 \times 2}\right)^2}}{2 \times 0.7 h'_f \times l'_w}$$

$$=\frac{\sqrt{[0.75\times(279.27\times10^3)]^2+\left(\frac{24.390\times10^3}{1.22\times2}\right)^2}}{2\times0.7\times(390-4\times2)\times4}$$

$$=98.02\text{N/mm}^2<0.8f_t^w=0.8\times160=128\text{N/mm}^2$$

上弦肢尖的焊缝的剪应力

$$\frac{\sqrt{[k_2(N_1-N_2)]^2+\left(\frac{F_1}{1.22\times2}\right)^2}}{2\times0.7h''_f\times l''_w}$$

$$=\frac{\sqrt{[0.25\times(279.27\times10^3)]^2+\left(\frac{24.390\times10^3}{1.22\times2}\right)^2}}{2\times0.7\times(390-8\times2)\times8}$$

$$=16.84\text{N/mm}^2<160\text{N/mm}^2$$

此节点亦可按另一种方法验算，节点荷载由槽焊缝承受，上弦相邻内力差由角钢肢尖焊缝承受，本例节点荷载小，槽焊缝安全，此处不验算，肢尖焊缝验算如下：

$$\tau_f^N=\frac{N_1-N_2}{2\times0.7\times h''_f\times l''_w}=\frac{279.27\times10^3}{2\times0.7\times8\times(390-16)}=66.67\text{ N/mm}^2$$

$$\sigma_f^N=\frac{6M}{2\times0.7\times h''_f\times l''^2_w}=\frac{6\times279.27\times10^3\times70}{2\times0.7\times8\times(390-16)^2}=74.87\text{N/mm}^2$$

$$\sqrt{\tau_f^{N^2}+\left(\frac{\sigma_f^M}{1.22}\right)^2}=\sqrt{66.77+\left(\frac{74.87}{1.22}\right)^2}=61.91\text{ N/mm}^2<160\text{ N/mm}^2$$

(3) 屋脊节点“K”

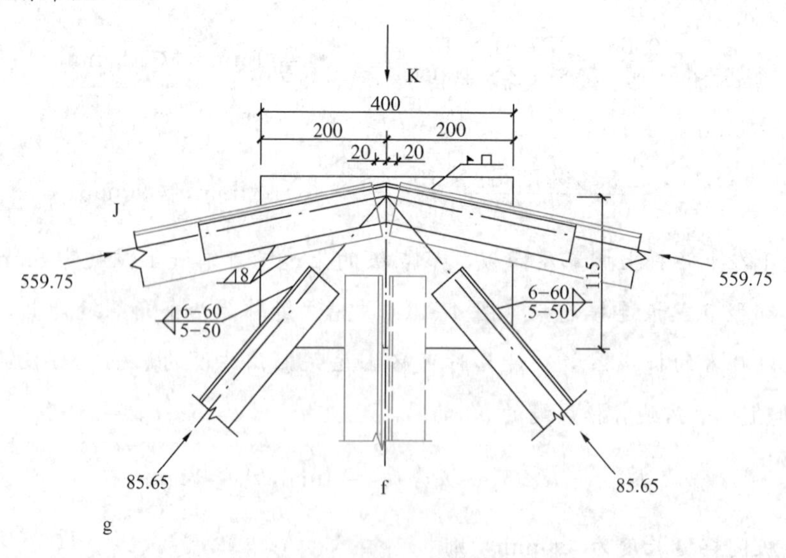

图 4-33D 屋脊节点“K”

弦杆一般都采用同号角钢进行拼接，为使拼接角钢与弦杆之间能够密合，并便于施焊，需将拼接角钢的尖角削除，且截去垂直肢的一部分宽度，一般为 $t+h_f+5$mm。拼接角钢的这部分削弱，可以靠节点板来补偿。接头一边的焊缝长度按照弦杆内力计算。

设焊缝 $h_f=8$mm，则所需焊缝计算长度为（一条焊缝）：

$$l_w=\frac{559.75\times10^3}{4\times0.7\times8\times160}=156\text{mm}$$

拼接角钢的长度取 450mm>2×156mm=312mm。

上弦与节点板之间的槽焊，假定承受节点荷载，验算略，上弦肢尖与节点板的连接焊缝应按上弦内力的15%计算，设肢尖焊缝 $h_f=8$mm，节点板长度400mm，则节点一侧弦杆焊缝计算长度 $l_w=\frac{400}{2}-20-2\times8=164$mm。

焊缝应力为

$$\tau_f^N=\frac{0.15\times559.75\times10^3}{2\times0.7\times8\times164}=45.71\text{ N/mm}^2$$

$$\sigma_f^N=\frac{6\times0.15\times559.75\times10^3\times70}{2\times0.7\times8\times164^2}=117.07\text{ N/mm}^2$$

$$\sqrt{\tau_f^{N^2}+\left(\frac{\sigma_f^M}{1.22}\right)^2}=\sqrt{45.71^2+\left(\frac{117.07}{1.22}\right)^2}=106.29\text{ N/mm}^2<160\text{ N/mm}^2$$

因屋架的跨度较大，需将屋架分成两个运输单元，在屋脊节点和下弦跨中节点设置工地拼接，左半边的上弦、斜杆和竖杆与节点板连接用工厂焊缝，而右半边的上弦、斜杆与节点板的连接用工地焊缝。

腹杆与节点板连接焊缝计算方法与以上几个节点相同。

K点斜腹杆焊缝采用双面角焊缝，肢背 $h'_f=6$mm，肢尖 $h''_f=5$mm。

$$\text{肢背 } l'_w=\frac{0.7\times85.65\times10^3}{2\times0.7\times6\times160}+2\times6=56.6\text{mm 取 }60\text{mm}$$

$$\text{肢尖 } l''_w=\frac{0.3\times85.65\times10^3}{2\times0.7\times5\times160}+2\times5=32.9\text{mm 取 }50\text{mm}$$

(4) 支座节点

为便于施焊，下弦杆角钢水平肢的底面与支座底板的净距离取140mm。在节点中心线上设置加劲肋，加劲肋的高度与节点板的高度相等，厚度取12mm。

1) 支座底板的计算

支座反力：$R=24.39\times10=243.9$kN

支座底板的平面尺寸采用 210mm×200mm=42000mm^2

验算柱顶混凝土的抗压强度：

$$\sigma=\frac{R}{A_n}=\frac{243.9\times10^3}{42000}=5.81\text{ N/mm}^2<f_c=12.5\text{ N/mm}^2$$

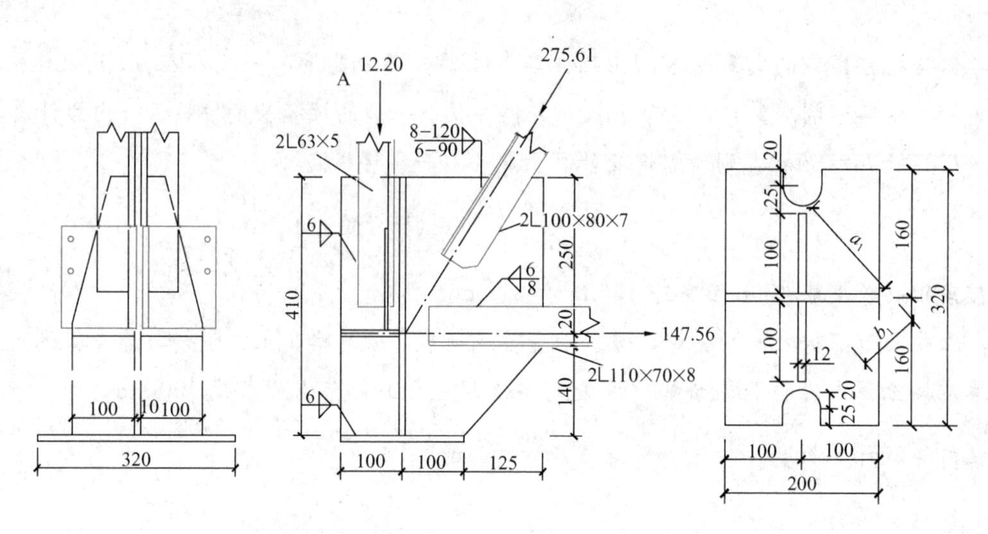

图 4-33E　支座节点“a”

式中　f_c——混凝土强度设计值，对 C25 混凝土，$f_c=12.5\ \text{N/mm}^2$。

底板的厚度按屋架反力作用下的弯矩计算，节点板和加劲肋将底板分成四块，每块板为相邻边支撑而另两边自由的板，求每块板的单位宽度的最大弯矩。

底板下的平均应力 $\sigma=5.81\text{N/mm}^2$

两支承边的对角线长度

$$a_1=\sqrt{(100-10/2)^2+100^2}=138\text{mm}$$

根据几何关系，有 $b_1=69\text{mm}$，则

$$M=\alpha\cdot\sigma a_1^2=0.0602\times5.81\times138^2=6661\text{N}\cdot\text{mm/mm}(\alpha\text{ 由表 3-6 查得})$$

底板厚度 $t=\sqrt{\dfrac{6M}{f}}=\sqrt{\dfrac{6\times6661}{215}}=13.6\text{mm}$ 取 $t=20\text{mm}$

2）加劲肋与节点板的连接焊缝计算

加劲肋与节点板的连接焊缝计算与牛腿焊缝相似(图 4-33F)，偏于安全的假定一个加劲肋的受力为屋架反力的 1/4，即：$\dfrac{R}{4}=60.975\text{kN}$。

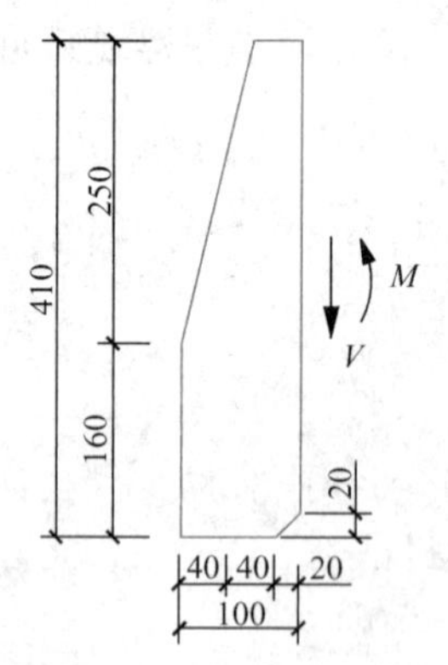

图 4-33F　加劲肋计算简图

则焊缝内力 $V=60.975\text{kN}$

$$M=V\cdot e=60.975\times(40+20)=3658.5\text{kN}\cdot\text{mm}$$

设焊缝 $h_f=6\text{mm}$，焊缝计算长度：$l_w=410-20-2h_f=378\text{mm}$

则焊缝应力为

$$\tau_f^N=\frac{60.975\times10^3}{2\times0.7\times6\times378}=19.20\ \text{N/mm}^2$$

$$\sigma_{\mathrm{f}}^{\mathrm{N}}=\frac{6M}{2\times 0.7\times h_{\mathrm{f}}\times l_{\mathrm{w}}^{2}}=\frac{6\times 3.6585\times 10^{6}}{2\times 0.7\times 6\times 378^{2}}=18.29\mathrm{N/mm^{2}}$$

$$\sqrt{\tau_{\mathrm{f}}^{\mathrm{N}^{2}}+\left(\frac{\sigma_{\mathrm{f}}^{\mathrm{M}}}{1.22}\right)^{2}}=\sqrt{19.20^{2}+\left(\frac{18.29}{1.22}\right)^{2}}=24.36\ \mathrm{N/mm^{2}}<160\mathrm{N/mm^{2}}$$

3）节点板、加劲肋和底板的连接焊缝计算

设焊缝传递全部支座反力 $R=243.9\mathrm{kN}$，其中每块加劲肋各传递 $\frac{R}{4}=60.975\mathrm{kN}$，节点板传递 $\frac{R}{2}=122.0\mathrm{kN}$。

节点板与底板的连接焊缝长度 $\sum h_{\mathrm{w}}=2\times(200-2\times 6)=376\mathrm{mm}$，取焊缝尺寸 $h_{\mathrm{f}}=6\mathrm{mm}$，则

$$\sigma_{\mathrm{f}}=\frac{R/2}{0.7\sum l_{\mathrm{w}}\times h_{\mathrm{f}}}=\frac{122\times 10^{3}}{0.7\times 6\times 376}=77.25\ \mathrm{N/mm^{2}}<160\ \mathrm{N/mm^{2}}$$

加劲肋与底板的焊缝尺寸，取 $h_{\mathrm{f}}=8\mathrm{mm}$，则

$$\sigma_{\mathrm{f}}=\frac{R/4}{0.7\times h_{\mathrm{f}}\times 2l_{\mathrm{w}}}=\frac{60.975\times 10^{3}}{0.7\times 8\times(100-20-2\times 8)\times 2}$$
$$=85\ \mathrm{N/mm^{2}}<160\ \mathrm{N/mm^{2}}$$

4）挠度计算

按照前述荷载组合（4）算得跨中 f 点的挠度

$$\Delta_{\mathrm{f}}=2.12\mathrm{mm}<L/400=75\mathrm{mm}$$

4.3.4 闭口截面杆件钢屋架的设计和构造

1. 钢管屋架的杆件截面形式和节点形式

在厂房跨度较大、负荷较重的情况下，钢屋架除了可以用工字钢、H型钢、槽钢等较大规格热轧型钢代替双角钢外，也可以采用方管或圆管等闭口截面构件来代替开口截面构件。钢管有如下显著特点：截面对各主轴的转动半径相同；抗扭刚度大、不易整体失稳；外表面积小，涂装工作量少，便于防锈等。

钢管屋架的弦杆和腹杆的截面形式有多种组合，例如弦杆、腹杆都为圆管或方管，弦杆为方管、腹杆为圆管，也可以弦杆为H型钢、腹杆为圆管或方管。

钢管弦杆和腹杆的连接有不同形式，现在最主要的形式是直接焊接节点。屋架的弦杆是直通的，可能采用一种规格或两种规格的钢管，腹杆钢管端部则切割成与弦杆表面相贴合的样式，然后通过焊缝焊接在弦杆上，腹杆与弦杆的钢管连贯在一起，又称为相贯节点（图4-34）。如果弦杆是圆管，那么腹杆钢管与弦杆的相交面是一条空间曲线，曲线形状随弦杆和腹杆直径的相对大小以及两杆的相对夹角而变化，因此腹杆端部的形状以及坡口成形需要专用的多维数

控切割设备，这种设备可以根据计算机输入的钢管交汇基本参数算出切割面并控制切割全程。为了便于制作、降低成本，弦杆钢管的空腔内部一般不设加劲肋，所以又称非加劲节点。

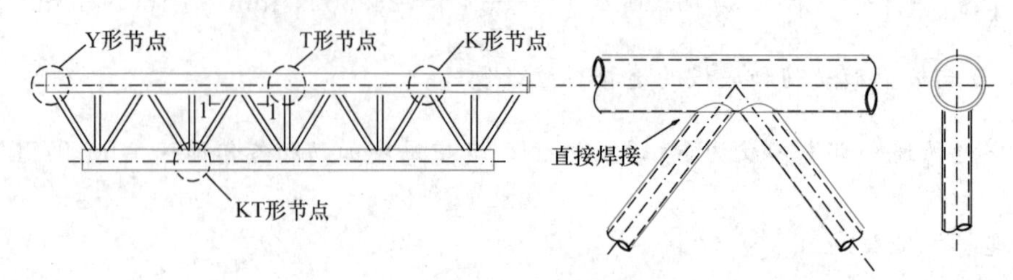

图 4-34　钢管屋架的相贯节点

图 4-34 中圈出了桁架节点的几种有代表性的几何构型，如 T 形节点（节点只有一根腹杆与弦杆相交，且交角为 90°）、Y 形节点（节点只有一根腹杆与弦杆相交，交角不为 90°）、K 形节点（节点处有两根腹杆与弦杆相交），KT 形节点（节点处有三根腹杆与弦杆相交，其中一杆与弦杆直交）。若 K 形节点中有一腹杆与弦杆直交，则称为 N 形节点。节点的几何构型对节点强度是有影响的。

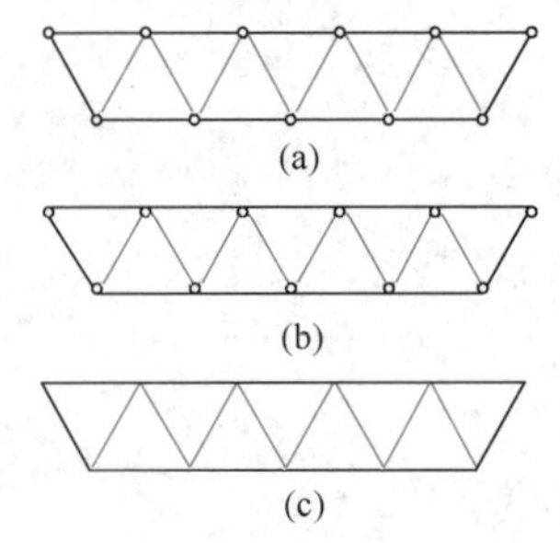

图 4-35　钢管屋架的简化计算模型

(a) 全铰；(b) 半铰；(c) 刚接

2. 钢管屋架的计算模型

采用相贯节点的屋架结构当满足以下条件时，可以简化为桁架也即各杆两端铰接（图 4-35a）进行受力分析：

(1) 屋架所有杆件的轴线平直，在同一平面内，连接于同一节点的各杆轴线相交于一点；

(2) 弦杆节点中心间长度与截面高度（直径）之比不小于 12，腹杆的该比值不小于 24；

(3) 荷载作用在节点上，且都在屋架平面内。

实际结构可能难以同时满足上述条件。例如，交于同一节点的腹杆可能互相相碰，为了避免这一点，会把两腹杆适当分开些距离，这样腹杆的轴线交点就与弦杆轴线之间形成偏心（图 4-36）。定义偏心偏向腹杆一边为负偏心，偏向弦杆外侧为正偏心，现行国家标准《钢结构设计标准》GB 50017 规定当偏心距 e 超出下式范围时：

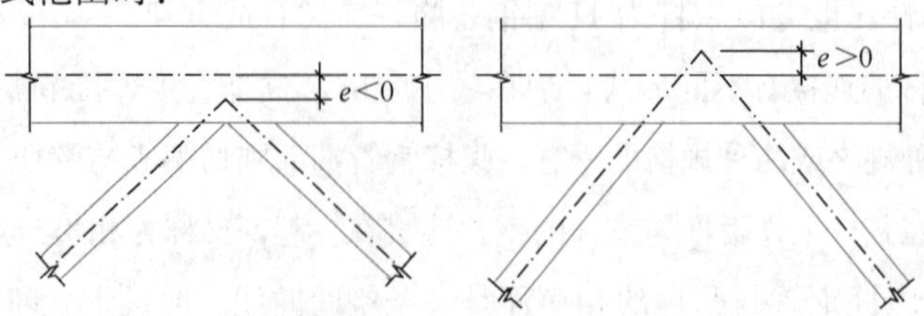

图 4-36　钢管节点的偏心（以上弦节点为例）

$$-0.55 \leqslant e/d(e/h) \leqslant 0.25 \tag{4-29}$$

受压弦杆计算要考虑偏心力矩的影响；式中 d 为圆管直径，h 为方管截面高度（桁架平面内截面尺寸）。

当屋架杆件不能满足上述长径比或长高比规定，杆件可能因杆件粗短和端部约束而产生不容忽视的弯曲应力。在这种情况下可以把屋架的弦杆作为连续杆件、腹杆铰接在弦杆上进行结构分析，即所谓半铰结构（图4-35b）。钢管屋架是否能够作为所有杆件都刚接于节点的力学模型（图4-35c）来进行分析是需要慎重对待的，这是因为采用非加劲节点时，弦杆的钢管管壁在腹杆局部集中力的作用下产生变形，从而引起腹杆端部相对弦杆的转动。工程设计中可以采取铰接或半铰模型的分析结果与刚接模型的分析结果相比较取较不利内力进行杆件设计。

需要时重型厂房也可采用空间桁架做屋架。当采用三角形空间桁架时，用圆管作杆件比较方便，因为各腹杆总是在弦杆的圆管表面相交，采用多维数控切割机切割相贯面的基本方法与平面桁架没有大的差别。建立空间桁架计算分析模型的方法与平面桁架是相似的。

3. 杆件计算长度

结构分析之后需对杆件进行强度和稳定性校核。在杆件稳定性校核时，需要确定杆件的长细比。现行设计标准对桁架杆件长细比的计算并不区分开口截面与闭口截面，故可参考4.3.3节的相关内容。

4. 节点主要构造要求

（1）弦杆的外部尺寸不应小于腹杆的外部尺寸，也即节点处腹杆必须全部落在弦杆表面上而不能悬空。

（2）弦杆壁厚不应小于腹杆壁厚。

（3）弦杆与腹杆间轴线的夹角不宜小于30°。

（4）腹杆与弦杆的焊缝应沿全周连续焊接并平滑过渡。

5. 节点焊接计算和影响节点强度的主要因素

钢管桁架的节点强度主要由两方面决定，一是腹杆与弦杆的连接焊缝，二是相连杆件环绕在节点周围部分的强度和局部稳定性。

（1）圆管腹杆与圆管弦杆的焊缝和计算。由于腹杆在弦杆上的相贯线是空间曲线，焊缝构造比较复杂，在腹杆表面与弦杆表面的夹角大于90°的地方，能够实施坡口焊，但在表面夹角小于90°的地方，一般只能实施角焊缝。此外，在腹杆端口设置与相贯线理想配合的空间垫板是十分困难的，即使采用坡口焊的部位，也难以保证全部焊透，所以这一部位实际上采用的是部分焊透的对接与角接的组合焊缝。而焊脚最大尺寸允许采用腹杆壁厚的2倍。

焊缝强度计算时，假定腹杆与弦杆的连接焊缝都为角焊缝，计算时按平均厚度取计算厚度，且将焊缝作为承受轴力的焊缝，不考虑端焊缝强度提高系数。焊缝的计算方法将在第 5 章阐述。

（2）方管腹杆与方管弦杆的焊缝和计算。把垂直屋架平面的杆件截面尺寸称为截面宽度，当腹杆宽度明显小于弦杆宽度时，因弦杆钢管内部没有加劲，弦杆钢管的中间部位可能产生较大变形，腹杆的内力将偏向靠近弦杆钢管侧壁的范围传递，也即腹杆和弦杆的连接焊缝并不是均匀传力的。为了考虑这一影响，连接焊缝强度计算公式（4-28）中的相交线计算长度用有效计算长度代替，焊缝的计算方法将在第 5 章阐述。

（3）节点强度计算的其他问题。钢管直接焊接节点的一个特点是没有为节点而专门设置的连接零件，一旦杆件截面选定，其节点强度也就被决定了。除了连接破坏外，节点的破坏有各种不同的模式，如弦杆弯曲塑性破坏，冲剪或剪切强度破坏，局部失稳破坏，还有腹杆的强度和失稳破坏等。影响破坏模式和节点强度的主要因素，除了节点的几何构形外，最重要的几何参数有：腹杆和弦杆截面尺寸的比值、腹杆厚度和弦杆厚度以及厚度之间的比值、弦杆的径厚比或宽厚比、腹杆与弦杆的夹角、多根腹杆交于同一节点时腹杆之间的距离等。有关内容本书放在第 5 章予以进一步的阐述。

4.3.5 托架的构造和设计

厂房中因大型设备安放或运输线路的组织，可能要求在规则布置的柱网中，抽掉若干根柱子，形成地面附近的宽敞空间或通路。原来用于支托屋架的支柱被抽掉后，屋架的跨度就要变大，这样屋架高度和杆件都必须增大，而且这种增大与跨度之间的关系是非线性的。显然这种对策会带来制作、安装、净空限制或屋面排水、防渗防漏等许多使用上的问题。工程实践中普遍采用的方式是设置一托架来解决被抽柱位置屋架的支承点问题。

图 4-37 解释了托架与屋架的关系。通常托架与屋架设置在同一高度上（图 4-37a），对端部斜腹杆为下降式的屋架，可将屋架上弦支承节点直接搁置在托架的上弦节点上（图 4-38）。

当车间相邻两跨的高度不同，而其高度又允许设置公共托架时，可采用图4-37（b)所示层叠连接方式。若高差很大，则需采用位于不同高度的托架分别支托两侧的屋架。

托架一般采用平行弦式桁架，其高度在很大程度上取决于屋架端部的高度和连接的构造条件，其节间划分由中间被支托屋架的位置决定。布置托架腹杆时，应注意在屋架一托架交汇处尽量避免屋架端部斜腹杆和托架斜腹杆交于同一弦杆节点，以避免构造复杂化。例如屋架端部斜杆为上升式时，屋架斜腹杆交于支托下弦，则此处托架斜腹杆尽量安排在上弦连接。

托架可以按照桁架来进行分析和计算。

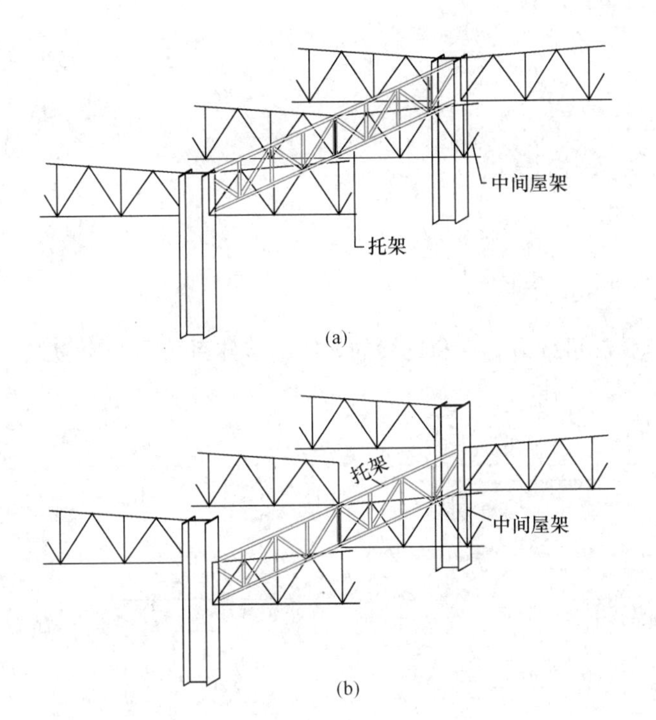

图 4-37　托架与屋架的关系

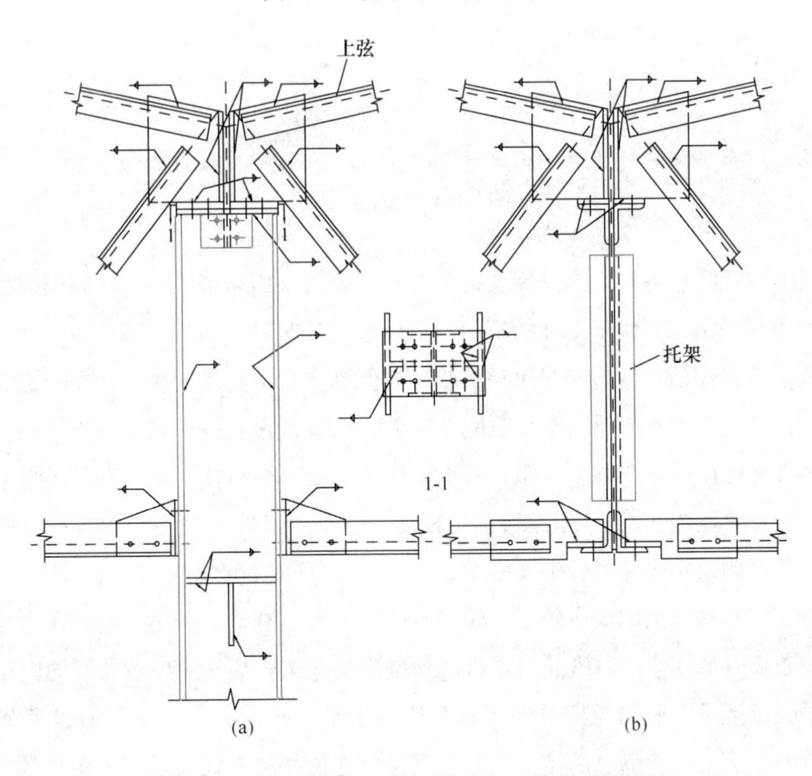

图 4-38　端部斜腹杆下降式屋架与托架的连接构造

4.4 吊车梁系统的设计

4.4.1 吊车梁的类型

吊车梁按支承情况可分为简支和连续的。按结构体系可分为实腹式（图4-39a、b）、下撑式（图 4-39c、d、e）和桁架式（图 4-39f、g）。后两者是混合式的结构体系。

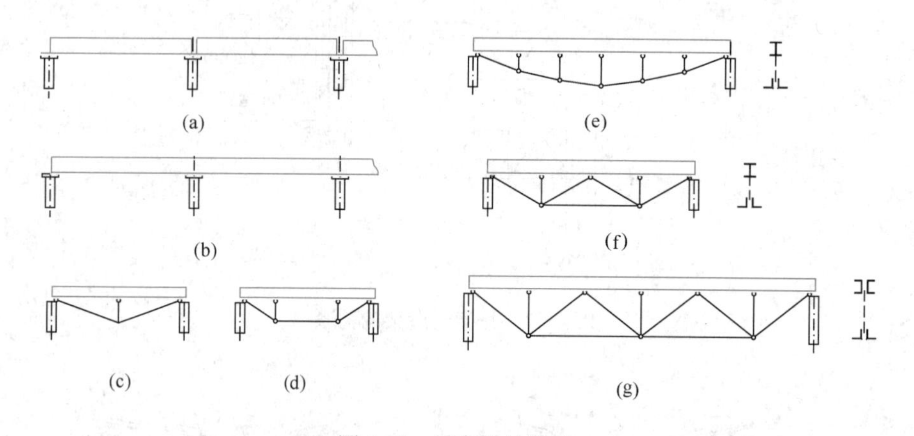

图 4-39　吊车梁的类型

(a) 简支实腹吊车梁；(b) 连续实腹吊车梁；(c)、(d)、(e) 下撑式吊车梁；
(f)、(g) 桁架式吊车梁

实腹式简支梁应用最广。当跨度及荷载较小时，可采用型钢梁，否则采用焊接梁。连续梁比简支梁用料经济，但由于受柱的不均匀沉降影响较明显，很少采用。

下撑式吊车梁和桁架式吊车梁用钢量较少，但制造费工、难度较大，在动力和反复荷载作用下的工作性能不如实腹梁可靠，且刚度较差；尤其是在双撑杆式和多撑杆式（图 4-39d、e），这些缺点表现得更为严重。下撑式吊车梁如果增加两根斜杆（图 4-39f），则刚度可大大提高；它一般在跨度为 6m、吊车起重量又较小（$Q \leqslant 30t$）的情况中使用。图 4-39(g) 所示的桁架式吊车梁则适用于跨度较大而吊车起重量较小（$Q \leqslant 50t$）的情况。

吊车梁直接承受移动的集中轮压，轮压一般很大且具有动力作用，因此在选用钢材和结构形式时应考虑这些因素。特别是对重级工作制的吊车梁，应选用质量较好的钢材。

吊车梁除承受吊车竖向轮压外，还承受横向水平力作用。因此必须加强吊车梁的上翼缘。最简单的办法是把上翼缘的钢板加厚加宽。但这种方法一般仅适用于跨度为 6m 且吊车起重量不大于 30t 的吊车梁中。对于跨度或起重量较大的吊车梁，应采用水平布置的制动梁或制动桁架来承受水平制动力，同时亦作为检修时的平台和走道（图 4-40）。吊车梁的上翼缘同时也是制动梁的翼缘或制动桁架的弦杆。

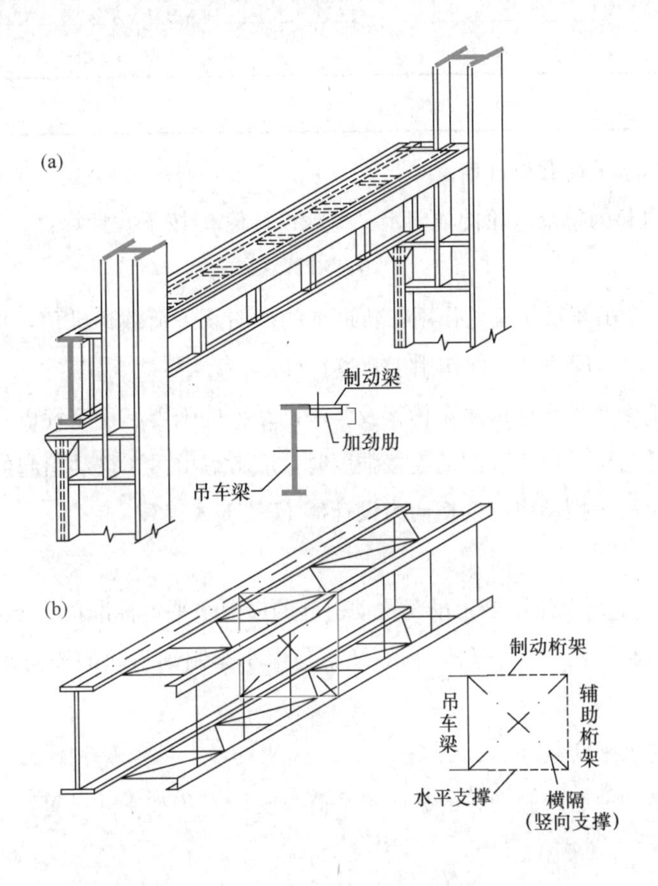

图 4-40　制动梁和制动桁架

4.4.2 荷载计算和内力分析

1. 计算吊车梁时考虑的荷载

(1) 吊车竖向荷载设计值。

$$P=\alpha_1\gamma_Q P_{k,max} \tag{4-30}$$

式中 α_1——竖向轮压动力系数，对轻、中级工作制的软钩吊车 $\alpha_1=1.05$；对重级工作制的软钩吊车、硬钩吊车和其他特种吊车 $\alpha_1=1.1$；

γ_Q——可变荷载分项系数，一般取 $\gamma_Q=1.4$；

$P_{k,max}$——吊车每个车轮的最大轮压标准值，见式（4-3）。

计算吊车的竖向荷载时，对作用在吊车上的走道荷载，积灰荷载，轨道、制动结构、支撑和梁的自重等，可近似地简化为将轮压乘以荷载增大系数 η_1，见表 4-4。

荷载增大系数 η_1 表 4-4

系数＼类型	实腹式吊车梁			桁架式吊车梁
	跨度为 6m	跨度为 12m	跨度≥18m	
η_1	1.03	1.05	1.07	1.06

（2）吊车横向水平荷载设计值。

由小车刹车引起的每个车轮的横向水平荷载设计值 T 按下式计算：

$$T = \gamma_Q T_{k,H} \tag{4-31}$$

式中 $T_{k,H}$——每个吊车桥架车轮作用在轨道上的横向水平荷载标准值，按式（4-4）计算，可以正反两个方向作用于轨道。

当计算重级工作制吊车梁或吊车桁架及其制动结构的强度、稳定性以及连接包括吊车梁或吊车桁架、制动结构、柱相互间的连接强度时，应考虑由吊车摆动引起的横向水平力。作用于每个轮压处由吊车摆动引起的横向力设计值 H 按下式计算：

$$H = \gamma_Q H_k \tag{4-32}$$

式中 H_k——作用于每个轮压处由吊车摆动引起的横向水平力标准值，见式(4-5)。

由吊车摆动引起的横向水平力设计值 H 不与由小车制动引起的横向水平荷载设计值 T 同时考虑。

（3）吊车纵向水平荷载。

由吊车桥架制动引起的制动轮的纵向水平荷载设计值 T 按下式计算：

$$T = \gamma_Q T_{k,V} \tag{4-33}$$

式中 $T_{k,V}$——由吊车桥架制动引起的制动轮的纵向水平荷载标准值，按式(4-6)计算。

吊车桥架一端的制动轮数一般可取一端车轮总数的一半。

（4）制动梁或制动桁架的平台板上的竖向荷载。

吊车梁走道上的活荷载一般可取 $2kN/m^2$，或按工艺资料取用。制动梁或走道板上的积灰荷载则近似地取：平炉车间 $0.5kN/m^2$；转炉车间 $1kN/m^2$；出铁场 $1kN/m^2$。

（5）当吊车梁与辅助桁架还承受屋盖或墙架的荷载时，还应按实际情况计算。

设计吊车梁及其制动结构时，需计算的荷载汇总于表 4-5。

计算力及吊车台数组合表 表 4-5

计算项目	计算力		吊车台数组合
	轻、中级吊车	重级吊车	
吊车梁及制动结构的强度和稳定	$P = \alpha_1 \eta_1 \gamma_Q P_{k,max}$ $T = \gamma_Q T_{k,H}$	$P = \alpha_1 \eta_1 \gamma_Q P_{k,max}$ $\left.\begin{matrix} T = \gamma_Q T_{k,H} \\ H = \alpha_2 \gamma_Q P_{k,max} \end{matrix}\right\}$ 取大者	按实际情况，但不多于两台

续表

计算项目	计算力		吊车台数组合
	轻、中级吊车	重级吊车	
轮压处腹板局部压应力、腹板局部稳定	$P=\alpha_1\psi\gamma_Q P_{k,max}$	$P=\alpha_1\psi\gamma_Q P_{k,max}$	计算腹板局部稳定时不多于两台
吊车梁和制动结构的疲劳强度	—	$P=\eta_1 P_{k,max}$ $T=T_{k,H}$	一台最大重级工作制吊车
吊车梁的竖向挠度	$P=\eta_1 P_{k,max}$	$P=\eta_1 P_{k,max}$	一台最大吊车
制动结构的水平挠度	—	$T=T_{k,H}$(冶金工厂或类似车间A7、A8级吊车)	一台最大重级工作制吊车
梁上翼缘、制动结构与柱的连接	$T=\gamma_Q T_{k,H}$	$\left.\begin{array}{l}T=\gamma_Q T_{k,H}\\H=\alpha_2\gamma_Q P_{k,max}\end{array}\right\}$取大者	按实际情况、但不多于两台
有柱间支撑处吊车梁下翼缘与柱的连接	$T=\gamma_Q T_{k,H}$	$T=\gamma_Q T_{k,H}$	按实际情况、但不多于两台

注：1. P、T、H为计算该项目时应采用的每一车轮的计算最大轮压和计算水平力；

2. ψ为应力分布不均匀系数，验算腹板局部压应力时对轻、中级吊车梁ψ为1.0；对重级制吊车梁ψ为1.35；验算腹局部稳定时，各级吊车梁均取$\psi=1.0$；

3. 当几台吊车参与组合时应按表4-1取用荷载折减系数。

2. 内力分析

从表4-5得到各项计算力及吊车台数后，即可进行吊车梁及制动结构的内力分析。竖向荷载全部由吊车梁承受，横向水平制动力由制动结构承受。纵向水平制动力由吊车梁支座处下翼缘与柱子的连接来承受并传递到专门设置的柱间下部支撑中，它在吊车梁内引起的轴向力和偏心力矩可忽略。吊车梁的上翼缘需考虑竖向和横向水平荷载共同作用产生的内力。

在选择和验算吊车梁的截面前，必须算出吊车梁的绝对最大弯矩以及相同轮位下制动结构的弯矩和剪力。竖向轮压是若干个保持一定距离的移动集中荷载。当车轮移动时，在吊车梁上引起的最大弯矩的数值和位置都将随之改变。因此需首先用力学方法确定使吊车梁产生最大内力（弯矩和剪力）的吊车轮压所在位置，即所谓“最不利轮位”，然后分别计算吊车梁的最大弯矩和剪力。当起重量较大时，吊车车轮较多，且常需考虑两台吊车同时工作，因此不利轮位可能有几种情况，分别按这几种不利情况求出相应的弯矩和剪力。从而求得吊车梁的绝对最大弯矩和最大剪力，以及相同轮位下制动结构的弯矩和剪力。

图4-41(a)及(b)表示了吊车梁上有四个或两个轮压时，使吊车梁产生绝对最大弯矩的最不利轮位。

制动结构如果采用制动梁，则把制动梁（包括吊车梁的上翼缘）看成是一根水平放置的梁，承受水平制动力的作用（图4-41c）。当采用制动桁架（图4-41d）时，可以用一般桁架

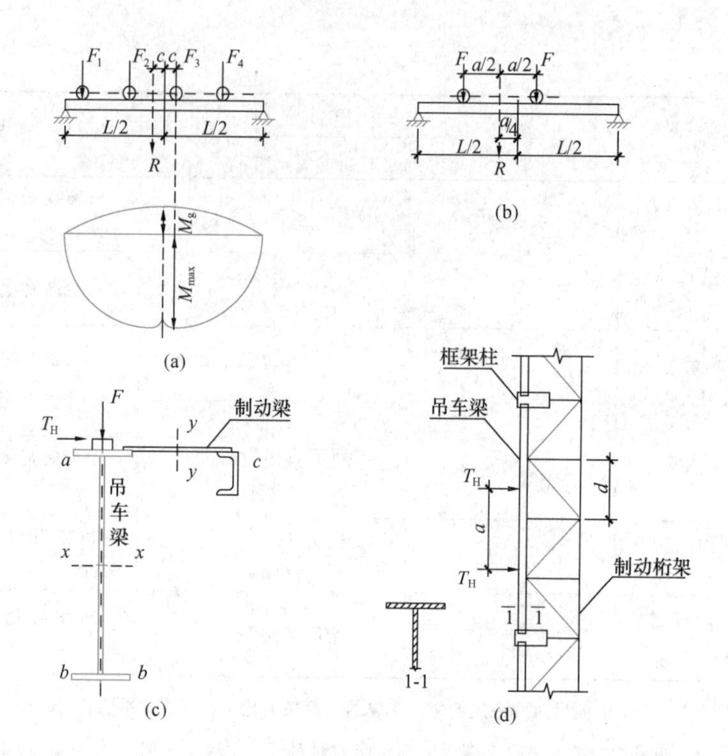

图 4-41　实腹式吊车梁的计算简图

内力分析方法求出各杆（包括吊车梁的上翼缘）的轴向力 N_T。但对于上弦杆（吊车梁上翼缘）还要考虑节间局部弯矩 M'_T，可近似地取 $M'_T=\gamma_Q T_H d/3$，d 为制动桁架的节间长度（图 4-41d）。对于重级工作吊车梁的制动桁架，还应考虑由于吊车摆动引起的横向水平力设计值 H 的作用。

4.4.3 焊接实腹吊车梁设计

1. 截面选择

焊接组合梁截面选择的一般方法详见第 2 章。结合吊车梁的特点，再补充一些内容。

（1）梁的高度

在确定吊车梁的高度时，应考虑经济、刚度要求，建筑净空要求和腹板钢板规格。近似地把吊车梁作为承受均布荷载的简支梁，则其相对挠度为

$$\frac{v}{l}=\frac{5}{384}\cdot\frac{ql^3}{EI_x}=\frac{5}{48}\cdot\frac{M'l}{EI_x}\approx\frac{1}{10}\cdot\frac{M'l}{EI_x}$$

由于计算结构变形时取一台吊车并不考虑动力系数和可变荷载分项系数，故 M' 可取为 $\frac{M_x}{1.1\times1.4}$。式中 M_x 为一台吊车轮压设计值产生的最大弯矩。根据经验可知，M_x 约为 $0.65M_{x\max}$，而对于非重级工作制吊车梁 $M_{x\max}=0.8W_x f$，对于重级工作制吊车梁 $M_{x\max}=$

$0.68W_xf$。代入上式后可得，非重级工作制吊车梁的最小高度为

$$h_{\min} \geqslant \frac{0.31fl}{\left[\frac{v}{l}\right] \times 10^6} \tag{4-34a}$$

重级工作制吊车梁的最小高度为

$$h_{\min} \geqslant \frac{0.265fl}{\left[\frac{v}{l}\right] \times 10^6} \tag{4-34b}$$

综合经济要求和建筑净空要求并考虑钢板宽度规格，可选用吊车梁腹板的合理高度 h_w，从而大致确定吊车梁的高度 h。

(2) 腹板厚度

吊车梁的腹板厚度 t_w 一般按经验公式、支座处抗剪要求和局部挤压条件来选定。

1) 经验公式：

$$t_w = 7 + 3h \tag{4-35}$$

式中　t_w——腹板厚度，以“mm”计；

h——梁的高度，以“m”计。

2) 抗剪要求可近似按式 (2-12) 计算。

3) 局部挤压应力的计算：

$$\sigma_c = \frac{\alpha_1 \psi \gamma_Q P_{k,\max}}{t_w l_z} \leqslant f \tag{4-36}$$

即

$$t_w \geqslant \frac{\alpha_1 \psi \gamma_Q P_{k,\max}}{l_z \cdot f} \tag{4-37}$$

式中　l_z——车轮对腹板边缘挤压应力的分布长度，取 $l_z = 5h_y + 2h_R + 50\text{mm}$；

h_y——梁顶至腹板计算高度上边缘的距离，对于焊接梁取 h_y = 吊车梁翼缘厚度 t，初选截面时可取 $t \approx 20\text{mm}$；

h_R——轨道高度。

实际工程经验发现，重级工作制吊车梁上翼缘和腹板的连接焊缝（焊透的K形坡口缝）常出现疲劳裂缝，故在选定此类吊车梁的腹板厚度时宜略大些，以增大焊缝厚度，并严格检查焊缝的施工质量。

(3) 翼缘尺寸

腹板高度 h_w 和厚度 t_w 确定后，可用下式求得翼缘所需的面积 A_1，从而决定其宽度 b 和厚度 t：

$$A_1 = \frac{W_x}{h_w} - \frac{1}{6} h_w t_w \tag{4-38}$$

对于非重级工作制吊车梁

$$W_x = 1.2\frac{M_{x\max}}{f} \tag{4-39a}$$

对于重级工作制吊车梁

$$W_x = 1.4\frac{M_{x\max}}{f} \tag{4-39b}$$

翼缘宜用一层钢板，其厚度应不小于 8mm；翼缘宽度 b 一般为（1/5～1/3）h。当上翼缘轨道用压板连接时，翼缘宽度不大于 300mm。考虑到翼缘的局部稳定，翼缘宽度 b 应不大于 $30t$（Q235）或 $24t$（Q345）。此外，在选定翼缘宽度时应注意设置便于与柱或制动结构连接的构造。

2. 构件计算

（1）强度计算

选择好吊车梁的截面尺寸后，确定制动结构的形式和尺寸，求得吊车梁截面的各项几何特性，然后进行截面强度验算。截面强度验算应对其中的正应力、剪应力、腹板局部压应力及折算应力等各项进行计算。其计算公式如表 4-6所示。从表中看出，进行吊车梁计算时，不考虑截面塑性发展系数。

吊车梁的截面强度计算公式　　表 4-6

<table>
<tr><th rowspan="2">制动结构形式</th><th colspan="2">正 应 力 σ</th><th rowspan="2">剪应力 τ</th><th rowspan="2">腹板局部压应力 σ_c</th><th rowspan="2">折算应力 σ_{zs}</th></tr>
<tr><th>上翼缘</th><th>下翼缘</th></tr>
<tr><td>无制动结构</td><td>$\frac{M_{x\max}}{W_{nx}}+\frac{M_y}{W_{ny1}}\leqslant f$</td><td rowspan="3">$\frac{M_{x\max}}{W_{nx}}\leqslant f$</td><td rowspan="3">$\frac{V_{\max}S_x}{I_x\cdot t_w}\leqslant f$</td><td rowspan="3">$\frac{\alpha_1\psi\gamma_Q P_{k,\max}}{l_z t_w}\leqslant f$</td><td rowspan="3">轮压影响范围内
$\sqrt{\sigma^2+\sigma_c^2-\sigma\sigma_c+3\tau^2}\leqslant\beta_1 f$
轮压影响范围外
$\sigma_{zs}=\sqrt{\sigma^2+3\tau^2}\leqslant\beta_1 f$
（σ、σ_c 和 τ 均为梁上同一点在同一轮位下的应力）</td></tr>
<tr><td>制动梁</td><td>$\frac{M_{x\max}}{W_{nx}}+\frac{M_y}{W_{ny2}}\leqslant f$</td></tr>
<tr><td>制动桁架</td><td>$\frac{M_{x\max}}{W_{nx}}+\frac{M'_T}{W_{ny1}}+\frac{N_T}{A_{n1}}\leqslant f$</td></tr>
</table>

注：$M_{x\max}$——对 x-x 轴的竖向最大弯矩；

M_y——对 y-y 轴的水平弯矩；

M'_T——制动桁架节间内的局部水平弯矩；

N_T——制动桁架弦杆的最大内力（轮位与求 $M_{x\max}$时相同）；

$V_{\max}$——吊车梁支座处的最大剪力；

γ_Q——可变荷载分项系数；

$\alpha_1 P_{k,\max}$——计算截面上的最大轮压标准值（考虑动力系数）；

W_{nx}——对 x-x 轴的净截面抵抗矩，当上、下翼缘不对称时，应分别用各自的 W 值；

W_{ny1}——梁上翼缘对 y-y 轴的净截面抵抗矩；

W_{ny2}——梁上翼缘与制动梁组合截面对其 y-y 轴（图 4-41c）的净截面抵抗矩；

A_{n1}——梁上翼缘净截面面积；

I_x——计算截面对 x-x 轴的毛截面惯性矩；

ψ——应力分布不均匀系数，其值见表 4-5 的注 2；

l_z——挤压应力的分布长度，见式（4-36）；

β_1——系数，当 σ 与 σ_c 异号时，取 $\beta_1=1.2$；当 σ 与 σ_c 同号或 $\sigma_c=0$ 时，取 $\beta_1=1.1$；

f——钢材的抗弯强度设计值。

(2) 整体稳定计算

吊车梁无制动结构时，应验算其整体稳定性，计算方法参见第2章。有制动结构时则不必验算。

(3) 刚度验算

验算吊车梁的竖向刚度时，通常都采用下列近似公式计算：

$$\frac{v}{l}=\frac{1}{10}\cdot\frac{M'l}{EI_x}\leqslant\left[\frac{v}{l}\right] \tag{4-40}$$

式中 $\left[\frac{v}{l}\right]$——容许相对挠度，按第1章1.6.1节的表1-23取用；

M'——由一台最大吊车产生的绝对最大弯矩，计算挠度时不考虑动力系数和可变荷载分项系数。

对于冶金工厂或类似设有A7、A8级吊车的吊车梁，还应验算制动结构有一台最大吊车的横向水平制动力（不计动力系数和可变荷载分项系数）所产生的水平挠度，其值不宜超过制动结构跨度的1/2200。

(4) 疲劳强度计算

对重级工作制吊车梁和重、中级工作制吊车桁架（桁架式吊车），还应验算其疲劳强度。验算疲劳强度时只考虑一台荷载最大的吊车标准荷载，并不计动力系数。

对吊车梁受拉翼缘与腹板的连接焊缝（应采用自动焊）及其附近的主体金属在焊缝焊透的情况下属于Z2类，其正应力幅按下式验算：

$$\alpha_f\Delta\sigma=\alpha_f\cdot\frac{M_{max}^p-M_{min}^p}{I_{nx}}\cdot y\leqslant\gamma_t\ [\Delta\sigma]_{2\times10^6} \tag{4-41a}$$

式中 M_{max}^p——疲劳验算处截面的最大弯矩；

M_{min}^p——疲劳验算处截面的最小弯矩；

I_{nx}——对x-x轴的净截面惯性矩；

y——中和轴到验算点（翼缘与腹板焊缝处）的距离；

γ_t——板厚修正系数，对于横向角焊缝和对接焊缝连接，如连接板厚$t\leqslant25$mm取1.0，否则取$\left(\frac{25}{t}\right)^{0.25}$，$t$的单位为“mm”；

$[\Delta\sigma]_{2\times10^6}$——容许正应力幅，按第1章的表1-6取用；

α_f——欠载效应等效系数，按第1章1.4.3节取用。

在重级工作制吊车梁的受拉翼缘上应尽可能不打洞、不焊接附加零件（如有水平支撑可连接在横向加劲肋的下端处）。否则，在梁跨中的受拉翼缘上应按式（4-41a）验算设有铆钉、螺栓孔及虚孔处主体金属的疲劳应力幅。

在腹板受拉区的横向加劲肋端部处，同时受较大的正应力及剪应力作用，且存在较大的残余应力。由于该处 y 值较小所以应力幅亦较小，但它属于 Z5 类（肋部不断弧）或 Z6 类（肋部断弧）连接，容许应力幅也较小，故需按下式验算主体金属的疲劳强度：

$$\alpha_f \Delta\sigma = \alpha_f \frac{M_{max}^{P} - M_{min}^{P}}{I_{nx}} y' \leqslant [\Delta\sigma]_{2\times10^6} \tag{4-41b}$$

式中　y'——腹板受拉区的横向加劲肋端部处到中和轴的距离。

对吊车梁，还应验算剪应力幅是否满足疲劳强度的要求，按下式计算：

$$\alpha_f \Delta\tau \leqslant [\Delta\tau]_{2\times10^6} \tag{4-42}$$

式中　$\Delta\tau$——计算位置的剪应力幅；

$[\Delta\tau]_{2\times10^6}$——容许剪应力幅，对焊缝及连接金属取 59N/mm^2。

（5）局部稳定计算

2.3.2 节关于梁局部稳定要求对板件宽厚比的限值和有关加劲肋设置的规定同样适用于吊车梁。在 2.3.2 节 3 的（3）中已经介绍了设置横向加劲肋时如何计算加劲肋之间板格的局部稳定。在腹板高度较大的吊车梁中，可能需要同时设置纵横加劲肋。需要同时设置纵横加劲肋的条件是：$h_0/t_w > 170\sqrt{235/f_y}$（受压翼缘扭转受到约束，如连有刚性铺板、制动板或焊有钢轨时）或 $h_0/t_w > 150\sqrt{235/f_y}$（受压翼缘扭转未受到约束时），应在弯曲应力较大区隔的受压区增加配置纵向加劲肋（图 4-42a），局部压力很大的梁，必要时还宜在受压区配

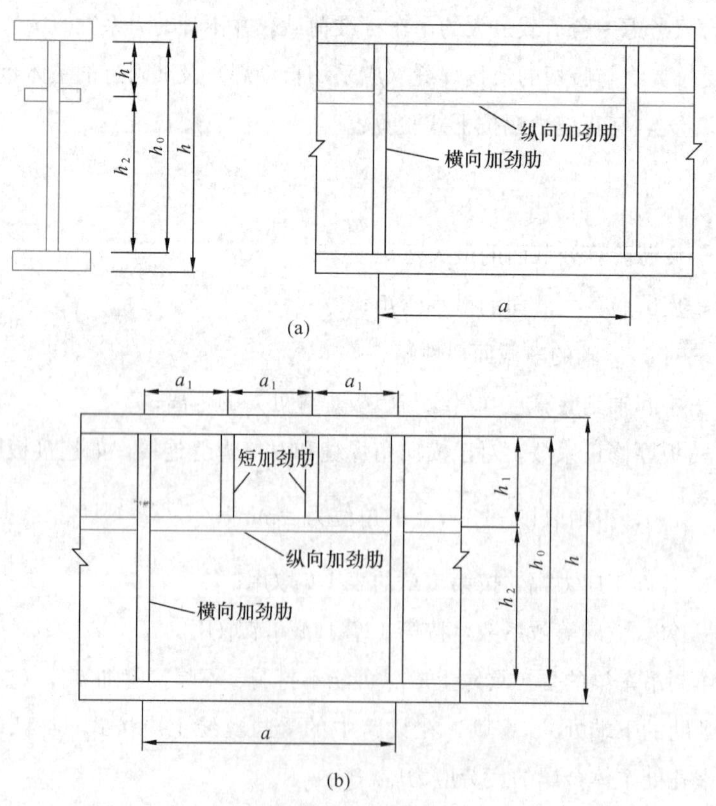

图 4-42　腹板加劲肋纵横向布置示意图

置短加劲肋（图 4-42b）。此时，板格的局部稳定可按以下规定计算：

1）受压翼缘与纵向加劲肋之间的区格

$$\frac{\sigma}{\sigma_{cr1}}+\left(\frac{\tau}{\tau_{cr1}}\right)^2+\left(\frac{\sigma_c}{\sigma_{c,cr1}}\right)^2\leqslant 1.0 \tag{4-43}$$

式中，σ_{cr1}、τ_{cr1}、$\sigma_{c,cr1}$分别按照下列方法计算：

①σ_{cr1}按公式（2-23）计算，但式中的 λ_b 改用下列 λ_{b1}代替：

当梁受压翼缘扭转受到约束时，

$$\lambda_{b1}=\frac{h_1/t_w}{75}\sqrt{\frac{f_y}{235}} \tag{4-44a}$$

当梁受压翼缘扭转未受到约束时，

$$\lambda_{b1}=\frac{h_1/t_w}{64}\sqrt{\frac{f_y}{235}} \tag{4-44b}$$

②τ_{cr1}按公式（2-24）计算，将式中的 h_0 改用 h_1 代替。

③$\sigma_{c,cr1}$按公式（2-25）计算，但式中的 λ_b 改用下列 λ_{c1}代替。

当梁受压翼缘扭转受到约束时，

$$\lambda_{c1}=\frac{h_1/t_w}{56}\sqrt{\frac{f_y}{235}} \tag{4-45a}$$

当梁受压翼缘扭转未受到约束时，

$$\lambda_{c1}=\frac{h_1/t_w}{40}\sqrt{\frac{f_y}{235}} \tag{4-45b}$$

2）受拉翼缘与纵向加劲肋之间的区格

$$\left(\frac{\sigma_2}{\sigma_{cr2}}\right)^2+\left(\frac{\tau}{\tau_{cr2}}\right)^2+\frac{\sigma_{c2}}{\sigma_{c,cr2}}\leqslant 1.0 \tag{4-46}$$

式中 σ_2——所计算区格内由平均弯矩产生的腹板在纵向加劲肋处的弯曲压应力；

σ_{c2}——腹板在纵向加劲肋处的横向压应力，取 $0.3\sigma_c$。

①σ_{cr2}按公式（2-23）计算，但式中的 λ_b 改用下列 λ_{b2}代替：

$$\lambda_{b2}=\frac{h_2/t_w}{194}\sqrt{\frac{f_y}{235}} \tag{4-47}$$

②$\tau_{c,cr2}$按公式（2-24）计算，将式中的 h_0 改用 h_2（$h_2=h_0-h_1$）。

③$\sigma_{c,cr2}$按公式（2-25）计算，但式中的 h_0 改用 h_2，当 $a/h_2>2$，取$a/h_2=2$。

3）在受压翼缘与纵向加劲肋之间设有短加劲肋短区格，其局部稳定性按公式（4-43）

计算。该式中的 σ_{cr1} 仍按式（4-43）规定计算；τ_{cr1} 按式（2-24）计算，但将 h_0 和 a 改为 h_1 和 a_1；$\sigma_{c,cr1}$ 按式（2-25）计算，但式中 λ_b 改用下列 λ_{c1} 代替：

当梁受压翼缘扭转受到约束时，

$$\lambda_{c1}=\frac{a_1/t_w}{87}\sqrt{\frac{f_y}{235}} \tag{4-48a}$$

当梁受压翼缘扭转未受到约束时，

$$\lambda_{c1}=\frac{a_1/t_w}{73}\sqrt{\frac{f_y}{235}} \tag{4-48b}$$

对 $a_1/h_1>1.2$ 的区格，公式（4-48）右侧应乘以 $1/\left(0.4+0.5\frac{a_1}{h_1}\right)^{\frac{1}{2}}$。

（6）翼缘与腹板的连接计算

在轻、中级工作制吊车梁的上、下翼缘与腹板的连接中，可采用连续的角焊缝。上翼缘焊缝除承受翼缘和腹板间的水平剪力外，还承受由吊车轮压引起的竖向剪应力。其焊脚尺寸按下式计算并应不小于 6mm：

上翼缘与腹板连接焊缝：

$$h_f=\frac{1}{1.4f_f^w}\sqrt{\left(\frac{V_{max}S_1}{I}\right)^2+\left(\frac{\psi P}{l_z}\right)^2} \tag{4-49}$$

下翼缘与腹板的连接焊缝：

$$h_f=\frac{V_{max}S_2}{1.4f_f^w I} \tag{4-50}$$

式中 V_{max}——梁的最大剪力；

S_1、S_2——分别为上、下翼缘对梁中和轴的毛截面面积矩；

I——梁的毛截面惯性矩；

P——计算截面上的最大轮压，按式（4-30）计算；

ψ、l_z——按表 4-6 的注计算。

当中级工作制吊车梁的腹板厚度 $t_w>14$mm，腹板与上翼缘的连接应尽可能采用焊透的 T 形连接焊缝（即 K 形坡口对接焊缝）如图 4-43 所示。

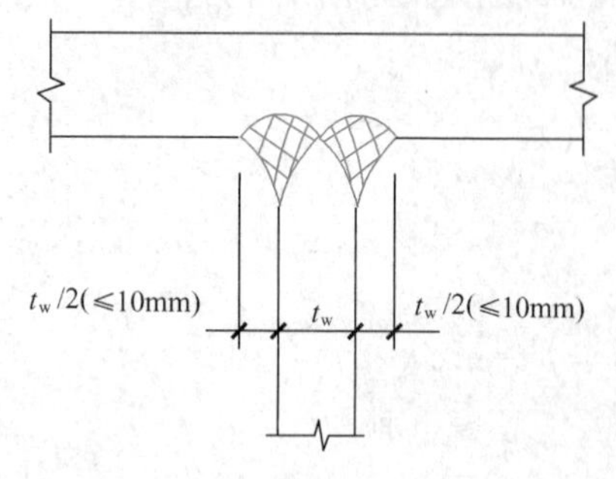

图 4-43　焊透的 T 形连接焊缝

对于重级工作制吊车梁上翼缘与腹板的连接，规范规定采用图 4-43 所示的焊透的 K 形坡口对接焊缝。为了保证充分焊透，腹板上端应根据其厚度预作坡口加工。焊透的 K 形坡口对接焊缝经过用精确方法检查合格后，即可认为与腹板等强而不再验算其强度。

重级工作制吊车梁的下翼缘与腹板的连接，可以采用自动焊接的角焊缝，但要验算疲劳强度。

4.4.4　吊车梁的制动结构、支撑和梁柱连接

制动结构承受横向水平力，并作为吊车梁上翼缘的侧向支撑，以保证吊车梁的整体稳定。制动梁同时又可作为走道和检修时的平台。实腹式制动梁的宽度一般为1.0～1.5m，宽度较大时宜用桁架式制动梁（即制动桁架）。实腹式制动梁的腹板（兼作走道板）宜用花纹钢板以防止走时滑倒，其厚度通常为6～8mm（如不能满足局部稳定的要求时则另加加劲肋）。

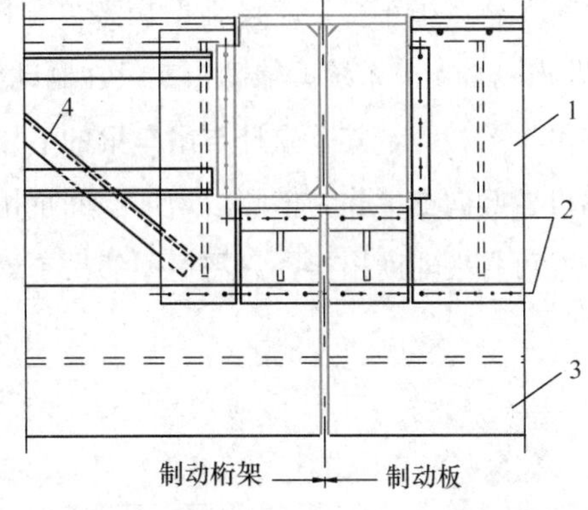

图4-44　吊车梁与柱的连接形式之一
1—制动板（制动梁腹板）；2—A或B级螺栓（或高强度螺栓）；3—吊车梁上翼缘；4—制动桁架腹杆

制动梁与吊车梁可以在工厂中连接，也可以在工地连接。轻、中级工作制的吊车梁与制动梁或柱在工地连接时可采用焊缝连接，并应避免采用C级螺栓连接，对于重级工作制的吊车梁则应优先采用高强度螺栓连接（图4-44和图4-45）。

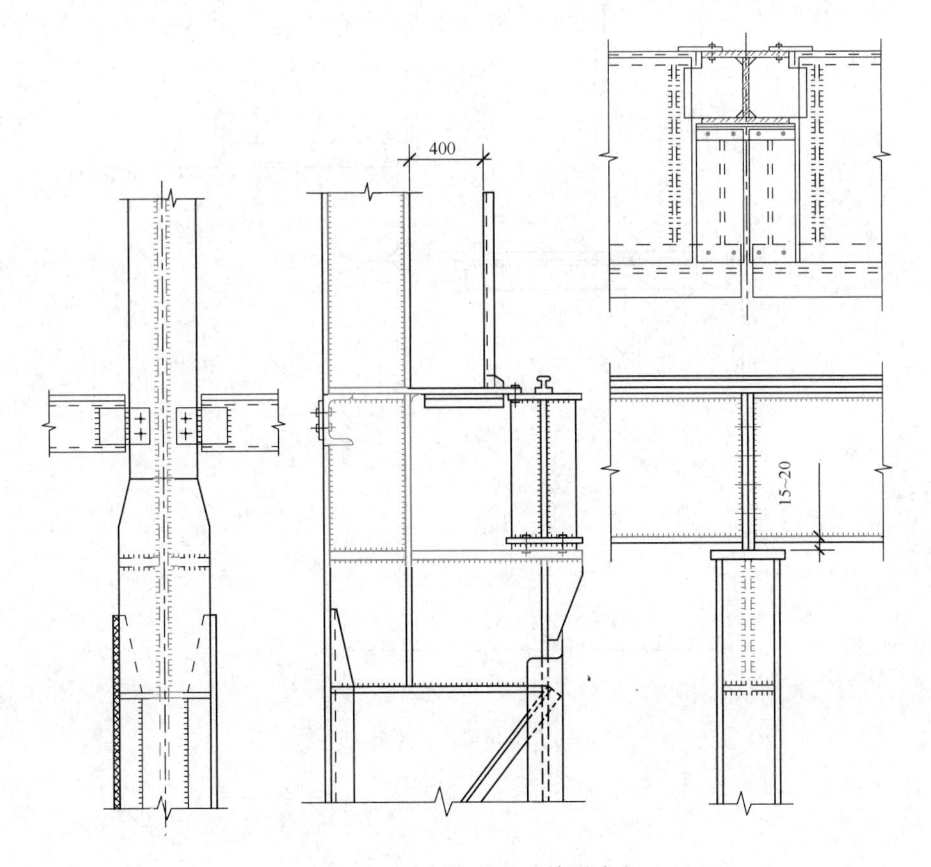

图4-45　吊车梁与柱的连接形式之二

跨度较小和起重量不大的吊车梁常采用实腹式吊车梁，吊车梁的下翼缘和制动梁的外翼缘之间每隔一定距离用斜撑杆连接起来（图 4-46c），或用板铰把制动梁的翼缘挂在墙架柱上（图 4-46a）。对于设在边列柱上跨度大于等于 18m 的轻、中级工作制和跨度大于等于 12m 的重级工作制吊车梁，应设辅助桁架（即图 4-40b 中的竖向桁架）以及水平支撑系统和竖向（即横隔）支撑系统。辅助桁架设在制动梁的外翼缘（或弦杆）处的竖向平面内，桁架高度与吊车梁相等，其下弦杆与吊车梁的下翼缘用水平支撑相连，形成空间体系，再每隔一定距离设置竖向支撑作为横隔以增加空间抗扭刚度（图 4-46b）。对于中列柱上成对设置的等高吊车梁可省去辅助桁架，只需在相邻吊车梁的下翼缘间设置水平支撑和适当设置几道竖向支撑（图 4-47）。

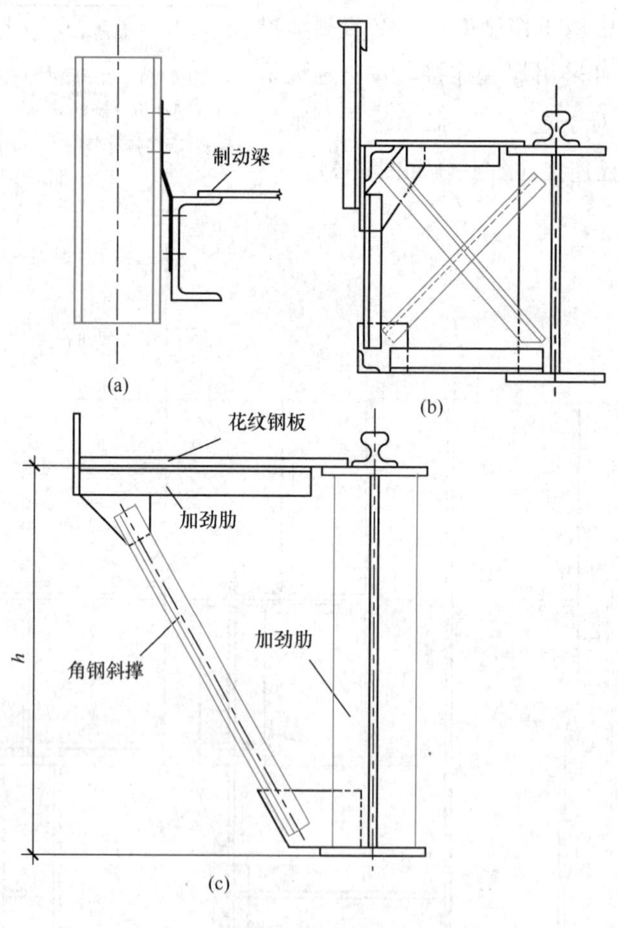

图 4-46　吊车梁支撑形式之一

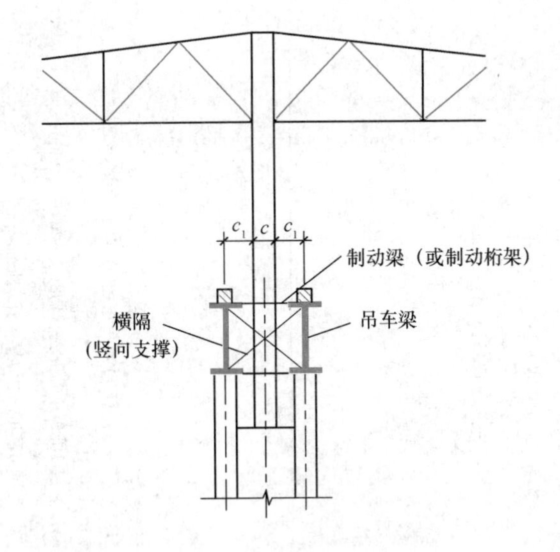

图 4-47　吊车梁支撑形式之二

【例 4-2】 焊接实腹吊车梁设计例题

1. 设计资料

吊　车　资　料　　例表 4-2A

台数 起重量 (kN)	级别 钩别	吊车 跨度 (m)	吊车 重量 (kN)	小车重 (kN)	最大 轮压 (kN)	轨道 型号	简　图
两台 750/200	重级 软钩	31.5	918	235	324	Qu100	763 840 5410 840 763

(1) 吊车资料见例表 4-2A;

(2) 走道荷载，$2kN/m^2$;

(3) 采用简支焊接实腹工字形吊车梁，跨度为 12m;

(4) 制动结构用焊接实腹制动梁，宽度为 1.0m;

(5) 吊车梁用 Q345B 钢，焊条用 E50 型。

2. 内力计算

结果见例表 4-2B。

3. 截面选择

(1) 梁的高度

按经济要求

$$W_x = \frac{1.4 \times 4821000000}{295} = 22879000\ \mathrm{mm}^3 \qquad \text{(按式 4-39b)}$$

$$h = 7 \times \sqrt[3]{22879000} - 300 = 1687\mathrm{mm} \qquad \text{(按式 2-10)}$$

内力计算表

例表 4-2B

计算项目	计算简图	内力
支座处最大剪力 $V_{\max}$	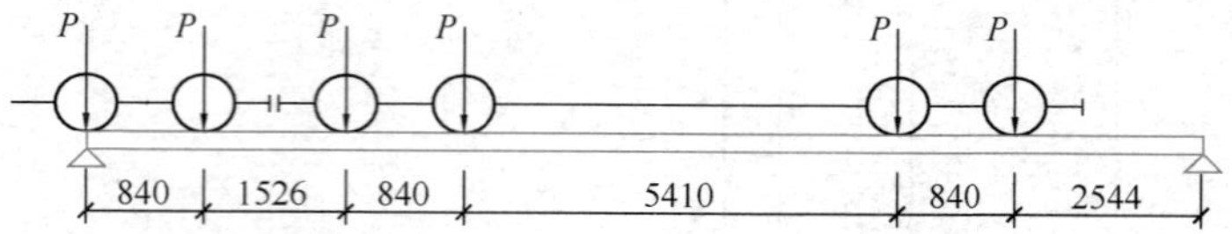 P P P P P P 840 1526 840 5410 840 2544 $P=\alpha_1\eta_1\gamma_Q\psi_c P_{k,\max}$ $=1.1\times1.05\times1.4\times0.95\times324$ $=498kN$	$V_{\max}=\frac{498}{12}(2.544+3.384+8.794$ $+9.634+11.160+12.000)$ $=\frac{498}{12}\times47.516$ $=1972kN$
计算强度时，跨中绝对最大弯矩 $M_{\max}$	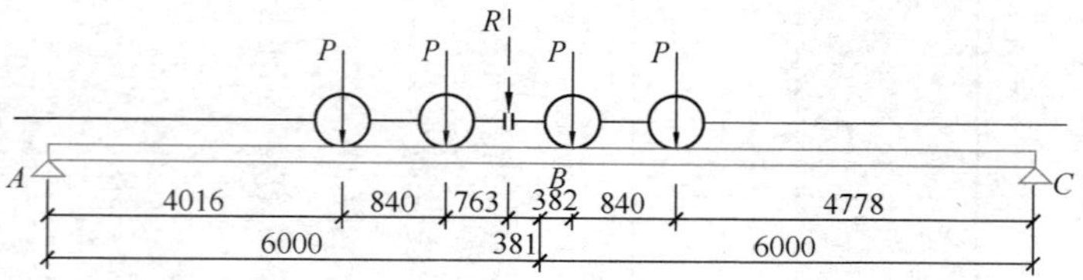 R P P P P A B C 4016 840 763 382 840 4778 6000 381 6000	$R_A=\frac{498\times4}{12}(6.000+0.381)=1059kN$ $M_{\max}=1059\times6.382-498(1.526+2.366)$ $=6759-1938=4821kN\cdot m$ $V_B=-(R_c-P)=-(498\times4-1059-498)$ $=-435kN$

续表

计算项目	计算简图	内力
计算制动梁强度时，跨中最大水平弯矩 M_{Tmax}	简图同上 $T=\gamma_Q\psi_c T_{k,H}$ $=1.4\times0.95\times\frac{8}{100}\times\frac{(235+750)}{2\times4}$ $=1.4\times0.95\times9.85=13.1kN$ $H=\alpha_2\gamma_Q\psi_c P_{k,max}$ $=0.1\times1.4\times0.95\times324$ $=43.1kN$	$M_{Tmax}=\frac{43.1}{498}\times4821=417.2kN\cdot m$
计算疲劳强度时，跨中最大竖向弯矩 M^p_{max} 及水平弯矩 M^p_T	P P R P P A B C 3808 840 1352 1353 2705 840 1102 6000 6000 $P=P_{k,max}=324kN$ $H=0.1\times324=32.4kN$	$R_A=\frac{1}{12}[324\times4\times(6.000-1.353)]=502kN$ $M^p_{max}=502(6.000-1.352)-324\times0.840$ $=2333-272=2061kN\cdot m$ $M^p_T=\frac{32.4}{324}\times2061=206.1kN\cdot m$

注：1. 第一栏的 P 按式（4-30）计算，但计入了表 4-4 的荷载增大系数 η_1 和表 4-1 的多台吊车的荷载折减系数 ψ_c。

2. 第三栏的 T 按式（4-31）计算，但计入了表 4-1 的荷载折减系数 ψ_c。

3. 第三栏的 H 按式（4-32）计算，但计入了表 4-1 的荷载折减系数 ψ_c。

4. 第四栏的 P、H 均为一台吊车时的标准值，因此 H 按式（4-5）计算。

按刚度要求：

$$h_{\min}=0.265fl\left[\frac{l}{v}\right]\times10^{-6}=0.265\times295\times12000\times1200\times10^{-6}=1125\text{mm}\qquad(\text{按式 4-34b})$$

对建筑净空无特殊要求，采用腹板高度 $h_w=160\text{cm}$。

(2) 腹板厚度

按经验公式：

$$t_w=7+3h=7+3\times1.60=11.8\text{mm}$$

按抗剪要求：

$$t_{\text{wmin}}\geqslant\frac{1.5V_{\max}}{h_w f_v}=\frac{1.5\times1972000}{1600\times180}=10.3\text{mm}$$

按局部挤压要求：

$$t_w\geqslant\frac{\alpha_1\psi\gamma_Q P_{k,\max}}{l_z f}=\frac{1.1\times1.35\times1.4\times324000}{[2\times150+5\times20+50]\times1.0\times310}=4.8\text{mm}$$

选用腹板：1600×14

(3) 翼缘尺寸

$$A_1=\frac{W_x}{h_w}-\frac{h_w t_w}{6}=\frac{22879000}{1600}-\frac{1600\times14}{6}=10566\text{mm}^2$$

试用：500×22

(4) 截面几何特征（图 4-48）

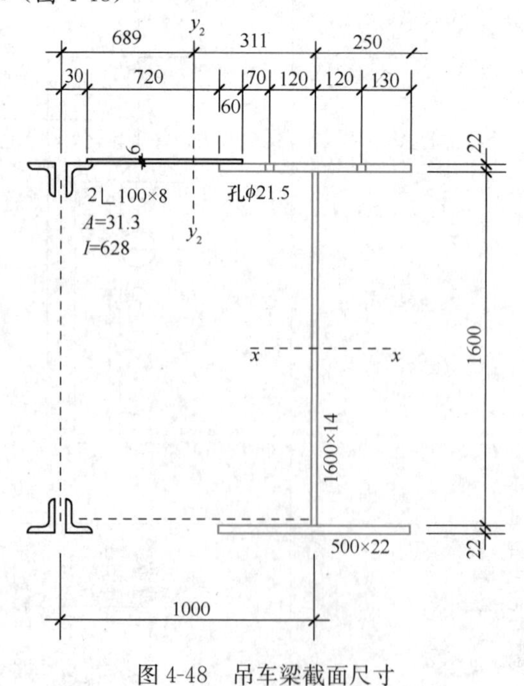

图 4-48　吊车梁截面尺寸

毛截面几何特性

$$I_x = 50 \times 2.2 \times 81.1^2 \times 2 + \frac{1}{12} \times 1.4 \times 160^3$$
$$= 1446986 + 477867 = 1924853\text{cm}^4$$
$$= 1924853 \times 10^4 \text{mm}^4$$

$$W_x = \frac{1924853}{82.2} = 23417\text{cm}^3 = 23417 \times 10^3 \text{mm}^3$$

$$S_x = 50 \times 2.2 \times 81.1 + 80 \times 1.4 \times 40 = 8921 + 4480$$
$$= 13401\text{cm}^3 = 13401 \times 10^3 \text{mm}^3$$

$$S_1 = 50 \times 2.2 \times 81.1 = 8921\text{cm}^3 = 8921 \times 10^3 \text{mm}^3$$

净截面几何特性

$$A_n = 50 \times 2.2 + (50 - 2 \times 2.15) \times 2.2 + 160 \times 1.4 = 434.5\text{cm}^2$$

$$\bar{y} = \frac{160 \times 1.4 \times 81.1 + (50 - 2 \times 2.15) \times 2.2 \times 162.2}{434.5} = 79.34\text{cm}$$

$$I_{nx} = 50 \times 2.2 \times 79.34^2 + (50 - 2 \times 2.15) \times 2.2 \times (162.2 - 79.34)^2$$
$$+ \frac{1.4 \times 160^3}{12} + 1.4 \times 160 \times (81.1 - 79.34)^2$$
$$= 692432 + 690285 + 477867 + 694 = 1861278\text{cm}^4 = 1861278 \times 10^4 \text{mm}^4$$

$$W_{nx} = \frac{1861278}{163.3 - 79.34} = 22169\text{cm}^3 = 22169 \times 10^3 \text{mm}^3$$

制动梁的截面特性

毛截面特性

$$A = 31.3 + 50 \times 2.2 + 78 \times 0.6 = 188.1\text{cm}^2 = 18810\text{mm}^2$$

$$\bar{x} = \frac{31.3 \times 100 + 78 \times 0.6 \times 58}{188.1} = 31.1\text{cm} = 311\text{mm}$$

$$I_y = 628 + 31.3 \times (100 - 31.1)^2 + \frac{0.6 \times 78^3}{12} + 0.6 \times 78 \times (58 - 31.1)^2$$
$$+ \frac{2.2 \times 50^3}{12} + 2.2 \times 50 \times 31.1^2$$
$$= 628 + 148588 + 23728 + 33865 + 22917 + 106393$$
$$= 336119\text{cm}^4 = 336119 \times 10^4 \text{mm}^4$$

净截面几何特性

$$A_n = 31.3 + (50 - 2 \times 2.15) \times 2.2 + 78 \times 0.6 = 178.6\text{cm}^2$$

$$\bar{x} = \frac{31.3 \times 100 + 78 \times 0.6 \times 58}{178.6} = 32.7\text{cm}$$

$$I_{ny} = 628 + 31.3 \times (100 - 32.7)^2 + \frac{0.6 \times 78^3}{12} + 0.6 \times 78 \times (58 - 32.7)^2$$

$$+\frac{2.2\times50^3}{12}-2\times2.2\times2.15\times12^2+2.2\times(50-2\times2.15)\times32.7^2$$

$$=628+141767+23728+29956+22917-1362+107506$$

$$=325140\text{cm}^4=325140\times10^4\text{mm}^4$$

$$W_{ny2}=\frac{325140}{32.7+25}=5635\text{cm}^3=5635\times10^3\text{mm}^3$$

4. 承载能力和刚度验算

(1) 强度验算见例表 4-2C。

强度验算表　　　　例表 4-2C

计算项目	计 算 内 容
正应力 σ	上翼缘：$\sigma=\frac{M_{xmax}}{W_{nx}}+\frac{M_y}{W_{ny2}}=\frac{4821000000}{22169\times10^3}+\frac{417200000}{5635\times10^3}$ $=217.5+74.0=291.5\text{N/mm}^2<295\text{N/mm}^2$ 下翼缘： $\sigma=\frac{M_{xmax}}{W_{nx}}=\frac{4821000000\times(793.4+11)}{1861278\times10^4}=208.4\text{N/mm}^2<f=295\text{N/mm}^2$
剪应力 τ	凸缘支座处剪应力(考虑截面削弱系数 1.2) $\tau=\frac{V_{max}S_x}{I_xt_w}\times1.2=\frac{1972000\times13401\times10^3}{1924853\times10^4\times1.4\times10}\times1.2=118\text{N/mm}^2<f_v=180\text{N/mm}^2$
腹板局部压应力 σ_c	重级制 $\psi=1.35;l_z=5+2\times15+5\times2.2=46\text{cm}$ $\sigma_c=\frac{\alpha_1\psi\gamma_QP}{t_wl_z}=\frac{1.1\times1.35\times1.4\times324000}{14\times460}=104.6\text{N/mm}^2<f=310\text{N/mm}^2$
折算应力 σ_{zs}	计算跨中正应力最大处(B点轮压范围内) $\tau=\frac{435000\times8921\times10^3}{1924853\times10^4\times1.4\times10}=14.4\text{N/mm}^2$ $\sigma=\frac{M_{xmax}}{W_{nx}}\cdot\frac{h_0}{h}=217.5\times\frac{818}{840}=211.8\text{N/mm}^2$ $\sigma_{zs}=\sqrt{\sigma^2+\sigma_c^2-\sigma\cdot\sigma_c+3\tau^2}=\sqrt{211.8^2+104.6^2-211.8\times104.6+3\times14.4^2}$ $=185.1\text{N/mm}^2<1.1\times310=341.0\text{N/mm}^2$ 计算跨中正应力最大处(B点附近轮压影响范围外) $\tau=14.4\text{N/mm}^2,\sigma=211.8\text{N/mm}^2,\sigma_c=0$ $\sigma_{zs}=\sqrt{\sigma^2+3\tau^2}=\sqrt{211.8^2+3\times14.4^2}=213.3\text{N/mm}^2<1.1\times310=341.0\text{N/mm}^2$

(2) 整体稳定验算

本吊车梁有制动梁，整体稳定不需验算。

(3) 刚度验算

本例中，所采用弯矩与表例 4-2B 中计算疲劳时相同。

验算吊车梁竖向挠度（不考虑动力系数）。

$$\frac{v_x}{l}=\frac{M'_x l}{10EI_x}=\frac{2061000000\times 12000}{10\times 2.06\times 10^5\times 1924853\times 10^4}$$

$$=\frac{1}{1603}<\left[\frac{v}{l}\right]=\frac{1}{1200}$$

制动结构水平挠度（一台重级吊车作用下）

$$\frac{v_y}{l}=\frac{M_y l}{10EI_{y2}}=\frac{206100000\times 12000}{10\times 2.06\times 10^5\times 336119\times 10^4}=\frac{1}{2800}<\left[\frac{v}{l}\right]=\frac{1}{2200}$$

（4）疲劳强度验算见例表 4-2D。

疲劳强度验算表　　例表 4-2D

计算	项目	计算内容
受拉翼缘与腹板连接（自动电焊）处焊缝及附近的主体金属	疲劳允许正应力幅$[\Delta\sigma]_{2\times10^6}$	构件与截面分类 Z2（自动焊、二级 T 形对接与角接组合焊缝）$[\Delta\sigma]_{2\times10^6}=144\text{ N/mm}^2$
	欠载系数	$\alpha_f=0.8$
	疲劳正应力幅验算	$\alpha_f\cdot\Delta\sigma=0.8\times\frac{2061000000}{1861278\times10^4}\times(793.4-11)=69.3\text{N/mm}^2<144\text{N/mm}^2$
横向加劲肋端点处手工焊缝附近的主体金属（采用回焊）	疲劳允许正应力幅$[\Delta\sigma]_{2\times10^6}$	构件与截面分类 Z5（采用回焊，肋端不断弧）$[\Delta\sigma]_{2\times10^6}=100\text{N/mm}^2$
	欠载系数	$\alpha_f=0.8$
	疲劳正应力幅验算	$\alpha_f\cdot\Delta\sigma=0.8\times\frac{2061000000}{1861278\times10^4}\times(793.4-11-50)=64.9\text{N/mm}^2<103\text{N/mm}^2$
支承加劲肋处焊缝附近的主体金属	疲劳允许剪应力幅$[\Delta\tau]_{2\times10^6}$	$[\Delta\tau]_{2\times10^6}=59\text{N/mm}^2$
	欠载系数	0.8
	疲劳剪应力幅计算	$\alpha_f\Delta\tau=0.8\times\frac{1059000\times13401\times10^3}{1924583\times10^4\times14}=42.1\text{N/mm}^2<59\text{N/mm}^2$

（5）翼缘和腹板局部稳定验算

翼缘自由外伸宽度 b 与其厚度 t 的比值

$$\frac{b}{t}=\frac{250}{22}=11.4<15\sqrt{\frac{235}{345}}=12.4$$

腹板高度 h_w 与 t_w 厚度的比值

$$\frac{h_w}{t_w}=\frac{1600}{1.4\times10}=114<170\sqrt{\frac{235}{345}}=140$$

因受压翼缘处有制动板约束，按设计规范规定满足以上条件时，不需设置纵向加劲肋，只设置横向加劲肋即可。

加劲肋间距取为 $a=100\text{cm}$，符合 $0.5h_0=80\text{cm}\leqslant a\leqslant 2h_0=320\text{cm}$ 的要求。

根据现行国家标准《钢结构设计标准》GB 50017 第 4.3 条要求进行加劲区格的局部稳定验算。

弯曲应力下的临界应力按式（2-23）计算：

$$\lambda_b = \frac{2h_c/t_w}{177}\sqrt{\frac{f_y}{235}} = \frac{2\times160/(2\times1.4)}{177}\sqrt{\frac{345}{235}} = 0.78 < 0.85$$

$$\sigma_{cr} = f = 310\text{N/mm}^2$$

剪应力下的临界应力按式（2-24）计算：

$$a/h_0 = 100/160 = 0.625$$

$$\lambda_s = \frac{h_0/t_w}{37\eta\sqrt{4+5.34(h_0/a)^2}}\sqrt{\frac{f_y}{235}} = \frac{160/1.4}{37\times1.1\sqrt{4+5.34\times(160/100)^2}}\sqrt{\frac{345}{235}} = 0.8$$

$$\tau_{cr} = f_v = 180\text{N/mm}^2$$

局部压应力下的临界应力按式（2-25）计算：

$$0.5 < a/h_0 = 0.625 < 1.5$$

$$\lambda_c = \frac{h_0/t_w}{28\sqrt{10.9+13.4(1.83-a/h_0)^3}}\sqrt{\frac{f_y}{235}}$$

$$= \frac{160/1.4}{28\sqrt{10.9+13.4\times(1.83-0.625)^3}}\sqrt{\frac{345}{235}}$$

$$= 0.844 < 0.9$$

$$\sigma_{c,cr} = f = 310\text{N/mm}^2$$

以上计算中 $h_0 = h_w, h_c = h_w/2$。

考虑最大弯矩所在区格，弯矩偏安全取最大值，剪力近似取吊车梁中的最大值。

$$\sigma = \frac{M_{xmax}}{W_{nx}}\cdot\frac{h_0}{h} = \frac{4821000000}{22169\times10^3}\times\frac{1611-793.4}{1633-793.4} = 211.8\text{N/mm}^2$$

$$\tau = \frac{V_{max}}{h_w t_w} = \frac{1972000}{1600\times14} = 88.0\text{N/mm}^2$$

$$\sigma_c = \frac{\alpha_1\gamma_Q P_{k,max}}{t_w l_z} = \frac{1.1\times1.4\times324000}{14\times460} = 77.5\text{N/mm}^2$$

$$\left(\frac{\sigma}{\sigma_{cr}}\right)^2 + \left(\frac{\tau}{\tau_{cr}}\right)^2 + \frac{\sigma_c}{\sigma_{c,cr}} = \left(\frac{211.8}{310.0}\right)^2 + \left(\frac{88.0}{180}\right)^2 + \frac{77.5}{310} = 0.956 < 1.0$$

5. 加劲肋设计

(1) 横向加劲肋（腹板两侧成对设置）（图 4-49）

按构造要求

$$b_l \geqslant \frac{h_0}{30} + 40 = 93\text{mm}$$

采用 b_l=150mm。

按受力加劲肋计算（对梁端支承加劲肋）

$$t_l \geqslant \frac{b_l}{15} = \frac{150}{15} = 10\text{mm}$$

采用 t_l=14mm。

按非受力加劲肋计算（对除支座以外的横向加劲肋）

$$t_{lm} \geqslant \frac{150}{19} \approx 7.9\text{mm}$$

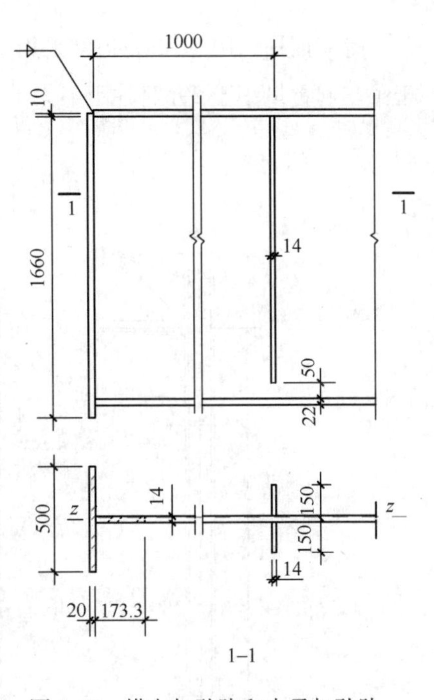

图 4-49　横向加劲肋和支承加劲肋

采用 $t_{lm}=10\text{mm}$。

(2) 支座加劲肋

支座采用凸缘支承加劲肋（图 4-49）

支座处最大支座反力 N 计算

$$N = V_{max} = 1972\text{kN}$$

稳定验算

腹板参加受压的宽度

$$15\times1.4\sqrt{\frac{235}{345}}=17.33\text{cm}$$

$$A = 50\times2.0+17.33\times1.4=124.3\text{cm}^2=12430\text{mm}^2$$

$$I_z=\frac{1}{12}\times2.0\times50^3+\frac{1}{12}\times17.33\times1.4^3=20837\text{cm}^4$$

$$=20837\times10^4\text{mm}^4$$

$$i=\sqrt{\frac{20837}{124.3}}=12.9\text{cm}$$

$$\lambda=\frac{160}{12.9}=12.4$$

查附录 4 附表 4-2-2（b）得　$\varphi=0.988$。

$$\frac{N}{\varphi Af}=\frac{1972000}{0.988\times124.3\times10^2\times295}=0.544<1.0$$

凸缘端面支承验算

$$\sigma_{cd}=\frac{N}{A_{cd}}=\frac{1972000}{50\times2.0\times100}=197.2\text{N/mm}^2<400\text{N/mm}^2$$

6. 翼缘与腹板的连接焊缝计算

上翼缘与腹板焊接，采用焊透的 K 形坡口对接焊缝（它在腹板上边缘设坡口，并应严格检查焊缝质量），焊缝不必验算。

下翼缘与腹板的连接采用自动焊接的角焊缝，焊脚尺寸 h_f 为

$$h_f=\frac{V_{max}S_1}{1.4f_f^wI_x}=\frac{1972000\times8921\times10^3}{1.4\times200\times1924853\times10^4}=3.3\text{mm}$$

取 $h_f=8\text{mm}$。

7. 制动桁架、辅助桁架和水平支撑等的计算从略。

4.5 框架柱设计

4.5.1 框架柱类型

框架柱可分为等截面柱、台阶式柱和分离式柱。

等截面柱（图 4-50a）通常采用工字形截面，吊车梁支承在柱的牛腿上。这种形式适用于吊车起重量小于 20t 且柱距不大于 12m 的车间。

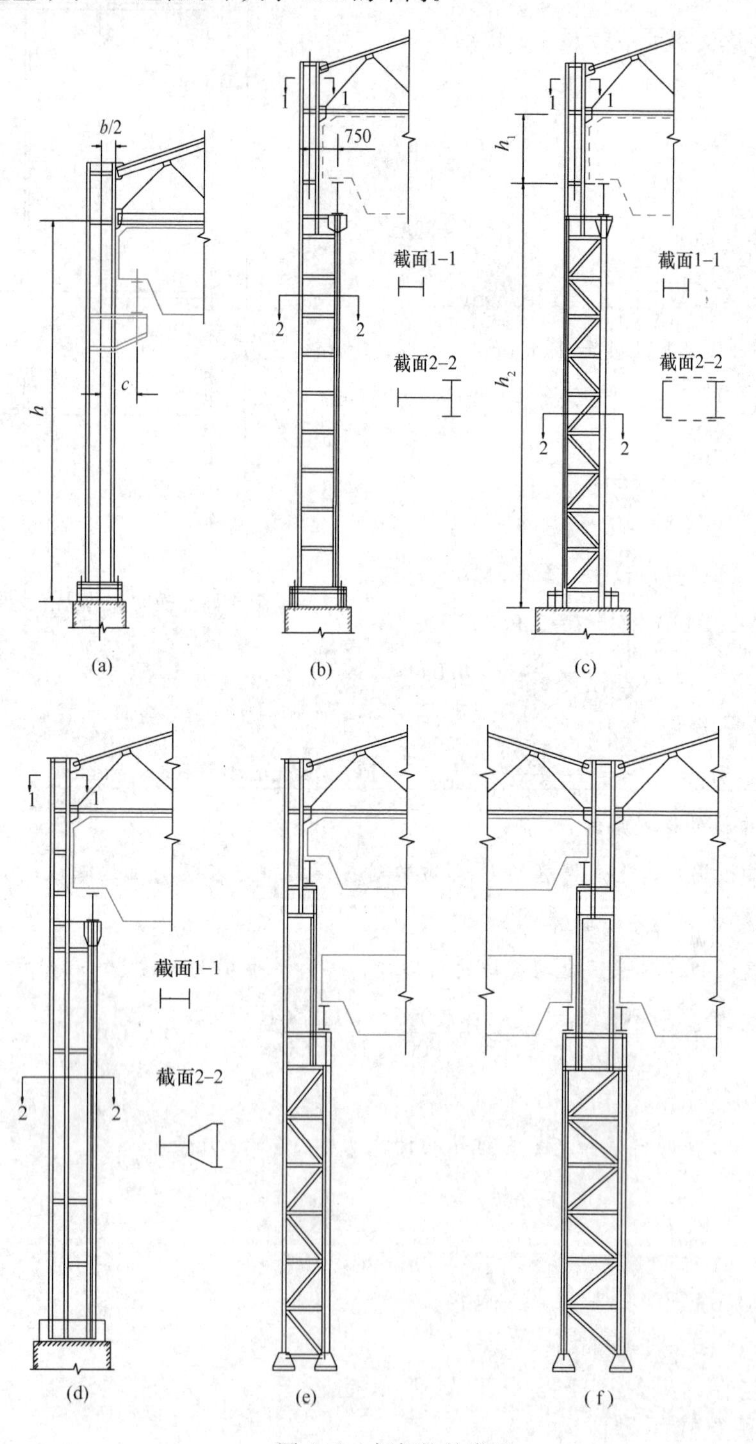

图 4-50 框架柱的类型

台阶式柱是最常用的一种形式，有单阶（图4-50b、c）和双阶的（图4-50e、f），在一些特重型车间中甚至有三阶的。

分离式柱（图4-50d）是将吊车支柱和组成横向框架的屋盖支柱分离，其间用水平连系板连系起来。因为水平连系板在竖向的刚度很小，故认为吊车竖向荷载仅传至吊车支柱而不传给屋盖支柱。分离式柱一般较台阶式柱重（费钢材），刚度也较小。但在吊车起重量较大且车间高度不大于15～18m的车间中，采用分离式柱可能是较经济的。车间有扩建的可能且欲不受吊车荷载的牵制时，也可采用分离式柱。

框架柱按其柱身的构造，又可分为实腹式柱和格构式柱。格构式柱在制造上较费工，但当柱的截面高度 $b \geqslant 1.0$m时，一般较实腹式柱经济。

4.5.2 截面形式和柱身构造

1. 框架柱截面形式

重型工厂框架柱大多是单阶柱，只有当厂房内有两层吊车时，厂房柱才设计成双阶柱（图4-51）。厂房柱的截面形式与荷载作用情况有关。有吊车荷载作用的厂房柱，其上段截面常用宽翼缘H型钢或焊成的实腹工字形截面，一般腹板厚度为6～12mm，翼缘板厚度为10～20mm；下段柱可为实腹柱或格构柱（图4-51a、b）。对于边列柱，由于吊车肢承受的荷载较大，下段柱通常设计成不对称的。边列柱的屋盖肢（外肢）常用钢板或槽形截面做成，外表面应保持平整以便于和墙梁或墙板连接，而吊车肢则为了增加刚度常做成工字形，并尽可能采用热轧型钢。内外两肢的宽度 b 宜相同以便于处理上下段柱的连接和柱脚构造；但钢板做成的外肢（图4-52a）可比吊车肢小20～30mm，因为此时不难在柱脚处把外肢放宽到与内肢相同。中列柱两肢均支撑吊车梁，一般都采用工字形截面（图4-52b），整个截面常做成对称的；但是，如果两个跨间的吊车起重量相差悬殊时，也可做成不对称的。

分离式柱的屋盖肢常做成宽翼缘H型钢和焊接工字形钢，吊车肢一般采用工字钢（图4-53）。吊车肢在框架平面内的稳定性靠连在屋盖肢上的水平连系板（与缀板不同，它不能传递竖向力）来解决，因为屋盖肢在框架平面内的刚度较大。水平连系板的间距可根据吊车肢在框架平面内和框架平面外的长细比相等的条件来决定；一般采用1.5m左右较为合适。吊车肢的截面高度和屋盖肢的截面宽度应尽可能相同以简化柱脚的构造。

沿车间的纵向，柱的截面尺寸 b 应足够大，以保证柱在框架平面外的稳定性以及柱脚构造和柱与吊车梁连接的合理性。下段柱的宽度 b 通常应不小于0.4m。

在起重量较大的重型厂房中柱的用钢量约占厂房结构总用钢量的35%，因此在设计柱时要特别注意节约钢材。下段柱宜采用格构式，格构柱不仅用钢省，且可省去大量钢板而代之以型钢，后者单价较低。

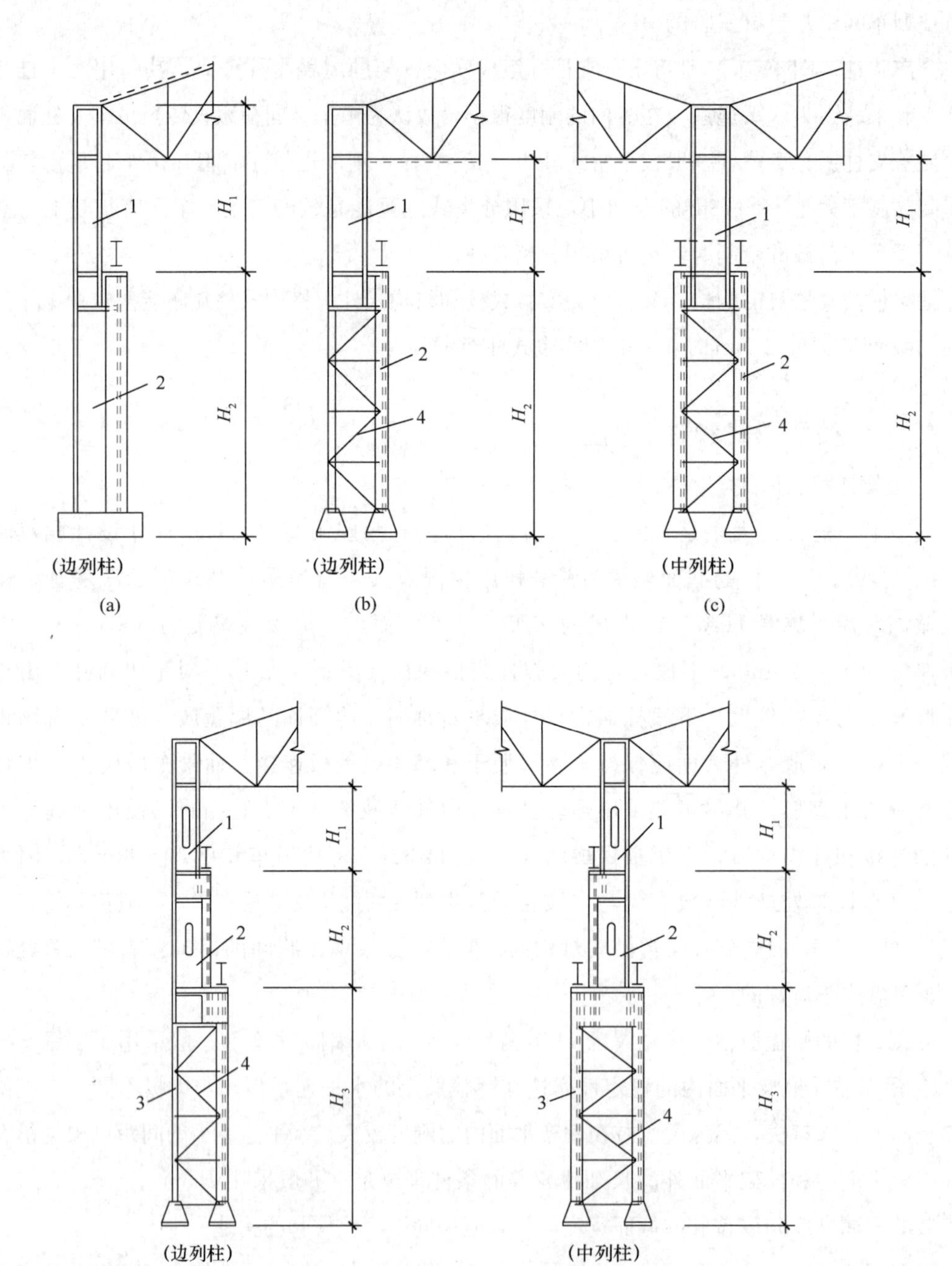

图 4-51　阶形柱

1—上段柱；2—单阶柱的下段柱或双阶柱的中段柱；3—双阶柱的下段柱；4—缀条

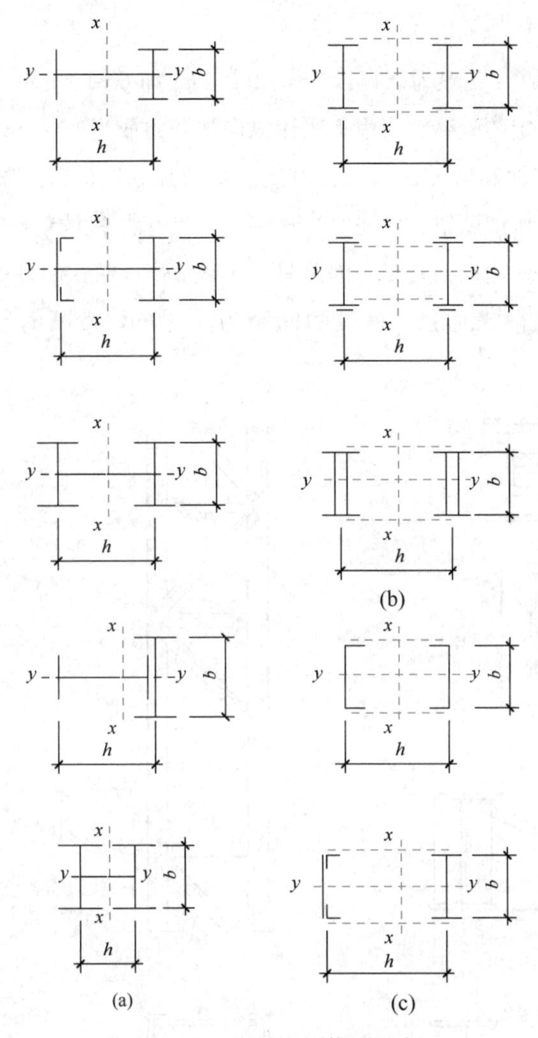

图 4-52　阶形柱的截面形式
(a) 边列柱；(b) 中列柱；(c) 格构式边列柱

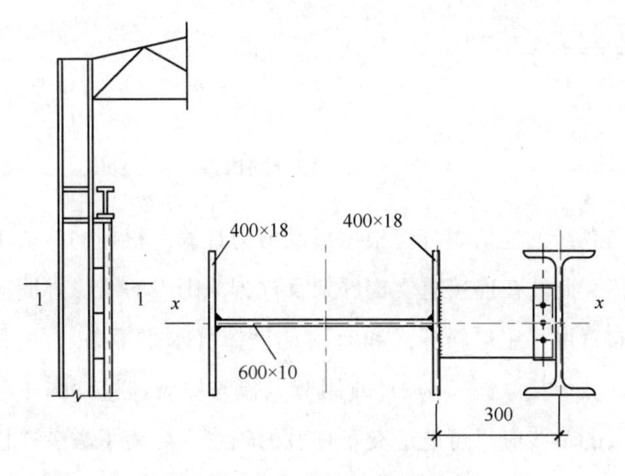

图 4-53　分离式柱的截面形式

2. 柱身构造

实腹式柱的腹板厚度 t 一般为（1/120～1/100）h_w 即 8～12mm，h_w 为腹板高度。这样薄的腹板需进行局部稳定的验算。当腹板采用纵向加劲肋或当$h_w/t>80$时，应设横向加劲肋以提高腹板的局部稳定性和增强柱的抗扭刚度。横向加劲肋的间距约为（2.5～3）h_w。此外，在柱与其他构件（例如屋架、牛腿等）连接处，当有水平力传来时，也应设置横向加劲肋。纵向加劲肋的设置使制造很费工，因此只用于截面高度很大的柱中。在重型柱中，除横向加劲肋外，还需设横隔来加强，横隔的间距为 4～6m，横隔的形式如图 4-54（a、b）所示。

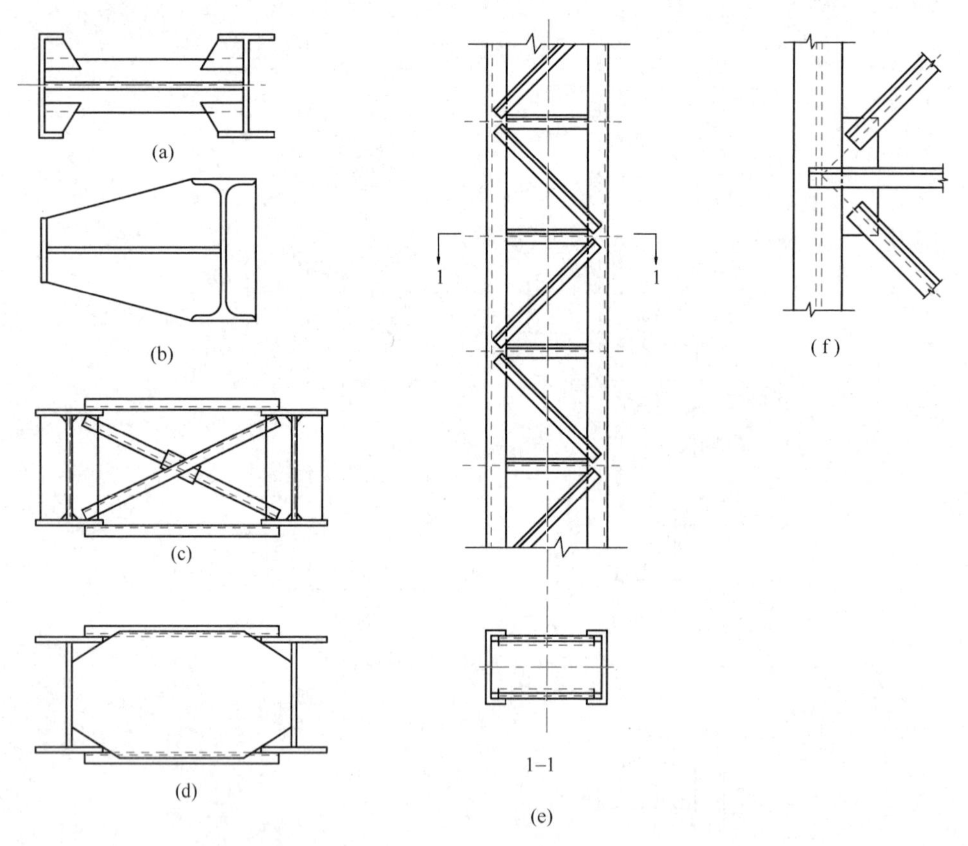

图 4-54　柱身的构造

实腹柱的腹板与翼缘的连接焊缝应根据所受剪力计算。根据构造要求，焊脚尺寸不宜小于腹板厚度的 0.7 倍。此外在连接重要构件处及柱脚范围内的翼缘焊缝应作适当加强。

格构式的缀条布置可采用单斜杆式和有附加横撑（水平缀条）的三角式以及交叉式体系。缀条可直接与柱肢焊接（图 4-54e）或用节点板与柱肢连接（图 4-54f）。节点板可与柱肢对接或搭接。缀条的轴线应尽可能汇交于柱肢的轴线上。为了减少连接偏心，可将斜缀条焊在柱肢外缘，而将横缀条（水平缀条）焊在柱肢的内缘（图 4-54e）。

在格构柱中也必须设置横隔以加强柱的抗扭刚度（图 4-54c、d）。

4.5.3 台阶柱计算

1. 构件设计内力

框架柱承受轴向力 N，框架平面内的弯矩 M_x 和剪力 V_x，有时还要承受框架平面外的弯矩 M_y。在一般情况下，柱的截面尺寸由 N 和 M_x 决定。

当柱内没有 M_y 作用或 M_y 作用相对很小时，实腹式柱的截面选择及验算可按平面压弯构件的计算方法进行。

验算柱在框架平面内的稳定时，M_x 取该柱段的最大弯矩，验算柱在垂直于框架平面的稳定时，M_x 取柱间支撑节点或纵向系杆之间的等效弯矩 $\beta_{tx}M_x$。

通常从所有的荷载效应组合中取出如下 4 种情况进行框架柱的截面设计和强度及稳定性验算：

(1) N_{max} 及其对应的 M_x 和 V_x；

(2) N_{min} 及其对应的 M_x 和 V_x；

(3) $M_{x,max}$ 及其对应的 N 和 V_x；

(4) $M_{x,min}$ 及其对应的 N 和 V_x。

2. 柱子计算长度

柱在框架平面内的计算长度应根据柱的形式及其两端的固定情况而定。规范规定，单层或多层框架等截面柱，在框架平面内的计算长度应等于该柱的长度乘以计算长度系数 μ。

单层厂房下端刚性固定的阶形柱，在框架平面内的计算长度应按下列规定确定：

（1）单阶柱

1）下段柱的计算长度系数 μ_2：当柱上端与横梁铰接时，等于按附录 4 附表 4-3-3（柱上端为自由的单阶柱）的数值乘以表 4-7 的折减系数，当柱上端与横梁刚接时，等于按附录 4 附表 4-3-4（柱上端可移动但不转动的单阶柱）的数值乘以表 4-7 的折减系数。

2）上端柱的计算长度系数 μ_1，应按下式确定：

$$\mu_1 = \frac{\mu_2}{\eta_1} \tag{4-51}$$

式中　η_1——系数，按附表 4-3-3 或附表 4-3-4 中的公式计算。

（2）双阶柱

1）下段柱的计算长度系数 μ_3：当柱上端与横梁铰接时，等于按附录 4 附表 4-3-5（柱上端为自由的双阶柱）的数值乘以表 4-7 的折减系数；当柱上端与横梁刚接时，等于按附录 4 附表 4-3-6（柱上端可移动但不转动的双阶柱）的数值乘以表 4-7 的折减系数。

单层厂房阶形柱计算长度的折减系数　　表 4-7

<table>
<tr><th colspan="4">厂房类型</th><th rowspan="2">折减系数</th></tr>
<tr><th>单跨或多跨</th><th>纵向温度区段内一个柱列中的柱数</th><th>屋面情况</th><th>厂房两侧是否有通长的屋盖纵向水平支撑</th></tr>
<tr><td rowspan="4">单　跨</td><td>等于或少于 6 个</td><td>—</td><td>—</td><td rowspan="2">0.9</td></tr>
<tr><td rowspan="3">多于 6 个</td><td rowspan="2">非大型混凝土屋面板屋面</td><td>无纵向水平支撑</td></tr>
<tr><td>有纵向水平支撑</td><td rowspan="3">0.8</td></tr>
<tr><td>大型混凝土屋面板屋面</td><td>—</td></tr>
<tr><td rowspan="3">多　跨</td><td rowspan="3">—</td><td rowspan="2">非大型混凝土屋面板屋面</td><td>无纵向水平支撑</td></tr>
<tr><td>有纵向水平支撑</td><td rowspan="2">0.7</td></tr>
<tr><td>大型混凝土屋面板屋面</td><td>—</td></tr>
</table>

注：有横梁的露天结构（如落锤车间等），其折减系数可采用 0.9。

2）上段柱和下段柱的计算长度系数 μ_1 和 μ_2，应按下列公式计算：

$$\mu_1 = \frac{\mu_3}{\eta_1} \tag{4-52a}$$

$$\mu_2 = \frac{\mu_3}{\eta_2} \tag{4-52b}$$

式中　η_1、η_2——系数，按附表 4-3-5 或附表 4-3-6 中的公式计算。

计算框架格构式柱和桁架式柱横梁的线刚度时，应考虑缀件（或腹杆）变形和横梁或柱截面高度变化的影响。

框架柱沿房屋长度方向（在框架平面外）的计算长度，应取阻止框架平面外位移的支承点（柱的支座、吊车梁、托架、支撑和纵梁固定节点等）之间的距离。

3. 局部弯矩作用

当吊车梁的支承构造不能保证沿柱轴线传递支座压力时，两侧吊车支座压力差会产生框架平面外的弯矩 M_y。吊车梁支座假定作用在吊车梁支座加劲肋处，由两侧吊车梁支座压力差值 $\Delta R = R_1 - R_2$ 所引起的弯矩为（图 4-55）：

$$M_y = \Delta R \cdot e \tag{4-53}$$

式中　e——柱轴线至吊车梁支座加劲肋的距离。

由于台阶柱的腹板或缀条、缀板均不能有效地传递纵向弯矩 M_y，因此认为 M_y 完全由吊车肢承受。假定吊车肢的下端为固定，上端为铰接，则柱弯矩 M_y 的变化如图 4-55（b）所示。吊车肢中 N 和 M_x 引起的轴向力 N' 由下式计算（图 4-56）：

$$N' = \frac{Nz}{h} + \frac{M_x}{h} \tag{4-54}$$

式中的 N 和 M_x 为框架柱组合而得的轴向力和弯矩；应该注意产生 N 和 M_x 的荷载与产生 M_y 的荷载必须相应。这样就可把吊车单肢单独作为承受压力 N' 和弯矩 M_y 的偏心压杆来补充验算。

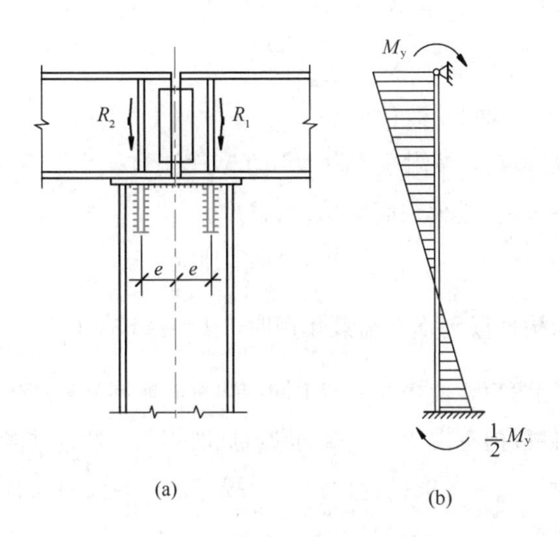

图 4-55　单阶柱中的弯矩 M_y

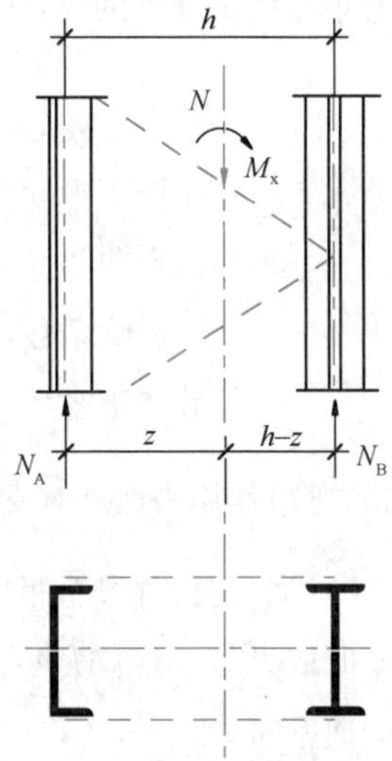

图 4-56　偏心受压缀条柱柱肢内力计算

4. 柱子强度计算

实腹式柱段按压弯构件计算截面强度。考虑单向压弯时

$$\frac{N}{A_n} \pm \frac{M_x}{\gamma_x W_{nx}} \leqslant f \tag{4-55}$$

式中　N、M_x——柱段的轴力设计值和弯矩设计值，需考虑前述荷载效应组合；

A_n、W_{nx}——净截面面积和对弯曲轴的净截面截面模量；

γ_x——与截面模量相应的截面塑性发展系数，按附录 4 附表 4-4-2 采用；

f——钢材强度设计值。

格构式柱段的截面强度也采用式（4-55），但取 $\gamma_x = 1.0$。

5. 柱子稳定计算

(1) 实腹式柱段

弯矩作用平面内的稳定性按下式计算：

$$\frac{N}{\varphi_x A f} \pm \frac{\beta_{mx} M_x}{\gamma_x W_{1x}\left(1-0.8\frac{N}{N'_{Ex}}\right) f} \leqslant 1.0 \tag{4-56}$$

式中　N、M_x——计算柱段的轴力设计值和最大弯矩设计值；

φ_x——弯矩作用平面内的轴心受压构件稳定系数；

β_{mx}——等效弯矩系数，主框架平面内一般为无支撑框架，β_{mx} 可取 1.0；

N'_{Ex}——参数，$N'_{Ex}=\pi^2EA/(1.1\lambda_x^2)$；

A、W_{1x}——毛截面面积、弯矩作用平面内对受压最大纤维的毛截面模量。

弯矩作用平面外的稳定性按下式计算：

$$\frac{N}{\varphi_y Af}\pm\eta\frac{\beta_{tx}M_x}{\varphi_b W_{1x}f}\leqslant 1.0 \tag{4-57}$$

式中 φ_y——弯矩作用平面外的轴心受压构件稳定系数；

φ_b——均匀弯曲的受弯构件整体稳定系数，按附录 4 附 4.1 的 5 确定；

η——截面影响系数，闭口截面 $\eta=0.7$，其他截面 $\eta=1.0$；

β_{tx}——等效弯矩系数，按下列规定采用：

1）弯矩作用平面外有支撑的构件，如构件段无横向荷载作用时，$\beta_{tx}=0.65+0.35\frac{M_2}{M_1}$，其中 M_1、M_2 是构件段弯矩作用平面内的端弯矩，使构件端产生同向曲率时取同号，产生反向曲率时取异号，且$|M_1|\geqslant|M_2|$；如构件段内有端弯矩和横向荷载同时作用，使构件段产生同向曲率时，$\beta_{tx}=1.0$，产生反向曲率时，$\beta_{tx}=0.85$；构件段内无端弯矩但有横向荷载作用时，$\beta_{tx}=1.0$；

2）弯矩作用平面外为悬臂的构件，$\beta_{tx}=1.0$。

（2）格构式柱段

弯矩绕虚轴（x 轴）作用时，弯矩作用平面内的整体稳定性按下式计算：

$$\frac{N}{\varphi_x Af}\pm\frac{\beta_{mx}M_x}{W_{1x}\left(1-\frac{N}{N'_{Ex}}\right)f}\leqslant 1.0 \tag{4-58}$$

式中，$W_{1x}=I_x/y_0$，I_x 为对 x 轴的毛截面惯性矩，y_0 为由 x 轴到压力较大分肢的轴线距离或者到压力较大分肢腹板外边缘的距离，二者取较大值；φ_x、N'_{Ex}由换算长细比确定。

弯矩作用平面外计算分肢的稳定性，详细可参考《钢结构基本原理》一书。

6. 格构柱计算的其他问题

承受偏心压力或承受轴心压力但截面高度较大的格构柱，均宜采用缀条柱而不宜采用缀板柱。

对于单层厂房中常用的格构柱，还需对吊车肢另行补充验算。即偏于安全地认为吊车最大压力 D_{max}完全由吊车肢单独承受。此时，吊车肢的总压力为：

$$N_B=D_{max}+\frac{(N-D_{max})z}{h}+\frac{M_x-M_D}{h} \tag{4-59}$$

式中 D_{max}——作用在台阶处两相邻吊车梁所产生的最大压力；

h 和 z——见图 4-56；

N 和 M_x——见图 4-56；

M_D——框架计算中由 D_{max}引起的弯矩。

当吊车梁的端部支撑加劲肋为下伸突缘（吊车梁支座压力的偏心很小）时，吊车肢即按 N_B 值作为轴心受压构件来补充验算它在框架平面内的单肢稳定。对其他情况，应和实腹柱一样验算 M_y（见式 4-53）的作用，即把吊车肢作为承受 N_B 和 M_y 的偏心受压构件来进行补充验算。

7. 分离柱计算的注意事项

分离式柱（图 4-53）中的屋盖肢，除承受屋盖、墙壁和风荷载等作用外，尚需承受吊车的横向制动力。它在框架平面内的计算长度和等截面柱一样来确定，而不考虑吊车肢的影响。它在垂直于框架平面方向的计算长度则为纵向支承点（包括吊车梁）间的距离。

分离式柱的吊车肢按轴心受压柱来计算。如果有弯矩 M_y 时，则还需按偏心受压构件来验算 M_y 的影响。吊车肢在框架平面内的计算长度取水平连系板之间的距离，而在其垂直方向则取纵向支承点之间的距离。

8. 设有人孔的柱段计算

框架柱上段有时设有人孔（图 4-57），此时需验算人孔处截面中的内力。人孔将实腹柱分成两个肢，人孔处柱截面的计算内力（应按可能的荷载组合分别计算）M、N、V 在肢顶或肢底中产生的内力为（图 4-57c）

$$N_1 = \frac{N}{2} \pm \frac{M}{c} \tag{4-60a}$$

$$M_1 = \frac{Vh}{4} \tag{4-60b}$$

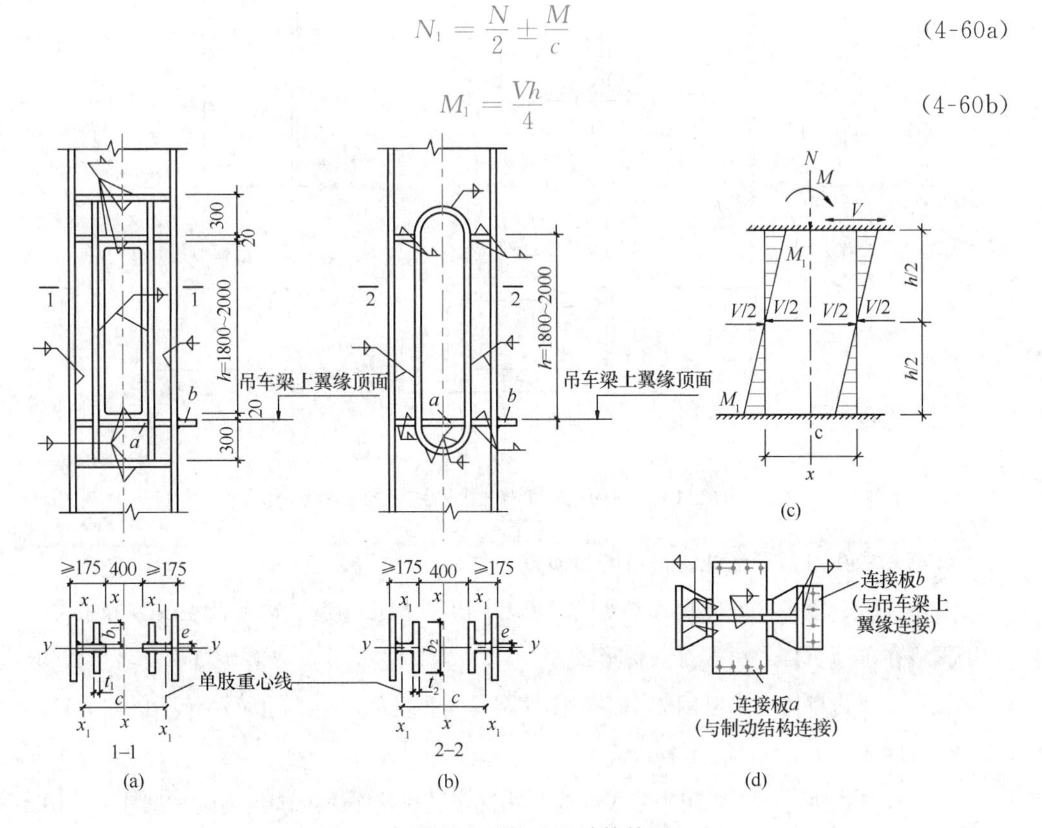

图 4-57　柱的人孔构造及计算简图

算出 N_1 和 M_1 后，按偏心受压构件验算，而其计算长度一般取人孔的净空高度。

4.5.4 吊车梁平台处的构造和计算

在台阶柱中，吊车肢顶上设置水平支撑板，形成支撑吊车梁的平台。吊车竖向压力通过支撑板与连接焊缝传给吊车肢。当连接焊缝的强度不足时，可在吊车肢的翼缘和腹板上焊以肩梁（或加强板）和肋板，以增加焊缝长度（图 4-58 和图 4-59）。计算焊缝时应根据吊车梁的支承结构和平台构造，考虑焊缝局部有承受较大竖向压力的可能情况。布置加劲肋时要考虑到固定吊车梁的螺栓位置。吊车梁用垫板调整到所需标高后，用 2～4 个螺栓固定在支撑板上。

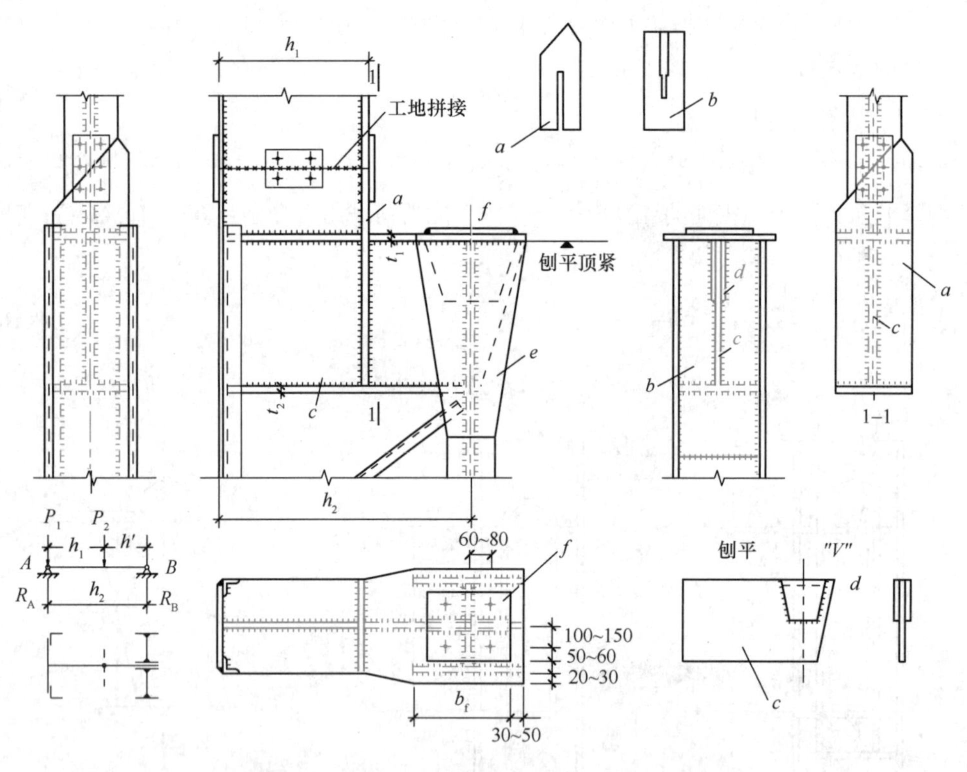

图 4-58 单壁式肩梁（边列柱）的工地拼接

分离式柱在吊车平台处的构造与台阶柱相似。

台阶柱上下段拼接处应具有必要的强度和刚度。根据制造、运输及见安装等条件，在工厂拼接或在工地拼接。拼接有两种形式：

（1）单壁式拼接　主要用于上下两段柱都是实腹柱的场合，也可用于下段柱为较小的格构柱中（图 4-58）。

（2）双壁式拼接　主要用于下段柱为格构柱以及拼接刚度要求较高的重型柱中（图 4-59）

单壁式拼接用料较省，在边列柱中采用较多。上下段柱的腹板通过插入其间的水平肋用

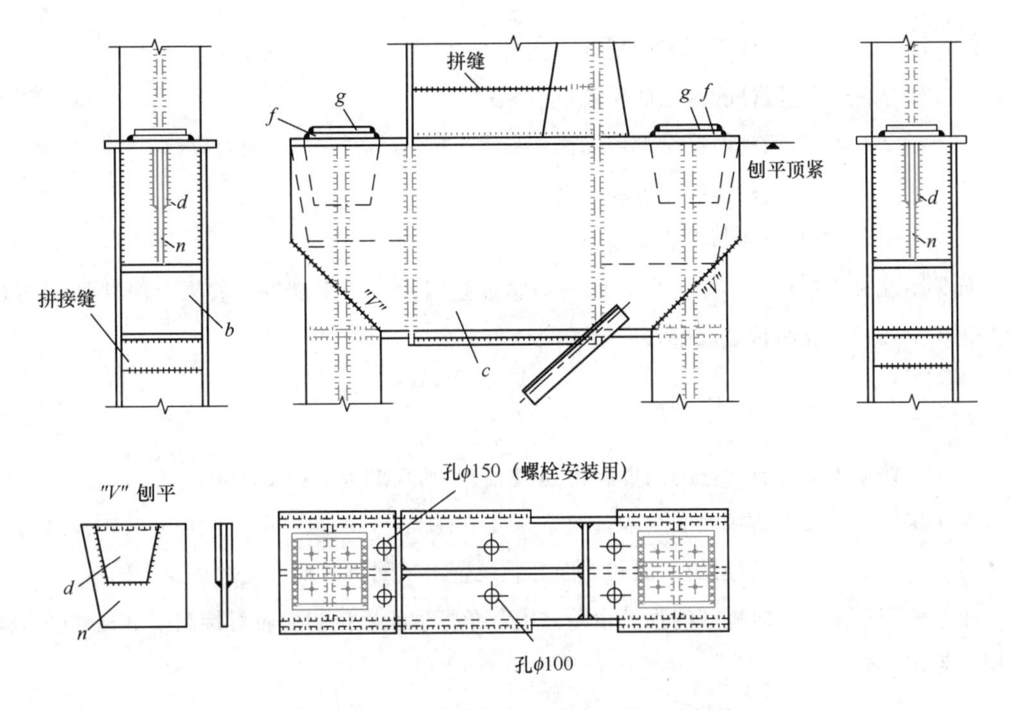

图 4-59　双壁式肩梁（中列柱）的工地拼接

水平焊缝来连接。焊脚尺寸按该截面中腹板边缘处的剪力和法向力计算。腹板边缘单位长度（水平方向）上剪力和法向力分别为

$$T=\frac{V}{h_{\mathrm{w}}} \tag{4-61a}$$

$$N_1=\left(\frac{N}{A}\pm\frac{M}{W}\cdot\frac{h_{\mathrm{w}}}{h}\right)t_{\mathrm{w}} \tag{4-61b}$$

其合力由两条水平焊缝承受

$$h_{\mathrm{f}}=\frac{\sqrt{T^2+N_1^2}}{1.4f_{\mathrm{f}}^{\mathrm{w}}} \tag{4-62}$$

上下段柱的外翼缘通过对接焊缝传力（图 4-58）。上段柱内翼缘有一槽口插入下段柱的腹板，槽口的长度由计算所需的焊缝长度 l_{w} 确定。焊缝按上段柱翼缘的内力 N_1 计算：

$$N_1=\left(\frac{N}{A}+\frac{M}{W}\right)A_1 \tag{4-63a}$$

或按与翼缘等强度来确定

$$N_1=A_1\cdot f \tag{4-63b}$$

由此得

$$l_{\mathrm{w}}=\frac{N_1}{4\times0.7h_{\mathrm{w}}f_{\mathrm{f}}^{\mathrm{w}}} \tag{4-64}$$

公式（4-61）～式（4-64）中

M、N、V——上段柱下端截面处计算内力；

A、W——上段柱的截面面积和抵抗矩；

A_1——上段柱内翼缘的截面面积；

h_w、t_w——上段柱腹板高度和厚度；

h——上段柱的截面高度。

如果下端柱为格构柱，则上段柱的内力将通过肩梁传给下端柱；如果上段柱的截面对称，则由上段柱的翼缘传至双壁式肩梁的两个集中力

$$N_1=\frac{1}{2}\left(\frac{N}{2}\pm\frac{M}{h}\right) \tag{4-65}$$

肩梁可按简支梁计算，它的高度由传递内力 N_1 所需的焊缝长度决定。

为了保证上下段柱拼接处的刚度，肩梁高度不宜太小，一般可取下段柱柱肢轴线之间的距离的 0.4～0.7 倍。在肩梁的上面和下面必须设置水平隔板（水平支承板兼作隔板）。

重型机器厂及大型电机厂的强大台阶柱中，常把肩梁直接与柱肢对接起来（又称插入式肩梁，见图 4-60）。

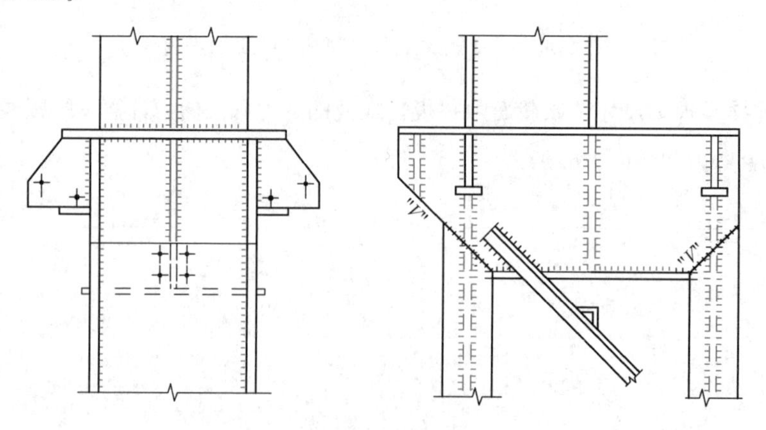

图 4-60　用插入式肩梁的拼接

工地拼接的构造与工厂的拼接类似，但在做法上必须考虑到工地上施工的方便。例如上段柱翼缘开槽的做法，在工地上施工不方便，故须在下端柱中先焊上连接板与上段柱拼接。

4.5.5　柱脚构造和计算

1. 实腹式柱的刚性柱脚连接

框架柱下段为实腹式柱时，柱脚一般采用刚性连接的构造。图 4-61 是常见的刚性柱脚的形式。

刚性柱脚不但要传递轴力，也要传递弯矩和剪力。在弯矩作用下，倘若底板范围内产生

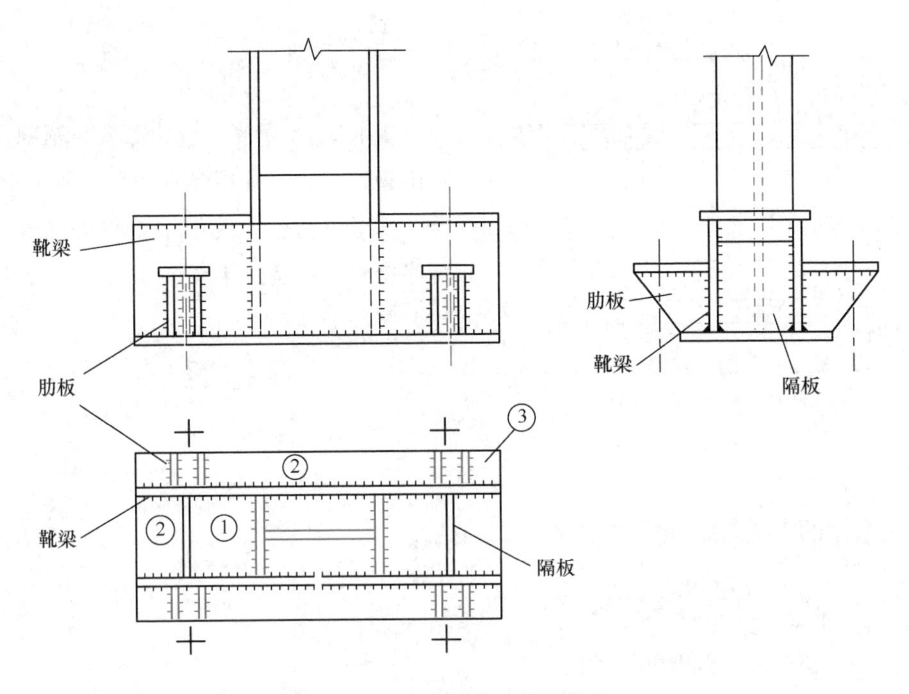

图 4-61　实腹式柱的刚性柱脚

拉力，就需由锚栓来承受，所以锚栓须经过计算。为了保证柱脚与基础能形成刚性连接，锚栓不宜固定在底板上，而应采用图 4-61 所示的构造，在靴梁两侧焊接两块间距较小的肋板，锚栓固定在肋板上面的水平板上。为了方便安装，锚栓不宜穿过底板。

柱脚通常埋在地面下，也可将柱脚安于略高于地面的基础顶面上。柱脚抗剪的方式与铰接柱脚相同，参见第 3 章有关内容。

(1) 底板尺寸设计

柱脚的实际受力情况与柱脚和基础顶面是否平整和紧密接触，锚栓预应力的大小，柱脚、锚栓和基础顶面受力后的变形等因素有关，因此精确计算比较困难。本节介绍一种比较简单的实用计算方法。

假定柱脚底板与基础接触面的压应力呈直线分布，最大压应力按下式计算（忽略预应力的影响）：

$$\sigma_{\max}=\frac{N}{BL}+\frac{6M}{BL^2} \tag{4-66}$$

式中　N、M——柱脚底面的反力设计值；

　　　B、L——分别为底板的宽度和长度。

$\sigma_{\max}$不应超过基础所用混凝土的局部承压强度设计值 f_{ce}^{b}，根据此条件可确定底板的尺寸。一般先按构造要求决定底板的宽度 B，然后求出底板的长度 L。

底板另一边缘的应力为

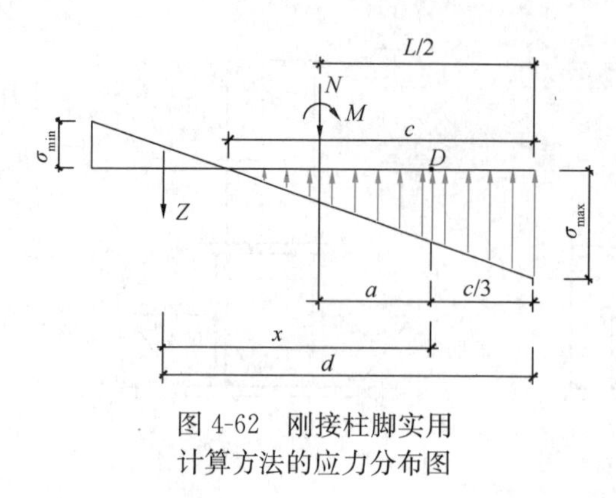

图 4-62 刚接柱脚实用计算方法的应力分布图

$$\sigma_{\min}=\frac{N}{BL}-\frac{6M}{BL^2} \tag{4-67}$$

如果 $\sigma_{\min}$ 小于零，说明底板与基础之间产生拉应力，此时假定拉应力的合力由锚栓承受。设压应力合力的作用点在 D（图 4-62），根据对 D 点的力矩平衡条件 $\Sigma M_{D}=0$，得锚栓拉力 Z 为

$$Z=\frac{M-Na}{x} \tag{4-68}$$

式中 $a=\frac{L}{2}-\frac{c}{3}$，$x=d-\frac{c}{3}$，$c=\frac{\sigma_{\max}}{\sigma_{\max}+|\sigma_{\min}|}L$。

锚栓所需的净截面面积为

$$A_{n}=\frac{Z}{f_{t}^{b}} \tag{4-69}$$

式中 f_{t}^{b}——锚栓的抗拉强度设计值。

底板的厚度可采用与轴心受压柱脚相同的计算方法，其中底板各区格单位面积上的压应力 q 可偏安全地取该区格下的最大压应力，四边支承的区格（图 4-61 区格①）可查表 2-1 计算弯矩，三边支承的区格（图 4-61 区格②）和两相邻边支承的区格（图 4-61 区格③）可查表 3-6 计算弯矩。板的厚度一般不小于 20mm。

（2）靴梁隔板设计

在轻型厂房柱脚中，通过柱子翼缘板、腹板与柱脚的底板的焊接，就能把柱脚底板的区格划分到只产生较小弯矩的程度。但重型厂房的柱底反力较大，还需其他一些板件来细分底板区格，加强底板面外刚度，如图 4-63 所示的靴梁、隔板和肋板。柱的压力一部分由柱身通过焊缝传给靴梁、隔板或肋板，再传给柱底板；另一部分则直接通过柱端与底板之间的焊缝传给底板。但制作柱脚时，柱端不一定平齐，有时为了控制标高，柱端与底板之间可能出现较大的且不均匀的缝隙，因此柱端与底板之间的焊缝质量不一定可靠；而靴梁、隔板和肋板的底边可预先刨平，拼装时可调整位置，使之与底板密合，它们与底板之间的焊缝质量是可靠的。所以，计算时可偏安全地假定柱端与底板间的焊缝不受力。当柱底主要承受压力时，靴梁、隔板、肋板与底板的角焊缝可按柱的轴心压力 N 计算；柱与靴梁间的 4 条竖向角焊缝也按受力 N 计算，注意每条焊缝的计算长度不应大于 $60h_{f}$。但当柱底的弯曲应力不容忽视时，比较合理的算法是用底板平面上靴梁、隔板、肋板形成的截面特性，计算弯矩和轴力产生的应力，然后确定必要的焊缝尺寸。

靴梁可作为承受由底板传来的反力并支承于柱边的外伸梁计算。当只考虑压力作用时，靴梁的计算如图 4-63（b）所示；当同时考虑轴力与弯矩作用时，靴梁的分布力如图 4-63

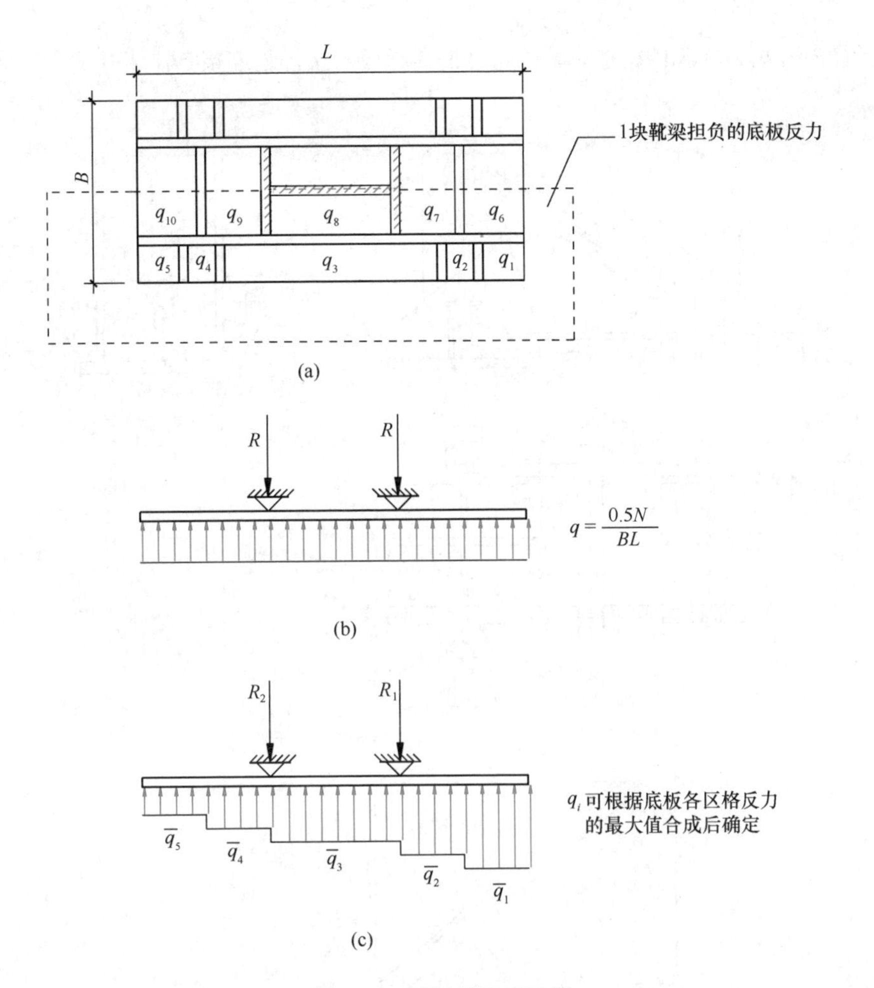

图 4-63 靴梁的计算简图

(a)、(b) 主要承受轴力时靴梁的计算简图；(c) 承受轴力和弯矩时靴梁的计算简图

(c) 所示。根据算得的伸臂梁内力，可以确定靴梁所需的截面高度和板厚；根据伸臂梁支座反力，可以确定靴梁与柱身角焊缝的长度和焊脚尺寸，（一般可根据构造要求选择焊脚尺寸），并使靴梁高度和焊缝长度的要求相协调。靴梁的高度不宜小于 450mm。

隔板、肋板都可按照与设计靴梁相同的方法确定板的尺寸和焊缝尺寸。一般可取隔板、肋板的厚度比靴梁小一个规格（2～3mm）。

靴梁、隔板和肋板除满足强度要求外，都要有一定的刚度，不应在内力设计值作用下局部失稳。另外，设计柱脚焊缝时，要注意施工的可能性，例如柱端、靴梁、隔板围成的封闭框内，有些地方难以布置受力焊缝。

2. 格构式柱的刚性连接柱脚

在重型格构柱中，为了节约钢材，常用横向或纵向分离式柱脚。每一个肢件下的柱脚都可按轴心受力柱脚设计，相邻柱肢下的柱脚反力所形成的合力和合力矩与柱底反力平衡。图

4-64 表示横向分离式柱脚的构造，靴梁与柱的翼缘用对接焊缝连接，柱肢腹板上的加劲肋是

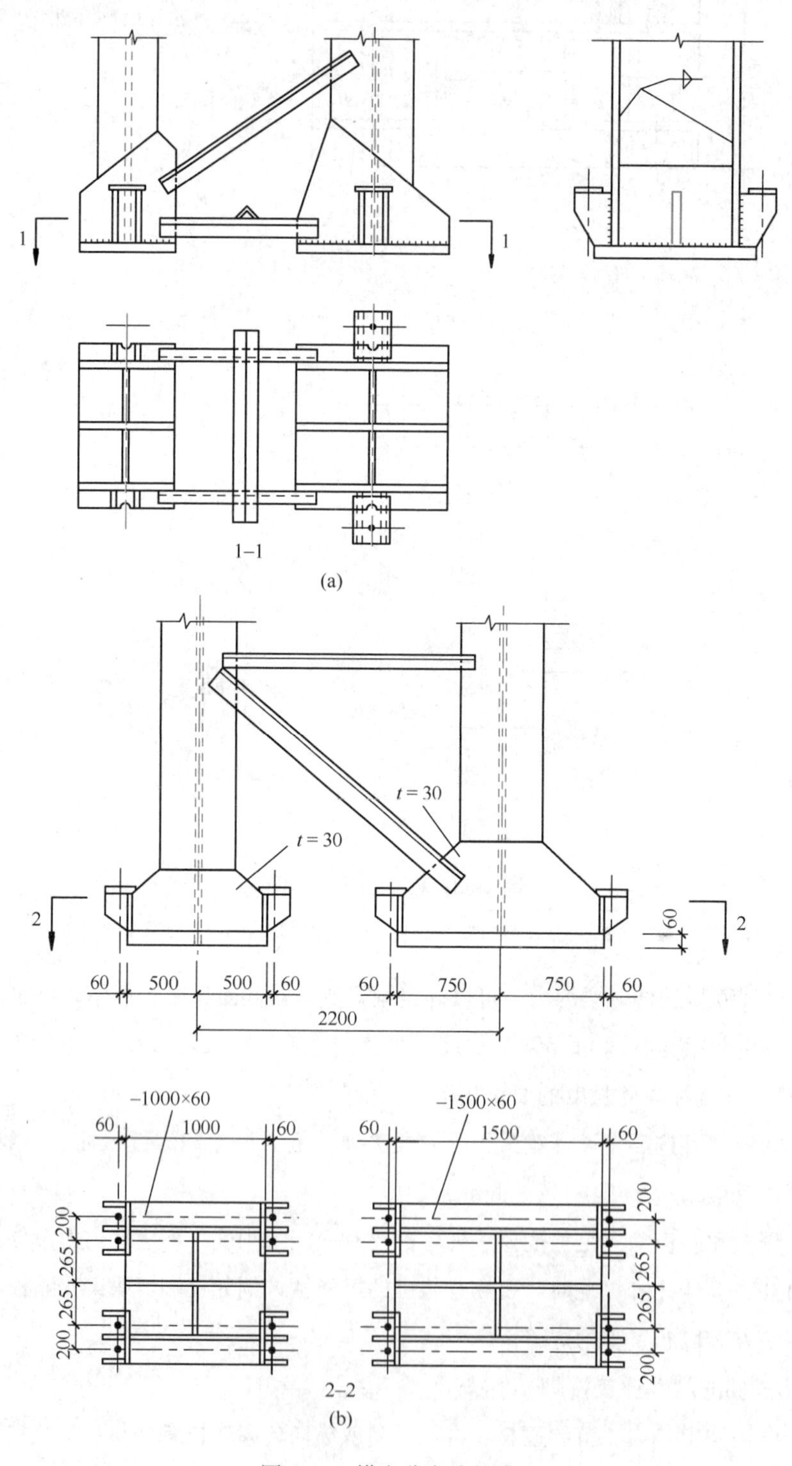

图 4-64　横向分离式柱脚

连续的（腹板开槽），以改善它与腹板柱肢相连接的角焊缝的受力情况。在这种柱脚中，一般都采用焊缝将柱的压力传至底板，但当压力很大时也可将柱端刨平使之与底板顶紧来直接传递压力。

图4-65表示一种特大型柱的纵向分离式柱脚。为了便于运输，柱身和柱脚可以分成几个单元，在工地用高强度螺栓进行扩大拼接。

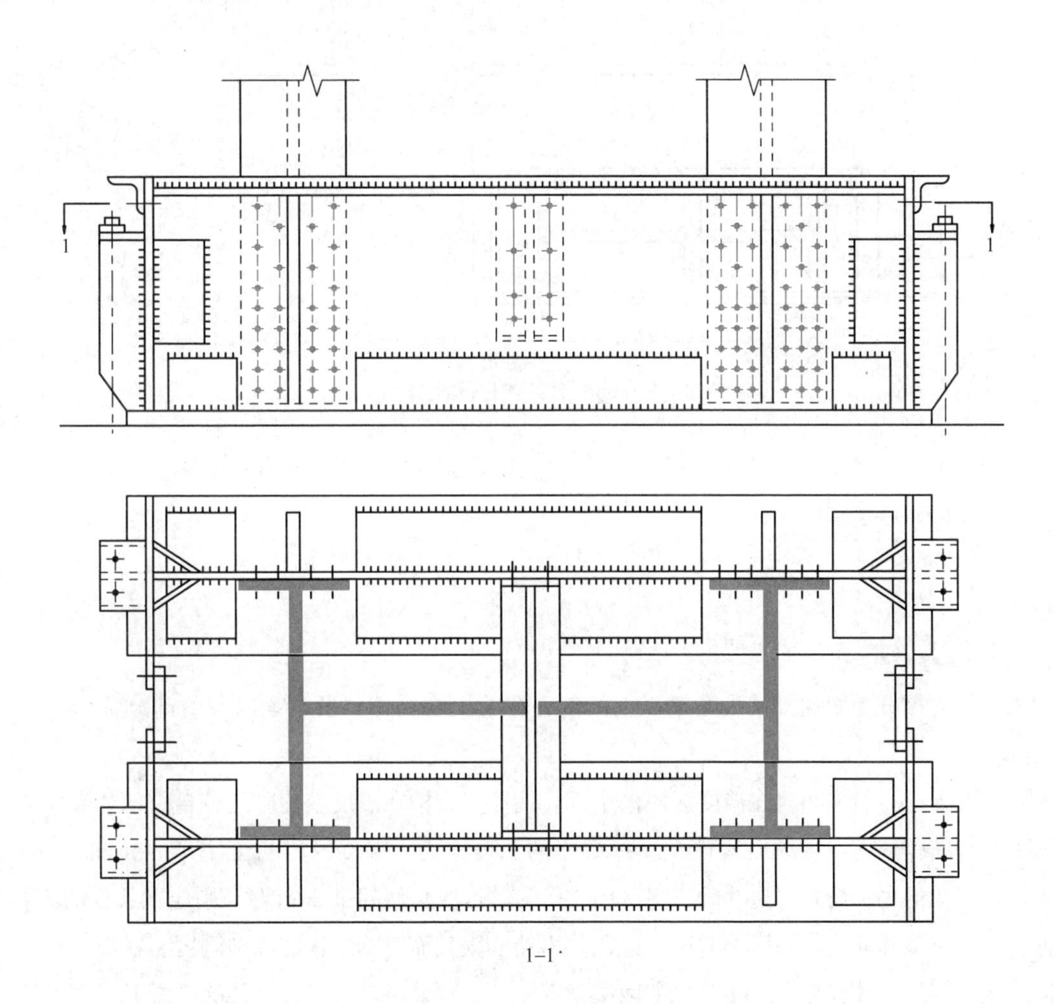

图4-65 纵向分离式柱脚

在分离式柱中，屋盖肢和吊车肢常采用共同的柱脚（图4-66）。如果屋盖肢的翼缘宽度比吊车肢的截面高度为小，则屋盖肢可利用隔板与靴梁相接。

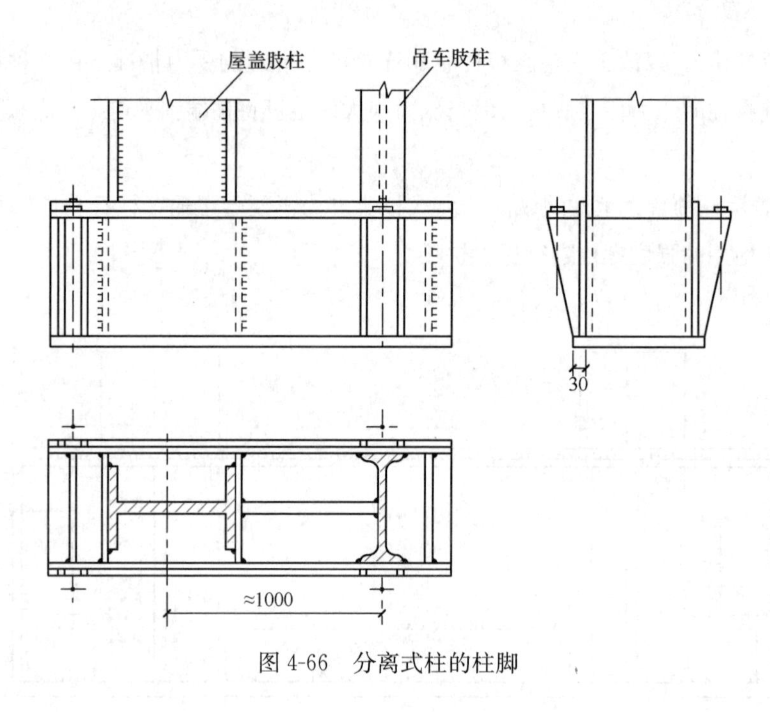

图 4-66　分离式柱的柱脚

4.6 柱间支撑设计

4.6.1 柱间支撑布置

柱间支撑分为两部分：吊车梁以上的部分称为上层支撑，吊车梁以下的部分称为下层支撑。

下层支撑一般应布置在温度区段的中部，使厂房结构在温度变化时能较自由地从支撑架向两端伸缩，从而减少纵向构件及支撑架中的温度应力。温度区段长度小于 90m 的厂房，可以在区段的中央设置一道柱间支撑（图 4-67a）；区段长度超过 90m 时，则应在长度的 1/3 处各设置一道柱间支撑（图 4-67b），以免传力路线太长而影响结构的纵向刚度。在短而高的厂房中，下层支撑也可布置在厂房的两端（图 4-67c）。采用轻型围护材料的厂房下层采用柔性支撑时，也可布置在厂房两端。

上层支撑应布置在温度区段的两端以及有下层支撑的开间中（图 4-67）。为了传递从屋架下弦横向支撑传来的纵向风力，在温度区段的两端设置上层支撑是必要的。由于上段柱的刚度一般都较小，因此不会引起很大的温度应力。也可以在温度区段两端设置单斜杆式的上层支撑，其余上层支撑可采用交叉腹杆体系或其他形式。

柱间上层支撑承担屋架上、下弦横向支撑传来的纵向风力。柱间下层支撑承受纵向分力和吊车纵向制动力。当厂房位于抗震设防区时，柱间支撑要承受纵向水平地震的作用。

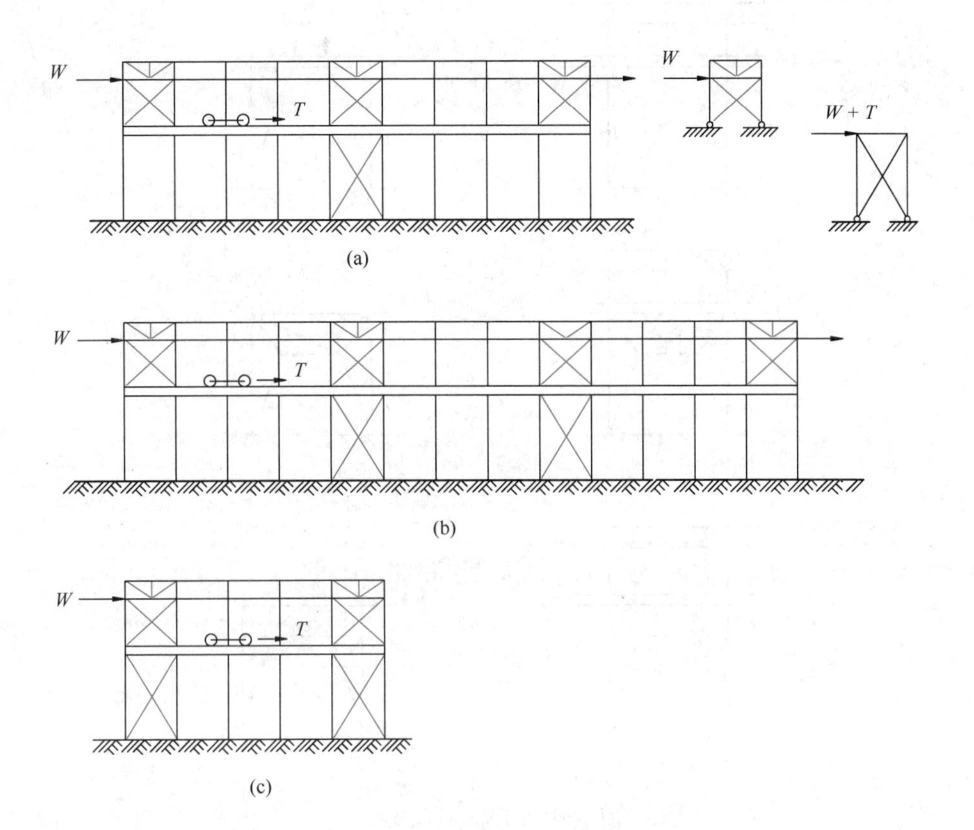

图 4-67　柱间支撑的布置

4.6.2 支撑形式

下层支撑以交叉腹杆体系最为经济且刚度较大。在某些车间，往往由于生产上的要求，不可能采用交叉腹杆体系的下层支撑。在这种作用下，门框式支撑（图 4-68）是最常见的一种。这种支撑形式可以利用吊车梁作为门框式支撑的横梁（图 4-68a、b），也可以另设横梁（图 4-68c），但是，将支撑直接连在吊车梁上（图 4-68a）不是一种很好的方案，因为这种支撑除了承受纵向水平风力和吊车纵向制动力外，还要承受巨大的吊车竖向荷载，所以很费钢材，而且在构件截面组合和构造方面也存在许多困难。图 4-68（b）所示的支撑形式是比较好的一种方案，但支撑构件的计算长度很大，其中交叉支撑一般可仅按构件受拉设计（图 4-68b 中实线所示），如刚度不足，可将内力计算的杆件截面再放大 30%～40%，另设横梁的门框式支撑（图 4-68c），由于能很好地满足刚度以及构造方面的要求，用钢量相对较节约，所以比较常用。

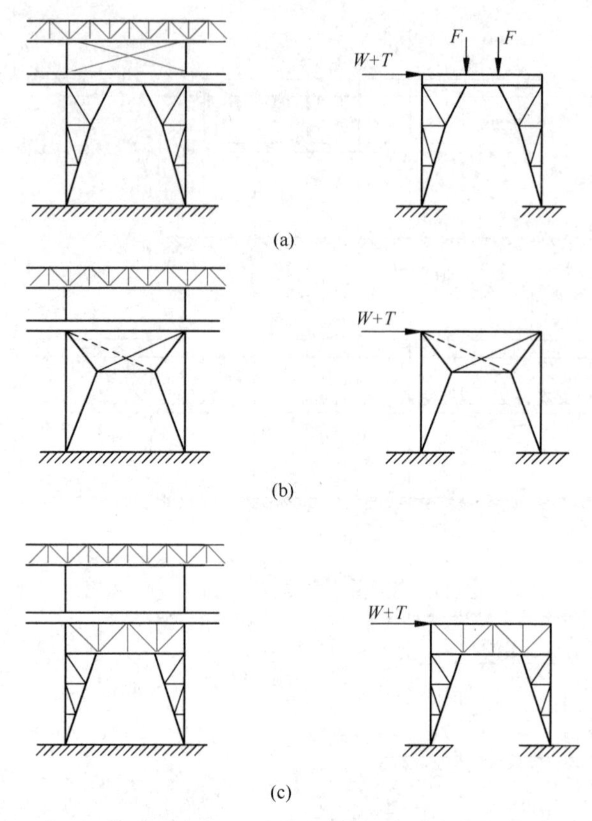

图 4-68 门框式柱间支撑

4.6.3 支撑设计和构造

1. 支撑截面

上层支撑通常选用热轧角钢、双角钢。为了避免支撑刚度过大而引起很大的温度应力，上层支撑可按拉杆设计。

下层支撑一般承受较大的纵向水平荷载，通常采用轧制的双角钢、槽钢、工字形钢和 H 型钢，也可采用钢管。当厂房两端设置下层支撑时，应选用刚度较小的构件，在高大的厂房中，主要为承受风荷载而设置的端开间支撑，可采用张紧的圆钢。除了端开间的支撑仅按拉杆设计外，其余下层交叉支撑应按刚性杆设计。

支撑杆计算长度的确定与第 3.6 节 3.6.2 中的规定相同。

2. 支撑杆件的长细比限值

参见第 1.6 节表 1-27 和表 1-28 的规定。

3. 支撑与柱的连接

柱间支撑在柱截面上的位置按下述原则确定，等截面柱的上下层柱间支撑以及台阶式柱的上层支撑应布置在柱的轴线上（图 4-69a、b、c 中虚线所示）；如有人孔时，则宜向两侧布置（图 4-69d）。在台阶式边列柱的下层支撑，如外缘有大型板材或墙梁等构件连牢，可只沿柱的内缘布置（图 4-69a），否则内外翼缘两侧均需布置。在中列柱中，柱的两侧均需布置下层支撑（图 4-69b）。在柱的两侧布置的支撑之间需用杆件连系起来（图 4-69e）。

下层支撑与柱的连接构造见图 4-70。

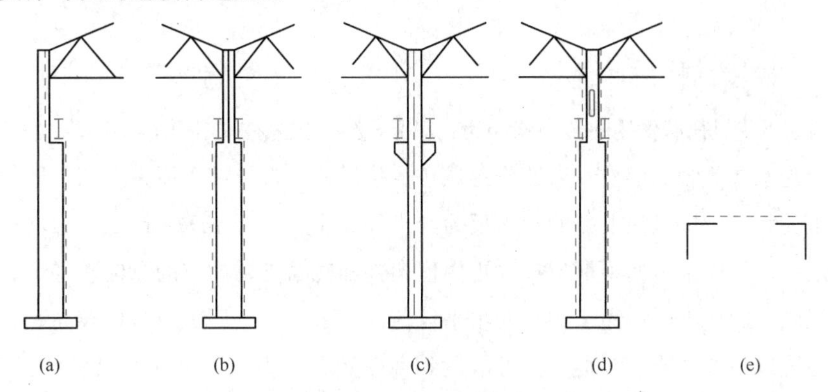

图 4-69　柱间支撑在柱子截面中的位置

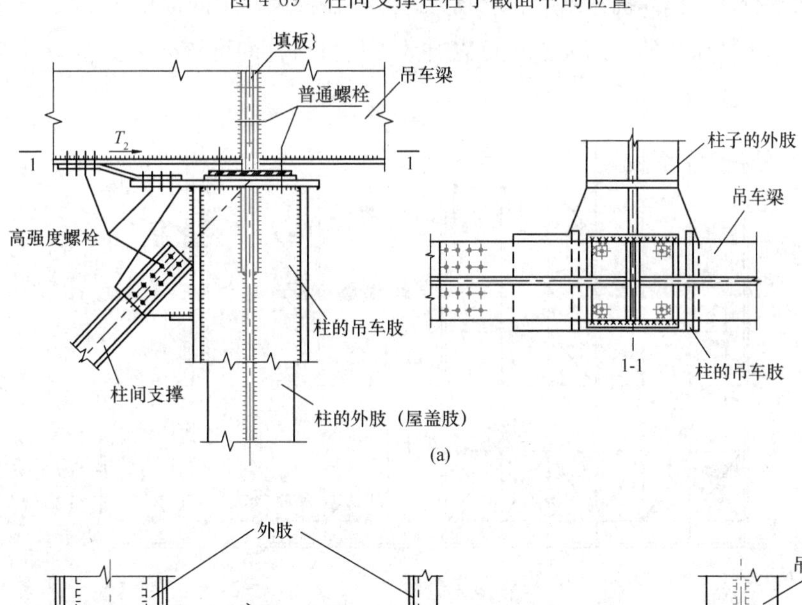

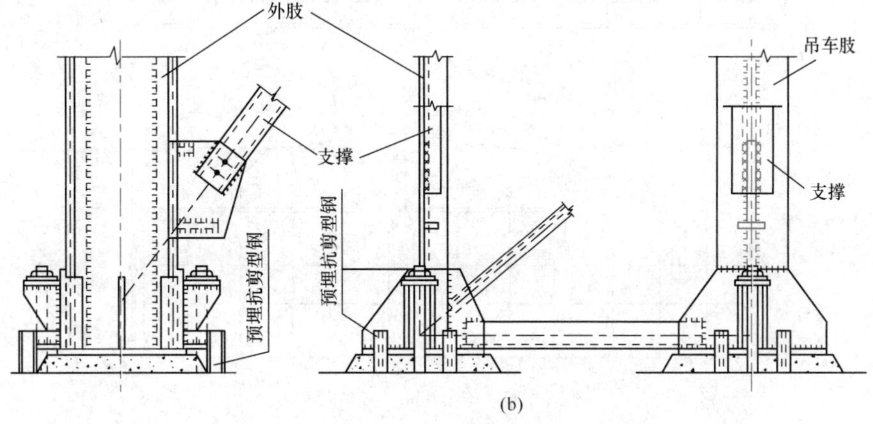

图 4-70　柱间下层支撑与柱的连接

4.7 端墙抗风体系设计

4.7.1 端墙结构抗风体系

端墙墙面承受风荷载作用的传力路径为：墙面-墙梁-抗风柱-抗风桁架和屋架-框架柱。

用于承受永久荷载的墙柱一般兼作抗风柱。抗风柱上端连接于屋架上弦。屋架上弦为抗风柱提供了支承点，抗风柱上端的水平反力经由屋架上弦（下弦）-上弦（下弦）横向支撑和系杆构成的桁架体系传递到框架柱，再由框架柱和柱间支撑构成的纵向水平抗力系统传递到基础；抗风柱的柱脚也传递了相应的水平风荷载。由于重型厂房通常比较高大，也即承受水平荷载的抗风柱的“跨度”很大，可能达到 20～30m。为此抗风柱可以做成格构式构件，强轴与端墙面平行，以提高抗弯刚度和承载力。此外在抗风柱中间部位，设置 1～2 道水平放置的桁架，作为抗风柱的中间支点，可以有效提高抗风柱的抗弯能力。图 4-71 显示了抗风桁架的位置和形式。

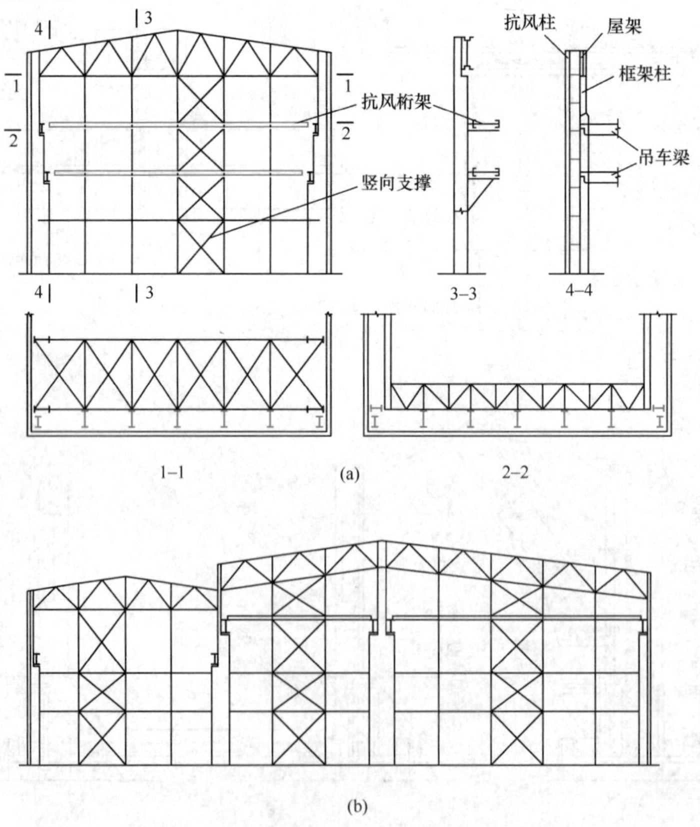

图 4-71　端墙的抗风桁架和竖向支撑

山墙系统如果仅由墙梁、抗风柱、抗风桁架组成，而没有将部分节点处理成刚接，墙面系统的几何不变性较差（此处不考虑墙面的“蒙皮”效应）。为此，高大的端墙还应设置竖向支撑（图 4-71）。竖向支撑保证了端墙面内的刚度，也减少了抗风柱平面外的计算长度。

4.7.2　抗风柱和抗风桁架设计

1. 抗风柱

抗风柱承受墙体重量引起的轴力和风荷载引起的弯矩，可按压弯构件进行计算。屋架横向支撑、抗风桁架和柱脚支座可分别看作抗风柱的端支承和中间支点，也即抗风柱可以作为连续梁分析风荷载作用下的内力。屋架横向支撑和抗风桁架都有一定的弹性变形，但分析时假设为抗风柱的不动支承点。如果抗风柱上的轴力效应很小，也可以按受弯构件计算。

抗风柱平面外的计算长度为竖向支撑连接点之间的距离。

抗风柱的强度、稳定性和变形计算相应按压弯杆件或受弯杆件的有关规定执行。

2. 抗风桁架

抗风桁架为平行弦桁架，按铰接杆系进行分析和计算。抗风桁架按跨设置，两端支承在框架柱上。与抗风柱的连接应设置在桁架节点的位置上，以形成节点集中力，以避免桁架弦杆中间受力。

抗风桁架平面外的自重一般影响很小，不必进行计算。

抗风桁架的设计方法以及容许长细比的规定与用于屋架的桁架相同。

4.7.3　连接构造

端墙抗风柱一般不承受屋架上的竖向荷载，因此柱上端与屋架可以采用只能传递水平力的“板铰”连接（图 4-72d）。

抗风柱位置应尽量与屋架横向支撑的节点一致。当两者难以对应时，可以采取一定变换措施，如图 4-72（c）所示，通过介于抗风柱和屋架节点桁架之间的分布梁将抗风柱传递的力变成桁架上的节点力。

抗风桁架的设置高度应与吊车梁或纵向连系梁的高度一致，以使其支承反力可以直接传递到纵向抗侧系统，避免框架柱在纵向平面内受到中间集中力的作用。

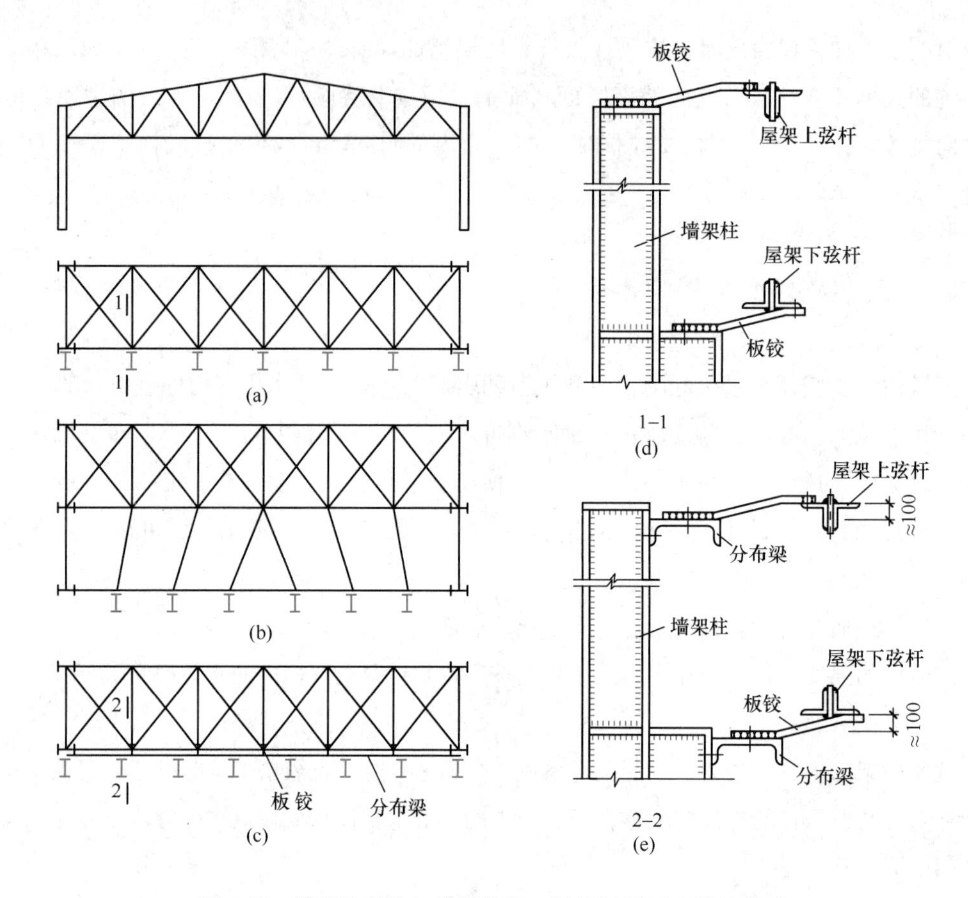

图 4-72　端墙抗风柱与抗风桁架、屋架及屋面支撑的联系

习题

4.1　设有平立面如图 4-2 (a) 所示的厂房钢结构，试做柱网布置。已知平面 3 跨的跨度依次为 24m、30m、24m，纵向长度为 630m，厂房屋盖下弦底至地面高度为 27m。各跨均布置有中级工作制起重机，最大起重量在 24m 跨内为 50t，36m 跨内为 100t。厂房位于寒冷地区，为采暖厂房。

(1) 作平面柱网图，试设纵向柱距，并简述理由。

(2) 划分温度区段，作出温度缝两侧柱定位图。

(3) 在平面柱网图上标注柱间支撑的设置位置；任取一纵向结构立面图，在其上表示柱间支撑的形式，并简述理由。

4.2　设有一双跨厂房结构，跨度分别为 24m、30m，纵向长 240m。结构作用有恒载 D，屋面活荷载 L，风荷载 W，以及各跨均有一台吊车荷载 C（记为 C_1、C_2），试列举计算承载能力极限状态时所要考虑的各种荷载组合（列式中应有荷载分项系数和组合值系数）。

4.3　使用【例 4-2】的吊车资料，设计一 9m 跨简支吊车梁截面。截面形式可以是工字形或箱形，钢材牌号自定。提示：自行假定吊车梁的侧向支撑结构，在吊车梁截面设计时考虑所假定的侧向支撑结构影响。

第 5 章

大跨度房屋钢结构

大跨度房屋钢结构常用于体育场馆、大会堂、剧院、会展中心、车站、飞机库、大跨度和大柱网的工业厂房、干煤棚等。

由于大跨度房屋钢结构在公共建筑中能够满足使用要求，在工业建筑中能适应生产和技术发展，使工艺过程和机械设备的布置可以灵活调整，再加上钢结构自重轻，因而在国民经济快速发展期间，其应用越来越广泛。

5.1 大跨度房屋钢结构的形式

5.1.1 平面结构体系

1. 大跨度梁式钢结构

梁式大跨度结构因具有制造和安装方便等优点，广泛应用于房屋承重结构。在平面结构体系中，梁式大跨度结构属于用钢量较大的一种体系，如采用预应力桁架可降低结构的用钢量。

梁式大跨度结构的屋盖，根据跨度和间距的不同，采用普通式或复式的梁格布置。为保证主桁架的平面外稳定，应在屋盖体系中设置纵、横向水平支撑，如图 5-1 所示。

次桁架根据跨度大小可采用实腹式或格构式。一般，次桁架的跨度小于 6～10m 时宜用实腹式，跨度大于 10m 时宜用桁架式或空腹桁架（图 5-2）。

大跨度梁式结构的主梁不宜采用实腹式，宜采用桁架式。主桁架与下部支承结构宜做成铰接。主桁架可以做成简支桁架、外伸桁架和多跨连续桁架，如图 5-3 所示。

主桁架按外形划分，可分为直线型和曲线型两种，如图 5-4 所示；按截面划分，可分为

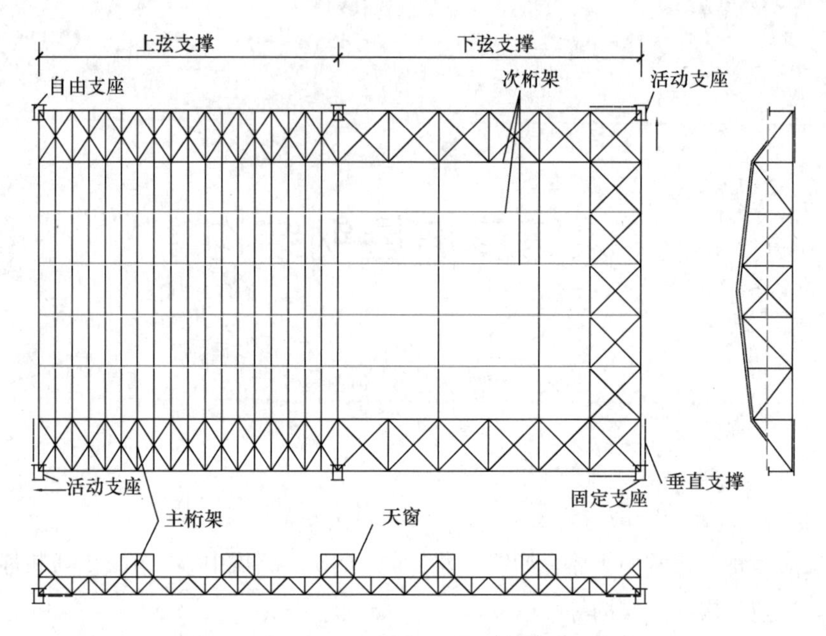

图 5-1　梁式结构的布置图

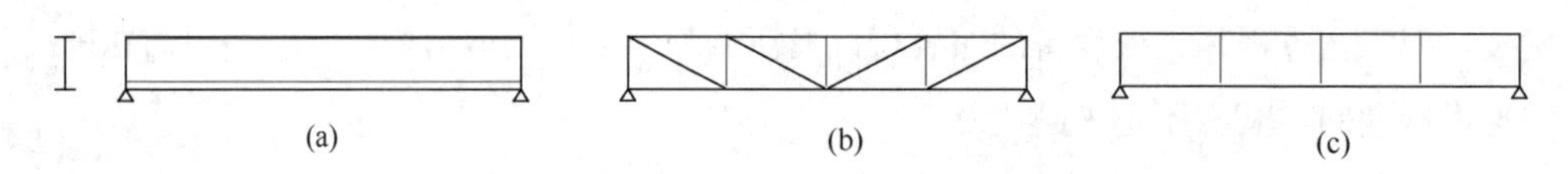

图 5-2　次桁架形式

（a）实腹式；（b）桁架式；（c）空腹桁架式

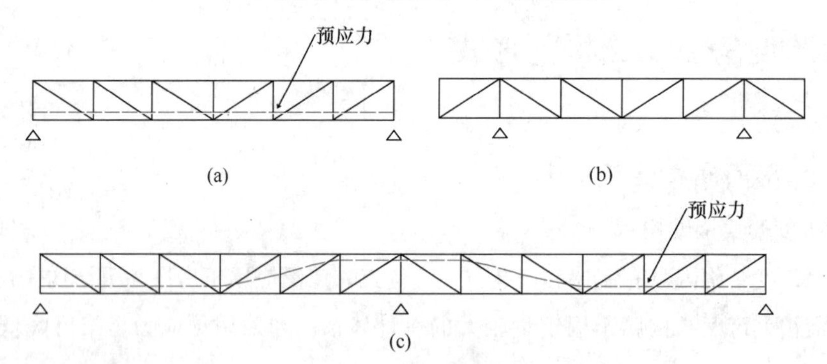

图 5-3　主桁架的形式

（a）简支桁架；（b）外伸桁架；（c）两跨连续桁架

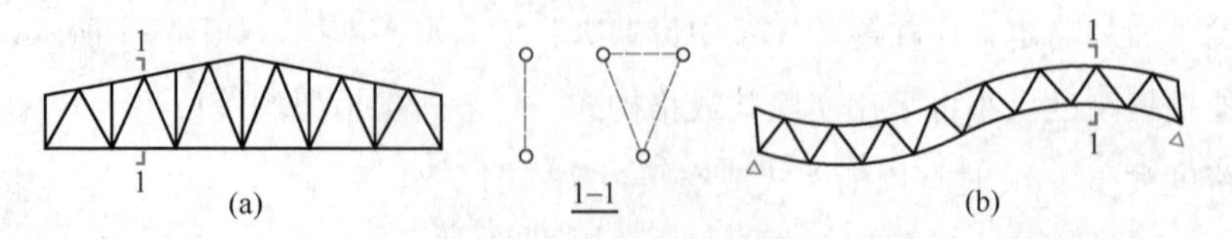

图 5-4　主桁架的外形

（a）直线型；（b）曲线型

平面式和空间式，如图 5-4 的 1-1 剖面。

为了减少主桁架用钢量，在大跨度主桁架中施加预应力，可以比不施加预应力的桁架节省钢材约 12%～33%。图 5-5 表示某机库预应力桁架简图。

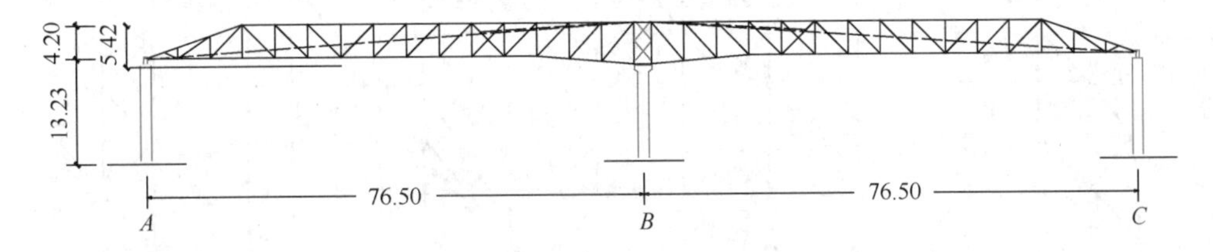

图 5-5 某机库预应力桁架简图

图 5-6（a）为重庆江北国际机场航站楼的结构平面布置图，其平面尺寸为 117m×171m，由四榀主桁架和 12 榀空腹曲线次桁架组成复式梁格布置。次桁架之间设方管檩条，檩条间距 7.5m。屋盖设置纵、横向支撑。主桁架是外伸桁架，跨度 90m，两侧外伸各 13.5m，杆件截面采用矩形管，见图 5-6（b）。次桁架在不同位置采用不同曲线空腹桁架，见图 5-6（c），跨度 45m，间距为 9m。

大跨度梁式屋盖在国内应用有：上海大剧院屋盖采用主、次桁架正交布置。主桁架采用二跨外伸桁架，总长 100m，三点支承，支承间距 25m，外伸 25m。次桁架采用拱形空腹桁架，跨度 40m，外伸 25m，总长 90m。上海国际赛车场新闻中心，主桁架总长为 136m，两点支承，跨度为 91.3m，外伸各为 26.9m 和 17.4m。

大跨度梁式结构的节点多采用板式节点和直接焊接相贯节点。在设有悬挂式吊车时，可采用图 5-7 所示构造。

2. 大跨度框架式钢结构

大跨度框架式钢结构的用钢量要比大跨度梁式钢结构省，且刚度较好，横梁高度较小。它适用于采用全钢结构的单层工业厂房。

大跨度框架式钢结构有实腹式和格构式两种。实腹式框架虽然外形美观，制造和架设比较省工，但较费钢，在轻型单层工业厂房采用较多。

格构式框架的刚度大，自重轻，用钢量省。在大跨度结构中应用较广，其横梁高度可采用跨度的 1/20～1/13。

格构式框架可以设计成双铰的（图 5-8a）或无铰的（图 5-8b）。双铰框架的刚度比无铰框架小，但受温度的影响较小，基础设计较方便。无铰框架的用钢量比较经济，但需很大的基础（图 5-8b），用于跨度为 120～150m 时比较经济。

在高度较高的建筑中，格构式框架也可采用多折线的外形（图 5-9），这种框架都做成双铰的。横梁与柱身的高度通常相等，约为 1/25～1/15。

大跨度框架式结构可以采用横向布置或纵向布置两种方案。

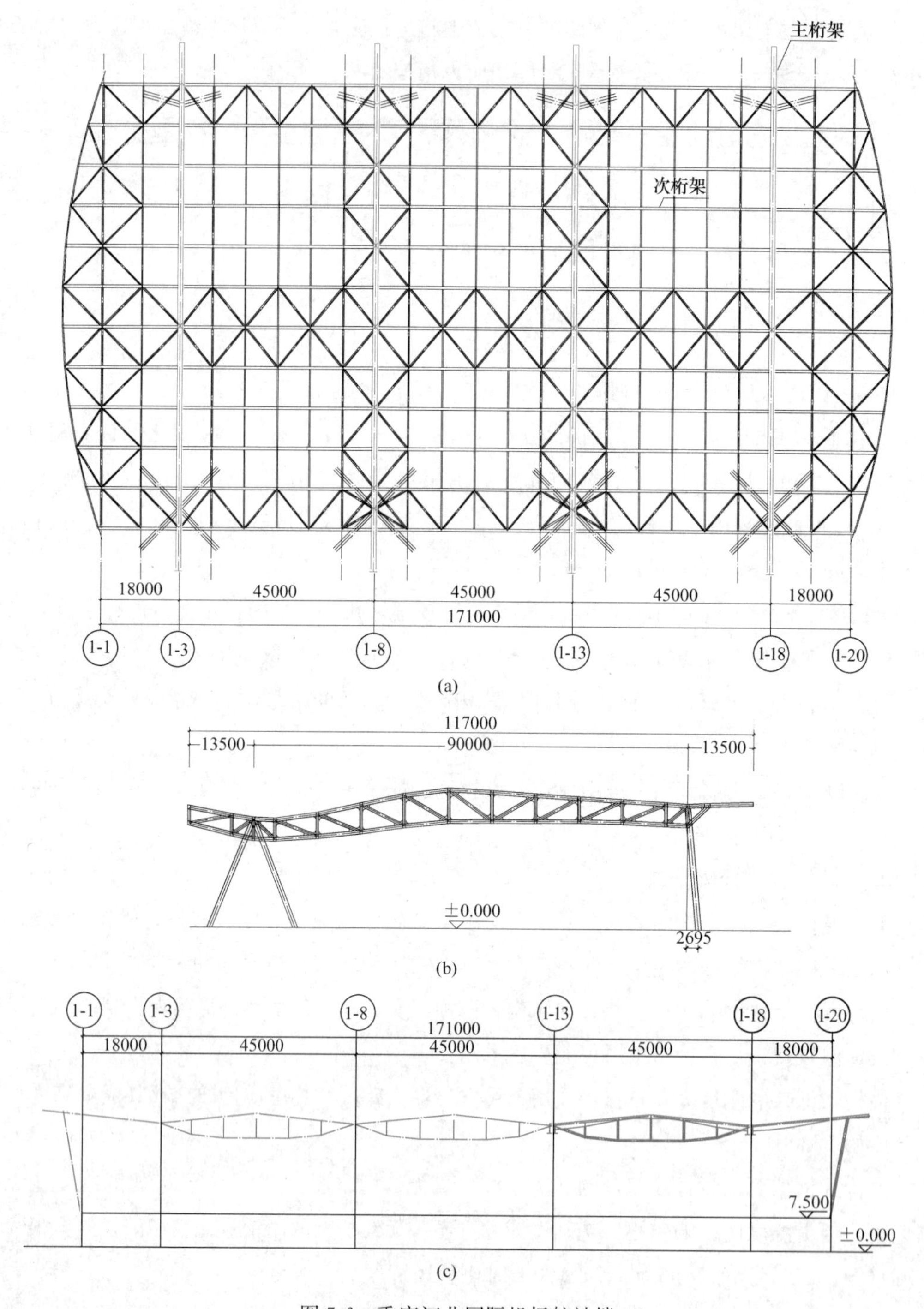

图 5-6　重庆江北国际机场航站楼

（a）主楼屋顶层结构平面布置图；（b）主桁架结构立面图；（c）次桁架立面图

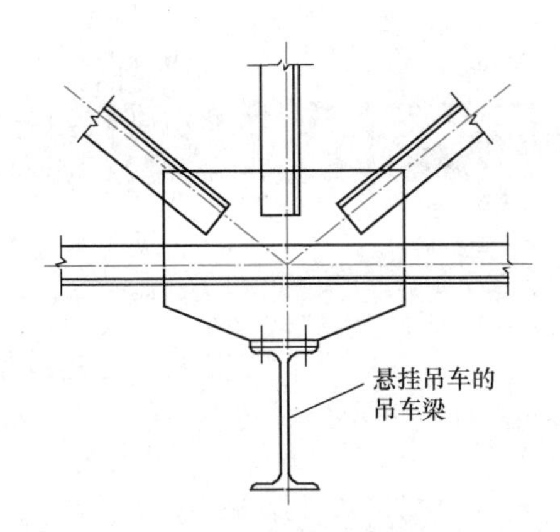

图 5-7　悬挂吊车与桁架连接节点图

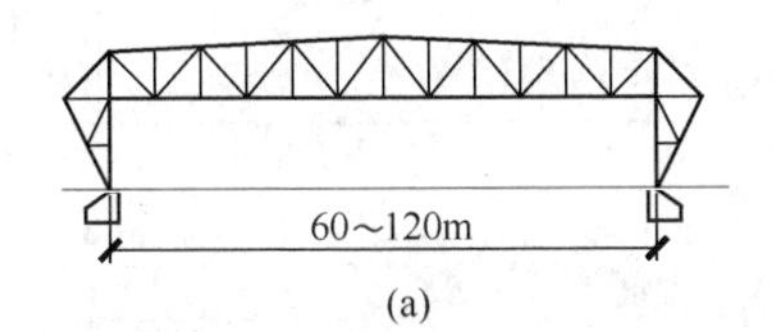

(a)

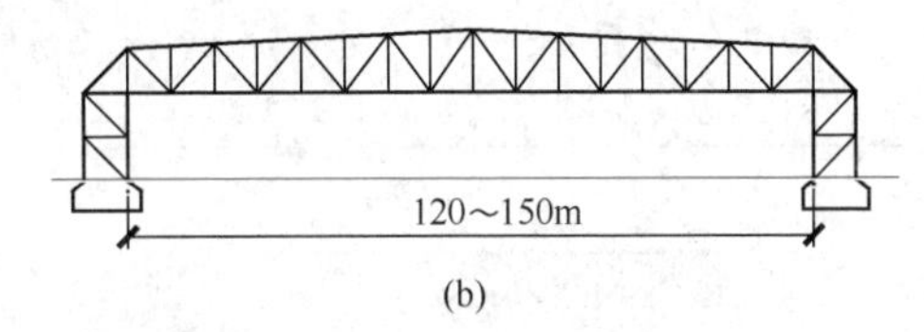

(b)

图 5-8　格构式框架体系

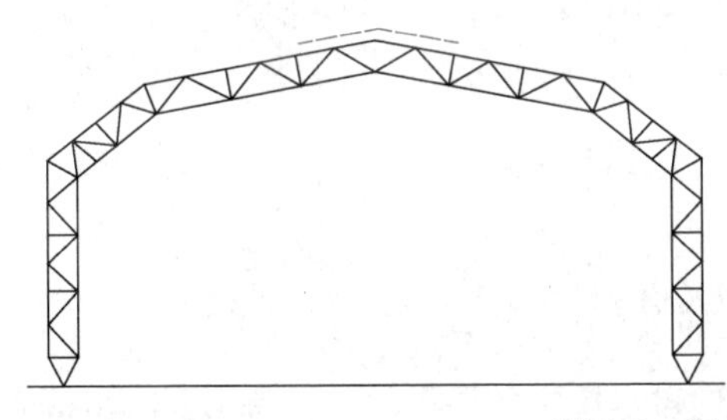

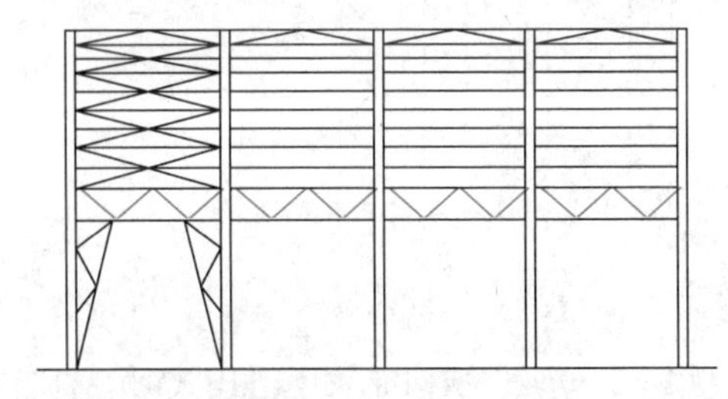

图 5-9　折线形的框架结构

横向布置方案（图 5-10）是将横向平面框架做主要承重结构，上面设檩条，框架间距为6～10m。当跨度较大时，框架间距通常也会增大，宜采用纵向主檩条上铺设横向次檩条的方案。

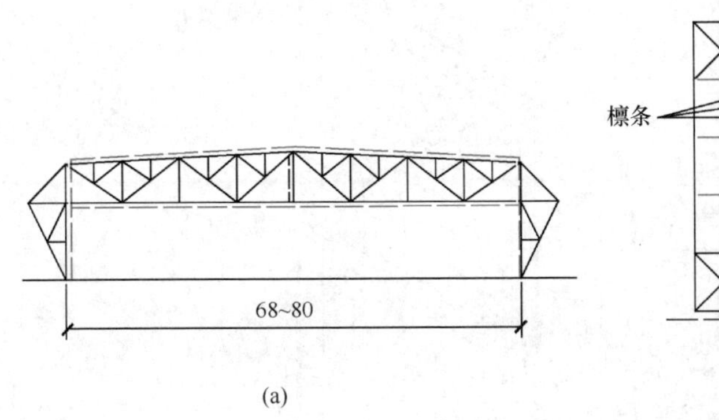

(a)

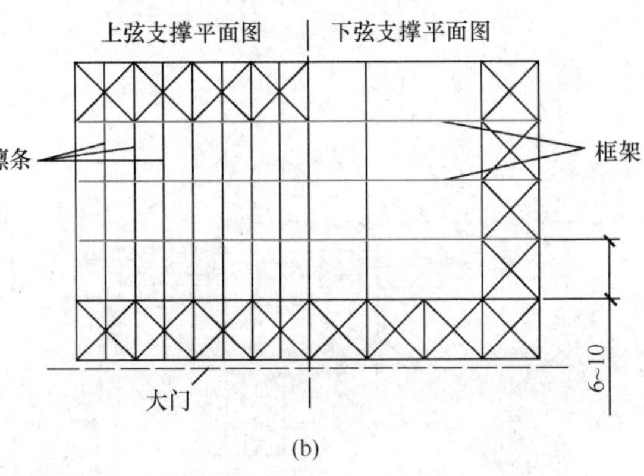

(b)

图 5-10　横向布置的框架结构

为保证框架平面外稳定性，应在上、下弦平面内设置支撑（图 5-10b)。有时仅在上弦平

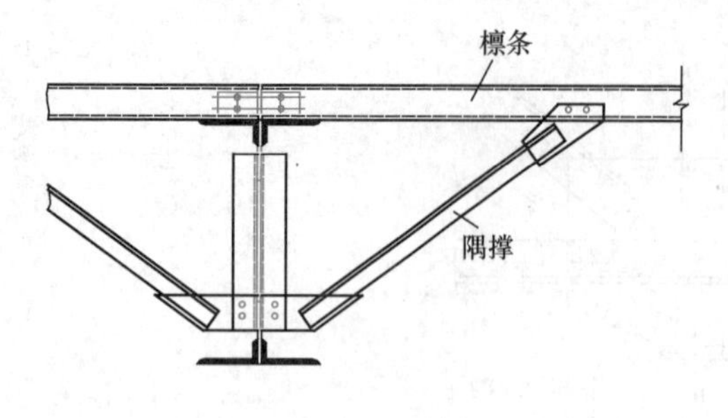

图 5-11　隅撑构造图

面内设横向水平支撑，但需在因框架负弯矩引起下弦杆件的受压区段内设置隅撑，隅撑构造见图 5-11。

纵向布置方案（图 5-12）是以纵向连续框架为主要承重结构，适用于房屋纵向比较短的建筑物。横向可采用双悬臂式（图 5-12a）或单悬臂式（图 5-12b）。支撑布置与横向框架方案一样。

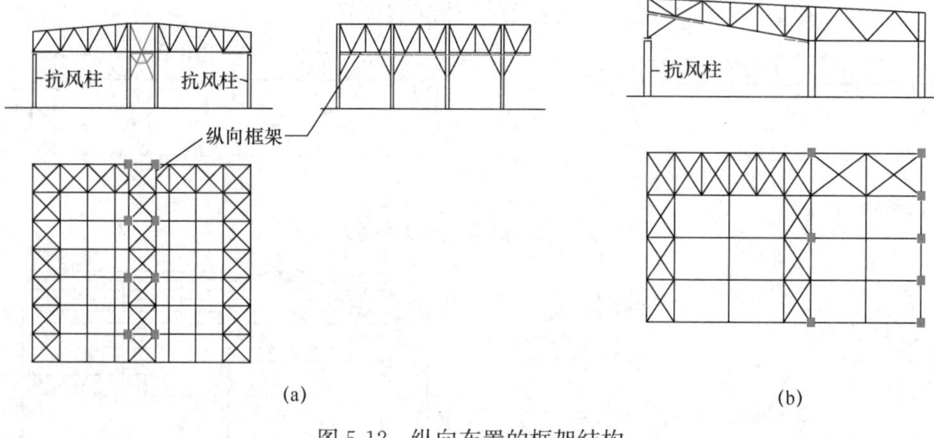

图 5-12　纵向布置的框架结构

大跨度框架式结构如采用格构式时，杆件截面可采用工字形、箱形、角钢和管形等，节点可采用板节点或直接焊接节点。图 5-13 表示杆件截面为 H 型钢的连接节点。图 5-14 表示杆件截面为角钢的连接节点。

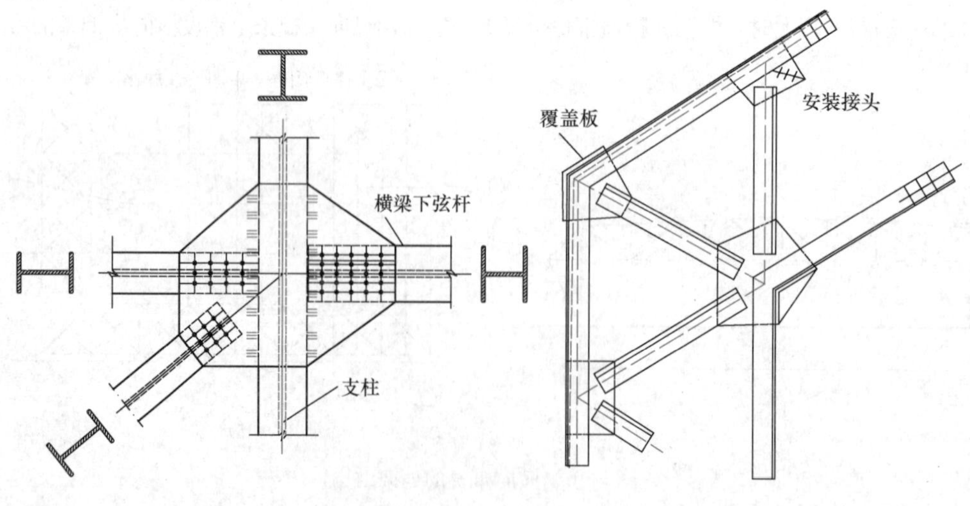

图 5-13　格构式框架结构节点之一　　　图 5-14　格构式框架结构节点之二

格构式框架在支座铰接处，可把铰支座做成偏心（图5-15b），把纵向外墙悬挂在框架的外肢处（图5-15a），利用偏心弯矩来减少横梁跨中的弯矩。

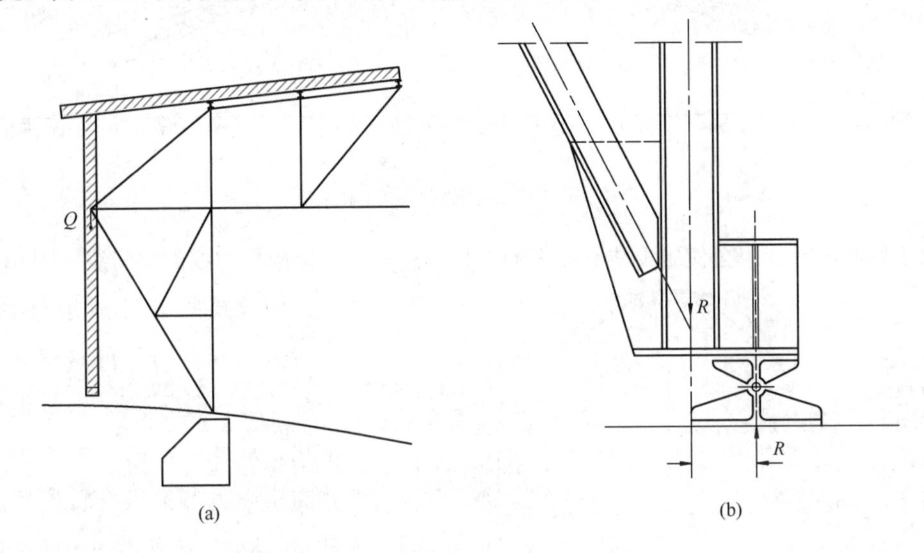

图5-15　减小框架横梁跨中弯矩的方式

3. 大跨度拱式钢结构

在跨度大于80～100m的大跨度结构中，拱式体系的用钢量要比框架式体系省得多，且外形也比较美观。

拱式结构按静力图分为无铰拱、单铰拱、两铰拱、三铰拱等。其中以两铰拱最为常见，因为它的制造和安装都较方便，温度应力不大，用钢量也较省。

三铰拱是静定结构，受力比较明确，安装亦较容易，但由于顶铰的存在，构造比较复杂，结构也容易变形，因此三铰拱用得并不广泛。

无铰拱最省钢材，但却需要强大的支座结构（基础）。单铰拱的支座弯矩比无铰拱还要大。因此，这两种体系并不一定经济。

拱的矢高对用钢量有很大的影响。增加矢高可以减小推力和雪载，因而也减小支座尺寸，但是风荷载要增加。矢高 f 和跨度 l 的最有利的比值一般为 $f/l=1/5$ 左右。

直接落在地面上的拱支座，其大小在极大程度上决定于地基的承载能力。当土壤的性质很差时，拱的推力宜由置于地面下拉杆来承受，或者借助拉杆施加预应力。但拱的跨度大于100m时，采用拉杆方案很难实现，可采用环形刚性基础来承受拱的水平推力，也可将拱支承在周围建筑物上，如看台等（图5-16）。

拱的外形宜使拱轴接近压力线以减少拱轴弯矩。常用拱轴线形状有抛物线、悬链线和圆弧线。在较平坦的拱中，主要承受对称的均布荷载，宜采用抛物线，但为了简化制造，常用圆弧线代替。对于高拱，在大的自重作用下，宜采用悬链线，如果作用在高拱中的风载较大

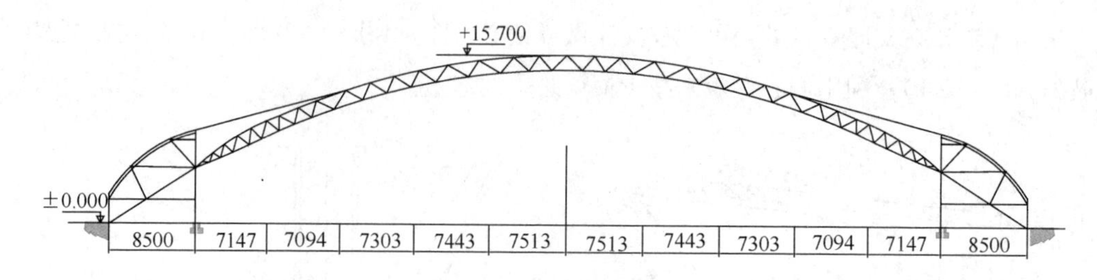

图 5-16　搁在周围建筑物上的拱

时，由于风向的改变，会使压力线有很大的变化，宜采用两极限压力线的中间线（图 5-17）。

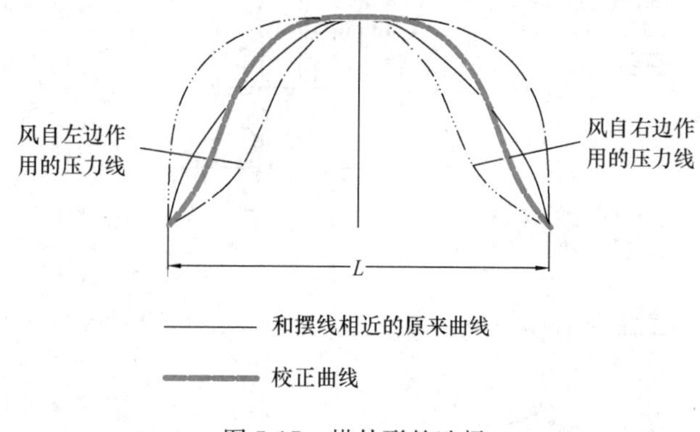

图 5-17　拱外形的选择

两铰拱可设计成平行弦的、有转折的和镰刀形的（图 5-18）。平行弦拱（图 5-18a）最易做到标准化，是最常用的方案。在桁架式高拱中也可采用有转折的形式（图 5-18b）。这种拱的内侧弦杆具有椭圆或抛物线的形状，外侧弦杆在垂直墙面处有转折，采用这种形式的拱有利于建造墙面和门窗。镰刀形拱（图 5-18c）的外形不符合力的作用特性，结构构件不能做到标准化，制造比较复杂。

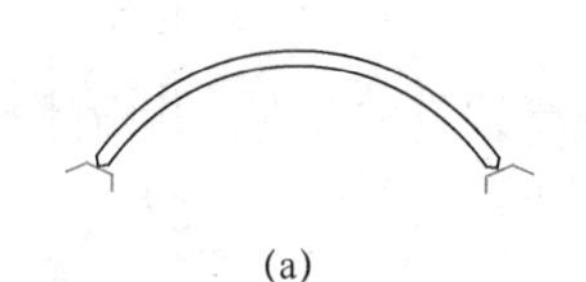
(a)

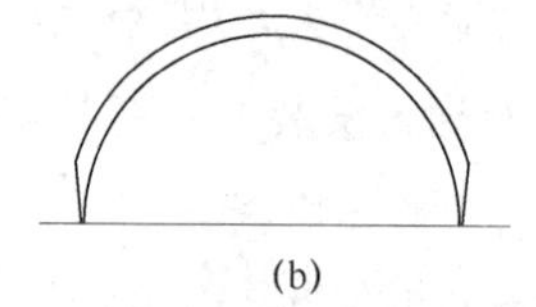
(b)

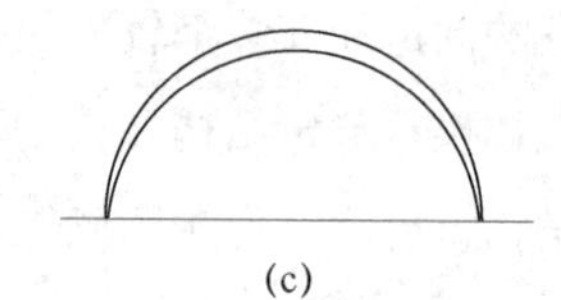
(c)

图 5-18　拱弦的形式

（a）平行弦拱；（b）有转折的拱；（c）镰刀形拱

大跨度拱式钢结构的截面形式有实腹式和桁架式两种。实腹式的截面采用工字形、箱形等（图 5-19），一般取截面高度 $h=$（1/60～1/15）L，图 5-20（a）表示上海浦东邮件处理中心厂房的结构平面布置图，平面尺寸为 175m×（50～70）m，由 22 榀拱架组成承重结构，拱采用箱形截面的半圆拱（图 5-20b），主拱的间距为 12.0m。为了保证拱的侧向稳定，在拱的上表面设横向水平支撑。为了保证拱截面下部受压时的侧向稳定，檩条与拱采用刚接连接（图 5-21）。

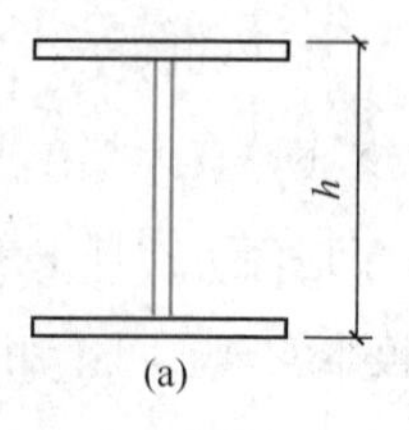

(a)

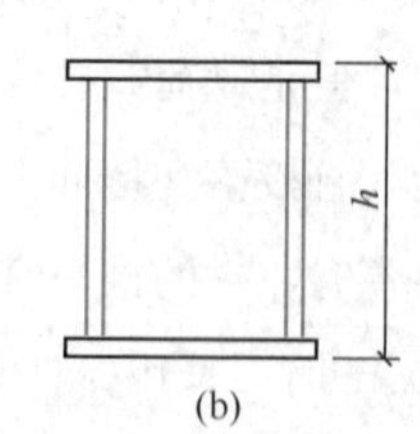

(b)

图 5-19　实腹式截面形式

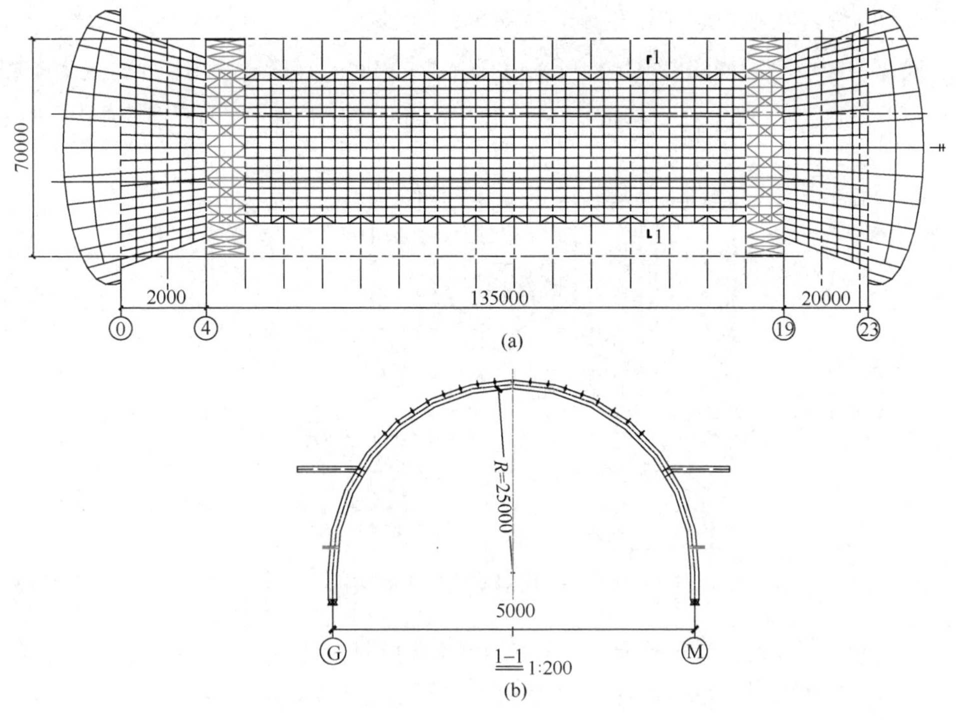

图 5-20　结构平面布置图及剖面图

(a) 结构平面布置图；(b) 剖面图

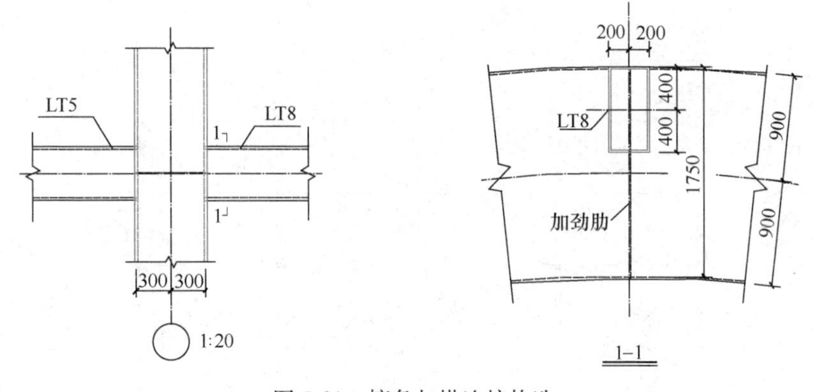

图 5-21　檩条与拱连接构造

格构式拱的截面可采用平面式（图 5-22a）、三角形式（图 5-22b）和矩形式（图 5-22c）。平面式格构拱的弦杆主要受压，因而需设置横向支撑来保持稳定。横向支撑都设在上弦杆的平面内，对于下弦杆的稳定可以由檩条上加设斜撑（又称隅撑）来保证（图 5-11）。三角形式和矩形式的格构拱，根据拱侧向传递的水平力来确定上弦宽度，拱的间距一般大于 10m。也可将大

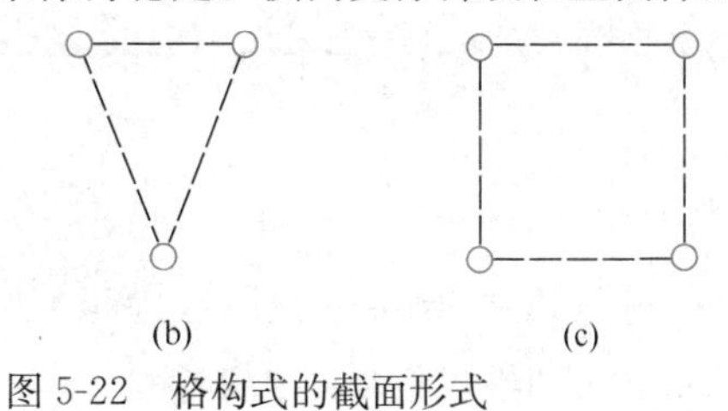

图 5-22　格构式的截面形式

跨度拱成对布置，成对的拱相隔 3～6m，以支撑相连组成一刚性空间区段（图 5-23），区段之间可相隔 9～15m。区段间的屋顶结构可采用复杂式梁格系，在区段间用桁架式主檩条相连，在主檩条上再放置屋面次檩条，形成平行于拱的中间肋（图 5-23）。屋面板即放在中间肋上。

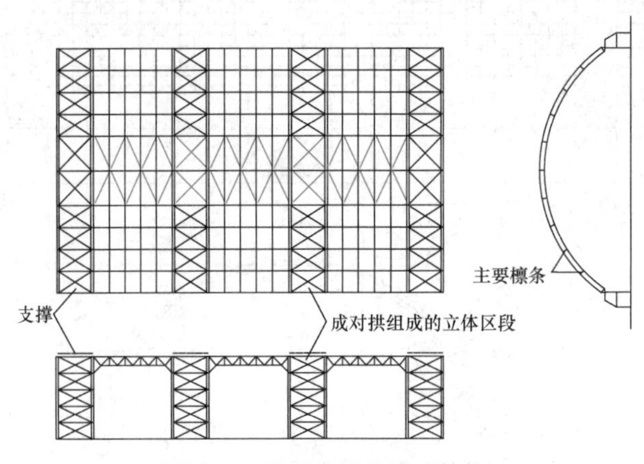

图 5-23　成对布置的拱式结构

当拱成对布置时，可将成对拱间的主檩条搁置在拱的下弦平面内，在拱的上下弦之间装置垂直的或倾斜的窗户（图 5-24）。这种横向天窗的采光和通风都很好，而且使拱间的屋顶结构大为轻便。

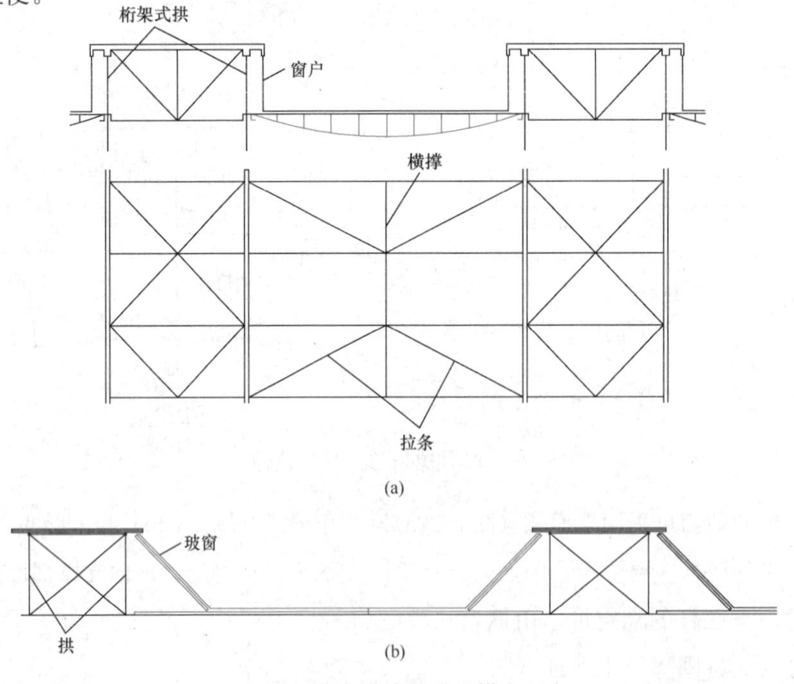

图 5-24　拱成对放置时的横向天窗

格构式拱的截面高度一般为跨度的 1/60～1/30，弦杆由双角钢、双槽钢等组成。对于跨度较大的拱，一般采用圆管或方管，可节省用钢量。

图5-25为南京奥体中心主体育场主拱，采用了桁架式无铰拱，跨度361.582m，矢高64m。

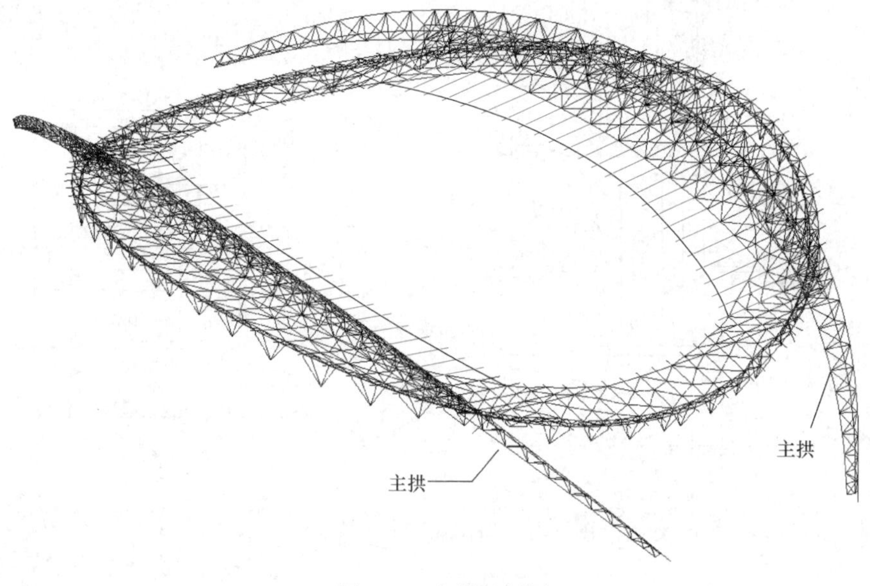

图5-25 主拱轴侧图

格构式拱的节点，一般采用板式节点和直接汇交焊接节点。图5-26表示实腹式拱的支座平面铰节点的构造图。图5-27表示格构式拱的平面铰节点构造图。

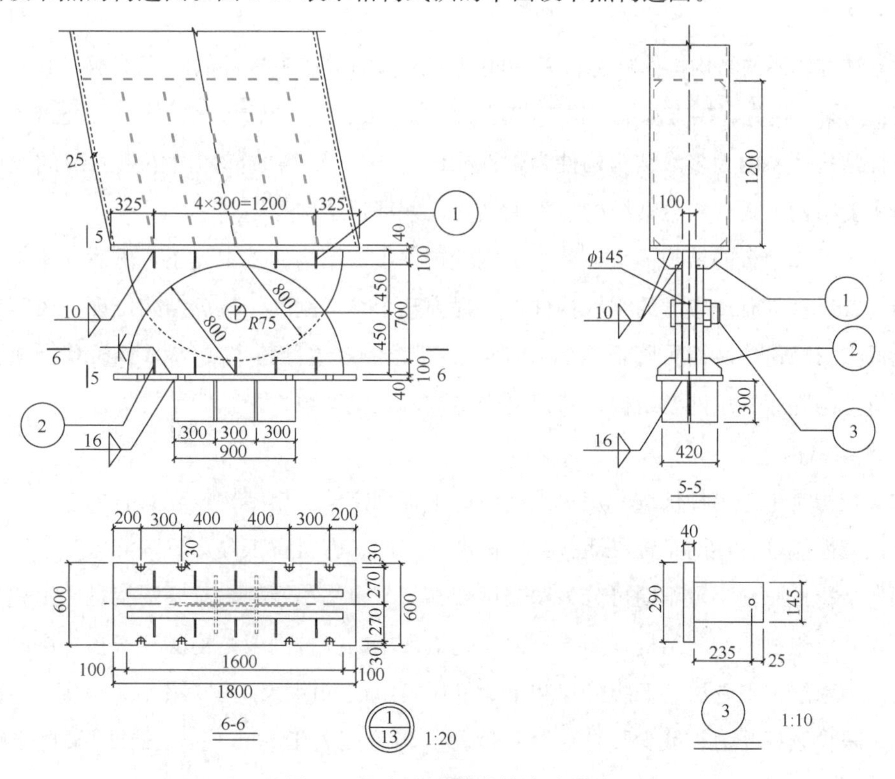

图5-26 实腹式拱的铰支座节点

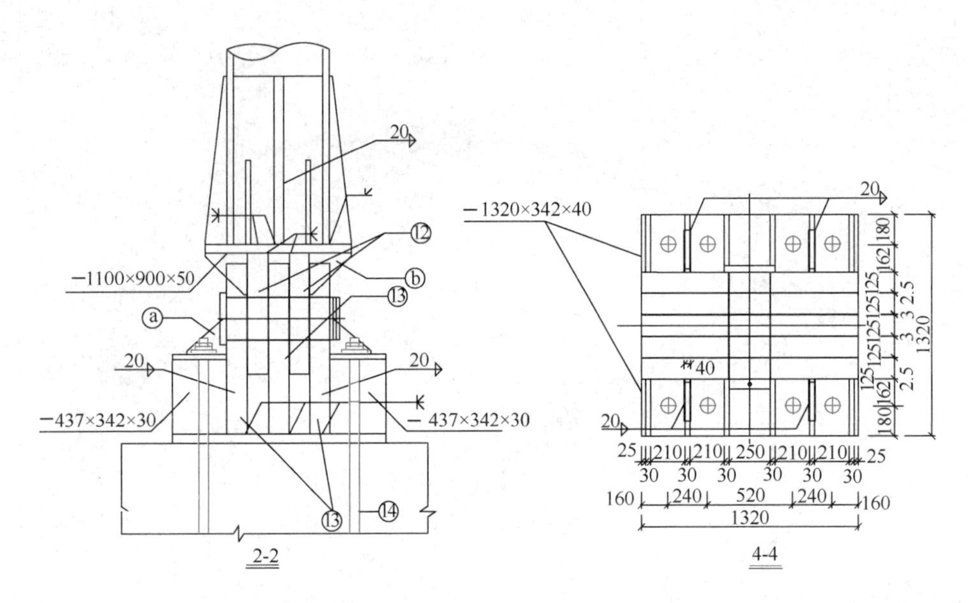

图 5-27　格构式拱平面铰节点

5.1.2　空间结构体系

从受力角度出发，空间结构体系可分为：刚性结构体系、柔性结构体系和刚性与柔性结合的杂交体系。

刚性结构体系的结构构件具有很好的刚度，结构的形体由构件的刚度形成。其主要结构形式有：网架、网壳、拱支网架、拱支网壳、组合网架、组合网壳、空间桁架、悬臂结构等。

柔性结构体系的大多数结构构件为柔性构件（索），结构的形体由体系内部的预应力形成。其主要结构形式有：悬索结构、索膜结构、索穹顶结构等。

刚性与柔性结合的结构体系，首先由刚性构件组成结构的基本体系，然后在基本体系中的适当位置设置具有预应力的柔性构件，可提高整个结构刚度、减少结构挠度、改善内力分布、降低应力峰值，从而可降低材料耗量，提高经济效益。其主要结构形式有：预应力网架、预应力网壳、斜拉网架结构、斜拉网壳结构、弦支穹顶、张弦梁结构等。

1. 网架结构

网架结构是由许多杆件按一定规则组成的平板型空间网格结构。它具有如下特点：空间受力、抗震性能好、柱网布置灵活、工厂标准化生产、省材省工等。

网架结构按弦杆层数不同可分为双层网架和三（多）层网架。双层网架是由上弦层、下弦层和腹杆层组成的空间结构（图 5-28a），是最常用的一种网架结构。三（多）层网架是由上弦层、中弦层、下弦层、上腹杆层和下腹杆层等组成的网架结构（图 5-28b），它可提高网架高度，减少弦杆受力，减少腹杆计算长度等。当跨度大于 50m 时，三层网架比双层网架用钢量省。

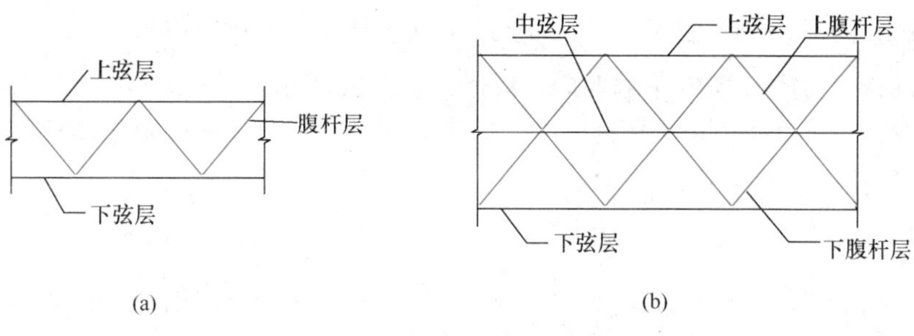

图5-28　双层和三层网架

网架结构在国内应用较广，图5-29表示沈阳博览中心工程，平面尺寸为204m×144m，采用三层两向正交正放网架，网格尺寸为6m，网架高度为10m。它是目前国内外最大跨度网架结构之一。

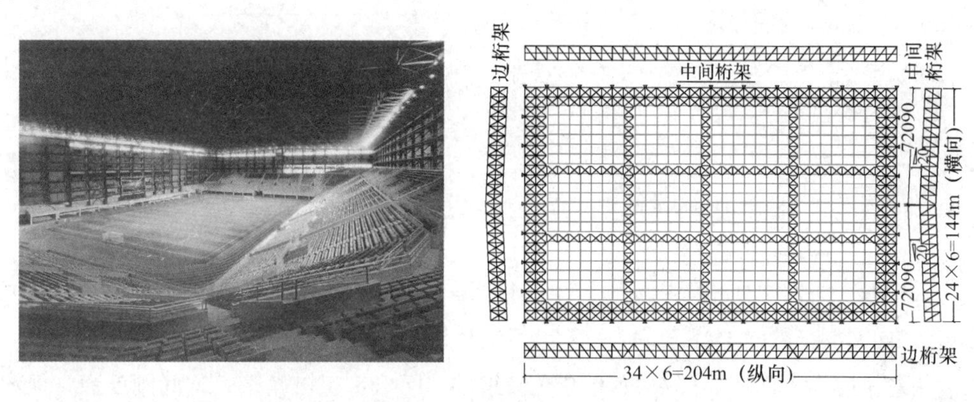

图5-29　沈阳博览中心工程

双层网架结构的形式很多，目前常用的有以下三大类13种形式：

（1）平面桁架系网架

平面桁架系网架是由平面桁架交叉组成（图5-30），下、上弦杆长度相等。这类网架有四种形式。

1）两向正交正放网架（图5-31）

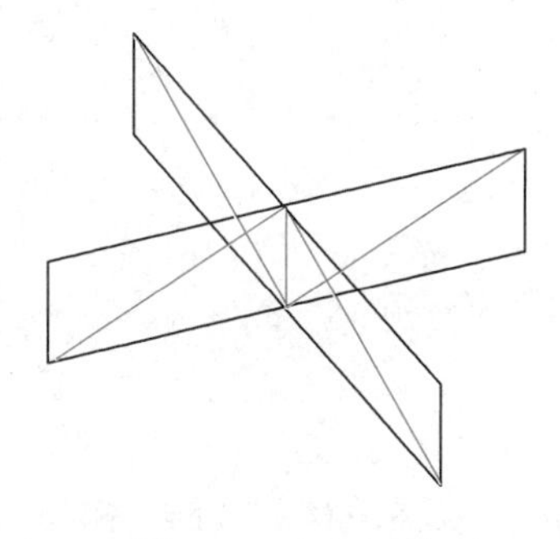

图5-30　交叉网片

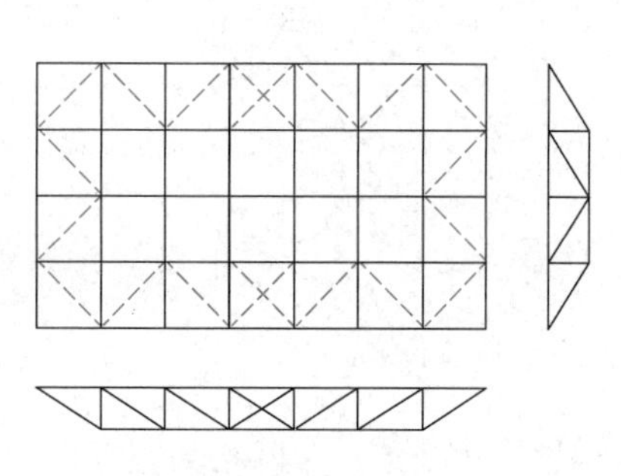

图5-31　两向正交正放网架

它由两个方向的平面桁架垂直交叉而成。在矩形建筑平面中应用时，两向桁架分别与边界垂直（平行）。为能有效传递水平荷载或保证边界支承结构的侧向稳定，宜在支承平面（支承平面系指与支承结构相连的弦杆组成的平面，一般指网架的上弦或下弦平面）内沿周边设置水平斜杆（图 5-31 所示虚线部分）。

2）两向正交斜放网架（图 5-32）

它由两个方向的平面桁架垂直相交而成。在矩形建筑平面中应用时，两向桁架与边界夹角为 45°（−45°）。

3）两向斜交斜放网架（图 5-33）

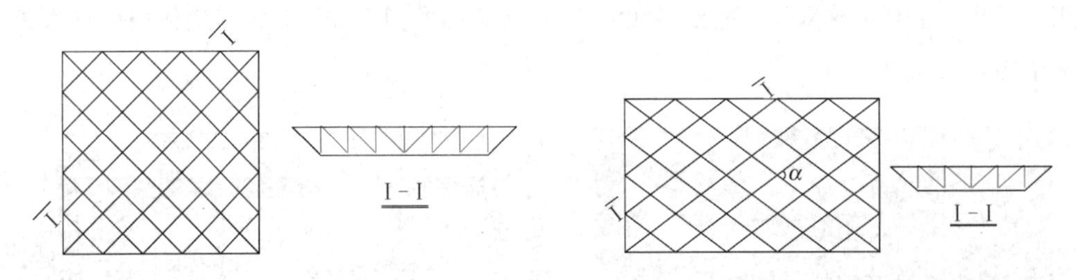

图 5-32　两向正交斜放网架　　　　图 5-33　两向斜交斜放网架图

它是由两个方向平面桁架以 α（$\neq 90°$）角交叉而成，形成棱形网格。

4）三向网架（图 5-34）

它由三个方向平面桁架按 60°角相互交叉组成。网格呈正三角形，空间刚度大，但汇交于一个节点的杆件可多达 13 根，适用于跨度大于 60m 的网架结构。

（2）四角锥体系网架

它是由许多四角锥按一定规律组成，组成的基本单元为倒置四角锥（图5-35）。这类网架共有六种形式。

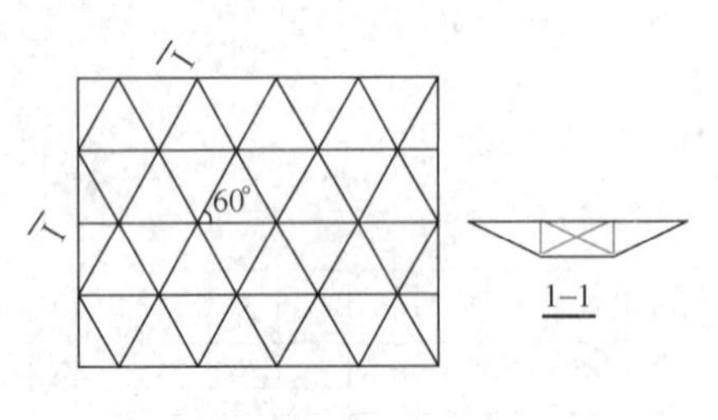

图 5-34　三向网架

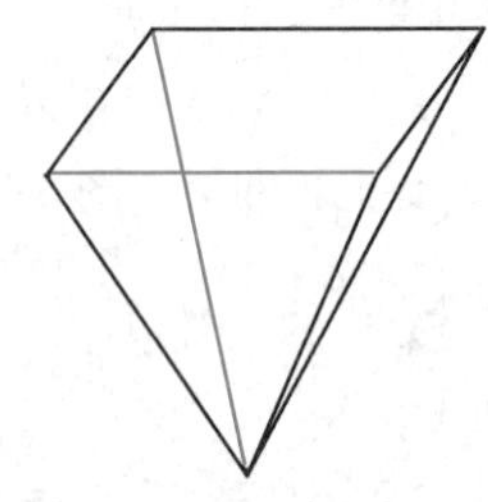

图 5-35　倒置四角锥

1）正放四角锥网架（图 5-36）

它由倒置四角锥组成。网格为正方形，当网架高度为网格边长的$\frac{\sqrt{2}}{2}$时，网架的上、下弦杆和腹杆等长。

2）正放抽空四角锥网架（图 5-37）

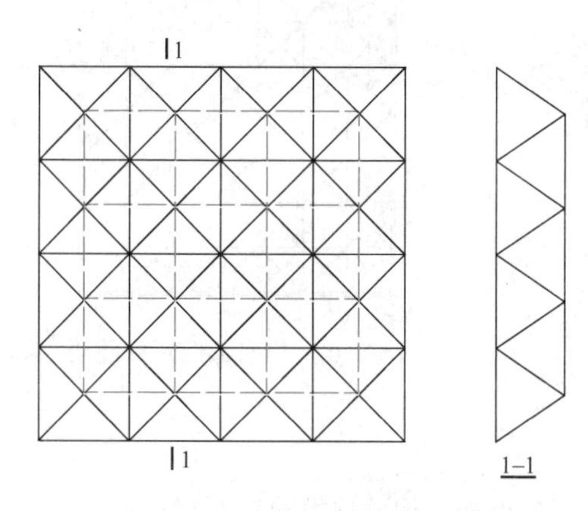

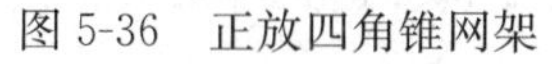
图 5-36　正放四角锥网架

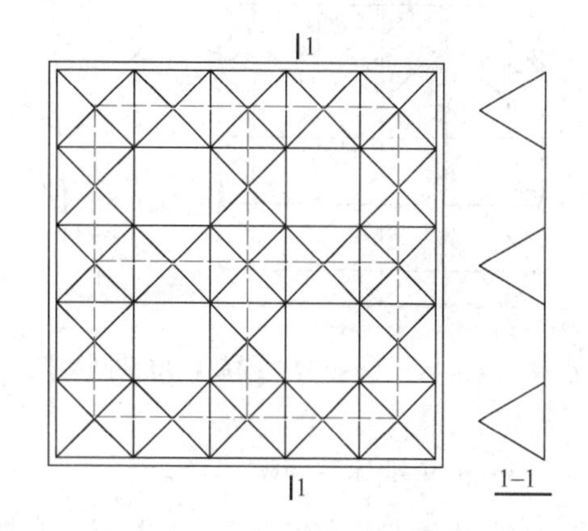

图 5-37　正放抽空四角锥网架

它是在正放四角锥网架基础上，适当抽掉一些四角锥单元中的下弦杆和腹杆而形成的一种网架结构。

3）单向折线形网架（图 5-38）

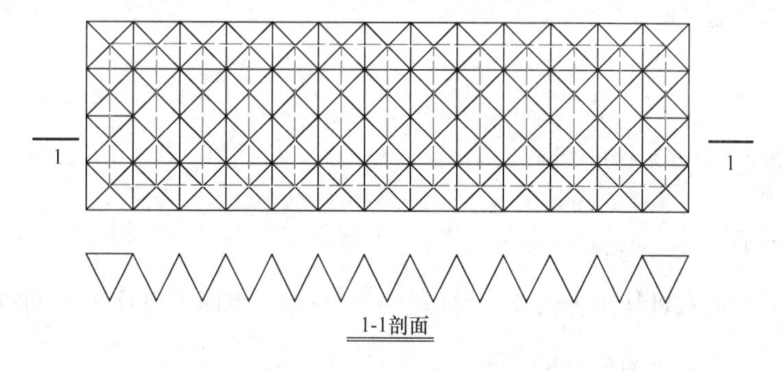

图 5-38　单向折线形网架

它是在正放四角锥网架的基础上取消纵向的上、下弦杆，保留周边一圈纵向上、下弦杆而组成的网架。适用于周边支承，平面尺寸为矩形，且长宽比大于 3 的情况。

4）斜放四角锥网架（图 5-39）

它是由倒置四角锥组成，上弦网格呈正交斜放，下弦网格呈正交正放。上弦杆长度为下弦杆长度的$\frac{\sqrt{2}}{2}$倍，当网架高度为下弦杆长度一半时，上弦杆与腹杆等长。

5）棋盘形四角锥网架（图 5-40）

它是由倒置四角锥组成，上弦杆正交正放，下弦杆正交斜放。

6）星形四角锥网架（图 5-41a）

它是由两个倒置的三角形小桁架相互交叉而成（图 5-41b）。

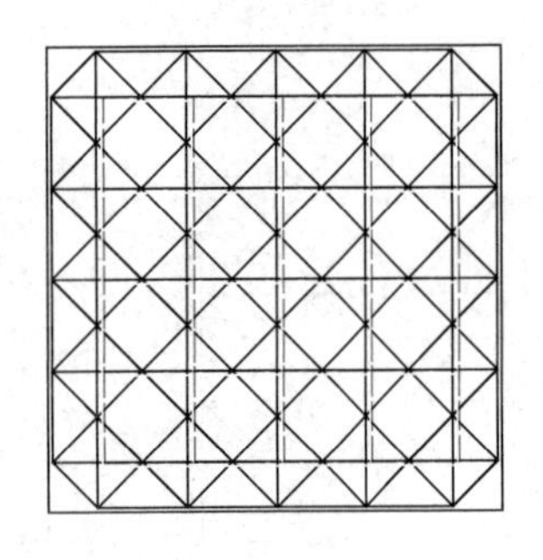
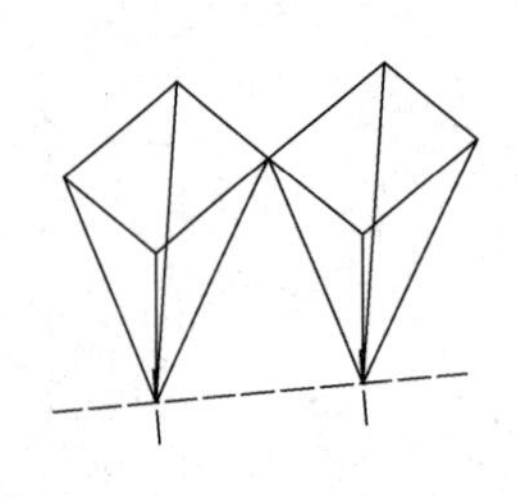

图 5-39　斜放四角锥网架图

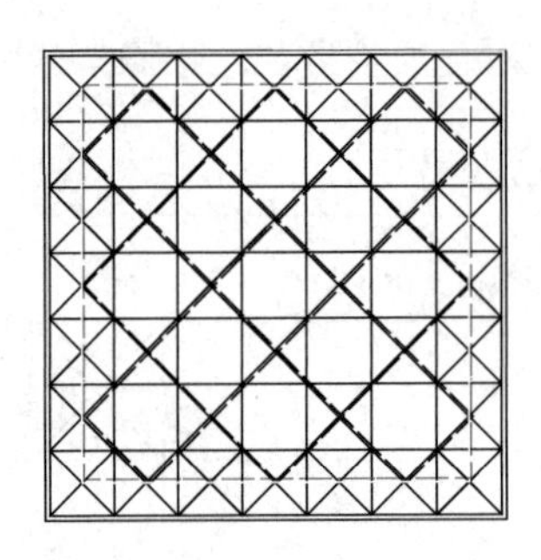

图 5-40　棋盘形四角锥网架

(3) 三角锥体系网架

它是由倒置三角锥（图 5-42）按一定规律组成的网架结构。这类网架共有三种。

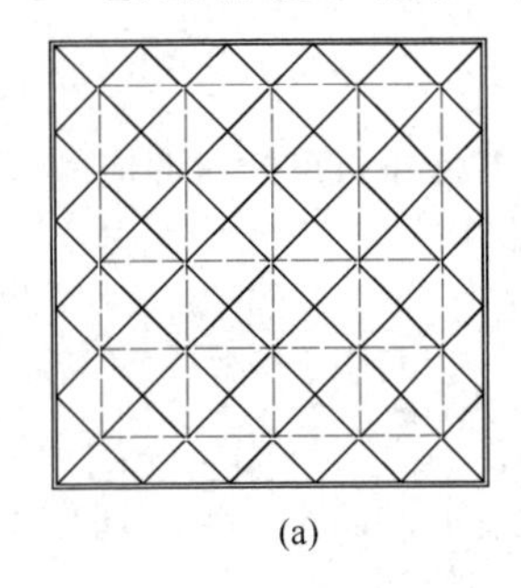
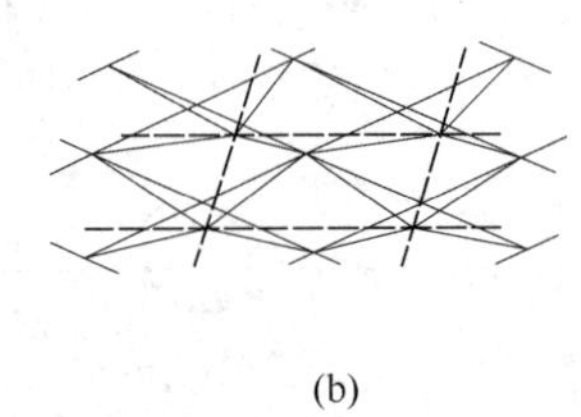
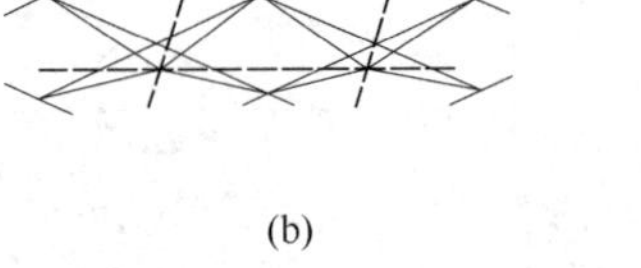

图 5-41　星形四角锥网架

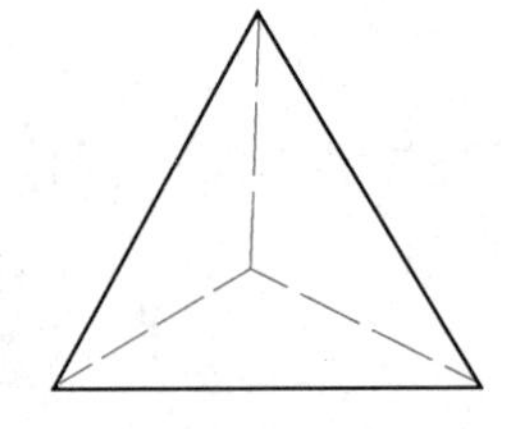

图 5-42　三角锥体系基本单元

1）三角锥网架（图 5-43）

它是由倒置的三角锥体组合而成。网格呈正三角形，当网架高度等于网格尺寸的 $\sqrt{\frac{2}{3}}$ 倍时，网架上、下弦杆和腹杆等长。

2）抽空三角锥网架（图 5-45）

它是在三角锥网架基础上，按一定规律抽去一些三角锥中的腹杆和下弦杆而形成，上弦网格为正三角形，下弦网格为正三角形和正六边形组成。

3）蜂窝形三角锥网架（图 5-44）

它由倒置三角锥按一定规律排列而成，上弦网格为正三角形和正六边形，下弦网格为正六边形。

三层网架的形式可按二层网架的形式扩展而成，可分为三大系（平面桁架系、四角锥系和混合系）9 种形式（两向正交正放三层网架、两向正交斜放三层网架、正放四角锥三层网架、正放抽空四角锥三层网架、斜放四角锥三层网架、上正放四角锥下正放抽空四角锥三层网架、上斜放四角锥下正放四角锥三层网架、上正放四角锥下正交正放三层网架、上棋盘形四角锥下正交斜放三层网架）。

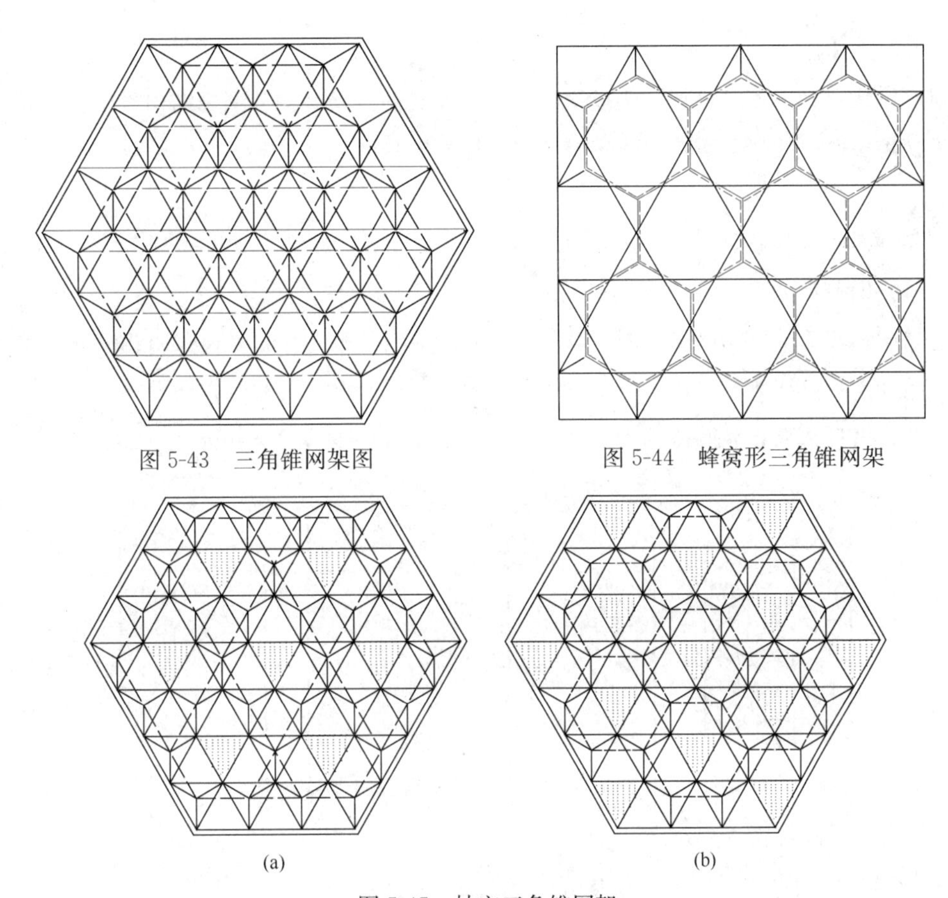

图 5-43　三角锥网架图

图 5-44　蜂窝形三角锥网架

(a)

(b)

图 5-45　抽空三角锥网架

网架结构可搁置在柱、梁、桁架等下部结构上，搁置方式很多，可分为：周边支承、点支承、周边支承与点支承相结合、三边和两边支承等。

网架形式很多，可根据建筑要求、支承方式、荷载大小、屋面构造和材料、制作安装方法等条件选择合理网架形式。选用时应以造价最省为依托，目前国内都有优化设计计算程序，供设计者使用。

表 5-1 列出 7 种类型网架的上弦网格数和跨高比的合理建议值。

网架的上弦网格数和跨高比　**表 5-1**

<table>
<tr><th rowspan="2">网架形式</th><th colspan="2">钢筋混凝土屋面体系</th><th colspan="2">钢檩条屋面体系</th></tr>
<tr><th>网格数</th><th>跨高比</th><th>网格数</th><th>跨高比</th></tr>
<tr><td>两向正交正放网架、正放四角锥网架、正放抽空四角锥网架</td><td>$(2\sim4)+0.2L_2$</td><td rowspan="2">10～14</td><td rowspan="2">$(6\sim8)+0.07L_2$</td><td rowspan="2">$(13\sim17)-0.03L_2$</td></tr>
<tr><td>两向正交斜放网架、棋盘形四角锥网架、斜放四角锥网架、星形四角锥网架</td><td>$(6\sim8)+0.08L_2$</td></tr>
</table>

注：1. L_2 为网架短向跨度，单位为米（m）；
2. 当跨度在 18m 以下时，网格数可以适当减少。

2. 网壳结构

网壳结构是由许多杆件按一定规律组成的曲面空间网格结构。网壳结构分单层网壳和双层网壳。单层网壳比较省钢，但一定要考虑整体稳定性问题。

（1）单层网壳结构

1）单层圆柱面网壳

按网格划分有如下四种形式：

①单向斜杆正交正放网格（图 5-46a）。首先沿曲线划分等弧长，通过曲线等分点作平行纵向直线，再将直线等分，作平行于曲线的横线，形成网格，对每个方格设斜杆。

②交叉斜杆正交正放网格（图 5-46b）。它是在方格内设置交叉斜杆。

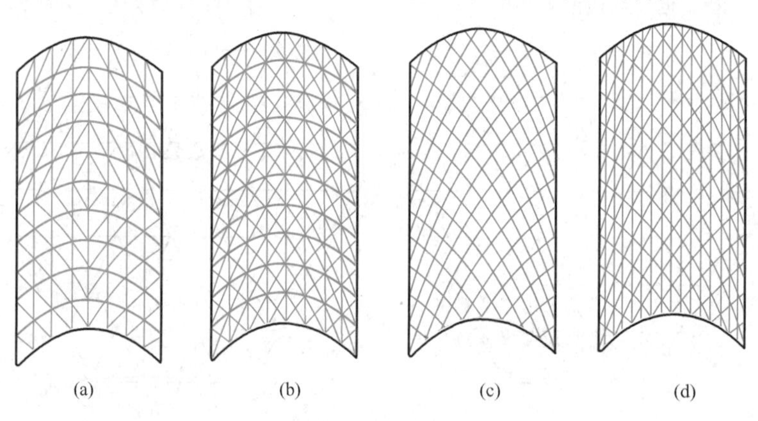

图 5-46　单层柱面网格形式

③联方网格（图 5-46c）。它是由菱形网格组成的。

④三向网格（图 5-46d）。三向网格可理解为联方网格上加纵向杆件，使菱形变为三角形。这种网壳的刚度较大。

单层圆柱面网壳的支承分为周边支承、两纵边支承（沿长度方向）和两端支承三种。

对于周边支承单层圆柱面网壳，其矢跨比宜取 1/5～1/2，跨度不宜大于 30m。

对于两边支承单层圆柱面网壳，其矢跨比宜取 1/5～1/2，跨度不宜大于 30m。

对于两端支承单层圆柱面网壳，其宽度 B 与跨度 L 之比宜小于 1.0，矢宽比宜取 $f/B=$(1/6～1/3)，跨度不宜大于 35m。

2）单层球面网壳

按网格划分有如下六种：

① 肋环型（图 5-47a）。它是由径向杆和环向杆组成，空间刚度弱。

② 肋环斜杆型（图 5-47b）。它是在肋环型的网格中设斜杆而形成，可提高网壳的刚度和承受非对称荷载的能力。

③ 三向网格型（图 5-47c）。它的网格在水平投影上呈正三角形或球面投影上呈正三角形。

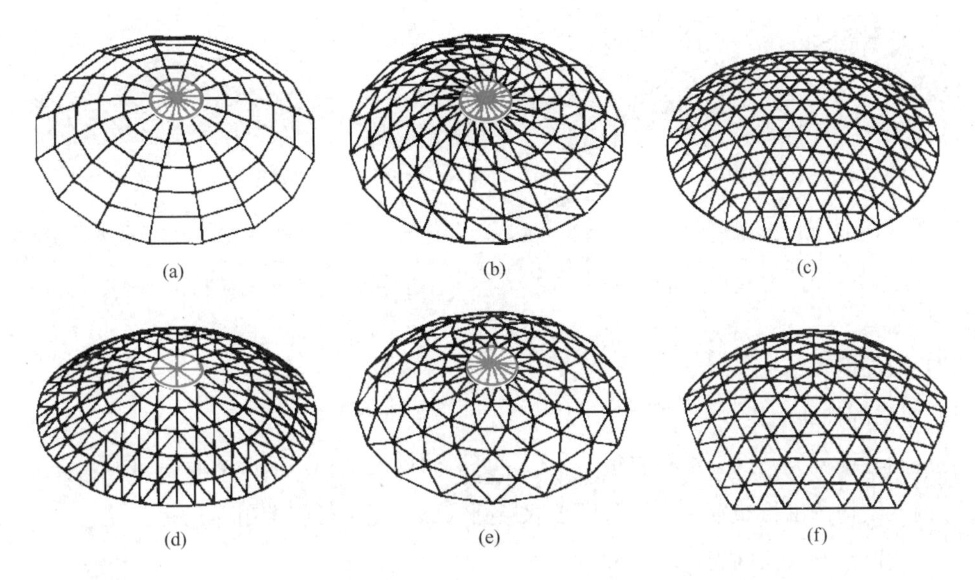

图 5-47　单层球面网壳的网格形式

④ 扇形三向网格型（图 5-47d），又称凯威特型。它是由 n（n=6、8、12…）根径肋把球面分为 n 个对称扇形曲面，再由环杆和斜杆组成大小较匀称的三角形网格。这种网壳内力分布均匀，应用较广。

⑤葵花形三向网格型（图 5-47e）。它是由人字斜杆组成菱形网格，在环向加设杆件。

⑥短程线型（图 5-47f）。它是在 20 面体上划分网格，每一面体为正三角形（扇形），在其中再细分为三角形网格。这种网壳杆件长短较均匀，形成杆件长度品种最少，具有受力均匀、刚度好的特点。

单层球面网壳的矢跨比 f/L 不宜小于 1/7（f 为矢高，L 为跨度（平面直径）），跨度（平面直径）不宜大于 80m。

3）单层椭圆抛物面网壳

①三向网格（图 5-48a）；

②单向斜杆正交正放的网格（图 5-48b）。

这种网壳适用建筑平面为矩形，而且四周需设置较强边缘构件。它的边长比 B/L 宜在 1～1.5之间，矢跨比 f/L_1=1/9～1/6（L_1 为短向跨度），短向跨度不宜大于 50m。

4）单层双曲抛物面网壳

①三向网格（图 5-49a）

②两向正交网格（图 5-49b、c）

这种网壳适用于建筑平面为矩形，四周应设边梁。底面对角线之比不宜大于 2，矢跨比 f/L=1/4～1/2（单块，图 5-49a、b）和 f/L=1/8～1/4（四块组合，图 5-49c），短向跨度不宜大于 60m。

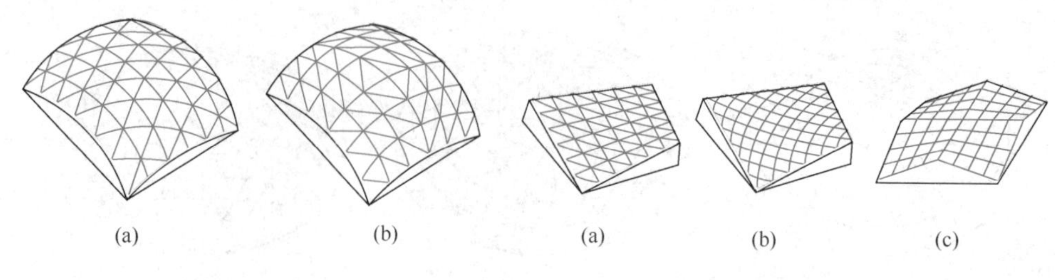

图 5-48　椭圆抛物面网壳的网格　　图 5-49　双曲抛物面网壳的网格

（2）双层网壳结构

1）双层圆柱面网壳

双层圆柱面网壳与网架结构有很多相似之处，将网架结构平面改为曲面即为双层圆柱面网壳。网架结构的网格布置形式均可用于双层圆柱面网壳。目前常用形式有：

①正放四角锥柱面网壳（图 5-50a）；

②斜置正放四角锥柱面网壳（图 5-50b）；

③三角锥柱面网壳（图 5-50c）。

双层圆柱面网壳的厚度可取 $h/L=(1/50\sim1/20)$（L 为跨度），矢跨比的取值范围与单层圆柱面网壳相同。

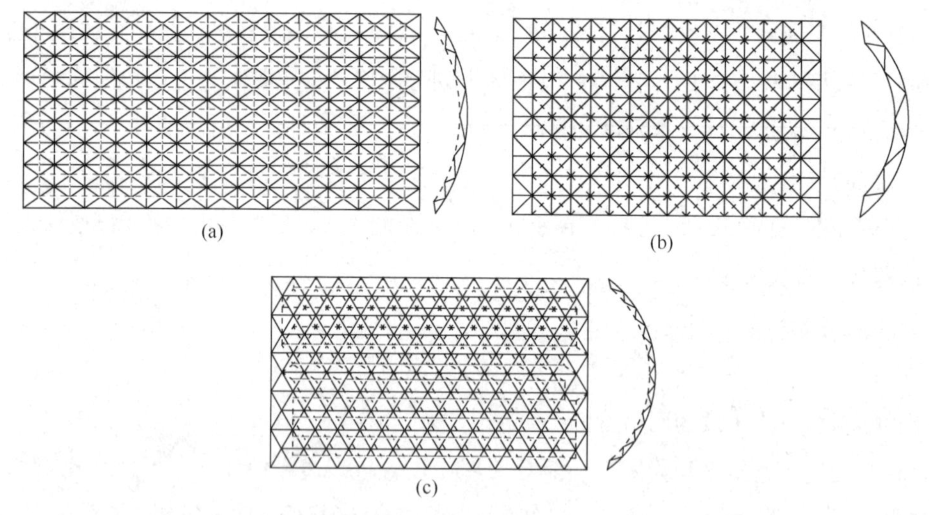

图 5-50　双层圆柱面网壳

2）双层球面网壳

双层球面网壳的网格可采用两向或三向交叉桁架体系、四角锥体系和三角锥体系。图 5-51表示肋环型四角锥网壳。

双层球面网壳的厚度可取 $h/L=(1/60\sim1/30)$（L 为平面直径），矢径比 f/L 不宜小于 1/7。

3）双层椭圆抛物面网壳

双层椭圆抛物面网壳的网格可采用三向桁架和三角锥的形式，其厚度可取 $h/L_1=$

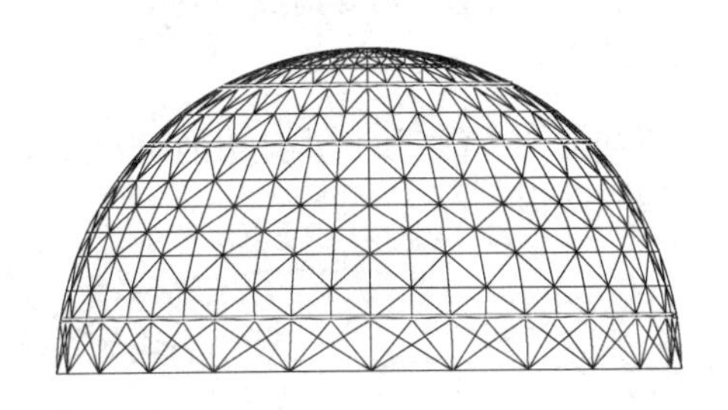

图 5-51 肋环型四角锥球面网壳

1/50～1/20（L_1 为短向跨度），矢跨比的取值范围与单层椭圆抛物面网壳相同。

4）双层双曲抛物面网壳

双层双曲抛物面网壳的网格可采用两向或三向桁架、四角锥、三角锥的形式，其厚度可取 $h/L_1=1/50\sim1/20$(L_1 为短向跨度)，底面对角线长度之比不宜大于 2，矢跨比的取值范围与单层双曲抛物面网壳相同。

除上述网壳形式外，还有很多组合方式形成的网壳，如由一个圆柱面和两个半球面组成网壳，用切割方法将球面网壳用于三角形、四边形和多边形的平面等等。这里不再赘述。

网壳在国内外应用都较广，图 5-52 表示日本名古屋体育馆的屋盖采用单层扇形（$n=6$）三向网格，支撑平面 $D=187.2$m，节点采用鼓型铸钢节点。它是目前国内外最大跨度的单层网壳之一。

图 5-52 日本名古屋体育馆

3. 空间桁架结构

空间桁架结构是由平面或空间桁架平行或交叉布置而形成的空间刚性结构体系，整体刚度好，但两个方向的桁架往往有主次之分，使传力以平面传力为主，用钢量较费。结构构件

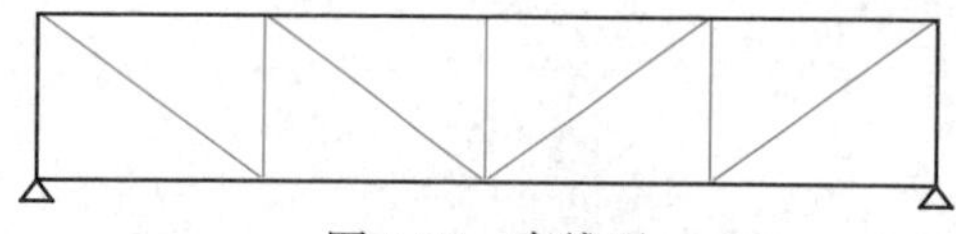

图 5-53　直线型

采用钢管较多。

空间桁架结构体系中的桁架按外形划分有：

1）直线型（图 5-53）；

2）曲线型（图 5-54），常用的为鱼腹式（图 5-54a）和平行弦式（图 5-54b）。

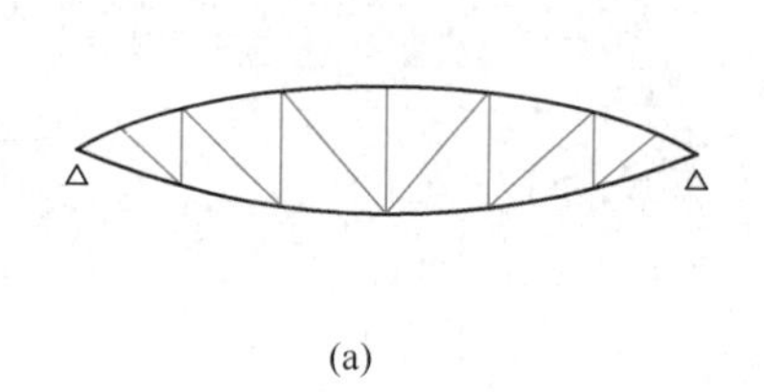

(a)

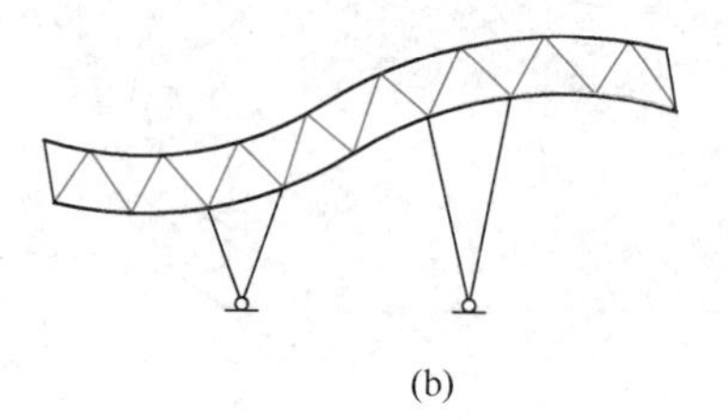

(b)

图 5-54　曲线型

空间桁架结构体系的桁架按截面外型划分有：

1）平面式（图 5-55a）；

2）三角形式（图 5-55b）；

3）矩形式（图 5-55c）；

4）W 形式（图 5-55d）。

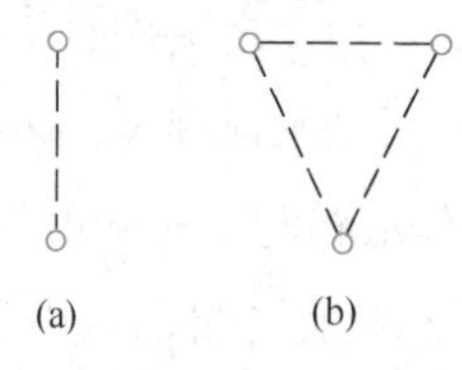

(a)

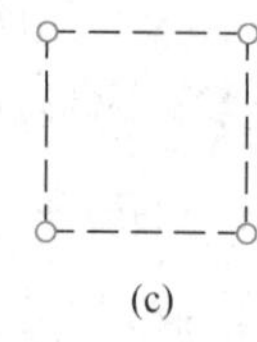

(b)

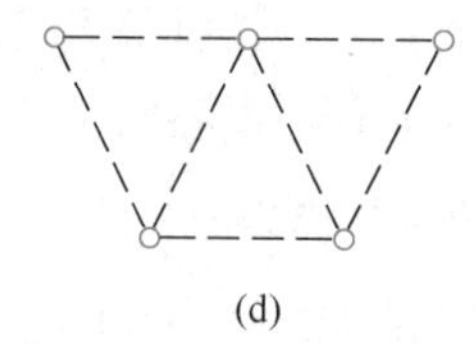

(c)

(d)

图 5-55　截面形式

图 5-56 表示广州新体育馆屋盖结构示意图。平面为椭圆形，长轴长 160m，短轴长 110m，主桁架（L=160m）采用变截面倒梯型钢管桁架。主桁架两侧各布置次桁架 39 榀，次桁架采用方管或钢板组合截面。

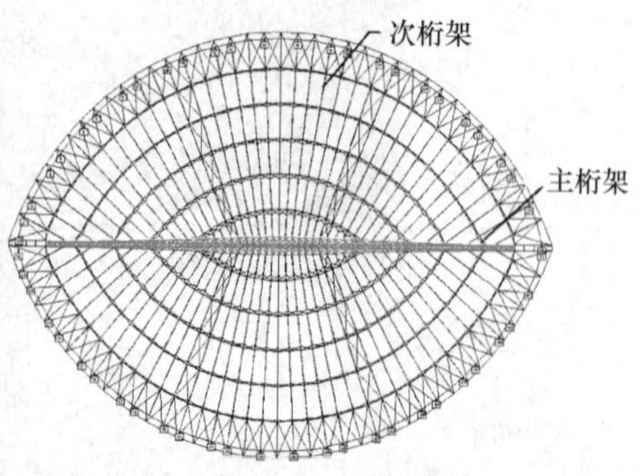

图 5-56　广州新体育馆屋盖结构示意图

空间桁架结构的节点大多数采用直接焊接相贯节点或板式节点。

4. 悬索结构

悬索结构是以只能受拉的钢索通过预拉力构成的承重结构。由于外荷载由受拉的钢索承担，可充分利用钢材的强度，尤其是钢索为高强度钢材，因此可以大大节省用钢量，但安装技术要求高，难度较大。

悬索结构形式多样，能够适应各种建筑平面和满足建筑造型需要，是大跨度空间结构的主要结构形式之一。

悬索结构可分为单层悬索结构和双层悬索结构两种主要形式：

(1) 单层悬索结构

按索的布置不同，有如下三种形式：

1) 单曲面单层悬索结构（图5-57）。单曲面悬索在两端会产生较大的拉力，需由支承结构承担或将索锚固到基础。

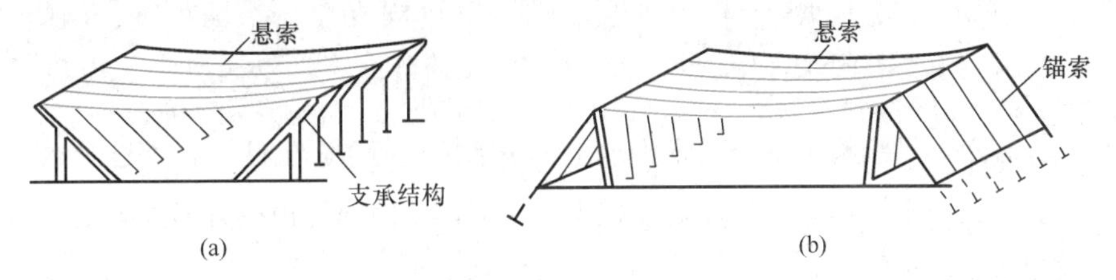

图5-57　单曲面单层悬索结构

(a) 单层索系（带支承结构）；(b) 单层索系（带锚索）

2) 双曲面同号曲率单层悬索结构。图5-58（a）为辐射式，图5-58（b）为双向索网。对于圆形平面，索端产生的拉力可由支承圈梁自平衡。

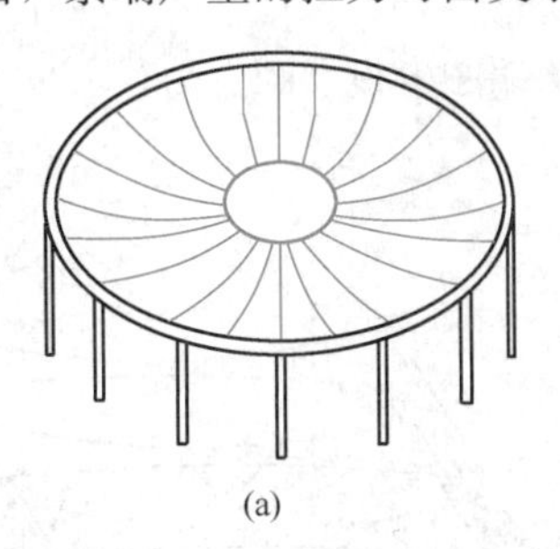

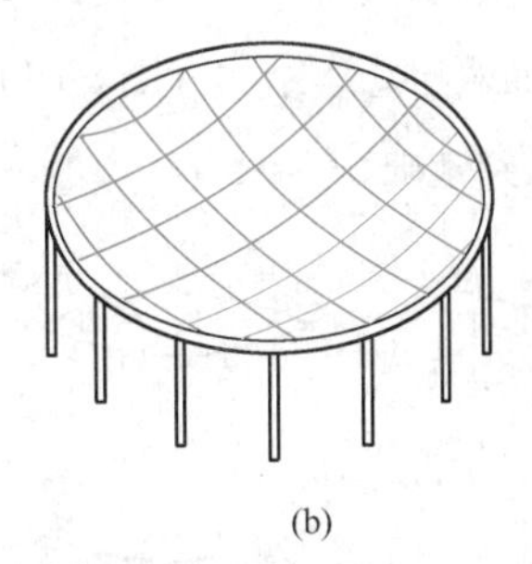

图5-58　双曲面同号曲率单层悬索结构

(a) 辐射式单层悬索结构；(b) 双向单层同曲率悬索结构

以上两种形式的悬索结构仅由索网并不能形成足够的刚度，索网必须与屋面，通常是钢筋混凝土屋面共同工作，通过对索施加预应力保证结构具有足够的刚度。

3) 双曲面异号曲率单层悬索结构也称鞍形索网结构。图5-59表示了这类单层悬索结构

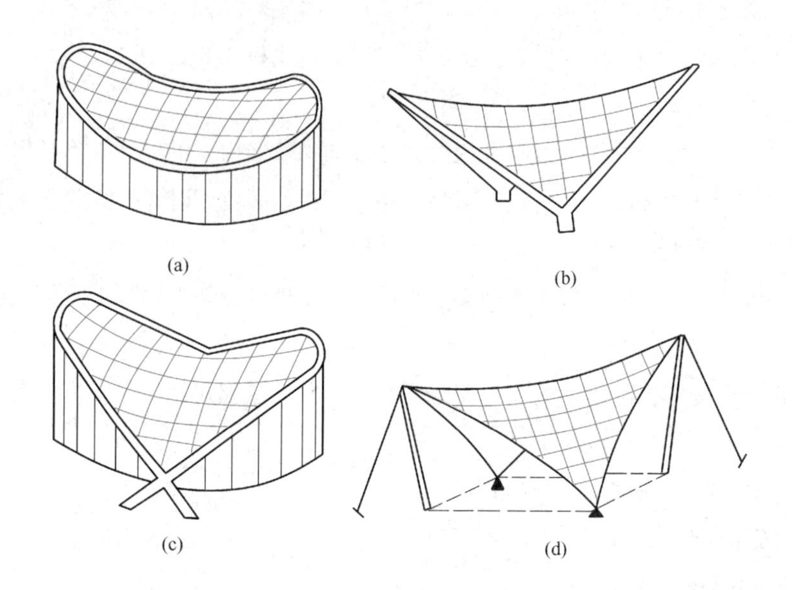

图 5-59 双曲面异号曲率单层悬索结构

（a）鞍形索网一；（b）鞍形索网二；（c）鞍形索网三；（d）鞍形索网四

的几种形式。鞍形索网结构中下凹的索为承重索，承担外荷载，上凸的索为稳定索。由于曲率相反，这类形式的悬索体系可以建立预拉力。悬索体系内部的预拉力形成了结构的刚度。

（2）双层悬索结构

分析双层悬索结构总可以找到由承重索、稳定索以及连系承重索和稳定索的连系构件形成的索桁架。图 5-60 所示为各种可能形式的索桁架。索中的预拉力形成了索桁架的刚度，索桁架的刚度形成了悬索结构的整体刚度。

双层悬索结构有以下两种形式：

1）单曲面双层悬索结构（图 5-61）。索桁架在两端产生很大的拉力，需要由支承结构承担或将索锚固到基础。

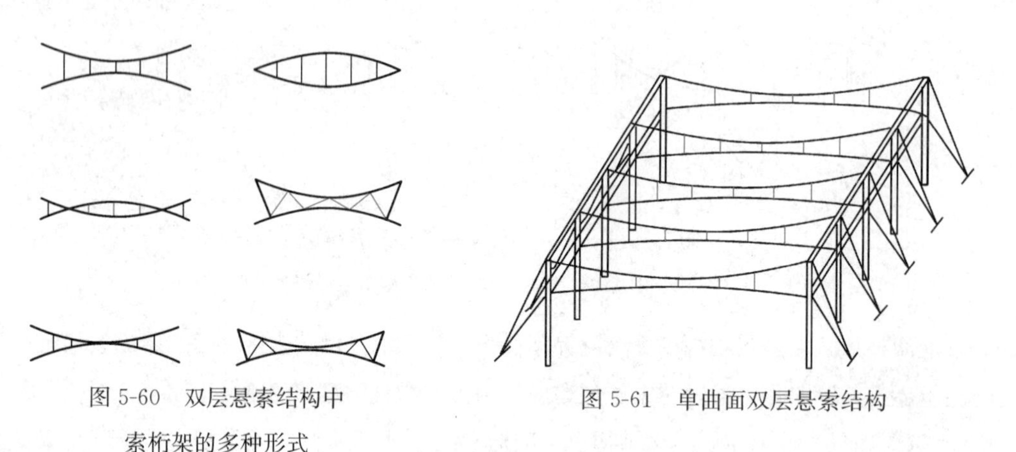

图 5-60 双层悬索结构中索桁架的多种形式

图 5-61 单曲面双层悬索结构

单曲面双层悬索结构虽在竖向有很好的刚度，但在垂直于索桁架的水平方向却缺少足够的刚度，需要与屋面结构共同工作获得水平方向的刚度。

2）双曲面双层悬索结构。图 5-62（a）为辐射式，图 5-62（b）为双向双层索网。对于圆形平面，索桁架端部的拉力可由支承圈梁自平衡。

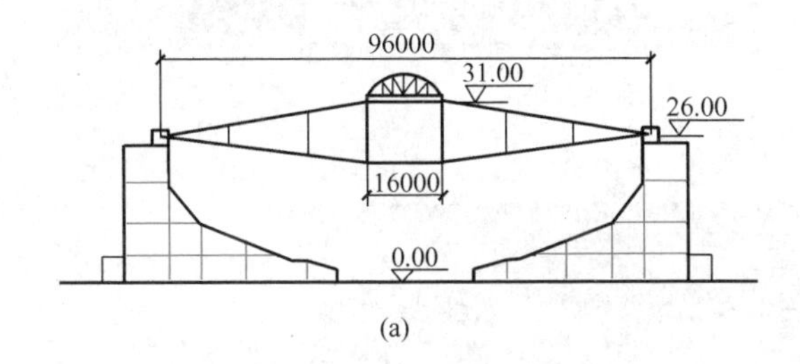

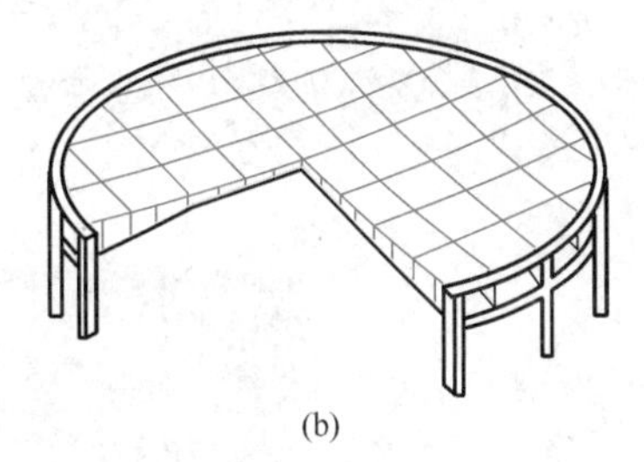

图 5-62　双层悬索结构

（a）辐射式；（b）双向式

5. 索膜结构和骨架支承膜结构

近年来建筑用膜材的性能有了较大程度的发展，已具有轻质、柔韧、高强等特点。其透光性能、防火性能和隔热性能等也已满足建筑使用的要求，而且具有几乎不需要进行清扫的高自洁性以及较好的耐久性，部分膜结构实际使用年限已达 30 年，并仍在正常继续使用中。因此索膜结构和骨架支承膜结构在大跨度建筑中的应用已不少见。

（1）索膜结构

索膜结构一般采用索、索网或索杆与膜共同作用，利用索、索网将膜张紧形成张力膜结构或利用杆将钢索和膜吊起来形成悬挂式膜结构。图 5-63 是 2001 年建成的威海市体育中心体育场的看台罩篷的索膜结构，由 34 个单桅杆伞形膜结构与脊索、谷索和边索共同工作，形成张力膜结构。图 5-64 是英国 1999 年建造的千年穹顶。穹顶直径 320m，高 50m。有 12 根高 100m 的钢桅杆，每根桅杆用 6 根斜拉索共计 72 根斜拉索与穹顶的索系连接，使索、杆、膜共同工作，形成悬挂式膜结构。

图 5-63　威海市体育中心体育场

（2）骨架支承膜结构

骨架支承膜结构以刚性骨架支承膜材，膜材仅作为覆盖材料不参与刚性骨架的受力。图 5-65 是韩国举办 2002 年世界杯足球赛时的主体育场，采用钢管桁架加斜拉索的结构体系作为膜结构的支承骨架。

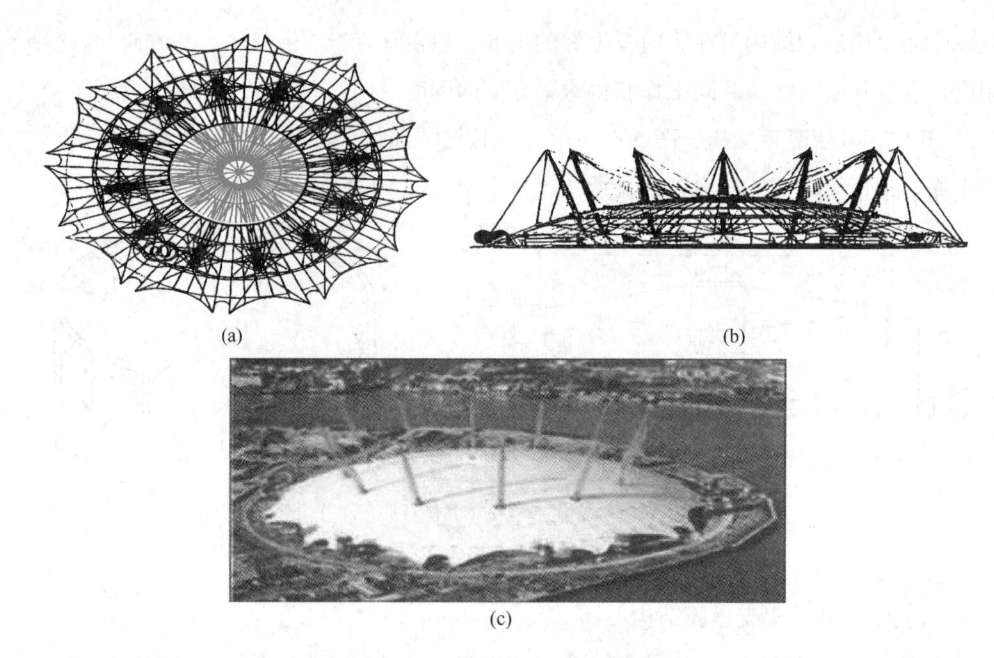

图 5-64　英国伦敦千年穹顶

(a) 平面；(b) 立面；(c) 照片

图 5-65　韩国首尔世界杯主体育场

6. 索穹顶结构

索穹顶结构是由拉索和少量压杆组成的结构体系。这种结构体系结构效率极高，例如美国亚特兰大奥运会主赛馆的屋盖结构，具有 193m×240m 的椭圆平面，其耗钢量还不到 $30kg/m^2$。由于这类结构依靠索的张力将索和压杆组装成有刚度的结构，因此也称为张拉集成结构。

索穹顶结构的形式有：

(1) 肋环形，也称 Geiger 形（图 5-66）

肋环形索穹顶由脊索、环索、斜索和压杆组成。脊索在屋面沿径向布置，环索在下部沿

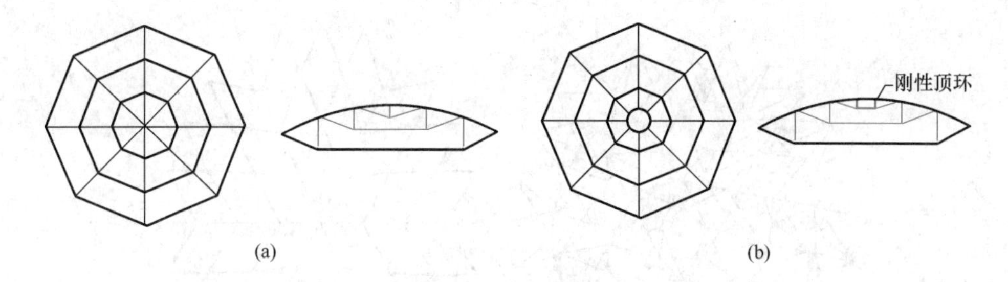

图 5-66　肋环形索穹顶

(a) 平面布置图和径向平面桁架；(b) 平面布置图和径向平面桁架

环向布置，脊索与环索之间用压杆和斜索连接。支座处脊索和斜索连于刚性支座圈梁。当脊索较多时，可在顶部设置刚性顶环（图 5-66b）。

（2）葵花形，也称 Levy 形（图 5-67）

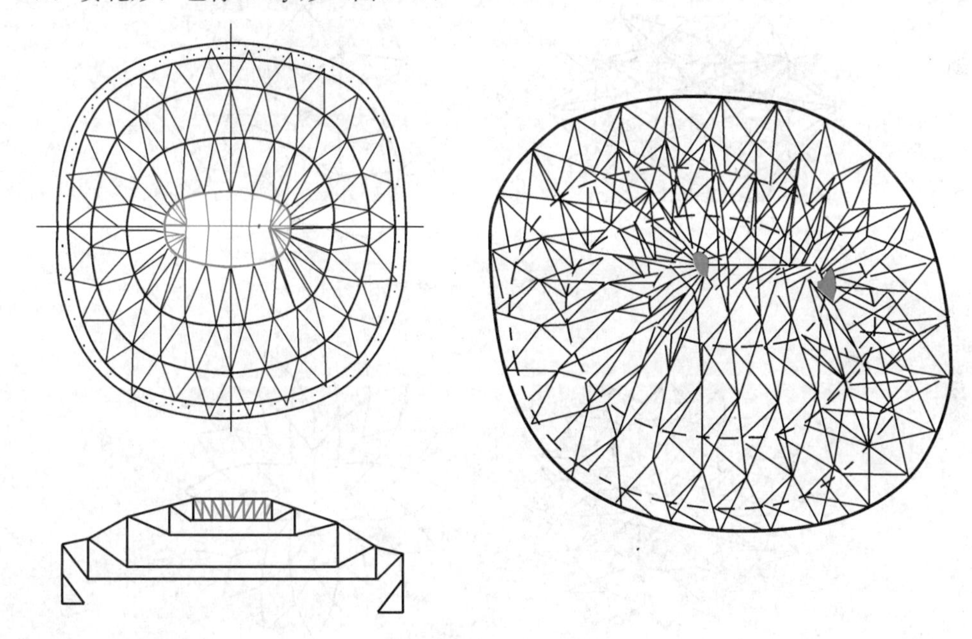

图 5-67　葵花形索穹顶

葵花形索穹顶与肋环形索穹顶的差别在于它的脊索在屋面按菱形布置，其余与肋环形相同。

（3）扇形，也称 Kiewitt 形（图 5-68）

（4）混合Ⅰ形，即肋环形和葵花形组合（图 5-69）

（5）混合Ⅱ形，即 Kiewitt 形和葵花形组合（图 5-70）

7. 张弦梁结构

张弦梁结构是由高强拉索（下弦杆）通过撑杆对受弯构件（上弦梁）进行张拉而形成的一种预应力自平衡体系。张弦梁结构的形式有：

图 5-68　Kiewitt 形索穹顶

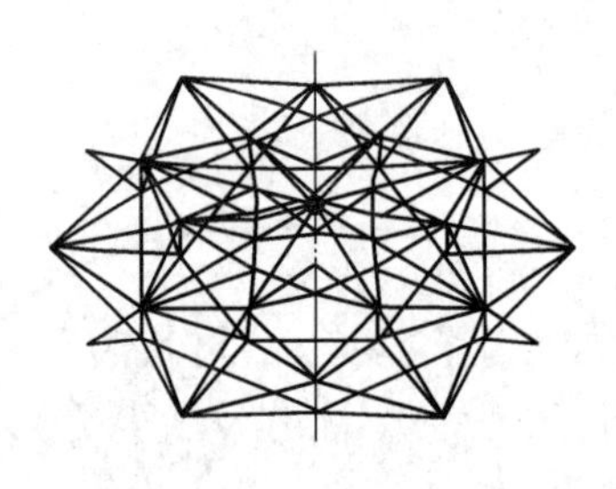
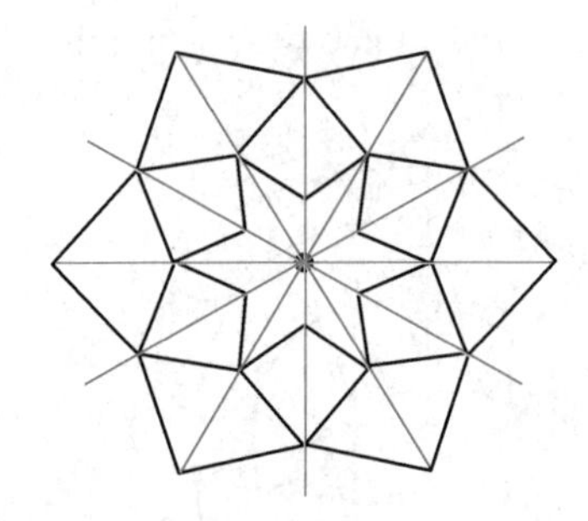

图 5-69　混合Ⅰ形索穹顶

图 5-70　混合Ⅱ形索穹顶

（1）平面张弦梁结构（图 5-71）

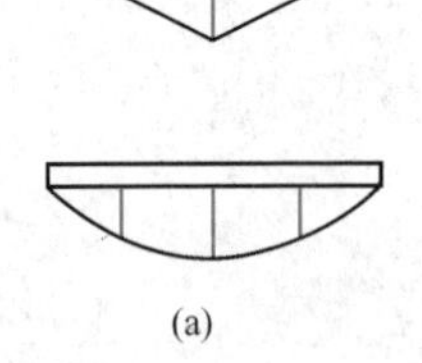
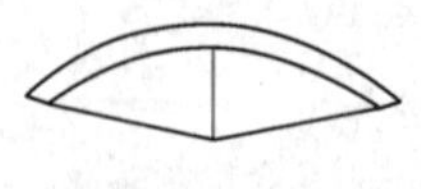
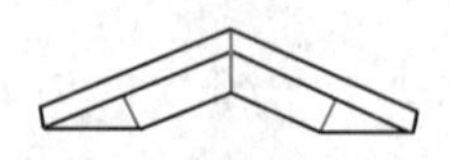
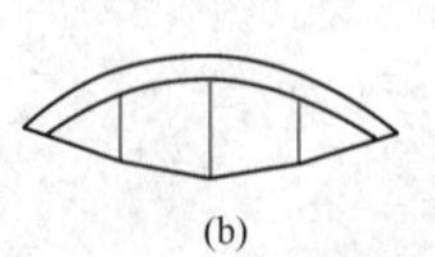
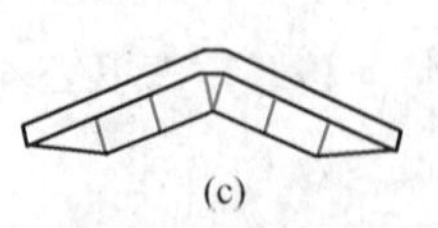

(a)　(b)　(c)

图 5-71　平面张弦梁结构的基本形式

（a）直梁形张弦梁；（b）拱形张弦梁；（c）人字形张弦梁

平面张弦梁结构根据梁的形式不同有如下几种形式：

a）直梁形（图 5-71a）；

b）拱形（图 5-71b）；

c）人字形（图 5-71c）。

平面张弦梁结构从传力性能来看，它属于平面受力结构。

（2）空间张弦梁结构（图 5-72）

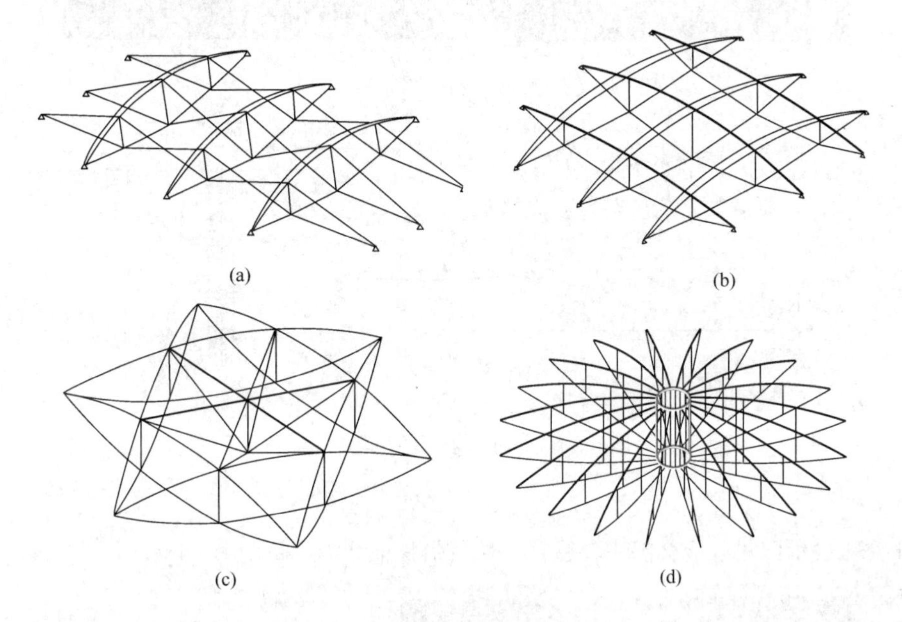

图 5-72　空间张弦梁结构的形式

（a）单向张弦梁结构；（b）双向张弦梁结构；（c）多向张弦梁结构；（d）辐射式张弦梁结构

空间张弦梁结构根据梁的布置方向不同，有如下几种形式：

a）单向张弦梁结构（图 5-72a）；

b）双向张弦梁结构（图 5-72b）；

c）多向张弦梁结构（图 5-72c）；

d）辐射式张弦梁结构（图 5-72d）。

空间张弦梁结构属于空间受力结构。

张弦梁结构的上弦构件的形式有实腹式和格构式两种。实腹式多采用管形和 H 形等，格构式采用平面桁架、立体桁架等。下弦构件采用高强度钢丝束和钢绞线、圆钢棒等。竖杆构件采用管形截面。

图 5-73 表示上海浦东国际机场航站楼屋盖，屋盖有四跨均采用平面张弦梁结构，最大跨度为 $L=82.6$m。

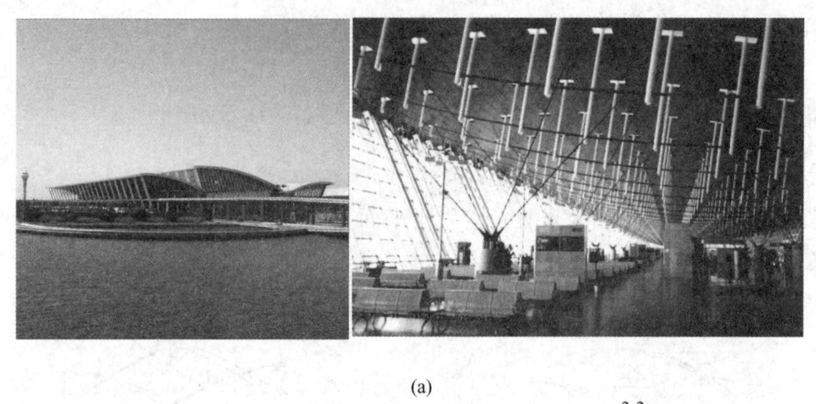

(a)

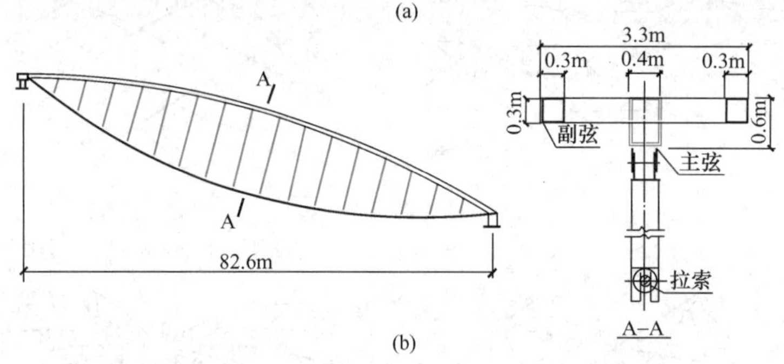

(b)

图 5-73　上海浦东国际机场航站楼

(a) 全貌图；(b) 张弦梁示意图

图 5-74 表示广州国际会展中心屋盖，采用张弦梁结构，跨度 $L=126.6\text{m}$。

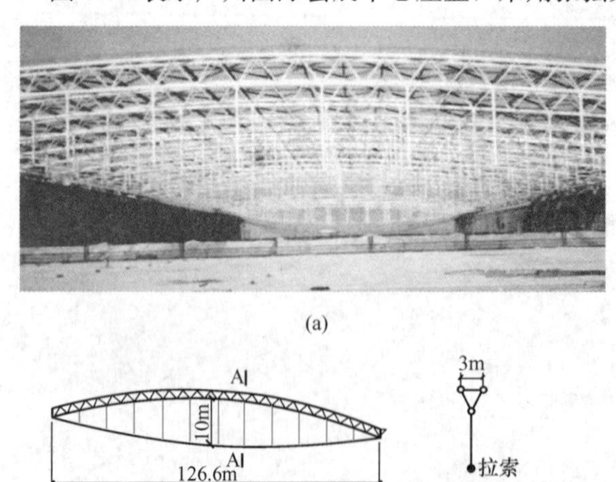

(b)

图 5-74　广州国际会展中心

(a) 全貌图；(b) 张弦梁示意图

8. 斜拉结构

斜拉结构通常由连于塔柱上的索斜拉到刚性结构上，增加结构的支点，减小结构的挠度，降低杆件的内力。其形式按刚性结构的类型分类，主要有：斜拉网架、斜拉网壳、斜拉拱架等。

图 5-75 表示新加坡港务局仓库斜拉网架，平面尺寸为 120m×96m，中间有 6 个塔柱，每塔柱有 4 根斜拉索拉在网架上。

9. 其他形式的预应力结构

在刚性结构上施加预应力有：在网架上施加预应力，在网壳上施加预应力和在拱上施加预应力等。这些在国内外都有实际工程应用，其形式与所施加预应力的刚性结构形式相同，这里不再赘述。

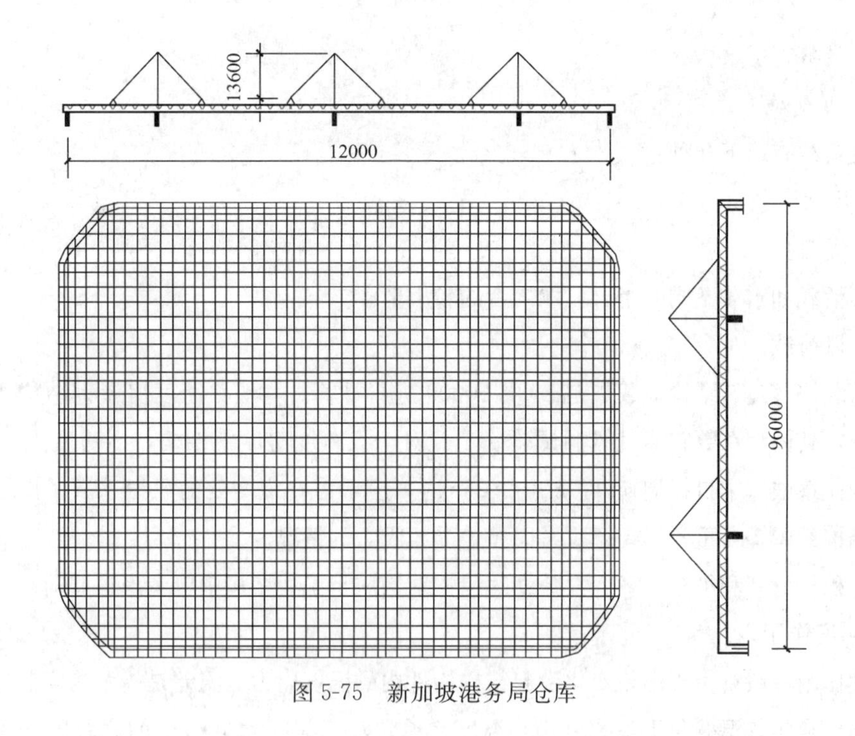

图 5-75　新加坡港务局仓库

5.2　大跨度房屋钢结构刚性体系的计算要点

大跨度房屋钢结构刚性体系包括本章5.1.1平面结构体系中的大跨度梁式钢结构、大跨度框架式钢结构、大跨度拱式钢结构和5.1.2空间结构体系提到的网架结构、空间桁架结构等。对于这一类结构，可以采用线弹性分析方法。网壳结构虽属于刚性体系，由于它的几何非线性现象比较明显，在计算时应采用几何非线性分析方法。这部分内容将在5.5节中介绍。

5.2.1　荷载和作用及其效应组合

大跨度房屋钢结构广泛应用于屋盖系统。作用于其上的荷载和作用有：永久荷载、可变荷载、温度作用和地震作用。

1. 永久荷载

永久荷载有以下几种：

(1) 结构自重。大跨度房屋钢结构的屋盖，大多数采用轻屋面，如压型钢板等，结构自重占结构总荷载比例较大。

(2) 屋面覆盖材料重。根据实际使用材料按现行国家标准《建筑结构荷载规范》GB 50009的规定取用。

(3) 吊顶材料重。

(4) 设备管道重。

2. 可变荷载

可变荷载有以下几种：

(1) 屋面活载。

(2) 雪载。

屋面活载和雪载不同时组合，取二者的较大值。

(3) 风荷载。

风荷载按《建筑结构荷载规范》GB 50009 进行计算。一般大跨度房屋钢结构的屋盖体型较复杂，其体型系数宜通过风洞试验确定。对于大跨度房屋钢结构，当跨度大于 50m 的平面结构体系或基本自振周期 T_1 大于 0.25s 时，应考虑高度 z 处的风振系数。由于大跨度房屋钢结构的屋盖自重较轻，还应考虑屋盖受风吸力的情况。

(4) 积灰荷载和吊车荷载。大跨度房屋钢结构用于工业厂房中应考虑这些荷载。

3. 温度作用

温度作用一般指由于温差变化引起结构构件内的温度内力。温差是指结构安装完毕后的气温与结构常年气温变化下最大（小）温度之差。对于跨度大于 40m 的大跨度房屋钢结构应考虑温度作用。温度作用作为可变荷载，其荷载分项系数 $\gamma_Q=1.5$。

4. 地震作用

建造在地震地区的大跨度房屋钢结构，应考虑竖向地震和水平地震作用。

地震作用取决于地面运动的加速度和房屋结构自身固有的动力特性，可采用振型分解反应谱法和时程法进行计算。

5. 荷载效应组合

由于刚性体系可采用线弹性分析方法，叠加原理适用，因此可分别计算各荷载或作用产生的效应，一般为内力和位移，然后按第 1 章 1.3 节中的 1.3.2 进行荷载效应组合和进行设计。

5.2.2 平面结构体系的计算要点

在刚性体系的平面结构体系中主要是梁式、框架式和拱式，它们均可采用结构力学方法求出构件内力，并有相应表格可查，也可用线弹性有限元方法进行分析。有限元方法有两种，即平面杆元有限元法和平面梁元有限元法。

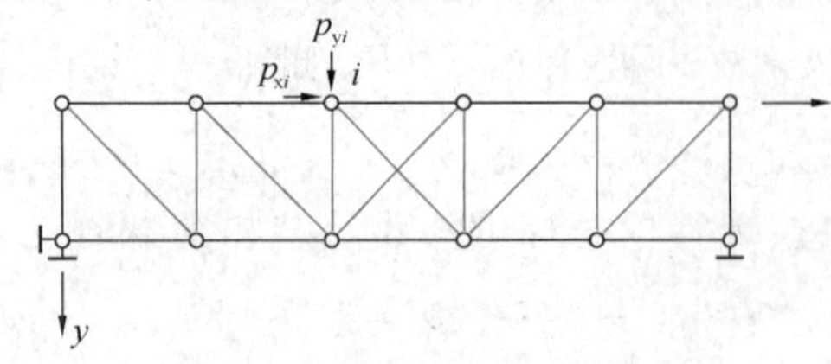

图 5-76 平面杆单元

1. 平面杆元有限元法

计算时把平面结构的节点假设为平面铰接节点（图 5-76），每一个节点有两个自由度，即 u、v，引入边界条件后其结构总刚度矩阵方程为

$$[K]\{\delta\}=\{P\} \tag{5-1}$$

式中　$\{\delta\}$——节点位移列矩阵；

$$\{\delta\}=\{u_1, v_1, \cdots\cdots u_i, v_i\cdots\cdots\}^{\mathrm{T}}$$

u_i、v_i——第 i 节点沿 x、y 方向的位移；

$\{P\}$——荷载列矩阵；

$$\{P\}=\{P_{x1}, P_{y1}, \cdots\cdots P_{xi}, P_{yi}\cdots\cdots\}^{\mathrm{T}}$$

P_{xi}、P_{yi}——第 i 节点沿 x、y 方向的外力；

$[K]$——结构总刚度矩阵，由单刚矩阵组成。

对于桁架式结构，当杆件节间长度（l）与杆件截面高度（h）或管径（d）之比为

$$弦杆：\frac{l}{h\ (d)}\geqslant 12\ （管材）$$

$$腹杆：\frac{l}{h\ (d)}\geqslant 24\ （管材）$$

时，桁架的节点可假定为铰接，即可按式（5-1）计算。对于杆件截面为H形或箱形的桁架，不宜将节点假定为铰接。

由式（5-1）可解得结构总体坐标系下的节点位移，并从位移求杆件内力，其表达式为

$$N_{ji}=\frac{EA_{ij}}{l_{ij}}[(u_j-u_i)\cos\alpha+(v_j-v_i)\cos\beta] \tag{5-2}$$

式中　α、β——杆轴和 x 轴、y 轴的夹角。

2. 平面梁元有限元法

计算时把平面结构分成若干个梁单元，单元之间的节点假设为平面刚接节点（图5-77)，每一个节点有3个自由度，即2个线位移和1个角位移，用 u、v、θ 表示。引入边界条件后其结构总刚度矩阵方程为

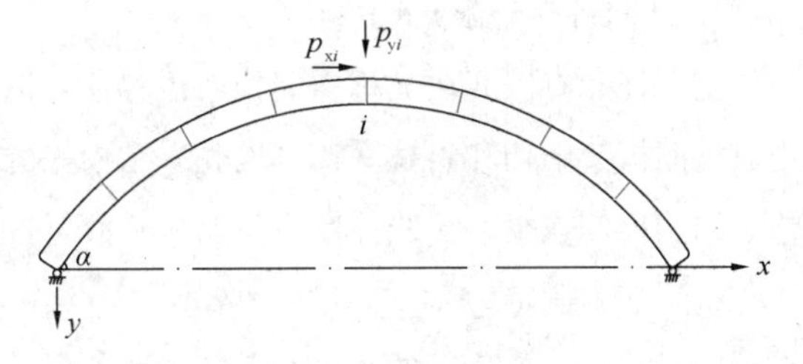

图5-77　平面梁单元

$$[K]\{\delta\}=\{P\} \tag{5-3}$$

式中　$\{\delta\}$——节点位移列矩阵；

$$\{\delta\}=\{u_1, v_1, \theta_1\cdots\cdots u_i, v_i, \theta_i\cdots\cdots\}^{\mathrm{T}}$$

u_i、v_i、θ_i——分别为 i 节点在 x、y 方向的线位移和角位移；

$\{P\}$——荷载列矩阵；

$$\{P\}=\{P_{x1}, P_{y1}, M_1\cdots\cdots P_{xi}、P_{yi}、M_i\cdots\cdots\}^{\mathrm{T}}$$

P_{xi}、P_{yi}、M_i——分别为 i 节点在 x、y 方向的集中力和弯矩；

$[K]$——结构总刚度矩阵，由单刚矩阵组成。

对于实腹式梁、实腹式框架和实腹式拱结构可按式（5-3）计算。对于桁架式结构，当

截面为圆管，但满足下列要求：

$$\frac{l}{h(d)}<12 \qquad \text{（弦杆）}$$

$$\frac{l}{h(d)}<24 \qquad \text{（腹杆）}$$

时，也应按式（5-3）计算。当截面为H形或箱形时，也应按式（5-3）计算。

由式（5-3）可求出节点位移，并由节点位移求杆件两端内力

$$\{\overline{F}\}_{ij}=[\overline{K}]_{ij}[T]_{ij}\{\delta\}_{ij} \tag{5-4}$$

式中 $\{\overline{F}\}_{ij}=[\overline{N}_{ij},\overline{Q}_{ij},\overline{M}_{ij},\overline{N}_{ji},\overline{Q}_{ji},\overline{M}_{ji}]^{\mathrm{T}}$

$\overline{N}_{ij}$、$\overline{Q}_{ij}$、$\overline{M}_{ij}$——分别为在梁单元主轴坐标中 ij 单元 i 端的轴力、剪力和弯矩；

$\overline{N}_{ji}$、$\overline{Q}_{ji}$、$\overline{M}_{ji}$——分别为在梁单元主轴坐标中 ij 单元 j 端的轴力、剪力和弯矩；

$[\overline{K}]_{ij}$——梁单元 ij 在主轴坐标中的单元刚度矩阵；

$[T]_{ij}$——结构整体坐标与梁单元 ij 的主轴坐标间的转换矩阵。

5.2.3 空间结构体系的计算要点

在刚性体系的空间结构体系中，结构形式主要有网架结构、网壳结构、空间桁架结构、斜拉网架（网壳）结构等。根据各种结构的不同特点，可以采用空间杆元有限元法或空间梁元有限元法。

1. 空间杆元有限元法

空间杆元有限元法又称空间桁架位移法，适用于网架结构、杆件较为细长的双层网壳结构、空间桁架结构和斜拉网架（网壳）结构等的杆件内力计算。斜拉网架（壳）结构因索占整个结构比例较少，非线性效应不明显，故可按线性分析。

（1）基本假定

1）如图5-78所示空间桁架结构，每一个节点假设为空间铰接节点，有三个自由度，即 u、v、w；

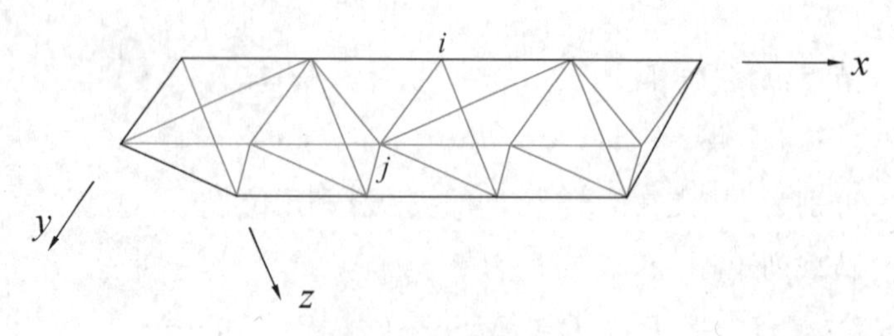

图5-78 空间桁架结构

2）杆件只受轴力；

3）节间无外荷载。

（2）整体坐标系下的单刚矩阵

$$[K]_{ij}=[T]_{ij}[\overline{K}]_{ij}[\mathrm{T}]_{ij}^{T}$$

$$=\frac{EA_{ij}}{l_{ij}}\begin{bmatrix} l^2 & & & \text{对} & & \\ lm & m^2 & & & & \\ ln & nm & n^2 & & \text{称} & \\ -l^2 & -lm & -ln & l^2 & & \\ -lm & -m^2 & -mn & lm & m^2 & \\ -ln & -mn & -n^2 & ln & mn & n^2 \end{bmatrix} \tag{5-5}$$

式中 E、A_{ij}——分别为第 ij 杆的材料弹性模量和截面面积；

l_{ij}——第 ij 杆的几何长度；

l、m、n——分别为第 ij 杆的杆轴与整体坐标系 x、y、z 的夹角余弦，即：

$$l=\frac{x_j-x_i}{l_{ij}}=\cos\alpha_i$$

$$m=\frac{y_j-y_i}{l_{ij}}=\cos\beta_i \tag{5-6}$$

$$n=\frac{z_j-z_i}{l_{ij}}=\cos\gamma_i$$

式中 x_i、y_i、z_i——分别为第 i 节点的坐标；

x_j、y_j、z_j——分别为第 j 节点的坐标。

（3）结构总刚度矩阵方程

建立整体坐标系的单刚度矩阵之后，将各杆件的单刚矩阵根据变形协调和节点内外力平衡条件，并引入边界条件后就形成了结构总刚度方程，其表达式为

$$[K]\{\delta\}=\{P\} \tag{5-7}$$

式中 $\{\delta\}$——节点位移列矩阵，其阶数 n=3×节点总数；

$$\{\delta\}=\{u_1,v_1,w_1\cdots\cdots u_i,v_i,w_i\cdots\cdots u_n,v_n,w_n\}^{\mathrm{T}}$$

u_i、v_i、w_i——第 i 个节点沿 x、y、z 方向的线位移；

$\{P\}$——荷载列矩阵；

$$\{P\}=\{P_{x1},P_{y1},P_{z1}\cdots\cdots P_{xi},P_{yi},P_{zi}\cdots\cdots P_{xn},P_{yn},P_{zn}\}^{\mathrm{T}}$$

P_{xi}、P_{yi}、P_{zi}——作用在第 i 个节点沿 x、y、z 方向的外荷载；

$[K]$——结构总刚度矩阵，它是 $n\times n$ 方阵。

由式（5-7）可解出节点位移，即

$$\{\delta\}=[K]^{-1}\{P\} \tag{5-8}$$

（4）杆件内力

由式（5-8）求得的各节点的位移，可得杆件内力为

$$N_{ij}=\frac{EA_{ij}}{l_{ij}}[\cos\alpha_i(u_j-u_i)+\cos\beta_i(v_j-v_i)+\cos\gamma_i(w_j-w_i)] \tag{5-9}$$

按式（5-9）求出内力，如负值为压杆，正值为拉杆。

2. 空间梁元有限元法

它适用于单层网壳，杆件较为粗短的双层网壳和空间桁架、斜拉结构等的杆件内力计算。

（1）基本假定

1）如图 5-79 所示单层球面网壳结构，假设节点为空间刚接节点，每一个节点有 6 个自由度，即三个线位移 u、v、w 和三个角位移 θ_x、θ_y、θ_z。

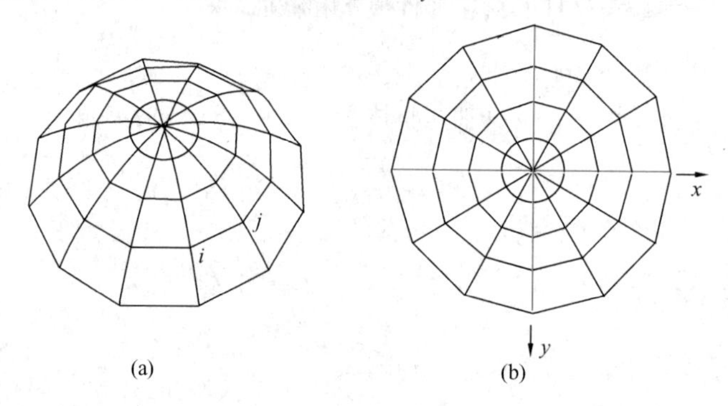

图 5-79　单层球网壳结构

2）杆件为直杆，且等截面。

3）荷载作用在节点上。

（2）整体坐标系下的单刚矩阵

如图 5-80 所示，局部坐标系下梁单元 ij 的内力与位移关系可写成：

$$\{\overline{F}\}_{ij}=[\overline{K}]_{ij}\{\overline{\delta}\}_{ij} \tag{5-10}$$

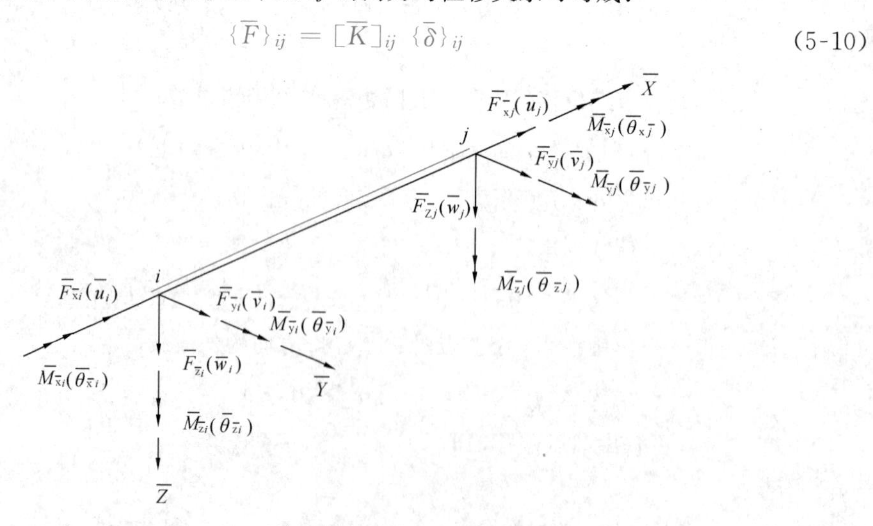

图 5-80　空间梁单元内力、位移图

式中　$\{\overline{F}\}_{ij}$——梁单元 ij 的端内力列矩阵；

$$\{\overline{F}\}_{ij}=\{\overline{F}_{xi},\overline{F}_{yi},\overline{F}_{zi},\overline{M}_{xi},\overline{M}_{yi},\overline{M}_{zi},\overline{F}_{xj},\overline{F}_{yj},\overline{F}_{zj},\overline{M}_{xj},\overline{M}_{yj},\overline{M}_{zj}\}^{T}$$

$\{\overline{\delta}\}_{ij}$——梁单元 ij 的端位移列矩阵；

$$\{\overline{\delta}\}_{ij}=\{\overline{u}_i,\overline{v}_i,\overline{w}_i,\overline{\theta}_{xi},\overline{\theta}_{yi},\overline{\theta}_{zi},\overline{u}_j,\overline{v}_j,\overline{w}_j,\overline{\theta}_{xj},\overline{\theta}_{yj},\overline{\theta}_{zj}\}^{T}$$

$[\overline{K}]_{ij}$——梁单元 ij 在局部坐标系下的单刚矩阵；

$$[\overline{K}]_{ij}=\begin{bmatrix}[\overline{K}]_{ii} & [\overline{K}]_{ij}\\ [\overline{K}]_{ji} & [\overline{K}]_{jj}\end{bmatrix}\tag{5-11}$$

$$[\overline{K}]_{ii}=[\overline{K}]_{jj}=\begin{bmatrix}\frac{EA}{l} & & & & & \\ 0 & \frac{12EI_z}{l^3} & & \text{对} & & \\ 0 & 0 & \frac{12EI_y}{l^3} & & & \\ 0 & 0 & 0 & \frac{GI_x}{l} & & \text{称}\\ 0 & 0 & -\frac{6EI_y}{l^2} & 0 & \frac{4EI_y}{l} & \\ 0 & \frac{6EI_z}{l^2} & 0 & 0 & 0 & \frac{4EI_z}{l}\end{bmatrix}\tag{5-12}$$

$$[\overline{K}]_{ij}=[\overline{K}]_{ji}=\begin{bmatrix}-\frac{EA}{l} & 0 & 0 & 0 & 0 & 0\\ 0 & -\frac{12EI_z}{l^3} & 0 & 0 & 0 & \frac{-6EI_z}{l^2}\\ 0 & 0 & -\frac{12EI_y}{l^3} & 0 & \frac{6EI_y}{l^2} & 0\\ 0 & 0 & 0 & -\frac{GI_x}{l} & 0 & 0\\ 0 & 0 & -\frac{6EI_y}{l^2} & 0 & \frac{2EI_y}{l} & 0\\ 0 & \frac{6EI_z}{l^2} & 0 & 0 & 0 & \frac{2EI_z}{l^2}\end{bmatrix}\tag{5-13}$$

式（5-10）经坐标转换后，得到结构坐标系下梁单元 ij 的单刚矩阵，其表达式为：

$$[K]_{ij}=[T]_{ij}^{T}[\overline{K}]_{ij}[T]_{ij}\tag{5-14}$$

式中　$[T]_{ij}$——梁单元 ij 的坐标转换矩阵，它是 12×12 方阵；

$$[T]_{ij}=\begin{bmatrix}[\lambda_L] & 0 & 0 & 0\\ 0 & [\lambda_L] & 0 & 0\\ 0 & 0 & [\lambda_L] & 0\\ 0 & 0 & 0 & [\lambda_L]\end{bmatrix}\tag{5-15}$$

$[\lambda_L]$——转换矩阵，它是 3×3 方阵：

$$[\lambda_L]=\begin{bmatrix}\cos(\overline{x}x) & \cos(\overline{x}y) & \cos(\overline{x}z)\\ \cos(\overline{y}x) & \cos(\overline{y}y) & \cos(\overline{y}z)\\ \cos(\overline{z}x) & \cos(\overline{z}y) & \cos(\overline{z}z)\end{bmatrix} \tag{5-16}$$

（3）结构总刚度矩阵方程

与杆元有限元法一样，由结构坐标系的单刚矩阵，并引入边界条件后，可建立结构总刚度方程，其表达式

$$[K]\{\delta\}=\{P\} \tag{5-17}$$

式中 $\{\delta\}$——节点位移列矩阵，矩阵阶数 $n=6\times$节点数；

$$\{\delta\}=\{u_1,v_1,w_1,\theta_{x1},\theta_{y1},\theta_{z1}\cdots\cdots u_i,v_i,\cdots\cdots\theta_{zn}\}^T$$

$\{P\}$——荷载列矩阵；

$$\{P\}=\{P_{x1},P_{y1},P_{z1},0,0,0\cdots\cdots P_{xi},P_{yi},\cdots\cdots 0\}^T$$

$[K]$——结构的总刚度矩阵，它是 $n\times n$ 方阵。

由式（5-17）可解得节点位移，即

$$\{\delta\}=[K]^{-1}\{P\} \tag{5-18}$$

（4）杆件内力

已知各节点位移后，将结构坐标系位移转换为局部坐标系位移，其表达式为

$$\{\overline{\delta}\}_{ij}=[T_L]\{\delta\}_{ij} \tag{5-19}$$

再由式（5-10）求杆件内力。

5.3 大跨度房屋钢结构柔性体系的计算要点

大跨度房屋钢结构柔性体系包括本章 5.1.2 空间结构体系中的悬索结构、索膜结构和索穹顶结构等。对于这一类结构，由于构件或结构的变形较大，变形对结构内力产生的影响不能忽略，其内力计算需采用弹性非线性分析方法。

5.3.1 荷载和作用及其组合

荷载和作用有永久荷载、可变荷载、温度作用和地震作用。虽然这些与刚性体系的相同，但与刚性体系相比，柔性体系由于变形较大且成形时需要预张力，因此仍有一些不同。

1. 永久荷载

永久荷载除结构自重、屋面覆盖材料重、悬吊材料重和设备管道重外还应考虑预张力。预张力同样会在结构中产生内力而且是永久作用。因此预张力应作为永久荷载的一种。

2. 可变荷载

可变荷载也与刚性体系一样有屋面活荷载、雪载、风荷载、积灰荷载和吊车荷载。对于柔性体系而言，风荷载往往是最敏感的荷载，需要准确地确定它的体型系数和风振系数。另外对于某些情况，如采用膜覆盖的结构还需要考虑膜面的变形和振动对风压力的影响。

3. 温度作用和地震作用

一般情况下，温度作用和地震作用对柔性体系的影响较小，往往不起控制作用。

4. 荷载组合

由于柔性体系需要考虑变形对结构内力的影响，需采用非线性分析方法计算内力和变形，因此叠加原理不适用。在进行结构设计时，不能采用荷载效应组合而必须采用荷载组合，这也是柔性体系与刚性体系主要不同点之一。由于不能采用荷载效应组合而只能采用荷载组合，这给结构分析增加了计算工作量。

5.3.2　柔性体系的三种状态

大跨度房屋钢结构柔性体系由柔性构件（索和膜）和刚性构件组成。在柔性构件张紧之前，结构几乎没有刚度，结构的刚度主要由柔性构件的预张拉形成。由于结构外形及结构构件在预张拉过程中均会产生变形，因此柔性体系有三种状态，即零应力状态、预张拉初始状态和工作状态。

1. 零应力状态

加工完毕后的索、膜和各种构件为结构的零应力状态。

2. 预张拉初始状态

结构安装和施加预张拉完毕后的结构状态为预张拉初始状态。

3. 工作状态

结构在外荷载作用下处于平衡的状态为工作状态。

柔性体系的这三种状态虽然处于三个不同的阶段，但存在着内在相连关系。预张拉初始状态时结构的外形位置应符合建筑体形的要求。另外，由于柔性体系的刚度主要由预张拉时的预张力形成，结构的柔性构件如索、膜等也靠预拉力形成刚度，因此预张拉时预拉力的大小以及预张拉后结构内部预拉力的分布等都将直接关系到结构在工作状态时的使用和安全，即结构的变形应在规范规定的容许限值内，所有构件均应满足规范关于强度和稳定性的要求，同时柔性构件不应出现压力和松弛，造成结构失效。

零应力状态时结构构件的形状和尺寸应使结构在安装和预张拉完毕后能形成符合建筑要求的形体。因此结构构件的加工形状和尺寸不同于结构安装和预张拉完毕后的形状和尺寸，而应是预张拉初始状态将预张力释放后得到的形状和尺寸。同时由于结构外形及结构构件内的预张力在安装和预张拉过程中不断改变，因此必须进行施工设计，在施工阶段必须对施工过程进行非线性分析跟踪和实施施工控制。

5.3.3 柔性体系的形状确定

由于柔性体系结构的形体由预张力形成，在建筑形体确定之后，应采取怎样的预拉力分布仍是一个需要解决的问题。因此，柔性体系的形状确定分析就是寻找柔性体系结构在预张拉初始状态时的合理几何形状和预拉力分布。

形状确定问题根据给定条件的不同，有以下三类：

（1）给定几何的形状确定问题；

（2）构件制作长度给定的形状确定问题；

（3）预张力给定的形状确定问题。

由于大跨度房屋钢结构柔性体系有各种构成，根据结构组成的不同，可以归结成以下四种体系的形状确定：

1. 索杆体系的形状确定

索杆体系一般指主要由拉索和少量压杆组成的结构体系，索穹顶即属于索杆体系。

索杆体系在预张拉初始状态时，形体的几何在很多情况下都是给定的。几何给定的索杆体系，当只存在唯一一组预拉力分布时，其形状确定问题就成为预拉力数值的优化设计问题。当预拉力分布不唯一时，就必须首先进行预拉力分布的确定。

索杆体系中预拉力分布是否唯一，应对体系的几何组成进行分析和判定，可采用矩阵分析法中的奇异值分解法。

2. 索梁体系的形状确定

索梁体系一般指拉索和梁包括折梁、拱和桁架等组成的结构体系，张弦梁即属于索梁体系。

索梁体系在预张拉初始状态时，形体的几何一般都是给定的，此时需要确定合适的预拉力分布。可以采用精确位移协调法，通过非线性有限元进行迭代计算，其步骤为：

（1）假定结构在零应力状态时的几何位形。

（2）施加预张力$\{s_p\}$，用非线性有限元通过迭代计算得到结构新的平衡位置和与给定的初始状态的偏移量$\{U\}$。如$\{U\}$值超过容许，则调整零应力状态时的几何位形。

（3）在结构新的几何位形上重复（2）的计算，直到$\{U\}$值在容许值内为止。

从上述分析可以看出，精确位移协调法不仅可以分析形状确定问题，同时也得到了零应力状态时的几何位形，即构件加工的形状和尺寸。

3. 索索体系的形状确定

索索体系为索和索组成的结构体系，也称索网体系，悬索结构即属于索索体系。

索索体系在形状确定时，从施工方便的角度，一般要求索按定长度放样；从受力合理的角度出发，要求索网等内力。

索索体系的结构刚度完全由预拉力形成，因此当结构初始状态的形状预先给定，则索网内的预拉力分布就不能任意确定。同样，当索网内的预应力分布事先给定，则结构在初始状态的形状也将与之相应确定。因此索网结构的初始状态即使由建筑确定，但在形状确定过程中为了能使索网结构的预拉力分布合理或保证安全，应作适当调整，并为建筑设计提供一个合理的参考依据。

索索体系的形状确定可以采用力密度法、动力松弛法和有限单元法，其中以非线性有限单元法比较有效。

4. 索膜体系的形状确定

索膜体系是由索、杆和膜材组成的结构体系，索膜体系的索和膜本身都不具有刚度，只有施加了一定的预张力后结构体系才形成刚度，因此与索索结构一样，建筑的形体要由建筑设计和结构设计紧密配合予以确定。

索膜体系的形状确定可以采用动力松弛法、力密度法和非线性有限单元法。

索膜体系的另一个特殊问题就是膜材的裁剪，膜材是在无应力状态下裁剪的，同时膜材又是平面的，因此膜材裁剪的实质就是要在无应力状态下将若干片平面膜材拼成膜结构的无应力状态形体，并使该形体在预张拉完毕后能形成初始状态的形体。此外，在膜材裁剪时还应尽可能减小边角料，节约膜材用量，膜材又是透光的，裁剪时还应考虑拼缝图案的美观，因此膜材的裁剪极为复杂。

膜材的裁剪分析可用测地线法、平面相交法、等效有限单元法等。

以上仅介绍了各类柔性体系的形状确定分析方法的要点，其详细内容可以参阅有关书籍。

5.3.4 大跨度房屋柔性体系钢结构的非线性有限单元法

大跨度房屋钢结构柔性体系如悬索结构、索膜结构和索穹顶等在外力作用下的变形对其内力的影响不能忽略，因此其形态分析和工作状态的内力分析一般都采用弹性非线性分析方法。组成这些结构的构件一般有以下几种：索、膜、杆等。弹性非线性分析一般采用非线性有限单元法。下面将分别介绍杆单元、索单元和膜单元的非线性切线刚度矩阵。

1. 空间杆单元的几何非线性切线刚度矩阵

空间杆单元 ij 处于大位移小应变和弹性状态时，在整体坐标下的非线性增量刚度方程为

$$\begin{aligned}\{dF\}_{ij} &= ([K_0]_{ij} + [K_g]_{ij} + [K_d]_{ij})\{d\Delta\}_{ij} \\ &= ([K_u]_{ij} + [K_g]_{ij})\{d\Delta\}_{ij}\end{aligned} \tag{5-20}$$

式中　$\{dF\}_{ij}$——杆单元 ij 在整体坐标系下的杆端力增量列矩阵；

$\{d\Delta\}_{ij}$——杆单元 ij 在整体坐标系下的杆端位移增量列矩阵；

$$\{d\Delta\}_{ij}=[du_i,dv_i,dw_i,du_j,dv_j,dw_j]^T$$

$[K_0]_{ij}$——杆单元 ij 在整体坐标系下的线弹性刚度矩阵；

$[K_g]_{ij}$——杆单元 ij 在整体坐标系下的几何刚度矩阵；

$[K_d]_{ij}$——杆单元 ij 在整体坐标系下的初位移刚度矩阵；

$$[K_u]_{ij}=[K_0]_{ij}+[K_d]_{ij}$$

$[K_u]_{ij}$ 和 $[K_g]_{ij}$ 由下式计算：

$$[K_u]_{ij}=\frac{EA}{L_0}\begin{bmatrix}\bar{l}^2 & & 对 & & & \\ \bar{l}\bar{m} & \bar{m}^2 & & & & \\ \bar{l}\bar{n} & \bar{m}\bar{n} & \bar{n}^2 & & 称 & \\ -\bar{l}^2 & -\bar{l}\bar{m} & -\bar{l}\bar{n} & \bar{l}^2 & & \\ -\bar{l}\bar{m} & -\bar{m}^2 & -\bar{m}\bar{n} & \bar{l}\bar{m} & \bar{m}^2 & \\ -\bar{l}\bar{n} & -\bar{m}\bar{n} & -\bar{n}^2 & \bar{l}\bar{n} & \bar{m}\bar{n} & \bar{n}^2\end{bmatrix} \tag{5-21}$$

$$[K_g]_{ij}=\frac{\sigma A}{L_0}\begin{bmatrix}1 & & 对 & & & \\ 0 & 1 & & & & \\ 0 & 0 & 1 & & 称 & \\ -1 & 0 & 0 & 1 & & \\ 0 & -1 & 0 & 0 & 1 & \\ 0 & 0 & -1 & 0 & 0 & 1\end{bmatrix} \tag{5-22}$$

式中

$$\bar{l}=l+\frac{u_j-u_i}{L_0}$$
$$\bar{m}=m+\frac{v_j-v_i}{L_0} \tag{5-23}$$
$$\bar{n}=n+\frac{w_j-w_i}{L_0}$$

l、m、n——分别为杆单元 ij 的杆轴在整体坐标系中的方向余弦；

u_i、v_i、w_i、u_j、v_j、w_j——分别为杆单元 i 端和 j 端在整体坐标系中的位移；

E——杆单元 ij 的材料弹性模量；

A——杆单元 ij 的截面面积；

L_0——杆单元 ij 的初始长度；

σ——上一次迭代结束时的杆单元 ij 的应力。

变形后杆单元 ij 的长度为

$$L=\sqrt{(x_j-x_i+u_j-u_i)^2+(y_j-y_i+v_j-v_i)^2+(z_j-z_i+w_j-w_i)^2} \tag{5-24}$$

变形后杆单元 ij 的杆轴在整体坐标系中的方向余弦为

$$\begin{aligned}\cos\theta_{\mathrm{x}} &= \frac{x_j - x_i + u_j - u_i}{L}\\ \cos\theta_{\mathrm{y}} &= \frac{y_j - y_i + v_j - v_i}{L}\\ \cos\theta_{\mathrm{z}} &= \frac{z_j - z_i + w_j - w_i}{L}\end{aligned} \tag{5-25}$$

变形后杆单元 ij 的轴力为

$$T = A\sigma + EA\left(\frac{L}{L_0} - 1\right) \tag{5-26}$$

变形后杆单元 ij 在整体坐标系中的杆端内力列矩阵为

$$\{F\}_{ij} = T\left[-\cos\theta_{\mathrm{x}}, -\cos\theta_{\mathrm{y}}, -\cos\theta_{\mathrm{z}}, \cos\theta_{\mathrm{x}}, \cos\theta_{\mathrm{y}}, \cos\theta_{\mathrm{z}}\right]^{\mathrm{T}} \tag{5-27}$$

2. 索单元的几何非线性切线刚度矩阵

索单元大致可以分成两类，一类为基于多项式位形描述的索单元，另一类为解析式索单元，其中以悬链线索单元最为精确。下面将给出悬链线索单元的切线刚度矩阵。

图 5-81 所示为一悬链线单元。$OXYZ$ 为结构的整体坐标系，$oxyz$ 为索元的局部坐标系。局部坐标系的 z 轴与整体坐标系的 Z 轴方向一致。

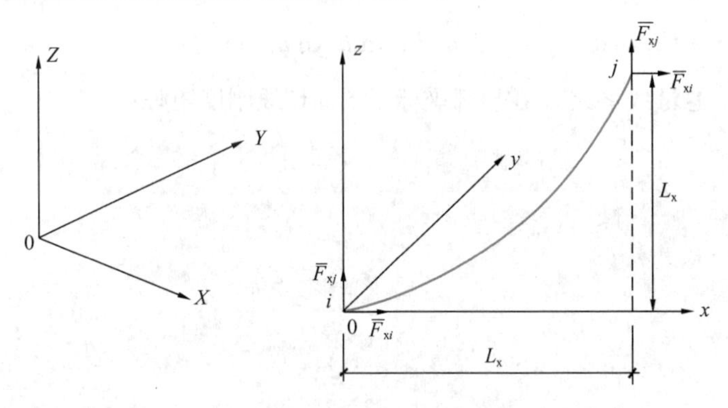

图 5-81 悬链线单元

在局部坐标系中，各参数有如下关系：

$$L^2 = L_{\mathrm{z}}^2 + L_{\mathrm{x}}^2 \frac{\sinh^2\lambda}{\lambda^2} \tag{5-28}$$

式中

$$\lambda = \frac{q_{\mathrm{z}} L_{\mathrm{x}}}{2\left|\overline{F}_{\mathrm{x}i}\right|} \tag{5-29}$$

$$\overline{F}_{\mathrm{z}i} = \frac{q_{\mathrm{z}}}{2}\left[-L_{\mathrm{z}}\frac{\cosh\lambda}{\sinh\lambda} + L\right] \tag{5-30}$$

$$L_{\mathrm{x}} = -\overline{F}_{\mathrm{x}i}\left[\frac{L_0}{EA} + \frac{1}{q_{\mathrm{z}}}\ln\frac{\overline{F}_{\mathrm{z}j} + T_j}{T_i - \overline{F}_{\mathrm{z}i}}\right] \tag{5-31}$$

$$L_{\mathrm{z}} = \frac{1}{2EAq_{\mathrm{z}}}(T_j^2 - T_i^2) + \frac{T_j - T_i}{q_{\mathrm{z}}} \tag{5-32}$$

$$L = L_0 + \frac{1}{2EAq_z}\left[\overline{F}_{zj}T_j + \overline{F}_{zi}T_i + \overline{F}_{xi}^2 l_u \frac{\overline{F}_{zj}+T_j}{T_i-\overline{F}_{zi}}\right] \tag{5-33}$$

$$\overline{F}_{xj} = -\overline{F}_{xi} \tag{5-34}$$

$$\overline{F}_{zj} = -\overline{F}_{zi} + q_z L_0 \tag{5-35}$$

$$T_i = \sqrt{\overline{F}_{xi}^2 + \overline{F}_{zi}^2} \tag{5-36}$$

$$T_j = \sqrt{\overline{F}_{xj}^2 + \overline{F}_{zj}^2} \tag{5-37}$$

在上述各式中，$\overline{F}_{xi}$、$\overline{F}_{zi}$为索单元i端在局部坐标系中的x向和z向的张力；$\overline{F}_{xj}$、$\overline{F}_{zj}$为索单元j端的张力；q_z为沿索长均布的z向荷载，包括自重；A为索单元的截面面积；L_0为索单元的原长；T_i、T_j分别为索单元在i端和j端的索端张力。

从上式可以得到悬链线单元在局部坐标系下的增量刚度方程为

$$\{d\overline{F}\}_{ij} = [\overline{K}]_{ij}\{d\overline{\Delta}\}_{ij} \tag{5-38}$$

式中 $\{d\overline{F}\}_{ij}$——悬链线单元ij在局部坐标系下的端部张力增量列矩阵；

$$\{d\overline{F}\}_{ij} = [d\overline{F}_{xi}, d\overline{F}_{yi}, d\overline{F}_{zi}, d\overline{F}_{xj}, d\overline{F}_{yj}, d\overline{F}_{zj}]^T$$

$\{d\overline{\Delta}\}_{ij}$——悬链线单元$ij$在局部坐标系下的端部位移增量列矩阵；

$$\{d\overline{\Delta}\}_{ij} = [d\overline{u}_i, d\overline{v}_i, d\overline{w}_i, d\overline{u}_j, d\overline{v}_j, d\overline{w}_j]^T$$

$[\overline{K}]_{ij}$——悬链线单元ij在局部坐标系下的切线刚度矩阵；

$$[\overline{K}]_{ij} = \begin{bmatrix} -\overline{S} & \overline{S} \\ \overline{S} & -\overline{S} \end{bmatrix} \tag{5-39}$$

$$\overline{S} = \begin{bmatrix} k_{11} & 0 & k_{12} \\ 0 & \dfrac{\overline{F}_{xi}}{L_x} & 0 \\ k_{21} & 0 & k_{22} \end{bmatrix} \tag{5-40}$$

$$\begin{gathered} k_{11} = \frac{\xi_4}{\xi_1\xi_4 - \xi_2{}^2} \\ k_{12} = k_{21} = \frac{\xi_2}{\xi_1\xi_4 - \xi_2{}^2} \\ k_{22} = \frac{\xi_2}{\xi_1\xi_4 - \xi_2{}^2} \end{gathered} \tag{5-41}$$

$$\begin{gathered} \xi_1 = \frac{L_x}{\overline{F}_{xi}} + \frac{1}{q_z}\left[\frac{\overline{F}_{zj}}{T_j} + \frac{\overline{F}_{zi}}{T_i}\right] \\ \xi_2 = \frac{\overline{F}_{xi}}{q_z}\left[\frac{1}{T_j} - \frac{1}{T_i}\right] \\ \xi_4 = -\frac{L_0}{EA} - \frac{1}{q_z}\left[\frac{\overline{F}_{zj}}{T_j} + \frac{\overline{F}_{zi}}{T_i}\right] \end{gathered} \tag{5-42}$$

悬链线单元ij在整体坐标系下的切线刚度矩阵$[K]_{ij}$可通过坐标转换得到，如下式所示：

$$[K]_{ij}=\begin{bmatrix} S & -S \\ -S & S \end{bmatrix} \tag{5-43}$$

$$S=\begin{bmatrix} -\dfrac{\overline{F}_{xi}}{L_x}m^2-k_{11}l^2 & \dfrac{\overline{F}_{xi}}{L_x}lm-k_{11}lm & -k_{12}l \\ \text{对} & -\dfrac{\overline{F}_{xi}}{L_x}l^2-k_{11}m^2 & -k_{12}m \\ & \text{称} & -k_{22} \end{bmatrix} \tag{5-44}$$

整体坐标下，悬链线单元的端部内力向量为

$$\{F\}_{ij}=[\overline{F}_{xi}l \quad \overline{F}_{xi}m \quad \overline{F}_{zi} \quad \overline{F}_{xj}l \quad \overline{F}_{xj}m \quad \overline{F}_{zj}]^{\mathrm{T}}$$

式中 l、m——局部坐标系 x 轴与整体坐标系 X 轴和 Y 轴的方向余弦。

由式（5-44）可知，悬链线单元的切线刚度矩阵的计算必须先知道索单元两端的内力，因此需要通过迭代得到。

3. 膜单元的几何非线性切线刚度矩阵

膜材是一种正交异性的材料，其单元在局部坐标系下的非线性增量刚度方程与一般非线性有限单元法一样，具有相同的表达形式。对于三角形膜单元 ijk 则有

$$\{\mathrm{d}\overline{F}\}_{ijk}=([\overline{K}_0]_{ijk}+[\overline{K}_g]_{ijk}+[\overline{K}_d]_{ijk})\{\mathrm{d}\overline{\Delta}\}_{ijk} \tag{5-45a}$$

或

$$\{\mathrm{d}\overline{F}\}_{ijk}=[\overline{K}]_{ijk}\{\mathrm{d}\overline{\Delta}\}_{ijk} \tag{5-45b}$$

式中 $\{\mathrm{d}\overline{F}\}_{ijk}$——三角形膜单元 ijk 在局部坐标下，i、j、k 3 个顶点的力增量列矩阵；

$\{\mathrm{d}\overline{\Delta}\}_{ijk}$——三角形膜单元 ijk 在局部坐标下，i、j、k 3 个顶点的位移增量列矩阵；

$[\overline{K}]_{ijk}$——三角形膜单元 ijk 在局部坐标系下的大位移小应变的切线刚度矩阵；

$[\overline{K}_0]_{ijk}$、$[\overline{K}_g]_{ijk}$、$[\overline{K}_d]_{ijk}$——分别为三角形膜单元 ijk 在局部坐标系下的线性刚度矩阵、几何刚度矩阵和初位移刚度矩阵，其表达式可查阅有关专门书籍，通过坐标转换可得整体坐标系中的单元切线刚度矩阵 $[K]_{ijk}$

$$[K]_{ijk}=[T]_{ijk}^{\mathrm{T}}[\overline{K}]_{ijk}[T]_{ijk} \tag{5-46}$$

$[T]_{ijk}$——三角形膜单元 ijk 的局部坐标系与整体坐标系间的转换矩阵。

4. 大跨度房屋柔性体系钢结构的非线性增量刚度方程

建立整体坐标系的单元切线刚度矩阵后，将各单元的刚度矩阵根据变形协调和节点内外力平衡条件并对边界条件进行处理后，可以形成结构整体的增量刚度方程：

$$[K]\{d\Delta\}=\{P\}-\{F\} \tag{5-47}$$

式中 $[K]$——结构的切线刚度矩阵；

$\{d\Delta\}$——结构节点的位移增量列矩阵；

$\{P\}$——结构节点的荷载列矩阵；

$\{F\}$——结构节点的初始应力等效的节点内力列矩阵。

式（5-47）为非线性方程，可用牛顿-拉弗逊、修正的牛顿-拉弗逊方法迭代求解。

在分析过程中要判定拉索松弛和膜的褶皱等情况的发生。由于采用悬链线单元，拉索松弛并不会影响计算过程，在计算中不必给出判定条件。膜的褶皱则可按下述处理方法处理：

（1）当膜单元中的最大主应力 σ_1 和最小主应力 σ_2 均大于 0 时，不发生褶皱，不必处理；

（2）当 σ_1 和 σ_2 均小于 0 时，单元全部失效，应退出工作，需修正单元的刚度矩阵；

（3）仅 σ_2 小于 0 时，单元只能在 σ_1 方向受拉，在 σ_2 方向退出工作，需据此修正单元的刚度矩阵。

根据柔性体系非线性有限元的分析结果可以得到索、膜和各构件的内力以及由于部分索松弛和膜褶皱后结构的变形和稳定性，并可以根据这些分析结果进行结构设计。

5.4 构件设计和结构变形

大跨度房屋钢结构的构件主要有轴心受拉构件、轴心受压构件、受弯构件、拉弯构件、压弯构件、索和膜等。

5.4.1 刚性构件设计

轴心受拉构件、轴心受压构件、弯矩作用在一个主平面内的受弯构件、弯矩作用在两个主平面内的受弯构件、弯矩作用在一个主平面内的拉弯构件、弯矩作用在两个主平面内的拉弯构件、弯矩作用在一个主平面内的压弯构件以及弯矩作用在两个主平面内的压弯构件应按现行国家标准《钢结构设计标准》GB 50017 的规定进行截面强度、整体稳定和局部稳定以及长细比等的验算。

大跨度房屋钢结构构件的计算长度分平面外和平面内按下式计算：

$$l_0=\mu l \tag{5-48}$$

式中 l——构件的实际长度（取轴线交点之间距离）；

μ——系数，根据不同结构按下列规定采用。

杆件的计算长度系数可按表 5-2 取用。

杆件计算长度系数　　表 5-2

结构体系	杆件名称及取值方向	节点形式				
		螺栓球	焊接空心球	板节点	毂节点	相贯节点
网架	弦杆及支座腹杆	1.0	0.9	1.0		
	腹杆	1.0	0.8	0.8		
双层网壳	弦杆及支座腹杆	1.0	1.0	1.0		
	腹杆	1.0	0.9	0.9		
单层网壳	杆件，在壳体曲面内		0.9		1.0	0.9
	杆件，在壳体曲面外		1.6		1.6	1.6
立体桁架	弦杆及支座腹杆	1.0	1.0			1.0
	腹杆	1.0	0.9			0.9

5.4.2 索和膜设计

索和膜是柔性构件，只能受张力不能受压。因此索和膜的设计包括两方面：一为强度校核，确保索和膜在张力下不破坏；另一为刚度校核，索和膜不受压，确保索不松弛，膜不褶皱。

1. 索的设计

索的强度校核按下式进行：

$$\frac{N_{max}}{A} \leqslant f/\gamma \tag{5-49}$$

式中　N_{max}——索的最大拉力设计值；

A——索的截面面积；

f——索的强度设计值，按下式确定：

$$f = \frac{f_u}{\gamma_R} \tag{5-50}$$

f_u——钢索材料抗拉强度标准值；

γ_R——钢索抗拉承载力的抗力分项系数，对钢丝束或拉索可取 2.0，对钢拉杆可取 1.7；

γ——系数，对于非抗震设计，$\gamma=\gamma_0$；对于抗震设计，$\gamma=\gamma_{RE}$。

索的刚度由索内拉力形成，因此索的刚度校核可控制索内拉力不低于某一限值，即

$$\frac{N_{min}}{A} \geqslant [\sigma_{min}] \tag{5-51}$$

式中 N_{min}——索的最小拉力设计值；

$[\sigma_{min}]$——保持索具有必要刚度时索内的最小应力限值，应根据结构的特点确定，一般最小不宜小于 30N/mm²。

2. 膜的设计

膜的强度校核按下式进行：

$$\sigma_{max} \leqslant f_{m} \tag{5-52}$$

式中 σ_{max}——膜的最大主应力设计值；

f_{m}——对应最大主应力部位的膜材强度设计值，按下式确定：

$$f_{m} = \zeta \frac{f_{k}}{\gamma_{R}} \tag{5-53}$$

f_{k}——对应最大主应力部位的膜材强度标准值；

γ_{R}——膜材的抗力分项系数，对于 G 类和 P 类膜材，荷载基本组合中不考虑风荷载时，$\gamma_{R}=5.0$；考虑风荷载时，$\gamma_{R}=2.5$；

ζ——强度折减系数；对于一般部位的膜材 $\zeta=1.0$；对于连接点处和边缘部位的膜材 $\zeta=0.75$。

膜的刚度校核，按下式进行：

$$\sigma_{min} \geqslant [\sigma_{min}] \tag{5-54}$$

式中 σ_{min}——膜的最小主应力设计值；

$[\sigma_{min}]$——保持膜面具有必要刚度的最小应力限值，按下列规定采用：荷载基本组合中不考虑风荷载时，$[\sigma_{min}]=\frac{F_{min}}{t}$，$F_{min}$ 一般可取初始预张力值的 25%，t 为膜材厚度；荷载基本组合中考虑风荷载时，$[\sigma_{min}]=0$，但褶皱面积不得大于膜面面积的 10%。

5.4.3 结构变形

大跨度房屋柔性体系钢结构在荷载标准组合下的变形应不超过变形的规定容许值，即

$$\Delta_{k} \leqslant [\Delta] \tag{5-55}$$

式中 Δ_{k}——结构在荷载标准组合下发生的变形；

$[\Delta]$——变形的容许值，应根据结构的特点予以规定：

如单层悬索结构　　$l/200$

单层鞍型索网结构　　$l/250$

双层悬索结构　　$l/250$

5.5 大跨度房屋钢结构的稳定

5.5.1 概述

大跨度房屋钢结构由于跨度大可能会发生失稳，在设计中必须加以考虑。

1. 失稳现象

大跨度房屋钢结构失稳现象的分类方法很多，比较广泛采用的是下列分类方法，即整体失稳和局部失稳。

整体失稳是整个结构几乎都出现偏离平衡位置并发生很大几何变位的一种失稳现象。局部失稳则指只有局部结构出现偏离平衡位置发生很大几何变位的失稳现象。单根杆件失稳是大跨度房屋钢结构中应避免发生的局部失稳现象。点失稳是单层网壳中的另一种局部失稳现象。结构的整体失稳往往是从局部失稳开始并逐渐形成的。

影响大跨度钢结构稳定性的因素极其复杂，其中有所用材料的物理特性如弹性模量、强度、结构几何形体、组成、杆件截面尺寸、支承条件、荷载类型以及结构的初始缺陷等。

结构的初始缺陷包括：结构外形的几何偏差、杆件的初弯曲、节点的初偏心、杆件的材料缺陷和节点中的残余应力等。大跨度钢结构对结构初始缺陷的敏感程度不一，有的敏感，有的不敏感。单层网壳结构是一种缺陷敏感性结构。

2. 整体稳定分析方法

大跨度房屋钢结构的整体稳定分析一般采用平面或空间杆系非线性有限元法，用临界荷载来表示。确定临界荷载最常用的准则就是取结构的切线刚度矩阵［K］的行列式之值等于零，即

$$\det|K|=0 \tag{5-56}$$

结构刚度矩阵［K］应含所有非线性因素。

大跨度房屋钢结构的整体稳定分析方法主要有：

(1) 求矩阵方程的特征值方法

特征值方法就是把矩阵方程中最小特征值作为结构临界荷载系数。此方法未能考虑缺陷的影响，对缺陷特别敏感的结构（如单层网壳）计算出的临界荷载偏大。但此方法计算较成熟，花费机时少，常在大跨度房屋钢结构初步设计时采用。对于对缺陷不敏感结构（如拱式钢房屋），可以用此方法确定临界荷载。

用特征值方法求结构临界荷载的步骤如下：

1) 首先设一组外荷载，其大小与真实外荷载相同，建立下列有限元方程：

$$([K_E]+[K_G^*])\{\delta\}=\{P^*\} \tag{5-57}$$

式中　$[K_E]$ ——结构弹性刚度矩阵；

$[K_G^*]$ ——结构几何刚度矩阵；

$\{P^*\}$ ——结构外荷载标准值。

2）建立特征方程：

$$|[K_E]-\lambda[K_G^*]|=0 \tag{5-58}$$

即

$$([K_E]-\lambda[K_G^*])\{\phi\}=0 \tag{5-59}$$

式中　$\{\phi\}$ ——特征向量；

λ——特征值。

3）采用子空间迭代法等方法求出前 n 个特征值和特征向量，最小的特征值为 λ_1。

4）临界荷载由下式确定：

$$\{P_{cr}\}=\lambda_1\{P^*\} \tag{5-60}$$

（2）几何非线性有限元分析法

几何非线性有限元分析法不考虑材料非线性，但考虑结构的初始缺陷，对结构在荷载作用下进行弹性非线性分析，在不断增加荷载的过程中，当结构的切线刚度矩阵 $[K]$ 的行列式之值等于零时，即取该时的荷载值为临界荷载。

大跨度钢结构的失稳有两种类型，即极值点失稳和分枝点屈曲，图 5-82（a）所示为极值点失稳的荷载-位移曲线，曲线顶点的结构切线刚度为零，该处的荷载即为临界荷载。极值点失稳类型的临界荷载即为稳定极限承载力。图 5-82（b）所示为分枝点屈曲的荷载-位移曲线，在平衡路径上有一个分岔点，该处的荷载即为临界荷载。但过分岔点后，将出现平衡路径的分枝，即另一个平衡路径，也称分枝路径。若分枝路径下降，则说明临界荷载即为稳定极限承载力；若分枝路径继续上升，则结构具有屈曲后强度，荷载可以继续增加。

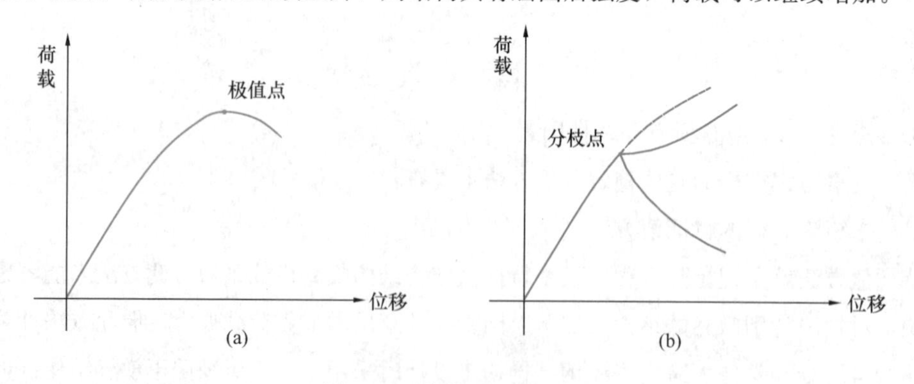

图 5-82　荷载-位移曲线图

由上所述可知采用几何非线性有限元分析法时，必须正确跟踪荷载-位移曲线的全过程，因此也称荷载-位移全过程分析法。

由于此方法没有考虑材料非线性的影响，如结构失稳时已进入弹塑性工作阶段，所得的稳定极限承载力将高于结构实有的稳定极限承载力。

(3) 双非线性有限元分析法

双非线性有限元分析法为既考虑几何非线性又考虑材料非线性的分析方法，在计算中可以考虑初始缺陷。分析时在不断增加荷载的过程中，当结构的弹塑性切线刚度矩阵 $[K]$ 的行列式之值等于零时，即取该时的荷载值为临界荷载。双非线性有限元分析得到的临界荷载能够较准确地反映结构的稳定承载力。

3. 网壳稳定容许承载力

大跨度房屋钢结构的稳定容许承载力应按下式确定：

$$[P_{cr}]=\frac{\{P_{cr}\}}{K} \tag{5-61}$$

式中 $[P_{cr}]$——结构的稳定容许承载力；

$\{P_{cr}\}$——结构的临界荷载；

K——结构的安全系数。

结构安全系数的确定极其复杂，与临界荷载$\{P_{cr}\}$的计算方法有关，还与结构失稳时的性态有关，包括失稳是突然发生或者有一段持续时间、失稳对初始缺陷的敏感性等等。这些因素都会影响稳定承载力计算的不定性。由于目前缺少稳定承载力计算不定性的基础数据和研究成果，因此还无法根据概率理论从可靠度的角度确定结构稳定承载力的抗力系数。目前都采用基于经验的方法，对不同的临界荷载$\{P_{cr}\}$的计算方法和对不同的结构类型采取不同的 K 值。

结构设计时，应使结构所受荷载的标准值$\{P\}_{max}$不大于稳定容许承载力，即

$$\{P\}_{max}\leqslant[P_{cr}] \tag{5-62}$$

5.5.2 大跨度拱式钢结构的稳定

大跨度拱式（实腹式）钢结构分平面内和平面外两种失稳状态。平面外失稳由横向支撑体系来防止，平面内失稳则由计算来防止。

图 5-83 表示三种单纯受压拱的荷载情况；抛物线拱为沿水平线均匀分布的竖向荷载（图 5-83a），悬链线拱为沿拱轴均匀分布的竖向荷载（图 5-83b），圆弧拱为沿拱轴均匀分布

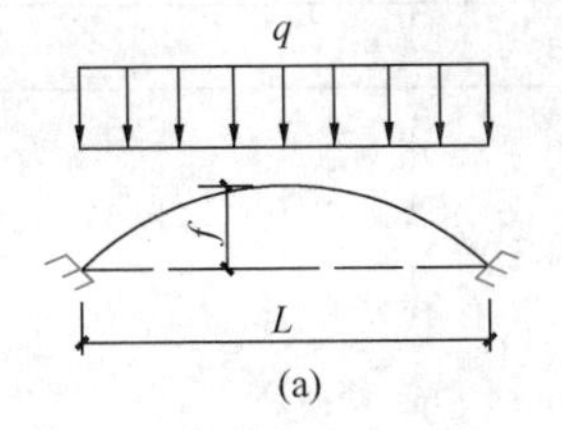

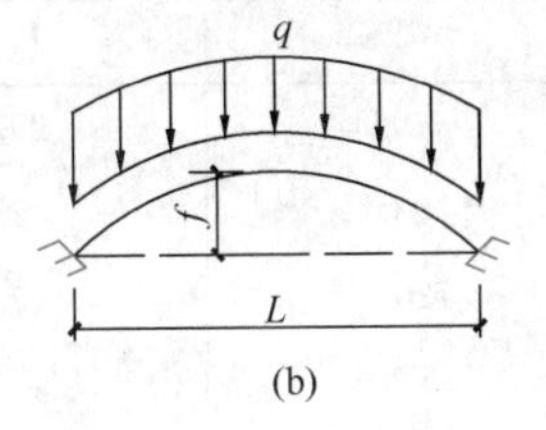

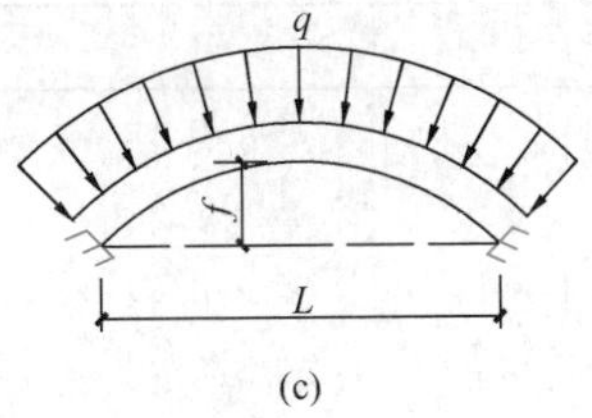

图 5-83　三种单纯受压拱

的径向荷载（图 5-83c）。

单纯受压拱平面内弹性失稳时距支座四分之一跨度处的临界轴力 N_{cr} 可按下式计算：

$$N_{cr}=\frac{\pi EI_x}{\mu_s{}^2S^2} \tag{5-63}$$

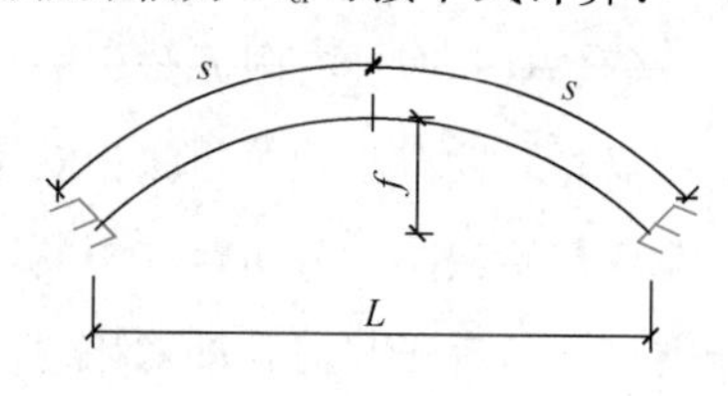

图 5-84　拱轴半长示意

式中　E——钢材的弹性模量；

I_x——拱的截面的惯性矩；

S——拱轴长度一半（图 5-84）；

μ_s——等效计算长度系数，按表 5-3 取用。

单纯受压拱平面内整体稳定名义屈曲临界压力的等效计算长度系数　　**表 5-3**

拱轴类型	矢跨比 f/L	无铰拱	两铰拱	三铰拱
抛物线	0.1	0.70	1.02	1.14
	0.2	0.69	1.04	1.11
	0.3	0.70	1.10	1.10
	0.4	0.71	1.12	1.12
	0.5	0.72	1.15	1.15
悬链线	0.1	0.70	1.01	
	0.2	0.69	1.04	
	0.3	0.68	1.10	
	0.4	0.72	1.17	
	0.5	0.73	1.24	
圆弧线	0.1	0.70	1.01	1.14
	0.2	0.70	1.07	1.15
	0.3	0.70	1.06	1.15
	0.4	0.71	1.11	1.15
	0.5	0.71	1.15	1.15

拱一般受均匀荷载较多，单纯受压拱的平面内稳定临界均布荷载可按下式计算：

$$q_{cr}=\alpha_1\frac{EI_x}{l^3} \tag{5-64}$$

式中　l——拱的水平跨度；

α_1——拱的平面内稳定临界荷载系数，按表 5-4 取用。

单纯受压拱平面内整体临界荷载系数　　**表 5-4**

拱轴类型	矢跨比 f/L	无铰拱	两铰拱	三铰拱
抛物线	0.1	60.9	29.1	22.5
	0.2	103.1	46.1	39.6
	0.3	120.1	49.5	49.5
	0.4	117.5	45.0	45.0
	0.5	105.3	38.2	38.0

续表

拱轴类型	矢跨比 f/L	无铰拱	两铰拱	三铰拱
悬链线	0.1	60.1	28.7	
	0.2	98.0	43.5	
	0.3	107.4	43.2	
	0.4	97.2	35.3	
	0.5	79.3	26.5	
圆弧线	0.1	58.9	28.4	22.2
	0.2	90.4	39.3	33.5
	0.3	93.4	40.9	34.9
	0.4	90.7	32.8	30.2
	0.5	64.0	24.0	24.0

考虑到实际工程构件存在的缺陷，使用式（5-63）、式（5-64）计算临界荷载时应适当降低，一般可取安全系数 $K=2\sim3$。

5.5.3 网壳的稳定

网壳结构的稳定一般采用考虑几何非线性的有限元分析方法（荷载-位移全过程分析）进行计算。

全过程分析采用的迭代方程为：

$$[K_t]\{\Delta u^{(i)}\}=\{F\}_{t+\Delta t}-\{N\}_{t+\Delta t}^{i-1} \tag{5-65}$$

式中　$[K_t]$——t 时刻结构的切线刚度矩阵；

$\{\Delta u^{(i)}\}$——当前位移的迭代增量；

$\{F\}_{t+\Delta t}$——$t+\Delta t$ 时刻外部所施加的节点荷载列矩阵；

$\{N\}_{t+\Delta t}^{(i-1)}$——$t+\Delta t$ 时刻第 $i-1$ 迭代步时相应的杆件节点内力列矩阵。

计算时应考虑初始曲面形状的安装偏差的影响，可采用结构的最低阶屈曲模态作为初始缺陷分布模态，其最大计算值可按网壳短向跨度的 1/300 取值。

按式（5-65）计算得到的网壳稳定承载力应除以系数 K，现行行业标准《空间网格结构技术规程》规定，当按弹塑性全过程分析时，安全系数 K 可取为 2.0；当按弹性全过程分析且为单层球面网壳、柱面网壳和椭圆抛物面网壳时，安全系数 K 可取为 4.2。

在单层网壳的形式中，单层球面网壳的稳定承载力较高，单层柱面网壳的稳定承载力较低。

5.6 节点的形式和计算

5.6.1 概述

大跨度房屋钢结构是由许多杆件（索）连接起来的，杆件的连接点就是节点。节点应满足传力明确、受力合理、构造简单、安装方便和造价低的要求，这种节点才有推广应用前景。本节主要介绍杆件与杆件连接的节点，索、膜等的连接节点可参考有关专门书籍。

大跨度房屋钢结构的节点形式很多，按节点的构造划分有：板节点、焊接空心球节点、螺栓球节点、嵌入式毂节点（图 5-85a）、鼓节点（图 5-85b）、圆柱式节点（图 5-85c）、直接焊接节点等等。

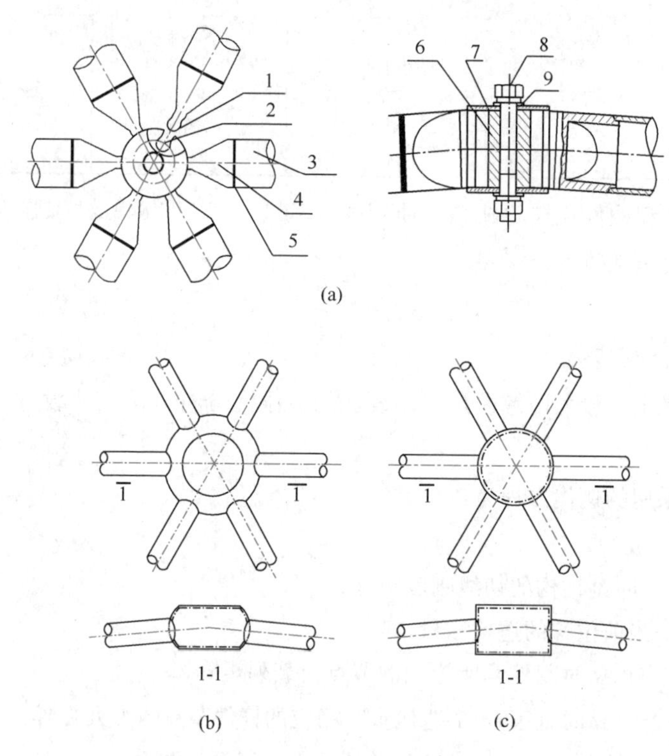

图 5-85　节点形式

(a) 嵌入式毂节点；(b) 鼓节点；(c) 圆柱式节点

1—嵌入榫；2—毂体嵌入槽；3—杆件；4—杆端嵌入件；5—连接焊缝；

6—毂体；7—盖板；8—中心螺栓；9—平垫圈、弹簧垫圈

按连接方式划分有：焊接节点（空心球节点、鼓节点等）和非焊接节点（螺栓球节点、嵌入式毂节点等）。

板节点多应用于平面结构体系中的桁架式结构，也有用于网架结构。它的形式和构造、计算可参阅第 4 章有关内容。

嵌入式毂节点，鼓节点和圆柱节点多应用于单层网壳结构。

5.6.2　焊接空心球节点的形式、构造和计算

空心球节点应用于网架结构，单、双层网壳结构和大跨度空间桁架结构等。

1. 焊接空心球的形式和构造要求

空心球节点具有对中方便、传力明确、制造简单等优点，是国内应用最广的节点形式之一。但这种节点的焊接工作量多，要求焊工等级高，对结构会产生焊接应力和变形。焊接空心球节点形式有不加肋和加肋两种。(图 5-86)

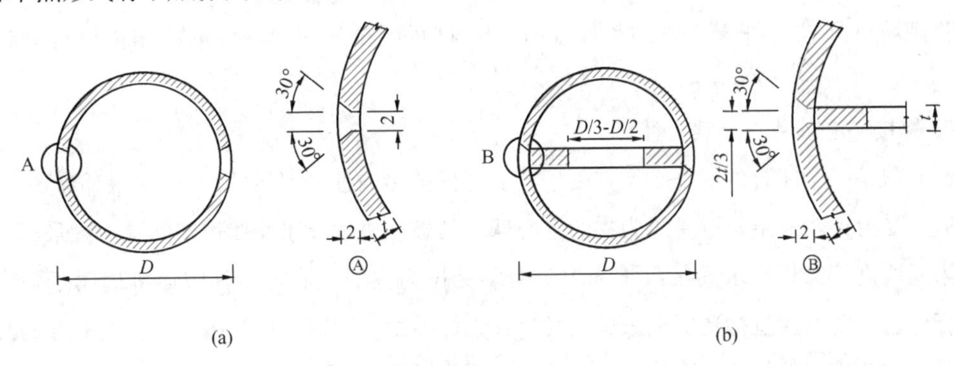

图 5-86　空心球节点

(a) 不加肋；(b) 加肋

焊接空心球的构造要求：

1) 空心球外径 D

空心球直径 D 应使球面上相邻钢管杆件间的净距不小于 10mm（图 5-87），为了保证净距，空心球的最小直径可按下式计算：

$$D_{min} = (d_1 + 2a_n + d_s)/\theta \quad (5\text{-}66)$$

式中　d_1——两相邻钢管的较大外径；

d_s——两相邻钢管的较小外径；

a_n——两相邻钢管间的净距，取 $a_n = 10\text{mm}$；

θ——两相邻杆件轴线间的夹角（弧度）。

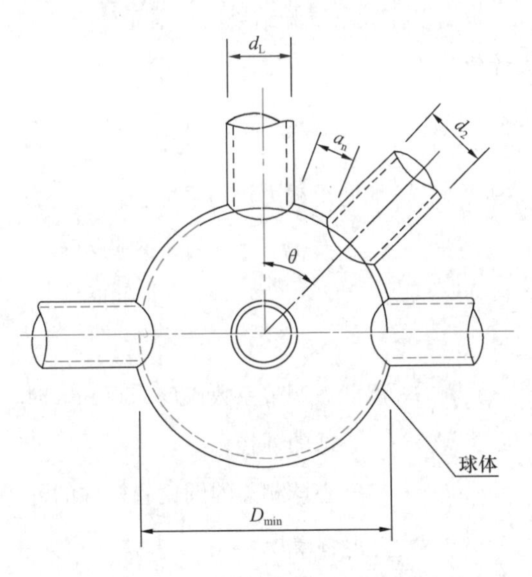

图 5-87　空心球相邻杆件钢管

空心球外径（D）与连接钢管外径（d_1）之比一般为

$$\frac{D}{d_1} = 2.4 \sim 3.0$$

2) 空心球的壁厚（δ）

空心球壁厚应根据杆件内力由计算确定。空心球外径（D）与其壁厚的比值一般为

$$\frac{D}{\delta} = 25 \sim 45 (\text{网架或双层网壳}), \qquad \frac{D}{\delta} = 20 \sim 35 (\text{单层网壳})$$

空心球壁厚（δ）与钢管最大壁厚之比，一般为 1.5～2.0。空心球壁厚不宜小于 4mm。

3）两杆件相贯连接

对于双层网架（壳）节点汇交杆件较多时，容许部分杆件相贯连接，但在相贯连接的两杆中，截面积大的主杆件必须全截面焊在球上（当两杆截面相等时，取拉杆为主杆件），另一杆件则坡口焊在主杆上，但必须保证有 3/4 截面焊在球面上。也可在相贯杆件处设加劲肋。

2. 焊接空心球节点承载力计算

空心球是一个闭合的球壳结构，由于汇交杆件的多向性，因而球体要承受和传递多个方向荷载，受力比较复杂。以受压为主的空心球，其破坏机理属于壳体稳定问题，可采用非线性有限元法进行分析，求其极限承载力。而以受拉为主的空心球，其破坏机理属于强度破坏。壳体稳定问题通过构造要求来避免发生，壳体强度问题通过计算来解决。空心球的强度破坏具有冲剪破坏的特征，因此球体的受拉、受压承载力主要与钢材的抗剪强度、空心球相连的杆件外径、空心球壁厚有关。

根据以往大量试验结果和有限元分析结果，通过回归分析得到了轴心受力空心球承载力设计值为

$$N_R = \eta_d \eta_0 (0.29 + 0.54 \frac{d}{D}) \pi d t f \tag{5-67}$$

式中　η_d——加肋承载力提高系数：

不加肋时　　$\eta_d = 1.0$

加肋时　　$\eta_d = 1.4$（受压）

$= 1.1$（受拉）

η_0——承载力调整系数；$D \leqslant 500$mm 时，$\eta_0 = 1$；$D > 500$mm 时，$\eta_0 = 0.9$；

D——空心球的外径；

d——与空心球相连的圆钢管杆件的外径；

t——空心球壁厚；

f——钢材的抗拉强度设计值。

式（5-67）适用于空心球直径为 120～900mm，当空心球直径 $D > 900$mm 时应采用非线性有限元法进行分析或试验确定。

当空心球节点既承受轴力作用又承受弯矩时，其承载力设计值（N_m）可按下式计算：

$$N_m = \eta_m N_R \tag{5-68}$$

式中　η_m——弯矩影响系数，可按现行行业标准《空间网格结构技术规程》的规定取用。

3. 焊接空心球节点连接焊缝计算

钢管杆件与空心球连接采用焊接，根据构造不同可采用对接焊缝和角焊缝。

1）对接焊缝的计算和构造

当杆件与空心球连接采用加内衬管时，应满足图 5-88 的构造要求，此时可按对接焊缝计算。

当采用一、二级焊缝质量等级检查时，可实现焊缝与钢管等强。

连接焊缝计算公式为

$$\frac{N}{A_{\mathrm{d}}}\leqslant f_{\mathrm{t}}^{\mathrm{w}}/\gamma \text{或} f_{\mathrm{c}}^{\mathrm{w}}/\gamma \tag{5-69}$$

式中 N——杆件的轴力设计值；

A_{d}——与空心球焊接的钢管截面面积；

$f_{\mathrm{t}}^{\mathrm{w}}$、$f_{\mathrm{c}}^{\mathrm{w}}$——对接焊缝的抗拉、抗压强度设计值；

γ——系数，对于非抗震设计，$\gamma=\gamma_0$；

对于抗震设计，$\gamma=\gamma_{\mathrm{RE}}$。

2）角焊缝的计算和构造

图 5-89 表示杆件与空心球连接的构造图。

在轴力作用下，按角焊缝计算：

$$\frac{N}{0.7h_{\mathrm{f}}\pi d}\leqslant f_{\mathrm{f}}^{\mathrm{w}}/\gamma \tag{5-70}$$

式中 h_{f}——焊脚尺寸；

d——连接杆件的外径；

$f_{\mathrm{f}}^{\mathrm{w}}$——角焊缝的强度设计值。

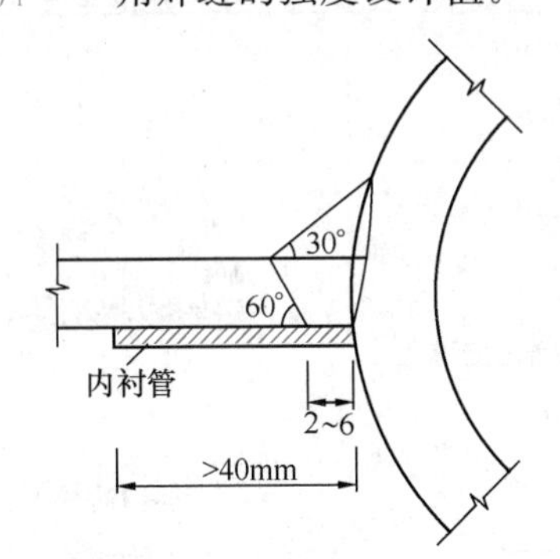

图 5-88 钢管加内衬管的连接

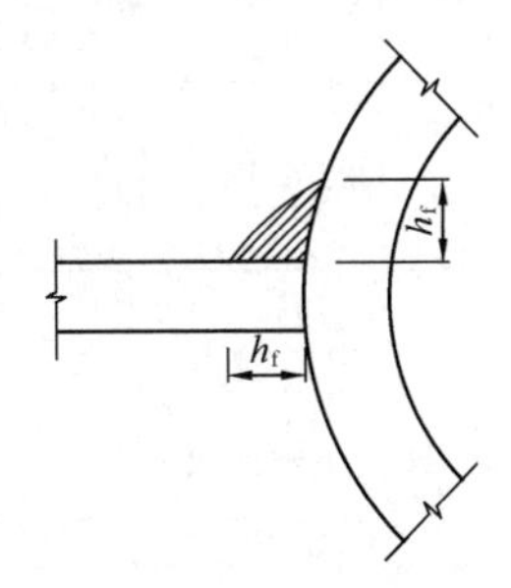

图 5-89 钢管不设内衬管的连接

角焊缝的焊脚尺寸应满足：当钢管壁厚 $t_{\mathrm{c}}\leqslant 4\mathrm{mm}$ 时，$t_{\mathrm{c}}<h_{\mathrm{f}}\leqslant 1.5t_{\mathrm{c}}$；当 $t_{\mathrm{c}}>4\mathrm{mm}$ 时，$t_{\mathrm{c}}<h_{\mathrm{f}}\leqslant 1.2t_{\mathrm{c}}$。

5.6.3 螺栓球节点的构造和计算

螺栓球节点应由高强度螺栓、钢球、螺钉（或销子）、套筒和锥头（或封板）等零件组成

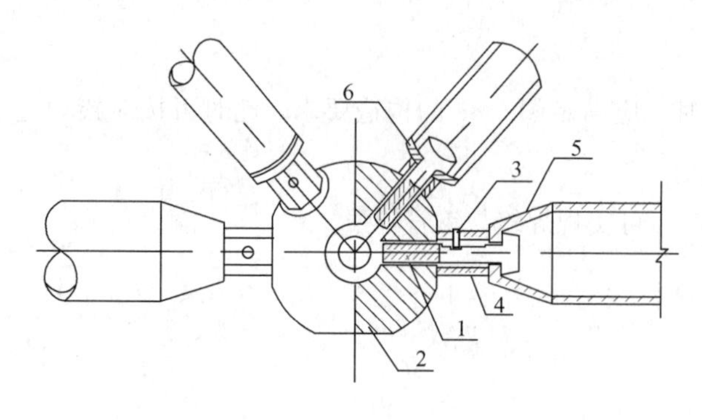

图 5-90　螺栓球节点

1—高强度螺栓；2—钢球；3—紧固螺钉；4—套筒；5—锥头；6—封板

（图 5-90）。适用于网架、双层网壳、空间桁架、平面桁架式结构等。

1. 螺栓球节点的受力特点和构造要求

螺栓球节点根据杆件受力不同（受拉或受压），传力路线和零件作用也不同。

当杆件受拉时，其传力路线为：

拉力→钢管→锥头或封板→螺栓→钢球

这时，套筒不受力。

当杆件受压时，其传力路线为：

压力→钢管→锥头或封板→套筒→钢球

这时，螺栓不受力。

用于制造螺栓球节点的钢球、封板、锥头、套筒的材料可按表 5-5 的规定采用，并应符合相应标准的技术条件。产品质量应符合现行行业标准《钢网架螺栓球节点》JG 10 的规定。

螺栓球节点零件推荐材料　　表 5-5

零件名称	推荐材料	材料标准编号	备　注
钢球	45 号钢	《优质碳素结构钢》 GB/T 699	
锥头 或 封板	Q235B 钢	《碳素结构钢》 GB/T 700	钢号宜与杆件一致
	Q345 钢	《低合金高强度结构钢》 GB/T 1591	
套筒 零件名称	Q235 钢	GB/T 700	套筒内筒径为 13～34mm
	Q345 钢	GB/T 1591	套筒内筒径为 37～65mm
	45 号钢	GB/T 699	
紧固螺钉	20MnTiB，40Cr	《合金结构钢》 GB/T 3077	螺钉直径尽量小
高强度螺栓	20MnTiB，40Cr，35CrMo	GB/T 3077	螺纹规格 M12～M24
	35VB，40Cr，35CrMo		螺纹规格 M27～M36
	35CrMo，40Cr		螺纹规格 M39～M64

2. 螺栓球节点的计算

1）钢球直径

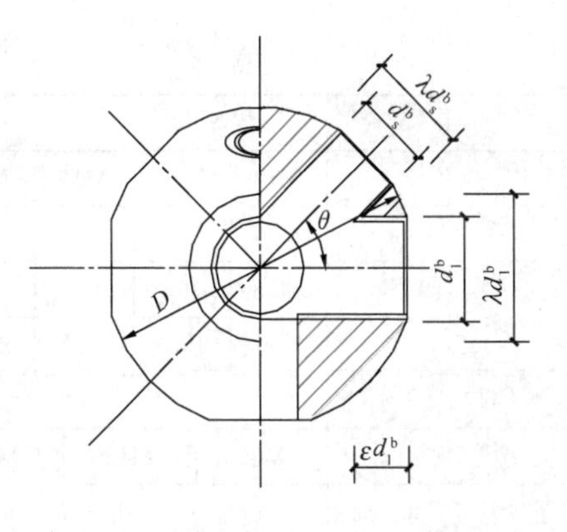

图 5-91 螺栓球与直径有关的尺寸

钢球直径应根据相邻螺栓在球体内不相碰并满足套筒接触面的要求（图5-91），分别按下式计算，并按计算结果中的较大者选用：

$$D \geqslant \sqrt{\left(\frac{d_s^b}{\sin\theta}+d_1^b\cot\theta+2\xi d_1^b\right)^2+\lambda^2 d_1^{b^2}} \quad (5\text{-}71)$$

$$D \geqslant \sqrt{\left(\frac{\lambda d_s^b}{\sin\theta}+\lambda d_1^b\cot\theta\right)^2+\lambda^2 d_1^{b^2}} \quad (5\text{-}72)$$

式中 D——钢球直径；

θ——两相邻螺栓之间的最小夹角（弧度）；

d_1^b——两相邻螺栓的较大直径；

d_s^b——两相邻螺栓的较小直径；

ξ——螺栓拧入球体长度与螺栓直径的比值，可取为 1.1；

λ——套筒外接圆直径与螺栓直径的比值，可取为 1.8。

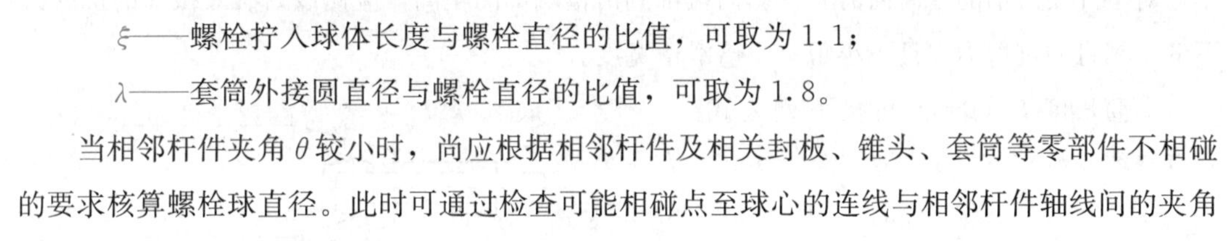

当相邻杆件夹角 θ 较小时，尚应根据相邻杆件及相关封板、锥头、套筒等零部件不相碰的要求核算螺栓球直径。此时可通过检查可能相碰点至球心的连线与相邻杆件轴线间的夹角之和不大于 θ 的条件进行核算。

2）高强度螺栓设计

高强度螺栓的性能等级应按螺纹规格分别选用。对于 M12～M36 的高强度螺栓，其强度等级为 10.9s；对于 M39～M64 的高强度螺栓，其强度等级为 9.8s。螺栓的形式与尺寸应符合现行国家标准《钢网架螺栓球节点用高强度螺栓》GB/T 16939的要求。

高强度螺栓的直径应由杆件内力控制。每个高强度螺栓的受拉承载力设计值 N_t^b 应按下式计算：

$$N_t^b = A_{eff} f_t^b \quad (5\text{-}73)$$

式中 f_t^b——高强度螺栓经热处理后的受拉强度设计值，对 10.9s，取 430N/mm^2；对 9.8s，取 385N/mm^2；

A_{eff}——高强度螺栓的有效截面面积，可按表 5-6 选取。当螺栓上钻有键槽或钻孔时，A_{eff} 值取螺纹处或键槽、钻孔处二者中的较小值。

受压杆件的连接螺栓直径，可按其设计内力绝对值求得螺栓直径计算值后，按表 5-6 的螺栓直径系列减少 1～3 个级差，但必须保证套筒具有足够的抗压强度。

3）套筒

套筒是六角形的无纹螺母，外形尺寸应符合扳手开口系列，端部要求平整，以便传递杆件轴向压力。内孔径可比螺栓直径大 1mm。

常用螺栓在螺纹处的有效截面面积 A_{eff} 及承载力设计值 N_t^b 表 5-6

性能等级	10.9s										
螺纹规格 d	M12	M14	M16	M18	M20	M22	M24	M27	M30	M33	M36
螺距 p（mm）	1.75	2	2	2.5	2.5	2.5	3	3	3.5	3.5	4
A_{eff}（mm²）	84.3	115	157	192	245	303	353	459	561	694	817
N_t^b（kN）	36.2	49.5	67.5	82.7	105	130.5	151.5	197.5	241.0	298	351

性能等级	9.8s							
螺纹规格 d	M39	M42	M45	M48	M52	M56×4	M60×4	M64×4
螺距 p（mm）	4	4.5	4.5	5	5	4	4	4
A_{eff}（mm²）	976	1121	1310	1470	1760	2144	2485	2851
N_t^b（kN）	375.6	431.5	502.8	567.1	676.7	825.4	956.6	1097.6

注：螺栓在螺纹处的有效截面面积 $A_{eff}=\pi(d-0.9382p)^2/4$。

对于开设滑槽的套筒尚需验算套筒端部到滑槽端部的距离，应使该处有效截面的抗剪力不低于销钉的抗剪力，且不小于 1.5 倍滑槽宽度。

套筒长度 l_s（mm）可按下列公式计算（图 5-92）：

$$l_s = a + 2a_1 \tag{5-74}$$

$$a = l_1 - a_2 + d_p + 4\text{mm} \tag{5-75}$$

式中 a_1——套筒端部到滑槽的距离（mm）；

l_1——螺栓伸入钢球的长度（mm）；

a_2——螺栓露出套筒距离，可预留 4～5mm，但不应少于两个丝扣；

d_p——销子直径（mm）。

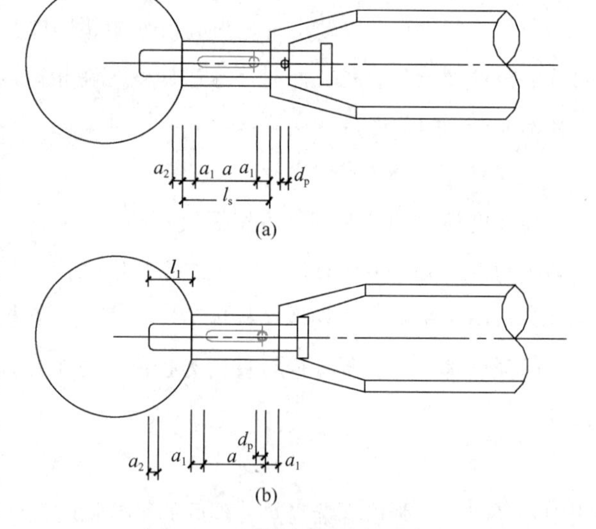

图 5-92 计算套筒长度的尺寸

（a）拧入前；（b）拧入后

套筒应根据结构杆件轴向压力的大小进行承压和受压强度验算，其表达式为

$$\sigma_c = \frac{N_c}{A_n} \leqslant f_c/\gamma \tag{5-76}$$

式中 N_c——被连接杆件的轴心压力设计值；

A_n——套筒的承压面积或开槽后净截面面积；

f_c——钢材受压强度设计值。

结构杆件端部应采用锥头（图 5-93a）或封板连接（图 5-93b），其连接焊缝以及锥头的

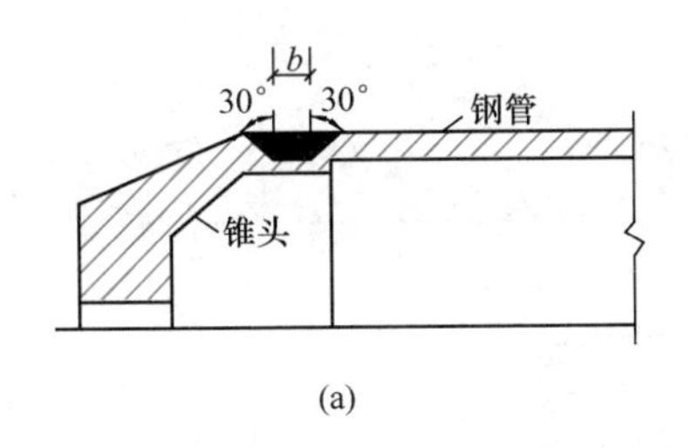

(a)

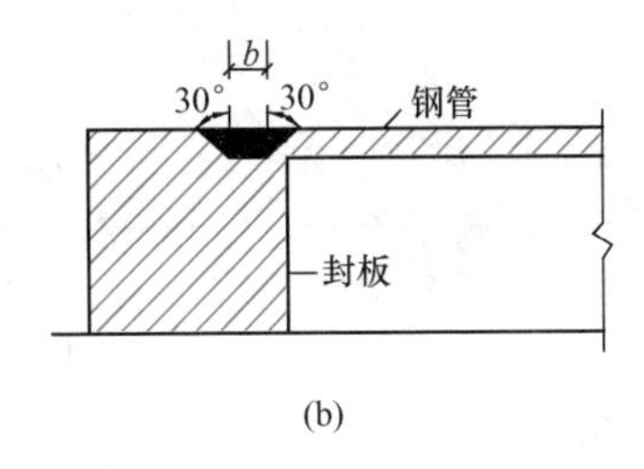

(b)

图 5-93　构件端部连接焊缝

任何截面必须与连接的钢管等强，焊缝底部宽度 b 可根据连接钢管壁厚取 2～5mm。封板厚度应按实际受力大小计算决定，且不宜小于钢管外径的1/5。锥头底板厚度不宜小于锥头底部内径的 1/4。封板及锥头底部厚度可按表 5-7 采用。

锥头底板外径应较套筒外接圆直径或螺栓头直径大 1～2mm，锥头底板孔径宜大于螺栓直径 1mm。锥头倾角宜取 30°～40°。

封板及锥头底部厚度　表 5-7

螺纹规格	封板/锥底厚度（mm）	螺纹规格	锥底厚度（mm）
M12、M14	12	M36～M42	30
M16	14	M45～M52	35
M20～M24	16	M56～M60	40
M27～M33	20	M64	45

4）销子或螺钉

销子或螺钉宜采用高强度钢材，其直径可取螺栓直径的 0.16～0.18 倍，且不宜小于 3mm。螺钉直径可采用 M5～M10。

5.6.4　直接焊接钢管节点

直接焊接钢管节点是指结构体系中腹杆（支管）直接焊接在弦杆（主管）上，在节点处弦杆（主管）是连通的。这种节点具有形式简单、传力明确、外观流畅优美、便于防锈和清洁、省材省工等优点。

直接焊接钢管节点常用于大跨度空间桁架结构，大跨度梁式、框架式和拱式平面结构体系。

1. 直接焊接钢管节点的形式

钢管外形可分为圆钢管和矩形钢管两种。本节主要介绍主、支管均为圆管；主、支管均为矩形管；主管为矩形管，支管为圆管的节点形式。

（1）直接焊接圆钢管的节点形式

1）平面桁架体系

平面桁架根据腹杆布置不同，节点形式可分为以下四种（图 5-94）：

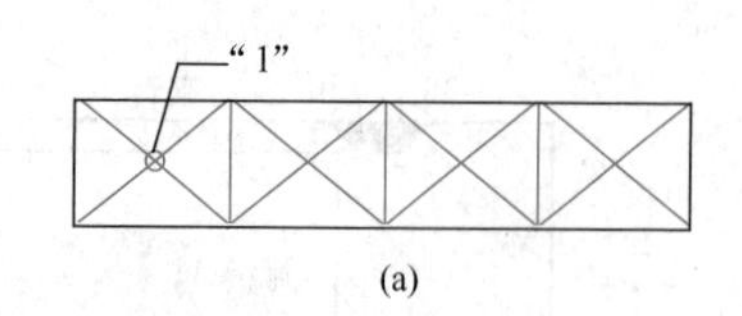

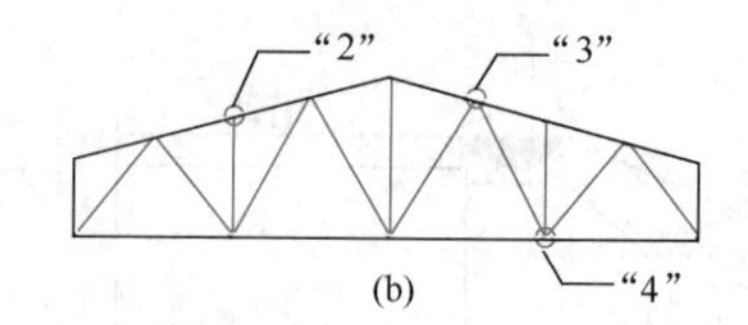

图 5-94　平面桁架体系

(a) X形

图 5-94 (a) 的节点"1"为X形节点，它由两根支管交叉直接焊接在主管上（图 5-95）。

(b) T、Y形节点

图 5-94 (b) 的节点"2"为 T、Y形节点，它是一根支管呈 θ 夹角直接焊接在主管上（图 5-96），分受拉和受压两种情况。

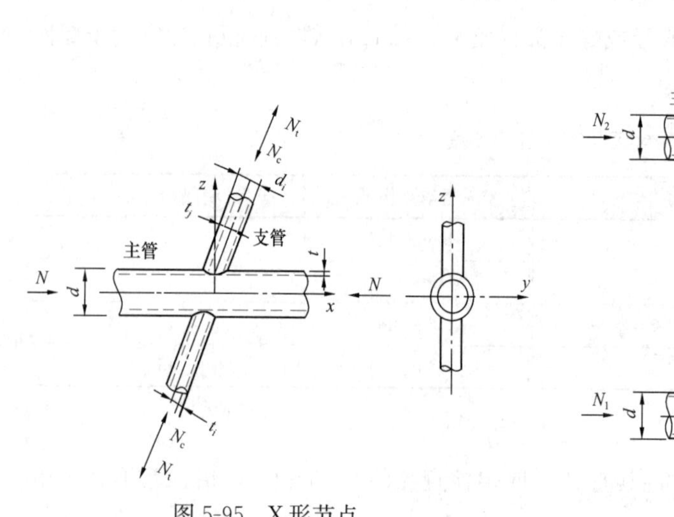

图 5-95　X形节点

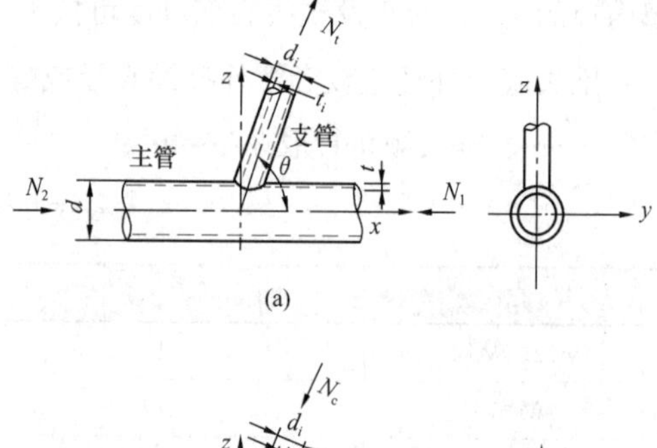

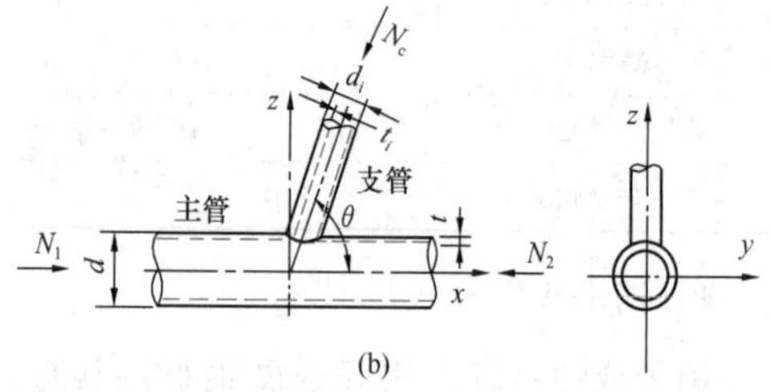

图 5-96　T、Y形节点

(a) T形和Y形受拉节点；(b) T形和Y形受压节点

(c) K形节点

图 5-94 (b) 的节点"3"为K形节点，它由两根支管呈 θ 角在同一侧直接焊接在主管上（图5-97）。

(d) KT形节点

图 5-94 (b) 的节点"4"为KT形节点，它由三根支管在同一侧焊接在主管上（图 5-98），其中两根支管与主管成K形，一根与主管形成T形。

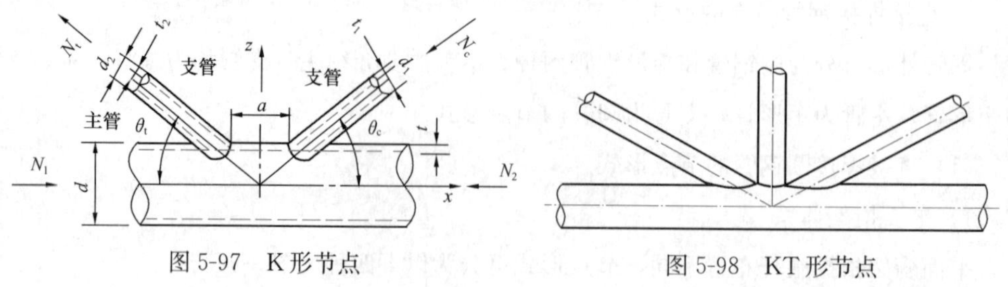

图 5-97　K形节点　　图 5-98　KT形节点

2）空间桁架体系

空间桁架体系根据腹杆布置不同，主要形式有：

(a) TT形（图5-99）

它是由两个平面T形组成，两支管夹角为ϕ。

(b) KK形（图5-100）

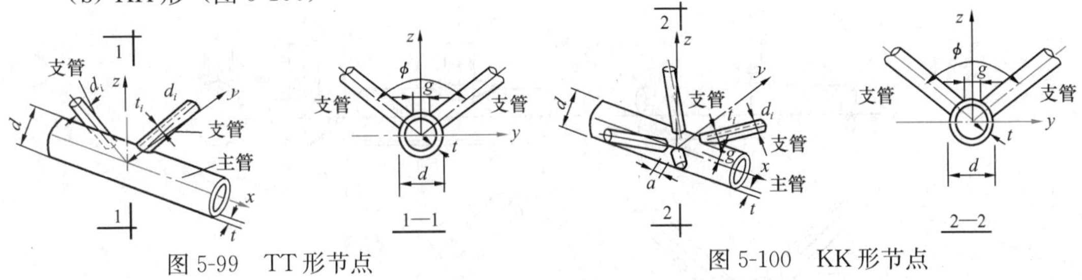

图5-99　TT形节点　　图5-100　KK形节点

它是由两个平面K形组成，两支管夹角为ϕ。

(2) 直接焊接矩形钢管节点形式

由矩形管杆件组成的结构一般都是平面桁架体系，其节点主要形式有：

1）T、Y形（图5-101a）；

2）X形（图5-101b）；

3）有间隙的K、N形（图5-101c）；

4）无间隙的K、N形（图5-101d）。

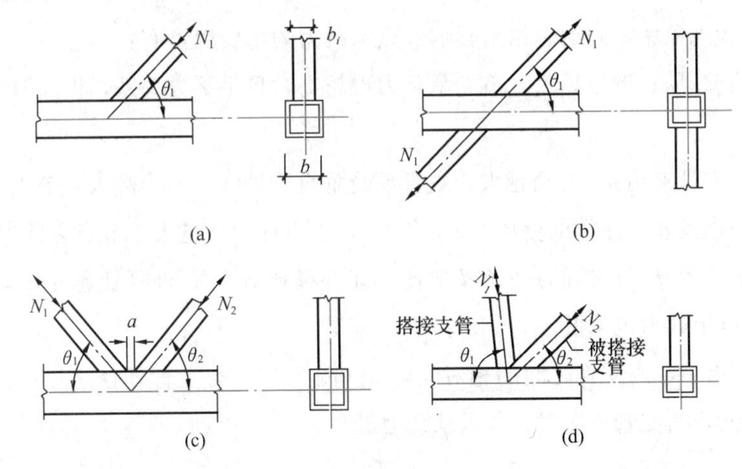

图5-101　矩形管直接焊接平面管节点

(a) T、Y形节点；(b) X形节点；(c) 有间隙的K、N形节点；(d) 搭接的K、N形节点

2. 直接焊接圆管节点的节点承载力设计值

(1) 节点的破坏模式

直接焊接圆管节点的节点破坏模式有如下几种：

1）弦杆冲剪破坏（图 5-102a）；

2）弦杆在节点处发生屈曲（5-102b）；

3）弦杆剪切破坏（5-102c）；

4）支管与主管连接处焊缝破坏（5-102d）。

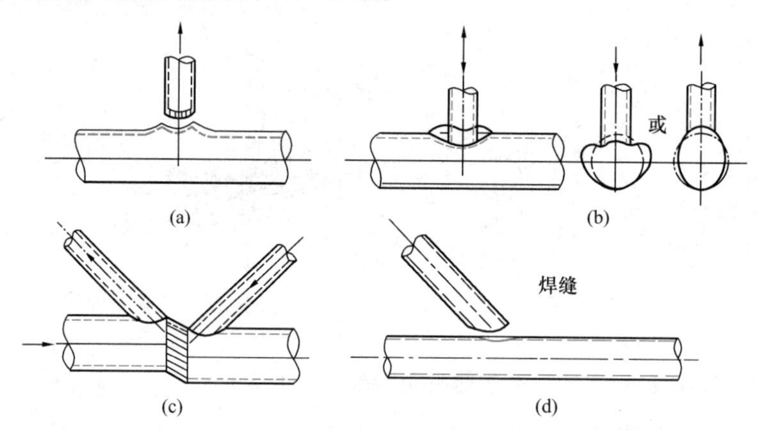

图 5-102　圆钢管节点破坏模式

前三种破坏模式可通过节点区段弹塑性有限元分析方法求出节点承载力，但计算量大，达不到工程可设计应用程度，目前还是通过大量试验资料，用回归分析方法提出不同节点形式的承载力计算公式。

（2）影响节点承载力的主要因素

从大量试验现象中，归纳总结出影响节点承载力的主要因素有：

1）主管的壁厚 t；壁厚越大，节点承载力也越高，且呈平方关系，提高节点承载力效果较高。

2）支管与主管夹角 θ；夹角越大，主管承受垂直于轴线方向力越大，节点承载力越低。

3）主管的直径 d 与主管的壁厚 t 比，即径厚比 d/t；d/t 越大，节点承载力也越低。

4）支管的外径 d_1 与主管的外径 d 之比，即外径比 d_1/d；外径比越小，对主管节点受力越不利，节点承载力也越低。

5）K 形节点中，两支管之间的相对间隙 a（图 5-97）与主管外径之比；比值越大，节点承载力也越低，两支管搭接时，节点承载力最高。

6）主管材料的强度设计值 f 和应力比$\dfrac{\sigma}{f}$，σ 是指主管承受的轴向应力；主管的强度设计值越高，节点承载力也越高。主管的轴向压应力越大，节点承载力越低。

（3）各种节点的强度计算

为保证节点的强度，支管的轴心力设计值不得大于下列规定的承载力设计值除以 γ。γ 为系数，对于非抗震设计 $\gamma=\gamma_0$，对于抗震设计 $\gamma=\gamma_{RE}$。

1）X 形节点（图 5-95）

(a) 受压支管在节点处的承载力设计值 N_{cX}^{pj}

$$N_{cX}^{pj}=\frac{5.45}{(1-0.81\beta)\sin\theta}\psi_{n}t^{2}f \tag{5-77}$$

式中 β——支管外径 d_1 与主管外径 d 之比，$\beta=\frac{d_1}{d}$；

θ——支管轴线与主管轴线之夹角；

t——主管壁厚；

ψ_n——主管的轴向应力对节点承载力影响系数；

主管受压时，$\psi_{n}=1-0.3\frac{\sigma}{f_{y}}-0.3\left(\frac{\sigma}{f_{y}}\right)^{2}$

主管有一侧受拉时，$\psi_{n}=1.0$； (5-78)

σ——节点两侧主管轴心压应力的较小绝对值；

f_y——主管钢材的屈服强度；

f——主管钢材的抗拉、抗压和抗弯强度设计值。

从式（5-78）可知，主管承受的轴向拉应力大小与节点承载力无关。主管承受的轴向压应力影响节点的承载力，其变化幅度在 0.5～1.0 之间。

(b) 受拉支管在节点处的承载力设计值 N_{tX}^{pj}

$$N_{tX}^{pj}=0.78\left(\frac{d}{t}\right)^{0.2}N_{cX}^{pj} \tag{5-79}$$

2）T、Y 形节点（图 5-96）

(a) 受压支管在节点处的承载力设计值 N_{cT}^{pj}

$$N_{cT}^{pj}=\frac{11.51}{\sin\theta}\left(\frac{d}{t}\right)^{0.2}\psi_{n}\psi_{d}t^{2}f \tag{5-80}$$

式中 ψ_d——支管外径与主管外径比$\left(\beta=\frac{d_1}{d}\right)$对承载力的影响系数，

$$\text{当 }\beta\leqslant0.7\text{ 时，}\psi_{d}=0.069+0.93\beta$$
$$\text{当 }\beta>0.7\text{ 时，}\psi_{d}=2\beta-0.68 \tag{5-81}$$

(b) 受拉支管在节点处的承载力设计值 N_{tT}^{pj}

$$\text{当 }\beta\leqslant0.6\text{ 时，}N_{tT}^{pj}=1.4N_{cT}^{pj} \tag{5-82a}$$

$$\text{当 }\beta>0.6\text{ 时，}N_{tT}^{pj}=(2-\beta)N_{cT}^{pj} \tag{5-82b}$$

3）K 形节点（图 5-97）

(a) 受压支管在节点处的承载力设计值 N_{cK}^{pj}

$$N_{cK}^{pj}=\frac{11.51}{\sin\theta_{c}}\left(\frac{d}{t}\right)^{0.2}\psi_{n}\psi_{d}\psi_{a}t^{2}f \tag{5-83}$$

式中　θ_c——受压支管轴线与主管轴线之夹角；

ψ_a——参数：

$$\psi_a = 1 + \frac{2.19}{1+\frac{7.5a}{d}}\left[1-\frac{20.1}{\left(6.6+\frac{d}{t}\right)}\right](1-0.77\beta) \tag{5-84}$$

a——两支管间的间隙。

(b) 受拉支管在节点处的承载力设计值 N_{tK}^{pj}

$$N_{tK}^{pj} = \frac{\sin\theta_c}{\sin\theta_t} N_{ck}^{pj} \tag{5-85}$$

式中　θ_t——受拉支管轴线与主管轴线之夹角。

4) TT 形（图 5-99）

TT 形节点是空间桁架体系的节点。

(a) 受压支管在节点处的承载力设计值 N_{cTT}^{pj}

$$N_{cTT}^{pj} = \psi_g N_{cT}^{pj} \tag{5-86}$$

式中　$\psi_g = 1.28 - 0.64\dfrac{g}{d} \leqslant 1.1$；$g$ 为两支点间的横向间距。　(5-87)

TT 形节点的承载力为平面 T 形节点乘以系数而取得。

(b) 受拉支管在节点处的承载力设计值 N_{tTT}^{pj}

$$N_{tTT}^{pj} = N_{tT}^{pj} \tag{5-88}$$

5) KK 形（图 5-100）

KK 形节点是空间桁架体系的节点，其承载力为平面节点承载力乘一折减系数。

(a) 受压支管在节点处的承载力设计值 N_{cKK}^{pj}

$$N_{cKK}^{pj} = 0.9 N_{cK}^{pj} \tag{5-89}$$

(b) 受拉支管在节点处的承载力设计值 N_{tKK}^{pj}

$$N_{tKK}^{pj} = 0.9 N_{tK}^{pj} \tag{5-90}$$

除了上述 5 种常见节点的承载力公式，最新的《钢结构设计标准》GB 50017—2017 还给出了 K 形搭接节点、平面 DY 形节点、平面 DK 形节点、平面 KT 形节点、空间 KT 形节点等多种节点的承载力计算公式。

(4) 直接焊接圆管节点计算公式适用范围

1) 支管外径与主管外径比

$$0.2 \leqslant \beta = \frac{d_1}{d} \leqslant 1.0$$

当 $\beta < 0.2$ 时，对主管产生较大集中力，将大大降低节点承载力，故不宜采用 $\beta < 0.2$。当 $\beta > 1.0$ 时，无法将支管焊至主管上。

2）主管径厚比　$\frac{d}{t}\leqslant 100$

3）支管径厚比　$\frac{d_1}{t_1}\leqslant 60$

4）支管与主管平面夹角　$\theta\geqslant 30°$

5）支管之间空间夹角（图 5-99）　$60°\leqslant\phi\leqslant 120°$

3. 直接焊接矩形管节点的节点承载力设计值

（1）节点的破坏模式

直接焊接矩形管节点是支管直接焊接在主管上（图 5-103）。

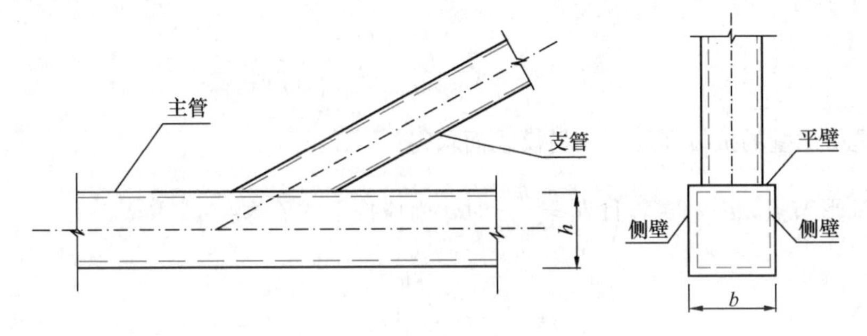

图 5-103　支管与主管连接示意图

矩形管节点有七种破坏模式：

1）主管平壁因形成塑性铰线而破坏；

2）主管平壁因冲切而破坏；

3）主管侧壁因剪切而破坏；

4）主管侧壁因受拉屈服而破坏；

5）主管侧壁因受压局部失稳而破坏；

6）主管平壁因局部失稳而破坏；

7）有间隙的 K、N 形节点中，主管在间隙处被剪坏或丧失轴向承载力而破坏。

除上述七种破坏模式外，还有支管与主管连接焊缝过弱而破坏。

（2）各种节点的强度计算

为保证节点的强度，支管的轴心力设计值 N_i 和主管的轴心力设计值 N 不得大于下列规定的承载力设计值除以 γ。

1）T、Y 和 X 形节点（图 5-101a、b）

支管在节点处的承载力设计值 N_i^{pj}

(a) 当 $\beta=\frac{b_i}{b}\leqslant 0.85$ 时

$$N_i^{pj}=1.8\left(\frac{h_i}{b\cdot c\cdot\sin\theta_i}+2\right)\frac{t^2 f}{c\sin\theta_i}\psi_n \tag{5-91}$$

$$c = (1-\beta)^{0.5}$$

式中　b_i、h_i——矩形支管的截面宽度和高度；

b、t——矩形主管的截面宽度和壁厚；

ψ_n——参数；当主管受压时，$\psi_n=1.0-\dfrac{0.25}{\beta}\cdot\dfrac{\sigma}{f}$；

当主管受拉时，$\psi_n=1.0$；

σ——节点两侧主管轴心压应力的较大绝对值。

上式是由平壁破坏模式而求得。

(b) 当 $\beta=1.0$ 时

$$N_i^{pj} = 2.0\left(\frac{h_i}{\sin\theta_i}+5t\right)\frac{tf_k}{\sin\theta_i}\psi_n \tag{5-92}$$

上式是由侧壁的抗拉和局部失稳模式而求得。

对于X形节点，$\theta_i<90°$，且 $h\geqslant\dfrac{h_i}{\cos\theta_i}$时，尚应按下式验算：

$$N_i^{pj} = \frac{2htf_v}{\sin\theta_i} \tag{5-93}$$

式中　f_k——主管强度设计值；当支管受拉时，$f_k=f$；当支管受压时，对T、Y形节点，$f_k=0.8\varphi f$；对X形节点，$f_k=0.65\sin\theta_i\varphi f$；$\varphi$为按长细比 $\lambda=1.73\left(\dfrac{h}{t}-2\right)\left(\dfrac{1}{\sin\theta_i}\right)^{0.5}$确定的轴心受压构件的稳定系数；

f_v——主管钢材的抗剪强度设计值；

h——矩形主管的截面高度。

上式是由侧壁剪切破坏模式而求得。

(c) 当 $0.85\leqslant\beta\leqslant1.0$ 时，按式（5-91）与式（5-92）或式（5-93）所得值，根据 β 进行插值。此处，还不应超过下列二式的计算值：

$$N_i^{pj} = 2.0(h_i-2t_i+b_e)t_if_i \tag{5-94}$$

$$b_e = \frac{10}{\frac{b}{t}}\cdot\frac{f_yt}{f_{yi}t_i}\cdot b_i\leqslant b_i$$

当 $0.85\leqslant\beta\leqslant1-\dfrac{2t}{b}$ 时

$$N_i^{pj} = 2.0\left(\frac{h_i}{\sin\theta_i}+b_{ep}\right)\frac{tf_v}{\sin\theta_i} \tag{5-95}$$

$$b_{ep} = \frac{10}{\frac{b}{t}}\cdot b_i\leqslant b_i$$

式中　t_i——支管的壁厚；

f_i——支管钢材的抗拉（压或弯曲）强度设计值；

θ_i——支管与主管的夹角。

2）有间隙的 K、N 形节点（图 5-101c）

（a）支管承载力设计值

$$N_{i1}^{pj}=\frac{8}{\sin\theta_i}\cdot\beta\sqrt{\frac{b}{2t}}t^2f\psi_n \tag{5-96}$$

$$N_{i2}^{pj}=\frac{A_v f_v}{\sin\theta_i} \tag{5-97}$$

$$N_{i3}^{pj}=2.0\left(h_i-2t_i+\frac{b_i+b_e}{2}\right)t_i f_i \tag{5-98}$$

$$N_i^{pj}=\min\{N_{i1}^{pj},N_{i2}^{pj},N_{i3}^{pj}\} \tag{5-99}$$

当 $\beta\leqslant 1-\frac{2t}{b}$ 时，尚应小于下式：

$$N_i^{pj}=2.0\left(\frac{h_i}{\sin\theta_i}+\frac{b_i+b_{ep}}{2}\right)\frac{tf_v}{\sin\theta_i} \tag{5-100}$$

式中　A_v——弦杆（主管）受剪面积：

$$A_v=(2h+\alpha b)t \tag{5-101}$$

$$\alpha=\sqrt{\frac{3t^2}{3t^2+4a^2}} \tag{5-102}$$

a——支管之间间隙；

b_1、h_1、b_2、h_2——分别为第一支管宽度和高度、第二支管宽度和高度。

（b）弦杆（主管）轴心受力承载力设计值

$$N^{pj}=(A-\alpha_v A_v)f \tag{5-103}$$

式中　α_v——考虑剪力对弦杆（主管）轴心承载力的影响：

$$\alpha_v=1-\sqrt{1-\left(\frac{V}{V_p}\right)^2} \tag{5-104}$$

$$V_p=A_v f_v \tag{5-105}$$

V——节点间隙处弦杆所受剪力：

$$V=\frac{N_i}{\sin\theta_i} \tag{5-106}$$

N_i、θ_i——支管的轴力和与主管夹角。

3）搭接的 K、N 形节点（图 5-101d）

搭接支管的承载力设计值根据搭接率 Q_v 不同采用不同计算公式。

如图 5-104 所示，K、N 形搭接率 Q_v 按下式计算：

$$Q_v=\frac{q}{p}\times 100\% \tag{5-107}$$

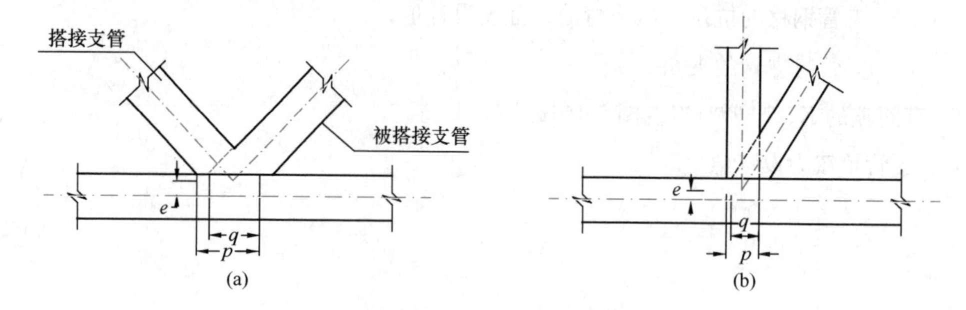

图 5-104　K、N 形节点的偏心和搭接

（a）当 25%$\leqslant Q_v<$50%时

$$N_i^{pj}=2.0\left[(h_i-2t_i)\frac{Q_v}{0.5}+\frac{b_e+b_{ej}}{2}\right]t_i f_i \tag{5-108}$$

（b）当 50%$\leqslant Q_v<$80%时

$$N_i^{pj}=2.0\left(h_i-2t_i+\frac{b_e+b_{ej}}{2}\right)t_i f_i \tag{5-109}$$

（c）当 80%$\leqslant Q_v\leqslant$100%时

$$N_i^{pj}=2.0\left(h_i-2t_i+\frac{b_i+b_{ej}}{2}\right)t_i f_i \tag{5-110}$$

（d）被搭接支管的承载力应满足下列要求：

$$\frac{N_j^{pj}}{A_j f_{yj}}\leqslant\frac{N_i^{pj}}{A_i f_{yi}} \tag{5-111}$$

式中　　b_{ej}——被搭接支管的有效宽度：

$$b_{ej}=\frac{10}{\frac{b_j}{t_j}}\cdot\frac{t_j f_{yj}}{t_i f_{yi}}b_i\leqslant b_i \tag{5-112}$$

b_j、h_j、t_j、f_{yj}——分别为被搭接支管的截面宽度、高度、壁厚和被搭接支管的屈服强度；

b_i、h_i、t_i、f_{yi}——分别为搭接支管的截面宽度、高度、壁厚和搭接支管的屈服强度。

4）支管为圆管时，各种类型节点承载力可按矩形管计算公式进行，但公式中应以 d_i 取代 b_i 和 h_i，并将各式右侧乘以系数 $\frac{\pi}{4}$，同时将式（5-101）改为

$$A_v=\frac{\pi d_i}{2}t \tag{5-113}$$

（3）直接焊接矩形管节点计算公式的适用范围为直接焊接矩形管节点应满足表 5-8 要求。

矩形管节点几何参数的适用范围　　表 5-8

管截面形式		节点形式	节点几何参数，i=1 或 2，表示支管；j—表示被搭接的支管					
			$\frac{b_i}{b}$，$\frac{h_i}{b}$（或$\frac{d_i}{b}$）	$\frac{b_i}{t_i}$，$\frac{h_i}{t_i}$（或$\frac{d_i}{t_i}$）受压	$\frac{b_i}{t_i}$，$\frac{h_i}{t_i}$（或$\frac{d_i}{t_i}$）受拉	$\frac{h_i}{b_i}$	$\frac{b}{t}$，$\frac{h}{t}$	a 或 O_v b_i/b_j、t_i/t_j
主管为矩形管	支管为矩形管	T、Y、X形	$\geqslant 0.25$	$\leqslant 37\sqrt{\frac{235}{f_{yi}}}$ 且 $\leqslant 35$	$\leqslant 35$	$0.5\leqslant\frac{h_i}{b_i}\leqslant 2$	$\leqslant 35$	
		有间隙的K形和N形	$\geqslant 0.1+\frac{0.01b}{t}$ $\beta\geqslant 0.35$					$0.5(1-\beta)\leqslant\frac{a}{b}\leqslant 1.5(1-\beta)^{*}$ $a\geqslant t_1+t_2$ $25\%\leqslant Q_v\leqslant 100\%$
		搭接K形和N形	$\geqslant 0.25$	$\leqslant 33\sqrt{\frac{235}{f_{yi}}}$			$\leqslant 40$	$\frac{t_i}{t_j}\leqslant 1.0$ $1.0\geqslant\frac{b_i}{b_j}\geqslant 0.75$
	支管为圆管		$0.4\leqslant\frac{d_i}{b}\leqslant 0.8$	$\leqslant 44\sqrt{\frac{235}{f_{yi}}}$	$\leqslant 50$	用 d_i 取代 b_i 之后，仍应满足上述相应条件		

注：1. 标注 * 处当 $a/b>1.5(1-\beta)$，则按 T 形或 Y 形节点计算。

2. b_i、h_i、t_i 分别为第 i 个矩形支管的截面宽度、高度和壁厚；

d_i、t_i 分别为第 i 个圆支管的外径和壁厚；

b、h、t 分别为矩形主管的截面宽度、高度和厚度；

a 为支管间的间隙；

O_v 为搭接率；

β 为参数；对 T、Y、X 形节点，$\beta=\frac{b_i}{b}$ 或 $\frac{d_i}{b}$；对 K、N 形节点，$\beta=\frac{b_1+b_2+h_1+h_2}{4b}$ 或 $\beta=\frac{d_1+d_2}{2b}$。

4. 直接焊接钢管节点的焊缝计算

(1) 直接焊接圆钢管节点的焊缝计算

支管与主管的连接焊缝可视为全周角焊缝。角焊缝的有效厚度沿管周长是变化的，当支管轴心受力时，取平均有效厚度为 $0.7h_f$，支管焊缝是端缝受力，计算时，考虑 $\beta_f=1.0$，连接焊缝可按下式计算：

$$\frac{N}{0.7h_f l_w}\leqslant f_f^w/\gamma \tag{5-114}$$

式中　N——支管的轴心力设计值；

f_f^w——角焊缝的强度设计值；

h_f——焊脚尺寸；

l_w——焊缝的计算长度（支管与主管相交长度），它是一条空间曲线，与 $\frac{d_i}{d}$ 之比有关，

用回归分析方法，得

当$\frac{d_i}{d}\leqslant 0.65$时

$$l_w=(3.25d_i-0.025d)\left(\frac{0.534}{\sin\theta_i}+0.466\right) \tag{5-115a}$$

当$\frac{d_i}{d}>0.65$时

$$l_w=(3.81d_i-0.389d)\left(\frac{0.534}{\sin\theta_i}+0.466\right) \tag{5-115b}$$

d、d_i——分别为主管与支管外径；

θ_i——支管轴线与主管轴线的夹角。

直接焊接圆管节点的焊缝应满足如下构造要求：

1）角焊缝的焊脚尺寸不宜大于支管壁厚的 2 倍，即 $h_f\leqslant 2t_i$（t_i 为支管壁厚）。

2）支管与主管之间的连接可沿全周用角焊缝（图 5-105）或部分采用对接焊缝、部分采用角焊缝（图 5-106）。支管管壁与主管管壁之间夹角大于或等于120°的区域宜用对接焊缝或带剖口的角焊缝。

支管端部焊缝位置可分为 A、B、C 三区（图 5-107），当各区均采用角焊缝时，其形式见图 5-105；当 A、B 区采用对接焊缝而 C 区采用角焊缝时，其形式见图 5-106。

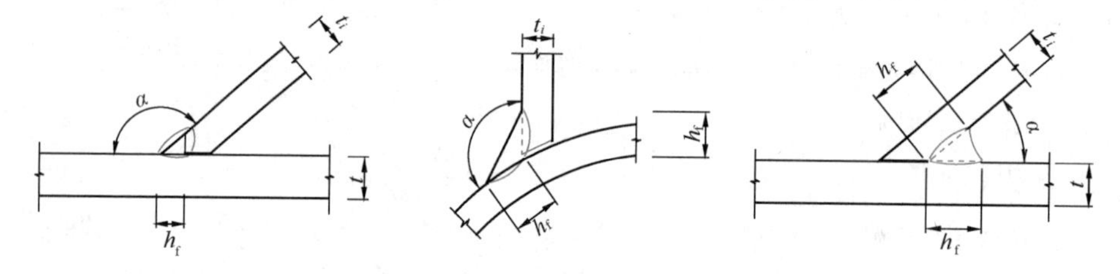

图 5-105　各区均为角焊缝的形式

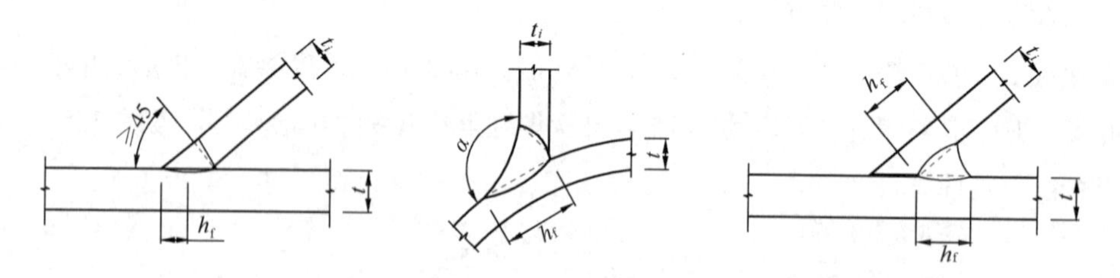

图 5-106　部分为对接焊缝部分为角焊缝的形式

支管与主管连接焊缝采用对接焊缝时，因焊脚处无法设套管，焊脚根部很难满足对接焊缝质量检验标准。可允许焊脚根部有 1～2mm 区段不进行探伤检查，并对焊缝强度设计值乘 0.85。

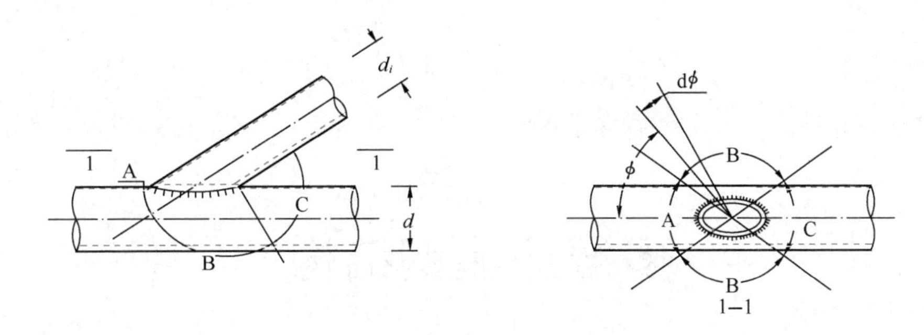

图 5-107　管端焊缝位置分区图

（2）直接焊接矩形管节点的焊缝计算

矩形管节点支管与主管的相贯线是直线，计算方便。但考虑到主管平壁较薄，支管端部平行于主管轴线方向焊缝传力刚度比垂直于主管轴线方向焊缝传力刚度强很多，故不考虑或部分考虑垂直于主管轴线方向焊缝作用，焊缝的计算长度 l_w 不一定等于周长。

轴力作用下焊缝强度按下式计算：

$$\frac{N}{0.7h_f l_w} \leqslant f_f^w/\gamma \tag{5-116}$$

式中　l_w——焊缝计算长度：

对K、N形节点

当 $\theta_i \geqslant 60°$　　$l_w = \dfrac{2h_i}{\sin\theta_i} + b_i$

当 $\theta_i \leqslant 50°$　　$l_w = \dfrac{2h_i}{\sin\theta_i} + 2b_i$

当$50° < \theta_i < 60°$　　l_w 按插值法确定

对T、Y、X形节点　　$l_w = \dfrac{2h_i}{\sin\theta_i}$

b_i、h_i——支管截面宽度和高度；

θ_i——支管轴线与主管轴线之夹角。

当支管为圆管、主管为矩形管时，焊缝的计算长度取为支管与主管的相交线长度减去 d_i。

思考题

5.1　大跨度钢结构主要有哪些常见的结构形式?

5.2　如何保证大跨度空间结构的整体稳定性?

5.3　螺栓球节点的具体构造是怎样的? 分析拉力和压力的传递路径。

第6章 多层房屋钢结构

6.1 多层房屋钢结构的体系

6.1.1 多层房屋钢结构的用途

多层房屋是指 4 层到 12 层或高度不超过 40m 的房屋。多层房屋钢结构可用于工业厂房、仓库、办公楼、公共建筑和住宅等。

6.1.2 结构体系

多层房屋钢结构的体系可以有以下几种形式：

1. 纯框架体系

纯框架体系中，梁柱节点一般均做成刚性连接以提高结构的抗侧刚度，有时也可做成半刚性连接。图 6-1 表示了刚性连接、半刚性连接和铰接连接的受力性能。图中纵坐标 M 为梁端的弯矩，横坐标 θ 为梁柱夹角的改变量。在一般情况下，梁柱连接采用全焊连接（图

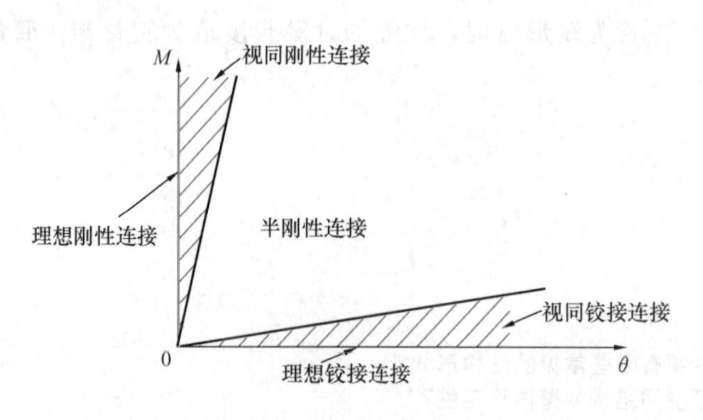

图 6-1　梁柱节点的受力性能分类

6-2a）或梁的上、下翼缘与柱的连接采用焊接时（图 6-2b），可形成刚性连接。刚性连接在梁端弯矩 M 作用下，梁柱夹角的改变量 θ（图 6-2f）很小，可以忽略不计，其 M-θ 的关系处于图 6-1 中的视同刚性连接区。仅将梁的腹板与柱用螺栓连接（图 6-2c）或将梁搁置在柱的牛腿上（图 6-2d）是铰接连接的常见做法。这种连接在梁端很小的弯矩作用下就会使梁柱夹角发生变化。由于它能承担的弯矩很小，可以不予考虑，称之为铰接连接，其 M-θ 的关系处于图 6-1 中的视同铰接连接区。梁柱连接采用角钢等连接件并用高强度螺栓连接（图6-2e）的做法，往往形成半刚性连接，这种连接既能承担一定的梁端弯矩又会产生一定的梁柱夹角的改变，其 M-θ 的关系处于图 6-1 中的半刚性连接区。

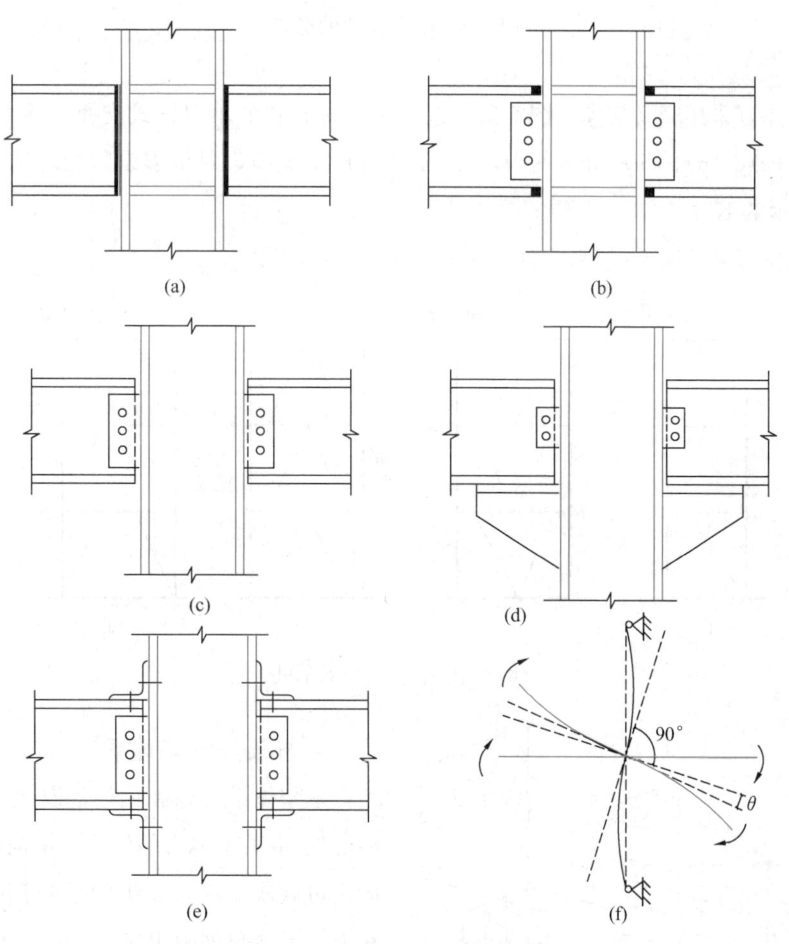

图 6-2　梁柱节点的构造示意

2. 框架-支撑体系

为了增加框架体系的抗侧刚度，可以在框架柱之间设置支撑，形成框架-支撑体系。位于非抗震设防地区或 6、7 度抗震设防地区的支撑结构体系可采用中心支撑（图 6-3）。位于 8、9 度抗震设防地区的支撑结构体系也可采用偏心支撑（图 6-4）或带有消能装置的消能

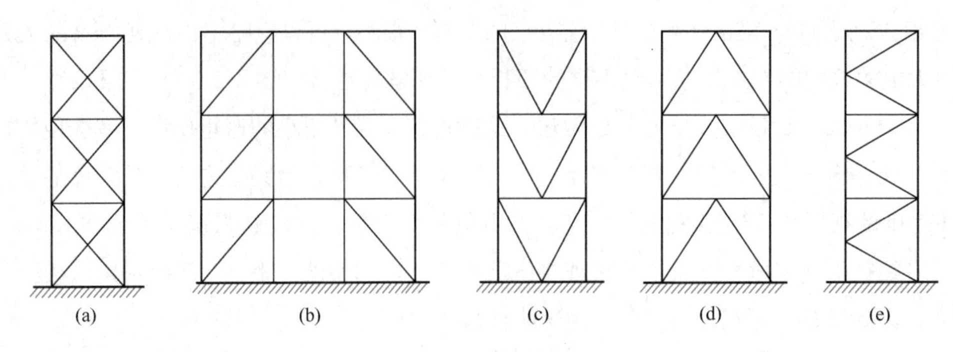

图 6-3　中心支撑的形式

支撑。

中心支撑宜采用交叉支撑（图 6-3a）或二组对称布置的单斜杆式支撑（图 6-3b），也可采用图 6-3（c）、（d）、（e）所示的 V 字、人字和 K 字支撑，对抗震设防的结构不得采用图 6-3（e）所示的 K 字支撑。

偏心支撑可采用图 6-4（a）、（b）、（c）、（d）所示的形式。

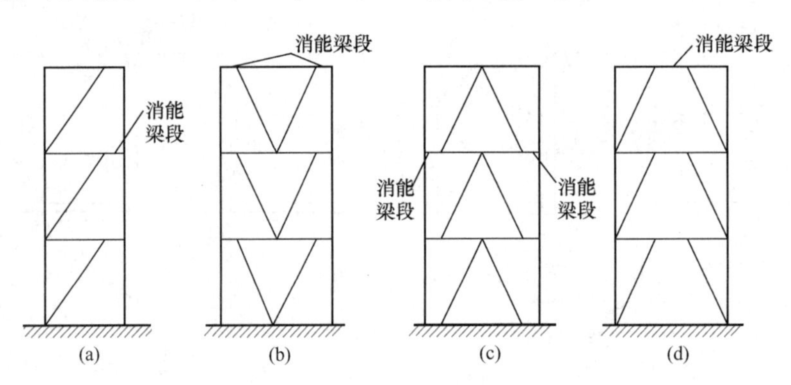

图 6-4　偏心支撑的形式

3. 框架-剪力墙体系

框架体系可以和钢筋混凝土剪力墙组成钢框架-混凝土剪力墙体系。钢筋混凝土剪力墙也可做成墙板，设于钢梁与钢柱之间，并在上、下边与钢梁相连。

4. 交错桁架体系

交错桁架体系如图 6-5 所示。横向框架在竖向平面内每隔一层设置桁架层，相邻横向框架的桁架层交错布置，在每层楼面形成二倍柱距的大开间。

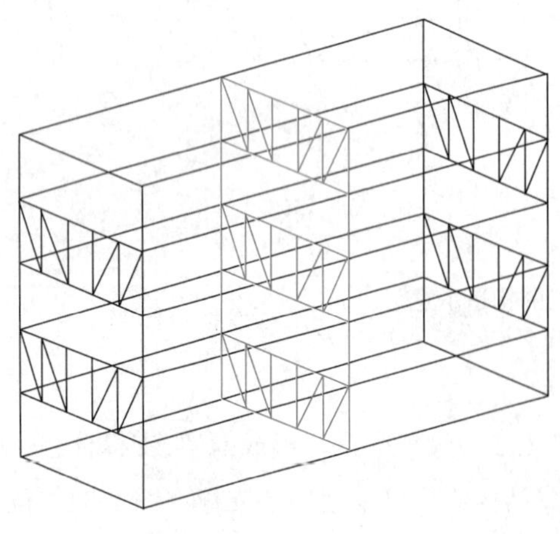

图 6-5　交错桁架体系

6.2　多层房屋钢结构的建筑和结构布置

除了竖向荷载外，风荷载、地震作用等侧向荷载和作用也是影响多层房屋钢结构用钢量和造价的主要因素。因此，在建筑和结构设计时应采用能减小风荷载和地震作用效应的布置。

6.2.1　多层房屋钢结构的建筑体形设计

1. 建筑平面形状

平面形状宜设计成具有光滑曲线的凸平面形式，如矩形平面、圆形平面等以减小风荷载。为了减小风荷载和地震作用产生的不利扭转影响，平面形状还宜简单、规则、有良好的整体性，并能在各层使刚度中心与质量中心接近。

表 6-1 是现行国家标准《建筑抗震设计规范》GB 50011 中列出的平面不规则的三种类型，即扭转不规则、凹凸不规则和楼板局部不连续及其定义。在进行平面形状设计时，应尽量避免出现这些不规则。

平面不规则的类型　　表 6-1

不规则类型	定　义
扭转不规则	在规定的水平力作用下，楼层的最大弹性水平位移（或层间位移），大于该楼层两端弹性水平位移（或层间位移）平均值的 1.2 倍
凹凸不规则	结构平面凹进的一侧尺寸，大于相应投影方向总尺寸的 30%
楼板局部不连续	楼板的尺寸和平面刚度急剧变化，如有效楼板宽度小于该层楼板典型宽度的 50%，或开洞面积大于该层楼面面积的 30%，或较大的楼层错层

2. 建筑竖向形体

为了减小地震作用的不利影响，建筑竖向形体宜规则均匀，避免有过大的外挑和内收，各层的竖向抗侧力构件宜上下贯通，避免形成不连续。层高不宜有较大突变。

表 6-2 是现行国家标准《建筑抗震设计规范》GB 50011 中列出的竖向不规则的三种类型，即侧向刚度不规则、竖向抗侧力构件不连续和楼层承载力突变及其定义。在进行竖向形体设计时，应尽量避免出现这些不规则。

竖向不规则的类型　　表 6-2

不规则类型	定　义
侧向刚度不规则	该层的侧向刚度小于相邻上一层的 70%，或小于其上相邻三个楼层侧向刚度平均值的 80%；除顶层或出屋面的小建筑外，局部收进的水平向尺寸大于相邻下一层的 25%

续表

不规则类型	定　　义
竖向抗侧力构件不连续	竖向抗侧力构件（柱、支撑、剪力墙）的内力由水平转换构件（梁、桁架等）向下传递
楼层承载力突变	抗侧力结构的层间受剪承载力小于相邻上一楼层的80%

6.2.2 多层房屋钢结构的结构布置

1. 结构平面布置

由于框架是多层房屋钢结构的最基本结构单元，为了能有效地形成框架，柱网布置应规则，避免零乱形不成框架的布置。

框架横梁与柱的连接在柱截面抗弯刚度大的方向做成刚接，形成刚接框架（图 6-6a)。在另一方向，常视柱截面抗弯刚度的大小，采用不同的连接方式。如柱截面抗弯刚度也较大，也可做成刚接，形成双向刚接框架；如柱截面抗弯刚度较小，可做成铰接，但应设置柱间支撑增加抗侧刚度，形成柱间支撑——铰接梁框架（图 6-6b)。在保证楼面、屋面平面内刚度的条件下，可采用隔一榀或隔多榀布置柱间支撑，其余则为铰接框架（图 6-6c)。

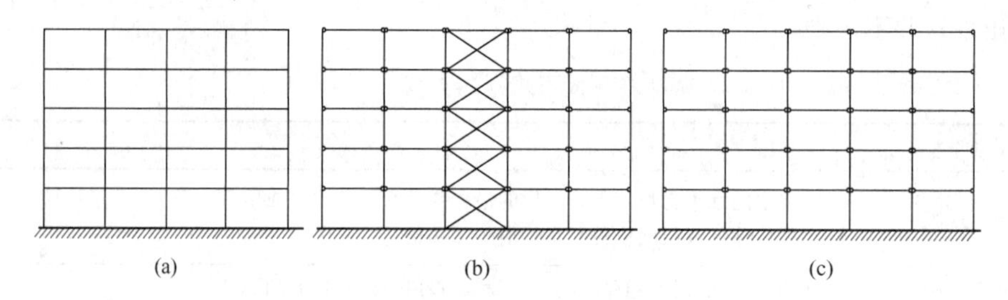

图 6-6　框架的形式

在双向刚接框架体系中，柱截面抗弯刚度较大的方向应布置在跨数较少的方向。在单向刚接框架另一方向为柱间支撑-铰接梁框架体系时，柱截面的布置方向则由柱间支撑设置的方向确定，抗弯刚度较大的方向应在刚接框架的方向。

结构平面布置中柱截面尺寸的选择和柱间支撑位置的设置，应尽可能做到使各层刚度中心与质量中心接近。

处于抗震设防区的多层房屋钢结构宜采用框架-支撑体系，因为框架—支撑体系是由刚接框架和支撑结构共同抵抗地震作用的多道抗震设防体系。采用这种体系时，框架梁和柱在两个方向均做成刚接，形成双向刚接框架，同时在两个方向均设置支撑结构（图 6-7)。框架和支撑的布置应使各层刚度中心与质量中心接近。

当采用框架—剪力墙体系时，其平面布置也应遵循上述相同的原则，但钢梁与混凝土剪力墙的连接一般都做成铰接连接。

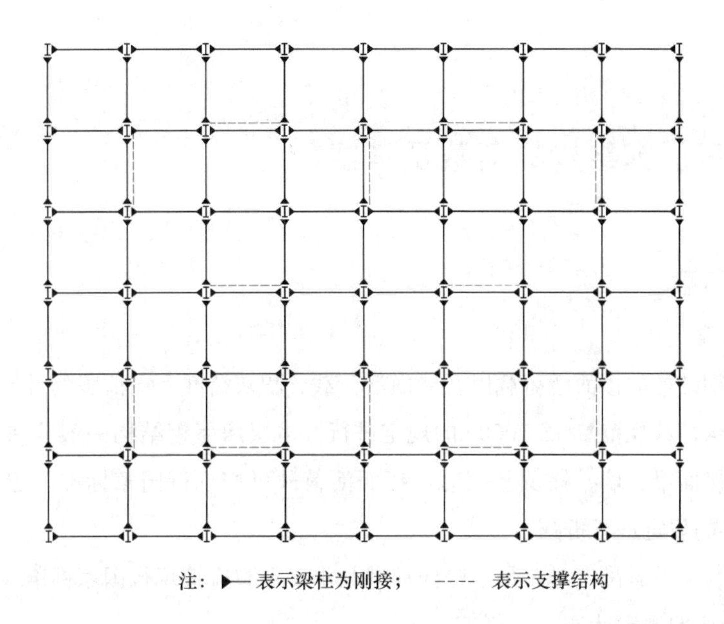

图 6-7　框架-支撑体系

2. 结构竖向布置

结构的竖向抗侧刚度和承载力宜上下相同，或自下而上逐渐减小，避免抗侧刚度和承载力突然变小，更应防止下柔上刚的情况。

处于抗震设防区的多层房屋钢结构，其框架柱宜上下连续贯通并落地。当由于使用需要必须抽柱而无法贯通或落地时，应合理设置转换构件，使上部柱子的轴力和水平剪力能够安全可靠和简洁明确地传到下部直至基础。支撑和剪力墙等抗侧力结构更宜上下连续贯通并落地。结构在两个主轴方向的动力特性宜相近。

当多层房屋有地下室时，钢结构宜延伸至地下室。

3. 楼层平面支撑的布置

多层房屋的楼层在其平面内应有足够的刚度，处于抗震设防区时，更是如此。因为由地震作用产生的水平力需要通过楼层平面的刚度使房屋整体协同受力，从而提高房屋的抗震能力。

当楼面结构为压型钢板-混凝土组合楼面、现浇或装配整体式钢筋混凝土楼板并与楼面钢梁有连接时，楼面结构在楼层平面内具有很大的刚度，可以不设水平支撑。

当楼面结构为有压型钢板的钢筋混凝土非组合板、现浇或装配整体式钢筋混凝土楼板但与钢梁无连接以及活动格栅铺板时，由于楼面板不能与楼面钢梁连成一体，不能在楼层平面内提供足够的刚度，应在框架钢梁之间设置水平支撑。

当楼面开有大洞使楼面结构在楼层平面内无法有足够的刚度时，应在开洞周围的柱网区格内设置水平支撑。

6.3 多层房屋钢结构的荷载及其组合

6.3.1 荷载

1. 竖向荷载

多层房屋钢结构的楼面活荷载以及屋面活荷载、积灰荷载和雪荷载的计算应按现行国家标准《建筑结构荷载规范》GB 50009 的规定进行。多层房屋钢结构一般应考虑活荷载的不利分布。设计楼面梁、墙、柱及基础时，楼面活荷载可按现行国家标准《建筑结构荷载规范》GB 50009 的规定进行折减。

多层工业房屋设有吊车时，吊车竖向荷载与水平荷载应按现行国家标准《建筑结构荷载规范》GB 50009 的规定计算。

2. 风荷载

垂直于房屋表面上的风荷载标准值应按下式计算：

$$w_{\mathrm{k}}=\beta_{\mathrm{z}}\mu_{\mathrm{s}}\mu_{\mathrm{z}}w_{0} \tag{6-1}$$

式中 w_{k}——风荷载标准值；

μ_{s}、μ_{z}、β_{z}——分别为风荷载体型系数、风压高度变化系数和高度 z 处的风振系数，按现行国家标准《建筑结构荷载规范》GB 50009 的规定采用；对于基本自振周期 T_1 大于 0.25s 的房屋及高度大于 30m 且高宽比大于 1.5 的房屋，应考虑风振系数，否则取 $\beta_{\mathrm{z}}=1$；

w_0——基本风压，一般多层房屋按 50 年重现期采用，对于特别重要或对风荷载比较敏感的多层建筑可按 100 年重现期采用。

3. 地震作用

地震作用应按现行国家标准《建筑抗震设计规范》GB 50011 计算。多层房屋钢结构在多遇地震下的计算，高度不大于 50m 时，阻尼比可取 0.04；高度大于 50m 且小于 200m 时可取 0.03；在罕遇地震分析时，阻尼比可取 0.05。

6.3.2 荷载组合

1. 承载能力极限状态设计

(1) 对于非抗震设计，多层房屋钢结构的承载能力极限状态设计应按第 1 章的式 (1-1) 进行，一般应采用下列荷载组合：

$$\left.\begin{array}{l}1)1.3D+1.5L_f+1.5\max(S,L_r)\\2)1.3D+1.5W\\3)1.3D+1.5L_f+1.5\max(S,L_r)+1.5\times0.6W\\4)1.3D+1.5W+1.5\times0.7L_f+1.5\times0.7\max(S,L_r)\end{array}\right\}\quad(6\text{-}2)$$

式中　D——恒载标准值；

L_r、L_f——分别为屋面及楼面活荷载标准值；

W——风荷载标准值；

S——雪荷载标准值。

当多层工业房屋有吊车设备和处于屋面积灰区时，尚应考虑吊车荷载和积灰荷载的组合。

（2）对于抗震设计，多层房屋钢结构的承载能力极限状态设计应按第1章的式（1-4）进行，此时应按多遇地震计算，其荷载效应组合为

$$1.2(D+\beta_f L_f+\beta_r L_r)+1.3E_h+1.4\times0.2W \quad (6\text{-}3a)$$

式中　E_h——水平方向地震作用效应；当考虑双向地震作用时，可按下列公式中的较大值采用：

$$E_h=\sqrt{E_{hx}^2+(0.85E_{hy})^2} \quad (6\text{-}3b)$$

$$E_h=\sqrt{E_{hy}^2+(0.85E_{hx})^2} \quad (6\text{-}3c)$$

E_{hx}——x方向的水平地震作用效应；

E_{hy}——y方向的水平地震作用效应；

β_r——地震作用重力荷载代表值组合系数，对屋面活荷载取$\beta_r=0$，对屋面积灰荷载和屋面雪荷载取$\beta_r=0.5$；

β_f——地震作用重力荷载代表值组合系数，对普通楼面活荷载取$\beta_f=0.5$，对藏书库、档案库取$\beta_f=0.8$，特别地，当楼面活荷载按实际情况计入时取$\beta_f=1.0$。

当多层工业房屋有吊车设备和处于屋面积灰区时，尚应考虑吊车荷载和积灰荷载的组合。

当多层房屋钢结构按第1章的式（1-6）进行罕遇地震作用下的结构弹塑性变形计算时，其荷载组合为

$$D+\beta_f L_f+\beta_r L_r+E_h \quad (6\text{-}4)$$

2. 正常使用极限状态设计

（1）对于非抗震设计，多层房屋钢结构的正常使用极限状态设计应按第1章的式（1-8）进行，其荷载组合为

$$
\begin{aligned}
&1)1.0D+1.0L_{f}+1.0\max(S,L_{r})\\
&2)1.0D+1.0W\\
&3)1.0D+1.0L_{f}+1.0\max(S,L_{r})+1.0\times0.6W\\
&4)1.0D+1.0W+1.0\times0.7L_{f}+1.0\times0.7\max(S,L_{r})
\end{aligned}
\tag{6-5}
$$

当多层工业房屋有吊车设备和处于屋面积灰区时，尚应考虑吊车荷载标准值和积灰荷载标准值的组合。

（2）对于抗震设计，多层房屋钢结构的正常使用极限状态设计应按第1章的式（1-11）进行，其荷载组合为

$$D+\beta_{f}L_{f}+\beta_{r}L_{r}+E_{h} \tag{6-6}$$

当多层工业房屋有吊车设备和处于屋面积灰区时，尚应考虑吊车荷载和积灰荷载的组合。

6.4 结构分析

6.4.1 一般原则

（1）多层房屋钢结构的内力一般按结构力学方法进行弹性分析，符合6.4.4节的多层钢框架，可采用塑性分析。

（2）框架结构的内力分析可采用一阶弹性分析，对符合式（6-7）的框架结构宜采用二阶弹性分析，即在分析时考虑框架侧向变形对内力和变形的影响，也称考虑P-Δ效应的分析。

$$\frac{\sum N_{k}\cdot\Delta u}{\sum H_{k}\cdot h}>0.1 \tag{6-7}$$

式中 $\sum N_{k}$——所计算楼层各柱轴向压力标准值之和；

$\sum H_{k}$——所计算楼层及以上各层的水平力标准值之和；

Δu——$\sum H_{k}$作用下按一阶弹性分析所得的所计算楼层的层间侧移；

h——所计算楼层的高度。

（3）计算多层房屋钢结构的内力和位移时，一般可假定楼板在其自身平面内为绝对刚

性。但对楼板局部不连续、开孔面积大和有较长外伸段的楼面，需考虑楼板在其自身平面内的变形。

(4) 当楼面采用压型钢板—混凝土组合楼板或钢筋混凝土楼板并与钢梁有可靠连接时，在弹性分析中，梁的惯性矩可考虑楼板的共同工作而适当放大。对于中梁，其惯性矩宜取(1.5～2)I_b，对于仅一侧有楼板的梁可取1.2I_b，I_b为钢梁的惯性矩。在弹塑性分析中，不考虑楼板与梁的共同工作。

(5) 多层房屋钢结构在进行内力和位移计算时，应考虑梁和柱的弯曲变形和剪切变形，可不考虑轴向变形；当有混凝土剪力墙时，应考虑剪力墙的弯曲变形、剪切变形、扭转变形和翘曲变形。

(6) 宜考虑梁柱连接节点域的剪切变形对内力和位移的影响。

(7) 多层房屋钢结构的结构分析宜采用有限单元法。对于可以采用平面计算模型的多层房屋钢结构，可采用6.4.3节的近似实用算法。

(8) 多层房屋钢结构在地震作用下的分析，应按6.4.5节进行。

6.4.2 有限元分析用的计算模型

多层房屋钢结构的分析，一般均采用有限元分析程序通过计算机完成。目前有限元分析采用的计算模型有平面协同计算、空间协同计算模型、空间结构-刚性楼面计算模型和空间结构—弹性楼面计算模型等。

1. 平面协同计算模型

平面协同计算模型假定结构在受荷载作用时不产生扭转。将结构拆分为若干个平面子结构，通过楼板连成整体结构。假定平面子结构只能在平面内受力，不能在平面外受力，楼板在自身平面内为无限刚性。在水平荷载作用下，与荷载方向一致的平面子结构通过平面内刚性的楼板协同工作，共同抵抗水平荷载。各平面子结构所受水平力的大小与其抗侧刚度成正比，两个垂直方向的平面结构各自独立，分别计算。

这一计算模型在分析时，所有平面子结构的相同楼层只有一个平移自由度，N层多层房屋结构只有N个未知量，计算简便；但不能计算平面复杂，在水平荷载作用下会产生扭转的结构。

2. 空间协同计算模型

空间协同计算模型可以考虑结构在受荷载作用时的扭转变形影响。与平面协同计算模型相同，将结构拆分为若干个平面子结构，并假定楼板在自身平面内为无限刚性。平面子结构也假定只能在平面内受力。在水平荷载作用下，各平面子结构通过平面内刚性的楼板协同工作，共同抵抗由水平荷载产生的水平力和扭矩。由于考虑了扭转变形，在一个方向水平荷载作用下，两个方向的平面子结构由楼板联系协同工作。

这一计算模型在分析时，各楼层有三个自由度，即两个平移和一个扭转，N 层多层房屋结构有 $3N$ 个未知量，计算也比较简便；但不能用于结构无法划分成平面结构的情况。

3. 空间结构-刚性楼面计算模型

空间结构-刚性楼面计算模型采用空间杆系单元，并假定楼板在楼层平面内无限刚性。由于采用楼板在平面内无限刚性，每个楼层也只有三个自由度，即两个平移和一个扭转。但因不采用平面子结构而采用空间整体计算，因此所有节点的位移均连续，计算精度相对较高。

当有些结构因平面布置不太规则，难以使楼板在平面内形成无限刚性时，不宜采用空间结构-刚性楼面计算模型，否则会造成较大误差。

4. 空间结构-弹性楼面计算模型

空间结构-弹性楼面计算模型不采用刚性楼板假定，采用空间杆系单元和能反应楼面实际刚度的板单元或板壳单元建立计算模型，每个节点有 6 个自由度。这是一种精度更高的计算模型，但计算工作量却大大增加。

5. 计算模型的选用及单元模型

多层房屋钢结构当结构布置规则、质量及刚度沿高度分布均匀、可以不计扭转效应时，可采用平面协同计算模型；当需计及扭转效应时，可采用空间协同计算模型；当结构平面和竖向形体不规则，无法形成平面子结构时，应采用空间结构计算模型。

在计算模型中，梁和柱宜采用梁单元，应能考虑弯曲变形、剪切变形、扭转变形和轴向变形。支撑应根据其连接节点构造形式的不同，采用不同的单元。当为铰接时，采用杆单元；当为刚接时，采用与梁和柱相同的梁单元。梁柱连接处的节点域宜作一个单独的剪切单元，也可按以下方法近似考虑而不设剪切单元：(1) 对于工字形截面柱的框架，梁和柱的长度取轴线间的距离；(2) 对于箱形截面柱的框架，宜将节点区视作刚域，刚域尺寸取节点域实际尺寸的一半，梁和柱的计算长度取刚域间的净距；(3) 对于框架-支撑结构，可不考虑梁柱节点域的剪切变形对结构内力和位移的影响。当有混凝土剪力墙时，剪力墙宜采用墙板单元，应能考虑弯曲、剪切、轴向、扭转和翘曲变形。当需考虑楼板在自身平面内变形的影响时，楼板宜采用板壳单元。

6.4.3 多层框架结构的近似实用分析法

1. 一阶分析时的近似实用方法

对于可以采用平面计算模型的多层房屋钢结构，在竖向荷载与水平荷载作用下（图 6-8a）的内力和位移计算，按一阶弹性分析时，可采用下述的实用分析法：

第一步　先将框架节点的侧向位移完全约束，成为无侧移框架（图 6-8b），求出框架的内力（用 M_{1b}表示），变形和约束力 H_1、H_2……。此时的内力分析可采用力矩分配法。

第二步　将约束力 H_1、H_2…反向作用于框架（图 6-8c）以消除先前的约束。求出框架的内力（用 M_{1s} 表示）和变形。此时的内力和变形分析可采用 D 值法。

第三步　将 M_{1b} 和 M_{1s} 相加即得到框架在竖向荷载与水平荷载作用下的内力和位移，即

$$M_1 = M_{1b} + M_{1s} \tag{6-8}$$

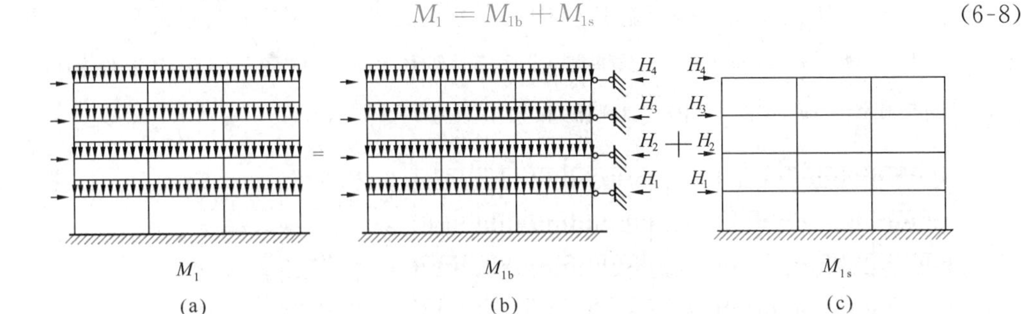

图 6-8　框架一阶分析时的近似实用方法

2. 二阶分析时的近似实用方法

二阶分析与一阶分析的不同主要是考虑框架侧向位移对内力的影响。图 6-9 表示框架中的某一层在产生侧向位移后的受力情况，作用在该层上部的荷载都随侧向位移 Δu 的发生而侧移。按一阶分析时，因不考虑侧向位移的影响，因此底部的一阶倾覆力矩 $M_{\rm I}$ 只由水平力 $\sum H$ 产生，即

$$M_{\rm I} = \sum Hh \tag{6-9}$$

式中　$\sum H$——计算楼层及以上各层的水平力之和；

h——楼层高度。

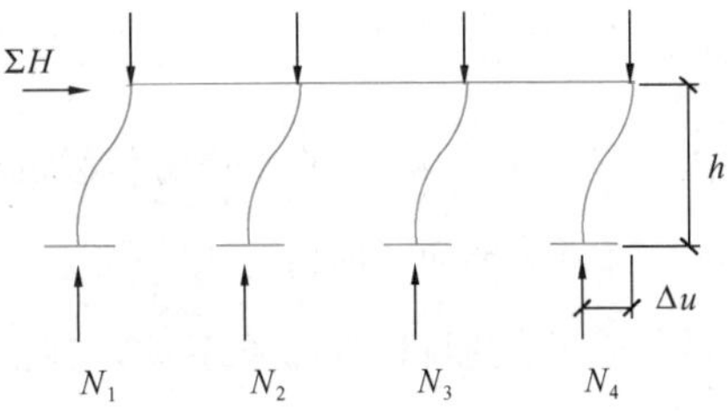

图 6-9　二阶分析示意图

按二阶分析时，底部的倾覆力矩除由水平力 H 产生外，还应考虑竖向力因框架侧移而产生的力矩，前者为一阶倾覆力矩 $M_{\rm I}$，后者为二阶倾覆力矩 $M_{\rm II}$，即

$$M = M_{\rm I} + M_{\rm II} = \sum Hh + \sum N\Delta u$$

或

$$M = \sum Hh\left(1 + \frac{\sum N\Delta u}{\sum Hh}\right) \tag{6-10}$$

式中　$\sum N$——计算楼层各柱轴向压力之和；

Δu——计算楼层层间相对位移。

式（6-10）中的 $\dfrac{\sum N\Delta u}{\sum Hh}$ 表示二阶倾覆力矩与一阶倾覆力矩的比值。对比式（6-7）可以看出，当此比值大于 0.1 时宜采用二阶分析。

对于可以采用平面计算模型的多层房屋钢框架结构，在竖向荷载与水平荷载作用下的按二阶分析的内力和位移计算，也可采用与按一阶弹性分析相类似的近似实用分析方法。

第一步　先将框架节点的侧向位移完全约束（图 6-10b），用力矩分配法求出框架的内力（用 M_{1b}表示）和约束力 H_1、H_2……。

第二步　将约束力 H_1、H_2……反向作用于框架，同时应在每层柱顶附加由式(6-12)计算的假想水平力 H_{n1}、H_{n2}……。用 D 值法求出框架的内力（用 M_{1s}表示）和变形（图 6-10c）。这里的 M_{1s}仍为一阶分析，只是增加了考虑结构和构件的各种缺陷（如结构的初倾斜、初偏心和残余应力等）对内力影响的假想水平力 H_{ni}(图 6-10c)。

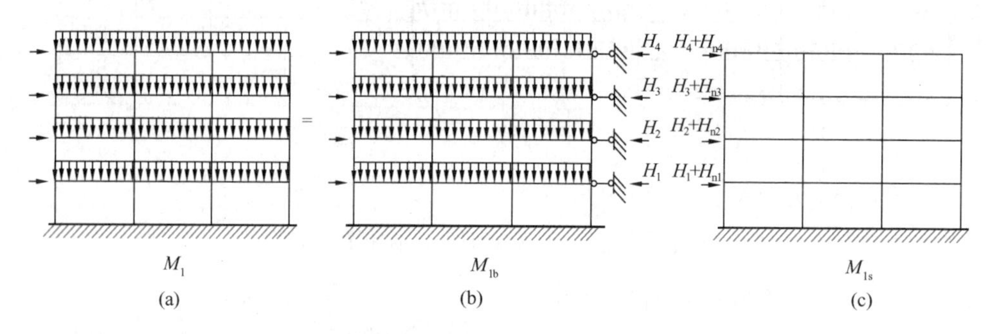

图 6-10　框架二阶分析时的近似实用方法

H_{ni}可由下式计算：

$$H_{ni}=\frac{\alpha_y Q_i}{250}\sqrt{0.2+\frac{1}{n_s}} \tag{6-11}$$

式中　Q_i——第 i 楼层的总竖向荷载设计值；

n_s——框架总层数；当 $\sqrt{0.2+1/n_s}>1$ 时，取此根号值为 1.0；

α_y——钢材强度影响系数，其值：Q235 钢为 1.0；Q345 钢为 1.1；Q390 钢为 1.2；Q420 钢为 1.25。

第三步　将 M_{1b}和 M_{1s}经考虑 P-Δ 效应后的放大值相加，即得到按二阶分析的内力和位移。

$$M=M_{1b}+\alpha M_{1s} \tag{6-12}$$

式中

$$\alpha=\frac{1}{1-\frac{\Sigma N\cdot\Delta u}{\Sigma H\cdot h}} \tag{6-13}$$

当 $\alpha>1.33$ 时，宜增大框架结构的抗侧刚度。

6.4.4　框架结构的塑性分析

框架结构从理论上讲可以采用塑性分析。但由于我国尚缺少理论研究和实践经验，我国现行国家标准《钢结构设计标准》GB 50017 的有关塑性设计的规定只适用于下列情况：1）超静定梁；2）由实腹构件组成的单层框架结构；3）水平荷载作为主导可变荷载的荷载组合不控制构件截面设计的 2 ～6 层框架结构；4）满足下列条件之一的框架-支撑（剪力墙、核心筒等）结构中的框架部分：a）结构下部 1/3 楼层的框架部分承担的水平力不大于该层总水平力 20%；b）支撑（剪力墙）系统能够承担所有水平力。

采用塑性设计的框架结构，按承载能力极限状态设计时，应采用荷载的设计值，考虑构件截面内塑性的发展及由此引起的内力重分配，用简单塑性理论进行内力分析。框架结构塑性分析方法的一般原理与第 3 章第 3.7.2 节的内容相同，不再详述。

采用塑性设计的框架结构，按正常使用极限状态设计时，采用荷载的标准值，并按弹性计算。

由于采用塑性设计后，出现塑性铰处的截面要达到全截面塑性弯矩，且在内力重分配时要能保持全截面塑性弯矩，因此所用的钢材和截面板件的宽厚比应有下列要求：

(1) 钢材的力学性能应满足屈强比 $f_y/f_u \leqslant 0.85$，伸长率 $\delta_5 \geqslant 20\%$，钢材应具有明显的屈服平台；

(2) 截面板件的宽厚比应符合表 6-3 的规定。

板件宽厚比　　表 6-3

截面形式	翼缘	腹板
	$\frac{b}{t} \leqslant 9\sqrt{\frac{235}{f_y}}$	$(33+13\alpha_0^{1.3})\sqrt{\frac{235}{f_y}}$ $\alpha_0 = \frac{\sigma_{max}-\sigma_{min}}{\sigma_{max}}$ 式中　σ_{max}——腹板计算边缘的最大压应力； σ_{min}——腹板另一边缘的应力，压为正，拉为负
	$\frac{b_0}{t} \leqslant 30\sqrt{\frac{235}{f_y}}$	$\frac{h_0}{t_w} \leqslant 30\sqrt{\frac{235}{f_y}}$

6.4.5 地震作用下的结构分析

1. 多层房屋钢结构在地震作用下结构分析的基本规定

按照我国现行国家标准《建筑抗震设计规范》GB 50011 的规定，多层房屋钢结构在地震作用下应作二阶段分析，即多遇地震作用下作结构构件承载力验算和罕遇地震作用下作结构弹塑性变形验算。

多遇地震作用下作结构构件承载力验算时，在一般情况下，可以在结构的两个主轴方向分别计算水平地震的作用，各方向的水平地震作用由该方向的抗侧力构件承担。此外，还应在刚度较弱的方向计算水平地震作用。

有斜交抗侧力构件的结构，当斜交角度大于 15°时，应分别计算各抗侧力构件方向的水平地震作用。

在计算单向水平地震作用时，尚应考虑偶然偏心的影响，将每层质心沿垂直于地震作用方向偏移 e_i，对方形及矩形平面，其值可按下式计算：

$$e_i = \pm 0.05L_i \tag{6-14}$$

式中 L_i——第 i 层垂直于地震作用方向的多层房屋总长度。

质量和刚度明显不对称、不均匀的结构，还应计算双向水平地震作用，计算模型中应考虑扭转影响。

2. 多遇地震作用下的分析

多层房屋钢结构在多遇地震作用下可采用线弹性理论进行分析。在一般情况下，可采用振型分解反应谱法。振型分解反应谱法用的地震影响系数曲线应按现行国家标准《建筑抗震设计规范》GB 50011 的规定采用。

具有表 6-1 和表 6-2 中多项不规则的多层房屋钢结构以及属于甲类抗震设防类别的多层房屋钢结构，还应采用时程分析法进行补充计算，当取 3 组加速度时程曲线输入时，计算结果宜取时程法的包络值和振型分解反应谱法的较大值；当取 7 组及 7 组以上的时程曲线时，计算结果可取时程法的平均值和振型分解反应谱法的较大值。

采用时程分析法时，应按建筑场地类别和设计地震分组选用实际强震记录和人工模拟的加速度时程曲线，其中实际强震记录的数量不应少于总数的 2/3，多组时程曲线的平均地震影响系数曲线应与振型分解反应谱法所采用的地震影响系数曲线在统计意义上相符，其加速度时程的最大值可按表 6-4 采用。弹性时程分析时，每条时程曲线计算所得结构底部剪力不应小于振型分解反应谱法计算结果的 65%，多条时程曲线计算所得结构底部剪力的平均值不应小于振型分解反应谱法计算结果的 80%。

计算地震作用时所采用的结构自振周期应考虑非承重墙体的刚度影响予以折减。周期折减系数可按下列规定采用：

（1）当非承重墙体为填充空心黏土砖墙时，0.8～0.9；

（2）当非承重墙体为填充轻质砌块、轻质墙板、外挂墙板时，0.9～1.0。

时程分析所用地震加速度时程曲线的最大值（cm/s^2） **表 6-4**

地震影响	6 度	7 度	8 度	9 度
多遇地震	18	35（55）	70（110）	140
罕遇地震	125	220（310）	400（510）	620

注：括号内数值分别用于设计基本地震加速度为 0.15g 和 0.30g 的地区。

3. 罕遇地震作用下的分析

属于甲类抗震设防类别和9度抗震设防的乙类建筑的多层房屋钢结构应进行罕遇地震作用下的分析，7度Ⅲ、Ⅳ类场地和8度时乙类抗震设防类别的多层房屋钢结构宜进行罕遇地震作用下的分析。

罕遇地震作用下的分析主要是计算结构的变形，根据不同情况，可采用简化的弹塑性分析方法、静力弹塑性分析方法（也称推覆分析方法）或弹塑性时程分析法。

多层房屋钢结构的弹塑性位移应按第1章的式（1-6）进行验算，弹塑性层间位移 Δu_p 应符合下式要求：

$$\Delta u_p \leqslant [\theta_p]h \tag{6-15}$$

式中　$[\theta_p]$——弹塑性层间位移角限值，多层钢结构为1/50；

h——层高。

6.4.6 罕遇地震作用下弹塑性层间位移的计算方法

1. 层刚度无突变的情况

随着计算机技术的发展，弹塑性时程分析已成为罕遇地震作用下结构分析的主要方法，当计算条件不足时，对于刚度较为均匀的情况，也可采用简化方法进行计算。弹塑性层间位移 Δu_p 可采用简化方法按下式计算：

$$\Delta u_p = \eta_p \Delta u_e \tag{6-16}$$

式中　Δu_e——罕遇地震标准值作用下按弹性分析的层间位移；

η_p——弹塑性层间位移增大系数，按表6-5取用。

钢框架及框架支撑结构弹塑性层间位移增大系数　表6-5

R_s	总层数	屈服强度系数 ζ_y			
		0.6	0.5	0.4	0.3
0（无支撑）	5	1.05	1.05	1.10	1.20
	10	1.10	1.15	1.20	1.20
	15	1.15	1.15	1.20	1.30
	20	1.15	1.15	1.20	1.30
1	5	1.50	1.65	1.70	2.10
	10	1.30	1.40	1.50	1.80
	15	1.25	1.35	1.40	1.80
	20	1.10	1.15	1.20	1.80

续表

R_s	总层数	屈服强度系数 ζ_y			
		0.6	0.5	0.4	0.3
2	5	1.60	1.80	1.95	2.65
	10	1.30	1.40	1.55	1.80
	15	1.25	1.30	1.40	1.80
	20	1.10	1.15	1.25	1.80
3	5	1.70	1.85	2.15	3.20
	10	1.30	1.40	1.70	2.10
	15	1.25	1.30	1.40	1.80
	20	1.10	1.15	1.25	1.80
4	5	1.70	1.85	2.35	3.45
	10	1.30	1.40	1.70	2.50
	15	1.25	1.30	1.40	1.80
	20	1.10	1.15	1.25	1.80

注：R_s——框架—支撑结构中支撑部分抗侧移承载力与该层框架部分抗侧移承载力的比值；

ζ_y——屈服强度系数，按下式计算：

$$\zeta_y(i)=\frac{V_y(i)}{V_e(i)} \tag{6-17}$$

$V_y(i)$——按框架的梁、柱实际截面尺寸和材料强度标准值计算的楼层 i 的抗剪承载力；

$V_e(i)$——罕遇地震标准值作用下按弹性计算的楼层 i 的弹性地震力。

在按表 6-5 确定弹塑性层间位移增大系数 η_p 时，还应根据楼层屈服强度系数 ζ_y 沿高度分布是否均匀的情况作调整。屈服强度系数 ζ_y 沿高度分布是否均匀可通过系数 α 判别：

$$\alpha(i)=\frac{2\zeta_y(i)}{\zeta_y(i-1)+\zeta_y(i+1)} \tag{6-18}$$

式（6-18）中的 $\alpha(i)$ 为第 i 层的参数 α，由第 i 层的屈服强度系数 $\zeta_y(i)$ 与相邻层的屈服强度系数的平均值的比值表示。对于底层和顶层则为

$$\alpha(1)=\frac{\zeta_y(1)}{\zeta_y(2)}$$

$$\alpha(n)=\frac{\zeta_y(n)}{\zeta_y(n-1)} \tag{6-19}$$

当 $\alpha(i)\geqslant 0.8, i=1, 2, 3\cdots\cdots n$ 时，可以判定 ζ_y 沿高度分布均匀，弹塑性层间位移增大系数 η_p 可直接按表 6-5 取用；

当某层 $\alpha(i)<0.8$ 时，判定 ζ_y 沿高度分布不均匀；

如 $\alpha(i)\leqslant 0.5$，η_p 按表 6-5 的值的 1.5 倍取用；

如 $0.5<\alpha(i)<0.8$，η_p 可由内插法确定。

2. 层刚度有突变的情况

弹塑性变形的计算应采用静力弹塑性分析法或弹塑性时程分析法。

(1) 静力弹塑性分析法(也称推覆分析法)简介

静力弹塑性分析法的基本设想是，通过静力分析的方法，了解结构在罕遇地震作用下的性能，包括：结构的最大承载力和极限变形能力。第一批塑性铰出现时的地震作用大小，此后塑性铰出现的次序和分布状况以及构件中应变的大小等。根据这些分析结果，可以对结构是否安全做出估计，对关键构件是否符合抗震性能要求做出判断，对结构是否存在薄弱层进行检查，以及对结构是否有足够的变形能力和构件是否有足够的延性进行校核。

静力弹塑性分析法的实施过程是，先在结构上施加由自重及活荷载等产生的竖向荷载，然后再施加代表地震作用的水平力。在分析时，竖向荷载保持不变，水平力由小到大逐步增加。每增加一个增量步，对结构进行一次分析，当结构构件或节点进入塑性后，就要按照该构件或节点的力-变形弹塑性骨架曲线调整其刚度，进入下一个增量步的计算，直到结构达到其极限承载力或极限位移和出现倒塌。根据这个实施过程的特点，静力弹塑性分析法也称为推覆分析法。

静力弹塑性分析法具有计算简单、便于实施等优点，但也存在一些根本性的不足。首先是分析中施加的水平力的形式对分析结果有影响，而根据结构的具体形式，尚难以精确确定能反映罕遇地震的水平力形式。第二是罕遇地震作用是一个反复作用的动力过程，在静力弹塑性分析中，无法正确模拟这一反复作用的动力过程对结构所造成的损伤和损伤累积。因此，在分析的过程中也无法确定结构的特性。由于这两个根本性的不足，怎样从静力弹塑性分析方法得到的分析结果，换算成罕遇地震作用下结构的真实反应，还缺少方法；怎样判断静力弹塑性分析法的近似程度也缺少方法。

(2) 弹塑性时程分析法简介

弹塑性时程分析法是目前最精确的动力分析方法，它根据动力平衡条件建立方程，地震作用按地面加速度时程曲线输入。通过数值分析，可以得到输入时程曲线时段长度内结构地震反应的全过程，包括结构的构件在每一时刻的变形和内力、塑性发展的情况、塑性铰出现的时刻和出现的次序等等的时程曲线。在每一时间增量进行数值分析时，如构件或节点已进入塑性就应根据该构件或节点的力-变形弹塑性关系调整其刚度。由于地震作用是按地面加速度时程曲线输入的，是一种反复作用的过程，因而构件或节点的力—变形弹塑性关系为一滞回曲线，需用恢复力模型模拟。

弹塑性时程分析能够考虑地面加速度的幅值、频率和持续时间的变化，能够考虑结构自身的动力特性和惯性力，因此在理论上能够得到结构在罕遇地震作用下的真实反应，但也存在一些技术上的困难。首先是分析的工作量很大，极为费时，难以在计算的全过程中将每一时刻的多种计算结果均记录下来，通常只能记录一些关键数据的时程曲线。第二是构件或节点的空间受力情况极为复杂，要正确给出空间受力时的恢复力模型仍有困难，只能采取一些简化手段。由于这两个困难，弹塑性时程分析法在工程设计中用得还不够广泛，但随着计算机计算能力的不断提高，弹塑性时程分析法的应用已经逐渐开始普及。

3. 多层框架钢结构的弹塑性抗震分析法

对于多层框架钢结构，静力弹塑性分析法可以得到可接受的结果，因此在工程设计中常被采用。

6.5 楼面和屋面结构

6.5.1 楼面和屋面结构的类型

多层房屋钢结构的楼、屋面结构由楼、屋面板和梁系组成。

楼、屋面板可以有以下几种类型：现浇钢筋混凝土板、预制钢筋混凝土薄板加现浇混凝土组成的叠合板、压型钢板-现浇混凝土组合板或非组合板、轻质板材与现浇混凝土组成的叠合板以及轻质板材。当采用轻质板材时，应增设楼、屋面水平支撑以加强楼、屋面的水平刚度。

楼、屋面梁可以有以下几种类型：钢梁、钢筋混凝土梁、型钢混凝土组合梁以及钢梁与混凝土板组成的组合梁。

6.5.2 楼面和屋面结构的布置原则

楼面和屋面结构的工程量占整个结构工程量的比例较大，而且楼面和屋面结构在传递风荷载和地震作用产生在结构中的水平力起重要作用。因此，楼面和屋面结构的布置不仅与多层房屋的整体性能有关，而且与整个结构的造价有关。

楼面和屋面结构中的梁系一般由主梁和次梁组成，当有框架时，框架梁宜为主梁。梁的间距要与楼板的合理跨度相协调。次梁的上翼缘一般与主梁的上翼缘齐平，以减小楼面和屋面结构的高度。次梁和主梁的连接宜采用简支连接。

当主梁或次梁采用钢梁时，在钢梁的上翼缘可设置抗剪连接件，使板与梁交界面的剪力由抗剪连接件传递。这样，铺在钢梁上的现浇钢筋混凝土板或压型钢板-现浇混凝土组合板能与钢梁形成整体，共同作用，成为组合梁。采用组合梁可以减小钢梁的高度和用钢量，是一种十分经济的形式。

6.5.3 楼面和屋面板的设计

1. 压型钢板-现浇混凝土组合板的设计

压型钢板与现浇混凝土形成组合板的前提是压型钢板能与混凝土共同作用。因此，必须采取措施使压型钢板与混凝土间的交界面能相互传递纵向剪力而不发生滑移。目前常用的方法有：(1) 在压型钢板的肋上或在肋和平板部分设置凹凸齿槽（图 6-11a、b）；(2) 在压型钢板上加焊横向钢筋（图 6-11c）；(3) 采用闭口压型钢板（图 6-11d）。

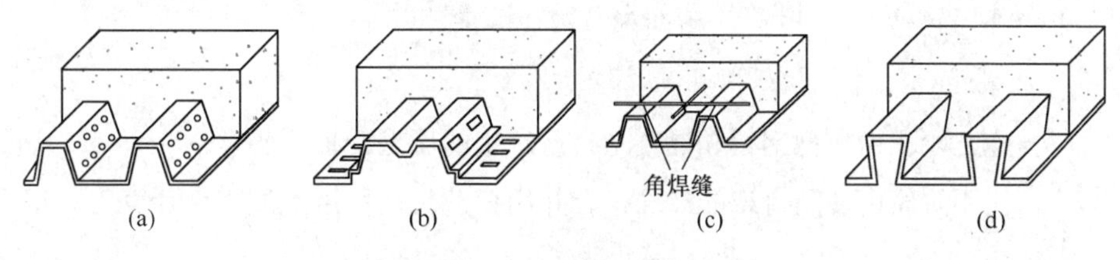

图 6-11　组合板示意图

压型钢板-现浇混凝土组合板的施工过程一般为压型钢板作为底模，在混凝土结硬产生强度前，承受混凝土湿重和施工荷载。这一阶段称为施工阶段。混凝土产生预期强度后，混凝土与压型钢板共同工作，承受施加在板面上的荷载。这一阶段通常为使用阶段。因此，组合板的计算应分为两个阶段，即施工阶段计算和使用阶段计算。这两阶段的计算均应按承载能力极限状态验算强度和按正常使用极限状态验算变形。

(1) 施工阶段的计算

施工阶段是验算压型钢板的强度和变形，计算时应考虑下列荷载：

①永久荷载，包括压型钢板与混凝土自重，当压型钢板跨中挠度 $\nu>20\text{mm}$ 时，计算混凝土自重应考虑凹坑效应。计算时，混凝土厚度应增加 0.7ν。

②可变荷载，包括施工荷载与附加荷载。

施工阶段的强度与变形验算已在与本书配套的《钢结构基本原理》(第三版) 第 10 章中阐述，此处不再重复。在计算公式中压型钢板有效截面的确定应按现行国家标准《冷弯薄壁型钢结构技术规范》GB 50018 的规定进行。

(2) 使用阶段的计算

使用阶段是验算组合板的强度和变形，计算时应考虑下列荷载：

①永久荷载，包括压型钢板、混凝土自重和其他附加恒荷载；

②可变荷载，包括各种使用活荷载。

使用阶段组合板的强度按破坏状态时的极限平衡状态计算。当组合板的压型钢板顶面以上的混凝土厚度不大于 100mm 时，组合板可按单向板计算正截面抗弯承载力、纵向抗剪承载力、斜截面抗剪承载力、抗冲切承载力，对连续段还应计算负弯矩区段的截面强度及裂缝宽度。这些方面的验算公式已在《钢结构基本原理》(第三版) 第 10 章中阐述，此处不再重复。

使用阶段组合板的变形应按荷载效应标准组合计算；计算时应考虑荷载长期作用影响下

的刚度。变形按下式验算：

$$\nu \leqslant [\nu] \tag{6-20}$$

式中 ν——组合板的变形；

$[\nu]$——楼板或屋面板变形的限值，可取计算跨度的 1/200。

组合板变形 ν 可按弹性计算。ν 由两部分组成，即：

$$\nu = \nu_1 + \nu_2 \tag{6-21}$$

式中 ν_1——施工阶段由压型钢板和混凝土自重产生的压型钢板的变形；

ν_2——使用阶段由使用荷载的标准组合并用荷载长期作用下的刚度计算得到组合板的变形。

组合板除满足强度和变形要求外，还应符合构造要求，主要有：

1）组合板用的压型钢板净厚度（不包括涂层）不应小于 0.75mm；

2）组合板总厚度不应小于 90mm，压型钢板顶面以上的混凝土厚度不应小于 50mm；

3）连续组合板按简支板设计时，抗裂钢筋截面面积不应小于混凝土截面面积的 0.2%；抗裂钢筋长度，从支承边缘算起，不应小于跨度的 1/6，且必须与不少于 5 根分布钢筋相交；

4）组合板端部必须设置焊钉锚固件；

5）组合板在钢梁、混凝土梁上的支承长度不应小于 50mm。

关于压型钢板-现浇混凝土板设计更详细的内容，可查阅《组合楼板设计与施工规范》CECS 273—2010 中的相关规定。

2. 其他类型的板

其他类型板的设计可参阅有关资料，不再阐述。

6.5.4 楼面梁的设计

1. 钢梁的设计

钢梁的截面形式宜选用中、窄翼缘 H 型钢。当没有合适尺寸或供货困难时也可采用焊接工字形截面或蜂窝梁。

钢梁应进行抗弯强度、抗剪强度、局部承压强度、整体稳定、局部稳定、挠度等验算，其计算公式已在第 2 章的“2.3 平台梁设计”中做了详细阐述，这里不再重复。

抗震设计时，钢梁在基本烈度和罕遇烈度地震作用下会出现塑性的部位，截面翼缘和腹板的宽厚比应不大于表 6-6 规定的限值。

梁截面翼缘和腹板宽厚比限值　　表 6-6

抗震等级	一级	二级	三级	四级
工字形截面和箱形截面翼缘外伸部分	$9\sqrt{\frac{235}{f_y}}$	$9\sqrt{\frac{235}{f_y}}$	$10\sqrt{\frac{235}{f_y}}$	$11\sqrt{\frac{235}{f_y}}$

续表

抗震等级	一级	二级	三级	四级
箱形截面翼缘在两腹板之间部分	$30\sqrt{\frac{235}{f_y}}$	$30\sqrt{\frac{235}{f_y}}$	$32\sqrt{\frac{235}{f_y}}$	$36\sqrt{\frac{235}{f_y}}$
工字形截面和箱形截面腹板	$\left(72-120\frac{N_b}{Af}\right)\sqrt{\frac{235}{f_y}}$ 且≤60	$\left(72-100\frac{N_b}{Af}\right)\sqrt{\frac{235}{f_y}}$ 且≤65	$\left(80-110\frac{N_b}{Af}\right)\sqrt{\frac{235}{f_y}}$ 且≤70	$\left(85-120\frac{N_b}{Af}\right)\sqrt{\frac{235}{f_y}}$ 且≤75

注：表中 N_b 为钢梁中的轴力设计值，其余代号同表6-3。

2. 组合梁的设计

(1) 截面形式

组合梁由钢梁与钢筋混凝土板或组合板组成，通过在钢梁翼缘处设置的抗剪连接件，使梁与板能成为整体而共同工作，板成为组合梁的翼板。

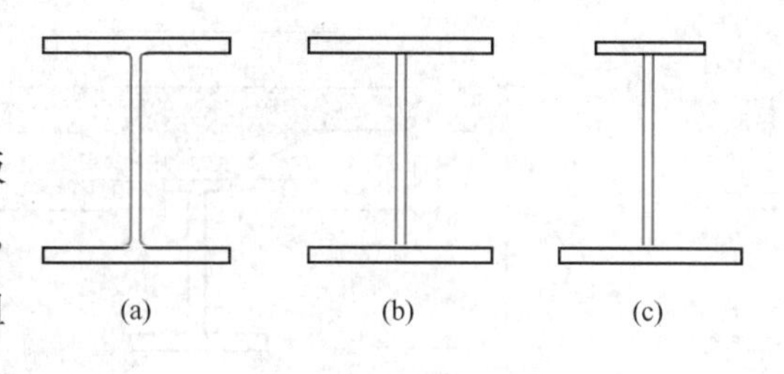

图6-12　实腹式截面梁示例

钢梁可以采用实腹式截面梁，如热轧H型钢梁（图6-12a）、焊接工字形截面梁（图6-12b）和空腹式截面梁，如将H型钢沿图6-13（a）所示的折线切开再焊接成图6-13（b）所示的蜂窝梁等。

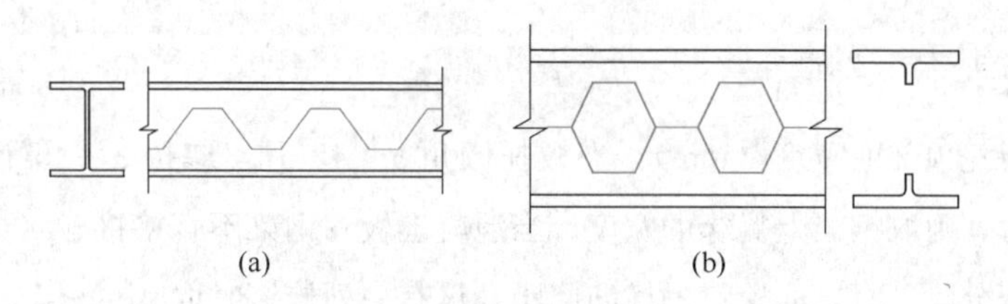

图6-13　空腹式截面梁示意图

在组合梁中，当组合梁受正弯矩作用时，中和轴靠近上翼板，钢梁的截面形式宜采用图6-12（c）所示的上下不对称的工字形截面，其上翼缘宽度较窄，厚度较薄。

组合梁有以下优点：

1）可比钢梁节约钢材20％～40％；

2）比钢梁刚度大，可以减少结构高度；

3）有良好的抗震性能。

(2) 强度计算

组合梁的强度一般采用塑性理论对截面的抗弯强度、抗剪强度和抗剪连接件进行计算。由于作为组合梁上翼板的混凝土板或组合板的宽度都比较大，在进行组合梁的计算时，组合梁上翼板一般采用有效宽度。有效宽度 b_e（图 6-14）可按下式计算：

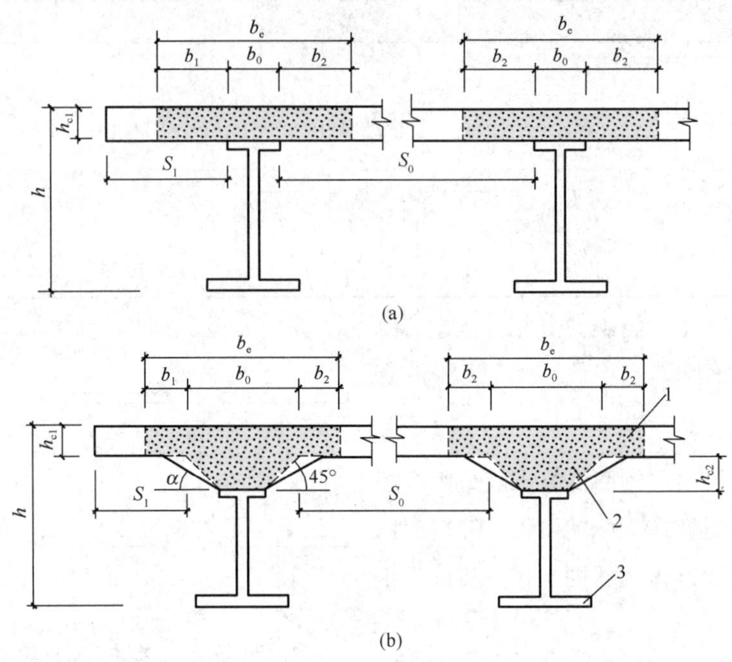

图 6-14　混凝土翼板的计算宽度

1—混凝土翼板；2—板托；3—钢梁

对于边梁：

$$b_e = b_0 + b_1 + b_2 \tag{6-22a}$$

对于中间梁：

$$b_e = b_0 + 2b_2 \tag{6-22b}$$

式中 b_0——板托顶部的宽度（mm）：当板托倾角 $\alpha<45°$时，应按 $\alpha=45°$计算；当无板托时，则取钢梁上翼缘的宽度；当混凝土板和钢梁不直接接触（如之间有压型钢板分隔）时，取栓钉的横向间距，仅有一列栓钉时取 0；

b_1、b_2——梁外侧和内侧的翼板计算宽度（mm），当塑性中和轴位于混凝土板内时，各取梁等效跨径 l_e 的 1/6；此外，b_1 尚不应超过翼板实际外伸宽度 S_1；b_2 不应超过相邻钢梁上翼缘或板托间净距 S_0 的 1/2；

l_e——等效跨径（mm），对于简支组合梁，取为简支组合梁的跨度。对于连续组合梁，中间跨正弯矩区取为 $0.6l$，边跨正弯矩区取为 $0.8l$，l 为组合梁跨度，支座负弯矩区取为相邻两跨跨度之和的 20%。

在组合梁的强度、挠度和裂缝计算中，可不考虑板托截面。

当组合梁的抗剪连接件能传递钢梁与翼板交界面的全部纵向剪力时，称为完全抗剪连接组合梁；当抗剪连接件只能传递部分纵向剪力时，称为部分抗剪连接组合梁。用压型钢板混凝土组合板作为翼板的组合梁，宜按部分抗剪连接组合梁设计。部分抗剪连接通常用于跨度不超过20m的等截面组合梁。

1）完全抗剪连接组合梁的强度计算

完全抗剪连接组合梁强度的计算原理已经在《钢结构基本原理》（第三版）第10章中阐述，此处不再重复，其强度计算应按下列规定进行：

(a) 正弯矩作用区段的抗弯强度

a) 当塑性中和轴在混凝土翼板内（图6-15），即 $Af \leqslant b_e h_{c1} f_c$ 时：

$$M \leqslant b_e x f_c y / \gamma \tag{6-23a}$$

$$x = Af/(b_e f_c) \tag{6-23b}$$

式中　M——正弯矩设计值；

γ——系数，无地震作用组合时，$\gamma = \gamma_0$；

有地震作用组合时，$\gamma = \gamma_{RE}$；

A——钢梁的截面面积；

x——混凝土翼板受压区高度；

y——钢梁截面应力的合力至混凝土受压区截面应力的合力间的距离；

f_c——混凝土抗压强度设计值；

f——钢梁钢材的抗拉、抗压和抗弯强度设计值。

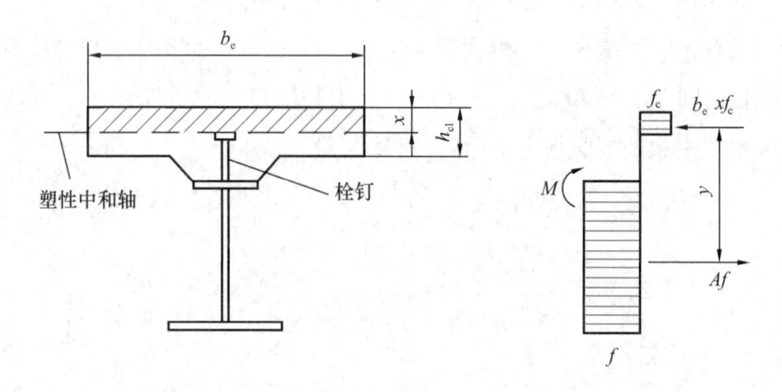

图6-15　塑性中和轴在混凝土翼板内时组合梁的计算简图

b) 当塑性中和轴在钢梁截面内（图6-16），即 $Af > b_e h_{c1} f_c$ 时：

$$M \leqslant (b_e h_{c1} f_c y_1 + A_c f y_2)/\gamma \tag{6-24a}$$

$$A_c = 0.5(A - b_e h_{c1} f_c / f) \tag{6-24b}$$

式中　A_c——钢梁受压区截面面积；

y_1——钢梁受拉区截面形心至混凝土翼板受压区截面形心的距离；

y_2——钢梁受拉区截面形心至钢梁受压区截面形心的距离。

(b) 负弯矩作用区段（图6-17）的抗弯强度

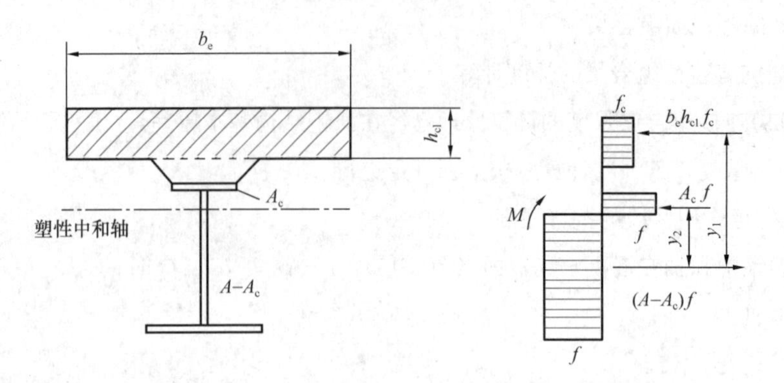

图 6-16　塑性中和轴在钢梁截面内时组合梁的计算简图

$$M' \leqslant [M_s + A_{st} f_{st} (y_3 + y_4/2)]/\gamma \tag{6-25a}$$

$$M_s = W_{sp} f \tag{6-25b}$$

式中 M'——负弯矩设计值；

W_{sp}——钢梁截面的塑性截面模量；

A_{st}——负弯矩区混凝土翼板有效宽度范围内的纵向钢筋截面面积；

f_{st}——钢筋抗拉强度设计值；

y_3——纵向钢筋截面形心至组合梁塑性中和轴的距离；

y_4——组合梁塑性中和轴至钢梁塑性中和轴的距离，当组合梁塑性中和轴在钢梁腹板内时，$y_4 = A_{st} f_{st}/(2t_w f)$；当该中和轴在钢梁翼缘内时，可取 y_4 等于钢梁塑性中和轴至腹板上边缘的距离。

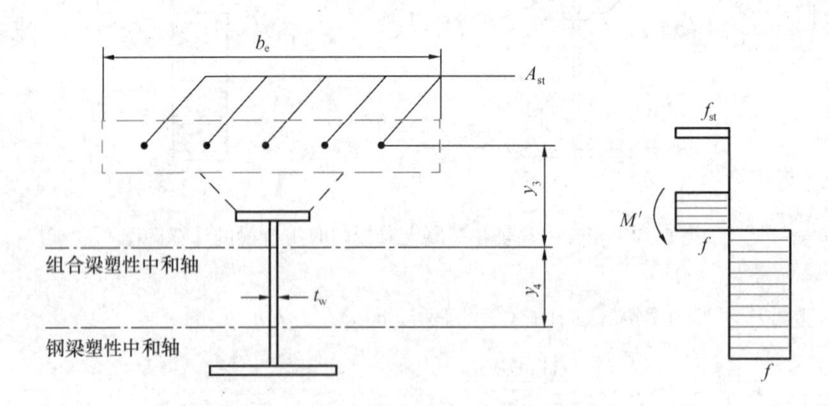

图 6-17　负弯矩作用时组合梁截面及应力图形

(c) 抗剪强度

组合梁截面上的全部剪力 V 假定仅由钢梁腹板承受，按下列公式计算：

$$V \leqslant h_w t_w f_v/\gamma \tag{6-26}$$

式中　h_w、t_w——钢梁的腹板高度和厚度；

f_v——钢材抗剪强度设计值。

（d）钢梁截面局部稳定验算

组合梁中钢梁截面的板件宽厚比可偏安全地按塑性设计的规定取用：

对于受压翼缘
$$\frac{b}{t} \leqslant 9\sqrt{\frac{235}{f_y}} \tag{6-27}$$

对于腹板
$$\frac{h_0}{t_w} \leqslant 65\sqrt{\frac{235}{f_y}} \tag{6-28}$$

式中的代号同表6-3。

2）部分抗剪连接组合梁的强度计算

部分抗剪连接组合梁的强度计算与完全抗剪连接组合梁的不同，在于作用在混凝土翼板上的力取决于抗剪连接件所能传递的纵向剪力。

（a）正弯矩作用区段（图6-18）的抗弯强度

$$M_{u,r} \leqslant [n_r N_v^c y_1 + 0.5(Af - n_r N_v^c) y_2]/\gamma \tag{6-29a}$$

$$A_c = (Af - n_r N_v^c)/(2f) \tag{6-29b}$$

$$x = n_r N_v^c/(b_e f_c) \tag{6-29c}$$

式中　$M_{u,r}$——正弯矩设计值；

n_r——部分抗剪连接时，一个剪跨区的抗剪连接件数目；

N_v^c——每个抗剪连接件的纵向抗剪承载力，其计算公式将在下面介绍；

A——钢梁的截面面积；

y_1——钢梁受拉区截面形心至混凝土翼板受压区截面形心的距离；

y_2——钢梁受拉区截面形心至钢梁受压区截面形心的距离。

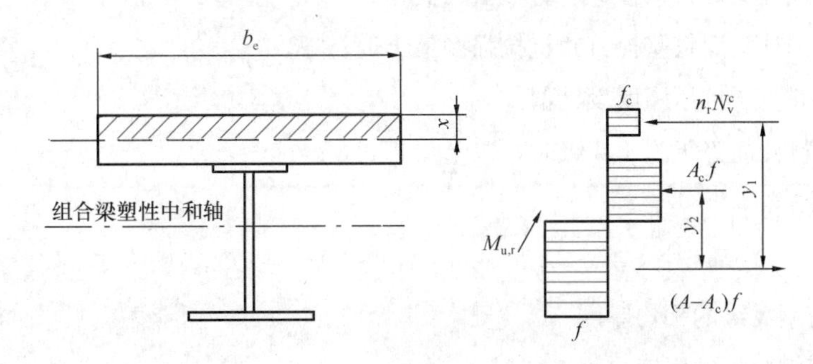

图6-18　部分抗剪连接组合梁计算简图

（b）负弯矩作用区段（图6-17）的抗弯强度

$$M' \leqslant [M_s + \min\{A_{st} f_{st}, n_r N_v^c\}(y_3 + y_4/2)]/\gamma \tag{6-30a}$$

$$M_s = W_{sp} f \tag{6-30b}$$

式中的 M'、W_{sp}、A_{st}、f_{st}、y_3、y_4 与式(6-25) 的相同；n_r、N_v^c 与式(6-29) 的相同。

(c) 抗剪强度和钢梁截面的局部稳定

部分抗剪连接组合梁的抗剪强度和钢梁截面的局部稳定与完全抗剪连接组合梁的式（6-26）和式（6-27）、式（6-28）相同。

(3) 抗剪连接件的计算

组合梁的抗剪连接件主要有栓钉（图 6-19a）、槽钢（图 6-19b）和弯筋(图 6-19c)等形式。

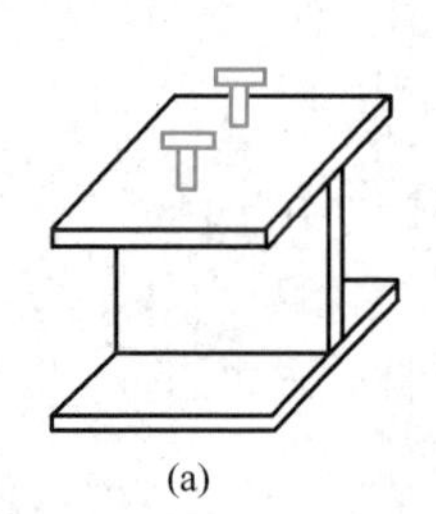

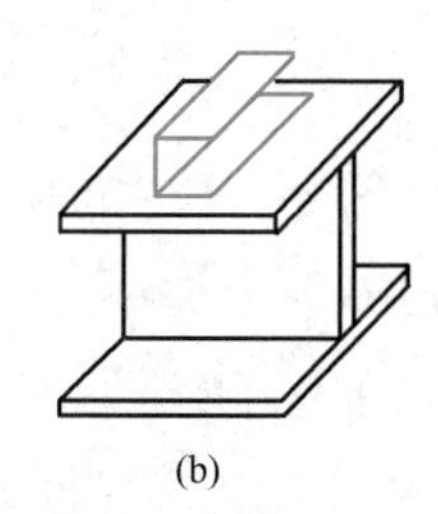

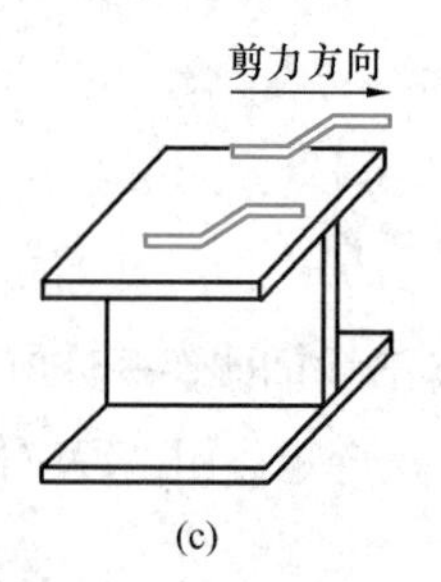

图 6-19　组合梁的抗剪连接件

(a) 栓钉连接件；(b) 槽钢连接件；(c) 弯筋连接件

1) 抗剪连接件承载力设计值

一个抗剪连接件的承载力设计值由下列公式确定：

(a) 圆柱头焊钉（栓钉）连接件

$$N_v^c = 0.43A_s\sqrt{E_c f_c} \leqslant 0.7A_s f_u \tag{6-31}$$

式中　E_c——混凝土的弹性模量；

A_s——圆柱头焊钉（栓钉）钉杆截面面积；

f_u——圆柱头焊钉（栓钉）抗拉强度最小值；

f_c——混凝土抗压强度设计值。

当栓钉材料性能等级为 4.6 级时，取 f_u=370N/mm^2。

(b) 槽钢连接件

$$N_v^c = 0.26(t+0.5t_w)l_c\sqrt{E_c f_c} \tag{6-32}$$

式中　t——槽钢翼缘的平均厚度；

t_w——槽钢腹板的厚度；

l_c——槽钢的长度。

槽钢连接件通过肢尖肢背两条通长角焊缝与钢梁连接，角焊缝按连接件的抗剪承载力设计值 N_v^c 进行计算。

(c) 弯筋连接件

$$N_v^c = A_{st} f_{st} \tag{6-33}$$

式中　A_{st}——弯筋的截面面积；

f_{st}——弯筋的抗拉强度设计值。

2) 抗剪连接件承载力的折减

抗剪连接件在下列情况下，其抗剪承载力设计值应予以折减。

a) 对于用压型钢板混凝土组合板做翼板的组合梁，栓钉连接的抗剪承载力设计值应乘以折减系数 β_v。

当压型钢板的肋平行于钢梁布置且 $b_w/h_e < 1.5$ 时

$$\beta_v = 0.6 \frac{b_w}{h_e}\left(\frac{h_d - h_e}{h_e}\right) \leqslant 1 \tag{6-34}$$

式中　b_w——压型钢板肋的平均宽度，当肋为上窄下宽时，取上部宽度；

h_e——压型钢板肋的高度；

h_d——栓钉高度。

当压型钢板的肋垂直于钢梁布置时

$$\beta_v = \frac{0.85}{\sqrt{n_0}} \frac{b_w}{h_e}\left(\frac{h_d - h_e}{h_e}\right) \leqslant 1 \tag{6-35}$$

式中　n_0——在梁某截面处，一个肋中布置的栓钉数，当多于3个时，按3个计算。

b) 位于负弯矩区段，抗剪连接件的抗剪承载力设计值应乘以折减系数0.9。

3) 抗剪连接件的设计

抗剪连接件的设计，首先应将梁划分为若干个剪跨区，每一个剪跨区以弯矩绝对值最大点为界限，如图6-20所示。其次计算每个剪跨区段内作用在钢梁与混凝土翼板交界面上的纵向剪力 V_s。正弯矩最大点到边支座区段，即 m_1 区段，$V_s = \min\{Af, b_e h_{c1} f_c\}$；正弯矩最大点到中支座（负弯矩最大点）区段，即 m_2 和 m_3 区段，$V_s = \min\{Af, b_e h_{c1} f_c\} + A_{st} f_{st}$。最后计算每个剪跨区段内需要的连接件总数。当按完全抗剪连接件设计时，$n_f = V_s/N_v^c$；当按部分抗剪连接件设计时，连接件数 n_r 不得少于 $0.5n_f$。求得各剪跨区段的连接件总数后，可在对应的剪跨区段内均匀布置。

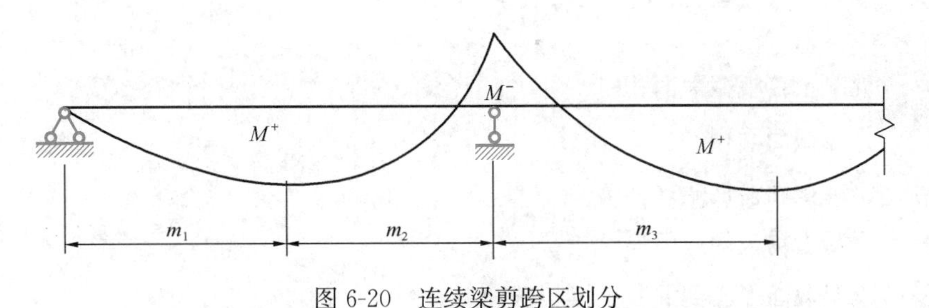

图6-20　连续梁剪跨区划分

(4) 挠度及裂缝计算

组合梁的挠度可按弹性方法进行计算。组合梁的挠度 ν 由两部分叠加得到。第一部分为施工阶段产生的挠度，即组合梁施工时，若钢梁下无临时支承，在混凝土硬结前，板的全部重量和钢梁的自重使钢梁产生的挠度，此挠度按钢梁计算。第二部分为使用阶段产生的挠度，即施工完成后，续加荷载使组合梁产生的挠度。

使用阶段组合梁的挠度应按荷载效应的标准组合，并用荷载长期作用下的刚度按弹性方法计算。在计算刚度时还应考虑混凝土翼板和钢梁之间的滑移效应，对刚度进行折减。对于连续组合梁，在距中间支座两侧各 $0.15l$（l 为梁的跨度）范围内，不计受拉区混凝土对刚度的影响，但应计入翼板有效宽度 b_e 范围内配置的纵向钢筋的作用，其余区段仍取折减刚度。

组合梁考虑荷载长期作用影响和滑移效应的刚度 B 可按下式确定：

$$B = \frac{EI_{eq}}{1+\zeta} \tag{6-36}$$

式中 E——钢梁的弹性模量；

I_{eq}——组合梁的换算截面惯性矩；对荷载的标准组合并考虑荷载长期作用时，可将截面中的混凝土翼板有效宽度除以钢材与混凝土弹性模量比值 α_E 的 2 倍换算为钢截面宽度后，计算整个截面的惯性矩；

ζ——考虑滑移效应的刚度折减系数：

$$\zeta = \eta\left[0.4 - \frac{3}{(jl)^2}\right] \tag{6-37}$$

$$\eta = \frac{36Ed_c pA_0}{n_s khl^2} \tag{6-38a}$$

$$j = 0.81\sqrt{\frac{n_s kA_1}{EI_0 p}} \tag{6-38b}$$

$$A_0 = \frac{A_{cf}A}{2\alpha_E A + A_{cf}} \tag{6-38c}$$

$$A_1 = \frac{I_0 + A_0 d_c^2}{A_0} \tag{6-38d}$$

$$I_0 = I + \frac{I_{cf}}{2\alpha_E} \tag{6-38e}$$

A_{cf}——混凝土翼板截面面积；

A——钢梁截面面积；

I——钢梁截面惯性矩；

I_{cf}——混凝土翼板的截面惯性矩；

d_c——钢梁截面形心到混凝土翼板截面形心的距离；

h——组合梁截面高度；

l——组合梁的跨度（mm）；

k——抗剪连接件刚度系数；

p——抗剪连接件的纵向平均间距；

n_s——抗剪连接件在一根梁上的列数；

α_E——钢材与混凝土弹性模量之比。

组合梁的挠度 ν 应符合下式要求：

$$v \leqslant [v] \tag{6-39}$$

式中　$[v]$——组合梁的挠度限值，取计算跨度的1/400。

连续组合梁在负弯矩区段应按现行国家标准《钢结构设计标准》GB 50017—2017 中第14.5节的规定验算混凝土最大裂缝宽度 w_{max}。

(5) 施工阶段验算

组合梁施工时，若钢梁下无临时支承，混凝土硬结前的材料重量和施工荷载将由钢梁承受，钢梁应验算其强度、稳定性和变形。

(6) 构造要求

组合梁截面高度不宜大于钢梁截面高度的2.0倍；混凝土板托高度不宜大于翼板厚度的1.5倍；板托的顶面宽度不宜小于钢梁上翼缘宽度和1.5倍板托高度之和。对于边梁，混凝土翼板边缘伸出的长度应符合图6-21的规定。

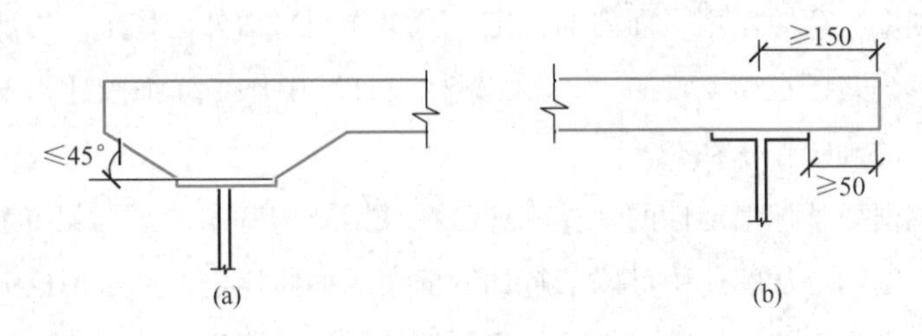

图6-21　边梁构造要求

抗剪连接件的构造要求可参阅现行国家标准《钢结构设计标准》GB 50017—2017。

6.6 框架柱

6.6.1 框架柱的类型

多层房屋框架柱可以有以下几种类型：钢柱、圆钢管混凝土柱、矩形钢管混凝土柱以及型钢混凝土组合柱。

从用钢量看，钢管混凝土柱用钢量最省，钢柱用钢量最多。

从施工难易看，钢柱施工最方便，钢管混凝土柱和型钢混凝土组合柱施工较为麻烦。

从梁柱连接看，当框架梁采用钢梁、钢梁与混凝土板组合梁时，以与钢框架柱连接最为简便，与钢管混凝土柱、特别是圆钢管混凝土柱的连接最为复杂。当框架梁采用型钢混凝土组合梁时，框架柱宜采用型钢混凝土组合柱，也可采用钢柱。

从抗震性能看，钢管混凝土柱的抗震性能最好，型钢混凝土组合柱较差，但比混凝土柱有大幅改善。

从抗火性能看，型钢混凝土组合柱最好，钢柱最差。采用钢管混凝土柱和钢柱时，需要采取防火措施，这将增加一定费用。

从环保角度看，应优先采用钢柱，因钢材是可循环利用的绿色建材。

因此，多层房屋框架柱的类型应根据工程的实际情况综合考虑，合理运用。目前常用的是钢柱和矩形钢管混凝土柱。

6.6.2 钢柱设计

1. 概述

钢柱的截面形式宜选用宽翼缘 H 型钢、高频焊接轻型 H 型钢以及由三块钢板焊接而成的工字形截面。钢柱截面形式的选择主要根据受力而定。

钢柱应进行强度、弯矩作用平面内的稳定、弯矩作用平面外的稳定、局部稳定、长细比等的验算，其计算公式已在第 4 章的“4.5 框架柱设计”中作了详细阐述，不再重复。这里仅对钢柱计算长度的确定作一补充。

多层房屋中钢框架整体稳定性的计算原理已在《钢结构基本原理》第 9 章的“9.2.3 刚架的整体稳定”中阐明。从阐述中可以了解到钢框架的整体稳定计算从理论上讲应该是钢框架整个体系的稳定。为了简化计算，实际上将框架整体稳定简化为柱的稳定来计算。简化的关键就是合理确定柱的计算长度。

由于柱的计算长度要能反映框架的整体稳定，因此必须与框架的整体状态相联系。首先要确定框架体系的侧向约束情况，其次要确定所计算钢柱在两端受到其他梁柱约束的情况。

现行国家标准《钢结构设计标准》GB 50017，根据框架的侧向约束情况分为无支撑纯框架和有支撑框架，其中有支撑框架又根据抗侧移刚度的大小，分为强支撑框架和弱支撑框架。

2. 计算长度及轴心压杆稳定系数

钢柱的计算长度按下式计算：

$$l_0 = \mu l \tag{6-40}$$

式中 l_0——计算长度；

l——框架柱的长度，即多层房屋的层高；

μ——计算长度系数。

计算长度系数按下列规定确定：

(1) 无支撑纯框架

1) 当采用一阶弹性分析方法计算内力时，按附录4附4.3的附表4-3-2有侧移框架柱的计算长度系数确定。

2) 当采用二阶弹性分析方法计算内力，且在每层柱顶附加按公式（6-11）计算得到的假想水平力时，计算长度系数 $\mu=1.0$。

(2) 有支撑框架

1) 当支撑结构（支撑桁架、剪力墙等）的侧移刚度（产生单位侧倾角的水平力）S_b 满足公式（6-41）的要求时，为强支撑框架，按附录4附4.3的附表4-3-1无侧移框架柱的计算长度系数确定。

$$S_b \geqslant 4.4\left[\left(1+\frac{100}{f_y}\right)\sum N_{bi}-\sum N_{0i}\right] \tag{6-41}$$

式中 $\sum N_{bi}$——第 i 层层间所有框架柱用无侧移框架柱计算长度系数算得的轴心压杆稳定承载力之和；

f_y——材料的屈服强度（MPa）；

$\sum N_{0i}$——第 i 层层间所有框架柱用有侧移框架柱计算长度系数算得的轴心压杆稳定承载力之和。

无支撑纯框架和强支撑框架的框架柱的轴心压杆稳定系数可按由框架柱用计算长度求得的长细比、钢材屈服强度和附录4附4.2的附表4-2-1（a）、附表4-2-1（b）的截面分类查附录4附4-2的附表4-2-2确定。

2) 当支撑结构的侧移刚度 S_b 不满足公式（6-41）的要求时，为弱支撑框架，框架柱的轴压稳定系数按公式（6-42）计算。

$$\varphi=\varphi_0+(\varphi_1-\varphi_0)\frac{S_b}{4.4\left[\left(1+\frac{100}{f_y}\right)\sum N_{bi}-\sum N_{0i}\right]} \tag{6-42}$$

式中 φ_1——框架柱用无侧移框架柱计算长度系数求得的轴心压杆稳定系数；

φ_0——框架柱用有侧移框架柱计算长度系数求得的轴心压杆稳定系数。

3. 抗震设计的一般规定

框架结构在作地震作用计算时，钢框架柱还应符合以下规定：

(1) 有支撑框架结构在水平地震作用下，不作为支撑结构的框架部分按计算得到的地震剪力应乘以调整系数，达到不小于结构底部总地震剪力的25%和框架部分地震剪力最大值的1.8倍二者的较小值。

这一条规定主要针对有支撑框架结构作为双重抗震设防体系而定的。在双重抗震设防体系中，支撑结构是主要的抗侧力结构，也是抗震的主要防线；抗侧刚度较小的框架也作为抗侧力结构，是抗震的次要防线。由于支撑结构承担了较大比例的地震作用产生的水平剪力，在基本烈度和罕遇烈度地震作用下，首先进入弹塑性阶段工作。进入弹塑性阶段后，与弹性阶段相比，刚度有所软化，因此框架作为抗侧力结构将会承担比弹性阶段更大比例的水平剪力。从这个原因看，框架部分承担的剪力应调整到不小于结构底部总地震剪力的25%为宜。

(2) 应符合强柱弱梁的原则，即满足公式(6-43)的要求：

$$\sum W_{Pc}(f_{yc}-\sigma_a) \geqslant \eta \sum W_{Pb} f_{yb} \tag{6-43}$$

式中 W_{Pc}——柱的塑性截面模量；

W_{Pb}——梁的塑性截面模量；

σ_a——柱由轴向压力产生的压应力设计值；

f_{yc}——柱的钢材屈服强度；

f_{yb}——梁的钢材屈服强度；

η——强柱系数，超过6层的钢框架按下列规定取用：

对一级框架　　1.0

对二级框架　　1.05

对三级框架　　1.15

但在下列情况时，可不作公式(6-43)的验算。

1) 柱所在楼层的受剪承载力比上一层的高出25%；

2) 柱的轴向力设计值与柱全截面屈服的屈服承载力，即柱全截面面积和钢材抗拉强度设计值乘积的比值不超过0.4；

3) 柱作为轴心受压构件在2倍地震作用下稳定性得到保证。

(3) 转换层下的钢框架柱，地震内力应乘以增大系数，其值可取1.5。

(4) 框架柱的长细比应不大于以下规定：

四级框架　　$120\sqrt{\frac{235}{f_y}}$

三级框架　　$100\sqrt{\frac{235}{f_y}}$

二级框架　　$80\sqrt{\frac{235}{f_y}}$

一级框架　　$60\sqrt{\frac{235}{f_y}}$

(5) 框架柱在基本烈度和罕遇烈度地震作用下出现塑性的部位，其截面的翼缘和腹板的宽厚比应不大于表 6-7 规定的限值。

框架柱截面翼缘和腹板宽厚比限值 表 6-7

抗震等级	一级	二级	三级	四级
工字形截面翼缘外伸部分	10	11	12	13
工字形截面腹板	43	45	48	52
箱形截面壁板	33	36	38	40

注：表中数值适用于 Q235 钢，采用其他牌号钢材时，表中数值应乘以 $\sqrt{\frac{235}{f_y}}$。

6.6.3 矩形钢管混凝土柱的设计

矩形钢管混凝土柱在多层框架中应用较多，目前我国的《钢管混凝土结构技术规程》GB 50936—2014 和《组合结构设计规范》JGJ 138—2016 中均有相关规定，本节的主要内容系参考《矩形钢管混凝土结构技术规程》CECS 159：2004。

1. 一般规定

矩形钢管混凝土柱的截面最小边尺寸不宜小于 400mm，钢管壁厚不宜小于 8mm，截面高宽比 h/b 不宜大于 2。

矩形钢管可采用冷成型的直缝或螺旋缝焊接管或热轧管，也可用冷弯型钢或热轧钢板、型钢焊接成型的矩形管。

矩形钢管中的混凝土强度等级不应低于 C30 级。对 Q235 钢管，宜配 C30 或 C40 混凝土；对 Q345 钢管，宜配 C40 或 C50 及以上等级的混凝土；对于 Q390、Q420 钢管，宜配不低于 C50 级的混凝土。混凝土的强度设计值、强度标准值和弹性模量应按现行国家标准《混凝土结构设计规范》GB50010 的规定采用。

矩形钢管混凝土柱中，混凝土的工作承担系数 α_c 应控制在 0.1～0.7 之间，α_c 按下式计算：

$$\alpha_c = \frac{f_c A_c}{f A_s + f_c A_c} \tag{6-44}$$

式中 f——钢材的抗压强度设计值；

f_c——混凝土的抗压强度设计值；

A_s——钢管的截面面积；

A_c——管内混凝土的截面面积。

矩形钢管混凝土柱还应按空矩形钢管进行施工阶段的强度、稳定性和变形验算。施工阶段的荷载主要为湿混凝土的重力和实际可能作用的施工荷载。矩形钢管柱在施工阶段的轴向应力不应大于其钢材抗压强度设计值的 60％，并应满足强度和稳定性的要求。

矩形钢管混凝土柱在进行地震作用下的承载能力极限状态设计时，承载力抗震调整系数 γ_{RE} 的取值应符合以下规定：对轴压比小于 0.15 的偏压构件取 0.75，轴压比大于 0.15 的偏压构件取 0.80，轴压构件取 0.80，偏拉和轴拉构件取 0.85。

矩形钢管混凝土构件钢管管壁板件的宽厚比 b/t、h/t 应不大于表 6-8 规定的限值。

矩形钢管管壁板件宽厚比 b/t、h/t 的限值　　表 6-8

构件类型	b/t	h/t
轴　压	$60\sqrt{235/f_y}$	$60\sqrt{235/f_y}$
弯　曲	$60\sqrt{235/f_y}$	$150\sqrt{235/f_y}$
压　弯	$60\sqrt{235/f_y}$	当 $1\geqslant\psi>0$ 时， $30(0.9\psi^2-1.7\psi+2.8)\sqrt{235/f_y}$ 当 $0\geqslant\psi\geqslant-1$ 时， $30(0.74\psi^2-1.44\psi+2.8)\sqrt{235/f_y}$

注：1. b、h 为轴压柱截面的宽度与高度，在弯曲和压弯时，b 为均匀受压板件（翼缘板）的宽度，h 为非均匀受压板件（腹板）的宽度。

2. $\psi=\sigma_2/\sigma_1$，σ_1、σ_2 分别为板件最外边缘的最大、最小应力（N/mm^2），压应力为正，拉应力为负。

3. 当施工阶段验算时，表 6-8 中的限值应除以 1.5，但式中的 f_y 可用 $1.1\sigma_0$ 代替。σ_0 在轴压时为施工阶段荷载作用下的应力设计值，压弯时取 σ_1。

4. f_y 为钢材的屈服强度。

矩形钢管混凝土柱的刚度，可按下列规定取值：

轴向刚度　$EA=E_sA_s+E_cA_c$

弯曲刚度　$EI=E_sI_s+0.8E_cI_c$　　(6-45)

式中　E_s、E_c——分别为钢材和混凝土的弹性模量；

I_s、I_c——分别为钢管与管内混凝土截面的惯性矩。

矩形钢管混凝土柱的截面最大边尺寸大于等于 800mm 时，宜采取在柱子内壁上焊接栓钉、纵向加劲肋等构造措施，确保钢管和混凝土共同工作。

在每层钢管混凝土柱下部的钢管壁上应对称开两个排气孔，孔径为 20mm，用于浇筑混凝土时排气以保证混凝土密实、清除施工缝处的浮浆、溢水等，并在发生火灾时，排除钢管内由混凝土产生的水蒸气，防止钢管爆裂。

2. 矩形钢管混凝土柱的计算

钢管混凝土柱的力学性能曾在《钢结构基本原理》（第三版）的第 10 章第 10.4 节作过介绍。对于矩形钢管混凝土而言，根据试验数据的分析，可以采用简单的叠加法进行计算。

（1）轴心受压时的计算

1）承载力计算：　$N\leqslant N_{un}/\gamma$　　(6-46)

$$N_{un}=fA_{sn}+f_cA_c \tag{6-47}$$

2）整体稳定计算：

$$N\leqslant \varphi N_u/\gamma \tag{6-48}$$

$$N_u = fA_s + f_cA_c \tag{6-49}$$

式中　N——轴心压力设计值；

N_{un}——轴心受压时净截面受压承载力设计值；

A_{sn}——钢管的净截面面积；

γ——系数，无地震作用组合时，$\gamma=\gamma_0$；有地震作用组合时，$\gamma=\gamma_{RE}$；

N_u——轴心受压时截面受压承载力设计值；

φ——轴心受压构件的稳定系数，其值可根据相对长细比λ_0由附录4附4.2的附表4-2-2（b），即b类截面轴心受压构件的稳定系数φ表查得；

λ_0——相对长细比：

$$\lambda_0 = \frac{\lambda}{\pi}\sqrt{\frac{f_y}{E_s}} \tag{6-50}$$

$$\lambda = \frac{l_0}{r_0} \tag{6-51}$$

$$r_0 = \sqrt{\frac{I_s + I_cE_c/E_s}{A_s + A_cf_c/f}} \tag{6-52}$$

f_y——矩形钢管钢材的屈服强度；

l_0——轴心受压构件的计算长度；

r_0——矩形钢管混凝土柱截面的当量回转半径。

（2）轴心受拉时的计算

$$N\leqslant A_{sn}f/\gamma \tag{6-53}$$

（3）弯矩作用在一个主平面内的压弯时的计算

1）承载力计算

$$\frac{N}{N_{un}}+(1-\alpha_c)\frac{M}{M_{un}}\leqslant 1/\gamma \tag{6-54}$$

且

$$\frac{M}{M_{un}}\leqslant 1/\gamma \tag{6-55}$$

式中　N——轴心压力设计值；

M——弯矩设计值；

α_c——混凝土工作承担系数，按公式（6-44）计算；

M_{un}——只有弯矩作用时，净截面的受弯承载力设计值；

$$M_{un} = [0.5A_{sn}(h-2t-d_n)+bt(t+d_n)]f \tag{6-56}$$

d_n——管内混凝土受压区的高度：

$$d_n = \frac{A_s - 2bt}{(b-2t)\dfrac{f_c}{f} + 4t} \tag{6-57}$$

f——钢材抗弯强度设计值；

b、h——分别为矩形钢管截面平行、垂直于弯曲轴的边长；

t——钢管壁厚。

2）弯矩作用平面内的稳定计算

$$\frac{N}{\varphi_x N_u} + (1-\alpha_c)\frac{\beta M_x}{\left(1-0.8\dfrac{N}{N'_{Ex}}\right)M_{ux}} \leqslant 1/\gamma \tag{6-58}$$

且

$$\frac{\beta M_x}{\left(1-0.8\dfrac{N}{N'_{Ex}}\right)M_{ux}} \leqslant 1/\gamma \tag{6-59}$$

式中 φ_x——弯矩作用平面内的轴心受压稳定系数，其值由弯矩作用平面内的相对长细比 λ_{0x}查得，λ_{0x}由公式（6-50）计算；

M_{ux}——只有弯矩 M_x 作用时截面的受弯承载力设计值：

$$M_{ux} = [0.5A_s(h-2t-d_n) + bt(t+d_n)]f \tag{6-60}$$

N'_{Ex}——考虑分项系数影响后的欧拉临界力：

$$N'_{Ex} = \frac{N_{Ex}}{1.1} \tag{6-61}$$

N_{Ex}——欧拉临界力：

$$N_{Ex} = N_u \frac{\pi^2 E_s}{\lambda_x^2 f} \tag{6-62}$$

β——等效弯矩系数，根据稳定性的计算方向按下列规定采用：

①在计算方向内有侧移的框架柱和悬臂柱，$\beta=1.0$；

②在计算方向内无侧移的框架柱和两端支承的构件：

a. 无横向荷载作用时，$\beta=0.65+0.35\dfrac{M_2}{M_1}$，$M_1$ 和 M_2 为端弯矩，使构件产生相同曲率时取同号，反之取异号，$|M_1|\geqslant|M_2|$；

b. 有端弯矩和横向荷载作用时：

使构件产生同向曲率时，$\beta=1.0$；

使构件产生反向曲率时，$\beta=0.85$；

c. 无端弯矩但有横向荷载作用时，$\beta=1.0$。

3）弯矩作用平面外的稳定计算

$$\frac{N}{\varphi_y N_u} + \frac{\beta M_x}{1.4M_{ux}} \leqslant 1/\gamma \tag{6-63}$$

式中　φ_y——弯矩作用平面外的轴心受压稳定系数，其值由弯矩作用平面外的相对长细比 λ_{0y} 查得，λ_{0y} 由公式（6-50）计算。

（4）弯矩作用在一个主平面内的拉弯时的计算

$$\frac{N}{fA_{su}}+\frac{M}{M_{un}}\leqslant 1/\gamma \tag{6-64}$$

（5）弯矩作用在两个主平面内的压弯时的计算

1）承载力计算

$$\frac{N}{N_{un}}+(1-\alpha_c)\frac{M_x}{M_{unx}}+(1-\alpha_c)\frac{M_y}{M_{uny}}\leqslant 1/\gamma \tag{6-65}$$

且

$$\frac{M_x}{M_{unx}}+\frac{M_y}{M_{uny}}\leqslant 1/\gamma \tag{6-66}$$

式中　M_x、M_y——分别为绕主轴 x、y 轴作用的弯矩设计值；

M_{unx}、M_{uny}——分别为绕 x、y 轴的净截面受弯承载力设计值，按公式（6-56）计算。

2）绕主轴 x 轴的稳定性计算

$$\frac{N}{\varphi_x N_u}+(1-\alpha_c)\frac{\beta_x M_x}{\left(1-0.8\dfrac{N}{N'_{EX}}\right)M_{ux}}+\frac{\beta_y M_y}{1.4M_{uy}}\leqslant 1/\gamma \tag{6-67}$$

且

$$\frac{\beta_x M_x}{\left(1-0.8\dfrac{N}{N'_{EX}}\right)M_{ux}}+\frac{\beta_y M_y}{1.4M_{uy}}\leqslant 1/\gamma \tag{6-68}$$

3）绕主轴 y 轴的稳定性计算

$$\frac{N}{\varphi_y N_u}+\frac{\beta_x M_x}{1.4M_{ux}}+(1-\alpha_c)\frac{\beta_y M_y}{\left(1-0.8\dfrac{N}{N'_{Ey}}\right)M_{uy}}\leqslant 1/\gamma \tag{6-69}$$

且

$$\frac{\beta_x M_x}{1.4M_{ux}}+(1-\alpha_c)\frac{\beta_y M_y}{\left(1-0.8\dfrac{N}{N'_{Ey}}\right)M_{uy}}\leqslant 1/\gamma \tag{6-70}$$

式中　β_x、β_y——分别为在计算稳定的方向对 M_x、M_y 的弯矩等效系数。

（6）弯矩作用在两个主平面内的拉弯时的计算

$$\frac{N}{fA_{sn}}+\frac{M_x}{M_{unx}}+\frac{M_y}{M_{uny}}\leqslant 1/\gamma \tag{6-71}$$

（7）剪力作用的计算

矩形钢管混凝土柱的剪力可假定由钢管管壁承受，即

$$V_x\leqslant 2t(b-2t)f_v/\gamma \tag{6-72}$$

$$V_y\leqslant 2t(h-2t)f_v/\gamma \tag{6-73}$$

式中　V_x、V_y——沿主轴 x 轴、y 轴的剪力设计值；

b、h——沿主轴 x 轴方向、y 轴方向的边长；

f_v——钢材的抗剪强度设计值。

3. 抗震设计的一般规定

框架结构在作地震作用计算时，矩形钢管混凝土柱还应符合以下规定：

(1) 有支撑框架结构中，不作为支撑结构的框架部分的地震剪力，应与钢框架一样乘以调整系数。

(2) 应符合强柱弱梁的原则，即满足公式 (6-74) 的要求：

$$\Sigma\left(1-\frac{N}{N_{uk}}\right)\frac{M_{uk}}{1-\alpha_c} \geqslant \eta_c \Sigma M_{uk}^b \tag{6-74a}$$

$$\Sigma M_{uk} \geqslant \eta_c \Sigma M_{uk}^b \tag{6-74b}$$

式中 N——按多遇地震作用组合的柱轴力设计值；

N_{uk}——轴心受压时，截面受压承载力标准值：

$$N_{uk} = f_y A_s + f_{ck} A_c \tag{6-75}$$

f_{ck}——管内混凝土的抗压强度标准值，按现行国家标准《混凝土结构设计规范》GB 50010 的表 4.1.3 取用；

M_{uk}——计算平面内交汇于节点的框架柱的全塑性受弯承载力标准值：

$$M_{uk} = [0.5A_s(h-2t-d_{nk})+bt(t+d_{nk})]f_y \tag{6-76}$$

M_{uk}^b——计算平面内交汇于节点的框架梁的全塑性受弯承载力标准值；

b、h——分别为矩形钢管截面平行、垂直于弯曲轴的边长；

d_{nk}——框架柱管内混凝土受压区高度，按公式 (6-57) 计算，其中 f_c 用 f_{ck}、f 用 f_y 替代；

η_c——强柱系数，一般取 1.0，对于超过 6 层的框架，8 度设防时取 1.2，9 度设防时取 1.3。

(3) 矩形钢管混凝土柱的混凝土工作承担系数 α_c 宜符合下式的要求，以保证钢管混凝土柱有足够的延性：

$$\alpha_c \leqslant [\alpha_c] \tag{6-77}$$

式中 $[\alpha_c]$ ——考虑柱具有一定延性的混凝土工作承担系数的限值，按表 6-9 取用。

混凝土工作承担系数限值 $[\alpha_c]$ 　　表 6-9

长细比 λ	轴压比 (N/N_u)	
	≤0.6	>0.6
≤20	0.50	0.47
30	0.45	0.42
40	0.40	0.37

注：当 λ 值在 20～30、30～40 之间时，$[\alpha_c]$ 可按线性插值取值。

6.6.4　其他类型柱的设计

在多层房屋钢结构中，在一般情况下，圆钢管混凝土柱和型钢混凝土组合柱用得较少。当采用这类柱子时，可按有关专门的设计标准进行设计。

6.7　支撑结构

6.7.1　支撑结构的类型

多层房屋钢结构的支撑结构可以有以下几种类型：中心支撑（图6-3）、偏心支撑（图6-4）、钢板剪力墙板（图6-22）、内藏钢板支撑剪力墙板（图6-23）、带竖缝混凝土剪力墙板（图6-24）和带框混凝土剪力墙板（图6-25）。

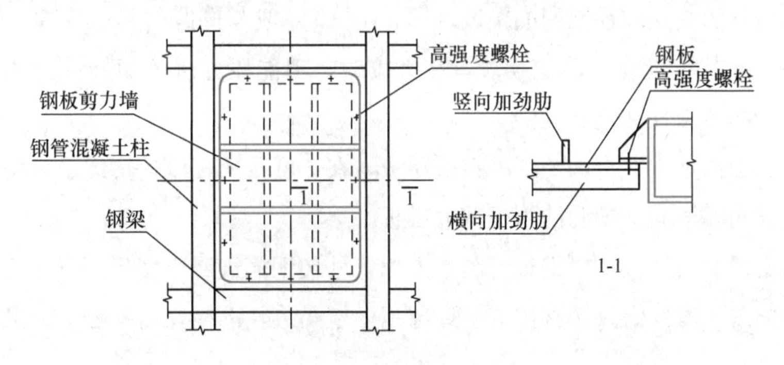

图6-22　钢板剪力墙板

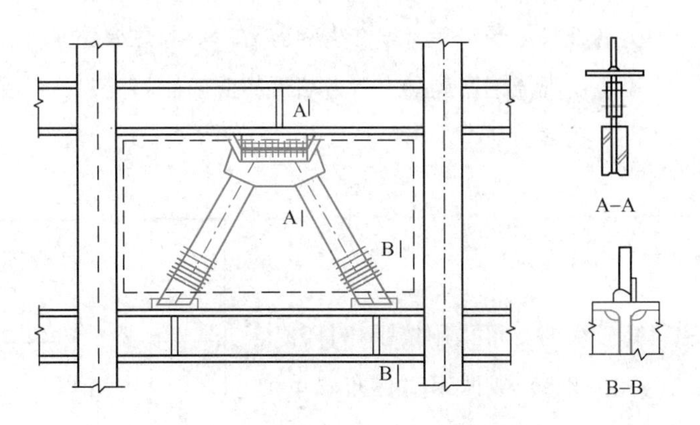

图6-23　内藏钢板支撑剪力墙板

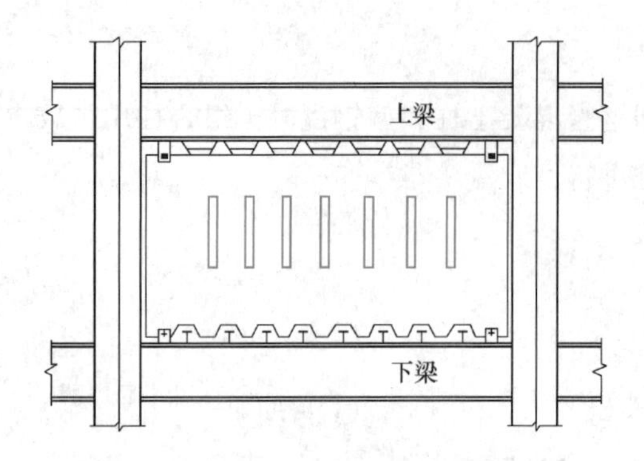

图 6-24　带竖缝混凝土剪力墙板

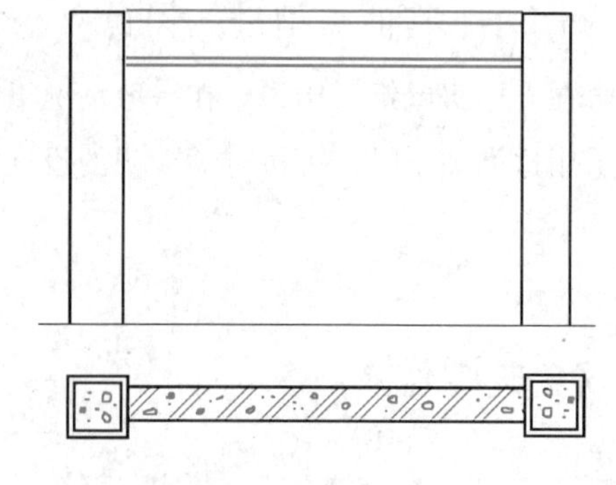

图 6-25　带框混凝土剪力墙板

中心支撑在多层房屋钢结构中用得较为普遍，当有充分依据且条件许可时，可采用带有消能装置的消能支撑。

偏心支撑有时可用于位于 8 度和 9 度抗震设防地区的多层房屋钢结构中。在偏心支撑中，位于支撑与梁的交点和柱之间的梁段（图 6-4a～c）或与同跨内另一支撑与梁交点之间的梁段（图 6-4d）都应设计成消能梁段，在大震时，消能段先进入塑性，通过塑性变形耗能，从而提高结构的延性和抗震性能。

钢板剪力墙板用钢板或带加劲肋的钢板制成，在 7 度及 7 度以上抗震设防的房屋中使用时，宜采用带纵向和横向加劲肋的钢板剪力墙板。

内藏钢板支撑剪力墙板是以钢板为基本支撑，外包钢筋混凝土墙板，以防止钢板支撑的压屈，提高其抗震性能。它只在支撑节点处与钢框架相连，混凝土墙板与框架梁柱间则留有间隙。

带竖缝混凝土剪力墙板是在混凝土剪力墙板中开缝，以降低其抗剪刚度，减小地震作用。带竖缝混凝土剪力墙板只承受水平荷载产生的剪力，不考虑承受竖向荷载产生的压力。

带框混凝土剪力墙板由现浇钢筋混凝土剪力墙板与框架柱和框架梁组成，同时承受水平和竖向荷载的作用。

6.7.2　中心支撑的设计

1. 一般规定

（1）当柱距和层高较大时，可采用按受拉杆件设计的十字交叉式（图 6-26a）或两组对称布置单斜杆式（图 6-26b）的柔性中心支撑。我国《建筑抗震设计规范》GB 50011—2010 规定，对一、二、三级框架，不得采用拉杆设计，对四级框架，可以

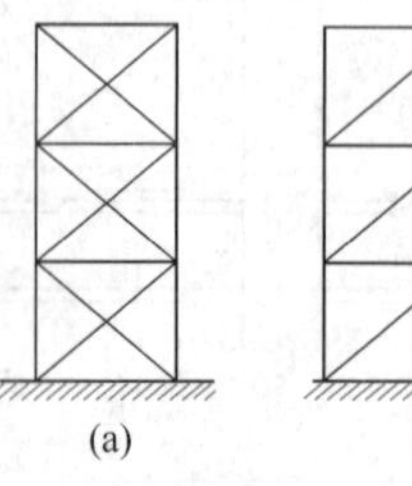

(a)

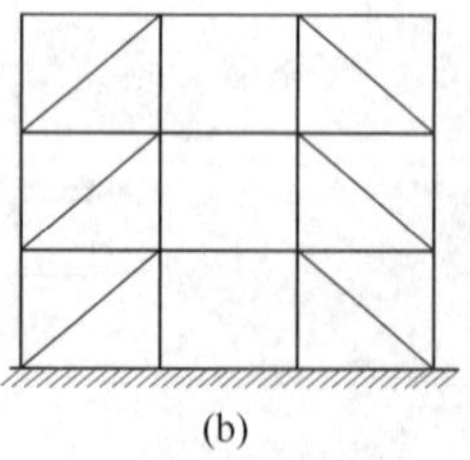

(b)

图 6-26　十字交叉对称单斜杆式中心支撑

采用拉杆设计，斜杆的长细比λ应不大于180。

当支撑按受压杆件设计时，其长细比λ应不大于$120\sqrt{\frac{235}{f_y}}$。

(2) 刚性支撑斜杆的板件宽厚比应不大于表6-10规定的限值。当支撑与框架柱或梁用节点板连接时，应注意节点板的强度和稳定。

刚性支撑斜杆板件宽厚比的限值　表6-10

抗震等级	一级	二级	三级	四级
翼缘外伸部分	8	9	10	13
工字形截面腹板	25	26	27	33
箱形截面板件	18	20	25	30
圆管外径与壁厚之比	38	40	40	42

注：表中数值适用于Q235钢，其他牌号钢材应乘以$\sqrt{\frac{235}{f_y}}$，圆管应乘以$\frac{235}{f_y}$。

(3) 支撑斜杆宜采用双轴对称截面。在抗震设防区，当采用单轴对称截面时，应采取构造措施，防止支撑斜杆绕对称轴屈曲。

(4) 人字形支撑和V形支撑（图6-27a、b）的横梁在支撑连接处应保持连续。在地震作用下，横梁的计算应按图6-27（c）、(d）所示的计算简图进行，即考虑受压斜杆在大震时失稳后，支撑已不能作为横梁的支点，横梁两端也形成塑性铰，支撑中的力将由整个横梁承受。因此，横梁承受的荷载有：重力荷载和受压支撑屈曲后，支撑产生的不平衡力。此不平衡力取受拉支撑内力的竖向分量减去受压支撑屈曲压力竖向分量的30%。因为受压支撑屈曲后，其刚度将软化，受力将减少，一般取屈曲压力的30%。

同样的原因，在抗震设防区不得采用K字形支撑（图6-28a)。因为在大震时，K字形支撑的受压斜杆屈曲失稳后，支撑的不平衡力将由框架柱承担（图6-27b)，恶化了框架柱的受力，如框架柱受到破坏，将引起多层房屋的严重破坏甚至倒塌。

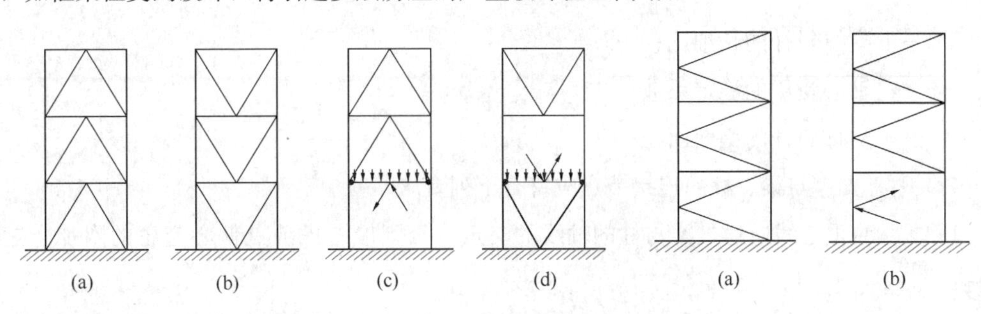

图6-27　人字形和V形支撑中横梁的设计简图　　图6-28　K字形支撑

2. 支撑斜杆的计算与构造

(1) 支撑斜杆应按下列规定计算：

1) 强度计算

$$\frac{N}{A_{\rm n}} \leqslant f/\gamma \tag{6-78}$$

当斜杆两端为高强度螺栓摩擦型连接时：

$$\left(1-0.5\frac{n_1}{n}\right)\frac{N}{A_{\rm n}} \leqslant f/\gamma \tag{6-79}$$

式中 N——支撑斜杆轴心拉力或压力设计值；

$A_{\rm n}$——支撑斜杆净截面面积；

n——节点连接处高强度螺栓的数目；

n_1——支撑斜杆计算截面上高强度螺栓的数目。

2) 稳定计算

$$\frac{N}{\varphi A} \leqslant \eta \frac{f}{\gamma} \tag{6-80}$$

式中 η——在循环荷载作用下，强度降低系数，在罕遇地震下斜杆反复受拉压，受压屈曲后变形很大，转为受拉时不能完全拉直，造成再次受压稳定承载力的降低：

有地震作用组合时：

$$\eta = \frac{1}{1+0.35\bar{\lambda}} \tag{6-81}$$

无地震作用组合时：

$$\eta = 1.0$$

$\bar{\lambda}$——支撑斜杆的相对长细比：

$$\bar{\lambda} = \frac{\lambda}{\pi}\sqrt{\frac{f_{\rm y}}{E}} \tag{6-82}$$

λ——支撑斜杆的长细比；

φ——轴心受压的稳定系数；

A——支撑斜杆的截面面积。

(2) 中心支撑与梁、柱的连接节点应符合下列要求：

1) 支撑的重心线应通过梁与柱的轴线的交点，否则应考虑节点偏心产生的附加弯矩的影响；

2) 连接节点可采用刚接（图 6-29），也可采用纯铰接的构造形式；

3) 柱和梁在与支撑斜杆翼缘的连接处应设置加劲肋（图 6-29）。

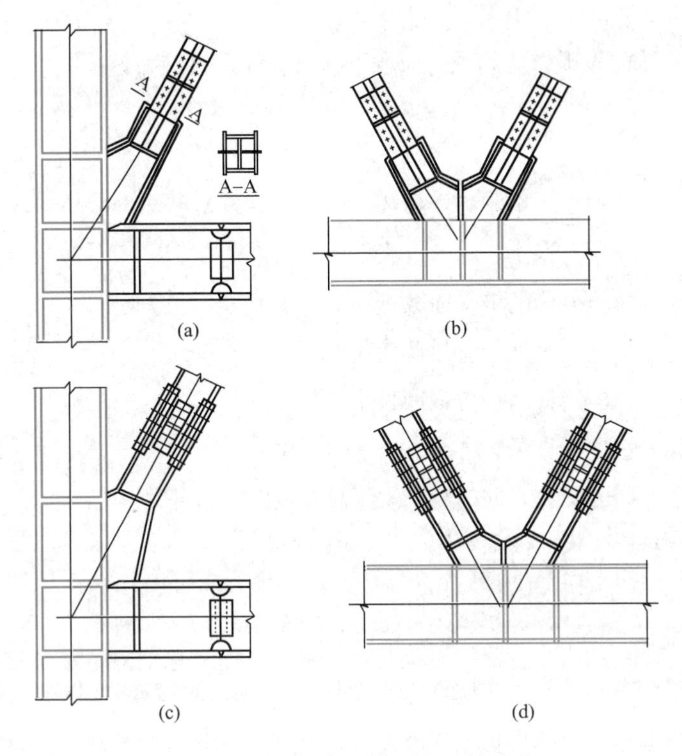

图 6-29　支撑与框架的刚性连接节点

3. 抗震设计的一般规定

抗震设计时，连接节点设计应贯彻强节点弱杆件的原则，符合下列公式的要求：

$$N_{ubr} \geqslant \eta_j A_n f_y \tag{6-83}$$

式中　N_{ubr}——螺栓或焊缝连接以及节点板在支撑轴线方向的极限承载力；

A_n——支撑斜杆的净截面面积；

f_y——支撑斜杆钢材的屈服强度；

η_j——强节点系数，当采用焊接拼接时，对 Q235、Q345、Q345GJ 分别取 1.25、1.20、1.15；当采用螺栓连接时，对 Q235、Q345、Q345GJ 分别取 1.30、1.25、1.20。

焊缝的极限承载力应按下列公式计算：

对接焊缝受拉　$$N_u = A_f^w f_u^w \tag{6-84}$$

角焊缝受剪　$$V_u = A_f^w f_u^f \tag{6-85}$$

式中　A_f^w——焊缝的有效受力面积；

f_u^w——对接焊缝的抗拉强度最小值；

f_u^f——角焊缝的抗拉、抗压和抗剪强度最小值，可根据《钢结构设计标准》GB

50017—2017 取用。

高强度螺栓连接的极限受剪承载力应取下列二式计算的较小者：

$$N_{vu}^{b} = 0.58 n_f A_e^b f_u^b \tag{6-86}$$

$$N_{cu}^{b} = d \sum t f_{cu}^{b} \tag{6-87}$$

式中 N_{vu}^{b}、N_{cu}^{b}——分别为一个高强度螺栓的极限受剪承载力和对应的板件极限承压力；

n_f——螺栓连接的剪切面数量；

A_e^b——螺栓螺纹处的有效截面面积；

f_u^b——螺栓钢材的抗拉强度最小值；

d——螺栓杆直径；

$\sum t$——同一受力方向的较小承压总厚度；

f_{cu}^b——连接板的极限承压强度，取 $1.5f_u$。

6.7.3 其他类型支撑结构的设计

偏心支撑一般较多用于高层房屋钢结构，有关偏心支撑结构的设计将在第 7 章中阐述。

有关钢板剪力墙板、内藏钢板支撑剪力墙板、带竖缝混凝土剪力墙板的设计可按现行行业标准《高层民用建筑钢结构技术规程》JGJ 99 的有关规定进行。有关带框混凝土剪力墙板的设计可按现行标准化协会标准《矩形钢管混凝土结构技术规程》的有关规定进行。

6.8 框架节点

6.8.1 框架梁柱连接节点的类型

在多层房屋钢结构的结构体系中，框架结构是最基本的结构单元。在框架结构中，梁柱连接节点往往是影响框架力学性能的关键，因此了解梁柱连接节点的构造，掌握各种节点构造的力学性能是正确确定框架计算简图和正确设计框架结构的依据。

框架梁柱连接节点的类型，从受力性能上分有刚性连接节点、铰接连接节点和半刚性连接节点。这三类连接节点在力学性能上的特点，已在 6.1.2 节的图6-1中作了简要的介绍。从连接方式上分有全焊连接节点、全栓连接节点和栓焊连接节点。关于采用这三种连接方式的节点在力学性能上的差别，也已在 6.1.2 节的 1 中作了简要的介绍。

刚性连接节点、铰接连接节点和半刚性连接节点在框架分析中的力学描述分别是：刚性连接节点中的梁柱夹角在外荷载作用下不会改变，即 $\Delta\theta=0$；铰接连接节点中的梁或柱在节点处不能承受弯矩，即 $M=0$；半刚性连接节点中的梁柱在节点处均能承受弯矩，同时梁柱夹角也会改变，这类节点力学性能的描述是给出梁端弯矩与梁柱夹角变化的数学关系，即 $M=f(\Delta\theta)$。由于 $f(\Delta\theta)$ 的描述与梁柱连接节点的构造形式、板件的尺寸与厚度、连接方式、连接件的多少以及材料的弹性和弹塑性本构关系有关，极为复杂而且是非线性的，只能在梁柱连接节点的细部设计完成后才能给出。

半刚性连接节点具有连接构造比较简单的优点，在多层房屋钢框架中时有采用。但从设计角度看，半刚性连接框架的设计极为复杂。因为半刚性连接框架的内力及位移只有在节点的力学性能描述 $M=f(\Delta\theta)$ 已知的情况下才能正确计算，而要给出半刚性连接节点的力学性能描述 $M=f(\Delta\theta)$，又必须有框架内力的正确分析。因此，半刚性连接框架的设计往往需要多次反复才能完成。这一不足影响了半刚性连接节点在多层房屋框架中的应用。

6.8.2 刚性连接节点

1. 钢梁与钢柱直接连接节点

图 6-30 所示为钢梁用栓焊混合连接与柱相连的构造形式，应按下列规定设计。

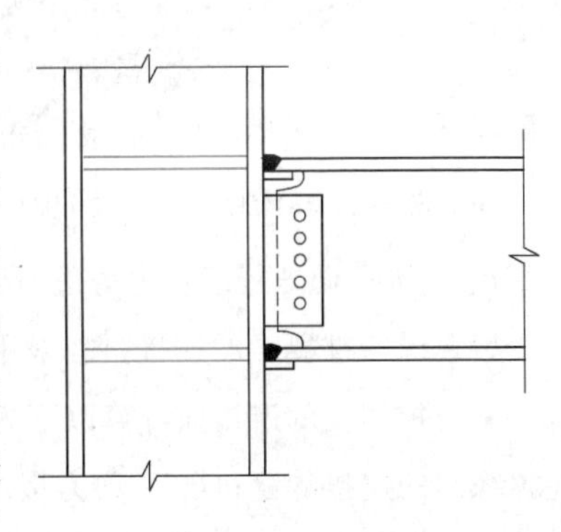

图 6-30　钢梁与钢柱标准型直接连接

(1) 梁翼缘与柱翼缘用全熔透对接焊缝连接，腹板用高强度螺栓摩擦型连接与焊于柱翼缘上的剪力板相连。剪力板与柱翼缘可用双面角焊缝连接并应在上下端采用围焊。剪力板的厚度应不小于梁腹板的厚度，当厚度大于 16mm 时，其与柱翼缘的连接应采用 K 形全熔透对接焊缝。

(2) 在梁翼缘的对应位置，应在柱内设置横向加劲肋。对抗震设计的结构，加劲肋厚度不得小于梁翼缘厚度加 2mm，其钢材强度不得低于梁翼缘的钢材强度，其外侧应与梁翼缘外侧对齐。对非抗震设计的结构，厚度应由计算确定，但不得小于梁翼缘厚度的 1/2，且应符合板件宽厚比限值要求。

(3) 横向加劲肋与柱翼缘和腹板的连接应符合表 6-11 的规定。

横向加劲肋的连接焊缝形式　表 6-11

对抗震设防的结构	与柱翼缘采用坡口全熔透焊缝与腹板可采用角焊缝
对非抗震设防的结构	均可采用角焊缝

(4) 由柱翼缘与横向加劲肋包围的节点域应按下列规定进行计算：

1) 强度计算

$$\tau=\frac{M_{b1}+M_{b2}}{V_p}\leqslant\frac{4}{3}f_v/\gamma \tag{6-88}$$

式中　M_{b1}、M_{b2}——分别为节点域两侧梁端弯矩设计值；

V_p——节点域体积：

$$V_p = h_b h_c t_p \tag{6-89}$$

h_b、h_c——分别为梁和柱的截面高度；

t_p——节点域板的厚度；

f_v——节点域钢板的抗剪强度设计值。

2）稳定计算

$$t_p \geqslant \frac{h_{0b} + h_{0c}}{90} \tag{6-90}$$

式中　h_{0b}、h_{0c}——分别为梁腹板和柱腹板的高度。

3）抗震设防的结构尚应符合下列公式要求：

$$\tau = \frac{\alpha(M_{pb1} + M_{pb2})}{V_p} \leqslant \frac{4}{3} f_{yv} \tag{6-91}$$

式中　M_{pb1}、M_{pb2}——分别为节点域两侧钢梁端部截面全塑性受弯承载力；

α——折减系数，对三、四级框架取 0.6，对一、二级取 0.7；

f_{yv}——节点域钢材的屈服抗剪强度，$f_{yv}=0.58f_y$。

(5) 梁与柱的连接应按下列规定进行计算：

1) 应按多遇地震组合内力进行弹性设计

梁翼缘与柱翼缘的连接，因采用全熔透对接焊缝，可以不用计算。

梁腹板与柱的连接应计算以下内容：(i) 梁腹板与剪力板间的螺栓连接；(ii) 剪力板与柱翼缘间的连接焊缝；(iii) 剪力板的强度。

2）应符合强节点弱杆件的条件

$$M_u \geqslant \eta_j M_p \tag{6-92}$$

$$V_u \text{ 和 } V_u^b \geqslant 1.2(2M_p/l_n) + V_{Gb} \tag{6-93}$$

$$V_u \text{ 和 } V_u^b \geqslant 0.58 h_w t_w f_y \tag{6-94}$$

式中　M_u——梁上下翼缘全熔透坡口焊缝的极限受弯承载力：

$$M_u = N_u\left(h - \frac{t_{f1} + t_{f2}}{2}\right) \tag{6-95}$$

η_j——连接系数，当采用焊接时，对 Q235、Q345、Q345GJ 分别取 1.40、1.30、1.25；当采用螺栓连接时，对 Q235、Q345、Q345GJ 分别取 1.45、1.35、1.30；

h——梁高；

t_{f1}、t_{f2}——梁上、下翼缘的厚度；

N_u——对接受拉焊缝的极限承载力，按式（6-84）计算；

M_p——梁（梁贯通时为柱）的全塑性受弯承载力；

V_{Gb}——由梁跨中竖向荷载作用产生的梁在节点处的剪力设计值，梁贯通时 $V_{Gb}=0$；

V_u——剪力板连接的极限受剪承载力，按式（6-85）计算；

V_u^b——梁腹板高强度螺栓连接的极限受剪承载力，一个螺栓的极限受剪承载力按式（6-86）和式（6-87）计算；

l_n——梁的净跨（梁贯通时取该楼层柱的净高）；

h_w——梁腹板的高度；

t_w——梁腹板的厚度；

f_y——梁腹板钢材的屈服强度。

（6）梁翼缘与柱连接的坡口全熔透焊缝应按规定设置衬板，翼缘坡口两侧设置引弧板。在梁腹板上、下端应作焊缝通过孔，当梁与柱在现场连接时，其上端孔半径 r 应取 35mm，孔在与梁翼缘连接处，应以 $r=10\sim15$mm 的圆弧过渡（图6-31b）；下端孔高度 50mm，半径 20mm（图 6-31c）。圆弧表面应光滑，不得采用火焰切割。

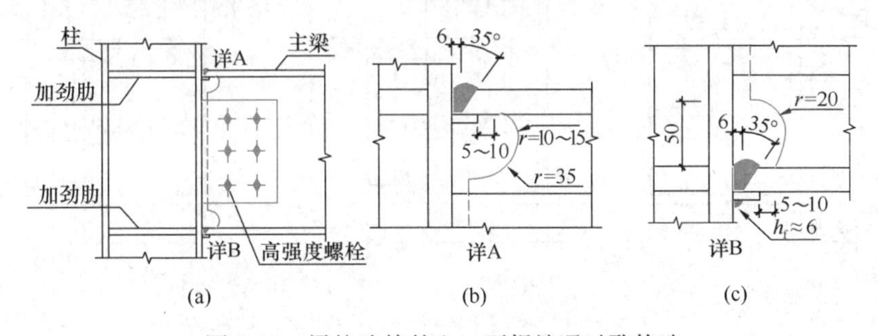

图 6-31 梁柱连接的上、下焊缝通过孔构造

（7）柱在梁翼缘上下各 500mm 的节点范围内，柱翼缘与柱腹板间的连接焊缝应采用坡口全熔透焊缝。

（8）柱翼缘的厚度大于 16mm 时，为防止柱翼缘板发生层状撕裂，应采用 Z 向性能钢板。

2. 梁与带有悬臂段的柱的连接节点

图 6-32 所示为梁与带有悬臂段的柱的连接。

悬臂段与柱的连接采用工厂全焊接连接。梁翼缘与柱翼缘的连接要求与图6-31直接连接一样，但下部焊缝通过孔的孔型与上部孔相同，且上下设置的衬板在焊接完成后可以去除并清根补焊。腹板与柱翼缘的连接要求与图 6-30 中剪力板与柱的连

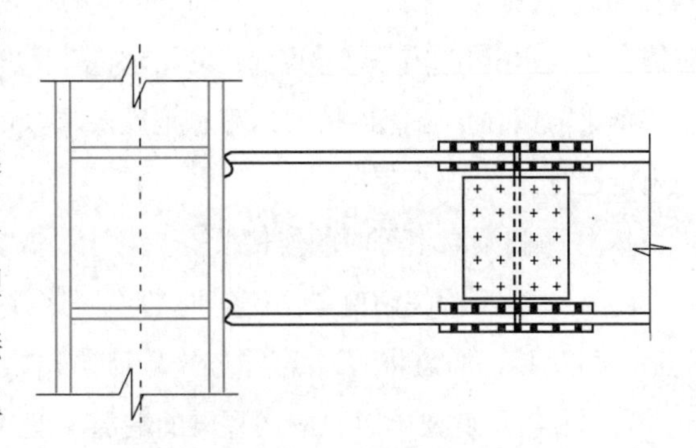

图 6-32 梁与带有悬臂段的柱的连接

接一样。悬臂段与柱连接的其他要求与图 6-30 直接连接的相同。

梁与悬臂段的连接，实质上是梁的拼接，可采用翼缘焊接、腹板高强度螺栓连接或全部高强度螺栓连接。全部高强度螺栓连接（图 6-32）有较好的抗震性能。

梁与悬臂段连接的计算，将在 6.9.2 梁的拼接中阐述。

3. 钢梁与钢柱加强型连接节点

钢梁与钢柱加强型连接主要有以下几种形式：1）翼缘板式连接（图 6-33a）；2）梁翼缘端部加宽（图 6-33b）；3）梁翼缘端部腋形扩大（图 6-33c）。翼缘板式连接宜用于梁与工形柱的连接；梁翼缘端部加宽和梁翼缘端部腋形扩大连接宜用于梁与箱形柱的连接。

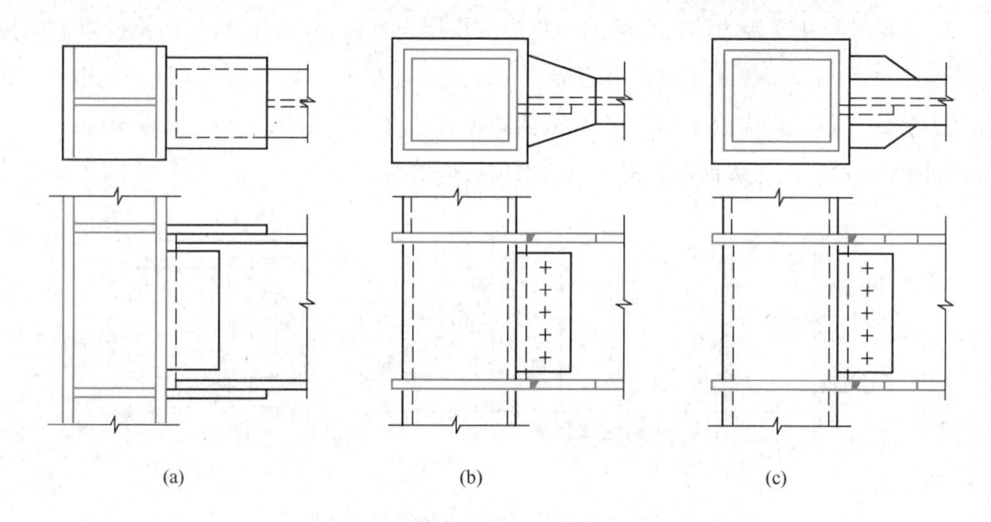

图 6-33　钢梁与钢柱加强型连接

在大地震作用下，钢梁与钢柱加强型连接的塑性铰将不在构造比较复杂、应力集中比较严重的梁端部位出现，而向外移，有利于抗震性能的改善。

钢梁与箱形柱相连时，箱形柱在与钢梁翼缘连接处应设置横隔板。当箱形柱壁板的厚度大于 16mm 时，为了防止壁板出现层状撕裂，宜采用贯通式隔板，隔板外伸与梁翼缘相连（图 6-33b、c），外伸长度宜为 25～30mm。梁翼缘与隔板采用对接全熔透焊缝连接，其构造应符合图 6-31（b）和图 6-31（c）的要求。

钢梁与钢柱加强型连接的计算和抗震要求，可参照钢梁与钢柱标准型直接连接一节的有关规定进行。

4. 柱两侧梁高不等时的连接节点

图 6-33 所示为柱两侧梁高不等时的不同连接形式。柱的腹板在每个梁的翼缘处均应设置水平加劲肋，加劲肋的间距不应小于 150mm，且不应小于水平加劲肋的宽度（图 6-34a、c）。当不能满足此要求时，应调整梁的端部高度（图 6-34b），腋部的坡度不得大于 1∶3。

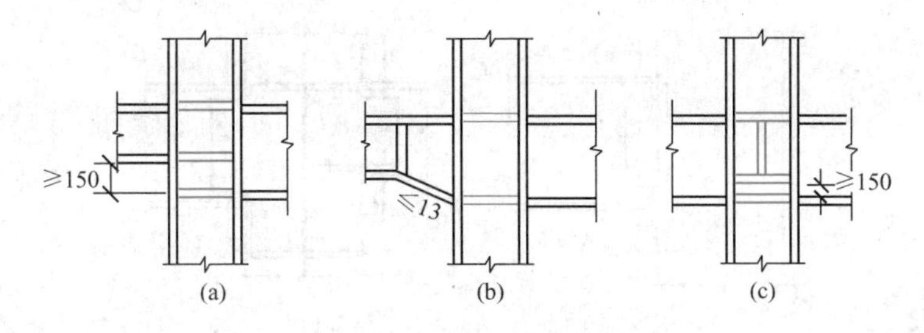

图 6-34　梁高不等时的梁柱连接

5. 梁垂直于工字形柱腹板的梁柱连接节点

图 6-35 是梁端垂直于工字形柱腹板时的连接。连接中，应在梁翼缘的对应位置设置柱的横向加劲肋，在梁高范围内设置柱的竖向连接板。横向加劲肋应外伸 100mm，采取宽度渐变形式，避免应力集中。横向加劲肋与竖向连接板组成一个与图 6-32 相似的悬臂段，其端部截面与梁的截面相同。横梁与此悬臂段可采用栓焊混合连接（图 6-35a）或高强度螺栓连接（图 6-35b）。

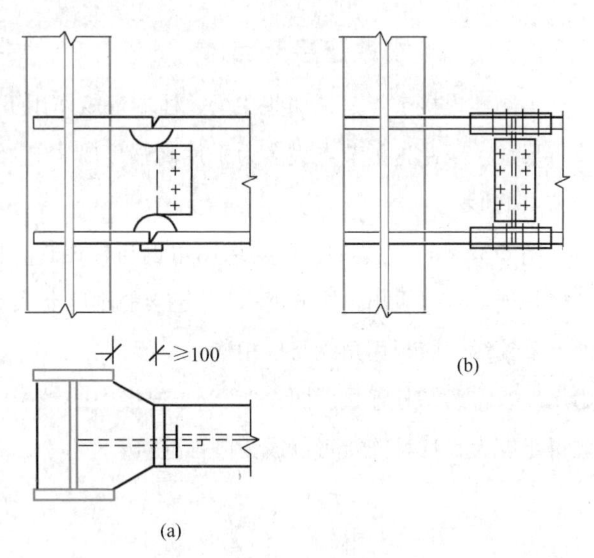

图 6-35　梁垂直于工字形柱腹板的梁柱连接

梁垂直于工字形柱腹板的梁柱连接的计算和构造，可参照图 6-30 和图 6-32 的要求进行。

6. 其他类型梁和柱的梁柱刚性连接节点

其他类型梁和柱的梁柱刚性连接节点，如钢梁与钢管混凝土柱的连接、钢梁与型钢混凝土柱的连接、钢筋混凝土梁与型钢柱、与钢管混凝土柱、与型钢混凝土柱的连接，可参阅有关专门规范或规程进行设计。

6.8.3 铰接连接节点

图 6-36 为钢梁与钢柱的铰接连接节点。图 6-36（b）表示柱两侧梁高不等且与柱腹板相连的情况。

钢梁与钢柱铰接连接时，在节点处，梁的翼缘不传力，与柱不应连接，只有腹板与柱相连以传递剪力。因此在图 6-36（a）的情况中，柱中不必设置水平加劲肋，但在图 6-36（b）中，为了将梁的剪力传给柱子，需在柱中设置剪力板，板的一端与柱腹板相连，另一端与梁

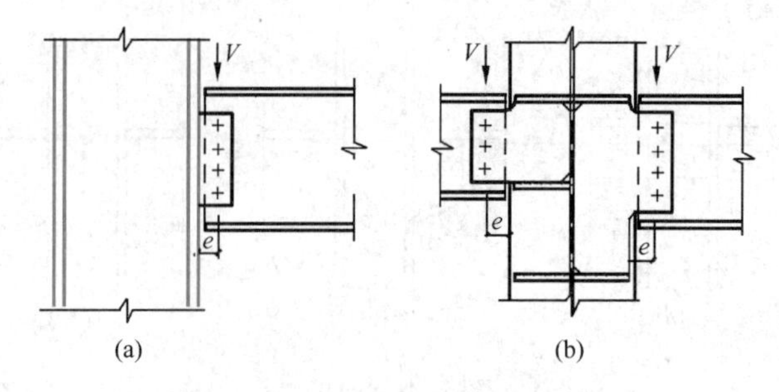

图 6-36　钢梁与钢柱的铰接连接节点

的腹板相连。为了加强剪力板面外刚度，在板的上、下端设置柱的水平加劲板。

连接用高强度螺栓的计算，除应承受梁端剪力外，尚应承受偏心弯矩 $V \cdot e$ 的作用。

6.8.4 半刚性连接节点

半刚性连接节点是指那些在梁、柱端弯矩作用下，梁与柱在节点处的夹角会产生改变的节点形式，因此这类节点大多为采用高强度螺栓连接的节点。图 6-37 给出了几种半刚性连接节点的形式。

图 6-37（a）为梁的上下翼缘用角钢与柱相连，图 6-37（b）为梁的上下翼缘用 T 形钢与柱相连，可以看出，图 6-37（b）连接的刚度要大于图 6-37（a）的连接。图6-37（c)为梁的上下翼缘、腹板用角钢与柱相连。一般情况下，这种连接的刚度较好。图 6-37（d）、（e）为用端板将梁与柱连接。图 6-37（e）连接中的端板上下伸出梁高，刚度较大。如端板厚度取得足够大，这种连接可以成为刚性连接。

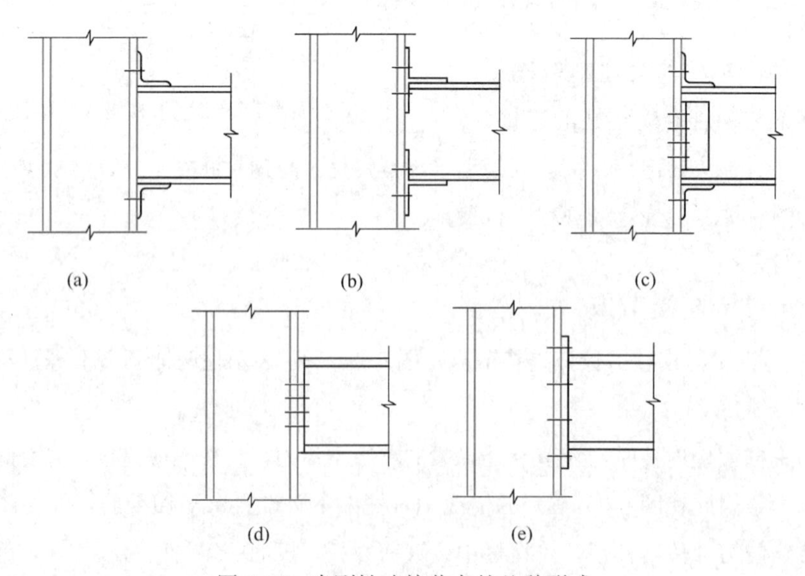

图 6-37　半刚性连接节点的几种形式

关于半刚性连接的力学性能描述，即 $M=f(\Delta\theta)$ 的确切关系，可以参阅有关文献。

6.9 构件的拼接

6.9.1 柱与柱的拼接

1. 柱截面相同时的拼接

框架柱的安装拼接应设在弯矩较小的位置，宜位于框架梁上方 1.3m 附近。

在抗震设防区，框架柱的拼接应采用与柱子本身等强度的连接，一般采用坡口全熔透焊缝，也可用高强度螺栓摩擦型连接。

图 6-38 为工字形截面柱的等强拼接构造。图 6-38（a）为采用定位角钢和安装螺栓定位的情况，定位后施焊，然后割去引弧板和定位角钢，再补焊焊缝。图6-38（b)为采用定位耳板和安装螺栓定位的情况。采用这种定位方式时，焊缝可以一次施焊完成。在工字形截面柱的拼接中，腹板也可用高强度螺栓摩擦型连接（图 6-38c)，或者翼缘与腹板全用高强度螺栓摩擦型连接（图 6-38d)。

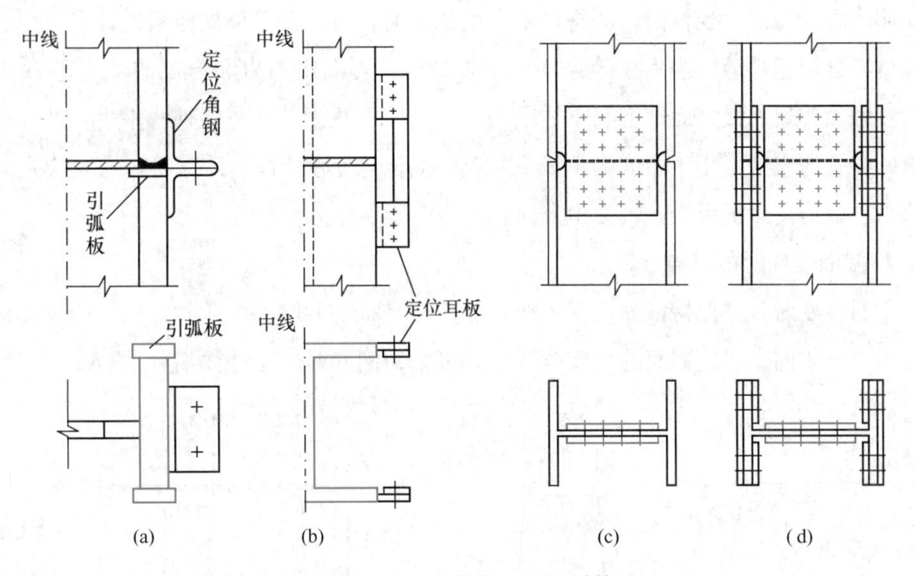

图 6-38　工字形截面柱的拼接

图 6-39 为箱形截面柱的等强拼接构造。箱形柱的拼接应全部采用坡口全熔透焊缝。下部柱的上端应设置与柱口齐平的横隔板，在上部柱的下端附近也应设置横隔板。采用定位耳板和安装螺栓定位。图 6-39（a）为箱形截面柱的定位措施，图 6-39（b）为拼接处的局部构造详图。

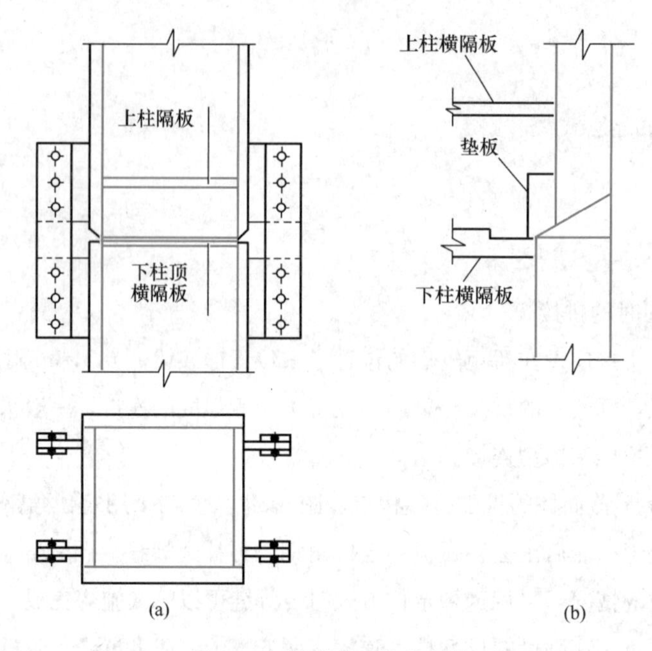

图 6-39　箱形截面柱的拼接

在非抗震设防区，当框架柱的拼接不产生拉力时，可不按等强度连接设计，焊缝连接可采用坡口部分熔透焊缝。当不按等强度连接设计时，可假定压力和弯矩的 25% 直接由上下柱段的接触面传递，接触面即上、下柱段的柱端应磨平顶紧，并与柱轴线垂直。坡口部分熔透焊缝的有效深度宜不小于厚度的 1/2。连接的强度应通过计算。计算时，弯矩应由翼缘和腹板承受，剪力由腹板承受，轴力由翼缘和腹板分担。

2. 柱截面不同时的拼接

柱截面改变时，宜保持截面高度不变，而改变其板件的厚度。此时，柱子的拼接构造与柱截面不变时相同。当柱截面的高度改变时，可采用图 6-40 的拼接构造。图 6-40（a）为边

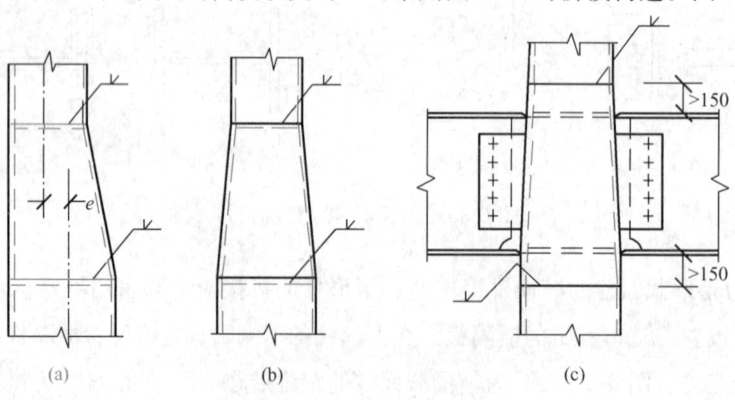

图 6-40　柱的变截面连接

柱的拼接，计算时应考虑柱上下轴线偏心产生的弯矩，图 6-40（b）为中柱的拼接，在变截面段的两端均应设置隔板。图 6-40（c）为柱接头设于梁的高度处时的拼接，变截面段的两端距梁翼缘不宜小于 150mm。

6.9.2 梁与梁的拼接

梁与梁的拼接可采用图 6-41 所示的形式。图 6-41（a）为全高强度螺栓连接的拼接，梁翼缘和腹板均采用高强度螺栓连接。图 6-41（b）为全焊缝连接的拼接，梁翼缘和腹板均采用全熔透焊缝连接。图 6-41（c）为栓焊混合连接的拼接，梁翼缘用全熔透焊缝连接，腹板用高强度螺栓连接。

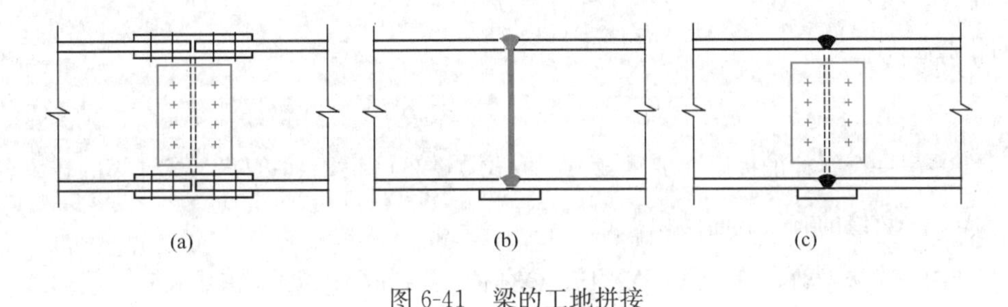

图 6-41　梁的工地拼接

6.9.3 拼接的计算

构件拼接，在不考虑地震作用组合时，应按构件处于弹性阶段的内力进行设计。腹板连接按受全部剪力和所分配的弯矩共同作用计算，翼缘连接按所分配的弯矩设计，当拼接处的内力较小时，拼接的承载力应不小于梁全截面承载力的 50%。

构件拼接，在考虑地震作用组合时，构件的拼接应按等强度原则设计。当拼接处于弹塑性区域时，拼接的极限承载力应满足式（6-92）、式（6-93）和式（6-94）的要求。当梁、柱构件有轴力时，全截面受弯承载力 M_P 应由考虑轴力影响的受弯承载力 M_{PC} 代替。M_{PC} 可按下式计算：

工字形截面绕强轴和箱形截面

当 $N/N_y \leqslant 0.13$ 时，
$$M_{PC}=M_P \tag{6-96}$$

当 $N/N_y > 0.13$ 时，
$$M_{PC}=1.15\left(1-\frac{N}{N_y}\right)M_P \tag{6-97}$$

工字形截面绕弱轴

当 $N/N_y \leqslant A_W/A$ 时，
$$M_{PC}=M_P \tag{6-98a}$$

当 $N/N_y > A_W/A$ 时，
$$M_{PC}=\left[1-\left(\frac{N-A_W f_{ay}}{N_y-A_W f_{ay}}\right)^2\right]M_P \tag{6-98b}$$

式中　N——构件受到的轴力设计值；

N_y——构件轴向屈服承载力：

$$N_y = A_n f_{ay} \tag{6-99}$$

A_W、A——构件腹板和全截面面积；

A_n——构件净截面的截面面积；

f_{ay}——被拼接构件的钢材屈服强度。

当拼接采用高强度螺栓连接时，尚应符合下列要求：

对于翼缘

$$nN_u^b \geqslant \eta_j A_f f_{ay} \tag{6-100}$$

对于腹板

$$N_u^b \geqslant \sqrt{(V_u/n)^2 + (N_M^b)^2} \tag{6-101}$$

式中　N_u^b——一个螺栓的极限受剪承载力，取式（6-86）和式（6-87）二式计算的较小者；

A_f——翼缘的有效截面面积；

η_j——连接系数，对 Q235、Q345、Q345GJ 分别取 1.45、1.35、1.30；

N_M^b——腹板拼接中弯矩引起的一个螺栓的最大剪力；

n——翼缘拼接或腹板拼接一侧的螺栓数；

V_u——拼接的极限受剪承载力。

6.10　柱脚

6.10.1　柱脚的形式

在多层钢结构房屋中，柱脚与基础的连接宜采用刚接，也可采用铰接。刚接柱脚可采用埋入式（图 6-42）、外包式（图 6-43）和外露式（图 6-44）。外露式柱脚也可设计成铰接。

刚接柱脚应具有塑性变形能力，并应满足下式要求：

$$M_u^B \geqslant \eta_j M_{PC} \tag{6-102}$$

式中　M_u^B——柱脚的极限抗弯承载力；

M_{PC}——考虑轴力影响时柱的全塑性弯矩，按式（6-96）、式（6-97）和式（6-98）计算；

η_j——连接系数，对埋入式和外包式柱脚取 1.2，对外露式柱脚取 1.1。

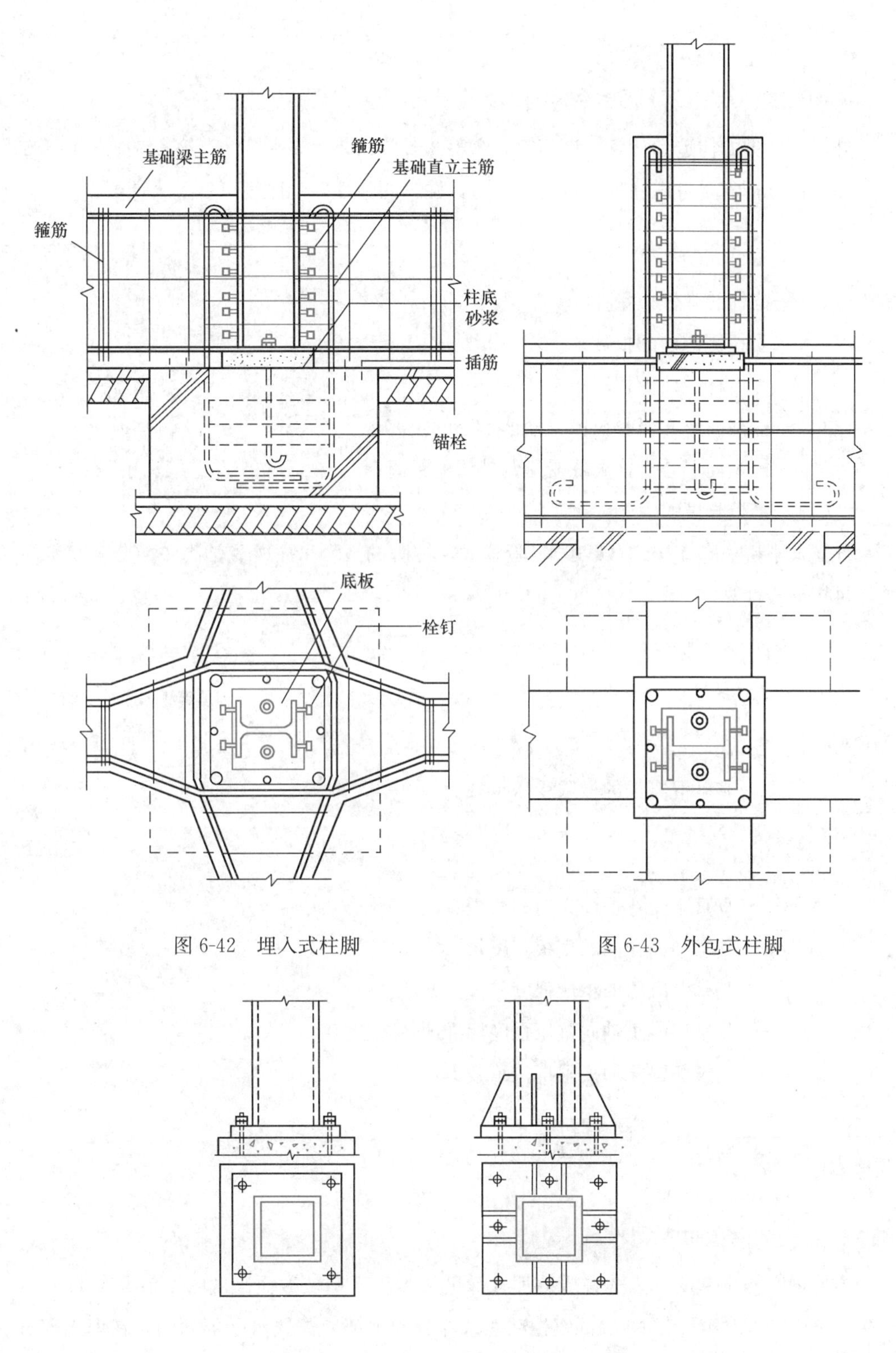

图 6-42　埋入式柱脚

图 6-43　外包式柱脚

图 6-44　外露式柱脚

6.10.2 外露式柱脚的构造和计算

外露式柱脚的构造和计算可参阅第3章第3.5节的3.5.3和第4章第4.5节的4.5.5。

当结构分析需要考虑柱脚的转动刚度时，柱脚的弹性转动刚度可按下式计算：

$$K_{BS}=\frac{E\,n_t A_b(d_t+d_c)}{2l_b} \tag{6-103}$$

式中 E——锚栓的弹性模量；

n_t——受拉侧锚栓的根数；

A_b——锚栓杆截面面积；

d_t——柱截面形心至受拉侧锚栓群形心的距离；

d_c——柱截面形心至柱翼缘受压侧外缘的距离；

l_b——锚拴长度。

外露式刚接柱脚在按式（6-102）验算时，柱脚的 M_u^B 和柱所受轴力 N（以压为正）有关，可按下式计算：

当 $N_u \geqslant N > N_u - T_u$ 时 $$M_u=(N_u-N)d_t \tag{6-104a}$$

当 $N_u - T_u \geqslant N > -T_u$ 时 $$M_u=T_u d_t+\frac{(N+T_u)D}{2}\left(1-\frac{N+T_u}{N_u}\right) \tag{6-104b}$$

当 $-T_u \geqslant N > -2T_u$ 时 $$M_u=(N_u+2T_u)d_t \tag{6-104c}$$

式中 N_u——基础混凝土的极限受压承载力：

$$N_u=BDf_b \tag{6-105}$$

B——垂直于受弯平面方向的底板宽度；

D——受弯平面方向的底板宽度；

f_b——基础混凝土的承压强度，$f_b=0.85f_{cK}$；

f_{cK}——基础混凝土轴向抗压强度标准值；

T_u——受拉侧锚栓的极限抗拉承载力：

$$T_u=n_t N_u^b \tag{6-106}$$

d_t、n_t、N_u^b——与式（6-103）和式（6-101）中的相同。

6.10.3 埋入式柱脚设计要点

多层钢结构房屋的埋入式柱脚的埋入深度应不小于钢柱截面高度的2倍（对H形截面柱）或2.5倍（对箱形截面柱）。钢柱在埋入部分的顶部应设置水平加劲肋，在埋入部分应设置焊接栓钉，并在钢柱四周设置竖筋及箍筋。

埋入式柱脚的计算可按现行行业标准《高层民用建筑钢结构技术规程》JGJ99的规定

进行。

6.10.4 外包式柱脚设计要点

外包式柱脚的外包混凝土的高度与埋入式柱脚的埋入深度相同，钢柱脚底板可放置在桩承台上、基础底板上或地下室楼层板上，钢柱翼缘在混凝土内应设置焊接栓钉。

外包式柱脚的计算可按现行行业标准《高层民用建筑钢结构技术规程》JGJ99的规定进行。

【例6-1】多层框架设计

一、设计条件及说明

本工程为某行政办公楼，地上4层，结构高度为14.2m。所在地区基本风压为0.45kN/m²，地面粗糙度C，基本雪压0.45 kN/m²，抗震设防烈度为6度，场地类别为Ⅰ类，安全等级为二级，结构设计使用年限为50年。主体结构横向采用钢框架结构，横向承重，主梁沿横向布置；纵向较长，采用钢排架支撑结构。结构的局部平面及横向剖面如图6-45所示。本工程主梁和柱均采用Q235B钢材，焊接材料与之相适应，楼板采用压型钢板组合楼板。

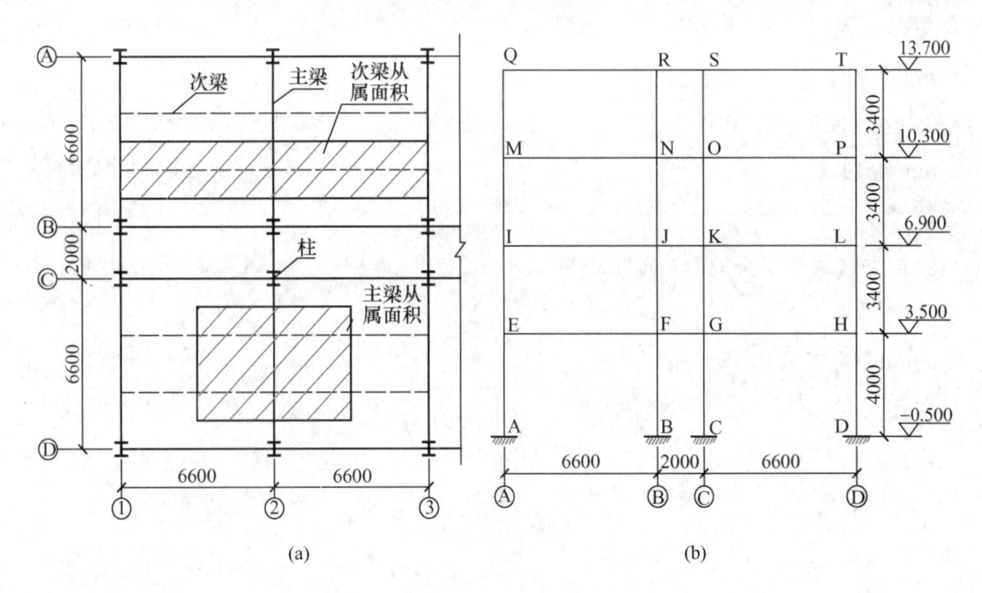

图6-45 例6-1多层框架示意图

(a) 平面图；(b) 剖面图

二、荷载计算

(1) 恒载标准值

楼面：

1mm厚压型钢板： 0.14 kN/m²

100mm 厚 C30 钢筋混凝土板： $0.10\times25=2.5\ kN/m^2$

20mm 厚水泥砂浆找平层： $0.02\times20=0.4\ kN/m^2$

5mm 厚楼面装修层： $0.1\ kN/m^2$

吊顶及吊挂荷载： $0.5\ kN/m^2$

合计： $3.64\ kN/m^2$

屋面：

1mm 厚压型钢板： $0.14\ kN/m^2$

100mm 厚 C30 钢筋混凝土板： $0.10\times25=2.5\ kN/m^2$

40mm 厚细石混凝土防水层： $0.04\times25=1.0\ kN/m^2$

20mm 厚水泥砂浆找平层： $0.02\times20=0.4\ kN/m^2$

膨胀珍珠岩保温层（2%找坡，最薄处 100mm）： $0.44\ kN/m^2$

20mm 厚水泥砂浆找平层： $0.02\times20=0.4\ kN/m^2$

高分子卷材防水： $0.05\ kN/m^2$

吊顶及吊挂荷载： $0.5\ kN/m^2$

合计： $5.43\ kN/m^2$

内墙：

240mm 加气混凝土砌块： $0.24\times7.5=1.80\ kN/m^2$

20mm 粉刷层： $0.02\times17\times2=0.68\ kN/m^2$

合计： $2.48\ kN/m^2$

内墙自重（偏于安全地取 3400mm 高）： $2.48\times3.4=8.43\ kN/m$

外墙：

900mm 高窗下墙体： $0.24\times7.5\times0.9=1.62\ kN/m$

钢窗自重： $0.45\times2.5=1.13\ kN/m$

合计： $2.75\ kN/m$

（2）活载标准值

办公楼楼面： $2.0\ kN/m^2$

不上人屋面： $0.7\ kN/m^2$

（3）风压标准值

风压标准值计算公式：$w=\beta_z\mu_s\mu_z w_0$

基本风压（按 50 年一遇）$0.45kN/m^2$，地面粗糙度取 C 类，因结构高度 $H=14.2m<15m$，μ_z 取 0.65，风振系数 β_z 取 1.0，风载体型系数 μ_s 可按《建筑结构荷载规范》GB 50009 表 8.3.1 第 30 项取值。

（4）雪荷载标准值

基本雪压0.45 kN/m^2，准永久分区Ⅲ，雪荷载不与活荷载同时组合，取其中的最不利组合。本工程雪荷载较小，荷载组合时取活荷载进行组合，不考虑雪荷载组合。

(5) 地震作用

本工程抗震设防烈度为6度 (0.05g)，计算中不考虑地震作用，仅从构造上予以考虑。

根据以上荷载情况，荷载按下面原则传递取值：组合楼板为单向板，次梁传递的荷载为集中荷载加载在主梁上，主梁自重和主梁上的墙体荷载按均布荷载加载在主梁上，外墙荷载按集中荷载加载在梁柱节点处。各荷载作用计算简图如图6-45A～图6-45C所示。

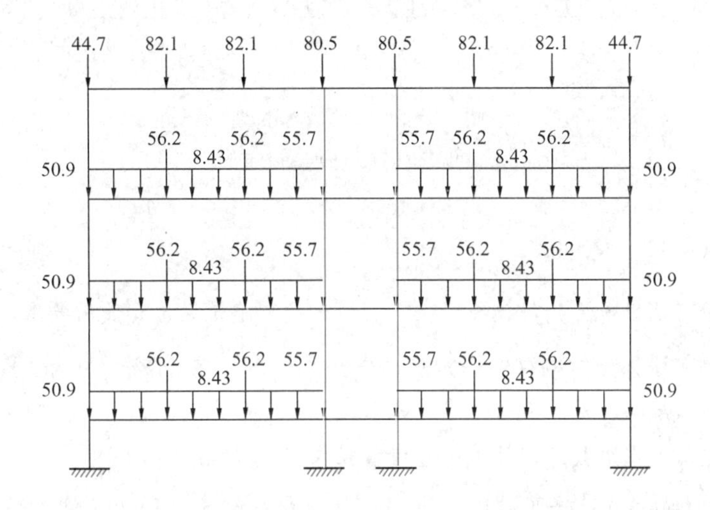

图6-45A　恒载标准值（kN，kN/m）

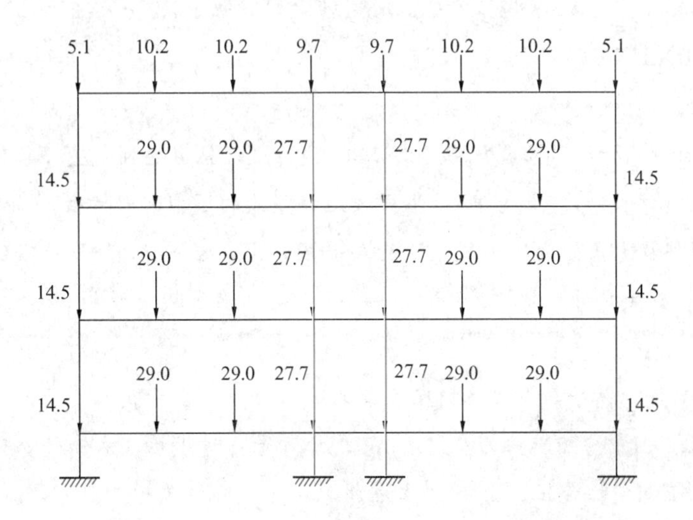

图6-45B　活载标准值（kN）

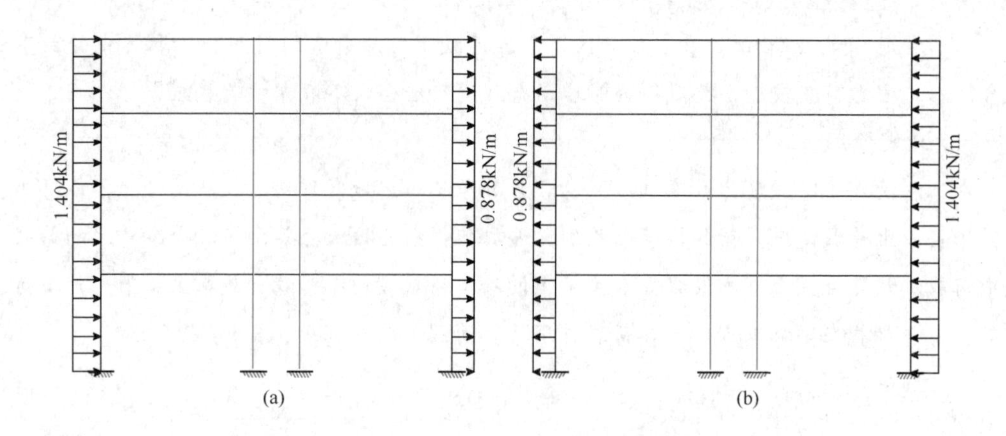

图 6-45C　风荷载标准值

(a) 左风标准值；(b) 右风标准值

三、截面初选

(1) 主梁

主梁的截面可根据跨度和荷载条件决定，同时受到建筑设计和使用要求的限制。本工程中由于楼板为组合楼板，可视为刚性铺板，因此主梁没有整体稳定问题，截面只需满足强度、刚度和局部稳定的要求。工字形梁的截面高而窄，在主轴平面内截面模量较大，故本工程的主次梁均选用工字形截面，并优先选用窄翼缘 H 型钢梁。

主梁跨度为 6600mm，按高跨比 1/20～1/10，取梁高为 400mm。对跨度为 2000mm 的主梁，梁高可取 250mm。查《热轧 H 型钢和剖分 T 型钢》GB/T 11263—2005，对 6600mm 跨主梁，选 HN400×200×8×13；对 2000mm 跨主梁，选 HN250×125×6×9；6600mm 跨次梁，选 HN350×175×7×11。

(2) 框架柱

先估算柱在竖向荷载下的轴力 N，以 $1.2N$ 作为设计轴力按轴心受压构件来确定框架柱的初始截面。假定柱长细比 λ，根据 H 形焊接组合截面的近似回转半径，确定截面的轮廓和尺寸。本工程框架柱考虑分两段吊装（下两层一段，上两层一段），因而各列柱上段变一次截面。初选 1、2 层柱截面为 H300×300×8×10，3、4 层柱截面为 H250×250×8×10。

四、内力计算

采用 3D3S 软件计算平面框架结构在各工况下的内力，各荷载作用下内力图分别示于图 6-45D～图 6-45L。图中弯矩单位为“kN·m”；正负号：对于柱，右侧受拉为正、左侧受拉为负，对于梁，下侧受拉为正、上侧受拉为负。轴力、剪力单位为“kN”；轴力受拉为正、受压为负，剪力以使杆件顺时针转动为正，逆时针转动为负。

1. 恒载作用下内力计算结果

恒载作用下弯矩、剪力和轴力图，如图 6-45D～图 6-45F 所示。

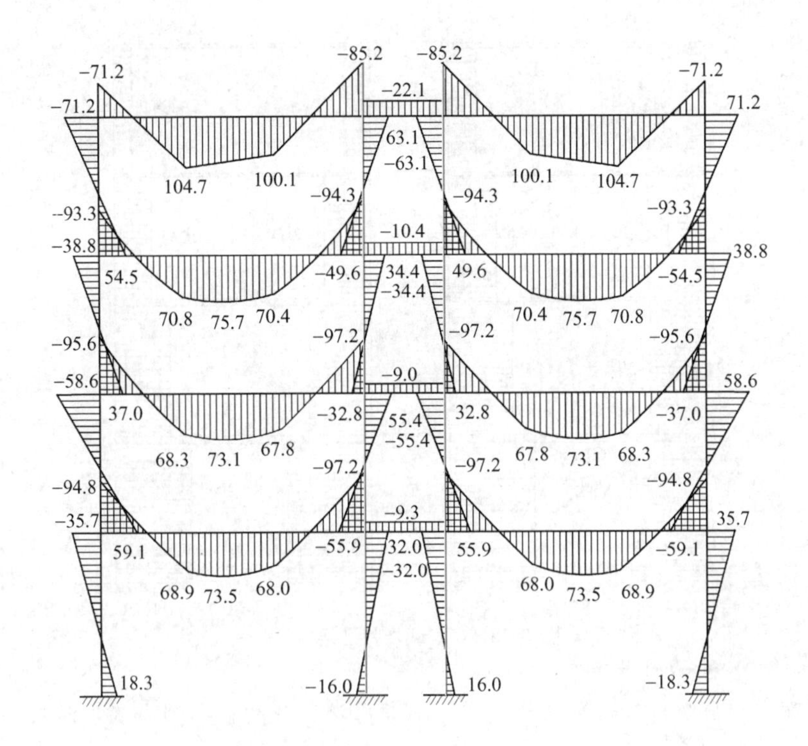

图6-45D　恒载作用下弯矩图

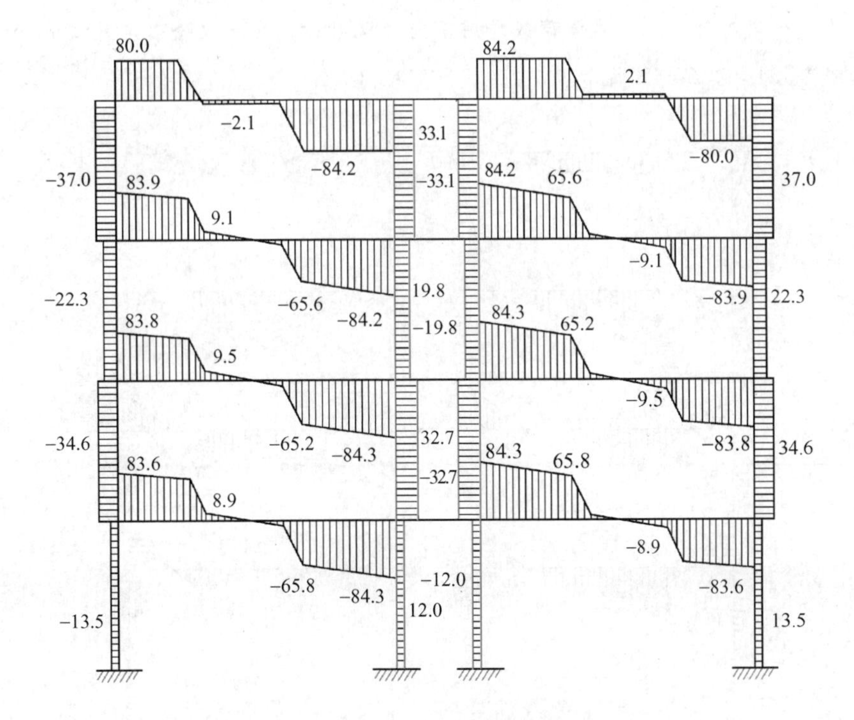

图6-45E　恒载作用下剪力图

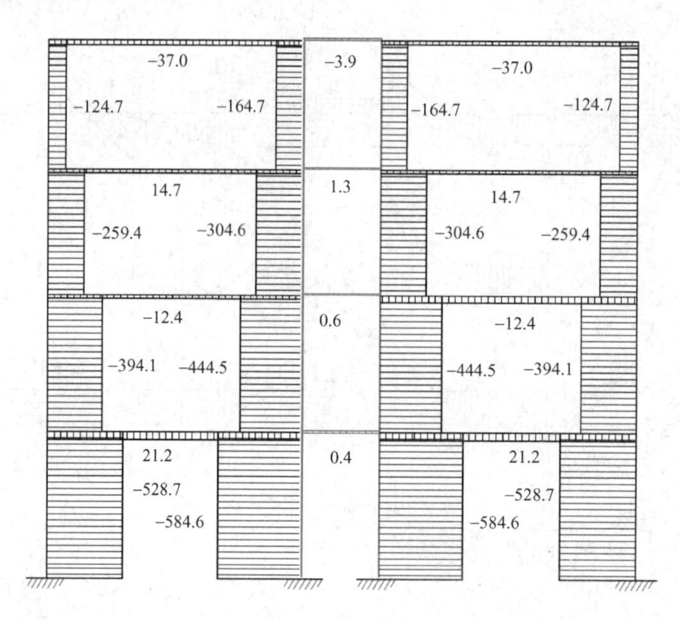

图 6-45F　恒载作用下轴力图

2. 活载作用下内力计算结果

作为例题，为使分析清晰和便于说明，不考虑活荷载的最不利布置，活载全楼层满布时，内力计算结果如图 6-45G～图 6-45I 所示。

3. 风荷载作用下内力计算结果

因结构、荷载对称，左、右风荷载作用下内力也对称，此处仅给出左风作用下内力计算结果，如图 6-45J～图 6-45L 所示。

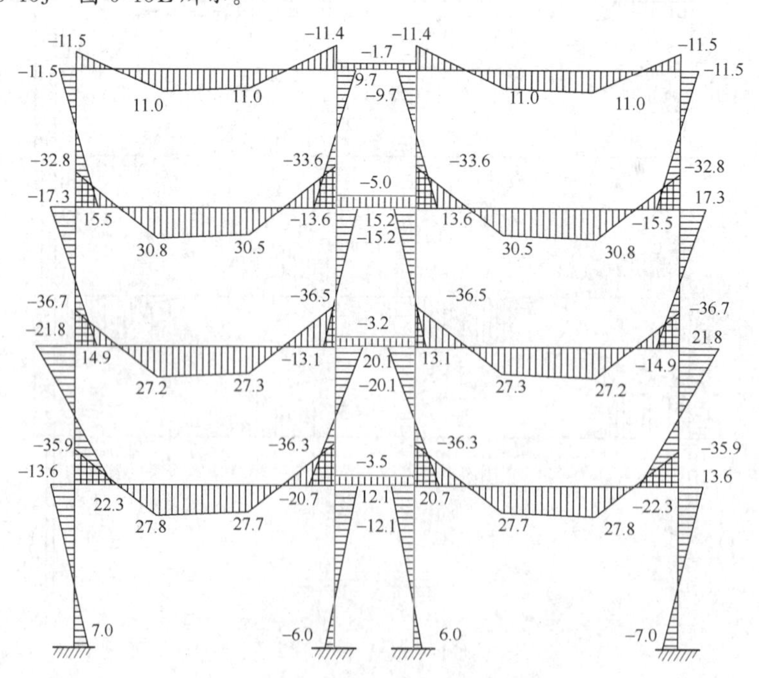

图 6-45G　活载满布作用下弯矩图

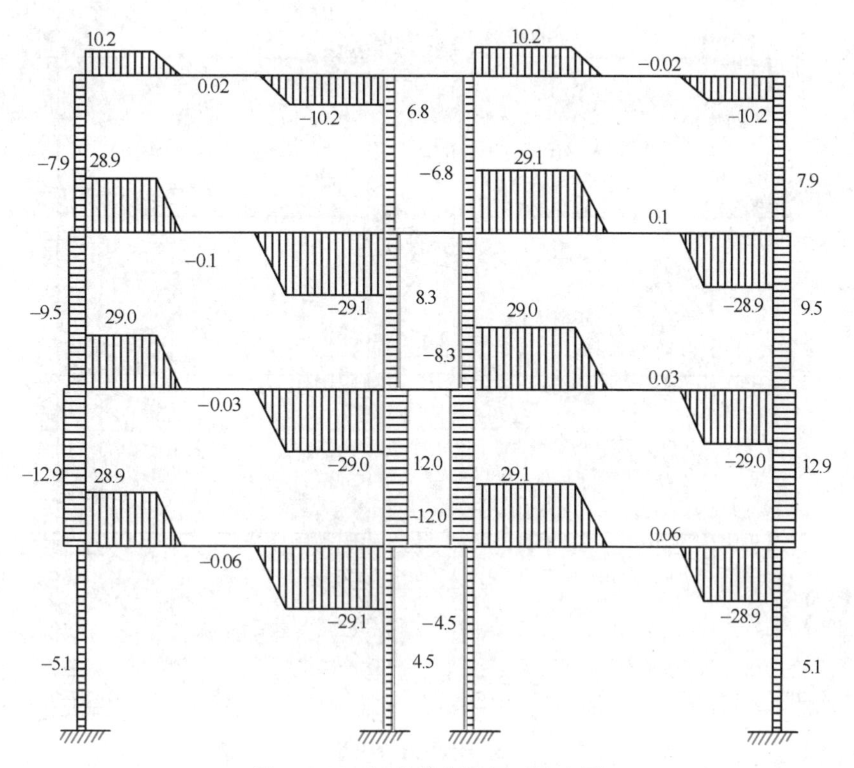

图 6-45H　活载满布作用下剪力图

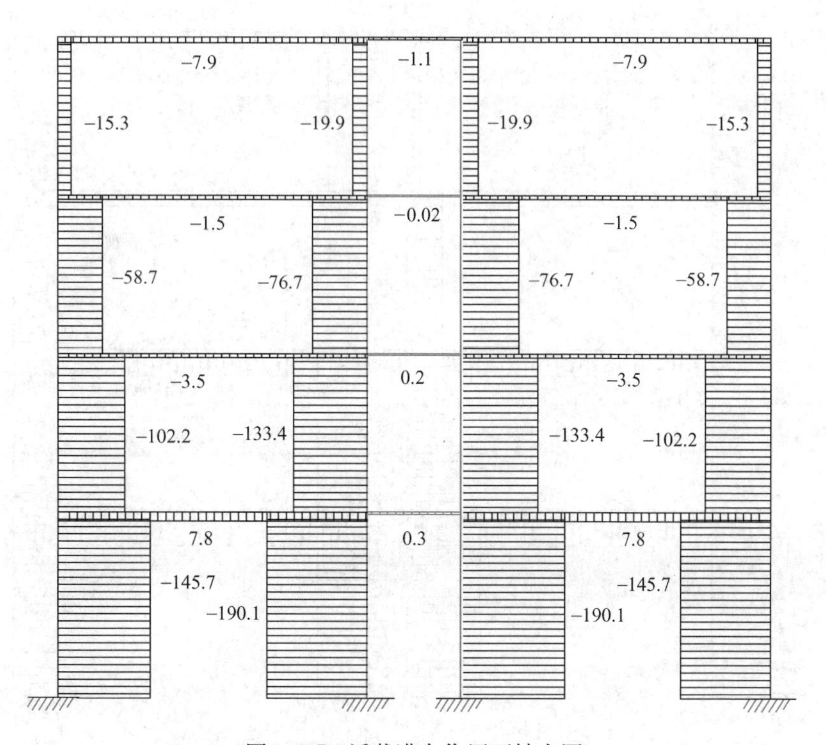

图 6-45I　活载满布作用下轴力图

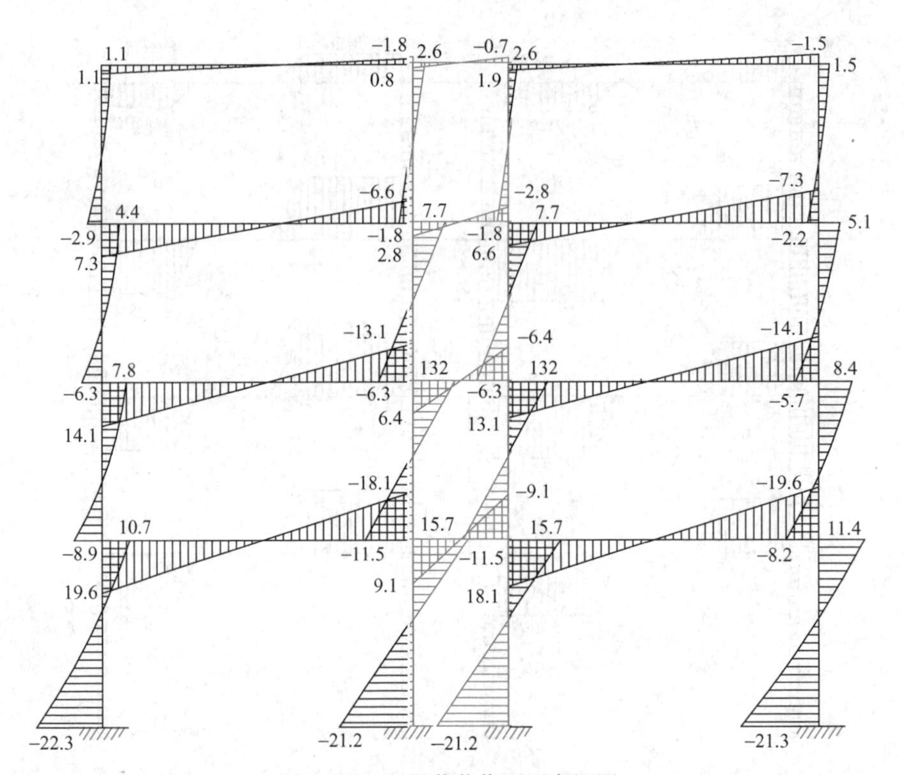

图 6-45J 左风荷载作用下弯矩图

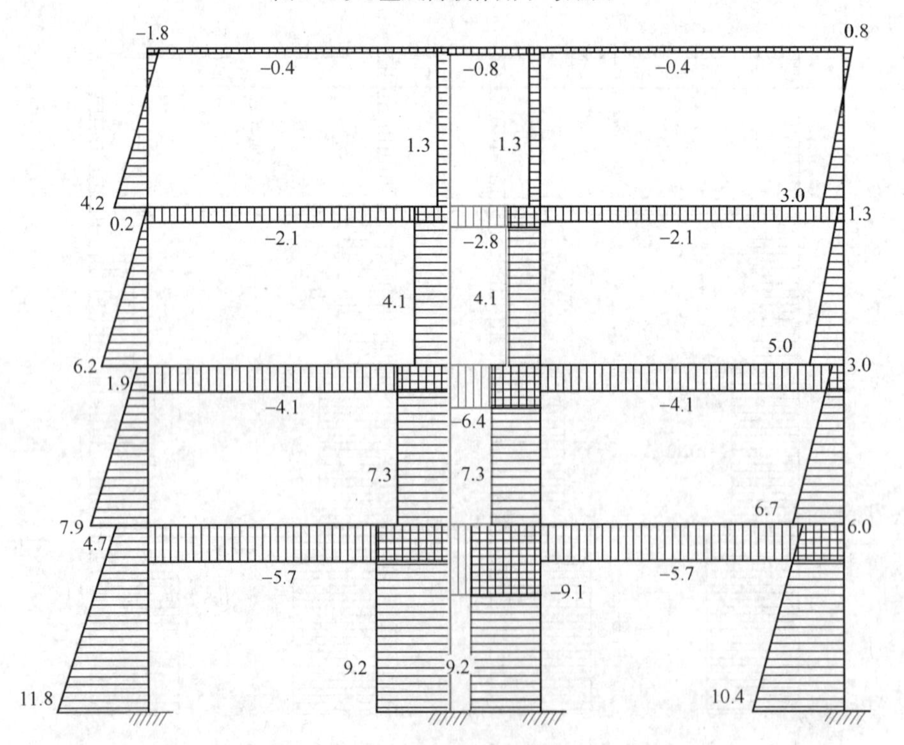

图 6-45K 左风荷载作用下剪力图

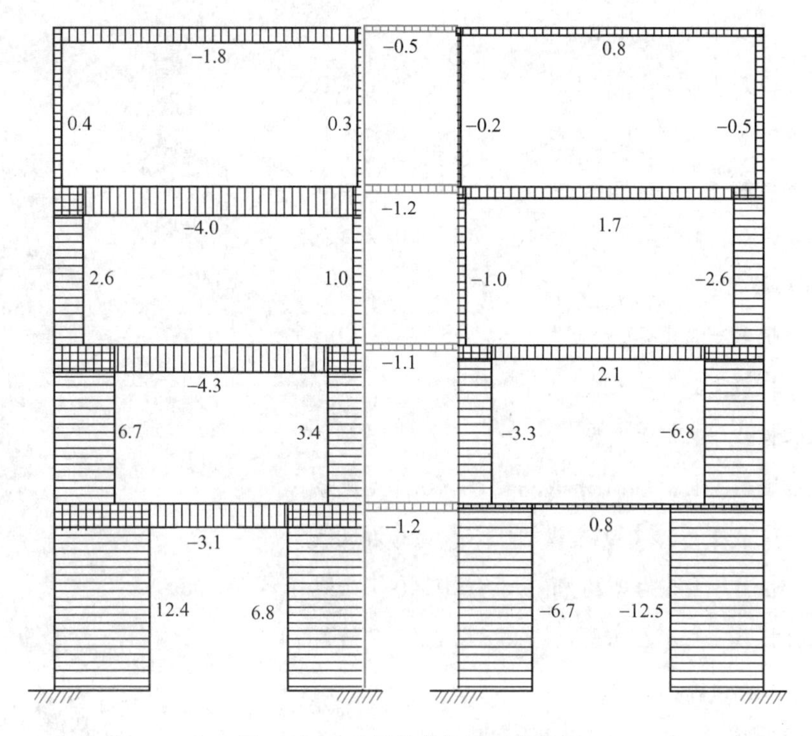

图6-45L　左风荷载作用下轴力图

五、荷载组合

参考《建筑结构荷载规范》GB 50009的规定，梁、柱计算都要考虑活荷载折减。本建筑主梁从属面积为29.04m^2，超过了25m^2，因此设计楼面梁时活荷载应乘以0.9的折减系数；设计底层柱时活荷载乘以0.70的折减系数，设计2、3层柱时活荷载乘以0.85的折减系数。按上述原则对框架梁柱进行内力组合，基本组合有：

不考虑活荷载折减系数的基本组合：

(1) 1.3恒载+1.5×0.9活载

(2) 1.3恒载+1.5左风载

(3) 1.3恒载+1.5右风载

(4) 1.3恒载+1.5×0.9活载 + 1.5×0.6左风载

(5) 1.3恒载+1.5×0.9活载 + 1.5×0.6右风载

(6) 1.3恒载+1.5左风载 + 1.5×0.7×0.9活载

(7) 1.3恒载+1.5右风载 + 1.5×0.7×0.9活载

设计主梁时：

(1) 1.3恒载+1.5×0.9活载

(2) 1.3 恒载+1.5 左风载

(3) 1.3 恒载+1.5 右风载

(4) 1.3 恒载+1.5×0.9 活载 + 1.5×0.6 左风载

(5) 1.3 恒载+1.5×0.9 活载 + 1.5×0.6 右风载

(6) 1.3 恒载+1.5 左风载 + 1.5×0.7×0.9 活载

(7) 1.3 恒载+1.5 右风载 + 1.5×0.7×0.9 活载

设计底层柱时：

(1) 1.3 恒载+1.5×0.7 活载

(2) 1.3 恒载+1.5 左风载

(3) 1.3 恒载+1.5 右风载

(4) 1.3 恒载+1.5×0.7 活载 + 1.5×0.6 左风载

(5) 1.3 恒载+1.5×0.7 活载 + 1.5×0.6 右风载

(6) 1.3 恒载+1.5 左风载 + 1.5×0.7×0.7 活载

(7) 1.3 恒载+1.5 右风载 + 1.5×0.7×0.7 活载

设计 2、3 层柱时：

(1) 1.3 恒载+1.5×0.85 活载

(2) 1.3 恒载+1.5 左风载

(3) 1.3 恒载+1.5 右风载

(4) 1.3 恒载+1.5×0.85 活载 + 1.5×0.6 左风载

(5) 1.3 恒载+1.5×0.85 活载 + 1.5×0.6 右风载

(6) 1.3 恒载+1.5 左风载 + 1.5×0.7×0.85 活载

(7) 1.3 恒载+1.5 右风载 + 1.5×0.7×0.85 活载

各构件最不利内力组合示于表 6-12 和表 6-13。

框架柱最不利内力组合　　表 6-12

构　件	组　合	截面位置	M (kN·m)	N (kN)	Q (kN)
柱 AE	M_{max}^{+}	柱下端	56.2	−806.1	−34.8
	M_{max}^{-}	柱上端	−71.8	−806.1	−29.2
	N_{max}	柱上端	−69.1	−845.5	−27.5
柱 BF	M_{max}^{+}	柱上端	71.2	−896.7	30.9
	M_{max}^{-}	柱下端	−52.4	−896.7	30.9
	N_{max}	柱上端	40.1	−953.3	12.2

续表

构　件	组　合	截面位置	M (kN·m)	N (kN)	Q (kN)
柱 EI	M_{max}^{+}	柱下端	106.5	−597.4	−64.7
	M_{max}^{-}	柱上端	−105.6	−597.4	−60.0
	N_{max}	柱下端	106.3	−627.9	−63.8
柱 FJ	M_{max}^{+}	柱上端	105.9	−680.5	62.1
	M_{max}^{-}	柱下端	−105.1	−680.5	62.1
	N_{max}	柱下端	−84.1	−720.5	48.7
柱 IM	M_{max}^{+}	柱下端	68.4	−381.2	−43.8
	M_{max}^{-}	柱上端	−72.6	−381.2	−39.1
	N_{max}	柱上端	−71.9	−404.2	−39.5
柱 JN	M_{max}^{+}	柱上端	68.2	−451.2	38.3
	M_{max}^{-}	柱下端	−62.2	−451.2	38.3
	N_{max}	柱上端	53.4	−479.7	30.6
柱 MQ	M_{max}^{+}	柱下端	90.7	−183.8	−60.2
	M_{max}^{-}	柱上端	−108.8	−183.8	−57.1
	N_{max}	柱上端	−108.3	−183.8	−57.1
柱 NR	M_{max}^{+}	柱上端	96.8	−241.6	52.5
	M_{max}^{-}	柱下端	−81.6	−241.6	52.5
	N_{max}	柱上端	92.5	−242.1	50.3

框架梁最不利内力组合　　表 6-13

构　件	组　合	截面位置	M (kN·m)	N (kN)	Q (kN)
梁 EF	M_{max}^{+}	距 E 点 2.7m	125.4	32.8	1.5
	M_{max}^{-}	梁右端	−180.7	32.8	−141.4
	V_{max}	梁右端	−178.5	32.8	−144.4
梁 FG	M_{max}^{-}	梁左端	−26.6	−0.6	11.5
	V_{max}	梁右端	−23.9	−1.2	−12.8
梁 IJ	M_{max}^{+}	距 I 点 2.8m	123.5	−23.3	−1.9
	M_{max}^{-}	梁右端	−174.4	−23.3	−142.8
	V_{max}	梁右端	−174.4	−23.3	−142.8
梁 JK	M_{max}^{-}	梁左端	−22.5	−0.4	8.1
	V_{max}	梁左端	−19.8	−0.8	9.0
梁 MN	M_{max}^{+}	跨中	129.4	15.8	−0.3
	M_{max}^{-}	梁右端	−162.6	15.2	−141.1
	V_{max}	梁右端	−162.6	15.2	−141.1

续表

构 件	组 合	截面位置	M（kN·m）	N（kN）	Q（kN）
梁 NO	M^-_{max}	梁左端	−21.7	0.1	3.6
	V_{max}	梁右端	−16.4	0.0	−4.0
梁 QR	M^+_{max}	距 Q 点 2.2m	152.3	−59.2	−3.2
	M^-_{max}	梁右端	−127.7	−59.2	−124.0
	V_{max}	梁右端	−127.7	−59.2	−124.0
梁 RS	M^-_{max}	梁左端	−32.1	−6.8	0.6
	V_{max}	梁右端	−27.6	−5.4	−1.1

六、结构、构件验算

1. 结构侧移计算

由软件计算结果可知，结构在风荷载下的各层位移分别为 6.5、5.9、4.4、2.5mm，底层层间位移为 2.5mm$<h/250=4000/250=16$mm，满足要求。其余层最大层间位移（第二层）为 1.9mm$<h/250=3400/250=13.6$mm，满足要求。

2. 框架柱验算

框架柱的验算包括强度、整体稳定和局部稳定验算。

(1) 1、2 层柱验算

柱截面为 H300×300×8×10，其截面特性为：$A=82.40\text{cm}^2$，$I_x=14083.5\text{cm}^4$，$I_y=4501.2\text{cm}^4$，$i_x=\sqrt{\dfrac{I_x}{A}}=13.07\text{cm}$，$i_y=\sqrt{\dfrac{I_y}{A}}=7.39\text{cm}$，$W_x=938.9\text{cm}^3$，$W_y=300.1\text{cm}^3$。

由表 5-1 得柱最不利内力组合：

组合Ⅰ：$M=106.5$kN·m，$N=-579.4$kN，$V=-64.7$kN（M_{max}，柱 EI）

组合Ⅱ：$M=40.1$kN·m，$N=-953.3$kN，$V=12.2$kN（N_{max}，柱 BF）

组合Ⅲ：$M=71.2$kN·m，$N=-896.7$kN，$V=30.9$kN（M、N 都较大，柱 BF）

① 板件截面宽厚比等级

翼缘：$13\sqrt{\dfrac{235}{f_y}}=13<\dfrac{b}{t}=\dfrac{(300-8)/2}{10}=14.6<15\sqrt{\dfrac{235}{f_y}}=15$，因此翼缘宽厚比等级为 S4。

腹板：

内力组合Ⅰ：

$$\sigma_{max}=\frac{N}{A}+\frac{M}{I}\frac{h_0}{2}=\frac{579.4\times10^3}{82.4\times10^2}+\frac{106.5\times10^6}{14083.5\times10^4}\frac{280}{2}=176.2\text{N/mm}^2$$

$$\sigma_{min}=\frac{N}{A}-\frac{M}{I}\frac{h_0}{2}=\frac{579.4\times10^3}{82.4\times10^2}-\frac{106.5\times10^6}{14083.5\times10^4}\frac{280}{2}=-35.6\text{N/mm}^2$$

$$\alpha_0=\frac{176.2+35.6}{176.2}=1.202$$

$\frac{h_0}{t_w}=\frac{280}{8}=35<(33+13\alpha_0{}^{1.3})\sqrt{\frac{235}{f_y}}=49.5$，因此腹板宽厚比等级为S1。

综上：内力组合Ⅰ下截面宽厚比等级为S4。

内力组合Ⅱ：

$$\sigma_{max}=\frac{N}{A}+\frac{M}{I}\frac{h_0}{2}=\frac{953.3\times10^3}{82.4\times10^2}+\frac{40.1\times10^6}{14083.5\times10^4}\frac{280}{2}=155.6\text{N/mm}^2$$

$$\sigma_{min}=\frac{N}{A}-\frac{M}{I}\frac{h_0}{2}=\frac{953.3\times10^3}{82.4\times10^2}-\frac{40.1\times10^6}{14083.5\times10^4}\frac{280}{2}=75.8\text{N/mm}^2$$

$$\alpha_0=\frac{155.6-75.8}{155.6}=0.513$$

$\frac{h_0}{t_w}=\frac{280}{8}=35<(33+13\alpha_0^{1.3})\sqrt{\frac{235}{f_y}}=38.5$，因此腹板宽厚比等级为S1。

综上：内力组合Ⅱ下截面板件宽厚比等级为S4。

内力组合Ⅲ：

$$\sigma_{max}=\frac{N}{A}+\frac{M}{I}\frac{h_0}{2}=\frac{896.7\times10^3}{82.4\times10^2}+\frac{71.2\times10^6}{14083.5\times10^4}\frac{280}{2}=179.6\text{N/mm}^2$$

$$\sigma_{min}=\frac{N}{A}-\frac{M}{I}\frac{h_0}{2}=\frac{896.7\times10^3}{82.4\times10^2}-\frac{71.2\times10^6}{14083.5\times10^4}\frac{280}{2}=38.0\text{N/mm}^2$$

$$\alpha_0=\frac{179.6-38.0}{179.6}=0.788$$

$\frac{h_0}{t_w}=\frac{280}{8}=35<(33+13\alpha_0^{1.3})\sqrt{\frac{235}{f_y}}=42.5$，因此腹板宽厚比等级为S1。

综上：内力组合Ⅲ下截面板件宽厚比等级为S4。

② 强度验算（截面无削弱）

《钢结构设计标准》GB 50017—2017规定，当截面板件宽厚比等级不满足S3级要求时，截面塑性发展系数取1.0。对于本题中的三种最不利内力组合情况，其截面板件宽厚比等级均为S4级，因此$\gamma_x=1.0$。

内力组合Ⅰ：

$\frac{N}{A_n}+\frac{M_x}{\gamma_x W_{nx}}=\frac{579.4\times10^3}{82.4\times10^2}+\frac{106.5\times10^6}{1.0\times938.9\times10^3}=183.7\text{N/mm}^2<f=215\text{N/mm}^2$，满足要求。

内力组合Ⅱ：

$\frac{N}{A_n}+\frac{M_x}{\gamma_x W_{nx}}=\frac{953.3\times10^3}{82.4\times10^2}+\frac{40.1\times10^6}{1.0\times938.9\times10^3}=158.4\text{N/mm}^2<f=215\text{N/mm}^2$，满足要求。

内力组合Ⅲ：

$$\frac{N}{A_n}+\frac{M_x}{\gamma_x W_{nx}}=\frac{896.7\times10^3}{82.4\times10^2}+\frac{71.2\times10^6}{1.0\times938.9\times10^3}=184.7\text{N/mm}^2<f=215\text{N/mm}^2$$，满足要求。

③ 弯矩作用平面内稳定验算

对于等截面柱，在框架平面内的计算长度应等于该层柱的高度乘以计算长度系数μ，计算长度系数μ按附录4中附表4-3-2有侧移框架柱的计算长度系数确定。当楼面采用压型钢板-混凝土组合楼板并与钢梁有可靠连接时，在弹性分析中，梁的惯性矩可考虑楼板的共同工作而适当放大，对于中梁，其惯性矩宜取（1.5～2）I_b，I_b为钢梁的惯性矩。本题中，取梁的惯性矩等于$1.5I_b$。

柱EI：

$$k_1=\frac{\sum I_b/l_b}{\sum I_c/l_c}=\frac{1.5\times23700/660}{14083.5/340+8015.3/340}=0.83$$

$$k_2=\frac{\sum I_b/l_b}{\sum I_c/l_c}=\frac{1.5\times23700/660}{14083.5/340+14083.5/400}=0.70$$

查表并差值得：$\mu=1.444$，$\lambda_x=\frac{\mu l}{i_x}=\frac{1.444\times340}{13.07}=37.6$。对于H形焊接组合截面，其绕$x$轴的截面分类为b类，查得b类截面的稳定系数$\varphi_x=0.908$，$N'_{Ex}=\frac{\pi^2EA}{1.1\lambda_x^2}=\frac{\pi^2\times2.06\times10^5\times8240}{1.1\times37.6^2}=10772.7\text{kN}$。

弹性临界力$N_{cr}=\frac{\pi^2EI}{(\mu l)^2}=\frac{\pi^2\times2.06\times10^5\times14083.5\times10^4}{(1.444\times3400)^2}=11879.1\text{kN}$。

内力组合Ⅰ：

对于有侧移框架柱，等效弯矩系数$\beta_{mx}=1-0.36\times\frac{N}{N_{cr}}=1-0.36\times\frac{579.4}{11879.1}=0.982$

$$\frac{N}{\varphi_xA}+\frac{\beta_{mx}M_x}{\gamma_xW_{1x}(1-0.8N/N'_{Ex})}=\frac{579.4\times10^3}{0.908\times82.4\times10^2}+\frac{0.982\times106.5\times10^6}{1.0\times938.9\times10^3\times(1-0.8\times579.4/10772.7)}=193.8\text{N/mm}^2<f=215\text{N/mm}^2$$，满足要求。

柱BF：

$$k_1=\frac{\sum I_b/l_b}{\sum I_c/l_c}=\frac{1.5\times23700/660+1.5\times4080/200}{14083.5/400+14083.5/340}=1.10$$

柱脚刚接，$k_2=10$

查表并差值得：$\mu=1.163$，$\lambda_x=\frac{\mu l}{i_x}=\frac{1.163\times400}{13.07}=35.6$，查得b类截面的稳定系数

$\varphi_x = 0.916$，$N'_{Ex} = \dfrac{\pi^2 EA}{1.1\lambda_x^2} = \dfrac{\pi^2 \times 2.06 \times 10^5 \times 8240}{1.1 \times 35.6^2} = 12017.2\text{kN}$

弹性临界力 $N_{cr} = \dfrac{\pi^2 EI}{(\mu l)^2} = \dfrac{\pi^2 \times 2.06 \times 10^5 \times 14083.5 \times 10^4}{(1.163 \times 4000)^2} = 13231.2\text{kN}$

内力组合Ⅱ：

等效弯矩系数 $\beta_{mx} = 1 - 0.36 \times \dfrac{N}{N_{cr}} = 1 - 0.36 \times \dfrac{953.3}{13231.2} = 0.974$

$\dfrac{N}{\varphi_x A} + \dfrac{\beta_{mx} M_x}{\gamma_x W_{1x}(1 - 0.8N/N'_{Ex})} = \dfrac{953.3 \times 10^3}{0.916 \times 82.4 \times 10^2} +$

$\dfrac{0.974 \times 40.1 \times 10^6}{1.0 \times 938.9 \times 10^3 \times (1 - 0.8 \times 953.3/12017.2)} = 170.7\text{N/mm}^2 < f = 215\text{N/mm}^2$，满足要求。

内力组合Ⅲ：

等效弯矩系数 $\beta_{mx} = 1 - 0.36 \times \dfrac{N}{N_{cr}} = 1 - 0.36 \times \dfrac{896.7}{13231.2} = 0.976$

$\dfrac{N}{\varphi_x A} + \dfrac{\beta_{mx} M_x}{\gamma_x W_{1x}(1 - 0.8N/N'_{Ex})} = \dfrac{896.7 \times 10^3}{0.916 \times 82.4 \times 10^2} +$

$\dfrac{0.976 \times 71.2 \times 10^6}{1.0 \times 938.9 \times 10^3 \times (1 - 0.8 \times 896.7/12017.2)} = 197.5\text{N/mm}^2 < f = 215\text{N/mm}^2$，满足要求。

④ 弯矩作用平面外稳定验算

框架柱在框架平面外的计算长度可取面外支撑点之间的距离，对于本题，框架平面外的计算长度取柱高 l。

柱 EI：

$\lambda_y = \dfrac{l}{i_y} = \dfrac{340}{7.39} = 46.0$，查得 b 类截面的稳定系数 $\varphi_y = 0.874$，均匀弯曲的受弯构件整体稳定系数 $\varphi_b = 1.07 - \dfrac{\lambda_y^2}{44000} \dfrac{f_y}{235} = 1.022 > 1.0$，取 $\varphi_b = 1.0$，截面形状系数 $\eta = 1.0$。

内力组合Ⅰ：

柱 EI 在弯矩作用平面外有支撑，不可侧移，且受到端弯矩和横向荷载的同时作用，构件产生反向曲率，因此等效弯矩系数 $\beta_{tx} = 0.85$。

$\dfrac{N}{\varphi_y A} + \eta \dfrac{\beta_{tx} M_x}{\varphi_b W_{1x}} = \dfrac{579.4 \times 10^3}{0.874 \times 82.4 \times 10^2} + 1.0 \times \dfrac{0.85 \times 106.5 \times 10^6}{1.0 \times 938.9 \times 10^3} = 176.9\text{N/mm}^2 < f = 215\text{N/mm}^2$，满足要求。

柱 BF：

$\lambda_y = \dfrac{l}{i_y} = \dfrac{400}{7.39} = 54.1$，查得 b 类截面的稳定系数 $\varphi_y = 0.838$，均匀弯曲的受弯构件整

体稳定系数 $\varphi_b = 1.07 - \frac{\lambda_y^2}{44000}\frac{f_y}{235} = 1.003 > 1.0$，取 $\varphi_b = 1.0$，截面形状系数 $\eta = 1.0$。

内力组合Ⅱ：

柱 BF 为中柱，无横向荷载作用，端弯矩 $M_1 = 40.1\text{kN·m}$，$M_2 = -8.8\text{kN·m}$，等效弯矩系数 $\beta_{tx} = 0.65 - 0.35 \times \frac{8.8}{40.1} = 0.573$。

$$\frac{N}{\varphi_y A} + \eta\frac{\beta_{tx}M_x}{\varphi_b W_{1x}} = \frac{953.3\times10^3}{0.838\times82.4\times10^2} + 1.0\times\frac{0.573\times40.1\times10^6}{1.0\times938.9\times10^3} = 162.5\text{N/mm}^2 < f =$$

215N/mm^2，满足要求。

内力组合Ⅲ：

端弯矩 $M_1 = 71.2\text{kN·m}$，$M_2 = -52.4\text{kN·m}$，等效弯矩系数 $\beta_{tx} = 0.65 - 0.35\times\frac{52.4}{71.2}$ $= 0.392$。

$$\frac{N}{\varphi_y A} + \eta\frac{\beta_{tx}M_x}{\varphi_b W_{1x}} = \frac{896.7\times10^3}{0.838\times82.4\times10^2} + 1.0\times\frac{0.392\times71.2\times10^6}{1.0\times938.9\times10^3} = 159.6\text{N/mm}^2 < f =$$

215N/mm^2，满足要求。

⑤ 局部稳定验算

实腹式压弯构件要求不出现局部失稳者，其腹板高厚比、翼缘宽厚比应满足《钢结构设计标准》GB 50017—2017 表 3.5.1 规定的压弯构件 S4 级截面要求。

根据本段第①部分中板件截面宽厚比等级的确定可知，三种最不利内力组合下的局部稳定均满足要求。

（2）3、4 层柱验算

柱截面为 H250×250×8×10，其截面特性为：$A = 68.40\text{cm}^2$，$I_x = 8015.3\text{cm}^4$，$I_y = 2605.1\text{cm}^4$，$i_x = \sqrt{\frac{I_x}{A}} = 10.83\text{cm}$，$i_y = \sqrt{\frac{I_y}{A}} = 6.17\text{cm}$，$W_x = 641.2\text{cm}^3$，$W_y = 208.4\text{cm}^3$。

由表 5-1 得柱最不利内力组合：

组合Ⅰ：$M = -108.8\text{kN·m}$，$N = -183.8\text{kN}$，$V = -57.1\text{kN}$（M_{max}，柱 MQ）

组合Ⅱ：$M = 53.4\text{kN·m}$，$N = -479.7\text{kN}$，$V = 30.6\text{kN}$（N_{max}，柱 JN）

组合Ⅲ：$M = 68.2\text{kN·m}$，$N = -451.2\text{kN}$，$V = 38.3\text{kN}$（M、N 都较大，柱 JN）

① 板件截面宽厚比等级

翼缘：$11\sqrt{\frac{235}{f_y}} = 11 < \frac{b}{t} = \frac{(250-8)/2}{10} = 12.1 < 13\sqrt{\frac{235}{f_y}} = 13$，因此翼缘宽厚比等级为 S3。

腹板：

内力组合Ⅰ：

$$\sigma_{\max}=\frac{N}{A}+\frac{M}{I}\frac{h_0}{2}=\frac{183.8\times10^3}{68.4\times10^2}+\frac{108.8\times10^6}{8015.3\times10^4}\frac{230}{2}=183.0\text{N/mm}^2$$

$$\sigma_{\min}=\frac{N}{A}-\frac{M}{I}\frac{h_0}{2}=\frac{183.8\times10^3}{68.4\times10^2}-\frac{108.8\times10^6}{8015.3\times10^4}\frac{230}{2}=-129.2\text{N/mm}^2$$

$$\alpha_0=\frac{183.0+129.2}{183.0}=1.706$$

$\frac{h_0}{t_w}=\frac{230}{8}=28.8<(33+13\alpha_0^{1.3})\sqrt{\frac{235}{f_y}}=59.0$，因此腹板宽厚比等级为S1。

综上：内力组合Ⅰ下截面宽厚比等级为S3。

内力组合Ⅱ：

$$\sigma_{\max}=\frac{N}{A}+\frac{M}{I}\frac{h_0}{2}=\frac{479.7\times10^3}{68.4\times10^2}+\frac{53.4\times10^6}{8015.3\times10^4}\frac{230}{2}=146.7\text{N/mm}^2$$

$$\sigma_{\min}=\frac{N}{A}-\frac{M}{I}\frac{h_0}{2}=\frac{479.7\times10^3}{68.4\times10^2}-\frac{53.4\times10^6}{8015.3\times10^4}\frac{230}{2}=-6.5\text{N/mm}^2$$

$$\alpha_0=\frac{146.7+6.5}{146.7}=1.044$$

$\frac{h_0}{t_w}=\frac{230}{8}=28.8<(33+13\alpha_0{}^{1.3})\sqrt{\frac{235}{f_y}}=46.8$，因此腹板宽厚比等级为S1。

综上：内力组合Ⅱ下截面板件宽厚比等级为S3。

内力组合Ⅲ：

$$\sigma_{\max}=\frac{N}{A}+\frac{M}{I}\frac{h_0}{2}=\frac{451.2\times10^3}{68.4\times10^2}+\frac{68.2\times10^6}{8015.3\times10^4}\frac{230}{2}=163.8\text{N/mm}^2$$

$$\sigma_{\min}=\frac{N}{A}-\frac{M}{I}\frac{h_0}{2}=\frac{451.2\times10^3}{68.4\times10^2}-\frac{68.2\times10^6}{8015.3\times10^4}\frac{230}{2}=-31.9\text{N/mm}^2$$

$$\alpha_0=\frac{163.8+31.9}{163.8}=1.195$$

$\frac{h_0}{t_w}=\frac{230}{8}=28.8<(33+13\alpha_0^{1.3})\sqrt{\frac{235}{f_y}}=49.4$，因此腹板宽厚比等级为S1。

综上：内力组合Ⅲ下截面板件宽厚比等级为S3。

② 强度验算（截面无削弱）

由于本题中的三种最不利内力组合情况下截面板件宽厚比等级均满足S3级要求时，因此 $\gamma_x=1.05$ 。

内力组合Ⅰ：

$\frac{N}{A_n}+\frac{M_x}{\gamma_x W_{nx}}=\frac{183.8\times10^3}{68.4\times10^2}+\frac{108.8\times10^6}{1.05\times641.2\times10^3}=188.5\text{N/mm}^2<f=215\text{N/mm}^2$ ，满足要求。

内力组合Ⅱ：

$\frac{N}{A_n}+\frac{M_x}{\gamma_x W_{nx}}=\frac{479.7\times10^3}{68.4\times10^2}+\frac{53.4\times10^6}{1.05\times641.2\times10^3}=149.4\text{N/mm}^2<f=215\text{N/mm}^2$，满足要求。

内力组合Ⅲ：

$\frac{N}{A_n}+\frac{M_x}{\gamma_x W_{nx}}=\frac{451.2\times10^3}{68.4\times10^2}+\frac{68.2\times10^6}{1.05\times641.2\times10^3}=167.3\text{N/mm}^2<f=215\text{N/mm}^2$，满足要求。

③ 弯矩作用平面内稳定验算

柱 MQ：

$$k_1=\frac{\sum I_b/l_b}{\sum I_c/l_c}=\frac{1.5\times23700/660}{8015.3/340}=2.28$$

$$k_2=\frac{\sum I_b/l_b}{\sum I_c/l_c}=\frac{1.5\times23700/660}{8015.3/340+8015.3/340}=1.14$$

查表并差值得：$\mu=1.219$，$\lambda_x=\frac{\mu l}{i_x}=\frac{1.219\times340}{10.83}=38.3$。查得 b 类截面的稳定系数 $\varphi_x=0.905$，$N'_{Ex}=\frac{\pi^2 EA}{1.1\lambda_x^2}=\frac{\pi^2\times2.06\times10^5\times6840}{1.1\times38.3^2}=8618.5\text{kN}$

弹性临界力 $N_{cr}=\frac{\pi^2 EI}{(\mu l)^2}=\frac{\pi^2\times2.06\times10^5\times8015.3\times10^4}{(1.219\times3400)^2}=9486.8\text{kN}$

内力组合Ⅰ：

对于有侧移框架柱，等效弯矩系数 $\beta_{mx}=1-0.36\times\frac{N}{N_{cr}}=1-0.36\times\frac{183.8}{9486.8}=0.993$

$\frac{N}{\varphi_x A}+\frac{\beta_{mx}M_x}{\gamma_x W_{1x}(1-0.8N/N'_{Ex})}=\frac{183.8\times10^3}{0.905\times68.4\times10^2}+$

$\frac{0.993\times108.8\times10^6}{1.05\times641.2\times10^3\times(1-0.8\times183.8/8615.8)}=192.9\text{N/mm}^2<f=215\text{N/mm}^2$，满足要求。

柱 JN：

$$k_1=\frac{\sum I_b/l_b}{\sum I_c/l_c}=\frac{1.5\times23700/660+1.5\times4080/200}{8015.3/340+8015.3/340}=1.79$$

$$k_2=\frac{\sum I_b/l_b}{\sum I_c/l_c}=\frac{1.5\times23700/660+1.5\times4080/200}{14083.5/340+8015.3/340}=1.30$$

查表并差值得：$\mu=1.236$，$\lambda_x=\frac{\mu l}{i_x}=\frac{1.236\times340}{10.83}=38.8$。查得 b 类截面的稳定系数 $\varphi_x=0.904$，$N'_{Ex}=\frac{\pi^2 EA}{1.1\lambda_x^2}=\frac{\pi^2\times2.06\times10^5\times6840}{1.1\times38.8^2}=8397.8\text{kN}$

弹性临界力 $N_{cr}=\frac{\pi^2 EI}{(\mu l)^2}=\frac{\pi^2\times2.06\times10^5\times8015.3\times10^4}{(1.236\times3400)^2}=9227.7\text{kN}$

内力组合Ⅰ：

等效弯矩系数 $\beta_{mx} = 1 - 0.36 \times \dfrac{N}{N_{cr}} = 1 - 0.36 \times \dfrac{479.7}{9227.7} = 0.981$

$\dfrac{N}{\varphi_x A} + \dfrac{\beta_{mx} M_x}{\gamma_x W_{1x}(1 - 0.8N/N'_{Ex})} = \dfrac{479.7 \times 10^3}{0.904 \times 68.4 \times 10^2} +$

$\dfrac{0.981 \times 53.4 \times 10^6}{1.05 \times 641.2 \times 10^3 \times (1 - 0.8 \times 479.7/8397.8)} = 159.1\text{N/mm}^2 < f = 215\text{N/mm}^2$，满足要求。

内力组合Ⅲ：

等效弯矩系数 $\beta_{mx} = 1 - 0.36 \times \dfrac{N}{N_{cr}} = 1 - 0.36 \times \dfrac{451.2}{9227.7} = 0.982$

$\dfrac{N}{\varphi_x A} + \dfrac{\beta_{mx} M_x}{\gamma_x W_{1x}(1 - 0.8N/N'_{Ex})} = \dfrac{451.2 \times 10^3}{0.904 \times 68.4 \times 10^2} +$

$\dfrac{0.982 \times 68.2 \times 10^6}{1.05 \times 641.2 \times 10^3 \times (1 - 0.8 \times 451.2/8397.8)} = 176.9\text{N/mm}^2 < f = 215\text{N/mm}^2$，满足要求。

④ 弯矩作用平面外稳定验算

$\lambda_y = \dfrac{l}{i_y} = \dfrac{340}{6.17} = 55.1$，查得b类截面的稳定系数 $\varphi_y = 0.833$，$\varphi_b = 1.07 - \dfrac{\lambda_y^2}{44000}\dfrac{f_y}{235} = 1.006 > 1.0$，取 $\varphi_b = 1.0$，截面形状系数 $\eta = 1.0$。

柱MQ：

内力组合Ⅰ：

柱MQ为边柱，受到端弯矩和横向荷载的同时作用，且构件产生反向曲率，因此等效弯矩系数 $\beta_{tx} = 0.85$。

$\dfrac{N}{\varphi_y A} + \eta \dfrac{\beta_{tx} M_x}{\varphi_b W_{1x}} = \dfrac{183.8 \times 10^3}{0.833 \times 68.4 \times 10^2} + 1.0 \times \dfrac{0.85 \times 108.8 \times 10^6}{1.0 \times 641.2 \times 10^3} = 176.5\text{N/mm}^2 < f = 215\text{N/mm}^2$，满足要求。

柱JN：

内力组合Ⅱ：

柱JN无横向荷载作用，端弯矩 $M_1 = 53.4\text{kN} \cdot \text{m}$，$M_2 = -50.5\text{kN} \cdot \text{m}$，等效弯矩系数

$\beta_{tx} = 0.65 - 0.35 \times \dfrac{50.5}{53.4} = 0.319$

$\dfrac{N}{\varphi_y A} + \eta \dfrac{\beta_{tx} M_x}{\varphi_b W_{1x}} = \dfrac{479.7 \times 10^3}{0.833 \times 68.4 \times 10^2} + 1.0 \times \dfrac{0.319 \times 53.4 \times 10^6}{1.0 \times 641.2 \times 10^3} = 110.8\text{N/mm}^2 < f = 215\text{N/mm}^2$，满足要求。

内力组合Ⅲ：

端弯矩 $M_1=68.2\text{kN}\cdot\text{m}$，$M_2=-62.2\text{kN}\cdot\text{m}$，等效弯矩系数 $\beta_{tx}=0.65-0.35\times\dfrac{62.2}{68.2}=0.331$。

$\dfrac{N}{\varphi_y A}+\eta\dfrac{\beta_{tx}M_x}{\varphi_b W_{1x}}=\dfrac{451.2\times10^3}{0.833\times68.4\times10^2}+1.0\times\dfrac{0.331\times68.2\times10^6}{1.0\times641.2\times10^3}=114.4\text{N/mm}^2<f=215\text{N/mm}^2$，满足要求。

⑤ 局部稳定验算

根据本段第①部分中板件截面宽厚比等级的确定可知，三种最不利内力组合下的局部稳定均满足要求。

3. 框架梁验算

框架梁的验算包括强度、稳定和挠度验算。当采用组合楼板时，楼板密铺在梁的受压翼缘上并与其牢固相连，能阻止梁上翼缘的侧向失稳，可不计算梁的整体稳定，且轧制H型钢的组成板件宽厚比较小，无局部稳定问题。因此，主梁只需进行强度和挠度验算。

因跨度相同的各层主梁截面相同，可选择最不利内力组合验算。

(1) 跨度为6600mm的梁

截面为HN400×200×8×13，其截面特性为：$A=84.12\text{cm}^2$，$I_x=23700\text{cm}^4$，$I_y=1740\text{cm}^4$，$i_x=\sqrt{\dfrac{I_x}{A}}=16.8\text{cm}$，$i_y=\sqrt{\dfrac{I_y}{A}}=4.54\text{cm}$，$W_x=1190\text{cm}^3$，$W_y=174\text{cm}^3$。

① 板件截面宽厚比等级

翼缘：$\dfrac{b}{t}=\dfrac{(200-8)/2}{13}=7.4<9\sqrt{\dfrac{235}{f_y}}=9$，因此翼缘宽厚比等级为S1。

腹板：$\dfrac{h_0}{t_w}=\dfrac{400-2\times13}{8}=46.8<65\sqrt{\dfrac{235}{f_y}}=65$，因此腹板宽厚比等级为S1。

综上：截面宽厚比等级为S1。

② 强度验算

正应力：最不利内力组合：$M=-180.7\text{kN}\cdot\text{m}$，$N=32.8\text{kN}$，$V=-141.4\text{kN}$（$M_{max}$，梁EF）按拉弯构件验算。

$\dfrac{N}{A_n}+\dfrac{M_x}{\gamma_x W_{nx}}=\dfrac{32.8\times10^3}{84.12\times10^2}+\dfrac{180.7\times10^6}{1.05\times1190\times10^3}=148.5\text{N/mm}^2<f=215\text{N/mm}^2$，满足要求。

剪应力：最不利内力组合：$M=-178.5\text{kN}\cdot\text{m}$，$N=32.8\text{kN}$，$V=-144.4\text{kN}$（$V_{max}$，梁EF）。

$S_x=200\times13\times193.5+187\times8\times187/2=643.0\times10^3\text{mm}^3$

$\tau=\dfrac{VS_x}{I_x t_w}=\dfrac{144.4\times10^3\times643.0\times10^3}{23700\times10^4\times8}=49.0\text{N/mm}^2<f_v=125\text{N/mm}^2$，满足要求。

③ 挠度验算

根据电算结果，梁QR在恒荷载下的挠度为8.4mm，在活荷载下的挠度为0.9mm，故 $v_T = 8.4 + 0.9 = 9.3\text{mm} < [v_T] = l/400 = 16.5\text{mm}$，$v_Q = 0.9\text{mm} < [v_Q] = l/500 = 13.2\text{mm}$。梁MN在恒荷载下的挠度为5.6mm，在活荷载下的挠度为2.4mm，故 $v_T = 5.6 + 2.4 = 8.0\text{mm} < [v_T] = l/400 = 16.5\text{mm}$，$v_Q = 2.4\text{mm} < [v_Q] = l/500 = 13.2\text{mm}$。均满足要求。

(2) 跨度为2000mm的梁

截面为HN250×125×6×9，其截面特性为：$A = 37.87\text{cm}^2$，$I_x = 4080\text{cm}^4$，$I_y = 294\text{cm}^4$，$i_x = \sqrt{\dfrac{I_x}{A}} = 10.4\text{cm}$，$i_y = \sqrt{\dfrac{I_y}{A}} = 2.79\text{cm}$，$W_x = 326\text{cm}^3$，$W_y = 47.0\text{cm}^3$。

① 板件截面宽厚比等级

翼缘：$\dfrac{b}{t} = \dfrac{(125-6)/2}{9} = 6.6 < 9\sqrt{\dfrac{235}{f_y}} = 9$，因此翼缘宽厚比等级为S1。

腹板：$\dfrac{h_0}{t_w} = \dfrac{250 - 2\times 9}{6} = 38.7 < 65\sqrt{\dfrac{235}{f_y}} = 65$，因此腹板宽厚比等级为S1。

综上：截面宽厚比等级为S1。

② 强度验算

正应力：最不利内力组合：$M = -32.1\text{kN}\cdot\text{m}$，$N = -6.8\text{kN}$，$V = 0.6\text{kN}$（$M_{max}$，梁RS）按压弯构件验算。

$$\frac{N}{A_n} + \frac{M_x}{\gamma_x W_{nx}} = \frac{6.8\times 10^3}{37.87\times 10^2} + \frac{32.1\times 10^6}{1.05\times 326\times 10^3} = 95.6\text{N/mm}^2 < f = 215\text{N/mm}^2$$，满足要求。

剪应力：最不利内力组合：$M = -23.9\text{kN}\cdot\text{m}$，$N = -1.2\text{kN}$，$V = -12.8\text{kN}$（$V_{max}$，梁FG）。

$$S_x = 125\times 9\times 120.5 + 116\times 6\times 116/2 = 175.9\times 10^3\text{mm}^3$$

$$\tau = \frac{VS_x}{I_x t_w} = \frac{12.8\times 10^3\times 175.9\times 10^3}{4080\times 10^4\times 6} = 9.2\text{N/mm}^2 < f_v = 125\text{N/mm}^2$$，满足要求。

③ 挠度验算

根据电算结果，2000mm跨梁的挠度均为反挠度，且梁RS的最大反挠度为 $1.4\text{mm} < [v_T] = l/400 = 5\text{mm}$，满足要求。

由以上验算可知所选构件截面满足要求。

思考题

6.1　多高层房屋钢结构的建筑布置，应注意避免平面不规则和立面不规则，这些“不规则”具体包括哪些内容？

6.2　比较偏心支撑框架与中心支撑框架的抗震性能。

6.3　抗震设计时，框架柱、支撑等构件应满足哪些构造要求？

习题

已知钢梁截面为 H500×200×10×12，钢柱截面 H400×300×12×16，材料均为 Q345B。柱距为 $l=8.0\text{m}$，钢梁的净跨度为 $l_n=7.6\text{m}$，钢框架的抗震等级为三级，钢梁上作用的重力荷载代表值（均布荷载）为 $q_{Gek}=40.0\text{kN/m}$，地震组合下梁端弯矩设计值为 $M_b=300\text{kN}\cdot\text{m}$，剪力设计值为 $V_b=200\text{kN}$。请根据上述条件，设计梁柱节点（按平面节点考虑）。

第7章

高层房屋钢结构

高层房屋是指高于12层或高度超过40m的房屋。高层房屋钢结构可用于办公楼、商业楼、住宅、公共建筑、医院、学校等。

高层房屋钢结构与多层房屋钢结构相比，在结构体系、建筑和结构布置、荷载及其组合、有限元分析用的计算模型、楼面和屋面结构、框架柱、框架节点、构件拼接等方面有许多相同之处，本章将主要针对高层房屋钢结构与多层房屋钢结构不同之处作些补充阐述。

7.1　高层房屋钢结构重视概念设计的必要性

高层房屋钢结构与多层房屋钢结构相比有以下特点：

(1) 水平荷载将在结构设计中起主要作用。

高层房屋钢结构承受的主要荷载有恒载和活载产生的竖向荷载、风或地震作用产生的水平荷载。竖向荷载作用引起的轴力与高层房屋的高度成正比。由水平荷载作用引起的弯矩和侧向位移，若水平荷载的大小沿高度不变，则分别与高度的二次方和四次方成正比。由此可以看出，随着房屋高度的增加，水平荷载将成为控制结构的主要因素。实际上，风压还会随高度的增加而变大，地震作用产生的水平荷载也随高度的增加而增大，因此由水平荷载引起的弯矩和侧向位移将会更大，而在结构设计中起主要作用。

(2) 结构体系，尤其是抗侧力结构体系的选择将在结构设计中起主导地位。

高层房屋钢结构一般高度较大，水平荷载的影响随高度变大而非线性增加，因此需要采用对抵抗水平荷载具有更强能力的结构体系和抗侧力结构体系。结构体系和抗侧力结构体系的选择是否合理将直接影响高层房屋的使用性能和造价，在结构设计中起主导地位。

(3) 建筑和结构布置应更受到关注和重视。

在第6章第6.2节多层房屋钢结构的建筑和结构布置中，曾经提到应尽量避免出现平面不规则和竖向不规则。由于高层房屋水平荷载作用的影响远大于多层房屋，当存在这些不规则时，对高层房屋钢结构将产生更为严重的不利影响。为了避免发生严重的破坏，就需要加强结构体系，增加材料的用量和造价。由于建筑和结构布置不合理造成的不良后果，欲在结构施工图设计阶段予以消除是不可能的。因此可以把这种不合理看成是高层房屋“先天”的缺陷，其后果是不堪设想的。出现这种情况，唯一的解决办法就是改变建筑和结构布置。

(4) 应该尽可能采用能够减小风荷载的建筑外形和减小地震作用的结构体系。

作用在高层房屋表面的风压大小与房屋的体形有关。建筑立面设计必须仔细考虑这一因素。地震作用效应的大小则与结构的自重和结构体系是否有良好的耗能性能有关。耗能性能差的结构在大地震作用下极易发生破坏，甚至倒塌。过分刚强的结构将会受到较大的地震作用，同样是不经济的。因此，应该尽力将结构体系设计成在多遇地震作用下，结构有足够的强度和刚度，不会出现破坏或造成人们的不安和惊吓；在罕遇地震作用下，结构有良好的延性，在合理利用弹塑性变形耗能的同时，结构存有足够的强度，不致发生严重破坏或倒塌。

由于高层房屋结构的特点对结构设计提出了一系列的重要问题，特别是抗震结构，由于地震作用是不确定的，人们对于它发生时的地面运动的多项参数无法确切预测，因此设计人员无法单纯用计算手段予以解决。鉴于此，设计人员必须重视结构概念设计，综合运用所积累的工程经验、结构知识和力学概念，分析和判断所采用的结构体系是否合理，如，将竖向荷载和水平荷载传至基础的路径是否直接明确、刚心与水平力合力偏心引起的扭转变形是否在合理范围之内、结构体系局部部位在荷载作用下出现破坏后是否会造成房屋整体倒塌、结构体系是否存在薄弱环节和薄弱部位以及结构体系是否具有良好的延性等。概念设计应该是高层房屋钢结构设计的重要组成部分，有时甚至是关键步骤。

7.2 高层房屋钢结构的体系

高层房屋钢结构与多层房屋钢结构一样可以采用纯框架体系、框架-支撑体系和框架-剪力墙体系，这些体系已在第6章的6.1.2中阐述，不再重复。除此之外，由于高层房屋高度的增加，出现了不少更合适的结构体系，主要有：

(1) 钢框架-混凝土核心筒（图7-1）和钢框筒-混凝土核心筒（图7-2）体系

这类体系与框架剪力墙体系的不同之处在于混凝土剪力墙集中在结构的中部并形成刚度很大的筒体，成为混凝土核心筒，在核心筒外则布置钢框架或由钢框架形成的钢框筒。

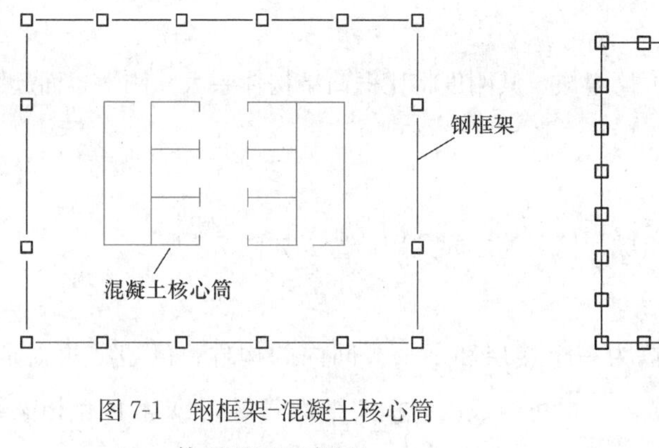

图 7-1 钢框架-混凝土核心筒体系平面示意图

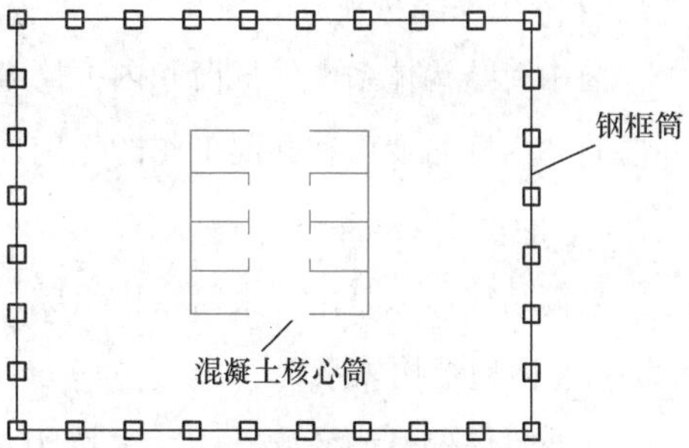

图 7-2 钢框筒-混凝土核心筒体系平面示意图

这类体系由钢和混凝土两种不同材料组成，属于钢-混凝土混合结构体系中的一种。由于钢框架或钢框筒的抗侧刚度远小于混凝土核心筒的抗侧刚度，因此在水平力作用下，混凝土核心筒将承担绝大部分的水平力。钢框架或钢框筒承担的水平力往往不到全部水平力的20%。另外，混凝土核心筒的延性较差，核心筒在地震水平力作用下会出现裂缝，刚度会明显降低，核心筒承担的水平力比例将会降低。核心筒承担剪力的减少部分将向钢框架或钢框筒转移。如果设计不当，则会出现连锁破坏，造成房屋倒塌。因此采用这类体系必须防止这种情况出现。

这类体系一般宜设计成双重抗侧力体系，即混凝土核心筒和钢框架或钢框筒都应是能承受水平荷载的抗侧力结构，其中混凝土核心筒应是主要的抗侧力结构，而且应具有较好的延性，在高层房屋受地震水平力作用达到弹塑性变形限值时仍能承受不少于75%的水平力。钢框架或钢框筒作为第二道抗侧力结构，应能承受不少于25%的水平力。

钢框筒与钢框架的差别是将柱加密，通常柱距不超过3m，再用深梁与柱刚接，令其受力性能与筒壁上开小洞的实体筒类同，成为钢框筒。

(2) 钢筒体体系

属于钢筒体体系的有以下几种：

1) 钢框筒结构体系

钢框筒结构体系是将结构平面中的外围柱设计成钢框筒，而在框筒内的其他竖向构件主要承受竖向荷载。刚性楼面是框筒的横隔，可以增强框筒的整体性。

2) 桁架筒结构体系

桁架筒结构体系是将外围框筒设计成带斜杆的桁架式筒，可以大大提高抗侧刚度。

3) 钢框架-钢核心筒体系

钢框架-钢核心筒体系与钢框架-混凝土核心筒体系的主要差别就是采用了钢框筒作为核心筒，使体系延性和抗震性能大大改善，但用钢量有所增加。

4）筒中筒结构体系

筒中筒结构体系由外框筒和内框筒组成，其刚度将比框筒结构体系大。刚性楼面起协调外框筒和内框筒变形和共同工作的作用。

5）束筒结构体系

束筒结构体系是由一束筒结构组成，筒与筒之间共用筒壁，如图 7-3 所示。

(3) 巨型结构体系

一般高层钢结构的梁、柱、支撑为一个楼层和一个开间内的构件；巨型结构则是梁、柱、支撑由数个楼层和数个开间组成，一般可组成巨型框架结构（图 7-4）和巨型桁架结构（图 7-5）。

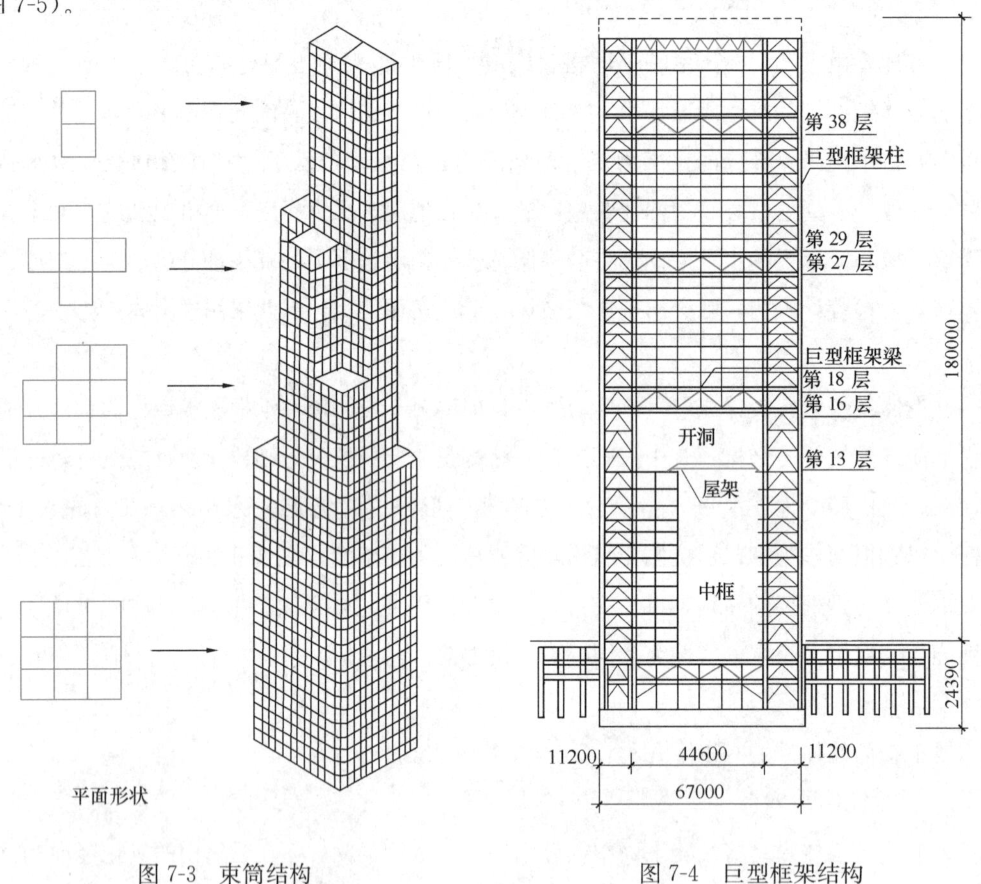

图 7-3　束筒结构　　　　图 7-4　巨型框架结构

巨型结构体系的最大优点是具有较好的抗震性能和抗侧刚度，房屋内部空间的分隔较为自由，可以灵活地布置大空间。

(4) 其他结构体系

上述各类是高层房屋钢结构体系的最基本形式，由此可以衍生出其他结构体系。目前最常用的是巨型柱-核心筒-伸臂桁架结构体系，如图 7-6 所示。巨型柱一般采用型钢混凝土柱，伸臂桁架采用钢桁架，高度可取 2～3 层层高。

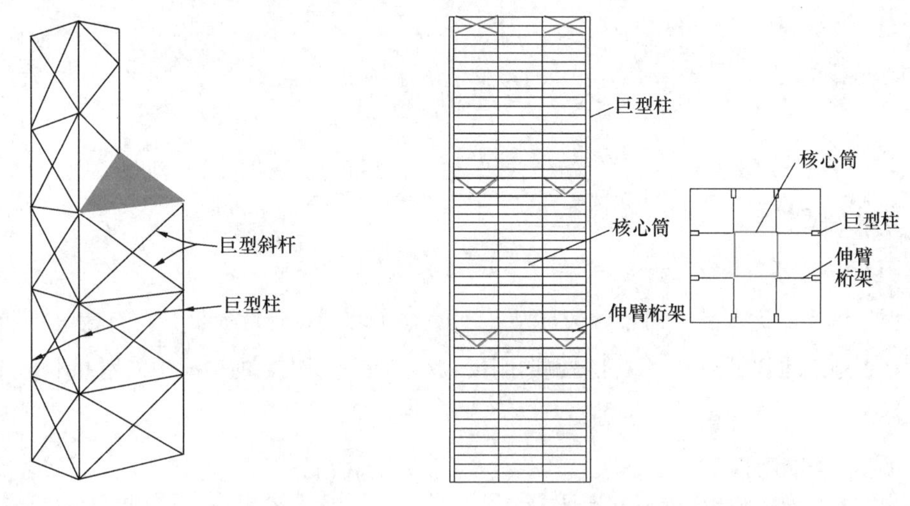

图 7-5　巨型桁架结构　　　　图 7-6　巨型柱-核心筒-伸臂桁架结构体系

这种体系以核心筒为主要抗侧力体系，巨型柱通过刚度极大的伸臂桁架与核心筒相连，参与结构的抗弯，可有效地减小房屋的侧向位移。图 7-7 表示了伸臂桁架的工作原理。当核心筒在水平力作用下弯曲时，刚性极大的伸臂桁架使楼面在它所在的位置保持为平截面，从而使巨型柱在内凹处缩短并产生压力，在外凸处伸长并产生拉力。由于此压力与拉力均处于结构的外围，力臂大，形成了较大的抵抗力矩，减少了核心筒所受的弯矩，增加了结构的抗侧刚度，减少了结构的侧向位移。但是，从图 7-7 可以看出，伸臂桁架并不能使巨型柱在抵抗剪力中发挥更大的作用，另外，在伸臂桁架处，层间抗侧刚度突然大幅增加，而使与它相连的巨型柱产生塑性铰，这对抗震不利。

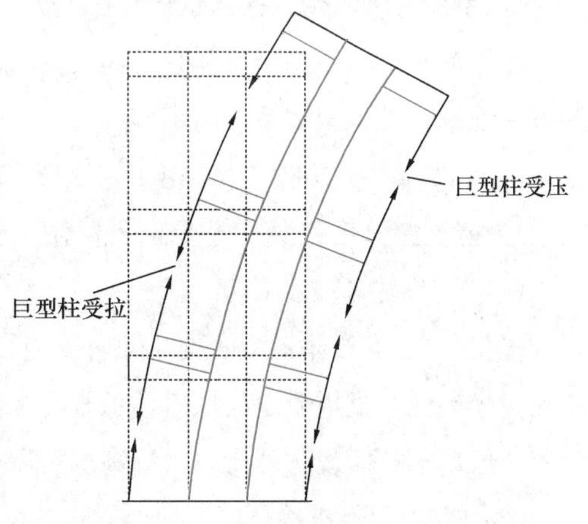

图 7-7　伸臂桁架的工作原理

这种体系除在外围有巨型柱外，还布置有一般钢柱。由于通常钢柱的截面较小，一般不能分担水平力，只能起传递竖向荷载的作用，但它与楼面梁组成框架后，可以增加结构的抗扭刚度。如在伸臂桁架的同一楼层处在周围设置环桁架，可以加强外围普通柱的联系，加强结构的整体性，并使外围各柱能参与承担水平力产生的弯矩和剪力。

7.3 高层房屋钢结构体系的特点和适用高度

7.3.1 结构体系的特点

1. 纯框架体系

纯框架体系的优点是平面布置较灵活，刚度分布均匀，延性较好，具有较好的抗震性能，设计、施工也比较简便。缺点是侧向刚度较小，在高度较大的房屋中采用并不合适，往往不经济。

2. 框架-支撑体系

在同一个框架-支撑体系中有两类不同的结构。一类是带有支撑的框架，称之为支撑框架；另一类则是纯框架。支撑框架的抗侧刚度远大于框架。在水平力作用下，支撑框架中的支撑是主要的抗侧力结构，承受主要的水平力，而框架只承受很小一部分水平力。由于框架-支撑体系由两种不同特性的结构组成，如设计得法，抗震时可成为双重抗侧力体系。框架-支撑体系的刚度大于纯框架体系，而又具有与纯框架体系相同的优点，因此它在高层房屋中的应用范围较纯框架体系广阔得多。

框架-支撑体系根据支撑类型的不同又可分为框架-中心支撑体系、框架-偏心支撑体系、框架-消能支撑体系和框架-防屈曲支撑体系。

(1) 框架-中心支撑体系

框架-中心支撑体系中的支撑轴向受力，因此刚度较大。在水平力作用下，受压力较大的支撑先失稳，支撑受压失稳后，承载力和刚度均会明显降低，滞回性能不好，体系延性较差。一般用于抗震设防烈度较低的高层房屋中。

(2) 框架-偏心支撑体系

框架-偏心支撑体系中的支撑不与梁柱连接节点相交，而是交在框架横梁上，设计时把这部分梁段做成消能梁段，见第6章图6-4。在基本烈度地震和罕遇地震作用下，消能梁段首先进入弹塑性达到消能的目的。因此框架-偏心支撑体系有较好的延性和抗震性能，可以用于抗震设防烈度等于和高于8度的高层房屋中。

(3) 框架-消能支撑体系

框架-消能支撑体系是在支撑框架中设置消能器。消能器可采用黏滞消能器、黏弹性消能器、金属屈服消能器和摩擦消能器等。

框架-消能支撑体系利用消能器消能，减小大地震对主体结构的作用，改善结构性能，降低材料用量和造价。

框架-消能支撑体系与框架-偏心支撑体系相比，具有以下优点：在大地震作用下体系损坏将发生在消能器上，因此检查、维修都比较方便；缺点是消能器较贵，有时不一定经济。

(4) 框架-防屈曲支撑体系

框架-防屈曲支撑体系是在支撑框架中采用一种特殊的防屈曲支撑杆。这种支撑杆在受拉和受压时都只能发生轴向变形，不发生侧向弯曲，因而也不会出现屈曲和失稳。这种支撑利用钢材受拉或受压时的塑性应变消能，其滞回曲线十分饱满，具有极佳的消能性能。

框架-防屈曲支撑体系采用中心支撑的布置形式，设计、制作与安装均较方便，而抗震性能又十分良好，因此虽然出现不久，在高层房屋中的应用已有迅速推广趋势。

3. 钢框架（或框筒）-混凝土筒体（或剪力墙）体系

钢框架-混凝土筒体体系，包括巨型柱-核心筒-伸臂桁架体系，因其造价低于全钢结构而抗震性能又佳于钢筋混凝土结构，在我国的高层房屋中被广泛采用，特别在超高层房屋中，往往被作为首选体系。

这类体系除了造价较低这一优点外，虽也是双重抗侧力体系，但在抗震性能方面并不十分良好，基本上仍属于混凝土筒体的受力性能。在美国和日本的几次大地震中，采用这种体系的房屋均有遭受严重破坏的报道，目前国外在抗震区的高层房屋中几乎已不采用这类体系。因此，在设计时必须十分注意采取提高其延性和抗震性能的严格措施。

在这类体系中，若采用混凝土剪力墙则其抗震性能将更差。这类体系适宜在非抗震设防区的高层和超高层房屋中采用。

4. 钢筒体体系

(1) 框筒结构体系

框筒是一种空间结构，具有比框架体系大得多的抗侧刚度和抗扭刚度，承载力也比框架结构大，因此可以用于较高的高层房屋中。图 7-8 是框筒在水平力作用下的柱轴力分布情况。与实体筒不一样，由于框筒在剪力作用下产生的变形的影响，柱内轴力不再是线性分布，角柱的轴力大于平均值，中部柱的轴力小于平均值。这种现象称为剪力滞后。

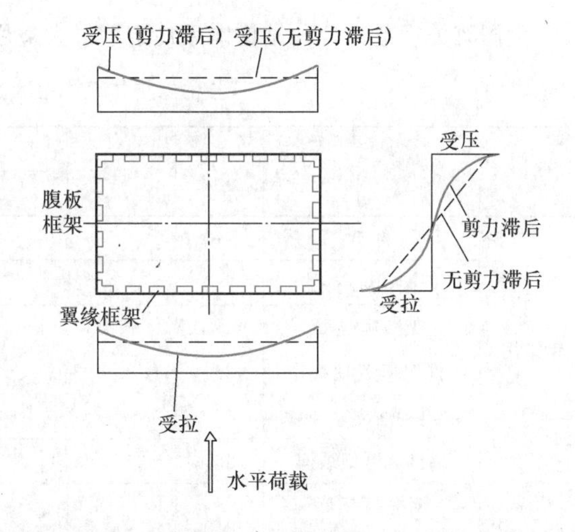

图 7-8　框筒在水平力作用下柱轴力分布

框筒体系没有充分利用内部梁、柱的作用，在高层房屋中采用不多。

(2) 桁架筒结构体系

桁架筒与框筒的差别在于筒壁由桁架结构组成，其刚度和承载力均较框筒为大，可以用于很高的高层房屋。

(3) 框架-钢核心筒体系

框架-钢核心筒体系属于双重抗侧力体系，有较好的抗震性能，可用于高度较高的高层房屋中。

(4) 筒中筒结构体系

钢筒体系中的筒中筒体系与钢框筒-混凝土核心筒体系的不同在于钢筒中筒体系中的内筒也为钢框筒或钢支撑框筒。由于内筒采用了钢结构，其延性和抗震性能均大大改善。筒中筒体系的抗侧刚度和承载力都比较大，且又是双重抗侧力体系，因此常在高度很高的高层房屋中采用。

(5) 束筒体系

束筒体系是将多个筒体组合在一起，具有很大的抗侧刚度，且大大改善了剪力滞后现象，使各柱的轴力比较均匀，增大了结构的承载力。束筒体系平面布置灵活，而且在竖向可将各筒体在不同的高度中止，丰富立面造型，因此适宜用于超高层房屋。

5. 巨型结构体系

巨型结构体系出现的时间不久，但一经采用就显露出一系列的优点：结构抗侧刚度大，抗震性能好，房屋内部空间利用自由，因此在超高层房屋中得到青睐。

7.3.2 结构体系的适用高度

我国有关规范对各种结构体系规定了最大适用高度，见表 7-1。

各种结构体系的最大适用高度（m） 表 7-1

结构种类	结构体系	非抗震设防	6度	7度	7度	8度		9度
				0.10g	0.15g	0.20g	0.30g	
钢结构	框架	110	110		90	90	70	50
	框架-中心支撑	240	220		200	180	150	120
	框架-偏心支撑，框架-延性墙板，框架-屈曲约束支撑	260	240		220	200	180	160
	筒体和巨型结构	360	300		280	260	240	180
钢-混凝土混合结构	钢框架-钢筋混凝土筒体	210	200	160	160	120	100	70
	型钢混凝土框架-钢筋混凝土筒体	240	220	190	190	150	130	70

注：1. 房屋高度指室外地面标高至主要屋面高度；

2. 当房屋高度超过表中数值时，结构设计应有可靠依据并采取进一步有效措施。

我国规范规定的最大适用高度只是说明规范条文的适用高度，并不是该类体系的使用限度。表7-1注2也说明了这一点，当房屋高度超过最大适用高度时，设计应有可靠依据并采取进一步有效措施。

7.4 高层房屋钢结构的结构布置原则

高层房屋钢结构的建筑平面及竖向形体设计与多层房屋钢结构的原则相同，不再重复。高层房屋钢结构的框架体系和框架-支撑体系的结构布置原则与第6章6.2.2中所述的原则相同，本节主要阐述在高层房屋钢结构中用得较多的钢筒体结构体系。

(1) 钢框筒结构体系的布置原则

1) 框筒的高宽比不宜小于3，否则不能充分发挥框筒作用。

2) 框筒平面宜接近方形、圆形或正多边形，当为矩形时，长短边之比不宜超过1.5。框筒平面的边长不宜超过45m，否则剪力滞后现象会较严重。

3) 框筒应做成密柱深梁。柱距一般为1～3m，不宜超过4.5m和层高。框筒的窗洞面积不宜大于其总面积的50%。

4) 框筒柱截面刚度较大的方向宜布置在框筒的筒壁平面内，角柱应采用方箱形柱，其截面面积宜为非角柱的1.5倍左右。框筒为方、矩形平面时，也可将其做成切角方、矩形，以减小角柱受力和剪力滞后现象。

5) 在框筒筒壁内，深梁与柱的连接应采用刚接。

(2) 钢桁架筒结构体系的布置原则

钢桁架筒的筒壁是一个竖向桁架，由四片竖向桁架围成筒体。竖向桁架受力与桁架相同，其杆件可按桁架的要求布置，柱距可以放大，布置较框筒灵活。但桁架筒结构的高宽比仍不宜小于3，筒体平面也以接近方形、圆形或正多边形为宜。

(3) 钢框架-钢核心筒结构体系的布置原则

钢框架-钢核心筒结构体系中的钢框架柱距大，布置灵活，但周边梁与柱应刚性连接，在周围形成刚接框架。钢核心筒应采用桁架筒，以增加核心筒的刚度。核心筒的高宽比宜在10左右，一般不超过15。外围框架柱与核心筒之间的距离一般为10～16m。外围框架柱与核心筒柱之间应设置主梁，梁与柱的连接可根据需要，采用刚接或铰接。

(4) 钢筒中筒结构体系的布置原则

钢筒中筒结构由钢外筒和钢内筒组成。钢外筒可采用钢框筒或钢桁架筒，其布置原则与本节的(1)、(2)相同。钢内筒平面尺寸一般较小，都采用钢桁架筒。

钢筒中筒结构的布置尚应注意以下要求：

1）内筒尺寸不宜过小，内筒边长不宜小于外筒边长的1/3，内外筒之间的进深一般在10～16m之间。内筒的高宽比大约为12，不宜超过15。

2）外筒柱与内筒柱的间距宜相同，外、内筒柱之间应设置主梁，并与柱刚接，以提高体系的空间工作效应。

7.5 高层房屋钢结构的荷载及荷载组合

7.5.1 荷载

1. 竖向荷载

高层房屋钢结构的竖向荷载与多层房屋钢结构的竖向荷载相比有以下不同点：

(1) 高层房屋钢结构在计算楼面及屋面活荷载的作用时，可不考虑活荷载的不利分布，而按各跨全部满载计算，其值可按现行国家标准《建筑结构荷载规范》GB 50009的规定进行折减。

(2) 施工中采用附墙塔、爬塔等施工设备的施工荷载，应根据具体情况确定，并进行施工阶段验算。

(3) 旋转餐厅轨道和驱动设备的自重应按实际情况确定。

(4) 擦窗机等清洗设备应按实际情况确定其自重和作用位置。

(5) 直升机平台的活荷载应采用下列两款中能使平台产生最大内力的荷载：

1）直升机总重量引起的局部荷载，其值及作用面积按实际情况确定；

2）等效均布荷载$5kN/m^2$。

2. 风荷载

主体结构计算时，垂直于建筑物表面的风荷载标准值应按式（6-1）计算。

由于风荷载在高层房屋钢结构设计中往往是起控制作用的荷载，在计算时，需要考虑的因素比多层房屋钢结构多得多。最主要的因素有四个：第一个是基本风压应适当提高；第二个是周边高层建筑对体型系数的影响，用静力干扰因子考虑；第三个是周边高层建筑对风振系数的影响，用动力干扰因子考虑；第四个是由于高层房屋抗侧刚度较小，（方）矩形平面和角部处理的方形截面在风荷载作用下会产生横向振动，由此引起横风向等效风荷载。横风向等效风荷载应与顺风向风荷载同时作用在高层房屋上，对主要承重结构进行计算。

(1) 对于特别重要的高层房屋，或对风荷载比较敏感的高层房屋，一般情况下为房屋高度大于60m的高层房屋，承载力设计时应按基本风压的1.1倍采用。

(2) 需要考虑干扰因子的条件

当所计算的高层房屋周边存在一个或多个高层房屋（或建筑）时，可由下列条件确定是否需要考虑干扰因子：

当周边高层建筑与所计算的高层房屋平面形心间距 $L>16B$（B 为所计算高层房屋的迎风面宽度），或高度小于所计算高层房屋高度的 0.6 倍时，不需要考虑干扰效应；不符合上述条件时，需考虑干扰效应。

（3）风荷载体型系数 μ_s

单个高层房屋的风荷载体型系数可按有关规范采用，但对于特别重要或体型复杂的单个高层房屋，其风荷载体型系数应由风洞试验确定。

当多栋或群集的高层建筑相互间距较近时，宜考虑风力相互干扰的群体效应，其风荷载体型系数尚需乘以静力干扰因子 η_m。

当风洞试验资料不足时，静力干扰因子 η_m 可参考以下方法进行确定：

1）周边只有一个高层建筑（图 7-9）且符合需要考虑干扰因子的条件时

当 $S_x>16B$ 或 $|S_y|>4B$ 或 $<2.5B$ 时　　$\eta_m=1.0$

当 $S_x\leqslant16B$ 且 $|S_y|=2.5B$ 时　　$\eta_m=1.05$

当 $S_x\leqslant16B$ 且 $|S_y|=4B$　　$\eta_m=1.10$

若 $|S_y|$ 在 $2.5B$ 与 $4B$ 之间　　η_m 由插值法确定

2）周边有两个或两个以上的高层建筑且符合需要考虑干扰因子的条件时

当所计算房屋高度 $H<120$m 时 $\eta_m=1.0$

当所计算房屋高度 $H>120$m 时 η_m 由风洞试验确定

（4）高度 z 处的顺风向风振系数 β_z

1）单个高层房屋的风振系数。

单个高层房屋钢结构在 z 高度处的顺风向风振系数 β_z 可按下式计算：

$$\beta_z=1+\frac{\xi\nu\varphi_z}{\mu_z} \tag{7-1}$$

式中的 ξ 为脉动增大系数，ν 为脉动影响系数，φ_z 为高度 z 处的振型系数，μ_z 为风压高度变化系数。这些系数均可按现行国家标准《建筑结构荷载规范》GB 50009 的规定确定。

2）当周边只有一个高层建筑（图 7-9）且符合需要考虑干扰因子的条件时，顺风向风振系数 β_z 仍按式（7-1）计算，但式中的脉动增大系数应乘以顺风向动力干扰因子 η_{dx}。η_{dx} 按下列规定确定：

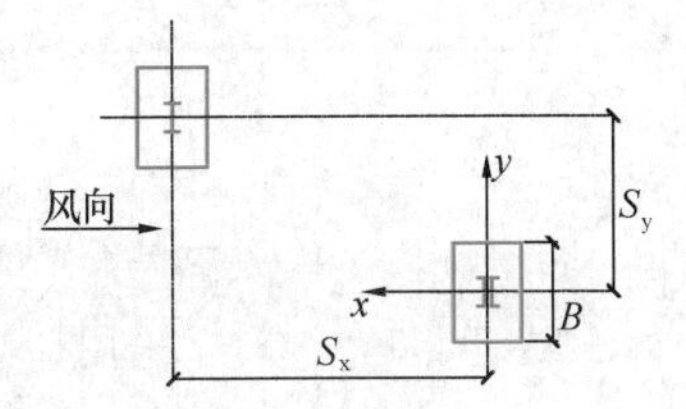

图 7-9　周边高层房屋位置示意图
（Ⅰ—周边高层建筑，
Ⅱ—所计算高层房屋）

当 $-3B\leqslant S_x\leqslant16B$，$|S_y|\leqslant4B$ 时

所计算的高层房屋与周边高层建筑等高，η_{dx} 按表 7-2 确定。

所计算的高层房屋与周边高层建筑不等高，η_{dx}还应乘以修正系数θ_{hx}，θ_{hx}按表7-3确定。当S_x、S_y为其他情况时，$\eta_{dx}=1.0$。

顺风向动力干扰因子 η_{dx} 表7-2

参　数	地面粗糙度类别	动力干扰因子 η_{dx}
$3B \leqslant S_x \leqslant 7B$ 且 $B \leqslant \lvert S_y \rvert \leqslant 2.5B$	A、B	1.8
	C、D	1.6
$2B \leqslant S_x \leqslant 3B$ 且 $B \leqslant \lvert S_y \rvert \leqslant 3B$ 或 $7B \leqslant S_x \leqslant 8.5B$ 且 $B \leqslant \lvert S_y \rvert \leqslant 3B$	A、B	1.5
	C、D	1.3
其余位置	A、B	1.3
	C、D	1.1

修正系数 θ_{hx} 表7-3

τ_h	$\leqslant 0.75$	1.25	$\geqslant 1.5$
θ_{hx}	0.9	1.15	1.30

注：1. τ_h为周边高层建筑高度与所计算高层房屋高度之比；

2. τ_h为上述中间值时，θ_{hx}可用插值法确定。

3）周边有两个或两个以上的高层建筑且符合需要考虑干扰因子的条件：

当所计算房屋高度$H<120$m时

对于A、B类地面粗糙度　　$\eta_{dx}=1.86$

对于C、D类地面粗糙度　　$\eta_{dx}=1.21$

当所计算房屋高度$H>120$m时　　η_{dx}由风洞试验确定

（5）方、矩形平面高层房屋钢结构的横风向等效静力风荷载

1）单个高层房屋时，方、矩形平面高层房屋的横风向等效风荷载标准值按下式计算：

$$p(z)=w_H B\sqrt{\chi_{GB}^2(z)+\chi_{GR1}^2(z)} \tag{7-2}$$

式中　$p(z)$——z高度处横风向等效风荷载（kN/m）；

w_H——高层房屋顶部风压（kN/m²），见下式：

$$w_H=\mu_{ZH}w_0 \tag{7-3}$$

w_0——基本风压（kN/m²），按《建筑结构荷载规范》GB 50009的规定采用；

μ_{ZH}——高层房屋顶部H处的风压高度系数；

B——高层房屋横向迎风面宽度（m）；

$\chi_{GB}(z)$、$\chi_{GR1}(z)$——分别为背景分量系数和一阶共振分量系数，按下列方法计算。

①背景分量系数的计算

在 z 高度处的背景分量系数可按下式计算：

$$\chi_{GB}(z)=(2\alpha+2)\left(\frac{z}{H}\right)^{2\alpha}g_{B}\gamma_{CM} \tag{7-4}$$

式中 α——平均风速剖面指数，A、B、C、D四类地貌分别取0.12、0.16、0.22、0.30；

H——高层房屋高度；

g_B——背景峰值因子，取3.5；

γ_{CM}——横风向基底弯矩系数，按下式计算：

$$\gamma_{CM}=(0.002\alpha_{w}^{2}-0.017\alpha_{w}-1.4)(0.056\alpha_{db}^{2}-0.16\alpha_{db}+0.03)(0.03\alpha_{ht}^{2}-0.622\alpha_{ht}+4.357) \tag{7-5}$$

α_w——风场系数，A、B、C、D四类地貌分别取1.0、2.0、3.0、4.0；

α_{db}——高层房屋平面的高宽比，$\alpha_{db}=D/B$，适用范围为0.3～3.0；

α_{ht}——高层房屋的高宽比，$\alpha_{ht}=H/T$，T 为 D 和 B 中的较小者，适用范围为4.0～9.0。

②一阶共振分量系数的计算

在 z 高度处的一阶共振分量系数 $\chi_{GR1}(z)$ 可按下式计算：

$$\chi_{GR1}(z)=\frac{Hm(z)}{M_1}\left(\frac{z}{H}\right)^{\beta}g_{R}\sqrt{\frac{\pi\theta_{m}S_{F}(f_1)}{4(\zeta_{s1}+\zeta_{a1})}} \tag{7-6}$$

式中 $m(z)$——高层房屋沿高度的单位长度质量（t/m）；

M_1——一阶广义质量，按下式计算：

$$M_1=\int_{0}^{H}m(z)\left(\frac{z}{H}\right)^{2\beta}\mathrm{d}z \tag{7-7}$$

β——横风向一阶振型指数，可由结构动力学计算得到；

g_R——共振峰值因子，按下式计算：

$$g_{R}=\sqrt{2\ln(600f_1)}+\frac{0.5772}{\sqrt{2\ln(600f_1)}} \tag{7-8}$$

f_1——高层房屋横风向一阶频率；

θ_m——横风向一阶广义风荷载功率谱修正系数，按下式计算：

当 $\beta\geqslant1$ 时，
$$\theta_{m}=\frac{4\alpha+3}{4\alpha+2\beta+1} \tag{7-9a}$$

当 $\beta<1$ 时，
$$\theta_{m}=\left(\frac{2\alpha+2}{2\alpha+\beta+1}\right)^{2} \tag{7-9b}$$

$S_F(f_1)$——横风向一阶广义无量纲风荷载功率谱，按下式计算：

$$S_{F}(f_1)=\frac{S_{P}\beta_{k}\left(\frac{n_1}{f_p}\right)^{\gamma}}{\left[1-\left(\frac{n_1}{f_p}\right)^{2}\right]^{2}+\beta_{k}\left(\frac{n_1}{f_p}\right)^{2}} \tag{7-10}$$

$$f_p=10^{-5}(191-9.48\alpha_w+1.28\alpha_{hr}+\alpha_{hr}\alpha_w)(68-21\alpha_{db}+3\alpha_{db}^2) \tag{7-11}$$

$$S_p=(0.1\alpha_W^{-0.4}-0.0004e^{\alpha_w})(0.84\alpha_{hr}-2.12-0.05\alpha_{hr}^2)$$
$$(0.422+\alpha_{db}^{-1}-0.08\alpha_{db}^{-2}) \tag{7-12}$$

$$\beta_k=(1+0.00473e^{1.7\alpha_w})(0.065+e^{1.26-0.63\alpha_{hr}})e^{1.7-\frac{3.44}{\alpha_w}} \tag{7-13}$$

$$\gamma=(-0.8+0.06\alpha_w+0.007e^{\alpha_w})(-\alpha_{hr}^{0.34}+0.00006e^{\alpha_{hr}})$$
$$(0.414\alpha_{db}+1.67\alpha_{db}^{-1.23}) \tag{7-14}$$

n_1——折减频率：

$$n_1=f_1B/U_H \tag{7-15}$$

U_H——高层房屋的顶部风速：

$$U_H=\sqrt{1600w_H}$$

α_{hr}——高层房屋的等效高宽比，$\alpha_{hr}=H/\sqrt{BD}$，适用范围为4.0～9.0；

ζ_{a1}——高层房屋横风向一阶气动阻尼比，按下式计算：

$$\zeta_{a1}=\frac{0.0025[1-(U/9.8)^2](U/9.8)+0.000125(U/9.8)^2}{[1-(U/9.8)^2]^2+0.0291(U/9.8)^2} \tag{7-16}$$

U——高层房屋的顶部折减风速：

$$U=U_H/(f_1B) \tag{7-17}$$

ζ_{s1}——高层房屋横风向一阶结构阻尼比，可取0.02。

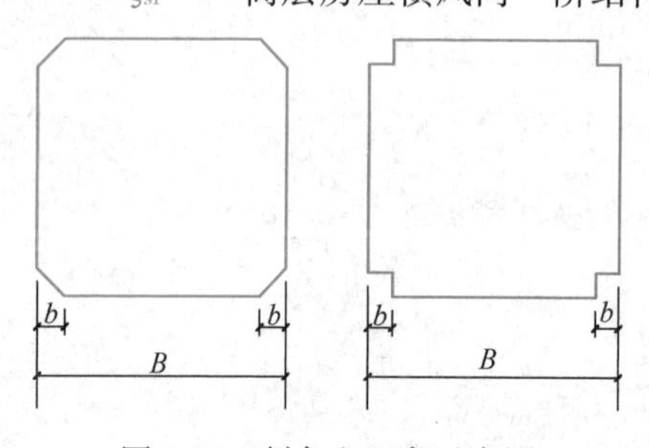

图7-10　削角和凹角示意图

2）单个带削角或凹角方形高层房屋（图7-10）的横风向等效风荷载标准值可按式（7-2）计算，但应将$S_F(f_1)$乘以修正系数θ_c。θ_c由表7-4确定。

3）周边只有一个高层建筑(图7-9)且符合需要考虑干扰因子的条件时，z高度处的横风向等效风荷载标准值应乘以横风向动力干

修正系数θ_c　　表7-4

截面形状	地面粗糙度类别	修正角尺寸 (b/B)	折减频率 (f_1B/U_H)						
			0.100	0.125	0.150	0.175	0.200	0.225	0.250
削角方形	A、B	0.05	0.183	0.905	1.250	1.296	1.297	1.216	1.167
		0.10	0.070	0.349	0.568	0.653	0.684	0.670	0.653
		0.20	0.106	0.902	0.953	0.819	0.743	0.667	0.626
	C、D	0.05	0.268	0.749	0.922	0.955	0.943	0.917	0.897
		0.10	0.258	0.504	0.659	0.706	0.713	0.697	0.686
		0.20	0.339	0.974	0.977	0.894	0.841	0.805	0.790

续表

截面形状	地面粗糙度类别	修正角尺寸 (b/B)	折减频率 (f_1B/U_H)						
			0.100	0.125	0.150	0.175	0.200	0.225	0.250
凹角方形	A、B	0.05	0.106	0.595	0.980	1.106	1.125	1.072	1.034
		0.10	0.033	0.228	0.450	0.565	0.610	0.604	0.594
		0.20	0.042	0.842	0.563	0.451	0.421	0.400	0.400
	C、D	0.05	0.267	0.586	0.839	0.955	0.987	0.991	0.984
		0.10	0.091	0.261	0.452	0.567	0.613	0.633	0.628
		0.20	0.169	0.954	0.659	0.527	0.475	0.447	0.453

扰因子 η_{dy}。η_{dy}可按下列规定确定：

当$-3B \leqslant S_x \leqslant 16B$，$|S_y| \leqslant 4B$时：

所计算的高层房屋与周边高层建筑等高，η_{dy}按表7-5确定。

所计算的高层房屋与周边高层建筑不等高，η_{dy}还应乘以修正系数θ_{hy}，θ_{hy}按表7-6确定。

当S_x、S_y为其他情况时：$\eta_{dy}=1.0$

横风向动力干扰因子 η_{dy}　　表7-5

参　数	地面粗糙度类别	动力干扰因子 η_{dy}
$0 \leqslant S_x \leqslant 2B$ 且 $2B \leqslant \|S_y\| \leqslant 4B$	A、B	1.7
	C、D	1.5
$2B \leqslant S_x \leqslant 16B$ 且 $2B \leqslant \|S_y\| \leqslant 4B$	A、B	1.4
	C、D	1.2
其余位置	A、B	1.2
	C、D	1.1

修　正　系　数 θ_{hy}　　表7-6

τ_h	$\leqslant 0.75$	1.25	$\geqslant 1.5$
θ_{hy}	0.90	1.20	1.50

注：1. τ_h为周边高层建筑高度与所计算高层房屋高度之比；

2. τ_h为上述中间值时，θ_{hy}可用插值法确定。

4）周边有两个或两个以上的高层建筑且符合需要考虑干扰因子的条件：

当所计算房屋高度$H<120$m时

对于A、B类地面粗糙度　　$\eta_{dy}=1.96$

对于C、D类地面粗糙度　　$\eta_{dy}=1.33$

当所计算房屋高度$H>120$m时　　η_{dy}由风洞试验确定

3. 地震作用

(1) 概述

地震作用在高层房屋钢结构设计中是起主要控制作用的荷载。钢材有很好的塑性性能，因此如能充分利用钢材的塑性，组成具有良好消能性能的结构体系，就能减小地震作用的效应，得到抗震性能良好、用料经济的高层房屋。

国际上都采用抗震设防烈度即基本烈度的地震作用作为抗震设计的准则。高层房屋钢结构在基本烈度地震作用下，利用结构的消能机制，减小地震作用效应，使高层房屋不出现破坏。因此消能性能好的结构体系，可以得到更为经济的结果。由此可知用基本烈度的地震作用作为抗震设计准则时，采用消能机制好的结构体系可以得到安全和经济的设计，这是符合抗震设计概念的。

我国现行国家标准《建筑抗震设计规范》GB 50011 采用多遇烈度的地震作用作为抗震设计的准则，在多遇地震作用下，用弹性分析得到的内力进行构件截面设计和承载力验算，即所谓“多遇地震按弹性设计”。

(2) 多遇地震作用下的计算规定

高层房屋钢结构的计算规定在多遇地震作用下，按我国现行国家标准《建筑抗震设计规范》GB 50011 进行抗震设计时，除了要采用振型分解反应谱法作计算外，符合下列情况之一者还应作弹性时程分析的补充计算，这些情况有：1) 甲类抗震设防类别的房屋；2) 具有表 6-1 和表 6-2 中多项不规则的特别不规则房屋；3) 表 7-7 所列高度范围的房屋。

采用时程分析的房屋高度范围　　表 7-7

烈度、场地类别	房屋高度范围（m）
8 度Ⅰ、Ⅱ类场地和 7 度	＞100
8 度Ⅲ、Ⅳ类场地	＞80
9 度	＞60

反应谱的地震影响系数曲线、水平地震影响系数最大值、特征周期等应按《建筑抗震设计规范》GB 50011 的规定采用，当高度不大于 50m 时，阻尼比可取 0.04，高度大于 50m 且小于 200m 时可取 0.03；高度不小于 200m 时宜取 0.02。弹性时程分析用的加速度时程曲线和其最大值可按第 6 章 6.4.5 中的 2 及表 6-4 确定。

(3) 罕遇地震作用下的弹塑性变形计算规定

高层房屋钢结构具有下列情况之一时，应进行弹塑性变形验算：1) 高度大于 150m；2) 属于甲类建筑或设防烈度为 9 度时的乙类建筑。高层房屋钢结构具有下列情况之一时，宜进行弹塑性变形验算：1) 表 7-7 所列高度范围，且有表 6-2 所列的竖向不规则；2) 7 度Ⅲ、Ⅳ类场地和 8 度时的乙类建筑；3) 高度在 100～150m。

高层房屋钢结构进行弹塑性变形验算时，宜采用弹塑性时程分析法，也可采用静力弹塑性分析法。弹塑性时程分析法采用的加速度时程曲线应按《建筑抗震设计规范》GB 50011的规定采用，弹塑性时程分析法和静力弹塑性分析法的具体进行方法，可参阅有关专门书籍。

目前也有一种趋势，希望采用“性能化抗震设计”或将结构体系的延性性能在抗震设计中得到反映，关于这方面的详细情况，可参阅有关资料。

高层建筑在9度抗震设计时，还应计算竖向地震作用。

7.5.2 荷载组合

1. 承载能力极限状态设计

(1) 对于非抗震设计，高层房屋钢结构的承载能力极限状态设计应按第1章的式（1-1）进行，一般应采用下列荷载组合：

1）楼面活荷载起控制作用：

$$1.3D+1.5L_f+1.5\max(S, L_r)+1.5\times0.6W \tag{7-18}$$

2）风荷载起控制作用：

$$1.3D+1.5W+1.5\times0.7L_f+1.5\times0.7\max(S, L_r) \tag{7-19}$$

3）永久荷载起控制作用：

$$1.35D+1.4\times0.7L_f+1.4\times0.7\max(S, L_r)+1.4\times0.6W \tag{7-20}$$

式中 D——恒载标准值；

L_r、L_f——分别为屋面及楼面活荷载标准值；

S——雪荷载标准值；

W——风荷载标准值；

E_h——水平方向地震作用，可参考式（6-3b）或式（6-3c）；

E_{hx}、E_{hy}——分别为x向、y向单向水平地震作用效应。

(2) 对于抗震设计，高层房屋钢结构的承载能力极限状态设计应按第1章的式（1-4）进行，此时应按多遇地震计算，其荷载效应组合为

1）$1.2(D+\beta_f L_f+\beta_\gamma L_r)+1.3E_h+1.4\times0.2W$ (7-21)

2）$1.2(D+\beta_f L_f+\beta_\gamma L_r)+1.3E_h+1.4\times0.2W$ (7-22)

当上式中的楼面活荷载L_f为书库、档案库、储藏室、密集柜书库、通风机房、电梯机房等的活荷载时，式（7-19）和式（7-20）中的组合系数0.7应改为0.9。

当高层房屋钢结构按第1章的式（1-6）进行罕遇地震作用下的结构弹塑性变形计算时，其荷载组合为

1）$D+\beta_f+\beta_\gamma+E_h$ (7-23)

2) $D+\beta_f+\beta_\gamma+E_h$ (7-24)

2. 正常使用极限状态设计

(1) 对于非抗震设计，高层房屋钢结构的正常使用极限状态设计应按第1章的式（1-8）进行，其荷载组合为

1) 楼面活荷载起控制作用：

$$1.0D+1.0L_f+1.0\max(S, L_r)+0.6W \quad (7\text{-}25)$$

2) 风荷载起控制作用：

$$1.0D+1.0W+0.7L_f+0.7\max(S, L_r) \quad (7\text{-}26)$$

(2) 对于抗震设计，高层房屋钢结构的正常使用极限状态设计应按第1章的式（1-11）进行，其荷载组合为

1) $D+\beta_f\cdot L_f+\beta_r\cdot L_r+E_h$ (7-27)

2) $D+\beta_f\cdot L_f+\beta_r\cdot L_r+E_h$ (7-28)

当上式中的楼面活荷载 L_f 为书库、档案库、储藏室、密集柜书库、通风机房、电梯机房等的活荷载时，式（7-26）中的组合系数0.7应改为0.9。

β_f 和 β_r 分别为计算重力荷载代表值时的屋面和楼面活载的组合值系数，对屋面雪荷载和积灰荷载 $\beta_f=0.5$，对屋面活荷载 $\beta_f=0$；对藏书库、档案库，$\beta_r=0.8$，对其他民用建筑楼面活载 $\beta_r=0.5$；特别地，按实际情况计算的楼面活荷载 $\beta_r=1.0$。

7.6 高层房屋钢结构的分析

7.6.1 结构分析的规定及计算模型选用

1. 分析规定

高层房屋钢结构分析的规定与多层房屋钢结构的（见第6章的6.4.1）基本相同。考虑到高层房屋钢结构的特点，尚有以下规定：

(1) 高层房屋钢结构在进行内力和位移计算时，不仅应考虑梁和柱的弯曲变形和剪切变形，还需考虑轴向变形；

(2) 应考虑梁柱连接节点域的剪切变形对内力和位移的影响；

(3) 水平地震作用计算时，结构各楼层对应于地震作用标准值的剪力 V_{Eki} 应符合下式要求：

$$V_{Eki}\geqslant\lambda\sum_{j=i}^{n}G_{Ej} \quad (7\text{-}29)$$

式中 λ——水平地震剪力系数，不应小于表7-8规定的值；对于竖向不规则结构的薄弱层，

尚应乘以 1.15 的增大系数；

G_{Ej}——第 j 层的重力荷载代表值；

n——结构计算总层数。

楼层最小地震剪力系数 表 7-8

类 别	6度	7度	8度	9度
扭转效应明显或基本周期小于 3.5s 的结构	0.008	0.016 (0.024)	0.032 (0.048)	0.064
基本周期大于 5.0s 的结构	0.006	0.012 (0.018)	0.024 (0.032)	0.040

注：1. 基本周期介于 3.5s 和 5.0s 之间的结构，可用线性插值；

2. 7、8 度时括号内数值分别为用于设计基本地震加速度为 $0.15g$ 和 $0.30g$ 的地区。

2. 计算模型选用

在第 6 章 6.4.2 中提及的有限元分析用的四种计算模型中，高层房屋钢结构结构分析中一般应采用空间结构计算模型，并根据需要采用空间结构-刚性楼面计算模型或空间结构-弹性楼面计算模型。因为这种模型能精度较高地反映结构的实际情况，用于受力复杂的高层房屋钢结构比较合适，能较好地保证其安全性。

计算模型中各单元的选用，可参阅第 6 章 6.4.2 的 5，此处不再阐述。

7.6.2 风荷载作用下的结构分析

1. 高层房屋钢结构在风荷载作用下结构分析的基本规定

高层房屋钢结构在风荷载作用下应将顺风向风荷载和横风向等效风荷载同时作用在承重结构上，按本章 7.5.2 的荷载组合进行承载能力极限状态设计和正常使用极限状态设计。

除此之外，对圆形截面的高层房屋应进行横风向涡流共振的验算。对于高度超过 150m 的高层房屋应进行结构舒适度校核。

2. 圆形截面高层房屋的横风向涡流共振验算

圆形截面高层房屋受到风力作用时，有时会发生旋涡脱落，若脱落频率与结构自振频率相符，就会出现共振。涡流共振现象在设计时应予以避免。

(1) 为了避免涡流共振，圆形截面高层房屋钢结构应满足下式要求：

$$V_t \leqslant V_{cr} \tag{7-30}$$

式中 V_t——顶部风速 (m/s)；

$$V_t = \sqrt{1600 w_t} \tag{7-31}$$

w_t——顶部风压设计值(kN/m^2)；

$$w_t = 1.25 \mu_H \omega_0 / \rho \tag{7-32}$$

μ_H——结构顶部风压高度变化系数；

w_0——基本风压（kN/m^2）；

ρ——空气密度（kg/m^3）；

V_{cr}——临界风速（m/s），按下式计算：

$$V_{cr}=\frac{5D}{T_1} \tag{7-33}$$

D——高层房屋圆形平面的直径；

T_1——结构的基本自振周期（s）。

（2）当高层房屋圆形平面的直径沿高度缩小，斜率不大于0.02时，仍可按式（7-30）验算以避免涡流共振，但在计算V_t及V_{cr}时，可近似取2/3房屋高度处的风速和直径。

（3）当高层房屋不能满足式（7-30）时，应加大结构的刚度，减小结构的基本自振频率，使高层房屋能满足式（7-30）。若无法满足式（7-30）时，可视不同情况按下列规定加以处理：

1）当$Re<3.0\times10^5$时，可在构造上采取防振措施或控制结构的临界风速V_{cr}不小于15m/s。

Re为雷诺数，可按下列公式确定：

$$Re=69000VD \tag{7-34}$$

式中　V——计算高度处的风速（m/s）；

D——高层房屋圆形平面的直径（m）。

2）当$3\times10^5\leqslant Re<3.5\times10^6$时，可不作处理。

3）当$Re\geqslant3.5\times10^6$时，应考虑横风向风振的等效风荷载。

在z高度处振型j的横风向等效风荷载标准值w_{czj}，可由下列公式确定：

$$w_{czj}=|\lambda_j|V_{cr}^2\varphi_{zj}/(12800\zeta_j) \tag{7-35}$$

式中　λ_j——计算系数，按表7-9确定；

φ_{zj}——在z高度处的j振型系数；

ζ_j——第j振型的阻尼比，对第一振型取0.02，对高振型的阻尼比，也可近似按第一振型的值取用。

λ_j 计算用表　　表7-9

振型序号	H_1/H										
	0	0.1	0.2	0.3	0.4	0.5	0.6	0.7	0.8	0.9	1.0
1	1.56	1.56	1.54	1.49	1.41	1.28	1.12	0.91	0.65	0.35	0
2	0.73	0.72	0.63	0.45	0.19	−0.11	−0.36	−0.52	−0.53	−0.36	0

注：H_1为临界风速起始点高度：

$$H_1=H\times\left(\frac{V_{cr}}{1.2V_H}\right)^{1/\alpha} \tag{7-36}$$

式中的α为地面粗糙度指数，对A、B、C、D四类分别取0.12、0.15、0.22和0.30；V_H为结构顶部风速（m/s）。

横风向等效风荷载效应 S_C 应与顺风向风荷载效应 S_A 一起作用，即按下式组合：

$$S=0.6S_A+S_C \tag{7-37}$$

3. 高度超过 150m 的高层房屋的舒适度校核

高层房屋钢结构的舒适度，按 10 年重现期风荷载下房屋顶点的顺风向和横风向最大加速度不应超过表 7-10 的限值。

房屋顶点最大加速度限值 a_{max}　表 7-10

使用功能	a_{max} (m/s²)
住宅、公寓	0.20
办公、旅馆	0.28

高层房屋顺风向和横风向的顶点最大加速度可按下列规定计算：

(1) 当高层房屋不需考虑干扰效应时

1) 顺风向最大加速度按下式计算：

$$a_{D,z}=\frac{2gI_{10}w_R\mu_s\mu_z B_z\eta_a B}{m} \tag{7-38}$$

式中　$a_{D,z}$——高层建筑 z 高度顺风向风振加速度 (m/s²)；

g——峰值因子，可取 2.5；

I_{10}——10m 高度名义湍流度，对应 A、B、C 和 D 类地面粗糙度，可分别取 0.12、0.14、0.23 和 0.39；

w_R——重现期为 R 年的风压 (kN/m²)，可按《建筑结构荷载规范》GB 50009 附录 E 公式 (E.3.3) 计算；

B——迎风面宽度 (m)；

m——结构单位高度质量 (t/m)；

μ_z——风压高度变化系数；

μ_s——风荷载体型系数；

B_z——脉动风荷载的背景分量因子，按《建筑结构荷载规范》GB 50009 公式 (8.4.5) 计算；

η_a——顺风向风振加速度的脉动系数，按《建筑结构荷载规范》GB 50009 表 J.1.2 确定。

2) 横风向最大加速度按下式计算：

$$a_{L,z}=\frac{2.8gw_R\mu_H B}{m}\phi_{L1}(z)\sqrt{\frac{\pi S_{F_L}C_{sm}}{4(\zeta_1+\zeta_{a1})}} \tag{7-39}$$

式中　$a_{L,z}$——高层建筑 z 高度横风向风振加速度 (m/s²)；

g——峰值因子，可取 2.5；

w_R——重现期为 R 年的风压 (kN/m²)，可按《建筑结构荷载规范》GB 50009 附录 E 第 E.3.3 条的规定计算；

B——迎风面宽度（m）；

m——结构单位高度质量（t/m）；

μ_H——结构顶部风压高度变化系数；

S_{F_L}——无量纲横风向广义风力功率谱，可按《建筑结构荷载试验》GB 50009 附录 H 第 H. 2. 4 条确定；

C_{sm}——横风向风力谱的角沿修正系数，可按《建筑结构荷载规范》GB 50009 附录 H 第 H. 2. 5 条的规定采用；

ϕ_{L1}（z）——结构横风向第 1 阶振型系数；

ζ_1——结构横风向第 1 阶振型阻尼比；

ζ_{a1}——结构横风向第 1 阶振型气动阻尼比，可按《建筑结构荷载规范》GB 50009 附录 H 公式（H. 2. 4-3）计算。

（2）当高层房屋需考虑干扰效应时

顺风向顶点最大加速度和横风向顶点最大加速度应分别乘以顺风向动力干扰因子 η_{dx} 和横风向动力干扰因子 η_{dy}。η_{dx} 和 η_{dy} 按 7. 5. 1 中的 2 的有关规定确定。

7. 6. 3 地震作用下的结构分析

本章 7. 5. 1 根据《建筑抗震设计规范》的规定阐述了高层房屋钢结构应考虑的地震作用的计算规定。在这些地震作用下，高层房屋钢结构的结构分析与多层房屋钢结构的基本相同，不再重复。所不同的只是在作弹塑性抗震分析时，应采用弹塑性时程分析法。

高层房屋钢结构作弹塑性时程分析时，其计算模型宜采用杆系模型，钢柱、钢梁、屈曲约束支撑及偏心支撑消能梁段恢复力模型的骨架线可采用二折线型，其滞回模型可不考虑刚度退化；钢支撑和延性墙板的恢复力模型，应按杆件特性确定。杆件的恢复力模型也可由试验研究确定。

7. 7 构件、支撑结构及节点设计

高层房屋钢结构的楼面、屋面、框架柱、中心支撑结构以及节点设计等均与多层房屋钢结构的相同，不再重复。本节将补充阐述偏心支撑框架和防屈曲支撑框架的设计。

7. 7. 1 偏心支撑框架的设计

1. 设计的一般规定

偏心支撑的形式已在第 6 章图 6-4 中介绍。偏心支撑体系的消能梁段是高层房屋钢结构

抗大地震时的主要消能部件，设计时必须十分重视，确保消能梁段具有良好的延性和抗震性能。

偏心支撑的设计应符合下列有关规定：

(1) 偏心支撑框架的每根支撑应至少有一端与框架梁连接，并在支撑与梁交点和柱之间成同一跨内另一支撑与梁交点之间形成消能梁段。

(2) 消能梁段应有可靠的消能能力，消能梁段以及与它同一跨内的非消能梁段的钢材屈服强度不应大于 345N/mm²，其截面板件的宽厚比不应大于表 7-11 规定的限值。

偏心支撑消能梁段截面板件宽厚比限值　　表 7-11

板件名称		宽厚比限值
翼缘外伸部位		$8\sqrt{\frac{235}{f_y}}$
腹板	当$\frac{N}{Af}\leqslant 0.14$时	$90\left(1-1.65\frac{N}{Af}\right)\sqrt{\frac{235}{f_y}}$
	当$\frac{N}{Af}>0.14$时	$33\left(2.3-\frac{N}{Af}\right)\sqrt{\frac{235}{f_y}}$

注：表中 N 为消能梁段的轴力设计值；A 为消能梁段的截面面积；f、f_y 为消能梁段钢材的抗拉强度设计值和屈服强度。

(3) 与消能梁段相连构件的内力设计值，应按消能梁段达到受剪承载力时构件的内力乘以增大系数取用，增大系数值见表 7-12。

偏心支撑框架构件内力增大系数　　表 7-12

构件名称	框架抗震等级		
	一级	二级	三级
支撑斜杆	1.4	1.3	1.2
同跨框架梁	1.3	1.2	1.1
框架柱	1.3	1.2	1.1

2. 消能梁段的设计

(1) 消能梁段的抗剪承载力验算

在多遇地震作用下，消能梁段的抗剪承载力应按下式验算：

当 $N\leqslant 0.15Af$ 时

$$V\leqslant\frac{\varphi V_l}{\gamma_{RE}} \tag{7-40}$$

当 $N>0.15Af$ 时

$$V\leqslant\frac{\varphi V_{lc}}{\gamma_{RE}} \tag{7-41}$$

式中　φ——系数，可取 0.9；

V、N——分别为消能梁段的剪力设计值和轴力设计值；

V_l、V_{lc}——分别为消能梁段的受剪承载力和计入轴力影响的受剪承载力，按下列公式计算：

$$V_l = 0.58A_W f_y \text{ 或 } V_l = 2M_{lp}/a \text{，取小者} \tag{7-42}$$

$$V_{lc} = 0.58A_W f_y \sqrt{1-\left[\frac{N}{Af}\right]^2} \text{ 或 } V_{lc} = 2.4\frac{M_{lp}}{a}\left(1-\frac{N}{Af}\right) \tag{7-43}$$

A、A_W——分别为消能梁段的截面面积和腹板截面面积；

f、f_y——分别为消能梁段钢材的抗拉强度设计值和屈服强度；

M_{lp}——消能梁段截面的全塑性受弯承载力：

$$M_{lp} = W_p f \tag{7-44}$$

W_p——消能梁段的塑性截面模量；

a——消能梁段的长度；

γ_{RE}——消能梁段承载力抗震调整系数，取 0.75。

(2) 消能梁段的抗弯承载力验算

在多遇地震作用下，消能梁段的抗弯承载力应按下式验算：

当 $N \leqslant 0.15Af$ 时

$$\frac{M}{W}+\frac{N}{A} \leqslant f/\gamma_{RE} \tag{7-45}$$

当 $N > 0.15Af$ 时

$$\left(\frac{M}{h}+\frac{N}{2}\right)\frac{1}{b_f t_f} \leqslant f/\gamma_{RE} \tag{7-46}$$

式中 M——消能梁段的弯矩设计值；

W——消能梁段的截面模量；

h——消能梁段的截面高度；

b_f、t_f——分别为消能梁段截面的翼缘宽度和厚度。

(3) 消能梁段的构造规定

为使消能梁段具有良好的滞回性能，能起到预期的消能作用，消能梁段应符合下列构造规定，采取合适的构造并对腹板加强约束。图 7-11 给出了偏心支撑及消能梁段的构造。

1) 消能梁段净长 $a \leqslant 1.6M_{lp}/V_l$ 时其塑性变形主要为剪切变形，属剪切屈服型；净长 $a > 1.6M_{lp}/V_l$ 时其塑性变形主要为弯曲变形，属弯曲屈服型。研究表明，剪切屈服型消能梁段对偏心支撑框架抵抗大震特别有利。

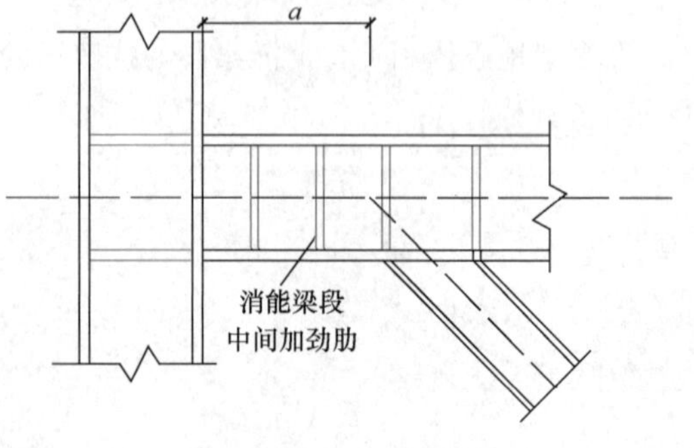

图 7-11 偏心支撑构造

因此，消能梁段宜设计成剪切屈服型；当 $N>0.16Af$ 时，应设计成剪切屈服型，并符合下列规定：

当$\frac{N}{V}\frac{A_{w}}{A}<0.3$时　　$a<1.6\frac{M_{lp}}{V_{l}}$　　(7-47)

当$\frac{N}{V}\frac{A_{w}}{A}\geqslant 0.3$时　　$a\leqslant\left(1.15-0.5\frac{N}{V}\frac{A_{w}}{A}\right)1.6\frac{M_{lp}}{V_{l}}$　　(7-48)

2）为了让消能梁段的腹板能够完成消能功能，腹板不得开洞，也不得贴焊补强板，并按下列规定设置中间加劲肋：

当 $a\leqslant 1.6M_{lp}/V_{l}$ 时，加劲肋间距不大于（$30t_{w}-h/5$）；

当 $2.6M_{lp}/V_{l}<a\leqslant 5M_{lp}/V_{l}$ 时，应在距消能梁段端部 $1.5b_{f}$ 处配置中间加劲肋，且加劲肋间距不应大于（$52t_{w}-h/5$）；

当 $1.6M_{lp}/V_{l}<a\leqslant 2.6M_{lp}/V_{l}$ 时，中间加劲肋的间距可在上述二者间线性插入；

当 $a>5M_{lp}/V_{l}$ 时，可不配置中间加劲肋。

加劲肋应与消能梁段腹板等高，当消能梁段截面高度不大于 640mm 时，可配置单侧加劲肋；消能梁段截面高度大于 640mm 时，应在两侧配置加劲肋。一侧加劲肋的宽度不应小于消能梁段翼缘的外伸宽度，厚度不应小于 t_{w} 和 10mm。

3）消能梁段与支撑连接处，应在其腹板两侧配置加劲肋，加劲肋的高度应为梁腹板高度，一侧加劲肋的宽度不应小于消能梁段翼缘的外伸宽度，厚度不应小于 $0.75t_{w}$ 和 10mm。

4）消能梁段两端上下翼缘应设置侧向支撑，支撑的轴力设计值不得小于消能梁段翼缘轴向承载力设计值的 6%，即 $0.06b_{f}t_{f}f$。

5）与柱连接的消能梁段应符合下列要求：

①消能梁段的长度不得大于 $1.6M_{lp}/V_{l}$。

②消能梁段翼缘与柱翼缘之间应采用坡口全熔透对接焊缝连接，消能梁段腹板与柱之间应采用角焊缝连接。角焊缝的承载力不得小于消能梁段腹板的轴力、剪力和弯矩同时作用时的承载力。

3. 偏心支撑斜杆的设计

（1）偏心支撑斜杆的承载力验算

偏心支撑斜杆承载力应按下式验算：

$$N_{br}\leqslant\varphi A_{br}f/\gamma_{RE} \tag{7-49}$$

式中　A_{br}——支撑斜杆截面面积；

φ——由支撑斜杆长细比确定的轴心受压构件稳定系数；

γ_{RE}——支撑斜杆承载力抗震调整系数，取 0.80；

N_{br}——支撑斜杆轴力设计值，按下列规定取用。

由于在偏心支撑框架中，消能梁段是提供消能的最主要构件，因此在设计中应使消能梁段先屈服而支撑斜杆不屈曲。消能梁段在按要求设置加劲肋后，其极限受剪能力将比受剪承载力设计值大，为了达到消能梁段屈服时支撑斜杆不屈曲，必须将支撑斜杆轴力设计值乘以增大系数。式（7-49）中的 N_{br} 可由下式确定：

$$N_{br}=\eta_{br}\frac{V_l}{V}N_{br,com} \tag{7-50}$$

式中 η_{br}——偏心支撑内力设计值增大系数，可按表 7-12 的规定采用；

$N_{br,com}$——最不利荷载作用下支撑斜杆的轴力设计值；

V——消能梁段在最不利荷载作用下的剪力设计值；

V_l——消能梁段的受剪承载力，按式（7-42）计算；

（2）偏心支撑斜杆的构造规定

偏心支撑斜杆的长细比不应大于 $120\sqrt{\frac{235}{f_y}}$。斜杆截面板件的宽厚比不应大于表7-13的限值。

轴心受压构件板件宽厚比限值 表 7-13

板件名称	宽厚比限值
翼缘外伸部位	$(10+0.1\lambda)\sqrt{\frac{235}{f_y}}$
腹板	$(25+0.5\lambda)\sqrt{\frac{235}{f_y}}$

注：表中 λ 为支撑斜杆的长细比，λ 小于 30 时取 30，λ 大于 100 时取 100。

4. 偏心支撑框架柱和框架梁的设计

（1）偏心支撑框架柱的设计可按第 6 章 6.6 节进行，但其轴力设计值和弯矩设计值应按下列规定取用：

1）轴力设计值 N_c 应按下式计算：

$$N_c=\eta_c\frac{V_l}{V}N_{c,com} \tag{7-51}$$

2）弯矩设计值 M_c 应按下式计算：

$$M_c=\eta_c\frac{V_l}{V}M_{c,com} \tag{7-52}$$

式中 η_c——偏心支撑框架柱的内力设计值增大系数，可按表 7-12 的规定采用；

$N_{c,com}$、$M_{c,com}$——分别为最不利荷载作用下框架柱的轴力设计值和弯矩设计值。

其余代号与式（7-50）相同。

（2）偏心支撑框架梁的非消能梁段上下翼缘应设置侧向支撑，支撑的轴力设计值不得小于梁翼缘轴向承载力的 2%，即 $0.02b_ft_ff$。

7.7.2 防屈曲支撑框架的设计

1. 一般规定

防屈曲支撑框架体系是一种特殊的中心支撑框架体系，它与中心支撑框架体系的不同在于它的支撑斜杆采用防屈曲支撑构件。防屈曲支撑构件在受压和受拉时均能进入屈服消能，具有极佳的抗震性能。

防屈曲支撑框架一般采用梁柱刚接连接，支撑斜杆用螺栓或销轴与梁、柱连接，这样在支撑斜杆进入完全屈服状态时，结构仍可具有必要的刚度。

防屈曲支撑框架中的支撑布置宜采用 V 形、人字形和单斜形等形式，不得设计为 K 形和 X 形。支撑 K 形布置时，会在框架柱中部支撑交汇处给柱带来侧向集中力的不利作用；X 形布置时，因防屈曲支撑截面较大，在交汇处难以实现。

防屈曲支撑框架应沿结构的两个主轴方向分别设置，在竖向宜连续布置，且形式一致，而支撑截面可由底层到高层逐步减小。

防屈曲支撑构件由核心单元和屈曲约束单元组成，如图 7-12 所示。核心单元的中部为屈服段，采用一字形、十字形或工字形截面。由于要求支撑在反复荷载下屈服，钢材宜采用低屈服点钢材，伸长率不应小于 20%，并应具有工作温度条件下的冲击韧性合格保证，同时要求屈服强度值应稳定。屈曲约束单元的截面形式有方管和圆管，核心单元置于屈曲约束单元内，在屈曲约束单元内灌注砂浆或细石混凝土，使核心单元在受压时不会整体失稳而只能屈服。为了防止砂浆或混凝土与核心单元粘结，可在核心单元表面涂一层无粘结材料或设置非常狭小的空气层。由于防屈曲支撑在受压时不会整体失稳，因此在反复荷载作用下，具有与钢材一样的滞回曲线（图 7-13），曲线极为饱满，具有极佳的消能能力。

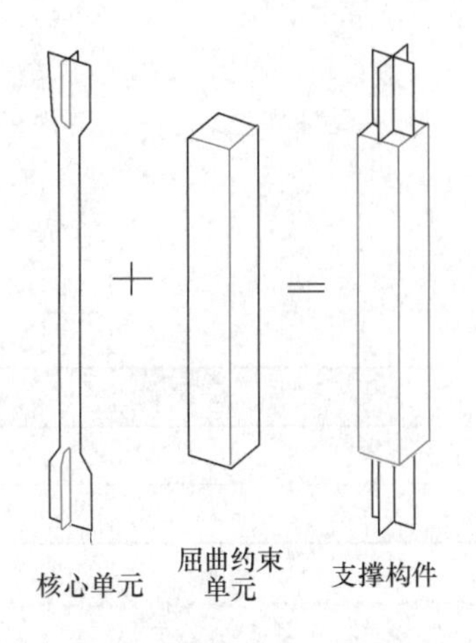

图 7-12　防屈曲支撑构件

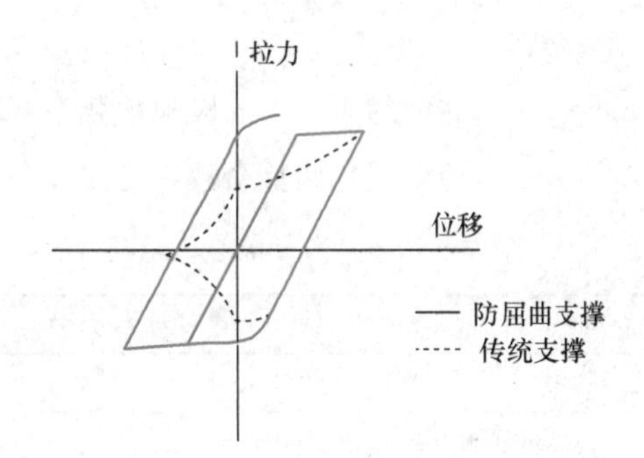

图 7-13　防屈曲支撑与传统支撑的滞回曲线比较

2. 防屈曲支撑构件的设计与构造

(1) 支撑构件的设计

防屈曲支撑设计时，采用的荷载和荷载组合与其他抗侧力结构的高层房屋钢结构相同。在考虑多遇地震或风荷载的组合情况下，防屈曲支撑应保持在弹性状态，在罕遇地震作用下，约束屈服段应进入全截面屈服，其他部位应保持弹性状态。

防屈曲支撑构件应设计成仅承受轴心力作用，其轴向受拉和受压承载力设计值应按下式验算：

$$N \leqslant A_1 f \tag{7-53}$$

式中 N——屈曲约束支撑的轴力设计值；

A_1——核心单元工作段的截面积；

f——核心单元钢材强度设计值。

屈曲约束支撑的轴向受拉和受压屈服承载力可按下式计算：

$$N_{ysc} = \eta_y f_y A_1 \tag{7-54}$$

式中 N_{ysc}——屈曲约束支撑的受拉或受压屈服承载力（N）；

f_y——核心单元钢材的屈服强度（N/mm^2）；

η_y——核心单元钢材的超强系数，可按表 7-14 采用，材性试验实测值不应超出表中数值 15%。

核心单元钢材的超强系数 η_y　　**表 7-14**

钢材牌号	η_y
Q235	1.25
Q195	1.15
低屈服点钢（$f_y \leqslant 160N/mm^2$）	1.10

屈曲约束支撑的极限承载力可按下式计算：

$$N_{ymax} = \omega N_{ysc} \tag{7-55}$$

式中 N_{ymax}——屈曲约束支撑的极限承载力（N）；

ω——应变强化调整系数，可按表 7-15 采用。

核心单元钢材的应变强化调整系数 ω　　**表 7-15**

钢材牌号	ω
Q195、Q235	1.5
低屈服点钢（$f_y \leqslant 160N/mm^2$）	2.0

防屈曲支撑不应发生整体屈曲，其控制条件是：

$$\xi = \frac{N_{cm}}{N_{ysc}} \geqslant 1.95 \tag{7-56}$$

$$N_{cm} = \frac{\pi^2(\alpha E_1 I_1 + K E_r I_r)}{L_t^2} \tag{7-57}$$

$$E_r I_r = \begin{cases} E_c I_c + E_2 I_2 & \text{外包钢管混凝土型} \\ E_c I_c + E_s I_s & \text{外包钢筋混凝土型} \\ E_2 I_2 & \text{全钢型} \end{cases} \tag{7-58}$$

$$K=\frac{B_s}{E_r I_r} \tag{7-59}$$

$$B_s=(0.22+3.75\alpha_E\rho_s)E_c I_c \tag{7-60}$$

式中 ξ——屈曲约束支撑的约束比；

N_{cm}——屈曲约束支撑的屈曲荷载（N）；

N_{ysc}——核心单元的受压屈服承载力（N）；

L_t——屈曲约束支撑的总长度（mm）；

α——核心单元钢材屈服后刚度比，通常取0.02～0.05；

E_1、I_1——分别为核心单元的弹性模量（N/mm^2）与核心单元对截面形心的惯性矩（mm^4）；

E_r、I_r——分别为约束单元的弹性模量（N/mm^2）与约束单元对截面形心的惯性矩（mm^4）；

E_c、E_s、E_2——分别为约束单元所使用的混凝土、钢筋、钢管或全钢构件的弹性模量（N/mm^2）；

I_c、I_s、I_2——分别为约束单元所使用的混凝土、钢筋、钢管或全钢构件的截面惯性矩（mm^4）；当约束单元采用全钢材料时，I_2 取由各个装配式构件所形成的组合截面惯性矩（mm^4）；

K——约束单元刚度折减系数：当约束单元采用整体式钢管混凝土或整体式全钢时，取 $K=1$；当约束单元外包钢筋混凝土时，按式（7-59）计算；当约束单元采用全钢构件时，取 $K=1$；

B_s——钢筋混凝土短期刚度（N·mm^2）；

α_E——钢筋与混凝土模量比，$\alpha_E=E_s/E_c$；

ρ_s——钢筋混凝土单侧纵向钢筋配筋率，$\rho_s=A_s/(bh_0)$，其中 A_s 为单侧受拉纵向钢筋面积（mm^2）；b 为钢筋混凝土约束单元的截面宽度（mm），h_0 为钢筋混凝土约束单元的截面有效高度（mm）。

防屈曲支撑构件不应发生局部失稳。核心单元的截面可设计成一字形、工字形、十字形和环形等，其宽厚比或径厚比（外径与壁厚的比值）应满足下列要求：1）对一字形板截面宽厚比取10～20；2）对十字形截面宽厚比取5～10；3）对环形截面径厚比不宜超过22；4）对工字形截面，翼缘宽厚比不宜超过8，腹板宽厚比不宜超过25；5）对箱形截面，板件宽厚比不宜超过18；6）核心单元钢板厚度宜为10～80mm。

（2）支撑构件的构造

防屈曲支撑构件的核心单元钢板不允许有对接接头，与屈曲约束单元间的间隙值应不小于核心单元截面边长的1/250，一般情况下取1～2mm。

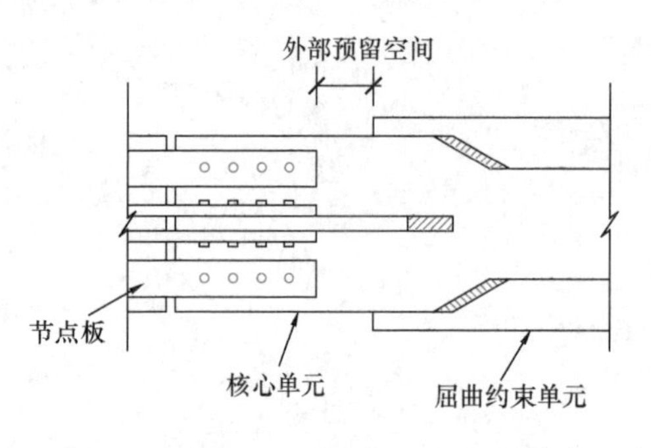

图 7-14 防屈曲支撑的预留空间

防屈曲支撑的轴向变形能力应满足当防屈曲支撑框架产生 1.5 倍弹塑性层间位移角限值时在支撑轴向所需要的变形量。在构造上应如图 7-14 所示预留空间，防止支撑受压时在轴向与混凝土直接接触。

3. 防屈曲支撑框架的梁、柱及节点设计

(1) 梁、柱的设计

防屈曲支撑框架的梁和柱的设计除应按一般框架的梁和柱考虑荷载和荷载组合外，尚应考虑防屈曲支撑构件全部屈服时的影响。

防屈曲支撑斜杆截面全部屈服时的最大轴力可根据式（7-55）计算。

支撑采用 V 形、人字形布置时，与支撑相连的梁应考虑拉、压不平衡力对横梁的不利影响。同时梁还应在不考虑支撑作用情况下，能抵抗恒、活载组合作用下的荷载效应。

与支撑构件相连的梁应具有足够的刚度，在荷载与 N^{y}_{gmax} 组合下，梁的挠度应不超过 $L/240$，L 为柱间梁的轴线距离。

防屈曲支撑框架的梁、柱截面的板件宽厚比应分别满足第 6 章表 6-6 和表6-7的规定。

(2) 节点设计的一般规定

梁、柱在与支撑构件连接处，应设置加劲肋（图 7-15）。节点板和加劲肋的强度和稳定性均应进行验算。

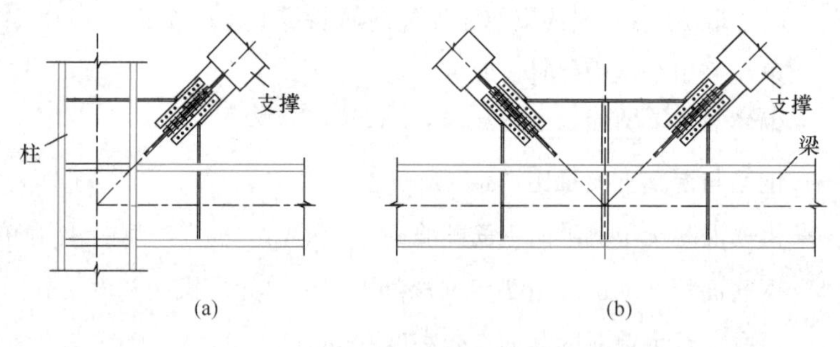

图 7-15 支撑构件与梁、柱连接节点

(a) 单斜杆连接；(b) V 形支撑连接

防屈曲支撑构件与梁、柱连接的承载力应不小于 $1.2N_{ymax}$，N_{ymax} 可根据式（7-55）计算。支撑采用 V 形、人字形布置时，其连接节点也应能承担 V 形、人字形支撑产生的不平衡力。

7.7.3 防屈曲支撑框架结构分析及设计要点

防屈曲支撑框架结构的分析应按下述要求进行：

(1) 多遇地震和风荷载作用下，防屈曲支撑框架结构可采用线性分析方法。

(2) 罕遇地震作用下，防屈曲支撑框架结构的整体分析应采用弹塑性时程分析方法。防屈曲支撑的恢复力模型可采用《高层民用建筑钢结构技术规程》JGJ 99—2015 附录 E 所规定的双线性恢复力模型。

(3) 防屈曲支撑框架结构的层间弹塑性位移角限值宜比 1/50 适当减小，通常可取 1/80。

防屈曲支撑框架结构的设计，可按下列程序进行：

(1) 按仅考虑竖向荷载效应进行防屈曲支撑框架结构中梁柱的初步设计；

(2) 采用反应谱法对防屈曲支撑约束屈服段的截面面积进行初步选择；

(3) 校核多遇地震和风荷载作用下防屈曲支撑框架结构的承载力和刚度；

(4) 采用弹塑性时程分析法校核罕遇地震作用下防屈曲支撑框架结构的弹塑性变形和消能机制；

(5) 进行防屈曲支撑构件设计和支撑构件与梁、柱连接的设计。

思考题

7.1 简述屈曲约束支撑的优点。当采用屈曲约束支撑时，大震弹塑性验算时的层间位移角限值宜取多少？为什么？

7.2 高层房屋钢结构有哪些结构体系？各种结构体系各有什么特点？最大适用高度是多少？

第8章 钢结构的制作、安装、防火及防腐蚀

8.1 钢结构的制作

钢结构的制作一般在工厂加工。由于加工的构件具有强度高、加工精度要求高等特点，钢结构制作厂应具有专门的机械设备和成熟的工艺方法。

钢结构制作厂是一种非定型产品的生产车间，它由钢材仓库、准备车间、放样间、零件加工车间、半成品仓库、总装车间和涂装车间等组成。各车间流水生产区域划分如图 8-1 所示。

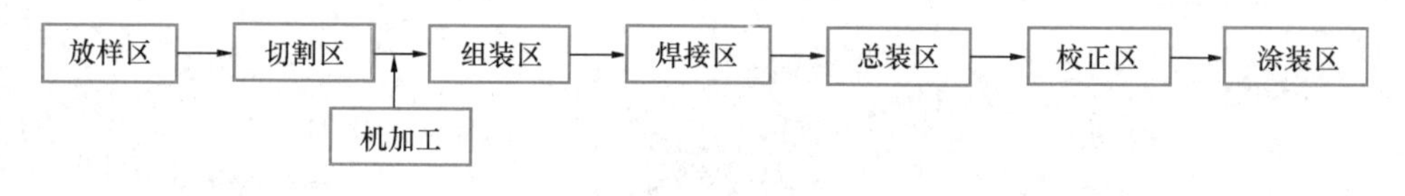

图 8-1 流水生产区域划分

钢结构制作的大流水作业生产工艺流程如图 8-2 所示。从图中可以看出，钢结构的制作可分为六个阶段：1）原材料准备；2）放样和号料；3）构件加工；4）构件焊接；5）组装；6）油漆包装。2）～5）阶段是相互联系、交错进行的。

8.1.1 原材料的准备

原材料的准备是构件加工前必须进行的工序。其主要内容有：

（1）设计图的深化设计

深化设计是依据设计施工图的要求对构件进行施工放样设计，以便为构件放样和号料提供工厂加工依据。在这个阶段，根据材料供应情况，向设计单位提出代用钢材的品种、规格，并得到设计单位认可。

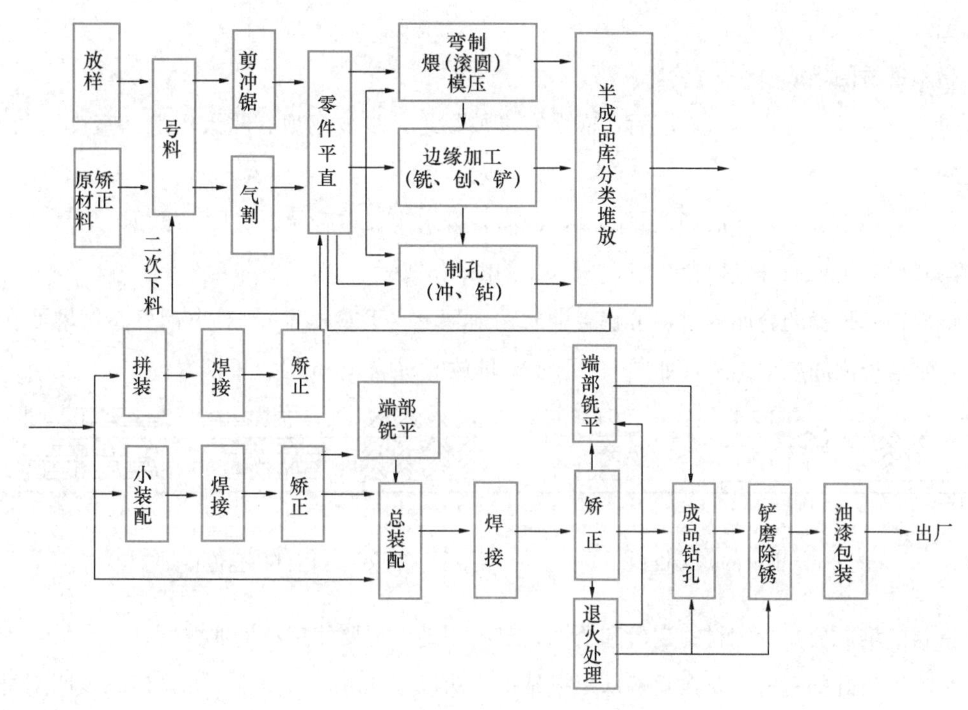

图8-2　大流水作业生产的工艺流程

(2) 钢材的材质检验

检查钢材的质量保证书（简称“质保单”）是否符合设计要求。质保单应记载着本批钢材的钢号、化学成分、力学性能、生产单位、日期等。根据钢材的牌号检查是否满足国家标准。当一个工程有几种钢号时，应对进货钢材涂上不同颜色（表示不同钢号），以避免取用钢材加工时发生错误。

钢材的力学性能有：抗拉极限强度、屈服点、伸长率、冲击韧性和180°弯曲试验等。一般来讲比国家标准高（或相等）即认为合格产品，低于国家标准则为不合格产品。

钢材的化学成分对硫、磷等含量比国家标准低（或相等）即认为合格产品，否则为不合格产品。碳、锰等元素在国家标准范围内即为合格产品，否则为不合格产品。

(3) 钢材的外观检验

钢结构制造的基本组件大多系热轧型材和板材。根据供货单检查它的规格、数量（长度、根数），其外形尺寸与理论尺寸的偏差必须在允许范围内。

其次，对钢材表面进行检查，看是否有气泡、结疤、拉裂、裂纹、褶皱、压痕、夹杂和压入的氧化铁皮，这些缺陷需清除或退货。

(4) 连接材料的检验

钢结构采用的连接方式主要为螺栓连接和焊接，其连接材料包括螺栓、电焊条、焊剂、焊丝等。它们的力学性能和化学成分应有质保单，并对其外观进行检查，看是否符合国家有关规定。

(5) 钢材的堆放

对符合检验的合格钢材进厂后，应设有堆放场地，堆放场地有露天场地和室内（仓库）场地两种。

露天场地堆放时，堆放场地要高爽，四周有排水沟，雪后易于清扫。堆放时尽量使钢材截面的背面向上或向外，以免积雪、积水，如图 8-3 所示。

堆放在有顶棚的仓库内时，可直接堆放在地坪上（下垫楞木）。对小钢材亦可堆放在架子上，堆与堆之间应留走道，如图 8-4 所示。堆放时每隔 5～6 层放置楞木。

图 8-3 钢材的露天堆放　　图 8-4 钢材在仓库内堆放

钢材的堆放要减少钢材的变形和锈蚀，节约用地，也要使钢材提取方便。

每堆堆放好的钢材，要在其端部根据其钢号涂以不同颜色的油漆，并设标牌表明钢材的规格、钢号、数量等。

8.1.2 放样和号料

1. 放样

在一个结构中往往有很多完全相同的构件，而一个构件又由很多零件组成，因而一个结构工程中的各种零件常要重复制造。为了保证构件的制造质量和提高工作效率，首先要按零件制成样板，再按样板去做各种零件。制成样板的工序称为放样。

放样是按照审核通过的深化施工图，以 1∶1 的比例在样板台上弹出实样，求取实长，根据实长制成样板，但需考虑施工产生的变形量。样板的材料一般可采用薄铁皮和小扁钢。

2. 号料

以样板为依据，在原材料上划出实样，并打上各种加工记号，号料时根据加工工艺不同应留有余量。在加工方便的情况下，注意套料，节省原材料。

8.1.3 构件加工

下料划线以后的钢材，需经过切割、成形加工（弯曲、卷边和边缘加工等）、制孔、焊接、矫正等几道工序形成构件。

1. 切割

下料划线以后的钢材，必须按其所需的形状和尺寸进行下料切割，这是构件加工的第一道工序。常用的切割方法有如下几种：

(1) 机械切割

采用机械设备将钢材切割，其主要机械设备是剪切（剪板机、型钢冲剪机、联合冲剪机）和锯割（弓锯床、带锯床、圆盘锯、摩擦锯、砂轮锯）等。

剪板机主要用来剪切板厚 $t \leqslant 25$mm 的钢板。型钢冲剪机主要用来剪切中小型的圆钢（$d \leqslant \phi 63$）、方钢（$h \leqslant 50$）、角钢（$\leqslant 125 \times 12$）、槽钢（$\leqslant 180 \times 70$）、工字形钢（$\leqslant 180 \times 90$）等。联合冲剪机是一头能剪切钢板、另一头能冲孔、中间能剪切型钢的一机多用的剪切机。

锯割是用锯割机械将钢材割断或切成条状。圆盘锯能够切割大型 H 型钢。摩擦锯是利用摩擦发热，使工件熔化而切断，工效高但切口不光洁、噪声大。

(2) 气割

气割是以氧气和可燃气体混合燃烧时产生的高温来熔化钢材，并以高压氧气流予以氧化和吹扫，引起割缝而达到切割的目的。气割可以切割各种各样厚度和形状的钢材。

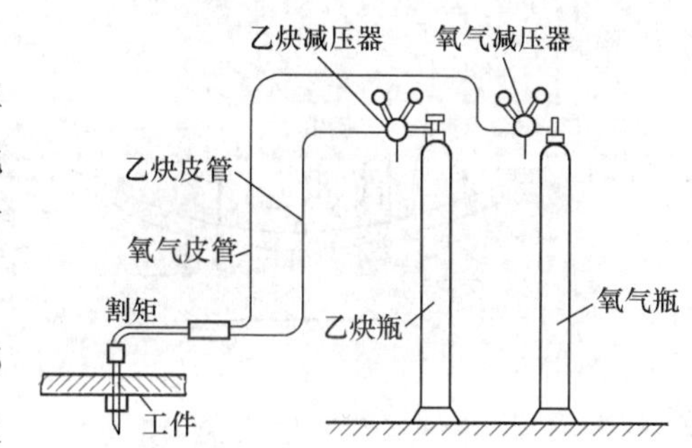

图 8-5 手工切割设备图

气割方法有手工割切和气割机割切。图8-5为手工切割时的设备图。气割机的设备有：火车式半自动气割机、电磁仿型气割机、光电跟踪气割机、数控气割机等。图 8-6 为数控切割机基本结构框图。气割机械种类很多，还有各类专用的气割机。

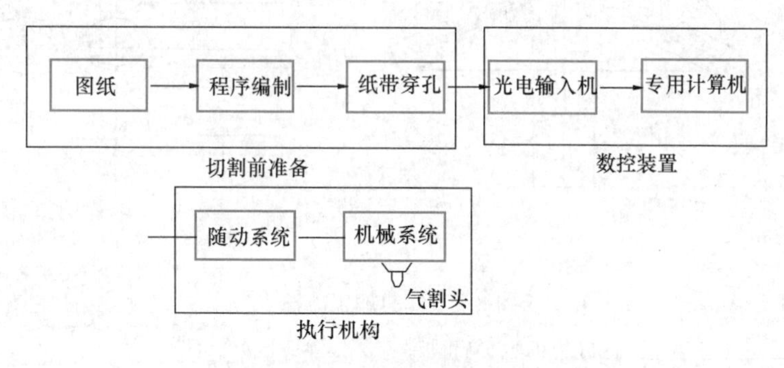

图 8-6 数控切割机框图

(3) 等离子切割

等离子切割是应用特殊的割矩，在电流及冷却水的作用下，产生高达 2 万～3 万℃的等离子弧熔化金属而进行切割。

等离子弧切割目前主要用于不锈钢、铝、镍、铜及其合金等。其设备有手把式和自动式两种类型。

2. 成形加工

成形加工主要包括弯曲、卷板（滚圆）、边缘加工、折边和模具压制五种加工方法。这五种方法又可分为热加工和冷加工两大类。

（1）弯曲

弯曲加工是根据构件形状的需要，利用加工设备和一定的工、模具把板材或型钢制成一定形状的工艺方法。

弯曲加工方法有压弯（图 8-7a）、滚弯（图 8-7b）和拉弯（图 8-7c、d）。压弯为用压力机压弯钢板呈 V 形或 U 形。滚弯为在滚圆机上滚弯钢板。拉弯为用转臂拉弯机或转盘拉弯机拉弯钢板，它适用于长条板材制成不同曲率的弧形构件。

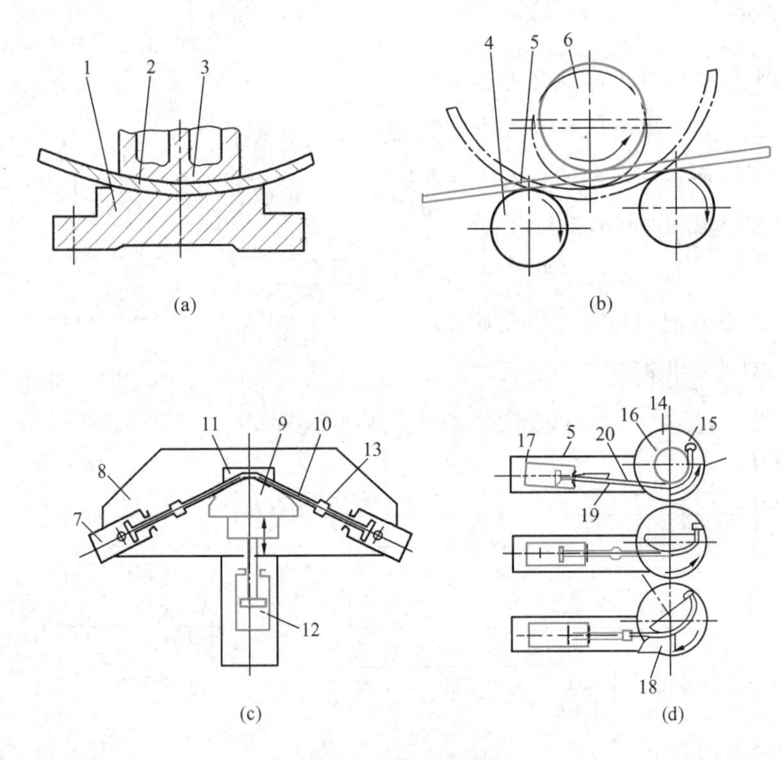

图 8-7　弯曲加工方法

（a）压力机上压弯钢板；（b）滚圆机上滚弯钢板；

（c）转臂拉弯机拉弯钢板；（d）转盘拉弯机拉弯钢板

1—下模；2、5、11、21—钢板；3—上模；4—下辊；6—上辊；7、12、17—油缸；

8、18—工作台；9—固定凹模；10、15—拉弯模；13、20—夹头；14—转盘；

16—固定夹头；19—靠模

（2）卷板

卷板方法是在外力的作用下，使钢板外层纤维伸长，内层纤维缩短而产生弯曲的方法。卷板的机械设备是卷板机，其工作原理如图 8-8 所示。

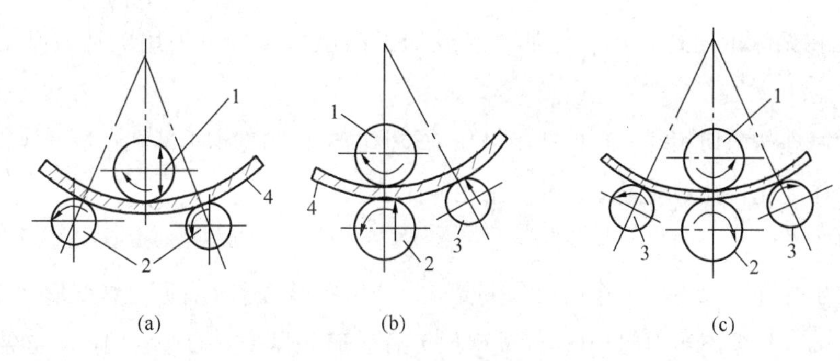

图 8-8　卷板机的工作原理

（a）对称式三辊卷板机；（b）不对称三辊卷板机；（c）四辊卷板机

1—上辊；2—下辊；3—侧辊；4—板料

（3）边缘加工

经切割后的钢板边缘，其内部结构会变脆。对直接承受动力荷载的构件，须将下料后的边缘刨去 2～4mm，以保证工程质量。此外，为了保证焊缝质量以及装配的准确性也需边缘加工这一道工序。

边缘加工方法有：铲边、刨边、铣边和碳弧气刨边。铲边适用于加工质量要求不高，并且工作量不大的边缘加工。铲边可用手工或风铲。刨边主要采用刨边机，可刨直边和斜边。铣边为端面加工，采用工具为端面铣床。碳弧气刨边把碳棒作为电极，与被刨削的构件间产生电弧，在接触处产生高温而熔化，然后用压缩空气的气流把熔化的金属吹掉，如图 8-9 所示。

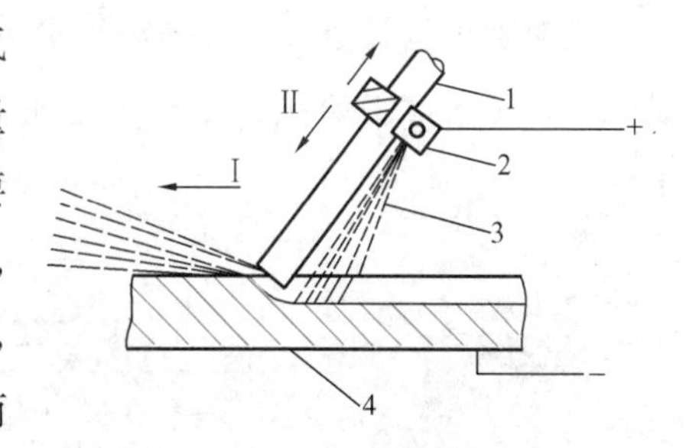

图 8-9　碳弧气刨示意图

1—碳棒；2—刨钳；3—高压空气流；4—工件

（4）折边

折边是把构件的边缘压弯成倾角或一定形状的操作工序。折边的工具为折边机和模具，折边机有机械和液压两种。

（5）模具压制

模具压制是在压力设备上利用模具使钢材成形的一种工艺方法。模压按加工工序分为冲裁、弯曲、拉伸、压延和其他成形等。

3. 制孔

孔加工在钢结构制造中占着一定的比重，尤其是高强度螺栓连接的采用，使孔加工不仅在数量上，而且在精度要求上越来越高，使制孔工序在钢结构制造中占主要地位。制孔加工方法有钻孔和冲孔两种。

钻孔具有精度高、孔壁损伤较小的优点，是钢结构制造中普遍采用的方法。工厂加工时，钻孔在钻床上进行，在工地加工时或加工部位特殊也可采用电钻、风钻和磁座钻加工。

冲孔的原理与剪切相同。它仅适用于加工较薄的钢板和型钢上冲孔，生产效率高，孔的周围产生冷作硬化，孔壁质量差。冲孔采用冲床加工。

4. 矫正

钢材由于受外力或内应力作用而产生变形，产生变形的途径有原材料变形（存放不当引起变形，运输、吊装不当引起变形）、成型加工后变形、焊接变形等。因此，必需设置矫正工序。

矫正的主要形式有：

（1）矫直：消除材料或构件的弯曲；

（2）矫平：消除材料或构件的翘曲或凹凸不平；

（3）矫形：对构件的一定几何形状进行整形。

矫正方法分为机械矫正、火焰矫正、高频热点矫正、手工矫正和热矫正等。

（1）机械矫正

机械矫正就是通过一定的矫正机械设备对矫正件进行矫正。它生产效率高、质量好，且能降低工人体力消耗。图 8-10 表示钢板矫平机结构示意图。钢板通过后可使钢材趋于平整。

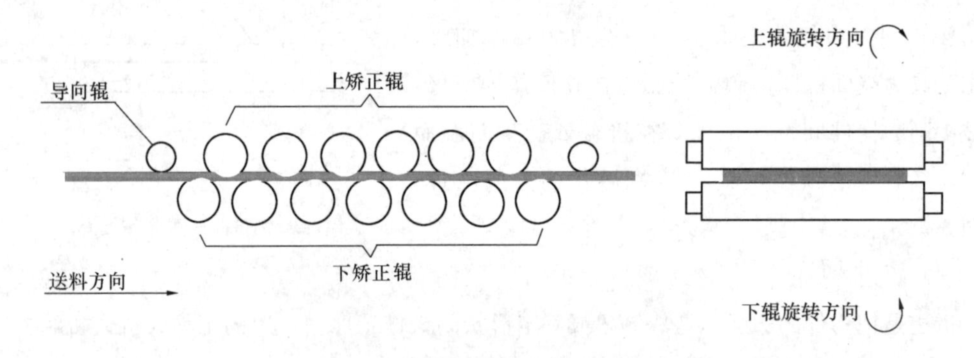

图 8-10 钢板矫平机结构示意图

（2）火焰矫正

火焰矫正是利用火焰所产生的高温对矫正件变形的局部进行加热，利用热胀受阻、冷缩自由原理，从而达到被矫正件平直或成一定几何形状。

火焰矫正方法有点状加热、线状加热和三角形加热。采用工具为射吸式焊炬。

（3）高频热点矫正

高频热点矫正与火焰矫正有相似原理，不同之处是用高频感光来产生热源，是一种新工艺。对一些尺寸大、变形复杂的矫正件更有显著矫正效果。

(4) 手工矫正

手工矫正是采用锤、板头或自制简单工具等利用人力进行矫正的方法。它具有灵活简便、成本低的特点。

(5) 热矫正

对变形较大的矫正件加热到一定的高温状态下，利用钢的强度下降、塑性提高来矫正。它适用于变形严重，且不适用冷矫正方法的矫正件。

5. 组装

组装是按施工图的要求，把已加工完成的各零件或半成品构件，用装配的手段组合成为独立的成品。组装可分为部件组装、组装和预总装。

部件组装是由两个或两个以上零件按施工图的要求装配成为半成品结构部件。它是装配的最小单元组合。

组装是把零件或半成品按施工图要求装配成为独立的成品构件。

预总装是根据施工总图把相关的两个以上成品构件，在工厂制作场地上，按其各构件空间位置总装起来。然后再拆散后运往现场安装。预总装的目的是保证构件安装质量，避免发生在现场无法装配的情况。

组装的常用方法列于表 8-1。

构件组装方法　　**表 8-1**

名　称	装配方法	适用范围
地样法	用比例 1∶1 在装配平台上放有构件实样。然后根据零件在实样上的位置，分别组装起来成为构件	桁架、框架等少批量结构组装
仿形复制装配法	先用地样法组装成单面（单片）的结构，并且必须定位点焊，然后翻身作为复制胎模，在其上装配另一单面的结构，往返 2 次组装	横断面互为对称的桁架结构
立装	根据构件的特点及其零件的稳定位置，选择自上而下或自下而上地装配	用于放置平稳、高度不大的结构或大直径圆筒
卧装	构件放置卧的位置的装配	用于断面不大，但长度较大的细长构件
胎模装配法	把构件的零件用胎模定位在其装配位置上的组装	用于制造构件批量大、精度高的产品

注：在布置拼装胎模时必须注意各种加工余量。

图 8-11 为箱形截面构件的组装胎模。图 8-12 为桁架结构组装胎模。

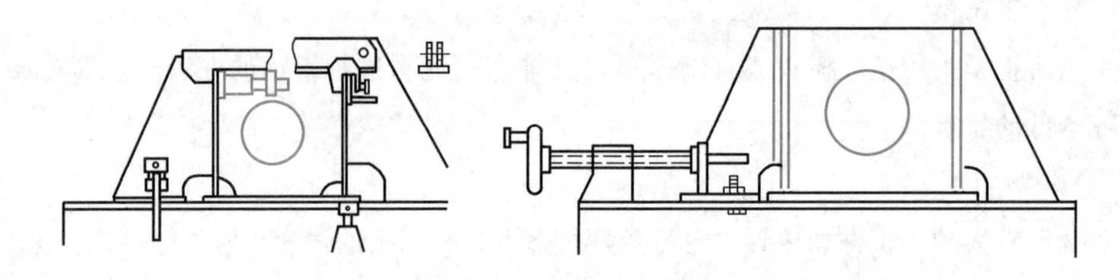

图 8-11　箱形截面组装胎模

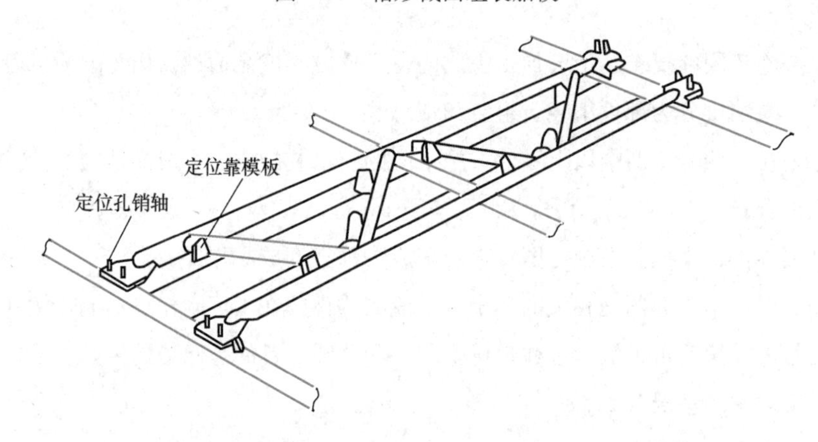

图 8-12　桁架结构组装胎模

8.1.4 焊接

焊接是钢结构制作中不可缺少的一道工序。焊接方法的选择除应保证质量外，还应根据焊接效率、经济性和焊接成本等来决定。

1. 焊接前的准备工作

焊接前的准备工作主要是钢材可焊性判别、焊接变形估算、焊条的选用、焊缝坡口制作和定位、构件和焊条的预热、焊工考核等。

（1）钢材的可焊性判别

钢材的可焊性是指钢材施焊后，焊缝处不发生裂纹和其他有害缺陷，焊缝处的力学性能不低于母材，评价化学成分对可焊性的影响，一般用碳当量 C_{eq} 表示。

$$C_{eq}=C+\frac{Mn}{6}+\frac{1}{5}(C_r+Mo+V)+\frac{1}{15}(Ni+Cu) \tag{8-1}$$

当 $C_{eq}<0.4\%$ 时，可焊性好，焊前可不预热；

$C_{eq}=(0.4\sim0.6)\%$ 时，焊前需适当预热，并采用低氢型焊条；

$C_{eq}>0.6\%$ 时，较难焊接，焊前需慎重预热，严格控制焊接工艺。

（2）焊接变形的控制

钢材焊接之后会发生焊接变形，变形形式有：横向收缩（垂直于焊缝方向）、纵向收缩（平行于焊缝方向）和角变形（绕焊缝轴线回转）。控制焊接变形的方法一般采用预估收缩量，其次采用图 8-13 解决变形的途径。

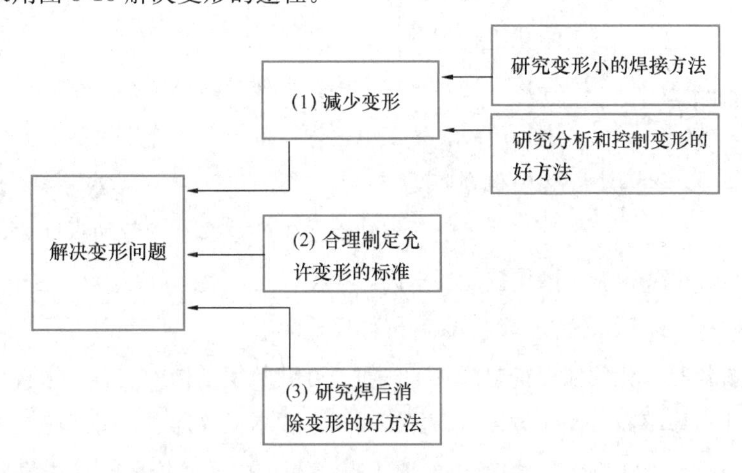

图 8-13　解决变形的途径

（3）焊条的选用

建筑钢结构常使用的焊条有低碳钢焊条和合金高强度焊条。根据药皮不同又可分为很多品种。应根据焊接方法的不同、母材的性能和厚度，合理选择焊条。

（4）焊工的考核

焊工必须有相应的等级证书。考核焊工时应按不同的焊接方法和焊接位置进行分类考核。在未经考试合格的位置上进行焊接时，应对焊工重新考试合格后方可上岗。

（5）制定焊接工艺标准

焊接前应对将施工的钢结构制定焊接工艺标准。有些复杂焊接工程，应通过试验来加以验证该焊接工艺的可靠性。

2. 焊接方法

焊接方法按焊接的自动化程度一般分为手工焊接、半自动及自动焊接三大类。图 8-14

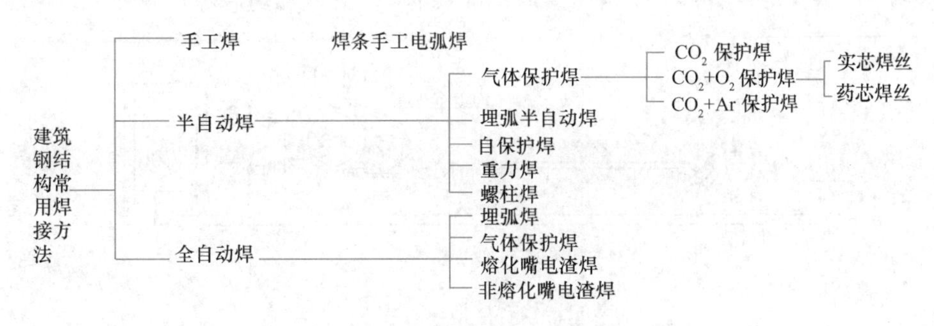

图 8-14　焊接方法分类图

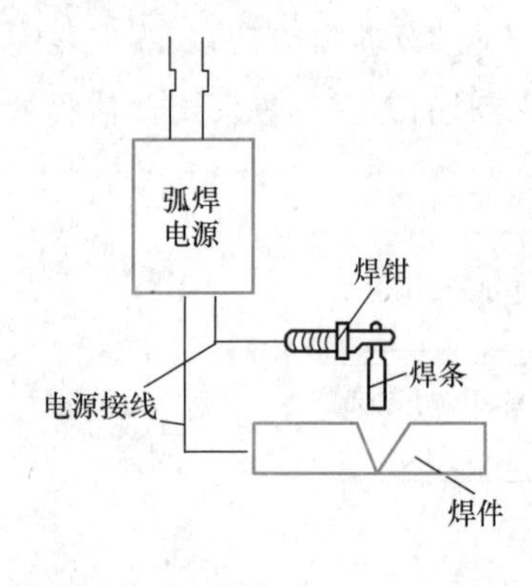

图 8-15　手工焊接示意图

表示焊接方法分类图。

(1) 手工电弧焊

手工电弧焊是利用焊条与工作件间产生的电弧热将金属熔化进行焊接的，如图 8-15 所示。它是一种适应性很强的焊接方法，可在室内、室外及高空中平、横、立、仰的位置进行施焊。手工电弧焊设备简单，使用灵活、方便，在钢结构中得到广泛应用。

手工电弧焊缺点是生产效率低，劳动强度大，对焊工的操作技能要求高。

(2) CO_2 气体保护焊

CO_2 气体保护焊是熔化气体保护电弧焊的一种，在建筑钢结构中它属于半自动焊。

CO_2 焊具有生产效率高、操作方便、易保证质量、成本低等优点，适用于在工厂制作中等长度焊缝；缺点是对 CO_2 纯度、焊丝质量要求高，不宜在风速较大环境中操作。图 8-16 表示半自动 CO_2 弧焊机示意图。

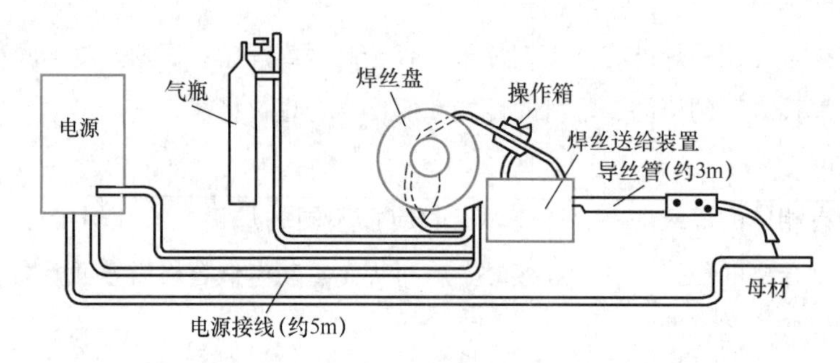

图 8-16　半自动 CO_2 弧焊机示意图

(3) 自保护焊

自保护焊是利用焊丝中所含有的合金元素在焊接冶金过程中起脱氧和脱氮的作用，从而获得合格焊缝的方法，如图 8-17 所示。焊丝可采用实心焊丝和药芯焊丝两种，后者常用于

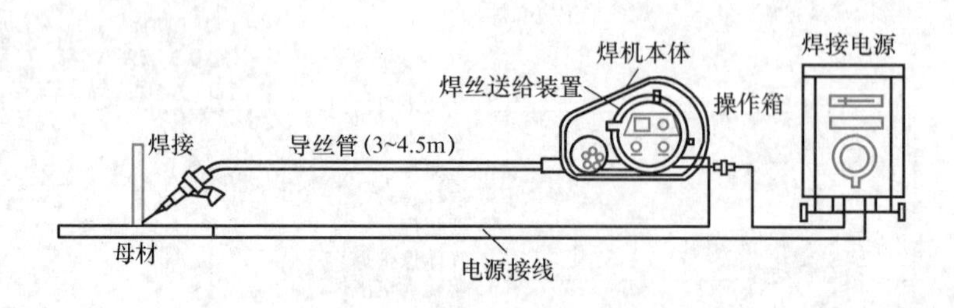

图 8-17　自保护焊机示意图

柱与柱之间焊接。

缺点是对焊丝要求高，焊接时烟尘量大，适宜于露天施焊。

(4) 埋弧焊

埋弧焊焊接时，电弧被覆盖在焊剂下，电弧使其周围焊剂熔化，形成封闭空腔，在空腔内焊丝或焊带与熔化的母材金属混合而形成焊缝，如图 8-18 所示。

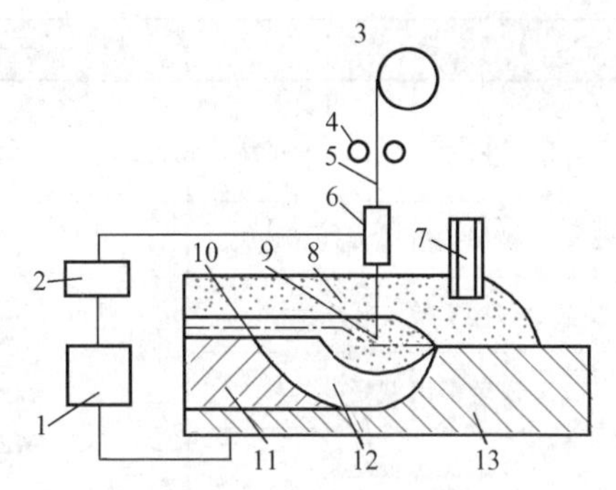

图 8-18　埋弧焊焊接过程

1—电源；2—电控箱；3—焊丝盘；4—焊丝送进轮；5—焊丝；6—导电嘴；7—焊剂输送管；8—焊剂；9—熔融熔渣；10—凝固熔渣；11—焊缝金属；12—金属熔池；13—工件

埋弧焊按自动化程度不同分为埋弧自动焊和埋弧半自动焊，采用焊接设备分别为埋弧焊焊机和半自动埋弧焊机。

埋弧焊的优点是生产效率高、省电省材、适用于厚板焊接、质量好、成型美观、劳动强度低。缺点是电弧不可见，对接头装配精度要求较高，不宜用于焊接短缝、小直径环缝、处于狭窄位置焊缝及焊接薄板焊缝。

(5) 熔化嘴电渣焊

熔化嘴电渣焊同其他焊接方法一样，也是一种以电流通过熔渣所产生的电阻热作为热源的熔化焊方法。图 8-19 表示熔化嘴电渣焊焊接原理示意图。常用于高层建筑中箱形结构等横隔板部位的焊接。其焊接接头形状见图 8-20。

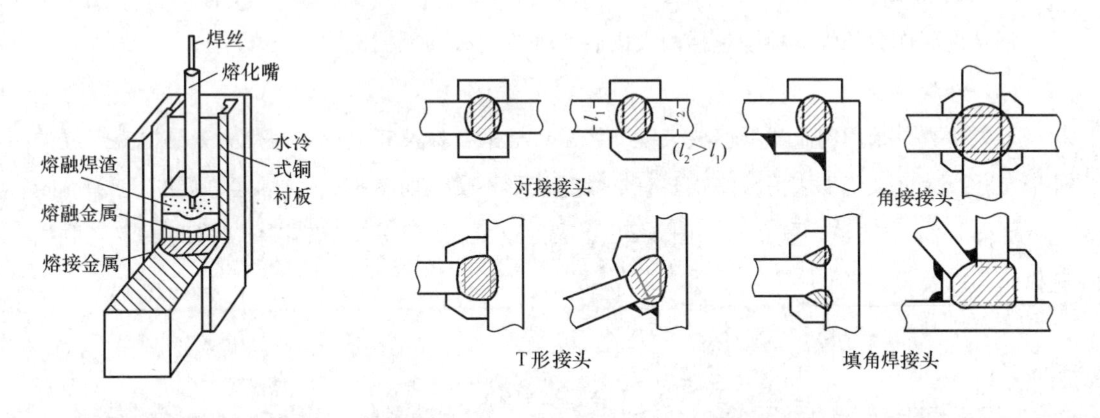

图 8-19　焊接原理图

图 8-20　焊接接头形状

表 8-2 表示箱形柱横隔板熔化嘴电渣焊焊接工艺程序。

焊接工艺程序　　表 8-2

	工艺过程	示意图	说明
1	安装引弧板和引弧铜帽		先将带圆孔的引弧板，用定位焊固定在焊孔的下部，然后再把紫铜帽固定在引弧板下面
2	被焊孔清理		用带砂皮的木棒擦清被焊孔内污物
3	焊接支架安装		将焊机支架牢固地固定在箱形柱上
4	安装引出铜帽		居中安装，安装前检查通水情况是否良好
5	冷却铜衬板安装		对箱形柱面板较薄时使用
6	安装焊机、熔化嘴		安装牢固后，检查接线和开动是否良好
7	加入切断焊丝、引弧用焊剂		为了引弧容易，加入约 5mm 高的切断焊丝，再加入 30%的额定焊剂量
8	预热		用氧乙炔割矩进行预热到规定温度
9	开始焊接		起动时的电压应稍高出正常电压
10	加焊剂		保持焊接过程稳定进行
11	调整熔化嘴位置		焊接过程中，将熔化嘴适当地向板厚的一侧进行微调
12	焊接结束		必须是焊缝充分填满引出铜帽
13	拆除装置		用碳弧气刨割去引弧板等，然后用砂轮打磨平整
14	焊接检查		根据标准要求进行焊接检验
15	其他		若检查有不合格缺陷时，需经技术主管部门定出工艺措施后方可进行

3. 焊缝检验

钢结构制作后的焊缝检验包括两大内容：外观检查和无损检测。

(1) 外观检查

外观检查是采用肉眼或低倍放大镜（×5）、标准样板及其他量规等检测工具检查焊缝的外形尺寸及表面缺陷。表面缺陷主要有：焊缝成形不良（如图 8-21）、焊瘤（如图 8-22）、咬边（如图 8-23）、夹渣、气孔（如图 8-24）、裂纹（如图8-25）等。查出不合格时，应采取相应措施加以补救。

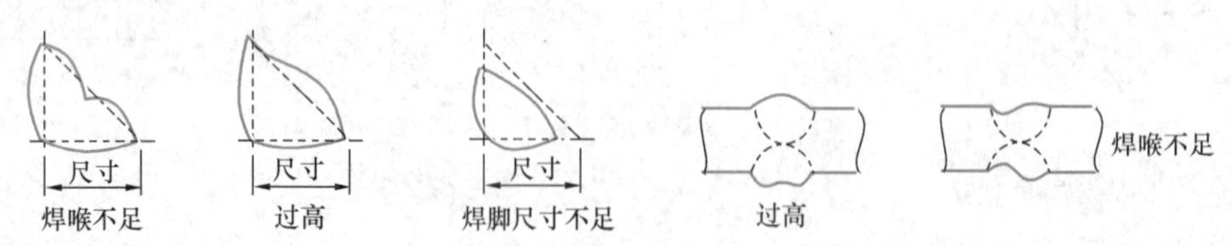

图 8-21　不合格焊缝形状

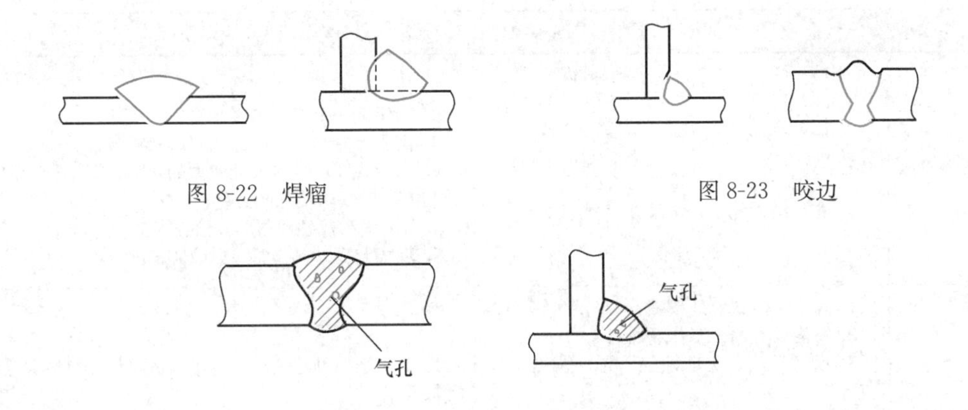

图 8-22　焊瘤

图 8-23　咬边

图 8-24　气孔

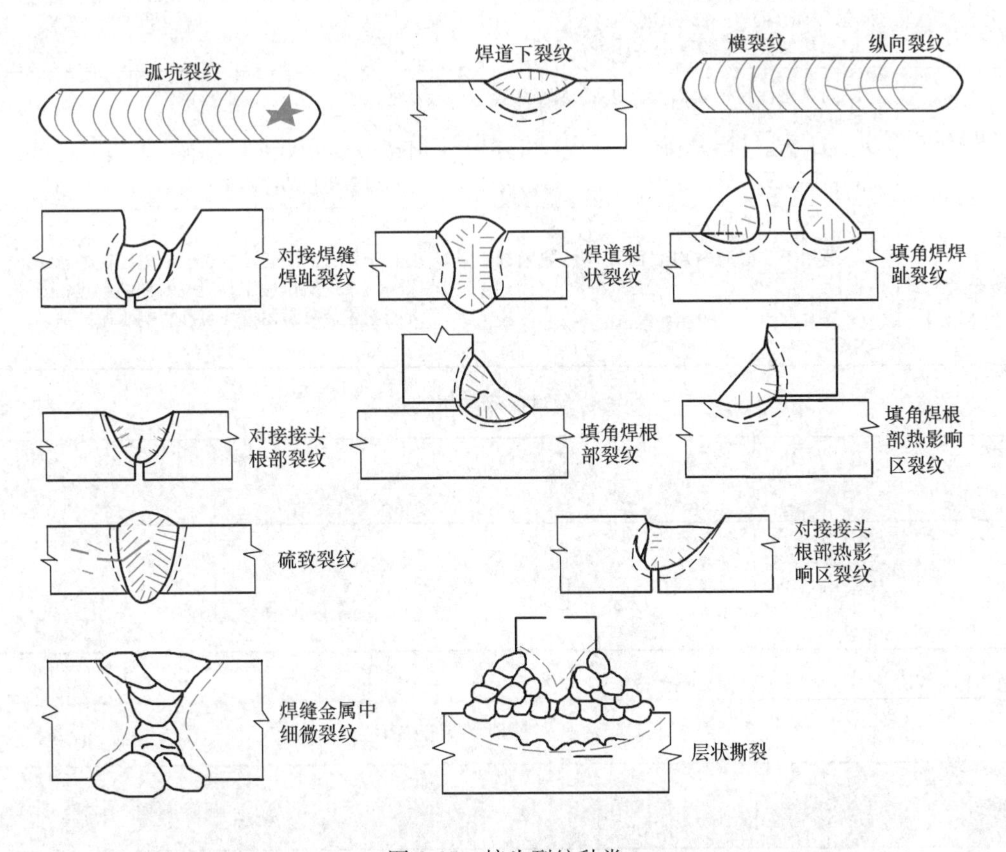

图 8-25　接头裂纹种类

(2) 无损检测

无损检测方法很多，主要有射线探伤法，超声波探伤法，磁粉探伤法，渗透探伤法等。各种方法的特点，见表 8-3。探伤的效果见表 8-4～表 8-6。

无损检测常用方法种类及特点　　表 8-3

种　类	优　点	缺　点
射线探伤法	1. 能有效地检查出整个焊缝透照区内所有缺陷； 2. 缺陷定性及定量迅速、准确； 3. 相片结果能永久记录并存档	1. 检查时间长、成本高； 2. 需建造一个专门的曝光室； 3. 需要有专门处理胶片的暗室及设备； 4. 能发现厚度方向尺寸较大的缺陷，但平行于钢板轧制方向的缺陷检测能力差； 5. T 形接头及各种角焊缝检查困难； 6. 现场及野外操作时、射线防护困难
超声波探伤法	1. 探伤速度快、效率高； 2. 不需要专门的工作场所； 3. 设备轻巧、机动性强，野外及高空作业方便、实用； 4. 探测结果不受焊接接头形式的影响，除对接焊缝外，还能检查 T 形接头及所有角焊缝； 5. 对焊缝内危险性缺陷（包括裂缝、未焊透、未熔合）检测灵敏度高； 6. 易耗品极少、检查成本低	1. 探测结果判定困难、操作人员需经专门培训并经考核及格； 2. 缺陷定性及定量困难； 3. 探测结果的正确评定受人为因素的影响较大； 4. 缺陷真实形状与探测结果判定有一定偏差； 5. 探测结果不能直接记录存档
磁粉探伤法	1. 对铁磁性材料表面及近表面缺陷探测灵敏度高； 2. 操作简单、探测速度快、成本低； 3. 缺陷显示直观、结果可靠	1. 不适用于非导磁材料的检测； 2. 工件内部缺陷无法检测； 3. 被检工件表面需达到一定的光洁度； 4. 与磁力线平行的缺陷不易检出
渗透探伤法	1. 适用于非导磁材料表面开口性缺陷的检查； 2. 设备轻巧、机动性强	1. 表面不开口的缺陷及近表面缺陷无法检出； 2. 探测结果受操作程序及清洗效果的影响； 3. 清洗着色液时易污染环境和影响水源的清洁

缺陷位置对探测结果的影响　　表 8-4

探测方法 \ 缺陷位置	表面开口性缺陷	近表面缺陷	内部缺陷
射线探伤法	○	○	○
超声波探伤法	△	△	○
磁粉探伤法	○	△	×
渗透探伤法	○	×	×

注：表中○—合适；△—一般；×—困难。

缺陷形状对探测结果的影响　　表 8-5

探测方法 \ 缺陷形状	片状夹渣	气孔	未焊透	表面裂缝和气孔
射线探伤法	△	○	○	△
超声波探伤法	○	△	○	×
磁粉探伤法	×	×	×	○
渗透探伤法	×	×	×	○

注：表中○—合适；△—一般；×—困难。

射线探伤法与超声波探伤法分析比较 表8-6

比 较 项 目	射线探伤法	超声波探伤法
缺陷性质的判别	○	△
缺陷长度测定精度	○	△
缺陷高度测定精度	×	△
缺陷在板厚方向位置的判定	△	○
裂缝、未熔合的检测能力	○	○
T形接头及各类角焊缝的适用性	△	○
片状缺陷检测能力	×	○
被检工件最大厚度的检测能力	△	○
被检工件最小厚度的检测能力	○	△
探伤装置的机动性	△	○
探测速度	△	○
探测结果的记录存档	○	△
易耗品的配置	△	○
检查成本	△	○
安全管理	×	○
操作者须掌握的专业知识难度	△	×
对工程的影响	△	○

注：表中○—优良；△—一般；×—困难。

采用无损检测方法检测焊缝时，评判焊缝是否合格请查现行国家标准《钢结构工程施工质量验收规范》GB 50205的有关规定。

8.2 钢结构的安装

8.2.1 起重设备

钢结构的安装都在工地进行。不管高层及多层房屋吊装、单层厂房吊装还是大跨度房屋屋盖吊装，其采用起重设备基本类似，主要的吊装设备有：

(1) 起重机械

常用起重机械有履带式起重机、塔式起重机、汽车式起重机等。履带式起重机起重量一般较大、行驶速度慢、自重大。塔式起重机分为行走式、固定式、附着式和内爬式等几种，它具有提升高度高、工作半径大、动作平稳等优点，但起重量一般都不大，安装和拆除都比较麻烦。汽车式起重机具有机动性能好、运行速度快等优点，但对工地场地要求高。

起重机械应根据起重机械的基本参数选用。基本参数是 1）额定起重量（Q）；2）提升高度（H）；3）幅度（R，指旋转中心与取物装置铅垂线之间的距离）；4）额定工作速度（v）；5）外形尺寸；6）工作组别。

（2）起重机具

1）电动卷扬机

2）千斤顶

千斤顶分螺旋型和油压型两种，目前常用的是油压千斤顶。

3）滑轮和滑轮组（如图 8-26）

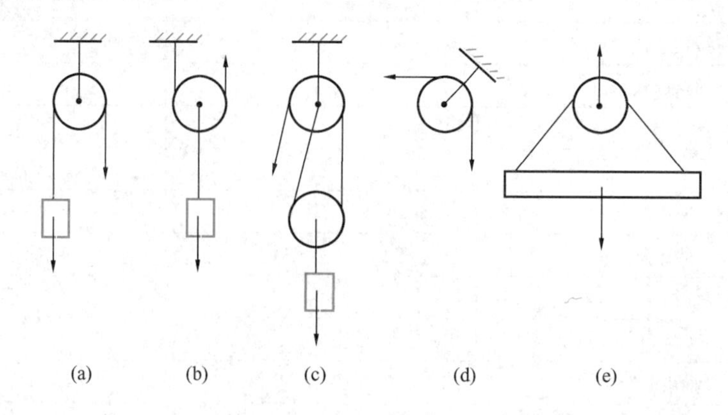

图 8-26　滑轮的类型

（a）定滑轮；（b）动滑轮；（c）滑轮组；（d）导向滑轮；（e）平衡滑轮

8.2.2 安装前的准备

安装前的准备主要内容有施工组织设计、吊装方案选择、吊装验算和施工现场检查。

1. 施工组织设计

施工组织设计是指导钢结构安装的文件，是一种科学管理的方法。其内容为：

（1）工程概况；

（2）工程量一览表；

（3）确定吊装方案；

（4）制定施工的主要技术措施和质量标准；

（5）制定施工的安全措施；

（6）制定构件进场进度和堆放场地。

2. 施工前的检查

钢结构安装前应进行如下两方面的检查：

（1）钢构件与其他材料构件连接处（一般指基础）复测，检查基础的标高，轴线尺寸偏差和地脚螺栓的偏差等。对于大跨度钢结构，钢结构搁置在柱顶上，应进行柱顶的标高、轴线尺寸和锚栓的偏差检查。

（2）构件预检，主要检查构件型号、数量是否满足施工图要求，构件变形和连接处表面处理情况等。

8.2.3　吊装

钢结构的吊装按结构体系可分为：单层钢结构框架的吊装、多层钢结构框架的吊装、高层钢结构的吊装、大跨度钢结构的吊装。

1. 单层钢结构框架的吊装

单层钢结构吊装的基本单元是柱、钢桁架、钢支撑、钢吊车梁等。采用的吊装设备以履带式起重机为主。

吊装顺序为

（1）竖向构件吊装：

柱→连系梁→柱间支撑→行车梁→托架等

（2）平面构件吊装：

屋架→屋盖支撑→檩条→屋面压型板→制动架→挡风桁架等

一般情况先吊装竖向构件，后吊装平面构件，可避免纵向长度累计误差，以保证工程质量。

为了避免纵向安装的累计误差，应选择标准柱和标准节间，标准节间一般选择有柱间支撑的位置。对标准柱和标准节间应严格进行校正。

2. 多层及高层钢结构的吊装

多层及高层钢结构吊装的基本单元为框架柱、主梁、支撑、次梁、压型钢板等。采用的设备为塔式起重机，吊装高度超过100m宜采用自升式塔式起重机。

多层和高层钢结构根据制作和吊装的需要，将总高度划分若干节段。每个节段应保证本身刚度和稳定，还须保证起重设备爬升过程中的稳定。其次，根据施工条件对每节流水段（每节框架）内还得在平面上划分流水区。流水段的作业流程见图8-27。

3. 大跨度钢结构的吊装

大跨度钢结构一般指网架和网壳结构、空间桁架结构等。

大跨度钢结构的吊装方法有：

（1）整体吊装法

整体吊装法是指钢结构在地面总拼后，采用单根或多根拔杆、一台或多台起重机进行吊装就位的施工方法。这种施工法特点是在地面拼装，可保证工程质量。但占用施工场地，需大吨位吊装设备。

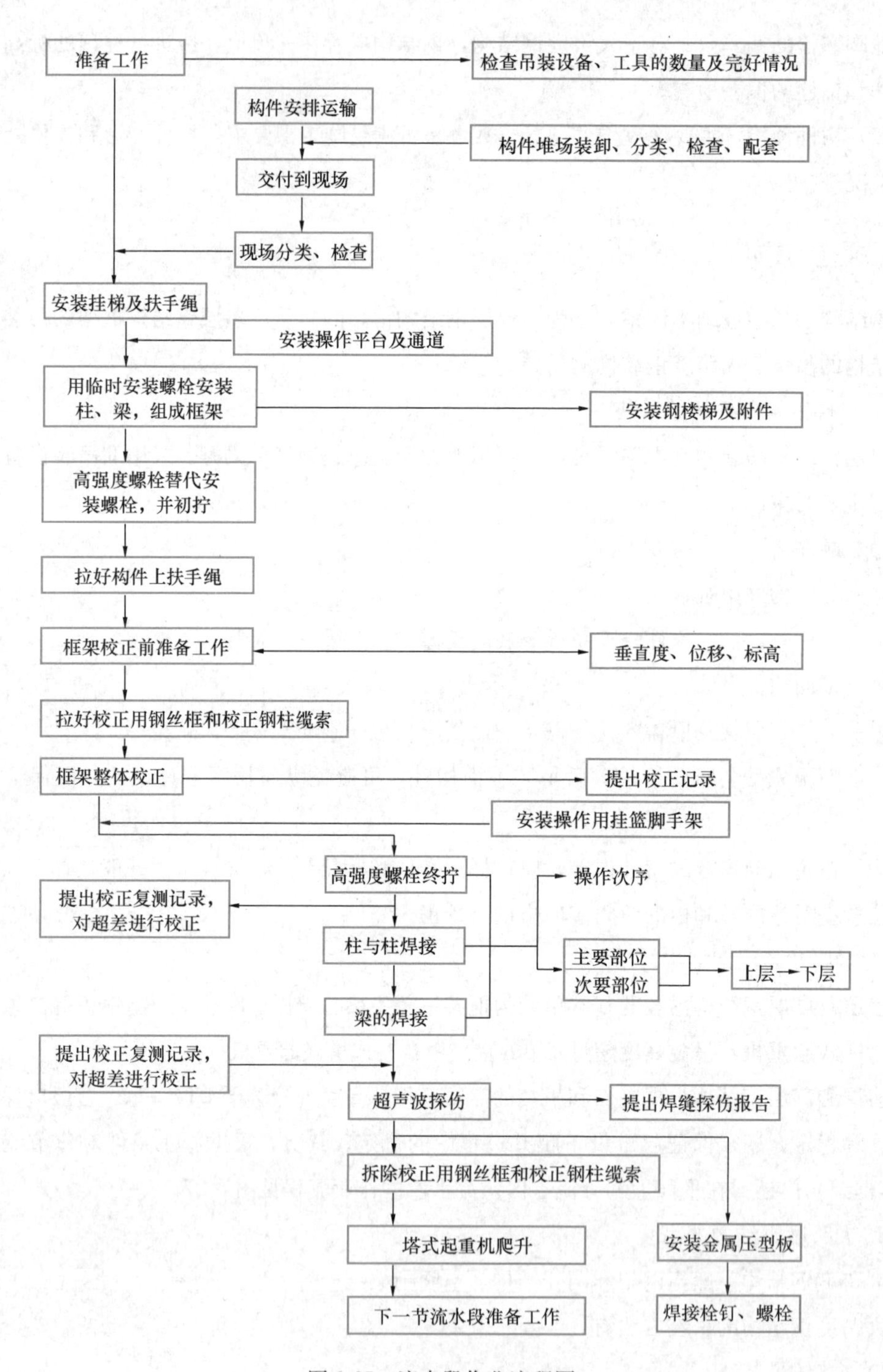

图 8-27　流水段作业流程图

(2) 高空散装法

高空散装法是指小拼单元或散件（单根杆件及单个节点）直接在设计位置进行总拼的方

法。它有全支架（即满堂脚手架）法和悬挑法。全支架法是大跨度钢结构常用的施工方法，但支架应具有足够刚度和强度，具有稳定沉降量，施工方便，但支架材料较费。

拼装顺序应以中间拼装后向两边扩展，可减少累计偏差。

（3）分条或分块安装法

分条（分段）或分块安装法是指把整体结构划分为若干条（段）或块单元，分别由起重设备吊装至高空设计位置就位搁置，然后再拼接成整体结构。

这种方法需设置支架（不是满堂，而是个别的），起重设备起吊重量可减少，减少高空作业。

（4）滑移法

滑移法是指整体结构分条成单元在事先设置的滑轨上滑移到设计位置上。它分为：单条滑移和逐条积累滑移两种方法，如图 8-28 所示。

滑移法可利用已建结构作为拼装平台，也可在滑移的开始端设置平台。该法结构安装与下部土建施工可同时进行，起重设备和牵引设备要求不高，可用小型起重机或卷扬机。

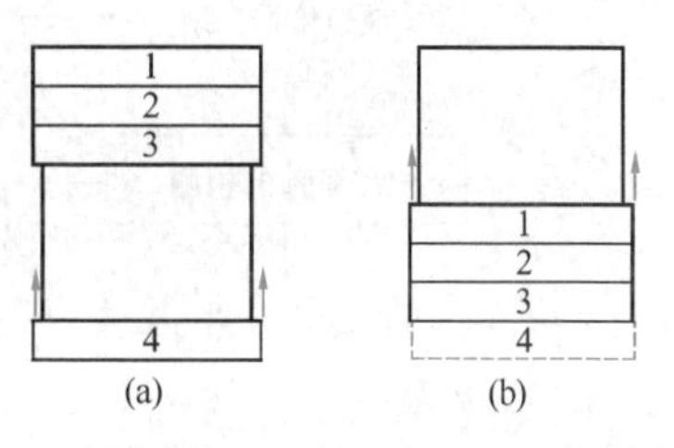

图 8-28　滑移法分类图

（a）单点滑移法；（b）逐条积累滑移法

（5）整体提升或顶升法

整体提升或顶升法是指在结构柱上安装提升或顶升设备，将整体结构提升或顶升到设计位置就位。

该法所需设备是千斤顶，提升法是把千斤顶设在柱顶上，顶升法是将千斤顶设在整体结构下面。

整体提升或顶升法应考虑柱的强度和整体稳定。

4. 吊装验算

钢结构的安装在分成若干基本单元后，对起吊的基本单元进行施工阶段分析。分析时，应根据吊点位置、吊装方法确定它的计算模型。计算荷载应考虑构件自重和施工荷载。计算内容包括基本单元强度、刚度和整体稳定是否满足吊装过程中的安全。

整体稳定问题是钢结构安装过程中必须重视的问题。整体稳定包含三个内容：一是基本单元吊装过程的稳定；二是吊装就位后还未形成结构整体时的稳定；三是设置支架结构的稳定。

基本单元吊装过程的稳定，对薄而长的构件（如屋架）应采取措施以保证平面外稳定。

8.2.4　工地连接

工地连接主要采用焊接、普通螺栓连接和高强度螺栓连接。普通螺栓连接一般用于焊接、高强度螺栓固定（施焊或螺栓紧固）前构件间临时连接用，螺栓个数由受力大小来确定。

1. 工地焊接

工地焊接一般采用手工焊，以高层钢结构工地焊接为例，其焊接工艺流程如图 8-29 所示。

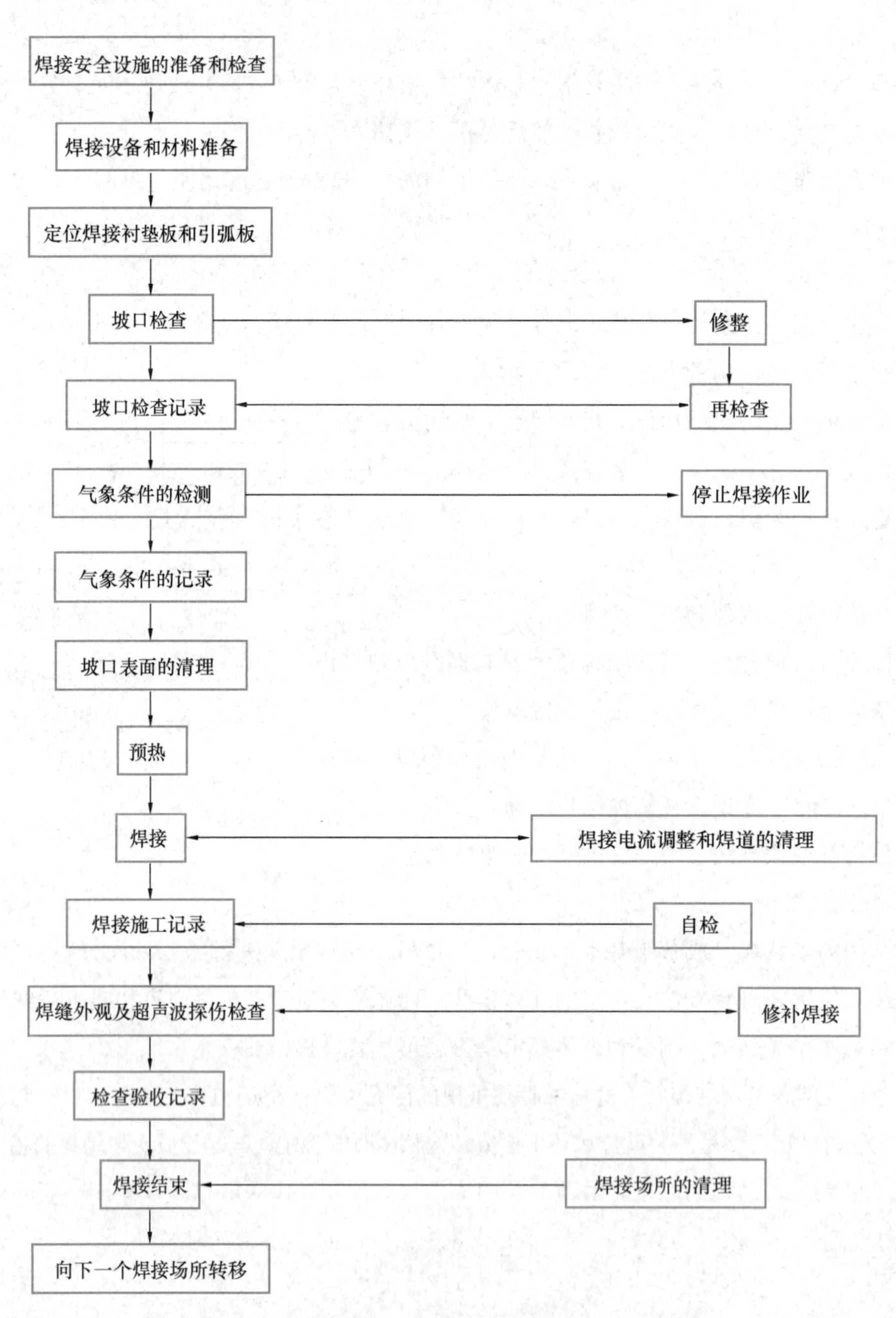

图 8-29　焊接工艺流程图

工地焊接应注意如下几个问题：

(1) 焊接设备电源要求专线供给，配有总开关箱。主要设备应配有专用自动调压器，确保焊接的必要电压。

(2) 对焊工应进行资格审查和技术考核，不合格者不能上岗。

(3) 对不良气候条件，如当工地焊接附近风速超过 8m/s 时，不宜进行焊接。露天作业时雨雪天气也应停工。雨雪后焊接时应清除残留水分，用烘枪烘干。对焊接时气候条件应作出记录。

(4) 对中厚板焊接应预热。

对碳素钢厚度大于 40mm 和低合金钢厚度大于 20mm 应进行预热，预热温度宜控制在 100～150℃之间，预热区应在焊接坡口两侧，宽度应为焊件施焊处板厚的 1.5 倍以上，且不小于 100mm。

(5) 工地焊接完工后应进行焊缝检查，并做好记录。

2. 工地高强度螺栓施工

工地高强度螺栓施工时，应注意如下几个问题：

(1) 对节点应设安装临时螺栓，其数目为每个节点螺栓数的 1/3，但至少保证 2 个。

(2) 高强度螺栓紧固分初拧和终拧。在一个节点上，紧固次序为先顶层，然后底层，最后为中间层。

(3) 两个连接构件的紧固次序为先主要构件，后次要构件。

(4) H 形截面构件的紧固，应先上翼缘螺栓紧固→下翼缘螺栓紧固→腹板螺栓紧固。

8.3 钢结构的防腐蚀

8.3.1 概述

钢材在天然或人为环境中都会不同程度地发生腐蚀。如果钢结构未采取防腐措施或措施不善，由于大气中氧气及水分的电化学作用，以及大气中的侵蚀性气体的影响，将导致钢结构锈蚀，降低结构的承载力，缩短结构的使用寿命，影响结构的耐久性。

因此，钢结构应采取防腐措施。在采用防腐措施的同时，还应注意以下几点：

(1) 应全面考虑建筑的整体布置，如建筑内有产生腐蚀介质的区域，应予以隔离，并采用有利于室内自然通风的布置方案。

(2) 应尽量采用便于检查、清刷、油漆及不易积灰、积水的构造形式，采用开口截面时，开口应向下，特别是外露室外的部位更应如此。

(3) 尽可能采用表面面积较小的杆件。

(4) 必要时，可采用耐腐蚀性较强的钢材。

我国现行国家标准《工业建筑防腐蚀设计标准》GB/T 50046 中规定：腐蚀性等级为强时，桁架、柱、主梁等重要受力构件不宜采用格构式，不应采用冷弯薄壁型钢；腐蚀性等级为强、中时，不宜采用由双角钢组成的T形截面或由双槽钢组成的工形截面。

8.3.2 防腐蚀方法的选用原则

防腐蚀可以采用不同的方法，同一种方法中所用材料的品种很多，而且性能各异，如选择不当，则不但起不到有效的防腐作用，反而会造成经济上的损失。防腐蚀方法的选择与以下因素有关：

（1）构件所处环境的腐蚀介质的性质和分类；

（2）结构的重要性及构件所处的位置；

（3）构件的表面处理程度；

（4）防腐措施的性能和质量；

（5）应注意使第一次的费用和使用期间的维护费用的总和为最小。

根据这些因素，防腐蚀方法的选用原则为：

（1）具有足够的耐腐蚀性；

（2）具有良好的附着力；

（3）易于施工；

（4）应符合环保可接受性；

（5）应具有美观的色泽。

8.3.3 钢结构构件的防腐蚀设计

钢结构构件防腐蚀设计的步骤一般为：（1）确定腐蚀环境；（2）确定防腐措施的预期寿命；（3）确定钢结构构件基材的表面处理方法和等级；（4）确定防腐蚀方法和具体要求。

1. 环境分类

现行国家标准《工业建筑防腐蚀设计标准》GB 50046 将环境的腐蚀等级按环境中腐蚀介质含量和空气中的相对湿度分为强腐蚀、中腐蚀、弱腐蚀和微腐蚀四个等级。对钢结构，如空气中的氯含量在1～5mg/m³、相对湿度大于75%时，为强腐蚀环境；空气中的氯含量在1～5mg/m³、相对湿度小于75%时，为中腐蚀环境；空气中的氯含量在0.1～1mg/m³、相对湿度小于60%时，为弱腐蚀环境。

国际标准化协会标准《Paints and Varnishes—Corrosion protection of steel structures by protective paint systems》ISO 12944：2017 将大气腐蚀环境分成C1～CX几种类别（表8-7）。

大气腐蚀环境分类　　表 8-7

腐蚀分类	单位面积上质量的损失（暴露第一年）				供参考的典型环境	
	低碳钢		锌		室外	室内
	质量损失（g/m^2）	厚度损失（μm）	质量损失（g/m^2）	厚度损失（μm）		
C1（很低）	≤10	≤1.3	≤0.7	≤0.1		空气洁净的采暖建筑如办公室、商店、学校、宾馆
C2（低）	＞10～200	＞1.3～25	＞0.7～5	＞0.1～0.7	大气污染较低，大部分乡村地带	冷凝可能发生的不采暖建筑如库房、体育馆
C3（中）	＞200～400	＞25～50	＞5～15	＞0.7～2.1	城市和空气中有中等程度的二氧化碳污染的工业区，低盐度的沿海地区	高湿度和有些污染空气的生产场所，如食品加工厂、洗衣场、酒厂、牛奶场
C4（高）	＞400～650	＞50～80	＞15～30	＞2.1～4.2	中等盐度的工业区和沿海地区	化工厂、游泳池、海船、船厂
C5（很高）	＞650～1500	＞80～200	＞30～60	＞4.2～8.4	高湿度和恶劣大气的工业区以及高盐度的沿海地区	冷凝和高污染持续发生和存在的建筑和区域
CX（极端）	＞1500～5500	＞200～700	＞60～180	＞8.4～25	高盐度的海上区域以及极高湿度和侵蚀性大气的热带亚热带工业区	具有极高湿度和侵蚀性大气的工业区

根据对我国近十个城市的试验数据，我国大部分地区应处于 C3 腐蚀分类。

2. 防腐蚀设计的预期寿命

预期寿命是指开始使用至第一次大修的时间，在此期间应有维护保养。国际标准化协会 ISO 12944 标准将预期寿命等级分为低、中、高、很高四级：低级为不超过 7 年，中级为 7～15年，高级为 15～25 年，很高级为 25 年以上。防腐设计时可根据建筑的重要性、所处环境的腐蚀等级和建筑使用期间维护费用应最小等，确定合理的防腐设计的预期寿命等级。

3. 钢结构构件基材的表面处理

实验研究表明，钢结构构件基材的表面处理质量是影响防腐寿命的最主要因素，因此必须重视表面处理的等级。我国现行国家标准《涂覆涂料前钢材表面处理表面清洁度的目视评定》GB/T 8923 将钢材表面的锈蚀分成四个等级，将钢材除锈后的表面质量也分成几个等级。

表 8-8 为钢材表面锈蚀等级的规定。表 8-9 为钢材除锈等级和表面质量的规定。

钢材表面锈蚀等级 表 8-8

表面锈蚀等级	表面锈蚀状态
A	大面积覆盖着氧化皮面几乎没有铁锈的钢材表面
B	已发生锈蚀，并且氧化皮已开始剥落的钢材表面
C	氧化皮已因锈蚀而剥落，或者可以刮除，并且在正常视力观察下可见轻微点蚀的钢材表面
D	氧化皮已因锈蚀而剥落，并且在正常视力观察下可见普遍发生点蚀的钢材表面

钢材除锈等级和表面质量 表 8-9

除锈方式	除锈等级	除锈要求	除锈后表面质量状况
喷射或抛射除锈	Sa1	轻度除锈	在不放大的情况下观察时，表面应无可见的油、脂和污物，并且没有附着不牢的氧化皮、铁锈、涂层和外来杂质
	Sa2	彻底除锈	在不放大的情况下观察时，表面应无可见的油、脂和污物，并且几乎没有氧化皮、铁锈、涂层和外来杂质。任何残留污染物应附着牢固
	Sa2 $\frac{1}{2}$	非常彻底除锈	在不放大的情况下观察时，表面应无可见的油、脂和污物，并且没有氧化皮、铁锈、涂层和外来杂质。任何污染物的残留痕迹应仅呈现为点状或条纹状的轻微色斑
	Sa3	使表观洁净的除锈	在不放大的情况下观察时，表面应无可见的油、脂和污物，并且应无氧化皮、铁锈、涂层和外来杂质。该表面应具有均匀的金属色泽
手工或动力工具除锈	St2	彻底除锈	在不放大的情况下观察时，表面应无可见的油、脂和污物，并且没有附着不牢的氧化皮、铁锈、涂层和外来杂质
	St3	非常彻底除锈	同 St2，但表面处理应彻底得多，表面应具有金属底材的光泽
火焰除锈	FI		在不放大的情况下观察时，表面应无氧化皮、铁锈、涂层和外来杂质。任何残留的痕迹应仅为表面变色

喷射或抛射除锈方式一般采用喷砂和抛丸除锈。手工或动力工具除锈方式一般采用铲刀、钢丝刷、动力钢丝刷、动力砂纸盘或砂轮等工具除锈。除锈前，厚的锈层应铲除，可见的油脂和污垢也应清除；除锈后，钢材表面应清除浮灰和碎屑。采用砂轮除锈时，表面不应出现砂轮研磨痕迹。

火焰除锈前，厚的锈层应铲除。火焰除锈应包括火焰加热作业后用动力钢丝刷清除加热后附着在钢材表面的残剩物。

钢结构构件防腐蚀设计的表面处理方法和等级一般可如下确定：设计预期寿命为中级及以上的钢结构构件，应采用喷射或抛射除锈，除锈等级应高于 Sa2；不易维修的重要构件，应不低于 Sa2 $\frac{1}{2}$；采用各类富锌底漆时，应高于 Sa2 $\frac{1}{2}$；表面维修或局部修补时，可采用手工或动力工具除锈，应满足 St2，也可采用火焰除锈。

4. 防腐蚀方法的种类

钢结构的防腐蚀方法大致可分为四大类：

（1）钢材本身抗腐蚀，即采用具有抗腐蚀能力的耐候钢。

（2）在钢材表面用金属镀层保护，如电镀锌、热浸锌、热喷锌、热喷锌铝等，可称为镀层防腐法。

(3) 在钢材表面涂以非金属保护层，即用涂料将钢材表面保护起来，使之不受大气中有害介质的侵蚀，可称为涂层防腐法。

(4) 对水下或地下钢结构采用阴极保护。

目前在房屋钢结构中采用非金属涂料防锈即涂层防腐是最普遍、最常用的方法。这种方法效果好，涂料品种多，价格低廉，适应性强，不受构件形状和大小的限制，操作方便；但耐久性较差，经过一定时期需要进行维修。用金属镀层防锈即镀层防腐法在某些建筑和某种情况下也常被采用，如受大气腐蚀较严重且不易维修的输电塔、通信塔等以及房屋结构中的压型钢板等。这种方法的优点是耐久年限长，生产工业化程度高，质量稳定。

5. 防腐蚀方法的具体要求

(1) 涂层防腐法

1) 涂层相容性

钢结构的防腐涂层由底漆和面漆配套而成。底漆和面漆间应相容；防腐蚀涂料与防火涂料配合使用时也应相容。相容性的确定可参照表 8-10。当相容性不能确定时，应进行相容性试验。

2) 涂层性能测试

国际标准化协会的标准 ISO 12944 为保证涂层的质量，规定对满足不同腐蚀类别和耐久性的涂层系统要进行实验室测试。C3 腐蚀环境条件下，涂层性能应满足表 8-11 的要求。

常用防腐涂料的相容性　　表 8-10

底漆		醇酸	丙烯酸	环氧	聚氨酯	无机富锌
树脂	防锈颜料					
醇酸	铁红、红丹、磷酸锌	+	(−)	−	−	−
环氧	铁红、红丹、磷酸锌	(+)	+	+	(+)	−
环氧	锌粉	−	+	+	(+)	−
无机硅	锌粉	−	+	+	+	+

注：表中代号+表示相容，(+) 表示在有些情况下会有问题，−表示不相容

涂层测试性能要求　　表 8-11

试验名称	试验持时（h）				试验结果		
	耐久性				外观变化	试验前及试验后附着力	
	低	中	高	很高		划格（厚度＜250μm）	拉开法（厚度＞250μm）
中性盐雾试验	120	240	480	720	0	＜2 级	每道拉开强度＞2.5MPa；第一道涂层与钢材/金属界面未破坏（除非拉开强度＞5MPa）

续表

试验名称	试验持时（h）				试验结果		
	耐久性				外观变化	试验前及试验后附着力	
	低	中	高	很高		划格（厚度<250μm）	拉开法（厚度>250μm）
凝露试验	48	120	240	480	0	<2 级	每道拉开强度>2.5MPa； 第一道涂层与钢材/金属界面未破坏（除非拉开强度>5MPa）

3）涂层厚度

涂层厚度应符合表 8-12 的规定。

经喷射清理碳钢涂层厚度要求　　　　表 8-12

耐久性		低			中			高			很高		
底漆类型		富锌底漆	其他底漆		富锌底漆	其他底漆		富锌底漆	其他底漆		富锌底漆	其他底漆	
底层涂料		硅酸乙酯 环氧 聚氨酯	环氧 聚氨酯 硅酸乙酯	醇酸 丙烯酸	硅酸乙酯 环氧 聚氨酯	环氧 聚氨酯 硅酸乙酯	醇酸 丙烯酸	硅酸乙酯 环氧 聚氨酯	环氧 聚氨酯 硅酸乙酯	醇酸 丙烯酸	硅酸乙酯 环氧 聚氨酯	环氧 聚氨酯 硅酸乙酯	醇酸 丙烯酸
后道涂层涂料		环氧 聚氨酯 丙烯酸	环氧 聚氨酯 丙烯酸	醇酸 丙烯酸	环氧 聚氨酯 丙烯酸	环氧 聚氨酯 丙烯酸	醇酸 丙烯酸	环氧 聚氨酯 丙烯酸	环氧 聚氨酯 丙烯酸	醇酸 丙烯酸	环氧 聚氨酯 丙烯酸	环氧 聚氨酯 丙烯酸	醇酸 丙烯酸
C2	最少涂层道数	a			—	—	1	1	1	1	2	2	2
	干膜厚度 μm				—	—	100	60	120	160	160	180	200
C3	最少涂层道数	—	—	1	1	1	1	2	2	2	2	2	2
	干膜厚度 μm	—	—	100	60	120	160	160	180	200	200	240	260
C4	最少涂层道数	1	1	1	2	2	2	2	2	2	3	2	—
	干膜厚度 μm	60	120	160	160	180	200	200	240	260	260	300	—
C5	最少涂层道数	2	2	—	2	2	—	3	2	—	3	3	—
	干膜厚度 μm	160	180	—	200	240	—	260	300	—	320	360	—

注：a—如果需要涂层防护，可使用一种用于更高腐蚀性级别或耐久性级别的体系，如 C2-高或 C3-中。

4）涂层施工注意事项

钢结构构件除锈完毕后，应在 8 小时（湿度较大时 2～4 小时）内，涂首层底漆。底漆充分干燥以后才允许次层涂装。

涂层施工的方法通常有刷涂法和喷涂法两种。刷涂法在工程中应用较广，特别适用于油性基料的涂装，具有渗透性大、流平性好等优点，不论面积大小，涂刷均能平滑流畅。喷涂法效率高、速度快、施工方便，适用于大面积构件的施工，漆膜光滑平整，对快干和挥发性强的涂料，如硝基、环氧和过氯乙烯涂料尤为合适。但不适宜用于条状和带状构件如屋架等格构件的喷涂。喷涂法的漆膜较薄，有时需增加喷涂的次数。

涂料采用分遍涂装，每遍涂层的厚度应符合设计要求。当设计无要求时，宜分 4～5 遍涂装。每遍涂层干漆膜厚度允许偏差为±5μm，干漆膜总厚度允许偏差为±25μm。

涂料应在当天配制，涂装温度以 15～35℃为宜，当气温低于 5℃或高于 35℃时，一般不宜施工。涂装应在晴天或通风良好的室内进行，不应在雨、雪、雾、风沙天气或烈日下于室外进行，空气湿度大于 85％时也不应进行。

涂装应在构件制作完毕后进行。安装连接部位包括高强度螺栓连接和焊缝连接处（在焊缝处留出 100mm）以及埋入混凝土的部位，不得涂装。安装焊缝施焊完毕后、高强度螺栓终拧完成后，均需补做涂装。

（2）镀层防腐法

常用的镀层防腐法有热浸锌镀层防腐、热喷铝复合涂层防腐和热喷铝锌复合涂层防腐等。

1）热浸锌镀层防腐

热浸锌的首道工序是酸洗除锈，然后清洗。无论采用何种酸液（盐酸、硫酸或磷酸）的水溶液除锈，都对钢材有强烈的腐蚀性，钢材表面如有残存酸液未冲洗干净，就将在镀层下继续腐蚀钢材，给防腐蚀留下隐患。因此这两道工序必须彻底。同时，在配酸液时，应加入适量缓蚀剂，防止过度损伤母材。在构件设计中，还应避免具有相贴合面的构件。

热浸锌的过程是将除锈后的钢构件浸入 600℃高温融化的锌液中，使钢构件表面附着锌层。锌层厚度对 5mm 以下薄板不得小于 65μm，对大于等于 5mm 的板，不小于 86μm。

热浸锌是在高温下进行的，对于管形构件，应将其两端开敞，防止管内空气膨胀而使封头板爆裂。若一端封闭，则锌液流通不畅，易在管内积存。

2）热喷铝（锌）复合涂层防腐

热喷铝（锌）复合涂层防腐时，应先对钢材表面作喷砂处理，除锈等级应高于 Sa2 $\frac{1}{2}$ 级。然后用乙炔一氧焰将连续送出的铝（锌）丝融化，同时用压缩空气吹附到钢构件表面，形成蜂窝状的铝（锌）喷镀层，厚度应为 80～100μm。最后用环氧树脂或氯丁橡胶漆等涂料形成复合涂层。

热浸锌镀层防腐和热喷铝（锌）复合涂层防腐都有较好的防腐效果，防腐蚀年限可达到 20～30 年，甚至更长，属于高级预期寿命等级。

8.3.4 钢结构构件防腐蚀常用涂层体系示例

表 8-13 给出了钢结构构件防腐蚀常用涂层体系的涂层厚度和预期寿命间的关系，可供参考。由于我国大部分地区处于 C3 腐蚀分类，表 8-13 为 C3 腐蚀环境下的示例。

C3 腐蚀环境下碳钢用涂料体系示例　　表 8-13

体系编号	底涂层				后道涂层	涂料体系		耐久性			
	涂料	底涂类型	涂层道数	干膜厚度 μm	涂料	总涂层数	干膜厚度 μm	低	中	高	很高
C3.01	醇酸、丙烯酸	其他底漆	1	80-100	醇酸、丙烯酸	1-2	100	✓			
C3.02	醇酸、丙烯酸	其他底漆	1	60-160	醇酸、丙烯酸	1-2	160	✓	✓		
C3.03	醇酸、丙烯酸	其他底漆	1	60-80	醇酸、丙烯酸	2-3	200	✓	✓	✓	
C3.04	醇酸、丙烯酸	其他底漆	1	60-80	醇酸、丙烯酸	2-4	260	✓	✓	✓	✓
C3.05	环氧、聚氨酯、硅酸乙酯	其他底漆	1	80-120	环氧、聚氨酯、丙烯酸	1-2	120	✓	✓		
C3.06	环氧、聚氨酯、硅酸乙酯	其他底漆	1	80-160	环氧、聚氨酯、丙烯酸	2	180	✓	✓	✓	
C3.07	环氧、聚氨酯、硅酸乙酯	其他底漆	1	80-160	环氧、聚氨酯、丙烯酸	2-3	240	✓	✓	✓	✓
C3.08	环氧、聚氨酯、硅酸乙酯	富锌底漆	1	60	—	1	60	✓	✓		
C3.09	环氧、聚氨酯、硅酸乙酯	富锌底漆	1	60-80	环氧、聚氨酯、丙烯酸	2	160	✓	✓	✓	
C3.10	环氧、聚氨酯、硅酸乙酯	富锌底漆	1	60-80	环氧、聚氨酯、丙烯酸	2-3	200	✓	✓	✓	✓

8.4 钢结构防火

8.4.1 概述

钢材的力学性能随着温度的升高而降低，在《钢结构基本原理》的第 2 章 2.8 中有阐述。当温度超过 300℃后，钢材的屈服点和极限强度均有明显降低；到 600℃时，将降到常温时的 1/3；到 700℃时，将降到所剩无几。在火灾时，裸露钢结构的温度可达 900～1000℃，不到 30 分钟钢结构就会失去承载能力。因此房屋钢结构一般都应采取防火保护措施和进行防火保护设计。

防火保护设计的步骤为：(1) 确定房屋的耐火等级和构件的耐火极限；(2) 确定防火保护措施、防火保护材料和保护层厚度；(3) 确定防火保护构造。

8.4.2 房屋建筑的耐火等级和构件的耐火极限

1. 房屋建筑分类

厂房及仓库根据其生产和储存物品的火灾危险性分成五类。表 8-14 是厂房生产的火灾危险性分类。表 8-15 是仓库储存物品的火灾危险性分类。

厂房生产的火灾危险性分类　表 8-14

生产的火灾危险性类别	使用或产生下列物质生产的火灾危险性特征
甲	1. 闪点小于 28℃的液体 2. 爆炸下限小于 10%的气体 3. 常温下能自行分解或在空气中氧化能导致迅速自燃或爆炸的物质 4. 常温下受到水或空气中水蒸气的作用，能产生可燃气体并引起燃烧或爆炸的物质 5. 遇酸、受热、撞击、摩擦、催化以及遇有机物或硫黄等易燃的无机物，极易引起燃烧或爆炸的强氧化剂 6. 受撞击、摩擦或与氧化剂、有机物接触时能引起燃烧或爆炸的物质 7. 在密闭设备内操作温度不小于物质本身自燃点的生产
乙	1. 闪点不小于 28℃但小于 60℃的液体 2. 爆炸下限不小于 10%的气体 3. 不属于甲类的氧化剂 4. 不属于甲类的易燃固体 5. 助燃气体 6. 能与空气形成爆炸性混合物的浮游状态的粉尘、纤维、闪点不小于 60℃的液体雾滴
丙	1. 闪点不小于 60℃的液体 2. 可燃固体
丁	1. 对不燃烧物质进行加工，并在高温或熔化状态下经常产生强辐射热、火花或火焰的生产 2. 利用气体、液体、固体作为燃料或将气体、液体进行燃烧作其他用的各种生产 3. 常温下使用或加工难燃烧物质的生产
戊	常温下使用或加工不燃烧物质的生产

注：同一座厂房或厂房的任一防火分区内有不同火灾危险性生产时，厂房或防火分区内的生产火灾危险性类别应按火灾危险性较大的部分确定；当生产过程中使用或产生易燃、可燃物的量较少，不足以构成爆炸或火灾危险时，可按实际情况确定；当符合下述条件之一时，可按火灾危险性较小的部分确定：

1. 火灾危险性较大的生产部分占本层或本防火分区建筑面积的比例小于 5%或丁、戊类厂内的油漆工段小于 10%，且发生火灾事故时不足以蔓延至其他部位或火灾危险性较大的生产部分采取了有效的防火措施；
2. 丁、戊类厂房内的油漆工段，当采用封闭喷漆工艺，封闭喷漆空间内保持负压、油漆工段设置可燃气体探测报警系统或自动抑爆系统，且油漆工段占所在防火分区建筑面积的比例不大于 20%。

仓库储存物品的火灾危险性分类　　表 8-15

储存物品的火灾危险性类别	储存物品的火灾危险性特征
甲	1. 闪点小于 28℃的液体 2. 爆炸下限小于 10%的气体，受到水或空气中水蒸气的作用能产生爆炸下限小于 10%气体的固体物质 3. 常温下能自行分解空气中氧化能导致迅速自燃或爆炸的物质 4. 常温下受到水或空气中水蒸气的作用，能产生可燃气体并引起燃烧或爆炸的物质 5. 遇酸、受热、撞击、摩擦以及遇有机物或硫磺等易燃的无机物，极易引起燃烧或爆炸的强氧化剂 6. 受撞击、摩擦或与氧化剂、有机物接触时能引起燃烧或爆炸的物质
乙	1. 闪点不小于 28℃但小于 60℃的液体 2. 爆炸下限不小于 10%的气体 3. 不属于甲类的氧化剂 4. 不属于甲类的易燃固体 5. 助燃气体 6. 常温下与空气接触能缓慢氧化，积热不散引起自燃的物品
丙	1. 闪点不小于 60℃的液体 2. 可燃固体
丁	难燃烧物品
戊	不燃烧物品

注：丁、戊类储存物品仓库的火灾危险性，当可燃包装重量大于物品本身重量 1/4 或可燃包装体积大于物品本身体积的 1/2 时，应按丙类确定。

民用建筑根据其建筑高度和层数可分为单、多层民用建筑和高层民用建筑。高层民用建筑根据其建筑高度、使用功能和楼层的建筑面积可分为一类和二类。表 8-16 为其分类。

民用建筑的分类　　表 8-16

名称	高层民用建筑		单、多层民用建筑
	一类	二类	
住宅建筑	建筑高度大于 54m 的住宅建筑（包括设置商业服务网点的住宅建筑）	建筑高度大于 27m，但不大于 54m 的住宅建筑（包括设置商业服务网点的住宅建筑）	建筑高度不大于 27m 的住宅建筑（包括设置商业服务网点的住宅建筑）
公共建筑	1. 建筑高度大于 50m 的公共建筑 2. 任一楼层建筑面积大于 $1000m^2$ 的商店、展览、电信、邮政、财贸金融建筑和其他多种功能组合的建筑 3. 医疗建筑、重要公共建筑 4. 省级及以上的广播电视和防灾指挥调度建筑、网局级和省级电力调度建筑 5. 藏书超过 100 万册的图书馆、书库	除一类高层公共建筑外的其他高层公共建筑	1. 建筑高度大于 24m 的单层公共建筑。 2. 建筑高度不大于 24m 的其他公共建筑

2. 房屋建筑的耐火等级及建筑构件的耐火极限

耐火等级是衡量建筑物耐火程度的分级指标，它由组成建筑物的构件的燃烧性能和耐火极限来确定。根据建筑的分类，厂房、仓库和民用建筑的耐火等级可分为一、二、三、四级。

耐火极限是指在标准耐火试验条件下，建筑构件、配件或结构从受到火的作用起，至失去承载能力、完整性或隔热性时止所用时间，用小时（h）表示。建筑结构防火设计的目的就是要求构件在耐火极限的时间内不失效。因此，建筑构件的耐火极限是防火保护设计的基本依据。

表 8-17 和表 8-18 分别是厂房、仓库和民用建筑构件的燃烧性能和耐火极限。房屋建筑钢结构构件的燃烧性能和耐火极限应不低于表 8-17 和表 8-18 的规定。

不同耐火等级厂房和仓库建筑构件的燃烧性能和耐火极限（h）　　**表 8-17**

构件名称		耐火等级			
		一级	二级	三级	四级
墙	防火墙	不燃性 3.00	不燃性 3.00	不燃性 3.00	不燃性 3.00
	承重墙	不燃性 3.00	不燃性 2.50	不燃性 2.00	难燃性 0.50
	楼梯间和前室的墙 电梯井的墙	不燃性 2.00	不燃性 2.00	不燃性 1.50	难燃性 0.50
	疏散走道两侧的隔墙	不燃性 1.00	不燃性 1.00	不燃性 0.50	难燃性 0.25
	非承重外墙房间隔墙	不燃性 0.75	不燃性 0.50	难燃性 0.50	难燃性 0.25
柱		不燃性 3.00	不燃性 2.50	不燃性 2.00	难燃性 0.50
梁		不燃性 2.00	不燃性 1.50	不燃性 1.00	难燃性 0.50
楼板		不燃性 1.50	不燃性 1.00	不燃性 0.75	难燃性 0.50
屋顶承重构件		不燃性 1.50	不燃性 1.00	难燃性 0.50	可燃性
疏散楼梯		不燃性 1.50	不燃性 1.00	不燃性 0.75	可燃性
吊顶（包括吊顶搁栅）		不燃性 0.25	难燃性 0.25	难燃性 0.15	可燃性

注：二级耐火等级建筑内采用不燃材料的吊顶，其耐火极限不限。

不同耐火等级建筑相应构件的燃烧性能和耐火极限（h）　　**表 8-18**

构件名称		耐火等级			
		一级	二级	三级	四级
墙	防火墙	不燃性 3.00	不燃性 3.00	不燃性 3.00	不燃性 3.00
	承重墙	不燃性 3.00	不燃性 2.50	不燃性 2.00	难燃性 0.50
	非承重外墙	不燃性 1.00	不燃性 1.00	不燃性 0.50	可燃性
	楼梯间和前室的墙 电梯井的墙 住宅建筑单元之间的墙和分户墙	不燃性 2.00	不燃性 2.00	不燃性 1.50	难燃性 0.50
	疏散走道两侧的隔墙	不燃性 1.00	不燃性 1.00	不燃性 0.50	难燃性 0.25
	房间隔墙	不燃性 0.75	不燃性 0.50	难燃性 0.50	难燃性 0.25

续表

构件名称	耐火等级			
	一级	二级	三级	四级
柱	不燃性 3.00	不燃性 2.50	不燃性 2.00	难燃性 0.50
梁	不燃性 2.00	不燃性 1.50	不燃性 1.00	难燃性 0.50
楼板	不燃性 1.50	不燃性 1.00	不燃性 0.50	可燃性
屋顶承重构件	不燃性 1.50	不燃性 1.00	不燃性 0.50	可燃性
疏散楼梯	不燃性 1.50	不燃性 1.00	不燃性 0.50	可燃性
吊顶（包括吊顶搁栅）	不燃性 0.25	难燃性 0.25	难燃性 0.15	可燃性

8.4.3 防火保护措施、保护材料和保护层厚度

1. 防火保护措施的确定

防火保护设计就是要根据房屋建筑的耐火等级、构件的耐火极限，考虑建筑和经济等因素，确定合适的防火保护措施。

目前钢结构常用的防火保护措施为：（1）对钢构件外包敷不燃烧材料，如浇筑混凝土、外包钢丝网水泥、砌筑砖块等；（2）在钢构件表面喷涂防火涂料；（3）采用轻质防火厚板将钢构件包覆；（4）采用复合保护，即紧贴钢构件用防火涂料或其他隔热防火材料，外用防火薄板包覆。

浇筑混凝土、砌筑砖块保护法的保护层强度高、耐冲击，占有空间较大，适用于容易碰撞、无护面板的钢柱防火保护。

喷涂防火涂料保护法的重量轻、施工较简便，适用于隐蔽结构和裸露的钢梁、斜撑等钢构件。

轻质防火厚板包覆保护法的防火厚板板面平整、装饰性好，比复合保护法节省空间，特别适合在工程为交叉施工、不允许湿作业时使用。

复合保护法的表面有装饰要求，一般用于粘贴隔热材料或喷涂厚质防火涂料的钢柱。

对于防火要求高，建筑重量、空间、造价受到限制的情况，应首先考虑选用防火涂料和轻质防火厚板作为钢结构的防火保护措施。

2. 防火保护材料的确定

（1）在采用喷涂防火涂料保护时，防火涂料有膨胀型防火涂料和非膨胀型防火涂料两种。

膨胀型防火涂料又称薄型防火涂料，涂层厚度一般为 2～7mm，有一定的装饰效果。当温度升高至 150～350℃时，膨胀型防火涂料所含树脂和防火剂会迅速膨胀，使涂层厚度增加 5～10 倍，形成防火保护层。膨胀型防火涂料可使钢构件的耐火极限达到 1.0～1.5h。

非膨胀型防火涂料又称厚型防火涂料，由膨胀蛭石、矿物纤维、无机胶粘剂等组成，遇火不膨胀，自身有良好的隔热性。非膨胀型防火涂料的涂层厚度为8～40mm，通过改变涂层厚度可以使钢构件满足不同耐火极限的要求。

(2) 在采用轻质防火厚板包覆保护法时，常用的防火板材有石膏板、水泥蛭石板、硅酸钙板和岩棉板等，使用时需通过胶粘剂或紧固件固定在构件上。

(3) 在采用其他防火隔热材料保护时，所用的材料有混凝土、钢丝网水泥、黏土空心砖、各种砌块等。

防火保护材料选用的基本原则是：

1) 具有良好的绝热性，导热系数小，热容量大；

2) 在装修、正常使用和火灾升温过程中，不开裂、不脱落，具有一定的强度；

3) 不腐蚀钢材，呈碱性且氯离子含量低；

4) 不含危害人体健康的石棉等物质。

3. 防火保护层厚度的确定

确定防火保护层厚度的目的是使被防火保护的构件能达到规定的耐火极限，但在确定过程中要考虑的因素很多，如构件的截面形状和尺寸、荷载形式与大小、火灾升温的实际情况、防火保护材料的热工性能及含水量等等。因此确定厚度的最好办法是进行构件的耐火试验，试验应符合现行国家标准《建筑构件耐火试验方法》GB 9978的规定。也可以采用一些简化假定后通过计算确定，如现行国家标准《建筑钢结构防火技术规范》GB 51249给出了计算公式。

对于一些常用的防火保护材料和一些常用的防火保护构造，有一些防火保护层厚度确定的数据，可供参考。

现行标准化协会标准《钢结构防火涂料应用技术规程》CECS 24给出了膨胀型和非膨胀型防火涂料的涂层厚度与钢构件要求的耐火极限之间的关系（表8-19)。钢结构的梁、柱和其他构件均可根据耐火极限，按表8-19确定涂层厚度。

防火涂料涂层厚度与钢构件耐火极限的关系　　表8-19

防火涂料	防火涂料类型							
	膨胀型			非膨胀型				
涂层厚度（mm）	3	5.5	7	15	20	30	40	50
钢构件的耐火极限（h）	0.5	1.0	1.5	1.0	1.5	2.0	2.5	3.0

现行行业标准《高层民用建筑钢结构技术规程》JGJ 99规定当压型钢板仅用作混凝土楼板的永久性模板、不充当板底受拉钢筋参与结构受力时，压型钢板可不进行防火保护；但当压型钢板充当板底受拉钢筋参与结构受力，组合楼板不允许发生大挠度变形时，组合楼板的耐火时间按式(8-2)计算。当组合楼板耐火时间大于或等于组合楼板的设计耐火极限时，

组合楼板可不进行防火保护；当组合楼板耐火时间小于组合楼板的设计耐火极限时，应对组合楼板进行防火保护，或者在组合楼板内增配足够的钢筋，将压型钢板改为只作模板使用。

$$t_d = 114.06 - 26.8\frac{M}{f_t W} \tag{8-2}$$

式中 t_d——无防火保护的组合楼板的耐火时间；

M——火灾下单位宽度组合楼板内的最大正弯矩设计值；

f_t——常温下混凝土的抗拉强度设计值；

W——常温下素混凝土板的截面模量。

8.4.4 防火保护构造及施工要求

1. 防火保护构造

(1) 采用外包混凝土或砌筑砖块的防火保护构造宜按图 8-30 采用。

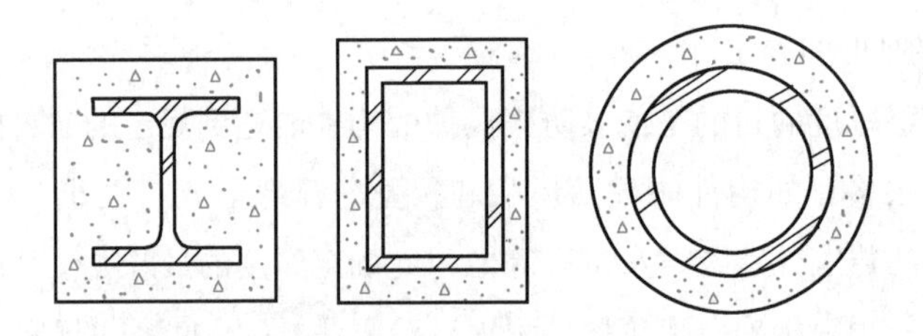

图 8-30　钢柱采用外包混凝土的防火保护构造

(2) 采用喷涂防火涂料的防火保护构造宜按图 8-31 采用。

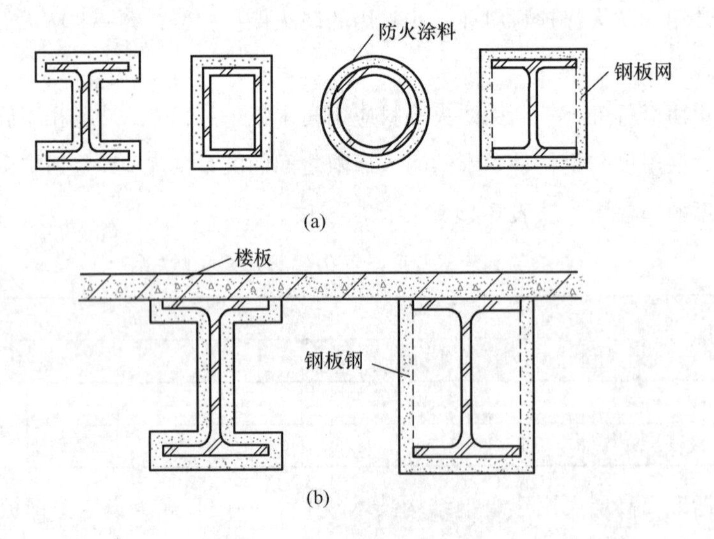

图 8-31　钢构件采用防火涂料的防火保护构造

(a) 柱；(b) 梁

(3) 采用防火厚板的防火保护构造宜按图 8-32 和图 8-33 采用。

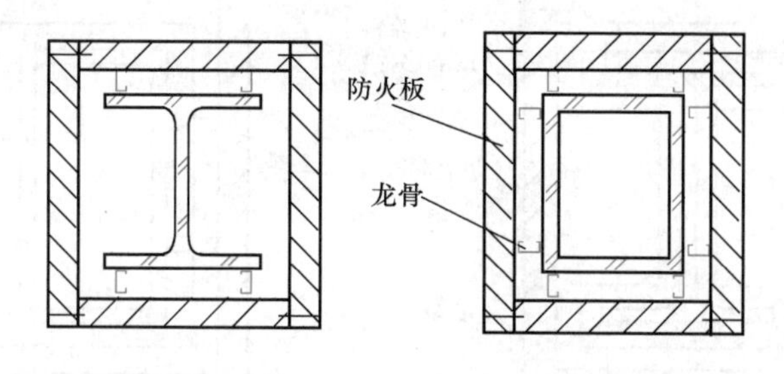

图 8-32　钢构件采用防火厚板的防火保护构造
(龙骨为固定骨架)

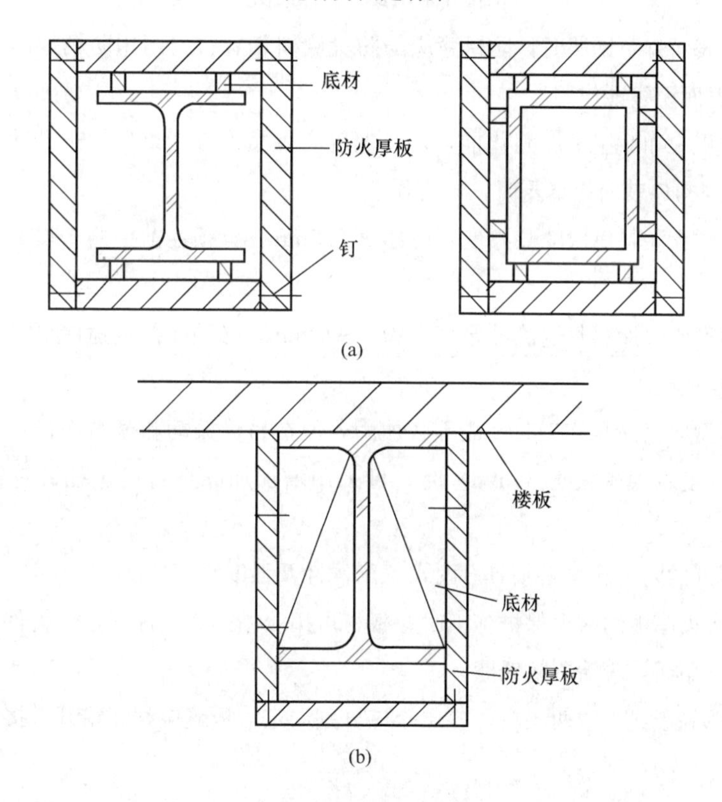

图 8-33　钢构件采用防火厚板的防火保护构造 (用底材为固定块)
(a) 柱; (b) 梁

(4) 采用复合防护的防火保护构造宜按图 8-34 采用。

2. 防火保护施工要求

(1) 钢结构防火涂料的施工应遵守以下规定:

1) 钢构件表面应根据使用要求进行除锈防锈处理。当不用防锈涂料时,构件表面除锈等级应不低于 Sa2 $\frac{1}{2}$ 级。

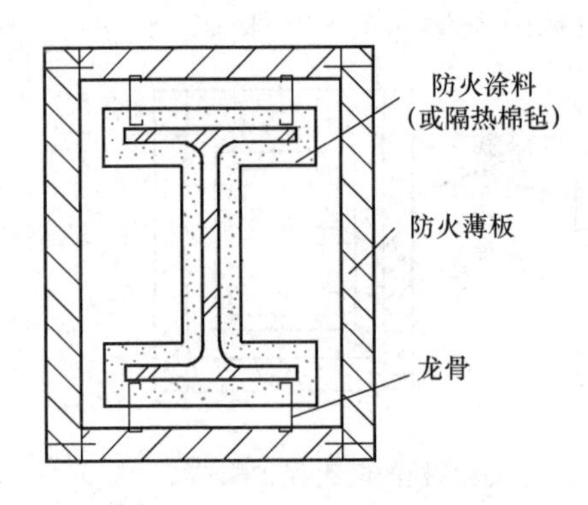

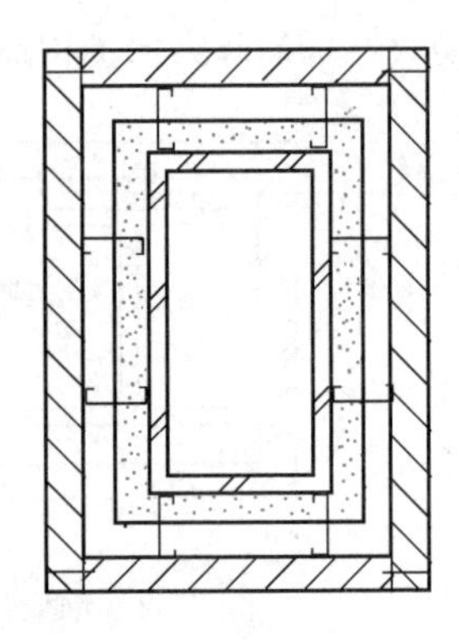

图 8-34　钢构件采用复合保护的防火保护构造

2）钢构件表面有防锈漆时，防锈漆应与防火涂料相容；当不用防锈漆时，防火涂料或打底料应对钢表面无腐蚀作用。

3）施工过程中和涂层干燥固化前，环境温度宜保持在 5～38℃，施工时环境相对湿度不大于 90%。当构件表面有结露时，不宜作业。

4）膨胀型防火涂料每次喷涂厚度不应超过 2.5mm，且须在前一遍干燥后方可进行后一遍施工。

5）非膨胀型防火涂料每遍涂抹厚度宜为 5～10mm，必须在前一道涂层基本干燥或固化后方可进行后一道施工。

6）非膨胀型防火涂料施工时一般不必加固，但在易受振动和撞击部位、室外幅面较大的部位或涂层厚度较大（大于 35mm）时，可采用增加加固焊钉或包扎镀锌铁丝网等加固措施。

7）选作室外的防火涂料必须具有耐水、耐候性及强度高等性能。

（2）采用防火厚板的防火保护施工时，板材可用胶粘剂或钢件固定。构件的粘贴面应作防锈处理，非粘贴面均应涂刷防锈漆。

当包覆层数等于或大于两层时，各层板应分别固定，板缝应相互错开，接缝的错开距离不宜小于 400mm。

（3）采用外包混凝土的防火保护施工时，可采用 C20 混凝土或加气混凝土，混凝土内宜用细箍筋或钢筋网进行加固。

（4）采用钢丝网水泥保护的防火保护施工时，应在柱子四周包钢丝网，缠上细钢丝，外面抹灰，边角另加保护钢条。

8.4.5　钢结构防火设计的改进

1. 概述

传统的钢结构防火设计是基于构件标准耐火试验进行的，即将构件从结构中割离出来，施加一定的荷载，然后按一定的升温曲线加温，测定构件的耐火时间。这是一种简化的实用防火设计方法，但与实际情况有一定差别。首先，构件在结构中的受力很难通过试验模拟；其次，构件在结构中的端部约束在试验中也难以模拟；再次，火灾时结构构件会产生温度应力，这一应力在试验中也难以模拟。

由于试验上的这些缺陷无法在试验中克服，目前的改进已开始从传统的基于构件试验的防火设计方法向现代的基于结构计算的抗火设计方向转变。

2. 钢结构抗火极限状态及抗火设计要求

当出现以下条件之一时，就认为钢结构构件达到抗火承载力极限状态：

(1) 轴心受力构件截面屈服；

(2) 受弯构件产生足够的塑性铰而成为可变机构；

(3) 构件丧失整体稳定。

从火灾发生到结构或结构构件达到抗火承载力极限状态的时间为结构或结构构件的耐火时间。

钢结构的抗火设计应满足下列要求之一：

(1) 在规定的结构耐火极限的时间内，结构或构件的承载力 R_d 应不小于各种作用所产生的组合效应 R_m：

$$R_d \geqslant R_m \tag{8-3}$$

(2) 在各种荷载效应组合下，结构或构件的耐火时间 t_1 应不小于规定的结构或构件的耐火极限 t_m：

$$t_1 \geqslant t_m \tag{8-4}$$

(3) 结构或构件的临界温度 T_d 应不小于在耐火极限时间内结构或构件的最高温度 T_m：

$$T_d \geqslant T_m \tag{8-5}$$

3. 钢结构构件抗火设计的步骤

钢结构构件抗火设计的步骤一般为：

(1) 确定一定的防火被覆厚度；

(2) 计算构件在耐火时间内的内部温度；

(3) 计算构件在外荷载和受火温度作用下的内力；

(4) 进行构件荷载效应组合；

(5) 进行构件抗火验算。

当设定的防火被覆厚度不适合时（过小或过大），调整厚度，重复步骤(1)～(5)。

上述步骤中的（2）、（3）、（4）、（5）步的计算都比较复杂，具体内容可参阅现行国家标准《建筑钢结构防火技术规范》GB 51249。

思考题

8.1　钢结构制作加工整个过程可分为哪些步骤或阶段?
8.2　钢板或钢构件的切割有哪些方法?
8.3　钢结构加工好后通常会存在一定的加工变形，可采用哪些方法予以矫正?
8.4　钢材的化学成分对其可焊性有重要影响，可采用什么方法评价其可焊性?
8.5　简述钢结构焊接质量检验有哪些无损检测方法及其特点。
8.6　简述各类钢结构的吊装过程或方法。
8.7　钢结构除锈有哪些方式、等级及其要求?
8.8　简述钢结构防腐蚀有哪些方法及其特点。
8.9　简述钢结构防火保护有哪些措施及其特点。

附录 1

我国现行国家标准结构钢钢材的化学成分和机械性能

碳素结构钢钢材的化学成分（按 GB/T 700—2006）　　附表 1-1

牌号	统一数字代号[a]	等级	厚度（或直径）(mm)	脱氧方法	化学成分（质量分数）/%，不大于				
					C	Si	Mn	P	S
Q195	U11952	—	—	F、Z	0.12	0.30	0.50	0.035	0.040
Q215	U12152	A	—	F、Z	0.15	0.35	1.20	0.045	0.050
	U12155	B							0.045
Q235	U12352	A	—	F、Z	0.22	0.35	1.40	0.045	0.050
	U12355	B			0.20[b]				0.045
	U12358	C		Z	0.17			0.040	0.040
	U12359	D		TZ				0.035	0.035
Q275	U12752	A	—	F、Z	0.24	0.35	1.50	0.045	0.050
	U12755	B	≤40	Z	0.21			0.045	0.045
			>40		0.22				
	U12758	C	—	Z	0.20			0.040	0.040
	U12759	D		TZ				0.035	0.035

a　表中为镇静钢、特殊镇静钢牌号的统一数字，沸腾钢牌号的统一数字代号如下：

Q195F—U11950；

Q215AF—U12150，Q215BF—U12153；

Q235AF—U12350，Q235BF—U12353；

Q275AF—U12750。

b　经需方同意，Q235B 的碳含量可不大于 0.22%。

碳素结构钢钢材的机械性能（按 GB/T 700—2006） 附表 1-2

序号	等级	屈服强度[a] R_{eH}/（N/mm²），不小于						抗拉强度[b] R_m（N/mm²）	断后伸长率 A/%，不小于					冲击试验（V 型缺口）	
		厚度（或直径）(mm)							厚度（或直径）(mm)					温度（℃）	冲击吸收功（纵向）(J) 不小于
		≤16	>16~40	>40~60	>60~100	>100~150	>150~200		≤40	>40~60	>60~100	>100~150	>150~200		
Q195	—	195	185	—	—	—	—	315~430	33	—	—	—	—	—	—
Q215	A	215	205	195	185	175	165	335~450	31	30	29	27	26	—	—
	B													+20	27
Q235	A	235	225	215	205	195	185	370~500	26	25	24	22	21	—	—
	B													+20	27[c]
	C													0	
	D													−20	
Q275	A	275	265	255	245	225	215	410~540	22	21	20	18	17	—	—
	B													+20	27
	C													0	
	D													−20	

a Q195 的屈服强度值仅供参考，不作交货条件。

b 厚度大于 100mm 的钢材，抗拉强度下限允许降低 20N/mm²。宽带钢（包括剪切钢板）抗拉强度上限不作交货条件。

c 厚度小于 25mm 的 Q235B 级钢材，如供方能保证冲击吸收功值合格，经需方同意，可不作检验。

碳素结构钢钢材的冷弯试验和试验方向（按 GB/T 700—2006） 附表 1-3

牌号	试样方向	冷弯试验 180° $B=2a$[a]	
		钢材厚度（或直径）[b]（mm）	
		≤60	>60~100
		弯心直径 d	
Q195	纵	0	—
	横	0.5a	
Q215	纵	0.5a	1.5a
	横	a	2a
Q235	纵	a	2a
	横	1.5a	2.5a
Q275	纵	1.5a	2.5a
	横	2a	3a

a B 为试样宽度，a 为试样厚度（或直径）。

b 钢材厚度（或直径）大于 100mm 时，弯曲试验由双方协商确定。

热轧低合金高强度结构钢的牌号及化学成分（按 GB/T 1591—2018）　附表 1-4

<table>
<tr><th colspan="2">牌号</th><th colspan="15">化学成分（质量分数）/%</th></tr>
<tr><th rowspan="4">钢级</th><th rowspan="4">质量等级</th><th colspan="2">C[a]</th><th>Si</th><th>Mn</th><th>P[c]</th><th>S[c]</th><th>Nb[d]</th><th>V[e]</th><th>Ti[e]</th><th>Cr</th><th>Ni</th><th>Cu</th><th>Mo</th><th>N[f]</th><th>B</th></tr>
<tr><th colspan="2">以下公称厚度或直径/mm</th><th colspan="13" rowspan="3">不大于</th></tr>
<tr><th>≤40[b]</th><th>>40</th></tr>
<tr><th colspan="2">不大于</th></tr>
<tr><td rowspan="3">Q355</td><td>B</td><td colspan="2">0.24</td><td rowspan="3">0.55</td><td rowspan="3">1.60</td><td>0.035</td><td>0.035</td><td rowspan="3">—</td><td rowspan="3">—</td><td rowspan="3">—</td><td rowspan="3">0.30</td><td rowspan="3">0.30</td><td rowspan="3">0.40</td><td rowspan="3">—</td><td rowspan="2">0.012</td><td rowspan="3">—</td></tr>
<tr><td>C</td><td>0.20</td><td>0.22</td><td>0.030</td><td>0.030</td></tr>
<tr><td>D</td><td>0.20</td><td>0.22</td><td>0.025</td><td>0.025</td><td>—</td></tr>
<tr><td rowspan="3">Q390</td><td>B</td><td colspan="2" rowspan="3">0.20</td><td rowspan="3">0.55</td><td rowspan="3">1.70</td><td>0.035</td><td>0.035</td><td rowspan="3">0.05</td><td rowspan="3">0.13</td><td rowspan="3">0.05</td><td rowspan="3">0.30</td><td rowspan="3">0.50</td><td rowspan="3">0.40</td><td rowspan="3">0.10</td><td rowspan="3">0.015</td><td rowspan="3">—</td></tr>
<tr><td>C</td><td>0.030</td><td>0.030</td></tr>
<tr><td>D</td><td>0.025</td><td>0.025</td></tr>
<tr><td rowspan="2">Q420[g]</td><td>B</td><td colspan="2" rowspan="2">0.20</td><td rowspan="2">0.55</td><td rowspan="2">1.70</td><td>0.035</td><td>0.035</td><td rowspan="2">0.05</td><td rowspan="2">0.13</td><td rowspan="2">0.05</td><td rowspan="2">0.30</td><td rowspan="2">0.80</td><td rowspan="2">0.40</td><td rowspan="2">0.20</td><td rowspan="2">0.015</td><td rowspan="2">—</td></tr>
<tr><td>C</td><td>0.030</td><td>0.030</td></tr>
<tr><td>Q460[g]</td><td>C</td><td colspan="2">0.20</td><td>0.55</td><td>1.80</td><td>0.030</td><td>0.030</td><td>0.05</td><td>0.13</td><td>0.05</td><td>0.30</td><td>0.80</td><td>0.40</td><td>0.20</td><td>0.015</td><td>0.004</td></tr>
</table>

a　公称厚度大于 100mm 的型钢，碳含量可由供需双方协商确定。
b　公称厚度大于 30mm 的钢材，碳含量不大于 0.22%。
c　对于型钢和棒材，其磷和硫含量上限值可提高 0.005%。
d　Q390、Q420 最高可到 0.07%，Q460 最高可到 0.11%。
e　最高可到 0.20%。
f　如果钢中酸溶铝 Als 含量不小于 0.015%或全铝 Alt 含量不小于 0.020%，或添加了其他固氮合金元素，氮元素含量不作限制，固氮元素应在质量证明书中注明。
g　仅适用于型钢和棒材。

正火、正火轧制低合金高强度结构钢的牌号及化学成分

（按 GB/T 1591—2018）　附表 1-5

<table>
<tr><th colspan="2">牌号</th><th colspan="14">化学成分（质量分数）/%</th></tr>
<tr><th rowspan="2">钢级</th><th rowspan="2">质量等级</th><th>C</th><th>Si</th><th rowspan="2">Mn</th><th>P[a]</th><th>S[a]</th><th rowspan="2">Nb</th><th rowspan="2">V</th><th rowspan="2">Ti[c]</th><th>Cr</th><th>Ni</th><th>Cu</th><th>Mo</th><th>N</th><th>Als[d]</th></tr>
<tr><th colspan="2">不大于</th><th colspan="2">不大于</th><th colspan="5">不大于</th><th>不小于</th></tr>
<tr><td rowspan="5">Q355N</td><td>B</td><td rowspan="3">0.20</td><td rowspan="5">0.50</td><td rowspan="5">0.90～1.65</td><td>0.035</td><td>0.035</td><td rowspan="5">0.005～0.05</td><td rowspan="5">0.01～0.12</td><td rowspan="5">0.006～0.05</td><td rowspan="5">0.30</td><td rowspan="5">0.50</td><td rowspan="5">0.40</td><td rowspan="5">0.10</td><td rowspan="5">0.015</td><td rowspan="5">0.015</td></tr>
<tr><td>C</td><td>0.030</td><td>0.030</td></tr>
<tr><td>D</td><td>0.030</td><td>0.025</td></tr>
<tr><td>E</td><td>0.18</td><td>0.025</td><td>0.020</td></tr>
<tr><td>F</td><td>0.16</td><td>0.020</td><td>0.010</td></tr>
<tr><td rowspan="4">Q390N</td><td>B</td><td rowspan="4">0.20</td><td rowspan="4">0.50</td><td rowspan="4">0.90～1.70</td><td>0.035</td><td>0.035</td><td rowspan="4">0.01～0.05</td><td rowspan="4">0.01～0.20</td><td rowspan="4">0.006～0.05</td><td rowspan="4">0.30</td><td rowspan="4">0.50</td><td rowspan="4">0.40</td><td rowspan="4">0.10</td><td rowspan="4">0.015</td><td rowspan="4">0.015</td></tr>
<tr><td>C</td><td>0.030</td><td>0.030</td></tr>
<tr><td>D</td><td>0.030</td><td>0.025</td></tr>
<tr><td>E</td><td>0.025</td><td>0.020</td></tr>
</table>

续表

牌号		化学成分（质量分数）/%													
钢级	质量等级	C	Si	Mn	P[a]	S[a]	Nb	V	Ti[c]	Cr	Ni	Cu	Mo	N	Als[d]
		不大于			不大于					不大于					不小于
Q420N	B	0.20	0.60	1.00～1.70	0.035	0.035	0.01～0.05	0.01～0.20	0.006～0.05	0.30	0.80	0.40	0.10	0.015	0.015
	C				0.030	0.030									
	D				0.030	0.025								0.025	
	E				0.025	0.020									
Q460N[b]	C	0.20	0.60	1.00～1.70	0.030	0.030	0.01～0.05	0.01～0.20	0.006～0.05	0.30	0.80	0.40	0.10	0.015	0.015
	D				0.030	0.025								0.025	
	E				0.025	0.020									

钢中应至少含有铝、铌、钒、钛等细化晶粒元素中一种，单独或组合加入时，应保证其中至少一种合金元素含量不小于表中规定含量的下限。

a　对于型钢和棒材，磷和硫含量上限值可提高 0.005%。

b　V+Nb+Ti≤0.22%，Mo+Cr≤0.30%。

c　最高可到 0.20%。

d　可用全铝 Alt 替代，此时全铝最小含量为 0.020%。当钢中添加了铌、钒、钛等细化晶粒元素且含量不小于表中规定含量的下限时，铝含量下限值不限。

热轧低合金高强度结构钢的拉伸性能（按 GB/T 1591—2018）　　附表 1-6

牌号		上屈服强度 R_{eH}^{a}/MPa 不小于									抗拉强度 R_m/MPa			
钢级	质量等级	公称厚度或直径/mm												
		≤16	>16～40	>40～63	>63～80	>80～100	>100～150	>150～200	>200～250	>250～400	≤100	>100～150	>150～250	>250～400
Q355	B、C	355	345	335	325	315	295	285	275	—	470～630	450～600	450～600	—
	D									265[b]				450～600[b]
Q390	B、C、D	390	380	360	340	340	320	—	—	—	490～650	470～620	—	—
Q420[c]	B、C	420	410	390	370	370	350	—	—	—	520～680	500～650	—	—
Q460[c]	C	460	450	430	410	410	390	—	—	—	550～720	530～700	—	—

a　当屈服不明显时，可用规定塑性延伸强度 $R_{p0.2}$ 代替上屈服强度。

b　只适用于质量等级为 D 的钢板。

c　只适用于型钢和棒材。

热轧低合金高强度结构钢的伸长率（按 GB/T 1591—2018）　附表 1-7

牌号		断后伸长率 A/% 不小于						
钢级	质量等级	公称厚度或直径/mm						
		试样方向	≤40	>40～63	>63～100	>100～150	>150～250	>250～400
Q355	B、C、D	纵向	22	21	20	18	17	17[a]
		横向	20	19	18	18	17	17[a]
Q390	B、C、D	纵向	21	20	20	19	—	—
		横向	20	19	19	18	—	—
Q420[b]	B、C	纵向	20	19	19	19	—	—
Q460[b]	C	纵向	18	17	17	17	—	—

a　只适用于质量等级为 D 的钢板。

b　只适用于型钢和棒材。

正火、正火轧制低合金高强度结构钢的拉伸性能（按 GB/T 1591—2018）　附表 1-8

牌号		上屈服强度 R_{eH}[a]/MPa 不小于								抗拉强度 R_m/MPa			断后伸长率 A/% 不小于					
钢级	质量等级	公称厚度或直径/mm																
		≤16	>16～40	>40～63	>63～80	>80～100	>100～150	>150～200	>200～250	≤100	>100～200	>200～250	≤16	>16～40	>40～63	>63～80	>80～200	>200～250
Q355N	B、C、D、E、F	355	345	335	325	315	295	285	275	470～630	450～600	450～600	22	22	22	21	21	21
Q390N	B、C、D、E	390	380	360	340	340	320	310	300	490～650	470～620	470～620	20	20	20	19	19	19
Q420N	B、C、D、E	420	400	390	370	360	340	330	320	520～680	500～650	500～650	19	19	19	18	18	18
Q460N	C、D、E	460	440	430	410	400	380	370	370	540～720	530～710	510～690	17	17	17	17	17	16

注：正火状态包含正火加回火状态。

a　当屈服不明显时，可用规定塑性延伸强度 $R_{p0.2}$ 代替上屈服强度 R_{eH}。

热机械轧制（TMCP）低合金高强度结构钢的拉伸性能

（按 GB/T 1591—2018）

附表 1-9

牌号		上屈服强度 R_{eH}[a]/MPa 不小于						抗拉强度 R_m/MPa					断后伸长率 A/% 不小于
		公称厚度或直径/mm											
钢级	质量等级	≤16	>16~40	>40~63	>63~80	>80~100	>100~120[c]	≤40	>40~63	>63~80	>80~100	>100~120[b]	
Q355M	B、C、D、E、F	355	345	335	325	325	320	470~630	450~610	440~600	440~600	430~590	22
Q390M	B、C、D、E	390	380	360	340	340	335	490~650	480~640	470~630	460~620	450~610	20
Q420M	B、C、D、E	420	400	390	380	370	365	520~680	500~660	480~640	470~630	460~620	19
Q460M	C、D、E	460	440	430	410	400	385	540~720	530~710	510~690	500~680	490~660	17
Q500M	C、D、E	500	490	480	460	450	—	610~770	600~760	590~750	540~730	—	17
Q550M	C、D、E	550	540	530	510	500	—	670~830	620~810	600~790	590~780	—	16
Q620M	C、D、E	620	610	600	580	—	—	710~880	690~880	670~860	—	—	15
Q690M	C、D、E	690	680	670	650	—	—	770~940	750~920	730~900	—	—	14

注：热机械轧制（TMCP）状态包含热机械轧制（TMCP）加回火状态。

a 当屈服不明显时，可用规定塑性延伸强度 $R_{p0.2}$ 代替上屈服强度 R_{eH}。

b 对于型钢和棒材，厚度或直径不大于 150mm。

低合金高强度结构钢夏比（V 型缺口）冲击试验的温度和冲击吸收能量

（按 GB/T 1591—2018）　附表 1-10

牌号		以下试验温度的冲击吸收能量最小值 KV_2/J									
钢级	质量等级	20℃		0℃		−20℃		−40℃		−60℃	
		纵向	横向	纵向	横向	纵向	横向	纵向	横向	纵向	横向
Q355、Q390、Q420	B	34	27	—	—	—	—	—	—	—	—
Q355、Q390、Q420、Q460	C	—	—	34	27	—	—	—	—	—	—
Q355、Q390	D	—	—	—	—	34[a]	27[a]	—	—	—	—
Q355N、Q390N、Q420N	B	34	27	—	—	—	—	—	—	—	—
Q355N、Q390N Q420N、Q460N	C	—	—	34	27	—	—	—	—	—	—
	D	55	31	47	27	40[b]	20	—	—	—	—
	E	63	40	55	34	47	27	31[c]	20[c]	—	—
Q355N	F	63	40	55	34	47	27	31	20	27	16
Q355M、Q390M、Q420M	B	34	27	—	—	—	—	—	—	—	—
Q355M、Q390M、Q420M、Q460M	C	—	—	34	27	—	—	—	—	—	—
	D	55	31	47	27	40[b]	20	—	—	—	—
	E	63	40	55	34	47	27	31[c]	20[c]	—	—
Q355M	F	63	40	55	34	47	27	31	20	27	16
Q500M、Q550M、Q620M、Q690M	C	—	—	55	34	—	—	—	—	—	—
	D	—	—	—	—	47[b]	27	—	—	—	—
	E	—	—	—	—	—	—	31[c]	20[c]	—	—

当需方未指定试验温度时，正火、正火轧制和热机械轧制的 C、D、E、F 级钢材分别做 0℃、−20℃、−40℃、−60℃冲击。

冲击试验取纵向试样。经供需双方协商，也可取横向试样。

a　仅适用于厚度大于 250mm 的 Q355D 钢板。

b　当需方指定时，D 级钢可做−30℃冲击试验时，冲击吸收能量纵向不小于 27J。

c　当需方指定时，E 级钢可做−50℃冲击时，冲击吸收能量纵向不小于 27J、横向不小于 16J。

低合金高强度结构钢弯曲试验（按 GB/T 1591—2018） 附表 1-11

试样方向	180°弯曲试验 *D*——弯曲压头直径，*a*——试样厚度或直径	
	公称厚度或直径/mm	
	≤16	>16～100
对于公称宽度不小于 600mm 的钢板及钢带，拉伸试验取横向试样；其他钢材的拉伸试验取纵向试样	$D=2a$	$D=3a$

建筑结构用钢板的化学成分（按 GB/T 19879—2015） 附表 1-12

牌号	质量等级	化学成分（质量分数）/%												
		C	Si	Mn	P	S	V[b]	Nb[b]	Ti[b]	Als[a]	Cr	Cu	Ni	Mo
		≤			≤					≥	≤			
Q235GJ	B、C	0.20	0.35	0.60～1.50	0.025	0.015	—	—	—	0.015	0.30	0.30	0.30	0.08
	D、E	0.18			0.020	0.010								
Q345GJ	B、C	0.20	0.55	≤1.60	0.025	0.015	0.150	0.070	0.035	0.015	0.30	0.30	0.30	0.20
	D、E	0.18			0.020	0.010								
Q390GJ	B、C	0.20	0.55	≤1.70	0.025	0.015	0.200	0.070	0.030	0.015	0.30	0.30	0.70	0.50
	D、E	0.18			0.020	0.010								
Q420GJ	B、C	0.20	0.55	≤1.70	0.025	0.015	0.200	0.070	0.030	0.015	0.80	0.30	1.00	0.50
	D、E	0.18			0.020	0.010								
Q460GJ	B、C	0.20	0.55	≤1.70	0.025	0.015	0.200	0.110	0.030	0.015	1.20	0.50	1.20	0.50
	D、E	0.18			0.020	0.010								
Q500GJ	C	0.18	0.60	≤1.80	0.025	0.015	0.120	0.110	0.030	0.015	1.20	0.50	1.20	0.60
	D、E				0.020	0.010								
Q550GJ[c]	C	0.18	0.60	≤2.00	0.025	0.015	0.120	0.110	0.030	0.015	1.20	0.50	2.00	0.60
	D、E				0.020	0.010								
Q620GJ[c]	C	0.18	0.60	≤2.00	0.025	0.015	0.120	0.110	0.030	0.015	1.20	0.50	2.00	0.60
	D、E				0.020	0.010								
Q690GJ[c]	C	0.18	0.60	≤2.20	0.025	0.015	0.120	0.110	0.030	0.015	1.20	0.50	2.00	0.60
	D、E				0.020	0.010								

a 允许用全铝含量（Alt）来代替酸溶铝含量（Als）的要求，此时全铝含量 Alt 应不小于 0.020%，如果钢中添加 V、Nb 或 Ti 任一种元素，且其含量不低于 0.015%时，最小铝含量不适用。

b 当 V、Nb、Ti 组合加入时，对于 Q235GJ、Q345GJ，(V＋Nb＋Ti)≤0.15%，对于 Q390GJ、Q420GJ、Q460GJ，(V＋Nb＋Ti)≤0.22%。

c 当添加硼时，Q550GJ、Q620GJ、Q690GJ 及淬火加回火状态钢中的 B≤0.003%。

附表 1-13

建筑结构用钢板的机械性能（按 GB/T 19879—2015）

牌号	质量等级	拉伸试验											纵向冲击试验		弯曲试验[a]	
		钢板厚度 /mm										断后伸长率 A /%	温度 /℃	冲击吸收能量 KV_2 /J	180°弯曲压头直径 D	
		下屈服强度 R_{eL} /MPa					抗拉强度 R_m /MPa			屈服比 R_{eL}/R_m					钢板厚度 /mm	
		6～16	＞16～50	＞50～100	＞100～150	＞150～200	≤100	＞100～150	＞150～200	6～150	＞150～200	≥		≥	≤16	＞16
Q235GJ	B	≥235	235～345	225～335	215～325	—	400～510	380～510	—	≤0.80	—	23	20	47	$D=2a$	$D=3a$
	C												0			
	D												−20			
	E												−40			
Q345GJ	B	≥345	345～455	335～445	325～435	305～415	490～610	470～610	470～610	≤0.80	≤0.80	22	20	47	$D=2a$	$D=3a$
	C												0			
	D												−20			
	E												−40			
Q390GJ	B	≥390	390～510	380～500	370～490	—	510～660	490～640	—	≤0.83	—	20	20	47	$D=2a$	$D=3a$
	C												0			
	D												−20			
	E												−40			
Q420GJ	B	≥420	420～550	410～540	400～530	—	530～680	510～660	—	≤0.83	—	20	20	47	$D=2a$	$D=3a$
	C												0			
	D												−20			
	E												−40			
Q460GJ	B	≥460	460～600	450～590	440～580	—	570～720	550～720	—	≤0.83	—	18	20	47	$D=2a$	$D=3a$
	C												0			
	D												−20			
	E												−40			

a　a 为试样厚度。

续表

牌号	质量等级	拉伸试验					纵向冲击试验		弯曲试验[b]
		下屈服强度 R_{eL} /MPa[a]		抗拉强度 R_m /MPa	断后伸长率 A /% ≥	屈强比 R_{eL}/R_m ≤	温度 /℃	冲击吸收能量 KV_2 /J	180°弯曲压头直径 D
		厚度 /mm							
		12～20	>20～40					≥	
Q500GJ	C	≥500	500～640	610～770	17	0.85	0	55	$D=3a$
	D						−20	47	
	E						−40	31	
Q550GJ	C	≥550	550～690	670～830	17	0.85	0	55	$D=3a$
	D						−20	47	
	E						−40	31	
Q620GJ	C	≥620	620～770	730～900	17	0.85	0	55	$D=3a$
	D						−20	47	
	E						−40	31	
Q690GJ	C	≥690	690～860	770～940	14	0.85	0	55	$D=3a$
	D						−20	47	
	E						−40	31	

a　如屈服现象不明显，屈服强度取 $R_{p0.2}$。
b　a 为试样厚度。

建筑结构用钢板的碳当量、焊接裂纹敏感性指标（按 GB/T 19879—2015） 附表 1-14

牌号	交货状态[a]	规定厚度（mm）的碳当量 CEV/%				规定厚度（mm）的焊接裂纹敏感性指数 Pcm/%			
		≤50[b]	>50～100	>100～150	>150～200	≤50[b]	>50～100	>100～150	>150～200
		≤				≤			
Q235GJ	WAR、WCR、N	0.34	0.36	0.38	—	0.24	0.26	0.27	—
Q345GJ	WAR、WCR、N	0.42	0.44	0.46	0.47	0.26	0.29	0.30	0.30
	TMCP	0.38	0.40	—	—	0.24	0.26	—	—
Q390GJ	WCR、N、NT	0.45	0.47	0.49	—	0.28	0.30	0.31	—
	TMCP、TMCP+T	0.40	0.43	—	—	0.26	0.27	—	—
Q420GJ	WCR、N、NT	0.48	0.50	0.52	—	0.30	0.33	0.34	—
	QT	0.44	0.47	0.49	—	0.28	0.30	0.31	—
	TMCP、TMCP+T	0.40	双方协商	—		0.26	双方协商	—	—
Q460GJ	WCR、N、NT	0.52	0.54	0.56	—	0.32	0.34	0.35	—
	QT	0.45	0.48	0.50	—	0.28	0.30	0.31	—
	TMCP、TMCP+T	0.42	双方协商	—		0.27	双方协商	—	
Q500GJ	QT	0.52	—			双方协商	—		
	TMCP、TMCP+T	0.47	—			0.28[c]	—		
Q550GJ	QT	0.54	—			双方协商	—		
	TMCP、TMCP+T	0.47	—			0.29[c]	—		
Q620GJ	QT	0.58	—			双方协商	—		
	TMCP、TMCP+T	0.48	—			0.30[c]	—		
Q690GJ	QT	0.60	—			双方协商	—		
	TMCP、TMCP+T	0.50	—			0.30[c]			

a　WAR：热轧；WCR：控轧；N：正火；NT：正火＋回火；TMCP：热机械控制轧制；TMCP＋T：热机械控制轧制＋回火；QT：淬火（包括在线直接淬火）＋回火。

b　Q500GJ、Q550GJ、Q620GJ、Q690GJ 最大厚度为 40mm。

c　仅供参考。

附录 2

钢结构用铸钢材料的化学成分和机械性能

中国标准：焊接结构用铸钢件的化学成分（质量分数%≤）

（按 GB/T 7659—2010）　　附表 2-1

牌号	主要元素					残余元素					
	C	Si	Mn	P	S	Ni	Cr	Cu	Mo	V	总和
ZG200-400H	≤0.20	≤0.60	≤0.80	≤0.025	≤0.025	≤0.40	≤0.35	≤0.40	≤0.15	≤0.05	≤1.0
ZG230-450H	≤0.20	≤0.60	≤1.20	≤0.025	≤0.025						
ZG270-480H	0.17～0.25	≤0.60	0.80～1.20	≤0.025	≤0.025						
ZG300-500H	0.17～0.25	≤0.60	1.00～1.60	≤0.025	≤0.025						
ZG340-550H	0.17～0.25	≤0.80	1.00～1.60	≤0.025	≤0.025						

注：1. 实际碳含量比表中碳上限每减少 0.01%，允许实际锰含量超出表中锰上限 0.04%，但总超出量不得大于 0.2%。

2. 残余元素一般不做分析，如需方有要求时，可做残余元素的分析。

中国标准：焊接结构用铸钢件的力学性能（≥）（按 GB/T 7659—2010）　附表 2-2

牌号	拉伸性能			根据合同选择	
	上屈服强度 R_{eH} MPa (min)	抗拉强度 R_m MPa (min)	断后伸长率 A % (min)	断面收缩率 Z %≥ (min)	冲击吸收功 A_{KV2} J (min)
ZG200-400H	200	400	25	40	45
ZG230-450H	230	450	22	35	45
ZG270-480H	270	480	20	35	40
ZG300-500H	300	500	20	21	40
ZG340-550H	340	550	15	21	35

注：当无明显屈服时，测定规定非比例延伸强度 $R_{p0.2}$。

中国标准：一般工程用铸造碳钢件的化学成分

（质量分数%≤）（按 GB/T 11352—2009） 附表 2-3

<table>
<tr><th rowspan="2">牌号</th><th rowspan="2">C≤</th><th rowspan="2">Si≤</th><th rowspan="2">Mn≤</th><th rowspan="2">S≤</th><th rowspan="2">P≤</th><th colspan="6">残余元素</th></tr>
<tr><th>Ni</th><th>Cr</th><th>Cu</th><th>Mo</th><th>V</th><th>残余元素总量</th></tr>
<tr><td>ZG200-400</td><td>0. 20</td><td rowspan="5">0. 60</td><td>0. 80</td><td rowspan="5">0. 035</td><td rowspan="5">0. 035</td><td rowspan="5">0. 40</td><td rowspan="5">0. 35</td><td rowspan="5">0. 40</td><td rowspan="5">0. 20</td><td rowspan="5">0. 05</td><td rowspan="5">1. 00</td></tr>
<tr><td>ZG230-450</td><td>0. 30</td><td rowspan="4">0. 90</td></tr>
<tr><td>ZG270-500</td><td>0. 40</td></tr>
<tr><td>ZG310-570</td><td>0. 50</td></tr>
<tr><td>ZG340-640</td><td>0. 60</td></tr>
</table>

注：1. 对上限减少 0. 01% 的碳，允许增加 0. 04% 的锰，对 ZG200-400 的锰最高至 1. 00%，其余四个牌号锰最高至 1. 20%。

2. 除另有规定外，残余元素不作为验收依据。

中国标准：一般工程用铸造碳钢件的力学性能（≥）（按 GB/T 11352—2009） 附表 2-4

<table>
<tr><th rowspan="2">牌号</th><th rowspan="2">屈服强度 R_{eH}（$R_{p0.2}$）/MPa</th><th rowspan="2">抗拉强度 R_m/MPa</th><th rowspan="2">伸长率 A_s/%</th><th colspan="3">根据合同选择</th></tr>
<tr><th>断面收缩率 Z/%</th><th>冲击吸收功 A_{KV}/J</th><th>冲击吸收功 A_{KU}/J</th></tr>
<tr><td>ZG200-400</td><td>200</td><td>400</td><td>25</td><td>40</td><td>30</td><td>47</td></tr>
<tr><td>ZG230-450</td><td>230</td><td>450</td><td>22</td><td>32</td><td>25</td><td>35</td></tr>
<tr><td>ZG270-500</td><td>270</td><td>500</td><td>18</td><td>25</td><td>22</td><td>27</td></tr>
<tr><td>ZG310-570</td><td>310</td><td>570</td><td>15</td><td>21</td><td>15</td><td>24</td></tr>
<tr><td>ZG340-640</td><td>340</td><td>640</td><td>10</td><td>18</td><td>10</td><td>16</td></tr>
</table>

注：1. 表中所列的各牌号性能，适应于厚度为 100mm 以下的铸件。当铸件厚度超过 100mm 时，表中规定的 R_{eH}（$R_{p0.2}$）屈服强度仅供设计使用。

2. 表中冲击吸收功 A_{KU}的试样缺口为 2mm。

德国标准：焊接结构用铸钢的化学成分

（按 DIN EN 10293：2015-04、DIN EN 10213：2016-10） 附表 2-5

<table>
<tr><th colspan="2">铸钢钢种</th><th rowspan="2">C</th><th rowspan="2">Si≤</th><th rowspan="2">Mn</th><th rowspan="2">P≤</th><th rowspan="2">S≤</th><th rowspan="2">Ni≤</th><th rowspan="2">Cr≤</th><th rowspan="2">Mo≤</th><th rowspan="2">Cu≤</th><th rowspan="2">V≤</th></tr>
<tr><th>牌号</th><th>材料号</th></tr>
<tr><td>G17Mn5</td><td>1. 1131</td><td>0. 15～0. 20</td><td rowspan="2">0. 60</td><td rowspan="2">1. 00～1. 60</td><td rowspan="2">0. 020</td><td rowspan="2">0. 020①</td><td>0. 40②</td><td>0. 30②</td><td>0. 12②</td><td>0. 30②</td><td>0. 03②</td></tr>
<tr><td>G20Mn5</td><td>1. 6220</td><td>0. 17～0. 23</td><td>0. 80</td><td>0. 30</td><td>0. 12</td><td>0. 30</td><td>0. 03</td></tr>
</table>

① 铸件厚度 t<28mm 时，可允许含量不大于 0. 03%。

② Cr+Mo+Ni+V+Cu≤1. 00%。

德国标准：焊接结构用铸钢的力学性能

（按 DIN EN 10293：2015-04、DIN EN 10213：2016-10）　　附表 2-6

铸钢钢种		热处理条件①			铸件壁厚 (mm)	室温下			冲击功值②	
牌号	材料号	状态与代号③	正火或奥氏体化 (℃)	回火 (℃)		屈服强度 $R_{p0.2}$ (MPa)	抗拉强度 R_m (MPa)	伸长率 A (%)	温度 (℃)	冲击功 (J) ≥
G17Mn5	1.1131	调质 QT	920～980④⑤	600～700	$t \leqslant 50$	240	450～600	≥24	室温 −40℃	70 27
G20Mn5	1.6220	正火 N	900～980④	/	$t \leqslant 30$	300	480～620	≥20	室温 −30℃	50 27
G20Mn5	1.6220	调质 QT	900～980④⑤	610～660	$t \leqslant 100$	300	500～650	≥22	室温 −40℃	60 27

① 温度值仅为资料性数据；
② 本表对冲击功列出了室温与负温两种值，由买方按使用要求选用其中的一种，当无约定时，按保证室温冲击功指标供货；
③ N 为正火处理的代号，QT 表示淬火（空冷或水冷）＋回火；
④ 空冷；
⑤ 水冷。

日本标准：焊接结构用铸钢的化学成分（按 JISG 5102—1991）　　附表 2-7

钢号	C≤	Si≤	Mn≤	P≤	S≤	Cr≤	Ni≤	Mo≤	V≤	CE
SCW410 (SCW42)	0.22	0.80	1.50	0.040	0.040	—	—	—	—	CE≤0.40
SCW450 (SCW46)	0.22	0.80	1.50	0.040	0.040	—	—	—	—	CE≤0.43
SCW480 (SCW49)	0.22	0.80	1.50	0.040	0.040	0.50	0.50	—	—	CE≤0.45
SCW550 (SCW56)	0.22	0.80	1.50	0.040	0.040	0.50	2.50	0.30	0.20	CE≤0.48
SCW620 (SCW63)	0.22	0.80	1.50	0.040	0.040	0.50	2.50	0.30	0.20	CE≤0.50

注：1. 括号内系旧钢号；
2. 碳当量 $CE = C + Mn/6 + Si/24 + Ni/40 + Cr/5 + Mo/4 + V/14$。

日本标准：焊接结构用铸钢的力学性能（按 JISG 5102—1991）　　附表 2-8

钢号	力学性能≥			冲击吸收功①
	σ_s (MPa)	σ_b (MPa)	δ (%)	A_{KV} (J，0℃) ≥
SCW410	235	410	21	27
SCW450	255	450	20	27
SCW480	275	480	20	27
SCW550	355	550	18	27
SCW620	430	620	17	27

① 3 个试样的平均值，其试验温度为 0℃。

附录3

常用钢材及型钢截面特性表

碳素和低合金结构钢轧制薄钢板　附表3-1

厚度(mm)	宽度(mm)												
	500	600	710	750	800	850	900	950	1000	1100	1250	1400	1500
	长度(mm)												
热轧钢板													
2,2.2,2.5,2.8	500 1000 1500	600 1200 1500	1000 1420 2000	1500 1800 2000	1500 1600 2000	1500 1700 2000	1000 1500 1800 2000	1500 1900 2000	1500 2000 3000	2200 3000 4000	2500 3000 4000	2800 3000 4000	3000 4000
3,3.2,3.5,3.8,4	500 1000	600 1200	1420 2000	1000 1500 1800 2000	1500 1600 2000	1500 1700 2000	1000 1500 1800 2000	1500 1900 2000	2000 3000 4000	2200 3000 4000	2500 3000 4000	2800 3000 3500 4000	3000 3500 4000
冷轧钢板													
1,1.1,1.2,1.4 1.5,1.6,1.8,2	1000 1500 2000	1200 1800 2000	1420 1800 2000	1500 1800 2000	1500 1800 2000	1500 1800 2000	1800 2000		2000	2000 2200	2000 2500	2800 3000 3500	2800 3000 3500
2.2,2.5,2.8,3, 3.2,3.5,3.8,4	500 1000 1500 2000	600 1200 1800 2000	1420 1800 2000	1500 1800 2000	1500 1800 2000	1500 1800 2000	1800		2000				

碳素和低合金结构钢热轧厚钢板

附表 3-2

厚　度 (mm)	宽　度　(m)									
	0.6～1.2	＞1.2～1.5	＞1.5～1.6	＞1.6～1.7	＞1.7～1.8	＞1.8～2.0	＞2.0～2.2	＞2.2～2.5	＞2.5～2.8	＞2.8～3.0
	最　大　长　度　(m)									
4.5～5.5	12	12	12	12	12	6				
6～7	12	12	12	12	12	10				
8～10	12	12	12	12	12	12	9	9		
11～15	12	12	12	12	12	12	9	8	8	8
16～20	12	12	12	10	10	9	8	7	7	7
21～25	12	11	11	10	9	8	7	6	6	6
26～30	12	10	9	9	9	8	7	6	6	6
32～34	12	9	8	7	7	7	7	7	6	5
36～40	10	8	7	7	6.5	6.5	5.5	5.5	5	
42～50	9	8	7	7	6.5	6	5	4		
52～60	8	6	6	6	5.5	5	4.5	4		

注：1. 钢板厚度 4～6mm 的，其厚度间隔为 0.5mm；钢板厚度 6～30mm 的，其厚度间隔为 1mm；钢板厚度 30～60mm 的，其厚度间隔为 2mm。

2. 钢板宽度间隔为 50mm，但不得小于 600mm；长度为 100mm 的倍数，但不得小于 1200mm。

厚度方向性能钢板（GB/T 5313—2010）

附表 3-3

厚度方向性能级别	断面收缩率 φ_z(%)		硫含量(熔炼分析) %不大于
	三个试样平均值	单个试样值	
Z15	≥15	≥10	0.01
Z25	≥25	≥15	0.007
Z35	≥35	≥25	0.005

热轧等边角钢截面尺寸、截面面积、理论重量及截面特性（按 GB/T 706—2016）　　附表 3-4

b—边宽　　I—截面惯性矩　　z_0—形心距离

d—边厚　　W—截面模量　　$r_1=d/3$（边端圆弧半径）

r—内圆弧半径　　i—回转半径

型号	截面尺寸/mm			截面面积/cm²	理论重量/(kg/m)	外表面积/(m²/m)	惯性矩/cm⁴				惯性半径/cm			截面模数/cm³			重心距离/cm
	b	d	r				I_x	I_{x1}	I_{x0}	I_{y0}	i_x	i_{x0}	i_{y0}	W_x	W_{x0}	W_{y0}	Z_0
2	20	3	3.5	1.132	0.89	0.078	0.40	0.81	0.63	0.17	0.59	0.75	0.39	0.29	0.45	0.20	0.60
		4		1.459	1.15	0.077	0.50	1.09	0.78	0.22	0.58	0.73	0.38	0.36	0.55	0.24	0.64
2.5	25	3		1.432	1.12	0.098	0.82	1.57	1.29	0.34	0.76	0.95	0.49	0.46	0.73	0.33	0.73
		4		1.859	1.46	0.097	1.03	2.11	1.62	0.43	0.74	0.93	0.48	0.59	0.92	0.40	0.76
3.0	30	3	4.5	1.749	1.37	0.117	1.46	2.71	2.31	0.61	0.91	1.15	0.59	0.68	1.09	0.51	0.85
		4		2.276	1.79	0.117	1.84	3.63	2.92	0.77	0.90	1.13	0.58	0.87	1.37	0.62	0.89
3.6	36	3		2.109	1.66	0.141	2.58	4.68	4.09	1.07	1.11	1.39	0.71	0.99	1.61	0.76	1.00
		4		2.756	2.16	0.141	3.29	6.25	5.22	1.37	1.09	1.38	0.70	1.28	2.05	0.93	1.04
		5		3.382	2.65	0.141	3.95	7.84	6.24	1.65	1.08	1.36	0.7	1.56	2.45	1.00	1.07
4	40	3	5	2.359	1.85	0.157	3.59	6.41	5.69	1.49	1.23	1.55	0.79	1.23	2.01	0.96	1.09
		4		3.086	2.42	0.157	4.60	8.56	7.29	1.91	1.22	1.54	0.79	1.60	2.58	1.19	1.13
		5		3.792	2.98	0.156	5.53	10.7	8.76	2.30	1.21	1.52	0.78	1.96	3.10	1.39	1.17
4.5	45	3		2.659	2.09	0.177	5.17	9.12	8.20	2.14	1.40	1.76	0.89	1.58	2.58	1.24	1.22
		4		3.486	2.74	0.177	6.65	12.2	10.6	2.75	1.38	1.74	0.89	2.05	3.32	1.54	1.26
		5		4.292	3.37	0.176	8.04	15.2	12.7	3.33	1.37	1.72	0.88	2.51	4.00	1.81	1.30
		6		5.077	3.99	0.176	9.33	18.4	14.8	3.89	1.36	1.70	0.80	2.95	4.64	2.06	1.33

续表

型号	截面尺寸/mm			截面面积/cm^2	理论重量/(kg/m)	外表面积/(m^2/m)	惯性矩/cm^4				惯性半径/cm			截面模数/cm^3			重心距离/cm
	b	d	r				I_x	I_{x1}	I_{x0}	I_{y0}	i_x	i_{x0}	i_{y0}	W_x	W_{x0}	W_{y0}	Z_0
5	50	3	5.5	2.971	2.33	0.197	7.18	12.5	11.4	2.98	1.55	1.96	1.00	1.96	3.22	1.57	1.34
		4		3.897	3.06	0.197	9.26	16.7	14.7	3.82	1.54	1.94	0.99	2.56	4.16	1.96	1.38
		5		4.803	3.77	0.196	11.2	20.9	17.8	4.64	1.53	1.92	0.98	3.13	5.03	2.31	1.42
		6		5.688	4.46	0.196	13.1	25.1	20.7	5.42	1.52	1.91	0.98	3.68	5.85	2.63	1.46
5.6	56	3	6	3.343	2.62	0.221	10.2	17.6	16.1	4.24	1.75	2.20	1.13	2.48	4.08	2.02	1.48
		4		4.39	3.45	0.220	13.2	23.4	20.9	5.46	1.73	2.18	1.11	3.24	5.28	2.52	1.53
		5		5.415	4.25	0.220	16.0	29.3	25.4	6.61	1.72	2.17	1.10	3.97	6.42	2.98	1.57
		6		6.42	5.04	0.220	18.7	35.3	29.7	7.73	1.71	2.15	1.10	4.68	7.49	3.40	1.61
		7		7.404	5.81	0.219	21.2	41.2	33.6	8.82	1.69	2.13	1.09	5.36	8.49	3.80	1.64
		8		8.367	6.57	0.219	23.6	47.2	37.4	9.89	1.68	2.11	1.09	6.03	9.44	4.16	1.68
6	60	5	6.5	5.829	4.58	0.236	19.9	36.1	31.6	8.21	1.85	2.33	1.19	4.59	7.44	3.48	1.67
		6		6.914	5.43	0.235	23.4	43.3	36.9	9.60	1.83	2.31	1.18	5.41	8.70	3.98	1.70
		7		7.977	6.26	0.235	26.4	50.7	41.9	11.0	1.82	2.29	1.17	6.21	9.88	4.45	1.74
		8		9.02	7.08	0.235	29.5	58.0	46.7	12.3	1.81	2.27	1.17	6.98	11.0	4.88	1.78
6.3	63	4	7	4.978	3.91	0.248	19.0	33.4	30.2	7.89	1.96	2.46	1.26	4.13	6.78	3.29	1.70
		5		6.143	4.82	0.248	23.2	41.7	36.8	9.57	1.94	2.45	1.25	5.08	8.25	3.90	1.74
		6		7.288	5.72	0.247	27.1	50.1	43.0	11.2	1.93	2.43	1.24	6.00	9.66	4.46	1.78
		7		8.412	6.60	0.247	30.9	58.6	49.0	12.8	1.92	2.41	1.23	6.88	11.0	4.98	1.82
		8		9.515	7.47	0.247	34.5	67.1	54.6	14.3	1.90	2.40	1.23	7.75	12.3	5.47	1.85
		10		11.66	9.15	0.246	41.1	84.3	64.9	17.3	1.88	2.36	1.22	9.39	14.6	6.36	1.93
7	70	4	8	5.570	4.37	0.275	26.4	45.7	41.8	11.0	2.18	2.74	1.40	5.14	8.44	4.17	1.86
		5		6.876	5.40	0.275	32.2	57.2	51.1	13.3	2.16	2.73	1.39	6.32	10.3	4.95	1.91
		6		8.160	6.41	0.275	37.8	68.7	59.9	15.6	2.15	2.71	1.38	7.48	12.1	5.67	1.95
		7		9.424	7.40	0.275	43.1	80.3	68.4	17.8	2.14	2.69	1.38	8.59	13.8	6.34	1.99
		8		10.67	8.37	0.274	48.2	91.9	76.4	20.0	2.12	2.68	1.37	9.68	15.4	6.98	2.03

续表

型号	截面尺寸/mm			截面面积/cm²	理论重量/(kg/m)	外表面积/(m²/m)	惯性矩/cm⁴				惯性半径/cm			截面模数/cm³			重心距离/cm
	b	d	r				I_x	I_{x1}	I_{x0}	I_{y0}	i_x	i_{x0}	i_{y0}	W_x	W_{x0}	W_{y0}	Z_0
7.5	75	5	9	7.412	5.82	0.295	40.0	70.6	63.3	16.6	2.33	2.92	1.50	7.32	11.9	5.77	2.04
		6		8.797	6.91	0.294	47.0	84.6	74.4	19.5	2.31	2.90	1.49	8.64	14.0	6.67	2.07
		7		10.16	7.98	0.294	53.6	98.7	85.0	22.2	2.30	2.89	1.48	9.93	16.0	7.44	2.11
		8		11.50	9.03	0.294	60.0	113	95.1	24.9	2.28	2.88	1.47	11.2	17.9	8.19	2.15
		9		12.83	10.1	0.294	66.1	127	105	27.5	2.27	2.86	1.46	12.4	19.8	8.89	2.18
		10		14.13	11.1	0.293	72.0	142	114	30.1	2.26	2.84	1.46	13.6	21.5	9.56	2.22
8	80	5		7.912	6.21	0.315	48.8	85.4	77.3	20.3	2.48	3.13	1.60	8.34	13.7	6.66	2.15
		6		9.397	7.38	0.314	57.4	103	91.0	23.7	2.47	3.11	1.59	9.87	16.1	7.65	2.19
		7		10.86	8.53	0.314	65.6	120	104	27.1	2.46	3.10	1.58	11.4	18.4	8.58	2.23
		8		12.30	9.66	0.314	73.5	137	117	30.4	2.44	3.08	1.57	12.8	20.6	9.46	2.27
		9		13.73	10.8	0.314	81.1	154	129	33.6	2.43	3.06	1.56	14.3	22.7	10.3	2.31
		10		15.13	11.9	0.313	88.4	172	140	36.8	2.42	3.04	1.56	15.6	24.8	11.1	2.35
9	90	6	10	10.64	8.35	0.354	82.8	146	131	34.3	2.79	3.51	1.80	12.6	20.6	9.95	2.44
		7		12.30	9.66	0.354	94.8	170	150	39.2	2.78	3.50	1.78	14.5	23.6	11.2	2.48
		8		13.94	10.9	0.353	106	195	169	44.0	2.76	3.48	1.78	16.4	26.6	12.4	2.52
		9		15.57	12.2	0.353	118	219	187	48.7	2.75	3.46	1.77	18.3	29.4	13.5	2.56
		10		17.17	13.5	0.353	129	244	204	53.3	2.74	3.45	1.76	20.1	32.0	14.5	2.59
		12		20.31	15.9	0.352	149	294	236	62.2	2.71	3.41	1.75	23.6	37.1	16.5	2.67
10	100	6	12	11.93	9.37	0.393	115	200	182	47.9	3.10	3.90	2.00	15.7	25.7	12.7	2.67
		7		13.80	10.8	0.393	132	234	209	54.7	3.09	3.89	1.99	18.1	29.6	14.3	2.71
		8		15.64	12.3	0.393	148	267	235	61.4	3.08	3.88	1.98	20.5	33.2	15.8	2.76
		9		17.46	13.7	0.392	164	300	260	68.0	3.07	3.86	1.97	22.8	36.8	17.2	2.80
		10		19.26	15.1	0.392	180	334	285	74.4	3.05	3.84	1.96	25.1	40.3	18.5	2.84
		12		22.80	17.9	0.391	209	402	331	86.8	3.03	3.81	1.95	29.5	46.8	21.1	2.91
		14		26.26	20.6	0.391	237	471	374	99.0	3.00	3.77	1.94	33.7	52.9	23.4	2.99
		16		29.63	23.3	0.390	263	540	414	111	2.98	3.74	1.94	37.8	58.6	25.6	3.06

续表

型号	截面尺寸/mm			截面面积/cm²	理论重量/(kg/m)	外表面积/(m²/m)	惯性矩/cm⁴				惯性半径/cm			截面模数/cm³			重心距离/cm
	b	d	r				I_x	I_{x1}	I_{x0}	I_{y0}	i_x	i_{x0}	i_{y0}	W_x	W_{x0}	W_{y0}	Z_0
11	110	7	12	15.20	11.9	0.433	177	311	281	73.4	3.41	4.30	2.20	22.1	36.1	17.5	2.96
		8		17.24	13.5	0.433	199	355	316	82.4	3.40	4.28	2.19	25.0	40.7	19.4	3.01
		10		21.26	16.7	0.432	242	445	384	100	3.38	4.25	2.17	30.6	49.4	22.9	3.09
		12		25.20	19.8	0.431	283	535	448	117	3.35	4.22	2.15	36.1	57.6	26.2	3.16
		14		29.06	22.8	0.431	321	625	508	133	3.32	4.18	2.14	41.3	65.3	29.1	3.24
12.5	125	8	14	19.75	15.5	0.492	297	521	471	123	3.88	4.88	2.50	32.5	53.3	25.9	3.37
		10		24.37	19.1	0.491	362	652	574	149	3.85	4.85	2.48	40.0	64.9	30.6	3.45
		12		28.91	22.7	0.491	423	783	671	175	3.83	4.82	2.46	41.2	76.0	35.0	3.53
		14		33.37	26.2	0.490	482	916	764	200	3.80	4.78	2.45	54.2	86.4	39.1	3.61
		16		37.74	29.6	0.489	537	1050	851	224	3.77	4.75	2.43	60.9	96.3	43.0	3.68
14	140	10		27.37	21.5	0.551	515	915	817	212	4.34	5.46	2.78	50.6	82.6	39.2	3.82
		12		32.51	25.5	0.551	604	1100	959	249	4.31	5.43	2.76	59.8	96.9	45.0	3.90
		14		37.57	29.5	0.550	689	1280	1090	284	4.28	5.40	2.75	68.8	110	50.5	3.98
		16		42.54	33.4	0.549	770	1470	1220	319	4.26	5.36	2.74	77.5	123	55.6	4.06
15	150	8		23.75	18.6	0.592	521	900	827	215	4.69	5.90	3.01	47.4	78.0	38.1	3.99
		10		29.37	23.1	0.591	638	1130	1010	262	4.66	5.87	2.99	58.4	95.5	45.5	4.08
		12		34.91	27.4	0.591	749	1350	1190	308	4.63	5.84	2.97	69.0	112	52.4	4.15
		14		40.37	31.7	0.590	856	1580	1360	352	4.60	5.80	2.95	79.5	128	58.8	4.23
		15		43.06	33.8	0.590	907	1690	1440	374	4.59	5.78	2.95	84.6	136	61.9	4.27
		16		45.74	35.9	0.589	958	1810	1520	395	4.58	5.77	2.94	89.6	143	64.9	4.31
16	160	10	16	31.50	24.7	0.630	780	1370	1240	322	4.98	6.27	3.20	66.7	109	52.8	4.31
		12		37.44	29.4	0.630	917	1640	1460	377	4.95	6.24	3.18	79.0	129	60.7	4.39
		14		43.30	34.0	0.629	1050	1910	1670	432	4.92	6.20	3.16	91.0	147	68.2	4.47
		16		49.07	38.5	0.629	1180	2190	1870	485	4.89	6.17	3.14	103	165	75.3	4.55

续表

型号	截面尺寸/mm			截面面积/cm²	理论重量/(kg/m)	外表面积/(m²/m)	惯性矩/cm⁴				惯性半径/cm			截面模数/cm³			重心距离/cm
	b	d	r				I_x	I_{x1}	I_{x0}	I_{y0}	i_x	i_{x0}	i_{y0}	W_x	W_{x0}	W_{y0}	Z_0
18	180	12	16	42.24	33.2	0.710	1320	2330	2100	543	5.59	7.05	3.58	101	165	78.4	4.89
		14		48.90	38.4	0.709	1510	2720	2410	622	5.56	7.02	3.56	116	189	88.4	4.97
		16		55.47	43.5	0.709	1700	3120	2700	699	5.54	6.98	3.55	131	212	97.8	5.05
		18		61.96	48.6	0.708	1880	3500	2990	762	5.50	6.94	3.51	146	235	105	5.13
20	200	14	18	54.64	42.9	0.788	2100	3730	3340	864	6.20	7.82	3.98	145	236	112	5.46
		16		62.01	48.7	0.788	2370	4270	3760	971	6.18	7.79	3.96	164	266	124	5.54
		18		69.30	54.4	0.787	2620	4810	4160	1080	6.15	7.75	3.94	182	294	136	5.62
		20		76.51	60.1	0.787	2870	5350	4550	1180	6.12	7.72	3.93	200	322	147	5.69
		24		90.66	71.2	0.785	3340	6460	5290	1380	6.07	7.64	3.90	236	374	167	5.87
22	220	16	21	68.67	53.9	0.866	3190	5680	5060	1310	6.81	8.59	4.37	200	326	154	6.03
		18		76.75	60.3	0.866	3540	6400	5620	1450	6.79	8.55	4.35	223	361	168	6.11
		20		84.76	66.5	0.865	3870	7110	6150	1590	6.76	8.52	4.34	245	395	182	6.18
		22		92.68	72.8	0.865	4200	7830	6670	1730	6.73	8.48	4.32	267	429	195	6.26
		24		100.5	78.9	0.864	4520	8550	7170	1870	6.71	8.45	4.31	289	461	208	6.33
		26		108.3	85.0	0.864	4830	9280	7690	2000	6.68	8.41	4.30	310	492	221	6.41
25	250	18	24	87.84	69.0	0.985	5270	9380	8370	2170	7.75	9.76	4.97	290	473	224	6.84
		20		97.05	76.2	0.984	5780	10400	9180	2380	7.72	9.73	4.95	320	519	243	6.92
		22		106.2	83.3	0.983	6280	11500	9970	2580	7.69	9.69	4.93	349	564	261	7.00
		24		115.2	90.4	0.983	6770	12500	10700	2790	7.67	9.66	4.92	378	608	278	7.07
		26		124.2	97.5	0.982	7240	13600	11500	2980	7.64	9.62	4.90	406	650	295	7.15
		28		133.0	104	0.982	7700	14600	12200	3180	7.61	9.58	4.89	433	691	311	7.22
		30		141.8	111	0.981	8160	15700	12900	3380	7.58	9.55	4.88	461	731	327	7.30
		32		150.5	118	0.981	8600	16800	13600	3570	7.56	9.51	4.87	488	770	342	7.37
		35		163.4	128	0.980	9240	18400	14600	3850	7.52	9.46	4.86	527	827	364	7.48

注：截面图中的 $r_1=1/3d$ 及表中 r 的数据用于孔型设计，不做交货条件。

热轧不等边角钢截面尺寸、截面面积、理论重量及截面特性（按 GB/T 706—2016） 附表 3-5

B—长边宽度 I—截面惯性矩 x_0、y_0—形心距离

b—短边宽度 W—截面模量 r—内圆弧半径

d—边厚 i—回转半径 $r_1 = d/3$（边端圆弧半径）

型号	截面尺寸/mm				截面面积/cm²	理论重量/(kg/m)	外表面积/(m²/m)	惯性矩/cm⁴					惯性半径/cm			截面模数/cm³			tanα	重心距离/cm	
	B	b	d	r				I_x	I_{x1}	I_y	I_{y1}	I_u	i_x	i_y	i_u	W_x	W_y	W_u		X_0	Y_0
2.5/1.6	25	16	3	3.5	1.162	0.91	0.080	0.70	1.56	0.22	0.43	0.14	0.78	0.44	0.34	0.43	0.19	0.16	0.392	0.42	0.86
			4		1.499	1.18	0.079	0.88	2.09	0.27	0.59	0.17	0.77	0.43	0.34	0.55	0.24	0.20	0.381	0.46	0.90
3.2/2	32	20	3		1.492	1.17	0.102	1.53	3.27	0.46	0.82	0.28	1.01	0.55	0.43	0.72	0.30	0.25	0.382	0.49	1.08
			4		1.939	1.52	0.101	1.93	4.37	0.57	1.12	0.35	1.00	0.54	0.42	0.93	0.39	0.32	0.374	0.53	1.12
4/2.5	40	25	3	4	1.890	1.48	0.127	3.08	5.39	0.93	1.59	0.56	1.28	0.70	0.54	1.15	0.49	0.40	0.385	0.59	1.32
			4		2.467	1.94	0.127	3.93	8.53	1.18	2.14	0.71	1.36	0.69	0.54	1.49	0.63	0.52	0.381	0.63	1.37
4.5/2.8	45	28	3	5	2.149	1.69	0.143	4.45	9.10	1.34	2.23	0.80	1.44	0.79	0.61	1.47	0.62	0.51	0.383	0.64	1.47
			4		2.806	2.20	0.143	5.69	12.1	1.70	3.00	1.02	1.42	0.78	0.60	1.91	0.80	0.66	0.380	0.68	1.51
5/3.2	50	32	3	5.5	2.431	1.91	0.161	6.24	12.5	2.02	3.31	1.20	1.60	0.91	0.70	1.84	0.82	0.68	0.404	0.73	1.60
			4		3.177	2.49	0.160	8.02	16.7	2.58	4.45	1.53	1.59	0.90	0.69	2.39	1.06	0.87	0.402	0.77	1.65
5.6/3.6	56	36	3	6	2.743	2.15	0.181	8.88	17.5	2.92	4.7	1.73	1.80	1.03	0.79	2.32	1.05	0.87	0.408	0.80	1.78
			4		3.590	2.82	0.180	11.5	23.4	3.76	6.33	2.23	1.79	1.02	0.79	3.03	1.37	1.13	0.408	0.85	1.82
			5		4.415	3.47	0.180	13.9	29.3	4.49	7.94	2.67	1.77	1.01	0.78	3.71	1.65	1.36	0.404	0.88	1.87
6.3/4	63	40	4	7	4.058	3.19	0.202	16.5	33.3	5.23	8.63	3.12	2.02	1.14	0.88	3.87	1.70	1.40	0.398	0.92	2.04
			5		4.993	3.92	0.202	20.0	41.6	6.31	10.9	3.76	2.00	1.12	0.87	4.74	2.07	1.71	0.396	0.95	2.08
			6		5.908	4.64	0.201	23.4	50.0	7.29	13.1	4.34	1.96	1.11	0.86	5.59	2.43	1.99	0.393	0.99	2.12
			7		6.802	5.34	0.201	26.5	58.1	8.24	15.5	4.97	1.98	1.10	0.86	6.40	2.78	2.29	0.389	1.03	2.15

续表

型号	截面尺寸/mm				截面面积/cm²	理论重量/(kg/m)	外表面积/(m²/m)	惯性矩/cm⁴					惯性半径/cm			截面模数/cm³			tanα	重心距离/cm	
	B	b	d	r				I_x	I_{x1}	I_y	I_{y1}	I_u	i_x	i_y	i_u	W_x	W_y	W_u		X_0	Y_0
7/4.5	70	45	4	7.5	4.553	3.57	0.226	23.2	45.9	7.55	12.3	4.40	2.26	1.29	0.98	4.86	2.17	1.77	0.410	1.02	2.24
			5		5.609	4.40	0.225	28.0	57.1	9.13	15.4	5.40	2.23	1.28	0.98	5.92	2.65	2.19	0.407	1.06	2.28
			6		6.644	5.22	0.225	32.5	68.4	10.6	18.6	6.35	2.21	1.26	0.98	6.95	3.12	2.59	0.404	1.09	2.32
			7		7.658	6.01	0.225	37.2	80.0	12.0	21.8	7.16	2.20	1.25	0.97	8.03	3.57	2.94	0.402	1.13	2.36
7.5/5	75	50	5	8	6.126	4.81	0.245	34.9	70.0	12.6	21.0	7.41	2.39	1.44	1.10	6.83	3.3	2.74	0.435	1.17	2.40
			6		7.260	5.70	0.245	41.1	84.3	14.7	25.4	8.54	2.38	1.42	1.08	8.12	3.88	3.19	0.435	1.21	2.44
			8		9.467	7.43	0.244	52.4	113	18.5	34.2	10.9	2.35	1.40	1.07	10.5	4.99	4.10	0.429	1.29	2.52
			10		11.59	9.10	0.244	62.7	141	22.0	43.4	13.1	2.33	1.38	1.06	12.8	6.04	4.99	0.423	1.36	2.60
8/5	80	50	5		6.376	5.00	0.255	42.0	85.2	12.8	21.1	7.66	2.56	1.42	1.10	7.78	3.32	2.74	0.388	1.14	2.60
			6		7.560	5.93	0.255	49.5	103	15.0	25.4	8.85	2.56	1.41	1.08	9.25	3.91	3.20	0.387	1.18	2.65
			7		8.724	6.85	0.255	56.2	119	17.0	29.8	10.2	2.54	1.39	1.08	10.6	4.48	3.70	0.384	1.21	2.69
			8		9.867	7.75	0.254	62.8	136	18.9	34.3	11.4	2.52	1.38	1.07	11.9	5.03	4.16	0.381	1.25	2.73
9/5.6	90	56	5	9	7.212	5.66	0.287	60.5	121	18.3	29.5	11.0	2.90	1.59	1.23	9.92	4.21	3.49	0.385	1.25	2.91
			6		8.557	6.72	0.286	71.0	146	21.4	35.6	12.9	2.88	1.58	1.23	11.7	4.96	4.13	0.384	1.29	2.95
			7		9.881	7.76	0.286	81.0	170	24.4	41.7	14.7	2.86	1.57	1.22	13.5	5.70	4.72	0.382	1.33	3.00
			8		11.18	8.78	0.286	91.0	194	27.2	47.9	16.3	2.85	1.56	1.21	15.3	6.41	5.29	0.380	1.36	3.04
10/6.3	100	63	6	10	9.618	7.55	0.320	99.1	200	30.9	50.5	18.4	3.21	1.79	1.38	14.6	6.35	5.25	0.394	1.43	3.24
			7		11.11	8.72	0.320	113	233	35.3	59.1	21.0	3.20	1.78	1.38	16.9	7.29	6.02	0.394	1.47	3.28
			8		12.58	9.88	0.319	127	266	39.4	67.9	23.5	3.18	1.77	1.37	19.1	8.21	6.78	0.391	1.50	3.32
			10		15.47	12.1	0.319	154	333	47.1	85.7	28.3	3.15	1.74	1.35	23.3	9.98	8.24	0.387	1.58	3.40
10/8	100	80	6		10.64	8.35	0.354	107	200	61.2	103	31.7	3.17	2.40	1.72	15.2	10.2	8.37	0.627	1.97	2.95
			7		12.30	9.66	0.354	123	233	70.1	120	36.2	3.16	2.39	1.72	17.5	11.7	9.60	0.626	2.01	3.00
			8		13.94	10.9	0.353	138	267	78.6	137	40.6	3.14	2.37	1.71	19.8	13.2	10.8	0.625	2.05	3.04
			10		17.17	13.5	0.353	167	334	94.7	172	49.1	3.12	2.35	1.69	24.2	16.1	13.1	0.622	2.13	3.12
11/7	110	70	6		10.64	8.35	0.354	138	266	42.9	69.1	25.4	3.54	2.01	1.54	17.9	7.90	6.53	0.403	1.57	3.53
			7		12.30	9.66	0.354	153	310	49.0	80.8	29.0	3.53	2.00	1.53	20.6	9.09	7.50	0.402	1.61	3.57
			8		13.94	10.9	0.353	172	354	54.9	92.7	32.5	3.51	1.98	1.53	23.3	10.3	8.45	0.401	1.65	3.62
			10		17.17	13.5	0.353	208	443	65.9	117	39.2	3.48	1.96	1.51	28.5	12.5	10.3	0.397	1.72	3.70

续表

型号	截面尺寸/mm				截面面积/cm^2	理论重量/(kg/m)	外表面积/(m^2/m)	惯性矩/cm^4					惯性半径/cm			截面模数/cm^3			$\tan\alpha$	重心距离/cm	
	B	b	d	r				I_x	I_{x1}	I_y	I_{y1}	I_u	i_x	i_y	i_u	W_x	W_y	W_u		X_0	Y_0
12.5/8	125	80	7	11	14.10	11.1	0.403	228	455	74.4	120	43.8	4.02	2.30	1.76	26.9	12.0	9.92	0.408	1.80	4.01
			8		15.99	12.6	0.403	257	520	83.5	138	49.2	4.01	2.28	1.75	30.4	13.6	11.2	0.407	1.84	4.06
			10		19.71	15.5	0.402	312	650	101	173	59.5	3.98	2.26	1.74	37.3	16.6	13.6	0.404	1.92	4.14
			12		23.35	18.3	0.402	364	780	117	210	69.4	3.95	2.24	1.72	44.0	19.4	16.0	0.400	2.00	4.22
14/9	140	90	8	12	18.04	14.2	0.453	366	731	121	196	70.8	4.50	2.59	1.98	38.5	17.3	14.3	0.411	2.04	4.50
			10		22.26	17.5	0.452	446	913	140	246	85.8	4.47	2.56	1.96	47.3	21.2	17.5	0.409	2.12	4.58
			12		26.40	20.7	0.451	522	1100	170	297	100	4.44	2.54	1.95	55.9	25.0	20.5	0.406	2.19	4.66
			14		30.46	23.9	0.451	594	1280	192	349	114	4.42	2.51	1.94	64.2	28.5	23.5	0.403	2.27	4.74
15/9	150	90	8		18.84	14.8	0.473	442	898	123	196	74.1	4.84	2.55	1.98	43.9	17.5	14.5	0.364	1.97	4.92
			10		23.26	18.3	0.472	539	1120	149	246	89.9	4.81	2.53	1.97	54.0	21.4	17.7	0.362	2.05	5.01
			12		27.60	21.7	0.471	632	1350	173	297	105	4.79	2.50	1.95	63.8	25.1	20.8	0.359	2.12	5.09
			14		31.86	25.0	0.471	721	1570	196	350	120	4.76	2.48	1.94	73.3	28.8	23.8	0.356	2.20	5.17
			15		33.95	26.7	0.471	764	1680	207	376	127	4.74	2.47	1.93	78.0	30.5	25.3	0.354	2.24	5.21
			16		36.03	28.3	0.470	806	1800	217	403	134	4.73	2.45	1.93	82.6	32.3	26.8	0.352	2.27	5.25
16/10	160	100	10	13	25.32	19.9	0.512	669	1360	205	337	122	5.14	2.85	2.19	62.1	26.6	21.9	0.390	2.28	5.24
			12		30.05	23.6	0.511	785	1640	239	406	142	5.11	2.82	2.17	73.5	31.3	25.8	0.388	2.36	5.32
			14		34.71	27.2	0.510	896	1910	271	476	162	5.08	2.80	2.16	84.6	35.8	29.6	0.385	2.43	5.40
			16		39.28	30.8	0.510	1000	2180	302	548	183	5.05	2.77	2.16	95.3	40.2	33.4	0.382	2.51	5.48
18/11	180	110	10	14	28.37	22.3	0.571	956	1940	278	447	167	5.80	3.13	2.42	79.0	32.5	26.9	0.376	2.44	5.89
			12		33.71	26.5	0.571	1120	2330	325	539	195	5.78	3.10	2.40	93.5	38.3	31.7	0.374	2.52	5.98
			14		38.97	30.6	0.570	1290	2720	370	632	222	5.75	3.08	2.39	108	44.0	36.3	0.372	2.59	6.06
			16		44.14	34.6	0.569	1440	3110	412	726	249	5.72	3.06	2.38	122	49.4	40.9	0.369	2.67	6.14
20/12.5	200	125	12		37.91	29.8	0.641	1570	3190	483	788	286	6.44	3.57	2.74	117	50.0	41.2	0.392	2.83	6.54
			14		43.87	34.4	0.640	1800	3730	551	922	327	6.41	3.54	2.73	135	57.4	47.3	0.390	2.91	6.62
			16		49.74	39.0	0.639	2020	4260	615	1060	366	6.38	3.52	2.71	152	64.9	53.3	0.388	2.99	6.70
			18		55.53	43.6	0.639	2240	4790	677	1200	405	6.35	3.49	2.70	169	71.7	59.2	0.385	3.06	6.78

注：截面图中的 $r_1=1/3d$ 及表中 r 的数据用于孔/设计，不做交货条件。

热轧普通工字钢截面尺寸、截面面积、理论重量及截面特性

（按 GB/T 706—2016）　　附表 3-6

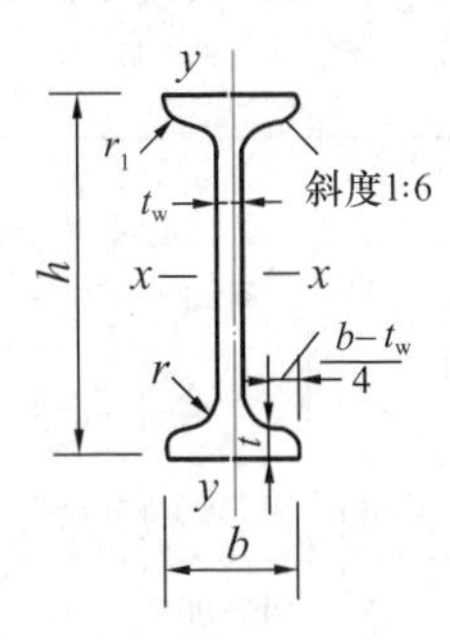

I—截面惯性矩；

W—截面模量；

i—截面回转半径。

型号	截面尺寸/mm						截面面积/cm²	理论重量/(kg/m)	外表面积/(m²/m)	惯性矩/cm⁴		惯性半径/cm		截面模数/cm³	
	h	b	d	t	r	r_1				I_x	I_y	i_x	i_y	W_x	W_y
10	100	68	4.5	7.6	6.5	3.3	14.33	11.3	0.432	245	33.0	4.14	1.52	49.0	9.72
12	120	74	5.0	8.4	7.0	3.5	17.80	14.0	0.493	436	46.9	4.95	1.62	72.7	12.7
12.6	126	74	5.0	8.4	7.0	3.5	18.10	14.2	0.505	488	46.9	5.20	1.61	77.5	12.7
14	140	80	5.5	9.1	7.5	3.8	21.50	16.9	0.553	712	64.4	5.76	1.73	102	16.1
16	160	88	6.0	9.9	8.0	4.0	26.11	20.5	0.621	1130	93.1	6.58	1.89	141	21.2
18	180	94	6.5	10.7	8.5	4.3	30.74	24.1	0.681	1660	122	7.36	2.00	185	26.0
20a	200	100	7.0	11.4	9.0	4.5	35.55	27.9	0.742	2370	158	8.15	2.12	237	31.5
20b		102	9.0				39.55	31.1	0.746	2500	169	7.96	2.06	250	33.1
22a	220	110	7.5	12.3	9.5	4.8	42.10	33.1	0.817	3400	225	8.99	2.31	309	40.9
22b		112	9.5				46.50	36.5	0.821	3570	239	8.78	2.27	325	42.7
24a	240	116	8.0	13.0	10.0	5.0	47.71	37.5	0.878	4570	280	9.77	2.42	381	48.4
24b		118	10.0				52.51	41.2	0.882	4800	297	9.57	2.38	400	50.4
25a	250	116	8.0				48.51	38.1	0.898	5020	280	10.2	2.40	402	48.3
25b		118	10.0				53.51	42.0	0.902	5280	309	9.94	2.40	423	52.4
27a	270	122	8.5	13.7	10.5	5.3	54.52	42.8	0.958	6550	345	10.9	2.51	485	56.6
27b		124	10.5				59.92	47.0	0.962	6870	366	10.7	2.47	509	58.9
28a	280	122	8.5				55.37	43.5	0.978	7110	345	11.3	2.50	508	56.6
28b		124	10.5				60.97	47.9	0.982	7480	379	11.1	2.49	534	61.2

续表

型号	截面尺寸/mm						截面面积/cm^2	理论重量/(kg/m)	外表面积/(m^2/m)	惯性矩/cm^4		惯性半径/cm		截面模数/cm^3	
	h	b	d	t	r	r_1				I_x	I_y	i_x	i_y	W_x	W_y
30a	300	126	9.0	14.4	11.0	5.5	61.22	48.1	1.031	8950	400	12.1	2.55	597	63.5
30b		128	11.0				67.22	52.8	1.035	9400	422	11.8	2.50	627	65.9
30c		130	13.0				73.22	57.5	1.039	9850	445	11.6	2.46	657	68.5
32a	320	130	9.5	15.0	11.5	5.8	67.12	52.7	1.084	11100	460	12.8	2.62	692	70.8
32b		132	11.5				73.52	57.7	1.088	11600	502	12.6	2.61	726	76.0
32c		134	13.5				79.92	62.7	1.092	12200	544	12.3	2.61	760	81.2
36a	360	136	10.0	15.8	12.0	6.0	76.44	60.0	1.185	15800	552	14.4	2.69	875	81.2
36b		138	12.0				83.64	65.7	1.189	16500	582	14.1	2.64	919	84.3
36c		140	14.0				90.84	71.3	1.193	17300	612	13.8	2.60	962	87.4
40a	400	142	10.5	16.5	12.5	6.3	86.07	67.6	1.285	21700	660	15.9	2.77	1090	93.2
40b		144	12.5				94.07	73.8	1.289	22800	692	15.6	2.71	1140	96.2
40c		146	14.5				102.1	80.1	1.293	23900	727	15.2	2.65	1190	99.6
45a	450	150	11.5	18.0	13.5	6.8	102.4	80.4	1.411	32200	855	17.7	2.89	1430	114
45b		152	13.5				111.4	87.4	1.415	33800	894	17.4	2.84	1500	118
45c		154	15.5				120.4	94.5	1.419	35300	938	17.1	2.79	1570	122
50a	500	158	12.0	20.0	14.0	7.0	119.2	93.6	1.539	46500	1120	19.7	3.07	1860	142
50b		160	14.0				129.2	101	1.543	48600	1170	19.4	3.01	1940	146
50c		162	16.0				139.2	109	1.547	50600	1220	19.0	2.96	2080	151
55a	550	166	12.5	21.0	14.5	7.3	134.1	105	1.667	62900	1370	21.6	3.19	2290	164
55b		168	14.5				145.1	114	1.671	65600	1420	21.2	3.14	2390	170
55c		170	16.5				156.1	123	1.675	68400	1480	20.9	3.08	2490	175
56a	560	166	12.5				135.4	106	1.687	65600	1370	22.0	3.18	2340	165
56b		168	14.5				146.6	115	1.691	68500	1490	21.6	3.16	2450	174
56c		170	16.5				157.8	124	1.695	71400	1560	21.3	3.16	2550	183
63a	630	176	13.0	22.0	15.0	7.5	154.6	121	1.862	93900	1700	24.5	3.31	2980	193
63b		178	15.0				167.2	131	1.866	98100	1810	24.2	3.29	3160	204
63c		180	17.0				179.8	141	1.870	102000	1920	23.8	3.27	3300	214

注：表中 r、r_1 的数据用于孔型设计，不做交货条件。

热轧普通槽钢截面尺寸、截面面积、理论重量及截面特性（按 GB/T 706—2016）　附表 3-7

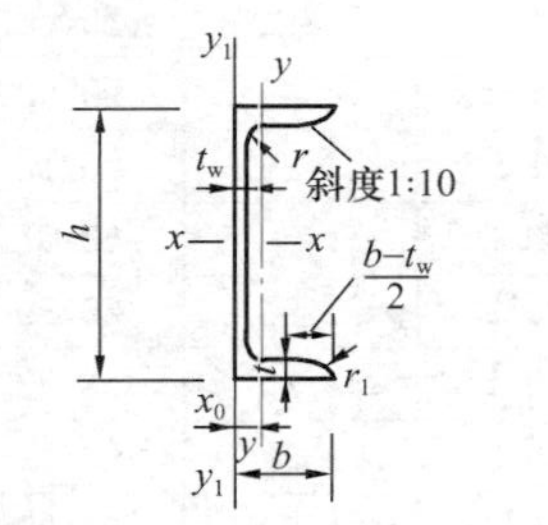

I—截面惯性矩；
W—截面模量；
i—截面回转半径。

型号	截面尺寸/mm						截面面积/cm²	理论重量/(kg/m)	外表面积/(m²/m)	惯性矩/cm⁴			惯性半径/cm		截面模数/cm³		重心距离/cm
	h	b	d	t	r	r_1				I_x	I_y	I_{y1}	i_x	i_y	W_x	W_y	Z_0
5	50	37	4.5	7.0	7.0	3.5	6.925	5.44	0.226	26.0	8.30	20.9	1.94	1.10	10.4	3.55	1.35
6.3	63	40	4.8	7.5	7.5	3.8	8.446	6.63	0.262	50.8	11.9	28.4	2.45	1.19	16.1	4.50	1.36
6.5	65	40	4.3	7.5	7.5	3.8	8.292	6.51	0.267	55.2	12.0	28.3	2.54	1.19	17.0	4.59	1.38
8	80	43	5.0	8.0	8.0	4.0	10.24	8.04	0.307	101	16.6	37.4	3.15	1.27	25.3	5.79	1.43
10	100	48	5.3	8.5	8.5	4.2	12.74	10.0	0.365	198	25.6	54.9	3.95	1.41	39.7	7.80	1.52
12	120	53	5.5	9.0	9.0	4.5	15.36	12.1	0.423	346	37.4	77.7	4.75	1.56	57.7	10.2	1.62
12.6	126	53	5.5	9.0	9.0	4.5	15.69	12.3	0.435	391	38.0	77.1	4.95	1.57	62.1	10.2	1.59
14a	140	58	6.0	9.5	9.5	4.8	18.51	14.5	0.480	564	53.2	107	5.52	1.70	80.5	13.0	1.71
14b		60	8.0				21.31	16.7	0.484	609	61.1	121	5.35	1.69	87.1	14.1	1.67
16a	160	63	6.5	10.0	10.0	5.0	21.95	17.2	0.538	866	73.3	144	6.28	1.83	108	16.3	1.80
16b		65	8.5				25.15	19.8	0.542	935	83.4	161	6.10	1.82	117	17.6	1.75
18a	180	68	7.0	10.5	10.5	5.2	25.69	20.2	0.596	1270	98.6	190	7.04	1.96	141	20.0	1.88
18b		70	9.0				29.29	23.0	0.600	1370	111	210	6.84	1.95	152	21.5	1.84
20a	200	73	7.0	11.0	11.0	5.5	28.83	22.6	0.654	1780	128	244	7.86	2.11	178	24.2	2.01
20b		75	9.0				32.83	25.8	0.658	1910	144	268	7.64	2.09	191	25.9	1.95
22a	220	77	7.0	11.5	11.5	5.8	31.83	25.0	0.709	2390	158	298	8.67	2.23	218	28.2	2.10
22b		79	9.0				36.23	28.5	0.713	2570	176	326	8.42	2.21	234	30.1	2.03

续表

型号	截面尺寸/mm						截面面积/cm²	理论重量/(kg/m)	外表面积/(m²/m)	惯性矩/cm⁴			惯性半径/cm		截面模数/cm³		重心距离/cm
	h	b	d	t	r	r_1				I_x	I_y	I_{y1}	i_x	i_y	W_x	W_y	Z_0
24a	240	78	7.0	12.0	12.0	6.0	34.21	26.9	0.752	3050	174	325	9.45	2.25	254	30.5	2.10
24b		80	9.0				39.01	30.6	0.756	3280	194	355	9.17	2.23	274	32.5	2.03
24c		82	11.0				43.81	34.4	0.760	3510	213	388	8.96	2.21	293	34.4	2.00
25a	250	78	7.0				34.91	27.4	0.722	3370	176	322	9.82	2.24	270	30.6	2.07
25b		80	9.0				39.91	31.3	0.776	3530	196	353	9.41	2.22	282	32.7	1.98
25c		82	11.0				44.91	35.3	0.780	3690	218	384	9.07	2.21	295	35.9	1.92
27a	270	82	7.5	12.5	12.5	6.2	39.27	30.8	0.826	4360	216	393	10.5	2.34	323	35.5	2.13
27b		84	9.5				44.67	35.1	0.830	4690	239	428	10.3	2.31	347	37.7	2.06
27c		86	11.5				50.07	39.3	0.834	5020	261	467	10.1	2.28	372	39.8	2.03
28a	280	82	7.5				40.02	31.4	0.846	4760	218	388	10.9	2.33	340	35.7	2.10
28b		84	9.5				45.62	35.8	0.850	5130	242	428	10.6	2.30	366	37.9	2.02
28c		86	11.5				51.22	40.2	0.854	5500	268	463	10.4	2.29	393	40.3	1.95
30a	300	85	7.5	13.5	13.5	6.8	43.89	34.5	0.897	6050	260	467	11.7	2.43	403	41.1	2.17
30b		87	9.5				49.89	39.2	0.901	6500	289	515	11.4	2.41	433	44.0	2.13
30c		89	11.5				55.89	43.9	0.905	6950	316	560	11.2	2.38	463	46.4	2.09
32a	320	88	8.0	14.0	14.0	7.0	48.50	38.1	0.947	7600	305	552	12.5	2.50	475	46.5	2.24
32b		90	10.0				54.90	43.1	0.951	8140	336	593	12.2	2.47	509	49.2	2.16
32c		92	12.0				61.30	48.1	0.955	8690	374	643	11.9	2.47	543	52.6	2.09
36a	360	96	9.0	16.0	16.0	8.0	60.89	47.8	1.053	11900	455	818	14.0	2.73	660	63.5	2.44
36b		98	11.0				68.09	53.5	1.057	12700	497	880	13.6	2.70	703	66.9	2.37
36c		100	13.0				75.29	59.1	1.061	13400	536	948	13.4	2.67	746	70.0	2.34
40a	400	100	10.5	18.0	18.0	9.0	75.04	58.9	1.144	17600	592	1070	15.3	2.81	879	78.8	2.49
40b		102	12.5				83.04	65.2	1.148	18600	640	1140	15.0	2.78	932	82.5	2.44
40c		104	14.5				91.04	71.5	1.152	19700	688	1220	14.7	2.75	986	86.2	2.42

注：表中 r、r_1 的数据用于孔型设计，不做交货条件。

H 型钢截面尺寸、截面面积、理论重量及截面特性

(按 GB/T 11263—2017)　　附表 3-8

类别	型号(高度×宽度)/mm×mm	截面尺寸/mm					截面面积/cm^2	理论重量/(kg/m)	表面积/(m^2/m)	惯性矩/cm^4		惯性半径/cm		截面模数/cm^3	
		H	B	t_1	t_2	r				I_x	I_y	i_x	i_y	W_x	W_y
HW	100×100	100	100	6	8	8	21.58	16.9	0.574	378	134	4.18	2.48	75.6	26.7
	125×125	125	125	6.5	9	8	30.00	23.6	0.723	839	293	5.28	3.12	134	46.9
	150×150	150	150	7	10	8	39.64	31.1	0.872	1620	563	6.39	3.76	216	75.1
	175×175	175	175	7.5	11	13	51.42	40.4	1.01	2900	984	7.50	4.37	331	112
	200×200	200	200	8	12	13	63.53	49.9	1.16	4720	1600	8.61	5.02	472	160
		*200	204	12	12	13	71.53	56.2	1.17	4980	1700	8.34	4.87	498	167
	250×250	*244	252	11	11	13	81.31	63.8	1.45	8700	2940	10.3	6.01	713	233
		250	250	9	14	13	91.43	71.8	1.46	10700	3650	10.8	6.31	860	292
		*250	255	14	14	13	103.9	81.6	1.47	11400	3880	10.5	6.10	912	304
	300×300	*294	302	12	12	13	106.3	83.5	1.75	16600	5510	12.5	7.20	1130	365
		300	300	10	15	13	118.5	93.0	1.76	20200	6750	13.1	7.55	1350	450
		*300	305	15	15	13	133.5	105	1.77	21300	7100	12.6	7.29	1420	466
	350×350	*338	351	13	13	13	133.3	105	2.03	27700	9380	14.4	8.38	1640	534
		*344	348	10	16	13	144.0	113	2.04	32800	11200	15.1	8.83	1910	646
		*344	354	16	16	13	164.7	129	2.05	34900	11800	14.6	8.48	2030	669
		350	350	12	19	13	171.9	135	2.05	39800	13600	15.2	8.88	2280	776
		*350	357	19	19	13	196.4	154	2.07	42300	14400	14.7	8.57	2420	808
	400×400	*388	402	15	15	22	178.5	140	2.32	49000	16300	16.6	9.54	2520	809
		*394	398	11	18	22	186.8	147	2.32	56100	18900	17.3	10.1	2850	951
		*394	405	18	18	22	214.4	168	2.33	59700	20000	16.7	9.64	3030	985
		400	400	13	21	22	218.7	172	2.34	66600	22400	17.5	10.1	3330	1120
		*400	408	21	21	22	250.7	197	2.35	70900	23800	16.8	9.74	3540	1170
		*414	405	18	28	22	295.4	232	2.37	92800	31000	17.7	10.2	4480	1530
		*428	407	20	35	22	360.7	283	2.41	119000	39400	18.2	10.4	5570	1930
		*458	417	30	50	22	528.6	415	2.49	187000	60500	18.8	10.7	8170	2900
		*498	432	45	70	22	770.1	604	2.60	298000	94400	19.7	11.1	12000	4370
	500×500	*492	465	15	20	22	258.0	202	2.78	117000	33500	21.3	11.4	4770	1440
		*502	465	15	25	22	304.5	239	2.80	146000	41900	21.9	11.7	5810	1800
		*502	470	20	25	22	329.6	259	2.81	151000	43300	21.4	11.5	6020	1840

续表

类别	型号(高度×宽度)/mm×mm	截面尺寸/mm					截面面积/cm^2	理论重量/(kg/m)	表面积/(m^2/m)	惯性矩/cm^4		惯性半径/cm		截面模数/cm^3	
		H	B	t_1	t_2	r				I_x	I_y	i_x	i_y	W_x	W_y
HM	150×100	148	100	6	9	8	26.34	20.7	0.670	1000	150	6.16	2.38	135	30.1
	200×150	194	150	6	9	8	38.10	29.9	0.962	2630	507	8.30	3.64	271	67.6
	250×175	244	175	7	11	13	55.49	43.6	1.15	6040	984	10.4	4.21	495	112
	300×200	294	200	8	12	13	71.05	55.8	1.35	11100	1600	12.5	4.74	756	160
		*298	201	9	14	13	82.03	64.4	1.36	13100	1900	12.6	4.80	878	189
	350×250	340	250	9	14	13	99.53	78.1	1.64	21200	3650	14.6	6.05	1250	292
	400×300	390	300	10	16	13	133.3	105	1.94	37900	7200	16.9	7.35	1940	480
	450×300	440	300	11	18	13	153.9	121	2.04	54700	8110	18.9	7.25	2490	540
	500×300	*482	300	11	15	13	141.2	111	2.12	58300	6760	20.3	6.91	2420	450
		488	300	11	18	13	159.2	125	2.13	68900	8110	20.8	7.13	2820	540
	550×300	*544	300	11	15	13	148.0	116	2.24	76400	6760	22.7	6.75	2810	450
		*550	300	11	18	13	166.0	130	2.26	89800	8110	23.3	6.98	3270	540
	600×300	*582	300	12	17	13	169.2	133	2.32	98900	7660	24.2	6.72	3400	511
		588	300	12	20	13	187.2	147	2.33	114000	9010	24.7	6.93	3890	601
		*594	302	14	23	13	217.1	170	2.35	134000	10600	24.8	6.97	4500	700
HN	*100×50	100	50	5	7	8	11.84	9.30	0.376	187	14.8	3.97	1.11	37.5	5.91
	*125×60	125	60	6	8	8	16.68	13.1	0.464	409	29.1	4.95	1.32	65.4	9.71
	150×75	150	75	5	7	8	17.84	14.0	0.576	666	49.5	6.10	1.66	88.8	13.2
	175×90	175	90	5	8	8	22.89	18.0	0.686	1210	97.5	7.25	2.06	138	21.7
	200×100	*198	99	4.5	7	8	22.68	17.8	0.769	1540	113	8.24	2.23	156	22.9
		200	100	5.5	8	8	26.66	20.9	0.775	1810	134	8.22	2.23	181	26.7
	250×125	*248	124	5	8	8	31.98	25.1	0.968	3450	255	10.4	2.82	278	41.1
		250	125	6	9	8	36.96	29.0	0.974	3960	294	10.4	2.81	317	47.0
	300×150	*298	149	5.5	8	13	40.80	32.0	1.16	6320	442	12.4	3.29	424	59.3
		300	150	6.5	9	13	46.78	36.7	1.16	7210	508	12.4	3.29	481	67.7
	350×175	*346	174	6	9	13	52.45	41.2	1.35	11000	791	14.5	3.88	638	91.0
		350	175	7	11	13	62.91	49.4	1.36	13500	984	14.6	3.95	771	112
	400×150	400	150	8	13	13	70.37	55.2	1.36	18600	734	16.3	3.22	929	97.8
	400×200	*396	199	7	11	13	71.41	56.1	1.55	19800	1450	16.6	4.50	999	145
		400	200	8	13	13	83.37	65.4	1.56	23500	1740	16.8	4.56	1170	174
	450×150	*446	150	7	12	13	66.99	52.6	1.46	22000	677	18.1	3.17	985	90.3
		450	151	8	14	13	77.49	60.8	1.47	25700	806	18.2	3.22	1140	107

续表

类别	型号(高度×宽度)/mm×mm	截面尺寸/mm					截面面积/cm²	理论重量/(kg/m)	表面积/(m²/m)	惯性矩/cm⁴		惯性半径/cm		截面模数/cm³	
		H	B	t_1	t_2	r				I_x	I_y	i_x	i_y	W_x	W_y
HN	450×200	*446	199	8	12	13	82.97	65.1	1.65	28100	1580	18.4	4.36	1260	159
		450	200	9	14	13	95.43	74.9	1.66	32900	1870	18.6	4.42	1460	187
	475×150	*470	150	7	13	13	71.53	56.2	1.50	26200	733	19.1	3.20	1110	97.8
		*475	151.5	8.5	15.5	13	86.15	67.6	1.52	31700	901	19.2	3.23	1330	119
		482	153.5	10.5	19	13	106.4	83.5	1.53	39600	1150	19.3	3.28	1640	150
	500×150	*492	150	7	12	13	70.21	55.1	1.55	27500	677	19.8	3.10	1120	90.3
		*500	152	9	16	13	92.21	72.4	1.57	37000	940	20.0	3.19	1480	124
		504	153	10	18	13	103.3	81.1	1.58	41900	1080	20.1	3.23	1660	141
	500×200	*496	199	9	14	13	99.29	77.9	1.75	40800	1840	20.3	4.30	1650	185
		500	200	10	16	13	112.3	88.1	1.76	46800	2140	20.4	4.36	1870	214
		*506	201	11	19	13	129.3	102	1.77	55500	2580	20.7	4.46	2190	257
	550×200	*546	199	9	14	13	103.8	81.5	1.85	50800	1840	22.1	4.21	1860	185
		550	200	10	16	13	117.3	92.0	1.86	58200	2140	22.3	4.27	2120	214
	600×200	*596	199	10	15	13	117.8	92.4	1.95	66600	1980	23.8	4.09	2240	199
		600	200	11	17	13	131.7	103	1.96	75600	2270	24.0	4.15	2520	227
		*606	201	12	20	13	149.8	118	1.97	88300	2720	24.3	4.25	2910	270
	625×200	*625	198.5	13.5	17.5	13	150.6	118	1.99	88500	2300	24.2	3.90	2830	231
		630	200	15	20	13	170.0	133	2.01	101000	2690	24.4	3.97	3220	268
		*638	202	17	24	13	198.7	156	2.03	122000	3320	24.8	4.09	3820	329
	650×300	*646	299	12	18	18	183.6	144	2.43	131000	8030	26.7	6.61	4080	537
		*650	300	13	20	18	202.1	159	2.44	146000	9010	26.9	6.67	4500	601
		*654	301	14	22	18	220.6	173	2.45	161000	10000	27.4	6.81	4930	666
	700×300	*692	300	13	20	18	207.5	163	2.53	168000	9020	28.5	6.59	4870	601
		700	300	13	24	18	231.5	182	2.54	197000	10800	29.2	6.83	5640	721
	750×300	*734	299	12	16	18	182.7	143	2.61	161000	7140	29.7	6.25	4390	478
		*742	300	13	20	18	214.0	168	2.63	197000	9020	30.4	6.49	5320	601
		*750	300	13	24	18	238.0	187	2.64	231000	10800	31.1	6.74	6150	721
		*758	303	16	28	18	284.8	224	2.67	276000	13000	31.1	6.75	7270	859
	800×300	*792	300	14	22	18	239.5	188	2.73	248000	9920	32.2	6.43	6270	661
		800	300	14	26	18	263.5	207	2.74	286000	11700	33.0	6.66	7160	781
	850×300	*834	298	14	19	18	227.5	179	2.80	251000	8400	33.2	6.07	6020	564
		*842	299	15	23	18	259.7	204	2.82	298000	10300	33.9	6.28	7080	687
		*850	300	16	27	18	292.1	229	2.84	346000	12200	34.4	6.45	8140	812
		*858	301	17	31	18	324.7	255	2.86	395000	14100	34.9	6.59	9210	939

续表

类别	型号（高度×宽度）/mm×mm	截面尺寸/mm					截面面积/cm²	理论重量/(kg/m)	表面积/(m²/m)	惯性矩/cm⁴		惯性半径/cm		截面模数/cm³	
		H	B	t_1	t_2	r				I_x	I_y	i_x	i_y	W_x	W_y
HN	900×300	*890	299	15	23	18	266.9	210	2.92	339000	10300	35.6	6.20	7610	687
		900	300	16	28	18	305.8	240	2.94	404000	12600	36.4	6.42	8990	842
		*912	302	18	34	18	360.1	283	2.97	491000	15700	36.9	6.59	10800	1040
	1000×300	*970	297	16	21	18	276.0	217	3.07	393000	9210	37.8	5.77	8110	620
		*980	298	17	26	18	315.5	248	3.09	472000	11500	38.7	6.04	9630	772
		*990	298	17	31	18	345.3	271	3.11	544000	13700	39.7	6.30	11000	921
		*1000	300	19	36	18	395.1	310	3.13	634000	16300	40.1	6.41	12700	1080
		*1008	302	21	40	18	439.3	345	3.15	712000	18400	40.3	6.47	14100	1220
HT	100×50	95	48	3.2	4.5	8	7.620	5.98	0.362	115	8.39	3.88	1.04	24.2	3.49
		97	49	4	5.5	8	9.370	7.36	0.368	143	10.9	3.91	1.07	29.6	4.45
	100×100	96	99	4.5	6	8	16.20	12.7	0.565	272	97.2	4.09	2.44	56.7	19.6
	125×60	118	58	3.2	4.5	8	9.250	7.26	0.448	218	14.7	4.85	1.26	37.0	5.08
		120	59	4	5.5	8	11.39	8.94	0.454	271	19.0	4.87	1.29	45.2	6.43
	125×125	119	123	4.5	6	8	20.12	15.8	0.707	532	186	5.14	3.04	89.5	30.3
	150×75	145	73	3.2	4.5	8	11.47	9.00	0.562	416	29.3	6.01	1.59	57.3	8.02
		147	74	4	5.5	8	14.12	11.1	0.568	516	37.3	6.04	1.62	70.2	10.1
	150×100	139	97	3.2	4.5	8	13.43	10.6	0.646	476	68.6	5.94	2.25	68.4	14.1
		142	99	4.5	6	8	18.27	14.3	0.657	654	97.2	5.98	2.30	92.1	19.6
	150×150	144	148	5	7	8	27.76	21.8	0.856	1090	378	6.25	3.69	151	51.1
		147	149	6	8.5	8	33.67	26.4	0.864	1350	469	6.32	3.73	183	63.0
	175×90	168	88	3.2	4.5	8	13.55	10.6	0.668	670	51.2	7.02	1.94	79.7	11.6
		171	89	4	6	8	17.58	13.8	0.676	894	70.7	7.13	2.00	105	15.9
	175×175	167	173	5	7	13	33.32	26.2	0.994	1780	605	7.30	4.26	213	69.9
		172	175	6.5	9.5	13	44.64	35.0	1.01	2470	850	7.43	4.36	287	97.1
	200×100	193	98	3.2	4.5	8	15.25	12.0	0.758	994	70.7	8.07	2.15	103	14.4
		196	99	4	6	8	19.78	15.5	0.766	1320	97.2	8.18	2.21	135	19.6
	200×150	188	149	4.5	6	8	26.34	20.7	0.949	1730	331	8.09	3.54	184	44.4
	200×200	192	198	6	8	13	43.69	34.3	1.14	3060	1040	8.37	4.86	319	105
	250×125	244	124	4.5	6	8	25.86	20.3	0.961	2650	191	10.1	2.71	217	30.8
	250×175	238	173	4.5	8	13	39.12	30.7	1.14	4240	691	10.4	4.20	356	79.9
	300×150	294	148	4.5	6	13	31.90	25.0	1.15	4800	325	12.3	3.19	327	43.9
	300×200	286	198	6	8	13	49.33	38.7	1.33	7360	1040	12.2	4.58	515	105
	350×175	340	173	4.5	6	13	36.97	29.0	1.34	7490	518	14.2	3.74	441	59.9
	400×150	390	148	6	8	13	47.57	37.3	1.34	11700	434	15.7	3.01	602	58.6
	400×200	390	198	6	8	13	55.57	43.6	1.54	14700	1040	16.2	4.31	752	105

注 1. 表中同一型号的产品，其内侧尺寸高度一致。

2. 表中截面面积计算公式为：$t_1(H-2t_2)+2Bt_2+0.858r^2$。

3. 表中“*”表示的规格为市场非常用规格。

部分T型钢截面尺寸、截面面积、理论重量及截面特性（按GB/T 11263—2017） 附表3-9

类别	型号（高度×宽度）/mm×mm	截面尺寸/mm					截面面积/cm²	理论重量/(kg/m)	表面积/(m²/m)	惯性矩/cm⁴		惯性半径/cm		截面模数/cm³		重心 C_x/cm	对应H型钢系列型号
		h	B	t_1	t_2	r				I_x	I_y	i_x	i_y	W_x	W_y		
TW	50×100	50	100	6	8	8	10.79	8.47	0.293	16.1	66.8	1.22	2.48	4.02	13.4	1.00	100×100
	62.5×125	62.5	125	6.5	9	8	15.00	11.8	0.368	35.0	147	1.52	3.12	6.91	23.5	1.19	125×125
	75×150	75	150	7	10	8	19.82	15.6	0.443	66.4	282	1.82	3.76	10.8	37.5	1.37	150×150
	87.5×175	87.5	175	7.5	11	13	25.71	20.2	0.514	115	492	2.11	4.37	15.9	56.2	1.55	175×175
	100×200	100	200	8	12	13	31.76	24.9	0.589	184	801	2.40	5.02	22.3	80.1	1.73	200×200
		100	204	12	12	13	35.76	28.1	0.597	256	851	2.67	4.87	32.4	83.4	2.09	
	125×250	125	250	9	14	13	45.71	35.9	0.739	412	1820	3.00	6.31	39.5	146	2.08	250×250
		125	255	14	14	13	51.96	40.8	0.749	589	1940	3.36	6.10	59.4	152	2.58	
	150×300	147	302	12	12	13	53.16	41.7	0.887	857	2760	4.01	7.20	72.3	183	2.85	300×300
		150	300	10	15	13	59.22	46.5	0.889	798	3380	3.67	7.55	63.7	225	2.47	
		150	305	15	15	13	66.72	52.4	0.899	1110	3550	4.07	7.29	92.5	233	3.04	
	175×350	172	348	10	16	13	72.00	56.5	1.03	1230	5620	4.13	8.83	84.7	323	2.67	350×350
		175	350	12	19	13	85.94	67.5	1.04	1520	6790	4.20	8.88	104	388	2.87	
	200×400	194	402	15	15	22	89.22	70.0	1.17	2480	8130	5.27	9.54	158	404	3.70	400×400
		197	398	11	18	22	93.40	73.3	1.17	2050	9460	4.67	10.1	123	475	3.01	
		200	400	13	21	22	109.3	85.8	1.18	2480	11200	4.75	10.1	147	560	3.21	
		200	408	21	21	22	125.3	98.4	1.2	3650	11900	5.39	9.74	229	584	4.07	
		207	405	18	28	22	147.7	116	1.21	3620	15500	4.95	10.2	213	766	3.68	
		214	407	20	35	22	180.3	142	1.22	4380	19700	4.92	10.4	250	967	3.90	
TM	75×100	74	100	6	9	8	13.17	10.3	0.341	51.7	75.2	1.98	2.38	8.84	15.0	1.56	150×100
	100×150	97	150	6	9	8	19.05	15.0	0.487	124	253	2.55	3.64	15.8	33.8	1.80	200×150

续表

类别	型号（高度×宽度）/mm×mm	截面尺寸/mm					截面面积/cm^2	理论重量/(kg/m)	表面积/(m^2/m)	惯性矩/cm^4		惯性半径/cm		截面模数/cm^3		重心 C_x/cm	对应H型钢系列型号
		h	B	t_1	t_2	r				I_x	I_y	i_x	i_y	W_x	W_y		
TM	125×175	122	175	7	11	13	27.74	21.8	0.583	288	492	3.22	4.21	29.1	56.2	2.28	250×175
	150×200	147	200	8	12	13	35.52	27.9	0.683	571	801	4.00	4.74	48.2	80.1	2.85	300×200
		149	201	9	14	13	41.01	32.2	0.689	661	949	4.01	4.80	55.2	94.4	2.92	
	175×250	170	250	9	14	13	49.76	39.1	0.829	1020	1820	4.51	6.05	73.2	146	3.11	350×250
	200×300	195	300	10	16	13	66.62	52.3	0.979	1730	3600	5.09	7.35	108	240	3.43	400×300
	225×300	220	300	11	18	13	76.94	60.4	1.03	2680	4050	5.89	7.25	150	270	4.09	450×300
	250×300	241	300	11	15	13	70.58	55.4	1.07	3400	3380	6.93	6.91	178	225	5.00	500×300
		244	300	11	18	13	79.58	62.5	1.08	3610	4050	6.73	7.13	184	270	4.72	
	275×300	272	300	11	15	13	73.99	58.1	1.13	4790	3380	8.04	6.75	225	225	5.96	550×300
		275	300	11	18	13	82.99	65.2	1.14	5090	4050	7.82	6.98	232	270	5.59	
	300×300	291	300	12	17	13	84.60	66.4	1.17	6320	3830	8.64	6.72	280	255	6.51	600×300
		294	300	12	20	13	93.60	73.5	1.18	6680	4500	8.44	6.93	288	300	6.17	
		297	302	14	23	13	108.5	85.2	1.19	7890	5290	8.52	6.97	339	350	6.41	
TN	50×50	50	50	5	7	8	5.920	4.65	0.193	11.8	7.39	1.41	1.11	3.18	2.950	1.28	100×50
	62.5×60	62.5	60	6	8	8	8.340	6.55	0.238	27.5	14.6	1.81	1.32	5.96	4.85	1.64	125×60
	75×75	75	75	5	7	8	8.920	7.00	0.293	42.6	24.7	2.18	1.66	7.46	6.59	1.79	150×75
	87.5×90	85.5	89	4	6	8	8.790	6.90	0.342	53.7	35.3	2.47	2.00	8.02	7.94	1.86	175×90
		87.5	90	5	8	8	11.44	8.98	0.348	70.6	48.7	2.48	2.06	10.4	10.8	1.93	
	100×100	99	99	4.5	7	8	11.34	8.90	0.389	93.5	56.7	2.87	2.23	12.1	11.5	2.17	200×100
		100	100	5.5	8	8	13.33	10.5	0.393	114	66.9	2.92	2.23	14.8	13.4	2.31	
	125×125	124	124	5	8	8	15.99	12.6	0.489	207	127	3.59	2.82	21.3	20.5	2.66	250×125
		125	125	6	9	8	18.48	14.5	0.493	248	147	3.66	2.81	25.6	23.5	2.81	

续表

类别	型号(高度×宽度)/mm×mm	截面尺寸/mm					截面面积/cm²	理论重量/(kg/m)	表面积/(m²/m)	惯性矩/cm⁴		惯性半径/cm		截面模数/cm³		重心 C_x/cm	对应H型钢系列型号
		h	B	t_1	t_2	r				I_x	I_y	i_x	i_y	W_x	W_y		
TN	150×150	149	149	5.5	8	13	20.40	16.0	0.585	393	221	4.39	3.29	33.8	29.7	3.26	300×150
		150	150	6.5	9	13	23.39	18.4	0.589	464	254	4.45	3.29	40.0	33.8	3.41	
	175×175	173	174	6	9	13	26.22	20.6	0.683	679	396	5.08	3.88	50.0	45.5	3.72	350×175
		175	175	7	11	13	31.45	24.7	0.689	814	492	5.08	3.95	59.3	56.2	3.76	
	200×200	198	199	7	11	13	35.70	28.0	0.783	1190	723	5.77	4.50	76.4	72.7	4.20	400×200
		200	200	8	13	13	41.68	32.7	0.789	1390	868	5.78	4.56	88.6	86.8	4.26	
	225×150	223	150	7	12	13	33.49	26.3	0.735	1570	338	6.84	3.17	93.7	45.1	5.54	450×150
		225	151	8	14	13	38.74	30.4	0.741	1830	403	6.87	3.22	108	53.4	5.62	
	225×200	223	199	8	12	13	41.48	32.6	0.833	1870	789	6.71	4.36	109	79.3	5.15	450×200
		225	200	9	14	13	47.71	37.5	0.839	2150	935	6.71	4.42	124	93.5	5.19	
	237.5×150	235	150	7	13	13	35.76	28.1	0.759	1850	367	7.18	3.20	104	48.9	7.50	475×150
		237.5	151.5	8.5	15.5	13	43.07	33.8	0.767	2270	451	7.25	3.23	128	59.5	7.57	
		241	153.5	10.5	19	13	53.20	41.8	0.778	2860	575	7.33	3.28	160	75.0	7.67	
	250×150	246	150	7	12	13	35.10	27.6	0.781	2060	339	7.66	3.10	113	45.1	6.36	500×150
		250	152	9	16	13	46.10	36.2	0.793	2750	470	7.71	3.19	149	61.9	6.53	
		252	153	10	18	13	51.66	40.6	0.799	3100	540	7.74	3.23	167	70.5	6.62	
	250×200	248	199	9	14	13	49.64	39.0	0.883	2820	921	7.54	4.30	150	92.6	5.97	500×200
		250	200	10	16	13	56.12	44.1	0.889	3200	1070	7.54	4.36	169	107	6.03	
		253	201	11	19	13	64.65	50.8	0.897	3660	1290	7.52	4.46	189	128	6.00	

续表

类别	型号（高度×宽度）/mm×mm	截面尺寸/mm					截面面积/cm^2	理论重量/(kg/m)	表面积/(m^2/m)	惯性矩/cm^4		惯性半径/cm		截面模数/cm^3		重心 C_x/cm	对应H型钢系列型号
		h	B	t_1	t_2	r				I_x	I_y	i_x	i_y	W_x	W_y		
TN	275×200	273	199	9	14	13	51.89	40.7	0.933	3690	921	8.43	4.21	180	92.6	6.85	550×200
		275	200	10	16	13	58.62	46.0	0.939	4180	1070	8.44	4.27	203	107	6.89	
	300×200	298	199	10	15	13	58.87	46.2	0.983	5150	988	9.35	4.09	235	99.3	7.92	600×200
		300	200	11	17	13	65.85	51.7	0.989	5770	1140	9.35	4.15	262	114	7.95	
		303	201	12	20	13	74.88	58.8	0.997	6530	1360	9.33	4.25	291	135	7.88	
	312.5×200	312.5	198.5	13.5	17.5	13	75.28	59.1	1.01	7460	1150	9.95	3.90	338	116	9.15	625×200
		315	200	15	20	13	84.97	66.7	1.02	8470	1340	9.98	3.97	380	134	9.21	
		319	202	17	24	13	99.35	78.0	1.03	9960	1160	10.0	4.08	440	165	9.26	
	325×300	323	299	12	18	18	91.81	72.1	1.23	8570	4020	9.66	6.61	344	269	7.36	650×300
		325	300	13	20	18	101.0	79.3	1.23	9430	4510	9.66	6.67	376	300	7.40	
		327	301	14	22	18	110.3	86.59	1.24	10300	5010	9.66	6.73	408	333	7.45	
	350×300	346	300	13	20	18	103.8	81.5	1.28	11300	4510	10.4	6.59	424	301	8.09	700×300
		350	300	13	24	18	115.8	90.9	1.28	12000	5410	10.2	6.83	438	361	7.63	
	400×300	396	300	14	22	18	119.8	94.0	1.38	17600	4960	12.1	6.43	592	331	9.78	800×300
		400	300	14	26	18	131.8	103	1.38	18700	5860	11.9	6.66	610	391	9.27	
	450×300	445	299	15	23	18	133.5	105	1.47	25900	5140	13.9	6.20	789	344	11.7	900×300
		450	300	16	28	18	152.9	120	1.48	29100	6320	13.8	6.42	865	421	11.4	
		456	302	18	34	18	180.0	141	1.50	34100	7830	13.8	6.59	997	518	11.3	

普通高频焊接薄壁 H 型钢的型号及截面特性（按 JG/T 137—2007） 附表 3-10

截面尺寸/mm				A/cm²	理论重量/(kg/m)	x-x			y-y		
H	B	t_w	t_f			I_x/cm⁴	W_x/cm³	i_x/cm	I_y/cm⁴	W_y/cm³	i_y/cm
100	50	2.3	3.2	5.35	4.20	90.71	18.14	4.12	6.68	2.67	1.12
		3.2	4.5	7.41	5.82	122.77	24.55	4.07	9.40	3.76	1.13
	100	4.5	6.0	15.96	12.53	291.00	58.20	4.27	100.07	20.01	2.50
		6.0	8.0	21.04	16.52	369.05	73.81	4.19	133.48	26.70	2.52
120	120	3.2	4.5	14.35	11.27	396.84	66.14	5.26	129.63	21.61	3.01
		4.5	6.0	19.26	15.12	515.53	85.92	5.17	172.88	28.81	3.00
150	75	3.2	4.5	11.26	8.84	432.11	57.62	6.19	31.68	8.45	1.68
		4.5	6.0	15.21	11.94	565.38	75.38	6.10	42.29	11.28	1.67
	100	3.2	4.5	13.51	10.61	551.24	73.50	6.39	75.04	15.01	2.36
		3.2	6.0	16.42	12.89	692.52	92.34	6.50	100.04	20.01	2.47
		4.5	6.0	18.21	14.29	720.99	96.13	6.29	100.10	20.02	2.34
	150	3.2	6.0	22.42	17.60	1003.74	133.83	6.69	337.54	45.01	3.88
		4.5	6.0	24.21	19.00	1032.21	137.63	6.53	337.60	45.01	3.73
		6.0	8.0	32.04	25.15	1331.43	177.52	6.45	450.24	60.03	3.75
200	100	3.0	3.0	11.82	9.28	764.71	76.47	8.04	50.04	10.01	2.06
		3.2	4.5	15.11	11.86	1045.92	104.59	8.32	75.05	15.01	2.23
		3.2	6.0	18.02	14.14	1306.63	130.66	8.52	100.05	20.01	2.36
		4.5	6.0	20.46	16.06	1378.62	137.86	8.21	100.14	20.03	2.21
		6.0	8.0	27.04	21.23	1786.89	178.69	8.13	133.66	26.73	2.22
	150	3.2	4.5	19.61	15.40	1475.97	147.60	8.68	253.18	33.76	3.59
		3.2	6.0	24.02	18.85	1871.35	187.14	8.83	337.55	45.01	3.75
		4.5	6.0	26.46	20.77	1943.34	194.33	8.57	337.64	45.02	3.57
		6.0	8.0	35.04	27.51	2524.60	252.46	8.49	450.33	60.04	3.58
	200	6.0	8.0	43.04	33.79	3262.30	326.23	8.71	1067.00	106.70	4.98
250	125	3.0	3.0	14.82	11.63	1507.14	120.57	10.08	97.71	15.63	2.57
		3.2	4.5	18.96	14.89	2068.56	165.48	10.44	146.55	23.45	2.78
		3.2	6.0	22.62	17.75	2592.55	207.40	10.71	195.38	31.26	2.94
		4.5	6.0	25.71	20.18	2738.60	219.09	10.32	195.49	31.28	2.76
			8.0	30.53	23.97	3409.75	272.78	10.57	260.59	41.70	2.92
		6.0	8.0	34.04	26.72	3569.91	285.59	10.24	260.84	41.73	2.77
	150	3.2	4.5	21.21	16.65	2407.62	192.61	10.65	253.19	33.76	3.45
			6.0	25.62	20.11	3039.16	243.13	10.89	337.56	45.01	3.63

续表

截面尺寸/mm				A/cm²	理论重量/(kg/m)	x-x			y-y		
H	B	t_w	t_f			I_x/cm⁴	W_x/cm³	i_x/cm	I_y/cm⁴	W_y/cm³	i_y/cm
250	150	4.5	6.0	28.71	22.54	3185.21	254.82	10.53	337.68	45.02	3.43
			8.0	34.53	27.11	3995.60	319.65	10.76	450.18	60.02	3.61
			9.0	37.44	29.39	4390.56	351.24	10.83	506.43	67.52	3.68
		6.0	8.0	38.04	29.86	4155.77	332.46	10.45	450.42	60.06	3.44
			9.0	40.92	32.12	4546.65	363.73	10.54	506.67	67.56	3.52
	200	4.5	8.0	42.53	33.39	5167.31	413.38	11.02	1066.84	106.68	5.01
			9.0	46.44	36.46	5697.99	455.84	11.08	1200.18	120.02	5.08
			10.0	50.35	39.52	6219.60	497.57	11.11	1333.51	133.35	5.15
		6.0	8.0	46.04	36.14	5327.47	426.20	10.76	1067.09	106.71	4.81
			9.0	49.92	39.19	5854.08	468.33	10.83	1200.42	120.04	4.90
			10.0	53.80	42.23	6371.68	509.73	10.88	1333.75	133.37	4.98
	250	4.5	8.0	50.53	39.67	6339.02	507.12	11.20	2083.51	166.68	6.42
			9.0	55.44	43.52	7005.42	560.43	11.24	2343.93	187.51	6.50
			10.0	60.35	47.37	7660.43	612.83	11.27	2604.34	208.35	6.57
		6.0	8.0	54.04	42.42	6499.18	519.93	10.97	2083.75	166.70	6.21
			9.0	58.92	46.25	7161.51	572.92	11.02	2344.17	187.53	6.31
			10.0	63.80	50.08	7812.52	625.00	11.07	2604.58	208.37	6.39
300	150	3.2	4.5	22.81	17.91	3604.41	240.29	12.57	253.20	33.76	3.33
			6.0	27.22	21.36	4527.17	301.81	12.90	337.58	45.01	3.52
		4.5	6.0	30.96	24.30	4785.96	319.06	12.43	337.72	45.03	3.30
			8.0	36.78	28.87	5976.11	398.41	12.75	450.22	60.03	3.50
			9.0	39.69	31.16	6558.76	437.25	12.85	506.46	67.53	3.57
			10.0	42.60	33.44	7133.20	475.55	12.94	562.71	75.03	3.63
		6.0	8.0	41.04	32.22	6262.44	417.50	12.35	450.51	60.07	3.31
			9.0	43.92	34.48	6839.08	455.94	12.48	506.76	67.57	3.40
			10.0	46.80	36.74	7407.60	493.84	12.58	563.00	75.07	3.47
	200	4.5	8.0	44.78	35.15	7681.81	512.12	13.10	1066.88	106.69	4.88
			9.0	48.69	38.22	8464.69	564.31	13.19	1200.21	120.02	4.96
			10.0	52.60	41.29	9236.53	615.77	13.25	1333.55	133.35	5.04
		6.0	8.0	49.04	38.50	7968.14	531.21	12.75	1067.18	106.72	4.66
			9.0	52.92	41.54	8745.01	583.00	12.85	1200.51	120.05	4.76
			10.0	56.80	44.59	9510.93	634.06	12.94	1333.84	133.38	4.85

续表

截面尺寸/mm				A/cm^2	理论重量/(kg/m)	x-x			y-y		
H	B	t_w	t_f			I_x/cm^4	W_x/cm^3	i_x/cm	I_y/cm^4	W_y/cm^3	i_y/cm
300	250	4.5	8.0	52.78	41.43	9387.52	625.83	13.34	2083.55	166.68	6.28
			9.0	57.69	45.29	10370.62	691.37	13.41	2343.96	187.52	6.37
			10.0	62.60	49.14	11339.87	755.99	13.46	2604.38	208.35	6.45
		6.0	8.0	57.04	44.78	9673.85	644.92	13.02	2083.84	166.71	6.04
			9.0	61.92	48.61	10650.94	710.06	13.12	2344.26	187.54	6.15
			10.0	66.80	52.44	11614.27	774.28	13.19	2604.67	208.37	6.24
350	150	3.2	4.5	24.41	19.16	5086.36	290.65	14.43	253.22	33.76	3.22
			6.0	28.82	22.62	6355.38	363.16	14.85	337.59	45.01	3.42
		4.5	6.0	33.21	26.07	6773.70	387.07	14.28	337.76	45.03	3.19
			8.0	39.03	30.64	8416.36	480.93	14.68	450.25	60.03	3.40
			9.0	41.94	32.92	9223.08	527.03	14.83	506.50	67.53	3.48
			10.0	44.85	35.21	10020.14	572.58	14.95	562.75	75.03	3.54
		6.0	8.0	44.04	34.57	8882.11	507.55	14.20	450.60	60.08	3.20
			9.0	46.92	36.83	9680.51	553.17	14.36	506.85	67.58	3.29
			10.0	49.80	39.09	10469.35	598.25	14.50	563.09	75.08	3.36
	175	4.5	6.0	36.21	28.42	7661.31	437.79	14.55	536.19	61.28	3.85
			8.0	43.03	33.78	9586.21	547.78	14.93	714.84	81.70	4.08
			9.0	46.44	36.46	10531.54	601.80	15.06	804.16	91.90	4.16
			10.0	49.85	39.13	11465.55	655.17	15.17	893.48	102.11	4.23
		6.0	8.0	48.04	37.71	10051.96	574.40	14.47	715.18	81.74	3.86
			9.0	51.42	40.36	10988.97	627.94	14.62	804.50	91.94	3.96
			10.0	54.80	43.02	11914.77	680.84	14.75	893.82	102.15	4.01
	200	4.5	8.0	47.03	36.92	10756.07	614.63	15.12	1066.92	106.69	4.76
			9.0	50.94	39.99	11840.01	676.57	15.25	1200.25	120.03	4.85
			10.0	54.85	43.06	12910.97	737.77	15.34	1333.58	133.36	4.93
		6.0	8.0	52.04	40.85	11221.81	641.25	14.68	1067.27	106.73	4.53
			9.0	55.92	43.90	12297.44	702.71	14.83	1200.60	120.06	4.63
			10.0	59.80	46.94	13360.18	763.44	14.95	1333.93	133.39	4.72
	250	4.5	8.0	55.03	43.20	13095.77	748.33	15.43	2083.59	166.69	6.15
			9.0	59.94	47.05	14456.94	826.11	15.53	2344.00	187.52	6.25
			10.0	64.85	50.91	15801.80	902.96	15.61	2604.42	208.35	6.34
		6.0	8.0	60.04	47.13	13561.52	774.94	15.03	2083.93	166.71	5.89
			9.0	64.92	50.96	14914.37	852.25	15.16	2344.35	187.55	6.01
			10.0	69.80	54.79	16251.02	928.63	15.26	2604.76	208.38	6.11
400	150	4.5	8.0	41.28	32.40	11344.49	567.22	16.58	450.29	60.04	3.30
			9.0	44.19	34.69	12411.65	620.58	16.76	506.54	67.54	3.39
			10.0	47.10	36.97	13467.70	673.39	16.91	562.79	75.04	3.46
		6.0	8.0	47.04	36.93	12052.28	602.61	16.01	450.69	60.09	3.10
			9.0	49.92	39.19	13108.44	655.42	16.20	506.94	67.59	3.19
			10.0	52.80	41.45	14153.60	707.68	16.37	563.18	75.09	3.27

续表

截面尺寸/mm				A/cm²	理论重量/(kg/m)	x-x			y-y		
H	B	t_w	t_f			I_x/cm⁴	W_x/cm³	i_x/cm	I_y/cm⁴	W_y/cm³	i_y/cm
400	200	4.5	8.0	49.28	38.68	14418.19	720.91	17.10	1066.96	106.70	4.65
			9.0	53.19	41.75	15852.08	792.60	17.26	1200.29	120.03	4.75
			10.0	57.10	44.82	17271.03	863.55	17.39	1333.62	133.36	4.83
		6.0	8.0	55.04	43.21	15125.98	756.30	16.58	1067.36	106.74	4.40
			9.0	58.92	46.25	16548.87	827.44	16.76	1200.69	120.07	4.51
			10.0	62.80	49.30	17956.93	897.85	16.91	1334.02	133.40	4.61
	250	4.5	8.0	57.28	44.96	17491.90	874.59	17.47	2083.62	166.69	6.03
			9.0	62.19	48.82	19292.51	964.63	17.61	2344.04	187.52	6.14
			10.0	67.10	52.67	21074.37	1053.72	17.72	2604.46	208.36	6.23
		6.0	8.0	63.04	49.49	18199.69	909.98	16.99	2084.02	166.72	5.75
			9.0	67.92	53.32	19989.30	999.46	17.16	2344.44	187.56	5.88
			10.0	72.80	57.15	21760.27	1088.01	17.29	2604.85	208.39	5.98
450	200	4.5	8.0	51.53	40.45	18696.32	830.95	19.05	1067.00	106.70	4.55
			9.0	55.44	43.52	20529.03	912.40	19.24	1200.33	120.03	4.65
			10.0	59.35	46.59	22344.85	993.10	19.40	1333.66	133.37	4.74
		6.0	8.0	58.04	45.56	19718.15	876.36	18.43	1067.45	106.74	4.29
			9.0	61.92	48.61	21536.80	957.19	18.65	1200.78	120.08	4.40
			10.0	65.80	51.65	23338.68	1037.27	18.83	1334.11	133.41	4.50
	250	4.5	8.0	59.53	46.73	22604.03	1004.62	19.49	2083.66	166.69	5.92
			9.0	64.44	50.59	24905.46	1106.91	19.66	2344.08	187.53	6.03
			10.0	69.35	54.44	27185.68	1208.25	19.80	2604.49	208.36	6.13
		6.0	8.0	66.04	51.84	23625.86	1050.04	18.91	2084.11	166.73	5.62
			9.0	70.92	55.67	25913.23	1151.70	19.12	2344.53	187.56	5.75
			10.0	75.80	59.50	28179.52	1252.42	19.28	2604.94	208.40	5.86
500	200	4.5	8.0	53.78	42.22	23618.57	944.74	20.96	1067.03	106.70	4.45
			9.0	57.69	45.29	25898.98	1035.96	21.19	1200.37	120.04	4.56
			10.0	61.60	48.36	28160.53	1126.42	21.38	1333.70	133.37	4.65
		6.0	8.0	61.04	47.92	25035.82	1001.43	20.25	1067.54	106.75	4.18
			9.0	64.92	50.96	27298.73	1091.95	20.51	1200.87	120.09	4.30
			10.0	68.80	54.01	29542.93	1181.72	20.72	1334.20	133.42	4.40
	250	4.5	8.0	61.78	48.50	28460.28	1138.41	21.46	2083.70	166.70	5.81
			9.0	66.69	52.35	31323.91	1252.96	21.67	2344.12	187.53	5.93
			10.0	71.60	56.21	34163.87	1366.55	21.84	2604.53	208.36	6.03
		6.0	8.0	69.04	54.20	29877.53	1195.10	20.80	2084.20	166.74	5.49
			9.0	73.92	58.03	32723.66	1308.95	21.04	2344.62	187.57	5.63
			10.0	78.80	61.86	35546.27	1421.85	21.24	2605.03	208.40	5.75

注 1. 经供需双方协商，也可采用本表规定以外的型号和截面尺寸。

2. 根据不同的钢种，H型钢板材的宽厚比超过现行国家标准和规范时，应按照相应的规范处理。

热轧无缝钢管的规格及截面特性（按GB/T 8162—2018）　　附表3-11

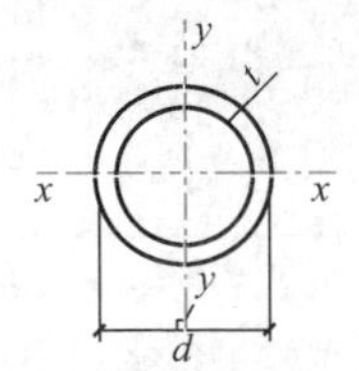

I—截面惯性矩

W—截面模量

i—截面回转半径

尺寸/mm		截面面积	每米重量/	截面特性		
d	t	A/cm²	(kg/m)	I/cm⁴	W/cm³	i/cm
32	2.5	2.32	1.82	2.54	1.59	1.05
	3.0	2.73	2.15	2.90	1.82	1.03
	3.5	3.13	2.46	3.23	2.02	1.02
	4.0	3.52	2.76	3.52	2.20	1.00
38	2.5	2.79	2.19	4.41	2.32	1.26
	3.0	3.30	2.59	5.09	2.68	1.24
	3.5	3.79	2.98	5.70	3.00	1.23
	4.0	4.27	3.35	6.26	3.29	1.21
42	2.5	3.10	2.44	6.07	2.89	1.40
	3.0	3.68	2.89	7.03	3.35	1.38
	3.5	4.23	3.32	7.91	3.77	1.37
	4.0	4.78	3.75	8.71	4.15	1.35
45	2.5	3.34	2.62	7.56	3.36	1.51
	3.0	3.96	3.11	8.77	3.90	1.49
	3.5	4.56	3.58	9.89	4.40	1.47
	4.0	5.15	4.04	10.93	4.86	1.46
50	2.5	3.73	2.93	10.55	4.22	1.68
	3.0	4.43	3.48	12.28	4.91	1.67
	3.5	5.11	4.01	13.90	4.56	1.65
	4.0	5.78	4.54	15.41	6.16	1.63
	4.5	6.43	5.05	16.81	6.72	1.62
	5.0	7.07	5.55	18.11	7.25	1.60
54	3.0	4.81	3.77	15.68	5.81	1.81
	3.5	5.55	4.36	17.79	6.59	1.79
	4.0	6.28	4.93	19.76	7.32	1.77
	4.5	7.00	5.49	21.61	8.00	1.76
	5.0	7.70	6.04	23.34	8.64	1.74
	5.5	8.38	6.58	24.96	9.24	1.73
	6.0	9.05	7.10	26.46	9.80	1.71
57	3.0	5.09	4.00	18.61	6.53	1.91
	3.5	5.88	4.62	21.14	7.42	1.90
	4.0	6.66	5.23	23.52	8.25	1.88
	4.5	7.42	5.83	25.76	9.04	1.86
	5.0	8.17	6.41	27.86	9.78	1.85
	5.5	8.90	6.99	29.84	10.47	1.83
	6.0	9.61	7.55	31.69	11.12	1.82

尺寸/mm		截面面积	每米重量/	截面特性		
d	t	A/cm²	kg/m	I/cm⁴	W/cm³	i/cm
60	3.0	5.37	4.22	21.88	7.29	2.02
	3.5	6.21	4.88	24.88	8.29	2.00
	4.0	7.04	5.52	27.73	9.24	1.98
	4.5	7.85	6.16	30.41	10.14	1.97
	5.0	8.64	6.78	32.94	10.98	1.95
	5.5	9.42	7.39	35.32	11.77	1.94
	6.0	10.18	7.99	37.56	12.52	1.92
63.5	3.0	5.70	4.48	26.15	8.24	2.14
	3.5	6.60	5.18	29.79	9.38	2.12
	4.0	7.48	5.87	33.24	10.47	2.11
	4.5	8.34	6.55	36.50	11.50	2.09
	5.0	9.19	7.21	39.60	12.47	2.08
	5.5	10.02	7.87	42.52	13.39	2.06
	6.0	10.84	8.51	45.28	14.26	2.04
68	3.0	6.13	4.81	32.42	9.54	2.30
	3.5	7.09	5.57	36.99	10.88	2.28
	4.0	8.04	6.31	41.34	12.16	2.27
	4.5	8.98	7.05	45.47	13.37	2.25
	5.0	9.90	7.77	49.41	14.53	2.23
	5.5	10.80	8.48	53.14	15.63	2.22
	6.0	11.69	9.17	56.68	16.67	2.20
70	3.0	6.31	4.96	35.50	10.14	2.37
	3.5	7.31	5.74	40.53	11.58	2.35
	4.0	8.29	6.51	45.33	12.95	2.34
	4.5	9.26	7.27	49.89	14.26	2.32
	5.0	10.21	8.01	54.24	15.50	2.30
	5.5	11.14	8.75	58.38	16.68	2.29
	6.0	12.06	9.47	62.31	17.80	2.27
73	3.0	6.60	5.18	40.48	11.09	2.48
	3.5	7.64	6.00	46.26	12.67	2.46
	4.0	8.67	6.81	51.78	14.19	2.44
	4.5	9.68	7.60	57.04	15.63	2.43
	5.0	10.68	8.38	62.07	17.01	2.41
	5.5	11.66	9.16	66.87	18.32	2.39
	6.0	12.63	9.91	71.43	19.57	2.38

续表

尺寸/mm		截面面积 A/cm²	每米重量/(kg/m)	截面特性		
d	t			I/cm⁴	W/cm³	i/cm
76	3.0	6.88	5.40	45.91	12.08	2.58
	3.5	7.97	6.26	52.50	13.82	2.57
	4.0	9.05	7.10	58.81	15.48	2.55
	4.5	10.11	7.93	64.85	17.07	2.53
	5.0	11.15	8.75	70.62	18.59	2.52
	5.5	12.18	9.56	76.14	20.04	2.50
	6.0	13.19	10.36	81.41	21.42	2.48
83	3.5	8.74	6.86	69.19	16.67	2.81
	4.0	9.93	7.79	77.64	18.71	2.80
	4.5	11.10	8.71	85.76	20.67	2.78
	5.0	12.25	9.62	93.56	22.54	2.76
	5.5	13.39	10.51	101.04	24.35	2.75
	6.0	14.51	11.39	108.22	26.08	2.73
	6.5	15.62	12.26	115.10	27.74	2.71
	7.0	16.71	13.12	121.69	29.32	2.70
89	3.5	9.40	7.38	86.05	19.34	3.03
	4.0	10.68	8.38	96.68	21.73	3.01
	4.5	11.95	9.38	106.92	24.03	2.99
	5.0	13.19	10.36	116.79	26.24	2.98
	5.5	14.43	11.33	126.29	28.38	2.96
	6.0	15.75	12.28	135.43	30.43	2.94
	6.5	16.85	13.22	144.22	32.41	2.93
	7.0	18.03	14.16	152.67	34.31	2.91
95	3.5	10.06	7.90	105.45	22.20	3.24
	4.0	11.44	8.98	118.60	24.97	3.22
	4.5	12.79	10.04	131.31	27.64	3.20
	5.0	14.14	11.10	143.58	30.23	3.19
	5.5	15.46	12.14	155.43	32.72	3.17
	6.0	16.78	13.17	166.86	35.13	3.15
	6.5	18.07	14.19	177.89	37.45	3.14
	7.0	19.35	15.19	188.51	39.69	3.12
102	3.5	10.83	8.50	131.52	25.79	3.48
	4.0	12.32	9.67	148.09	29.04	3.47
	4.5	13.78	10.82	164.14	32.18	3.45
	5.0	15.24	11.96	179.68	35.23	3.43
	5.5	16.67	13.09	194.72	38.18	3.42
	6.0	18.10	14.21	209.28	41.03	3.40
	6.5	19.50	15.31	223.35	43.79	3.38
	7.0	20.89	16.40	236.96	46.46	3.37
108	4.0	13.06	10.26	177.00	32.78	3.68
	4.5	14.62	11.49	196.35	36.36	3.66
	5.0	16.17	12.70	215.12	39.84	3.65
	5.5	17.70	13.90	233.32	43.21	3.63
	6.0	19.22	15.09	250.97	46.48	3.61
	6.5	20.72	16.27	268.08	49.64	3.60
	7.0	22.20	17.44	284.65	52.71	3.58
	7.5	23.67	18.59	300.71	55.69	3.56
	8.0	25.12	19.73	316.25	58.57	3.55
114	4.0	13.82	10.85	209.35	36.73	3.89
	4.5	15.48	12.15	232.41	40.77	3.87
	5.0	17.12	13.44	254.81	44.70	3.86
	5.5	18.75	14.72	276.58	48.52	3.84
	6.0	20.36	15.98	297.73	52.23	3.82
	6.5	21.95	17.23	318.26	55.84	3.81
	7.0	23.53	18.47	338.19	59.33	3.79
	7.5	25.09	19.70	357.58	62.73	3.77
	8.0	26.64	20.91	376.30	66.02	3.76
121	4.0	14.70	11.54	251.87	41.63	4.14
	4.5	16.47	12.93	279.83	46.25	4.12
	5.0	18.22	14.30	307.05	50.75	4.11
	5.5	19.96	15.67	333.54	55.13	4.09
	6.0	21.68	17.02	359.32	59.39	4.07
	6.5	23.38	18.35	384.40	63.54	4.05
	7.0	25.07	19.68	408.80	67.57	4.04
	7.5	26.74	20.99	432.51	71.49	4.02
	8.0	28.40	22.29	455.57	75.30	4.01
127	4.0	15.46	12.13	292.61	46.08	4.35
	4.5	17.32	13.59	325.29	51.23	4.33
	5.0	19.16	15.04	357.14	56.24	4.32
	5.5	20.99	16.48	388.19	61.13	4.30
	6.0	22.81	17.90	418.44	65.90	4.28
	6.5	24.61	19.32	447.92	70.54	4.27
	7.0	26.39	20.72	476.63	75.06	4.25
	7.5	28.16	22.10	504.58	79.46	4.23
	8.0	29.91	23.48	531.80	83.75	4.22
133	4.0	16.21	12.73	337.53	50.76	4.56
	4.5	18.17	14.26	375.42	56.45	4.55
	5.0	20.11	15.78	412.40	62.02	4.53
	5.5	22.03	17.29	448.50	67.44	4.51
	6.0	23.94	18.79	483.72	72.74	4.50
	6.5	25.83	20.28	518.07	77.91	4.48
	7.0	27.71	21.75	551.58	82.94	4.46
	7.5	29.57	23.21	584.25	87.86	4.45
	8.0	31.42	24.66	616.11	92.65	4.43

续表

尺寸/mm		截面面积 A/cm²	每米重量/(kg/m)	截面特性			尺寸/mm		截面面积 A/cm²	每米重量/(kg/m)	截面特性		
d	t			I/cm⁴	W/cm³	i/cm	d	t			I/cm⁴	W/cm³	i/cm
140	4.5	19.16	15.04	440.12	62.87	4.79	168	4.5	23.11	18.14	772.96	92.02	5.78
	5.0	21.21	16.65	483.76	69.11	4.78		5.0	25.60	20.10	851.14	101.33	5.77
	5.5	23.24	18.24	526.40	75.20	4.76		5.5	28.08	22.04	927.85	110.46	5.75
	6.0	25.26	19.83	568.06	81.15	4.74		6.0	30.54	23.97	1003.12	119.42	5.73
	6.5	27.26	21.40	608.76	86.97	4.73		6.5	32.98	25.89	1076.95	128.21	5.71
	7.0	29.25	22.96	648.51	92.64	4.71		7.0	35.41	27.79	1149.36	136.83	5.70
	7.5	31.22	24.51	687.32	98.19	4.69		7.5	37.82	29.69	1220.38	145.28	5.68
	8.0	33.18	26.04	725.21	103.60	4.68		8.0	40.21	31.57	1290.01	153.57	5.66
	9.0	37.04	29.08	798.29	114.04	4.64		9.0	44.96	35.29	1425.22	169.67	5.63
	10	40.84	32.06	867.86	123.98	4.61		10	49.64	38.97	1555.13	185.13	5.60
146	4.5	20.00	15.70	501.16	68.65	5.01	180	5.0	27.49	21.58	1053.17	117.02	6.19
	5.0	22.15	17.39	551.10	75.49	4.99		5.5	30.15	23.67	1148.79	127.64	6.17
	5.5	24.28	19.06	599.95	82.19	4.97		6.0	32.80	25.75	1242.72	138.08	6.16
	6.0	26.39	20.72	647.73	88.73	4.95		6.5	35.43	27.81	1335.00	148.33	6.14
	6.5	28.49	22.36	694.44	95.13	4.94		7.0	38.04	29.87	1425.63	158.40	6.12
	7.0	30.57	24.00	740.12	101.39	4.92		7.5	40.64	31.91	1514.64	168.29	6.10
	7.5	32.63	25.62	784.77	107.50	4.90		8.0	43.23	33.93	1602.04	178.00	6.09
	8.0	34.68	27.23	828.41	113.48	4.89		9.0	48.35	37.95	1772.12	196.90	6.05
	9.0	38.74	30.41	912.71	125.03	4.85		10	53.41	41.92	1936.01	215.11	6.02
	10	42.73	33.54	993.16	136.05	4.82		12	63.33	49.72	2245.84	249.54	5.95
152	4.5	20.85	16.37	567.61	74.69	5.22	194	5.0	29.69	23.31	1326.54	136.76	6.68
	5.0	23.09	18.13	624.43	82.16	5.20		5.5	32.57	25.57	1447.86	149.26	6.67
	5.5	25.31	19.87	680.06	89.48	5.18		6.0	35.44	27.82	1567.21	161.57	6.65
	6.0	27.52	21.60	734.52	96.65	5.17		6.5	38.29	30.06	1684.61	173.67	6.63
	6.5	29.71	23.32	787.82	103.66	5.15		7.0	41.12	32.28	1800.08	185.57	6.62
	7.0	31.89	25.03	839.99	110.52	5.13		7.5	43.94	34.50	1913.64	197.28	6.60
	7.5	34.05	26.73	891.03	117.24	5.12		8.0	46.75	36.70	2025.31	208.79	6.58
	8.0	36.19	28.41	940.97	123.81	5.10		9.0	52.31	41.06	2243.08	231.25	6.55
	9.0	40.43	31.74	1037.59	136.53	5.07		10	57.81	45.38	2453.55	252.94	6.51
	10	44.61	35.02	1129.99	148.68	5.03		12	68.51	53.86	2853.25	294.15	6.45
159	4.5	21.84	17.15	652.27	82.05	5.46	203	6.0	37.13	29.15	1803.07	177.64	6.97
	5.0	24.19	18.99	717.88	90.30	5.45		6.5	40.13	31.50	1938.81	191.02	6.95
	5.5	26.52	20.82	782.18	98.39	5.43		7.0	43.10	33.84	2072.43	204.18	6.93
	6.0	28.84	22.64	845.19	106.31	5.41		7.5	46.06	36.16	2203.94	217.14	6.92
	6.5	31.14	24.45	906.92	114.08	5.40		8.0	49.01	38.47	2333.37	229.89	6.90
	7.0	33.43	26.24	967.41	121.69	5.38		9.0	54.85	43.06	2586.08	254.79	6.87
	7.5	35.70	28.02	1026.65	129.14	5.36		10	60.63	47.60	2830.72	278.89	6.83
	8.0	37.95	29.79	1084.67	136.44	5.35		12	72.01	56.52	3296.49	324.78	6.77
	9.0	42.41	33.29	1197.12	150.58	5.31		14	83.13	65.25	3732.07	367.69	6.70
	10	46.81	36.75	1304.88	164.14	5.28		16	94.00	73.79	4138.78	407.76	6.64

续表

尺寸/mm		截面面积 A/cm^2	每米重量/(kg/m)	截面特性		
d	t			I/cm^4	W/cm^3	i/cm
219	6.0	40.15	31.52	2278.74	208.10	7.53
	6.5	43.39	34.06	2451.64	223.89	7.52
	7.0	46.62	36.60	2622.04	239.46	7.50
	7.5	49.83	39.12	2789.96	254.79	7.48
	8.0	53.03	41.63	2955.43	269.90	7.47
	9.0	59.38	46.61	3279.12	299.46	7.43
	10	65.66	51.54	3593.29	328.15	7.40
	12	78.04	61.26	4193.81	383.00	7.33
	14	90.16	70.78	4758.50	434.57	7.26
	16	102.04	80.10	5288.81	483.00	7.20
245	6.5	48.70	38.23	3465.46	282.89	8.44
	7.0	52.34	41.08	3709.06	302.78	8.42
	7.5	55.96	43.93	3949.52	322.41	8.40
	8.0	59.56	46.76	4186.87	341.79	8.38
	9.0	66.73	52.38	4652.32	379.78	8.35
	10	73.83	57.95	5105.63	416.79	8.32
	12	87.84	68.95	5976.67	487.89	8.25
	14	101.60	79.76	6801.68	555.24	8.18
	16	115.11	90.36	7582.30	618.96	8.12
273	6.5	54.42	42.72	4834.18	354.15	9.42
	7.0	58.50	45.92	5177.30	379.29	9.41
	7.5	62.56	49.11	5516.47	404.14	9.39
	8.0	66.60	52.28	5851.71	428.70	9.37
	9.0	74.64	58.60	6510.56	476.96	9.34
	10	82.62	64.86	7154.09	524.11	9.31
	12	98.39	77.24	8396.14	615.10	9.24
	14	114.91	89.42	9579.75	701.84	9.17
	16	129.18	101.41	10706.79	784.38	9.10
299	7.5	68.68	53.92	7300.02	488.30	10.31
	8.0	73.14	57.41	7747.42	518.22	10.29
	9.0	82.00	64.37	8628.09	577.13	10.26
	10	90.79	71.27	9490.15	634.79	10.22
	12	108.20	84.93	11159.52	746.46	10.16
	14	125.35	98.40	12757.61	853.35	10.09
	16	142.25	111.67	14286.48	955.62	10.02

尺寸/mm		截面面积 A/cm^2	每米重量/(kg/m)	截面特性		
d	t			I/cm^4	W/cm^3	i/cm
325	7.5	74.81	58.73	9431.80	580.42	11.23
	8.0	79.67	62.54	10013.92	616.24	11.21
	9.0	89.35	70.14	11161.33	686.85	11.18
	10	98.96	77.68	12286.52	756.09	11.14
	12	118.00	92.63	14471.45	890.55	11.07
	14	136.78	107.38	16570.98	1019.75	11.01
	16	155.32	121.93	18587.38	1143.84	10.94
351	8.0	86.21	67.67	12684.36	722.76	12.13
	9.0	96.70	75.91	14147.55	806.13	12.10
	10	107.13	84.10	15584.62	888.01	12.06
	12	127.80	100.32	18381.63	1047.39	11.99
	14	148.22	116.35	21077.86	1201.02	11.93
	16	168.39	132.19	23675.75	1349.05	11.86
377	9	104.00	81.68	17628.57	935.20	13.02
	10	115.24	90.51	19430.86	1030.81	12.98
	11	126.42	99.29	21203.11	1124.83	12.95
	12	137.53	108.02	22945.66	1217.28	12.81
	13	148.59	116.70	24658.84	1308.16	12.88
	14	159.58	125.33	26342.98	1397.51	12.84
	15	170.50	133.91	27998.42	1485.33	12.81
	16	181.37	142.45	29625.48	1571.64	12.78
402	9	111.06	87.23	21469.37	1068.13	13.90
	10	123.09	96.67	23676.21	1177.92	13.86
	11	135.05	106.07	25848.66	1286.00	13.83
	12	146.95	115.42	27987.08	1392.39	13.80
	13	158.79	124.71	30091.82	1497.11	13.76
	14	170.56	133.96	32163.24	1600.16	13.73
	15	182.28	143.16	34201.69	1701.58	13.69
	16	193.93	152.31	36207.53	1801.37	13.66
426	9	117.84	93.00	25646.28	1204.05	14.75
	10	130.62	102.59	28294.52	1328.38	14.71
	11	143.34	112.58	30903.91	1450.89	14.68
	12	156.00	122.52	33474.84	1571.59	14.64
	13	168.59	132.41	36007.67	1690.50	14.60
	14	181.12	142.25	38502.80	1807.64	14.47
	15	193.58	152.04	40960.60	1923.03	14.54
	16	205.98	161.78	43381.44	2036.69	14.51

续表

尺寸/mm		截面面积 A/ cm^2	每米重量/ (kg/m)	截面特性		
d	t			I/ cm^4	W/ cm^3	i/ cm
450	9	124.63	97.88	30332.67	1348.12	15.60
	10	138.61	108.51	33477.56	1487.89	15.56
	11	151.63	119.09	36578.87	1625.73	15.53
	12	165.04	129.62	39637.01	1761.65	15.49
	13	178.38	140.10	42652.38	1895.66	15.46
	14	191.67	150.53	45625.38	2027.79	15.42
	15	204.89	160.92	48556.41	2158.06	15.39
	16	218.04	171.25	51445.87	2286.48	15.35
465	9	128.87	101.21	33533.41	1442.30	16.13
	10	142.87	112.46	37018.21	1592.18	16.09
	11	156.81	123.16	40456.34	1740.06	16.06
	12	170.69	134.06	43848.22	1885.94	16.02
	13	184.51	144.81	47194.27	2029.86	15.99
	14	198.26	155.71	50494.89	2171.82	15.95
	15	211.95	166.47	53750.51	2311.85	15.92
	16	225.58	173.22	56961.53	2449.96	15.88
480	9	133.11	104.54	36951.77	1539.66	16.66
	10	147.58	115.91	40800.14	1700.01	16.62
	11	161.99	127.23	44598.63	1858.28	16.59
	12	176.34	138.50	48347.69	2014.49	16.55
	13	190.63	149.08	52047.74	2168.66	16.52
	14	204.85	160.20	55699.21	2320.80	16.48
	15	219.02	172.01	59302.54	2470.94	16.44
	16	233.11	183.08	62858.14	2619.09	16.41
500	9	138.76	108.98	41860.49	1674.42	17.36
	10	153.86	120.84	46231.77	1849.27	17.33
	11	168.90	132.65	50548.75	2021.95	17.29
	12	183.88	144.42	54811.88	2192.48	17.26
	13	198.79	156.13	59021.61	2360.86	17.22
	14	213.65	167.80	63178.39	2527.14	17.19
	15	228.44	179.41	67282.66	2691.31	17.15
	16	243.16	190.98	71334.87	2853.39	17.12
530	9	147.23	115.64	50009.99	1887.17	18.42
	10	163.28	128.24	55251.25	2084.95	18.39
	11	179.26	140.79	60431.21	2280.42	18.35
	12	195.18	153.30	65550.35	2473.60	18.32
	13	211.04	165.75	70609.15	2664.50	18.28
	14	226.83	178.15	75608.08	2853.14	18.25
	15	242.57	190.51	80547.62	3039.53	18.22
	16	258.23	202.82	85428.24	3223.71	18.18
550	9	152.89	120.08	55992.00	2036.07	19.13
	10	169.56	133.17	61873.07	2249.93	19.10
	11	186.17	146.22	67687.94	2461.38	19.06
	12	202.72	159.22	73437.11	2670.44	19.03
	13	219.20	172.16	79121.07	2877.13	18.99
	14	235.63	185.06	84740.31	3081.47	18.96
	15	251.99	197.91	90295.34	3283.47	18.92
	16	268.28	210.71	95786.64	3483.15	18.89
560	9	155.71	122.30	59154.07	2112.65	19.48
	10	172.70	135.64	65373.70	2334.78	19.45
	11	189.62	148.93	71524.61	2554.45	19.41
	12	206.49	162.17	77607.30	2771.69	19.38
	13	223.29	175.37	83622.29	2986.51	19.34
	14	240.02	188.51	89570.06	3198.93	19.31
	15	256.70	201.61	95451.14	3408.97	19.28
	16	273.31	214.65	101266.01	3616.64	19.24
600	9	167.02	131.17	72992.31	2433.08	20.90
	10	185.26	145.50	80696.05	2689.87	20.86
	11	203.44	159.78	88320.50	2944.02	20.83
	12	221.56	174.01	95866.21	3195.54	20.79
	13	239.61	188.19	103333.73	3444.46	20.76
	14	257.61	202.32	110723.59	3690.79	20.72
	15	275.54	216.41	118036.75	3934.55	20.69
	16	293.40	230.44	125272.54	4175.75	20.66
630	9	175.50	137.83	84679.83	2688.25	21.96
	10	194.68	152.90	93639.59	2972.69	21.92
	11	213.80	167.92	102511.65	3254.34	21.89
	12	232.86	182.89	111296.59	3533.23	21.85
	13	251.86	197.81	119994.98	3809.36	21.82
	14	270.79	212.68	128607.39	4082.77	21.78
	15	289.67	227.50	137134.39	4353.47	21.75
	16	308.47	242.27	145576.54	4621.48	21.72

注：热轧无缝钢管的通常长度为3～12m。

电焊钢管的规格及截面特性表

附表 3-12

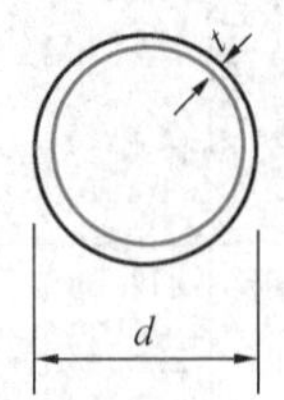

I—截面惯性矩；

W—截面模量；

i—截面回转半径。

尺寸/mm		截面面积 A/cm^2	每米重量/(kg/m)	截面特性		
d	t			I/cm^4	W/cm^3	i/cm
32	2.0	1.88	1.48	2.13	1.33	1.06
	2.5	2.32	1.82	2.54	1.59	1.05
38	2.0	2.26	1.78	3.68	1.93	1.27
	2.5	2.79	2.19	4.41	2.32	1.26
40	2.0	2.39	1.87	4.32	2.16	1.35
	2.5	2.95	2.31	5.20	2.60	1.33
42	2.0	2.51	1.97	5.04	2.40	1.42
	2.5	3.10	2.44	6.07	2.89	1.40
45	2.0	2.70	2.12	6.26	2.78	1.52
	2.5	3.34	2.62	7.56	3.36	1.51
	3.0	3.96	3.11	8.77	3.90	1.49
51	2.0	3.08	2.42	9.26	3.63	1.73
	2.5	3.81	2.99	11.23	4.40	1.72
	3.0	4.52	3.55	13.08	5.13	1.70
	3.5	5.22	4.10	14.81	5.81	1.68
53	2.0	3.20	2.52	10.43	3.94	1.80
	2.5	3.97	3.11	12.67	4.78	1.79
	3.0	4.71	3.70	14.78	5.58	1.77
	3.5	5.44	4.27	16.75	6.32	1.75
57	2.0	3.46	2.71	13.08	4.59	1.95
	2.5	4.28	3.36	15.93	5.59	1.93
	3.0	5.09	4.00	18.61	6.53	1.91
	3.5	5.88	4.62	21.14	7.42	1.90
60	2.0	3.64	2.86	15.34	5.11	2.05
	2.5	4.52	3.55	18.70	6.23	2.03
	3.0	5.37	4.22	21.88	7.29	2.02
	3.5	6.21	4.88	24.88	8.29	2.00
63.5	2.0	3.86	3.03	18.29	5.76	2.18
	2.5	4.79	3.76	22.32	7.03	2.16
	3.0	5.70	4.48	26.15	8.24	2.14
	3.5	6.60	5.18	29.79	9.38	2.12
70	2.0	4.27	3.35	24.72	7.06	2.41
	2.5	5.30	4.16	30.23	8.64	2.39
	3.0	6.31	4.96	35.50	10.14	2.37
	3.5	7.31	5.74	40.53	11.58	2.35
	4.5	9.26	7.27	49.89	14.26	2.32
76	2.0	4.65	3.65	31.85	8.38	2.62
	2.5	5.77	4.53	39.03	10.27	2.60
	3.0	6.88	5.40	45.91	12.08	2.58
	3.5	7.97	6.26	52.50	13.82	2.57
	4.0	9.05	7.10	58.81	15.48	2.55
	4.5	10.11	7.93	64.85	17.07	2.53
83	2.0	5.09	4.00	41.76	10.06	2.86
	2.5	6.32	4.96	51.26	12.35	2.85
	3.0	7.54	5.92	60.40	14.56	2.83
	3.5	8.74	6.86	69.19	16.67	2.81
	4.0	9.93	7.79	77.64	18.71	2.80
	4.5	11.10	8.71	85.76	20.67	2.78

尺寸/mm		截面面积 A/cm^2	每米重量/(kg/m)	截面特性		
d	t			I/cm^4	W/cm^3	i/cm
89	2.0	5.47	4.29	51.75	11.63	3.08
	2.5	6.79	5.33	63.59	14.29	3.06
	3.0	8.11	6.36	75.02	16.86	3.04
	3.5	9.40	7.38	86.05	19.34	3.03
	4.0	10.68	8.38	96.68	21.73	3.01
	4.5	11.95	9.38	106.92	24.03	2.99
95	2.0	5.84	4.59	63.20	13.31	3.29
	2.5	7.26	5.70	77.76	16.37	3.27
	3.0	8.67	6.81	91.83	19.33	3.25
	3.5	10.06	7.90	105.45	22.20	3.24
102	2.0	6.28	4.93	78.57	15.41	3.54
	2.5	7.81	6.13	96.77	18.97	3.52
	3.0	9.33	7.32	114.42	22.43	3.50
	3.5	10.83	8.50	131.52	25.79	3.48
	4.0	12.32	9.67	148.09	29.04	3.47
	4.5	13.78	10.82	164.14	32.18	3.45
	5.0	15.24	11.96	179.68	35.23	3.43
108	3.0	9.90	7.77	136.49	25.28	3.71
	3.5	11.49	9.02	157.02	29.08	3.70
	4.0	13.07	10.26	176.95	32.77	3.68
114	3.0	10.46	8.21	161.24	28.29	3.93
	3.5	12.15	9.54	185.63	32.57	3.91
	4.0	13.82	10.85	209.35	36.73	3.89
	4.5	15.48	12.15	232.41	40.77	3.87
	5.0	17.12	13.44	254.81	44.70	3.86
121	3.0	11.12	8.73	193.69	32.01	4.17
	3.5	12.92	10.14	223.17	36.89	4.16
	4.0	14.70	11.54	251.87	41.63	4.14
127	3.0	11.69	9.17	224.75	35.39	4.39
	3.5	13.58	10.66	259.11	40.80	4.37
	4.0	15.46	12.13	292.61	46.08	4.35
	4.5	17.32	13.59	325.29	51.23	4.33
	5.0	19.16	15.04	357.14	56.24	4.32
133	3.5	14.24	11.18	298.71	44.92	4.58
	4.0	16.21	12.73	337.53	50.76	4.56
	4.5	18.17	14.26	375.42	56.45	4.55
	5.0	20.11	15.78	412.40	62.02	4.53
140	3.5	15.01	11.78	349.79	49.97	4.83
	4.0	17.09	13.42	395.47	56.50	4.81
	4.5	19.16	15.04	440.12	62.87	4.79
	5.0	21.21	16.65	483.76	69.11	4.78
	5.5	23.24	18.24	526.40	75.20	4.76
152	3.5	16.33	12.82	450.35	59.26	5.25
	4.0	18.60	14.60	509.59	67.05	5.23
	4.5	20.85	16.37	567.61	74.69	5.22
	5.0	23.09	18.13	624.43	82.16	5.20
	5.5	25.31	19.87	680.06	89.48	5.18

注：电焊钢管的通常长度：d=32～70mm 时，为 3～10m；d=76～152mm 时，为 4～10m。

螺旋焊钢管的规格及截面特性表（按 GB 711—2017 计算）　　附表 3-13

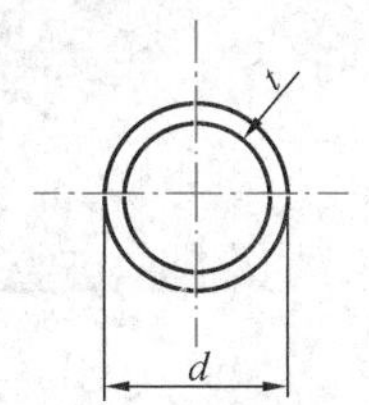

I—截面惯性矩

W—截面模量

i—截面回转半径

尺寸/mm		截面面积 A/cm²	每米重量/(kg/m)	截面特性		
d	*t*			*I*/cm⁴	*W*/cm³	*i*/cm
219.1	5	33.61	26.61	1988.54	176.04	7.57
	6	40.15	31.78	2822.53	208.36	7.54
	7	46.62	36.91	2266.42	239.75	7.50
	8	53.03	41.98	2900.39	283.16	7.49
244.5	5	37.60	29.77	2699.28	220.80	8.47
	6	44.93	35.57	3199.36	261.71	8.44
	7	52.20	41.33	3686.70	301.57	8.40
	8	59.41	47.03	4611.52	340.41	8.37
273	6	50.30	39.82	4888.24	328.81	9.44
	7	58.47	46.29	5178.63	379.39	9.41
	8	66.57	52.70	5853.22	428.81	8.37
323.9	6	59.89	47.41	7574.41	467.70	11.24
	7	69.65	55.14	8754.84	540.59	11.21
	8	79.35	62.82	9912.63	612.08	11.17
325	6	60.10	47.70	7653.29	470.97	11.28
	7	69.90	55.40	8846.29	544.39	11.25
	8	79.63	63.04	10016.50	616.40	11.21
355.6	6	65.87	52.23	10073.14	566.54	12.36
	7	76.62	60.68	11652.71	655.38	12.33
	8	87.32	69.08	13204.77	742.68	12.25
377	6	69.90	55.40	11079.13	587.75	13.12
	7	81.33	64.37	13932.53	739.13	13.08
	8	92.69	73.30	15795.91	837.98	13.05
	9	104.00	82.18	17628.57	935.20	13.02
406.4	6	75.44	59.75	15132.21	744.70	14.16
	7	87.79	69.45	17523.75	862.39	14.12
	8	100.09	79.10	19879.00	978.30	14.09
	9	112.31	88.70	22198.33	1092.44	14.05
	10	124.47	98.26	24482.10	1204.83	14.02
426	6	79.13	62.65	17464.62	819.94	14.85
426	7	92.10	72.83	20231.72	949.85	14.82
	8	105.00	82.97	22958.81	1077.88	14.78
	9	117.84	93.05	25646.28	1206.05	14.75
	10	130.62	103.09	28294.52	1328.38	14.71
457	6	84.97	67.23	21623.66	946.33	15.95
	7	98.91	78.18	25061.79	1096.80	15.91
	8	112.79	89.08	28453.67	1245.24	15.88
	9	126.60	99.94	31799.72	1391.67	15.84
	10	140.36	110.74	35100.34	1536.12	15.81
	11	154.05	121.49	38355.96	1678.60	15.77
	12	167.68	132.19	41566.98	1819.12	15.74
478	6	88.93	70.34	24786.71	1037.10	16.69
	7	103.53	81.81	28736.12	1202.35	16.65
	8	118.06	93.23	32634.79	1365.47	16.62
	9	132.54	104.60	36483.16	1526.49	16.58
	10	146.95	115.92	40281.65	1685.43	16.55
	11	161.30	127.19	44030.71	1842.29	16.52
	12	175.59	138.41	47730.76	1997.10	16.48
508	6	94.58	74.78	29819.20	1173.98	17.75
	7	110.12	86.99	34583.38	1361.55	17.72
	8	125.60	99.15	39290.06	1546.85	17.67
	9	141.02	111.25	43939.68	1729.91	17.65
	10	156.37	123.31	48532.72	1910.74	17.61
	11	171.66	135.32	53069.63	2089.36	17.58
	12	186.89	147.29	57550.87	2265.78	17.54
529	6	98.53	77.89	33719.80	1274.85	18.49
	7	114.74	90.61	39116.42	1478.88	18.46
	8	130.88	103.29	44450.54	1680.55	18.42

续表

尺寸/mm		截面面积 A/cm^2	每米重量/(kg/m)	截面特性			尺寸/mm		截面面积 A/cm^2	每米重量/(kg/m)	截面特性		
d	t			I/cm^4	W/cm^3	i/cm	d	t			I/cm^4	W/cm^3	i/cm
529	9	146.95	115.92	49722.63	1879.87	18.39	660.0	9	183.97	144.99	97552.85	2956.15	23.02
	10	162.97	128.49	54933.18	2076.87	18.35		10	204.1	160.80	107898.23	3269.64	22.98
	11	178.92	141.02	60082.67	2271.56	18.32		11	224.16	176.56	118147.08	3580.21	22.95
	12	194.81	153.50	65171.58	2463.95	18.28		12	244.17	192.27	128300.00	3887.88	22.91
	13	210.63	165.93	70200.39	2654.08	18.25		13	264.11	207.93	138357.58	4192.65	22.88
559	6	104.19	82.33	39861.10	1426.16	19.55	711.0	6	132.82	104.82	82588.87	2323.18	24.93
	7	121.33	95.79	46254.78	1654.91	19.52		7	154.74	122.03	95946.79	2698.93	24.89
	8	138.41	109.21	52578.45	1881.16	19.48		8	176.59	139.20	109190.20	3071.45	24.86
	9	155.43	122.57	58832.64	2104.92	19.45		9	198.39	156.31	122319.78	3440.78	24.82
	10	172.39	135.89	65017.85	2326.22	19.41		10	220.11	173.38	135336.18	3806.93	24.79
	11	189.28	149.16	71134.58	2545.07	19.39		11	241.78	190.39	148240.04	4169.90	24.75
	12	206.11	162.38	77183.36	2761.48	19.34		12	263.38	207.36	161032.02	4529.73	24.72
	13	222.88	175.55	83164.67	2975.48	19.31		13	284.92	224.28	173712.76	4886.44	24.68
610.0	6	113.79	89.87	51936.94	1702.85	21.36	720.0	6	134.52	106.15	85792.25	2382.12	25.25
	7	132.54	104.60	60294.82	1976.88	21.32		7	156.72	123.59	99673.56	2768.71	25.21
	8	151.22	119.27	68568.97	2248.16	21.29		8	177.85	140.97	113437.40	3151.04	25.17
	9	169.84	133.89	76759.97	2516.72	21.25		9	200.93	158.31	127084.44	3530.12	25.14
	10	188.40	148.47	84868.37	2782.57	21.22		10	222.94	175.60	140615.33	3965.98	25.11
	11	206.89	162.99	92894.73	3045.73	21.18		11	244.89	192.84	154030.74	4278.63	25.07
	12	225.33	177.47	100839.60	3306.22	21.15		12	266.77	210.02	167331.32	4648.09	25.04
	13	243.70	191.90	108703.55	3564.05	21.11		13	288.60	227.16	180517.74	5014.38	25.00
630.0	6	117.56	92.83	57268.61	1818.05	22.06	762.0	7	165.95	130.84	118344.40	3106.15	26.69
	7	136.94	108.05	66494.92	2110.95	22.03		8	189.40	149.26	134717.42	3535.90	26.66
	8	156.25	123.22	75631.80	2401.01	21.99		9	212.80	167.63	150959.68	3962.20	26.62
	9	175.50	138.33	84679.83	2688.25	21.96		10	236.13	185.95	167071.28	4385.07	26.59
	10	194.68	153.40	93639.59	2972.69	21.93		11	259.40	204.23	183053.12	4804.54	26.55
	11	213.80	168.42	102511.65	3254.34	21.89		12	282.60	222.45	198905.91	5220.63	26.52
	12	232.86	183.39	111296.59	3533.23	21.85		13	305.74	240.63	214630.33	5633.34	26.49
	13	251.86	198.31	119994.98	3809.36	21.82		14	328.82	258.76	230227.09	6042.71	26.45
660.0	6	123.21	97.27	65931.44	1997.92	23.12	813.0	7	177.16	139.64	143981.73	3541.99	28.50
	7	143.53	113.23	76570.06	2320.31	23.09		8	202.22	159.32	163942.66	4033.03	28.46
	8	163.78	129.13	87110.33	2639.71	23.05		9	227.21	178.95	183753.89	4520.39	28.43

续表

尺寸/mm		截面面积 A/cm²	每米重量/(kg/m)	截面特性		
d	t			I/cm⁴	W/cm³	i/cm
813.0	10	252.14	198.53	203416.16	5004.09	28.39
	11	277.01	218.06	222930.23	5484.14	28.36
	12	301.82	237.55	242296.83	5960.56	28.32
	13	326.56	256.98	261516.72	6433.38	28.29
	14	351.24	276.36	280590.63	6902.60	28.25
820.0	7	178.70	140.85	147765.60	3604.04	28.74
	8	203.97	160.70	168256.44	4103.82	28.71
	9	229.19	180.50	188594.94	4599.88	28.68
	10	254.34	200.26	208781.84	5092.24	28.64
	11	279.43	219.96	228817.91	5580.93	28.60
	12	304.45	239.62	248703.90	6065.95	28.57
	13	329.42	259.22	268440.55	6547.33	28.53
	14	354.32	278.78	288028.62	7025.09	28.50
	15	379.16	298.29	307468.86	7499.24	28.47
	16	413.93	317.75	326766.02	7969.81	28.43
914.0	8	227.59	179.25	233711.41	5114.04	32.03
	9	255.75	201.37	262061.17	5734.38	32.00
	10	283.86	223.44	290221.72	6350.58	31.96
	11	311.90	245.46	318193.90	6962.67	31.93
	12	339.87	267.44	345978.57	7570.65	31.89
	13	367.79	289.36	373576.55	8174.54	31.86
	14	395.64	311.23	400988.69	8774.37	31.82
	15	423.43	333.06	428215.82	9370.15	31.79
	16	451.16	354.84	455258.77	9961.90	31.75
920.0	8	229.09	180.44	238385.26	5182.29	32.25
	9	257.45	202.70	267307.72	5811.04	32.21
	10	285.74	224.92	296038.43	6435.62	32.17
	11	313.97	247.06	324578.25	7056.05	32.14
	12	342.13	269.21	352928.00	7672.35	32.11
	13	370.24	291.28	381088.55	8284.53	32.07
	14	398.28	313.31	409060.74	8892.62	32.04
	15	426.26	335.23	436845.40	9496.64	32.00
920.0	16	454.17	357.20	464443.38	10096.60	31.97
1020.0	8	254.21	200.16	325709.29	6386.46	35.78
	9	285.71	229.89	365343.91	7163.61	35.75
	10	317.14	249.58	404741.91	7936.12	35.71
	11	348.51	274.22	443904.22	8704.00	35.68
	12	379.81	298.81	482831.80	9467.29	35.64
	13	411.06	323.34	521525.58	10225.99	35.61
	14	442.24	347.83	559986.50	10980.13	35.57
	15	473.36	372.27	598215.50	11729.72	35.53
	16	504.41	396.66	636213.50	12474.77	35.50
1120.0	8	279.33	219.89	432113.97	7716.32	39.32
	9	313.97	247.09	484824.62	8657.58	39.28
	10	348.54	274.24	537249.06	9593.73	39.25
	11	383.05	301.35	589388.32	10524.79	39.21
	12	417.49	328.40	641243.45	11450.78	39.18
	13	451.88	355.40	692815.48	12371.71	39.14
	14	486.20	382.36	744105.44	13287.60	39.11
	15	520.46	409.26	795114.35	14198.47	39.07
	16	554.65	436.12	845843.26	15104.34	39.04
1220.0	10	379.94	298.90	695916.69	11408.47	42.78
	11	417.59	328.47	763623.03	12518.41	42.75
	12	455.17	357.99	830991.12	13622.81	42.71
	13	492.70	387.46	898022.09	14721.67	42.68
	14	530.16	416.88	964717.06	15815.03	42.64
	15	567.56	446.26	1031077.17	16902.90	42.61
	16	604.89	475.57	1097103.53	17985.30	42.57
1420.0	10	442.74	348.23	1001160.59	15509.30	49.85
	11	486.67	382.73	1208714.17	17024.14	49.82
	12	530.53	417.18	1315807.13	18532.49	49.78
	13	574.34	451.58	1422440.79	20034.38	49.75
	14	618.08	485.94	1528616.74	21529.81	49.71
	15	661.76	520.24	1634335.48	23018.81	49.68
	16	705.37	554.50	1739599.14	24501.40	49.64

冷弯薄壁方钢管的规格及截面特性表　　附表 3-14

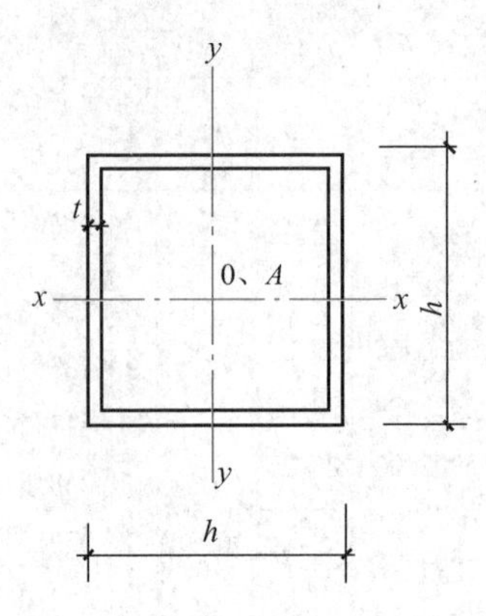

尺寸/mm		截面面积/	每米长质量/	I_x/	i_x/	W_x/
h	t	cm^2	(kg/m)	cm^4	cm	cm^3
25	1.5	1.31	1.03	1.16	0.94	0.92
30	1.5	1.61	1.27	2.11	1.14	1.40
40	1.5	2.21	1.74	5.33	1.55	2.67
40	2.0	2.87	2.25	6.66	1.52	3.33
50	1.5	2.81	2.21	10.82	1.96	4.33
50	2.0	3.67	2.88	13.71	1.93	5.48
60	2.0	4.47	3.51	24.51	2.34	8.17
60	2.5	5.48	4.30	29.36	2.31	9.79
80	2.0	6.07	4.76	60.58	3.16	15.15
80	2.5	7.48	5.87	73.40	3.13	18.35
100	2.5	9.48	7.44	147.91	3.05	29.58
100	3.0	11.25	8.83	173.12	3.92	34.62
120	2.5	11.48	9.01	260.88	4.77	43.48
120	3.0	13.65	10.72	306.71	4.74	51.12
140	3.0	16.05	12.60	495.68	5.56	70.81
140	3.5	18.58	14.59	568.22	5.53	81.17
140	4.0	21.07	16.44	637.97	5.50	91.14
160	3.0	18.45	14.49	749.64	6.37	93.71
160	3.5	21.38	16.77	861.34	6.35	107.67
160	4.0	24.27	19.05	969.35	6.32	121.17
160	4.5	27.12	21.05	1073.66	6.29	134.21
160	5.0	29.93	23.35	1174.44	6.26	146.81

冷弯薄壁矩形钢管的规格及截面特性表 附表 3-15

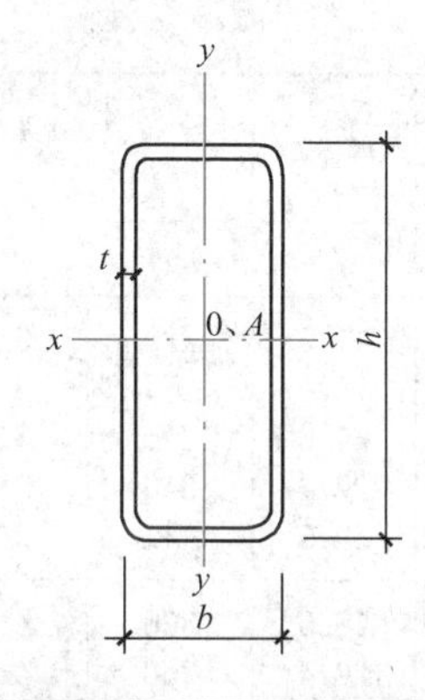

尺寸/mm			截面面积/ cm^2	每米长质量/ (kg/m)	$x-x$			$y-y$		
h	b	t			I_x/ cm^4	i_x/ cm	W_x/ cm^3	I_y/ cm^4	i_y/ cm	W_y/ cm^3
30	15	1.5	1.20	0.95	1.28	1.02	0.85	0.42	0.59	0.57
40	20	1.6	1.75	1.37	3.43	1.40	1.72	1.15	0.81	1.15
40	20	2.0	2.14	1.68	4.05	1.38	2.02	1.34	0.79	1.34
50	30	1.6	2.39	1.88	7.96	1.82	3.18	3.60	1.23	2.40
50	30	2.0	2.94	2.31	9.54	1.80	3.81	4.29	1.21	2.86
60	30	2.5	4.09	3.21	17.95	2.09	5.80	6.00	1.21	4.00
60	30	3.0	4.81	3.77	20.50	2.06	6.83	6.79	1.19	4.53
60	40	2.0	3.74	2.94	18.41	2.22	6.14	9.83	1.62	4.92
60	40	3.0	5.41	4.25	25.37	2.17	8.46	13.44	1.58	6.72
70	50	2.5	5.59	4.20	38.01	2.61	10.86	22.59	2.01	9.04
70	50	3.0	6.61	5.19	44.05	2.58	12.58	26.10	1.99	10.44
80	40	2.0	4.54	3.56	37.36	2.87	9.34	12.72	1.67	6.36
80	40	3.0	6.61	5.19	52.25	2.81	13.06	17.55	1.63	8.78
90	40	2.5	6.09	4.79	60.69	3.16	13.49	17.02	1.67	8.51
90	50	2.0	5.34	4.19	57.88	3.29	12.86	23.37	2.09	9.35
90	50	3.0	7.81	6.13	81.85	2.24	18.19	32.74	2.05	13.09
100	50	3.0	8.41	6.60	106.45	3.56	21.29	36.05	2.07	14.42
100	60	2.6	7.88	6.19	106.66	3.68	21.33	48.47	2.48	16.16
120	60	2.0	6.94	5.45	131.92	4.36	21.99	45.33	2.56	15.11
120	60	3.2	10.85	8.52	199.88	4.29	33.31	67.94	2.50	22.65
120	60	4.0	13.35	10.48	240.72	4.25	40.12	81.24	2.47	27.08
120	80	3.2	12.13	9.53	243.54	4.48	40.59	130.48	3.28	32.62
120	80	4.0	14.96	11.73	294.57	4.44	49.09	157.28	3.24	39.32
120	80	5.0	18.36	14.41	353.11	4.39	58.85	187.75	3.20	46.94
120	80	6.0	21.63	16.98	406.00	4.33	67.67	214.98	3.15	53.74
140	90	3.2	14.05	11.04	384.01	5.23	54.86	194.80	3.72	43.29
140	90	4.0	17.35	13.63	466.59	5.19	66.66	235.92	3.69	52.43
140	90	5.0	21.36	16.78	562.61	5.13	80.37	283.32	3.64	62.96
150	100	3.2	15.33	12.04	488.18	5.64	65.09	262.26	4.14	52.45

建筑结构用冷弯矩形钢管的规格及截面特性表（按 JG/T 178—2005）

冷弯方形钢管　　附表 3-16

边长/mm	尺寸允许偏差/mm	壁厚/mm	理论重量/(kg/m)	截面面积/cm²	惯性矩/cm⁴	惯性半径/cm	截面模数/cm³	扭转常数	
B	$\pm\Delta$	t	M	A	$I_x=I_y$	$r_x=r_y$	$W_{el,x}=W_{el,y}$	I_t/cm^4	C_t/cm^3
100	±0.80	4.0	11.7	11.9	226	3.9	45.3	361	68.1
		5.0	14.4	18.4	271	3.8	54.2	439	81.7
		6.0	17.0	21.6	311	3.8	62.3	511	94.1
		8.0	21.4	27.2	366	3.7	73.2	644	114
		10	25.5	32.6	411	3.5	82.2	750	130
110	±0.90	4.0	13.0	16.5	306	4.3	55.6	486	83.6
		5.0	16.0	20.4	368	4.3	66.9	593	100
		6.0	18.8	24.0	424	4.2	77.2	695	116
		8.0	23.9	30.4	505	4.1	91.9	879	143
		10	28.7	36.5	575	4.0	104.5	1032	164
120	±0.90	4.0	14.2	18.1	402	4.7	67.0	635	101
		5.0	17.5	22.4	485	4.6	80.9	776	122
		6.0	20.7	26.4	562	4.6	93.7	910	141
		8.0	26.8	34.2	696	4.5	116	1155	174
		10	31.8	40.6	777	4.4	129	1376	202
130	±1.00	4.0	15.5	19.8	517	5.1	79.5	815	119
		5.0	19.1	24.4	625	5.1	96.3	998	145
		6.0	22.6	28.8	726	5.0	112	1173	168
		8.0	28.9	36.8	883	4.9	136	1502	209
		10	35.0	44.6	1021	4.8	157	1788	245
		12	39.6	50.4	1075	4.6	165	1998	268
135	±1.00	4.0	16.1	20.5	582	5.3	86.2	915	129
		5.0	19.9	25.3	705	5.3	104	1122	157
		6.0	23.6	30.0	820	5.2	121	1320	183
		8.0	30.2	38.4	1000	5.0	148	1694	228
		10	36.6	46.6	1160	4.9	172	2021	267
		12	41.5	52.8	1230	4.8	182	2271	294
		13	44.1	56.2	1272	4.7	188	2382	307
140	±1.10	4.0	16.7	21.3	651	5.5	53.1	1022	140
		5.0	20.7	26.4	791	5.5	113	1253	170
		6.0	24.5	31.2	920	5.4	131	1475	198
		8.0	31.8	40.6	1154	5.3	165	1887	248
		10	38.1	48.6	1312	5.2	187	2274	291
		12	43.4	55.3	1398	5.0	200	2567	321
		13	46.1	58.8	1450	4.9	207	2698	336
150	±1.20	4.0	18.0	22.9	808	5.9	108	1265	162
		5.0	22.3	28.4	982	5.9	131	1554	197
		6.0	26.4	33.6	1146	5.8	153	1833	230
		8.0	33.9	43.2	1412	5.7	188	2364	289
		10	41.3	52.6	1652	5.6	220	2839	341
		12	47.1	60.1	1780	5.4	237	3230	380
		14	53.2	67.7	1915	5.3	255	3566	414

续表

边长/mm	尺寸允许偏差/mm	壁厚/mm	理论重量/(kg/m)	截面面积/cm²	惯性矩/cm⁴	惯性半径/cm	截面模数/cm³	扭转常数	
B	$\pm\Delta$	t	M	A	$I_x=I_y$	$r_x=r_y$	$W_{el,x}=W_{el,y}$	I_t/cm⁴	C_t/cm³
		4.0	19.3	24.5	987	6.3	123	1540	185
		5.0	23.8	30.4	1202	6.3	150	1894	226
		6.0	28.3	36.0	1405	6.2	176	2234	264
160	±1.20	8.0	36.9	47.0	1776	6.1	222	2877	333
		10	44.4	56.6	2047	6.0	256	3490	395
		12	50.9	64.8	2224	5.8	278	3997	443
		14	57.6	73.3	2409	5.7	301	4437	486
		4.0	20.5	26.1	1191	6.7	140	1856	210
		5.0	25.4	32.3	1453	6.7	171	2285	256
		6.0	30.1	38.4	1702	6.6	200	2701	300
170	±1.30	8.0	38.9	49.6	2118	6.5	249	3503	381
		10	47.5	60.5	2501	6.4	294	4233	453
		12	54.6	69.6	2737	6.3	322	4872	511
		14	62.0	78.9	2981	6.1	351	5435	563
		4.0	21.8	27.7	1422	7.2	158	2210	237
		5.0	27.0	34.4	1737	7.1	193	2724	290
		6.0	32.1	40.8	2037	7.0	226	3223	340
180	±1.40	8.0	41.5	52.8	2546	6.9	283	4189	432
		10	50.7	64.6	3017	6.8	335	5074	515
		12	58.4	74.5	3322	6.7	369	5865	584
		14	66.4	84.5	3635	6.6	404	6569	645
		4.0	23.0	29.3	1680	7.6	176	2607	265
		5.0	28.5	36.4	2055	7.5	216	3216	325
		6.0	33.9	43.2	2413	7.4	254	3807	381
190	±1.50	8.0	44.0	56.0	3208	7.3	319	4958	486
		10	53.8	68.6	3599	7.2	379	6018	581
		12	62.2	79.3	3985	7.1	419	6982	661
		14	70.8	90.2	4379	7.0	461	7847	733
		4.0	24.3	30.9	1968	8.0	197	3049	295
		5.0	30.1	38.4	2410	7.9	241	3763	362
		6.0	35.8	45.6	2833	7.8	283	4459	426
200	±1.60	8.0	46.5	59.2	3566	7.7	357	5815	544
		10	57.0	72.6	4251	7.6	425	7072	651
		12	66.0	84.1	4730	7.5	473	8230	743
		14	75.2	95.7	5217	7.4	522	9276	828
		16	83.8	107	5625	7.3	562	10210	900
		5.0	33.2	42.4	3238	8.7	294	5038	442
		6.0	39.6	50.4	3813	8.7	347	5976	521
		8.0	51.5	65.6	4828	8.6	439	7815	668
220	±1.80	10	63.2	80.6	5782	8.5	526	9533	804
		12	73.5	93.7	6487	8.3	590	11149	922
		14	83.9	107	7198	8.2	654	12625	1032
		16	93.9	119	7812	8.1	710	13971	1129

续表

边长/mm	尺寸允许偏差/mm	壁厚/mm	理论重量/(kg/m)	截面面积/cm^2	惯性矩/cm^4	惯性半径/cm	截面模数/cm^3	扭转常数	
B	$\pm\Delta$	t	M	A	$I_x=I_y$	$r_x=r_y$	$W_{el,x}=W_{el,y}$	I_t/cm^4	C_t/cm^3
250	±2.00	5.0	38.0	48.4	4805	10.0	384	7443	577
		6.0	45.2	57.6	5672	9.9	454	8843	681
		8.0	59.1	75.2	7229	9.8	578	11598	878
		10	72.7	92.6	8707	9.7	697	14197	1062
		12	84.8	108	9859	9.6	789	16691	1226
		14	97.1	124	11018	9.4	881	18999	1380
		16	109	139	12047	9.3	964	21146	1520
280	±2.20	5.0	42.7	54.4	6810	11.2	486	10513	730
		6.0	50.9	64.8	8054	11.1	575	12504	863
		8.0	66.6	84.8	10317	11.0	737	16436	1117
		10	82.1	104	12479	10.9	891	20173	1356
		12	96.1	122	14232	10.8	1017	23804	1574
		14	110	140	15989	10.7	1142	27195	1779
		16	124	158	17580	10.5	1256	30393	1968
300	±2.40	6.0	54.7	69.6	9964	12.0	664	15434	997
		8.0	71.6	91.2	12801	11.8	853	20312	1293
		10	88.4	113	15519	11.7	1035	24966	1572
		12	104	132	17767	11.6	1184	29514	1829
		14	119	153	20017	11.5	1334	33783	2073
		16	135	172	22076	11.4	1472	37837	2299
		19	156	198	24813	11.2	1654	43491	2608
320	±2.60	6.0	58.4	74.4	12154	12.8	759	18789	1140
		8.0	76.6	97	15653	12.7	978	24753	1481
		10	94.6	120	19016	12.6	1188	30461	1804
		12	111	141	21843	12.4	1365	36066	2104
		14	128	163	24670	12.3	1542	41349	2389
		16	144	183	27276	12.2	1741	46393	2656
		19	167	213	30783	12.0	1924	53485	3022
350	±2.80	6.0	64.1	81.6	16008	14.0	915	24683	1372
		7.0	74.1	94.4	18329	13.9	1047	28684	1582
		8.0	84.2	108	20618	13.9	1182	32557	1787
		10	104	133	25189	13.8	1439	40127	2182
		12	124	156	29054	13.6	1660	47598	2552
		14	141	180	32916	13.5	1881	54679	2905
		16	159	203	36511	13.4	2086	61481	3238
		19	185	236	41414	13.2	2367	71137	3700
380	±3.00	8.0	91.7	117	26683	15.1	1404	41849	2122
		10	113	144	32570	15.0	1714	51645	2596
		12	134	170	37697	14.8	1984	61349	3043
		14	154	197	42818	14.7	2253	70586	3471
		16	174	222	47621	14.6	2506	79505	3878
		19	203	259	54240	14.5	2855	92254	4447
		22	231	294	60175	14.3	3167	104208	4968

续表

边长/mm	尺寸允许偏差/mm	壁厚/mm	理论重量/(kg/m)	截面面积/cm^2	惯性矩/cm^4	惯性半径/cm	截面模数/cm^3	扭转常数	
B	$\pm\Delta$	t	M	A	$I_x=I_y$	$r_x=r_y$	$W_{el,x}=W_{el,y}$	I_t/cm^4	C_t/cm^3
400	±3.20	8.0	96.5	123	31269	15.9	1564	48934	2362
		9.0	108	138	34785	15.9	1739	54721	2630
		10	120	153	38216	15.8	1911	60431	2892
		12	141	180	44319	15.7	2216	71843	3395
		14	163	208	50414	15.6	2521	82735	3877
		16	184	235	56153	15.5	2808	93279	4336
		19	215	274	64111	15.3	3206	108410	4982
		22	245	312	71304	15.1	3565	122676	5578
450	±3.40	9.0	122	156	50087	17.9	2226	78384	3363
		10	135	173	55100	17.9	2449	86629	3702
		12	160	204	64164	17.7	2851	103150	4357
		14	185	236	73210	17.6	3254	119000	4989
		16	209	267	81802	17.5	3636	134431	5595
		19	245	312	93853	17.3	4171	156736	6454
		22	279	355	104919	17.2	4663	17791	7257
480	±3.50	9.0	130	166	61128	19.1	2547	95412	3845
		10	144	184	67289	19.1	2804	105488	4236
		12	171	218	78517	18.9	3272	125698	4993
		14	198	252	89722	18.8	3738	145143	5723
		16	224	285	100407	18.7	4184	164111	6426
		19	262	334	115475	18.6	4811	191630	7428
		22	300	382	129413	18.4	5392	217978	8369
500	±3.60	9.0	137	174	69324	19.9	2773	108034	4185
		10	151	193	76341	19.9	3054	119470	4612
		12	179	228	89187	19.8	3568	142420	5440
		14	207	264	102010	19.7	4080	164530	6241
		16	235	299	114260	19.6	4570	186140	7013
		19	275	350	131591	19.4	5264	217540	8116
		22	314	400	147690	19.2	5908	247690	9155

注：表中理论重量按钢密度7.85g/cm^3计算。

冷弯长方形钢管外形尺寸、允许偏差及截面特性　　附表 3-17

边长/mm		尺寸允许偏差/mm	壁厚/mm	理论重量/(kg/m)	截面面积/cm²	惯性矩/cm⁴		惯性半径/cm		截面模数/cm³		扭转常数	
H	B	$\pm\Delta$	t	M	A	I_x	I_y	r_x	r_y	$W_{el,x}$	$W_{el,y}$	I_t/cm^4	C_t/cm^3
120	80	±0.90	4.0	11.7	11.9	294	157	4.4	3.2	49.1	39.3	330	64.9
			5.0	14.4	18.3	353	188	4.4	3.2	58.8	46.9	401	77.7
			6.0	16.9	21.6	106	215	4.3	3.1	67.7	53.7	166	83.4
			7.0	19.1	24.4	438	232	4.2	3.1	73.0	58.1	529	99.1
			8.0	21.4	27.2	476	252	4.1	3.0	79.3	62.9	584	108
140	80	±1.00	4.0	13.0	16.5	429	180	5.1	3.3	61.4	45.1	411	76.5
			5.0	15.9	20.4	517	216	5.0	3.2	73.8	53.9	499	91.8
			6.0	18.8	24.0	570	248	4.9	3.2	85.3	61.9	581	106
			8.0	23.9	30.4	708	293	4.8	3.1	101	73.3	731	129
150	100	±1.20	4.0	14.9	18.9	594	318	5.6	4.1	79.3	63.7	661	105
			5.0	18.3	23.3	719	384	5.5	4.0	95.9	79.8	807	127
			6.0	21.7	27.6	834	444	5.5	4.0	111	88.8	915	147
			8.0	28.1	35.8	1039	519	5.4	3.9	138	110	1148	182
			10	33.4	42.6	1161	614	5.2	3.8	155	123	1426	211
160	60	±1.20	4.0	13.0	16.5	500	106	5.5	2.5	62.5	35.4	294	63.8
			4.5	14.5	18.5	552	116	5.5	2.5	69.0	38.9	325	70.1
			6.0	18.9	24.0	693	144	5.4	2.4	86.7	48.0	410	87.0
160	80	±1.20	4.0	14.2	18.1	598	203	5.7	3.3	71.7	50.9	493	88.0
			5.0	17.5	22.4	722	214	5.7	3.3	90.2	61.0	599	106
			6.0	20.7	26.4	836	286	5.6	3.3	104	76.2	699	122
			8.0	26.8	33.6	1036	344	5.5	3.2	129	85.9	876	149
180	65	±1.20	4.0	14.5	18.5	709	142	6.2	2.8	78.8	43.8	396	79.0
			4.5	16.3	20.7	784	156	6.1	2.7	87.1	48.1	439	87.0
			6.0	21.2	27.0	992	194	6.0	2.7	110	59.8	557	108
180	100	±1.30	4.0	16.7	21.3	926	374	6.6	4.2	103	74.7	853	127
			5.0	20.7	26.3	1124	452	6.5	4.1	125	90.3	1012	154
			6.0	24.5	31.2	1309	524	6.4	4.1	145	104	1223	179
			8.0	31.5	40.4	1643	651	6.3	4.0	182	130	1554	222
			10	38.1	48.5	1859	736	6.2	3.9	206	147	1858	259
200			4.0	18.0	22.9	1200	410	7.2	4.2	120	82.2	984	142
			5.0	22.3	28.3	1459	497	7.2	4.2	146	99.4	1204	172
			6.0	26.1	33.6	1703	577	7.1	4.1	170	115	1413	200
			8.0	34.4	43.8	2146	719	7.0	4.0	215	144	1798	249
			10	41.2	52.6	2444	818	6.9	3.9	244	163	2154	292

续表

边长/mm		尺寸允许偏差/mm	壁厚/mm	理论重量/(kg/m)	截面面积/cm²	惯性矩/cm⁴		惯性半径/cm		截面模数/cm³		扭转常数	
H	B	$\pm\Delta$	t	M	A	I_x	I_y	r_x	r_y	$W_{el,x}$	$W_{el,y}$	I_t/cm^4	C_t/cm^3
200	120	±1.40	4.0	19.3	24.5	1353	618	7.4	5.0	135	103	1345	172
			5.0	23.8	30.4	1649	750	7.4	5.0	165	125	1652	210
			6.0	28.3	36.0	1929	874	7.3	4.9	193	146	1947	245
			8.0	36.5	46.4	2386	1079	7.2	4.8	239	180	2507	308
			10	44.4	56.6	2806	1262	7.0	4.7	281	210	3007	364
200	150	±1.50	4.0	21.2	26.9	1584	1021	7.7	6.2	158	136	1942	219
			5.0	26.2	33.4	1935	1245	7.6	6.1	193	166	2391	267
			6.0	31.1	39.6	2268	1457	7.5	6.0	227	194	2826	312
200	150	±1.50	8.0	40.2	51.2	2892	1815	7.4	6.0	283	242	3664	396
			10	49.1	62.6	3348	2143	7.3	5.8	335	286	4428	471
			12	56.6	72.1	3668	2353	7.1	5.7	367	314	5099	532
			14	64.2	81.7	4004	2564	7.0	5.60	400	342	5691	586
220	140	±1.50	4.0	21.8	27.7	1892	948	8.3	5.8	172	135	1987	224
			5.0	27.0	34.4	2313	1155	8.2	5.8	210	165	2447	274
			6.0	32.1	40.8	2714	1352	8.1	5.7	247	193	2891	321
			8.0	41.5	52.8	3389	1685	8.0	5.6	308	241	3746	407
			10	50.7	64.6	4017	1989	7.8	5.5	365	284	4523	484
			12	58.5	74.5	4408	2187	7.7	5.4	401	312	5206	546
			13	62.5	79.6	4624	2292	7.6	5.4	420	327	5517	575
250	150	±1.60	4.0	24.3	30.9	2697	1234	9.3	6.3	216	165	2665	275
			5.0	30.1	38.4	3304	1508	9.3	6.3	264	201	3285	337
			6.0	35.8	45.6	3886	1768	9.2	6.2	311	236	3886	396
			8.0	46.5	59.2	4886	2219	9.1	6.1	391	296	5050	504
			10	57.0	72.6	5825	2634	9.0	6.0	466	351	6121	602
			12	66.0	84.1	6458	2925	8.8	5.9	517	390	7088	684
			14	75.2	95.7	7114	3214	8.6	5.8	569	429	7954	759
250	200	±1.70	5.0	34.0	43.4	4055	2885	9.7	8.2	324	289	5257	457
			6.0	40.5	51.6	4779	3397	9.6	8.1	382	340	6237	538
			8.0	52.8	67.2	6057	4304	9.5	8.0	485	430	8136	691
			10	64.8	82.6	7266	5154	9.4	7.9	581	515	9950	832
			12	75.4	96.1	8159	5792	9.2	7.8	653	579	11640	955
			14	86.1	110	9066	6430	9.1	7.6	725	643	13185	1069
			16	96.4	123	9853	6983	9.0	7.5	788	698	14596	1171
260	180	±1.80	5.0	33.2	42.4	4121	2350	9.9	7.5	317	261	4695	426
			6.0	39.6	50.4	4856	2763	9.8	7.4	374	307	5566	501
			8.0	51.5	65.6	6145	3493	9.7	7.3	473	388	7267	642
			10	63.2	80.6	7363	4174	9.5	7.2	566	646	8850	772
			12	73.5	93.7	8245	4679	9.4	7.1	634	520	10328	884
			14	84.0	107	9147	5182	9.3	7.0	703	576	11673	988

续表

边长/mm		尺寸允许偏差/mm	壁厚/mm	理论重量/(kg/m)	截面面积/cm^2	惯性矩/cm^4		惯性半径/cm		截面模数/cm^3		扭转常数	
H	B	$\pm\Delta$	t	M	A	I_x	I_y	r_x	r_y	$W_{el,x}$	$W_{el,y}$	I_t/cm^4	C_t/cm^3
300	200	±2.00	5.0	38.0	48.4	6241	3361	11.4	8.3	416	336	6836	552
			6.0	45.2	57.6	7370	3962	11.3	8.3	491	396	8115	651
			8.0	59.1	75.2	9389	5042	11.2	8.2	626	504	10627	838
			10	72.7	92.6	11313	6058	11.1	8.1	754	606	12987	1012
			12	84.8	108	12788	6854	10.9	8.0	853	685	15236	1167
			14	97.1	124	14287	7643	10.7	7.9	952	764	17307	1311
			16	109	139	15617	8340	10.6	7.8	1041	834	19223	1442
350	200	±2.10	5.0	41.9	53.4	9032	3836	13.0	8.5	516	384	8475	647
			6.0	49.9	63.6	10682	4527	12.9	8.4	610	453	10065	764
			8.0	65.3	83.2	13662	5779	12.8	8.3	781	578	13189	986
			10	80.5	102	16517	6961	12.7	8.2	944	696	16137	1193
			12	94.2	120	18768	7915	12.5	8.0	1072	792	18962	1379
			14	108	138	21055	8856	12.4	8.0	1203	886	21578	1554
			16	121	155	23114	9698	12.2	7.9	1321	970	24016	1713
350	250	±2.20	5.0	45.8	58.4	10520	6306	13.4	10.4	601	504	12234	817
			6.0	54.7	69.6	12457	7458	13.4	10.3	712	594	14554	967
			8.0	71.6	91.2	16001	9573	13.2	10.2	914	766	19136	1253
			10	88.4	113	19407	11588	13.1	10.1	1109	927	23500	1522
			12	104	132	22196	13261	12.9	10.0	1268	1060	27749	1770
			14	119	152	25008	14921	12.8	9.9	1429	1193	31729	2003
			16	134	171	27580	16434	12.7	9.8	1575	1315	35497	2220
350	300	±2.30	7.0	68.6	87.4	16270	12874	13.6	12.1	930	858	22599	1347
			8.0	77.9	99.2	18341	14506	13.6	12.1	1048	967	25633	1520
			10	96.2	122	22298	17623	13.5	12.0	1274	1175	31548	1852
			12	113	144	25625	20257	13.3	11.9	1464	1350	37358	2161
			14	130	166	28962	22883	13.2	11.7	1655	1526	42837	2454
			16	146	187	32046	25305	13.1	11.6	1831	1687	48072	2729
			19	170	217	36204	28569	12.9	11.5	2069	1904	55439	3107
400	200	±2.40	6.0	54.7	69.6	14789	5092	14.5	8.6	739	509	12069	877
			8.0	71.6	91.2	18974	6517	14.4	8.5	949	652	15820	1133
			10	88.4	113	23003	7864	14.3	8.4	1150	786	19368	1373
			12	104	132	26248	8977	14.1	8.2	1312	898	22782	1591
			14	119	152	29545	10069	13.9	8.1	1477	1007	25956	1796
			16	134	171	32546	11055	13.8	8.0	1627	1105	28928	1983
400	250	±2.50	5.0	49.7	63.4	14440	7056	15.1	10.6	722	565	14773	937
			6.0	59.4	75.6	17118	8352	15.0	10.5	856	668	17580	1110
			8.0	77.9	99.2	22048	10744	14.9	10.4	1102	830	23127	1440
			10	96.2	122	26806	13029	14.8	10.3	1340	1042	28423	1753
			12	113	144	30766	14926	14.6	10.2	1538	1197	33597	2042
			14	130	166	34762	16872	14.5	10.1	1738	1350	38460	2315
			16	146	187	38448	19628	14.3	10.0	1922	1490	43083	2570

续表

边长/mm		尺寸允许偏差/mm	壁厚/mm	理论重量/(kg/m)	截面面积/cm^2	惯性矩/cm^4		惯性半径/cm		截面模数/cm^3		扭转常数	
H	B	$\pm\Delta$	t	M	A	I_x	I_y	r_x	r_y	$W_{el,x}$	$W_{el,y}$	I_t/cm^4	C_t/cm^3
400	300	±2.60	7.0	74.1	94.4	22261	14376	15.4	12.3	1113	958	27477	1547
			8.0	84.2	107	25152	16212	15.3	12.3	1256	1081	31179	1747
			10	104	133	30609	19726	15.2	12.2	1530	1315	38407	2132
			12	122	156	35284	22747	15.0	12.1	1764	1516	45527	2492
			14	141	180	39979	25748	14.9	12.0	1999	1717	52267	2835
			16	159	203	44350	28535	14.8	11.9	2218	1902	58731	3159
			19	185	236	50309	32326	14.6	11.7	2515	2155	67883	3607
450	250	±2.70	6.0	64.1	81.6	22724	9245	16.7	10.6	1010	740	20687	1253
			8.0	84.2	107	29336	11916	16.5	10.5	1304	953	27222	1628
			10	104	133	35737	14470	16.4	10.4	1588	1158	33473	1983
			12	123	156	41137	16663	16.2	10.3	1828	1333	39591	2314
			14	141	180	46587	18824	16.1	10.2	2070	1506	45358	2627
			16	159	203	51651	20821	16.0	10.1	2295	1666	50857	2921
450	350	±2.80	7.0	85.1	108	32867	22448	17.4	14.4	1461	1283	41688	2053
			8.0	96.7	123	37151	25360	17.4	14.3	1651	1449	47354	2322
			10	120	153	45418	30971	17.3	14.2	2019	1770	58458	2842
			12	141	180	52650	35911	17.1	14.1	2340	2052	69468	3335
			14	163	208	59898	40823	17.0	14.0	2662	2333	79967	3807
			16	184	235	66727	45443	16.9	13.9	2966	2597	90121	4257
			19	215	274	76195	51834	16.7	13.8	3386	2962	104670	4889
450	400	±3.00	9.0	115	147	45711	38225	17.6	16.1	2032	1911	65371	2938
			10	127	163	50259	42019	17.6	16.1	2234	2101	72219	3272
			12	151	192	58407	48837	17.4	15.9	2596	2442	85923	3846
			14	174	222	66554	55631	17.3	15.8	2958	2782	99037	4398
			16	197	251	74264	62055	17.2	15.7	3301	3103	111766	4926
			19	230	293	85024	71012	17.0	15.6	3779	3551	130101	5971
			22	262	334	94835	79171	16.9	15.4	4215	3959	147482	6363
500	200	±3.10	9.0	94.2	120	36774	8847	17.5	8.6	1471	885	23642	1584
			10	104	133	40321	9671	17.4	8.5	1613	967	26005	1734
			12	123	156	46312	11101	17.2	8.4	1853	1110	30620	2016
			14	141	180	52390	12496	17.1	8.3	2095	1250	34934	2280
			16	159	203	58015	13771	16.9	8.2	2320	1377	38999	2526
500	250	±3.20	9.0	101	129	42199	14521	18.1	10.6	1688	1161	35044	2017
			10	112	143	46324	15911	18.0	10.6	1853	1273	38624	2214
			12	132	168	53457	18363	17.8	10.5	2138	1469	45701	2585
			14	152	194	60659	20776	17.7	10.4	2426	1662	58778	2939
			16	172	219	67389	23015	17.6	10.3	2696	1841	37358	3272

续表

边长/mm		尺寸允许偏差/mm	壁厚/mm	理论重量/(kg/m)	截面面积/cm^2	惯性矩/cm^4		惯性半径/cm		截面模数/cm^3		扭转常数	
H	B	$\pm\Delta$	t	M	A	I_x	I_y	r_x	r_y	$W_{el,x}$	$W_{el,y}$	I_t/cm^4	C_t/cm^3
500	300	±3.30	10	120	153	52328	23933	18.5	12.5	2093	1596	52736	2693
			12	141	180	60604	27726	18.3	12.4	2424	1848	62581	3156
			14	163	208	68928	31478	18.2	12.3	2757	2099	71947	3599
			16	184	235	76763	34994	18.1	12.2	3071	2333	80972	4019
			19	215	274	87609	39838	17.9	12.1	3504	2656	93845	4606
500	400	±3.40	9.0	122	156	58474	41666	19.4	16.3	2339	2083	76740	3318
			10	135	173	64334	45823	19.3	16.3	2573	2291	84403	3653
			12	160	204	74895	53355	19.2	16.2	2996	2668	100471	4298
			14	185	236	85466	60848	19.0	16.1	3419	3042	115881	4919
			16	209	267	95510	67957	18.9	16.0	3820	3398	130866	5515
			19	245	312	109600	77913	18.7	15.8	4384	3896	152512	6360
			22	279	356	122539	87039	18.6	15.6	4902	4352	173112	7148
500	450	±3.50	10	143	183	70337	59941	19.6	18.1	2813	2664	101581	4132
			12	170	216	82040	69920	19.5	18.0	3282	3108	121022	4869
			14	196	250	93736	79865	19.4	17.9	3749	3550	139716	5580
			16	222	283	104884	89340	19.3	17.8	4195	3971	157943	6264
			19	260	331	120595	102683	19.1	17.6	4824	4564	184368	7238
			22	297	378	135115	115003	18.9	17.4	5405	5111	209643	8151
500	480	±3.60	10	148	189	73939	69499	19.8	19.2	2958	2896	112236	4420
			12	175	223	86328	81146	19.7	19.1	3453	3381	133767	5211
			14	203	258	98697	92763	19.6	19.0	3948	3865	154499	5977
			16	229	292	110508	103853	19.4	18.8	4420	4327	174736	6713
			19	269	342	127193	119515	19.3	18.7	5088	4980	204127	7765
			22	307	391	142660	134031	19.1	18.5	5706	5585	232306	8753

注：表中理论重量按钢密度 7.85g/cm^3 计算。

冷弯薄壁焊接圆钢管的规格及截面特性表 附表 3-18

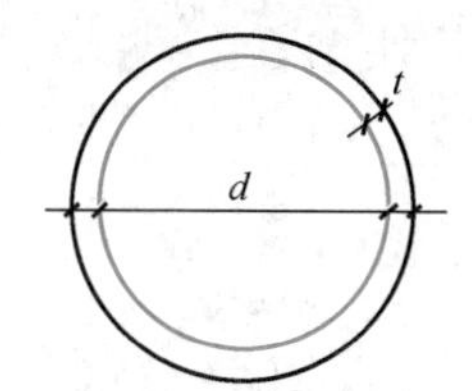

尺寸/mm		截面面积/	每米长质量/	I/	i/	W/
d	t	cm^2	(kg/m)	cm^4	cm	cm^3
25	1.5	1.11	0.87	0.77	0.83	0.61
30	1.5	1.34	1.05	1.37	1.01	0.91
30	2.0	1.76	1.38	1.73	0.99	1.16
40	1.5	1.81	1.42	3.37	1.36	1.68
40	2.0	2.39	1.88	4.32	1.35	2.16
51	2.0	3.08	2.42	9.26	1.73	3.63
57	2.0	3.46	2.71	13.08	1.95	4.59
60	2.0	3.64	2.86	15.34	2.05	5.10
70	2.0	4.27	3.35	24.72	2.41	7.06
76	2.0	4.65	3.65	31.85	2.62	8.38
83	2.0	5.09	4.00	41.76	2.87	10.06
83	2.5	6.32	4.96	51.26	2.85	12.35
89	2.0	5.47	4.29	51.74	3.08	11.63
89	2.5	6.79	5.33	63.59	3.06	14.29
95	2.0	5.84	4.59	63.20	3.29	13.31
95	2.5	7.26	5.70	77.76	3.27	16.37
102	2.0	6.28	4.93	78.55	3.54	15.40
102	2.5	7.81	6.14	96.76	3.52	18.97
102	3.0	9.33	7.33	114.40	3.50	22.43
108	2.0	6.66	5.23	93.6	3.75	17.33
108	2.5	8.29	6.51	115.4	3.73	21.37
108	3.0	9.90	7.77	136.5	3.72	25.28
114	2.0	7.04	5.52	110.4	3.96	19.37
114	2.5	8.76	6.87	136.2	3.94	23.89
114	3.0	10.46	8.21	161.3	3.93	28.30
121	2.0	7.48	5.87	132.4	4.21	21.88
121	2.5	9.31	7.31	163.5	4.19	27.02

续表

尺寸/mm		截面面积/	每米长质量/	I/	i/	W/
d	t	cm^2	(kg/m)	cm^4	cm	cm^3
121	3.0	11.12	8.73	193.7	4.17	32.02
127	2.0	7.85	6.17	153.4	4.42	24.16
127	2.5	9.78	7.68	189.5	4.40	29.84
127	3.0	11.69	9.18	224.7	4.39	35.39
133	2.5	10.25	8.05	218.2	4.62	32.81
133	3.0	12.25	9.62	259.0	4.60	38.95
133	3.5	14.24	11.18	298.7	4.58	44.92
140	2.5	10.80	8.48	255.3	4.86	36.47
140	3.0	12.91	10.13	303.1	4.85	43.29
140	3.5	15.01	11.78	349.8	4.83	49.97
152	3.0	14.04	11.02	389.9	5.27	51.30
152	3.5	16.33	12.82	450.3	5.25	59.25
152	4.0	18.60	14.60	509.6	5.24	67.05
159	3.0	14.70	11.54	447.4	5.52	56.27
159	3.5	17.10	13.42	517.0	5.50	65.02
159	4.0	19.48	15.29	585.3	5.48	73.62
168	3.0	15.55	12.21	529.4	5.84	63.02
168	3.5	18.09	14.20	612.1	5.82	72.87
168	4.0	20.61	16.18	693.3	5.80	82.53
180	3.0	16.68	13.09	653.5	6.26	72.61
180	3.5	19.41	15.24	756.0	6.24	84.00
180	4.0	22.12	17.36	856.8	6.22	95.20
194	3.0	18.00	14.13	821.1	6.75	84.64
194	3.5	20.95	16.45	950.5	6.74	97.99
194	4.0	23.88	18.75	1078	6.72	111.1
203	3.0	18.85	15.00	943	7.07	92.87
203	3.5	21.94	17.22	1092	7.06	107.55
203	4.0	25.01	19.63	1238	7.04	122.01
219	3.0	20.36	15.98	1187	7.64	108.44
219	3.5	23.70	18.61	1376	7.62	125.65
219	4.0	27.02	21.81	1562	7.60	142.62
245	3.0	22.81	17.91	1670	8.56	136.3
245	3.5	26.55	20.84	1936	8.54	158.1
245	4.0	30.28	23.77	2199	8.52	179.5

冷弯薄壁等边角钢的规格及截面特性表

附表 3-19

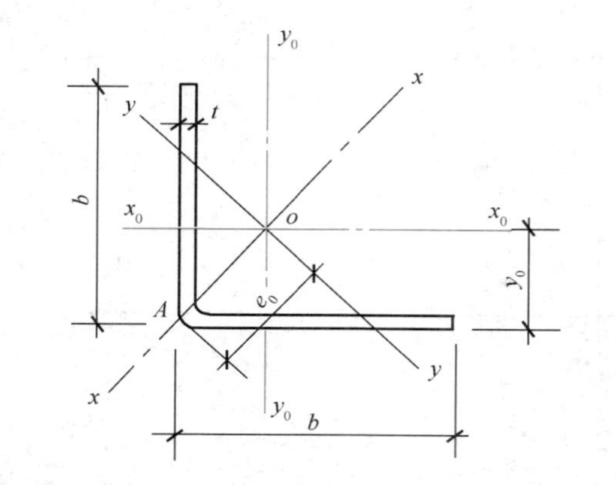

尺寸/mm		截面面积/cm²	每米长质量/(kg/m)	y_0 cm	x_0-x_0				$x-x$		$y-y$		x_1-x_1	e_0/cm	I_t/cm⁴	U_y/cm⁵
b	t				I_{x0}/cm⁴	I_{x0}/cm	W_{x0max}/cm³	W_{x0min}/cm³	I_x/cm⁴	i_x/cm	I_y/cm⁴	i_y/cm	I_{x1}/cm⁴			
30	1.5	0.85	0.67	0.828	0.77	0.95	0.93	0.35	1.25	1.21	0.29	0.58	1.35	1.07	0.0064	0.613
30	2.0	1.12	0.88	0.855	0.99	0.94	1.16	0.46	1.63	1.21	0.36	0.57	1.81	1.07	0.0149	0.775
40	2.0	1.52	1.19	1.105	2.43	1.27	2.20	0.84	3.95	1.61	0.90	0.77	4.28	1.42	0.0208	2.585
40	2.5	1.87	1.47	1.132	2.96	1.26	2.62	1.03	4.85	1.61	1.07	0.76	5.36	1.42	0.0390	3.104
50	2.5	2.37	1.86	1.381	5.93	1.58	4.29	1.64	9.65	2.02	2.20	0.96	10.44	1.78	0.0494	7.890
50	3.0	2.81	2.21	1.408	6.97	1.57	4.95	1.94	11.40	2.01	2.54	0.95	12.55	1.78	0.0843	9.169
60	2.5	2.87	2.25	1.630	10.41	1.90	6.38	2.38	16.90	2.43	3.91	1.17	18.03	2.13	0.0598	16.80
60	3.0	3.41	2.68	1.657	12.29	1.90	7.42	2.83	20.02	2.42	4.56	1.16	21.66	2.13	0.1023	19.63
75	2.5	3.62	2.84	2.005	20.65	2.39	10.30	3.76	33.43	3.04	7.87	1.48	35.20	2.66	0.0755	42.09
75	3.0	4.31	3.39	2.031	24.47	2.38	12.05	4.47	39.70	3.03	9.23	1.46	42.26	2.66	0.1293	49.47

冷弯薄壁卷边等边角钢的规格及截面特性表

附表 3-20

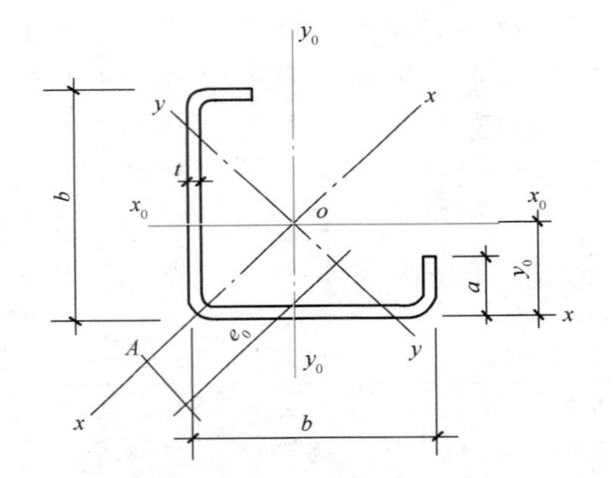

尺寸/mm			截面面积/cm^2	每米长质量/(kg/m)	y_0/cm	x_0-x_0				$x-x$		$y-y$		x_1-x_1	e_0/cm	I_t/cm^4	I_ω/cm^6	U_y/cm^5
b	a	t				I_{x0}/cm^4	i_{x0}/cm	W_{x0max}/cm^3	W_{x0min}/cm^3	I_x/cm^4	i_x(cm)	I_y/cm^4	i_y/cm	I_{x1}/cm^4				
40	15	2.0	1.95	1.53	1.404	3.93	1.42	2.80	1.51	5.74	1.72	2.12	1.01	7.78	2.37	0.0260	3.88	3.747
60	20	2.0	2.95	2.32	2.026	13.83	2.17	6.83	3.48	20.56	2.64	7.11	1.55	25.94	3.38	0.0394	22.64	21.01
75	20	2.0	3.55	2.79	2.396	25.60	2.69	10.68	5.02	39.01	3.31	12.19	1.85	45.99	3.82	0.0473	36.55	51.84
75	20	2.5	4.36	3.42	2.401	30.76	2.66	12.81	6.03	46.91	3.28	14.60	1.83	55.90	3.80	0.0909	43.33	61.93

附表 3-21

冷弯薄壁槽钢的规格及截面特性表

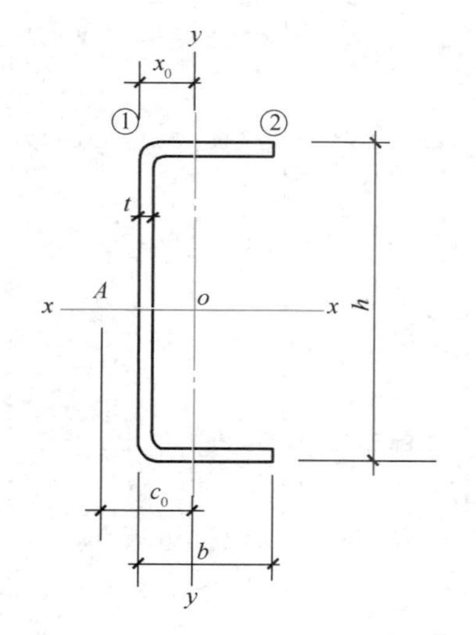

尺寸/mm			截面面积/cm²	每米长质量/(kg/m)	x_0/cm	x－x			y－y				y_1-y_1	e_0/cm	I_t/cm⁴	I_ω/cm⁶	k/cm⁻¹	$W_{\omega1}$/cm⁴	$W_{\omega2}$/cm⁴	U_y/cm⁵
h	b	t				I_x/cm⁴	i_x/cm	W_x/cm³	I_y/cm⁴	i_y/cm	W_{ymax}/cm³	W_{ymin}/cm³	I_{y1}/cm⁴							
40	20	2.5	1.763	1.384	0.629	3.914	1.489	1.957	0.651	0.607	1.034	0.475	1.350	1.255	0.0367	1.332	0.10295	1.360	0.671	1.440
50	30	2.5	2.513	1.972	0.951	9.574	1.951	3.829	2.245	0.945	2.359	1.096	4.521	2.013	0.0523	7.945	0.05034	3.550	2.045	5.259
60	30	2.5	2.74	2.15	0.883	14.38	2.31	4.89	2.40	0.94	2.71	1.13	4.53	1.88	0.0571	12.21	0.0425	4.72	2.51	7.942
70	40	2.5	3.496	2.74	1.202	26.703	2.763	7.629	5.639	1.269	4.688	2.015	10.697	2.653	0.0728	413.05	0.02604	9.499	5.439	19.429
80	40	2.5	3.74	2.94	1.132	36.70	3.13	9.18	5.92	1.26	5.23	2.06	10.71	2.51	0.0779	57.36	0.0229	11.61	6.37	26.089
80	40	3.0	4.43	3.48	1.159	42.66	3.10	10.67	6.93	1.25	5.98	2.44	12.87	2.51	0.1328	64.58	0.0282	13.64	7.34	30.575
100	40	2.5	4.24	3.33	1.013	62.07	3.83	12.41	6.37	1.23	6.29	2.13	10.72	2.30	0.0884	99.70	0.0185	17.07	8.44	42.672

续表

尺寸/mm			截面面积/cm^2	每米长质量/(kg/m)	x_0/cm	$x-x$			$y-y$				y_1-y_1	e_0/cm	I_t/cm^4	I_ω/cm^6	k/cm^{-1}	$W_{\omega1}$/cm^4	$W_{\omega2}$/cm^4	U_y/cm^5
h	b	t				I_x/cm^4	i_x/cm	W_x/cm^3	I_y/cm^4	i_y/cm	W_{ymax}/cm^3	W_{ymin}/cm^3	I_{y1}/cm^4							
100	40	3.0	5.03	3.95	1.039	72.44	3.80	14.49	7.47	1.22	7.19	2.52	12.89	2.30	0.1508	113.23	0.0227	20.20	9.79	50.247
120	40	2.5	4.74	3.72	0.919	95.92	4.50	15.99	6.72	1.19	7.32	2.18	10.73	2.13	0.0988	156.19	0.0156	23.62	10.59	63.644
120	40	3.0	5.63	4.42	0.944	112.28	4.47	18.71	7.90	1.19	8.37	2.58	12.91	2.12	0.1688	178.49	0.0191	28.13	12.33	75.140
140	50	3.0	6.83	5.36	1.187	191.53	5.30	27.36	15.52	1.51	13.08	4.07	25.13	2.75	0.2048	487.60	0.0128	48.99	22.93	160.572
140	50	3.5	7.89	6.20	1.211	218.88	5.27	31.27	17.79	1.50	14.69	4.70	29.37	2.74	0.3223	546.44	0.0151	56.72	26.09	184.730
160	60	3.0	8.03	6.30	1.432	300.87	6.12	37.61	26.90	1.83	18.79	5.89	43.35	3.37	0.2408	1119.78	0.0091	78.25	38.21	303.617
160	60	3.5	9.29	7.29	1.456	344.94	6.09	43.12	30.92	1.82	21.23	6.81	50.63	3.37	0.3794	1264.16	0.0108	90.71	43.68	349.963
180	60	4.0	11.350	8.910	1.390	510.374	6.705	56.708	35.956	1.779	25.856	7.800	57.908	3.217	0.6053	1872.165	0.01115	135.194	57.111	511.702
180	60	5.0	13.985	10.978	1.440	616.044	6.636	68.449	43.601	1.765	30.274	9.562	72.611	3.217	1.1654	2190.181	0.01430	170.048	68.632	625.549
200	60	4.0	12.150	9.538	1.312	658.605	7.362	65.860	37.016	1.745	28.208	7.896	57.940	3.062	0.6480	2424.951	0.01013	165.206	65.012	644.574
200	60	5.0	14.985	11.763	1.360	796.658	7.291	79.665	44.923	1.731	33.012	9.683	72.674	3.062	1.2488	2849.111	0.01298	209.464	78.322	789.191

冷弯薄壁卷边槽钢的规格及截面特性表

附表 3-22

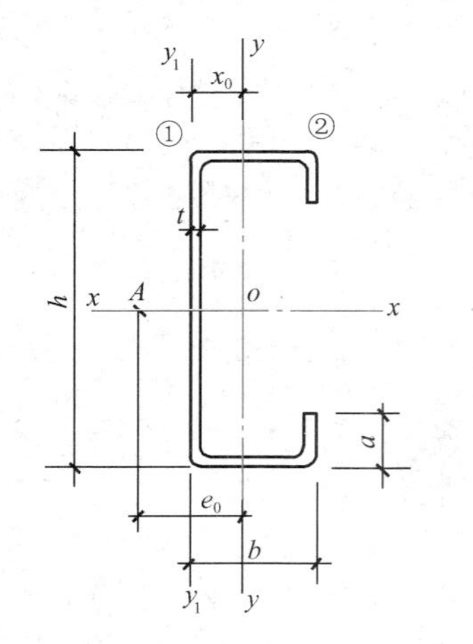

截面尺寸/mm				截面面积 A/cm^2	质量 g/(kg/m)	x_0/cm	$x-x$			$y-y$				y_1-y_1	e_0/cm	I_t/cm^4	I_ω/cm^6	k/cm^{-1}	$W_{\omega1}$/cm^4	$W_{\omega2}$/cm^4	U_y/cm^5
h	b	c	t				I_x/cm^4	i_y/cm	W_x/cm^3	I_y/cm^4	i_y/cm	W_{ymax}/cm^3	W_{ymin}/cm^3	I_{y1}/cm^4							
80	40	15	2.0	3.47	2.72	1.452	34.16	3.14	8.54	7.79	1.50	5.36	3.06	15.10	3.36	0.0462	112.9	0.0126	16.03	15.74	21.25
100	50	15	2.5	5.23	4.11	1.706	81.34	3.94	16.27	17.19	1.81	10.08	5.22	32.41	3.94	0.1090	352.8	0.0109	34.47	29.41	67.77
120	50	20	2.5	5.98	4.70	1.706	129.40	4.65	21.57	20.96	1.87	12.28	6.36	38.36	4.03	0.1246	660.9	0.0085	51.04	48.36	103.53
120	60	20	3.0	7.65	6.01	2.106	170.68	4.72	28.45	37.36	2.21	17.74	9.59	71.31	4.87	0.2296	1153.2	0.0087	75.68	68.84	166.06
140	60	20	3.0	8.25	6.48	1.964	245.42	5.45	35.06	39.49	2.19	20.11	9.79	71.33	4.61	0.2476	1589.8	0.0078	92.69	79.00	245.42
160	70	20	3.0	9.45	7.42	2.224	373.64	6.29	46.71	60.42	2.53	27.17	12.65	107.20	5.25	0.2836	3070.5	0.0060	135.49	109.92	447.56

续表

序号	截面代号	截面尺寸/mm				截面面积 A/cm²	质量 g/(kg/m)	x_0/cm	$x-x$			$y-y$				y_1-y_1	e_0/cm	I_t/cm⁴	I_ω/cm⁶	k/cm⁻¹	$W_{\omega1}$/cm⁴	$W_{\omega2}$/cm⁴
		h	b	c	t				I_x/cm⁴	i_y/cm	W_x/cm³	I_y/cm⁴	i_y/cm	W_{ymax}/cm³	W_{ymin}/cm³	I_{y1}/cm⁴						
1	C140×2. 0	140	50	20	2. 0	5. 27	4. 14	1. 59	154. 03	5. 41	22. 00	18. 56	1. 88	11. 68	5. 44	31. 86	3. 87	0. 0703	794. 79	0. 0058	51. 34	52. 22
2	C140×2. 2	140	50	20	2. 2	5. 76	4. 52	1. 59	167. 40	5. 39	23. 91	20. 03	1. 87	12. 62	5. 87	34. 53	3. 84	0. 0929	852. 46	0. 0065	55. 98	56. 84
3	C140×2. 5	140	50	20	2. 5	6. 48	5. 09	1. 58	186. 78	5. 39	26. 68	22. 11	1. 85	13. 96	6. 47	38. 38	3. 80	0. 1351	931. 89	0. 0075	62. 56	63. 56
4	C160×2. 0	160	60	20	2. 0	6. 07	4. 76	1. 85	236. 59	6. 24	29. 57	29. 99	2. 22	16. 19	7. 23	50. 83	4. 52	0. 0809	1596. 28	0. 0044	76. 92	71. 30
5	C160×2. 2	160	60	20	2. 2	6. 64	5. 21	1. 85	257. 57	6. 23	32. 20	32. 45	2. 21	17. 53	7. 82	55. 19	4. 50	0. 1071	1717. 82	0. 0049	83. 82	77. 55
6	C160×2. 5	160	60	20	2. 5	7. 48	5. 87	1. 85	288. 13	6. 21	36. 02	35. 96	2. 19	19. 47	8. 66	61. 49	4. 45	0. 1559	1887. 71	0. 0056	93. 87	86. 63
7	C180×2. 0	180	70	20	2. 0	6. 87	5. 39	2. 11	343. 93	7. 08	38. 21	45. 18	2. 57	21. 37	9. 25	75. 87	5. 17	0. 0916	2934. 34	0. 0035	109. 50	95. 22
8	C180×2. 2	180	70	20	2. 2	7. 52	5. 90	2. 11	374. 90	7. 06	41. 66	48. 97	2. 55	23. 19	10. 02	82. 49	5. 14	0. 1213	3165. 62	0. 0038	119. 44	103. 58
9	C180×2. 5	180	70	20	2. 5	8. 48	6. 66	2. 11	420. 20	7. 04	46. 69	54. 42	2. 53	25. 82	11. 12	92. 06	5. 10	0. 1767	3492. 15	0. 0044	133. 99	115. 73
10	C200×2. 0	200	70	20	2. 0	7. 27	5. 71	2. 00	440. 04	7. 78	44. 00	46. 71	2. 54	23. 32	9. 35	75. 88	4. 96	0. 0969	3672. 33	0. 0032	126. 74	106. 15
11	C200×2. 2	200	70	20	2. 2	7. 96	6. 25	2. 00	479. 87	7. 77	47. 99	50. 64	2. 52	25. 31	10. 13	82. 49	4. 93	0. 1284	3963. 82	0. 0035	138. 26	115. 74
12	C200×2. 5	200	70	20	2. 5	8. 98	7. 05	2. 00	538. 21	7. 74	53. 82	56. 27	2. 50	28. 18	11. 25	92. 09	4. 89	0. 1871	4376. 18	0. 0041	155. 14	129. 75
13	C220×2. 0	220	75	20	2. 0	7. 87	6. 18	2. 08	574. 45	8. 54	52. 22	56. 88	2. 69	27. 35	10. 50	90. 93	5. 18	0. 1049	5313. 52	0. 0028	158. 43	127. 32
14	C220×2. 2	220	75	20	2. 2	8. 62	6. 77	2. 08	626. 85	8. 53	56. 99	61. 71	2. 68	29. 70	11. 38	98. 91	5. 15	0. 1391	5742. 07	0. 0031	172. 92	138. 93
15	C220×2. 5	220	75	20	2. 5	9. 73	7. 64	2. 07	703. 76	8. 50	63. 98	68. 66	2. 66	33. 11	12. 65	110. 51	5. 11	0. 2028	6351. 05	0. 0035	194. 18	155. 94

冷弯薄壁卷边 Z 形钢的规格及截面特性表

附表 3-23

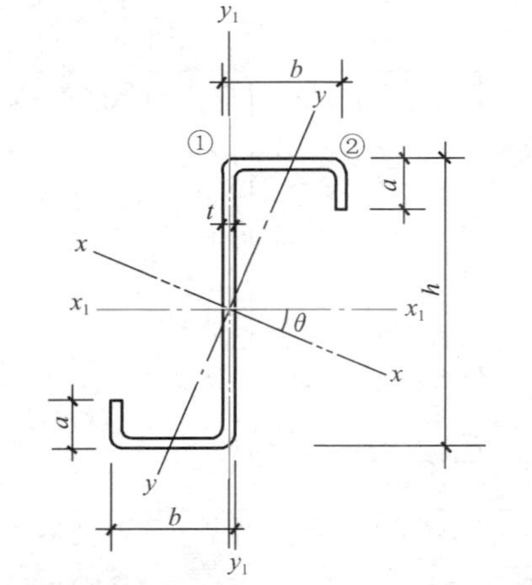

尺寸/mm				截面面积/cm²	每米长质量/(kg/m)	θ	x_1-x_1			y_1-y_1			$x-x$				$y-y$				I_{x1y1}/cm⁴	I_t/cm⁴	I_ω/cm⁶	k/cm⁻¹	$W_{\omega1}$/cm⁴	$W_{\omega2}$/cm⁴
h	b	a	t				I_{x1}/cm⁴	i_{x1}/cm	W_{x1}/cm³	I_{y1}/cm⁴	i_{y1}/cm	W_{y1}/cm³	I_x/cm⁴	i_x/cm	W_{x1}/cm³	W_{x2}/cm³	I_y/cm⁴	i_y/cm	W_{y1}/cm³	W_{y2}/cm³						
100	40	20	2.0	4.07	3.19	24°1′	60.04	3.84	12.01	17.02	2.05	4.36	70.70	4.17	15.93	11.94	6.36	1.25	3.36	4.42	23.93	0.0542	325.0	0.0081	49.97	29.16
100	40	20	2.5	4.98	3.91	23°46′	72.10	3.80	14.42	20.02	2.00	5.17	84.63	4.12	19.18	14.47	7.49	1.23	4.07	5.28	28.45	0.1038	381.9	0.0102	62.25	35.03
120	50	20	2.0	4.87	3.82	24°3′	106.97	4.69	17.83	30.23	2.49	6.17	126.06	5.09	23.55	17.40	11.14	1.51	4.83	5.74	42.77	0.0649	785.2	0.0057	84.05	43.96
120	50	20	2.5	5.98	4.70	23°50′	129.39	4.65	21.57	35.91	2.45	7.37	152.05	5.04	28.55	21.21	13.25	1.49	5.89	6.89	51.30	0.1246	930.9	0.0072	104.68	52.94
120	50	20	3.0	7.05	5.54	23°36′	150.14	4.61	25.02	40.88	2.41	8.43	175.92	4.99	33.18	24.80	15.11	1.46	6.89	7.92	58.99	0.2116	1058.9	0.0087	125.37	61.22
140	50	20	2.5	6.48	5.09	19°25′	186.77	5.37	26.68	35.91	2.35	7.37	209.19	5.67	32.55	26.34	14.48	1.49	6.69	6.78	60.75	0.1350	1289.0	0.0064	137.04	60.03
140	50	20	3.0	7.65	6.01	19°12′	217.26	5.33	31.04	40.83	2.31	8.43	241.62	5.62	37.76	30.70	16.52	1.47	7.84	7.81	69.93	0.2296	1458.2	0.0077	164.94	69.51
160	60	20	2.5	7.48	5.87	19°59′	288.12	6.21	36.01	58.15	2.79	9.90	323.13	6.57	44.00	34.95	23.14	1.76	9.00	8.71	96.32	0.1559	2634.3	0.0048	205.98	86.28
160	60	20	3.0	8.85	6.95	19°47′	336.66	6.17	42.08	66.66	2.74	11.39	376.76	6.52	51.48	41.08	26.56	1.73	10.58	10.07	111.51	0.2656	3019.4	0.0058	247.41	100.15
160	70	20	2.5	7.98	6.27	23°46′	319.13	6.32	39.89	87.74	3.32	12.76	374.76	6.85	52.35	38.23	32.11	2.01	10.53	10.86	126.37	0.1663	3793.3	0.0041	238.87	106.91
160	70	20	3.0	9.45	7.42	23°34′	373.64	6.29	46.71	101.10	3.27	14.76	437.72	6.80	61.33	45.01	37.03	1.98	12.39	12.58	146.86	0.2836	4365.0	0.0050	285.78	124.26
180	70	20	2.5	8.48	6.66	20°22′	420.18	7.04	46.69	87.74	3.22	12.76	473.34	7.47	57.27	44.88	34.58	2.02	11.66	10.86	143.18	0.1767	4907.9	0.0037	294.53	119.41
180	70	20	3.0	10.05	7.89	20°11′	492.61	7.00	54.73	101.11	3.17	14.76	553.83	7.42	67.22	52.89	39.89	1.99	13.72	12.59	166.47	0.3016	5652.2	0.0045	353.32	138.92

冷弯薄壁斜卷边 Z 形钢的规格及截面特性表

附表 3-24

尺寸/mm h	尺寸/mm b	尺寸/mm a	尺寸/mm t	截面面积/cm²	每米长质量/(kg/m)	θ/°	x_1-x_1 I_{x1}/cm⁴	x_1-x_1 i_{x1}/cm	x_1-x_1 W_{x1}/cm³	y_1-y_1 I_{y1}/cm⁴	y_1-y_1 i_{y1}/cm	y_1-y_1 W_{y1}/cm³	$x-x$ I_x/cm⁴	$x-x$ i_x/cm	$x-x$ W_{x1}/cm³	$x-x$ W_{x2}/cm³	$y-y$ I_y/cm⁴	$y-y$ i_y/cm	$y-y$ W_{y1}/cm³	$y-y$ W_{y2}/cm³	I_{x1y1}/cm⁴	I_t/cm⁴	I_ω/cm⁶	k/cm⁻¹	$W_{\omega1}$/cm⁴	$W_{\omega2}$/cm⁴
140	50	20	2.0	5.392	4.233	21.986	162.065	5.482	23.152	39.363	2.702	6.234	185.962	5.872	30.377	22.470	15.466	1.694	6.107	8.067	59.189	0.0719	1298.621	0.0046	118.281	59.185
140	50	20	2.2	5.909	4.638	21.998	176.813	5.470	25.259	42.928	2.695	6.809	202.926	5.860	33.352	24.544	16.814	1.687	6.659	8.823	64.638	0.0953	1407.575	0.0051	130.014	64.382
140	50	20	2.5	6.676	5.240	22.018	198.446	5.452	28.349	48.154	2.686	7.657	227.828	5.842	37.792	27.598	18.771	1.667	7.468	9.941	72.659	0.1391	1563.520	0.0058	147.558	71.926
160	60	20	2.0	6.192	4.861	22.104	246.830	6.313	30.854	60.271	3.120	8.240	283.680	6.768	40.271	29.603	23.422	1.945	8.018	9.554	90.733	0.0826	2559.036	0.0035	175.940	82.223
160	60	20	2.2	6.789	5.329	22.113	269.592	6.302	33.699	65.802	3.113	9.009	309.891	6.756	44.225	32.367	25.503	1.938	8.753	10.450	99.179	0.1095	2779.796	0.0039	193.430	89.569
160	60	20	2.5	7.676	6.025	22.128	303.090	6.284	37.886	73.935	3.104	10.143	348.487	6.738	50.132	36.445	28.537	1.928	9.834	11.775	111.642	0.1599	3098.400	0.0044	219.605	100.26
180	70	20	2.0	6.992	5.489	22.185	356.620	7.141	39.624	87.417	3.536	10.514	410.315	7.660	51.502	37.679	33.722	2.196	10.191	11.289	131.674	0.0932	4643.994	0.0028	249.609	111.10
180	70	20	2.2	7.669	6.020	22.193	389.835	7.130	43.315	95.518	3.529	11.502	448.592	7.648	56.570	41.226	36.761	2.189	11.136	12.351	144.034	0.1237	5052.769	0.0031	274.455	121.13
180	70	20	2.5	8.676	6.810	22.205	438.835	7.112	48.759	107.460	3.519	12.964	505.087	7.630	64.143	46.471	41.208	2.179	12.528	13.923	162.307	0.1807	5654.157	0.0035	311.661	135.81
200	70	20	2.0	7.392	5.803	19.305	455.430	7.849	45.543	87.418	3.439	10.514	506.903	8.281	56.094	43.435	35.944	2.205	11.109	11.339	146.944	0.0986	5882.294	0.0025	302.430	123.44
200	70	20	2.2	8.109	6.365	19.309	498.023	7.837	49.802	95.520	3.432	11.503	554.346	8.268	61.618	47.533	39.197	2.200	12.138	12.419	160.756	0.1308	6403.010	0.0028	332.826	134.66
200	70	20	2.5	9.176	7.203	19.314	560.921	7.819	56.092	107.462	3.422	12.964	624.421	8.249	69.876	53.596	43.962	2.189	13.654	14.021	181.182	0.1912	7160.113	0.0032	378.452	151.08
220	75	20	2.0	7.992	6.274	18.300	592.787	8.612	53.890	103.580	3.600	11.751	652.866	9.038	65.085	51.328	43.500	2.333	12.829	12.343	181.661	0.1066	8483.845	0.0022	383.110	148.38
220	75	20	2.2	8.769	6.884	18.302	648.520	8.600	58.956	113.220	3.593	12.860	714.276	9.025	71.501	56.190	47.465	2.327	14.023	13.524	198.803	0.1415	9242.136	0.0024	421.750	161.95
220	75	20	2.5	9.926	7.792	18.305	730.926	8.581	66.448	127.443	3.583	14.500	805.086	9.006	81.096	63.392	53.283	2.317	15.783	15.278	224.175	0.2068	10347.65	0.0028	479.804	181.87
250	75	20	2.0	8.592	6.745	15.389	799.640	9.647	63.791	103.580	3.472	11.752	856.690	9.985	71.976	61.841	46.532	2.327	14.553	12.090	207.280	0.1146	11298.92	0.0020	485.919	169.98
250	75	20	2.2	9.429	7.402	15.387	875.145	9.634	70.012	113.223	3.465	12.860	937.579	9.972	78.870	67.773	50.789	2.321	15.946	14.211	226.864	0.1521	12314.34	0.0022	535.491	184.53
250	75	20	2.5	10.676	8.380	15.385	986.898	9.615	78.952	127.447	3.455	14.500	1057.30	9.952	89.108	76.584	57.044	2.312	18.014	16.169	255.870	0.2224	13797.02	0.0025	610.188	207.38

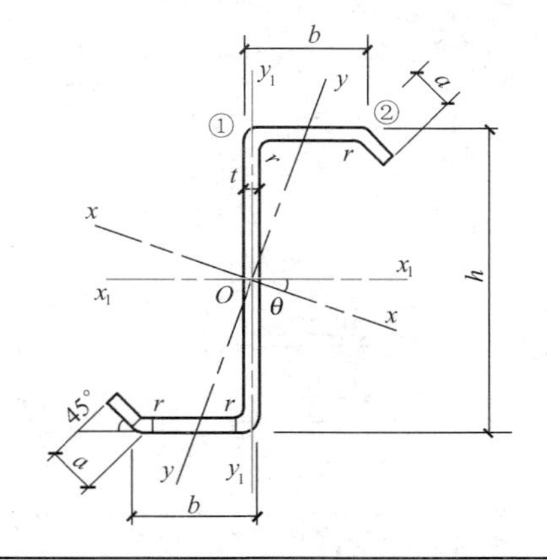

热轧等边角钢组合截面特性表（按 GB/T 706—2016 计算）

附表 3-25

角钢型号	两个角钢的截面面积/cm^2	两个角钢的重量/(kg/m)	回转半径/cm									
			i_{y0}	i_{x0}	i_x	i_y 当角钢背间距离 a 为/mm						
						0	4	6	8	10	12	14
20×3	2.264	1.778	0.39	0.75	0.59	0.85	1.00	1.08	1.17	1.25	1.34	1.43
4	2.918	2.290	0.38	0.73	0.58	0.87	1.02	1.11	1.19	1.28	1.37	1.46
25×3	2.864	2.248	0.49	0.95	0.76	1.05	1.20	1.27	1.36	1.44	1.53	1.61
4	3.718	2.918	0.48	0.93	0.74	1.07	1.22	1.30	1.38	1.47	1.55	1.64
30×3	3.498	2.746	0.59	1.15	0.91	1.25	1.39	1.47	1.55	1.63	1.71	1.80
4	4.552	3.574	0.58	1.13	0.90	1.26	1.41	1.49	1.57	1.65	1.74	1.82
36×3	4.218	3.312	0.71	1.39	1.11	1.49	1.63	1.70	1.78	1.86	1.94	2.03
4	5.512	4.326	0.70	1.38	1.09	1.51	1.65	1.73	1.80	1.89	1.97	2.05
5	6.764	5.310	0.70	1.36	1.08	1.52	1.67	1.75	1.83	1.91	1.99	2.08
40×3	4.718	3.704	0.79	1.55	1.23	1.65	1.79	1.86	1.94	2.01	2.09	2.18
4	6.172	4.846	0.79	1.54	1.22	1.67	1.81	1.88	1.96	2.04	2.12	2.20
5	7.584	5.954	0.78	1.52	1.21	1.68	1.83	1.90	1.98	2.06	2.14	2.23
45×3	5.318	4.176	0.90	1.76	1.39	1.85	1.99	2.06	2.14	2.21	2.29	2.37
4	6.972	5.474	0.89	1.74	1.38	1.87	2.01	2.08	2.16	2.24	2.32	2.40
5	8.584	6.738	0.88	1.72	1.37	1.89	2.03	2.10	2.18	2.26	2.34	2.42
6	10.152	7.970	0.88	1.71	1.36	1.90	2.05	2.12	2.20	2.28	2.36	2.44
50×3	5.942	4.664	1.00	1.96	1.55	2.05	2.19	2.26	2.33	2.41	2.48	2.56
4	7.794	6.118	0.99	1.94	1.54	2.07	2.21	2.28	2.36	2.43	2.51	2.59
5	9.606	7.540	0.98	1.92	1.53	2.09	2.23	2.30	2.38	2.45	2.53	2.61
6	11.376	8.930	0.98	1.91	1.51	2.10	2.25	2.32	2.40	2.48	2.56	2.64

续表

角钢型号	两个角钢的截面面积/cm^2	两个角钢的重量/(kg/m)	回转半径/cm									
			i_{y0}	i_{x0}	i_x	i_y 当角钢背间距离 a 为/mm						
						0	4	6	8	10	12	14
56×3	6.686	5.248	1.13	2.20	1.75	2.29	2.43	2.50	2.57	2.64	2.72	2.80
4	8.780	6.892	1.11	2.18	1.73	2.31	2.45	2.52	2.59	2.67	2.74	2.82
5	10.830	8.502	1.10	2.17	1.72	2.33	2.47	2.54	2.61	2.69	2.77	2.85
8	16.734	13.136	1.09	2.11	1.68	2.38	2.52	2.60	2.67	2.75	2.83	2.91
63×4	9.956	7.814	1.26	2.46	1.96	2.59	2.72	2.79	2.87	2.94	3.02	3.09
5	12.286	9.644	1.25	2.45	1.94	2.61	2.74	2.82	2.89	2.96	3.04	3.12
6	14.576	11.442	1.24	2.43	1.93	2.62	2.76	2.83	2.91	2.98	3.06	3.14
8	19.030	14.938	1.23	2.39	1.90	2.66	2.80	2.87	2.95	3.03	3.10	3.18
10	23.314	18.302	1.22	2.36	1.88	2.69	2.84	2.91	2.99	3.07	3.15	3.23
70×4	11.140	8.744	1.40	2.74	2.18	2.87	3.00	3.07	3.14	3.21	3.29	3.36
5	13.750	10.794	1.39	2.73	2.16	2.88	3.02	3.09	3.16	3.24	3.31	3.39
6	16.320	12.812	1.38	2.71	2.15	2.90	3.04	3.11	3.18	3.26	3.33	3.41
7	18.848	14.796	1.38	2.69	2.14	2.92	3.06	3.13	3.20	3.28	3.36	3.43
8	21.334	16.746	1.37	2.68	2.13	2.94	3.08	3.15	3.22	3.30	3.38	3.46
75×5	14.824	11.636	1.50	2.92	2.32	3.08	3.22	3.29	3.36	3.43	3.50	3.58
6	17.594	13.810	1.49	2.91	2.31	3.10	3.24	3.31	3.38	3.45	3.53	3.60
7	20.320	15.952	1.48	2.89	2.30	3.12	3.26	3.33	3.40	3.47	3.55	3.63
8	23.006	18.060	1.47	2.87	2.28	3.13	3.27	3.35	3.42	3.50	3.57	3.65
10	28.252	22.178	1.46	2.84	2.26	3.17	3.31	3.38	3.46	3.54	3.61	3.69

续表

角钢型号	两个角钢的截面面积/cm^2	两个角钢的重量/(kg/m)	回转半径/cm									
			i_{y0}	i_{x0}	i_x	i_y 当角钢背间距离 a 为/mm						
						0	4	6	8	10	12	14
80×5	15.824	12.422	1.60	3.13	2.48	3.28	3.42	3.49	3.56	3.63	3.71	3.78
6	18.794	14.752	1.59	3.11	2.47	3.30	3.44	3.51	3.58	3.65	3.73	3.80
7	21.720	17.050	1.58	3.10	2.46	3.32	3.46	3.53	3.60	3.67	3.75	3.83
8	24.606	19.316	1.57	3.08	2.44	3.34	3.48	3.55	3.62	3.70	3.77	3.85
10	30.252	23.748	1.56	3.04	2.42	3.37	3.51	3.58	3.66	3.74	3.81	3.89
90×6	21.274	16.700	1.80	3.51	2.79	3.70	3.84	3.91	3.98	4.05	4.12	4.20
7	24.602	19.312	1.78	3.50	2.78	3.72	3.86	3.93	4.00	4.07	4.14	4.22
8	27.888	21.892	1.78	3.48	2.76	3.74	3.88	3.95	4.02	4.09	4.17	4.24
10	34.334	26.952	1.76	3.45	2.74	3.77	3.91	3.98	4.06	4.13	4.21	4.28
12	40.612	31.880	1.75	3.41	2.71	3.80	3.95	4.02	4.00	4.17	4.25	4.32
100×6	23.864	18.734	2.00	3.91	3.10	4.09	4.23	4.30	4.37	4.44	4.51	4.58
7	27.592	21.660	1.99	3.89	3.09	4.11	4.25	4.32	4.39	4.46	4.53	4.61
8	31.278	24.552	1.98	3.88	3.08	4.13	4.27	4.34	4.41	4.48	4.55	4.63
10	38.522	30.240	1.96	3.84	3.05	4.17	4.31	4.38	4.45	4.52	4.60	4.67
12	45.600	35.796	1.95	3.81	3.03	4.20	4.34	4.41	4.49	4.56	4.64	4.71
14	52.512	41.222	1.94	3.77	3.00	4.23	4.38	4.45	4.53	4.60	4.68	4.75
16	59.254	46.514	1.93	3.74	2.98	4.27	4.41	4.49	4.56	4.64	4.72	4.80
110×7	30.392	23.858	2.20	4.30	3.41	4.52	4.65	4.72	4.79	4.86	4.94	5.01
8	34.478	27.064	2.19	4.28	3.40	4.54	4.67	4.74	4.81	4.88	4.96	5.03
10	42.522	33.380	2.17	4.25	3.38	4.57	4.71	4.78	4.85	4.92	5.00	5.07
12	50.400	39.564	2.15	4.22	3.35	4.61	4.75	4.82	4.89	4.96	5.04	5.11
14	58.112	45.618	2.14	4.18	3.32	4.64	4.78	4.85	4.93	5.00	5.08	5.15

续表

角钢型号	两个角钢的截面面积/cm²	两个角钢的重量/(kg/m)	回转半径/cm									
			i_{y0}	i_{x0}	i_x	i_y 当角钢背间距离 a 为/mm						
						0	4	6	8	10	12	14
125×8	39.500	31.008	2.50	4.88	3.88	5.14	5.27	5.34	5.41	5.48	5.55	5.62
10	48.746	38.266	2.48	4.85	3.85	5.17	5.31	5.38	5.45	5.52	5.59	5.66
12	57.824	45.392	2.46	4.82	3.83	5.21	5.34	5.41	56.48	5.56	5.63	5.70
14	66.734	52.386	2.45	4.78	3.80	5.24	5.38	5.45	5.52	5.59	5.67	5.74
140×10	54.746	42.976	2.78	5.46	4.34	5.78	5.92	5.98	6.05	6.12	6.20	6.27
12	65.024	51.044	2.77	5.43	4.31	5.81	5.95	6.02	6.09	6.16	6.23	6.31
14	75.134	58.980	2.75	5.40	4.28	5.85	5.08	6.06	6.13	6.20	6.27	6.34
16	85.078	66.786	2.74	5.36	4.26	5.88	6.02	6.09	6.16	6.23	6.31	6.38
160×10	63.004	49.458	3.20	6.27	4.97	6.58	6.72	6.78	6.85	6.92	6.99	7.06
12	74.882	58.782	3.18	6.24	4.95	6.62	6.75	6.82	6.89	6.96	7.03	7.10
14	86.592	67.974	3.16	6.20	4.92	6.65	6.79	6.86	6.93	7.00	7.07	7.14
16	98.134	77.036	3.14	6.17	4.89	6.68	6.82	6.89	6.96	7.03	7.10	7.18
180×12	84.482	66.318	3.58	7.05	5.59	7.43	7.65	7.63	7.70	7.77	7.84	7.91
14	97.792	76.766	3.57	7.02	5.57	7.46	7.60	7.67	7.74	7.81	7.88	7.95
16	110.934	87.084	3.55	6.98	5.54	7.49	7.63	7.70	7.77	7.84	7.91	7.98
18	123.910	97.270	3.53	6.94	5.51	7.53	7.66	7.73	7.80	7.87	7.95	8.02
200×14	109.284	85.788	3.98	7.82	6.20	8.27	8.40	8.47	8.54	8.61	8.67	8.75
16	124.026	97.360	3.96	7.79	6.18	8.30	8.43	8.50	8.57	8.64	8.71	8.78
18	138.602	108.802	3.94	7.75	6.15	8.33	8.47	8.53	8.60	8.67	8.75	8.82
20	153.010	120.112	3.93	7.72	6.12	8.36	8.50	8.57	8.64	8.71	8.78	8.85
24	181.322	142.336	3.90	7.64	6.07	8.42	8.56	8.63	8.71	8.78	8.85	8.92

热轧不等边角钢组合截面特性表（按 GB/T 706—2016 计算） 附表 3-26

角钢型号	两个角钢的截面面积/cm²	两个角钢的重量/(kg/m)	回转半径/cm i_x	i_y 当角钢背间距离 a 为/mm							i_x	i_y 当角钢背间距离 a 为/mm						
				0	4	6	8	10	12	14		0	4	6	8	10	12	14
25×16×3	2.324	1.824	0.78	0.61	0.76	0.84	0.93	1.02	1.11	1.20	0.44	1.16	1.32	1.40	1.48	1.57	1.66	1.74
4	2.998	2.352	0.77	0.63	0.78	0.87	0.96	1.05	1.14	1.23	0.43	1.18	1.34	1.42	1.51	1.60	1.68	1.77
32×20×3	2.984	2.342	1.01	0.74	0.89	0.97	1.05	1.14	1.23	1.32	0.55	1.48	1.63	1.71	1.79	1.88	1.96	2.05
4	3.878	3.044	1.00	0.76	0.91	0.99	1.08	1.16	1.25	1.34	0.54	1.50	1.66	1.74	1.82	1.90	1.99	2.08
40×25×3	3.780	2.968	1.28	0.92	1.06	1.13	1.21	1.30	1.38	1.47	0.70	1.84	1.99	2.07	2.14	2.23	2.31	2.39
4	4.934	3.872	1.26	0.93	1.08	1.16	1.24	1.32	1.41	1.50	0.69	1.86	2.01	2.09	2.17	2.25	2.34	2.42
45×28×3	4.298	3.374	1.44	1.02	1.15	1.23	1.31	1.39	1.47	1.56	0.79	2.06	2.21	2.28	2.36	2.44	2.52	2.60
4	5.612	4.406	1.43	1.03	1.18	1.25	1.33	1.41	1.50	1.59	0.78	2.08	2.23	2.31	2.39	2.47	2.55	2.63
50×32×3	4.862	3.816	1.60	1.17	1.30	1.37	1.45	1.53	1.61	1.69	0.91	2.27	2.41	2.49	2.56	2.64	2.72	2.81
4	6.354	4.988	1.59	1.18	1.32	1.40	1.47	1.55	1.64	1.72	0.90	2.29	2.44	2.51	2.59	2.67	2.75	2.84
56×36×3	5.486	4.306	1.80	1.31	1.44	1.51	1.59	1.66	1.74	1.83	1.03	2.53	2.67	2.75	2.82	2.90	2.98	3.06
4	7.180	5.636	1.79	1.33	1.46	1.53	1.61	1.69	1.77	1.85	1.02	2.55	2.70	2.77	2.85	2.93	3.01	3.09
5	8.830	6.932	1.77	1.34	1.48	1.56	1.63	1.71	1.79	1.88	1.01	2.57	2.72	2.80	2.88	2.96	3.04	3.12
63×40×4	8.116	6.370	2.02	1.46	1.59	1.66	1.74	1.81	1.89	1.97	1.14	2.86	3.01	3.00	3.16	3.24	3.32	3.40
5	9.986	7.840	2.00	1.47	1.61	1.68	1.76	1.84	1.92	2.00	1.12	2.89	3.03	3.11	3.19	3.27	3.35	3.43
6	11.816	9.276	1.99	1.49	1.63	1.71	1.78	1.86	1.94	2.03	1.11	2.91	3.06	3.13	3.21	3.29	3.37	3.45
7	13.604	10.678	1.97	1.51	1.65	1.73	1.81	1.89	1.97	2.05	1.10	2.93	3.08	3.16	3.24	3.32	3.40	3.48

续表

角钢型号	两个角钢的截面面积/cm²	两个角钢的重量/(kg/m)	回转半径/cm															
			i_x	i_y 当角钢背间距离 a 为/mm							i_x	i_y 当角钢背间距离 a 为/mm						
				0	4	6	8	10	12	14		0	4	6	8	10	12	14
70×45×4	9.094	7.140	2.25	1.64	1.77	1.84	1.91	1.99	2.07	2.15	1.29	3.17	3.31	3.39	3.46	3.54	3.62	3.69
5	11.218	8.806	2.23	1.66	1.79	1.86	1.94	2.01	2.09	2.17	1.28	3.19	3.34	3.41	3.49	3.57	3.64	3.72
6	13.288	10.430	2.22	1.67	1.81	1.88	1.96	2.04	2.11	2.20	1.26	3.21	3.36	3.44	3.51	3.59	3.67	3.75
7	15.314	12.022	2.20	1.69	1.83	1.90	1.98	2.06	2.14	2.22	1.25	3.23	3.38	3.46	3.54	3.61	3.69	3.77
75×50×5	12.250	9.616	2.39	1.85	1.99	2.06	2.13	2.20	2.28	2.36	1.43	3.39	3.53	3.60	3.68	3.76	3.83	3.91
6	14.520	11.398	2.38	1.87	2.00	2.08	2.15	2.23	2.30	2.38	1.42	3.41	3.55	3.63	3.70	3.78	3.86	3.94
8	18.934	14.862	2.35	1.90	2.04	2.12	2.19	2.27	2.35	2.43	1.40	3.45	3.60	3.67	3.75	3.83	3.91	3.99
10	23.180	18.196	2.33	1.94	2.08	2.16	2.24	2.31	2.40	2.48	1.38	3.49	3.64	3.71	3.79	3.87	3.95	4.03
80×50×5	12.750	10.010	2.57	1.82	1.95	2.02	2.09	2.17	2.24	2.32	1.42	3.66	3.80	3.88	3.95	4.03	4.10	4.18
6	15.120	11.870	2.55	1.83	1.97	2.04	2.11	2.19	2.27	2.34	1.41	3.68	3.82	3.90	3.98	4.05	4.13	4.21
7	17.448	13.696	2.54	1.85	1.99	2.06	2.13	2.21	2.29	2.37	1.39	3.70	3.85	3.92	4.00	4.08	4.16	4.23
8	19.734	15.490	2.52	1.86	2.00	2.08	2.15	2.23	2.31	2.39	1.38	3.72	3.87	3.94	4.02	4.10	4.18	4.26
90×56×5	14.424	11.322	2.20	2.02	2.15	2.22	2.29	2.36	2.44	2.52	1.59	4.10	4.25	4.32	4.39	4.47	4.55	4.62
6	17.114	13.434	2.88	2.04	2.17	2.24	2.31	2.39	2.46	2.54	1.58	4.12	4.27	4.34	4.42	4.50	4.57	4.65
7	19.760	15.512	2.87	2.05	2.19	2.26	2.33	2.41	2.48	2.56	1.57	4.15	4.29	4.37	4.44	4.52	4.60	4.68
8	22.366	17.558	2.85	2.07	2.21	2.28	2.35	2.43	2.51	2.59	1.56	4.17	4.31	4.39	4.47	4.54	4.62	4.70

续表

角钢型号	两个角钢的截面面积/cm²	两个角钢的重量/(kg/m)	回转半径/cm															
			i_x	i_y 当角钢背间距离 a 为/mm							i_x	i_y 当角钢背间距离 a 为/mm						
				0	4	6	8	10	12	14		0	4	6	8	10	12	14
100×63×6	19.234	15.100	3.21	2.29	2.42	2.49	2.56	2.63	2.71	2.78	1.79	4.56	4.70	4.77	4.85	4.92	5.00	5.08
7	22.222	17.444	3.20	2.31	2.44	2.51	2.58	2.65	2.73	2.80	1.78	4.58	4.72	4.80	4.87	4.95	5.03	5.10
8	25.168	19.756	3.18	2.32	2.46	2.53	2.60	2.67	2.75	2.83	1.77	4.60	4.75	4.82	4.90	4.97	5.05	5.13
10	30.934	24.284	3.15	2.35	2.49	2.57	2.64	2.72	2.79	2.87	1.75	4.64	4.79	4.86	4.94	5.02	5.10	5.18
100×80×6	21.274	16.700	3.17	3.11	3.24	3.31	3.38	3.45	3.52	3.59	2.40	4.33	4.47	4.54	4.62	4.69	4.76	4.84
7	24.602	19.312	3.16	3.12	3.26	3.32	3.39	3.47	3.54	3.61	2.39	4.35	4.49	4.57	4.64	4.71	4.79	4.86
8	27.888	21.892	3.15	3.14	3.27	3.34	3.41	3.49	3.56	3.64	2.37	4.37	4.51	4.59	4.66	4.73	4.81	4.88
10	34.334	26.952	3.12	3.17	3.31	3.38	3.45	3.53	3.60	3.68	2.35	4.41	4.55	4.63	4.70	4.78	4.85	4.93
110×70×6	21.274	16.700	3.54	2.55	2.68	2.74	2.81	2.88	2.96	3.03	2.01	5.00	5.14	5.21	5.29	5.36	5.44	5.51
7	24.602	19.312	3.53	2.56	2.69	2.76	2.83	2.90	2.98	3.05	2.00	5.02	5.16	5.24	5.31	5.39	5.46	5.54
8	27.888	21.892	3.51	2.58	2.71	2.78	2.85	2.92	3.00	3.07	1.98	5.04	5.19	5.26	5.34	5.41	5.49	5.56
10	34.334	26.952	3.48	2.61	2.74	2.82	2.89	2.96	3.04	3.12	1.96	5.08	5.23	5.30	5.38	5.46	5.53	5.61
125×80×7	28.192	22.132	4.02	2.92	3.05	3.12	3.18	3.25	3.33	3.40	2.30	5.68	5.82	5.90	5.97	6.04	6.12	6.20
8	31.978	25.102	4.01	2.94	3.07	3.13	3.20	3.27	3.35	3.42	2.29	5.70	5.85	5.92	5.99	6.07	6.14	6.22
10	39.424	30.948	3.98	2.97	3.10	3.17	3.24	3.31	3.39	3.46	2.26	5.74	5.89	5.96	6.04	6.11	6.19	6.27
12	46.702	36.660	3.95	3.00	3.13	3.20	3.28	3.35	3.43	3.50	2.24	5.78	5.93	6.00	6.08	6.16	6.23	6.31

续表

角钢型号	两个角钢的截面面积/cm^2	两个角钢的重量/(kg/m)	回转半径/cm															
			i_x	i_y 当角钢背间距离 a 为/mm							i_x	i_y 当角钢背间距离 a 为/mm						
				0	4	6	8	10	12	14		0	4	6	8	10	12	14
140×90×8	36.078	28.320	4.50	3.29	3.42	3.49	3.56	3.63	3.70	3.77	2.59	6.36	6.51	6.58	6.65	6.73	6.80	6.88
10	44.522	34.950	4.47	3.32	3.45	3.52	3.59	3.66	3.73	3.81	2.56	6.40	6.55	6.62	6.70	6.77	6.85	6.92
12	52.800	41.448	4.44	3.35	3.49	3.56	3.63	3.70	3.77	3.85	2.54	6.44	6.59	6.66	6.74	6.81	6.89	6.97
14	60.912	47.816	4.42	3.38	3.52	3.59	3.66	3.74	3.81	3.89	2.51	6.48	6.63	6.70	6.78	6.86	6.93	7.01
160×100×10	50.630	39.744	5.14	3.65	3.77	3.84	3.91	3.98	4.05	4.12	2.85	7.34	7.48	7.55	7.63	7.70	7.78	7.85
12	60.108	47.184	5.11	3.68	3.81	3.87	3.94	4.01	4.09	4.16	2.82	7.38	7.52	7.60	7.67	7.75	7.82	7.90
14	69.418	54.494	5.08	3.70	3.84	3.91	3.98	4.05	4.12	4.20	2.80	7.42	7.56	7.64	7.71	7.79	7.86	7.94
16	78.562	61.670	5.05	3.74	3.87	3.94	4.02	4.09	4.16	4.24	2.77	7.45	7.60	7.68	7.75	7.83	7.90	7.98
180×110×10	56.746	44.546	5.81	3.97	4.10	4.16	4.23	4.30	4.36	4.44	3.13	8.27	8.41	8.49	8.56	8.63	8.71	8.78
12	67.424	52.928	5.78	4.00	4.13	4.19	4.26	4.33	4.40	4.47	3.10	8.31	8.46	8.53	8.60	8.68	8.75	8.83
14	77.934	61.178	5.75	4.03	4.16	4.23	4.30	4.37	4.44	4.51	3.08	8.35	8.50	8.57	8.64	8.72	9.79	8.87
16	88.278	69.298	5.72	4.06	4.19	4.26	4.33	4.40	4.47	4.55	3.05	8.39	8.53	8.61	8.68	8.76	8.84	8.91
200×125×12	75.824	59.522	6.44	4.56	4.69	4.75	4.82	4.88	4.95	5.02	3.57	9.18	9.32	9.39	9.47	9.54	9.62	9.69
14	87.734	68.872	6.41	4.59	4.72	4.78	4.85	4.92	4.99	5.06	3.54	9.22	9.36	9.43	9.51	9.58	9.66	9.73
16	99.478	78.090	6.38	4.61	4.75	4.81	4.88	4.95	5.02	5.09	3.52	9.25	9.40	9.47	9.55	9.62	9.70	9.77
18	111.052	87.176	6.35	4.64	4.78	4.85	4.92	4.99	5.06	5.13	3.49	9.29	9.44	9.51	9.59	9.66	9.74	9.81

附录4

计 算 系 数

附4.1 热轧钢钢梁的整体稳定系数

1. 等截面焊接工字形和轧制H型钢简支梁

$$\varphi_b=\beta_b\frac{4320}{\lambda_y^2}\cdot\frac{Ah}{W_x}\left[\sqrt{1+\left(\frac{\lambda_y t_1}{4.4h}\right)^2}+\eta_b\right]\sqrt{\frac{235}{f_y}} \tag{附 4-1-1}$$

式中 β_b——梁整体稳定的等效临界弯矩系数，按附表4-1-1采用；

λ_y——梁在侧向支承点间对截面弱轴 y-y 的长细比，$\lambda_y=\frac{l_1}{i_y}$，$l_1$ 为侧向支承点的距离，对跨中无侧向支承的梁，l_1 为其跨度；对跨中有侧向支承点的梁，l_1 为受压翼缘侧向支承点间的距离；i_y 为梁毛截面对 y 轴的截面回转半径；

A——梁的毛截面面积；

h、t_1——梁截面的全高和受压翼缘厚度，等截面铆接（或高强度螺栓连接）简支梁，其受压翼缘厚度 t_1 包括翼缘角钢厚度在内（mm）；

η_b——截面不对称影响系数；对双轴对称截面，$\eta_b=0$；对单轴对称截面，受压翼缘加强时，$\eta_b=0.8(2\alpha_b-1)$；受拉翼缘加强时，$\eta_b=2\alpha_b-1$；$\alpha_b=\frac{I_1}{I_1+I_2}$，$I_1$ 和 I_2 分别为受压翼缘和受拉翼缘对y轴的惯性矩。

当由公式（附4-1-1）算得的 φ_b 值大于0.6时，应用下式计算的 φ'_b 代替 φ_b：

$$\varphi'_b=1.07-\frac{0.282}{\varphi_b}\leqslant 1.0 \tag{附 4-1-2}$$

H型钢和等截面工字形简支梁的系数 β_b 附表4-1-1

项次	侧向支承	荷载		$\xi\leqslant 2.0$	$\xi>2.0$	适用范围
1	跨中无侧向支承	均布荷载作用在	上翼缘	$0.69+0.13\xi$	0.95	适用于双轴对称和受压翼缘加大的工字形截面梁
2			下翼缘	$1.73-0.20\xi$	1.33	
3		集中荷载作用在	上翼缘	$0.73+0.18\xi$	1.09	
4			下翼缘	$2.23-0.28\xi$	1.67	

续表

项次	侧向支承	荷载		$\xi \leqslant 2.0$	$\xi > 2.0$	适用范围
5	跨度中点有一个侧向支承点	均布荷载作用在	上翼缘	1.15		适用于双轴对称和受压翼缘或受拉翼缘加强的工字形截面梁
6			下翼缘	1.40		
7		集中荷载作用在截面高度上任意位置		1.75		
8	跨中有不少于两个等距离侧向支承点	任意荷载作用在	上翼缘	1.20		
9			下翼缘	1.40		
10	梁端有弯矩，但跨中无荷载作用			$1.75-1.05\left(\frac{M_2}{M_1}\right)+0.3\left(\frac{M_2}{M_1}\right)^2$，但$\leqslant 2.3$		

注：1. ξ 为参数，$\xi=\frac{l_1 t_1}{b_1 h}$，其中 b_1 和 l_1 分别为受压翼缘的宽度和侧向支承点间的距离。

2. M_1、M_2 为梁的端弯矩，使梁产生同向曲率时 M_1 和 M_2 取同号，产生反向曲率时取异号，$|M_1| \geqslant |M_2|$。

3. 表中项次 3、4 和 7 的集中荷载是指一个或少数几个集中荷载位于跨中央附近的情况，对其他情况的集中荷载，应按表中项次 1、2、5、6 内的数值采用。

4. 表中项次 8、9 的 β_b，当集中荷载作用在侧向支承点处时，取 $\beta_b = 1.20$。

5. 荷载作用在上翼缘系指荷载作用点在翼缘表面，方向指向截面形心；荷载作用在下翼缘系指荷载作用点在翼缘表面，方向背向截面形心。

6. 对 $\alpha_b > 0.8$ 的加强受压翼缘工字形截面，下列情况的 β_b 值应乘以相应的系数：

项次 1：当 $\xi \leqslant 1.0$ 时，乘以 0.95；

项次 3：当 $\xi \leqslant 0.5$ 时，乘以 0.90；当 $0.5 < \xi \leqslant 1.0$ 时，乘以 0.95。

2. 轧制普通工字钢简支梁

φ_b 应按附表 4-1-2 取用，当所得的 φ_b 值大于 0.6 时，按公式（附 4-1-2）算得的 φ_b' 代替 φ_b。

轧制普通工字钢简支梁 φ_b 附表 4-1-2

项次	荷载情况			工字钢型号	自由长度 l_1/m								
					2	3	4	5	6	7	8	9	10
1	跨中无侧向支承点的梁	集中荷载作用于	上翼缘	10～20	2.00	1.30	0.99	0.80	0.68	0.58	0.53	0.48	0.43
				22～32	2.40	1.48	1.09	0.86	0.72	0.62	0.54	0.49	0.45
				36～63	2.80	1.60	1.07	0.83	0.68	0.56	0.50	0.45	0.40
2			下翼缘	10～20	3.10	1.95	1.34	1.01	0.82	0.69	0.63	0.57	0.52
				22～40	5.50	2.80	1.84	1.37	1.07	0.86	0.73	0.64	0.56
				45～63	7.30	3.60	2.30	1.62	1.20	0.96	0.80	0.69	0.60

续表

项次	荷载情况			工字钢型号	自由长度 l_1/m								
					2	3	4	5	6	7	8	9	10
3	跨中无侧向支承点的梁	均布荷载作用于	上翼缘	10～20	1.70	1.12	0.84	0.68	0.57	0.50	0.45	0.41	0.37
				22～40	2.10	1.30	0.93	0.73	0.60	0.51	0.45	0.40	0.36
				45～63	2.60	1.45	0.97	0.73	0.59	0.50	0.44	0.38	0.35
4			下翼缘	10～20	2.50	1.55	1.08	0.83	0.68	0.56	0.52	0.47	0.42
				22～40	4.00	2.20	1.45	1.10	0.85	0.70	0.60	0.52	0.46
				45～63	5.60	2.80	1.80	1.25	0.95	0.78	0.65	0.55	0.49
5	跨中有侧向支承点的梁(不论荷载作用点在截面高度上的位置)			10～20	2.20	1.39	1.01	0.79	0.66	0.57	0.52	0.47	0.42
				22～40	3.00	1.80	1.24	0.96	0.76	0.65	0.56	0.49	0.43
				45～63	4.00	2.20	1.38	1.01	0.80	0.66	0.56	0.49	0.43

注：1. 同附表 4-1-1 的注 3、5。

2. 表中的 φ_b 适用于 Q235 钢。对其他钢号，表中数值应乘以 $\sqrt{235/f_y}$。

3. 轧制槽钢简支梁

$$\varphi_b = \frac{570bt}{l_1 h} \cdot \frac{235}{f_y} \tag{附 4-1-3}$$

式中　h、b、t——分别为槽钢截面的高度、翼缘宽度和平均厚度。

按公式（附 4-1-3）算得的 φ_b 值大于 0.6 时，应按公式（附 4-1-2）算得相应的 φ_b' 代替 φ_b。

4. 双轴对称工字形等截面悬臂梁

φ_b 可按公式（附 4-1-1）计算，但式中系数 β_b 应按附表 4-1-3 查得，$\lambda_y = \frac{l_1}{i_y}$，$l_1$ 为悬臂梁的悬伸长度。当求得的 φ_b 大于 0.6 时，应按公式（附 4-1-2）算得相应的 φ_b' 代替 φ_b。

悬臂梁的系数 β_b　　附表 4-1-3

项次	荷载形式		$0.60 \leqslant \xi \leqslant 1.24$	$1.24 < \xi \leqslant 1.96$	$1.96 < \xi \leqslant 3.10$
1	自由端一个集中荷载作用在	上翼缘	$0.21 + 0.67\xi$	$0.72 + 0.26\xi$	$1.17 + 0.03\xi$
2		下翼缘	$2.94 - 0.65\xi$	$2.64 - 0.40\xi$	$2.15 - 0.15\xi$
3	均布荷载作用在上翼缘		$0.62 + 0.82\xi$	$1.25 + 0.31\xi$	$1.66 + 0.10\xi$

注：1. 本表是按支承端为固定的情况确定的，当用于由邻跨延伸出来的伸臂梁时，应在构造上采取措施加强支承处的抗扭能力。

2. 表中 ξ 见附表 4-1-1 的注 1。

5. 受弯构件整体稳定系数的近似计算

均匀弯曲的受弯构件，当 $\lambda_y \leqslant 120\sqrt{235/f_y}$ 时，φ_b 可按下列近似公式计算：

(1) 双轴对称工字形截面

$$\varphi_b = 1.07 - \frac{\lambda_y^2}{44000} \cdot \frac{f_y}{235} \tag{附 4-1-4}$$

(2) 单轴对称工字形截面

$$\varphi_b = 1.07 - \frac{W_x}{(2\alpha_b + 1)Ah} \cdot \frac{\lambda_y^2}{14000} \cdot \frac{f_y}{235} \tag{附 4-1-5}$$

(3) 翼缘受压的双角钢 T 形截面

$$\varphi_b = 1 - 0.0017\lambda_y\sqrt{f_y/235} \tag{附 4-1-6}$$

(4) 翼缘受压的 T 形截面

$$\varphi_b = 1 - 0.0022\lambda_y\sqrt{f_y/235} \tag{附 4-1-7}$$

(5) 翼缘受拉且腹板宽厚比不大于 $18\sqrt{235/f_y}$ 的 T 形截面

$$\varphi_b = 1 - 0.0005\lambda_y\sqrt{f_y/235} \tag{附 4-1-8}$$

按公式（附 4-1-4）至公式（附 4-1-8）算得的 φ_b 值大于 0.6 时，不用按公式（附 4-1-2）修正，且不应大于 1.0。

附 4.2　轴心受压构件的稳定系数

轴心受压构件的截面分类（板厚 t<40mm）　　附表 4-2-1 (a)

截面形式		对 x 轴	对 y 轴
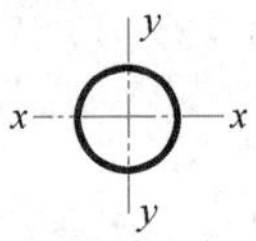 轧制		a 类	a 类
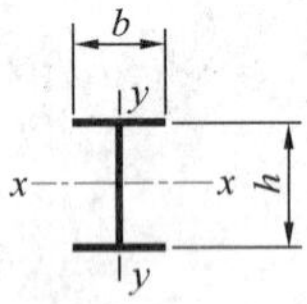 轧制	$b/h \leqslant 0.8$	a 类	b 类
	$b/h > 0.8$	a* 类	b* 类
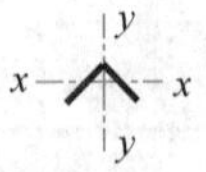 轧制等边角钢		a* 类	a* 类
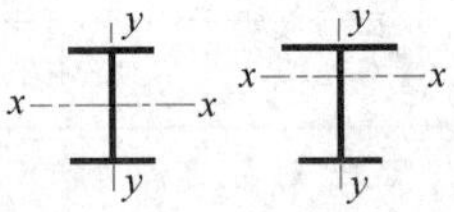 焊接、翼缘为焰切边	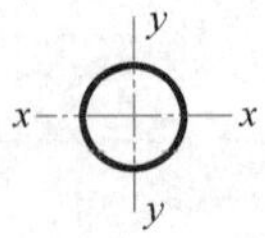 焊接	b 类	b 类

续表

截面形式		对 x 轴	对 y 轴
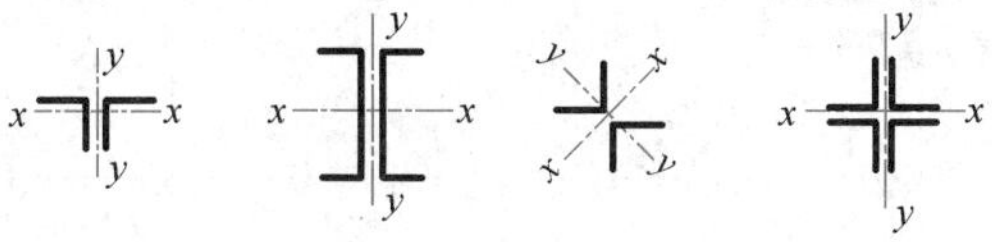 轧制		b类	b类
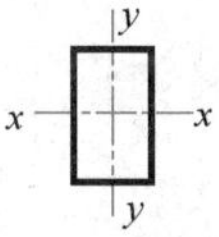 轧制、焊接（板件宽厚比>20）	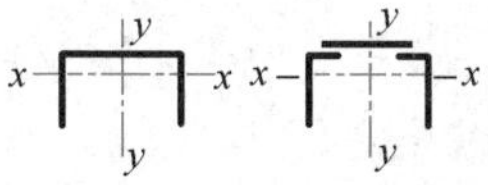 轧制或焊接	b类	b类
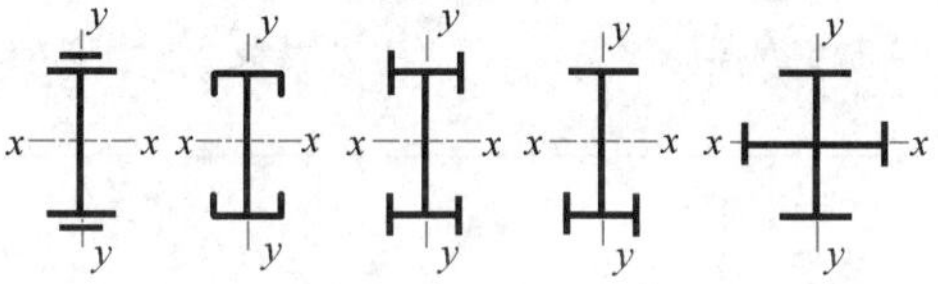 焊接	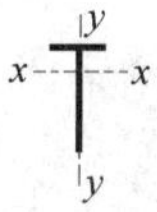 轧制截面和翼缘为焰切边的焊接截面	b类	b类
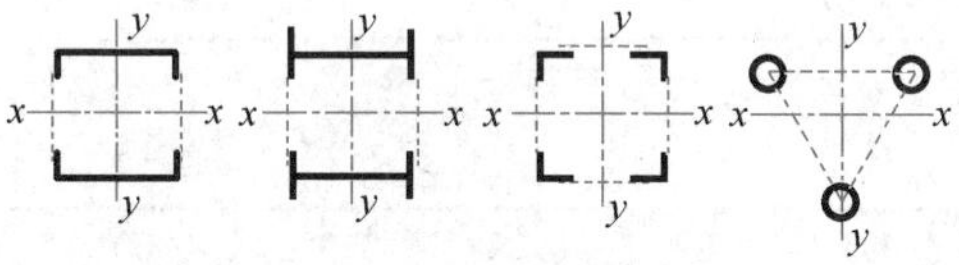 格构式	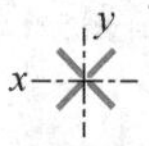 焊接，板件边缘焰切	b类	b类
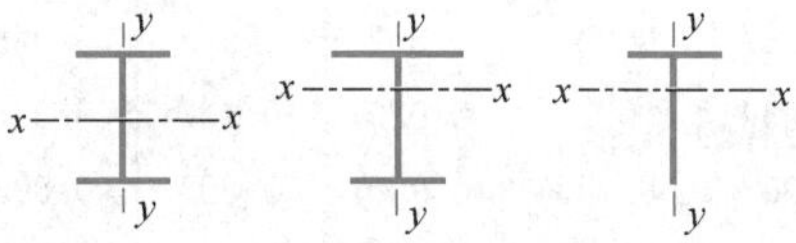 焊接，翼缘为轧制或剪切边		b类	c类
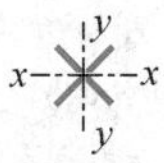 焊接，板件边缘轧制或剪切	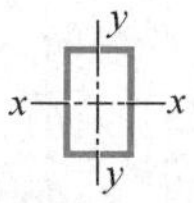 轧制、焊接（板件宽厚比≤20）	c类	c类

注：1. a* 类含义为 Q235 钢取 b 类，Q345、Q390、Q420 和 Q460 钢取 a 类；b* 类含义为 Q235 钢取 c 类，Q345、Q390、Q420 和 Q460 钢取 b 类。

2. 无对称轴且剪心和形心不重合的截面，其截面分类可按有对称轴的类似截面确定，如不等边角钢采用等边角钢的类别；当无类似截面时，可取 c 类。

轴心受压热轧钢钢构件的截面分类（板厚 $t \geqslant 40$mm） 附表 4-2-1（b）

截面形式		对 x 轴	对 y 轴
轧制工字形或 H 形截面	$t<80$mm	b 类	c 类
	$t \geqslant 80$mm	c 类	d 类
焊接工字形截面	翼缘为焰切边	b 类	b 类
	翼缘为轧制或剪切边	c 类	d 类
焊接箱形截面	板件宽厚比>20	b 类	b 类
	板件宽厚比≤20	c 类	c 类

a 类截面轴心受压构件的稳定系数 φ 附表 4-2-2（a）

$\lambda\sqrt{\frac{f_y}{235}}$	0	1	2	3	4	5	6	7	8	9
0	1.000	1.000	1.000	1.000	0.999	0.999	0.998	0.998	0.997	0.996
10	0.995	0.994	0.993	0.992	0.991	0.989	0.988	0.986	0.985	0.983
20	0.981	0.979	0.977	0.976	0.974	0.972	0.970	0.968	0.966	0.964
30	0.963	0.961	0.959	0.957	0.954	0.952	0.950	0.948	0.946	0.944
40	0.941	0.939	0.937	0.934	0.932	0.929	0.927	0.924	0.921	0.918
50	0.916	0.913	0.910	0.907	0.903	0.900	0.897	0.893	0.890	0.886
60	0.883	0.879	0.875	0.871	0.867	0.862	0.858	0.854	0.849	0.844
70	0.839	0.834	0.829	0.824	0.818	0.813	0.807	0.801	0.795	0.789
80	0.783	0.776	0.770	0.763	0.756	0.749	0.742	0.735	0.728	0.721
90	0.713	0.706	0.698	0.691	0.683	0.676	0.668	0.660	0.653	0.645
100	0.637	0.630	0.622	0.614	0.607	0.599	0.592	0.584	0.577	0.569
110	0.562	0.555	0.548	0.541	0.534	0.527	0.520	0.513	0.507	0.500
120	0.494	0.487	0.481	0.475	0.469	0.463	0.457	0.451	0.445	0.439
130	0.434	0.428	0.423	0.417	0.412	0.407	0.402	0.397	0.392	0.387
140	0.382	0.378	0.373	0.368	0.364	0.360	0.355	0.351	0.347	0.343
150	0.339	0.335	0.331	0.327	0.323	0.319	0.316	0.312	0.308	0.305

续表

$\lambda\sqrt{\frac{f_y}{235}}$	0	1	2	3	4	5	6	7	8	9
160	0.302	0.298	0.295	0.292	0.288	0.285	0.282	0.279	0.276	0.273
170	0.270	0.267	0.264	0.261	0.259	0.256	0.253	0.250	0.248	0.245
180	0.243	0.240	0.238	0.235	0.233	0.231	0.228	0.226	0.224	0.222
190	0.219	0.217	0.215	0.213	0.211	0.209	0.207	0.205	0.203	0.201
200	0.199	0.197	0.196	0.194	0.192	0.190	0.188	0.187	0.185	0.183
210	0.182	0.180	0.178	0.177	0.175	0.174	0.172	0.171	0.169	0.168
220	0.166	0.165	0.163	0.162	0.161	0.159	0.158	0.157	0.155	0.154
230	0.153	0.151	0.150	0.149	0.148	0.147	0.145	0.144	0.143	0.142
240	0.141	0.140	0.139	0.137	0.136	0.135	0.134	0.133	0.132	0.131

b类截面轴心受压构件的稳定系数 φ　　附表 4-2-2 (b)

$\lambda\sqrt{\frac{f_y}{235}}$	0	1	2	3	4	5	6	7	8	9
0	1.000	1.000	1.000	0.999	0.999	0.998	0.997	0.996	0.995	0.994
10	0.992	0.991	0.989	0.987	0.985	0.983	0.981	0.978	0.976	0.973
20	0.970	0.967	0.963	0.960	0.957	0.953	0.950	0.946	0.943	0.939
30	0.936	0.932	0.929	0.925	0.921	0.918	0.914	0.910	0.906	0.903
40	0.899	0.895	0.891	0.886	0.882	0.878	0.874	0.870	0.865	0.861
50	0.856	0.852	0.847	0.842	0.837	0.833	0.828	0.823	0.818	0.812
60	0.807	0.802	0.796	0.791	0.785	0.780	0.774	0.768	0.762	0.757
70	0.751	0.745	0.738	0.732	0.726	0.720	0.713	0.707	0.701	0.694
80	0.687	0.681	0.674	0.668	0.661	0.654	0.648	0.641	0.634	0.628
90	0.621	0.614	0.607	0.601	0.594	0.587	0.581	0.574	0.568	0.561
100	0.555	0.548	0.542	0.535	0.529	0.523	0.517	0.511	0.504	0.498
110	0.492	0.487	0.481	0.475	0.469	0.464	0.458	0.453	0.447	0.442
120	0.436	0.431	0.426	0.421	0.416	0.411	0.406	0.401	0.396	0.392
130	0.387	0.383	0.378	0.374	0.369	0.365	0.361	0.357	0.352	0.348
140	0.344	0.340	0.337	0.333	0.329	0.325	0.322	0.318	0.314	0.311
150	0.308	0.304	0.301	0.297	0.294	0.291	0.288	0.285	0.282	0.279
160	0.276	0.273	0.270	0.267	0.264	0.262	0.259	0.256	0.253	0.251
170	0.248	0.246	0.243	0.241	0.238	0.236	0.234	0.231	0.229	0.227
180	0.225	0.222	0.220	0.218	0.216	0.214	0.212	0.210	0.208	0.206
190	0.204	0.202	0.200	0.198	0.196	0.195	0.193	0.191	0.189	0.188
200	0.186	0.184	0.183	0.181	0.179	0.178	0.176	0.175	0.173	0.172

续表

$\lambda\sqrt{\frac{f_y}{235}}$	0	1	2	3	4	5	6	7	8	9
210	0.170	0.169	0.167	0.166	0.164	0.163	0.162	0.160	0.159	0.158
220	0.156	0.155	0.154	0.152	0.151	0.150	0.149	0.147	0.146	0.145
230	0.144	0.143	0.142	0.141	0.139	0.138	0.137	0.136	0.135	0.134
240	0.133	0.132	0.131	0.130	0.129	0.128	0.127	0.126	0.125	0.124
250	0.123	—	—	—	—	—	—	—	—	—

c类截面轴心受压构件的稳定系数 φ　　附表 4-2-2（c）

$\lambda\sqrt{\frac{f_y}{235}}$	0	1	2	3	4	5	6	7	8	9
0	1.000	1.000	1.000	0.999	0.999	0.998	0.997	0.996	0.995	0.993
10	0.992	0.990	0.988	0.986	0.983	0.981	0.978	0.976	0.973	0.970
20	0.966	0.959	0.953	0.947	0.940	0.934	0.928	0.921	0.915	0.909
30	0.902	0.896	0.890	0.883	0.877	0.871	0.865	0.858	0.852	0.845
40	0.839	0.833	0.826	0.820	0.813	0.807	0.800	0.794	0.787	0.781
50	0.774	0.768	0.761	0.755	0.748	0.742	0.735	0.728	0.722	0.715
60	0.709	0.702	0.695	0.689	0.682	0.675	0.669	0.662	0.656	0.649
70	0.642	0.636	0.629	0.623	0.616	0.610	0.603	0.597	0.591	0.584
80	0.578	0.572	0.565	0.559	0.553	0.547	0.541	0.535	0.529	0.523
90	0.517	0.511	0.505	0.499	0.494	0.488	0.483	0.477	0.471	0.467
100	0.462	0.458	0.453	0.449	0.445	0.440	0.436	0.432	0.427	0.423
110	0.419	0.415	0.411	0.407	0.402	0.398	0.394	0.390	0.386	0.383
120	0.379	0.375	0.371	0.367	0.363	0.360	0.356	0.352	0.349	0.345
130	0.342	0.338	0.335	0.332	0.328	0.325	0.322	0.318	0.315	0.312
140	0.309	0.306	0.303	0.300	0.297	0.294	0.291	0.288	0.285	0.282
150	0.279	0.277	0.274	0.271	0.269	0.266	0.263	0.261	0.258	0.256
160	0.253	0.251	0.248	0.246	0.244	0.241	0.239	0.237	0.235	0.232
170	0.230	0.228	0.226	0.224	0.222	0.220	0.218	0.216	0.214	0.212
180	0.210	0.208	0.206	0.204	0.203	0.201	0.199	0.197	0.195	0.194
190	0.192	0.190	0.189	0.187	0.185	0.184	0.182	0.181	0.179	0.178
200	0.176	0.175	0.173	0.172	0.170	0.169	0.167	0.166	0.165	0.163
210	0.162	0.161	0.159	0.158	0.157	0.155	0.154	0.153	0.152	0.151
220	0.149	0.148	0.147	0.146	0.145	0.144	0.142	0.141	0.140	0.139
230	0.138	0.137	0.136	0.135	0.134	0.133	0.132	0.131	0.130	0.129
240	0.128	0.127	0.126	0.125	0.124	0.123	0.123	0.122	0.121	0.120
250	0.119	—	—	—	—	—	—	—	—	—

d 类截面轴心受压构件的稳定系数 φ　　附表 4-2-2 (d)

$\lambda\sqrt{\frac{f_y}{235}}$	0	1	2	3	4	5	6	7	8	9
0	1.000	1.000	0.999	0.999	0.998	0.996	0.994	0.992	0.990	0.987
10	0.984	0.981	0.978	0.974	0.969	0.965	0.960	0.955	0.949	0.944
20	0.937	0.927	0.918	0.909	0.900	0.891	0.883	0.874	0.865	0.857
30	0.848	0.840	0.831	0.823	0.815	0.807	0.798	0.790	0.782	0.774
40	0.766	0.758	0.751	0.743	0.735	0.727	0.720	0.712	0.705	0.697
50	0.690	0.682	0.675	0.668	0.660	0.653	0.646	0.639	0.632	0.625
60	0.618	0.611	0.605	0.598	0.591	0.585	0.578	0.571	0.565	0.559
70	0.552	0.546	0.540	0.534	0.528	0.521	0.516	0.510	0.504	0.498
80	0.492	0.487	0.481	0.476	0.470	0.465	0.459	0.454	0.449	0.444
90	0.439	0.434	0.429	0.424	0.419	0.414	0.409	0.405	0.401	0.397
100	0.393	0.390	0.386	0.383	0.380	0.376	0.373	0.369	0.366	0.363
110	0.359	0.356	0.353	0.350	0.346	0.343	0.340	0.337	0.334	0.331
120	0.328	0.325	0.322	0.319	0.316	0.313	0.310	0.307	0.304	0.301
130	0.298	0.296	0.293	0.290	0.288	0.285	0.282	0.280	0.277	0.275
140	0.272	0.270	0.267	0.265	0.262	0.260	0.257	0.255	0.253	0.250
150	0.248	0.246	0.244	0.242	0.239	0.237	0.235	0.233	0.231	0.229
160	0.227	0.225	0.223	0.221	0.219	0.217	0.215	0.213	0.211	0.210
170	0.208	0.206	0.204	0.202	0.201	0.199	0.197	0.196	0.194	0.192
180	0.191	0.189	0.187	0.186	0.184	0.183	0.181	0.180	0.178	0.177
190	0.175	0.174	0.173	0.171	0.170	0.168	0.167	0.166	0.164	0.163
200	0.162	—	—	—	—	—	—	—	—	—

注：1. 附表 4-2-2 (a) 至附表 4-2-2 (d) 中的 φ 值系按下列公式算得：

当 $\lambda_n=\frac{\lambda}{\pi}\sqrt{f_y/E}\leqslant 0.215$ 时：

$$\varphi=1-\alpha_1\lambda_n^2$$

当 $\lambda_n>0.215$ 时：

$$\varphi=\frac{1}{2\lambda_n^2}\left[(\alpha_2+\alpha_3\lambda_n+\lambda_n^2)-\sqrt{(\alpha_2+\alpha_3\lambda_n+\lambda_n^2)^2-4\lambda_n^2}\right]$$

式中，α_1、α_2、α_3 为系数，根据附表 4-2-1 的截面分类，按附表 4-2-2(e)采用。

2. 当构件的 $\lambda\sqrt{f_y/235}$ 值超出附表 4-2-2(a)至附表 4-2-2(d)的范围时，则 φ 值按注 1 所列的公式计算。

系数 α_1、α_2、α_3　　附表 4-2-2 (e)

截面类别		α_1	α_2	α_3
a 类		0.41	0.986	0.152
b 类		0.65	0.965	0.300
c 类	$\lambda_n\leqslant 1.05$	0.73	0.906	0.595
	$\lambda_n>1.05$		1.216	0.302
d 类	$\lambda_n\leqslant 1.05$	1.35	0.868	0.915
	$\lambda_n>1.05$		1.375	0.432

Q235 钢轴心受压冷弯薄壁型钢构件的稳定系数 φ 附表 4-2-3（a）

λ	0	1	2	3	4	5	6	7	8	9
0	1.000	0.997	0.995	0.992	0.989	0.987	0.984	0.981	0.979	0.976
10	0.974	0.971	0.968	0.966	0.963	0.960	0.958	0.955	0.952	0.949
20	0.947	0.944	0.941	0.938	0.936	0.933	0.930	0.927	0.924	0.921
30	0.918	0.915	0.912	0.909	0.906	0.903	0.899	0.896	0.893	0.889
40	0.886	0.882	0.879	0.875	0.872	0.868	0.864	0.861	0.858	0.855
50	0.852	0.849	0.846	0.843	0.839	0.836	0.832	0.829	0.825	0.822
60	0.818	0.814	0.810	0.806	0.802	0.797	0.793	0.789	0.784	0.779
70	0.775	0.770	0.765	0.760	0.755	0.750	0.744	0.739	0.733	0.728
80	0.722	0.716	0.710	0.704	0.698	0.692	0.686	0.680	0.673	0.667
90	0.661	0.654	0.648	0.641	0.634	0.626	0.618	0.611	0.603	0.595
100	0.588	0.580	0.573	0.566	0.558	0.551	0.544	0.537	0.530	0.523
110	0.516	0.509	0.502	0.496	0.489	0.483	0.476	0.470	0.464	0.458
120	0.452	0.446	0.440	0.434	0.428	0.423	0.417	0.412	0.406	0.401
130	0.396	0.391	0.386	0.381	0.376	0.371	0.367	0.362	0.357	0.353
140	0.349	0.344	0.340	0.336	0.332	0.328	0.324	0.320	0.316	0.312
150	0.308	0.305	0.301	0.298	0.294	0.291	0.287	0.284	0.281	0.277
160	0.274	0.271	0.268	0.265	0.262	0.259	0.256	0.253	0.251	0.248
170	0.245	0.213	0.240	0.237	0.235	0.232	0.230	0.227	0.225	0.223
180	0.220	0.218	0.216	0.214	0.211	0.209	0.207	0.205	0.203	0.201
190	0.199	0.197	0.195	0.193	0.191	0.189	0.188	0.186	0.184	0.182
200	0.180	0.179	0.177	0.175	0.174	0.172	0.171	0.169	0.167	0.166
210	0.164	0.163	0.161	0.160	0.159	0.157	0.156	0.154	0.153	0.152
220	0.150	0.149	0.148	0.146	0.145	0.144	0.143	0.141	0.140	0.139
230	0.138	0.137	0.136	0.135	0.133	0.132	0.131	0.130	0.129	0.128
240	0.127	0.126	0.125	0.124	0.123	0.122	0.121	0.120	0.119	0.118
250	0.117	—	—	—	—	—	—	—	—	—

Q345 钢轴心受压冷弯薄壁型钢构件的稳定系数 φ 附表 4-2-3（b）

λ	0	1	2	3	4	5	6	7	8	9
0	1.000	0.997	0.994	0.991	0.988	0.985	0.982	0.979	0.976	0.973
10	0.971	0.968	0.965	0.962	0.959	0.956	0.952	0.949	0.946	0.943
20	0.940	0.937	0.934	0.930	0.927	0.924	0.920	0.917	0.913	0.909
30	0.906	0.902	0.898	0.894	0.890	0.886	0.882	0.878	0.874	0.870
40	0.867	0.864	0.860	0.857	0.853	0.849	0.845	0.841	0.837	0.833
50	0.829	0.824	0.819	0.815	0.810	0.805	0.800	0.794	0.789	0.783
60	0.777	0.771	0.765	0.759	0.752	0.746	0.739	0.732	0.725	0.718
70	0.710	0.703	0.695	0.688	0.680	0.672	0.664	0.656	0.648	0.640
80	0.632	0.623	0.615	0.607	0.599	0.591	0.583	0.574	0.566	0.558
90	0.550	0.542	0.535	0.527	0.519	0.512	0.504	0.497	0.489	0.482
100	0.475	0.467	0.460	0.452	0.445	0.438	0.431	0.424	0.418	0.411
110	0.405	0.398	0.392	0.386	0.380	0.375	0.369	0.363	0.358	0.352
120	0.347	0.342	0.337	0.332	0.327	0.322	0.318	0.313	0.309	0.304
130	0.300	0.296	0.292	0.288	0.284	0.280	0.276	0.272	0.269	0.265
140	0.261	0.258	0.255	0.251	0.248	0.245	0.242	0.238	0.235	0.232
150	0.229	0.227	0.224	0.221	0.218	0.216	0.213	0.210	0.208	0.205
160	0.203	0.201	0.198	0.196	0.194	0.191	0.189	0.187	0.185	0.183
170	0.181	0.179	0.177	0.175	0.173	0.171	0.169	0.167	0.165	0.163
180	0.162	0.160	0.158	0.157	0.155	0.153	0.152	0.150	0.149	0.147
190	0.146	0.144	0.143	0.141	0.140	0.138	0.137	0.136	0.134	0.133
200	0.132	0.130	0.129	0.128	0.127	0.126	0.124	0.123	0.122	0.121
210	0.120	0.119	0.118	0.116	0.115	0.114	0.113	0.112	0.111	0.110
220	0.109	0.108	0.107	0.106	0.106	0.105	0.104	0.103	0.102	0.101
230	0.100	0.099	0.098	0.098	0.097	0.096	0.095	0.094	0.094	0.093
240	0.092	0.091	0.091	0.090	0.089	0.088	0.088	0.087	0.086	0.086
250	0.085	—	—	—	—	—	—	—	—	—

附 4.3　柱的计算长度

无侧移框架柱的计算长度系数 μ　　　　附表 4-3-1

K_2 \ K_1	0	0.05	0.1	0.2	0.3	0.4	0.5	1	2	3	4	5	≥10
0	1.000	0.990	0.981	0.964	0.949	0.935	0.922	0.875	0.820	0.791	0.773	0.760	0.732
0.05	0.990	0.981	0.971	0.955	0.940	0.926	0.914	0.867	0.814	0.784	0.766	0.754	0.726
0.1	0.981	0.971	0.962	0.946	0.931	0.918	0.906	0.860	0.807	0.778	0.760	0.748	0.721
0.2	0.964	0.955	0.946	0.930	0.916	0.903	0.891	0.846	0.795	0.767	0.749	0.737	0.711
0.3	0.949	0.940	0.931	0.916	0.902	0.889	0.878	0.834	0.784	0.756	0.739	0.728	0.701
0.4	0.935	0.926	0.918	0.903	0.889	0.877	0.866	0.823	0.774	0.747	0.730	0.719	0.693
0.5	0.922	0.914	0.906	0.891	0.878	0.866	0.855	0.813	0.765	0.738	0.721	0.710	0.685
1	0.875	0.867	0.860	0.846	0.834	0.823	0.813	0.774	0.729	0.704	0.688	0.677	0.654
2	0.820	0.814	0.807	0.795	0.784	0.774	0.765	0.729	0.686	0.663	0.648	0.638	0.615
3	0.791	0.784	0.778	0.767	0.756	0.747	0.738	0.704	0.663	0.640	0.625	0.616	0.593
4	0.773	0.766	0.760	0.749	0.739	0.730	0.721	0.688	0.648	0.625	0.611	0.601	0.580
5	0.760	0.754	0.748	0.737	0.728	0.719	0.710	0.677	0.638	0.616	0.601	0.592	0.570
≥10	0.732	0.726	0.721	0.711	0.701	0.693	0.685	0.654	0.615	0.593	0.580	0.570	0.549

注：1. 表中的计算长度系数 μ 值系按下式算得：

$$\left[\left(\frac{\pi}{\mu}\right)^2+2(K_1+K_2)-4K_1K_2\right]\frac{\pi}{\mu}\cdot\sin\frac{\pi}{\mu}-2\left[(K_1+K_2)\left(\frac{\pi}{\mu}\right)^2+4K_1K_2\right]\cos\frac{\pi}{\mu}+8K_1K_2=0$$

式中，K_1、K_2 分别为相交于柱上端、柱下端的横梁线刚度之和与柱线刚度之和的比值。当梁远端为铰接时，应将横梁线刚度乘以 1.5；当横梁远端为嵌固时，则将横梁线刚度乘以 2。

2. 当横梁与柱铰接时，取横梁线刚度为零。
3. 对底层框架柱：当柱与基础铰接时，取 $K_2=0$（对平板支座可取 $K_2=0.1$）；当柱与基础刚接时，取 $K_2=10$。
4. 当与柱刚性连接的横梁所受轴心压力 N_b 较大时，横梁线刚度应乘以折减系数 α_N：

横梁远端与柱刚接和横梁远端铰支时：$\alpha_N=1-N_b/N_{Eb}$

横梁远端嵌固时：$\alpha_N=1-N_b/(2N_{Eb})$

式中，$N_{Eb}=\pi^2 EI_b/l^2$，I_b 为横梁截面惯性矩，l 为横梁长度。

有侧移框架柱的计算长度系数 μ　　附表 4-3-2

K_2 \ K_1	0	0.05	0.1	0.2	0.3	0.4	0.5	1	2	3	4	5	≥10
0	∞	6.02	4.46	3.42	3.01	2.78	2.64	2.33	2.17	2.11	2.08	2.07	2.03
0.05	6.02	4.16	3.47	2.86	2.58	2.42	2.31	2.07	1.94	1.90	1.87	1.86	1.83
0.1	4.46	3.47	3.01	2.56	2.33	2.20	2.11	1.90	1.79	1.75	1.73	1.72	1.70
0.2	3.42	2.86	2.56	2.23	2.05	1.94	1.87	1.70	1.60	1.57	1.55	1.54	1.52
0.3	3.01	2.58	2.33	2.05	1.90	1.80	1.74	1.58	1.49	1.46	1.45	1.44	1.42
0.4	2.78	2.42	2.20	1.94	1.80	1.71	1.65	1.50	1.42	1.39	1.37	1.37	1.35
0.5	2.64	2.31	2.11	1.87	1.74	1.65	1.59	1.45	1.37	1.34	1.32	1.32	1.30
1	2.33	2.07	1.90	1.70	1.58	1.50	1.45	1.32	1.24	1.21	1.20	1.19	1.17
2	2.17	1.94	1.79	1.60	1.49	1.42	1.37	1.24	1.16	1.14	1.12	1.12	1.10
3	2.11	1.90	1.75	1.57	1.46	1.39	1.34	1.21	1.14	1.11	1.10	1.09	1.07
4	2.08	1.87	1.73	1.55	1.45	1.37	1.32	1.20	1.12	1.10	1.08	1.08	1.06
5	2.07	1.86	1.72	1.54	1.44	1.37	1.32	1.19	1.12	1.09	1.08	1.07	1.05
≥10	2.03	1.83	1.70	1.52	1.42	1.35	1.30	1.17	1.10	1.07	1.06	1.05	1.03

注：1. 表中的计算长度系数 μ 值系按下式算得：

$$\left[36K_1K_2-\left(\frac{\pi}{\mu}\right)^2\right]\sin\frac{\pi}{\mu}+6(K_1+K_2)\frac{\pi}{\mu}\cdot\cos\frac{\pi}{\mu}=0$$

式中，K_1、K_2 分别为相交于柱上端、柱下端的横梁线刚度之和与柱线刚度之和的比值。当横梁远端为铰接时，应将横梁线刚度乘以 0.5；当横梁远端为嵌固时，则应乘以 2/3。

2. 当横梁与柱铰接时，取横梁线刚度为零。

3. 对底层框架柱：当柱与基础铰接时，取 $K_2=0$(对平板支座可取 $K_2=0.1$)；当柱与基础刚接时，取 $K_2=10$。

4. 当与柱刚性连接的横梁所受轴心压力 N_b 较大时，横梁线刚度应乘以折减系数 α_N：

横梁远端与柱刚接时：$\alpha_N=1-N_b/(4N_{Eb})$

横梁远端铰支时：$\alpha_N=1-N_b/N_{Eb}$

横梁远端嵌固时：$\alpha_N=1-N_b/(2N_{Eb})$

N_{Eb} 的计算式见附表 4-3-1 的注 4。

柱上端为自由的单阶柱下段的计算长度系数 μ_2

附表 4-3-3

简图	η_1 \ K_1	0.06	0.08	0.10	0.12	0.14	0.16	0.18	0.20	0.22	0.24	0.26	0.28	0.3	0.4	0.5	0.6	0.7	0.8
	0.2	2.00	2.01	2.01	2.01	2.01	2.01	2.01	2.02	2.02	2.02	2.02	2.02	2.02	2.03	2.04	2.05	2.06	2.07
	0.3	2.01	2.02	2.02	2.02	2.03	2.03	2.03	2.04	2.04	2.05	2.05	2.05	2.06	2.08	2.10	2.12	2.13	2.15
	0.4	2.02	2.03	2.04	2.04	2.05	2.06	2.07	2.07	2.08	2.09	2.09	2.10	2.11	2.14	2.18	2.21	2.25	2.28
	0.5	2.04	2.05	2.06	2.07	2.09	2.10	2.11	2.12	2.13	2.15	2.16	2.17	2.18	2.24	2.29	2.35	2.40	2.45
I_1 H_1	0.6	2.06	2.08	2.10	2.12	2.14	2.16	2.18	2.19	2.21	2.23	2.25	2.26	2.28	2.36	2.44	2.52	2.59	2.66
	0.7	2.10	2.13	2.16	2.18	2.21	2.24	2.26	2.29	2.31	2.34	2.36	2.38	2.41	2.52	2.62	2.72	2.81	2.90
	0.8	2.15	2.20	2.24	2.27	2.31	2.34	2.38	2.41	2.44	2.47	2.50	2.53	2.56	2.70	2.82	2.94	3.06	3.16
I_2 H_2	0.9	2.24	2.29	2.35	2.39	2.44	2.48	2.52	2.56	2.60	2.63	2.67	2.71	2.74	2.90	3.05	3.19	3.32	3.44
	1.0	2.36	2.43	2.48	2.54	2.59	2.64	2.69	2.73	2.77	2.82	2.86	2.90	2.94	3.12	3.29	3.45	3.59	3.74
	1.2	2.69	2.76	2.83	2.89	2.95	3.01	3.07	3.12	3.17	3.22	3.27	3.32	3.37	3.59	3.80	3.99	4.17	4.34
$K_1=\frac{I_1}{I_2}\cdot\frac{H_2}{H_1}$	1.4	3.07	3.14	3.22	3.29	3.36	3.42	3.48	3.55	3.61	3.66	3.72	3.78	3.83	4.09	4.33	4.56	4.77	4.97
$\eta_1=\frac{H_1}{H_2}\sqrt{\frac{N_1}{N_2}\cdot\frac{I_2}{I_1}}$	1.6	3.47	3.55	3.63	3.71	3.78	3.85	3.92	3.99	4.07	4.12	4.18	4.25	4.31	4.61	4.88	5.14	5.38	5.62
N_1——上段柱的轴心力；	1.8	3.88	3.97	4.05	4.13	4.21	4.29	4.37	4.44	4.52	4.59	4.66	4.73	4.80	5.13	5.44	5.73	6.00	6.26
N_2——下段柱的轴心力	2.0	4.29	4.39	4.48	4.57	4.65	4.74	4.82	4.90	4.99	5.07	5.14	5.22	5.30	5.66	6.00	6.32	6.63	6.92
	2.2	4.71	4.81	4.91	5.00	5.10	5.19	5.28	5.37	5.46	5.54	5.63	5.71	5.80	6.19	6.57	6.92	7.26	7.58
	2.4	5.13	5.24	5.34	5.44	5.54	5.64	5.74	5.84	5.93	6.03	6.12	6.21	6.30	6.73	7.14	7.52	7.89	8.24
	2.6	5.55	5.66	5.77	5.88	5.99	6.10	6.20	6.31	6.41	6.51	6.61	6.71	6.80	7.27	7.71	8.13	8.52	8.90
	2.8	5.97	6.09	6.21	6.33	6.44	6.55	6.67	6.78	6.89	6.99	7.10	7.21	7.31	7.81	8.28	8.73	9.16	9.57
	3.0	6.39	6.52	6.64	6.77	6.89	7.01	7.13	7.25	7.37	7.48	7.59	7.71	7.82	8.35	8.86	9.34	9.80	10.24

注：表中的计算长度系数 μ_2 值系按下式计算得出：

$$\eta_1 K_1 \cdot \tan\frac{\pi}{\mu_2} \cdot \tan\frac{\pi\eta_1}{\mu_2} - 1 = 0$$

柱上端可移动但不转动的单阶柱下段的计算长度系数 μ_2

附表 4-3-4

简图	η_1 \ K_1	0.06	0.08	0.10	0.12	0.14	0.16	0.18	0.20	0.22	0.24	0.26	0.28	0.3	0.4	0.5	0.6	0.7	0.8
	0.2	1.96	1.94	1.93	1.91	1.90	1.89	1.88	1.86	1.85	1.84	1.83	1.82	1.81	1.76	1.72	1.68	1.65	1.62
	0.3	1.96	1.94	1.93	1.92	1.91	1.89	1.88	1.87	1.86	1.85	1.84	1.83	1.82	1.77	1.73	1.70	1.66	1.63
	0.4	1.96	1.95	1.94	1.92	1.91	1.90	1.89	1.88	1.87	1.86	1.85	1.84	1.83	1.79	1.75	1.72	1.68	1.66
	0.5	1.96	1.95	1.94	1.93	1.92	1.91	1.90	1.89	1.88	1.87	1.86	1.85	1.85	1.81	1.77	1.74	1.71	1.69
I_1, I_2, H_1, H_2	0.6	1.97	1.96	1.95	1.94	1.93	1.92	1.91	1.90	1.90	1.89	1.88	1.87	1.87	1.83	1.80	1.78	1.75	1.73
	0.7	1.97	1.97	1.96	1.95	1.94	1.94	1.93	1.92	1.92	1.91	1.90	1.90	1.89	1.86	1.84	1.82	1.80	1.78
	0.8	1.98	1.98	1.97	1.96	1.96	1.95	1.95	1.94	1.94	1.93	1.93	1.93	1.92	1.90	1.88	1.87	1.86	1.84
	0.9	1.99	1.99	1.98	1.98	1.98	1.97	1.97	1.97	1.97	1.96	1.96	1.96	1.96	1.95	1.94	1.93	1.92	1.92
	1.0	2.00	2.00	2.00	2.00	2.00	2.00	2.00	2.00	2.00	2.00	2.00	2.00	2.00	2.00	2.00	2.00	2.00	2.00
$K_1=\frac{I_1}{I_2}\cdot\frac{H_2}{H_1}$	1.2	2.03	2.04	2.04	2.05	2.06	2.07	2.07	2.08	2.08	2.09	2.10	2.10	2.11	2.13	2.15	2.17	2.18	2.20
$\eta_1=\frac{H_1}{H_2}\sqrt{\frac{N_1}{N_2}\cdot\frac{I_2}{I_1}}$	1.4	2.07	2.09	2.11	2.12	2.14	2.16	2.17	2.18	2.20	2.21	2.22	2.23	2.24	2.29	2.33	2.37	2.40	2.42
N_1——上段柱的轴心力；	1.6	2.13	2.16	2.19	2.22	2.25	2.27	2.30	2.32	2.34	2.36	2.37	2.39	2.41	2.48	2.54	2.59	2.63	2.67
N_2——下段柱的轴心力	1.8	2.22	2.27	2.31	2.35	2.39	2.42	2.45	2.48	2.50	2.53	2.55	2.57	2.59	2.69	2.76	2.83	2.88	2.93
	2.0	2.35	2.41	2.46	2.50	2.55	2.59	2.62	2.66	2.69	2.72	2.75	2.77	2.80	2.91	3.00	3.08	3.14	3.20
	2.2	2.51	2.57	2.63	2.68	2.73	2.77	2.81	2.85	2.89	2.92	2.95	2.98	3.01	3.14	3.25	3.33	3.41	3.47
	2.4	2.68	2.75	2.81	2.87	2.92	2.97	3.01	3.05	3.09	3.13	3.17	3.20	3.24	3.38	3.50	3.59	3.68	3.75
	2.6	2.87	2.94	3.00	3.06	3.12	3.17	3.22	3.27	3.31	3.35	3.39	3.43	3.46	3.62	3.75	3.86	3.95	4.03
	2.8	3.06	3.14	3.20	3.27	3.33	3.38	3.43	3.48	3.53	3.58	3.62	3.66	3.70	3.87	4.01	4.13	4.23	4.32
	3.0	3.26	3.34	3.41	3.47	3.54	3.60	3.65	3.70	3.75	3.80	3.85	3.89	3.93	4.12	4.27	4.40	4.51	4.61

注：表中的计算长度系数 μ_2 值系按下式计算得出：

$$\tan\frac{\pi\eta_1}{\mu_2}+\eta_1 K_1\cdot\tan\frac{\pi}{\mu_2}=0$$

柱上端为自由的双阶柱下段的计算长度系数 μ_3　　附表 4-3-5

η_1	η_2 \ K_1 = 0.05, K_2 =	0.2	0.3	0.4	0.5	0.6	0.7	0.8	0.9	1.0	1.1	1.2
0.2	0.2	2.02	2.03	2.04	2.05	2.05	2.06	2.07	2.08	2.09	2.10	2.10
	0.4	2.08	2.11	2.15	2.19	2.22	2.25	2.29	2.32	2.35	2.39	2.42
	0.6	2.20	2.29	2.37	2.45	2.52	2.60	2.67	2.73	2.80	2.87	2.93
	0.8	2.42	2.57	2.71	2.83	2.95	3.06	3.17	3.27	3.37	3.47	3.56
	1.0	2.75	2.95	3.13	3.30	3.45	3.60	3.74	3.87	4.00	4.13	4.25
	1.2	3.13	3.38	3.60	3.80	4.00	4.18	4.35	4.51	4.67	4.82	4.97
0.4	0.2	2.04	2.05	2.05	2.06	2.07	2.08	2.09	2.09	2.10	2.11	2.12
	0.4	2.10	2.14	2.17	2.20	2.24	2.27	2.31	2.34	2.37	2.40	2.43
	0.6	2.24	2.32	2.40	2.47	2.54	2.62	2.68	2.75	2.82	2.88	2.94
	0.8	2.47	2.60	2.73	2.85	2.97	3.08	3.19	3.29	3.38	3.48	3.57
	1.0	2.79	2.98	3.15	3.32	3.47	3.62	3.75	3.89	4.02	4.11	4.26
	1.2	3.18	3.41	3.62	3.82	4.01	4.19	4.36	4.52	4.68	4.83	4.98
0.6	0.2	2.09	2.09	2.10	2.10	2.11	2.12	2.12	2.13	2.14	2.15	2.15
	0.4	2.17	2.19	2.22	2.25	2.28	2.31	2.34	2.38	2.41	2.44	2.47
	0.6	2.32	2.38	2.45	2.52	2.59	2.66	2.72	2.79	2.85	2.91	2.97
	0.8	2.56	2.67	2.79	2.90	3.01	3.11	3.22	3.32	3.41	3.50	3.60
	1.0	2.88	3.04	3.20	3.36	3.50	3.65	3.78	3.91	4.04	4.16	4.26
	1.2	3.26	3.46	3.66	3.86	4.04	4.22	4.38	4.55	4.70	4.85	5.00
0.8	0.2	2.29	2.24	2.22	2.21	2.21	2.22	2.22	2.22	2.23	2.23	2.24
	0.4	2.37	2.34	2.34	2.36	2.38	2.40	2.43	2.45	2.48	2.51	2.54
	0.6	2.52	2.52	2.56	2.61	2.67	2.73	2.79	2.85	2.91	2.96	3.02
	0.8	2.74	2.79	2.88	2.98	3.08	3.17	3.27	3.36	3.46	3.55	3.63
	1.0	3.04	3.15	3.28	3.42	3.56	3.69	3.82	3.95	4.07	4.19	4.31
	1.2	3.39	3.55	3.73	3.91	4.08	4.25	4.42	4.58	4.73	4.88	5.02
1.0	0.2	2.69	2.57	2.51	2.48	2.46	2.45	2.45	2.44	2.44	2.44	2.44
	0.4	2.75	2.64	2.60	2.59	2.59	2.59	2.60	2.62	2.63	2.65	2.67
	0.6	2.86	2.78	2.77	2.79	2.83	2.87	2.91	2.96	3.01	3.06	3.10
	0.8	3.04	3.01	3.05	3.11	3.19	3.27	3.35	3.44	3.52	3.61	3.69
	1.0	3.29	3.32	3.41	3.52	3.64	3.76	3.89	4.01	4.13	4.24	4.35
	1.2	3.60	3.69	3.83	3.99	4.15	4.31	4.47	4.62	4.77	4.92	5.06
1.2	0.2	3.16	3.00	2.92	2.87	2.84	2.81	2.80	2.79	2.78	2.77	2.77
	0.4	3.21	3.05	2.98	2.94	2.92	2.90	2.90	2.90	2.90	2.91	2.92
	0.6	3.30	3.15	3.10	3.08	3.08	3.10	3.12	3.15	3.18	3.22	3.26
	0.8	3.43	3.32	3.30	3.33	3.37	3.43	3.49	3.56	3.63	3.71	3.78
	1.0	3.62	3.57	3.60	3.68	3.77	3.87	3.98	4.09	4.20	4.31	4.42
	1.2	3.88	3.88	3.98	4.11	4.25	4.39	4.54	4.68	4.83	4.97	5.10
1.4	0.2	3.66	3.46	3.36	3.29	3.25	3.23	3.20	3.19	3.18	3.17	3.16
	0.4	3.70	3.50	3.40	3.35	3.31	3.29	3.27	3.26	3.26	3.26	3.26
	0.6	3.77	3.58	3.49	3.45	3.43	3.42	3.42	3.43	3.45	3.47	3.49
	0.8	3.87	3.70	3.64	3.63	3.64	3.67	3.70	3.75	3.81	3.86	3.92
	1.0	4.02	3.89	3.87	3.90	3.96	4.04	4.12	4.22	4.31	4.41	4.51
	1.2	4.23	4.15	4.19	4.27	4.39	4.51	4.64	4.77	4.91	5.04	5.17

简图：

$$K_1=\frac{I_1}{I_3}\cdot\frac{H_3}{H_1}$$

$$K_2=\frac{I_2}{I_3}\cdot\frac{H_3}{H_2}$$

$$\eta_1=\frac{H_1}{H_3}\sqrt{\frac{N_1}{N_3}\cdot\frac{I_3}{I_1}}$$

$$\eta_2=\frac{H_2}{H_3}\sqrt{\frac{N_2}{N_3}\cdot\frac{I_3}{I_2}}$$

N_1——上段柱的轴心力；
N_2——中段柱的轴心力；
N_3——下段柱的轴心力

续表

简图	η_1	η_2 \ K_1=0.10, K_2=	0.2	0.3	0.4	0.5	0.6	0.7	0.8	0.9	1.0	1.1	1.2
	0.2	0.2	2.03	2.03	2.04	2.05	2.06	2.07	2.08	2.08	2.09	2.10	2.11
		0.4	2.09	2.12	2.16	2.19	2.23	2.26	2.29	2.33	2.36	2.39	2.42
		0.6	2.21	2.30	2.38	2.46	2.53	2.60	2.67	2.74	2.81	2.87	2.93
		0.8	2.44	2.58	2.71	2.84	2.96	3.07	3.17	3.28	3.37	3.47	3.56
		1.0	2.76	2.96	3.14	3.30	3.46	3.60	3.74	3.88	4.01	4.13	4.25
		1.2	3.15	3.39	3.61	3.81	4.00	4.18	4.35	4.52	4.68	4.83	4.98
	0.4	0.2	2.07	2.07	2.08	2.08	2.09	2.10	2.11	2.12	2.12	2.13	2.14
		0.4	2.14	2.17	2.20	2.23	2.26	2.30	2.33	2.36	2.39	2.42	2.46
		0.6	2.28	2.36	2.43	2.50	2.57	2.64	2.71	2.77	2.84	2.90	2.96
		0.8	2.53	2.65	2.77	2.88	3.00	3.10	3.21	3.31	3.40	3.50	3.59
		1.0	2.85	3.02	3.19	3.34	3.49	3.64	3.77	3.91	4.03	4.16	4.28
		1.2	3.24	3.45	3.65	3.85	4.03	4.21	4.38	4.54	4.70	4.85	4.99
	0.6	0.2	2.22	2.19	2.18	2.17	2.18	2.18	2.19	2.19	2.20	2.20	2.21
		0.4	2.31	2.30	2.31	2.33	2.35	2.38	2.41	2.44	2.47	2.49	2.52
		0.6	2.48	2.49	2.54	2.60	2.66	2.72	2.78	2.84	2.90	2.96	3.02
		0.8	2.72	2.78	2.87	2.97	3.07	3.17	3.27	3.36	3.46	3.55	3.64
		1.0	3.04	3.15	3.28	3.42	3.56	3.70	3.83	3.95	4.08	4.20	4.31
		1.2	3.40	3.56	3.74	3.91	4.09	4.26	4.42	4.58	4.73	4.88	5.03
	0.8	0.2	2.63	2.49	2.43	2.40	2.38	2.37	2.37	2.36	2.36	2.37	2.37
		0.4	2.71	2.59	2.55	2.54	2.54	2.55	2.57	2.59	2.61	2.63	2.65
		0.6	2.86	2.76	2.76	2.78	2.82	2.86	2.91	2.96	3.01	3.07	3.12
		0.8	3.06	3.02	3.06	3.13	3.20	3.29	3.37	3.46	3.54	3.63	3.71
		1.0	3.33	3.35	3.44	3.55	3.67	3.79	3.90	4.03	4.15	4.26	4.37
		1.2	3.65	3.73	3.86	4.02	4.18	4.34	4.49	4.64	4.79	4.94	5.08
	1.0	0.2	3.18	2.95	2.84	2.77	2.73	2.70	2.68	2.67	2.66	2.65	2.65
		0.4	3.24	3.03	2.93	2.88	2.85	2.84	2.84	2.84	2.85	2.86	2.87
		0.6	3.36	3.16	3.09	3.07	3.08	3.09	3.12	3.15	3.19	3.23	3.27
		0.8	3.52	3.37	3.34	3.36	3.41	3.46	3.53	3.60	3.67	3.75	3.82
		1.0	3.74	3.64	3.67	3.74	3.83	3.93	4.03	4.14	4.25	4.35	4.46
		1.2	4.00	3.97	4.05	4.17	4.31	4.45	4.59	4.73	4.87	5.01	5.14
	1.2	0.2	3.77	3.47	3.32	3.23	3.17	3.12	3.09	3.07	3.05	3.04	3.03
		0.4	3.82	3.53	3.39	3.31	3.26	3.22	3.20	3.19	3.19	3.19	3.19
		0.6	3.91	3.64	3.51	3.45	3.42	3.42	3.42	3.43	3.45	3.48	3.50
		0.8	4.04	3.80	3.71	3.68	3.69	3.72	3.76	3.81	3.86	3.92	3.98
		1.0	4.21	4.02	3.97	3.99	4.05	4.12	4.20	4.29	4.39	4.48	4.58
		1.2	4.43	4.30	4.31	4.38	4.48	4.60	4.72	4.85	4.98	5.11	5.24
	1.4	0.2	4.37	4.01	3.82	3.71	3.63	3.58	3.54	3.51	3.49	3.47	3.45
		0.4	4.41	4.06	3.88	3.77	3.70	3.66	3.63	3.60	3.59	3.58	3.57
		0.6	4.48	4.15	3.98	3.89	3.83	3.80	3.79	3.78	3.79	3.80	3.81
		0.8	4.59	4.28	4.13	4.07	4.04	4.04	4.06	4.08	4.12	4.16	4.21
		1.0	4.74	4.45	4.35	4.32	4.34	4.38	4.43	4.50	4.58	4.66	4.74
		1.2	4.92	4.69	4.63	4.65	4.72	4.80	4.90	5.10	5.13	5.24	5.36

简图说明：

I_1　I_2　I_3　H_1　H_2　H_3

$$K_1=\frac{I_1}{I_3}\cdot\frac{H_3}{H_1}$$

$$K_2=\frac{I_2}{I_3}\cdot\frac{H_3}{H_2}$$

$$\eta_1=\frac{H_1}{H_3}\sqrt{\frac{N_1}{N_3}\cdot\frac{I_3}{I_1}}$$

$$\eta_2=\frac{H_2}{H_3}\sqrt{\frac{N_2}{N_3}\cdot\frac{I_3}{I_2}}$$

N_1——上段柱的轴心力；
N_2——中段柱的轴心力；
N_3——下段柱的轴心力

续表

简图	η_1	η_2 \ K_2 \ K_1	0.20										
			0.2	0.3	0.4	0.5	0.6	0.7	0.8	0.9	1.0	1.1	1.2
$K_1=\frac{I_1}{I_3}\cdot\frac{H_3}{H_1}$ $K_2=\frac{I_2}{I_3}\cdot\frac{H_3}{H_2}$ $\eta_1=\frac{H_1}{H_3}\sqrt{\frac{N_1}{N_3}\cdot\frac{I_3}{I_1}}$ $\eta_2=\frac{H_2}{H_3}\sqrt{\frac{N_2}{N_3}\cdot\frac{I_3}{I_2}}$ N_1——上段柱的轴心力； N_2——中段柱的轴心力； N_3——下段柱的轴心力	0.2	0.2	2.04	2.04	2.05	2.06	2.07	2.08	2.08	2.09	2.10	2.11	2.12
		0.4	2.10	2.13	2.17	2.20	2.24	2.27	2.30	2.34	2.37	2.40	2.43
		0.6	2.23	2.31	2.39	2.47	2.54	2.61	2.68	2.75	2.82	2.88	2.94
		0.8	2.46	2.60	2.73	2.85	2.97	3.08	3.18	3.29	3.38	3.48	3.57
		1.0	2.79	2.98	3.15	3.32	3.47	3.61	3.75	3.89	4.02	4.14	4.26
		1.2	3.18	3.41	3.62	3.82	4.01	4.19	4.36	4.52	4.68	4.83	4.98
	0.4	0.2	2.15	2.13	2.13	2.14	2.14	2.15	2.15	2.16	2.17	2.17	2.18
		0.4	2.24	2.24	2.26	2.29	2.32	2.35	2.38	2.41	2.44	2.47	2.50
		0.6	2.40	2.44	2.50	2.56	2.63	2.69	2.76	2.82	2.88	2.94	3.00
		0.8	2.66	2.74	2.84	2.95	3.05	3.15	3.25	3.35	3.44	3.53	3.62
		1.0	2.98	3.12	3.25	3.40	3.54	3.68	3.81	3.94	4.07	4.19	4.30
		1.2	3.35	3.53	3.71	3.90	4.08	4.25	4.41	4.57	4.73	4.87	5.02
	0.6	0.2	2.57	2.42	2.37	2.34	2.33	2.32	2.32	2.32	2.32	2.32	2.33
		0.4	2.67	2.54	2.50	2.50	2.51	2.52	2.54	2.56	2.58	2.61	2.63
		0.6	2.83	2.74	2.73	2.76	2.80	2.85	2.90	2.96	3.01	3.06	3.12
		0.8	3.06	3.01	3.05	3.12	3.20	3.29	3.38	3.46	3.55	3.63	3.72
		1.0	3.34	3.35	3.44	3.56	3.68	3.80	3.92	4.04	4.15	4.27	4.38
		1.2	3.67	3.74	3.88	4.03	4.19	4.35	4.50	4.65	4.80	4.94	5.08
	0.8	0.2	3.25	2.96	2.82	2.74	2.69	2.66	2.64	2.62	2.61	2.61	2.60
		0.4	3.33	3.05	2.93	2.87	2.84	2.83	2.83	2.83	2.84	2.85	2.87
		0.6	3.45	3.21	3.12	3.10	3.10	3.12	3.14	3.18	3.22	3.26	3.30
		0.8	3.63	3.44	3.39	3.41	3.45	3.51	3.57	3.64	3.71	3.79	3.86
		1.0	3.86	3.73	3.73	3.80	3.88	3.98	4.08	4.18	4.29	4.39	4.50
		1.2	4.13	4.07	4.13	4.24	4.36	4.50	4.64	4.78	4.91	5.05	5.18
	1.0	0.2	4.00	3.60	3.39	3.26	3.18	3.13	3.08	3.05	3.03	3.01	3.00
		0.4	4.06	3.67	3.48	3.37	3.30	3.26	3.23	3.21	3.21	3.20	3.20
		0.6	4.15	3.79	3.63	3.54	3.50	3.48	3.49	3.50	3.51	3.54	3.57
		0.8	4.29	3.97	3.84	3.80	3.79	3.81	3.85	3.90	3.95	4.01	4.07
		1.0	4.48	4.21	4.13	4.13	4.17	4.23	4.31	4.39	4.48	4.57	4.66
		1.2	4.70	4.49	4.47	4.52	4.60	4.71	4.82	4.94	5.07	5.19	5.31
	1.2	0.2	4.76	4.26	4.00	3.83	3.72	3.65	3.59	3.54	3.51	3.48	3.46
		0.4	4.81	4.32	4.07	3.91	3.82	3.75	3.70	3.67	3.65	3.63	3.62
		0.6	4.89	4.43	4.19	4.05	3.98	3.93	3.91	3.89	3.89	3.90	3.91
		0.8	5.00	4.57	4.36	4.26	4.21	4.20	4.21	4.23	4.26	4.30	4.34
		1.0	5.15	4.76	4.59	4.53	4.53	4.55	4.60	4.66	4.73	4.80	4.88
		1.2	5.34	5.00	4.88	4.87	4.91	4.98	5.07	5.17	5.27	5.38	5.49
	1.4	0.2	5.53	4.94	4.62	4.42	4.29	4.19	4.12	4.06	4.02	3.98	3.95
		0.4	5.57	4.99	4.68	4.49	4.36	4.27	4.21	4.16	4.13	4.10	4.08
		0.6	5.64	5.07	4.78	4.60	4.49	4.42	4.38	4.35	4.33	4.32	4.32
		0.8	5.74	5.19	4.92	4.77	4.69	4.64	4.62	4.62	4.63	4.65	4.67
		1.0	5.86	5.35	5.12	5.00	4.95	4.94	4.96	4.99	5.03	5.09	5.15
		1.2	6.02	5.55	5.36	5.29	5.28	5.31	5.37	5.44	5.52	5.61	5.71

续表

简图	K_1		0.30										
	η_1	η_2 \ K_2	0.2	0.3	0.4	0.5	0.6	0.7	0.8	0.9	1.0	1.1	1.2
	0.2	0.2	2.05	2.05	2.06	2.07	2.08	2.09	2.09	2.10	2.11	2.12	2.13
		0.4	2.12	2.15	2.18	2.21	2.25	2.28	2.31	2.35	2.38	2.41	2.44
		0.6	2.25	2.33	2.41	2.48	2.56	2.63	2.69	2.76	2.83	2.89	2.95
		0.8	2.49	2.62	2.75	2.87	2.98	3.09	3.20	3.30	3.39	3.49	3.58
		1.0	3.82	3.00	3.17	3.33	3.48	3.63	3.76	3.90	4.02	4.15	4.27
		1.2	3.20	3.43	3.64	3.83	4.02	4.20	4.37	4.53	4.69	4.84	4.99
	0.4	0.2	2.26	2.21	2.20	2.19	2.19	2.20	2.20	2.21	2.21	2.22	2.23
		0.4	2.36	2.33	2.33	2.35	2.38	2.40	2.43	2.46	2.49	2.51	2.54
		0.6	2.54	2.54	2.58	2.63	2.69	2.75	2.81	2.87	2.93	2.99	3.04
		0.8	2.79	2.83	2.91	3.01	3.10	3.20	3.30	3.39	3.48	3.57	3.66
		1.0	3.11	3.20	3.32	3.46	3.59	3.72	3.85	3.98	4.10	4.22	4.33
		1.2	3.47	3.60	3.77	3.95	4.12	4.28	4.45	4.60	4.75	4.90	5.04
	0.6	0.2	2.93	2.68	2.57	2.52	2.49	2.47	2.46	2.45	2.45	2.45	2.45
		0.4	3.02	2.79	2.71	2.67	2.66	2.66	2.67	2.69	2.70	2.72	2.74
		0.6	3.17	2.98	2.93	2.93	2.95	2.98	3.02	3.07	3.11	3.16	3.21
		0.8	4.37	3.24	3.23	3.27	3.33	3.41	3.48	3.56	3.64	3.72	3.80
		1.0	3.63	3.56	3.60	3.69	3.79	3.90	4.01	4.12	4.23	4.34	4.45
		1.2	3.94	3.92	4.02	4.15	4.29	4.43	4.58	4.72	4.87	5.01	5.14
	0.8	0.2	3.78	3.38	3.18	3.06	2.98	2.93	2.89	2.86	2.84	2.83	2.82
		0.4	3.85	3.47	3.28	3.18	3.12	3.09	3.07	3.06	3.06	3.06	3.06
		0.6	3.96	3.61	3.46	3.39	3.36	3.35	3.36	3.38	3.41	3.44	3.47
		0.8	4.12	3.82	3.70	3.67	3.68	3.72	3.76	3.82	3.88	3.94	4.01
		1.0	4.32	4.07	4.01	4.03	4.08	4.16	4.24	4.33	4.43	4.52	4.62
		1.2	4.57	4.38	4.38	4.44	4.54	4.66	4.78	4.90	5.03	5.16	5.29
	1.0	0.2	4.68	4.15	3.86	3.69	3.57	3.49	3.43	3.38	3.35	3.32	3.30
		0.4	4.73	4.21	3.94	3.78	3.68	3.61	3.57	3.54	3.51	3.50	3.49
		0.6	4.82	4.33	4.08	3.95	3.87	3.83	3.80	3.80	3.80	3.81	3.83
		0.8	4.94	4.49	4.28	4.18	4.14	4.13	4.14	4.17	4.20	4.25	4.29
		1.0	5.10	4.70	4.53	4.48	4.48	4.51	4.56	4.62	4.70	4.77	4.85
		1.2	5.30	4.95	4.84	4.83	4.88	4.96	5.05	5.15	5.26	5.37	5.48
	1.2	0.2	5.58	4.93	4.57	4.35	4.20	4.10	4.01	3.95	3.90	3.86	3.83
		0.4	5.62	4.98	4.64	4.43	4.29	4.19	4.12	4.07	4.03	4.01	3.98
		0.6	5.70	5.08	4.75	4.56	4.44	4.37	4.32	4.29	4.27	4.26	4.26
		0.8	5.80	5.21	4.91	4.75	4.66	4.61	4.59	4.59	4.60	4.62	4.65
		1.0	5.93	5.38	5.12	5.00	4.95	4.94	4.95	4.99	5.03	5.09	5.15
		1.2	6.10	5.59	5.38	5.31	5.30	5.33	5.39	5.46	5.54	5.63	5.73
	1.4	0.2	6.49	5.72	5.30	5.03	4.85	4.72	4.62	4.54	4.48	4.43	4.38
		0.4	6.53	5.77	5.35	5.10	4.93	4.80	4.71	4.64	4.59	4.55	4.51
		0.6	6.59	5.85	5.45	5.21	5.05	4.95	4.87	4.82	4.78	4.76	4.74
		0.8	6.68	5.96	5.59	5.37	5.24	5.15	5.10	5.08	5.06	5.06	5.07
		1.0	6.79	6.10	5.76	5.58	5.48	5.43	5.41	5.41	5.44	5.47	5.51
		1.2	6.93	6.28	5.98	5.84	5.78	5.76	5.79	5.83	5.89	5.95	6.03

简图说明：I_1、I_2、I_3；H_1、H_2、H_3

$$K_1=\frac{I_1}{I_3}\cdot\frac{H_3}{H_1}$$

$$K_2=\frac{I_2}{I_3}\cdot\frac{H_3}{H_2}$$

$$\eta_1=\frac{H_1}{H_3}\sqrt{\frac{N_1}{N_3}\cdot\frac{I_3}{I_1}}$$

$$\eta_2=\frac{H_2}{H_3}\sqrt{\frac{N_2}{N_3}\cdot\frac{I_3}{I_2}}$$

N_1——上段柱的轴心力；
N_2——中段柱的轴心力；
N_3——下段柱的轴心力

注：表中的计算长度系数 μ_3 值系按下式算得：

$$\frac{\eta_1 K_1}{\eta_2 K_2}\cdot\tan\frac{\pi\eta_1}{\mu_3}\cdot\tan\frac{\pi\eta_2}{\mu_3}+\eta_1 K_1\cdot\tan\frac{\pi\eta_1}{\mu_3}\cdot\tan\frac{\pi}{\mu_3}+\eta_2 K_2\cdot\tan\frac{\pi\eta_2}{\mu_3}\cdot\tan\frac{\pi}{\mu_3}-1=0$$

柱上端可移动但不转动的双阶柱下段的计算长度系数 μ_3　　附表 4-3-6

η_1	η_2 \ K_1 = 0.05, K_2	0.2	0.3	0.4	0.5	0.6	0.7	0.8	0.9	1.0	1.1	1.2
0.2	0.2	1.99	1.99	2.00	2.00	2.01	2.02	2.02	2.03	2.04	2.05	2.06
	0.4	2.03	2.06	2.09	2.12	2.16	2.19	2.22	2.25	2.29	2.32	2.35
	0.6	2.12	2.20	2.28	2.36	2.43	2.50	2.57	2.64	2.71	2.77	2.83
	0.8	2.28	2.43	2.57	2.70	2.82	2.94	3.04	3.15	3.25	3.34	3.43
	1.0	2.53	2.76	2.96	3.13	3.29	3.44	3.59	3.72	3.85	3.98	4.10
	1.2	2.86	3.15	3.39	3.61	3.80	3.99	4.16	4.33	4.49	4.64	4.79
0.4	0.2	1.99	1.99	2.00	2.01	2.01	2.02	2.03	2.04	2.04	2.05	2.06
	0.4	2.03	2.06	2.09	2.13	2.16	2.19	2.23	2.26	2.29	2.32	2.35
	0.6	2.12	2.20	2.28	2.36	2.44	2.51	2.58	2.64	2.71	2.77	2.84
	0.8	2.29	2.44	2.58	2.71	2.83	2.94	3.05	3.15	3.25	3.35	3.44
	1.0	2.54	2.77	2.96	3.14	3.30	3.45	3.59	3.73	3.85	3.98	4.10
	1.2	2.87	3.15	3.40	2.61	3.81	3.99	4.17	4.33	4.49	4.65	4.79
0.6	0.2	1.99	1.98	2.00	2.01	2.02	2.03	2.04	2.04	2.05	2.06	2.07
	0.4	2.04	2.07	2.10	2.14	2.17	2.20	2.23	2.27	2.30	2.33	2.36
	0.6	2.13	2.21	2.29	2.37	2.45	2.52	2.59	2.65	2.72	2.78	2.84
	0.8	2.30	2.45	2.59	2.72	2.84	2.95	3.06	3.16	3.26	3.35	3.44
	1.0	2.56	2.78	2.97	3.15	3.31	3.46	3.60	3.73	3.86	3.99	4.11
	1.2	2.89	3.17	3.41	3.62	3.82	4.00	4.17	4.34	4.50	4.65	4.80
0.8	0.2	2.00	2.01	2.02	2.02	2.03	2.04	2.05	2.05	2.06	2.07	2.08
	0.4	2.05	2.08	2.12	2.15	2.18	2.21	2.25	2.28	2.31	2.34	2.37
	0.6	2.15	2.23	2.31	2.39	2.46	2.53	2.60	2.67	2.73	2.79	2.85
	0.8	2.32	2.47	2.61	2.73	2.85	2.96	3.07	3.17	3.27	3.36	3.45
	1.0	2.59	2.80	2.99	3.16	3.32	3.47	3.61	3.74	3.87	3.99	4.11
	1.2	2.92	3.19	3.42	3.63	3.83	4.01	4.18	4.35	4.51	4.66	4.81
1.0	0.2	2.02	2.02	2.03	2.04	2.05	2.05	2.06	2.07	2.08	2.09	2.09
	0.4	2.07	2.10	2.14	2.17	2.20	2.23	2.26	2.30	2.33	2.36	2.39
	0.6	2.17	2.26	2.33	2.41	2.48	2.55	2.62	2.68	2.75	2.81	2.87
	0.8	2.36	2.50	2.63	2.76	2.87	2.98	3.08	3.19	3.28	3.38	3.47
	1.0	2.62	2.83	3.01	3.18	3.34	3.48	3.62	3.75	3.88	4.01	4.12
	1.2	2.95	3.21	3.44	3.65	3.82	4.02	4.20	4.36	4.52	4.67	4.81
1.2	0.2	2.04	2.05	2.06	2.06	2.07	2.08	2.09	2.09	2.10	2.11	2.12
	0.4	2.10	2.13	2.17	2.20	2.23	2.26	2.29	2.32	2.35	2.38	2.41
	0.6	2.22	2.29	2.37	2.44	2.51	2.58	2.64	2.71	2.77	2.83	2.89
	0.8	2.41	2.54	2.67	2.78	2.90	3.00	3.11	3.20	3.30	3.39	3.48
	1.0	2.68	2.87	3.04	3.21	3.36	3.50	3.64	3.77	3.90	4.02	4.14
	1.2	3.00	3.25	3.47	3.67	3.86	4.04	4.21	4.37	4.53	4.68	4.83
1.4	0.2	2.10	2.10	2.10	2.11	2.11	2.12	2.13	2.13	2.14	2.15	2.15
	0.4	2.17	2.19	2.21	2.24	2.27	2.30	2.33	2.36	2.39	2.41	2.44
	0.6	2.29	2.35	2.41	2.48	2.55	2.61	2.67	2.74	2.80	2.86	2.91
	0.8	2.48	2.60	2.71	2.82	2.93	3.03	3.13	3.23	3.32	3.41	3.50
	1.0	2.74	2.92	3.08	3.24	3.39	3.53	3.66	3.79	3.92	4.04	4.15
	1.2	3.06	3.29	3.50	3.70	3.89	4.06	4.23	4.39	4.55	4.70	4.84

简图：

l_1, l_2, l_3; H_1, H_2, H_3

$$K_1=\frac{I_1}{I_3}\cdot\frac{H_3}{H_1}$$

$$K_2=\frac{I_2}{I_3}\cdot\frac{H_3}{H_2}$$

$$\eta_1=\frac{H_1}{H_3}\sqrt{\frac{N_1}{N_3}\cdot\frac{I_3}{I_1}}$$

$$\eta_2=\frac{H_2}{H_3}\sqrt{\frac{N_2}{N_3}\cdot\frac{I_3}{I_2}}$$

N_1——上段柱的轴心力；
N_2——中段柱的轴心力；
N_3——下段柱的轴心力

续表

简图	η_1	η_2 \ K_2 (K_1=0.10)	0.2	0.3	0.4	0.5	0.6	0.7	0.8	0.9	1.0	1.1	1.2
$K_1=\frac{I_1}{I_3}\cdot\frac{H_3}{H_1}$ $K_2=\frac{I_2}{I_3}\cdot\frac{H_3}{H_2}$ $\eta_1=\frac{H_1}{H_3}\sqrt{\frac{N_1}{N_3}\cdot\frac{I_3}{I_1}}$ $\eta_2=\frac{H_2}{H_3}\sqrt{\frac{N_2}{N_3}\cdot\frac{I_3}{I_2}}$ N_1——上段柱的轴心力； N_2——中段柱的轴心力； N_3——下段柱的轴心力	0.2	0.2	1.96	1.96	1.97	1.97	1.98	1.98	1.99	2.00	2.00	2.01	2.02
		0.4	2.00	2.02	2.05	2.08	2.11	2.14	2.17	2.20	2.23	2.26	2.29
		0.6	2.07	2.14	2.22	2.29	2.36	2.43	2.50	2.56	2.63	2.69	2.75
		0.8	2.20	2.35	2.48	2.61	2.73	2.84	2.94	3.05	3.14	3.24	3.33
		1.0	2.41	2.64	2.83	3.01	3.17	3.32	3.46	3.59	3.72	3.85	3.97
		1.2	2.70	2.99	3.23	3.45	3.65	3.84	4.01	4.18	4.34	4.49	4.64
	0.4	0.2	1.96	1.97	1.97	1.98	1.98	1.99	2.00	2.00	2.01	2.02	2.03
		0.4	2.00	2.03	2.06	2.09	2.12	2.15	2.18	2.21	2.24	2.27	2.30
		0.6	2.08	2.15	2.23	2.30	2.37	2.44	2.51	2.57	2.64	2.70	2.76
		0.8	2.21	2.36	2.49	2.62	2.73	2.85	2.95	3.05	3.15	3.24	3.34
		1.0	2.43	2.65	2.84	3.02	3.18	3.33	3.47	3.60	3.73	3.85	3.97
		1.2	2.71	3.00	3.24	3.46	3.66	3.85	4.02	4.19	4.34	4.49	4.64
	0.6	0.2	1.97	1.98	1.98	1.99	2.00	2.00	2.01	2.02	2.02	2.03	2.04
		0.4	2.01	2.04	2.07	2.10	2.13	2.16	2.19	2.22	2.26	2.29	2.32
		0.6	2.09	2.17	2.24	2.32	2.39	2.46	2.52	2.59	2.65	2.71	2.77
		0.8	2.23	2.38	2.51	2.64	2.75	2.86	2.97	3.07	3.16	3.26	3.35
		1.0	2.45	2.68	2.86	3.03	3.19	3.34	3.48	3.61	3.71	3.86	3.98
		1.2	2.74	3.02	3.26	3.48	3.67	3.86	4.03	4.20	4.35	4.50	4.65
	0.8	0.2	1.99	1.99	2.00	2.01	2.01	2.02	2.03	2.04	2.04	2.05	2.06
		0.4	2.03	2.06	2.09	2.12	2.15	2.19	2.22	2.25	2.28	2.31	2.34
		0.6	2.12	2.19	2.27	2.34	2.41	2.48	2.55	2.61	2.67	2.73	2.79
		0.8	2.27	2.41	2.54	2.66	2.78	2.89	2.99	3.09	3.18	3.28	3.37
		1.0	2.49	2.70	2.89	3.06	3.21	3.36	3.50	3.63	3.76	3.88	4.00
		1.2	2.78	3.05	3.29	3.50	3.69	3.88	4.05	4.21	4.37	4.52	4.66
	1.0	0.2	2.01	2.02	2.03	2.04	2.04	2.05	2.06	2.07	2.07	2.08	2.09
		0.4	2.06	2.10	2.13	2.16	2.19	2.22	2.25	2.28	2.31	2.34	2.37
		0.6	2.16	2.24	2.31	2.38	2.45	2.51	2.58	2.64	2.70	2.76	2.82
		0.8	2.32	2.46	2.58	2.70	2.81	2.92	3.02	3.12	3.21	3.30	3.39
		1.0	2.55	2.75	2.93	3.09	3.25	3.39	3.53	3.66	3.78	3.90	4.02
		1.2	2.84	3.10	3.32	3.53	3.72	3.90	4.07	4.23	4.39	4.54	4.68
	1.2	0.2	2.07	2.08	2.08	2.09	2.09	2.10	2.11	2.11	2.12	2.13	2.13
		0.4	2.13	2.16	2.18	2.21	2.24	2.27	2.30	2.33	2.35	2.38	2.41
		0.6	2.24	2.30	2.37	2.43	2.50	2.56	2.63	2.68	2.74	2.80	2.86
		0.8	2.41	2.53	2.64	2.75	2.86	2.96	3.06	3.15	3.24	3.33	3.42
		1.0	2.64	2.82	2.98	3.14	3.29	3.43	3.56	3.69	3.81	3.93	4.04
		1.2	2.92	3.16	3.37	3.57	3.76	3.93	4.10	4.26	4.41	4.56	4.70
	1.4	0.2	2.20	2.18	2.17	2.17	2.17	2.18	2.18	2.19	2.19	2.20	2.20
		0.4	2.26	2.26	2.27	2.29	2.32	2.34	2.37	2.39	2.42	2.44	2.47
		0.6	2.37	2.41	2.46	2.51	2.57	2.63	2.68	2.74	2.80	2.85	2.91
		0.8	2.53	2.62	2.72	2.82	2.92	3.01	3.11	3.20	3.29	3.37	3.46
		1.0	2.75	2.90	3.05	3.20	3.34	3.47	3.60	3.72	3.84	3.96	4.07
		1.2	3.02	3.23	3.43	3.62	3.80	3.97	4.13	4.29	4.44	4.59	4.73

续表

简图 η_1	η_2 \ K_1 / K_2	0.20										
		0.2	0.3	0.4	0.5	0.6	0.7	0.8	0.9	1.0	1.1	1.2
0.2	0.2	1.94	1.93	1.93	1.93	1.93	1.93	1.94	1.94	1.95	1.95	1.96
	0.4	1.96	1.98	1.99	2.02	2.04	2.07	2.09	2.12	2.15	2.17	2.20
	0.6	2.02	2.07	2.13	2.19	2.26	2.32	2.38	2.44	2.50	2.56	2.62
	0.8	2.12	2.23	2.35	2.47	2.58	2.68	2.78	2.88	2.98	3.07	3.15
	1.0	2.28	2.47	2.65	2.82	2.97	3.12	3.26	3.39	3.51	3.63	3.75
	1.2	2.50	2.77	3.01	3.22	3.42	3.60	3.77	3.93	4.09	4.23	4.38
0.4	0.2	1.93	1.93	1.93	1.93	1.94	1.94	1.95	1.95	1.96	1.96	1.97
	0.4	1.97	1.98	2.00	2.03	2.05	2.08	2.11	2.13	2.16	2.19	2.22
	0.6	2.03	2.08	2.14	2.21	2.27	2.33	2.40	2.46	2.52	2.58	2.63
	0.8	2.13	2.25	2.37	2.48	2.59	2.70	2.80	2.90	2.99	3.08	3.17
	1.0	2.29	2.49	2.67	2.83	2.99	3.13	3.27	3.40	3.53	3.64	3.76
	1.2	2.52	2.79	3.02	3.23	3.43	3.61	3.78	3.94	4.10	4.24	4.39
0.6	0.2	1.95	1.95	1.95	1.95	1.96	1.96	1.97	1.97	1.98	1.98	1.99
	0.4	1.98	2.00	2.02	2.05	2.08	2.10	2.13	2.16	2.19	2.21	2.24
	0.6	2.04	2.10	2.17	2.23	2.30	2.36	2.42	2.48	2.54	2.60	2.66
	0.8	2.15	2.27	2.39	2.51	2.62	2.72	2.82	2.92	3.01	3.10	3.19
	1.0	2.32	2.52	2.70	2.86	3.01	3.16	3.29	3.42	3.55	3.66	3.78
	1.2	2.55	2.82	3.05	3.26	3.45	3.63	3.80	3.96	4.11	4.26	4.40
0.8	0.2	1.97	1.97	1.98	1.98	1.99	1.99	2.00	2.01	2.01	2.02	2.03
	0.4	2.00	2.03	2.06	2.08	2.11	2.14	2.17	2.20	2.22	2.25	2.28
	0.6	2.08	2.14	2.21	2.27	2.34	2.40	2.46	2.52	2.58	2.64	2.69
	0.8	2.19	2.32	2.44	2.55	2.66	2.76	2.86	2.96	3.05	3.13	3.22
	1.0	2.37	2.57	2.74	2.90	3.05	3.19	3.33	3.45	3.58	3.69	3.81
	1.2	2.61	2.87	3.09	3.30	3.49	3.66	3.83	3.99	4.14	4.29	4.42
1.0	0.2	2.01	2.02	2.03	2.03	2.04	2.05	2.05	2.06	2.07	2.07	2.08
	0.4	2.06	2.09	2.11	2.14	2.17	2.20	2.23	2.25	2.28	2.31	2.33
	0.6	2.14	2.21	2.27	2.34	2.40	2.46	2.52	2.58	2.63	2.69	2.74
	0.8	2.27	2.39	2.51	2.62	2.72	2.82	2.91	3.00	3.09	3.18	3.26
	1.0	2.46	2.64	2.81	2.96	3.10	3.24	3.37	3.50	3.61	3.73	3.84
	1.2	2.69	2.94	3.15	3.35	3.53	3.71	3.87	4.02	4.17	4.32	4.46
1.2	0.2	2.13	2.12	2.12	2.13	2.13	2.14	2.14	2.15	2.15	2.16	2.16
	0.4	2.18	2.19	2.21	2.24	2.26	2.29	2.31	2.34	2.36	2.38	2.41
	0.6	2.27	2.32	2.37	2.43	2.49	2.54	2.60	2.65	2.70	2.76	2.81
	0.8	2.41	2.50	2.60	2.70	2.80	2.89	2.98	3.07	3.15	3.23	3.32
	1.0	2.59	2.74	2.89	3.04	3.17	3.30	3.43	3.55	3.66	3.78	3.89
	1.2	2.81	3.03	3.23	3.42	3.59	3.76	3.92	4.07	4.22	4.36	4.49
1.4	0.2	2.35	2.31	2.29	2.28	2.27	2.27	2.27	2.27	2.27	2.28	2.28
	0.4	2.40	2.37	2.37	2.38	2.39	2.41	2.43	2.45	2.47	2.49	2.51
	0.6	2.48	2.49	2.52	2.56	2.61	2.65	2.70	2.75	2.80	2.85	2.89
	0.8	2.60	2.66	2.73	2.82	2.90	2.98	3.07	3.15	3.23	3.31	3.38
	1.0	2.77	2.88	3.01	3.14	3.26	3.38	3.50	3.62	3.73	3.84	3.94
	1.2	2.97	3.15	3.33	3.50	3.67	3.83	3.98	4.13	4.27	4.41	4.54

简图：I_1, I_2, I_3; H_1, H_2, H_3

$K_1=\frac{I_1}{I_3}\cdot\frac{H_3}{H_1}$

$K_2=\frac{I_2}{I_3}\cdot\frac{H_3}{H_2}$

$\eta_1=\frac{H_1}{H_3}\sqrt{\frac{N_1}{N_3}\cdot\frac{I_3}{I_1}}$

$\eta_2=\frac{H_2}{H_3}\sqrt{\frac{N_2}{N_3}\cdot\frac{I_3}{I_2}}$

N_1——上段柱的轴心力；
N_2——中段柱的轴心力；
N_3——下段柱的轴心力

续表

简图	η_1	η_2 \ K_2 (K_1 = 0.30)	0.2	0.3	0.4	0.5	0.6	0.7	0.8	0.9	1.0	1.1	1.2
	0.2	0.2	1.92	1.91	1.90	1.89	1.89	1.89	1.90	1.90	1.90	1.90	1.91
		0.4	1.95	1.95	1.96	1.97	1.99	2.01	2.04	2.06	2.08	2.11	2.13
		0.6	1.99	2.03	2.08	2.13	2.18	2.24	2.29	2.35	2.41	2.46	2.52
		0.8	2.07	2.16	2.27	2.37	2.47	2.57	2.66	2.75	2.84	2.93	3.01
		1.0	2.20	2.37	2.53	2.69	2.83	2.97	3.10	3.23	3.35	3.46	3.57
		1.2	2.39	2.63	2.85	3.05	3.24	3.42	3.58	3.74	3.89	4.03	4.17
	0.4	0.2	1.92	1.91	1.91	1.90	1.90	1.91	1.91	1.91	1.92	1.92	1.92
		0.4	1.95	1.96	1.97	1.99	2.01	2.03	2.05	2.08	2.10	2.12	2.15
		0.6	2.00	2.04	2.09	2.14	2.20	2.26	2.31	2.37	2.42	2.48	2.53
		0.8	2.08	2.18	2.28	2.39	2.49	2.59	2.68	2.77	2.86	2.95	3.03
		1.0	2.22	2.39	2.55	2.71	2.85	2.99	3.12	3.24	3.36	3.48	3.59
		1.2	2.41	2.65	2.87	3.07	3.26	3.43	3.60	3.75	3.90	4.04	4.18
	0.6	0.2	1.93	1.93	1.92	1.92	1.93	1.93	1.93	1.94	1.94	1.95	1.95
		0.4	1.96	1.97	1.99	2.01	2.03	2.06	2.08	2.11	2.13	2.16	2.18
		0.6	2.02	2.06	2.12	2.17	2.23	2.29	2.35	2.40	2.46	2.51	2.57
		0.8	2.11	2.21	2.32	2.42	2.52	2.62	2.71	2.80	2.89	2.98	3.06
		1.0	2.25	2.42	2.59	2.74	2.88	3.02	3.15	3.27	3.39	3.50	3.61
		1.2	2.44	2.69	2.91	3.11	3.29	3.46	3.62	3.78	3.93	4.07	4.20
	0.8	0.2	1.96	1.95	1.96	1.96	1.97	1.97	1.98	1.98	1.99	1.99	2.00
		0.4	1.99	2.01	2.03	2.05	2.08	2.10	2.13	2.15	2.18	2.21	2.23
		0.6	2.05	2.10	2.16	2.22	2.28	2.34	2.40	2.45	2.51	2.56	2.81
		0.8	2.15	2.26	2.37	2.47	2.57	2.67	2.76	2.85	2.94	3.02	3.10
		1.0	2.30	2.48	2.64	2.79	2.93	3.07	3.19	3.31	3.43	3.54	3.65
		1.2	2.50	2.74	2.96	3.15	3.33	3.50	3.66	3.81	3.96	4.10	4.23
	1.0	0.2	2.01	2.02	2.02	2.03	2.04	2.04	2.05	2.06	2.06	2.07	2.07
		0.4	2.05	2.08	2.10	2.13	2.16	2.18	2.21	2.23	2.26	2.28	2.31
		0.6	2.13	2.19	2.25	2.30	2.36	2.42	2.47	2.53	2.58	2.63	2.68
		0.8	2.24	2.35	2.45	2.55	2.65	2.74	2.83	2.92	3.00	3.08	3.16
		1.0	2.40	2.57	2.72	2.86	3.00	3.13	3.25	3.37	3.48	3.59	3.70
		1.2	2.60	2.83	3.03	3.22	3.39	3.56	3.71	3.86	4.01	4.14	4.28
	1.2	0.2	2.17	2.16	2.16	2.16	2.16	2.16	2.17	2.17	2.18	2.18	2.19
		0.4	2.22	2.22	2.24	2.26	2.28	2.30	2.32	2.34	2.36	2.39	2.41
		0.6	2.29	2.33	2.38	2.43	2.48	2.53	2.58	2.62	2.67	2.72	2.77
		0.8	2.41	2.49	2.58	2.67	2.75	2.84	2.92	3.00	3.08	3.16	3.23
		1.0	2.56	2.69	2.83	2.96	3.09	3.21	3.33	3.44	3.55	3.66	3.76
		1.2	2.74	2.94	3.13	3.30	3.47	3.63	3.78	3.92	4.06	4.20	4.33
	1.4	0.2	2.45	2.40	2.37	2.35	2.35	2.34	2.34	2.34	2.34	2.34	2.34
		0.4	2.48	2.45	2.44	2.44	2.45	2.46	2.48	2.49	2.51	2.53	2.55
		0.6	2.55	2.54	2.56	2.60	2.63	2.67	2.71	2.75	2.80	2.84	2.88
		0.8	2.64	2.68	2.74	2.81	2.89	2.96	3.04	3.11	3.18	3.25	3.33
		1.0	2.77	2.87	2.98	3.09	3.20	3.32	3.43	3.53	3.64	3.74	3.84
		1.2	2.94	3.09	3.26	3.41	3.57	3.72	3.86	4.00	4.13	4.26	4.39

简图说明：

$$K_1=\frac{I_1}{I_3}\cdot\frac{H_3}{H_1}$$

$$K_2=\frac{I_2}{I_3}\cdot\frac{H_3}{H_2}$$

$$\eta_1=\frac{H_1}{H_3}\sqrt{\frac{N_1}{N_3}\cdot\frac{I_3}{I_1}}$$

$$\eta_2=\frac{H_2}{H_3}\sqrt{\frac{N_2}{N_3}\cdot\frac{I_3}{I_2}}$$

N_1——上段柱的轴心力；

N_2——中段柱的轴心力；

N_3——下段柱的轴心力

注：表中的计算长度系数 μ_3 值系按下式算得：

$$\frac{\eta_1 K_1}{\eta_2 K_2}\cdot\cot\frac{\pi\eta_1}{\mu_3}\cdot\cot\frac{\pi\eta_2}{\mu_3}+\frac{\eta_1 K_1}{(\eta_2 K_2)^2}\cdot\cot\frac{\pi\eta_1}{\mu_3}\cdot\cot\frac{\pi}{\mu_3}+\frac{1}{\eta_2 K_2}\cdot\cot\frac{\pi\eta_2}{\mu_3}\cdot\cot\frac{\pi}{\mu_3}-1=0$$

附 4.4 截面宽厚比分类与截面塑性发展系数

压弯和受弯构件的截面板件宽厚比等级及限值

附表 4-4-1

构件	截面板件宽厚比等级		S1 级	S2 级	S3 级		S4 级	S5 级
压弯构件（框架柱）	H形截面	翼缘 b/t	$9\varepsilon_k$	$11\varepsilon_k$	$13\varepsilon_k$		$15\varepsilon_k$	20
		腹板 h_0/t_w	$(33+13\alpha_0^{1.3})\varepsilon_k$	$(38+13\alpha_0^{1.39})\varepsilon_k$	$0\leqslant\alpha_0\leqslant1.6$	$(16\alpha_0+0.5\lambda+25)\varepsilon_k$	$(45+25\alpha_0^{1.66})\varepsilon_k$	250
					$1.6<\alpha_0\leqslant2.0$	$(48\alpha_0+0.5\lambda-26.2)\varepsilon_k$		
	箱形截面	壁板（腹板）间翼缘 b_0/t	$30\varepsilon_k$	$35\varepsilon_k$	$0\leqslant\alpha_0\leqslant1.6$	$(12.8\alpha_0+0.4\lambda+20)\varepsilon_k$ 且不小于 $40\varepsilon_k$	$45\varepsilon_k$	—
					$1.6<\alpha_0\leqslant2.0$	$(38.4\alpha_0+0.4\lambda-21)\varepsilon_k$		
	圆钢管截面	径厚比 D/t	$50\varepsilon_k^2$	$70\varepsilon_k^2$	$90\varepsilon_k^2$		$100\varepsilon_k^2$	—
受弯构件（梁）	工字形截面	翼缘 b/t	$9\varepsilon_k$	$11\varepsilon_k$	$13\varepsilon_k$		$15\varepsilon_k$	20
		腹板 h_0/t_w	$65\varepsilon_k$	$72\varepsilon_k$	$(40.4+0.5\lambda)\varepsilon_k$		$124\varepsilon_k$	250
	箱形截面	壁板（腹板）间翼缘 b_0/t	$25\varepsilon_k$	$32\varepsilon_k$	$37\varepsilon_k$		$42\varepsilon_k$	—

截面塑性发展系数 γ_x、γ_y　　附表 4-4-2

项次	截面形式	γ_x	γ_y
1	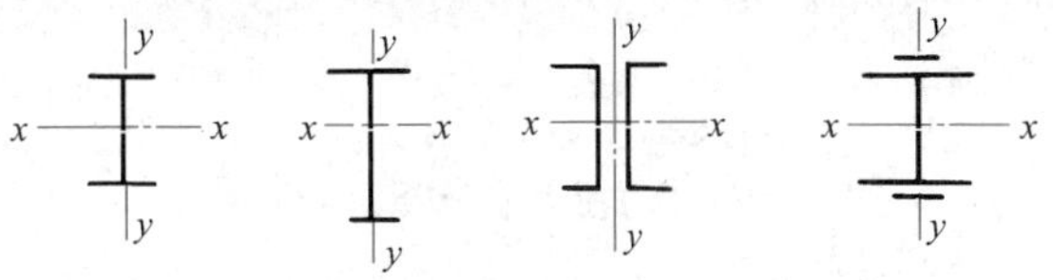	1.05	1.2
2	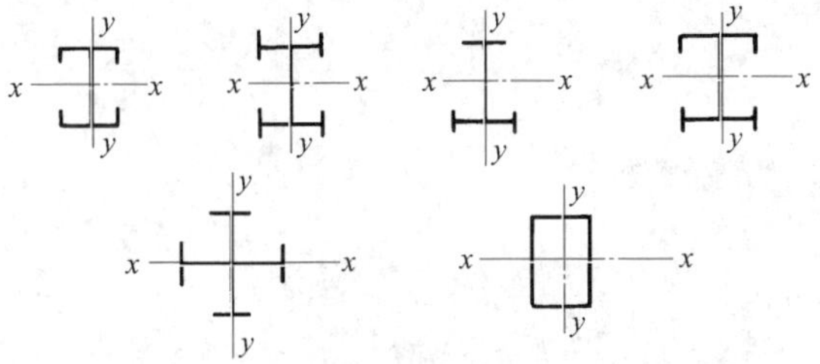		1.05
3	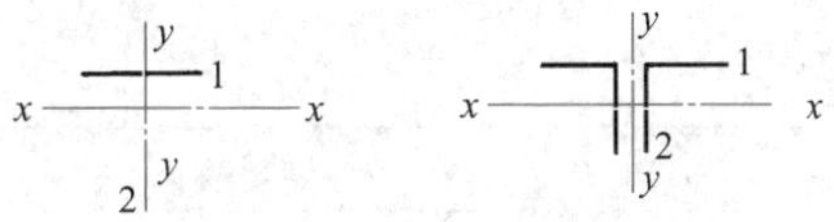	$\gamma_{x1}=1.05$ $\gamma_{x2}=1.2$	1.2
4	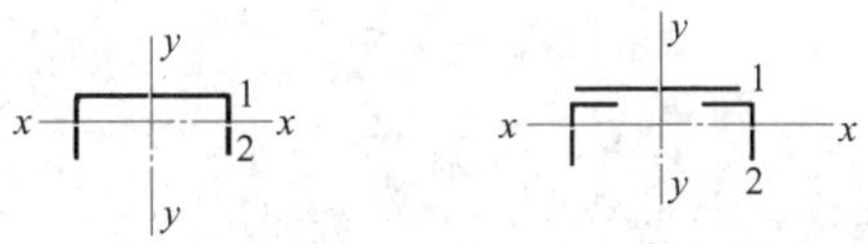		1.05
5	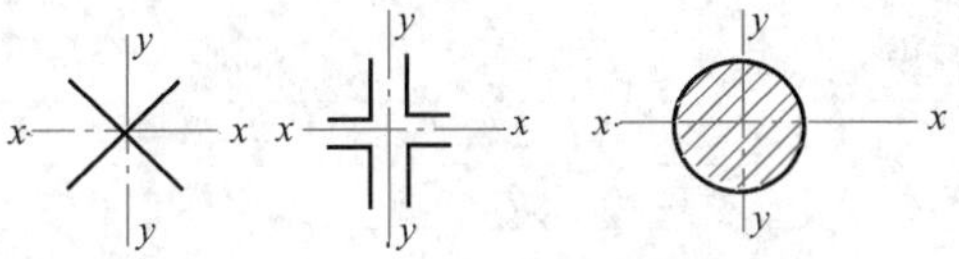	1.2	1.2
6	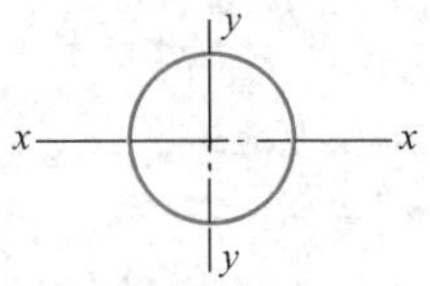	1.15	1.15
7	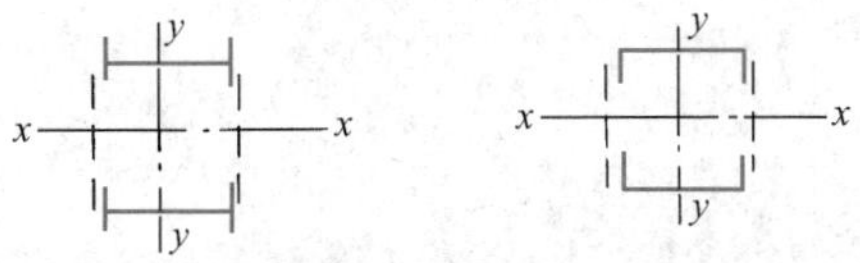	1.0	1.05
8	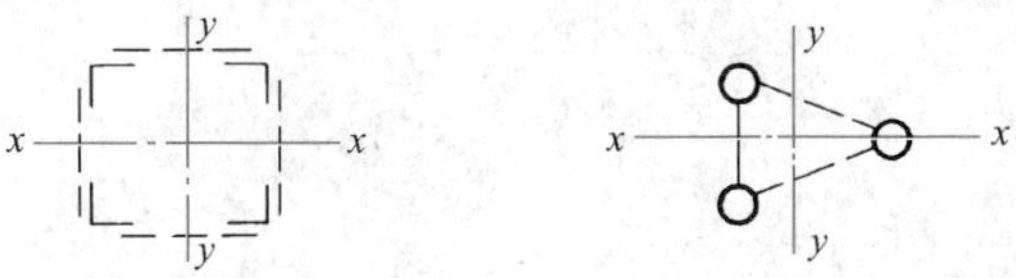		1.0

附录 5

计 算 公 式

强度设计值的换算关系　　附表 5-1

<table>
<tr><th colspan="2">材料和连接种类</th><th colspan="2">应力种类</th><th>换算关系</th></tr>
<tr><td colspan="2" rowspan="6">钢材</td><td rowspan="3">抗拉、抗压和抗弯</td><td>Q235 钢</td><td>$f=f_y/\gamma_R=f_y/1.090$</td></tr>
<tr><td>Q345 钢、Q390 钢</td><td>$f=f_y/\gamma_R=f_y/1.125$</td></tr>
<tr><td>Q420 钢、Q460 钢</td><td>$f=f_y/\gamma_R$</td></tr>
<tr><td colspan="2">抗　剪</td><td>$f_v=f/\sqrt{3}$</td></tr>
<tr><td rowspan="2">端面承压（刨平顶紧）</td><td>Q235 钢</td><td>$f_{ce}=f_u/1.15$</td></tr>
<tr><td>Q345 钢、Q390 钢、Q420 钢、Q460 钢</td><td>$f_{ce}=f_u/1.175$</td></tr>
<tr><td rowspan="6">焊缝</td><td rowspan="4">对接焊缝</td><td colspan="2">抗压</td><td>$f_c^w=f$</td></tr>
<tr><td rowspan="2">抗拉</td><td>焊缝质量为一级、二级</td><td>$f_t^w=f$</td></tr>
<tr><td>焊缝质量为三级</td><td>$f_c^w=0.85f$</td></tr>
<tr><td colspan="2">抗　剪</td><td>$f_v^w=f_v$</td></tr>
<tr><td rowspan="2">角焊缝</td><td rowspan="2">抗拉、抗压和抗剪</td><td>Q235 钢</td><td>$f_f^w=0.38f_u^w$</td></tr>
<tr><td>Q345、Q390、Q420、Q460 钢</td><td>$f_f^w=0.41f_u^w$</td></tr>
<tr><td rowspan="10">螺栓连接</td><td rowspan="6">普通螺栓</td><td rowspan="3">C 级螺栓</td><td>抗拉</td><td>$f_t^b=0.42f_u^b$</td></tr>
<tr><td>抗剪</td><td>$f_v^b=0.35f_u^b$</td></tr>
<tr><td>承压</td><td>$f_c^b=0.82f_u$</td></tr>
<tr><td rowspan="3">A 级
B 级
螺栓</td><td>抗拉</td><td>$f_t^b=0.42f_u^b$（5.6 级）
$f_t^b=0.50f_u^b$（8.8 级）</td></tr>
<tr><td>抗剪</td><td>$f_v^b=0.38f_u^b$（5.6 级）
$f_v^b=0.40f_u^b$（8.8 级）</td></tr>
<tr><td>承压</td><td>$f_c^b=1.08f_u$</td></tr>
<tr><td colspan="2" rowspan="3">承压型高强度螺栓</td><td>抗拉</td><td>$f_t^b=0.48f_u^b$</td></tr>
<tr><td>抗剪</td><td>$f_v^b=0.30f_u^b$</td></tr>
<tr><td>承压</td><td>$f_c^b=1.26f_u$</td></tr>
<tr><td colspan="2">锚栓</td><td>抗拉</td><td>$f_t^a=0.38f_u^b$</td></tr>
</table>

续表

材料和连接种类	应力种类	换算关系
铸钢件	抗拉、抗压和抗弯	$f=f_y/1.282$
	抗剪	$f_v=f/\sqrt{3}$
	端面承压（刨平顶紧）	$f_{ce}=0.65f_u$
钢铸件	抗拉、抗压和抗弯	$f=0.78f_y$
	抗剪	$f_v=f/\sqrt{3}$
	端面承压(刨平拉紧)	$f_{ce}=0.65f_u$

注：f_y 为钢材或钢铸件的屈服点；f_u 为钢材或钢铸件的最小抗拉强度；f_u^b 为螺栓的抗拉强度（对普通螺栓为公称抗拉强度，对高强度螺栓为最小抗拉强度）；f_u^w 为熔敷金属的抗拉强度。

各种截面回转半径的近似值　附表 5-2

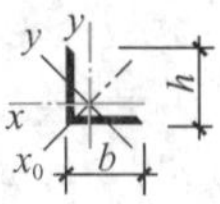 $i_x=0.305h$ $i_y=0.305b$ $i_{x_0}=0.385h$ $i_{y_0}=0.195h$	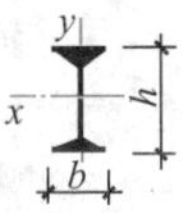 $i_x=0.395h$ $i_y=0.20b$	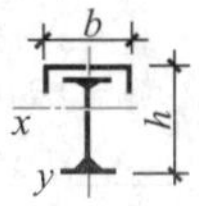 $i_x=0.39h$ $i_y=0.24b$	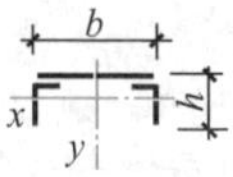 $i_x=0.28h$ $i_y=0.37b$
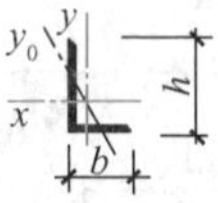 $i_x=0.32h$ $i_y=0.28b$ $i_{y_0}=0.17\dfrac{h+b}{2}$	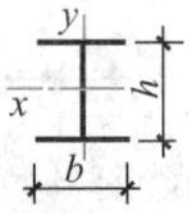 $i_x=0.43h$ $i_y=0.24b$	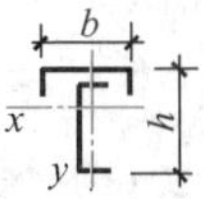 $i_x=0.36h$ $i_y=0.28b$	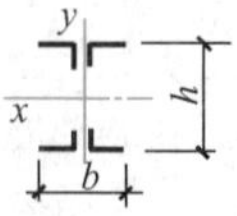 $i_x=0.45h$ $i_y=0.235b$
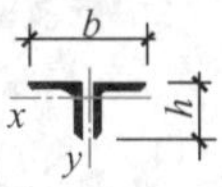 $i_x=0.305h$ $i_y=0.215b$	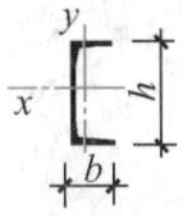 $i_x=0.385h$ $i_y=0.285b$	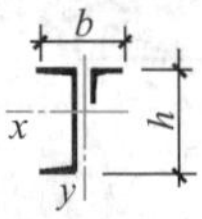 $i_x=0.39h$ $i_y=0.19b$	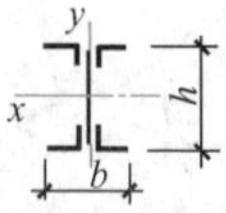 $i_x=0.41h$ $i_y=0.20b$
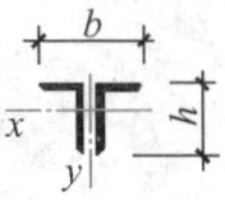 $i_x=0.32h$ $i_y=0.20b$	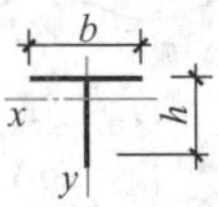 $i_x=0.27h$ $i_y=0.23b$	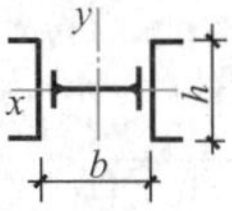 $i_x=0.32h$ $i_y=0.54b$	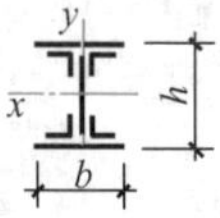 $i_x=0.43h$ $i_y=0.23b$
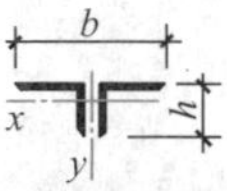 $i_x=0.28h$ $i_y=0.235b$	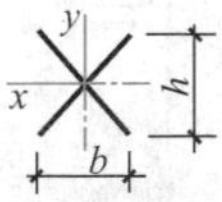 $i_x=0.289h$ $i_y=0.289b$	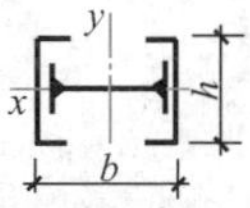 $i_x=0.31h$ $i_y=0.41b$	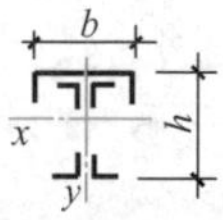 $i_x=0.42h$ $i_y=0.29b$
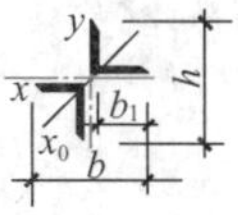 $i_x=0.215h$ $i_y=0.215b$ $i_{x0}=0.385b_1$ $=0.185b$	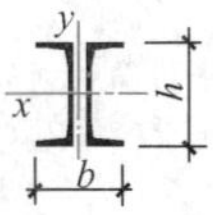 $i_x=0.385h$ $i_y=0.20b$	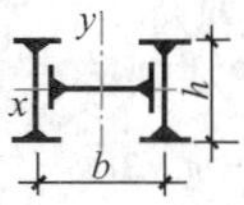 $i_x=0.33h$ $i_y=0.47b$	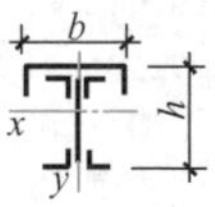 $i_x=0.40h$ $i_y=0.25b$

续表

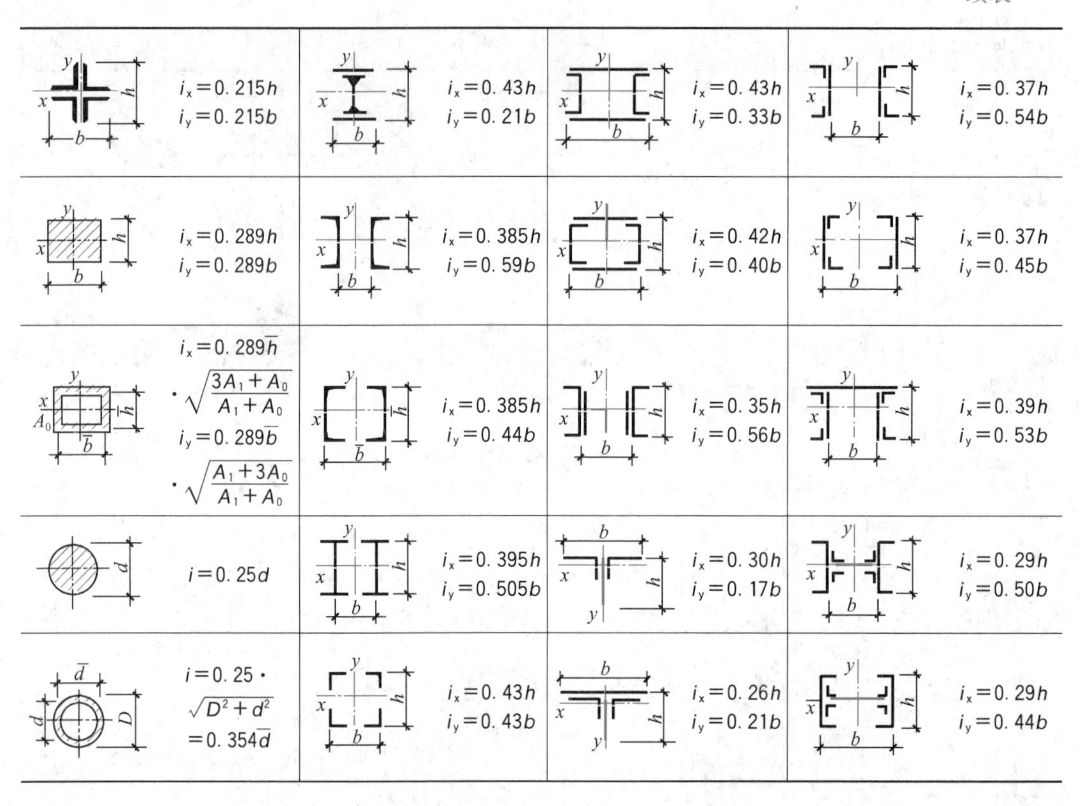

$i_x=0.215h$ $i_y=0.215b$	$i_x=0.43h$ $i_y=0.21b$	$i_x=0.43h$ $i_y=0.33b$	$i_x=0.37h$ $i_y=0.54b$
$i_x=0.289h$ $i_y=0.289b$	$i_x=0.385h$ $i_y=0.59b$	$i_x=0.42h$ $i_y=0.40b$	$i_x=0.37h$ $i_y=0.45b$
$i_x=0.289\overline{h}\cdot\sqrt{\dfrac{3A_1+A_0}{A_1+A_0}}$ $i_y=0.289\overline{b}\cdot\sqrt{\dfrac{A_1+3A_0}{A_1+A_0}}$	$i_x=0.385h$ $i_y=0.44b$	$i_x=0.35h$ $i_y=0.56b$	$i_x=0.39h$ $i_y=0.53b$
$i=0.25d$	$i_x=0.395h$ $i_y=0.505b$	$i_x=0.30h$ $i_y=0.17b$	$i_x=0.29h$ $i_y=0.50b$
$i=0.25\cdot\sqrt{D^2+d^2}=0.354\overline{d}$	$i_x=0.43h$ $i_y=0.43b$	$i_x=0.26h$ $i_y=0.21b$	$i_x=0.29h$ $i_y=0.44b$

常用薄壁型典型截面与翘曲有关的截面常数　　附表 5-3

截面形式	扇性坐标	最大扇性面积矩	扇性惯性矩
	$\omega_1=hb_1/\alpha/2$ $\omega_2=hb_2(1-\alpha)/2$ $\alpha=\dfrac{1}{1+(b_1/b_2)^3(t_1/t_2)}$	$S_{\omega1}=hb_1^2t_1\alpha/8$ $S_{\omega2}=hb_2^2t_2(1-\alpha)/8$	$I_\omega=h^2b_1^3t_1\alpha/12$
	$\omega_1=hb_1\alpha/2$ $\omega_2=hb(1-\alpha)/2$ $\alpha=\dfrac{1}{2+ht_w/3bt}$	$S_{\omega1}=hb^2t(1-\alpha)^2/4$ $S_{\omega2}=hb^2t(1-2\alpha)/4$ $S_{\omega3}=\dfrac{hb^2t}{4}\left(1-2\alpha-\dfrac{ht_w\alpha}{2bt}\right)$	$I_\omega=h^2b^3t\left[\dfrac{1-3\alpha}{6}+\dfrac{\alpha^2}{2}\times\left(1+\dfrac{ht_w}{6bt}\right)\right]$

续表

截面形式	扇性坐标	最大扇性面积矩	扇性惯性矩
b, h, t, t_w, b	ω_1, ω_2, ω_2, ω_1 $\omega_1=hb\alpha$ $\omega_2=hb\alpha(1+ht_w/bt)$ $\alpha=\dfrac{bt}{2(2bt+ht_w)}$	$S\omega_1$, $S\omega_2$, $2ab$, $S\omega_1$, $S\omega_2$ $S_{\omega1}=hb^2t\alpha^2\left(1+\dfrac{ht_w}{bt}\right)^2$ $S_{\omega2}=hb^2t_w\alpha/2$	$I_\omega=\dfrac{h^2b^3t}{24}\left(1+\dfrac{6\alpha ht_w}{bt}\right)$

注：本表中几何长度 b、h 指截面的中线长度。

简支梁双弯矩 B 值的计算公式　附表 5-4

序号	(Ⅰ)	(Ⅱ)	(Ⅲ)
荷载简图	0,A　e　F　z　z　l/2　l/2　x (Ⅰ)	z_1　e　F　e　F　0,A　z　z_1　l/3　l/3　l/3　x (Ⅱ)	0,A　e　z　q　z　l　x (Ⅲ)
B_ω	$\dfrac{F\cdot e}{2k}\cdot\dfrac{\text{sh}kz}{\text{ch}\dfrac{kl}{2}}$	当 $z=z_1$ 时 $\dfrac{F\cdot e}{k}\cdot\dfrac{\text{ch}\dfrac{kl}{6}}{\text{ch}\dfrac{kl}{2}}\text{sh}kz_1$ 当 $z=z_2$ 时 $\dfrac{F\cdot e}{k}\cdot\dfrac{\text{sh}\dfrac{kl}{3}}{\text{ch}\dfrac{kl}{2}}\text{ch}k\left(\dfrac{l}{2}-z_2\right)$	$\dfrac{qe}{k^2}\left[1-\dfrac{\text{ch}k\left(\dfrac{l}{2}-z\right)}{\text{ch}\dfrac{kl}{2}}\right]$

注：$k=\sqrt{\dfrac{GI_t}{EI_\omega}}$。

几种特殊截面中由双弯矩 B 引起的正应力的符号　　　　附表 5-5

荷载与截面 / 截面上的点	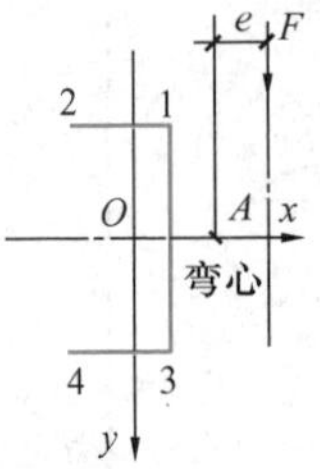	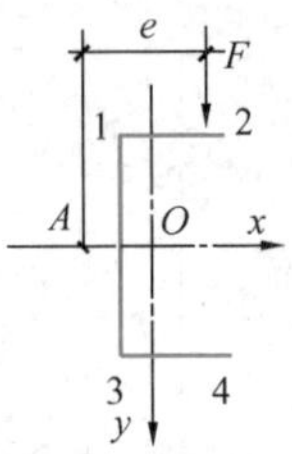	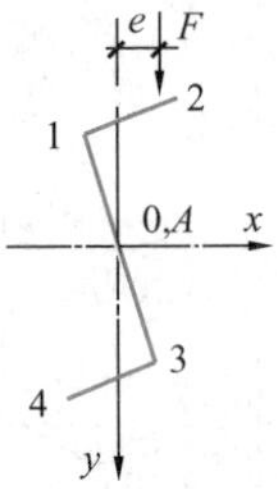	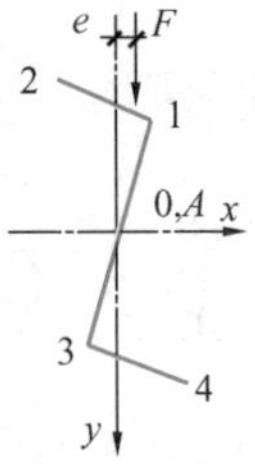
1	−	+	+	−
2	+	−	−	+
3	+	−	+	−
4	−	+	−	+

注：外荷 F 对弯心 A 为顺时针方向旋转，如果外荷 F 对弯心 A 为逆时针方向旋转，则表中的所有符号应反号。

换算长细比的计算公式　　　　附表 5-6

截面形式	绕何轴	计算公式
等边双角钢 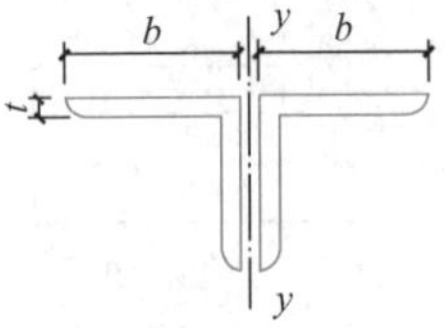	y-y 轴	当 $\lambda_y \geqslant \lambda_z$ 时：$\lambda_{yz} = \lambda_y\left[1+0.16\left(\frac{\lambda_z}{\lambda_y}\right)^2\right]$ 当 $\lambda_y < \lambda_z$ 时：$\lambda_{yz} = \lambda_z\left[1+0.16\left(\frac{\lambda_y}{\lambda_z}\right)^2\right]$ $\lambda_z = 3.9\frac{b}{t}$
长肢相并的不等边双角钢 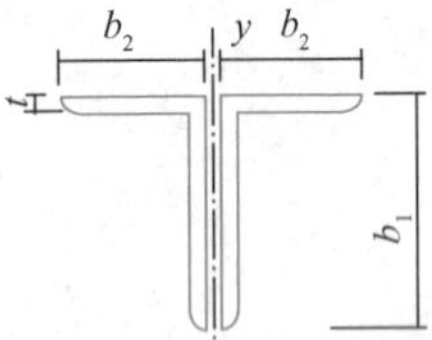	y-y 轴	当 $\lambda_y \geqslant \lambda_z$ 时：$\lambda_{yz} = \lambda_y\left[1+0.25\left(\frac{\lambda_z}{\lambda_y}\right)^2\right]$ 当 $\lambda_y < \lambda_z$ 时：$\lambda_{yz} = \lambda_z\left[1+0.25\left(\frac{\lambda_y}{\lambda_z}\right)^2\right]$ $\lambda_z = 5.1\frac{b_2}{t}$
短肢相并的不等边双角钢 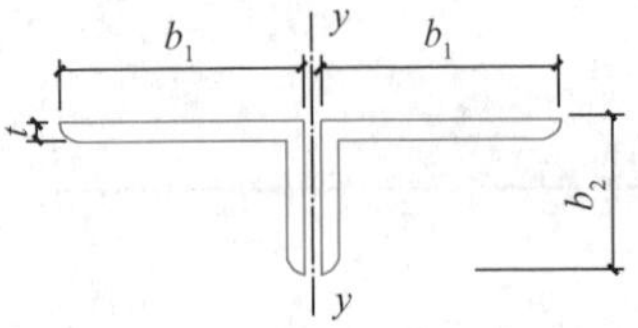	y-y 轴	$\lambda_y \geqslant \lambda_z$ 时：$\lambda_{yz} = \lambda_y\left[1+0.06\left(\frac{\lambda_z}{\lambda_y}\right)^2\right]$ $\lambda_y < \lambda_z$ 时：$\lambda_{yz} = \lambda_z\left[1+0.06\left(\frac{\lambda_y}{\lambda_z}\right)^2\right]$ $\lambda_z = 3.7\frac{b_1}{t}$

续表

截面形式	绕何轴	计算公式
双肢组合构件	x-x 轴	缀件为缀板时：$\lambda_{0x}=\sqrt{\lambda_x^2+\lambda_1^2}$
		缀件为缀条时：$\lambda_{0x}=\sqrt{\lambda_x^2+27\frac{A}{A_{1x}}}$
四肢组合构件	x-x 轴和 y-y 轴	缀件为缀板时：$\lambda_{0x}=\sqrt{\lambda_x^2+\lambda_1^2}$ $\lambda_{0y}=\sqrt{\lambda_y^2+\lambda_1^2}$
		缀件为缀条时：$\lambda_{0x}=\sqrt{\lambda_x^2+40\frac{A}{A_{1x}}}$ $\lambda_{0y}=\sqrt{\lambda_y^2+40\frac{A}{A_{1y}}}$
三肢缀条组合构件	x-x 轴和 y-y 轴	$\lambda_{0x}=\sqrt{\lambda_x^2+\frac{42A}{A_1(1.5-\cos^2\theta)}}$ $\lambda_{0y}=\sqrt{\lambda_y^2+\frac{42A}{A_1\cos^2\theta}}$

表中：l_{0x}、l_{0y}——构件对主轴 x 和 y 的计算长度；

λ_x、λ_y——构件对主轴 x 和 y 的长细比：

$$\lambda_x=l_{0x}/i_x$$

$$\lambda_y=l_{0y}/i_y$$

i_x、i_y——构件截面对主轴 x 和 y 的回转半径；

λ_1——分肢对最小刚度轴 1−1 的长细比；

A——构件截面的毛截面面积；

A_{1x}、A_{1y}——构件截面中垂直于 x 轴和 y 轴的各斜缀条毛截面面积之和；

A_1——构件截面中各斜缀条毛截面面积之和。

附录 6

疲劳计算的构件和连接分类

非焊接的构件和连接分类　　附表 6-1

项次	构造细节	说明	类别
1		● 无连接处的母材 轧制型钢	Z1
2		● 无连接处的母材 钢板 (1) 两边为轧制边或刨边 (2) 两侧为自动、半自动切割边（切割质量标准应符合现行国家标准《钢结构工程施工质量验收规范》GB 50205）	 Z1 Z2
3		● 连系螺栓和虚孔处的母材 应力以净截面面积计算	Z4
4		● 螺栓连接处的母材 高强度螺栓摩擦型连接应力以毛截面面积计算；其他螺栓连接应力以净截面面积计算 ● 铆钉连接处的母材 连接应力以净截面面积计算	Z2 Z4

续表

项次	构造细节	说明	类别
5	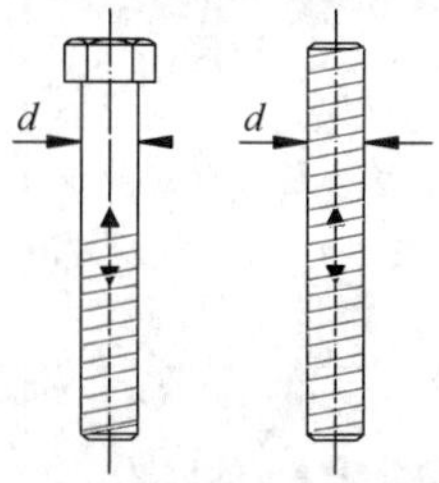	●受拉螺栓的螺纹处母材 连接板件应有足够的刚度，保证不产生撬力。否则受拉正应力应考虑撬力及其他因素产生的全部附加应力 对于直径大于 30mm 螺栓，需要考虑尺寸效应对容许应力幅进行修正，修正系数 γ_t：$\gamma_t=\left(\frac{30}{d}\right)^{0.25}$ d——螺栓直径，单位为"mm"	Z11

注：箭头表示计算应力幅的位置和方向。

纵向传力焊缝的构件和连接分类　附表 6-2

项次	构造细节	说明	类别
6	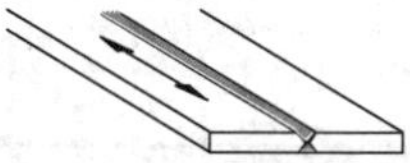	●无垫板的纵向对接焊缝附近的母材 焊缝符合二级焊缝标准	Z2
7	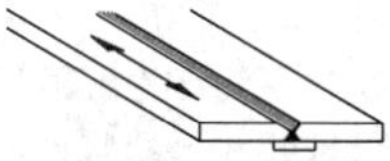	●有连续垫板的纵向自动对接焊缝附近的母材 (1) 无起弧、灭弧 (2) 有起弧、灭弧	 Z4 Z5
8	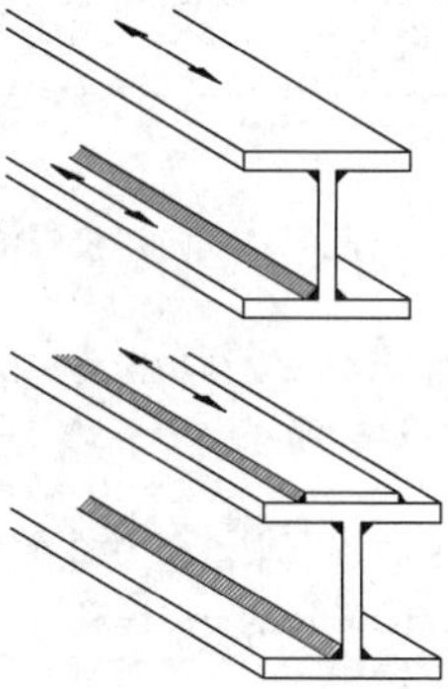	●翼缘连接焊缝附近的母材 翼缘板与腹板的连接焊缝 自动焊，二级 T 形对接与角接组合焊缝 自动焊，角焊缝，外观质量标准符合二级 手工焊，角焊缝，外观质量标准符合二级 双层翼缘板之间的连接焊缝 自动焊，角焊缝，外观质量标准符合二级 手工焊，角焊缝，外观质量标准符合二级	 Z2 Z4 Z5 Z4 Z5
9	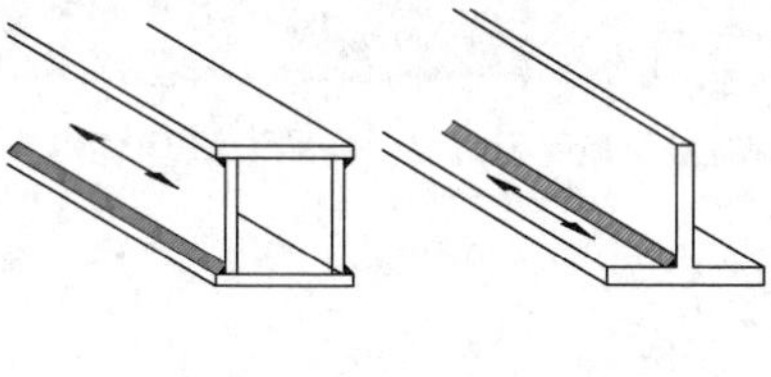	●仅单侧施焊的手工或自动对接焊缝附近的母材，焊缝符合二级焊缝标准，翼缘与腹板很好贴合	Z5

续表

项次	构造细节	说明	类别
10	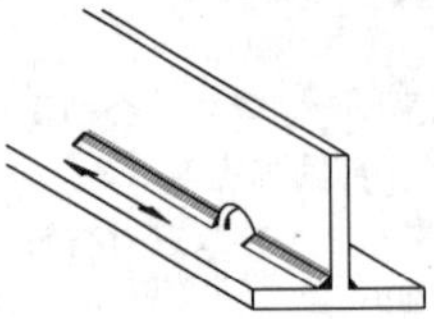	●开工艺孔处焊缝符合二级焊缝标准的对接焊缝、焊缝外观质量符合二级焊缝标准的角焊缝等附近的母材	Z8
11	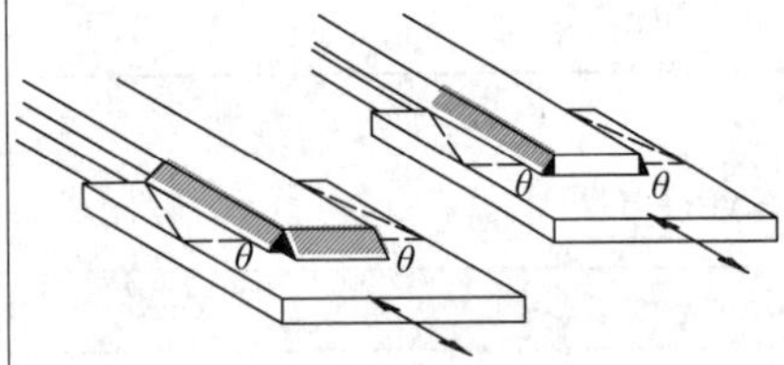	●节点板搭接的两侧面角焊缝端部的母材 ●节点板搭接的三面围焊时两侧角焊缝端部的母材 ●三面围焊或两侧面角焊缝的节点板母材（节点板计算宽度按应力扩散角 θ 等于 30°考虑）	Z10 Z8 Z8

注：箭头表示计算应力幅的位置和方向。

横向传力焊缝的构件和连接分类 附表 6-3

项次	构造细节	说明	类别
12	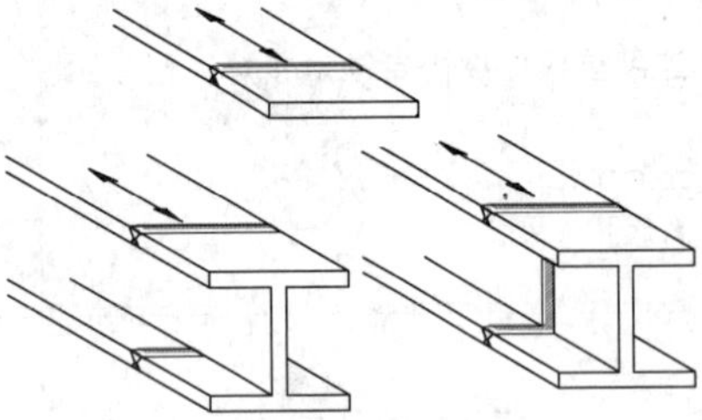	●横向对接焊缝附近的母材，轧制梁对接焊缝附近的母材 符合现行国家标准《钢结构工程施工质量验收规范》GB 50205 的一级焊缝，且经加工、磨平 符合现行国家标准《钢结构工程施工质量验收规范》GB 50205 的一级焊缝	 Z2 Z4
13	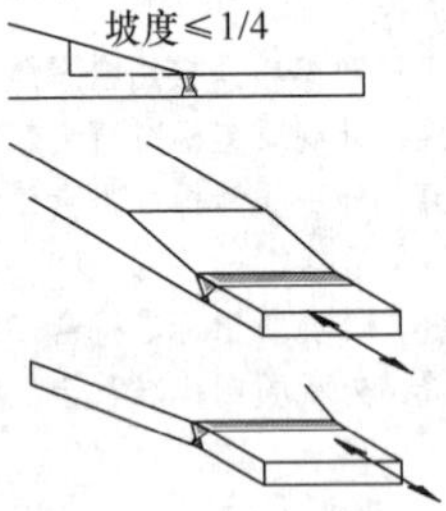	●不同厚度（或宽度）横向对接焊缝附近的母材 符合现行国家标准《钢结构工程施工质量验收规范》GB 50205 的一级焊缝，且经加工、磨平 符合现行国家标准《钢结构工程施工质量验收规范》GB 50205 的一级焊缝	 Z2 Z4
14	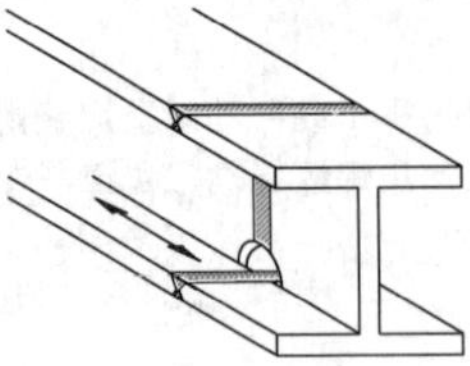	●有工艺孔的轧制梁对接焊缝附近的母材，焊缝加工成平滑过渡并符合一级焊缝标准	Z6

续表

项次	构造细节	说明	类别
15	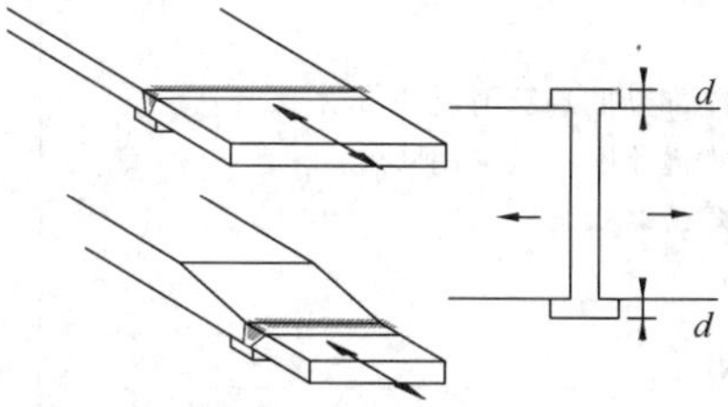	●带垫板的横向对接焊缝附近的母材 垫板端部超出母板距离 d $d \geqslant 10mm$ $d < 10mm$	 Z8 Z11
16	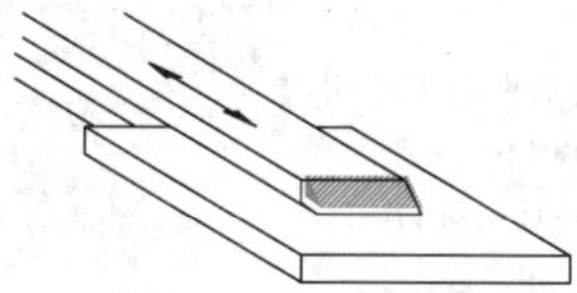	●节点板搭接的端面角焊缝的母材	Z7
17	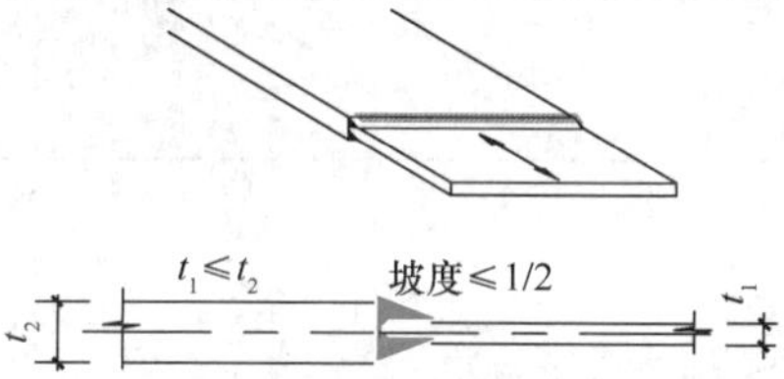	●不同厚度直接横向对接焊缝附近的母材，焊缝等级为一级，无偏心	Z8
18	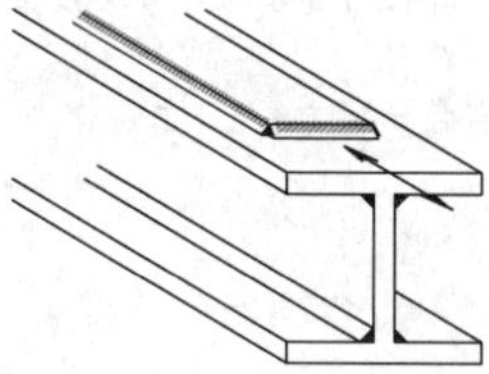	●翼缘盖板中断处的母材（板端有横向端焊缝）	Z8
19	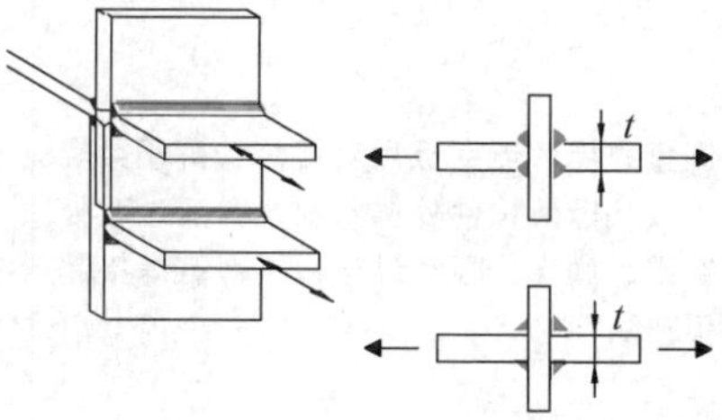	●十字形连接、T形连接 （1）K形坡口、T形对接与角接组合焊缝处的母材，十字形连接两侧轴线偏离距离小于 $0.15t$，焊缝为二级，焊趾角 $\alpha \leqslant 45°$ （2）角焊缝处的母材，十字形连接两侧轴线偏离距离小于 $0.15t$	 Z6 Z8
20	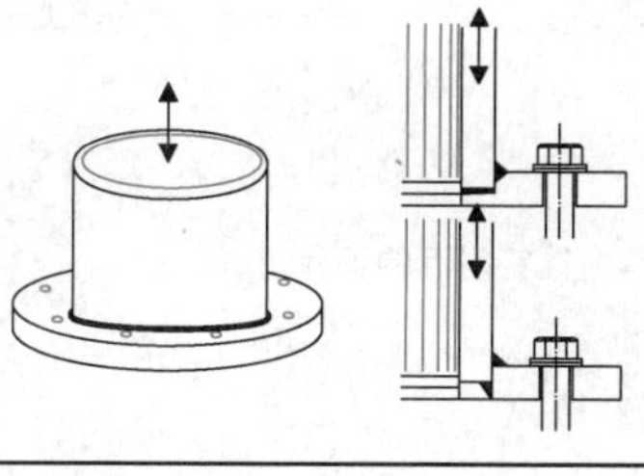	●法兰焊缝连接附近的母材 （1）采用对接焊缝，焊缝为一级 （2）采用角焊缝	 Z8 Z13

注：箭头表示计算应力幅的位置和方向。

非传力焊缝的构件和连接分类　　附表 6-4

项次	构造细节	说明	类别
21	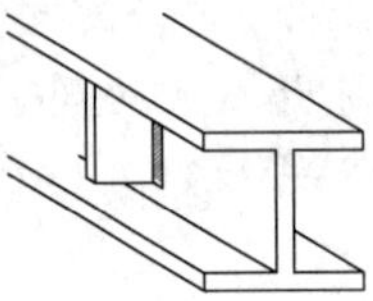	●横向加劲肋端部附近的母材 肋端焊缝不断弧（采用回焊） 肋端焊缝断弧	 Z5 Z6
22	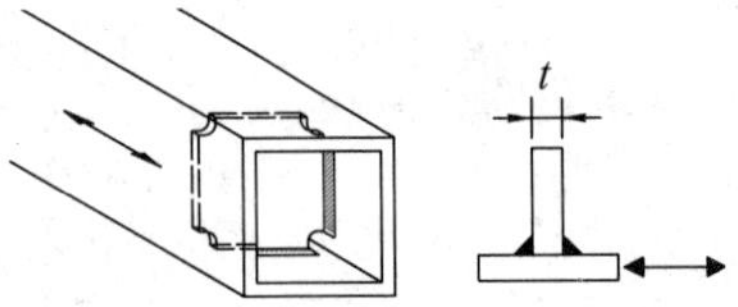	●横向焊接附件附近的母材 （1）$t\leqslant 50\text{mm}$ （2）$50\text{mm}<t\leqslant 80\text{mm}$ t 为焊接附件的板厚	 Z7 Z8
23	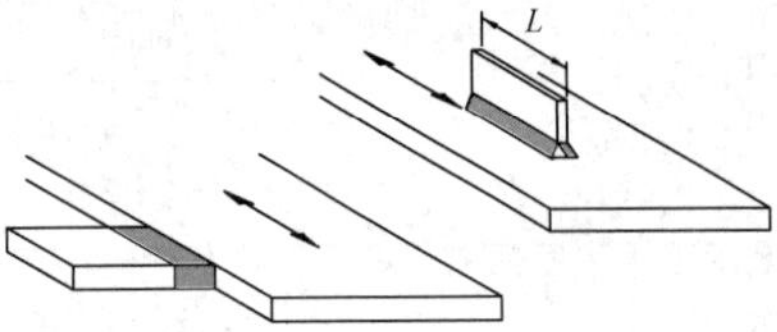	●矩形节点板焊接于构件翼缘或腹板处的母材 （节点板焊缝方向的长度 $L>150\text{mm}$）	Z8
24	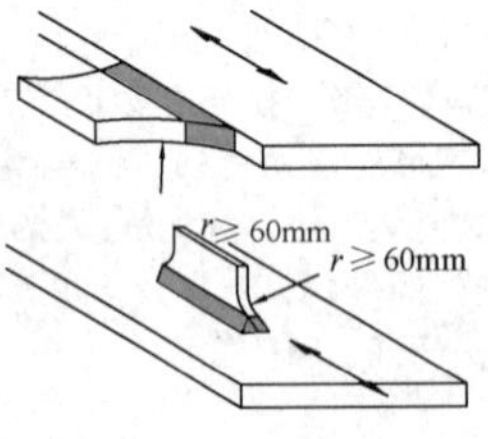	●带圆弧的梯形节点板用对接焊缝焊于梁翼缘、腹板以及桁架构件处的母材，圆弧过渡处在焊后铲平、磨光、圆滑过渡，不得有焊接起弧、灭弧缺陷	Z6
25	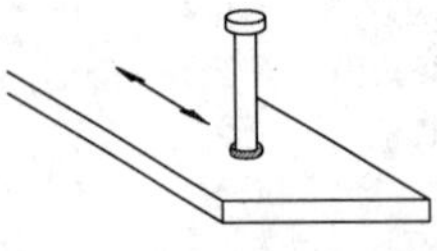	●焊接剪力栓钉附近的钢板母材	Z7

注：箭头表示计算应力幅的位置和方向。

钢管截面的构件和连接分类　附表6-5

项次	构造细节	说明	类别
26	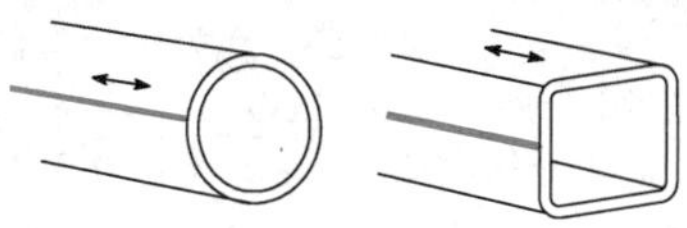	●钢管纵向自动焊缝的母材 (1) 无焊接起弧、灭弧点 (2) 有焊接起弧、灭弧点	 Z3 Z6
27	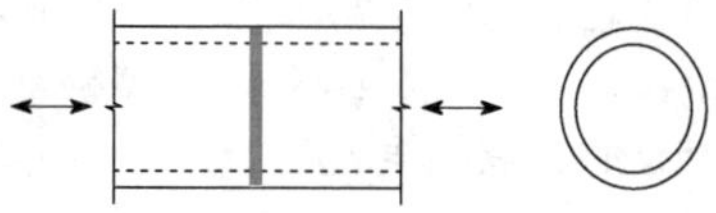	●圆管端部对接焊缝附近的母材，焊缝平滑过渡并符合现行国家标准《钢结构工程施工质量验收规范》GB 50205的一级焊缝标准，余高不大于焊缝宽度的10% (1) 圆管壁厚8mm<t≤12.5mm (2) 圆管壁厚t≤8mm	 Z6 Z8
28	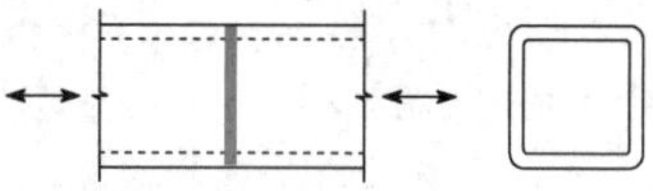	●矩形管端部对接焊缝附近的母材，焊缝平滑过渡并符合一级焊缝标准，余高不大于焊缝宽度的10% (1) 方管壁厚8mm<t≤12.5mm (2) 方管壁厚t≤8mm	 Z8 Z10
29	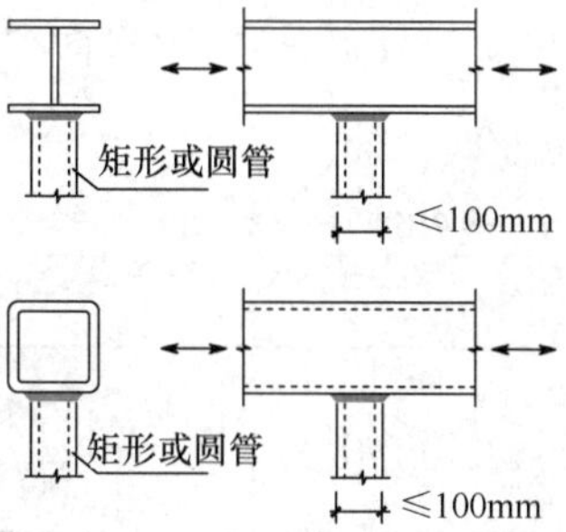 矩形或圆管 ≤100mm 矩形或圆管 ≤100mm	●焊有矩形管或圆管的构件，连接角焊缝附近的母材，角焊缝为非承载焊缝，其外观质量标准符合二级，矩形管宽度或圆管直径不大于100mm	Z8
30	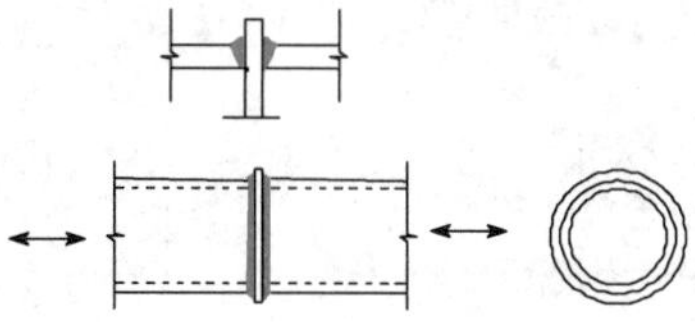	●通过端板采用对接焊缝拼接的圆管母材，焊缝符合一级质量标准 (1) 圆管壁厚8mm<t≤12.5mm (2) 圆管壁厚t≤8mm	 Z10 Z11
31	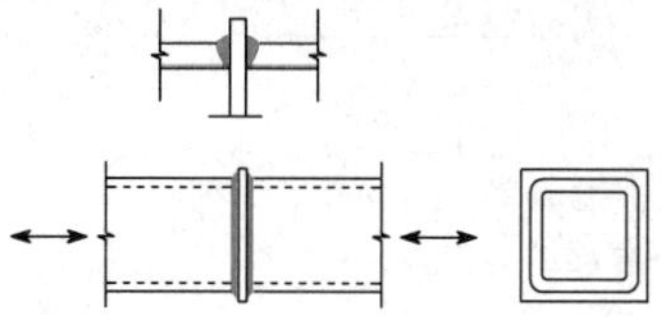	●通过端板采用对接焊缝拼接的矩形管母材，焊缝符合一级质量标准 (1) 方管壁厚8mm<t≤12.5mm (2) 方管壁厚t≤8mm	 Z11 Z12

续表

项次	构造细节	说明	类别
32	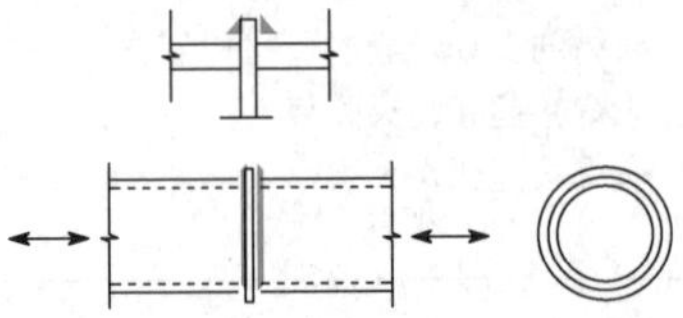	●通过端板采用角焊缝拼接的圆管母材，焊缝外观质量标准符合二级，管壁厚度 $t \leqslant 8$mm	Z13
33	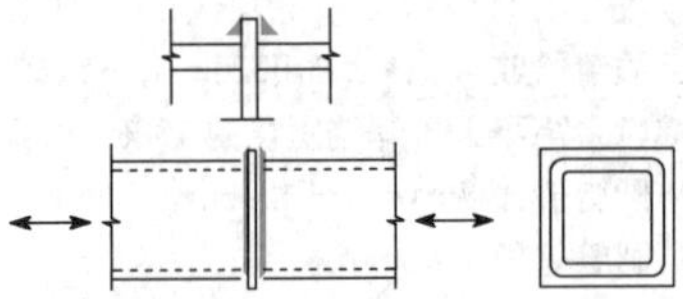	●通过端板采用角焊缝拼接的矩形管母材，焊缝外观质量标准符合二级，管壁厚度 $t \leqslant 8$mm	Z14
34	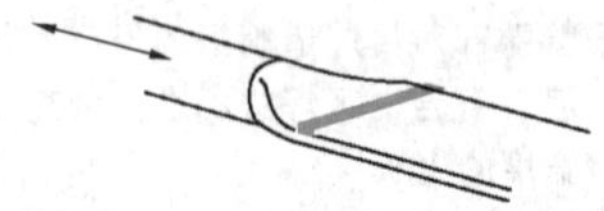	●钢管端部压扁与钢板对接焊缝连接（仅适用于直径小于 200mm 的钢管），计算时采用钢管的应力幅	Z8
35	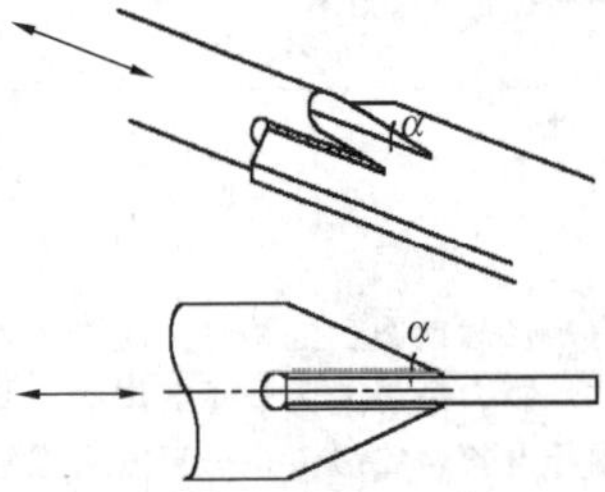	●钢管端部开设槽口与钢板角焊缝连接，槽口端部为圆弧，计算时采用钢管的应力幅 （1）倾斜角 $\alpha \leqslant 45°$ （2）倾斜角 $\alpha > 45°$	 Z8 Z9

注：箭头表示计算应力幅的位置和方向。

剪应力作用下的构件和连接分类　　附表 6-6

项次	构造细节	说明	类别
36	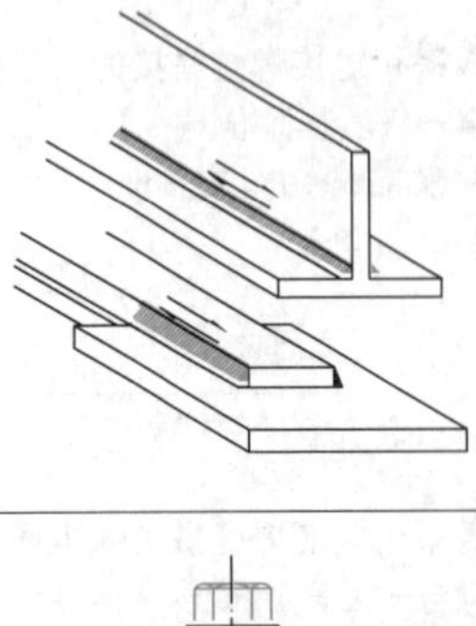	●各类受剪角焊缝 剪应力按有效截面计算	J1
37		●受剪力的普通螺栓 采用螺杆截面的剪应力	J2

续表

项次	构造细节	说明	类别
38	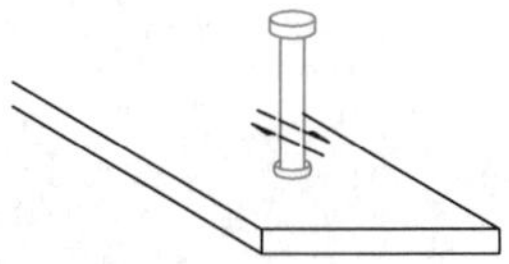	●焊接剪力栓钉 采用栓钉名义截面的剪应力	J3

注：箭头表示计算应力幅的位置和方向。

参 考 文 献

[1] 王达时．钢结构(下册)．上海：同济大学印刷厂，1962.
[2] 欧阳可庆．钢结构．北京：中国建筑工业出版社，1991.
[3] 沈祖炎，陈以一，陈扬骥，赵宪忠．钢结构基本原理(第三版)．北京：中国建筑工业出版社，2018.
[4] 陈绍蕃，郭成喜．钢结构(下册)——房屋建筑钢结构设计(第四版)．北京：中国建筑工业出版社，2018.
[5] 哈尔滨建筑工程学院．大跨度房屋钢结构(新一版)．北京：中国建筑工业出版社，1993.
[6] 沈祖炎，陈扬骥．网架与网壳．上海：同济大学出版社，1997.
[7] 董石麟，罗尧治，赵阳等．新型空间结构分析、设计与施工．北京：人民交通出版社，2006.
[8] 沈祖炎等．钢结构学．北京：中国建筑工业出版社，2005.
[9] 陈明，吴昊．轻钢建筑系统实用手册．上海：同济大学出版社，2004.
[10] 但泽义．钢结构设计手册(第四版)．北京：中国建筑工业出版社，2019.
[11] 沈祖炎．钢结构制作安装手册(第二版)．北京：中国建筑工业出版社，2011.
[12] 中国钢结构协会．建筑钢结构施工手册．北京：中国计划出版社，2002.
[13] J. 沃登尼尔(张其林，刘大康译)．钢管截面的结构应用．上海：同济大学出版社，2004.
[14] 李国强，李杰，陈素文，陈建兵．建筑结构抗震设计(第四版)．北京：中国建筑工业出版社，2014.
[15] 方鄂华，钱稼茹，叶列平．高层建筑结构设计．北京：中国建筑工业出版社，2003.
[16] 中华人民共和国国家标准．建筑结构可靠性设计统一标准 GB 50068—2018．北京：中国建筑工业出版社，2018.
[17] 中华人民共和国国家标准．建筑工程抗震设防分类标准 GB 50223—2008．北京：中国建筑工业出版社，2008.
[18] 中华人民共和国国家标准．建筑结构荷载规范 GB 50009—2010．北京：中国建筑工业出版社，2010.
[19] 中华人民共和国国家标准．建筑抗震设计规范 GB 50011—2010．北京：中国建筑工业出版社，2010.
[20] 中华人民共和国国家标准．钢结构设计标准 GB 50017—2017．北京：中国建筑工业出版社，2017.
[21] 中华人民共和国国家标准．冷弯薄壁型钢结构技术规范 GB 50018—2002．北京：中国计划出版社，2002.
[22] 中华人民共和国国家标准．门式刚架轻型房屋钢结构技术规范 GB 51002—2015．北京：中国建筑工业出版社，2015.
[23] 中华人民共和国行业标准．空间网格结构技术规程 JGJ 7—2010．北京：中国建筑工业出版社，2010.
[24] 中华人民共和国行业标准．索结构技术规程 JGJ 257—2012．北京：中国建筑工业出版社，2012.
[25] 中华人民共和国行业标准．组合结构设计规范 JGJ 138—2016．北京：中国建筑工业出版社，2016.
[26] 中华人民共和国国家标准．钢管混凝土结构技术规范 GB 50936—2014．北京：中国建筑工业出版社，2014.
[27] 中国工程建设标准化协会标准．预应力钢结构技术规程 CECS 212—2006．北京：中国计划出版社，2006.
[28] 中国工程建设标准化协会标准．膜结构技术规程 CECS 158—2015．北京：中国计划出版社，2015.
[29] 中国工程建设标准化协会标准．矩形钢管混凝土结构技术规程 CECS 159—2004．北京：中国计划出版社，2004.
[30] 中华人民共和国行业标准．高层民用建筑钢结构技术规程 JGJ 99—2015．北京：中国建筑工业出版社，2015.
[31] 中华人民共和国行业标准．铸钢结构技术规程 JGJ/T 395—2017．北京：中国建筑工业出版社，2017.
[32] 中国工程建设标准化协会标准．铸钢节点应用技术规程 CECS 235—2008．北京：中国计划出版社，2008.

［33］ 中华人民共和国国家标准．钢结构焊接规范 GB 50661—2011. 北京：中国建筑工业出版社，2011.
［34］ 中华人民共和国国家标准．钢结构工程施工规范 GB 50755—2012. 北京：中国建筑工业出版社，2011.
［35］ 中华人民共和国国家标准．涂覆涂料前钢材表面处理表面清洁度的目视评定 第1部分：未涂覆过的钢材表面和全面清除原有涂层后的钢材表面的锈蚀等级和处理等级 GB/T 8923.1—2011. 北京：中国标准出版社，2011
［36］ 中华人民共和国国家标准．工业建筑防腐蚀设计标准 GB 50046—2018. 北京：中国计划出版社，2018.
［37］ 中国工程建设协会标准．钢结构防腐蚀涂装技术规程 CECS 343—2013. 北京：中国建筑工业出版社，2013.
［38］ 国际标准化协会标准．Paints and Varnishes-Corrosion protection of steel structures by protective paint systems. ISO 12944：2018.
［39］ 中华人民共和国国家标准．建筑设计防火规范 GB 50016—2014. 北京：中国计划出版社，2014.
［40］ 中华人民共和国国家标准．建筑构件耐火试验方法 GB 9978—2008. 北京：中国标准出版社，2008.
［41］ 中国工程建设协会标准．钢结构防火涂料应用技术规范 CECS 24－1990. 北京：中国计划出版社，1990.
［42］ 中华人民共和国国家标准．热轧型钢．GB706—2016. 北京：中国标准出版社，2016.
［43］ 中华人民共和国国家标准．碳素结构钢 GB/T 700—2006. 北京：中国标准出版社，2006.
［44］ 中华人民共和国国家标准．低合金高强度结构钢 GB/T 1591—2018. 北京：中国标准出版社，2018.
［45］ 中华人民共和国国家标准．建筑结构用钢板 GB/T 19879—2015. 北京：中国标准出版社，2015.
［46］ 中华人民共和国国家标准．焊接结构用碳素钢铸件 GB/T 7659—2010. 北京：中国标准出版社，2010.
［47］ 中华人民共和国国家标准．冷轧钢板和钢带的尺寸、外形、重量及允许偏差 GB/T 708—2019. 北京：中国标准出版社，2019.
［48］ 中华人民共和国国家标准．厚度方向性能钢板 GB/T 5313—2010. 北京：中国标准出版社，2010.
［49］ 中华人民共和国国家标准．热轧 H 型钢和部分 T 型钢 GB/T 11263—2017. 北京：中国标准出版社，2017.
［50］ 中华人民共和国行业标准．结构用高频焊接薄壁 H 型钢．JC/T 137—2007. 北京：中国标准出版社，2007.
［51］ 中华人民共和国国家标准．结构用无缝钢管．GB8162—2018. 北京：中国标准出版社，2018.
［52］ 中华人民共和国国家标准．优质碳素结构钢热轧厚钢板和钢带 GB 711—2017. 北京：中国标准出版社，2017.
［53］ 中华人民共和国行业标准．建筑结构用冷弯矩形钢管 JG/T 178—2005. 北京：中国标准出版社，2005.

高等学校土木工程专业指导委员会规划推荐教材（经典精品系列教材）

征订号	书　名	定价	作　者	备　注
V28007	土木工程施工（第三版）（赠送课件）	78.00	重庆大学　同济大学 哈尔滨工业大学	教育部普通高等教育精品教材
V36140	岩土工程测试与监测技术（第二版）	48.00	宰金珉　王旭东　等	
V25576	建筑结构抗震设计（第四版）（赠送课件）	34.00	李国强　等	
V30817	土木工程制图（第五版）（含教学资源光盘）	58.00	卢传贤　等	
V30818	土木工程制图习题集（第五版）	20.00	卢传贤　等	
V27251	岩石力学（第三版）（赠送课件）	32.00	张永兴　许　明	
V32626	钢结构基本原理（第三版）（赠送课件）	49.00	沈祖炎　等	
V35922	房屋钢结构设计（第二版）（赠送课件）	98.00	沈祖炎　陈以一　等	教育部普通高等教育精品教材
V24535	路基工程（第二版）	38.00	刘建坤　曾巧玲　等	
V31992	建筑工程事故分析与处理（第四版）（赠送课件）	60.00	王元清　江见鲸　等	教育部普通高等教育精品教材
V35377	特种基础工程（第二版）（赠送课件）	38.00	谢新宇　俞建霖	
V28723	工程结构荷载与可靠度设计原理（第四版）（赠送课件）	37.00	李国强　等	
V28556	地下建筑结构（第三版）（赠送课件）	55.00	朱合华　等	教育部普通高等教育精品教材
V28269	房屋建筑学（第五版）（含光盘）	59.00	同济大学　西安建筑科技大学 东南大学　重庆大学	教育部普通高等教育精品教材
V28115	流体力学（第三版）	39.00	刘鹤年	
V30846	桥梁施工（第二版）（赠送课件）	37.00	卢文良　季文玉　许克宾	
V31115	工程结构抗震设计（第三版）（赠送课件）	36.00	李爱群　等	
V35925	建筑结构试验（第五版）（赠送课件）	35.00	易伟建　张望喜	
V36141	地基处理（第二版）（赠送课件）	39.00	龚晓南　陶燕丽	
V29713	轨道工程（第二版）（赠送课件）	53.00	陈秀方　娄　平	
V28200	爆破工程（第二版）（赠送课件）	36.00	东兆星　等	
V28197	岩土工程勘察（第二版）	38.00	王奎华	
V20764	钢-混凝土组合结构	33.00	聂建国　等	
V29415	土力学（第四版）（赠送课件）	42.00	东南大学　浙江大学 湖南大学　苏州大学	
V33980	基础工程（第四版）（赠送课件）	58.00	华南理工大学　等	
V34853	混凝土结构（上册）——混凝土结构设计原理（第七版）（赠送课件）	58.00	东南大学　天津大学 同济大学	教育部普通高等教育精品教材

续表

征订号	书　名	定价	作　者	备　注
V34854	混凝土结构（中册）——混凝土结构与砌体结构设计（第七版）(赠送课件)	68.00	东南大学　同济大学 天津大学	教育部普通高等教育精品教材
V34855	混凝土结构（下册）——混凝土桥梁设计（第七版）(赠送课件)	68.00	东南大学　同济大学 天津大学	教育部普通高等教育精品教材
V25453	混凝土结构（上册）（第二版）（含光盘）	58.00	叶列平	
V23080	混凝土结构（下册）	48.00	叶列平	
V11404	混凝土结构及砌体结构（上）	42.00	滕智明　等	
V11439	混凝土结构及砌体结构（下）	39.00	罗福午　等	
V32846	钢结构（上册）——钢结构基础（第四版）(赠送课件)	52.00	陈绍蕃　顾　强	
V32847	钢结构（下册）——房屋建筑钢结构设计（第四版）(赠送课件)	32.00	陈绍蕃　郭成喜	
V22020	混凝土结构基本原理（第二版）	48.00	张　誉　等	
V25093	混凝土及砌体结构（上册）(第二版)	45.00	哈尔滨工业大学 大连理工大学等	
V26027	混凝土及砌体结构（下册）(第二版)	29.00	哈尔滨工业大学 大连理工大学等	
V20495	土木工程材料（第二版）	38.00	湖南大学　天津大学 同济大学　东南大学	
V36126	土木工程概论（第二版）	36.00	沈祖炎	
V19590	土木工程概论（第二版）(赠送课件)	42.00	丁大钧 等	教育部普通高等教育精品教材
V30759	工程地质学（第三版）(赠送课件)	45.00	石振明　黄　雨	
V20916	水文学	25.00	雒文生	
V31530	高层建筑结构设计（第三版）（赠送课件）	54.00	钱稼茹　赵作周 纪晓东　叶列平	
V32969	桥梁工程（第三版）(赠送课件)	49.00	房贞政　陈宝春　上官萍	
V32032	砌体结构（第四版）(赠送课件)	32.00	东南大学　同济大学 郑州大学	教育部普通高等教育精品教材
V34812	土木工程信息化（赠送课件）	48.00	李晓军	

注：本套教材均被评为《“十二五”普通高等教育本科国家级规划教材》和《住房城乡建设部土建类学科专业“十三五”规划教材》。